高等院校石油天然气类规划教材

录井地质学

陈恭洋　王志战　主编

石 油 工 业 出 版 社

内容提要

本书主要阐述录井过程中和完井后井筒地质的研究内容，详细说明了井筒各类资料和信息采集的内容与分类；按照专题地质研究的思路，系统介绍了钻井过程中岩样鉴定和岩性描述、地层剖面建立、烃源岩评价、储层评价、油气层评价、地层压力评价、水平井地质导向、井筒及区块综合地质研究等方面的技术和方法。

本书可作为高等院校勘查技术与工程（录井）、资源勘查工程（石油地质）和地质工程专业的教材，也可供石油工程（钻井）、测控技术与仪器（石油仪器）等相关专业师生以及生产和科研单位的录井工作者参考。

图书在版编目（CIP）数据

录井地质学/陈恭洋，王志战主编.
北京：石油工业出版社，2016.2（2020.5 重印）
（高等院校石油天然气类规划教材）
ISBN 978-7-5183-1025-8

Ⅰ．录…
Ⅱ．①陈… ②王…
Ⅲ．录井—高等学校—教材
Ⅳ．TE242.9

中国版本图书馆 CIP 数据核字（2015）第 301814 号

出版发行：石油工业出版社
（北京市朝阳区安定门外安华里 2 区 1 号楼 100011）
网 址：www.petropub.com
编辑部：(010)64523612 发行部：(010)64523633
经 销：全国新华书店
排 版：北京密东文创科技有限公司
印 刷：北京中石油彩色印刷有限责任公司

2016 年 2 月第 1 版 2020 年 5 月第 2 次印刷
787 毫米×1092 毫米 开本：1/16 印张：30.25
字数：770 千字

定价：62.00 元
（如出现印装质量问题，我社图书营销中心负责调换）

《录井地质学》编写人员名单

主　　编：陈恭洋　王志战

参编人员：（按姓名拼音排序）

陈恭洋　长江大学

陈光权　长城录井公司

冯　伟　长江大学

李忠亮　长城录井公司

刘　岩　长江大学

刘志刚　中原油田录井公司

田永晶　长江大学

王志战　中石化工程技术研究院

徐振平　长江大学

印森林　长江大学

前　言

录井技术是一项古老的、与钻井技术相伴生的随钻资源勘查工程技术。录井的本意就是记录、录取钻井过程中的各种相关信息(地质的、矿产的、工程的),采集与矿产直接相关的样品(如岩石、地层流体)。在石油地质领域中,录井技术是油气勘探开发活动中最基本的技术,是发现、评估油气藏最及时、最直接的手段,具有获取地下信息及时、多样、分析解释快捷的特点。

经过长期的生产实践,按照录井技术的特点及其所发挥的功能,我国的录井技术大致经历了四个发展阶段:第一阶段(1955 年以前)是初期的地质录井,主要以人工记录钻时、测量井深、捞取砂样、荧光检测和地质描述为主,同时观察钻井液槽面显示,这个时期录井技术的主要特点是以记录和汇总井筒地质资料、建立岩性剖面为主要任务,解释与评估油气藏的功能较弱;第二阶段(1955—1983 年)是以增加了气测录井(热导检测仪)为特点,大大地增强了油气层的评价功能;第三阶段(1983—1996 年)是以钻井工程监测为核心的综合录井仪发展阶段,通过安装在钻台和钻井液池中的各类传感器获取钻井和钻井液参数,其核心任务是保证安全和优快钻井,其地质服务功能基本没有增加;第四阶段(1996 年至今)是分析录井技术发展阶段,其特点是将各种室内实验分析测试设备小型化和快速化,并应用于录井现场,相继发展了显微图像录井、岩屑伽马扫描、定量荧光、X 射线荧光、热解分析及色谱、X 衍射、核磁共振、拉曼光谱、红外光谱、离子色谱、同位素录井等一系列先进的分析测试技术录井,实现了由工程录井向地质录井本源的回归,在地层评价、烃源岩评价、储层评价、油气层评价等方面都取得了长足的进步,尤其是针对复杂油气藏和特殊钻井工艺,都相应开发出了配套的录井技术系列,极大地满足了油田生产的需要。

总结迄今为止的录井技术体系,一个显著的特点都是针对一个既定的钻探目标,最大限度地满足地质资料录取和钻井工程安全监控两大要求,被动地接受地质上和工程上的各项指令,其主动决策功能很弱。自 1996 年我国开始引入 LWD 和 MWD 技术以来,“定测录一体化”技术的发展逐步受到重视。由于既定地质目标设计上的各种不确定性,在实际钻探过程中,目标会偏离原来的设计,需要根据实际测量和录井资料实时地改变井眼轨迹,最大限度地钻开油气层,实现最经济的找油目标。这就标志着录井技术开始逐步由被动向主动转变,由过去的哨兵逐步向参谋甚至参谋长的角色转换,真正发挥录井作为一项最直接、最及时、不能重现更不可替代的勘探技术的重要作用。

录井技术的核心就是各种信息和样品的采集技术以及对这些信息做出科学、合理解释的方法。而现代录井技术体系已经清晰地展示出了一个全新的学科和专业的形成——录井技术与工程。现代录井技术主要包括井位测量、钻井地质设计、岩屑录井、岩心录井、工程录井、气体录井、岩石热解与热蒸发烃色谱地化录井、定量荧光录井、现场岩矿分析、岩石物性录井、地层压力检测、现场随钻分析决策、录井信息传输和存储、油气层评价、单井评价等技术系列;地面和井下参数传感采集理论、地质和工程异常状况识别理论、信息和资源两级开发理论等核心的理论体系已逐步形成。井场信息中心的建设构建了多学科、多专业高度集中融合与交叉的平台，为各路专家协同决策和未来的远程控制录井的实现提供了可能。由此可见，录井学科已呈现出鲜明的交叉学科的特点。

然而，对比所有的石油工程技术的发展，唯有录井专业长期缺失学科和专业与之对应，这势必造成理论体系的不完备和技术体系的发展混乱。具体表现为技术的发展仅仅停留在应对生产问题的技术革新层面，缺乏基础理论研究和支撑，直接导致应用录井技术解决复杂的地质和工程问题常常显得束手无策，对录井技术的发展方向难以有效地把握。而更深层次的影响则是专业人才培养的缺失，造成人力资源的严重匮乏，直接影响了录井技术的科学发展和应用。与此同时，从国家、教育、科研、企业等各个环节上，都没有录井学科发展、人才培养以及录井科技发展等战略性规划。所有从事录井技术研发与生产服务的工作者，都只能眼巴巴地看着其他相关学科的蓬勃发展，几十年来都在幻想着有朝一日能有自己的学科归属、有自己的学历教育、有自己的专业学会或行业协会等。

为此，在国内三大石油公司和以上海神开为代表的民营录井企业的大力支持下，经过深入调研与论证，2010 年 4 月，长江大学正式申报"录井技术与工程"作为国家"空间、海洋和地球探索与资源开发利用"新兴产业领域内的本科专业，通过了湖北省教育厅组织的专家论证，正式呈报教育部并得到了教育部的批示，同意长江大学在"勘查技术与工程"一级学科专业内开设"录井技术与工程"方向的本科教育，与矿场地球测井、地球物理勘探方向并列。

随后，2011 年 6 月 29 日，在长江大学召开了"录井技术与工程"专业本科教学方案研讨会，来自三大石油公司和全国各油田单位的专家审查了人才培养方案的各个环节，对校企联合办学具体事宜进行了研讨；2011 年 7 月 30 日在东北石油大学召开的"石油地质与勘探专业教学与教材规划研讨会第三次会议"上正式通过立项三本录井本科专业教材：《录井地质学》、《录井仪器原理》和《录井方法与应用》作为石油行业"十二五"规划教材；2011 年 8 月 25 日，石油工业出版社在长江大学又组织了包括中石油 7 个单位(中石油工程技术分公司、大庆录井一公司、大庆录井二公司、长城钻探录井公司、渤海钻探第一录井公司、川庆钻探地研院、西部钻探克拉玛依录井工程公司)、中石化 4 个单位(中石化石油工程技术研究院测录所、胜利录井公司地质研究解释中心、胜利地质录井公司工艺研究所、中原石油勘探局录井处)、2 个仪器厂家(上海神开石油设备有限公司、中国电子科技集团第 22 研究所)等企业专家在内的三本教材的编写会议；2011 年 9 月，长江大学从全校 09 级相关专业的优秀学生中选拔了 65 名学生，组建成录井 10901、10902 两个录井实验班，从 10 级的学生中选拔了 39 名学生，组建了录井 11001 班；2012 年 9 月，从 11 级学生中选拔了 57 名学生，组建了录井 11101 和 11102 班，同年录井专业纳入学校正式招生计划，年计划 2 个班共 60 名。

"录井地质学"作为录井专业的专业核心课程，在编写大纲确立后，一方面继续广泛征求了多方面的意见，同时在教学中以讲稿的形式投入使用达到了 3 届，期间三易其稿，最终确定了本书的内容。本教材的内容涉及录井地质研究的多个方面，各位教授和专家分别编写各章节内容初稿。以初稿为蓝本，陈恭洋教授结合国内外该学科的研究前缘、实际教学与科研成果，对蓝本进行统一修编，最终确定了本教材的主要内容。

本书各章节的编写分工如下：绪论：陈恭洋；第一章：陈恭洋、王志战；第二章：陈恭洋、印森林；第三章：陈恭洋、刘志刚、徐振平；第四章：刘岩、程乐利、田永晶；第五章：王志战；第六章：王志战；第七章：陈恭洋、王志战、冯伟；第八章：冯伟、刘兆良、印森林；第九章：陈恭洋、陈光权、李忠亮、印森林。同时，感谢程乐利、罗迎春、张田、汪超平、刘甜甜等老师与学生在图件清绘、资料收集整理及文字查错等方面做出的巨大努力！

鉴于目前国内外尚无类似的相关教材，对录井地质学的定义和内容的选择都属首次，都还需要在使用过程中不断完善和确立。本书的出版旨在抛砖引玉，希望有更多关心本学科发展的有识之士参与进来。同时，由于当今的技术发展和知识更新十分迅速，并且限于篇幅关系，书中难免会有许多的纰漏和错误，望各位专家、同仁、读者和同学不吝赐教！

编　者

2015 年 4 月

目　录

绪　论……………………………………………………………………………… 1
第一节　录井地质学概述………………………………………………………… 1
第二节　录井地质学的历史、现状及发展趋势 ……………………………… 6
思考题 ……………………………………………………………………… 11
第一章　录井地质信息的来源 ……………………………………………… 12
第一节　录井地质信息来源及分类 ………………………………………… 12
第二节　录井资料的影响因素与处理方法 ………………………………… 18
思考题 ……………………………………………………………………… 36
第二章　录井岩石学分析 …………………………………………………… 37
第一节　岩石学基础知识 …………………………………………………… 37
第二节　录井岩样描述……………………………………………………… 110
第三节　岩样分析与测试…………………………………………………… 123
思考题……………………………………………………………………… 131
第三章　录井地层剖面的建立……………………………………………… 132
第一节　岩屑显微放大技术建立地层剖面………………………………… 132
第二节　钻时处理法………………………………………………………… 135
第三节　快速色谱技术建立地层剖面……………………………………… 140
第四节　元素分析技术建立地层剖面……………………………………… 143
第五节　岩石力学分析技术建立地层剖面………………………………… 155
第六节　钻柱振动录井建立地层剖面……………………………………… 161
第七节　随钻地震建立地层剖面…………………………………………… 167
第八节　数学地质方法建立地层剖面……………………………………… 174
思考题……………………………………………………………………… 176
第四章　录井烃源岩评价…………………………………………………… 177
第一节　烃源岩及油气成因理论概述……………………………………… 177
第二节　烃源岩分布与地球化学特征评价………………………………… 189
第三节　油气源对比评价…………………………………………………… 203
思考题……………………………………………………………………… 209
第五章　录井储层评价……………………………………………………… 210
第一节　储层评价概述……………………………………………………… 210
第二节　储层的识别………………………………………………………… 221
第三节　核磁共振录井储层评价…………………………………………… 224
思考题……………………………………………………………………… 239

第六章　录井流体评价……………………………………………………………………… 241
第一节　流体识别……………………………………………………………………………… 241
第二节　流体评价……………………………………………………………………………… 248
思考题……………………………………………………………………………………………… 264
第七章　录井地层压力评价……………………………………………………………………… 265
第一节　钻井井下压力有关的概念及相互关系……………………………………………… 266
第二节　异常地层压力的形成机理…………………………………………………………… 276
第三节　异常高压的响应特征………………………………………………………………… 281
第四节　异常压力随钻预测方法……………………………………………………………… 293
第五节　地层破裂压力检测…………………………………………………………………… 322
第六节　地层坍塌压力检测…………………………………………………………………… 326
思考题……………………………………………………………………………………………… 330
第八章　水平井地质导向………………………………………………………………………… 331
第一节　地质导向的定义和组成……………………………………………………………… 331
第二节　地质导向的工作流程和实现方法…………………………………………………… 335
第三节　地质导向技术应用…………………………………………………………………… 348
第四节　水平井地质导向的发展趋势………………………………………………………… 371
思考题……………………………………………………………………………………………… 373
第九章　录井地质综合研究……………………………………………………………………… 374
第一节　钻井过程中的地质综合分析………………………………………………………… 374
第二节　钻后地质综合研究…………………………………………………………………… 388
思考题……………………………………………………………………………………………… 470
参考文献…………………………………………………………………………………………… 471

绪　论

21世纪的油气勘探和开发领域出现了许多显著的变化。其一，现在大部分老油田已经进入成熟期，产量已经开始递减，新发现的石油难以弥补成熟油田的快速递减；其二，为了寻找新的能源供应，石油公司已经开始进入未开发的地区和自然条件极其恶劣的地区；其三，非常规天然气（煤层气、深层气、致密岩气、页岩气、天然气水合物等）资源量巨大，对其勘探开发正在逐步深入，但目前比较易于开采的只有埋藏深度1000m以内的煤层气。埋藏于我国北方冻土地带和近海深处的天然气水合物总储量粗略估算达15万亿吨油当量，超过其他化石燃料资源一倍，但其开采的技术难度很大。所有这些变化都提出了一个共同的问题，必须通过技术进步才能实现油气勘探、生产和利用的大突破。

油气勘探开发技术正在走向精细化、集成化，已经形成了以多学科协同研究为基础的综合勘探开发体系。多学科的交叉、综合，多种勘探方法、勘探技术的综合运用，多个部门间的广泛联盟将是21世纪石油勘探技术发展的主流。高效的信息管理网络、勘探技术的综合与集成、基于风险和经济评价的目标优选和决策会成为各大油公司的制胜法宝。实时随钻信息（录井、测井、地震）和旋转闭环钻井技术相结合就是上述多学科综合的典型范例，对油气勘探和开发具有革命性的影响。

上述的种种变化，尤其是相关学科的飞速发展，也给传统的地质录井提出了各种挑战：如PDC钻头、欠平衡钻井、特殊井型等给岩屑录井带了前所未有的困难；围绕"钻—测—录一体化"工程，"地质目标导向"使得原本只需要取全取准各项工程和地质资料的传统地质录井的功能远远满足不了生产的需求；恶劣环境和复杂地质条件下的勘探开发，安全、高效、低成本的钻井需要最大限度减少不必要的停钻作业，这对录井在第一时间内准确地获取和识别地下异常提出了更高的要求。因此，地质录井就不能仅仅停留在过去传统"钻井地质学"的层面，一门崭新的学科——"录井地质学"应运而生。

第一节　录井地质学概述

录井地质学是以地质学、地球物理学、地球化学等的基本理论和方法为基础，综合运用各种随钻过程中所获取的录井信息，解决各种地质问题的一门科学。但任何应用学科都不是孤立的，准确地讲，录井地质学是以录井学（包含录井技术和方法的科学）、地球物理学、地球化学、地质学等领域的基本理论为指导，以各种录井资料和现场实验分析资料为主体，并结合地质、地震、测井、测试等资料来解决钻井工程中以发现油气和钻井安全预警为核心的各类地质参数的一门学科，它涉及岩性、地层、构造、沉积、储层、流体、油气层等石油地质和工程地质领域。

录井地质学是录井学与地质学等多学科相互交叉、渗透而派生和发展起来的新型边缘学科。在录井技术发展的早期，它主要限于地质录井资料的采集、地质应用和定性解释，称为“钻井地质”。随着石油勘探与科技的发展，勘探目标越来越复杂、勘探难度越来越大，录井项目不断增加、录井信息日益丰富，解释与评价方法也相应增加，已逐步形成了一整套利用录井信息解决系列地质问题的基本理论和方法体系。如何充分发挥录井方法多和直接快速的特点，采用定性与定量相结合、宏观与微观相结合、工程与地质相结合的思路，有效地整合多学科信息，提高录井解决勘探开发中的各类地质问题的能力和充分利用录井信息的效率将成为录井地质学发展的动力。

一、录井地质学研究的内容

录井地质学通过各类录井手段获取信息，通过人工的观察与描述、计算机的加工和处理来解决基础地质、石油地质和石油工程地质等领域中的问题。

就具体的录井技术而言，每项录井技术都具有其解决实际地质问题的针对性。表 0－1 大致列出了录井项目与地质参数之间的响应程度，这也就是录井地质学需要研究的主要内容。

表 0－1　地质参数与录井响应的关系程度

录井项目分类 \ 地质问题			岩性	地层	烃源岩	储层	油气层	地层压力	岩石可钻性
地质	岩心（壁心）	实　物 图像扫描	＋＋	＋＋＋	＋＋＋	＋＋＋	＋＋＋		＋＋＋
	岩屑	实　物	＋＋＋	＋＋＋	＋＋＋	＋＋＋	＋＋＋		＋＋＋
		显微图像	＋＋＋	＋＋＋		＋＋＋	＋＋＋		
		伽马测量	＋＋＋	＋＋＋		＋＋＋			
		微古生物		＋＋＋					
物理	电学	核磁共振				＋＋＋	＋＋		
		薄层棒状色谱			＋＋＋		＋＋＋		
	谱学（光谱、波谱、色谱、质谱、能谱）	（定量）荧光					＋＋＋		
		X 射线荧光	＋＋＋	＋＋＋		＋＋＋			
		红外气测				＋＋＋	＋＋＋		
		气相色谱				＋＋＋	＋＋＋	＋＋	
		热解色谱			＋＋＋	＋＋＋	＋＋＋		
		轻烃分析				＋＋＋	＋＋＋		
		热蒸发烃					＋＋＋		
		离子色谱					＋＋＋	＋＋＋	
	热力学	热失重					＋＋＋		
化学	有机	TOC 分析			＋＋＋				
		热解分析			＋＋＋	＋＋＋			
		有机元素分析			＋＋＋		＋＋＋		
		同位素分析			＋＋＋				
	无机	Cl^- 离子测定					＋	＋＋	
		pH 值测定							
		阳离子交换				＋＋	＋＋	＋	

续表

录井项目分类		地质问题	岩性	地层	烃源岩	储层	油气层	地层压力	岩石可钻性
工程	钻井工程	钻速	＋＋＋	＋＋＋					
		大钩负荷							＋＋＋
		大钩高度		＋＋＋					
		转盘扭矩	＋＋						＋＋＋
		转盘转速	＋＋						＋＋＋
	钻井液	立管压力							
		套管压力						＋＋＋	
		泵冲							
		池体积					＋＋＋		
		钻井液密度					＋＋＋		
		钻井液温度						＋＋	
		钻井液电阻率					＋＋＋		
		钻井液出口流量					＋＋＋		
	地球物理	钻具振动	＋＋＋	＋＋＋		＋＋＋	＋＋＋		＋＋＋
		随钻地震	＋＋＋	＋＋＋		＋＋＋	＋＋＋	＋＋	＋＋＋
		随钻测井	＋＋＋	＋＋＋	＋＋	＋＋＋	＋＋＋	＋＋＋	＋＋＋

注：＋代表关系弱，＋＋代表关系较强，＋＋＋代表关系紧密。

1. 录井基础地质研究

基础地质研究的首要任务是充分利用地质资料和录井信息，结合测试资料、测井资料、地震勘探资料等，建立地层岩性剖面和地层层序，确定地层成因（如沉积成因），进行井间层序或地层对比。例如：通过岩样（岩屑、岩心、井壁取心）的采集、观察和描述，解决岩性识别、沉积环境分析和构造地质响应等问题；通过微古生物分析，解决地层归属问题；通过岩样的分析测试，解决各种地质成因问题；通过地层对比确定断层等构造问题。

2. 录井石油地质研究

录井作为油气钻探过程中发现油气最直接和最及时的重要手段，可以利用录井信息研究生油层、储集层、盖层及油气生、储、盖组合特征。由于不同的石油地质条件，具有不同的录井响应。通过录井信息的研究对于含油气盆地预测和评价将起着重要的作用；利用录井信息研究储层参数、地下流体性质、产液性质、分布状况是录井地质学的核心任务，也是石油地质学的基本内容。例如：利用岩屑、岩心等实物资料和分析化验资料，钻速分析资料等，研究储层沉积相、储层物性、储层孔隙结构定量评价、储层综合评价等；通过气体检测、流体检测、地化分析、钻井液性能变化等研究流体性质、评估油气产能等；通过流体地球化学分析测试，解决烃源岩评价、油气成因、油气源对比等。

3. 录井工程地质研究

保证钻井工程安全是录井监控的重要任务，与地质相关的研究内容主要包括岩石可钻性、地层压力预测与监测（地层压力、地层破裂压力、地层坍塌压力）等。如钻速录井、钻井液录井、气测录井等多种录井信息，都可以较好地解决地层压力的预测和监测问题。

二、录井地质学的研究方法

1. 录井地质研究的基本流程

按照时效性划分，录井地质研究主要包括随钻过程中的地质分析和钻后地质研究两个阶段。从传统地质研究的事后分析特点来看，第一阶段的随钻地质分析最具特色，且进一步可细分为钻前预测和随钻分析两个步骤。钻后地质研究则是传统的油气田地下地质研究的内容，其特点是联合相关专业的资料和成果，如测井、测试、试油、分析化验等事后资料、邻井和区域地质、地球物理勘探资料及成果等，开展钻井区块的石油地质综合研究。因此，建立随钻过程中的录井地质研究流程是录井地质学的核心。流程建立的基本原则是遵循录井地质监督规范，既满足地质研究和油气层识别的目标要求，又要符合录井工程的规范要求。

图0－1是中石化《地质监督手册》中所规定的探井地质监督工作流程及质量控制点，图中清楚地规定了在钻井的不同进程中，地质录井的基本内容及其所要解决的地质问题。主要解

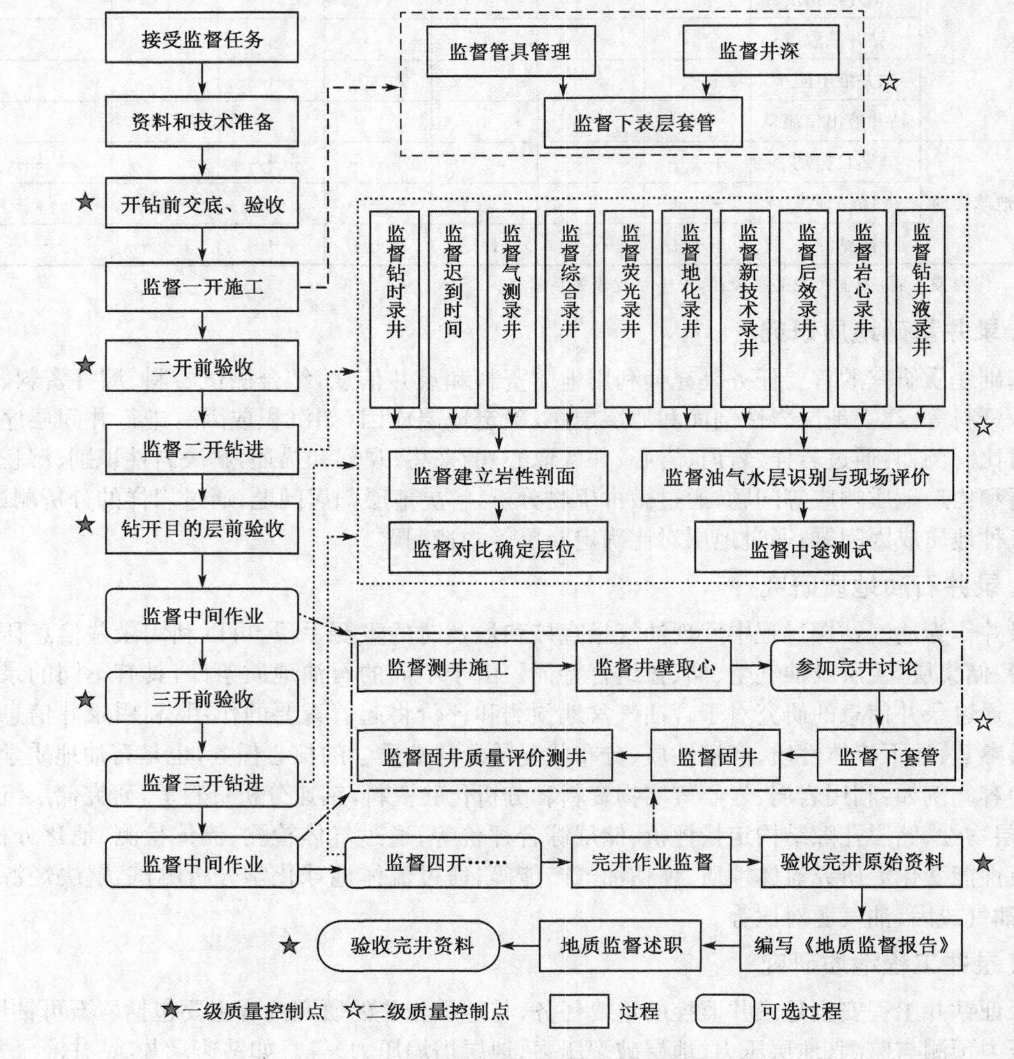

图0－1　探井地质监督工作流程及质量控制点

决岩性剖面、地层划分、油气水层的识别以及完井综合评价等石油地质问题，录井地质学的研究内容也都包含在这些流程节点当中，包括各种信息的还原研究、地质解释模型研究、资料处理与解释评价等细节。

以对比确定地层层位的研究和监督细则为例，说明随钻过程中地质研究的基本流程(图0-2)。

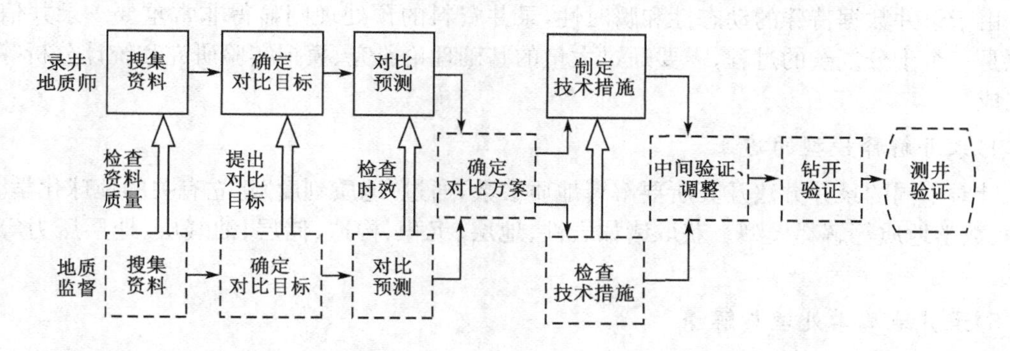

图0-2　对比确定地层层位地质监督工作流程图

从图0-2中可以看出，在钻井过程中，录井地质师和地质监督都要首先各自独立地进行地层对比的研究，然后进行讨论，确定若干可能的方案，之后通过钻探实践不断调整。因此，录井地质研究是一个动态研究的过程，这也是录井地质学研究的独特之处。

2. 录井地质研究的基本方法

录井地质学的研究可以大致划分为三个层次：其一，随钻过程中井下地质异常的识别和判断，针对地质目标建立精细的解释模型，实施随钻过程中的快速地质解释与评价，以不漏掉任何一个油气层或油气显示为核心目标，这也是录井地质学工作方法的核心；其二，地质导向钻井中的特殊地质研究，即"地质模型设计—地质目标跟踪—地质模型修正"流程，这也是录井地质独特的动态地质研究方法；其三，钻后录井地质研究，主要以综合地质研究为特点，需要整合其他专业(如地震、测井、测试、钻井工程等)的资料和理论，开展以石油地质为主的传统的综合地质研究与评价。

录井地质学研究一般的工作方法包括：

1)区域地质分析

区域地质分析主要用于钻前地质设计和钻后地质综合研究，并为随钻地质分析提供重要的参考。其研究内容主要包括充分了解目标区内的地层、构造、沉积、生储盖性质及其组合、工程地质等基础资料。初步研究和预测区内主要存在的地质问题和关键难题。

2)岩心、岩屑、流体观察和实验分析

录井中的实物资料(岩心、岩屑、流体)是地质研究最可靠的第一性资料，也是录井技术优于地震勘探和测井技术之所在。通过鉴定和描述可以得到诸如地层及产状、层序、岩石成分、结构、构造、沉积相组合、生储盖性质及其组合、裂缝和断层发育情况、流体性质和数量、油气层分布、工程地质等大量的第一性资料。通过样品分析，又可以进一步得到有关油气地球化学、储层物性(孔隙度、渗透率、饱和度)、孔隙结构、岩石矿物、光学、电学、谱学、核磁共振、岩石力学、地应力等方面的资料，为录井地质学的定量分析提供基础。

3)录井数据集成

综合录井仪的资料采集、校验和解释系统为录井数据的集成提供了得天独厚的条件，不仅包含了录井过程中的连续采集数据(工程数据、钻井液数据、气测数据)和迟到的地质数据及分析化验数据,还可以融合随钻测量数据,测井数据,钻后测井、测试、工程措施数据以及地震勘探、邻井和区域地质数据等。上述所有数据都需要遵循行业规范,以数据库、图形库的形式进行存储。

由于录井数据特殊的动态性和瞬时性,录井资料的预处理则显得非常重要。录井信息的还原是一个十分复杂的过程,需要通过大量的基础理论研究、模拟实验研究和统计分析等手段来完成。

4)录井解释模型的建立

针对不同的录井方法及其所要解释地质参数,通过“地质刻度”建立有关的地球化学、地球物理、数学地质等解释模型。获取诸如岩性、地层、沉积、构造、储层、油气层、地层压力等解释成果。

5)录井地质学处理与解释

定性解释与定量解释相结合、单项技术解释与多项技术综合解释相结合、录井资料解释与其他学科资料解释相结合等构成了录井现场地质解释的特点。地质参数的快速解释和地质模型的动态更新是录井地质学的两大特色。所有这些研究都必须通过建立一套录井资料快速解释和地质模型三维可视化软件平台来完成。

6)地质目标评价

完井地质总结报告、单井地质评价及区块预测报告是我国录井地质研究的行业规范成果,也是录井地质学综合研究内容的具体体现。其目的就是通过钻探及研究,阐明地质目标的控制因素及分布规律,为勘探开发提供可靠的依据。

第二节　录井地质学的历史、现状及发展趋势

录井地质工作的主要任务是用地球化学、地球物理、岩矿分析等方法,观察、收集、分析、记录随钻过程中的固体(岩石)、液体(油、水)、气体(天然气)等返回物的信息,以建立录井地层剖面、发现油气显示、评价油气层为根本目的,同时为石油工程(投资方、钻井施工、其他施工)提供钻井信息服务。

从工程的角度讲,录井地质是油气勘探开发中的一门井筒地质技术,是油气勘探开发地质工作的重要组成部分,是石油工程技术的一个专业分支;而从地质学的角度,录井地质工作与野外地质工作一样,是石油地质中地质勘测的内容之一。

一、录井技术的发展历史

录井技术的历史实际上就是钻井技术的历史。钻井就是人们从地表向下挖掘一个筒形的通道,最初的目的是为了汲取地下水。在人类历史发展的长河中,钻井大体经过了挖掘井技术、顿钻钻井技术和旋转钻井技术三个发展阶段。在前两个阶段中,我国都是处在该项技术的最前列。公元前1500年前后,我国出土的甲骨文中就已经有了“井”字,春秋战国时期的井深已达50余米,到唐朝时已超过140m。这个时期属于人工挖掘井阶段,井的直径大约为1.5m,

人可以从井筒下到井底。

中国古代钻探技术历经两千年的发展。到北宋的庆历年间(公元1041—1048年),我国古代钻井技术有了新的发展,取得具有划时代意义的突破,出现顿钻钻井技术。钻井井筒直径有碗口大小,井深可达130m左右,古称卓筒井。英国著名学者李约瑟在研究了我国古代钻井技术后极为赞叹,在他所著的《中国古代科学技术文明史》一书中写到“今天用于开采石油与天然气的深井就是从中国人的这些技术中发展起来的”,并指出“这种技术大约在12世纪以前传到西方各国”。1835年(道光六年),我国打成世界第一口超千米的“卓筒井”,在四川省自贡市大安寨,深度达1001.42m。19世纪末期出现的旋转钻井技术,实际上是在我国顿钻钻井技术基础上发展起来的。而世界石油界是将美国人德雷克(Edwin Laurentine Drake,1819—1881)于1859年8月27日采用顿钻技术所钻的一口井(该井在21m井深出油,日产油30桶)作为世界第一口井,并以此作为近代石油工业的开端。

我国的录井技术最早出现在900多年前的宋代。新中国成立初期,只有常规的岩心、岩屑和钻时录井方法,钻井技术落后,岩心收获率低,岩屑录井方法不完善,钻时录井则是人工划方钻杆记录,全部采用手工操作。

岩心录井方面:1961年大庆油田首创了投砂蹩泵单筒式取心;1963年玉门石油管理局成功研制了水力切割式双筒取心工具;1964年四川石油管理局研制成功了双筒悬挂式取心,对钻井取心技术的发展起到了推进作用;1964年之后的钻井取心,根据不同的地质目的已发展为普通取心、油基钻井液专筒取心、长筒取心、密闭取心、冷冻取心、井壁取心等多种方法。

岩屑录井方面:20世纪50年代岩屑录井主要用于观察,综合利用性差;20世纪60年代胜利油田对岩屑录井做了大的改进和完善,探索出了一套取全取准岩屑资料的分包捞取、分层描述的系统方法,随之在全国推广,目前仍在应用。

气测录井方面:20世纪60年代中期开始逐渐推广应用气测录井,当初是半自动气测仪,资料录取间断式,手工记录,仅能录取全烃、重烃、钻时3项参数,综合解释水平很低;20世纪70年代初期,推广应用了全自动气测仪,能自动记录,连续测量,提高了资料的连续性和准确度;70年代中期,开始使用701型色谱气测仪,能鉴定和记录全烃、甲烷、乙烷、丙烷、正丁烷、异丁烷、二氧化碳、氢气等气体,大大提高了油气水层的分辨率和气测录井的采集能力。

20世纪70年代以后录井发展大致经历了以下三个阶段。

第一阶段:20世纪80年代中期以前,以岩屑(心)录井和气测录井为主的地质录井阶段,以井场地质为主要内容,现场地质工作需取全取准的资料共分12类93项基础资料和数据。以钻井地质为管理目标,为建立“铁柱子(岩性剖面)”、发现新油田发挥了重要作用。

第二阶段:20世纪80年代中期至90年代中期,以综合录井仪的推广应用为标志,录井进入了一个自主发展的新阶段,形成了地质录井的自身特点。这个时期的录井技术以工程参数的连续采集为显著特点,其发展的动力主要源于诸如海洋石油勘探等恶劣地理环境的钻井,以保证钻井安全和降低钻井成本为主要目的。这一阶段的地质录井功能没有增加。

第三阶段:20世纪90年代中期以后,特别是进入21世纪以后,钻井技术得到了飞速的发展,如研制成功PDC钻头,实现欠平衡钻井、大斜度井、水平井、分支井等,给传统的地质录井带来了前所未有的挑战。同时,常规油气资源勘探的任务越来越少,老油田大多进入到了高含水开发的中后期;非常规油气勘探和开发的工作量逐渐增加,也大大增加了地质录井的难度。为此,一系列针对性的实验室分析技术被引入到了录井现场,如显微岩矿分析、定量荧光分析、各种地化分析、核磁共振、元素分析、同位素分析等,极大地丰富了地质录井的内容。

近年来，录井技术逐渐形成了以岩屑录井、岩心录井、气测录井、钻井工程参数录井、岩石热解分析录井、荧光录井和罐顶气轻烃录井等现场录井技术为主体的录井工程采集技术体系，形成了以油气水层评价、综合地质研究、钻井地质设计、井位勘测和综合录井仪研制开发技术为主体的较为完整的配套技术体系，提高了传统录井工程技术的科技含量，拓展了技术的领域，可以较好地满足复杂条件下勘探开发的需要。它不但能够及时、准确地发现油气显示，为钻井工程和钻井过程中的油气层保护提供信息服务，而且还能够对各种特殊油气层做出正确的评价。

综上所述，随着石油工业的发展，油气勘探开发的规模不断扩大，录井行业迎来了新的发展机遇。在继承和发扬传统录井优势技术的同时，人们依靠技术进步与科技创新，不断开拓录井行业新的服务领域和新的利润增长点。现在，录井技术已经发展成为传统石油产业与信息技术相结合的集声、电、磁、机械、化学、电子信息于一体的综合技术，涉及石油地质、钻井工程、地球化学、地球物理、传感技术、信息处理与传输等多学科、多领域。

二、国内外录井技术的现状

以传感仪表技术、通信网络技术和计算机应用技术为三大支柱的现代录井技术已经越来越显现出其现代信息技术的特征，其重要性日益提升，应用范围也不断扩大。录井行业作为油气勘探开发的服务性行业，在工程服务、油气评价服务、信息服务等多个方面技术含量不断增加，服务质量不断提高。

1. 与相关行业新技术配套的录井技术不断发展

服务于钻井现场一直都是录井的主营业务。随着水平井、大位移井、油基钻井液钻井、PDC 钻头高速钻井等新技术的应用，录井工作增加了许多难度。目前，通过定量荧光技术、地化录井技术有效解决了钻井液石油添加剂问题；通过快速色谱技术有效提高了快速钻进中的地层分辨能力；通过岩性显微分析鉴定技术、地面自然伽马岩性识别技术、岩屑数字图像分析处理技术等有效解决了岩屑岩性识别和含油性判断问题；通过水平井地质导向技术有效地保证了水平井的井眼轨迹。此外，钻具振动分析技术、欠平衡钻进条件下的录井技术、PDC 钻头钻进条件下的录井技术、地层压力预测、煤层气录井技术等多项技术为实现油气公司“减少石油勘探风险，追求最大效益”的目标提供了有效的保证。

2. 油气发现、解释、评价技术日趋成熟与完善

围绕实现准确寻找油气层、及时发现油气层、准确解释油气层、深度评价油气层的勘探开发目的，录井基础性技术不断发展。井位测量技术、钻井地质设计技术、岩屑录井技术、岩心成像技术、岩石热解地化录井技术、轻烃色谱分析录井技术、定量荧光录井技术、核磁共振技术、现场矿物分析技术、岩石物性录井技术、现场快速解释技术、油气层评价技术、专家解释技术等在继承和发展传统录井技术的基础之上，不断创新、不断开拓，提升了录井专业技术能力，增强了录井工作的准确度、精确度、可信度。

3. 信息化和智能化技术取得可喜成果

以信息技术为代表的现代科技极大地改变了录井行业。通过多方位、多层次的数据采集、处理、解释和传输，以及网络化建设，形成了一套完善的录井信息服务系统。将物探、录井、钻井、测井、测试、采油等多渠道的信息集成起来的信息集成技术已经初具规模并逐渐完善。作业现场数据采集、数据远程传输、远程监控、相关行业数据整理和维护、信息资源的共享和应用

等录井信息服务体系提高了录井技术现代化水平，增强了录井行业的生命力。

4. 传统观念被打破，技术服务领域得到拓展

录井行业的大发展使得录井技术打破了学科专业界限，录井工程服务的对象也发生了转变，由原来的单一面向钻井现场拓展到既服务于作业现场又服务于作业基地和后方办公机关，既有钻井现场又有测试现场和采油现场，覆盖面不断扩大，服务对象逐渐延伸到油气勘探开发的各个领域，例如法国 Geoservices 公司的试油数据采集服务、中国石油长城钻探工程有限公司录井公司的油井信息服务、国际录井公司的随钻地震（SWD）技术等。现在，一些国际知名的石油技术服务公司，如 Baker Hughes 公司多年前已经向多领域发展，从普通钻井到定向井，再到录井、试油无不包括其中。

三、录井地质学的发展趋势

1. 当前录井工程面临的挑战

1）复杂地质情况对录井的挑战

勘探开发的目的层深度逐渐增加，对录井工程提出了新的挑战：国内油气田随着勘探开发程度的提高，勘探开发难度增加，勘探开发目的层的埋深明显变深，增加了录井工程的难度。

一是目的层埋深大，影响利用地震勘探资料进行地层预测的准确性，录井施工中地层的预测难度加大。比如在渤海湾盆地，新生界为中浅层（一般埋深小于 3000m），利用地震勘探资料预测地层的技术较成熟，预测误差较小，但在深层（埋深约大于 3000m）时，预测难度明显加大，误差也大，成熟技术还有待于进一步探索。

二是目的层埋深大，导致钻井施工难度加大，机械钻速慢，井眼轨迹控制难度大，并且常具有多压力系统，井况复杂，易出现钻井过程中的喷、涌、漏等复杂情况，需要下入多层套管，有些井下的温度高造成钻井液、钻井设备不适应，工程施工复杂等。这些情况的增多必然导致资料录取困难，录井施工的难度增大，明显增加了录井成本，影响了录井资料质量。

三是目的层埋深大，录井油气显示评价的难度明显加大，地层压力评价的准确性下降。

2）复杂油气藏的勘探开发对录井工程提出了新的挑战

随着勘探开发程度的提高，复杂油气藏、隐蔽油气藏成为重要领域，这些油气藏的重要特点就是目的层岩性非常复杂，主要表现在：一是储集层多为砂砾岩、碳酸盐岩、火成岩、变质岩等，这些岩性非均质性强，物性差异较大，即使是同一地区、相同成因、埋深相近的碎屑岩储集层其物性差异也较明显；二是储集层横向变化大，分布规律预测难度大。因此，复杂油气藏在钻井过程中的目的层层位对比和追踪预测的难度加大，录井中的岩性、油气显示的描述、检测难度加大，录井施工难度明显增加。

3）低电阻率和高骨架电阻油气层对录井工程提出了新的挑战

随着勘探开发程度的提高，勘探开发难度增加，出现了低电阻率油气层、高骨架电阻油气层。对于低电阻率油气层、高骨架电阻油气层（主要类型是砂砾岩体、碳酸盐岩潜山等储集层），常规测井方法难以准确评价，需用录井、测井等多种方法技术与地质分析结合起来综合判识。这种难点一方面为录井资料评价油气层提供了用武之地，另一方面也增加了利用录井资料对油气层评价的难度。

4)钻井工艺技术改变及特殊工艺井对录井的挑战

近年来钻井工程技术发展很快，钻井工艺发生了大的变化，定向井、水平井及深探井增多，欠平衡钻井及PDC钻头钻井等技术的应用越来越广泛，这些复杂的钻井条件给岩性识别，油气显示的识别以及现场技术决策工作增加了难度。有些井的岩屑肉眼根本无法识别，如PDC钻头的广泛使用，导致实时判断储集层的准确率降低，岩屑更加细碎，真假岩屑很难识别，代表性较差，影响了岩屑录井、地化录井、荧光录井技术的正常使用，岩性归位、地层分层也更加困难。若储集层同时为低孔低渗储集层，气测和测井资料也不易发现，往往为一个探区该类油气层的及时发现带来隐患。

5)录井技术自身的挑战

(1)长期以来，录井专业缺少对基础理论的研究，国内外均没有专门从事录井技术研究的机构，大专院校也没有录井专业，录井行业缺乏基础理论的支持，极大地制约了行业的发展，影响了技术的纵深发展。另外，录井公司作为生产单位，基础研究工作无法提到日程上来，录井工程理论和技术的研究无法长久开展。

(2)录井定量化、信息化程度不够，影响了录井资料的采集和后期应用。

(3)录井装备仍然跟不上勘探开发形势的需要，对核心技术的掌握能力、仪器更新换代能力相对较差，录井配套技术及资料综合应用评价能力也亟待提高。

(4)相对于其他相关工程技术，录井技术在随钻油气显示发现、现场决策中发挥了巨大作用，但录井技术的整体发展没有受到相应的重视。

2. 录井地质学的发展特点

立足现状，着眼未来，以建立录井工程学科为契机，逐步形成完整的录井工程技术体系。从现代录井技术的发展趋势来看，录井地质学的发展趋势可归纳为以下四个方面。

1)定性化向定量化的转变不断加快

现有的定量荧光技术、地化录井技术、核磁共振技术、定量气体检测都具有定性向定量转变的特点。随着录井技术的发展，已经量化的参数将更加灵敏、准确，原来未量化的录井项目或参数，将会通过新的方法和手段不断量化。

2)自动化、智能化水平不断提高

国内外录井技术在信息化浪潮的推动下，气测、地质、地化和工程录井等各个方面都实现了从人工采集到数控自动化，从手工抄写、曲线模拟记录到计算机数字化自动存储与交换的转变。随着计算机智能的不断成熟，现代化录井技术将在自动化和智能化方面不断提高，如自动岩屑采集、岩性自动识别技术、工程监控的智能预警、专家智能解释等。

3)录井参数由地面向地下发展

井下参数是现代化录井中的必要参数。地下参数的采集和应用能及时监测井下情况，获得真实的地层信息。随钻测量技术和随钻录井技术、随钻振动分析技术、随钻地震技术已经为录井参数录取由地面向地下发展打下了良好的基础。井下钻井液气体检测法的出现，又使气测录井突破了传统采集的局限性，获取及时、准确的第一手气体参数。

4)录井信息服务的领域不断拓宽

现代录井公司应该定位为石油勘探开发的信息服务公司，现代录井技术应该定位为油井信息服务技术。录井信息应该结合钻井、录井、测井、试油、采油等多领域，结合地表、地下等多层次，结合实时数据、历史数据等多内容的最全面、最系统和最可靠的信息源，录井行业不断为油气勘探开发提供一套完善的、全方位的信息服务。

目前建立发展起来的录井信息服务平台为现代化录井技术的壮大打下了坚实基础，信息技术在今后的录井行业发展中将发挥重大作用，发展和完善信息服务技术，对增强录井生命力具有重大意义。

未来的录井信息服务将具有广泛性和交互性的特点。使用录井实时信息服务技术平台，加快基地—现场的信息实时传递，是录井行业发展的大趋势。

更为重要的是，以录井地质信息为主体，实时跟踪地质目标，实现"定—测—录"一体化服务，使录井技术由被动的资料录取和异常报告功能逐渐向主导勘探和开发目标实现的角色转换。以录井工程为主体的井场信息平台必将为现代闭环钻井和未来的智能钻井提供坚实的基础。

思　考　题

1. 录井地质学的含义及主要研究内容分别是什么？
2. 简述录井地质信息的分类体系。
3. 简述录井地质学的研究流程。
4. 简述录井地质学的现状和发展趋势。

第一章
录井地质信息的来源

录井作为油气勘探开发过程中的一项随钻工程技术，是通过各种直接或间接的手段，检测地下地层从钻头破岩开始，地层岩石和流体进入井筒，在钻井液体系的携带下，上返至井口的整个路径中的各类与地下地质有关的可用信息，据此推断和还原地下地层和流体特征，监测可能引起钻井工程异常的地质因素。

因此，录井地质学的根本任务主要包括三个方面：一是论述与地质相关的录井信息的产生及其演变规律；二是描述录井信息与地下地质特征的对应关系模型（物理模型、化学模型、数学模型等）；三是阐述应用录井信息研究地下地质特征的流程和方法。

第一节　录井地质信息来源及分类

一、录井信息的来源

录井技术是一项随钻石油勘探技术，在钻井过程中应用电子技术、计算机技术及仪器分析技术，对石油地质、钻井工程及其他随钻信息进行采集（收集）、分析处理。目的是发现油气层、评价油气层和实时监控钻井施工过程。该项技术在国外一般被称为钻井液录井（Mud - Logging）。其技术的特点有录取参数多、采集精度高、资料连续性强、资料处理速度快、应用灵活、服务范围广等。

图 1 - 1 为现场录井信息采集系统的分布。

1. 综合录井仪系统的构成

综合录井仪系统大致可以分为四个部分：传感器、信息采集和初步处理、数据处理和解释、信息传送和输出，如图 1 - 2 所示。

1）传感器

传感器（也称一次仪表），它用来实现从一种物理量到另一种物理量的转换，其输入信号为待测物理量，如温度、压力、电阻率、大钩负荷、大钩高度、转盘转速和扭矩等，输出信号为可以被二次仪表或计算机接收的物理量，如电流、电压等。传感器是综合录井仪的最基础部分，其工作性能的好坏直接影响着录井质量。传感器按安装的部位可分为以下三组。

第一组：为装在钻台相关部位的传感器，如大钩负荷、大钩高度、转盘转速和扭矩等。这组传感器收集的信息，常被人们称为“工程参数”，实际上它们不仅指示钻井工程运行参数是否有异常，也可指示钻遇地层的可钻性信息，预报可能将钻遇油气藏的信息。

第二组：安装在循环钻井液的通道上，主要测量钻井液循环的信息，如流量、立管压力、钻

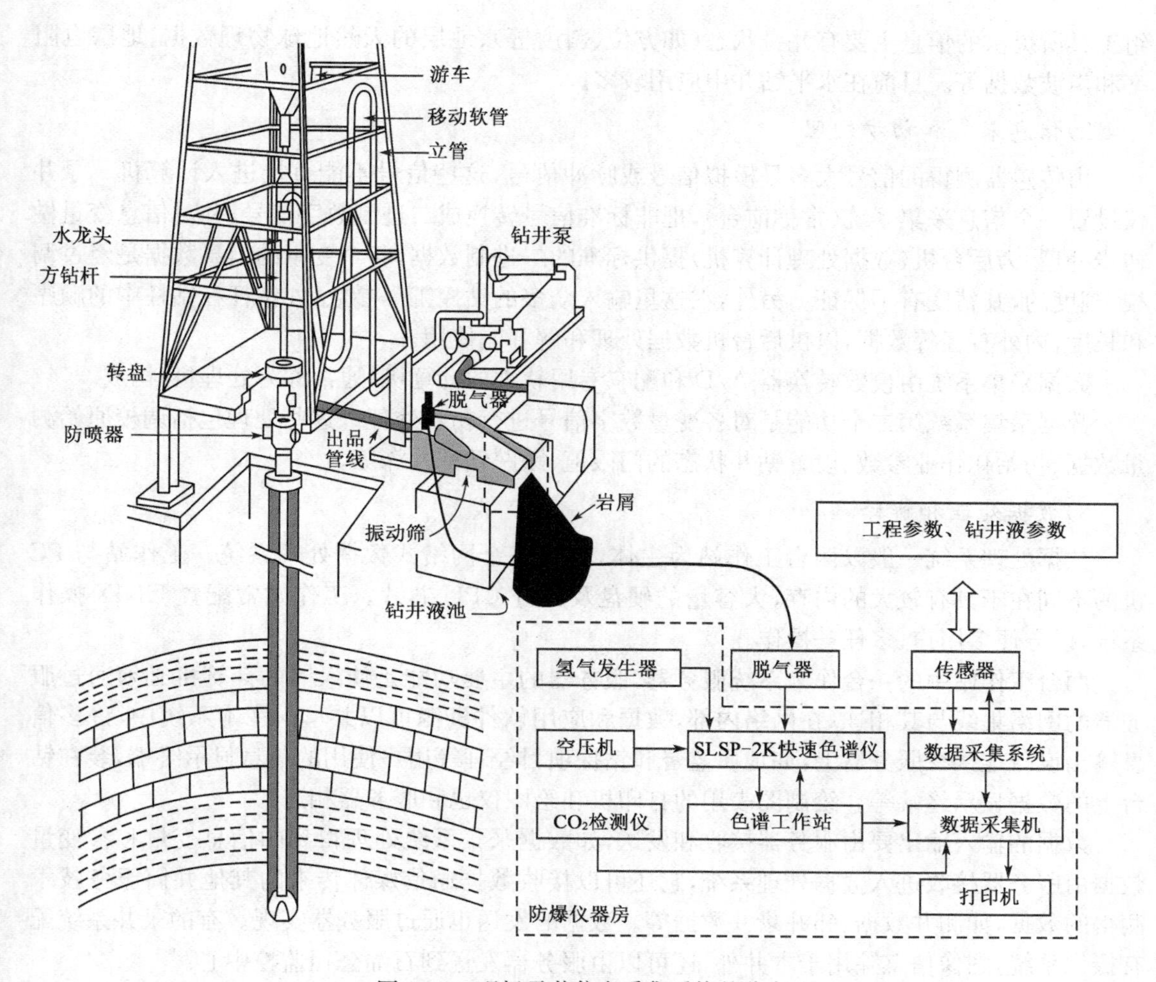

图 1-1　现场录井信息采集系统的分布

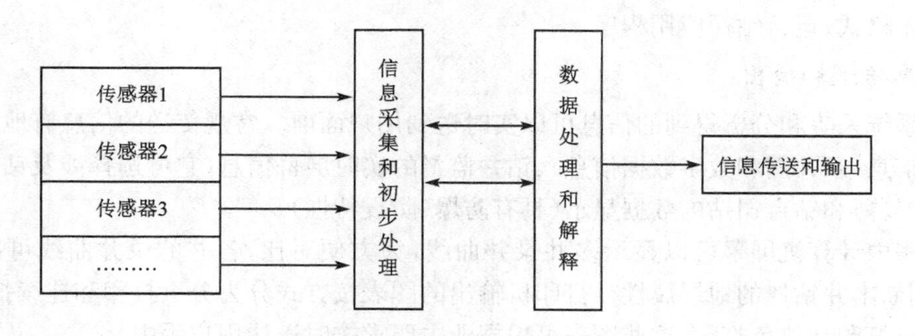

图 1-2　综合录井系统构成

井液池内钻井液的体积等；还要测量钻井液在循环通路入口和出口处的物理性质，如密度、温度和电阻率等；钻井液携带出来的气体也在这里被气体收集装置收集。这组传感器提供的信息，主要用来判断井下地层孔隙压力的大小和地层孔隙储集物的性质。

第三组：安装在钻柱前部，通常称为 MWD，中文称为“随钻测量工具”。由于这组测量工具安装在靠近钻头的钻铤中，它所收集到的信息更能反映刚钻穿地层的若干性质，因而受到人们的重视。但是，由于 MWD 工具价格和信息传输方面的原因，它的使用还不够普及。这一组工具所提供的信息主要有井身状态(如方位、斜度等)、地层的天然地球物理数据、地层电阻率和声波数据等。目前在水平钻井中应用较多。

2)信息采集和初步处理

由传感器测得的信号大多是模拟信号或脉冲信号,这些信号不能直接进入计算机。录井仪设置一个信息采集系统(常称前台),把非标准信号转换成二进制数字信号,并对信息变量做初步处理,为后台机(数据处理计算机)提供标准的二进制数据,各个变量的信息数据是经过调校、刻度的,其精度有了保证。另外,在这里输入众多的钻探工具参数,如钻杆在钻柱中的顺序和长度,内外直径等数据,以供后台机数据处理和解释时使用。

数据采集系统由模数转换器 A/D 和配有专用软件的计算机(通常称为处理机)构成。

数据采集系统第二个功能是对各变量数字信号进行初步处理。这些处理包括调校原始测量数据、初始化作业参数、设置钻井状态的门限值、跟踪钻井井深等。

3)数据处理和解释

数据处理系统一般以两台工作站为主体,构成一个网络式数据处理系统。工作站与 PC 机的不同在于具有较大的内存,大容量的硬盘及先进 CPU 芯片。工作站常配置 UNIX 操作系统,以方便多用户、多任务操作。

两台工作站中的一台作为系统服务器,服务器的主要功能是使入网的计算机必须通过服务器的网络集线与其相连;在网络内部,数据和应用软件资源可以共享。在本系统中,许多信息输出设备连接在服务器上,如地质监督和钻探项目经理等用户使用的信息显示终端,装在钻台上的数据显示终端等。绘制图表用的打印机和绘图仪也和服务器相连。

数据的输入输出要由服务器接收和发送,如数据采集系统处理得到的信息变量和参变量数据由服务器接收进入数据处理系统,它还可以接收数据通信媒体传来的其他井筒服务技术测得的数据,如测井数据、邻井录井数据等。数据的发送也通过服务器实现。有的录井系统配有摄像系统,图像信息除用于本井外,还可以由服务器发送到石油公司监控中心。

数据处理后台机所做的主要处理大体上包括:系统设置和管理、数据编辑、存储和备份、设计信息输出格式、运行钻探应用程序。

4)信息传送和输出

录井系统采集和分析得到的信息可以实时送到用户面前。常规传送的信息有地质监督的实时屏幕信息(录井图和数字数据信息)、钻井监督的实时屏幕信息(它可选择涉及钻井工程方面的信息屏幕)和钻台司钻的数据显示(具有防爆、防震特性)。

录井房内计算机屏幕可以显示多井录井曲线,为方便对比,各井的录井曲线可以上下滚动,以便判断本井钻遇的地层属性。打印机输出的图表按方式分为分页打印和连续打印,按色彩分为彩色打印和单色打印,这些图表可根据业主要求按时送达用户手中。

录井系统还可以远距离地把信息传送到石油公司监控中心。

2. 综合录井仪连续测量项目

综合录井测量项目按测量方式不同可分为直接测量参数、基本计算参数、分析化验参数及其他录井项目。

1)直接测量参数

直接测量参数包括实时参数和迟到参数两类(表 1-1)。实时参数表示与钻头钻进同步的录井参数，主要为钻井工程参数和部分钻井液参数，迟到参数则是随钻井液从钻头位置上返到地面后，经过采集得到的参数，从钻头位置上返到地面的时间就是迟到的时间。

表1-1 综合录井仪直接测量的参数

实时参数				迟到参数				
序号	参数名称	符号	单位	序号	参数名称		符号	单位
1	大钩负荷	WHO	kN	1	全烃		TGAS	%
2	大钩高度	HKH	m	2	烃类气体组分含量	甲烷	C_1	%
3	转盘扭矩	TORQ	N,m			乙烷	C_2	%
4	立管压力	SPP	MPa			丙烷	C_3	%
5	套管压力	CHKP	MPa			异丁烷	iC_4	%
6	转盘转速	RPM	r/min			正丁烷	nC_4	%
7	1号泵冲速率	SPM1	r/min			异戊烷	iC_5	%
8	2号泵冲速率	SPM2	r/min			正戊烷	nC_5	%
9	1号池钻井液体积	TV01	m^3	3	硫化氢		H_2S	%
10	2号池钻井液体积	TV02	m^3	4	二氧化碳		CO_2	%
11	3号池钻井液体积	TV03	m^3	5	氢气		H_2	%
12	4号池钻井液体积	TV04	m^3	6	氦气		He	%
13	入口钻井液密度	MDI	g/cm^3	7	出口钻井液密度		MDO	g/cm^3
14	入口钻井液温度	MTI	℃	8	出口钻井液温度		MTO	℃
15	入口钻井液电导率	MCI	S/m	9	出口钻井液电导率		MCO	mS/m
				10	出口钻井液流量		MFO	L/s

2）基本计算参数

基本计算参数是传感器不能直接转换得到的录井参数，必须通过一定的计算才能得到，共有13项(表1-2)。

表1-2 综合录井仪的基本计算参数

序号	参数名称		符号	单位	序号	参数名称	符号	单位
1	井深	标准井深	DMEA	m	7	迟到时间	T	min
		垂直井深	DVER	m	8	*dc* 指数	DXC	无量纲
		迟到井深	DRTM	m	9	sigma 指数	SIGMA	无量纲
2	钻压		WOB	kN	10	地层压力梯度	PPPG	Pa/m
3	钻时		ROP	min/m	11	破裂地层压力梯度	FFPG	Pa/m
4	钻速		ROP	m/h	12	地层孔隙度	FORO	%
5	钻井液流量		MF	L/s	13	每米钻井成本	COST	元/m
6	钻井液总体积		TVT	m^3				

3)其他录井项目

其他录井项目是一些与综合录井仪器自动采集尚未连接的非连续测量的录井项目。主要以地质录井项目为主，如岩屑(Cutting)录井、岩心(Core)录井、荧光录井、现场分析化验录井(泥岩密度、碳酸盐含量、核磁共振、元素录井、热解分析地化录井、罐顶气轻烃录井)等。这些项目仍采用传统的地质录井的方法进行收集、整理和应用。

二、录井地质信息的分类

尽管录井方法多种多样，检测信息也千差万别，但所有的地质录井信息都是与其所检测的地质对象紧密相关的。当前比较一致的分类方案主要有三类。

1. 按检测的地质对象划分

含油气储层评价始终是油气勘探评价的核心，而岩石骨架和孔隙流体构成了含油气储层的全部。因此，所有储层研究和检测技术都是围绕这两个对象而展开的(表 1-3)。

表 1-3　按检测的地质对象划分的地质录井技术体系

<table>
<tr><th>地质对象</th><th colspan="2">状　态</th><th colspan="2">录井技术</th></tr>
<tr><td rowspan="2">岩石骨架</td><td colspan="2">碎屑颗粒</td><td rowspan="2">岩矿描述与鉴定，岩心(屑)图像，自然伽马扫描，X射线荧光录井</td><td>钻时(dc指数)，Sigma录井、快速色谱、气测录井</td></tr>
<tr><td colspan="2">填隙物</td><td>碳酸盐分析</td></tr>
<tr><td rowspan="3">孔隙流体</td><td>有机</td><td>烃类</td><td rowspan="3">核磁共振(物性、含油气性评价)</td><td>气测，岩石热解，轻烃分析，热蒸发烃，荧光(荧光录井，定量荧光、荧光薄片)</td></tr>
<tr><td rowspan="2">无机</td><td>地层水</td><td>离子色谱</td></tr>
<tr><td>非烃</td><td>非烃录井</td></tr>
</table>

2. 按录井信息载体划分

含油气的岩层被钻头破碎后，所含油气分散到井筒中，井壁附近地层中的油气也有一部分向井筒扩散。按照携带油气的载体和油气赋存状态的不同，井口油气可以分为六个部分：(岩心、岩屑、井壁取心)实物中携带的石油和天然气；钻井液中的游离气、溶解气、吸附气和钻井液中的油。每一部分油气都有相对应的检测技术(图 1-3)。

针对不同的油气信息特点，采用不同的录井油气检测技术，构成了现代录井油气检测技术体系(表 1-4)。如果每一项录井技术都对它所检测对象的全部进行测量，则地化(定量荧光、热蒸发烃色谱)、罐顶气轻烃、气测(快速色谱)、全脱、薄层棒状色谱等测得的油气含量之和约等于地下油气的真实含量。各项技术测得的油气含量和组分分布特征之间都存在消长关系。由于组分分布特征受样品的影响小，所以组分分布特征之间的消长关系要比含量之间的消长关系稳定得多。

表 1-4　按信息载体划分的地质录井技术体系

<table>
<tr><th>流体</th><th>状态</th><th>岩样(岩屑、岩心、井壁取心)</th><th>钻井液</th></tr>
<tr><td rowspan="2">油</td><td>游离</td><td rowspan="2">岩石热解，定量荧光</td><td>薄层棒状色谱，核磁共振</td></tr>
<tr><td>吸附</td><td></td></tr>
<tr><td rowspan="3">气</td><td>游离</td><td rowspan="3">轻烃分析(罐顶气)</td><td>气测，快速色谱</td></tr>
<tr><td>吸附</td><td>全脱分析</td></tr>
<tr><td>溶解</td><td>气测，全脱分析</td></tr>
</table>

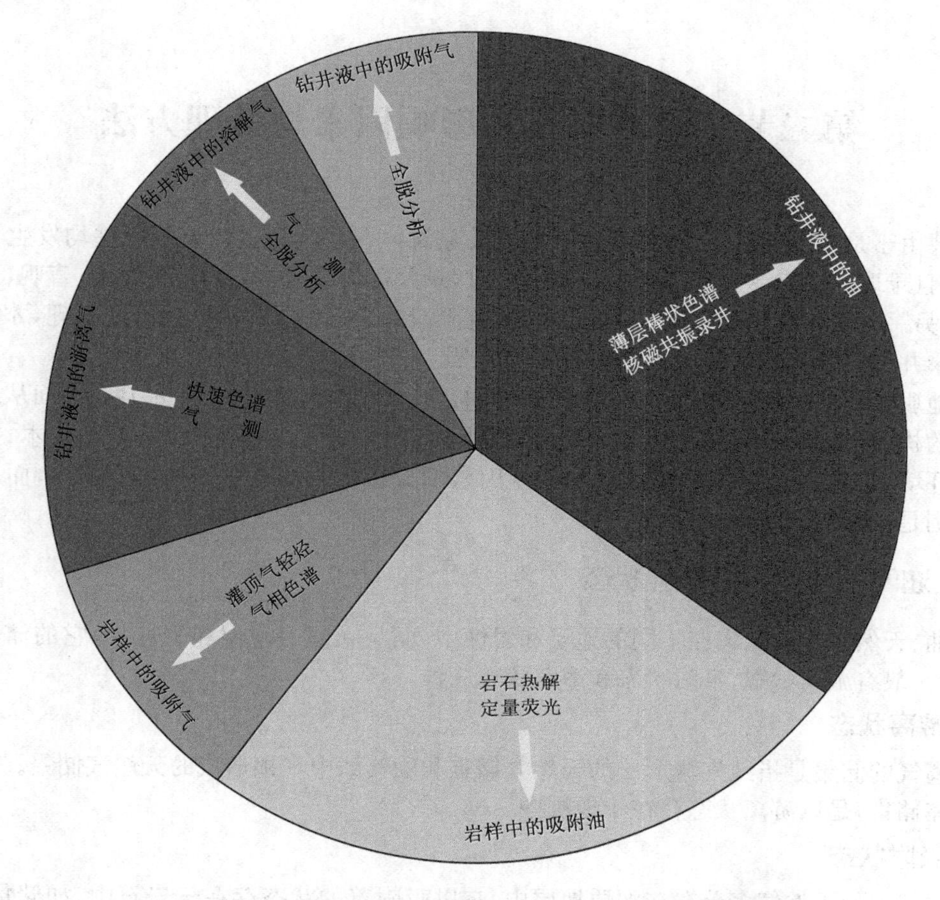

图1－3　井口油气的分布状态和相应的录井油气检测技术图

3. 按检测原理划分

综合分析现代综合录井技术，其检测原理主要涉及物理和化学两大类。其中，基于物理学原理的方法主要包括光、电、谱、像等四类；基于化学原理的方法主要为有机和无机两类（表1－5）

表1－5　按照检测原理划分的地质录井技术体系

学科	原理		录井技术
物理学	电		薄层棒状色谱，核磁共振
	谱	光谱、波谱	X射线荧光（XRD）、（定量）荧光、红外、核磁共振
		色谱	气相色谱、轻烃分析、热解色谱、热蒸发烃、离子色谱
		质谱	色谱质谱、同位素质谱、电感耦合等离子质谱
		能谱	伽马能谱、碳氧比
	像		岩心（屑）图像
化学	有机		岩石热解、残余碳、有机元素
	无机		Cl^-离子测定、pH值测定、阳离子交换

第二节　录井资料的影响因素与处理方法

录井由于是在地面录取资料，所以岩石及孔隙流体（油、气、水）的温压条件均发生了相应的变化，且录取的信息受井筒因素的影响。所以，录井资料信息一方面具有直接、直观、及时等优点外，另一方面是要受诸多因素的影响。只有弄清楚了这些影响因素的形成机理，才能有效地利用录井信息掌握所钻遇地下地层的地质情况。

从地质录井信息的载体分析，主要是岩样和钻井液中的流体（油、气、水）两类；而从地质录井信息的构成上分析，则主要分原生因素（原始地质条件）和后生因素（钻井工艺技术、井筒物理化学环境、信息采集技术等）两类。对原生因素的分析是石油地质学的主要内容，而后生因素分析则是录井信息处理的重要内容。

一、油气在地层中的赋存状态

石油、天然气不仅储集在不同的地层和岩性中，而且在同一地层和岩性中，它的储集状态也不同，一般有游离状态、吸附状态和溶解状态三种。

1. 游离状态

游离气的储集是指纯气藏形成的天然气储集和油气藏中气顶形成的天然气储集。这种类型的气体储集，是以游离状态存在于地层中。

2. 吸附状态

吸附状态的天然气多分布在泥质地层中，它以吸附着的状态存在于岩石中，如储集层上、下井段的泥质盖层，或生油岩系。这种类型的气体聚集，称为泥岩含气。一般没有工业价值，但在特殊情况下，大段泥岩中夹有薄裂隙或孔隙性砂岩薄层等，会形成具有工业价值的油气流。

3. 溶解状态

天然气具有溶解性。它不仅能溶解于石油，而且还能溶解于水，这样就形成了溶解气的储集。天然气的各组分在石油和水中的溶解度极不相同，烃类气体和氮气在水中的溶解度很小，二氧化碳和硫化氢的溶解度较大。烃类气体在石油中的溶解度比在水中的溶解度大得多，属于最易溶解在石油中的气体。以甲烷为例，在石油中的溶解度为水中溶解度的 10 倍。而不同的烃类气体在石油中的溶解度也不同，它随烃气的相对分子质量增大而增大。假如甲烷在石油中的溶解度为 1，则乙烷为 5.5，丙烷为 18.5，丁烷以上的烃气，可按任意比例与石油混合。二氧化碳和硫化氢在石油中的溶解度比在水中要稍大一些，氮气则不易溶解于石油中。总之，烃类气体属于极易溶解于石油而难溶解于水的气体。所以，在油藏内有大量的烃气储集，一般以液态形式存在于油田内或以气态的形式存在于凝析油田内。在地层水中，烃气的储集量很少，特别是含残余油的水层，天然气的含量更少。

二、油气进入钻井液及扩散机理

钻碎岩石中的油气进入钻井液的方式是随钻气测方法的分析关键。当油气层打开后，钻井液是与油气最先接触的物质，而且此时如果地层压力偏高，地层中的油气还会源源不断地往钻井液中混合；另外在含油固体颗粒上返过程中，含油固体颗粒经钻井液冲洗，并且随着钻井液压力降低，固体颗粒中的油气也逐渐向钻井液释放，大部分油气最终混合进入钻井液中。

按照携带油气的载体和油气状态的不同，到达井口的油气可以分为六个部分：固体颗粒（岩屑、岩心、黏土颗粒等）中的吸附油、固体颗粒中的吸附气、钻井液中的游离气、钻井液中的溶解气、钻井液中的吸附气和钻井液中的油。

按照油气来源划分，钻井液中的油气主要来自三个部分：一部分来自被钻头破碎含油气的岩层，其中岩层所含油气进入井筒中，是反映地层油气储量的主要指标；一部分来自于钻井油气钻井液及各种添加剂，其中含有大量烃类物质；另外一部分来自于井壁附近含油地层油气向钻井液中的渗透扩散，这一部分在欠平衡钻井操作方式下尤为突出。整个过程如图 1－4 所示。

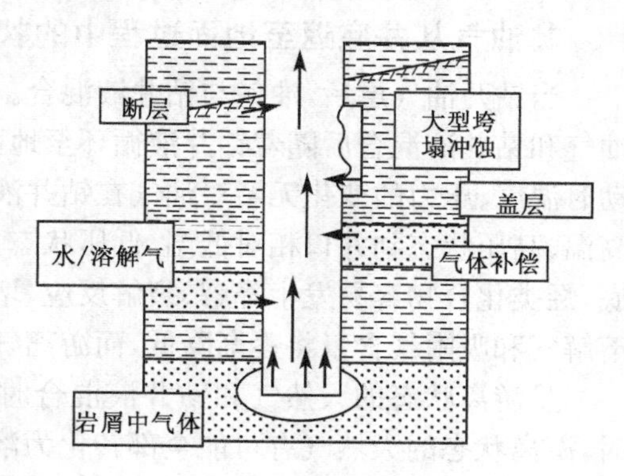

图 1－4　地下油气进入钻井液

1. 油气进入钻井液中的浓度

不考虑钻井液及添加剂的烃类气体，钻井液中的油气来源有两种：一种是破碎岩屑中的油气，另一种是已钻开储层的油气。

1）破碎岩屑中的油气

岩屑中的油气除与储油气层的含油饱和度有关外，还与钻井条件有关，单位时间钻碎的油气层岩屑体积越大，则进入钻井液的油气量越多，用公式表示为：

$$G_{dg}=\frac{\pi d^2 VC_{dg}}{4Q} \tag{1-1}$$

式中　G_{dg}——破碎岩屑中的油气进入钻进液所产生的油气浓度，%；

V——钻井速度，m/min；

d——井的直径，m；

Q——钻井液排量，m^3/min；

C_{dg}——地层含油气量，%。

在公式(1－1)中，$\pi d^2 V/4$ 为每分钟钻碎的岩石柱状体积。$\pi d^2 VC_{dg}/4Q$ 为单位钻井液排量的钻井液中所含有的每分钟钻碎的岩石体积的含油气量。

2）已钻开储层的油气

在渗透作用下，已钻开储层的油气进入钻井液中的含油气浓度，用公式表示为：

$$Q_g=K\frac{p_n^2-p_c^2}{2p_c} \tag{1-2}$$

$$G_{dg}=\frac{C_{dg}^2}{Q_g} \tag{1-3}$$

式中　Q_g——渗透速率，cm^3/s；

K——渗透率，$10^{-3}\mu m^2$；

p_n——地层压力，Pa；

p_c——钻井液柱压力，Pa；

G_{dg}——已钻开储层油气进入钻井液所产生的油气浓度，%。

由渗透、扩散和钻碎的岩石进入钻井液中的油气，随着钻井液的上返和钻井的继续进行，就会形成钻井液中的含油气井段。这是通过测定钻井液中的油气能够发现油气层的基础。

2. 油气从井底返至地面过程中的状态

当钻开油气层后，油气与钻井液混合。混合状态可能多种多样，又可能相互重叠。同时，油气和钻井液混合后随着钻井液循环至地面的过程中，也会发生各种变化。钻井液沿井筒运动时温度、压力的变化无疑对油气在钻井液中的含量有着巨大的影响，由于钻井液经历从井底高温、高压状态到井口相对低温、低压状态，油气组成和在钻井液中的含量将发生变化。在井底，烃类化合物容易发生降解、裂解反应，增加了轻烃含量，随着温度、压力的降低，钻井液中的溶解气和吸附气含量将逐渐降低，而游离气则升高。

呈游离状态的天然气和钻井液混合时，将有两种情况出现：一种是在钻井液中气量不大时，游离状态的天然气有可能全部转化为溶解状态；另一种是气量大时，钻井液将不能全部溶解天然气，仍有一部分呈游离状态的气泡随钻井液上返，压力逐渐降低，气泡逐渐膨胀，到达井口和钻井液槽的过程中，比较多的气泡逸入大气，其余的则以较小气泡继续留在钻井液中，钻井液黏度越高，气泡越小，钻井液到井口和钻井液槽的时间越短，则余留在钻井液中的天然气量就越多。

1）油气进入钻井液后的分布状态

（1）油气呈游离状态与钻井液混合。游离气以气泡形式与钻井液混合，然后逐渐溶于钻井液中。一般情况下，天然气与钻井液接触面积越大，溶解越快；接触时间越长，溶解程度越大。

（2）油气呈凝析油状态与钻井液混合。凝析油和含有溶解气的石油从地层进入钻井液后，在钻井液上返过程中，由于压力降低，凝析油大部分会转化为气态烃；高油气比地层 $C_1 \sim C_4$ 含量较高。随着钻井液的上返，含有溶解气的石油，由于压力降低，会释放出大量的天然气。

（3）天然气溶解于地层水中后与钻井液混合。一般而言，地层水量比钻井液量少得多，因而会被钻井液所冲淡，这时地层水中的天然气将以溶解状态存在于钻井液中，而且钻井液中的天然气浓度不会太大。随着钻井液的上返，压力降低，天然气将不会游离出来而变成气泡。只有在地层水量较大且地层水中的溶解气量较大的情况下，由于水被钻井液冲淡程度低，天然气才会游离成气泡状态。

（4）油气被钻碎的岩屑吸附后与钻井液混合。当油气被钻碎的岩屑所吸附并与钻井液混合后，随着钻井液的上返，压力降低，岩屑孔隙中所含的游离气或吸附气体积将会膨胀而脱离岩屑进入钻井液。岩屑返出后，孔隙中以重质油为主。

上述的这些过程在某种程度上可能相互重叠。在地层的孔隙中，可能有游离气和凝析油同时存在，或者游离气与石油同时存在，但总体而言，进入钻井液中的油气，随着钻井液由井底返至井口过程中，在井底部主要是游离气溶解在钻井液中，而随着钻井液的上返，压力降低，钻井液中所溶解的天然气已达饱和，此时溶解气可从钻井液中分离出来形成气泡。

2）井眼环空中油气的分布形式及演变

气体进入井眼后在井底并不是以连续气柱的形式出现，而是呈气—液相流动状态并符合两相流动规律。根据气体侵入量的大小，在井眼环空内出现的流形分布可分为四种情况：微小气侵量下的流形分布；小气侵量下的流形分布；中气侵量下的环空流形；大气侵量下的流形分布。

这四种形式基本上是以单位时间内气侵量多少划分的，而实际中的气侵量可以落到某两种情况之间，并且有许多种情况。因此，在井眼环空中，尽管气液两相流形分布类型如图1-5所示，但每种流形在环空中的位置却差别很大。

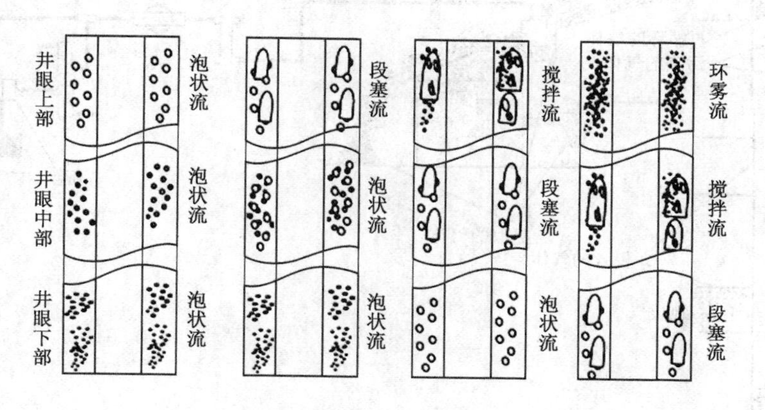

图1-5 垂直井眼环空中气液流形分布图

气侵量的大小不仅取决于储层渗透率还取决于储层的暴露厚度。当对于某一具有特定渗透率的储层，随着储层钻开厚度的不同，气侵时井筒环空内的流动特点也会有所不同。大的储层暴露厚度与高渗透率的情况类似，由于气侵量较大，井筒截面含气率高、气体上升速度快；小储层暴露厚度与低渗透率情况相似，气侵量小，截面含气率和气体上升速度小。

3. 井口气体逸失

地下气体进入到循环钻井液中主要存在着游离气、溶解气、吸附气。随着地层压力的变小，溶解气向游离气转化，在井口位置速度加大，截面含气率变化巨大，存在着井口逸失。钻井液从地下上返到地面，经过钻井液出口，进入到钻井液出口管，经过钻井液缓冲罐后进入到钻井液池。在此过程中，气体随着钻井液上返，一部分随着钻井液进入到钻井液出口管到脱气器，进行脱气；另一部分则通过钻井液液面直接逸失到空气中。

常规钻井液引流工艺流程原理如图1-6所示。这种方式的钻井液引流存在着样品气逸失的缺点，在某种情况下，将大大影响气体检测的真实性。

研究人员曾经做过实验，了解井口逸散气对气测资料的影响。在封井器上部的表层套管上安装阀门，并用导管引出。根据钻井液的流速，计算出钻井液由阀门流到导管口的时间，现场实验人员根据情况，在钻进和循环钻井液过程中，同时在阀门和导管口处取样，并进行热真空蒸馏脱气分析。井口、钻井液槽热真空蒸馏脱气、随钻检测的烃类气体总量和随钻检测的全烃之间的关系如下：

$$JZC=2.111Q_T+0.1014 \tag{1-4}$$

$$CZC=1.140Q_T+0.1003 \tag{1-5}$$

$$JZC=1.148CZC+0.1018 \tag{1-6}$$

$$SZC=0.181Q_T+0.1028 \tag{1-7}$$

式中 JZC——井口热真空蒸馏脱气的烃类气体总量，%；

CZC——钻井液槽热真空蒸馏脱气的烃类气体总量，%；

SZC——随钻检测的烃类气体总量，%；

Q_T——随钻检测的全烃，%。

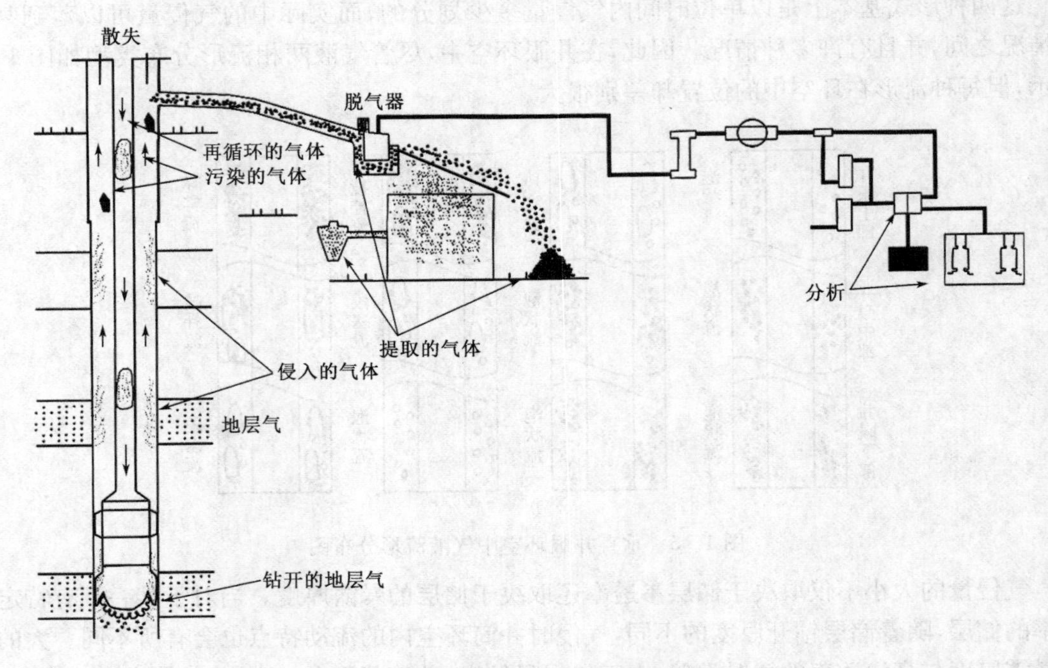

图 1－6 常规引流工艺流程图

当钻遇渗透率低和油气厚度小的层位时，井口含气率与上升速度变化较小，可以不考虑井口气体逸失；而对于大的油气层位和渗透率高的层位，空气中的气体逸失必须考虑。

三、录井资料的影响因素

录井资料的影响因素有很多，包括钻井液添加剂、钻井液性能、钻井施工情况（钻头类型、钻进方式、异常处理）、地层等因素。这些影响因素有的是先影响到钻井液，进而污染岩屑；有的是直接对岩屑录井造成影响。钻井液的影响因素主要是气测，而岩屑的影响因素则是岩石热解地化、定量荧光、罐顶气轻烃色谱等分析化验。

1. 气测资料的影响因素

钻井液中气体分析对确定储集层流体性质和生产能力起了重要作用，但直接应用从仪器中分析出来的天然气组分对储集层流体性质和产能进行评价是困难的。影响油气显示的因素很多，有井上的，有井下的，有客观的，有人为的，概括起来为地质因素和非地质因素两种。其中地质因素引起的油气显示变化是油气评价解释所要研究、探讨的问题；而非地质因素造成对正确评价解释产生不良的影响，需在资料应用中加以排除。通过对气体检测过程的标准化、定量化处理，可以实现不同仪器、不同钻井条件下的对比，从而帮助提高油气解释的成功率。

地质因素包括天然气性质及成分、储层性质、地层压力、上覆油气层的影响（也称上覆油气层的后效）。非地质因素包括钻井条件、脱气器、气测仪等（图 1－7）。以下主要讨论地质因素和钻井因素。

1）地质因素的影响

地层对气测资料的影响包括三个方面：一是上部钻穿未下套管封堵的油气层，在钻进过程

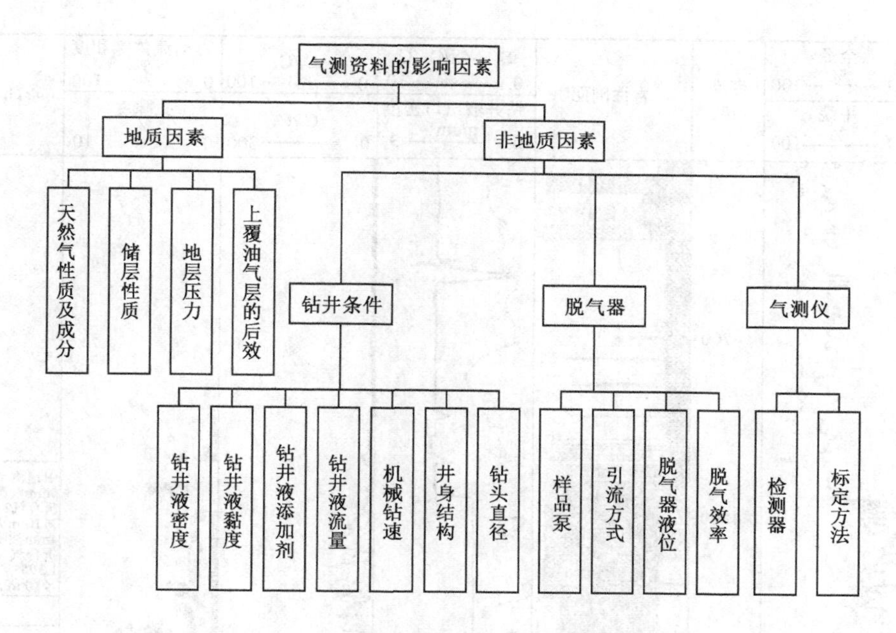

图 1-7　气测资料的影响因素分析图

中或钻井液静止期间浸入钻井液，使气显示基值升高或形成假异常；二是烃源岩的影响，如油页岩等，会造成气测基值的抬升，影响后续油气层的发现（图 1-8）；三是地层高温高压的影响，钻井液在静止时间过长的情况下，其中的有机质在高温高压条件下发生裂解，产生假显示（图 1-9）。

（1）天然气性质及成分。石油天然气的密度越小，轻烃成分越多，气测显示越好；反之越差。对于热导池检测器，天然气中若含有二氧化碳、氮气、硫化氢、一氧化碳等气体时，由于它们的热导率低于空气，仪器读数为负值，会使气体全量减小。若有大量氢气存在，由于氢气的热导率约是甲烷的 5 倍，会引起全量曲线大幅度增加。对于 FID 检测器，当地层气成分与标定仪器时的气体组成相差太大时，会产生较大的显示误差。

（2）储层性质。当储层厚度、孔隙度、含气饱和度越大时，钻穿单位体积岩层进入钻井液的油气越多，油气显示越好；反之油气显示越差。

（3）地层压力。若井底为正压差，即钻井液柱压力大于地层压力时，进入钻井液的油气仅是破碎岩层而产生的，因此显示较低。对于高渗透地层，当储层被钻开时，发生钻井液超前渗滤，钻头前方岩层中的一部分油气被挤入地层，因此油气显示较低。正压差越大，地层渗透性越好，油气显示越低，甚至无显示。

若井底为负压差，即钻井液柱压力小于地层压力时，进入钻井液的油气除破碎岩层而产生外，井筒周围地层中的油气，在地层压力的推动下侵入钻井液，而形成高的油气显示。钻过油气层后，气测曲线不能回复到原基值，而是保持高显示，从而使气测曲线基值升高。差值越大，地层渗透性越好，油气显示越高，严重时会导致井涌、井喷。

（4）上覆油气层的影响。已钻穿油气层中的油气，在钻进过程中或钻井液静止期间侵入钻井液，使气显示基值升高或形成假异常。

2）钻井条件的影响

钻井施工过程中，当更换钻头或钻压、排量、转速发生变化时，引起钻时、钻井液流量的变

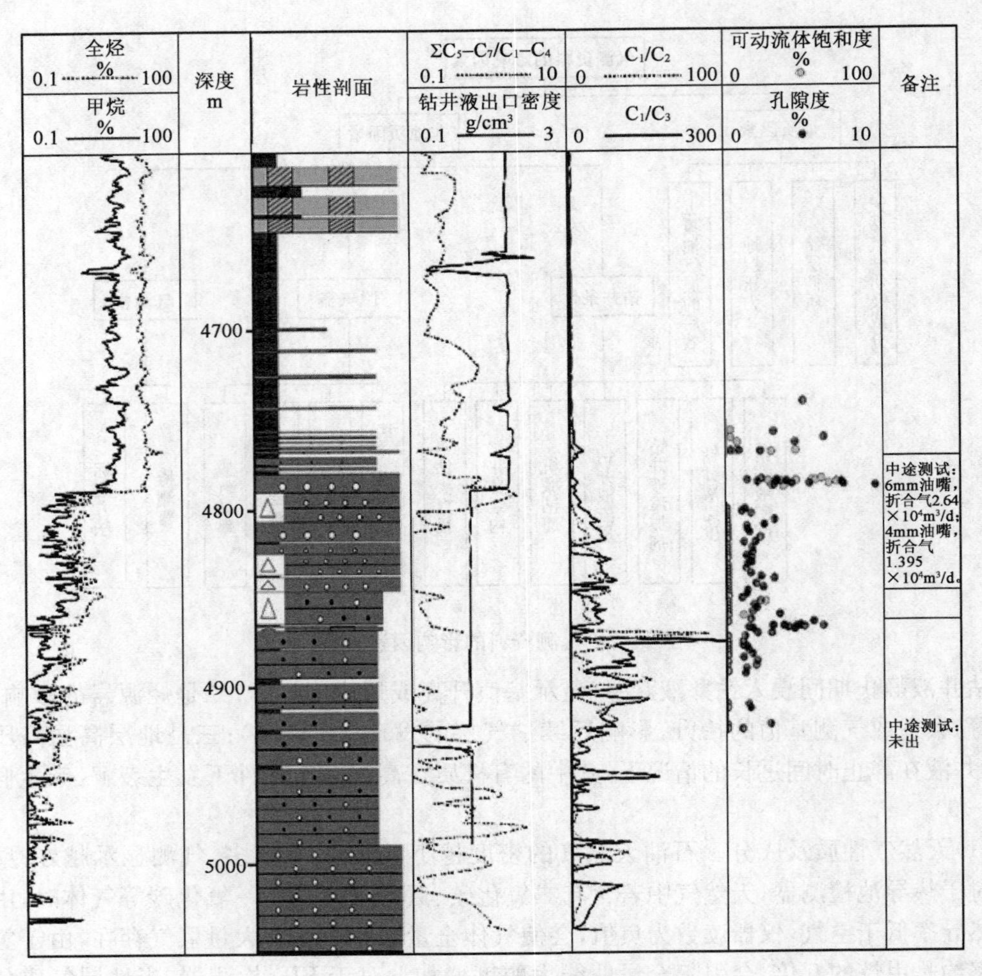

图 1-8　FS3 井烃源岩段气测基值

化，就会影响气体检测资料的准确性；钻井施工过程起下钻或接单根时，由于抽汲作用的影响，使已钻开地层中的流体进入井筒，在气测资料上表现出异常值；与正常钻进相比，钻井取心过程破碎的岩石体积减小，多数情况下钻时增加，使气测显示降低(图 1-10)，影响了对取心井段气层的评价。

钻井条件所带来的气显示还有起下钻气、接单根气等。起下钻气是起下钻时，由于钻井液长时间静止，已钻穿的地层中的油气侵入钻井液，当下钻到底开泵循环时，在气测曲线上出现的气体峰值。接单根气是接单根时，由于停泵，钻井液静止，井底压力相对减小，另外由于钻具上提产生的抽汲效应，导致已钻穿的地层中的油气侵入钻井液，当再次开泵循环恢复钻进时，在对应迟到时间的气测曲线上出现的气体峰值称为接单根气；或接单根后，在新接的单根和钻具中夹有一段空气，这段空气通过钻柱下到井底，再由环形空间上返到井口而出现的气体显示峰值，该值也称为接单根气，又称“空气垫”，该接单根气的显示时间相当于钻井液循环一周的时间(图 1-11)。

(1)钻头直径和钻头类型。当其他钻井条件不变时，钻头直径越大，单位时间内破碎的岩石体积越大，钻井液与地层接触面积越大，因此气测显示越高。

钻头类型和新旧程度的不同，所破碎的岩屑形态、上返速度也不同，片状岩屑(泥岩)上返

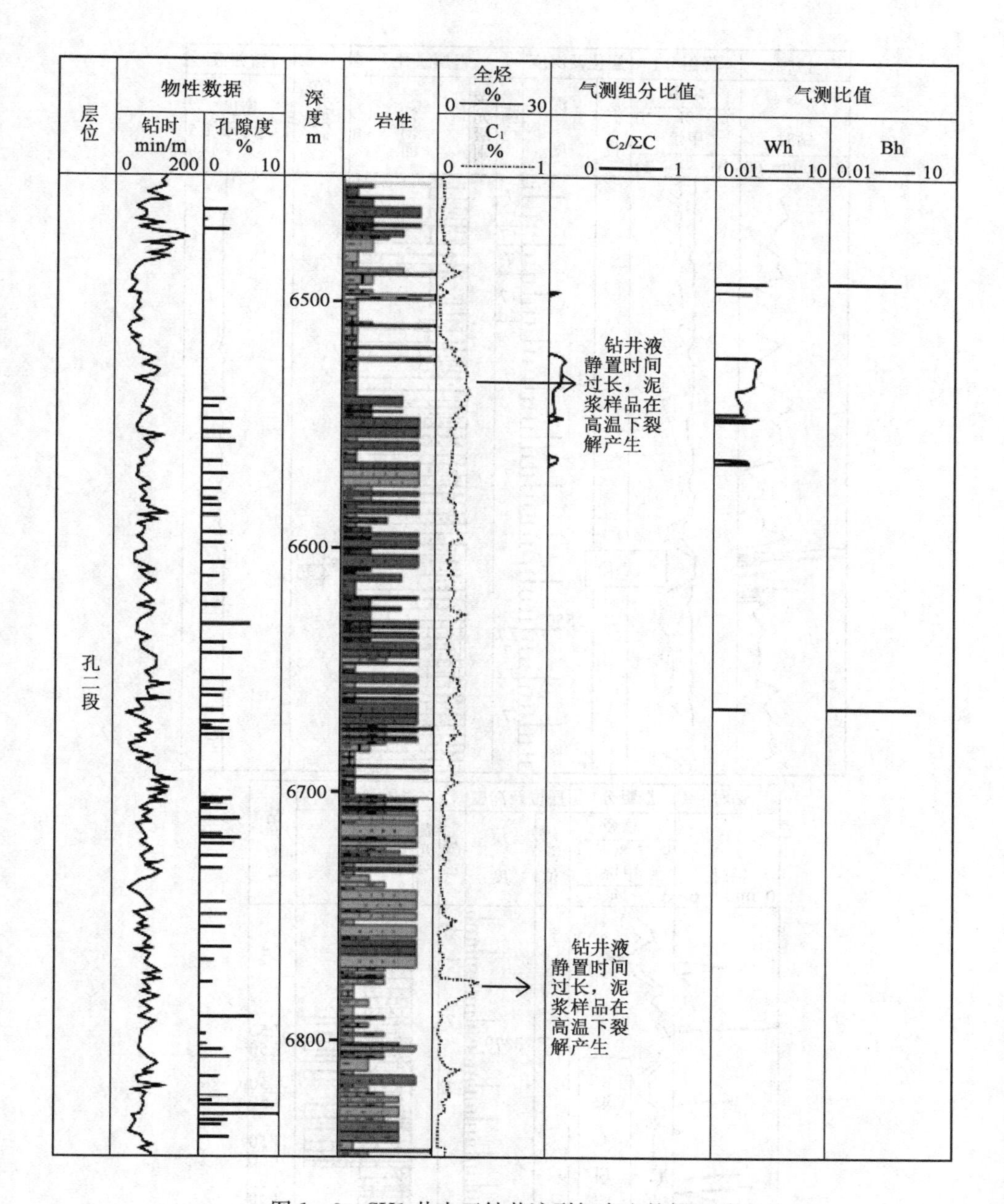

图 1－9　SK1 井由于钻井液裂解产生的假显示

速度快，粒状和块状岩屑（砂岩）上返速度慢，影响岩屑取样的代表性。

随着钻井技术的发展，钻头技术的革命，各油田采用新的 PDC 钻头，使岩屑粉碎很细，岩屑严重混杂，造成传统的地化录井采集样品的难度大大增加。传统地化录井对岩屑的脱气方法是对岩屑采用高温裂解色谱分析，这种方法是在高温 300～600℃对岩屑样品进行裂解，岩屑样品在钻井过程中烃类损失很大，这就不可避免地造成基础性失真。

（2）机械钻速。当其他钻井条件不变时，机械钻速越大，单位时间内破碎的岩石体积越大，钻井液与地层接触面积越大，因此气测显示越高；反之，气测显示越低。钻井取心时，由于机械钻速小，破碎岩石少，故气测显示低。

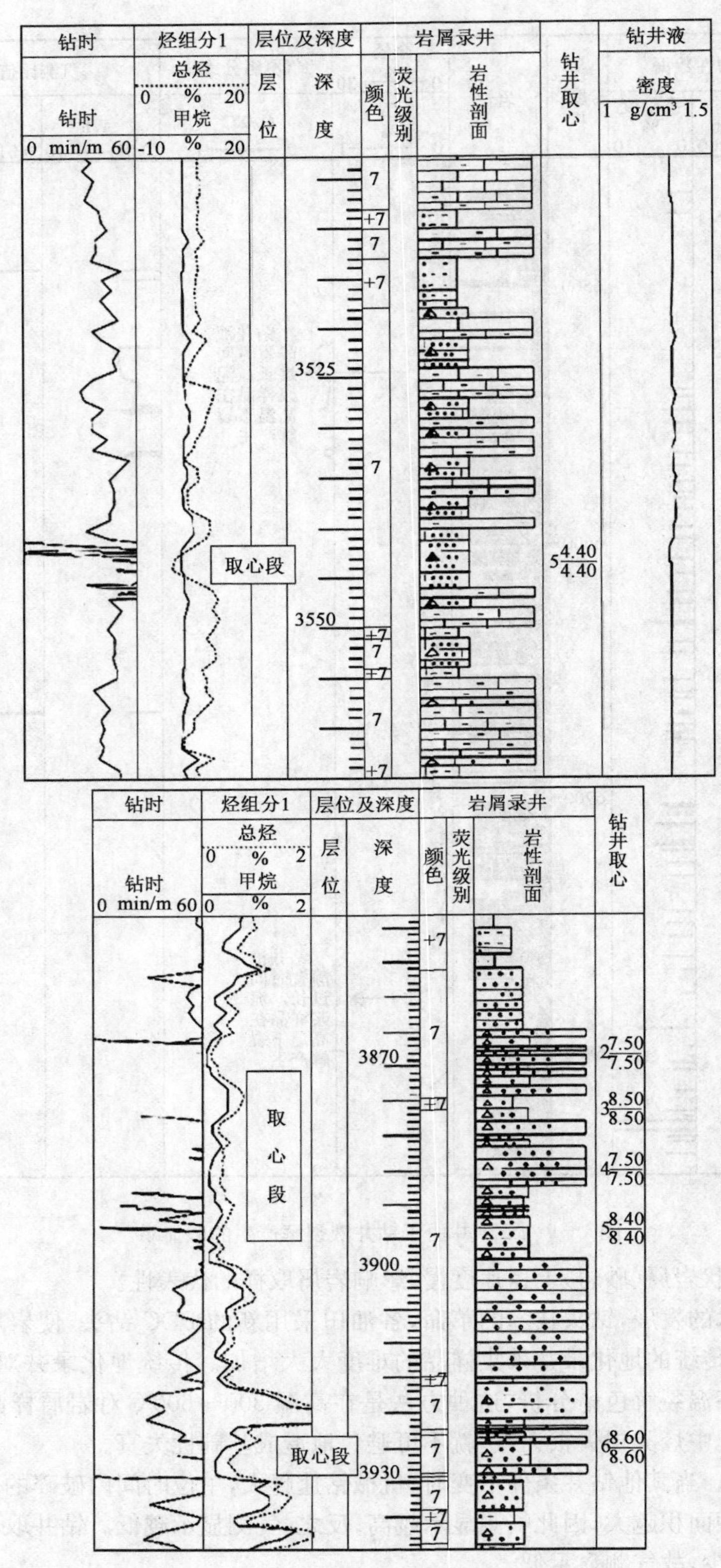

图 1-10 钻井取心对气测录井的影响

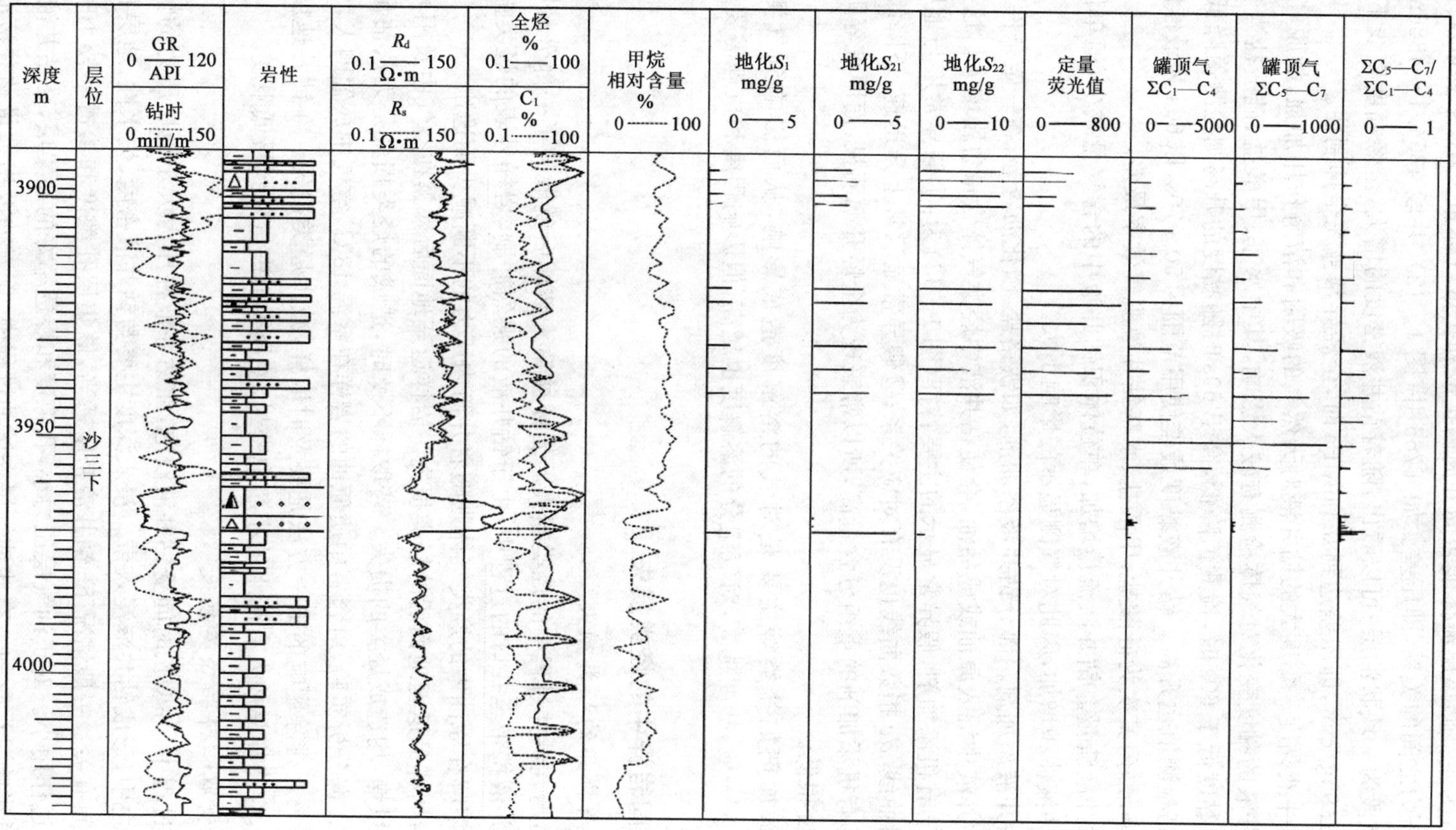

图1-11 D86井的接单根气

(3)钻井液密度。钻井液密度越大，液柱压力越大，井底压差越大；反之，井底压差越小。其影响反映为地层压力的影响。

气测录井检测油气显示虽然来源于岩屑破碎气和储集层流体扩散气两个方面，但以高压流体扩散气为主。储集层流体能否向井筒内扩散和扩散气体量大小，主要取决于井筒液柱压力和地层压力之间的关系，即压差。如 T765 井(图 1－12)，井段 4354.1～4386m 的压力系数为 1.89，该段为一块状油层；可以看出，随着钻井液密度的增大，全烃幅度直线下降，当钻井液密度达到 1.95g/cm³，即压差达到 0.06MPa 时，全烃异常被完全抑制住。

(4)钻井液黏度。黏度大的钻井液对天然气的吸附和溶解作用加强，故脱气困难，气测显示低。钻井液的黏度变化对气体检测有较大影响，其中水基、甲酸盐、硅酸盐当黏度 60s 时检测值最高，黏度低于 60s 时，检测值降低，高于 60s 时随黏度的升高则检测值降低；油基钻井液随黏度升高检测值也升高。钻井液黏度最佳使用范围为 50～70s，以 60s 为最佳值。油基钻井液脱气效率最好，其次为硅酸盐，甲酸盐、水基钻井液脱气效率最差。

(5)钻井液流量。钻井液流量增加，单位体积钻井液中的含气量减少，但单位时间通过脱气器的钻井液体积增加，因此对气测显示的影响不大。

(6)钻井液添加剂。部分钻井液添加剂，如铁铬盐、磺化沥青等，在一定条件下可以产生烃类气体；钻井液中混入原油或成品油，会使钻井液中烃类气体含量急剧增大。这些均可造成假异常。对于有机添加剂，假异常显示的主要特征(图 1－13)为：①假异常层与地层对应关系不好，与钻时曲线、*dc* 指数曲线也没有对应关系；②假异常显示常上升迅速、下降缓慢，持续井段比较长；③有机添加剂的重组分含量高，所以常表现为全烃升幅明显，而甲烷等则无明显异常，或异常幅度很低。

无机添加剂如盐类等主要是对气的溶解度造成影响，从而影响到气测幅度的变化(图 1－14)。一般，盐度越高，对气组分的溶解度也越高，但影响程度和机理需要进一步研究和实验证实。

2. 不同岩样中的烃类损失

1)岩屑样品的烃类损失

(1)岩屑在钻井过程中的烃类损失。岩样被钻头破坏后就散失了一部分烃类。在岩样从井底被钻井液携带至井口的过程中，由于钻井液的强烈冲刷，岩样外表的烃类被冲刷掉，而原始状态下溶解在原油中的烃类气体则随着井筒内压力的不断减少而逸出。

(2)岩屑样品返至地面后的烃类损失。岩样返至地面后暴露在空气中及阳光下晾晒，冬季在烤箱中烘烤，均造成烃类的损失。若取样不及时，造成的烃类损失是无法估量的，不能确定恢复系数。据分析实验，对含有中质原油的岩样在室温 18℃，空气中放置四天，S_0损失 100%，S_1损失 31%。排除影响的唯一方法是要及时取样，减少烃类损失。在钻井速度快、样品积压的情况下，应将样品放入有清水的小瓶中密封，使烃类损失量降到最低限度。

2)井壁取心样品烃类损失

钻井过程中，井壁长时间受钻井液浸泡，在钻井液柱压力大于地层压力的情况下，钻井液浸入地层之中，形成钻井液浸入带。浸入深度主要与钻井液密度、失水性、地层孔隙度、渗透率及浸泡时间有关。一般情况下，钻井液密度适当，储集层孔隙度和渗透率较小时，钻井液对油气层的渗透作用小。对于油气层压力小，孔隙度和渗透率好的储集层，在钻井液密度大的情况下，其渗透影响是严重的。有些油气层在试油过程中，首先抽汲出大量钻井液滤液，然后才出

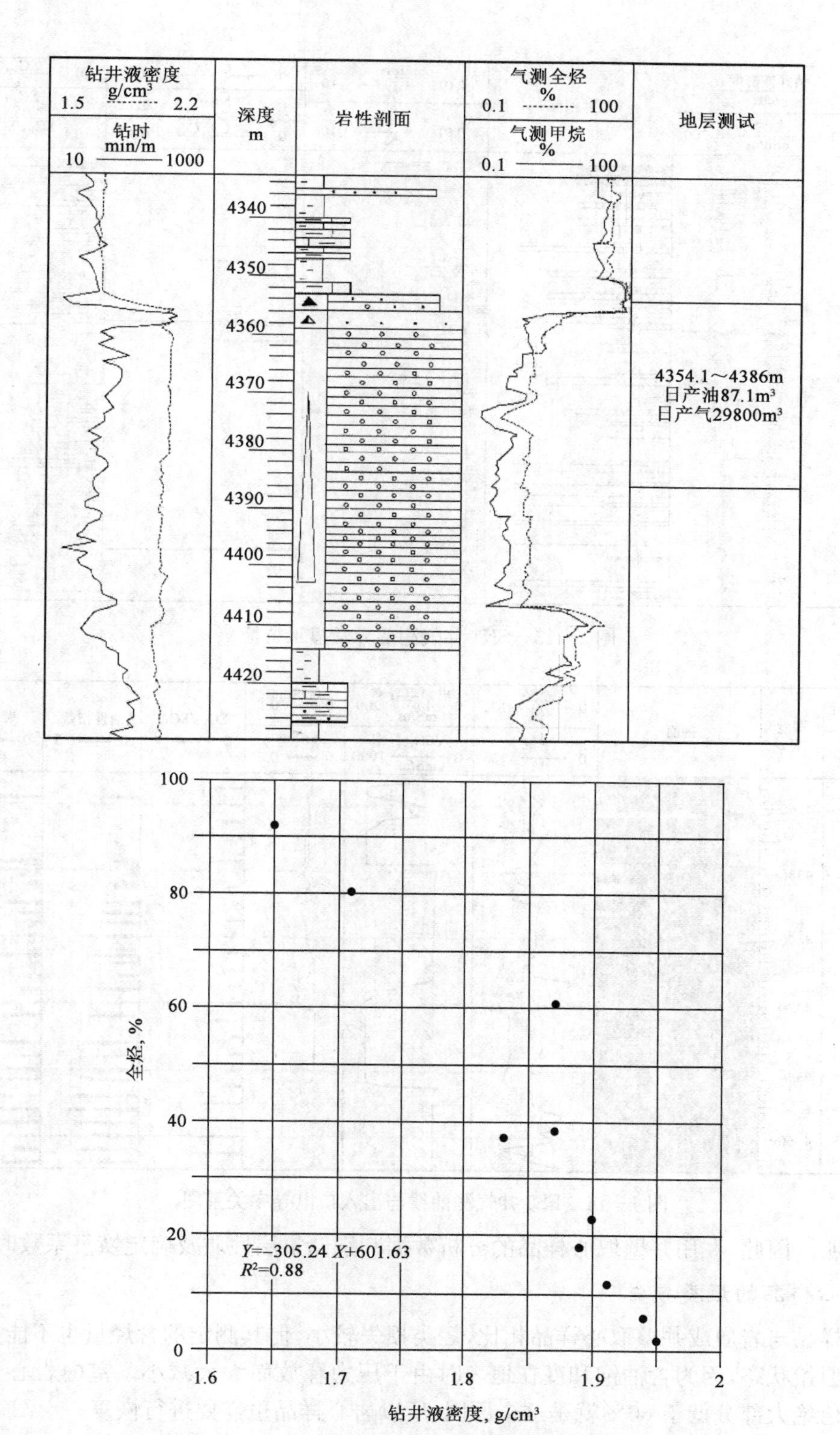

图 1－12　T765 井钻井液密度对全烃的影响

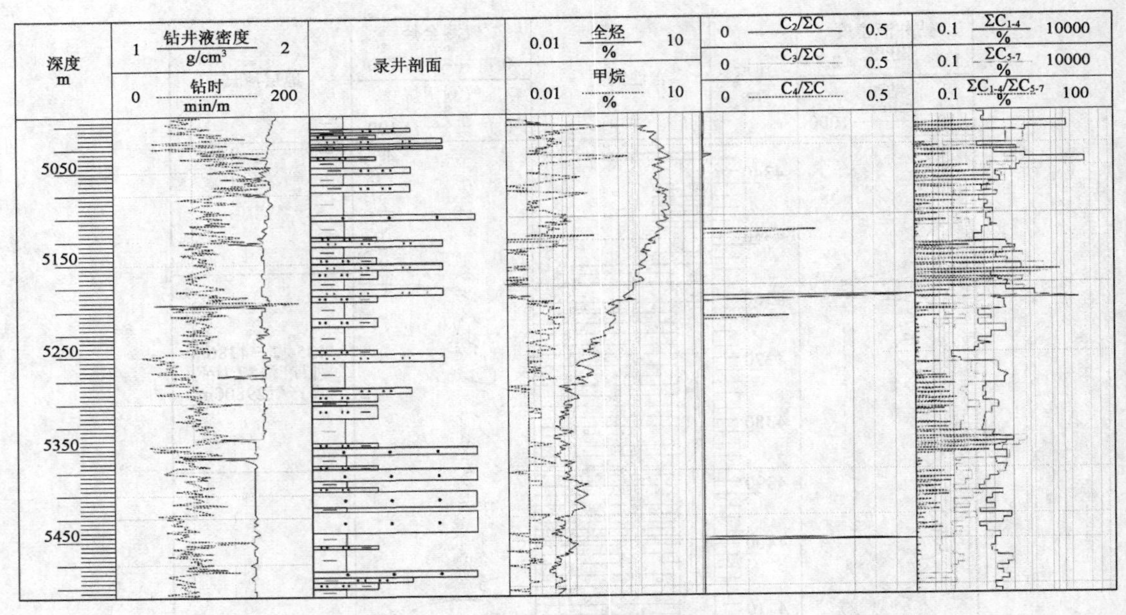

图 1－13　SK1 井气测假异常显示特征

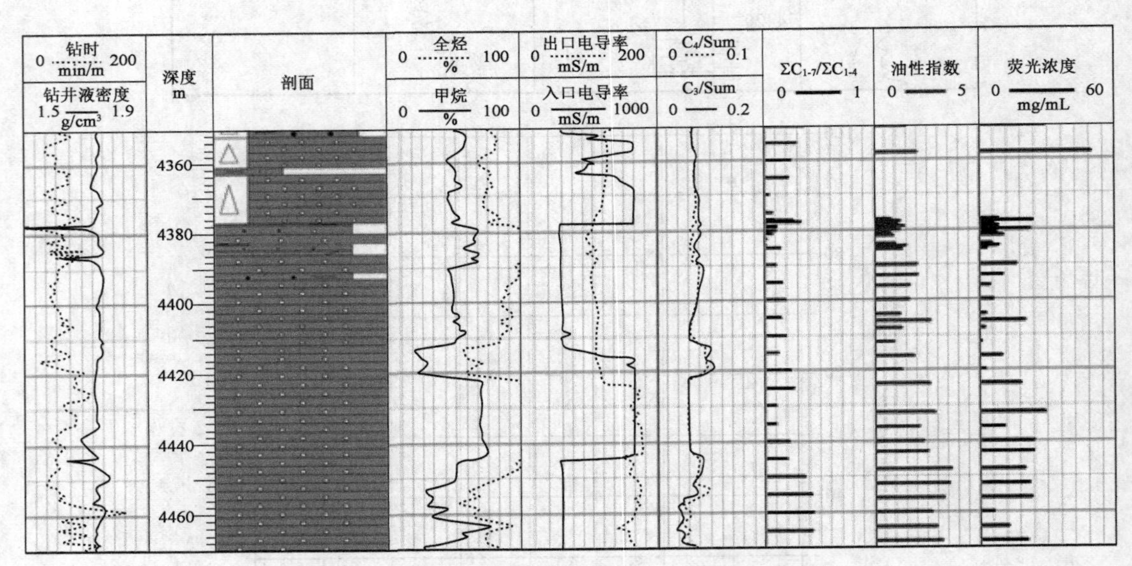

图 1－14　FS5 井气测曲线与出入口电导率关系图

油就是证明。因此，在用井壁取心样品的分析数据判别储集层性质及确定恢复系数时应慎重。

3）岩心样品的烃类损失

岩心样品与岩屑或井壁取心样品相比，烃类损失较小，但其测定的含烃量也不能完全代表储集层的原始状态，因为含油饱和度在地表时由于压力释放而大大减小。室内岩心含油饱和度的分析值绝大部分低于 60％就是这个原因，所以岩心样品也需要进行恢复。

四、录井资料的预处理方法

录井资料种类繁多，影响因素复杂，给录井评价工作带来了很大困难。经过多年的研究与实践，已逐渐形成了一套在现有技术条件下相对完善的录井资料预处理方法。

1. 对比法

对比法按途径可分为层内对比、层间对比和井间对比；按内容可分为谱图对比、参数对比、曲线对比和工况对比。对比的目的是去伪存真，识别真显示。

谱图对比是识别真假油气显示的主要方法，岩石热解、定量荧光、罐顶气轻烃色谱、热蒸发烃色谱、核磁共振录井等识别真假油气的方法都是基于谱图对比的方法，辅以参数对比。如三维定量荧光识别真假油气显示的方法主要有图谱特征对比法和参数对比法两种。

1）图谱特征对比法

从三维图谱、等值图谱指纹图以及密集椭圆、灵敏线等图谱特征来识别真假油气显示，相对于二维荧光信息量更大、更加直观。在完善健全特征图谱库的前提下，通过样品图谱与钻井液图谱的分析对比，寻找二者图谱特征的差异，可以比较直观、准确地判别污染。

2）参数对比法

不同添加剂、成品油均有各自不同的最佳激发波长、最佳发射波长和油性指数 R 值，因此通过最佳激发波长、最佳发射波长、油性指数 R 等参数对比可以更加有效的识别真假油气显示。

C66 井是一口预探井，设计井深 4050m，目的层是沙河街组。本井钻至 4163m 时卡钻，在处理事故时混入解卡剂 30m³，柴油 2m³，解卡剂成分以原油和重晶石粉为主，对钻井液造成污染。钻至井深 4300m 左右发现油气显示，为了验证地下油气显示的真实性，对解卡剂及油气显示样品（罐装样）进行了三维荧光分析，对二者图谱特征进行了分析对比（图 1－15）。

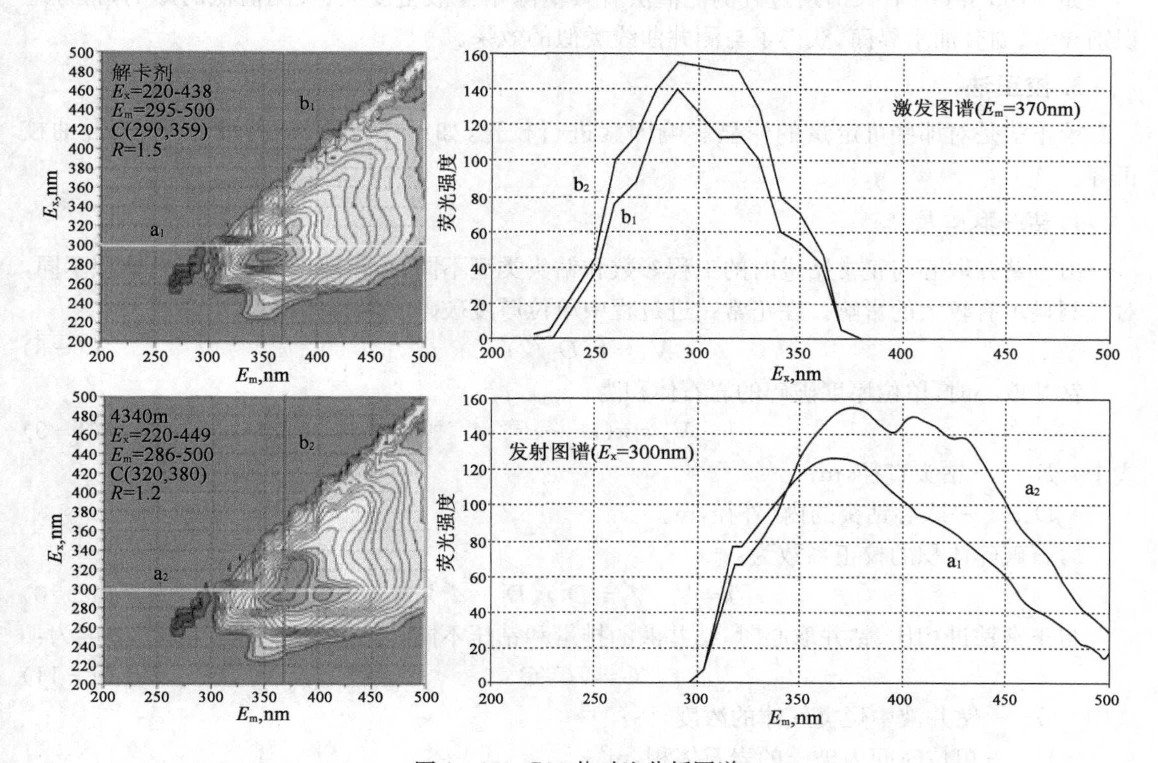

图 1－15　C66 井对比分析图谱

解卡剂样品分析图谱的主要特征为：出峰范围 $E_x=220\sim438$nm，$E_m=295\sim500$nm，三维图谱呈锥状，密集椭圆面积较小，椭圆中心 $E_x=290$nm，$E_m=359$nm，油性指数 1.5。井深 4340m 样品分析图谱的主要特征为：出峰范围 $E_x=220\sim449$nm，$E_m=286\sim500$nm，三维图谱呈柱状，密集椭圆面积较大，椭圆中心 $E_x=320$nm，$E_m=380$nm，油性指数 1.2。通过图谱对比可以直观看出，二者图谱轮廓、密集椭圆形状、中心位置等不同，岩石样品分析图谱与标准图谱有明显的差异，不能重合，沿 $E_m=370$nm 的激发图谱（灵敏线）和沿 $E_x=300$nm 的发射图谱（灵敏线）叠加后有明显的区别，说明二者在组分上有差别，样品中的油气显示不是来自解卡剂，而是来自地下的真实显示，分析荧光强度达到油层级别，解释为油层。

对井段 4301.03～4556.18m 试油，油压 19MPa，套压 20.8MPa，日产油 131t，日产气 11662m^3，日产水 3.02m^3，累计产油 1863t，试油结论为油层。

2. 比值法

对录井资料影响较大的是绝对量，但相对量或参数比值却几乎不受影响。据此，可用于油气的识别与评价。

参数比值可以是一对一的比值，也可以是一对多或多对一的比值，还可以是多对多的比值。不同的比值往往具有同样异常识别效果。这些比值受气油比的影响，所以比值的高低也能反应地层的气油比。气测、岩石热解地化、热蒸发烃色谱、罐顶气轻烃色谱等录井技术中都包含有诸多的分析参数，利用这些参数的比值识别和评价油气层是最有效的资料处理方法之一。如气测的皮克斯勒法利用的是单参数比值，三角形图版法利用的是一对多的比值，3H 法利用的是多对多的比值。

如 T765 井（图 1-16）通过气测比值法有效消除钻井液密度大、气测值低的影响，很好地识别异常、划分油水界面，获得了与测井曲线类似的效果。

3. 校正法

校正法是对那些可定量的明显影响因素进行校正，如压差校正、钻井取心校正、混油校正等。

1）钻井取心校正

由于钻井取心与正常钻进时的工程参数和钻头类型不同，单位厚度破碎的岩石体积不同，对气测显示有较大的影响。在正常钻进过程中单位厚度破碎的岩石体积为：

$$V_1=\pi(D_1/2)^2 \tag{1-8}$$

钻井取心时，单位厚度破碎的岩石体积为：

$$V_2=\pi(D^2-d^2)/4 \tag{1-9}$$

式中 D_1——钻头直径，m；

D、d——取心钻头的内、外径，m。

岩石破碎体积的校正系数为：

$$k=V_1/V_2=D_1^2/(D^2-d^2) \tag{1-10}$$

与正常钻进相比，钻井取心时，钻井液的排量和钻压不同。钻井液中烃类气体的浓度为：

$$G=VC/Q \tag{1-11}$$

式中 G——钻井液中烃类气体的浓度，%；

V——单位时间内破碎的岩石体积，m^3；

C——单位体积岩石中烃类气体的浓度，%。

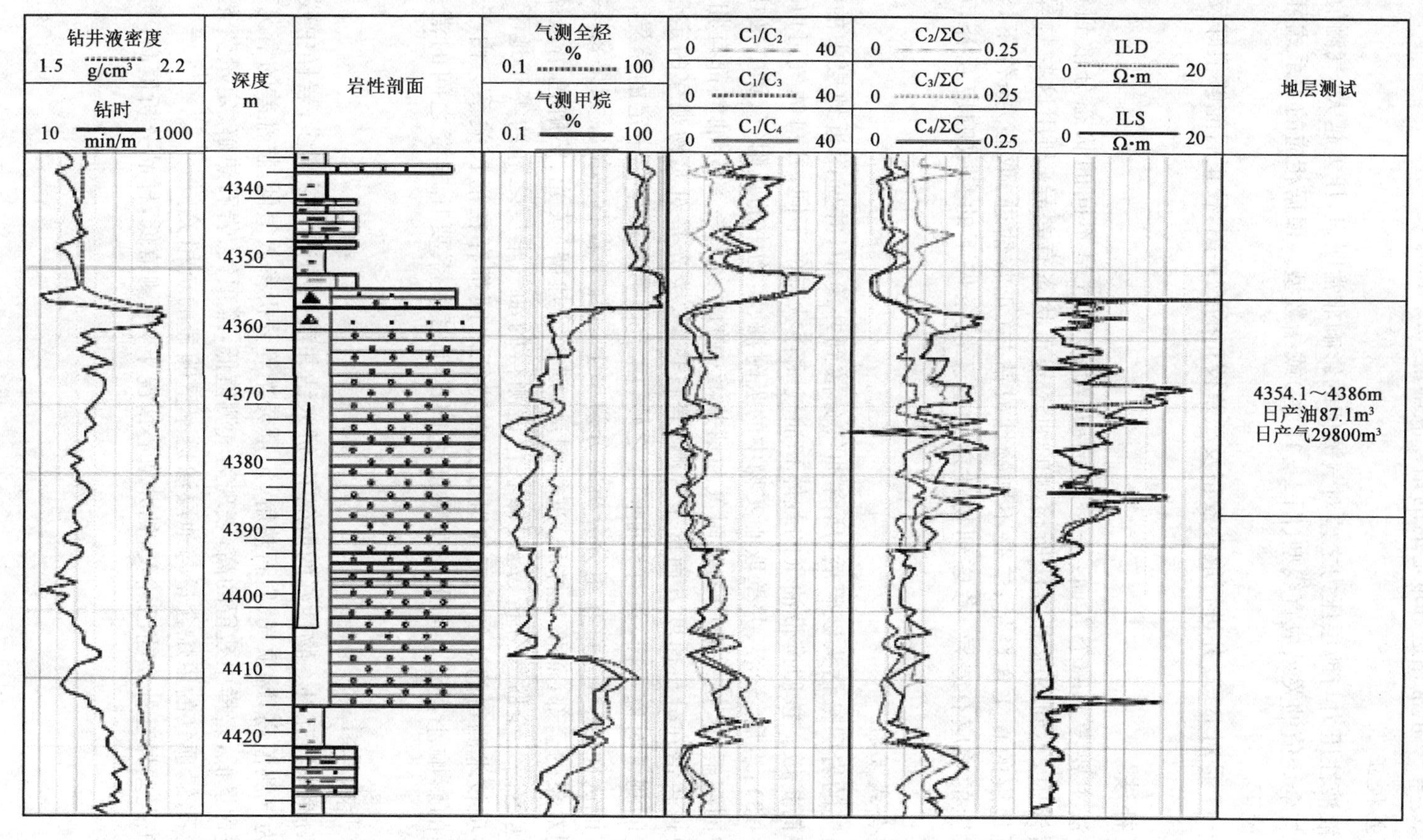

图1-16 T765井气测比值法应用效果图

烃类气体浓度的校正系数为：

$$k=G_1/G_2=D_1{}^2Q_2t_2/[Q_1t_1(D^2-d^2)] \tag{1-12}$$

式中 t_1、t_2——正常钻进和取心时的钻时，min/m；

Q_1、Q_2——正常钻进和取心时的钻井液排量，m^3/min。

2)压差校正

钻井液液柱压力与地层压力之差对气测值的影响非常明显，压差越大，气测值越低。

压差与全烃值的关系成直线型(图 1-12 右)或指数型。根据相应的关系式可以对压差的影响进行校正。

图 1-17 是对 B930 井进行取心校正及压差校正的效果图，校正后能够很好反应地层的真实情况。

4. 互补法

互补法主要考虑两个方面：一是地层破碎后，油气呈不同的状态分散到钻井液中和保存在岩样中，不同的录井方法所检测的油气分布状态有差异，利用这些差异进行互补，可以接近地层的真实含烃量；二是不同物性或钻井(正常钻进、取心)条件下，油气在不同录井手段上的响应有差异，考虑到物性差异或工况条件下的参数响应互补，可以准确评价油气层。

1)整合式互补

含油气的岩层被钻头破碎后，所含油气分散到井筒中，井壁附近地层中的油气也有一部分向井筒扩散。按照携带油气的载体和油气赋存状态的不同，井口油气可以分为 6 个部分(图 12-3)：岩屑、岩心、井壁取心实物中的吸附油、实物中的吸附气、钻井液中的游离气、钻井液中的溶解气、钻井液中的吸附气和钻井液中的油。每一部分油气都有相对应的检测技术。快速色谱在分析速度方面优于气测；岩石热解、荧光是对实物观察的定量化，岩石热解和荧光的测量对象一样，具有异曲同工之妙，由于影响因素存在一定的差异，所以是理想的相互印证伙伴；热解色谱在组分分析的分辨率上远胜于岩石热解。如果每一项技术都对它所检测对象的全部(而不是样品)进行测量，则岩石热解(荧光、热解色谱)、罐顶气轻烃、气测(快速色谱)、全脱气分析、薄层棒状色谱测得的油气丰度之和约等于地下油气的真实含量。各项技术测得的油气丰度和组分分布特征之间都存在消长关系。由于组分分布特征受样品的影响小，所以组分分布特征之间的消长关系要比丰度之间的消长关系稳定得多。

2)差异式互补

(1)物性差异互补。物性好的情况下，进入钻井液中的油气量增多，岩样中残留的反而降低，表现为气测值高，罐顶气、岩石热解、定量荧光等分析参数值低；物性差的情况下，进入钻井液的烃类含量低，岩样中残留的高，表现为气测值低，罐顶气、岩石热解、定量荧光值高。如图 1-18 所示，罐顶气的甲烷含量与地层渗透率呈明显的负相关。

(2)工况差异互补。前已述及，钻井取心情况下，气测值低，样品分析值高，与正常钻进条件下相反。

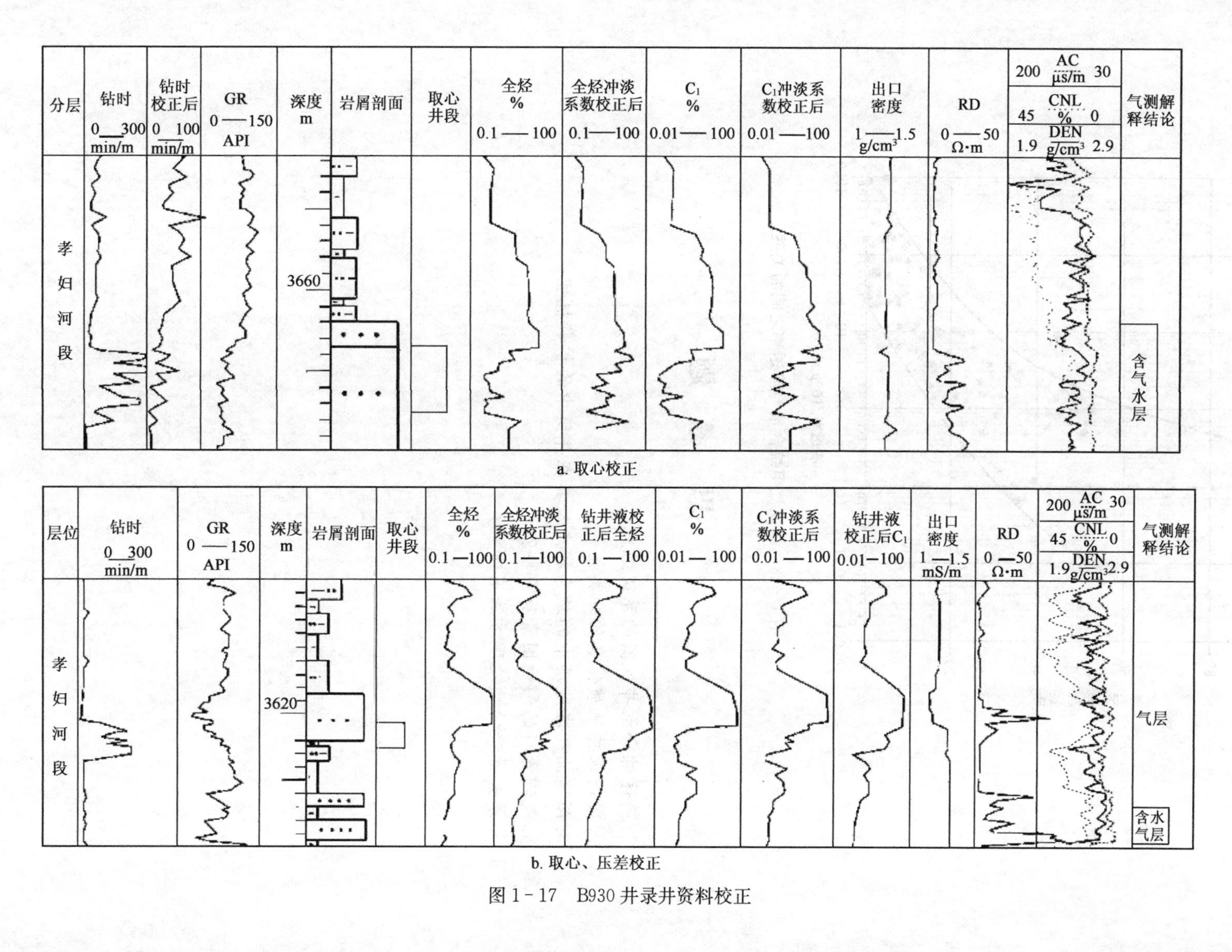

图 1-17 B930 井录井资料校正

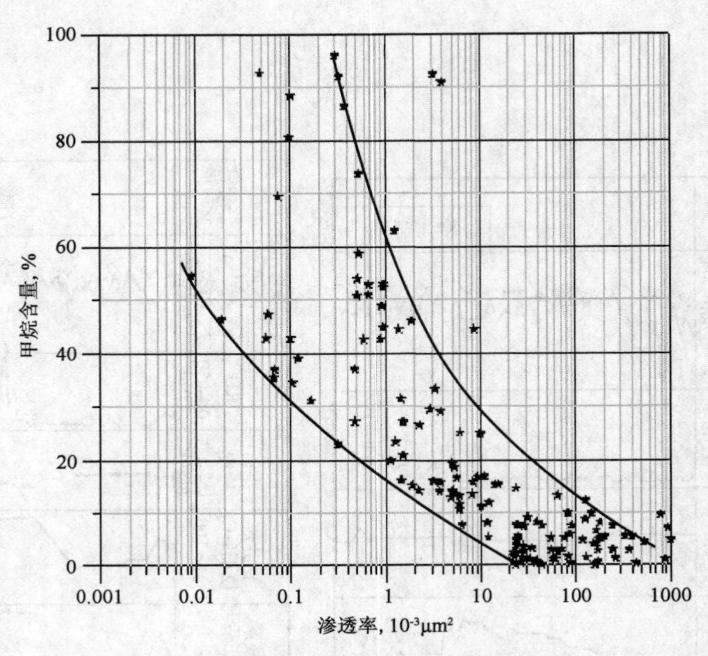

图 1-18　罐顶气甲烷含量与渗透率之间的关系

思　考　题

1. 简述综合录井仪器的系统组成。
2. 简述录井地质信息的分类体系。
3. 简述油气在地层中的赋存状态及其在井筒中的扩散机理。
4. 气测资料的影响因素有哪些?
5. 录井资料的预处理方法有哪些?

第二章
录井岩石学分析

岩心和岩屑录井是录井技术中最为基础的工作，也是发现油气最为直接的证据之一，更是人类探索地球科学最古老且最有效的手段。因此，准确地鉴别和描述岩石特征，是录井工作者必须具备的基本功。

第一节　岩石学基础知识

岩石是天然产出的具有一定结构构造的矿物集合体。地球上的岩石，绝大多数是由一种或几种造岩矿物组成的，极少数是由天然玻璃、胶体或生物遗骸组成的。按地质成因，岩石分为岩浆岩(火成岩)、沉积岩、变质岩三大类。

岩石学是研究岩石的成分、结构、构造、分类命名、产状、分布、成因、与成矿作用的关系、演变历史等的学科。它是录井现场岩样鉴定的理论基础。

一、岩浆岩的岩石学特征

岩浆是指地球深部产生的一种炽热的、黏度较大的熔融体。岩浆可以在上地幔或地壳深处运移，或喷出地表，它的主要成分是硅酸盐，还含有大量的挥发组分及成矿金属元素。岩浆温度范围 700～1200℃。

1. 岩浆岩的物质组成

1)化学组成

地壳中的所有元素在岩浆岩中均有发现，其中有 10 种元素的含量很高：O(46.59%)、Si(27.72%)、Al(8.13%)、Fe(5.01%)、Ca(3.63%)、Na(2.85%)、K(2.60%)、Mg(2.09%)、Ti(0.63%)、H(0.13%)，它们的总和约占岩浆岩总重量的 99.38%。

在岩浆岩中，主要造岩元素的分析结果一般以氧化物质量分数的形式给出，在不同的岩浆岩中它们的含量(平均值)变化范围较大(表 2-1)。

表 2-1　常见岩浆岩平均化学成分(质量分数)　　(单位：%)

氧化物	岩浆岩(平均)	酸性岩浆岩(花岗岩)	中性岩浆岩(安山岩)	基性岩浆岩(玄武岩)	超基性岩浆岩(橄榄岩)
SiO_2	59.12	71.23	57.94	49.20	42.26
Al_2O_3	15.34	14.32	17.02	15.74	4.23
Fe_2O_3	3.08	1.21	3.27	3.79	3.61

续表

氧化物	岩浆岩(平均)	酸性岩浆岩(花岗岩)	中性岩浆岩(安山岩)	基性岩浆岩(玄武岩)	超基性岩浆岩(橄榄岩)
FeO	3.80	1.64	4.04	7.13	6.58
MgO	3.49	0.71	3.33	6.73	31.24
CaO	5.08	1.84	6.79	9.47	5.05
Na_2O	3.84	3.68	3.48	2.91	0.49
K_2O	3.13	4.07	1.62	1.10	0.34
TiO_2	1.05	0.31	0.87	1.84	0.63
MnO_2	0.12	0.05	0.14	0.20	0.41
P_2O_5	0.30	0.12	0.21	0.35	0.10
H_2O	1.15	0.77	1.17	0.95	3.91
CO_2	0.10	0.05	0.05	0.11	0.30

2)矿物组成

(1)岩浆岩的主要造岩矿物。组成岩浆岩的矿物,常见的约20多种,主要有长石、石英、云母、角闪石、辉石和橄榄石等主要造岩矿物,及少量磁铁矿、钛铁矿、锆石、磷灰石、榍石等副矿物(表2-2)。

表2-2 岩浆岩中常见矿物平均含量(质量分数) (单位:%)

矿物		花岗岩	花岗闪长岩	闪长岩	辉长岩	纯橄榄岩
石英		25	21	2		
正长石		40	15	3		
斜长石	富钠斜长石	26				
	中长石		46	64		
	富钙斜长石				65	
黑云母		5	3	5	1	
角闪石		1	13	13	3	
单斜辉石				8	14	
斜方辉石				3	6	2
橄榄石					7	95
磁铁矿		2	1	2	2	3
钛铁矿		1	1		2	

根据化学成分的特点和颜色,造岩矿物可分为硅铝矿物和铁镁矿物两类:

硅铝矿物指SiO_2与Al_2O_3含量较高,不含铁、镁的铝硅酸盐矿物,如石英、长石和似长石类(霞石、白榴石、方钠石等)矿物。由于其颜色浅,也称浅色矿物。

铁镁矿物指富含镁、铁、钛、铬的硅酸盐和氧化物矿物,如橄榄石、辉石、角闪石和黑云母等。由于其颜色深,也称暗色矿物或深色矿物。

岩浆岩中暗色矿物的体积百分含量,通常称为色率。一般花岗岩的色率为9,花岗闪长岩的色率为18,闪长岩的色率为30,辉长岩的色率为35,纯橄榄岩的色率为100。

(2)岩浆岩的矿物成分与矿物结晶顺序的关系。根据鲍温反应系列原理,岩浆在结晶过程中常有规律地产生连续反应系列和不连续反应系列两个并行的分支：

连续反应系列：反映斜长石固溶体矿物从岩浆中结晶的顺序，从高温到低温，依次由钙质斜长石向钠质斜长石连续转化。

不连续反应系列：反映铁镁矿物从岩浆中结晶的先后顺序，首先结晶的是橄榄石，其后结晶的依次是辉石、角闪石，后期结晶的是黑云母。

随着岩浆的冷却，从岩浆中同时析出一种铁镁矿物和一种斜长石，两者互相独立地进行，两个系列之间位于同一水平线上的矿物可以同时结晶，形成某种岩石类型的主要矿物成分(图 2-1)。

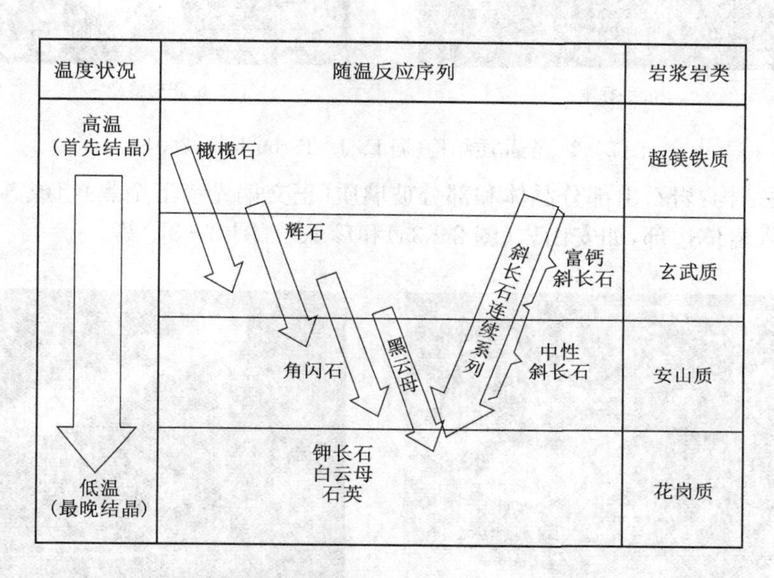

图 2-1　鲍温反应系列(据 E. J. Tarbuck 等,2006,有修改)

2. 岩浆岩的结构和构造

岩浆岩的结构是指岩石中矿物的结晶程度、颗粒大小、晶体形态、自形程度以及它们之间的相互关系等；岩浆岩的构造是指岩石中不同矿物集合体之间或矿物集合体与其他组成部分之间的排列和充填方式等。

1)岩浆岩的结构

根据岩浆岩的结晶程度、矿物颗粒大小、矿物自形程度、矿物之间的关系，可划分出 20 余种结构类型(表 2-3)。

表 2-3　岩浆岩的结构类型划分

按矿物结晶程度	按矿物颗粒相对大小	按矿物自形程度	按矿物之间的关系
全晶质结构 半晶质结构 玻璃质结构	等粒结构 显晶质结构 隐晶质结构 不等粒结构 连续不等粒结构 斑状结构	自形粒状结构 半自形粒状结构 (花岗结构) 他形粒状结构	辉长结构　辉绿结构 间粒结构　间隐结构 粗面结构　交织结构 包含结构　二长结构 环带结构　反应边结构 文象结构　蠕虫结构 响岩结构　煌斑结构

(1)全晶质结构：岩石全部由矿物的晶体组成，不含玻璃质。全晶质结构是岩浆在温度变

化缓慢的条件下结晶而成，主要见于深成侵入岩，如花岗闪长岩(图 2-2)。

a. 手标本

b. 正交偏光

图 2-2　全晶质结构(据 E. J. Tarbuck 等,2004)

(2)半晶质结构：岩石由部分晶体和部分玻璃质(正交偏光镜下全黑)组成。多见于火山岩及部分浅成侵入岩体边部，如安山岩(图 2-3a)和珍珠岩(图 2-3b)等。

a.手标本

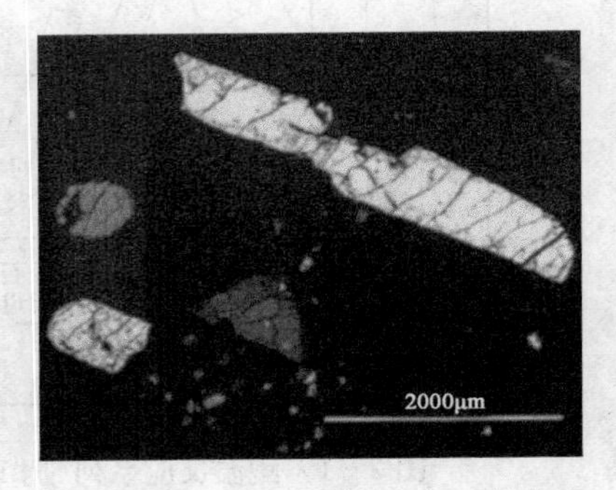

b.斑晶为石英，基质为火山玻璃，正交偏光

图 2-3　半晶质结构(据 E. J. Tarbuck 等,2004)

(3)玻璃质结构：岩石几乎全部由天然玻璃质组成，是由于岩浆温度快速下降，各种组分来不及结晶就冷凝而形成，主要见于喷出岩或部分超浅成次火山岩中(图 2-4)。

(4)等粒结构：是指同类矿物的颗粒大小相近的全晶质结构(图 2-5)。按颗粒大小分为粗粒结构(＞5mm)、中粒结构(5～1mm)、细粒结构(1～0.1mm)和微粒结构(＜0.1mm)。

(5)不等粒结构：岩浆岩中同类矿物颗粒大小不等的全晶质结构。如果岩石中矿物粒度依次降低，形成连续的粒级系列，称为连续不等粒结构(图 2-6a)。如果岩石中矿物颗粒分为大小截然不同的两类，大颗粒(斑晶)散布在小颗粒或玻璃质(基质)中，且斑晶和基质粒径有明显粒级间断，则称为斑状结构(图 2-6b)。

(6)自形粒状结构：岩石中同种主要矿物晶体具有完整的固有晶形(图 2-7a、b)。

(7)半自形粒状结构：岩石中矿物晶体自形程度不一致，其中有些是自形或他形，但多数是半自形的(图 2-8a)，这种结构以花岗岩中显示的最为典型，故也叫花岗结构。

(8)他形粒状结构：由晶形不规则的矿物颗粒所构成的结构。岩石中主要矿物颗粒不出现它们固有的晶形，其形状受相邻晶体或遗留空间所限制，而呈不规则形状(图 2-8b)。

(9)辉长结构：基性斜长石、辉石、橄榄石等矿物呈近似的半自形粒状，互成不规则排列。这表明辉石和斜长石是同时从岩浆中析出，在辉长岩中比较常见(图 2-9)。

a. 手标本
（据 E. J. Tarbuck等，2004）

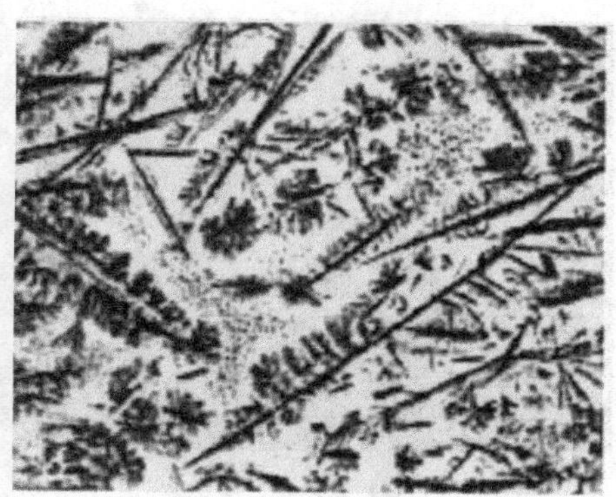

b.单偏光
（南京大学地球科学数字博物馆）

图 2-4　玻璃质结构

a.手标本
（引自rockcollector.co.uk）

b.单偏光
（引自nau.edu）

图 2-5　等粒结构

a.连续不等粒结构，正交偏光

b. 斑状结构，手标本

图 2-6　不等粒结构(引自 rockcollector. co. uk)

(10)辉绿结构:斜长石呈自形板条状交织分布,而他形粒状辉石则充填在斜长石板条构成的三角形空隙中间,或部分包裹了斜长石的边缘。辉绿岩常有此结构(图 2-10a)。

a.自形粒状结构，手标本

b.自形粒状结构，正交偏光
（南京大学地球科学数字博物馆）

图 2-7　自形粒状结构

a. 半自形粒状结构（花岗结构），正交偏光
（引自geolab．unc.edu）

b. 他形粒状结构，正交偏光
（引自geo.auth.gr）

图 2-8　半自形和他形粒状结构

a.辉长岩，手标本
（国家岩矿化石标本资源数据中心）

b. 辉长结构，正交偏光
（引自uct.ac.za）

图 2-9　半自形和他形粒状结构

(11)包含结构：是指岩石中大晶体包含小晶体的一种结构。如在基性侵入岩中，常见在辉石大晶体中包含着板条状斜长石的小晶体，称含长结构(图 2-10b)。

(12)间粒结构：也称粒玄结构。岩石中较白的板条状斜长石杂乱分布，在斜长石构成的格架空隙内充填着细小的辉石、橄榄石、磁铁矿等矿物颗粒(图 2-11a)。

a. 辉绿结构，正交偏光
（引自nau.edu）

b. 含长结构，正交偏光
（引自geo.auth.gr）

图 2-10　辉绿结构、含长结构

(13)间隐结构:也称填间结构。在细柱状斜长石微晶所构成的不规则格架间隙中填充着玻璃质(有时为脱玻化产物)或隐晶质(图 2-11b),这是一种半晶质的基质结构。

a.间粒结构，正交偏光

b.间隐结构，正交偏光

图 2-11　间粒结构、间隐结构

(14)粗面结构:是粗面岩常具有的一种特征结构。岩石(或基质)全由钾长石微晶组成,镜下可见这些钾长石微晶大致呈定向或半定向排列(图 2-12a)。

(15)交织结构:岩石(或基质)由密集的杂乱无章的斜长石微晶组成,在其间隙中充填有隐晶质物质(图 2-12b)。如间隙中充填玻璃质及其脱玻化产物,称为玻基交织结构。

(16)环带结构:在正交偏光下同一个矿物颗粒内的干涉色和消光位不一致,呈环带状分布,如斜长石和角闪石的环带结构(图 2-13a、b)。

(17)反应边结构:是指矿物周边分布一圈新形成的矿物,如橄榄石周边常有辉石或角闪石的反应边,以及橄榄石晶体遭氧化常形成伊利石镶边环绕等现象(图 2-14 a、b)。

(18)文象结构:岩石中石英和钾长石(通常为微斜长石或微纹长石)呈有规则的连生,石英具独特的棱角形和楔形,在钾长石晶体中呈定向排列,形似古代象形文字。它是石英、长石在共结情况下形成的,大者肉眼可见(图 2-15a)。

(19)蠕虫结构:岩石中斜长石交代钾长石后,由剩余的 SiO_2,形成的蠕虫状石英,镶嵌在斜长石的边部,在斜长石中显示包含有细小的蠕虫状或指状石英(图 2-15b)。

(20)响岩结构:基质中含有大量短矩形(近正方形)和六边形等断面形状的霞石晶体。

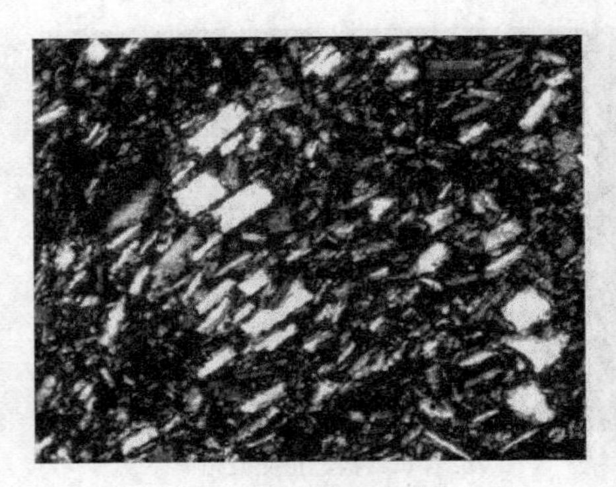

a. 粗面结构，单偏光
（引自planet-terre.ens-lyon.fr）

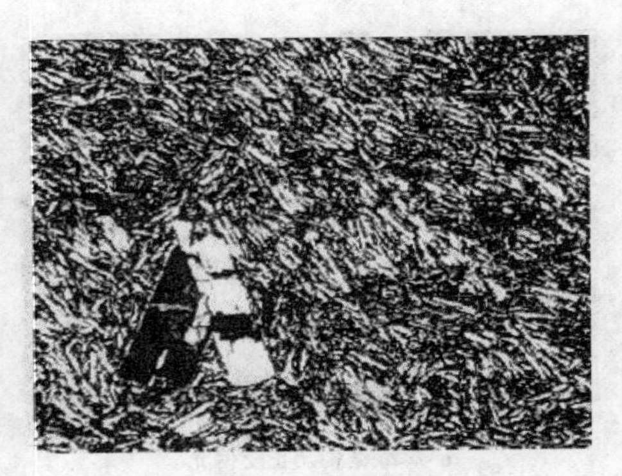

b. 交织结构，正交偏光
（引自geos.mn）

图 2-12　粗面结构、交织结构

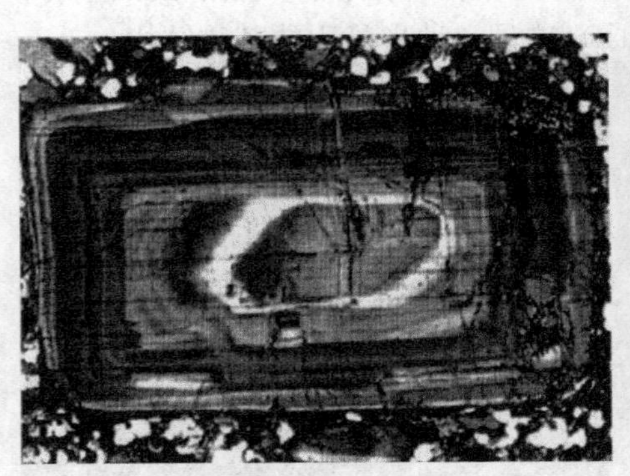

a.斜长石的环带结构，正交偏光

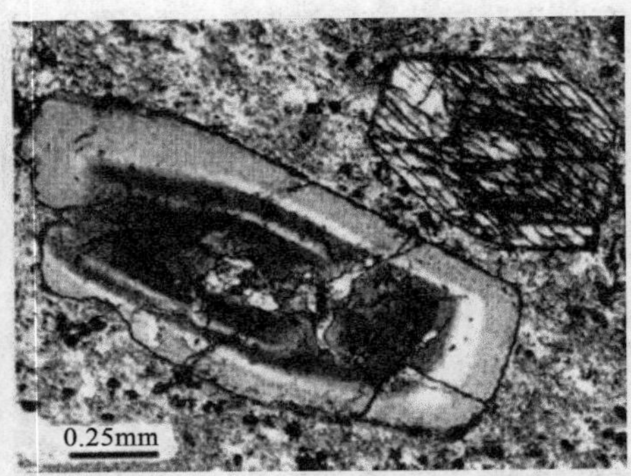

b.角闪石的环带结构，单偏光

图 2-13　环带结构(据常丽华等,2006)

a.反应边结构，正交偏光

b.反应边结构，单偏光

图 2-14　反应边结构(据常丽华等,2006)

(21)煌斑结构:是煌斑岩的特有结构。其特点是斑晶和基质中的深色矿物自形程度很好，常常比岩石中的浅色矿物自形程度高。

2)岩浆岩的构造

岩浆岩的构造是岩石中不同矿物集合体之间或矿物集合体与其他组成部分之间的排列和充填方式等所显示的几何学特征,常分为侵入岩构造和喷出岩构造两大类(表 2-4)。

a. 文象结构，手标本
（引自fmm.ru）

b. 蠕虫结构，正交偏光
（引自und.edu）

图 2－15　文象结构、蠕虫结构

表 2－4　岩浆岩的构造类型

常见的侵入岩构造	常见的喷出岩构造
块状构造、斑杂构造、带状构造、流动构造、球状构造、晶洞构造	气孔构造、杏仁状构造、枕状构造、绳状构造、流纹构造、柱状节理构造、珍珠构造

(1)块状构造：又称均一构造。岩石各组成部分的成分和结构是均一的，无气孔，矿物排列无一定次序，无一定方向，如巨大花岗岩体都具有块状构造特征(图 2－16a)。

(2)斑杂构造：又称不均一构造，指岩石中不同组成部分在结构构造上、颜色上或矿物成分上有较大的差异，使整个岩石显得不均匀。引起斑杂构造的原因很多，可由于出现析离体和捕虏体，也可由岩浆与围岩之间不彻底同化混染作用，或一种岩浆与另一种成分不同的岩浆发生岩浆混合作用所造成的。如橄榄岩中因分布有团块状纯橄榄岩析离体而显示斑杂构造(图 2－16b)。

a.块状构造，手标本
（据E. J. Tarbuck等，2004）

b.斑杂构造，手标本
（引自astro.com.tw）

图 2－16　块状构造、斑杂构造

(3)流动构造：指岩浆在流动过程中，所产生的流线构造和流面构造。流线构造是岩石中的长柱状矿物或长形捕虏体、析离体等呈定向排列的现象(图 2－17a)。流面构造是岩石中的板状、片状矿物或扁平的捕虏体、析离体等呈面状平行展布的现象(图 2－17b)。

(4)球状构造：指侵入岩中不同成分的矿物围绕某些中心呈同心层状分布，外形呈圆球体

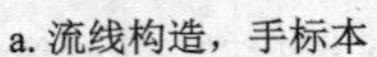

a. 流线构造，手标本　　b. 流面构造，手标本

图 2－17　流线构造、流面构造(国家岩矿化石标本资源数据中心)

或椭球体的一种构造，如球状闪长岩或球状辉长岩(图 2－18a)。

(5)晶洞构造：晶洞指侵入岩中发育的原生近圆形或不规则状孔洞。在晶洞壁上或洞中常生长着晶形完好的矿物晶体，如花岗岩中的晶洞构造(图 2－18b)。

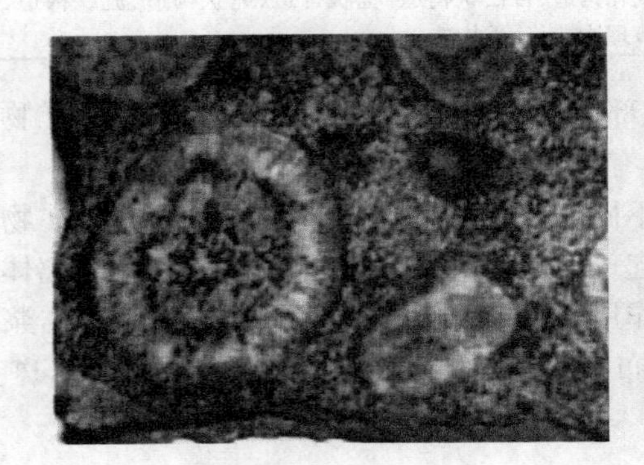

a.球状构造，手标本　　b. 晶洞构造，手标本

图 2－18　球状构造、晶洞构造(南京大学地球科学数字博物馆)

(6)气孔构造：指岩石中分布的大量圆形、椭圆形或不规则形状的孔洞、空腔的现象。气孔构造在玄武岩中很发育(图 2－19a)。当岩石中气孔特别多时，岩石的相对密度很低，能浮于水，称为浮岩。

(7)杏仁状构造：指气孔被岩浆期后的一些次生矿物(如沸石、石英、方解石等)所充填的现象。如在深色玄武岩的气孔中，常充填了浅色的次生矿物，充填物形状如杏仁，故称杏仁构造(图 2－19b)。

(8)流纹构造：指不同颜色的结晶矿物颗粒、隐晶质物质、雏晶、玻璃质和气孔等在岩石中呈一定方向的流状排列现象。流纹构造是流纹岩具有的典型构造(图 2－20)。

(9)假流纹构造：如在火山灰流中，塑性或半塑性状态的浆屑及玻屑在流动过程中受到上覆物质的重力作用被压扁和发生变形，并绕过岩屑和晶屑呈定向排列，其特征似流纹构造，故称假流纹构造，为熔结凝灰岩所特有的典型构造。

(10)枕状构造：指熔浆自海底溢出或从陆地流入海中形成的一种特殊形状。若干小股熔岩流在海水中过冷却，表面首先结成硬壳，内部尚未凝固而呈塑态，致使顶面形成向上凸起的曲面，底面平卧海底而成平坦状，形如枕头，故名。有时，枕体内部的熔浆反复从缝隙中流出，结壳凝固,形成大量的枕状体(图 2-21a、b)。

a.气孔构造，露头

b.杏仁状构造，露头

图 2-19　气孔构造、杏仁状构造(引自 geology. about. com)

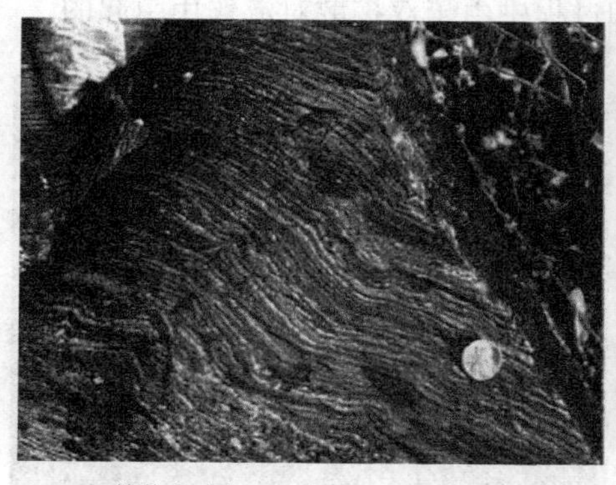

a. 枕状玄武岩，露头（引自state.me.us）

b.流纹构造，露头（引自gc.maricopa.edu）

图 2-20　流纹构造

a. 枕状构造

b. 枕状玄武岩，露头

图 2-21　枕状构造(引自 hirahaku. jp)

(11)绳状构造:指黏度较小、易流动的熔岩流溢出地表后,在向前流动过程中,扭曲拧成形状似粗绳或“麻花”的一种构造(图 2-22 a、b)。绳状熔岩表面往往比较光滑,而内部粗糙,“绳索”延伸方向往往垂直熔岩流动方向。

a. 炽热的熔岩流拧成绳状，露头

b. 绳状玄武岩，露头

图 2-22　绳状构造

(12)柱状节理：指玄武岩中大量呈六边形或多边形柱状体产出的柱状形态构造特征(图 2-23)。柱状节理是熔岩冷却收缩或在冷却过程中由于双扩散对流作用引起的。

a.玄武岩柱状节理，露头
(引自commons.wikimedia.org)

b.玄武岩的六方柱
(引自oldearth.org)

图 2-23　柱状节理

3. 岩浆岩的产状和岩相

1)*岩浆岩的产状*

岩浆岩产状主要指岩浆岩岩体的形态、大小及其与围岩的接触关系。由于受岩浆的物质组成、产出的物理化学条件，以及形成时所处的深度和构造环境等的制约和控制，岩浆岩的产状多种多样(图 2-24)，主要归纳为侵入岩产状和喷出岩产状两大类。

(1)侵入岩的产状：侵入岩的产状主要是指侵入体产出的形态。由于侵入体形成后受构造运动和剥蚀作用的影响，多已不能完整保存，只能根据它在地表的出露情况来判断其产状。

岩基：是规模极大的侵入体，分布面积大于 100km^2，形态不规则，岩性均匀。岩浆侵入位置深，冷凝速度慢，晶粒结晶粗大。岩基内常有崩落的围岩岩块，称为捕虏体。

岩株：是规模较大的侵入体，平面呈圆形或不规则状，横截面积为 10～100km^2，与围岩接触面不平直，边缘常有规模较小、形态规则或不规则的侵入体分支插入围岩之中。有的岩株独立产出，有的岩株向下可与岩基相连。

岩盘与岩盖：岩浆侵入成层的围岩，侵入体的展布与围岩层理方向大致平行，但其中间部

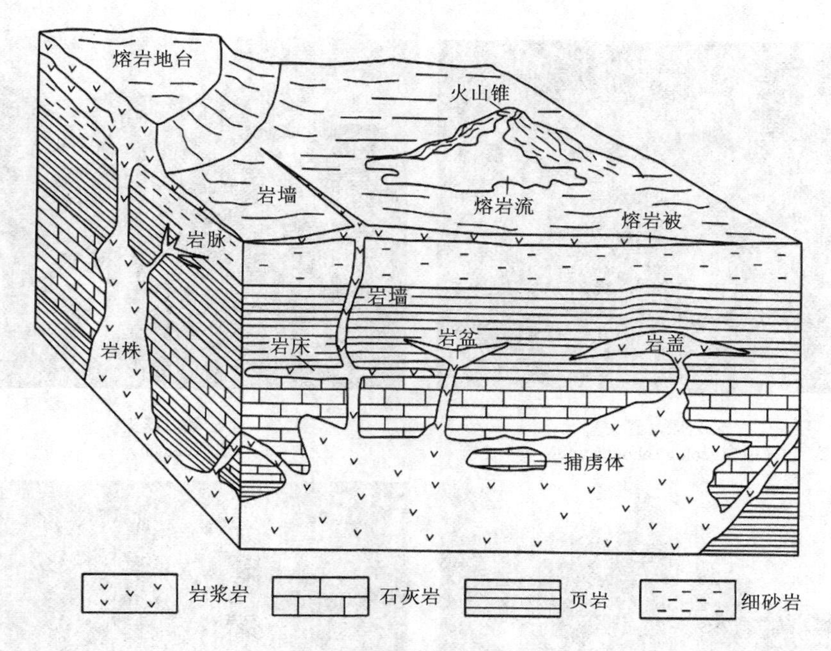

图 2-24　岩浆岩的产状

分略向下凹或向上凸，下凹者似盘状称为岩盘；如果侵入体底平而顶凸，上凸者似蘑菇状称为岩盖。岩盘与岩盖是岩浆沿层理或片理贯入而形成的，其下部有管状通道与下面较大的侵入体相通。

岩床：侵入体侵入成层围岩后呈层状或板状展布，侵入体与围岩的接触面平行于围岩的层理(图 2-25 a)。这是一种整合侵入产状。

岩墙和岩脉：是由侵入的岩浆沿围岩的裂隙或断裂带挤入后冷凝而形成的狭长形侵入体。它切割围岩的层理，其规模变化较大，通常把岩体较宽厚且近于直立的称为岩墙(图 2-25b、c)；把较小的枝状侵入岩体称为岩脉(图 2-25d)。

(2)喷出岩的产状：喷出岩的产状与火山喷发形式有关，即不同的喷发类型产生不同的喷出岩产状。喷出岩的产状也受其岩浆的成分、黏性、上涌通道的特征、围岩构造以及地表形态等控制和影响。火山喷发方式主要有裂隙式喷发和中心式喷发两种。

裂隙式喷发：岩浆沿地壳中狭长的构造裂隙溢出地表(图 2-26a)，也有人称之为熔透式喷发，即推断是花岗岩岩浆大规模侵入上升时，由于较高的温度及化学能而熔透顶盘岩石，使岩浆大量溢出地表。这种喷发方式的火山口是很长的裂隙带，常形成面积广大的厚层"熔岩坡"，受构造抬升和风化剥蚀后，常露出狭长的裂隙通道岩体(图 2-26b)。

中心式喷发：地下上升的岩浆沿管状通道(两组断裂交叉处)上涌，从圆形火山口喷出地表(图 2-27a)，形成圆形火山熔岩锥(图 2-27b)。

中心式喷发的火山作用，常伴有间歇性猛烈爆发，除从火山口喷出大量火山碎屑外，还喷出大量的气体物质(图 2-28a)，爆发活动常形成火山碎屑岩锥或由熔岩和火山碎屑岩交替堆积形成的复合火山锥(图 2-28b)。

喷出岩常见的产状有火山锥、火山口、熔岩流和熔岩台地等。

火山锥：黏性较大的岩浆沿火山口喷出地表，猛烈地爆炸喷发出火山角砾、火山弹及火山渣。这些较粗的固体喷发物在火山口附近常堆积成为火山锥，锥体规模不大，高一般为数十米

a. 岩床，露头
（引自geology.about.com）

b. 岩墙，露头
（引自uua.cn）

c. 岩墙，露头
（引自www.umaine.edu/earthsciences）

d. 岩脉，露头
（引自xian.cgs.gov.cn）

图 2-25　岩床、岩墙、岩脉

a. 裂隙式喷发
（引自www.uhh.hawaii.edu）

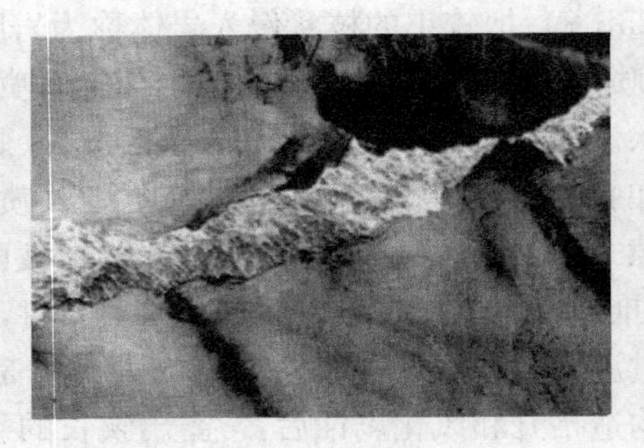

b. 裂隙通道岩体，露头

图 2-26　裂隙式喷发及岩体产状

至数百米，锥体坡角可达 30°，锥顶有明显的火山口（图 2-28b）。

火山口：是火山锥顶部火山物质出口的地方，常呈圆形凹陷形状，火山熔岩锥的火山口一般比较低平（图 2-27b），而火山碎屑岩锥和复合火山锥的火山口比较大。火山熄灭后往往积水而形成火山口湖，如长白山天池即为典型的火山口湖。

熔岩流和熔岩台地：当黏性小、易流动的岩浆沿火山口喷出或沿断裂溢出地表时，常形成

a. 中心式喷发
（引自www．ldeo.columbia.edu）

b. 火山熔岩锥
（南京大学地球科学数字博物馆）

图 2-27　中心式喷发及岩体产状

a. 猛烈爆发
（据E. J. Tarbuck等，2004）

b. 火山碎屑岩锥或复合火山锥
（据纪江红，2006）

图 2-28　猛烈爆发式喷发及岩体产状

分布面积广大的熔岩流。厚度较小的熔岩流也称为熔岩席或熔岩被。岩浆长时间、缓慢地溢出地表，堆积形成的台状高地，称为熔岩台地。

2）*岩浆岩的岩相*

（1）侵入岩的岩相：侵入岩的岩相指侵入不同深度、不同构造部位时不同的外貌特征，主要是结构构造的特征。侵入岩岩相一般可分为深成相（形成深度＞10km），中深成相（形成深度为 3～10km）和浅成相（形成深度为 0.5～3km）。

深成相：是岩浆侵入在较深部后冷却形成的岩体，其温度下降慢，故晶体一般较粗大，形成粗粒至巨粒结构，局部可出现伟晶结构，并常以巨大的岩基出现，岩体主要为花岗岩类，岩体与围岩界线往往不清楚。

中深成相：其形成的深度介于深成相与浅成相之间，常形成中粒、中粗粒以及似斑状结构，岩体产状多为岩株和规模较小的岩基，也有部分为岩盆和岩墙等。

浅成相：是岩浆侵入到离地表较近处冷却形成的岩浆岩体，形成时岩浆温度下降快，结晶较细，常有细粒、隐晶质结构及斑状结构等特点。岩体多为小型侵入体，如岩墙、岩床、岩盖和小型岩株等。

（2）喷出岩的岩相：喷出岩是岩浆喷出地表或在近地表形成的，主要由各种熔岩和火山碎屑岩组成。根据火山活动产物的形成条件、喷发强度和成因方式等，细分为 6 类：

①火山颈相：又称火山通道相，指原来是岩浆运移到地表的通道，后来被熔岩、火山碎屑物及通道壁岩石崩落物充填形成的岩体，也称岩颈、岩筒。火山颈相岩体的横截面近似圆形，产状陡立，形态细而长（图 2-29a）。裂隙式喷发的火山通道相多呈岩墙状。

②溢流相：指黏度较小、容易流动的岩浆，喷溢后形成的熔岩流或熔岩被。最常见的溢流相岩石是玄武岩（图 2-29b），其次为安山岩。

a. 风化剥蚀后露出的火山颈，露头
（引自geology.about.com）

b. 玄武岩熔岩流
（引自nrcan.gc.ca/earth-sciences）

图 2-29　火山颈和熔岩流

③爆发相：指火山强烈爆发而形成的火山碎屑物在地表堆积形成的岩体。富含挥发分和黏度大的中、酸性岩浆有利于形成爆发相岩石。火山碎屑物粒度与离火山口的远近有关，粗大的火山角砾岩和集块岩一般堆积在火山口附近，细粒的凝灰岩则远离火山口。

④侵出相：指黏度大、不易流动的中酸性、酸性岩浆，在气体大量释放后，从火山口往外挤出而成的岩体。常在火山口内及附近堆积成岩钟、岩针、穹丘等特殊形状。一般形成在喷发晚期，特别是在猛烈喷发之后。

⑤次火山岩相：指与喷出岩同源但为超浅成（地表下 0.5km 内）侵入的岩体。岩性与喷出岩相似，具有熔岩的外貌，又具有侵入岩的产状，如岩墙、岩床、岩盖、岩枝等。

⑥火山沉积相：指火山喷发和正常沉积作用交替变化形成的岩石，其特征是火山熔岩、火山碎屑岩与正常沉积岩互层共生。层理比较发育，多分布在离火山口较远的地方。

4. 岩浆岩的分类和命名

1）*岩浆岩的分类*

自然界的岩浆岩多种多样，为便于全球性对比，必须进行科学的、统一的分类和命名。国际地质科学联合会（IUGS）推荐的两个分类方案如下所述。

（1）深成侵入岩的矿物分类：该分类以石英、斜长石、碱性长石和似长石 4 类矿物为端点制成双三角形图，将岩浆岩分为 24 类（图 2-30）。

（2）火山岩的化学分类：该分类以新鲜火山岩岩石化学分析的 Na_2O 与 K_2O 质量百分含量之和（TA）为纵坐标，以 SiO_2 的质量百分含量（S）为横坐标，制成 TAS 化学分类图，根据各种火山岩化学分析 Na_2O+K_2O 和 SiO_2 值在图上的投影区域，对火山岩进行分类（图 2-31）。

2）*岩浆岩的命名*

岩浆岩的名称来源很复杂，很多来源于古代，如 Basalt（玄武岩）和 Porphyry（斑岩）可回

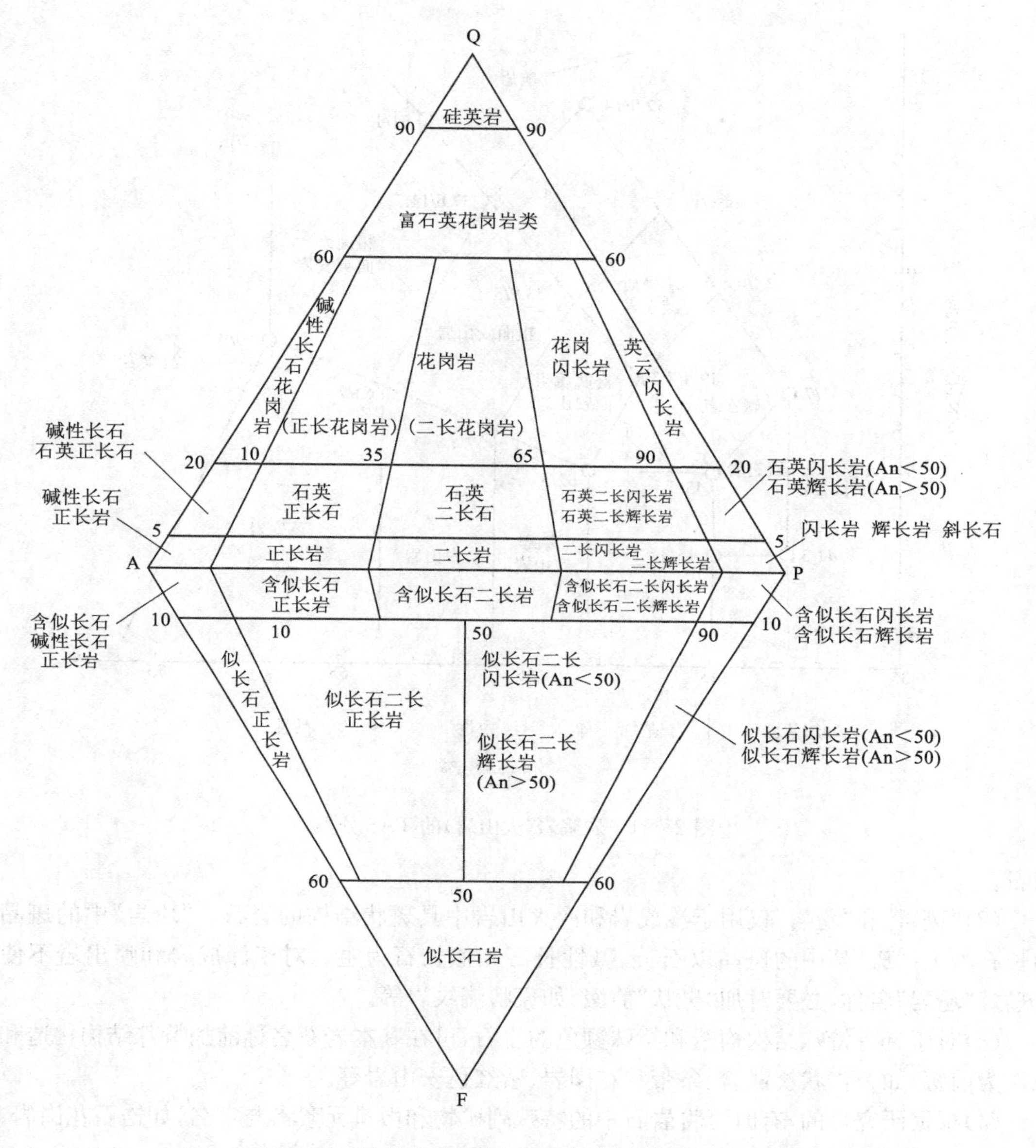

图 2-30 岩浆岩(深成侵入岩)的定量矿物成分分类

溯到罗马时代。有很多岩石是采用首先发现这种岩石的国家中所通用或矿工习用的名称，如 Gabbro(辉长岩)来自意大利托卡斯尼的土语。还有不少岩石是以岩石的特征命名，如 Trachyte(粗面岩)，原是粗糙的意思，因为岩石有粗糙的质感；有些岩石是以首先发现的地点来命名，如 Andesite(安山岩)和 Kimberlite(金伯利岩)分别以安第斯山和南非金伯利地区命名。在我国岩石名称大多数采用岩石中矿物组合的名称，如闪长岩、二长岩等，有些采用外文意译，如粗面岩和响岩，少数还借用日文汉字命名，如玄武岩和花岗岩。以上这些岩石名称已被普遍采用，一般不宜另作改动。在确定岩石种属名称时，可按以下原则进一步定名：

(1)将次要矿物冠于岩石基本名称之前，作为岩石种属的名称。若次要矿物有两种以上，则按含量少者在前，多者在后的原则定名。如角闪石黑云母花岗岩中，黑云母的含量高于角

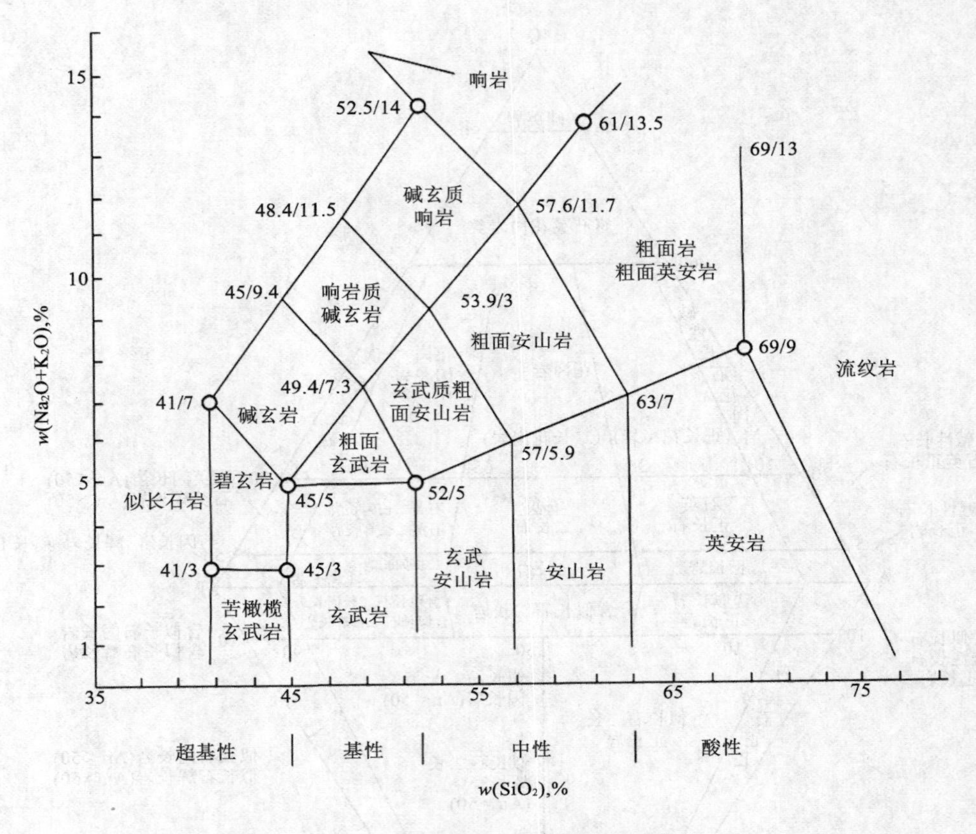

图 2-31　岩浆岩(火山岩)的 TAS 分类

闪石。

(2)“斑岩”和“玢岩”仅用于浅成岩和次火山岩中具斑状结构的岩石。“玢岩”中的斑晶以斜长石为主;“斑岩”中的斑晶以石英、碱性长石和似长石为主。对于深成岩和喷出岩不使用“斑岩”“玢岩”名称,必要时加“斑状”前缀,如斑状流纹岩等。

(3)对于具有特殊结构构造和特殊颜色的岩石,可在基本岩石名称前加特殊结构构造和颜色作为前缀,如杏仁状玄武岩、条带状花岗岩、紫红色安山岩等。

(4)根据研究目的,有时可将岩石中的特殊副矿物和微量元素参与定名,如锆石花岗岩、含铌钽花岗岩等。

5. 岩浆岩的肉眼鉴定和描述

1)深成岩的肉眼鉴定和命名

(1)主要依据:一般应从岩石产状、结构、构造、矿物成分的含量、颜色等方面入手。首先根据野外产状,岩石的结构、构造等特征(表 2-5)区分出深成岩、浅成岩和喷出岩。其次是根据矿物的颜色、晶形、解理等外表特征,确定出主要造岩矿物以及次要造岩矿物,并分别估计其百分含量,确定属于哪一大类,进而准确地定出岩石名称。

(2)鉴定要点:由于深成岩常具等粒全晶质结构,矿物颗粒比较粗大,因此比较易于鉴定,主要是详细鉴定其矿物成分及含量,要特别注意有无石英、钾长石、斜长石(若有,估计其含量是多少);还要注意鉴定深色矿物的种类及其含量。

表 2-5 深成岩、浅成岩、喷出岩产状、结构、构造的区别

特征＼岩类	深成岩	浅成岩	喷出岩
产状	呈大的侵入体(岩基、岩株等)产出,尤其花岗岩常呈岩基产出。接触带附近的围岩有明显的变质圈	多呈岩床、岩株、岩脉、岩墙产出,围岩可有狭窄的接触变质圈	可呈层状,围岩一般无变质圈
结构	常具等粒(中粒、粗粒居多)全晶质结构。岩体中心可出现似斑状结构	多呈细粒或斑状结构。斑状岩石的基质多为中粒至隐晶质,玻璃质少见	具斑状结构、隐晶质结构和玻璃质结构
构造	常具块状构造	块状构造,有时可有少量气孔,一般无杏仁状构造	常为气孔状、杏仁状、流纹状构造
成分	基本相同		一般斑晶中的暗色矿物含量比相应的浅成岩少

石英:石英在岩石中的特点是多呈粒状,具油脂光泽,呈烟灰色,具贝壳状断口,易于和灰白色的斜长石相区别。

长石:长石类的鉴定,首先根据颜色,一般钾长石多为肉红色,斜长石多为灰白色,但也有例外情况,有时钾长石可有白色和深灰色,斜长石可有淡红色和蔷薇色。所以,鉴定长石最可靠的是双晶,只要晃动手标本注意观察,斜长石往往具有许多平行的细双晶纹而可以区别于同颜色的钾长石。钾长石常具卡式双晶,即解理面在光的照射下可见一明一暗两个单体,以区别于斜长石。另外还要注意矿物的共生组合关系,综合地加以区别。

暗色矿物:鉴定暗色矿物,经常遇到的困难是如何区别辉石和角闪石。在火成岩中常见的普通辉石和普通角闪石其颜色均为深灰黑色至黑色,光泽也很相似。这时鉴定形状和断面就比较重要。要注意其解理交角,辉石近直角,而角闪石呈菱形。这都需要在放大镜下细心观察,并充分注意其矿物的共生组合规律。

如果当肉眼不能确定岩石中存在的是哪一种长石,或很难区别辉石和角闪石时,暗色矿物的相对含量就成了鉴定的重要标志,当然这样的可靠性就会差些。一般在花岗岩中暗色矿物很少达到 10%,往往略为少些;正长岩中暗色矿物不超过 20%;二长岩中暗色矿物约占 25%左右;闪长岩中通常为 30%～35%;辉长岩中通常为 40%～50%,或略多些。当然也有例外情况。

当岩石颜色较浅,主要是由浅色矿物组成时,就要充分注意石英的有无。当含石英时,可能是石英闪长岩、石英二长岩、花岗闪长岩、花岗岩等。不含石英时,可能是正长岩、二长岩、霞石正长岩等。它们相互之间的区别应根据石英、钾长石、暗色矿物含量的比例和是否含似长石类矿物等来命名(表 2-6)。

表 2-6 花岗岩、闪长岩、正长岩的过渡种属划分 (单位:%)

岩石名称	钾长石和斜长石	暗色矿物含量(质量分数)	石英含量(质量分数)
石英闪长岩	绝大多数为斜长石	15～30	5～15
花岗闪长岩	钾长石<斜长石	15～20	15～25
花岗岩	钾长石>斜长石	5～10	>25
斜长花岗岩	绝大多数为斜长石	5～10	>25

续表

岩石名称	钾长石和斜长石	暗色矿物含量(质量分数)	石英含量(质量分数)
花岗正长岩	绝大多数为钾长石	5～10	10～20
石英二长岩	钾长石＝斜长石	10～15	5～15
二长岩	钾长石＝斜长石	20～30	<5
正长岩	绝大多数为钾长石	10～20	<5
霞石正长岩	绝大多数为钾长石(出现霞石)	10～20	0

2)浅成岩和脉岩的肉眼鉴定和命名

浅成岩中脉岩占有一定的地位,下面着重介绍脉岩的鉴定。在鉴定浅成岩和脉岩时需要注意如下几种情况:

(1)浅成岩和脉岩中有斑晶出现时,则可根据浅色矿物斑晶的成分分为两大类:斜长石为斑晶的称玢岩;钾长石或石英为斑晶的叫斑岩。如果玢岩中同时有角闪石斑晶或基质中可鉴定出有角闪石的,称为闪长玢岩;斑晶中如果没有石英斑晶,仅有钾长石斑晶,则称为正长斑岩;既有石英又有钾长石斑晶的则为花岗斑岩;如果仅有石英斑晶的则称为石英斑岩。

(2)浅成岩和脉岩常具有细粒等粒结构,如能定出矿物成分,再结合岩石颜色的深浅,可确定相应深成岩的名称,前面加上“细粒”或“微晶”两字。如为无斑隐晶结构,很致密,肉眼分辨不出矿物成分来,这时可根据颜色深浅粗略命名为浅色脉岩(也可称霏细岩)和深色脉岩。

(3)有的脉岩在成分上和结构上与一般深成岩不同,即二分脉岩,可分成深色二分岩和浅色二分岩。

深色二分(脉)岩:是由较多深色矿物组成的脉岩,种类繁多,颗粒细小,斑晶多为暗色矿物,且自形程度很好。如肉眼又很难分辨其矿物成分时,可统称为煌斑岩;如为细粒—隐晶结构可统称为深色脉岩。

浅色二分(脉)岩:主要是由浅色矿物组成的脉岩。根据结构可分为细晶岩和伟晶岩。细晶岩是一种主要由浅色矿物组成的细粒脉岩,几乎全由长石和石英组成,有时可含少量的暗色矿物,最常见的为与花岗岩相当的花岗细晶岩。

在实际工作中,“细晶××岩”(细晶闪长岩)与“××细晶岩”(闪长细晶岩)是两个不同的概念,它们的成因是不同的,必须加以区别。

3)喷出岩的肉眼鉴定和命名

喷出岩的肉眼鉴定比较困难,除了斑晶以外,基质部分常呈细粒至玻璃质结构,肉眼很难分辨,一般需要镜下鉴定才能正确命名。肉眼鉴定只能根据颜色、斑晶成分、结构、构造及次生变化等方面特征(表2-7)综合考虑来初步确定岩石名称。

表2-7 喷出岩主要类型肉眼鉴定表

岩石名称 特征	玄武岩	安山岩	粗面岩	流纹岩
颜色(新鲜)	黑绿色至黑色	灰紫色、紫红色	浅灰色、灰紫色	粉红色、浅灰紫色、灰绿色
斑晶成分	辉石、基性斜长石、橄榄石(可蚀变成伊丁石)	辉石、斜长石(最常见)、角闪石、黑云母	透长石、黑云母、角闪石	石英、透长石

续表

特征＼岩石名称	玄武岩	安山岩	粗面岩	流纹岩
结构、构造	细粒至隐晶质结构、具气孔及杏仁状构造	隐晶质、斑状结构，有时有气孔、杏仁状构造	斑状结构、隐晶质结构、块状构造	隐晶质至玻璃质，具流纹构造或气孔、杏仁构造
其他特征	常见原生六方柱状节理	蚀变后常呈绿色、灰绿色、致密块状岩石	常具粗面结构	石英常具熔蚀现象

颜色：一般由基性岩到酸性岩，颜色由深逐渐变浅。先根据颜色可大致确定所属大类。但也有例外，如含有微粒磁铁矿的流纹岩颜色也较深；黑曜岩常呈黑色；玄武岩受次生蚀变以后颜色变浅，常呈绿色。所以还要结合成因条件来考虑。

斑晶成分：对鉴定喷出岩具有特别重要的意义。如玄武岩很少具斑状结构，一般为细粒全晶质结构，有时可见有橄榄石斑晶；安山岩中则有斜长石和角闪石的斑晶，斜长石常呈方形板状，流纹岩则常出现石英和透长石的斑晶等。

结构、构造：玄武岩中气孔及杏仁构造常见；流纹岩中的基质常显流纹构造；粗面岩有时可见粗面结构等。

4）岩浆岩的描述方法

在实际工作中不仅要会鉴定岩石，对岩石作出正确的定名，同时还要把岩石的特征如实地进行描述，作为原始资料，便于综合分析研究。描述岩浆岩的内容一般包括颜色、结构、构造、矿物成分、性质、含量、岩石名称等部分。

（1）颜色的描述：要描述岩石总的颜色，如灰白色、棕黄色、黑绿色等。在地表露头上见到的岩浆岩其表面因风化颜色往往变浅，要描述新鲜面的颜色，风化后的颜色也要一并描述。岩浆岩颜色的深浅常可以反映暗色矿物和浅色矿物相对含量的比例。

（2）结构构造的描述：要尽量反映岩体的产状，要描述是全晶质、半晶质还是玻璃质；是粗粒、中粒还是细粒结构；是块状构造还是气孔状构造等。气孔的大小、多少、外形及矿物排列的方向等都要详细描述。通过这些现象，可以了解到岩石的生成环境、含挥发性成分的多少及熔浆流动的方向等。

（3）矿物成分的描述：凡是能够用肉眼辨认的矿物都要加以描述，并分别估计它们的百分含量。哪些是主要矿物，哪些是次要矿物。对主要矿物的性质、颗粒大小、形态特征等都要描述，次要矿物也要作简单的描述。还要分清哪些是原生矿物，哪些是次生矿物，都要分别描述。描述的重点是岩石中的主要矿物成分。

此外，其他特征如断口面上的情况、产状、流线、流面、与围岩接触情况、风化情况、捕虏体、析离体等情况也都要描述。总之，凡是能够见到的特征都要描述。描述应重点突出，层次分明。

（4）岩石的定名：在肉眼鉴定和详细描述的基础上定出岩石的基本名称。一般在岩石基本名称前面加上颜色、结构，如肉红色中粒花岗岩等。对深成岩要定名到种属，对于浅成岩和喷出岩要求定出大类名称即可。

岩浆岩描述举例如下：

石英闪长岩：浅灰色，中粒、等粒结构，粒径2～3mm，块状构造。深色矿物约占25%，浅色矿物约占75%，前者为普通角闪石和黑云母，后者为斜长石、钾长石和石英。

角闪石为黑色—暗绿色，玻璃光泽、长柱状，颗粒大小为（1～1.5）mm×3mm，含量约

15%；黑云母为黑色，珍珠光泽，半自形至自形，颗粒直径为 2mm 左右，片状，含量约 15%；斜长石为灰白色，玻璃光泽，半自形，长柱状，颗粒大小为 1.5mm×3mm，见聚片双晶，含量约 50%；钾长石呈灰白色，微带粉红色，玻璃光泽，自形程度比斜长石差，宽板状，具卡式双晶，垂直柱面解理发育，含量约 15%；石英为乳白色，油脂光泽，他形粒状，直径约 1mm 大小，含量约 5%；除以上主要和次要矿物外，还见有黄棕色的榍石自形晶体，含量约为 1%～2%。

定名：浅灰色细粒—中粒石英闪长岩。

二、沉积岩的岩石学特征

沉积岩是由地表的物质（风化的碎屑物、溶解的物质、有机物质及某些火山碎屑和宇宙尘埃等）经过搬运作用、沉积作用和成岩作用而形成的。沉积岩最显著的特征是成层堆积，并有水、大气、生物作用的痕迹。

沉积岩是地壳表层分布最广的岩石，地球陆地面积大约 3/4 为沉积岩所覆盖，而海底的面积几乎全部为沉积物所覆盖。自然界分布最多的沉积岩是黏土岩（页岩、泥岩），其次是砂岩和石灰岩。

沉积岩与矿产资源关系非常密切，石油、天然气、煤、油页岩等可燃性有机矿产以及盐类矿产几乎均为沉积成因。

1. 沉积岩的物质组成和颜色

1）沉积岩的化学组成

沉积岩的化学成分随岩石类型的不同而相差极大，一些石英砂岩或硅质岩中 SiO_2 含量可超过 90%，而石灰岩则高度富含 CaO，其他 Al_2O_3、Fe_2O_3、MgO 等也明显富集在某些类型的岩石中（表 2-8）。

表 2-8　某些沉积岩的化学成分（质量分数）　（单位：%）

氧化物	石英砂岩	硅质岩	页岩	石灰岩	白云岩	铁质岩
SiO_2	96.65	92.63	56.35	1.15	0.28	4.21
TiO_2	0.17	0.09				0.12
Al_2O_3	1.96	1.41	12.27	0.45	0.11	1.38
Fe_2O_3	0.58	2.67	7.08		0.12	37.72
FeO		0.26	1.91	0.26		7.27
MnO_2		0.80	0.19			0.18
MgO	0.05	0.33	1.56	0.56	21.30	1.68
CaO	0.08	0.11	0.27	53.80	30.68	22.49
Na_2O	0.05	0.16	0.66	0.07	0.33	0.01
K_2O	0.27	0.42	5.02		0.03	
P_2O_5		0.03	0.31			1.00
烧失量	0.59			43.61	47.42	20.81

与岩浆岩相比，沉积岩的化学成分具有如下特征：

（1）沉积岩中 Fe_2O_3 的含量多于 FeO，岩浆岩则相反。这是因为沉积岩形成于地表水体中，氧气充足，大部分铁元素氧化成高价铁的缘故。

(2)沉积岩中 K_2O 的含量多于 Na_2O,而岩浆岩中 K_2O 和 Na_2O 的含量大致相当,或Na_2O 稍多于 K_2O。这是因为沉积岩中含有较多的钾长石和白云母,或由于黏土胶体质点能吸附钾离子之故。

(3)沉积岩中含有大量的 H_2O 和 CO_2,而在岩浆岩中 H_2O、CO_2 的含量很低;沉积岩中普遍富含有机质,而在岩浆岩中不含有机质。

除了单矿物岩之外,虽然沉积岩中的 Fe_2O_3、FeO、K_2O、Na_2O、CO_2 和 H_2O 等常量组分与岩浆岩和变质岩有一些差别,但总体上来看非常接近,它们的主要差别在于微量元素的含量。例如页岩中稀土元素含量特别富集,而碳酸盐岩中则非常匮乏。

2)沉积岩的矿物组成

沉积岩的固态物质包括矿物和有机质两大部分。除煤(可燃有机岩)外,一般沉积岩中的有机质主要赋存在泥质岩和部分碳酸盐岩中,其他岩石中有机质含量小于1%。

沉积岩中的矿物比较复杂。由于原始物质中的碎屑物质可以来自任何类型的母岩,所以岩浆岩、变质岩中的所有矿物都可能在沉积岩中出现。迄今为止,在沉积岩中已知的矿物已达160 多种,但只有 20 余种比较常见。

从矿物的“生成”这个角度出发,沉积岩中的矿物可划分成两大成因类型,即他生矿物和自生矿物。他生矿物是在所赋存沉积岩的形成作用开始之前就已经生成或已经存在的矿物。自生矿物则是在所赋存沉积岩的形成作用过程中,以化学或生物化学方式新生成的矿物,即自生矿物是所赋存沉积岩自己生成的矿物。

他生矿物按来源可分成陆源碎屑矿物和火山碎屑矿物两类。陆源碎屑矿物是母岩以晶体碎屑或岩石碎屑形式供给沉积岩的,可看作是沉积岩对母岩矿物的继承,故也称继承矿物,例如来自花岗岩、花岗片麻岩等母岩的碎屑石英、碎屑长石、碎屑云母等。火山碎屑矿物是由火山爆发直接供给沉积岩的,在成分上与来自岩浆岩母岩的矿物相同。

沉积岩中常见的典型自生矿物有黏土矿物、方解石、白云石、海绿石、石膏、铁锰氧化物及其水化物等;其次是黄铁矿、菱铁矿、铝的氧化物或氢氧化物等。沉积岩中的有机质也属于自生范畴。

自生矿物可分成原生矿物和次生矿物两类。原生矿物是指它在沉积物或沉积岩中形成时所占据的空间还没有被别的矿物占据,即在化学风化作用、化学或生物沉积作用过程中形成的矿物,以及在成岩后某些孔洞中形成的矿物,都是原生矿物。次生矿物是指该矿物形成时,其空间已经被或正在被别的矿物占据,而它要通过某种化学过程(交代)才能夺取到这个空间,或者说,次生矿物是交代原生矿物形成的矿物。

3)沉积岩的结构组成

(1)陆源碎屑岩的组分。

陆源碎屑岩是指母岩机械破碎产生的碎屑物质经搬运、沉积和成岩作用形成的岩石,又称正常沉积碎屑岩,简称碎屑岩。碎屑岩的物质组成有两部分:一部分是陆源碎屑和填隙物中的杂基;另一部分是胶结物,它们是在沉积、成岩阶段以溶液沉淀的方式形成的。

① 碎屑成分。

a. 石英碎屑:陆源碎屑矿物中以石英最常见。除单晶石英外,常见由几颗石英或许多微粒石英组成的多晶石英。

b. 长石碎屑:在碎屑岩中,长石的含量仅次于石英。长石类矿物中以微斜长石碎屑常见,斜长石中钠长石远远超过钙长石。

c. 云母碎屑：云母类碎屑一般以白云母为主，白云母易破碎为细片，常分布于细砂岩和粉砂岩的层面上；黑云母碎屑一般出现在距母岩较近地区的岩屑砂岩中。

d. 重矿物碎屑：碎屑岩中常见的重矿物是火成岩和变质岩中的副矿物，如锆石、金红石等；碎屑岩中重矿物含量通常小于1%，是追溯母岩和地层划分对比的重要标志。

e. 岩石碎屑（岩屑）：岩石碎屑是母岩破碎形成的岩石碎块，保存了母岩的结构特征；岩屑的成分可以是岩浆岩，也可以是变质岩或沉积岩，不同成分的岩屑其分布范围及保存程度有较大的差别。碎屑岩中常见的岩屑有花岗岩岩屑、燧石岩屑、火山岩岩屑等，而石灰岩岩屑和泥岩岩屑比较少见。若岩层中出现大量火山岩岩屑，则标志着某一时期陆源区曾有过火山活动。

② 填隙物成分。

填隙物包括沉积基质（也叫杂基）和胶结物。杂基和胶结物在成分上可以相同，也可以不同，但它们在成因意义上是截然不同的。

a. 杂基：最常见的杂基是从水介质中沉积下来的细粒碎屑物质，称为原杂基，其成分是各种黏土矿物，如高岭石、水云母、蒙脱石等，它们是悬移载荷的沉积产物。在碎屑岩中，黏土质的填隙物除了机械沉积成因者外，还有一些在成岩期从孔隙溶液中沉淀生成的自生黏土矿物，如自生高岭石、自生蒙脱石、自生绿泥石等，它们应属于胶结物而非杂基。

b. 胶结物：是指碎屑颗粒之间孔隙内的各种化学沉淀物，是对碎屑颗粒起黏结作用的物质。最常见的胶结物是氧化硅（蛋白石、玉髓、石英）、碳酸盐（方解石、白云石、菱铁矿等）以及其他氧化物；此外还有重晶石、石膏、硬石膏、黄铁矿等。它们对研究碎屑岩的成岩后生变化，推断其沉积环境都有重要意义。

③ 成分成熟度。

成分成熟度也称矿物成熟度，指碎屑沉积物中碎屑成分与稳定成分极端富集的终极状态的接近程度。沉积物中相对稳定的碎屑成分含量越高，其成分构成越接近这个终极状态，它的成分成熟度也就越高。因此，成分成熟度就可用沉积物中稳定性较高与稳定性较低的碎屑成分的含量之比来衡量，有时也单独用相对最稳定的碎屑矿物的含量来衡量。例如：

在砾级碎屑沉积物中，常用燧石岩砾石＋石英岩砾石/其他岩类砾石的比值来表示；

在砂或粉砂级碎屑沉积物中，常用单晶石英/单晶长石、单晶石英＋燧石岩屑/单晶长石＋其他岩屑、锆石＋电气石＋金红石等比值或含量百分比来表示；

在泥级碎屑沉积物中，常用化学分析结果 Al_2O_3/Na_2O 的比值来表示成分成熟度。

上述比值（或含量）越高，沉积物在成分上就越成熟。成分成熟度与沉积物形成时的气候背景和构造背景有关。当包括母岩区和沉积盆地在内的整个构造体系活动强烈时，剥蚀速度加快，搬运距离缩短，埋藏速度增高，气候的影响退居次要位置，常形成低成分成熟度的沉积物。而在整个构造体系活动平稳缓慢时，相对湿热或干冷的气候才会分别有利于形成成分成熟度较高和较低的沉积物，这时母岩风化强度的影响常常是主要的。

(2)火山碎屑岩的组分。

火山碎屑物质包括已凝固熔岩的碎块、单个晶体，未凝固或半凝固岩浆形成的晶屑、玻屑以及围岩岩屑等。主要由这些火山碎屑物质组成的岩石就是火山碎屑岩。

① 火山岩岩屑：是由构成火山基底或火山管道的岩石在火山爆发时爆裂而成的岩石碎屑。因具刚性，常呈棱角状。镜下观察，岩屑内部仍清晰显示母岩的矿物成分和结构、构造特征（图 2－32a）。

② 火山弹：是从火山口抛出时是炽热的岩浆团在空中飞行时往往发生不同程度的冷却、固结，并伴随着旋转、扭曲，然后落地而成的火山碎屑。火山弹外形有纺锤状、椭球状、麻花状、梨状（图 2－32b）、饼状、牛粪状等，内部具气孔，呈同心层分布。

③ 火山渣及浮岩块：是多孔的熔浆团被抛到空中迅速冷却，或变成固体，坠落时撞击地面，被碎裂成大大小小的碎块而成的火山碎屑。

④ 晶屑：是地下熔浆中早期结晶的斑晶或火山管道围岩中的矿物，在火山喷发时被崩碎而成。常见的晶屑有石英、钾长石、酸性斜长石和黑云母等。镜下观察，晶屑边缘常碎裂成锯齿状，有时见塑性玻屑"绕过"刚性晶屑形成假流纹构造（图 2－32c）。

⑤ 玻屑：是地下熔浆上升到地表附近时，熔于其中的挥发分骤然膨胀，形成泡沫状岩浆，而后气孔壁被炸裂破碎冷凝而成的火山碎屑。玻屑常呈弧面棱角状和浮岩状。镜下观察，弧面棱角状玻屑显示弓形、弧形、镰刀形、半月形等形态（图 2－32d）。

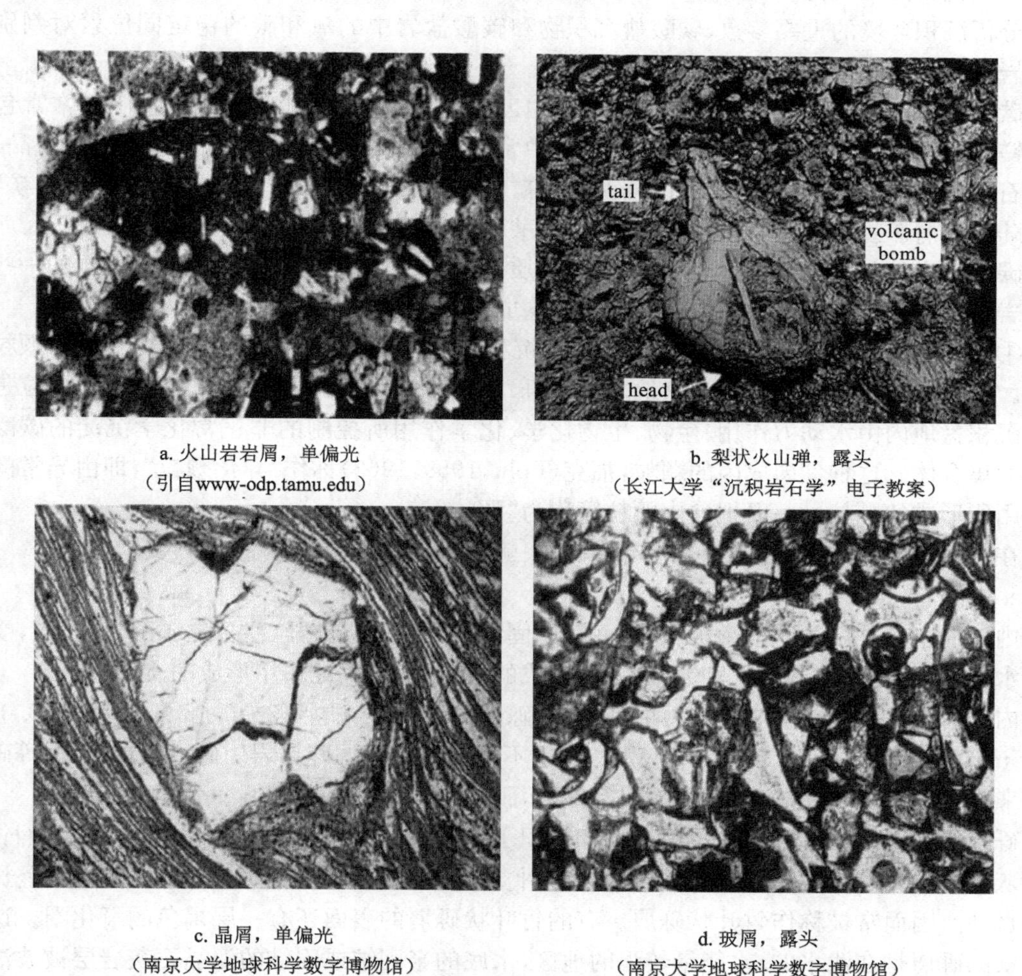

a. 火山岩岩屑，单偏光
（引自www-odp.tamu.edu）

b. 梨状火山弹，露头
（长江大学"沉积岩石学"电子教案）

c. 晶屑，单偏光
（南京大学地球科学数字博物馆）

d. 玻屑，露头
（南京大学地球科学数字博物馆）

图 2－32　火山碎屑物质

⑥ 火山尘：其粒径小于 0.01mm，是一种由很细小的晶屑、玻屑所组成的混合物，作为填隙物出现于凝灰岩中，极易脱玻化，转变为绢云母、蒙脱石族矿物。

(3)碳酸盐岩的组分。

碳酸盐岩是由方解石、白云石等自生碳酸盐矿物组成的沉积岩。以方解石为主的岩石称为石灰岩,以白云石为主的岩石称为白云岩。碳酸盐岩主要在海洋中形成,少数在陆地环境中形成。古代广阔海洋中形成的碳酸盐岩,约占地表沉积岩分布面积的20%。我国碳酸盐岩主要分布于震旦纪、寒武纪、奥陶纪、泥盆纪、石炭纪、二叠纪、三叠纪及部分侏罗纪、白垩纪和古近—新近纪的海相地层中,其中以西南地区最为发育。

碳酸盐岩是重要的储油岩。全世界50%的石油和天然气储存于碳酸盐岩中。碳酸盐岩还常与许多固体沉积矿藏共生,如铁矿、铝土矿、锰矿、石膏、岩盐、钾盐、磷矿等,而且是许多金属层控矿床的储矿层,如汞、锑、铅、锌、铜、银、镍、钴、铀、钒等。碳酸盐岩本身也是一种很有价值的矿产,广泛用于建筑、化工、冶金等方面。

碳酸盐岩的主要化学成分是CaO、MgO、CO_2。碳酸盐岩中含有的某些微量元素的比值可作为分析沉积环境的重要参数,碳酸盐沉积物和碳酸盐岩中的氧和碳的稳定同位素对判别碳酸盐岩沉积介质的性质具有一定的意义。

碳酸盐岩几乎只由稳定的低镁方解石和白云石组成,而现代碳酸盐沉积物中还常常包含有高镁方解石、文石、原白云石等。碳酸盐岩中常见的其他自生矿物有石膏、硬石膏、重晶石、天青石、岩盐、钾镁盐矿物等;常见的陆源碎屑矿物有石英、长石碎屑、黏土矿物和少量重矿物,这些陆源碎屑矿物均不溶于盐酸,通常称之为酸不溶物。

碳酸盐岩的基本结构组分有颗粒、微晶基质、亮晶胶结物和生物骨架。碳酸盐岩的一些主要的岩石类型就是由这5种主要的结构组分构成的。

① 颗粒:碳酸盐岩中的颗粒,按其是否在沉积盆地中生成,可分为盆内颗粒和盆外颗粒两大类。盆外颗粒是指来源于沉积盆地之外的砾、砂、粉砂、泥等陆源碎屑颗粒。盆内颗粒是一种在沉积盆地内由水动力作用、生物、生物化学、化学作用所控制的非正常化学沉淀的碳酸盐矿物的集合体。这种盆内成因的颗粒,福克(Folk,1959,1962)称作"异化颗粒",即由异常的化学作用所形成的颗粒。一般把盆内颗粒简称为"颗粒"。

在碳酸盐岩中,常见的颗粒类型有内碎屑、鲕粒、生物颗粒、球粒、藻粒及其他颗粒。

a. 内碎屑。

内碎屑主要是沉积盆地中沉积不久的、半固结或固结的碳酸盐(主要是碳酸钙)岩层,受波浪或水流作用,经破碎、搬运、磨蚀、再沉积而成的;也可以是其他作用形成的。

内碎屑可以根据其颗粒直径大小,划分为砾屑(＞2mm)、砂屑(2～0.05mm)、粉屑(0.05～0.005mm)和泥屑(＜0.005mm)4个级别。这里不仅引用了陆源碎屑岩中砾、砂、粉砂、泥等碎屑术语来对碳酸盐岩中的内碎屑的颗粒进行命名,而且粒级界限也相同。

砾石级的内碎屑,即砾屑,早就被人们认识了。我国北方寒武—奥陶系中广泛分布的竹叶状石灰岩中的竹叶状砾屑(图2-33a)就是这种类型。这种砾屑多呈扁饼状,其侧面常呈长条状,似竹叶,因而常被称作竹叶状砾屑。有的竹叶状砾屑的表面还有一层褐色的氧化圈。这种竹叶状的砾屑是在浅水的、水能量较强的地区,水底的半固结或固结的泥晶石灰岩层被波浪或水流破碎、搬运、磨蚀,甚至出露水面遭受氧化和再沉积而成。

砂级的内碎屑,即砂屑,在显微镜下极易观察,在岩石风化面上也可以观察出来,但在一般的岩石表面则不易认出。砂屑多为泥晶石灰岩的碎屑,圆度及分选一般都较好,大都近于球形,但也有形状很不规则的砂屑(图2-33b)。

粉砂级的内碎屑,即粉屑,也广泛存在。其特征基本同砂屑,仅粒级较小。

a. 竹叶状灰岩中的砾屑，露头

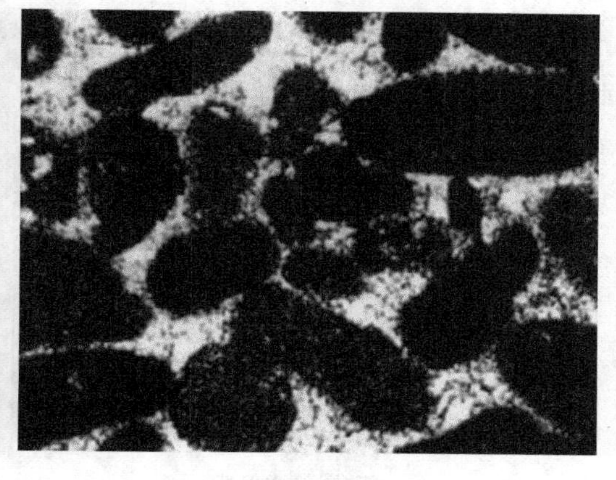

b. 砂屑，单偏光

图 2-33　内碎屑(长江大学精品课程“沉积岩石学”电子教案)

泥级的内碎屑，即泥屑，从理论上讲，肯定是存在的；但是，这种碎屑成因的泥屑与化学沉淀成因的泥晶以及生物成因的泥晶生物颗粒很难区分。

关于内碎屑的成因，大都认为是机械破碎成因的；但也有主张化学沉淀成因的。综合现有的有关现代及古代碳酸盐内碎屑的资料，可知其生成作用有以下3种：

第一种，在潮下高能地带由波浪破碎形成，即在潮下高能地带波浪或水流把海底半固结的石灰岩层破碎、搬运、磨蚀、再沉积形成内碎屑。在潮汐作用较强的浅滩上，尤其是在潮汐水道中，是这种内碎屑生成的有利地带。

第二种，在潮间带和潮上带由流水作用形成，即泥晶碳酸钙沉积物暴露在大气中，发生泥裂或形成泥卷。这些泥裂和泥卷再被潮汐水流破碎、搬运、磨蚀、再沉积，便形成内碎屑。这种内碎屑边缘常具氧化圈。

第三种，碳酸钙质点相互凝聚和黏结而成，即巴哈马石式的内碎屑，如在巴哈马地区现代的饱和碳酸钙的浅滩海中，碳酸钙质点相互黏结和凝聚形成葡萄串形状的“葡萄石”。

b. 鲕粒。

鲕粒是具有核心和同心层结构的球状颗粒，很像鱼子(即鲕)，因而得名。也有称作“鲕石”的，也可简称作“鲕”。鲕粒大都为极粗砂级到中砂级的颗粒(2～0.25mm)，常见的鲕粒为粗砂级(1～0.5mm)，大于2mm和小于0.25mm的鲕粒都较少见。

鲕粒通常由两部分组成，一为核心，一为同心层。核心可以是内碎屑、化石(完整的或破碎的)、陆源碎屑以及其他物质。同心层主要由泥晶方解石组成；现代海洋环境中的鲕粒主要由文石组成。有的鲕粒具有放射状结构。

根据鲕粒的结构和形态特征，可把鲕粒划分为以下8种类型：

正常鲕：其同心层厚度大于核心的直径。一般所说的鲕粒都是指的这种正常鲕，也叫同心状真鲕(图2-34a)。

表皮鲕(或表鲕)：其同心层厚度小于其核心直径。有的表皮鲕甚至只有一层同心层，即一层皮壳(图2-34b)。

复鲕：在一个鲕粒中，包含两个或多个小的鲕粒(图2-34c)。

放射鲕：具有放射结构的鲕粒(图2-34d)。

单晶鲕和多晶鲕：整个鲕粒基本上由一个方解石晶体或几个方解石晶体构成，其同心层结

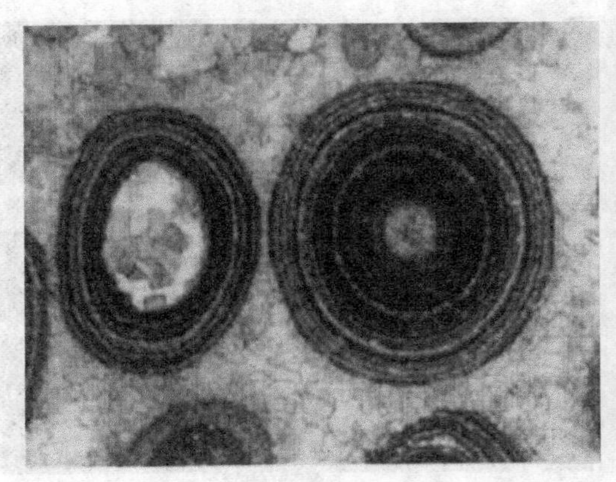

a. 正常鲕，单偏光
（长江大学“沉积岩石学”电子教案）

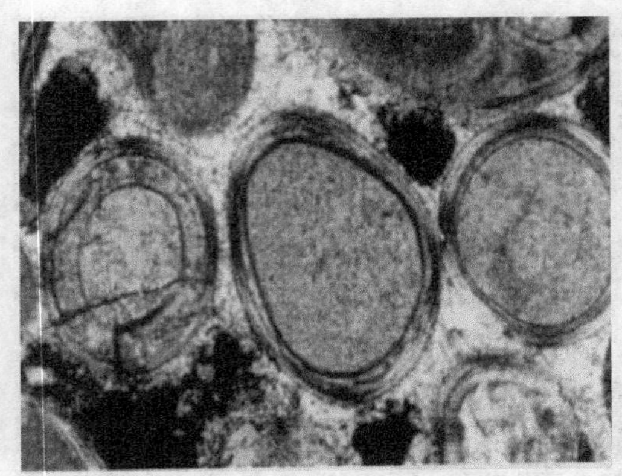

b. 表皮鲕，单偏光

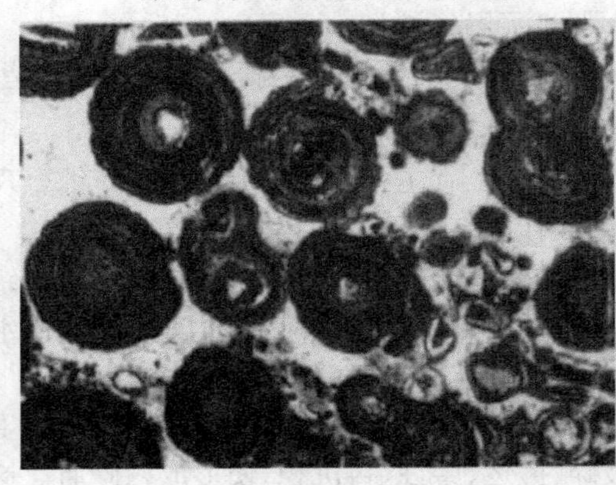

c. 复鲕，单偏光
（引自zedat.fu-berlin.de）

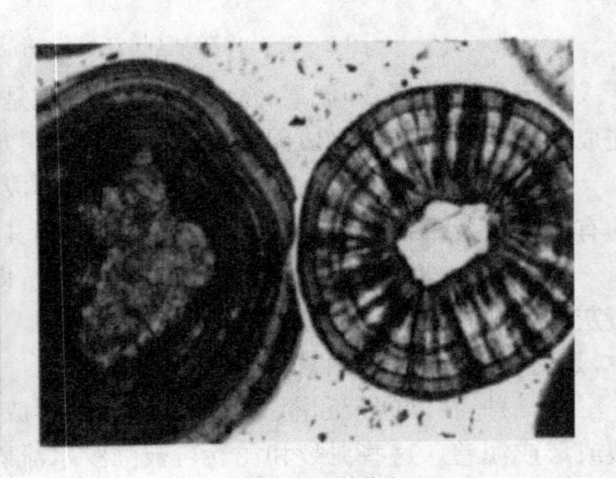

d. 放射鲕，单偏光
（引自zedat.fu-berlin.de）

图 2-34　鲕粒

构仅隐约可见或者已看不出来。这种鲕粒是重结晶作用的结果。

负鲕(空心鲕)：这是内部(核心及同心层的大部分)已被选择性溶蚀的鲕粒，实际是一种粒内溶解孔隙。

豆粒：以前大都把直径大于 2mm 的鲕粒称为豆粒；但现在趋向于把豆粒限于成岩作用的产物，而不再把大于 2mm 的鲕粒称为豆粒。

藻鲕：这是在藻参与下形成的鲕粒，可归入藻粒的范畴。

关于鲕粒的成因，主要有生物说(藻成因)和无机说(无机沉淀)两种学说和观点。其中，无机沉淀学说把鲕粒的生成与它的结构特征(有核心和同心层)和生成环境(水动力条件较强的地区)联系了起来，具有较强的说服力。

c. 生物颗粒。

生物颗粒是指经过搬运和磨蚀的和没有经过搬运和磨蚀的生物化石碎屑和完整的生物化石个体，如有孔虫、珊瑚、苔藓虫、腕足、海百合等(图 2-35)。没有经过搬运和磨蚀者大都是原地沉积的化石个体的自然解体或由食肉动物的破坏而引起的。

生物颗粒可简称为生粒，其同义术语很多，如化石、化石颗粒、生物、生物碎屑、生物骨骼、骨骼、骨骼颗粒、生物骨骼组分、骨粒、骨屑、骨片、骨壳等。生物颗粒是很重要的颗粒类型之一。

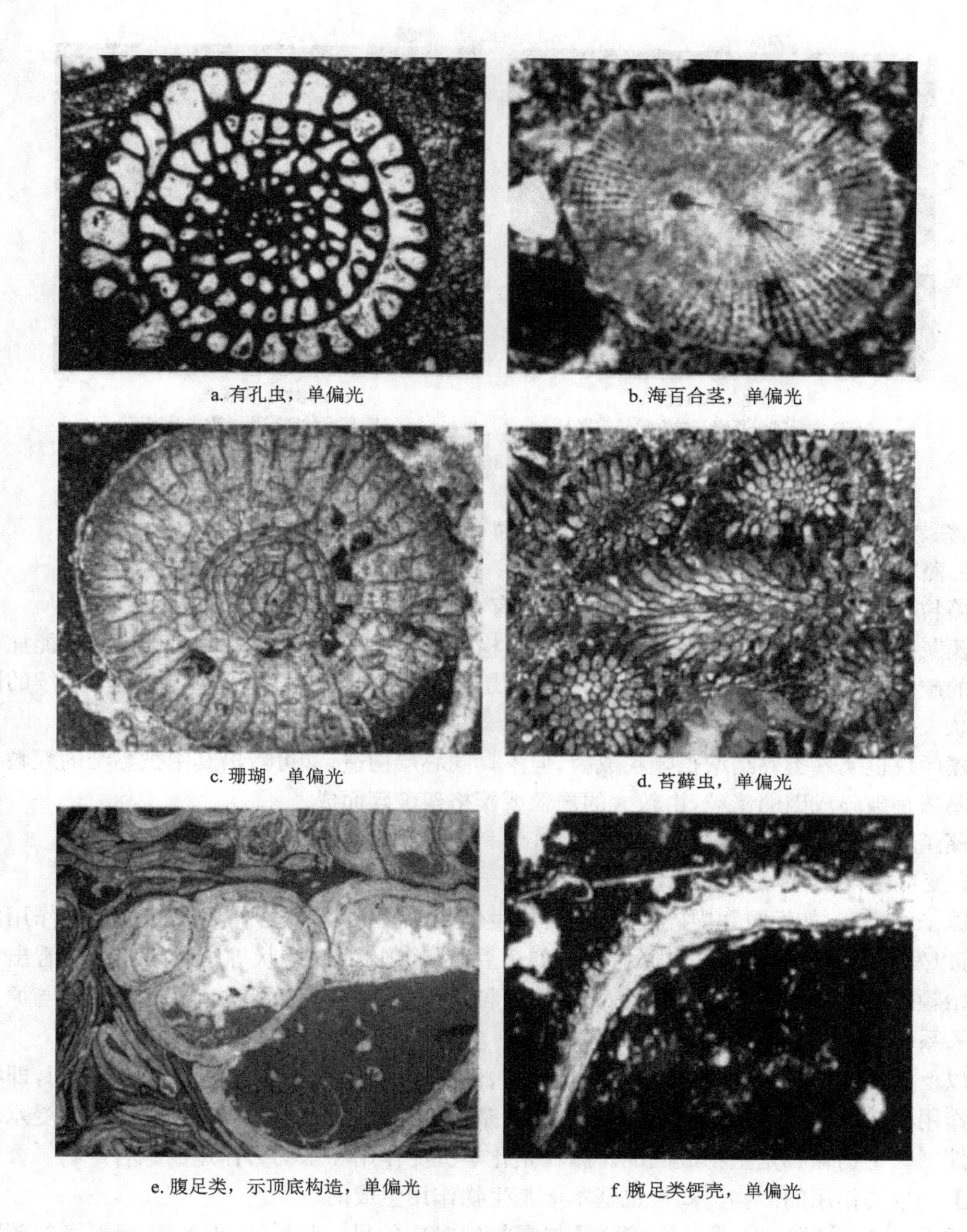

a. 有孔虫，单偏光　b. 海百合茎，单偏光　c. 珊瑚，单偏光　d. 苔藓虫，单偏光　e. 腹足类，示顶底构造，单偏光　f. 腕足类钙壳，单偏光

图 2-35　生物颗粒

d. 球粒。

球粒是一种较细粒的(多为粉砂级，也可达细砂级)、由微晶碳酸盐矿物组成的、不具内部结构的、球形或卵形的、分选良好的颗粒(图 2-36a、b)。如果单从这个定义来说，分选好的、球状的、粉砂级或细砂级的内碎屑就是球粒。

关于球粒的成因，有人把球粒仅仅限于粪球粒的范畴；而有人则认为球粒是化学凝聚作用成的，即巴哈马式的颗粒；还有主张内碎屑成因的。其中把球粒当作粪球粒有一些根据，因为在巴哈马地区现代碳酸盐沉积物中，一些生物正在产生大量的粪球粒。粪球粒中有机质含量

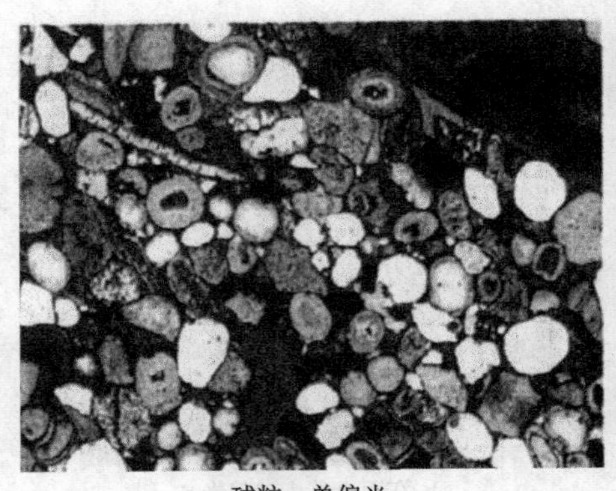

a. 球粒，单偏光
（长江大学“沉积岩石学”电子教案）

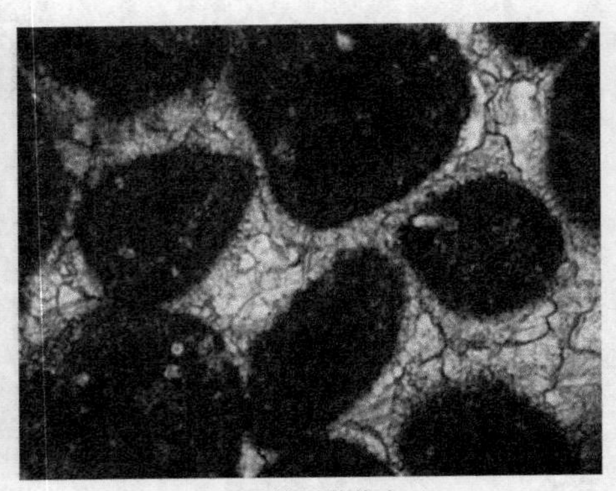

b. 球粒，单偏光
（南京大学地球科学数字博物馆）

图 2－36　球粒

较高，在岩石薄片中呈暗色，是其重要的鉴定特征。

e. 藻粒。

藻粒即与藻有成因关系的颗粒。常见的有藻灰结核、藻团块、藻屑、藻鲕粒等。

藻灰结核又称核形石或藻包粒，具同心层构造。藻类很像捕蝇纸，其表层的黏液能捕获住细粒的碳酸盐沉积物，从而形成不规则的增长层。这种增长层有时不连续，有时呈连续的同心圈层状。

藻团块也属藻类黏结增长颗粒成因，但不具同心层构造，常可看出其中被黏结的颗粒。

藻屑是破碎成因的藻粒，由较大的藻粒或藻格架破碎而成。

藻鲕粒是与藻有密切成因关系的鲕粒。

f. 变形颗粒。

原来的颗粒，如鲕粒和内碎屑，在成岩后生作用阶段，由于压溶作用或其他力学作用的影响，可以发生变形，形成各种各样的形态，如扁豆状、蝌蚪状、锁链状等。有的还可以看出它们与原始颗粒的关系，这时可把它们称为变形鲕粒、变形内碎屑等。有的已看不出它们与原始颗粒的关系了，这时只好笼统地称为变形颗粒。

以上所述的内碎屑、鲕粒、生物颗粒、球粒、藻粒等主要盆内颗粒有三种形成作用，即机械破碎作用、化学凝聚作用和生物作用。内碎屑基本上是机械破碎成因的，其沉积主要受水动力条件控制。生物颗粒是生物成因的。鲕粒是化学沉淀作用和水动力作用的综合产物。粪球粒基本上是生物作用的产物。藻粒也基本上是生物作用生成的。

② 微晶基质（泥）：微晶基质（泥）是与颗粒相对应的另一种结构组分，是指泥级的碳酸盐质点，它与陆源碎屑岩中的“泥或黏土”是相当的。微晶碳酸盐泥、微晶、泥晶、泥屑是它的同义术语。根据成分，微晶基质（泥）可分灰泥和云泥。灰泥是方解石成分的泥（图 2－37a、b），也称微晶方解石泥或微晶、泥晶。云泥是白云石成分的泥。

关于泥与颗粒的界限，一般以 0.005mm 为界。关于灰泥的成因，有如下三种观点。

化学沉淀成因：灰泥是由化学沉淀作用生成的。现代海洋沉积物中的针状文石泥就有这样生成的，这种文石泥大都生于热带的含盐度高的海水中。

机械破碎成因：灰泥是由机械破碎作用生成的，这主要是指泥级的内碎屑。

生物作用成因：灰泥是生物作用生成的。现代海洋里活的钙质藻类（仙掌藻和笔藻）中，含

a. 生物颗粒之间的灰泥基质，单偏光

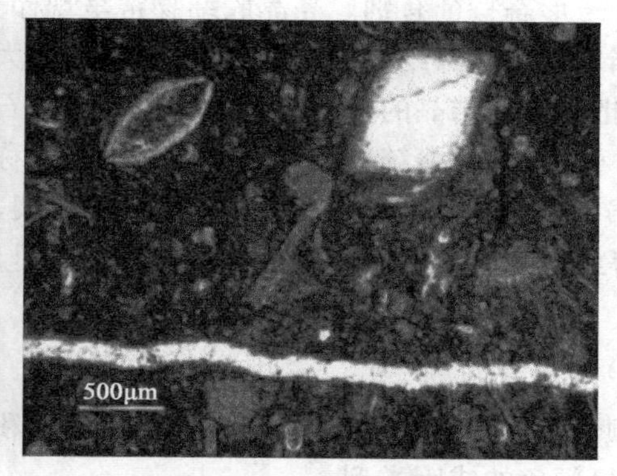

b. 生物颗粒之间的灰泥基质，单偏光

图 2-37　微晶(泥晶)基质

有大量针状文石。当这些藻类死亡、其有机质组织腐烂以后，其中的针状文石就分离出来，成为海底的灰泥。同位素 O^{18}/O^{16} 资料也证明这些灰泥是生物成因的。

③ 亮晶胶结物：亮晶胶结物是指充填于颗粒之间的结晶方解石，由于在显微镜下晶体清洁明亮，故称作“亮晶”。亮晶方解石的晶粒，一般比灰泥的晶粒粗大，通常都大于 0.01mm 或小于 0.005mm。亮晶与砂岩中的胶结物很相似(图 2-38a)。

亮晶方解石胶结物是在颗粒沉积以后，颗粒之间的粒间水以化学沉淀的方式所生成的，又常称淀晶、淀晶方解石、淀晶方解石胶结物。正因为它是粒间水化学沉淀作用生成的，所以这种方解石晶体常围绕颗粒表面呈栉壳状或马牙状分布，这就是通常所说的第一世代的胶结物。第一世代的栉壳状胶结物一般都很难把粒间孔隙充填满。第一世代胶结物未充填满的残余粒间孔隙，有时仍然空着，但有时却又被第二世代的亮晶方解石胶结物充填。这种第二世代的亮晶方解石，就不再是栉壳状，而多呈嵌晶粒状(图 2-38b)。

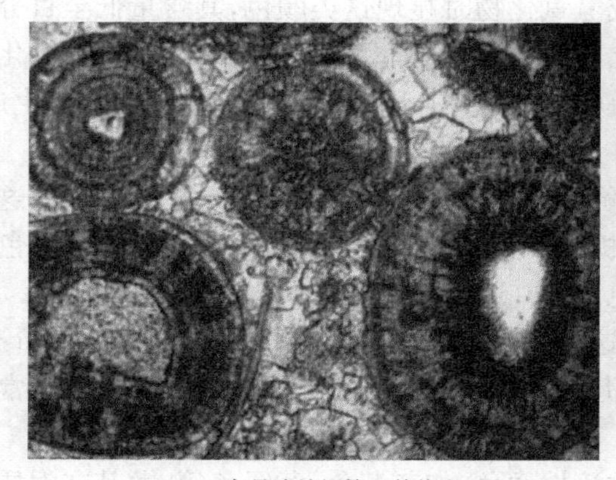

a. 亮晶胶结鲕粒，单偏光
(南京大学地球科学数字博物馆)

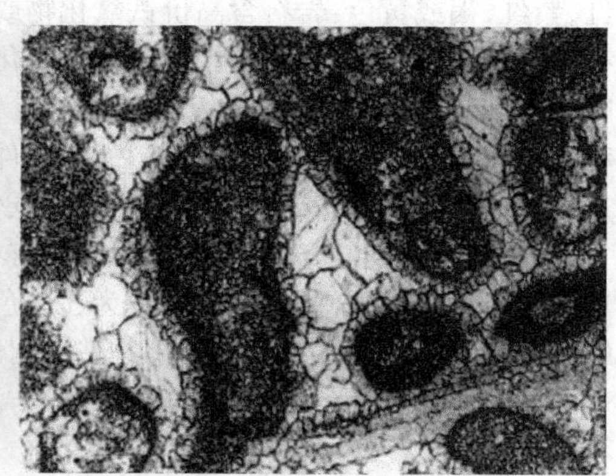

b. 世代型亮晶胶结物，单偏光
(长江大学“沉积岩石学”电子教案)

图 2-38　亮晶胶结物

亮晶方解石胶结物与粒间灰泥的区别在于：

——粒度不同。亮晶晶粒较大，灰泥则较小。

——清洁状况各异。亮晶比较清洁明亮，灰泥则较污浊。

——形态特征有别。亮晶胶结物常呈现栉壳状等特征的分布状况，灰泥则不是这样。

当岩石发生重结晶作用时，灰泥常变为较大的晶体，亮晶方解石胶结物也将发生变化。这时，要把灰泥重结晶的方解石晶体与亮晶方解石区分开，就有一定困难，甚至不可能把二者区分开。这时，只好笼统地把这两种非颗粒组分称作基质。

④ 生物骨架：生物骨架又称原地生物格架，它是原地生长的造礁群体生物如珊瑚、苔藓、藻类等组成的坚硬的碳酸盐格架。生物格架是礁碳酸盐岩不可缺少的结构组分，所以也称礁格架。

4)沉积岩的颜色

颜色是沉积岩的重要宏观特征之一，对沉积岩的成因具有重要的指示性意义。

(1)颜色的成因类型。

决定岩石颜色的主要因素是它的物质成分。沉积岩的颜色按主要致色成分划分成两类——继承色和自生色。主要由陆源碎屑矿物显现出来的颜色称为继承色，是某种颜色的碎屑较为富集的反映，只出现在陆源碎屑岩中。主要由自生矿物(包括有机质)表现出来的颜色称为自生色，可出现在任何沉积岩中。按致色自生成分的成因，把自生色分为原生色和次生色两类。原生色是由原生矿物或有机质显现的颜色，通常分布比较均匀稳定。例如海绿石石英砂岩，呈现绿色；碳质页岩，呈现黑色等。次生色是由次生矿物显现的颜色，常呈色斑状、不规则状分布。如海绿石石英砂岩，顺裂隙氧化、部分海绿石变成褐铁矿，呈现出暗褐色条带等。无论是原生色还是次生色，其致色成分的含量并不一定很高，只是致色效果较强罢了。原生色常常是在沉积环境中或在较浅埋藏条件下形成的，对当时的环境条件具有直接的指示性意义。次生色则除特殊情况外，多是在沉积物固结以后才出现的，只与固结以后的条件有关。

(2)典型自生色的致色成分及其成因意义。

白色或浅灰白色：当岩石不含有机质、构成矿物(不论其成因)基本上都是无色透明时，常为这种颜色。如纯净的高岭石、蒙脱石黏土岩、钙质石英砂岩、结晶灰岩等。

红、紫红、褐或黄色：岩石含高价铁氧化物或氢氧化物时显现这类颜色，其含量低至百分之几便有很强的致色效果。通常，以高价铁氢氧化物为主时，岩石呈偏红或紫红；高价铁氧化物为主时偏黄红或褐红。由于自生矿物中的高价铁氧化物或氢氧化物只能通过氧化才能生成，故这种颜色又称氧化色，可准确地指示氧化条件(但并非一定是暴露条件)。

灰、深灰或黑色：岩石含有机质或弥散状低价铁硫化物(黄铁矿、白铁矿)微粒时显现这种颜色，致色成分含量越高，岩石越趋近黑色。有机质和低价铁硫化物均可氧化，故这种颜色只能形成或保存于还原条件，也因此而称为还原色。

绿色：一般由海绿石、绿泥石等矿物造成。这类矿物中的铁离子有 Fe^{2+} 和 Fe^{3+} 两种价态，可代表弱还原或弱氧化条件。砂岩的绿色常与海绿石颗粒或胶结物有关，泥质岩的绿色常是绿泥石造成的。

除上述典型颜色以外，岩石还可呈现各种过渡性颜色，如灰黄色、黄绿色等，尤其在泥质岩中更是这样。泥质沉积物常含不等量的有机质，在成岩作用中，有机质会因降解而减少，高价锰氧化物或氢氧化物(致灰黑成分)常呈泥级质点共存其间，一些有色的微细陆源碎屑也常混入，这是泥质岩常常具有过渡颜色的主要原因。而砂岩、粉砂岩、石灰岩等的过渡色则主要取决于所含泥质的多少和这些泥质的颜色。

影响颜色的其他因素还有岩石的粒度和干湿度，但它们一般不会改变岩石的基本色调，只会影响颜色的深浅、明暗。其他条件相同时，岩石粒度越细或越潮湿，颜色越深、越暗。

2. 沉积岩的结构和构造

1)碎屑岩的结构

碎屑岩的结构总称为碎屑结构，是指在一定动力条件下共生在一起的碎屑颗粒所具有的内在形貌特征的总和，包括粒度、分选度、圆度、充填样式和孔隙等几个方面。

(1)粒度：碎屑沉积物的粒度是指其中粒状碎屑的粗细程度，单个碎屑的粒度通常用它的最大视直径 d(mm)或 Φ 值在粒级划分标准中所处的位置来衡量。Φ 值和 d 之间的换算关系为：$\Phi=-\log_2 d$。常用的粒度分级标准有十进位制和 2 的几何级数制(表 2-9)。

表 2-9 常用碎屑颗粒粒度分级

十进位制(地质辞典，1981)

粒级划分		颗粒直径，mm
砾	巨砾	＞1000
	粗砾	1000～100
	中砾	100～10
	细砾	10～1
砂	粗砂	1～0.5
	中砂	0.5～0.25
	细砂	0.25～0.1
粉砂	粗粉砂	0.1～0.05
	细粉砂	0.05～0.01
黏土(泥)		＜0.01

2 的几何级数制(Udden—Wentworth 标准)

粒级划分		颗粒直径，mm
砾	巨砾	＞256
	粗砾	256～64
	中砾	64～4
	细砾	4～2
砂	极粗砂	2～1
	粗砂	1～0.5
	中砂	0.5～0.25
	细砂	0.25～0.125
	极细砂	0.125～0.0625
粉砂	粗粉砂	0.062～0.0312
	中粉砂	0.031～0.0156
	细粉砂	0.015～0.0078
	极细粉砂	0.007～0.0039
黏土(泥)		＜0.0039

类似十进位制(地质辞典，1981)

粒级划分		颗粒直径，mm
砾	巨砾	＞1000
	粗砾	1000～100
	中砾	100～10
	细砾	10～2
砂	极粗砂	2～1
	粗砂	1～0.5
	中砂	0.5～0.25
	细砂	0.25～0.1
	极细砂	0.1～0.05
粉砂	粗粉砂	0.05～0.01
	细粉砂	0.01～0.005
黏土(泥)		＜0.005

在结构描述中，通常使用 d(mm)，这样比较直观。在对粒度作统计分析时多使用 Φ 值，其最大优点是可将自然界粒度分布中的对数关系转化成线性关系，有利于分析和作图。

(2)分选度：又称分选性，指粒状矿物碎屑大小的均匀程度(均一性)，它是流体在沉积作用中对粒度累积分异强度的衡量指标。

碎屑颗粒在被搬运的过程中，通常按粒度、形状或密度的差别分别富集，当粒度集中在某一范围较狭窄的数值间隔内时，就可定性地说分选较好。

由于很细小的碎屑(细粉砂或泥级颗粒)常会受到较粗颗粒的阻挡或保护，加上它们又有很强的内聚性，使它们偏离粒度与动力学行为间的规律关系。所以，分选度通常不包括基质颗粒在内。

同粒度一样，分选度也可用统计学方法计算得到，但一般的定性描述也只用目估，即将分选度划分为极好、好、中等、差和极差等 5 个级别，更粗略地可合并成好、中等、差三个级别(图 2-39)。

(3)圆度：指碎屑外表棱角被磨平的程度或表面的光滑程度，也称磨圆度，它是颗粒在沉积作用过程中累积磨蚀强度的衡量指标。

a. 分选好

b. 分选中等，露头

c. 分选差，露头

图 2-39　碎屑颗粒分选度的目估分级(引自 geology. com)

因为在相同沉积作用过程中，物理性状不同的颗粒达到的磨蚀强度不同，因而对圆度的判别最好只使用单晶石英颗粒，只有当石英含量很少时才可考虑使用单晶长石或岩屑。在比较不同沉积物的磨蚀强度时，只能根据物理性状相同的颗粒，即不仅矿物种类要相同，其粒度也要相同或相近。单个颗粒的圆度可通过测量和计算其圆度指数来衡量，但这只适用于可分离出来的颗粒，而且也比较繁琐。对固结状态下的颗粒一般也只用目估，这时可以将圆度划分成极圆状、圆状、次圆状、次角状和角状 5 个级别，也可以粗略地合并成好、中等、差 3 个级别(图 2-40)。

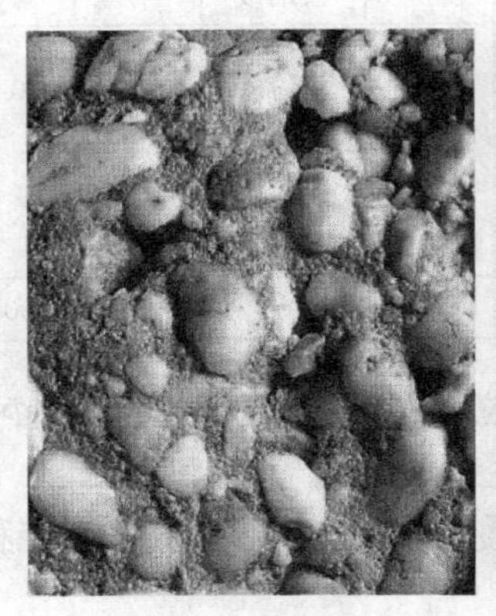

a. 圆度好

b. 圆度中等，露头

c. 圆度差（据E. J. Tarbuck等，2004）

图 2-40　碎屑颗粒圆度的目估分级

(4)充填样式：指沉积物中颗粒的相对取向关系和支撑特征。

非等轴状(主要指片状、板状、饼状或类似形状)颗粒在占据它们所在空间时，如果最长轴或最大扁平面具有优势性取向，这样的充填称为定向充填；如果没有优势取向，则称为非定向充填。已经知道在各种流体牵引力的作用下，沉积砾石最大扁平面的倾斜方向，将趋向于与主牵引力的方向相反(形成叠瓦构造)，最长轴则趋向于随流速由低到高大致从垂直流向到平行流向转变。砂级或砂以下颗粒的定向性研究仍在探索之中。

颗粒的支撑特征是指沉积物所受压力在沉积物内部的分布状况，它涉及基质和较大颗粒的相对含量。当基质和较大颗粒的分布大体均匀时，若基质很少或无基质(颗粒含量相对较高)，那么较大颗粒就会直接堆垒起来搭成颗粒格架，同时形成粒间孔，只有少量基质处于粒间孔内。这时沉积物所受压力基本上只分布在较大颗粒相互间的接触部位，颗粒其他部位和粒间孔内的基质则不承受压力或只承受很小压力。若基质含量很高(或颗粒含量很少)以致较大颗粒被基质隔开而"漂浮"在基质背景中，这时沉积物的格架将由基质和较大颗粒共同搭接形成，它所受压力将会均匀分布在较大颗粒的整个表面上和所有基质中。

上述这种由沉积物的基质和较大颗粒决定的对所受压力的不同支撑机制，称为沉积物的支撑类型，通常分为以下三种支撑类型。

颗粒支撑：单纯由较大的碎屑颗粒搭成格架，基质只分布在颗粒之间的接触点附近，称为颗粒支撑(图 2-41a)。

基质支撑：由基质和较大的碎屑颗粒共同搭成格架的称为基质支撑(图 2-41b)。

过渡支撑：是颗粒支撑与基质支撑之间的过渡性支撑类型(图 2-41c)。

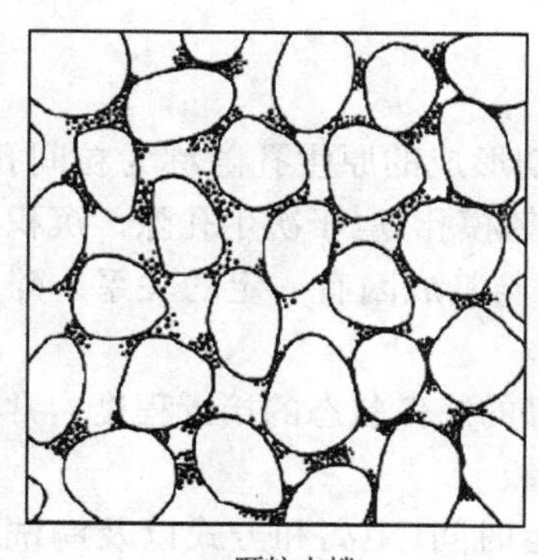
a. 颗粒支撑

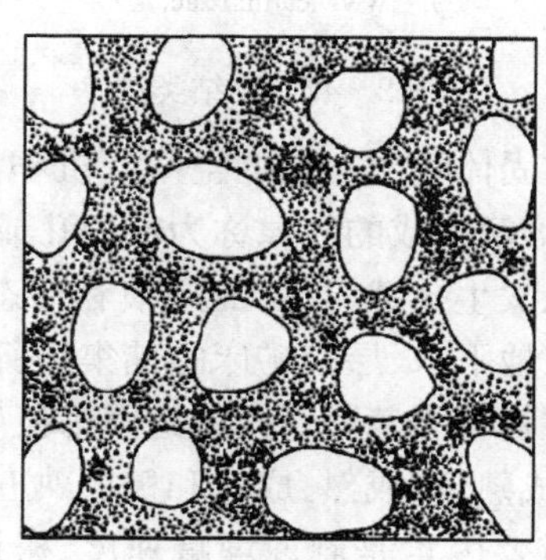
b. 基质支撑

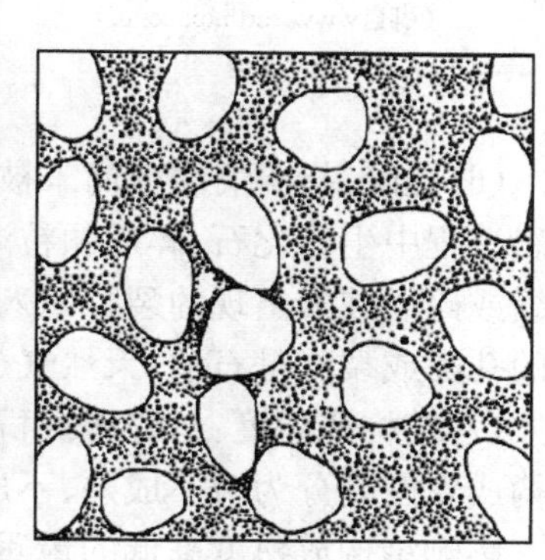
c. 过渡支撑

图 2-41　三种基本支撑类型

三种支撑类型中的基质或颗粒含量可以在相当大的范围内变化，其影响因素主要是颗粒的形态(圆度)、分选和定向性。例如，同样搭成颗粒支撑，若颗粒形态大大偏离几何球体(如片状、板状等)，颗粒圆度差、分选好、取向紊乱，就可使颗粒含量减少或基质含量增加；而颗粒形态较接近几何球体，颗粒圆度好、分选差，最大扁平面定向排列时，则可使颗粒支撑中的颗粒含量增高或基质含量减少。

支撑类型的地质意义在于它与流体类型和环境的动力条件等关系密切，如密度和沉积速率都较高的风暴流、浊流、碎屑流沉积物、冰筏沉积物、正常浪基面附近的沉积物等常呈基质支撑，而流速较高的低密度水流的底载荷沉积物、包括频繁受到波浪淘洗的浅海(湖)环境沉积物以及风积物、颗粒流沉积物等就常呈颗粒支撑。

(5)胶结类型：碎屑颗粒与填隙物之间的关系，称为胶结类型。通常将胶结类型分为以下四种。

基底式胶结：碎屑颗粒彼此不相接触呈飘浮状或游离状分散在填隙物内(图 2-42a)。它通常是高密度流(如浊流、泥石流)快速堆积的产物。

孔隙式胶结：大部分碎屑颗粒相互接触，形成颗粒支撑和孔隙，成岩期析出的化学沉淀胶结物常分布在颗粒孔隙之中(图 2-42b)。

接触式胶结：胶结物很少，仅分布于碎屑颗粒彼此接触处。在干旱地区砂层中，孔隙水溶液沿毛细管上升，在碎屑颗粒的接触点沉淀析出，常形成接触式胶结。

镶嵌式胶结：这种胶结类型只出现在砂级陆源碎屑沉积物中，颗粒之间因压溶而呈面接触形式。胶结物很少，其成分与颗粒成分(石英)一致(图2-42c)。

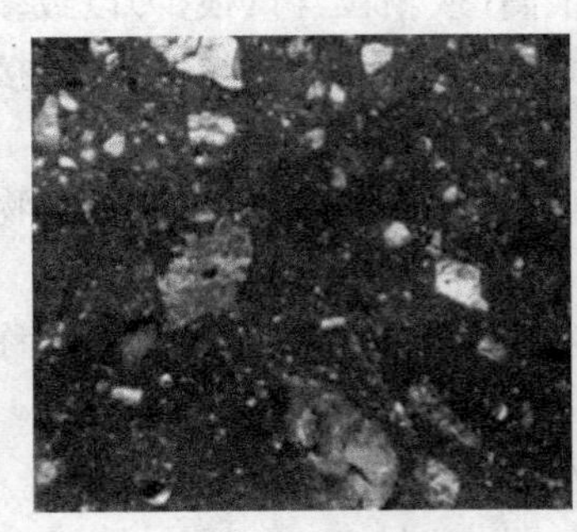
a. 基底式胶结，手标本
(引自www.earth.ox.ac.uk)

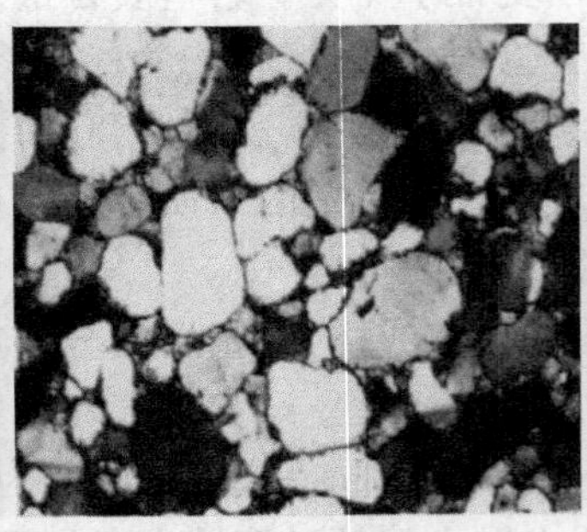
b. 孔隙式或接触式胶结，正交偏光
(引自www.earth.ox.ac.uk)

c. 镶嵌式胶结，正交偏光

图2-42 胶结类型

(6)孔隙：指碎屑岩中尚未被固体物质占据的空间。沉积期形成的原生孔隙称为粒间孔；成岩过程中生物化石、碎屑颗粒溶解形成的孔隙称为粒内孔或铸模孔，属于次生孔隙。沉积物收缩或碎屑破裂出现的裂隙归入次生孔隙，孔隙的规模和形态与其成因有一定的关系。碎屑岩的孔隙或裂隙是石油、天然气、地下水、层控矿床的储集场所。

(7)结构成熟度：指碎屑沉积物与无基质、分选、磨圆都极好的终极状态的接近程度。常将结构成熟度划分为极不成熟、不成熟、次成熟、成熟和极成熟五级。

影响结构成熟度高低的最重要因素是剥蚀埋藏速度、搬运时间、距离和方式以及淘洗强度。高的剥蚀速度、短时间、短距离和悬浮搬运以及缺少淘洗显然更容易造成低的结构成熟度，而缓慢剥蚀埋藏、长时间、长距离和滚、跳动搬运以及充分淘洗将有利于提高结构成熟度。

(8)碎屑结构的分类命名：碎屑沉积物的粒度、分选度、圆度和充填样式对沉积物的内在形貌特征都有实质性影响，但相对而言，粒度粗细却是最醒目的，所以碎屑结构通常就按粒度划分并直接以粒度作为结构名称。按主要粒级，碎屑结构可分为砾状结构、砂状结构、粉砂状结构和泥状结构四大类。碎屑结构的粒度分类还有广义和狭义之分，如砾状结构不仅指狭义的砾状结构(砾石圆度中等到好)，还包括角砾状结构(砾石圆度差)等。

2)沉积构造

沉积岩的构造，总称为沉积构造，是指在沉积作用或成岩作用中在岩层内部或表面形成的一种形迹特征及其空间分布和排列方式。这里的"岩层"是指由区域性或较大范围沉积条件改变而形成的构成沉积地层的基本单位。相邻的上、下岩层之间被层面隔开。层面是一个机械薄弱面，易被外力作用剥露出来。无论是岩层内部还是岩层表面的构造都有不同的规模，但通常都是宏观的。

沉积构造的类型极为复杂，描述性、成因性或分类性术语极多，其中，在沉积作用中或在沉积物固结之前形成的构造称为原生沉积构造，在沉积物固结之后形成的构造称为次生沉积构造。在已研究过的沉积构造中，绝大多数都是原生沉积构造。从形成机理来看，任何构造都无外乎物理、化学、生物或它们的复合成因(表2-10)。原生沉积构造常常与沉积环境的动力条件、化学条件或生物条件有密切的成因联系，对沉积环境的解释或岩层顶底面的判别都有重要意义。

表 2-10　常见的沉积构造类型

物理成因的沉积构造	生物成因的沉积构造	化学成因的沉积构造
层理构造	生痕构造	晶痕和假晶
波痕构造	生物扰动构造	鸟眼构造
泥裂	植物根痕构造	结核构造
雨痕、雹痕	叠层构造	缝合线构造
冲刷构造		
泄水构造		

(1)物理成因的沉积构造

① 层理构造:层理是沉积物以层状形式堆叠而在岩层内部形成的层状形迹,它由沉积质点的颜色、成分、形状或大小等沿垂直方向变化显示。绝大多数层理都是在沉积作用中形成的,主要与流体的机械作用有关,称为沉积层理。极少数层理是在埋藏以后和固结以前通过机械重组或化学沉淀形成的,称为成岩层理。通常所说的层理,都是指沉积层理。

描述层理的基本术语有:纹层、层系和层系组(图 2-43)。

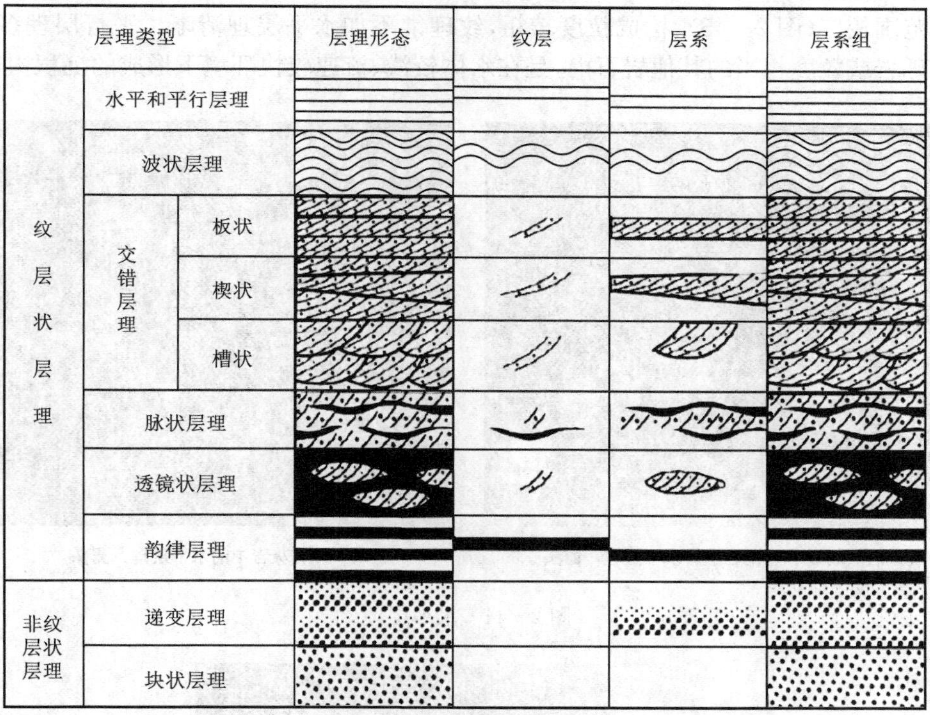

图 2-43　层理的组成单元及常见类型

纹层——又称细层,是层理中可以划分出的最小层状单位,纹层具有明显的上下边界,内部颜色、成分或粒度比较均匀而不可再分。单一纹层的厚度多在毫米级,也可小于 1mm 或达数厘米。同一纹层是在相同条件下同时或几乎同时形成的。

层系——又称单层,可以由一组相同或相似的纹层叠置而成,也可以不含纹层只显示粒度的渐变特征。同一层系是在基本相同的条件下在一段时间内累积形成的。相邻层系间的界面称为层理面。在岩层的垂直断面上,纹层面和层理面都由纹理表现。

层系组——又称层组，由两个或两个以上相同或有成因联系的层系叠置而成。层系组是在一段时间内由于流体的运动状态，沉积物沉积速率或其他沉积条件发生变化或呈规律性波动而形成的。

并不是所有层理都可分出纹层、层系或层系组。其中，可以分出纹层或有纹理显示的层理称为纹层状层理，如水平和平行层理、交错层理、波状层理、脉状或透镜状层理等；而分不出纹层或没有纹理显示的层理称为非纹层状层理，如递变层理、块状层理等。

目前，层理的分类有两种方法：一是按纹层形态及其与层系界面的关系，将层理分为水平层理、波状层理、交错层理等；二是按纹层、层系的形态结合成因，将层理分为板状层理、楔状层理、槽状层理等。

a. 水平层理：纹层呈平面状，相互平行叠置且与层面平行，纹层厚度较小，在岩层各个方位的垂直断面上都有较密集的平行直线状纹理显示。在粉砂岩、泥质岩中水平层理比较发育（图 2-44a），有时在石灰岩中也见有水平层理（图 2-44b），是水流缓慢或静水条件下的沉积构造。

b. 平行层理：与水平层理相似，也由平面状纹层平行层面叠置而成，不同的是纹层厚度较大，分布范围较广（图 2-45），构成粒度较粗，纹理常不如水平层理清晰。平行层理多产在粗砂岩、砂砾岩或粒度相当的其他岩石内，是在水体较浅、流速较快环境下形成的沉积构造。

a. 砂岩、粉砂岩、泥岩中的水平层理，露头

b. 石灰岩中的水平层理．露头

图 2-44　水平层理

图 2-45　大型平行层理，露头

（引自 southeasterngeology. org）

c. 斜层理和交错层理：这两种层理的特点是纹层与层系界面、层面呈斜交关系。在单个层系中，一系列向同一个方向倾斜的纹层相互平行叠置，而与层系界面成一定角度相交，称为斜层理或斜交层理。当许多层系相互叠置组合成层系组时，各层系内纹层的倾斜方向和纹层与层系界面、层面的交角可以相同，也可能不同，显示出相互交错的特征，称为交错层理。

在形态和成因上，交错层理是一种复杂多变的层理类型，按层系形态分成以下三种：

板状交错层理——各层系界面均为平面且与层面平行，单个层系呈等厚的板状，其中纹层较平直或微下凹，与层系界面斜交(图 2－46a)。

楔状交错层理——各层系界面也为平面，但彼此不平行，单个层系不等厚而呈楔状，其内纹层与板状交错层理相似(图 2－46b)。

槽状交错层理——层系界面为下凹勺形曲面，在岩层不同方位的断面上，曲面下凹的程度不同，一般在垂直流向的断面上比在平行流向的断面上显示更强的下凹状态。层系内的纹层多呈下凹的曲面，通常与层系界面斜交(图 2－46 c、d)。

交错层理大多是定向水流作用的产物，水的流速对层系厚度有重要影响，流速越大，所形成的层系厚度也越大。交错层理还常被用来判断水的流向、指示岩层顶底方向。

在交错层理的相邻层系中，纹层的倾斜方向一般都是相同的，但有时相邻层系中纹层的倾斜方向完全相反，且倾斜角度相近，显示羽状、人字形状、鱼骨状特征(图 2－46e、f)，是双向水流的标志，如涨潮流形成的前积层与退潮流形成的前积层交互共生。

d. 波状层理：是指由许多呈波状起伏的细层叠置在一起组成的层理类型。波状起伏的纹层呈对称或不对称形状。波状层理的形成都需要有较高的沉积速率。上覆纹层与下伏纹层可以同相位叠置(上下层的波峰与波峰对齐、波谷与波谷对齐)，也可以异相位叠置(上下层的波峰与波峰错位、上覆纹层的波谷与下伏纹层的波峰相切或交截)。同相位叠置的，称为同相位波状层理；异相位叠置的，称为爬升波状层理(图 2－47a、b)。

e. 脉状层理和透镜状层理：这两种层理都是泥质和砂质(粉砂或细砂)沉积物交替沉积形成的复合层理。脉状层理又称压扁层理，其主要特征是沉积物以砂为主，在断面上，泥呈脉状或细长飘带状夹在砂质沉积物中(图 2－48a)。透镜状层理相反，沉积物以泥为主，断面上，砂呈透镜状或细长飘带状夹在泥质沉积物中(图 2－48b)。这两种层理内的砂质沉积物中还可以发育类似于交错层理那样的纹层。在岩层中，脉状层理和透镜状层理常常共生、相互过渡。

脉状层理和透镜状层理都是在沉积物供应较充足的条件下，由速度不稳定的流水沉积而成，若流速总体较高，形成脉状层理；相反，若流速总体较低，阵发性增高，则形成透镜状层理。

f. 韵律层理：由成分或颜色明显不同的两种水平薄层交替叠置构成的层理称为韵律层理。层理中各薄层的厚度可以相等，也可不等，厚薄不定。薄层内成分比较均匀，常见的成分交替有砂或粉砂—泥质，碳酸盐—泥质(图 2－49a)，硅质—泥质(图 2－49b)，碳酸盐—硅质等。成分交替与颜色交替同时显现，反映了沉积环境、气候条件、物质供应反复变化。

g. 粒序层理：又称递变层理，是一种重要的非纹层状层理，层理中没有任何纹层或纹理显示，只有构成颗粒的粗细在垂向上的连续递变。在每一个沉积单元中都表现出颗粒大小的逐渐变化。在岩层断面上，按递变趋势粒序层理可分为三种：

正粒序——从一个沉积单元的底部到顶部，颗粒由粗到细递变(图 2－50a)；

反粒序——从一个沉积单元的底部到顶部，颗粒由细到粗递变；

双向粒序——正、反粒序呈渐变性衔接，反映水流速度逐渐改变。

a. 板状交错层理，露头
（长江大学“沉积岩石学”电子教案）

b. 楔状交错层理，露头
（据E. J. Tarbuck等，2004）

c. 槽状交错层理，露头
（引自walrus.wr.usgs.gov）

d. 槽状交错层理，露头
（长江大学“沉积岩石学”电子教案）

e. 羽状交错层理，露头
（引自depauw.edu）

f. 羽状交错层理，露头

图 2－46　交错层理

此外，在整个递变层中，细粒物质作为粗大颗粒的基质存在，递变特征只由粗颗粒的大小显示（图 2－50b），这种粒序层理称为粗尾粒序层理（Coarse－tail grading），是由碎屑物重力流或密度流（如泥石流、浊流、风暴流等）快速卸荷形成的。

h. 块状层理：当整个岩层或岩层内的某个层状部分的成分、结构或颜色都是均一的，或虽很杂乱，但却具有某种宏观的均一性，既没有纹层或纹理显示，也不是其他层理的构成部分，该岩层或层状部分就显示为块状层理，或均匀层理。块状层理可以是沉积形成的，也可以是其他

a. 波状层理，露头

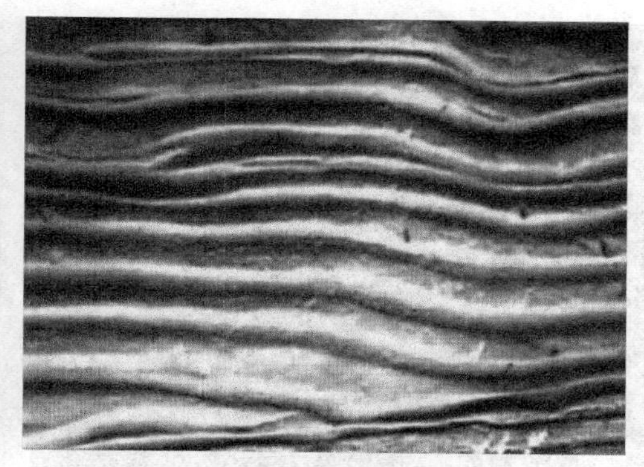

b. 石灰岩中的波状层理，露头

图 2-47　波状层理

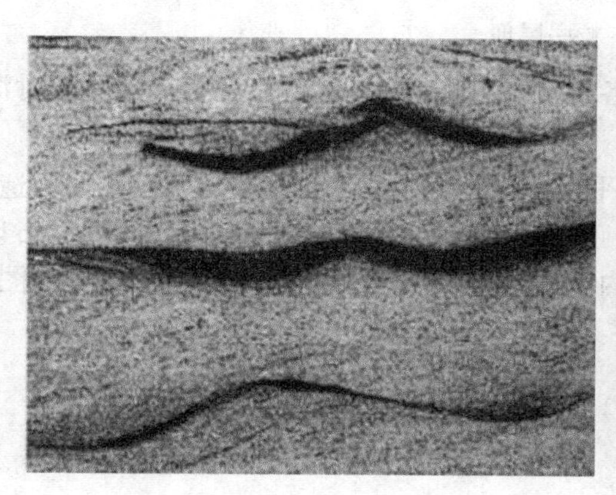

a. 脉状层理，露头

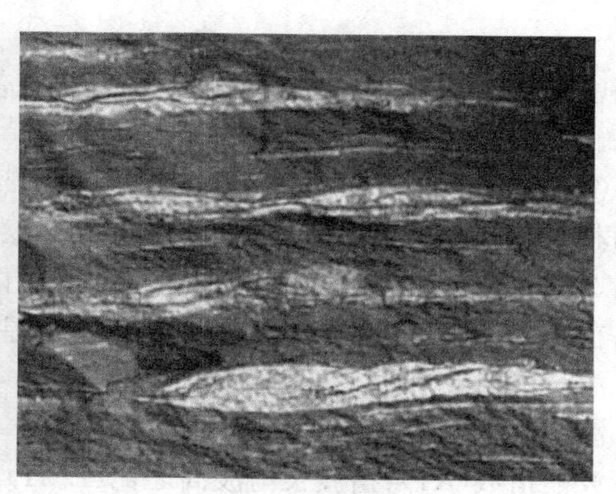

b. 透镜状层理，露头

图 2-48　脉状层理和透镜状层理(引自 uwm. edu)

a. 碳酸盐岩中的韵律层理，露头

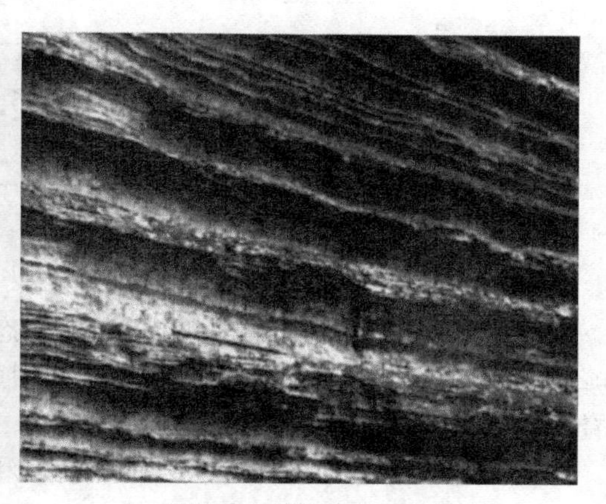

b. 碎屑岩中的韵律层理，露头

图 2-49　韵律层理(引自 uwm. edu)

层理经成岩作用改造形成的。沉积的块状层理有两种成因，一是环境条件(包括原始物质的供应、环境的物理、化学和生物特性等)长期稳定不变，沉积物是完全均匀累积起来的；二是由具

a. 正粒序层理，露头

b. 粗尾粒序层理，露头

图 2-50　粒序层理

极高密度的碎屑物重力流或密度流快速卸荷，各种成分和粒度的颗粒来不及分异都同时沉积下来。

② 波痕构造：由水或风的机械作用在沉积平面上形成的一种规则起伏，称为波痕构造，它是由相对凸起的波脊和相对下凹的波谷在岩层顶面的某个方向上相向排列构成，广泛出现在砂岩、粉砂岩、泥质岩和其他粒度相当的岩石内。描述波痕形态常使用 4 个定量要素（图 2-51），在垂直波脊延伸方向的断面上它们分别是：

波长（L）：指相邻两波峰间的距离；

波高（H）：指波峰到波谷的垂直距离；

波痕指数（RI）：指波长与波高之比（L/H）；

对称指数（SI）：指同波峰或波谷缓坡面与陡坡面的投影距离之比（l_1/l_2）。

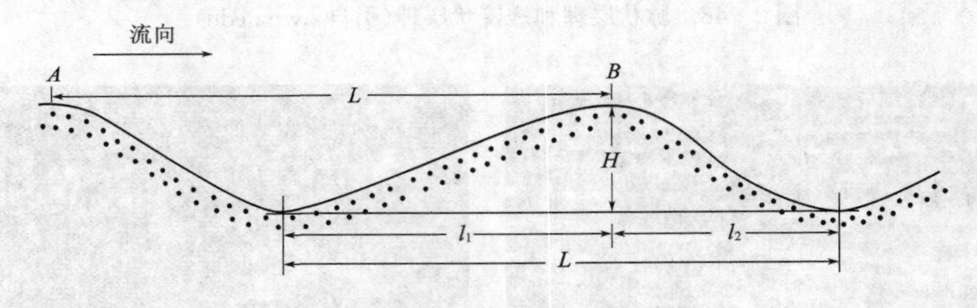

图 2-51　波痕要素

此外，波痕的形态还包括波峰、波谷的形态和它们在岩层顶面的延伸形态。波峰有圆峰、尖峰和平顶峰之分，峰谷只有圆谷和尖谷两种。波脊的延伸形态很复杂，典型的有直线脊、波曲脊、舌形脊、菱形脊、新月脊等。

按成因，波痕可分成流水波痕、浪成波痕和风成波痕 3 种基本类型。

a. 流水波痕：是由定向水流形成的对称形波痕，常见的 $L=5\sim60$cm，$H=0.3\sim10$cm，$RI=8\sim15$，$SI>2.5$，多具直线脊、波曲脊、舌状脊或菱形脊。脊的缓坡面是受流水冲刷的面，总体倾向与流向相反。在断面上常可见与陡坡面平行的纹层，这是鉴别流水波痕的一个重要标志。在各种深度的河、湖、海环境中都可出现（图 2-52a、b），但在泥质岩中不发育。

b. 浪成波痕：是由水的振荡作用形成的波痕，常呈尖峰圆谷的对称或不对称形，常见的 $L=1\sim200\text{cm}$，$H=0.3\sim20\text{cm}$，$RI=5\sim16$，多为直线脊，但在延伸方向可以分叉或汇合。一般产在一定水深的海、湖环境中（图 2-52c）。

c. 风成波痕：是风在暴露的松散颗粒性（主要是砂级）沉积物表面吹袭形成的波痕，常为圆峰圆谷的不对称形，常见的 $L=1\sim30\text{cm}$，$H=0.5\sim1\text{cm}$，$RI=10\sim50$，多为直线脊，延伸稳定，有时可分叉。风成波痕与流水波痕很相似，区别是风成波痕相对较小，波脊或波峰处的砂粒常比波谷处的更粗，甚至出现细小砾石（图 2-52d）。

a. 流水波痕，露头（据E. J. Tarbuck等，2004）　b. 海岸流水波痕，露头

c. 浪成波痕，露头　d. 风成波痕，露头

图 2-52　波痕

在实际产出的波痕中，还有一种复合波痕，它们是流水与流水或流水与浪成波痕的复合，例如在较大波痕的缓坡面上还叠加有同方向的较小的波痕，不同方向的直线脊或波曲脊波痕叠加在一起形成网格状波痕（或称干涉波痕）等。另外，水下已形成的波痕由于水体变浅，原有的尖峰可能被冲刷成圆峰，露出水面后可能被水或风削平成为平顶峰，从波峰上削下来的颗粒偶尔会就近堆积在波谷两侧使圆谷逐渐变成为尖谷，因而平顶峰或尖谷都可看成是水体由深变浅或波痕开始暴露的标志。

③ 泥裂、雨痕、雹痕：这三种构造都是刚沉积的松软沉积物顶面暴露在大气中形成的，被统称为暴露构造，常在泥质岩、泥质粉砂岩或相当粒度的石灰岩中出现。

a. 泥裂（又称干裂）：是在气候干旱或太阳暴晒时，暴露沉积物因快速脱水收缩形成的一种顶面裂隙构造（图 2-53a）。裂隙宽约几毫米或 1～2mm 以上，深度数厘米至数十厘米。呈折线或曲线状延伸，两个方向的裂隙相遇时常呈T形或Y形连通而将顶面分割成一系列直边或曲边多边形。在岩层断面上，裂隙一般垂直层面，内壁平整，终止于本岩层内部，底部末端呈V字形，有时呈U字形，偶尔可穿过整个岩层，但不穿透下伏岩层的顶面。裂隙中多有上覆沉积物充填。

b. 雨痕：是由较大但较稀疏的雨滴在松软沉积物表面砸出来的平底状浅坑。单个浅坑大致呈圆或椭圆形(图2-53b)，直径多为2～5mm，深度多在1～2mm，坑缘常略高于层面。雨滴过小，过细或连续降雨时间过长都不利于雨痕的形成。

a. 泥裂，露头

b. 雨痕，露头

图2-53 泥裂和雨痕

c. 雹痕：与雨痕大体相似，仅坑底常为圆弧形，坑缘凸起也更高一些，不过严格区分雨痕和雹痕也没有太大实际意义。

④ 冲刷构造：是发育在不同粒度岩层分界面上的凹凸状形态构造。较高流速的流体在其下伏沉积物顶面冲刷出一些下凹的坑槽，然后又被上覆沉积物覆盖形成并保存下来。冲刷成的坑槽称为冲刷痕(冲坑、冲槽)。它们被覆盖后，在覆盖层底面就会形成与冲刷痕的大小和形态完全一致的凸起，称为铸模、印模或简称为模。通常，冲刷流体同时也是沉积覆盖层的流体，所以覆盖层往往比被冲刷层的粒度更粗，如砾质岩层覆盖在砂质岩层之上或砾质、砂质岩层覆盖在粉砂质岩层之上。

⑤ 泄水构造：在埋藏条件下，尚未固结的机械性沉积物所含水分受超孔隙压力的迫使可以快速向上运移(即泄水)，同时牵引相关颗粒也跟着移动，这种作用称为沉积物的液化。液化的结果是沉积物原有的沉积构造受到改造或被破坏，同时形成新的构造。这种由沉积物的泄水或液化形成的构造统称为泄水构造(图2-54)。常见的泄水构造有上飘纹理构造、碟状构造、泄水管构造和包卷构造等几种类型。

(2)生物成因的沉积构造

① 生痕构造：生痕构造是指生物(动物)在松软沉积物表面或内部留下的生命体或生命活动的遗迹或痕迹，常称为痕迹或遗迹化石。按产出部位和形态，生痕构造分为印迹和潜穴两大类。

a. 印迹：由动物的机械性行为而在松软沉积物表面留下的痕迹称为印迹，包括双足或四足脊椎动物站立或行走时形成的足迹或行迹(图2-55a)，由无脊椎动物腹部的拖动、蠕动或肢体划动形成的爬迹，由无脊椎动物静止不动时由身体表面接触沉积物的部分形成的停息迹

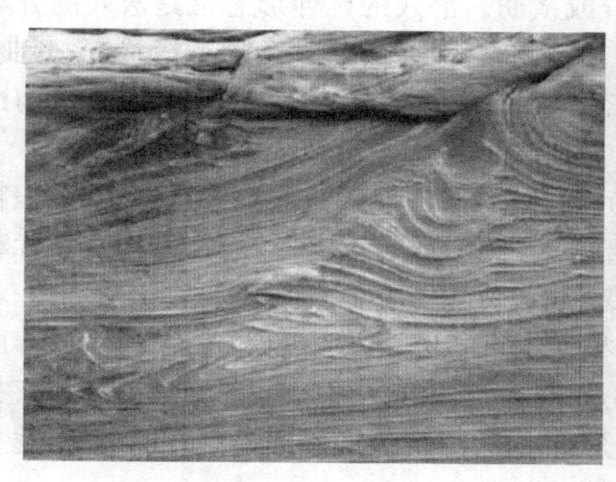

a. 泄水构造，露头

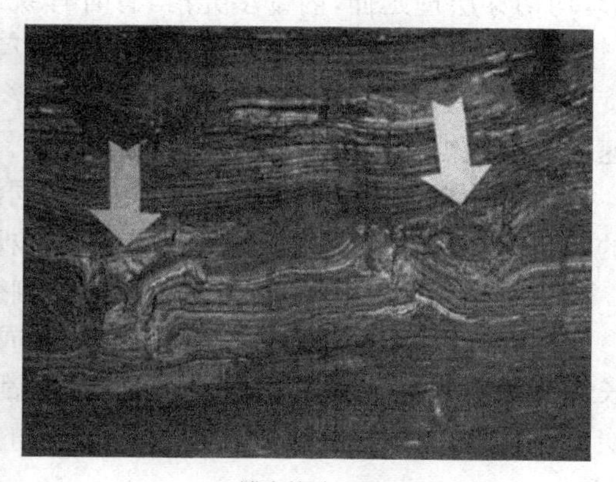

b. 泄水构造，露头

图 2-54　泄水构造

等。印迹均产在岩层的表面，在顶面是印迹的本身，整体上常呈下凹状，在覆盖层底面是它的印模，整体上呈凸状。作为沉积构造，印迹和印模都是等效的。

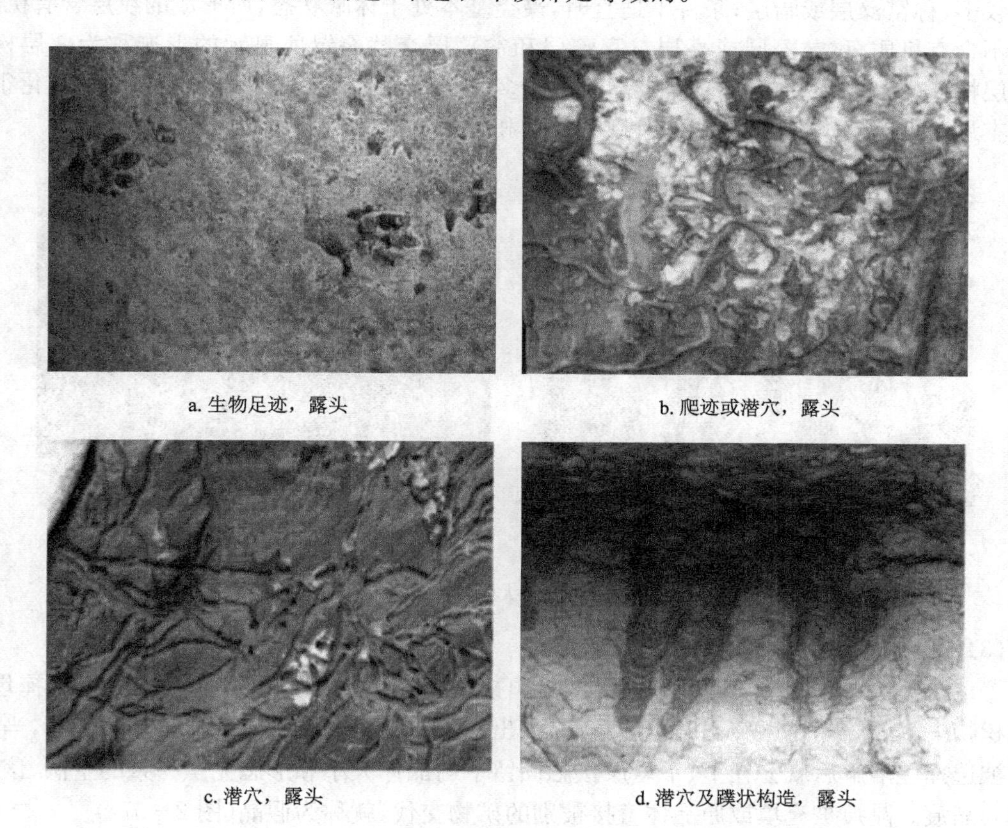

a. 生物足迹，露头

b. 爬迹或潜穴，露头

c. 潜穴，露头

d. 潜穴及蹼状构造，露头

图 2-55　生痕构造

b. 潜穴：由生物在松软沉积物内部挖掘成的管状孔洞称潜穴或虫孔。掘穴生物有蠕虫动物、节肢动物、甲壳动物、软体动物等。它们在掘穴时可在穴壁上分泌黏液或释放化学物质促使特定矿物沉淀以强固洞穴，这正好有利于洞穴的保存和显示。沉积岩中的潜穴通常已被充填，充填物的成分与围岩或上覆沉积物相同或相近，但颜色常常偏浅。潜穴横断面常呈圆或近圆形，均切穿层理延伸，内壁多光滑，有时有纵脊或横肋。潜穴的延伸形态常是潜穴的分类依据，较简单的有垂直、倾斜或水平延伸的直管穴、U形穴、Y形穴，较复杂的有指状穴、弯曲穴、螺旋穴、多级分支穴等(图2-55b、c)。有些形态简单的潜穴还伴生有蹼状构造，蹼状构造是快速沉积或侵蚀作用的良好标志(图2-55d)。

② 生物扰动构造：由动物的机械行为(同沉积的爬行、沉积后的挖掘等)使松软沉积物原有的沉积特征，特别是原有的沉积构造遭到破坏，而导致出现的无定形构造，称为生物扰动构造。经生物扰动后，原始沉积层可被轻微分割变形，变成斑块状，以至沉积物完全均一化。

③ 植物根痕构造：由原地生长的植物根或根系在沉积物内部留下的，仍大体保持着原始生长形态的痕迹称植物根痕构造。根痕通常都是植物根腐烂成空腔后再被矿物充填或直接通过炭化、硅化、方解石化等形成根的假象，它的延伸可直可弯，但总的延伸方向与层面垂直或斜交。

④ 叠层构造：叠层构造是由藻类等在固定基底上周期性繁殖形成的一种纹层状构造，其中的纹层称藻纹层，常出现在碳酸盐岩中。形成叠层构造的藻类个体仅几微米到几十微米，在岩石中是以富含有机质痕迹的形式存在的。当条件适宜时，藻类大量繁殖，所形成的纹层含有机质较多，称富藻层或暗层；条件不适宜时，藻类基本处于休眠状态，所形成的纹层含有机质较少或不含有机质，称贫藻层或亮层。富藻层和贫藻层交替叠置所显示的形迹称为叠层构造。在叠层构造中，富藻或贫藻的单一纹层厚度大多不到1mm，但叠置成的宏观形态则变化很大，其基本形态大致有水平状、波状、倒锥状、柱状和分支状等(图2-56)。

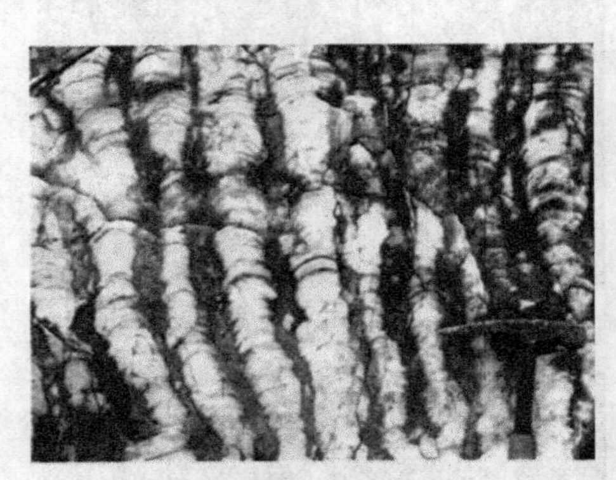

a. 石灰岩中的叠层构造，露头

b. 泥灰岩中的叠层构造，露头

图2-56　叠层构造(长江大学"沉积岩石学"电子教案)

(3)化学成因的沉积构造

① 晶痕和假晶：在化学沉积作用中结晶出来的石盐、石膏等矿物晶体被泥、粉砂掩埋后，因沉积物失水收缩而稍微突出于岩层顶面，突出部分同时也会嵌入到上覆岩层的底面，当矿物晶体被选择性溶解后就会在上、下岩层接触面留下与晶体大小和形态完全一致的空洞，该空洞就称为晶痕。晶痕被充填或原晶体直接被别的矿物交代，就称为假晶(图2-57a)。

② 鸟眼构造：鸟眼构造是指碳酸盐岩层内，成群出现的被方解石晶体充填的一种孔洞状构造。由于充填物常呈白色，也称雪花构造。有些鸟眼构造很微细，只有在显微镜下才能见到。鸟眼构造主要发育在石灰岩或白云岩中，多与低等藻类的沉积作用有关。

③ 结核：结核是指其成分、颜色和结构构造等与围岩有显著区别的非层状自生矿物集合体。常见于陆源碎屑岩、碳酸盐岩或古土壤层内部或层间界面上。结核形态常呈较规则到极

a. 假晶，露头

b. 同生结核，露头

（长江大学“沉积岩石学”电子教案）

c. 石灰岩中的成岩结核，露头

d. 石灰岩中的缝合线，露头

（引自earthscienceworld.org）

图 2－57　化学成因的沉积构造

不规则的瘤状、透镜状、饼状、姜状等。它与围岩的界线可以截然，也可模糊，大小不等。按自生矿物成分，结核分为钙质、硅质、铁质、锰质和磷质结核。结核内部可以均一，也可呈放射状、同心状、菜花状、网格状等，某些钙质、硅质结核内部还有生物遗体或遗迹。通常，钙质结核主要产在砂岩、粉砂岩和泥质岩（包括古土壤）中，硅质结核主要产在碳酸盐岩中，其他成分的结核则可产在各种沉积岩中。

结核可分为同生结核、成岩结核和次生或后生结核三种成因类型，以成岩结核最常见。

同生结核是在大致与围岩沉积的同时形成的，常是胶体絮凝作用的产物。这种结核常有清晰的边界，成分比较单纯，内部均一或呈放射状、同心状、菜花状等，围岩层理与其边缘相切或圆滑地绕过（图 2－57b）。

成岩结核是在围岩固结过程中形成的，可看成是围岩物质成分在固结阶段通过选择性溶解、运移再沉淀或围岩成分被交代的结果。这种结核有清晰或不清晰的边界，多切断围岩层理或保留有围岩层理的残余，偶尔也可受围岩层理的限制（图 2－57c）。

次生结核是在围岩固结之后形成的，通常只是围岩溶洞的化学充填物，实际上就是一种晶洞沉积构造。边界清晰，围岩层理完全被它切断，内部矿物晶体多自形，有时有向心生长的趋势，在其中心部位有时还有未被填满的空隙。次生结核的形成多与围岩裂隙有关。

④ 缝合线:缝合线是在垂直或大体垂直层面的断面上表现出来的一种波曲形的线状细缝,常见于碳酸盐岩中(图 2-57d),也见于砂岩、硅质岩或蒸发岩中。一般认为,缝合线是岩石在固结以后的压溶产物。

3. 沉积岩的分类及命名

1)砂岩的分类命名

根据研究目的、研究程度的不同,可使用不同的砂岩分类命名方案。

(1)按主要砂粒的粒径,可将砂岩分为:极粗砂岩(主要砂粒的粒径为 2.0～1.0mm);粗砂岩(主要砂粒的粒径为 1.0～0.5mm);中砂岩(主要砂粒的粒径为 0.5～0.25mm);细砂岩(主要砂粒的粒径为 0.25～0.1mm);极细砂岩(主要砂粒的粒径为 0.1～0.05mm)。

(2)按杂基的含量,可将砂岩分为净砂岩(杂基含量较少或无杂基)和杂砂岩(杂基含量超过 15%)两类。杂砂岩也叫硬砂岩、瓦克岩。

(3)按砂粒成分,选择单晶石英、单晶长石和全部岩屑作为端元组分,用三角形图分类方法,可将砂岩分为石英砂岩、长石砂岩、岩屑砂岩、长石石英砂岩、岩屑石英砂岩、岩屑长石砂岩、长石岩屑砂岩 7 种类型(图 2-58)。

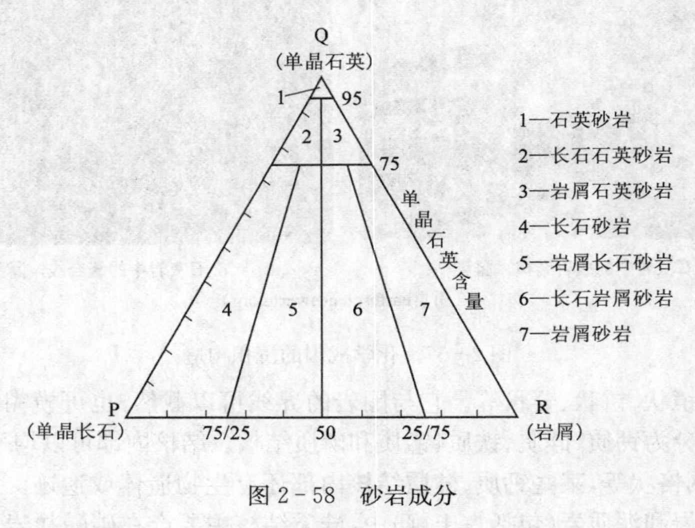

图 2-58 砂岩成分

2)火山碎屑岩的分类命名

根据研究目的,前人提出了多种火山碎屑岩的分类及命名方案。广义的火山碎屑岩类的分类和命名原则如下所述:

(1)首先根据物质来源和生成方式,划分为火山碎屑岩类型、向熔岩过渡类型和向沉积岩过渡类型 3 种成因类型。

(2)再根据碎屑物质相对含量和固结成岩方式,划分为火山碎屑熔岩、熔结火山碎屑岩、火山碎屑岩、沉火山碎屑岩和火山碎屑沉积岩等 5 类。

(3)再根据碎屑粒度和各粒级组分相对含量,划分为 3 个基本种属,即集块岩、火山角砾岩和凝灰岩,之间的过渡型为凝灰角砾岩、角砾凝灰岩等。

(4)最后在以碎屑物态、成分、构造等依次作为形容词,对岩石进行命名,如晶屑凝灰岩、流纹质晶屑凝灰岩、含火山球流纹质玻屑凝灰岩等。次生变化也常作为命名的形容词,如硅化凝灰岩、蒙皂石化凝灰岩、沸石化凝灰岩和变质流纹质晶屑凝灰岩等(表 2-11)。

表 2-11　火山碎屑岩的分类表(据浙江省地质局,1976,略有修改)

类型		向熔岩过渡类型	火山碎屑岩类型		向沉积岩过渡类型		
岩类		火山碎屑熔岩类	熔结火山碎屑岩类	火山碎屑岩类	沉火山碎屑岩类	火山碎屑沉积岩类	
碎屑相对含量		熔岩基质中分布有10%～90%的火山碎屑物质	火山碎屑物质大于90%，其中以塑变碎屑为主	火山碎屑物质大于90%，无或很少塑变碎屑	火山碎屑物质占50%～90%，其他为正常沉积物质	火山碎屑物质占10%～50%，其他为正常沉积物质	
成岩方式		熔岩黏结	熔结和压结	压积	压积和水化学物胶结		
岩石名称	主要粒级>100mm	集块熔岩	熔结集块岩	集块岩	沉集块岩	凝灰质砾岩	
	主要粒级2～100mm	角砾熔岩	熔结角砾岩	火山角砾岩	沉火山角砾岩	凝灰质砾岩	
	主要粒级<2mm	凝灰熔岩	熔结凝灰岩	凝灰岩	沉凝灰岩	0.1～2mm	凝灰质砂岩
						0.01～0.1mm	凝灰质粉砂岩
						<0.01mm	凝灰质泥岩

3)碳酸盐岩的分类命名

(1)石灰岩的结构分类(表 2-12)。

国内冯增昭(1994 年)提出了石灰岩的分类方案，首先把石灰岩划分为三大结构类型(表 2-12)，即：颗粒—灰泥石灰岩(Ⅰ)；晶粒石灰岩(Ⅱ)；生物格架—礁石灰岩(Ⅲ)。

表 2-12　石灰岩的结构分类(据冯增昭,1994,有修改)

			灰泥%	颗粒%	颗粒					晶粒	生物格架
					内碎屑	生物颗粒	鲕粒	球粒	藻粒		
Ⅰ颗粒—灰泥石灰岩	Ⅰ(1)颗粒石灰岩	Ⅰ(2)颗粒石灰岩			内碎屑石灰岩	生粒石灰岩	鲕粒石灰岩	球粒石灰岩	藻粒石灰岩	Ⅱ晶粒石灰岩	Ⅲ生物格架—礁石灰岩
			10	90							
		含灰泥颗粒石灰岩			含灰泥内碎屑石灰岩	含灰泥生粒石灰岩	含灰泥鲕粒石灰岩	含灰泥球粒石灰岩	含灰泥藻粒石灰岩		
			25	75							
		灰泥质颗粒石灰岩			灰泥质内碎屑石灰岩	灰泥质生粒石灰岩	灰泥质鲕粒石灰岩	灰泥质球粒石灰岩	灰泥质藻粒石灰岩		
			50	50							
	颗粒质石灰岩	颗粒质灰泥石灰岩			内碎屑质灰泥石灰岩	生粒质灰泥石灰岩	鲕粒质灰泥石灰岩	球粒质灰泥石灰岩	藻粒质灰泥石灰岩		
			75	25							
	含颗粒石灰岩	含颗粒灰泥石灰岩			含内碎屑灰泥石灰岩	含生粒灰泥石灰岩	含鲕粒灰泥石灰岩	含球粒灰泥石灰岩	含藻粒灰泥石灰岩		
			90	10							
	无颗粒石灰岩	灰泥石灰岩			灰泥石灰岩	灰泥石灰岩	灰泥石灰岩	灰泥石灰岩	灰泥石灰岩		

(2)碳酸盐岩的成分分类。

成分分类属于碳酸盐岩的基本分类。涉及灰岩与白云岩过渡类型的划分、碳酸盐岩与黏土岩及砂岩过渡类型及划分(表 2-13)

表 2-13 碳酸盐岩的成分分类 (单位:%)

岩石类型		方解石含量(质量分数)	白云石含量(质量分数)
石灰岩类	纯石灰岩	100～95	0～5
	含白云石的石灰岩	95～75	5～25
	白云质石灰岩	75～50	25～50
白云岩类	灰质白云岩	50～25	50～75
	含灰的白云岩	25～5	75～95
	纯白云岩	5～0	95～100

4. 沉积岩肉眼鉴定与描述

1)陆源碎屑岩的肉眼鉴定与描述

(1)粗碎屑岩(砾岩)的肉眼鉴定与描述。

① 粗碎屑岩(砾岩)的肉眼观察方法:对粗碎屑岩来说,应当特别强调野外的观察,主要从以下 11 个方面进行。

a. 首先应区分是底砾岩还是层间砾岩。底砾岩与下伏岩层有明显的沉积间断,比较截然,有划分地层的意义;层间砾岩是夹在一套岩层之中,与下伏岩层没有明显的沉积间断。

b. 观察砾岩的粒度及分选性。测量固结岩石的粒度时,可在 1m 范围内,无选择地测量所有大于 2mm 碎屑的最大直径,然后求平均值。

c. 鉴定所有砾石的成分,并统计各种成分的百分含量。

d. 观察砾石的圆度及形状。在 1m 范围内无选择地测量所有碎屑的圆度及形状特点,统计后得出平均值。

e. 描述砾石的表面特征,如擦痕、溶蚀等。

f. 统计砾石占碎屑的百分含量。

g. 鉴定胶结物质的成分及胶结类型,同时还要注意充填物的成分。

h. 鉴定其中所含砂岩和黏土岩的夹层或透镜体的成分。

i. 观察砾岩层的构造特点,如层理等。

j. 观察砾石的排列性质及其排列方向(纵向和横向)的变化。根据砾石的长轴排列方向、最大扁平面倾向及倾角可以推断古海岸线位置、古水流方向、水流速度等。

k. 观察砾岩的颜色。

② 粗碎屑岩(砾岩)的肉眼鉴定和描述内容包括:

岩石的颜色;砾石的含量、成分、粒度和分选度;砾石的圆度、形状、表面特征及排列方向;胶结物和充填物的含量、成分、胶结类型、岩石胶结紧密的程度;岩层层位、厚度、岩体产状;与上下岩层的接触关系,是否有冲刷现象等;层理及其他构造特征;横向及纵向变化情况;岩石成因(形成过程及沉积相条件);岩石命名,根据颜色、胶结物、成分、粒级等,如灰黄色黏土质细粒砾岩。

③ 描述举例:以砾岩(河北宣化)为例对其进行如下描述。

岩石呈浅灰色,其中砾石含量约 70%,胶结物约 30%。砾石大小很不均匀,由 2～20mm 者为多,一般大小为 5～10mm(占 40%),分选性不好。砾石圆度多属次圆和圆级。砾石断面多呈长椭圆形。

砾石成分以白云岩和石灰岩为主,此外还有硅质岩及较少量的喷出岩。白云岩砾石多呈白色,硬度小,粉末滴稀盐酸起泡微弱,有的具有硅质条带,有的砾石表面具有明显的氧化圈。

硅质岩砾石中主要是燧石,有少量石英岩及棕红色碧玉。燧石由灰色到黑灰色,致密坚硬。喷出岩砾石一般较小,呈灰色和浅红色,可能为中性喷出岩。

胶结物为浅灰色,局部带有浅绿色,滴稀盐酸剧烈起泡,表明含钙质较多。此外,有很多细小的岩石碎屑和矿物碎屑,构成了全部胶结物及充填物。绿色矿物可能为绿泥石。胶结类型属基底式。

整个岩石属圆砾状结构,胶结得很致密,块状构造,局部见不明显的定向排列。

定名:浅灰色钙质复成分细粒砾岩。

(2)中碎屑岩(砂岩)和细碎屑岩(粉砂岩)的肉眼鉴定与描述。

①砂岩和粉砂岩成因类型的肉眼鉴定如下所述:

a.河流相砂岩和粉砂岩。其特点是碎屑颗粒的大小不均匀,磨圆度和分选性均较差,常含有砾石、黏土质点,具有河成单向斜层理,很难有完整的化石保存。分布范围较广,岩性和厚度不够稳定。河床环境大都形成砂岩,河漫滩环境大都形成细砂岩和粉砂岩。

河床相砂岩的碎屑成分常较复杂,可含有不同数量的石英、长石和岩屑,最常见的是各种石英砂岩、长石砂岩甚至硬砂岩。胶结物常为黏土质,有时含钙质或铁质。单向斜层理发育,倾角较大(25°~35°)。由粒度的韵律性分选而形成的韵律性层理往往是河床相砂岩的典型特征。河床相砂岩的底部常发育冲刷面,冲刷面上常含有下伏岩层的砾石。除硅化木外,一般不含其他生物化石。河床相砂岩往上常过渡为河漫滩相砂岩和粉砂岩。

河漫滩沉积的砂质岩粒度较细,通常由细砂岩和粉砂岩组成,层理较薄,有机质较多,颜色较灰暗。其上部往往出现褐灰色的含有机质较多的夹层。完整的化石少见,有时可见植物碎片或树叶。沿剖面往下常过渡为河床相沉积,往上常过渡为湖泊相或沼泽相沉积。

b.湖泊相砂岩和粉砂岩。在我国中生代的陆相含煤地层中,湖泊相的砂岩和粉砂岩分布很广。从湖岸到湖心,由于机械沉积分异作用的影响,沉积物由粗到细呈条带状分布。碎屑物颗粒大小均匀,分选和磨圆均较好。层理类型复杂,在滨湖三角洲可出现单向斜层理和交错层理;浅湖和湖心区的砂质岩中可出现波状层理和水平层理。含淡水动物化石往往是湖泊相沉积的重要特征。湖泊相沉积的砂岩和粉砂岩在剖面上往往与沼泽相和河漫滩相沉积的砂岩和粉砂岩共生或过渡。

c.滨海和浅海相的砂岩和粉砂岩。在海陆交互相的含煤地层中,有滨海相和浅海相的砂岩和粉砂岩分布。

滨海相砂岩由于碎屑物质受长期搬运和波浪反复冲刷,碎屑颗粒的磨圆度和分选性均较好,颗粒表面光滑洁净,很少有粉砂及黏土的质点,成分单纯,主要为石英颗粒及其他硅质碎屑。层理类型常是缓倾斜的交错层理,层面上波痕较常见。含海生贝壳碎片。

浅海相砂岩和粉砂岩的碎屑成分仍以石英质碎屑为主,但往往含有较多的云母碎片和黏土矿物,甚至可以向黏土岩逐渐过渡。层理类型有水平层理或平缓的交错层理。常含有丰富的海相生物化石。浅海相砂岩和粉砂岩分布面积广且厚度稳定。

② 砂岩和粉砂岩的肉眼鉴定和描述方法:砂质岩的肉眼鉴定内容包括岩石的颜色、粒度、碎屑矿物成分和胶结物成分、岩石致密或疏松程度、层理类型及其他构造特征、岩层厚度、化石种类、风化及次生变化特征。

a.颜色。要观察岩石的整体颜色。如碎屑成分复杂,颜色多而杂时,可把标本放远一点看,描述主要的颜色。有时可把次要的颜色放在前面来形容主要的颜色,如红褐色,即以褐色为主,略带红色。对颜色的描述要分清新鲜面和风化面的颜色。

b. 碎屑物的成分。鉴别并估计它们的百分含量，含量多的写在前面，少的写在后面。

c. 碎屑物的结构。描述碎屑物的粒度、圆度、分选度、排列情况及碎屑颗粒的表面特征（粗糙、光滑、光泽等）和风化后的变化情况。

d. 胶结物的成分及胶结类型。包括胶结物质的成分、颗粒大小、形状、排列方式等。胶结的紧密程度、胶结类型等。

e. 构造特征。描述层理的类型、大小及其他构造特征。

f. 与上、下岩层的接触关系。

g. 生物化石。种类、保存的完整程度、产出和排列情况。

h. 风化情况、次生变化、地貌上的特点。

i. 成因特征。垂向上沉积相的组合、过渡变化情况等。

j. 岩石命名。颜色＋胶结物＋粒度＋岩石名称，如灰黄色黏土质粗粒石英砂岩。

③ 砂岩和粉砂岩的肉眼描述举例如下：

长石砂岩（河北唐山）。黄红色，不等粒砂状结构。碎屑成分主要为石英和钾长石，含少量白云母碎片。碎屑颗粒大小不均，属中—粗粒。石英无色透明，约含 60%；钾长石表面新鲜，呈肉红色，解理清楚，解理面上强玻璃光泽，含量约 30%；白云母呈白色，强珍珠光泽，沿层理面分布较多。胶结物为黏土质和铁质，胶结较紧密。

定名：黄红色黏土质中—粗粒长石砂岩。

石英砂岩（河北宣化）。暗紫色，颜色分布不很均匀。中粒砂状结构，颗粒大小比较均匀。碎屑成分主要为石英，呈灰紫色，含量约 80%；局部含少量黄铁矿，呈细粒星散状分布，由颜色可知其胶结物为铁质，铁质胶结物分布不均匀，有的地方铁质聚集成团块，有的已风化成褐铁矿，沿节理面浸染有风化后的氢氧化铁。胶结致密、坚硬，块状构造。

定名：暗紫色铁质中粒石英砂岩。

粉砂岩。新鲜面呈肉红色，风化面常为灰白色。含砂质质点和黏土质点，成分较复杂。肉眼能分辨的矿物成分有石英、白云母碎片和黏土矿物。黏土质和铁质胶结，具薄层状构造。

定名：肉红色黏土质粉砂岩。

(3)黏土岩的肉眼鉴定与描述。

① 黏土岩的肉眼鉴定和描述方法：对黏土岩的鉴定主要是在野外进行的，但由于黏土岩的颗粒细小，成分复杂，又具有一系列的特殊物理性质，因此，除野外观察外，尚需在室内用实验室方法进行综合研究，才能得到正确的结论。黏土岩肉眼鉴定和描述内容有颜色、大致成分、物理性质、结构、构造、上下岩层接触关系、空间分布状况、生物化石、结核及其他成因标志等。

a. 颜色。要注意干燥时和潮湿时的颜色有所不同，新鲜面和风化面也不同，都要分别观察描述，并注意分析呈现各种颜色的原因。

b. 成分和混入物。黏土岩的矿物成分肉眼很难观察，但要注意有无碎屑物质，可用手指搓捻来判断。滴加稀盐酸确定有无方解石或其他碳酸盐类矿物。

c. 物理性质。要注意观察岩石固结的程度、硬度、断口、触感、光泽、黏性、在水中浸泡后的变化、可塑性、膨胀性、吸附性等，这些物理性质可以反映黏土岩的矿物成分。

d. 结构和构造。有无鲕粒、豆粒、结核、包裹体等；劈理、层理、页理的显著程度。

e. 产状。水平方向的变化，上、下岩层的接触关系及有关成因标志，初步判断其沉积环境和形成条件。

f.生物化石。描述化石种类、数量、保存完整程度及分布状况。

g.命名。黏土岩因为颗粒细小,肉眼无法鉴定其成分,在野外通常根据黏土岩的固结程度和构造特征先定出主要名称。如有页理构造的叫页岩,无页理的致密块状的叫泥岩;有部分板理的称泥板岩(板状泥岩);然后再根据次要成分和颜色来命名,命名顺序为:颜色、次要成分、岩石构造特征,如灰色钙质页岩、黄灰色铁质泥岩等。

② 黏土岩的描述举例:

蒙脱石黏土岩。浅肉红色或白色,断口粗糙,不很滑腻。在水中很容易泡软,并可膨胀到原体积的 2~3 倍。黏性不强,较疏松,具裂隙。含有少量的分解残余物。块状构造。

紫色页岩。灰紫色,成分大部分为泥质及黏土矿物,肉眼不能分辨,少部分为碎屑矿物,有石英、长石、云母及绿泥石等。岩石具纸片状、片状的页理构造。

2)火山碎屑岩的肉眼鉴定与描述

(1)火山碎屑岩的肉眼鉴定和描述方法。

火山碎屑岩是介于正常沉积岩与正常火山岩之间的岩石类型,从岩石的形成过程来看与陆源碎屑岩相似,而物质成分与火山岩相似,是碎屑岩中一种特殊类型。因此,火山碎屑岩的肉眼观察鉴定的方法、内容与陆源碎屑岩相似,但也有其特殊性。

①颜色:特殊的颜色是火山碎屑岩重要的鉴定特征。火山碎屑岩色彩鲜艳,多呈白、浅红、浅黄、浅绿等色。颜色主要取决于物质成分,中基性火山碎屑岩色深,为暗红色、墨绿色等;中酸性者色浅,常为粉红色、浅黄色等。其次取决于次生变化,如绿泥石化则显绿色,蒙脱石化则显灰白或浅红色。

②成分:集块岩和火山角砾岩主要由熔岩碎屑组成。可根据矿物成分、结构、构造确定为何种熔岩。凝灰岩除注意岩屑外,要注意鉴定晶屑成分。火山灰和火山尘实际上对岩石起固结作用,要估计出百分含量。

③结构:鉴定火山碎屑的粒度、圆度、分选等方面特征。同时,根据火山集块、火山角砾、火山灰、火山尘的相对含量,确定火山碎屑岩的结构类型,即集块结构(火山集块大于 50%)、火山角砾结构(火山角砾大于 75%)、凝灰结构(火山灰大于 75%)。

④构造:通常为块状构造,无层理。但是,若向熔岩过渡,凝灰岩有气孔、杏仁构造、假流纹构造等;向正常沉积岩过渡的火山碎屑岩,可见交错层理、平行层理、递变层理等。描述方法同陆源碎屑岩。

⑤次生变化:不同成因类型的火山碎屑岩次生变化特点不同。酸性凝灰岩易发生斑脱岩化和去玻璃化,基性凝灰岩易发生绿泥石化和沸石化。

⑥其他方面:如裂缝、孔隙、含油性等。若发育孔隙和裂缝,应描述孔隙的类型、含量、连通性,裂缝的丰度、宽度、产状以及裂缝与孔隙间的关系等。

(2)火山碎屑岩、正常碎屑岩、喷出岩的鉴别特征,见表 2-14。

表 2-14 火山碎屑岩、正常碎屑岩、喷出岩鉴别特征

岩石类型 特征	火山碎屑岩	正常碎屑岩	喷出岩
成因特征	由火山喷发作用形成的火山碎屑物质,就地堆积或只经过短距离的搬运而形成的岩石	在地表由母岩(岩浆岩、变质岩、沉积岩)经风化、搬运、沉积、成岩等作用而形成的层状岩石	熔岩流溢出地表直接冷凝而形成的岩石

续表

特征 \ 岩石类型	火山碎屑岩	正常碎屑岩	喷出岩
物质组成特点	由火山碎屑物质（岩屑、晶屑、玻屑）及少量围岩碎屑组成，物质成分与岩浆成分一致	由各类母岩的岩石碎屑和矿物碎屑组成	由喷出的熔浆成分所决定，无围岩碎屑
胶结物	以火山灰为主	为硅质、钙质、铁质、黏土质等所胶结	无胶结物。有斑晶与基质之分
结构、构造	结构为典型结构。块状构造，无层理或层理不明显	碎屑结构，具层理构造	有气孔构造、杏仁构造、流纹构造
产状	呈夹层或透镜状	层状	岩流、岩被等
化石情况	一般无化石，沉凝灰岩中有时有硅化木化石	含有各种化石	无任何化石

3）碳酸盐岩的肉眼鉴定与描述

(1)碳酸盐岩的肉眼鉴定和描述方法。

肉眼鉴定碳酸盐岩应使用放大镜和5％～10％浓度的稀盐酸，观察和描述的内容包括：

①加盐酸起泡剧烈程度：可用5％～10％浓度的稀盐酸滴在岩石新鲜面上，并根据起泡剧烈程度（强、中、弱三级）进行区分。起泡强烈的为较纯石灰岩，起泡中等的可能含有白云质，起泡弱的可能为白云质灰岩或灰质白云岩。硅质灰岩，加酸起泡情况随硅质含量的增加而减弱；石灰岩含泥质时，加酸起泡情况也随泥质含量的增加而减弱，可根据起泡情况及泥质薄膜残留情况将岩石大致定名为泥质灰岩或泥灰岩等。

②颜色：风化面的颜色和新鲜面的颜色往往不一样。碳酸盐岩的颜色多种多样，主要取决于岩石中所含杂质或混入物的性质，如黏土质、有机质、氧化铁、氧化锰及其他氧化物和氢氧化物等。

③成分：主要矿物成分及其他矿物混入物要尽可能地鉴定出来，可与滴稀盐酸后的反应结合进行观察与鉴定。

④结构：观察岩石的结构类型，属结晶结构、鲕状结构、生物结构、碎屑结构或其他结构。

⑤构造：包括层理、结核、波痕、泥裂等，碳酸盐岩中的缝合线构造、叠堆构造、裂隙和洞穴的发育程度等。

⑥生物遗体：包括种类、数量、与层理的关系、完整程度、排列情况等。

⑦岩石的物理性质：硬度、硅质混入物（如硅质条带、燧石条带、燧石结核），还有断口、脆性等。

⑧岩层的厚度及接触关系。

⑨最后应当根据肉眼观察的结果，给以定名并对岩石的沉积条件进行初步分析。

(2)碳酸盐岩的肉眼描述举例。

①石灰岩：灰色，具参差状断口，结晶颗粒大小不等，其中分布有方解石晶体，0.5～2mm大小，解理面上显玻璃光泽。加稀冷盐酸剧烈起泡。致密块状，层理不明显。含有丰富的生物碎屑，如纺锤虫、海百合茎（直径1～2mm）等。具缝合线构造。裂隙发育。见有燧石结核，呈条带状或串珠状平行层面分布。

定名：灰色中粒含燧石条带石灰岩。

②鲕状石灰岩。暗紫色，具鲕状结构。加稀盐酸强烈起泡。主要成分为方解石，并有大量

氧化铁的混入物，故岩石呈暗紫色。鲕粒一般呈圆形，大小为1～2mm，成分为隐晶质方解石和铁质；还有少量不规则的生物碎屑，大小为1～3mm，含量小于5%。胶结物也是方解石和铁质，鲕体和胶结物的界线不很清晰，二者的含量比约为7∶3。断口粗糙，较致密，性脆。岩石呈厚层状产出，与上、下岩层为渐变关系。

定名：暗紫色含铁质鲕状石灰岩。

三、变质岩的岩石学特征

地壳中已存在的岩石，由于受到构造运动、岩浆活动或地壳内热流变化以及陨石冲击地球表面的影响，物理和化学条件发生改变，使原岩的矿物成分（或化学成分）和结构构造发生了不同程度的变化，这些变化统称为变质作用。

由变质作用所形成的岩石称为变质岩。由于原岩的岩性特征和变质条件的差异，变质岩石的种类很多。有人曾简单地将变质岩划分为正变质岩和副变质岩，将由岩浆岩遭受变质作用形成的变质岩称为正变质岩，将由沉积岩遭受变质作用形成的变质岩称为副变质岩，而将先前已形成的变质岩再次遭受变质作用形成的新变质岩称为复变质岩。

变质岩是组成地壳的三大岩类之一，约占地壳总体积的27%。变质岩在世界各地分布很广，前寒武纪的地层绝大部分都是变质岩，构成了各大陆的结晶基底。

1.变质岩的物质组成

1）变质岩的化学成分

变质岩的化学成分既取决于原岩的性质，又和变质作用的特点密切相关。与岩浆岩和沉积岩相似，变质岩也主要由十几种氧化物组成，但由于原岩性质不同，变质作用因素和方式比较复杂，致使变质岩中各种氧化物含量变化范围很大（表2-15）。

表2-15　常见变质岩的化学成分（质量分数）　（单位：%）

类型	岩石名称	SiO_2	TiO_2	Al_2O_3	Fe_2O_3	FeO	MnO_2	MgO	CaO	Na_2O	K_2O	H_2O	P_2O_5	CO_2
泥质	角岩	69.66	0.94	22.01	1.12	0.01	0.02	0.06	0.51	0.49	0.70	3.47	0.04	0.23
	板岩	51.38	1.22	23.89	2.05	5.01	0.02	2.71	0.24	0.59	7.08	4.66	0.01	0.14
	片岩	64.65	0.03	27.89	0.02	0.72			0.20	0.04	0.01	6.12		0.08
长英质	片麻岩	70.75	0.60	13.76	1.59	2.01	0.11	1.51	2.54	4.54	1.80	0.55	0.16	0.08
	变粒岩	72.69	0.45	12.50	2.15	0.93	0.15	0.75	2.71	5.20	0.90	1.12	0.22	0.23
	麻粒岩	60.28	0.75	12.53	0.42	8.89	0.18	7.93	1.64	2.30	2.41	1.40	0.06	0.22
钙质	大理岩	1.91	0.08	0.53	0.31	0.04	0.03	1.60	52.6	0.13	0.09		0.26	42.0
基性	基性	47.59	2.77	13.20	1.85	11.6	0.29	5.03	10.5	1.44	0.29	0.85	0.32	4.27
镁质	蛇纹岩	42.42	0.02	1.06	1.26	4.96	0.07	37.9	0.04	0.02	0.02	11.7		0.11

一般认为，在等化学变质（未发生交代作用）情况下，变质岩化学成分取决于原岩化学成分（除H_2O和CO_2）。在发生交代作用的情况下，变质岩化学成分很复杂，既取决于原岩的化学成分，又取决于交代作用的类型和强度。已形成的变质岩再次或多次遭受变质，其化学成分更加复杂。Turner(1955)提出，常见变质岩可分为5种化学类型。

（1）泥质类型：原岩主要是泥质沉积岩，其化学成分特点是$A1_2O_3$和K_2O含量较高，$A1_2O_3$含量一般都大于20%，K_2O含量变化范围较大。

(2)长英质类型:原岩主要是砂岩、硅质凝灰岩和中酸性岩浆岩等,其化学成分特点是 SiO_2,含量很高,Na_2O 和 K_2O 含量也很高,Al_2O_3 含量较低。

(3)钙质类型:原岩主要是石灰岩和白云岩等钙质沉积物,化学成分的显著特点是 CaO 含量高,一般都大于 50%。

(4)基性类型:原岩主要是基性岩浆岩、凝灰岩及富含 Ca、Al、Fe、Mg 的泥灰质岩石,化学成分特点是 SiO_2 含量低,FeO、MgO 和 CaO 含量高,含有一定数量的 Al_2O_3。

(5)镁质类型:原岩主要是超基性岩浆岩和绿泥石质及其他富含 Mg、Fe 的沉积岩,化学成分特点是 MgO 含量很高,SiO_2、CaO、Na_2O 和 K_2O 含量很低。

2)变质岩的矿物组成

变质岩中的矿物成分,按其成因可分为新生矿物、原生矿物和残余矿物三类:

(1)新生矿物,即变质矿物,是在变质作用过程中新生成的矿物。

(2)原生矿物是指在变质作用过程中保留下来的原岩中的稳定矿物。

(3)残余矿物是指在变质作用过程中残留下来的原岩中的不稳定矿物。

与岩浆岩、沉积岩不同,变质岩矿物成分最显著的特点是含有变质矿物(新生矿物)。一般来说,变质矿物具有如下矿物学特征:

(1)富铝的硅酸盐矿物多,如红柱石、蓝晶石、矽线石、十字石、堇青石、刚玉等,主要是黏土岩遭受区域变质作用形成的。

(2)富钙的硅酸盐矿物多,如透闪石、透辉石、绿帘石、符山石、石榴子石等,它们是接触交代变质岩中所特有的矿物。

(3)纤维状、鳞片状、长柱状及针状矿物发育,如绿纤石、矽线石、蓝石棉等,它们常作有规律的定向排列,反映应力作用特征。

部分变质矿物能较好地指示变质条件(温度、压力或原岩成分),被称为特征变质矿物。特征变质矿物的稳定区间,能较好地反映变质作用程度的高低(图 2-59)。

由图 2-59 可见,较典型的很低级变质矿物有浊沸石、葡萄石、绿纤石、黑硬绿泥石和硬柱石等;低级变质矿物主要有绿帘石、蛇纹石、绿泥石、绢云母、硬绿泥石、锰铝榴石、滑石和钠长石等;中级变质矿物主要有白云母、十字石、红柱石、蓝晶石和堇青石等;高级变质矿物主要有矽线石、硅灰石、斜方辉石(紫苏辉石)等。

2. 变质岩的结构和构造

变质岩的结构是指组成岩石的矿物晶粒的形状、大小及矿物晶体之间的结合关系等所显现的形貌特征。变质岩的构造是指岩石中的矿物及其集合体的形态、空间分布及排列方式等所显现的形态面貌特征。变质岩的结构和构造主要反映变质作用的机制。

1)变质岩的结构

变质岩的结构按成因分为变余结构、变晶结构、交代结构、破碎变形结构 4 类。

(1)变余结构:也叫残留结构,是指在变质作用过程中,原岩的结构特征没有被彻底改造掉,在变质岩中往往还保留或仍可辨认出原岩结构特点的结构。如原来沉积岩中的砾状、砂状结构,原来岩浆岩中的斑状结构、辉绿结构等,都可能在低级变质岩中被残留下来。变余结构的命名方法,是在原岩结构的基础上加上“变余”二字。常见的变余结构有变余砾状结构(图 2-60a)、变余砂状结构(图 2-60b)、变余粉砂结构(图 2-60c)、变余斑状结构(图 2-60d)、变余辉绿结构、变余凝灰结构等。

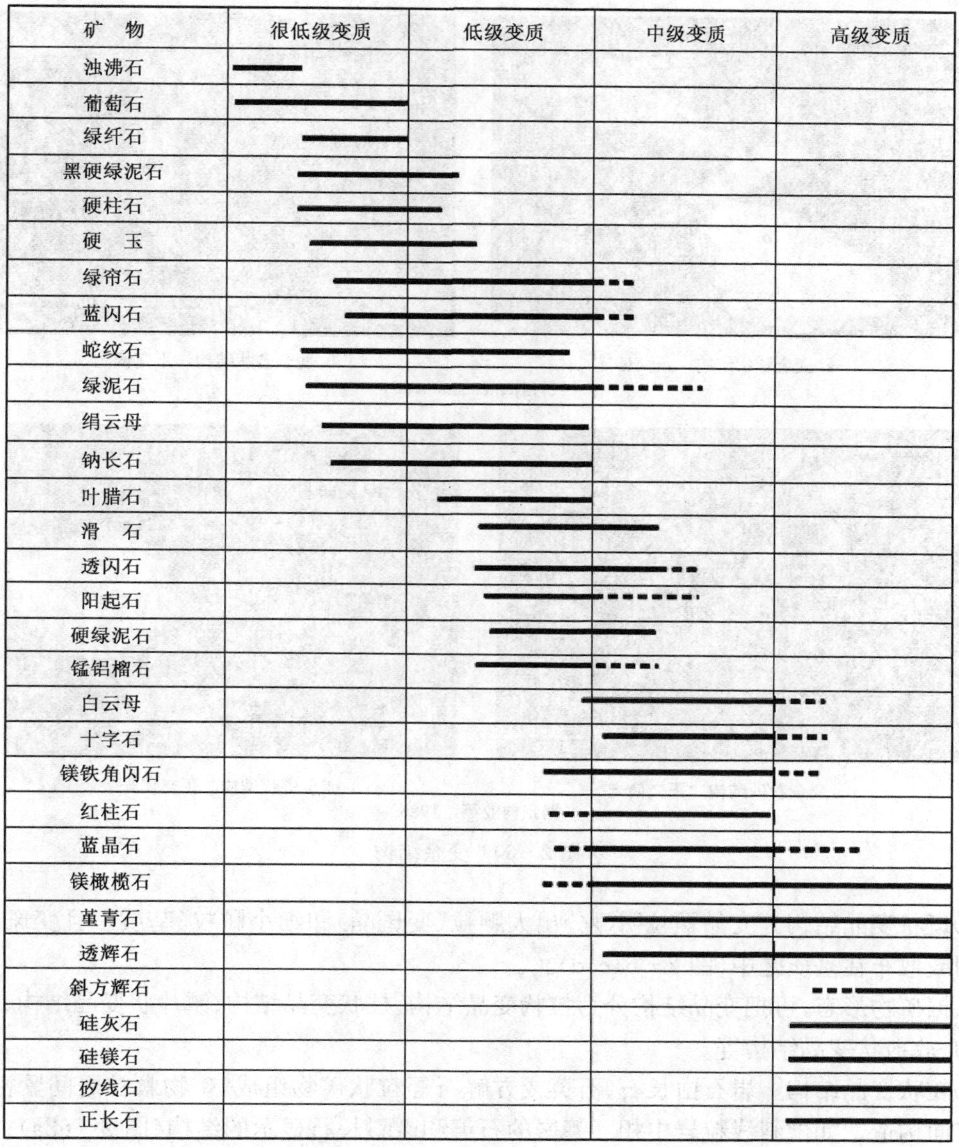

矿　物	很低级变质	低级变质	中级变质	高级变质
浊沸石				
葡萄石				
绿纤石				
黑硬绿泥石				
硬柱石				
硬　玉				
绿帘石				
蓝闪石				
蛇纹石				
绿泥石				
绢云母				
钠长石				
叶腊石				
滑　石				
透闪石				
阳起石				
硬绿泥石				
锰铝榴石				
白云母				
十字石				
镁铁角闪石				
红柱石				
蓝晶石				
镁橄榄石				
堇青石				
透辉石				
斜方辉石				
硅灰石				
硅镁石				
矽线石				
正长石				

图 2-59　变质岩中特征变质矿物的稳定范围(据贺同兴等,1988,有修改)

(2)变晶结构:指变质作用过程中,原岩在固体状态下由重结晶作用形成的结晶结构。很多细粒的沉积岩和岩浆岩,经过变质作用后,矿物颗粒变大,形成了新的矿物“变晶”,这种变质岩就具有变晶结构。变晶结构与岩浆岩的结晶结构不同,变晶结构基本上是在固态条件下,各种矿物同时结晶而成,矿物分布具有明显的定向性;而岩浆岩的结晶结构则是在熔融岩浆逐渐冷却的过程中,不同矿物先后结晶而成的,矿物形态显现出明显的结晶顺序。按相对大小,可把变晶结构分为等粒变晶结构、不等粒变晶结构、斑状变晶结构等。

①等粒变晶结构。原岩在固体状态下由重结晶作用形成的变晶颗粒粒度接近相等,颗粒之间界线比较平直(图 2-61a)。

②不等粒变晶结构。原岩在固体状态下由重结晶作用形成的变晶颗粒粒度显著不同,大小悬殊,粒度差别明显(图 2-61b)。

a. 变余砾状结构，正交偏光

b. 变余砂状结构，正交偏光

（引自jan.ucc.nau.edu）

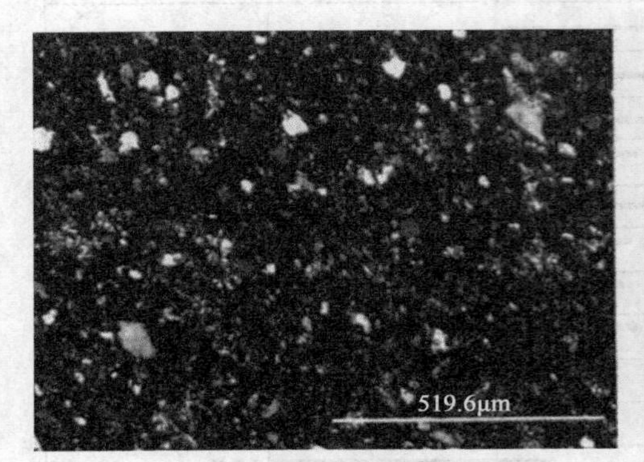

c. 变余粉砂结构，正交偏光

d. 变余斑状结构，正交偏光

（据张树业等，1985）

图 2-60　变余结构

③斑状变晶结构。变晶颗粒明显分出大颗粒(变斑晶)和细小颗粒(基质),且变斑晶被基质包围或散布在基质之中(图 2-61c、d)。

根据矿物形态,可把变晶结构分为粒状变晶结构、柱状变晶结构、鳞片状变晶结构、纤状变晶结构、放射状变晶结构等。

①粒状变晶结构。岩石由长石、石英或方解石等粒状矿物组成,矿物颗粒之间紧密排列,不具定向构造。如微斜浅粒岩中相互镶嵌的石英和微斜长石显示的结构(图 2-62a);大理岩中方解石显示的镶嵌粒状变晶结构(图 2-62b)。

②柱状变晶结构。以柱状矿物(角闪石类、辉石类)为主,沿一定方向重结晶形成的变晶结构。如斜长角闪岩中以半自形柱状角闪石为主显示的结构(图 2-62c)。

③鳞片状变晶结构。以云母、绿泥石等板状或片状矿物为主形成的变晶结构。如角岩化粉砂岩中细小黑云母鳞片所显示的结构(图 2-62d)。

④纤状变晶结构。以阳起石、透闪石、矽线石等长柱状、针状或纤维状矿物为主形成的变晶结构。当长柱状、针状或纤状矿物呈发散束状时,称为束状变晶结构(图 2-62e)。

⑤放射状变晶结构。长柱状、针状或纤维状矿物围绕一些中心呈放射状排列形成的变晶结构。如红柱石角岩中的红柱石小晶体围绕中心向外生长成放射状集合体,形成菊花状结构形态(图 2-62f)。

根据矿物之间的关系,可把变晶结构分为包含变晶结构、残缕结构等。

a. 等粒变晶结构，正交偏光
（南京大学地球科学数字博物馆）

b. 不等粒变晶结构，正交偏光
（南京大学地球科学数字博物馆）

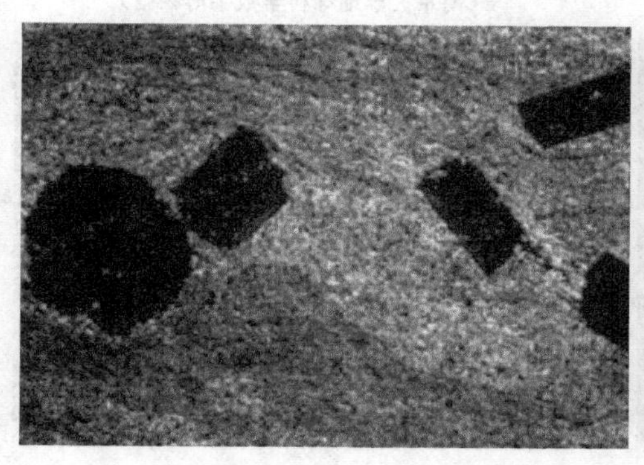

c. 斑状变晶结构，正交偏光
（南京大学地球科学数字博物馆）

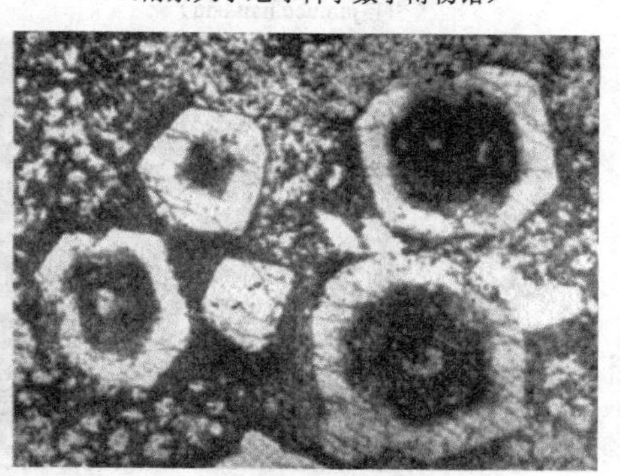

d. 斑状变晶结构，单偏光
（据张树业等，1985）

图 2-61　按矿物颗粒大小划分的变晶结构

包含变晶结构在较大变斑晶矿物中包有其他矿物的细小晶体所形成的变晶结构。如蛇纹石化镁橄榄石大理岩中包含有许多圆形、椭圆形镁橄榄石变晶(图 2-63a)。

残缕结构变斑晶中的矿物包裹体呈平直或波状定向排列，且与变斑晶外面呈定向排列的基质矿物断续相连。如在电气石黑云矽线片麻岩中，电气石变斑晶中包含的矽线石、黑云母等矿物与基质的片理相连(图 2-63b)。

(3)交代结构：指在变质作用或混合岩化作用过程中，由交代作用形成的结构。其特征是在形成过程中有物质成分的加入和带出，而岩石中原有矿物的分解和新矿物的形成是同时的。根据形态可分为交代假象结构、交代残留结构、交代条纹结构、交代蠕虫结构、交代穿孔结构、交代斑状结构等。

① 交代假象结构。原有矿物被新矿物置换，但仍保留原有矿物的晶形，有时甚至还保留原有矿物的解理等内部特点。如硅化绿泥石化安山岩中，原有的辉石斑晶被玉髓和叶绿泥石交代，仍保留辉石假象(图 2-64a)。

② 交代残留结构。岩石中被交代的矿物呈零星孤立的残留体被包在新生矿物之中，这些残留体具有相同的消光位。如在混合岩化片岩中，新生矿物钾长石中残留了许多原来的黑云母和石英(图 2-64b)。

③ 交代条纹结构。原来的斜长石被后来的钾长石所交代，由于交代作用的强烈，使原来的斜长石呈不规则残留体或残留条纹存留于钾长石之中，这些散布在钾长石中的斜长石残留

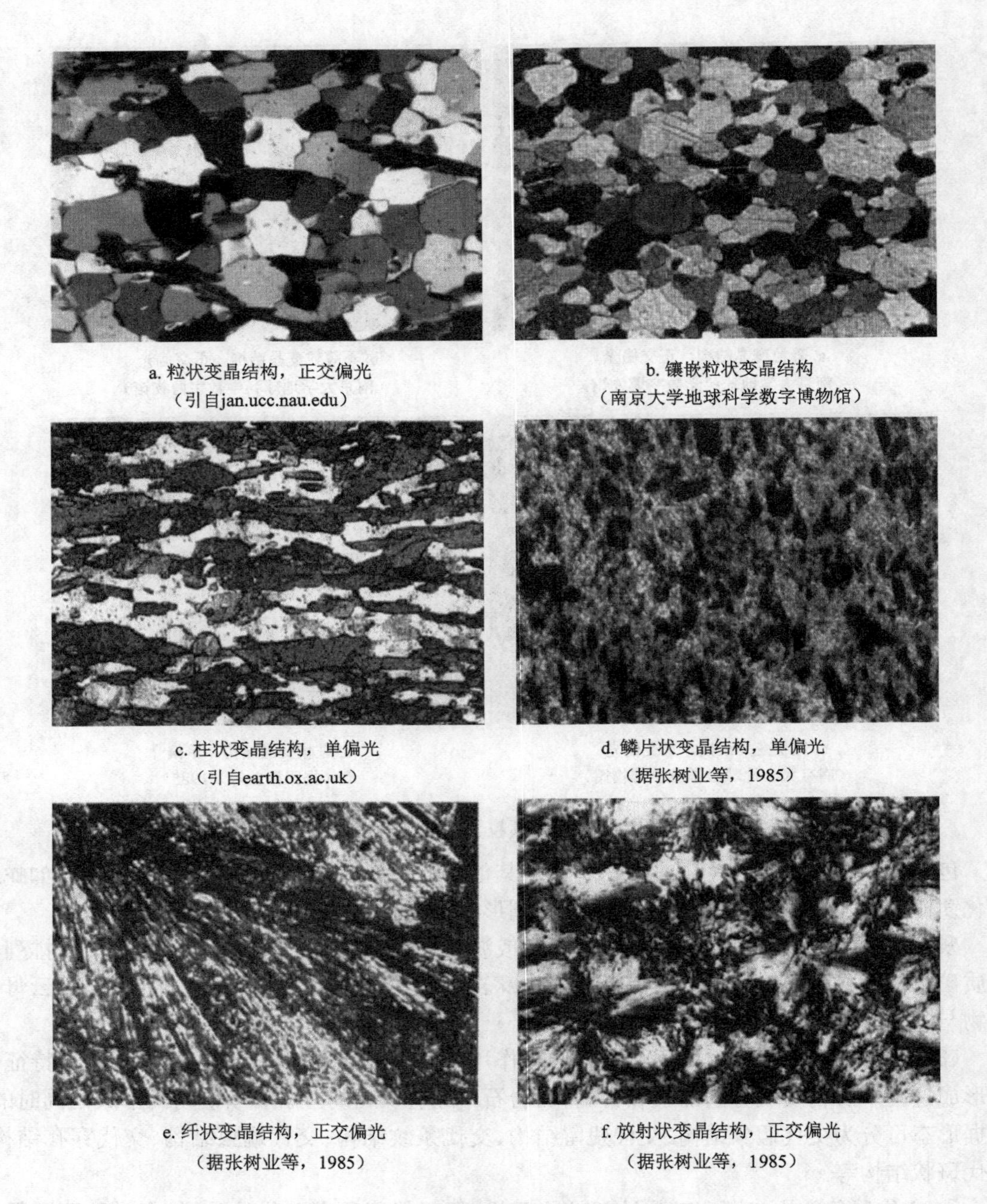
a. 粒状变晶结构，正交偏光
（引自jan.ucc.nau.edu）

b. 镶嵌粒状变晶结构
（南京大学地球科学数字博物馆）

c. 柱状变晶结构，单偏光
（引自earth.ox.ac.uk）

d. 鳞片状变晶结构，单偏光
（据张树业等，1985）

e. 纤状变晶结构，正交偏光
（据张树业等，1985）

f. 放射状变晶结构，正交偏光
（据张树业等，1985）

图 2-62　按矿物形态划分的变晶结构

体或残留条纹具有相同的消光位。如在混合花岗岩中，斜长石残留体或残留条纹沿微斜长石（钾长石）的解理分布（图 2-64c）。

④ 交代蠕虫结构。交代作用过程中形成的新矿物在原来矿物的晶体中呈很小的蠕虫状嵌晶出现。最常见的是在斜长石与钾长石接触时，在接触带附近的斜长石中，分布有新生的蠕虫状石英嵌晶，这些石英嵌晶具有相同的消光位（图 2-64d）。

⑤ 交代穿孔结构。交代作用过程中形成的新矿物在被交代矿物的晶体中呈浑圆形或乳滴状零星分布，形如穿孔。如在混合岩中，交代作用形成的石英呈浑圆形或乳滴状分布在斜长

a. 包含变晶结构，单偏光
（引自earth.ox.ac.uk）

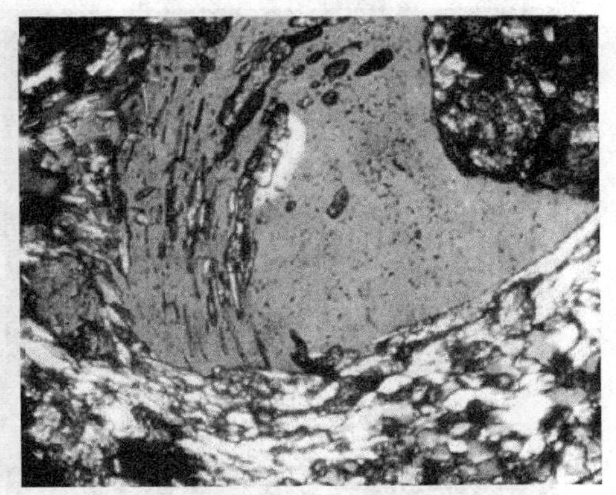

b. 残缕结构，单偏光
（引自anr.state.vt.us）

图 2-63　按矿物之间关系划分的变晶结构

石和其他矿物之中形成穿孔结构(图 2-64e)。

⑥ 交代斑状结构。交代成因的矿物呈大小不一的自形、眼球状、不规则状斑晶出现，一般以长石斑晶最普遍。这种交代成因的斑晶中常有交代残留的基质矿物，且这种斑晶常切割变质岩的片理。如混合岩中常有交代成因的斜长石(奥长石)斑晶(图 2-64f)。

(4)破碎变形结构：是动力变质岩的特征结构。构造运动产生的定向压力导致原岩遭受强烈挤压和研磨，使原来的岩石及其组成矿物发生破碎、变形，破碎成较大的原岩碎块(碎斑)和细小颗粒(碎基)。根据碎斑与基质的比例以及矿物变形强弱，破碎变形结构可分为碎裂结构、碎斑结构、糜棱结构等。

①碎裂结构。原岩在应力作用下产生裂隙，进而发生破碎，形成许多棱角状或次棱角状大碎块(碎斑)，碎块之间有少量破碎所成的细粒及粉末状物质(碎基)充填，矿物波状消光和扭曲变形现象微弱(图 2-65a)。

②碎斑结构。岩石受较强的应力作用，原岩大部分被压碎成细粒至隐晶质的碎屑(碎基)，碎斑含量较少，碎斑和碎基的成分基本相同(图 2-65b)。

③糜棱结构。岩石受到强烈的应力作用，原岩全部被研磨、搓碎成很细(<0.5mm)的矿物碎屑和粉末，常形成少量绢云母、绿泥石等新生矿物，并含很少量碎斑或透镜状、眼球状矿物碎屑(图 2-65c)。当原岩被研磨成超细级(<0.05mm)碎屑和粉末时，则显示超糜棱结构(图 2-65d)。

2)变质岩的构造

变质岩的构造主要有变余构造、变成构造、混合岩化构造三类(表 2-16)。

(1)变余构造：是变质作用后残留下来的原岩构造。变余构造主要见于浅变质岩石中，由于变质改造不彻底，致使原来沉积岩的层理、波痕等构造和原来火山岩的气孔构造、杏仁构造等能较好地保留下来，如变余层理构造(图 2-66a)和变余杏仁构造(图 2-66b)等。

(2)变成构造：是在变质作用过程中由变形作用和重结晶作用所形成的构造。一般以定向构造(主要是面状构造)比较显著，表现为一系列平行排列的面(统称面理)，如板岩中的板状构造、千枚岩中的千枚状构造、片岩中的片状构造、片麻岩中的片麻状构造等。有时定向构造不明显，如热接触变质形成的斑点状构造等。

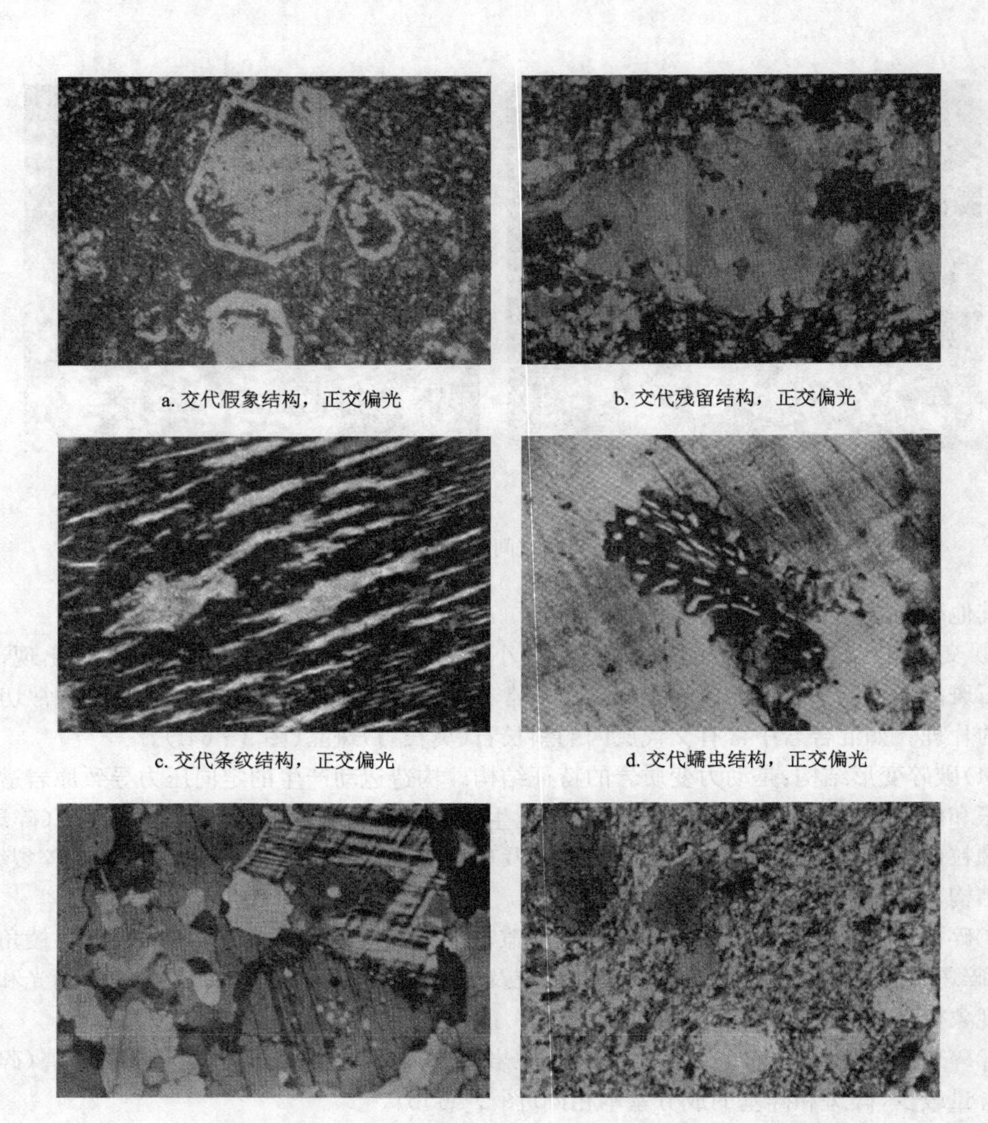

a. 交代假象结构，正交偏光

b. 交代残留结构，正交偏光

c. 交代条纹结构，正交偏光

d. 交代蠕虫结构，正交偏光

e. 交代穿孔结构，正交偏光

f. 交代斑状结构，正交偏光

图 2-64　交代结构(据张树业等,1985)

表 2-16　变质岩常见的构造类型

构造分类	构造类型
变余构造	变余层理构造、变余结核构造、变余波痕构造、变余气孔构造、变余杏仁构造、变余枕状构造、变余流纹构造,变余条带状构造等
变成构造	板状构造、千枚状构造、片状构造、片麻状构造、眼球状构造、斑点状构造、块状构造等
混合岩化构造	角砾状构造、树枝—网状构造、眼球状构造、条带状构造、肠状—褶皱状构造、阴影状构造等

①板状构造,也称板劈理,它是板岩的特征构造,是重结晶程度很低的低级变质岩典型的面理形式。其形成机理是在应力作用下,岩石中出现密集的间隔平面(劈理面),沿着劈理面岩石容易裂开呈平整、光滑但光泽暗淡的板片(图 2-67a、b)。劈理面与原岩层理平行或斜交。

②千枚状构造,是区域变质岩的一种构造,也是千枚岩的典型构造。面理细小的(粒径<0.1mm)片状、鳞片状矿物呈定向排列而成,重结晶程度比板状构造高,但粒度较细,肉眼不能

a. 碎裂结构，正交偏光
（引自jan.ucc.nau.edu）

b. 碎斑结构，正交偏光
（据张树业等，1985）

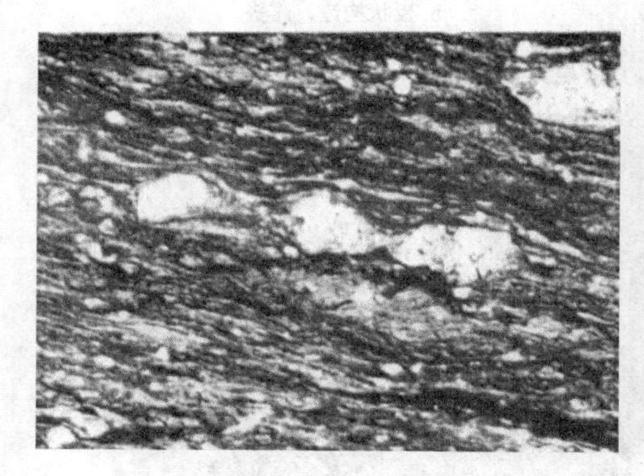

c. 糜棱结构，正交偏光
（据张树业等，1985）

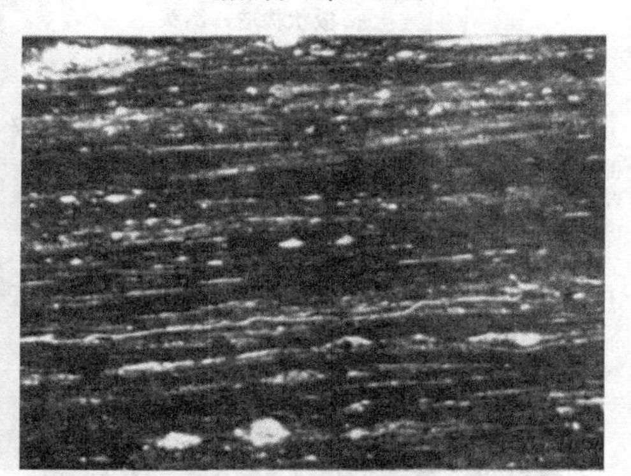

d. 超糜棱结构，正交偏光
（据张树业等，1985）

图 2－65　破碎变形结构

a. 变余层理构造，手标本

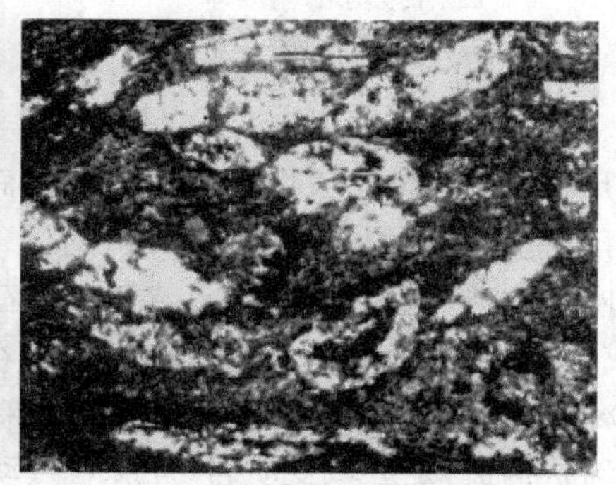

b. 变余杏仁构造，单偏光

图 2－66　变余构造(据张树业等，1985)

分辨矿物颗粒。岩石易沿面理裂开，但劈开面不如板状构造劈理面那样平整，通常在劈开面上见有强烈的丝绢光泽，这是由于绢云母、绿泥石等矿物的微细鳞片平行排列所致(图 2－68a)。有时在劈开面上不仅有强烈的丝绢光泽，而且明显可见特征的扭折现象和微小皱纹(图 2－68b)。

③片状构造，也称片理，是变质岩中最常见的一种构造。面理主要由云母、绿泥石、滑石、

a. 板状构造，露头
（据C. C. Plummer等，2005）

b. 板状构造，露头
（引自uua.cn）

图 2－67　板状构造

a. 千枚状构造，手标本
（国家岩矿化石标本资源数据中心）

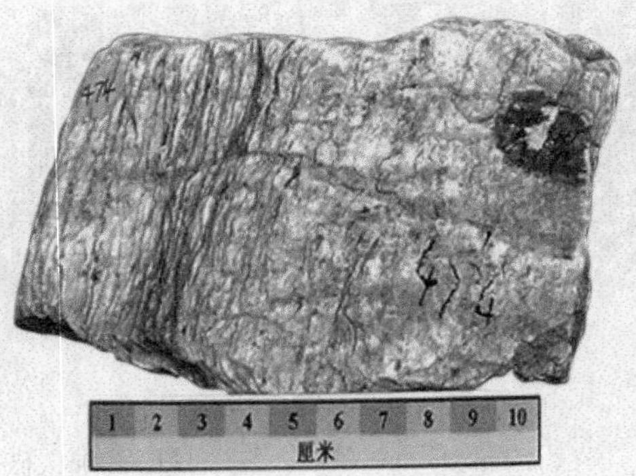

b. 千枚状构造，手标本

图 2－68　千枚状构造

角闪石等片状、板状、针状或柱状矿物连续定向排列而成(图 2－69a)。片理面可以是较平直的面,也可以是呈波状的曲面(图 2－69b)。

④片麻状构造,也称片麻理,其特征是岩石主要由粒状矿物组成,有一定数量呈定向排列的片状或柱状矿物,片状或柱状矿物常在粒状矿物之间呈不均匀的断续定向分布(图 2－70a)。片麻状构造的特点是岩石沿片麻理无特别强烈的裂开趋势(图 2－70b)。

⑤眼球状构造,是区域变质岩(片麻岩)、动力变质岩(糜棱岩)中常见的一种变成构造。其特征是眼球状、透镜状或扁豆状的巨大颗粒或颗粒集合体在基质中定向分布。在片麻岩中,表现为较大的长石晶体或长石和石英的集合体,被片状或柱状矿物所环绕,外形很像眼球,故称为眼球状构造(图 2－71)。

⑥斑点状构造,是热接触变质岩的一种构造。其特征是在受轻微热接触变质作用的泥质岩石中,由碳质、铁质或空晶石、堇青石、云母等矿物的雏晶,集中成不同形状、不同大小的斑点,不均匀分布于基本未重结晶的致密状泥质基质中(图 2－72)。

(3)混合岩化构造

混合岩化作用形成的构造是混合岩中基体和脉体在空间的排列分布方式。一般认为,混

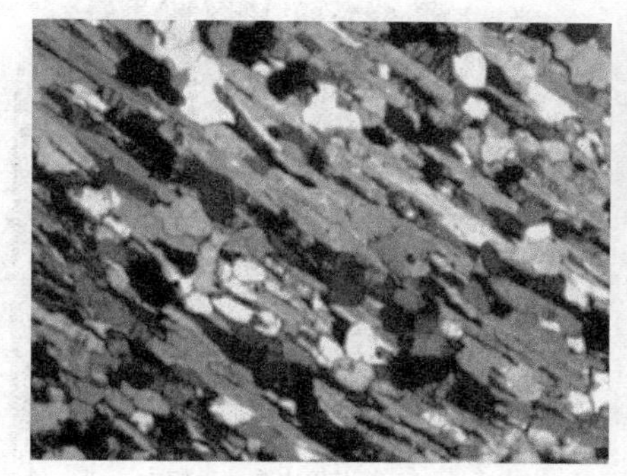

a. 片状构造，正交偏光

b. 片状构造

图 2－69　片状构造

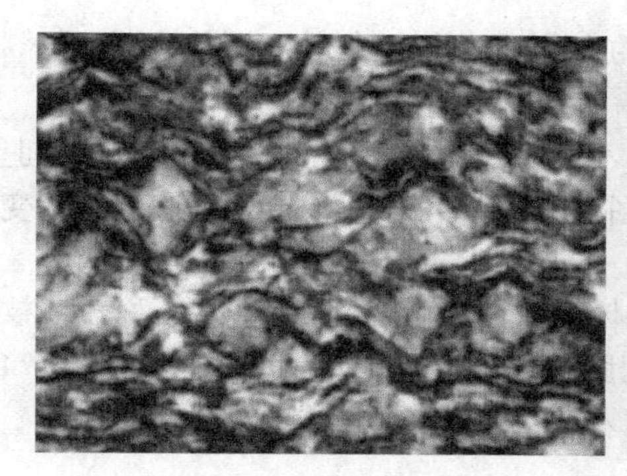

a. 片麻状构造，抛光面，手标本

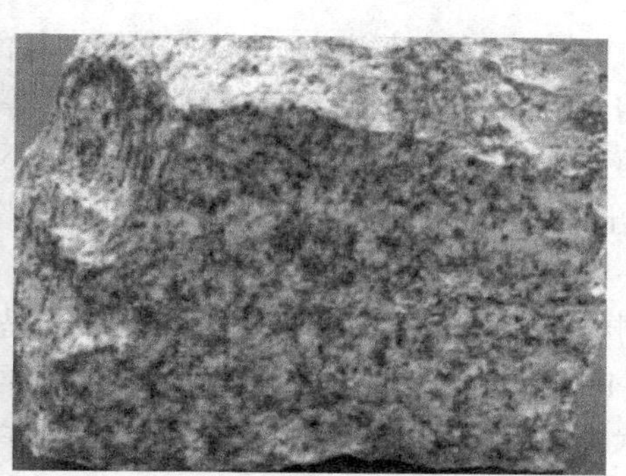

b. 片麻状构造，手标本

（引自geology.com）

图 2－70　片麻状构造

a. 眼球状构造，手标本
（引自southampton.ac.uk）

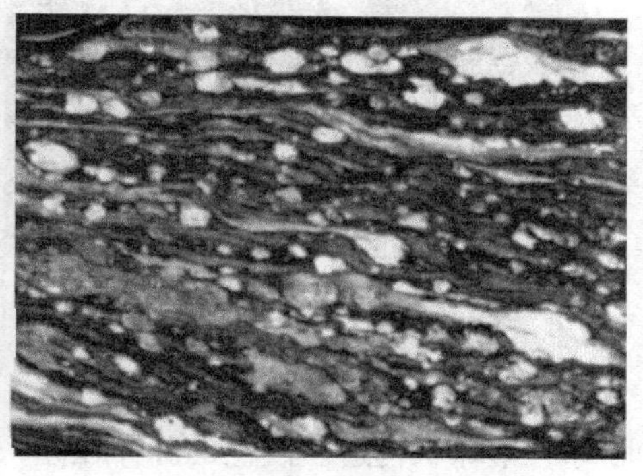

b. 眼球状构造，单偏光
（引自earth.boisestate.edu）

图 2－71　眼球状构造

合岩基本上是由基体和脉体两部分组成。基体是原来变质岩的成分，其中暗色矿物较多，通常称为暗色体；脉体是在混合岩化作用过程中，由于注入、交代、重熔等作用而新生成的物质，其成分主要是浅色的长石和石英，通常称为浅色体。脉体在基体中的含量以及脉体与基体的交

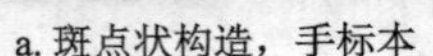

a. 斑点状构造，手标本　　b. 斑点状构造，手标本

（南京大学地球科学数字博物馆）

图 2-72　斑点状构造

代关系，构建出各种各样的构造形式。最常见的有角砾状构造、树枝—网状构造、眼球状构造、条带状构造、肠状—褶皱状构造、阴影状构造等。

①角砾状构造。岩石中暗色的基体呈大小不等的角砾状，浅色的脉体在角砾之间呈“胶结物”状态出现，二者之间的界线一般比较明显（图 2-73）。角砾状构造是原来的块状变质岩发生注入—交代作用所形成。

②树枝—网状构造。岩石中浅色的脉体呈树枝状分布在暗色的基体中，称为树枝状构造（图 2-74a）；如果脉体数量增多，在基体中呈网脉状分布时，则称为网状构造（图 2-74b）。树枝—网状构造也是原来的块状变质岩被脉体注入—交代作用所形成。

a. 角砾状构造，露头　　b. 角砾状构造，露头

（引自earth.ox.ac.uk）

图 2-73　角砾状构造

③眼球—串珠状构造。浅色的脉体在注入—交代时呈大小不等的椭圆形晶体（斜长石）和集合体（长石和石英）分布在暗色的基体中，形似眼球，称为眼球状构造（图 2-75a）。当眼球状脉体含量增多，且同一方向分布，常形成串珠状构造（图 2-75b）。

④条带状构造。浅色的脉体与暗色的基体呈条带状互层分布（图 2-76a），条带宽窄不等，形状平直或弯曲，有时分岔或尖灭（图 2-76b）。其成因可能是脉体沿原来变质岩的片理注入—交代所成，也可能是选择性熔融，使暗色矿物和浅色矿物相对集中而成。

⑤肠状—褶皱状构造。其特征是浅色脉体呈肠状或蛇形弯曲等形态分布于暗色基体中（图 2-77a），或浅色脉体与暗色基体一起揉皱形成褶皱状混合岩构造（图 2-77b）。

a. 树枝状构造，露头

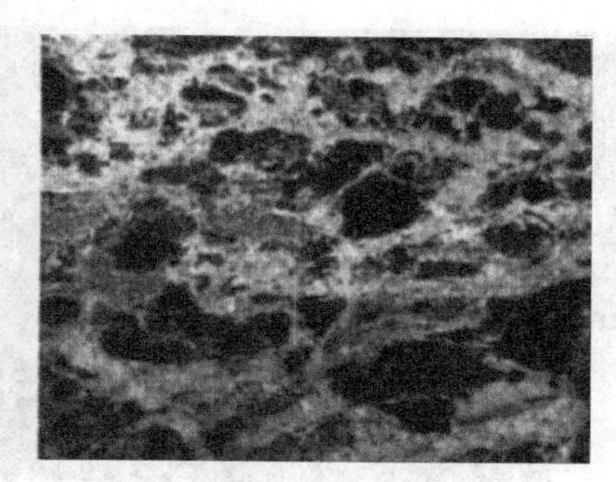

b. 网状构造，露头
（引自faculty.buffalostate.edu）

图 2-74　树枝—网状构造

a. 眼球—串珠状构造，露头

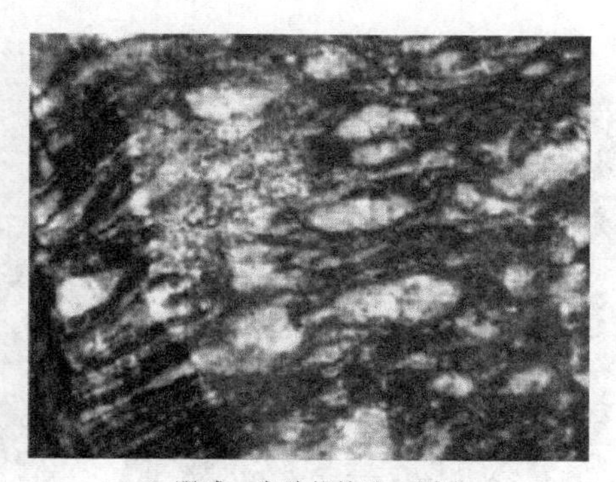

b. 眼球—串珠状构造，露头
（引自commons.wikimedia.org）

图 2-75　眼球—串珠状构造

a. 条带状构造，露头

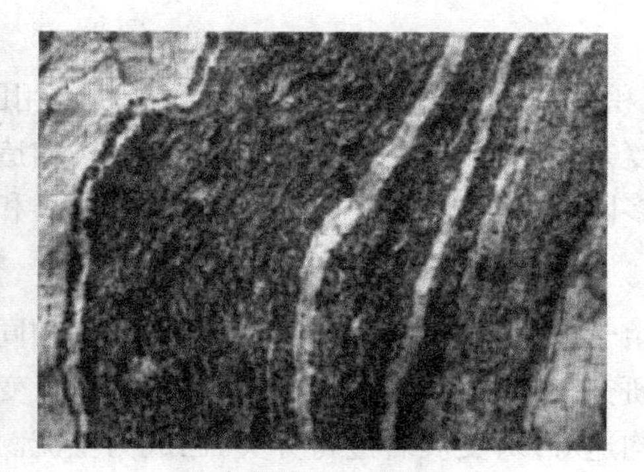

b. 条带状构造，露头

图 2-76　条带状构造

⑥阴影状构造。由于交代作用强烈，使暗色基体与浅色脉体的界线不清晰，只能隐约见到暗色矿物显示的条带状、团块状或斑点状轮廓，形似阴影或云雾状（图 2-78）。

3. 变质岩的分类和命名

变质岩是地壳已有岩石经变质作用的产物。形成变质岩的原岩类型众多（包括各种岩浆

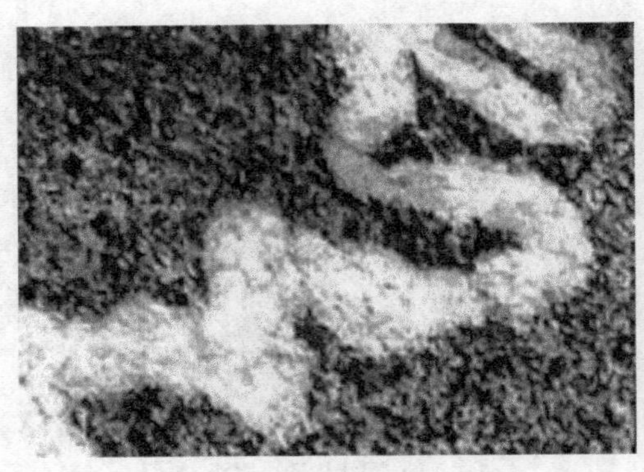

a. 肠状构造，露头

（国家岩矿化石标本资源数据中心）

b. 褶皱状构造，露头

图 2-77　肠状—褶皱状构造

a. 阴影状构造，手标本

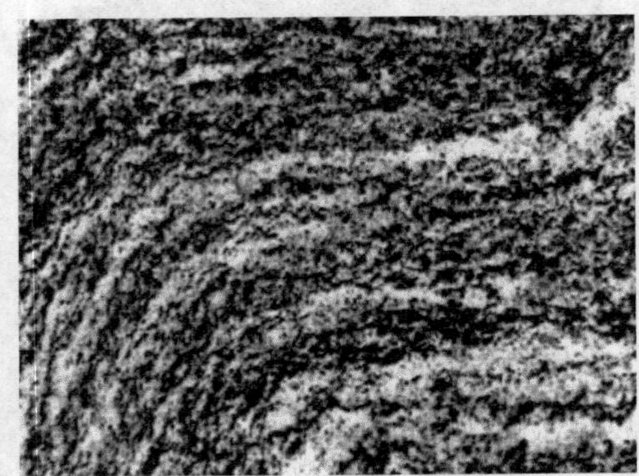

b. 阴影状构造，露头

（南京大学地球科学数字博物馆）

图 2-78　阴影状构造

岩、沉积岩和早先形成的变质岩)，且变质作用因素千变万化，这种原岩类型的多样性和变质作用的复杂性，致使变质岩的物质成分、结构构造等岩性特征纷繁复杂，给变质岩的分类命名带来许多困难。所以，迄今为止，变质岩的分类和命名体系还不完善。

1）变质岩的分类

由于前人强调的分类依据和原则不尽相同，早期的变质岩分类各有侧重，因而难以统一。随着研究工作的不断深入，共识越来越多，以变质作用产物的特征(变质岩的矿物组成、含量和结构构造等)对变质岩进行分类，已成为主流。目前，比较通行的变质岩分类有成因(变质作用类型)分类和岩相学分类两大体系。

(1)变质岩的成因(变质作用类型)分类，在国内比较通行和传统。按成因，即按变质作用类型(区域变质作用、混合岩化作用、接触变质作用、气液变质作用、动力变质作用)，将变质岩分为接触变质岩、气液变质岩、动力变质岩、区域变质岩、混合岩等类别。

在实际工作中，由于原岩类型的多样性和变质作用的复杂性，确定原岩类型和变质条件是很困难的。因此，变质岩的成因分类越来越面临许多质疑。尽管如此，变质岩的成因分类可以很好地帮助初学者建立一个地质背景和变质作用规模的总体框架，有利于深入学习和研究。

故本书仍推荐使用变质岩的成因(变质作用类型)分类(表2-17)。

表2-17　变质岩的成因分类

岩石大类	岩石小类	岩石类型	主要构造	主要结构	变质作用类型
区域变质岩	具面理构造的区域变质岩	板岩	板状构造	变余泥质结构 部分变晶结构	区域变质作用(由板岩至片麻岩变质程度递增)
		千枚岩	千枚状构造	鳞片状变晶结构	
		片岩	片状构造	鳞片状、叶片状变晶结构	
		片麻岩	片麻状构造	花岗变晶结构	
	无(弱)面理构造的区域变质岩	长英质粒岩	块状构造	细粒、等粒变晶结构	
		角闪岩	块状—条带状构造	细—粗粒变晶结构	
		麻粒岩	块状构造、似片麻状构造	中粗粒、不等粒、变晶结构	
		榴辉岩	块状构造、片麻状构造	中粗粒、不等粒变晶结构	
混合岩	注入混合岩(交代作用不强烈的混合岩)	角砾状混合岩	角砾状构造	不等粒变晶结构	混合岩化作用
		网脉状混合岩	树枝—网状构造	不等粒变晶结构	
		眼球状混合岩	眼球状构造	细—粗粒变晶结构	
		条带状混合岩	条带状构造	等粒变晶结构	
		肠状混合岩	肠状—褶皱状构造	等粒变晶结构	
	交代作用强烈的混合岩	阴影状混合岩	阴影状构造	交代结构	
		混合花岗岩	块状构造	交代结构	
接触变质岩	热接触变质岩	角岩	块状构造	角岩结构、斑状变晶结构	接触变质作用
		大理岩	块状构造	等粒变晶结构	
		石英岩	块状构造	花岗变晶结构、变余砂状结构	
	接触交代变质岩	矽卡岩	块状构造、斑杂构造	不等粒变晶结构、交代结构	
气液变质岩	低温气液变质岩	蛇纹岩	块状构造	隐晶质结构	气液变质作用
	中低温气液变质岩	青磐岩	块状构造	隐晶质—中细粒、变晶结构	
	高温气液变质岩	云英岩	块状构造	鳞片、粒状变晶结构	
动力变质岩	弱动力变质岩	构造角砾岩	无定向构造	角砾状结构	动力变质作用
	较强动力变质岩	碎裂岩	无定向构造	碎裂结构	
	强动力变质岩	糜棱岩	眼球状、条带状构造	糜棱结构	

(2)变质岩的岩相学分类,是基于变质岩的矿物成分、结构构造等岩相学特征来划分岩石的基本类型。其中,主要以变质岩的矿物成分为基础的岩相学分类称为矿物学分类,主要以变质岩的结构构造为基础的岩相学分类称为结构分类。近年来,国外地质学、岩石学教科书均趋于采用变质岩的岩相学分类(表2-18)。

表 2-18　变质岩的岩相学分类(据路凤香等,2002,有修改)

岩石大类	岩石类型	岩石特征
面理化变质岩	糜棱岩	具糜棱结构的动力变质岩
	板岩	具板状构造的变质岩,如钙质板岩、铁质板岩
	千枚岩	具千枚状构造的变质岩,如绢云母—石英千枚岩
	片岩	具片状构造的变质岩,如蓝晶石—绿泥石—白云母片岩,常见种类有: 绿片岩,主要由钠长石、绿帘石和阳起石、绿泥石组成 蓝片岩,含蓝闪石的片岩的总称,如蓝闪石—钠长石—绿泥石片岩 白片岩,主要由滑石、蓝晶石组成的浅色片岩
	片麻岩	具片麻状构造的变质岩,如石榴子石—黑云母—斜长石片麻岩
	眼球状混合岩	具眼球状构造的混合岩,眼球状新成脉体分布在基体中
	层状(条带状)混合岩	具层状(条带状)构造的混合岩,脉体与基体互层
无面理至弱面理化变质岩	构造角砾岩	具碎裂结构、角砾状构造,碎块呈棱角状,无定向的动力变质岩
	构造砾岩	具碎裂结构、角砾状构造,角砾圆化,无定向至弱定向的动力变质岩
	碎裂岩	具碎裂结构、块状构造的动力变质岩
	大理岩	主要由碳酸盐矿物组成的块状变质岩,如透闪石—透辉石大理岩
	石英岩	主要由石英组成的块状变质岩,如白云母石英岩
	蛇纹岩	主要由蛇纹石组成的块状变质岩,如滑石蛇纹岩
	绿岩	主要由钠长石、绿帘石、阳起石、绿泥石组成的绿色块状区域变质岩
	角闪岩	主要由斜长石和普通角闪石组成的区域变质岩,如石榴子石角闪岩。常见种类有绿帘角闪岩(主要由钠长石、绿帘石和普通角闪石组成的区域变质岩)
	麻粒岩	具花岗变晶结构和麻粒岩相矿物组合的长英质和斜长石—辉石质(基性)区域变质岩,如石榴子石—紫苏辉石长英麻粒岩、斜长石—二辉石麻粒岩
	榴辉岩	主要由石榴子石和绿辉石组成的区域变质岩
	粒岩或××岩	具变晶结构的无定向、块状变质岩。通常具花岗变晶结构者称××粒岩,如长英粒岩。其余称××岩,如黑云母—角闪石岩、角闪石岩。常见种类有钙硅酸盐粒岩(主要由钙硅酸盐矿物组成的粒岩的总称),如钙铝榴石—透辉石粒岩
	角岩	无定向、块状接触变质岩,如红柱石角岩、矽线石—长英角岩。常见种类有:钙硅酸盐角岩(主要由钙硅酸盐矿物组成的角岩),如钙铝榴石—透辉石角岩、钠长—绿帘角岩(主要由钠长石、绿帘石、绿泥石、阳起石组成的基性角岩)、普通角闪石角岩(主要由斜长石和普通角闪石组成的基性角岩)、辉石角岩(主要由斜长石和辉石组成的基性角岩)
	角砾状混合岩	具角砾状构造的混合岩,角砾状基体分布在新成脉体之中
	阴影状混合岩	具阴影状、云染状构造的混合岩
	矽卡岩	主要由钙—镁—铁(铝)硅酸盐矿物组成的接触交代变质岩,如石榴子石—辉石矽卡岩
	云英岩	主要由石英、白云母、萤石、黄玉、电气石等组成的气液交代变质岩
	黄铁绢英岩	主要由石英、绢云母、黄铁矿及碳酸盐矿物组成的气液交代变质岩
	次生石英岩	主要由石英及绢云母、叶蜡石、高岭石、红柱石、明矾石组成的气液交代变质岩
	滑石菱镁岩	主要由石英、铁菱镁矿、铬云母、黄铁矿、绿泥石、滑石、蛇纹石和铬铁矿组成的气液交代变质岩

2)变质岩的命名

变质岩的所有分类在命名岩石时都遵循以下两个原则：

(1)“以矿物名称＋基本名称命名岩石，基本名称前的矿物以含量增加为序排列，含量高的矿物靠近基本名称”的原则，其格式为“次要矿物＋主要矿物＋基本名称”。

在鉴定变质岩时，首先根据成因及产状等已有资料初步定出大类名称；然后依据岩石的结构构造特征、主要矿物成分，定出变质岩的基本名称；再将特征变质矿物与次要矿物作为前缀加在变质岩基本名称的前面。基本名称前不同矿物之间在英文文献中通常用连字符“—”隔开，如 Gt - Ch - Ms - Q schist(石榴子石—绿泥石—白云母—石英片岩)。

在命名中，矿物含量大于15%的可直接参加命名；含量为5%～15%时冠以“含”字作次要命名；含量小于5%的常见矿物不参加命名，含量小于5%的特征矿物，应参加命名。

长石、石英这两种矿物在变质岩中比较常见，尤其在片岩和片麻岩中普遍存在。在片岩中，长石含量均小于25%，石英含量变化较大，当长石＋石英含量小于50%时，石英和长石都不参加命名；当长石＋石英含量大于50%且长石含量小于25%时，石英参加命名，如石英—二云母片岩。在片麻岩中，长石含量均大于25%，一般只用长石参加命名，石英不论含量多少均不参加命名，如钾长片麻岩、斜长片麻岩或二长片麻岩等。

在命名岩石时，矿物名称一般可取头两个字用作前缀，且次要矿物(含量大于15%)一般应少于三个为宜，如黑云—斜长片麻岩、矽线—斜长—二云片岩等。但个别矿物取头两个字会引起混淆，则应取全名。如白云大理岩，由于不知是指白云母大理岩还是指白云石大理岩，这时就取矿物全称定名，称为白云石大理岩。

(2)当变质岩的变余结构构造非常发育，原岩十分清楚时，则以“变质××岩”命名的原则，其中××岩是原岩名称。例如，变质长石砂岩、变质砾岩、变质玄武岩、变质辉长岩、变质流纹岩等。

4. 变质岩的肉眼鉴定和描述

变质岩的肉眼观察和描述方法也与其他岩石相似，其主要内容为矿物成分、结构、构造等，而这些也是变质岩命名的主要根据。

1)变质岩肉眼鉴定观察内容

(1)矿物成分：在观察变质岩时，除含量最多的主要造岩矿物应注意观察外，更要注意对变质矿物的观察。这是因为变质矿物能反映出变质前原始岩石的化学成分，能够帮助我们恢复和判断它是由什么岩石变来的，如红柱石($Al_2O_3 \cdot SiO_2$)的存在说明此种岩石在变质前是富含 Al_2O_3的泥质岩，其次它可以反映出变质作用过程中的物理化学条件，帮助我们分析和判断变质作用的性质和变质程度的深浅。如蓝晶石和红柱石的化学成分是一样的，但蓝晶石一般仅出现在区域变质的岩石中，而红柱石则主要出现在接触热变质的岩石中。

(2)结构、构造：变质岩结构的观察是根据矿物颗粒的大小、形状以及自形程度等方面来进行的。在观察时，要注意岩石的结构类型(变晶结构、变余结构、碎裂结构等)，这在判断岩石的变质类型和变质作用程度方面起重要作用。尤其是变余结构和一些特殊结构，对于我们解决变质岩的形成历史和恢复原始物质成分方面往往具有重要意义。变质岩构造的观察主要根据矿物颗粒的排列方式，分为块状构造与定向构造(如片状、片麻状、眼球状等)；其次是矿物成分或结构的不同部分在岩石中的分布状况(如带状和斑点状等)。

结构和构造在变质岩定名时起很重要的作用，如具有片麻状构造的岩石叫片麻岩，具片理构造的岩石叫片岩等。此外，变质岩的产状及其上下岩石的特征也是重要观察内容。

2）变质岩肉眼鉴定描述方法

(1)颜色：指岩石总体的颜色（如灰色、浅绿色等）。

(2)矿物成分：要描述肉眼及用放大镜可见的矿物成分。如有变斑晶，则先描述变斑晶，然后再描述基质部分；如无变斑晶，则按矿物百分含量多少的先后顺序依次加以描述。其中对变质矿物更要注意描述。

(3)结构构造：如岩石同时具有几种结构特征时，应指出它们之间的相互关系，并加以综合。例如，某一岩石按颗粒的相对大小而言是斑状变晶结构，但基质部分为鳞片变晶结构，因此岩石的结构应描述为“基质具鳞片变晶结构的斑状变晶结构”；又如岩石是由大部分的鳞片变晶和部分的纤维变晶所组成，则此岩石的结构应称为“纤维鳞片变晶结构”。另外，也要注意描述岩石中矿物颗粒的绝对大小。

(4)岩石的断口（如贝壳状、平坦状、参差状等）、光泽（如闪光的、暗淡的等）。

(5)其他特点（如细脉穿插、小型褶皱、产状特点、风化程度等）。

(6)岩石名称。

3）变质岩肉眼描述举例

对红柱石角岩可描述如下：

深灰色。岩石为斑状变晶结构，基质为细粒变晶结构。变斑晶为长柱状红柱石，深灰色，在新鲜的岩石断口处变斑晶和基质很难区别，只有在岩石风化面上由于变斑晶较基质的抗风化能力强而显露出来。柱长5～10mm不等，横断面近方形，由于风化光泽暗淡。基质主要由0.5mm左右的细粒矿物组成，因颗粒细小，除黑云母外很难鉴别，块状构造。

4）主要变质岩肉眼鉴定表

对变质岩肉眼鉴定如表2-19所示。

表2-19　主要变质岩肉眼鉴定

变质类型	原岩	变质岩石	主要变质矿物	结构、构造	产状及其他
热接触变质	泥质岩	板岩：斑点板岩、瘤状板岩	绢云母、红柱石、堇青石、黑云母、石墨	变余泥质结构、鳞片变晶结构，板理、斑点构造	围绕岩浆岩侵入体产生围岩的热变质圈，越靠近侵入体，变质程度越高，变质矿物出现也比较多，晶体生长较大，原岩的结构构造有较大改造，多形成变晶结构；反之，远离侵入体，则原岩变质程度较弱，以变余结构为主
		角岩：红柱石角岩、堇青石角岩		角岩结构，块状构造	
	碎屑岩	变质砂岩、变质砾岩	绢云母、绿泥石、红柱石、磁铁矿	变余砂状结构、变余砾状结构，块状构造	
		石英岩		粒状变晶结构，块状构造	
	碳酸盐类岩石	结晶灰岩 大理岩	方解石为主，其次为透闪石、阳起石、硅灰石、透辉石	粒状变晶结构、纤维变晶结构，块状构造	

续表

变质类型	原岩	变质岩石	主要变质矿物	结构、构造	产状及其他
气成热液变质	中酸性侵入体与碳酸盐类接触带	矽卡岩（接触交代岩）	石榴子石、透辉石、绿帘石、符山石等	不等粒变晶结构，块状构造	似层状、透镜状、不规则状等
	酸性侵入岩（由沉积岩形成的变质岩）	云英岩	石英、白云母、电气石、萤石、黄玉	鳞片变晶结构、粒状变晶结构，块状构造	沿气成热液石英脉的两侧发育
	超基性岩	蛇纹岩	蛇纹石、滑石、磁铁矿	隐晶质结构，块状构造	不规则透镜状、脉状等
	中酸性喷出岩	次生石英岩	石英、绢云母、高岭石、叶蜡石、黄铁矿	隐晶、细粒结构，块状构造	似层状
动力变质	各类岩石	碎裂岩	绢云母、绿泥石	破裂结构	沿断裂带发育
		糜棱岩	绢云母、绿泥石、透闪石	糜棱结构，不明显的片麻状构造	
		千糜岩	绢云母、绿泥石、钠长石、绿帘石	糜棱结构，千枚状构造	
区域变质	泥质岩、酸性岩浆岩、火山凝灰岩	板岩	绢云母、绿泥石	隐晶质结构、变余泥质结构、变余粉砂结构，板状构造	板岩、千枚岩、片岩一般呈层状产出，片麻岩除了呈层状外，有的还保留原岩浆岩侵入体的轮廓
		千枚岩	绢云母、绿泥石	变余泥质结构、变余粉砂结构，千枚状构造	
		片岩	白云母、黑云母、绿泥石、角闪石、滑石为主（石英＋长石＜50%）	鳞片变晶结构、纤维变晶结构，片状构造	
		片麻岩	长石、石英为主，片状矿物为云母、柱状矿物为角闪石	粒状变晶结构，片麻状构造	
	碳酸盐类岩石	大理岩	方解石、白云石为主（有蛇纹石、透闪石、透辉石）	粒状变晶结构，块状构造	层状
	石英砂岩、硅质岩	石英岩	石英为主（少量长石、云母、石榴子石）	粒状变晶结构，块状构造	层状
	中基性岩浆岩、含铁镁的沉积岩	绿色片岩	绿泥石、绿帘石、阳起石、角闪石为主，少量石英、长石	鳞片变晶结构、纤维变晶结构，片状构造	层状
	超基性岩、富镁沉积岩	蛇纹石片岩、滑石片岩	蛇纹石、滑石	鳞片变晶结构、纤维变晶结构，片状构造	层状

第二节　录井岩样描述

准确描述岩屑和岩心(含井壁取心和微钻取心)是录井地质的基础工作,是建立地层剖面、研究地层形成环境、评价烃源岩和储层、评价含油气性的重要资料。借助大量的分析测试资料,为地震和测井等资料提供刻度基础。

一、岩屑描述

现场捞取的岩屑,由于受多种因素的影响,每包岩屑并不是单一的岩性,而是十分混杂的。这就需要进行岩屑描述工作,将地下每一深度的真实岩屑找出来,给予比较确切的定名,才能真实地恢复和再现地下地质剖面。因此,岩屑描述是地质录井工作中一项重要的工作。

1. 判别真假岩屑

真岩屑——在钻井中,钻头刚刚从某一深度的岩层破碎下来的岩屑,也称新岩屑。一般地讲,真岩屑具有下列特点(图 2－79):

(1)色调比较新鲜;

(2)个体较小,一般碎块直径 2～5mm,依钻头牙齿形状大小长短而异,极疏松砂岩的岩屑多呈散沙状;

(3)碎块棱角较分明;

(4)如果钻井液携带岩屑的性能特别好,迟到时间又短,岩屑能即时上返到地面的情况下,较大块的、带棱角的、色调新鲜的岩屑也是真岩屑;

(5)高钻时、致密坚硬的岩类,其岩屑往往较小,棱角特别分明,多呈碎片或碎块状;

(6)成岩性好的泥质岩多呈扁平碎片状,页岩呈薄片状,疏松砂岩及成岩性差的泥质岩屑棱角不分明,多呈豆粒状,具造浆性的泥质岩等多呈泥团状。

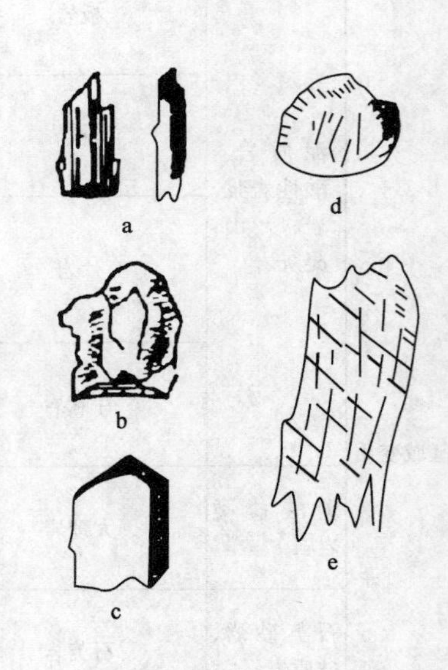

图 2－79　各类真假岩屑形状示意图

a. 新钻页岩;b. 新钻石灰岩;c. 新钻泥岩;d. 残留岩屑;e. 垮塌岩屑

假岩屑——指真岩屑上返过程中混进去的掉块及不能按迟到时间及时返到地面而滞后的岩屑,也称作老岩屑。假岩屑一般有下列特点:

(1)色调欠新鲜,比较而言,显得模糊陈旧,表现出岩屑在井内停滞时间过长的特征;

(2)碎块过大或过小,毫无钻头切削特征,形态失常;

(3)棱角欠分明,有的呈浑圆状;

(4)形成时间不长的掉块,往往棱角明显,块体较大;

(5)岩性并非松软,而破碎较细,毫无棱角,呈小米粒状岩屑,是在井内经过长时间上下往复冲刷研磨成的老岩屑。

2. 岩性描述

1)描述方法

(1)仔细认真、专人负责:描述前应仔细认真观察分析每包岩屑。一口井的岩屑由专人描述,如果中途需换人,两人应共同描述一段岩屑,达到统一认识、统一标准。

(2)大段摊开、宏观细找:岩屑描述要及时,应在岩屑未装袋前,在岩屑晾晒台上进行描述;若岩屑已装袋,描述时应将岩屑大段摊开(不少于10包岩屑),系统观察分层。描述前必须检查岩屑顺序准确。宏观细找是指把摊开的岩屑大致看一遍,观察岩屑颜色、成分的变化情况,找出新成分出现的位置,尤其含量较少的新成分和呈散粒状的岩性更需仔细寻找。

(3)远看颜色、近查岩性:远看颜色,易于对比,区分颜色变化的界线。近查岩性是指对薄层、松散岩层及含油岩屑、特殊岩性需要逐包仔细查找、落实,并把含油岩屑、特殊岩性及本层定名岩性挑出,分包成小包,以备细描和挑样。

(4)干湿结合,挑分岩性:描述颜色时,以晒干后的岩屑颜色为准,但岩屑湿润时,颜色变化、层理、特殊现象和一些微细结构比较清晰、容易观察区分。挑分岩性是指分别挑出每包岩屑中的不同岩性,进行对比,帮助判断分层。

(5)参考钻时、分层定名:钻时变化虽然反映了地层的可钻性,但因钻时受钻压、钻头类型、钻头新旧程度、钻井液泵排量、转速等因素影响,所以不能以钻时变化为分层的唯一根据,应该根据岩屑新成分的出现和百分含量的变化,参考钻时,上追顶界、下查底界的方法进行分层定名。

(6)含油岩性、重点描述:对含量较少或成散粒状的储层及用肉眼不易发现、区分油气显示的储集层,需认真观察,仔细寻找,并做含油气的各项试验,不漏掉油气显示层。

(7)特殊岩性,必须鉴定:不能漏掉厚度0.5m以上的特殊岩性,并详细描述。特殊岩性以镜下鉴定的定名为准。岩性定名原则为概括和综合岩石基本特征,包括颜色、含油级别、特殊含有物、特殊矿物、结构、构造、化石、岩性。

2)描述内容

(1)分层深度:岩屑分层深度以钻具井深为准。连续录井描述第一层时,在分层深度栏写出该层顶界深度和底界深度,以后只写各层底界深度。

(2)岩性定名:同岩心各种岩性定名要求。碎屑岩岩屑含油级别划分采用如下规则。孔隙性地层含油岩屑含油级别的划分见表2-20。缝洞性地层含油岩屑含油级别的划分见表2-21。

表2-20 孔隙性地层含油岩屑含油级别划分

含油级别	含油岩屑占定名岩屑百分含量,%	含油产状	油脂感	油味
富含油	>40	含油较饱满、较均匀,有不含油的斑块、条带	油脂感较强,染手	原油味较浓
油斑	40~5	含油不饱满,多呈斑块状、条带状含油	油脂感较弱,可染手	原油味较淡
油迹	5~0	含油极不均匀,含油部分呈星点状或线状分布	无油脂感,不染手	能够闻到原油味
荧光	0	肉眼看不见含油,荧光滴照见显示	无油脂感,不染手	一般闻不到原油味

表 2-21 缝洞性地层含油岩屑含油级别划分

含油级别	含油岩屑占定名岩屑百分含量,%
富含油	>5
油斑	5~0
荧光	肉眼看不见含油,荧光滴照见显示

(3)描述内容:包括颜色、矿物成分、结构、构造、化石及含有物、物理性质及化学性质、含油程度等,可按岩心描述中各类岩性描述内容参照执行。

(4)岩性复查:中途测井或完井测井后,发现岩电不符合处需及时复查岩屑。复查前需进行剖面校正,找出测井深度与钻具井深的误差,在相应深度的前后复查岩屑,寻找与电性相符的岩性并在描述中复查结果栏进行更正。若复查结果与原描述相同时,应注明已复查,表示原描述无误。

3. 地层分层原则

(1)岩性相同而颜色不同或颜色相同而岩性不同以及厚度大于 0.5m 的岩层,均需描述。

(2)根据新成分的出现和不同岩性百分含量的变化进行分层。

(3)同一包内出现两种或两种以上新成分岩屑,具薄层或条带的显示,应参考钻时进行分层。除定名岩性外,其他新成分的岩屑也应详细描述。

(4)见到少量含油显示的岩屑,甚至仅有一颗或数颗,必须分层并详细描述。

(5)特殊岩性、标准层、标志层在岩屑中含量较少或厚度不足 0.5m 时,必须单独分层描述。

4. 岩屑录井图的编绘

1)岩屑录井草图

岩屑录井草图是紧跟钻头的岩屑录井成果图,其内容主要包括岩屑描述的内容(如岩性、油气显示、化石、构造、含有物等)、钻时资料等,按井深顺序用统一规定的符号绘制下来,其井深是以钻柱的长度计量的。

由于地层岩性和油气储层类型的不同,在岩屑描述的内容上有比较大的差异。因此,岩屑录井草图所表达的内容也不同,国内在现场常用的有碎屑岩岩屑录井草图和碳酸盐岩岩屑录井草图两种不同的格式。

以碎屑岩岩屑录井草图的编绘方法为例,介绍编制岩屑录井草图步骤(图 2-80)。

(1)按标准绘制图框。

(2)填写数据:将所有与岩屑有关的数据填写在相应的位置上,数据必须与原始记录相一致。

(3)深度比例尺为 1∶500,深度记号每 10m 标一次,逢 100m 标全井深。

(4)绘制钻时曲线;若有气测录井则还应绘制气测曲线。

(5)颜色、岩性按井深用规定的图例、符号逐层绘制。

(6)化石及含有物、油气显示用图例绘在相应地层的中部。化石及含有物分别用"1""2""3"符号代表"少量""较多""富集"。

(7)有钻井取心、井壁取心时,应将取心数据对应取心井段绘在相应的栏上。

(8)有地化录井时,将地化录井的数据画在相应的深度上。

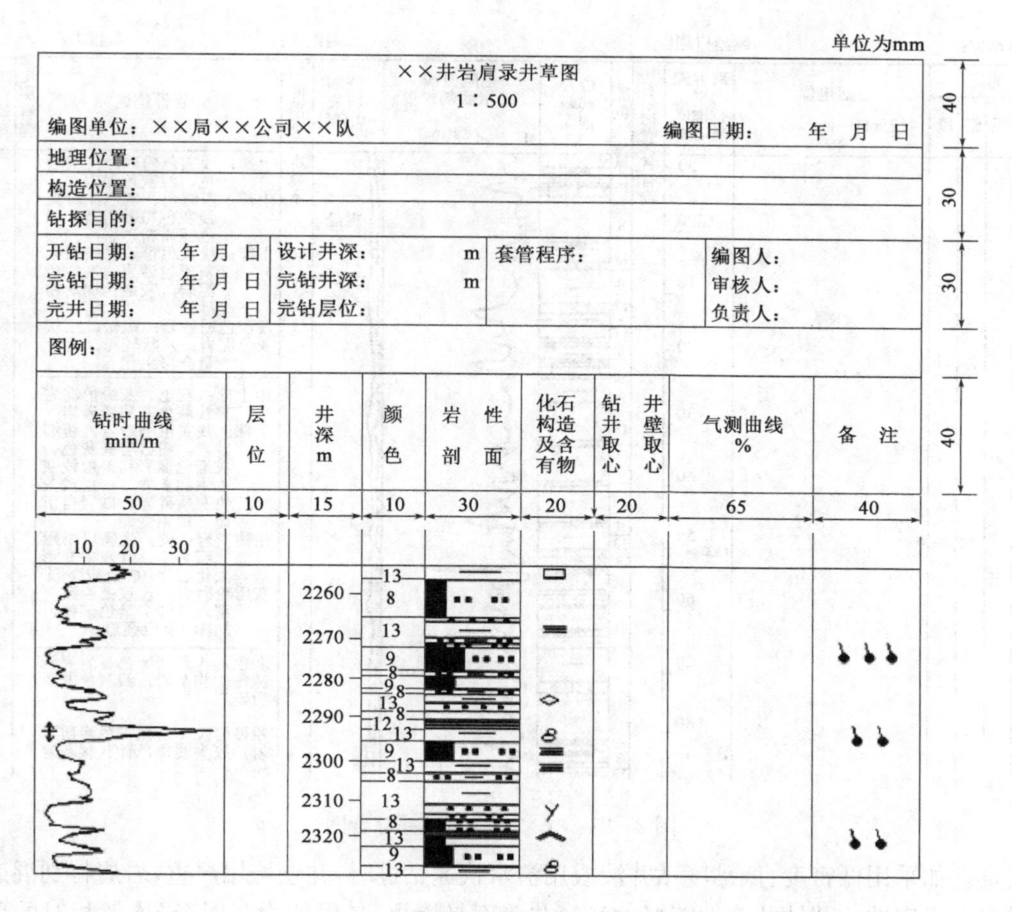

图 2-80　岩屑录井草图图头格式

(9)完钻后，将测井曲线(一般为自然电位曲线或自然伽马曲线和电阻率曲线)绘在岩屑草图上，以便于复查岩性。

(10)岩屑含油情况除按规定图例表示外，若有突出特征时，应在“备注”栏内描述。钻进中的槽面显示和有关的工程情况也应简略写出，或用符号表示。

2)岩屑录井综合图

岩屑录井综合图就是集测井曲线、分层、岩性、测井解释、气测解释、综合解释为一体的录井成果图，是在完井后所提供的成果图件。井深是以测井电缆的长度来计量的，与钻柱长度所计量的井深有一定的系统误差。目前国内很多录井公司编绘录井综合图都已经实现了电子化绘图(图 2-81)。

5. 岩屑录井的影响因素

(1)钻头类型和岩石性质的影响：钻头类型及新旧程度的差异，所破碎的岩屑形态有差异，相对密度也有差异，所以上返速度也就不同。如片状岩屑受钻井液冲力及浮力的面积大，较轻，上返速度快；粒状及块状岩屑与钻井液接触面积小，较重，上返速度较慢。由于岩屑上返速度的不同，直接影响到岩屑迟到时间的准确性，进而影响了岩屑深度的正确性和代表性。

(2)钻井液性能的影响：钻井液是钻井的血液，它起着巩固井壁、携带岩屑、冷却钻头等作用。在钻进过程中钻井液性能的好坏，将直接影响钻井工程的正常进行，也严重影响地质录井

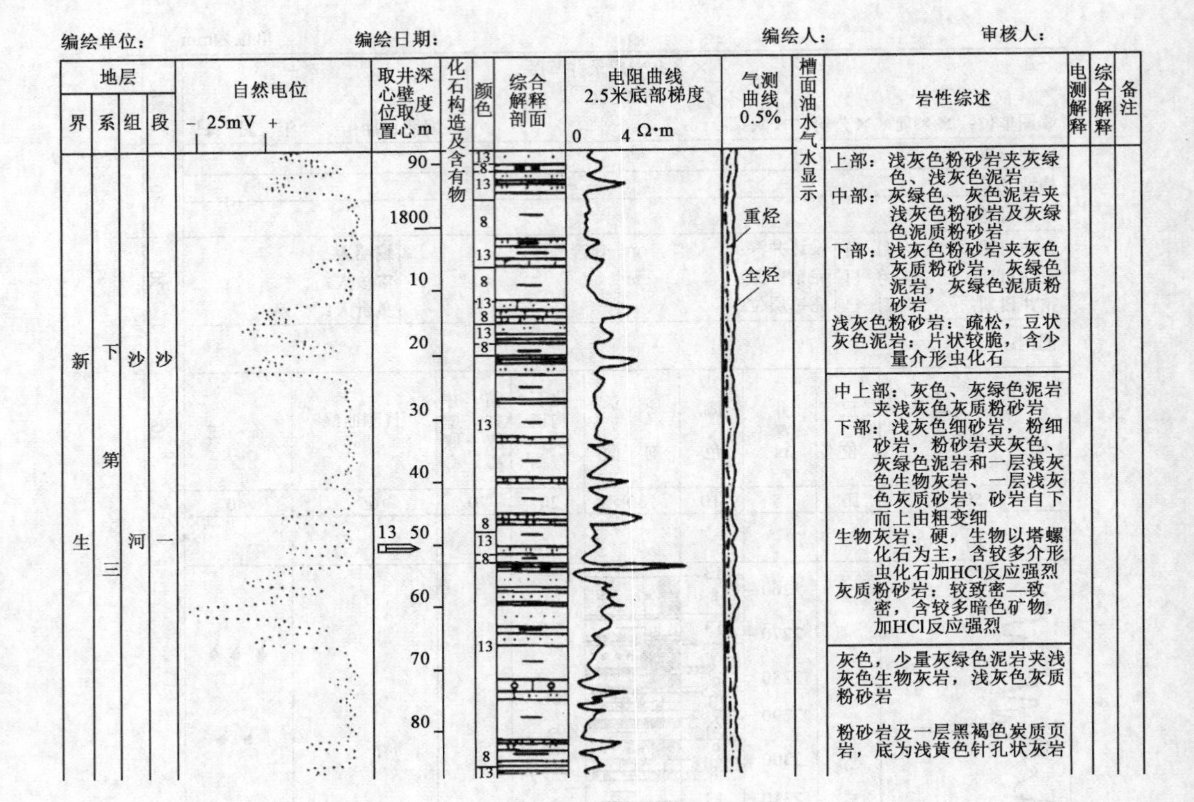

图 2－81　××井岩屑录井综合图

的质量。如采用低密度、低黏度钻井液或用清水快速钻进时，井壁垮塌严重，岩屑特别混杂，使砂样失去真实性。若钻井液性能好、稳定，井壁不易垮塌，悬浮能力强时，岩屑就相对的单纯，代表性强。

在处理钻井液过程中，若性能变化很大，特别是当钻井液切力变小时，岩屑就会特别混杂。在正常钻进中，未处理钻井液时，钻井液在井筒环形空间中一般形成三带：靠近钻具的一带是正常钻井液循环带，携带并运送岩屑，靠近井壁的地方形成泥饼；二者之间为处于停滞状态的胶状钻井液带，而其中混杂有各种岩性的岩屑。当钻井液性能未发生变化时，胶状钻井液带对正常钻井液循环带的影响较小，所以在钻井液循环带里岩屑混杂情况较轻。处理时，钻井液性能突然变化，切力变小，破坏了三带的平衡状态，停滞的胶状钻井液带中混杂的各种岩屑进入循环带里，与所钻深度的岩屑一同返出地面，造成岩屑特别混杂。只有当新的平衡形成以后，这种混杂现象才会停止。

(3)钻井参数的影响：钻井参数对岩屑准确性的影响也是很明显的，当排量大时，钻井液流速快，岩屑能及时上返；如果排量小，钻压较大，转速较高，钻出的岩屑较多，又不能及时上返，岩屑混杂现象将更加严重。尤其是当单泵、双泵频繁倒换时，钻井液排量及流速也会频繁变化，最容易产生这种现象。

(4)井眼大小的影响：钻井参数不变，若井眼不规则，钻井液上返速度也就不一致。在大井眼处，上返慢，携带岩屑能力差，甚至在“大肚子”处出现涡流使岩屑不能及时返出地面，造成岩屑混杂；而在小井眼处，钻井液流速快，携带岩屑上返及时。由于井眼的不规则，钻井液流速不同，岩屑上返时快时慢，直接影响迟到时间的准确性，并造成岩屑的混杂。

(5)下钻、划眼的影响：在下钻或划眼过程中，都可能把上部地层的岩屑带至井底，与新岩屑混杂在一起，返至地面，致使真假难分。这种情况在刚下钻到底后的前几包岩屑中最容易见到。

(6)人为因素的影响：司钻操作时加压不均匀，或者打打停停都可能使岩屑大小不一，上下混杂，给识别真假岩屑带来困难。

6. 特殊情况下的岩屑录井

由于岩屑录井具有成本低、简便易行、了解地下情况及时和资料系统性强等优点，因此，在油气田勘探开发过程中被广泛采用。但是，随着钻井技术和工艺的不断提高，相应的岩屑录井技术和方法也必须进行研究和改进。

1)PDC钻头钻井井段的岩屑录井

PDC钻头钻进的地层，由于PDC钻头破碎岩石的岩屑颗粒很细碎，特别是含油砂岩，颗粒更细，捞取到的岩屑很难发现油气显示，这时岩样的可信程度相应下降，增加了岩屑录井分层定名的难度，岩屑描述的剖面符合率很低。因此，针对PDC钻头钻进的地层，加大研究力度，提高岩屑描述的剖面符合率是岩屑识别技术攻关的重点。

2)水平井岩屑录井

由于岩屑沉积床的形成、井壁坍塌和井眼不规则、岩屑多次破碎、钻时资料失真及混油钻井液污染等因素的影响，使得水平井的岩屑比普通直井更混杂、更细碎，代表性也更差，岩屑中的油气显示真假难辨。

由于水平井钻井的技术和工艺与直井的巨大差异，导致相应的岩屑录井技术和方法也必须进行重大改进。从第一口水平井钻探以来，地质录井工作者一直都在努力探索适用于水平井的岩屑录井技术和方法，取得了一些成功的经验，在水平井的钻探施工中发挥了比较大的作用。但是，不论是在国内或国外，有关水平井的岩屑录井技术和方法，并不像水平井钻井技术那样有成熟的理论和经验可以借鉴，而且国内录井界在系统的理论研究方面也还没有取得突破。因此，开展系统深入的水平井岩屑录井技术和方法研究十分紧迫。

3)欠平衡钻井井段的岩屑录井

欠平衡钻井工艺对岩屑录井的影响主要表现在以下两个方面。

(1)欠平衡钻井对迟到时间的影响：由于欠平衡钻井时钻井液的循环系统与近平衡钻井时钻井液的地面循环系统不一样，钻井液循环要通过地面设备的密闭系统(防喷器连接系统、节流管汇、液气分离器)，导致迟到时间增加4～5min。

(2)欠平衡钻井对岩屑录井的影响：欠平衡钻井时，钻井液携带的岩屑经过液气分离器时，是从分离器的顶部经过平面以自由落体的方式落入底部，汇集到一起后再到振动筛。这个过程将导致岩屑的混杂，对岩屑分层描述造成困难，同时也会影响到与岩屑有关的录井项目的质量。因此，在录井期间应加密实测迟到时间，参考钻时录井、微钻时录井、*dc*指数、扭矩等进行岩性归位，恢复地层剖面。

二、岩心描述

1. 岩心描述前的准备工作

(1)收集取心层位、次数、井段、进尺、岩心长度、收获率、岩心出筒时的油气显示情况等资料和数据。

(2)准备浓度为5%或10%的稀盐酸、放大镜、双目实体显微镜、试管、荧光灯、荧光对比系列、氯仿或四氯化碳、镊子、滤纸、小刀、2m的钢卷尺、榔头、劈岩心机、铅笔、描述记录及做含水试验所用的器材。

(3)将岩心抬到光线充足的地方,检查岩心排放的顺序是否正确,如有放错位置的岩心,要查明原因,放回正确位置,并进行岩心长度的复核丈量,以免造成描述失误。

(4)检查岩心编号、长度记号应齐全完好,岩心卡片内容填写应齐全准确,发现问题要查明原因,及时整改。

(5)沿岩心同一轴线并尽量垂直层面,将岩心对半劈开,岩心编号或长度记号被损坏时,应立即补好。

2. 岩心描述的分层原则

(1)一般长度大于或等于10cm,颜色、岩性、结构、构造、含油情况等有变化者均需分层描述。

(2)在岩心磨光面或岩心的顶、底部或油浸级别以上的含油岩性、特殊岩性、标准层、标志层即使厚度小于10cm也要进行分段描述(作图时可扩大到10cm)。

3. 岩心描述的内容

岩心是研究岩性、物性、电性、含油性等最可靠的第一性资料。通过对岩心的观察描述,对于认识地下地质构造、地层岩性、沉积特征、含油气情况以及油气的分布规律等都有相当重要的意义。

1)含油气性的描述

由于油、气都有不同程度的挥发性,岩心取到地面,会因为压力的释放而迅速挥发,因此对岩心的含油气性描述必须及时。

(1)岩心油气水观察:岩心油气水观察,从取心钻进开始,直到岩心描述结束。取心钻进时,观察钻井液槽面的油气显示情况。岩心出筒时,当取心钻头一出井口,要立即观察从钻头内流出来的钻井液中的油气显示特征,边出筒边观察油气在岩心表面的外渗情况,注意油气味。岩心清洗时,边洗边作浸水试验。岩心描述时,含油岩心除柱面、断面观察外,要特别注意观察剖开新鲜面含油情况。凡储集岩岩心,无论见油与否,均要做荧光试验。

①含气试验:洗岩心时,将岩心浸入清水下约20mm,观察含气冒泡情况。如气泡大小、部位、处数、连续性、持续时间、声响程度、与缝洞关系、有无H_2S味等。凡冒气泡地方用色笔圈出,凡能取气样者,都要用针管抽吸法或排水取气法取样。

②含水观察:直接观察岩心剖开新鲜面湿润程度。

湿润:明显含水,可见水外渗;

有潮感:含水不明显,手触有潮感;

干燥:不见含水,手触无潮感。

③滴水试验:用滴管滴一滴水在含油岩心平整的新鲜面上,滴时不宜过高,观察水滴的形状和渗入速度,以其在一分钟之内的变化情况分4级(图2-82)。

渗:水滴保不住,滴水即渗,判断是含油水层;

缓渗:水滴呈凸透镜状,浸润角小于60°,扩散渗入慢,判断是油水层;

半珠状:水滴呈半珠状,浸润角60°~90°,不见渗入,判断是含水油层;

珠状：水滴不渗，呈圆珠状，浸润角大于 90°，判断是油层。

含油储集岩含水观察以滴水试验为主，含气储集岩含水观察以直接观察为主。

④荧光试验：包括直照法、滴照法、系列对比法、毛细分析法等，将在荧光录井中详细介绍。

(2)岩心含油级别的确定：含油级别是岩心中含油多少的直观标志。例如，含油级别高的砂层往往是油层，含油级别低的砂层往往是干层、水层；而相反的情况也有，气层、轻质油层、严重水浸的油层等岩心往往含油级别很低，甚至看不出含油。根据储集层储油特性不同，分为孔隙性含油和缝洞性含油，并分别划分含油级别。

①孔隙性含油：孔隙性含油是以岩石颗粒骨架间分散孔隙为原油储集场所，含油级别可根据岩石新鲜面含油面积、含油饱满程度、含油颜色、油脂感等划分为饱含油、富含油、油浸、油斑、油迹、荧光 6 级(图 2-83)，具体划分标准及特征见表 2-22。

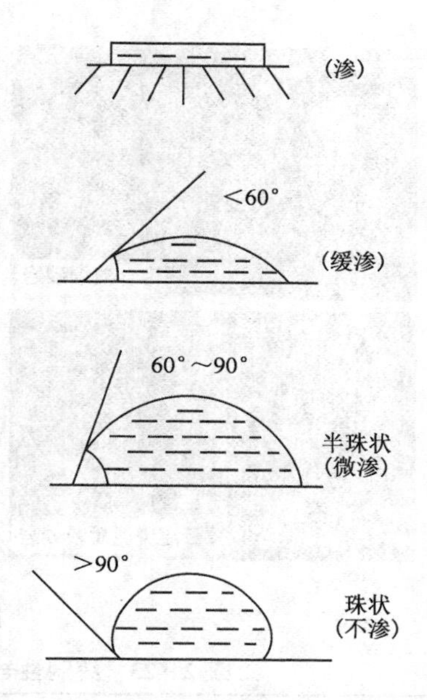

图 2-82　滴水级别的划分

(据《钻井地质录井手册》，1993)

表 2-22　孔隙性岩心(石)含油级别划分(据《地质监督与录井手册》，2001)

含油级别	含油面积，%	含油饱满程度	颜色及均一性	油脂感及油味	滴水
饱含油	>95	含油均匀饱满，常见原油外渗，仅局部见不含油斑块	看不到岩石本色，原油多为黄色或棕褐色，分布均匀	油脂感强，可染手，油味很浓	珠状，不渗
富含油	70～95	含油均匀较饱满，新鲜面有时见原油外渗，含较多的不含油的斑块或条带	难以看到岩石本色，多为浅棕－黄褐色，原油充填分布较均匀	油脂感较强，可染手，油味浓	珠状或半珠状，基本不渗
油浸	40～70	含油较均匀但不饱满，少部分呈条带状、斑块状分布	含油部分基本看不到岩石本色	油脂感较弱，一般不污手，油味较浓	半珠状，微渗
油斑	5～40	含油不饱满，不均匀，多呈斑块状、条带状分布	可见岩石本色，仅含油部分呈灰褐色、深褐色	无油脂感，不污手，油味淡	含油处半珠状，缓渗
油迹	<5	肉眼可见零星状含油痕迹，氯仿浸泡及滴照荧光明显	基本为岩石本色，仅局部油迹处浅灰褐色	无油脂感，不污手，可闻到油味	滴水缓渗一渗
荧光	无法估计	肉眼观察无含油痕迹，滴照有荧光显示，浸泡定级≥7 级	全为岩石本色	无油脂感，不污手，一般闻不到油味	除凝析油外，基本都渗

②缝洞性含油：缝洞性含油是以岩石的裂缝、溶洞、晶洞作为原油储集场所，岩心以缝洞的含油情况为准，主要根据缝洞被原油浸染的百分比表示含油程度，结合含油产状、油脂感、颜色及油味情况划分为油浸、油斑、荧光三级(表 2-23)。

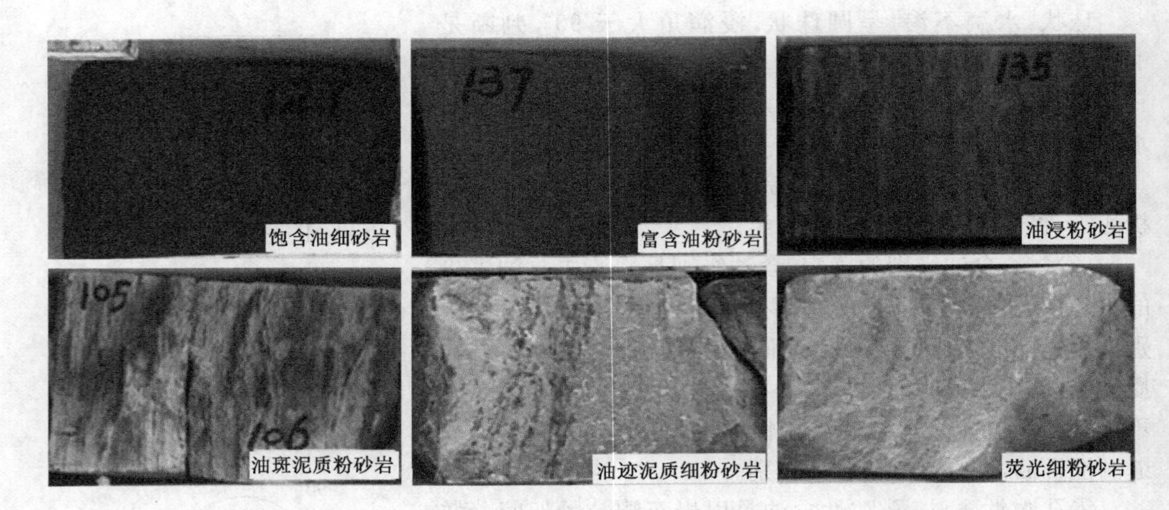

图 2-83　不同含油级别的岩心图片

表 2-23　缝洞性岩心(石)含油级别划分(据《地质监督与录井手册》,2001)

含油级别	缝洞被原油浸染,%	缝洞壁及充填物含油产状	油脂感	颜色及油味
油浸	>40	缝洞壁见岩石及充填物本色部分较少	强,污手	含油色较深,油味较浓
油斑	<40	缝洞壁绝大部分可见岩石及充填物本色	弱或较弱,微污手或不污手	含油色较浅,油味较淡或无油味
荧光	肉眼观察无含油痕迹,干照、滴照可见荧光显示,浸泡定级≥7级	缝洞壁岩石及充填物本色清晰可见	无,不污手	无

2)*岩石特征描述*

岩心描述与一般野外岩石描述方法和内容大致相同,通常包括岩石的颜色、矿物成分、结构、含有物、胶结类型、层理构造、地层倾角、接触关系、含油气水情况等,并要确定岩石名称。

(1)颜色:以岩石新鲜干燥断面的颜色为准。要以统一的色谱为标准,以免造成差别。

(2)成分:指组成岩石的矿物成分,它是岩石定名的关键依据。各类岩石常见的矿物是有区别的,要确定其各组分相对百分比含量及分级标准,确保岩石定名准确。

(3)结构:指组成岩石的基本颗粒(基质、碎屑、胶结物等的颗粒或晶粒)的大小、形态、组合特征、结晶程度、分选情况及其物理性质。如胶结类型、固结、坚硬程度、断口特征、孔隙性、渗透性等。

(4)构造:一般包括沉积构造(如沉积岩的构造)和非沉积构造(如火成岩、变质岩的构造及其他特殊构造)。通常是指组成岩石的各组分在空间分布的宏观特征,主要包括层理、层面构造、接触关系及各种特殊构造。

在各类岩石的构造描述中,应突出与判断沉积环境、沉积相带、地层倾角、层与层之间接触关系、断裂和缝洞发育情况的描述。缝洞描述时要尽可能按小层(或岩性段)进行裂缝(或孔洞)统计。在岩心描述时除描述裂缝类型、宽度、长度、密度、充填程度之外,还应描述充填物类型、缝洞壁特征、裂缝与层面及地层倾角的关系及缝洞切割和连通情况,以利于油气勘探、开发及分析应用。

(5)含油气水情况：根据前述的岩心油气水观察各方面来进行综合描述。

(6)素描图：内容包括素描图编号、井段、岩性、层位、构造名称。

3)描述范例

某井第3层(5692.54～5692.83m)取心视厚0.69m，心长0.69m，取心率100%。

灰色油迹泥晶砂屑灰岩：深灰色，局部因含沥青质略显深浅不均。方解石含量95%，陆屑含量5%。具泥晶砂屑结构，其中泥晶80%，砂屑5%，生屑5%。砂屑成分为方解石，次圆状，直径1mm。性硬且脆，贝壳状断口，滴酸起泡强烈，溶液较清澈。

孔洞发育情况分析：根据本段岩心孔洞缝统计，裂缝共6条，其中立缝2条，斜缝1条，缝宽0.5mm，缝长8cm，倾角75°，裂缝发育密度为13条/m，裂壁较平直，且被次生方解石充填，岩心孔洞缝不发育。综合判断该层属于差层。

油气显示：岩心略显油味，含油不均，含油面积5%，见3条裂缝含油，并见裂缝渗油明显，荧光干照呈星点状亮黄色，发光面积5%～10%，氯仿浸泡液呈浅绿色，荧光湿照呈浅乳黄色，系列对比8级，滴水呈半珠状，含油级别为荧光级。

4)岩心描述综述

岩心描述是录井工作中重要的工作内容，主要包括：定名、颜色、含油气水情况、矿物成分、结构、构造、接触关系、化石、含有物、物理性质、化学性质等11项内容。主要方面有：

(1)本回次岩心岩性是否具有韵律(上细下粗为正韵律，下细上粗为反韵律)；(2)本回岩心主要岩性及岩性组合；(3)见到哪些层面、层理结构现象，哪些具哪类沉积相(环境)沉积特征；(4)根据砂岩成分、结构，分析其成熟度及母岩搬运距离；(5)根据本回次岩心岩性含油气显示情况，分析本组主要较好含油气层发育于哪些井段，结合岩性特征分析含油气好坏存在哪些因果关系；(6)根据本次岩心岩性含油气显示情况，初步确定油、水界面；(7)见到哪些特殊的矿物、古生物、植物化石。

4. 岩心录井草图的编绘

为了便于及时分析对比及指导下一步的取心工作，应将岩心录井中获得的各项数据和原始资料(如岩性、油气显示、化石、构造、含有物及取心收获率等)，用统一规定的符号，绘制在岩心录井图上。岩心录井图有两种，一种为岩心录井草图，一种为碳酸盐岩岩心录井综合图。下面着重介绍碎屑岩岩心录井草图的编绘方法。

编制碎屑岩岩心录井草图的步骤如下：

(1)按标准绘制图框(图2-84)。

(2)填写数据：将所有与岩心有关的数据(如取心井段、收获率等)填写在相应的位置上，数据必须与原始记录相一致。

(3)深度比例尺为1∶100，深度记号每10m标一次，逢100m标全井深。

(4)第一筒岩心收获率低于100%时，岩心录井草图由上而下绘制，底部空白。下次收获率大于100%时(有套心)，则岩心录井草图应由下而上绘制，将套心补充在上次取心草图空白部位。

(5)每次第一筒岩心的收获率超过100%时，应根据岩心情况合理压缩成100%绘制。

(6)化石及含有物，用图例绘在相应的地层的中部。化石及含有物分别用“1”“2”“3”符号代表“少量”“较多”“富集”。

(7)样品位置、磨损面、破碎带、按该筒岩心的距顶位置用符号分别表示在不同的栏内。

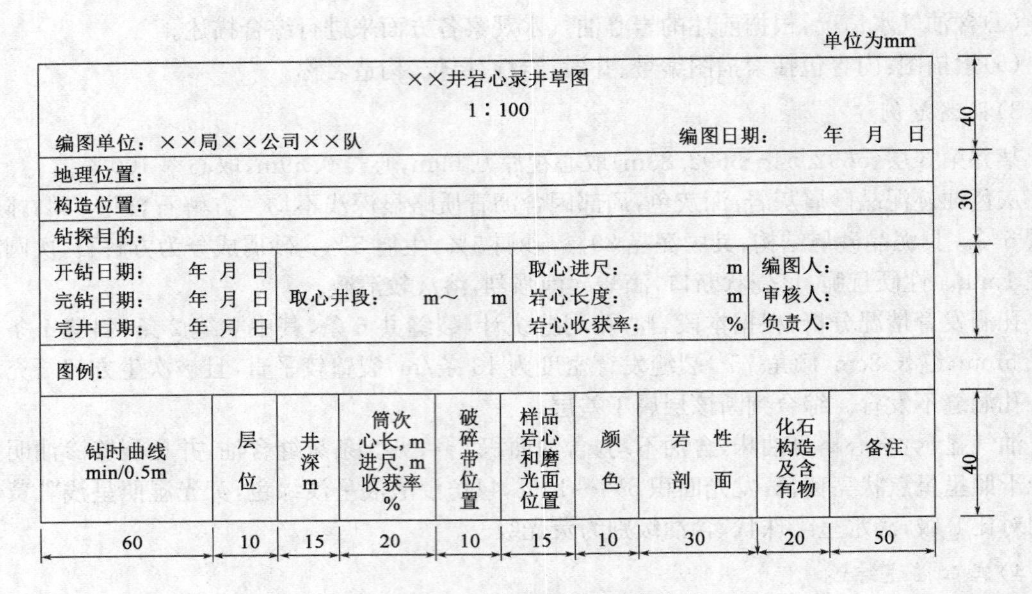

图 2-84 岩心录井草图图头格式

(8)岩心含油情况除按规定图例表示外，若有突出特征时，应在“备注”栏内描述。钻进中的槽面显示和有关的工程情况也应简略写出，或用符号表示。图 2-85 为一个岩心录井草图的范例。

5. 岩心综合图的编制

岩心综合图是在岩心录井草图的基础上，综合其他资料编制而成。它是反映钻井取心井段的岩性、物性、电性和含油性的一种综合图件，其格式如图 2-86 所示。

由于地质条件、钻井技术及工艺等原因，并非每次取心收获率都能达到 100%，而往往是一段一段不连续的，因此需要恢复岩心的原来位置；而未取上岩心的井段，则依据测井、岩屑、钻时等录井资料来判断钻取岩心井段的岩性特征，如实地反映在岩心综合图上。通常把这项工作称为岩心“装图”或“归位”。岩心归位要在测出放大曲线之后，参照测井曲线进行。归位原则是以筒为基础，用标志层控制，在磨损面或筒界面适当拉开，泥岩或破碎处合理压缩，使整个剖面岩性、电性符合，解释合理。

1)井深校正

岩心录井是以钻具长度来计算井深，而测井曲线是以电缆的长度计算井深。由于钻具和电缆的伸缩系数不同，所以岩心录井剖面与测井曲线之间可能在深度上有出入。校正方法是将测井图与岩心录井草图比较，选用收获率高的筒次中的标志层，算出标志层的深度差值(又称岩电差)。首先校正取心井段每次取心的顶底界。当测井深度大于钻具深度时，岩电差一般不大于井深 1/1000；测井深度小于钻具深度时，岩电差应在 1m 以内。否则必须查原因进行修正。以测井深度为准，确定剖面上提或下放数值，校正取心井段。如图 2-87 所示，灰质砂岩层在岩性上和电性上容易与泥质岩和一般砂岩区别，在电性上呈高尖峰，根据电性上的反映找到相应的岩性，准确地卡出灰质砂岩，二者的深度差即测井与录井的深度差值。灰质砂岩底界的测井深度为 1800m，钻井取心深度为 1800.5m，深度差为 0.5m，剖面应上提 0.5m。同一连续取心段一般只有一个岩电差，不同取心段或连续取心井段很长，有两个以上岩电差时，各岩电差应随井深增加而增加。

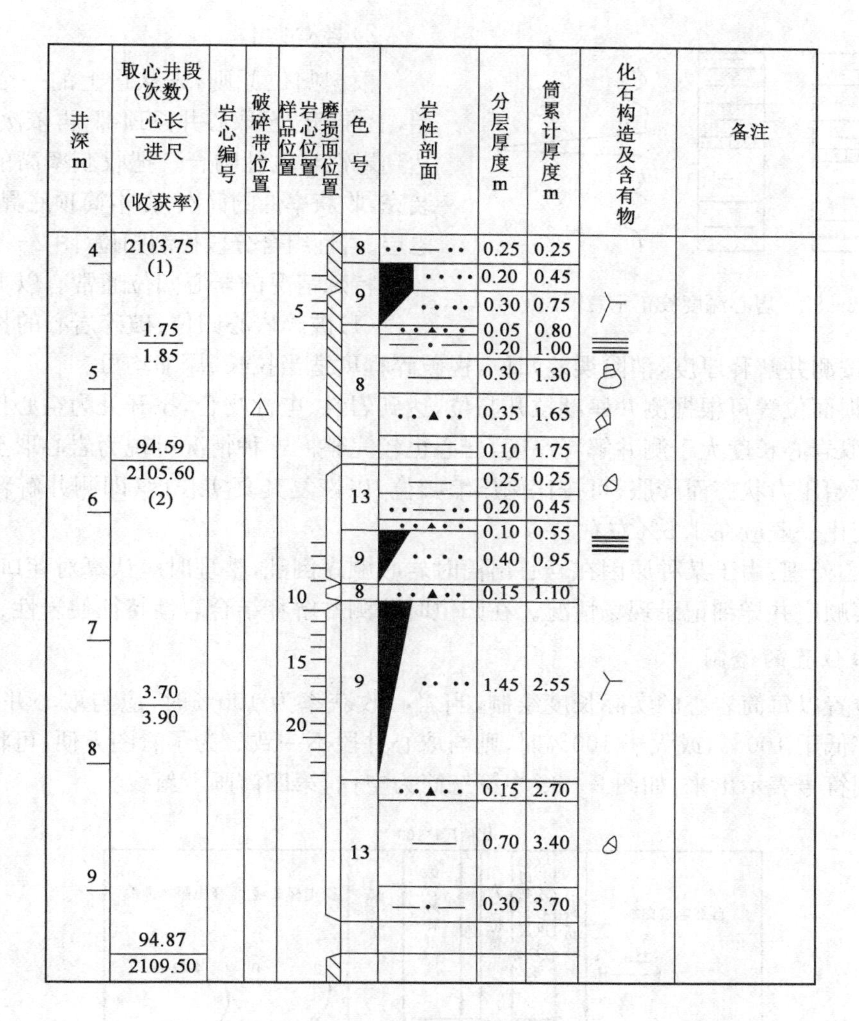

图 2-85　一般岩心录井草图

×××-×-×井岩心综合图

地理位置				岩心收获率		%
构造位置				含油岩心长		m
开钻日期		取心层位		含气岩心长		m
完钻日期		取心井段		荧光岩心长		m
完井日期		岩心长度/进尺		钻　井　船		
编　绘　人		校　对　人		审　核　人		

编绘单位　　　　1∶100　　　　编绘日期

图例及符号

地层层位	孔隙度 %	渗透率 0.001 μm²	饱和度 %	自然伽马GR API 0　150 自然电位SP mV 0　100	井深 m	次数 心长 进尺 收获率	样品位置	磨光面	颜色	岩性剖面	荧光显示	含有物	深感应RILD mS/m 0.2　20 球形聚焦RFOC Ω·m 0.2　20	岩性油气综述

图 2-86　岩心综合图(格式)(据《勘探监督手册》,2002)

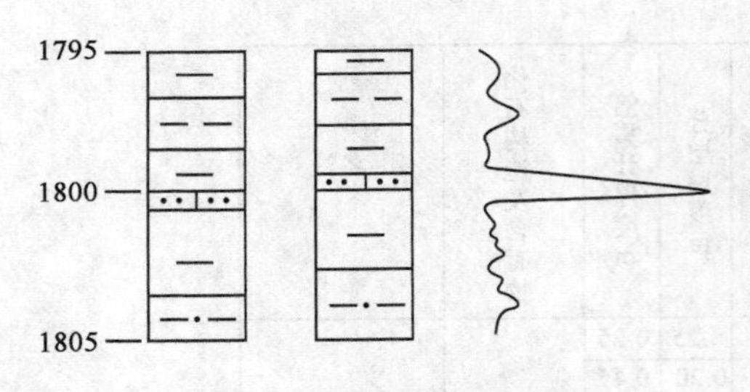

图 2-87 岩心深度校正示意图

2)岩心归位

根据归位原则,先从最上的一个标志层开始,上推归位至取心井段顶部,再依次向下归位,达到岩性与电性吻合。把收获率高的筒次首先装完,收获率低的筒次,在本筒顶底界内,根据标志层、岩性组合分段控制归位(图 2-88)。

特殊情况的岩心归位通常有以下 4 种:

(1)破碎岩心归位:破碎岩心的长度一般有丈量误差,按测井解释厚度,消除误差归位,视破碎程度适当拉长、压缩均可。

(2)磨损面位置可根据测井厚度拉开归位,达到岩性、电性吻合,拉开处为空心位置。

(3)实取岩心长度大于测井解释厚度,岩心也较完整。这种情况可视为岩心取至地面改变了在井下原始压力状态而膨胀,可按比例压缩归位,以恢复其真实长度(即测井解释的厚度)。岩心长度变化一般应在 1.5%左右。

(4)乱心处理:由于某种原因在岩心出筒时岩心顺序倒乱,整理时应认真对茬口,尽量恢复岩心的真实顺序并详细记录现场情况。在归位时按测井解释结合岩性特征使岩性、电性吻合。

3)岩心位置的绘制

岩心位置以每筒岩心的实际长度绘制,当岩心收获率为 100%时,应与取心井段一致;当岩心收获率低于 100%,或大于 100%时,则与取心井段不一致。为了看图方便,可将各筒岩心位置用不同符号表示出来,如图 2-88 中第三筒为空白,第四筒画上斜线。

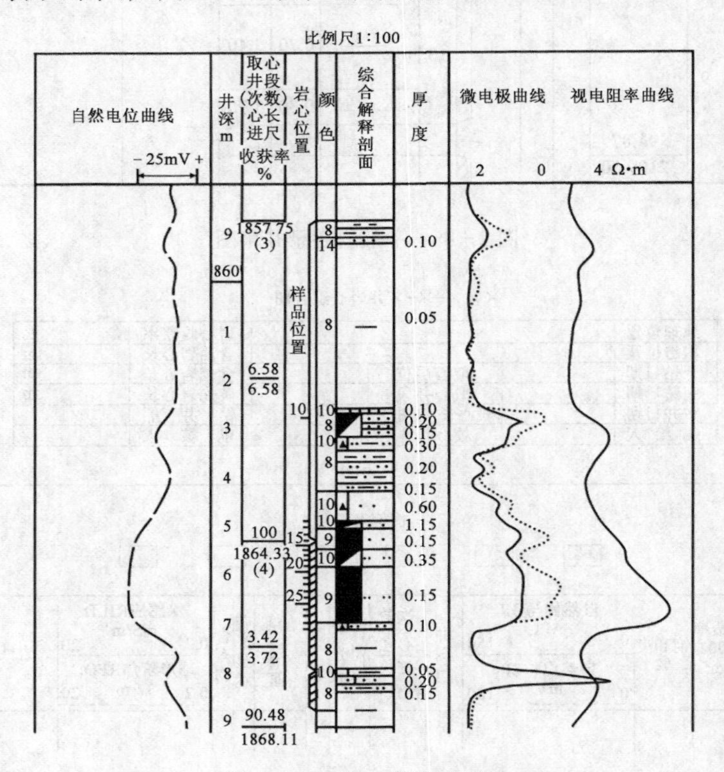

图 2-88 岩心归位示意图

4)样品位置标注

样品位置就是在岩心某一段上取分析化验用的样品的具体位置。在图上标注时，用符号标在距本筒顶的相应位置上。样品位置是随岩心拉开、压缩而移动的，所以样品位置的标注必须注意综合解释时岩心的拉开和压缩。

第三节　岩样分析与测试

岩心和岩屑不仅携带了地层的岩性信息，同时也携带了与流体(油、气、水)有关的大量信息，而获取这些信息的主要手段则是采用各种实验分析测试技术。以往的分析测试工作都是送到实验室进行专门的分析与测试，而当今录井技术已经将那些简便、快速、易行的分析测试手段逐步投入到了录井现场，形成了一类新的录井技术——分析录井技术。

一、岩样分析与测试的技术体系

岩样分析技术是针对其分析测试对象和目标来选择的。如按照样品对象可分岩矿分析技术和流体分析技术；按照评价目标可分为烃源岩分析和储层分析；按照测试分析原理又可以分为物理分析测试技术和化学分析测试技术；按照油气生产特点还可以分为静态分析测试技术和动态分析测试技术。

1. 有机地球化学分析测试技术

在油气勘探和开发领域，有机地球化学分析研究的对象是地质圈中的岩石体系(烃源岩、储集岩)和流体体系(原油、天然气、油田水等)。与此有关的各种分离、分析技术，是在长期的科学实践中形成、发展和完善的。尽管实验的方法和技术手段较多，但被分析的对象均是地质体中存在的各种有机组分及与其相关的无机组分，实验分析的目的是对相关的组分进行定性、定量分析，对有关地球化学量进行客观表述，以期对有关地质、地球化学问题的研究提供科学手段，并为地质实践提供科学的理论依据。

常用的有机地球化学实验分析流程如图 2－89 所示。根据实际需要，可对有关的实验样品进行单项分析和多种项目的组合分析。分析项目的选择和分析工作的部署取决于需要解决的问题的性质，在一定范围内考虑分析费用的前提下，力求分析结果与期望得到的信息相匹配。

在上述技术方法中，有机碳(TOC)分析、岩石热解、热解气相色谱、气相色谱、同位素分析、荧光光谱、轻烃色谱、核磁共振波谱等已在录井现场取得了大量成功的应用。

2. 储层评价分析测试技术

油气储层是石油勘探开发的直接目标，开展储层研究，深入掌握储层分布和性质是石油勘探和开发中一项十分重要的工作。

针对储层的分析测试技术可分面向静态评价的常规岩样分析和面向动态评价的特殊岩心分析两大类技术体系(图 2－90、图 2－91)。在沉积地质学上，由于实验技术的发展使地质学这门传统的概念科学向定量化大大前进了一步。扫描电镜、阴极发光显微镜、电子探针及能谱、X 衍射、包裹体分析、同位素分析等各种实验技术使重建古环境、沉积岩成岩史、孔隙演化史的研究有了很大的突破。特殊岩心分析则提供了用于计算一口井或油藏的

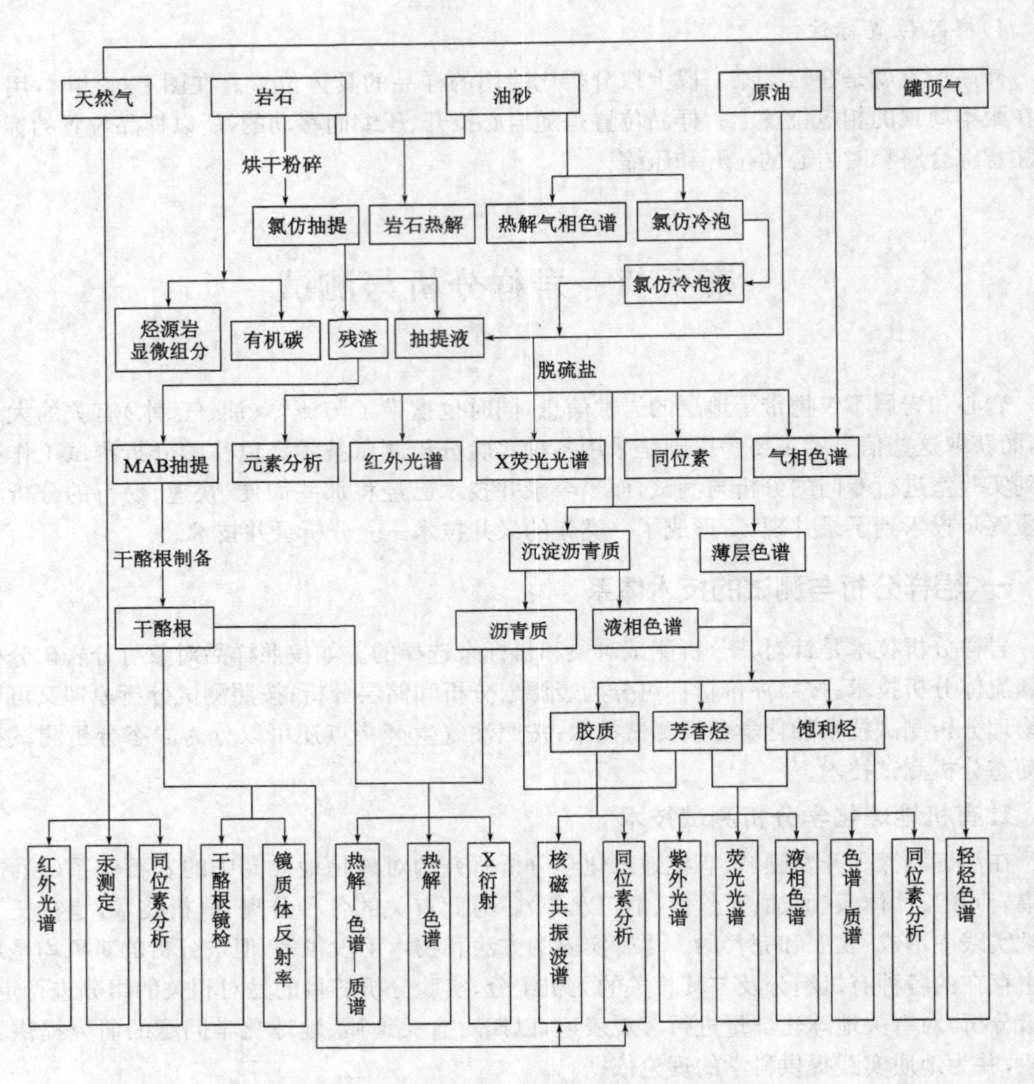

图 2-89　有机地球化学分析流程及分析技术体系

静态流体分布和流体流动行为的有关数据，为钻井过程中油气层的保护和油气藏开发提供基础资料。

目前，岩石薄片分析、荧光显微镜、图像分析、碳酸盐含量测定、热解分析、核磁共振、无机元素分析等技术都在录井现场得到了很好的应用。

二、完井工程中的岩心分析及作用

针对烃源岩评价的有机地球化学分析测试技术和针对储层评价的分析测试技术，在石油地质学的相关著作和教材中都有很详细的介绍，这里重点针对完井过程中的岩心分析内容进行简要的介绍。

1. 岩相学分析技术

岩相学分析中用得最多的是铸体薄片、X 射线衍射和电镜扫描，有时也包括电子探针分析。

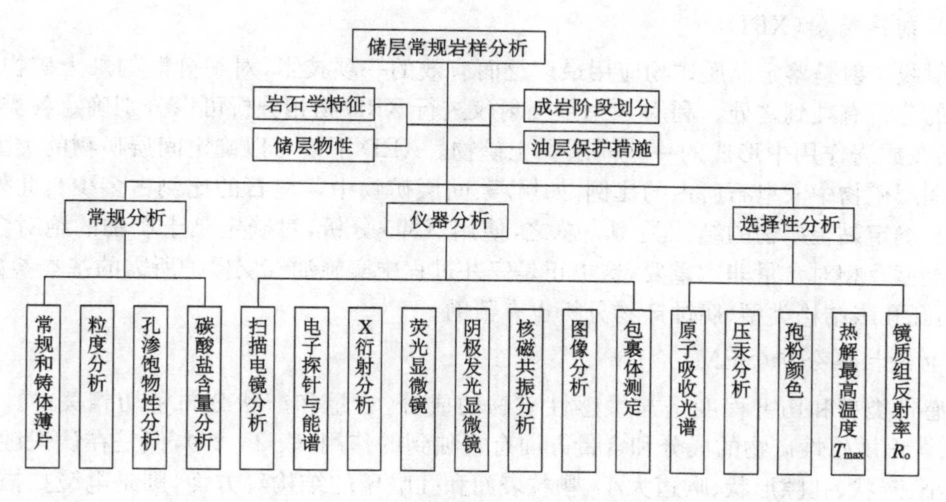

图 2-90 面向储层评价的常规岩样分析技术体系

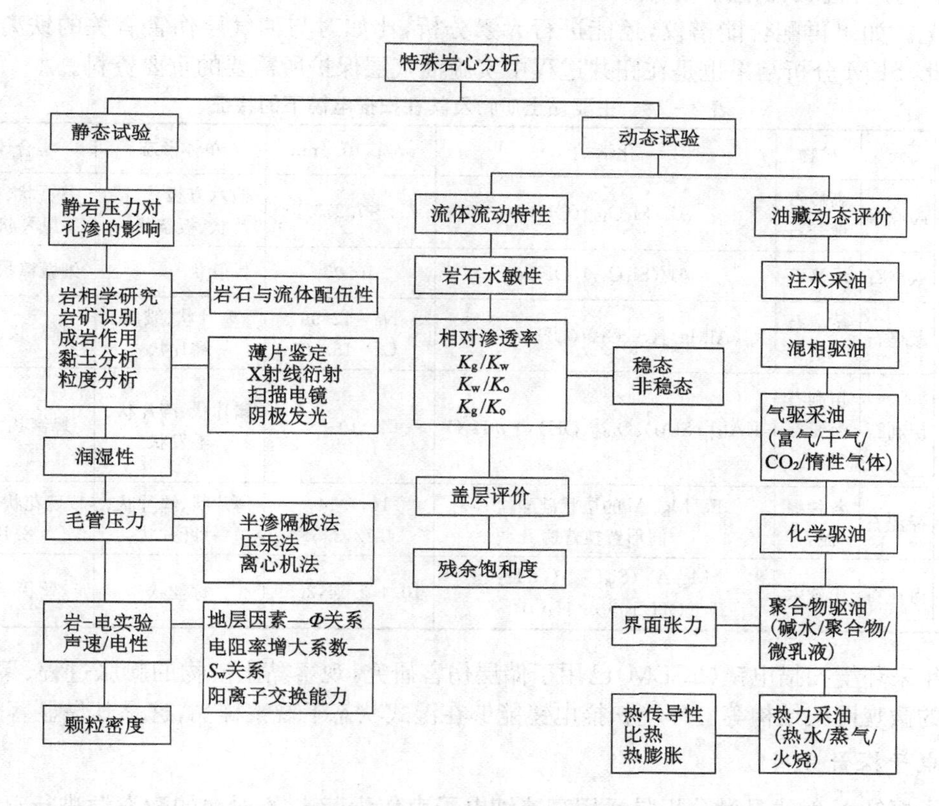

图 2-91 面向油藏工程评价的储层特殊岩心分析技术体系

1)铸体薄片

用铸体薄片技术可以较准确地测定岩石的孔隙结构、面孔率、裂缝率、裂缝密度、宽度和孔喉配位数等。铸体薄片结合普通偏光薄片、阴极发光薄片和荧光薄片以及薄片染色技术,可以测定骨架颗粒、基质、胶结物及其他敏感性矿物的类型和产状,并能描述孔隙类型及成因,估计岩石的强度及结构稳定性,这对于在完井过程中保护油层防砂设计、酸化设计非常重要。

2)X 射线衍射(XRD)

X 射线衍射是鉴定晶质矿物应用最广泛而有效的一项技术,对细分散的黏土矿物及其内部结构的分析有独到之处。利用 X 射线衍射仪进行 XRD 物相分析可以分别确定各类黏土矿物,包括在成岩作用中形成的一些间层黏土矿物。XRD 不仅可以确定间层矿物的类型,还可以确定间层矿物中蒙皂石所占的比例,如伊/蒙间层矿物中蒙皂石的比例占多少。此外,还可以进一步确定黏土矿物的结构类型。总之,使用 XRD 分析,对确定黏土矿物的绝对含量、黏土矿物类型及相对含量非常重要,这也正是完井过程中实施油气层保护所需的基本参数. 对于油管、射孔孔眼结构类型、腐蚀产物分析也有帮助。

3)电镜扫描分析(SEM)

敏感性类型和伤害程度是与敏感性矿物的成分、含量和产状分布密切相关的。前述的 XRD 在认识敏感性矿物的成分和含量方面有它独到的作用(表 2-24),但是在认识敏感性矿物的大小、产状、孔隙形状、喉道大小、颗粒表面和孔喉壁的结构等方面,则是电镜扫描的特色功能,而且分析直观、快速和有效。此外,利用 SEM 还能观察岩石与外来流体接触后的孔喉堵塞情况。如果再配合能谱仪,还能进行元素分析,比如对与油气层伤害有关的铁离子鉴定等。因此,SEM 分析结果也是在完井过程中实施油气层保护所需要的重要资料。

表 2-24 主要黏土矿物及其在扫描电镜下的特征

构造类型	族	矿物	化学式	d_{001},10^{-1}nm	单体形态	集合体形态
1∶1	高岭石	高岭石 地开石	$Al_4(Si_4O_{10})(OH)_8$	7.1～7.2,3.58	假六方板状、鳞片状、板条状	书页状、蠕虫状、手风琴状、塔晶
	埃洛石	埃洛石	$Al_4(Si_4O_{10})(OH)_8$	10.05	针管状	细微棒状、巢状
2∶1	蒙皂石	蒙皂石 皂石	$R_x(AlMg)_2(Si_4O_{10})(OH)_2 \cdot 4H_2O$	Na～12.99 Ca～15.50	弯片状、皱皮鳞片状	蜂窝状、絮团状
	伊利石	伊利石 海绿石 蛭石	$KAl_2[(SiAl)_4O_{10}](OH)_2 \cdot mH_2O$	10	鳞片状、碎片状、毛发状	蜂窝状、丝缕状
2∶1∶1	绿泥石	各种绿泥石	Fe、Mg、Al 的层状硅酸盐,同形置换普遍	14,7.14,4.72,3.55	薄片状、鳞片状、针叶片状	玫瑰花状、绒球状、叠片状
2∶1∶1 层链状	海泡石	山软木	$Mg_2Al_2(Si_8O_{20})(OH)_2(OH_2)_4 \cdot m(H_2O)_4$	10.4,3.14,2.59	棕丝状	丝状、纤维状

近年来环境扫描电镜(ESEM)已用于储层伤害研究,观察黏土矿物的膨胀过程、聚合物在孔喉中的微观网架结构等。环境扫描电镜能够在湿式状态下观察样品,这是其最显著的优势。

4)电子探针分析

电子探针 X 射线显微分析是运用高速细电子束作为荧光 X 射线的激发源进行显微 X 射线光谱分析的一种技术。电子束细得像针一样,因此可以作样品的微区分析,而且穿透样品 1～3μm,可以不破坏样品测量微区的化学成分。该分析技术还可以提供细微矿物的成分、晶体结构、成岩环境、储层伤害类型及程度方面的信息。

2. 孔隙结构分析

孔隙结构分析主要基于前述的铸体薄片和孔隙铸体分析,并结合岩心毛细管压力曲线测定,从而确定孔隙类型、孔隙直径、喉道大小及分布规律。这对于研究地层微粒在岩石孔隙中的运移规律、研究外来固相堵塞油气层的机理、钻开油气层的屏蔽暂堵、水力压裂中的滤失控制、注水固相控制、调剖堵水剂和完井液、射孔液、压井液的设计是非常重要的。

从以上分析可知，完井工程与油气田开发有着密切的关系，如表 2-25 所示。

表 2-25 常规物性及岩相学分析所获信息及应用

主要分析项目	所获得的主要信息	应用要点
常规物性分析（孔、渗、饱测定及筛析粒度）	孔隙度、渗透率、碎屑岩颗粒的粒度分布	(1)油气层评价、储量计算、开发方案设计； (2)完井方法的选择、完井液设计、优化射孔完井、砾石充填最佳砾石尺寸的选择
孔隙结构分析（铸体薄片及孔隙铸体分析、毛细管压力曲线测定、核磁共振分析）	孔隙类型、孔隙结构几何参数及分布；喉道类型、喉道几何参数及分布等	(1)油气层评价、储量计算、开发动态分析； (2)潜在的伤害评价、制定保护油气层技术方案； (3)屏蔽暂堵钻井完井液、射孔液、压井液、修井液等的设计
薄片分析（普通偏光薄片、铸体薄片、荧光薄片和阴极发光薄片）	岩石结构及构造、骨架颗粒的成分、基质成分及分布、胶结物类型及分布、孔隙特征、敏感矿物的类型、含量、产状	(1)油气层评价、岩石学特征、潜在的伤害评价； (2)制定保护油气层技术方案； (3)完井液设计； (4)岩石固结程度及强度评估
电镜扫描分析（含环境扫描电镜分析）	孔喉特征分析、岩石结构分析、黏土矿物产状和类型分析	(1)油气层评价、岩石学特征、潜在的伤害评价； (2)完井液设计及保护油气层技术方案的设计
X射线衍射分析	黏土矿物的绝对含量、黏土矿物类型及相对含量、层间比、有序性	(1)潜在的伤害评价； (2)完井液及保护油气层技术方案的设计
电子探针分析（电子探针波谱及能谱）	矿物成分鉴定、晶体结构分析	(1)潜在的伤害评价； (2)完井液及保护油气层技术方案的设计

3. 黏土矿物分析

油气层中黏土矿物的组成、含量，产状和分布特征不仅直接影响到储集性质和产能大小，而且也是决定油气层敏感性的最主要因素。在完井作业中，必须结合油气层中黏土矿物的特点，设计完井方式、完井液和完井投产措施，以避免或减少储层伤害。在分析黏土矿物的潜在伤害时，重点应集中在黏土矿物的产状和种类上。产状不同、组成不同，对油气层产生的影响也不同。

1）不同类型黏土矿物的潜在伤害

在黏土矿物诸多物理化学性质中，其微粒性（即比表面、阳离子交换容量）及亲水性对油气层潜在伤害和保护措施具有重要意义。不同的黏土矿物所导致的伤害类型和伤害程度实质上反映了黏土矿物之间的物理化学性质的差异。常见的黏土矿物种类有：

(1)蒙皂石。蒙皂石常出现在埋藏深度较浅的储层中，以薄膜形式贴附在碎屑颗粒表面或在孔隙喉道中形成桥接式胶结，当含量较高时，还可呈现各种形态的集合体充填于孔隙中。蒙皂石的强亲水性和高的阳离子交换容量决定了具有强烈的水敏性，特别是富含钠的蒙皂石，遇水后体积可膨胀 600%～1000%。显然，这种吸水膨胀可引起严重的孔喉堵塞和地层结构的破坏。

(2)高岭石。高岭石作为储层中最常见的黏土矿物，在不同的物理化学环境下，可以转变成其他黏土矿物，常呈树叶状和蠕虫状充填于孔隙中。由于高岭石集合体内晶片之间的结合力很弱，且与碎屑颗粒的附着力也很差，在高速流体的剪切应力作用下，很容易随孔隙流体运移堵塞孔喉，具有较强的速敏性。

(3)伊利石。伊利石是形态变化最多的黏土矿物，随储层深度增加，其含量也增加。常见的鳞片状伊利石以骨架颗粒薄膜产出，而毛发状、纤维状伊利石则在孔隙中搭桥生长、交错分布。前者可能在孔喉处形成堵塞，而后者则主要增加孔隙通道的迂曲度、降低储层的渗透性。

(4)绿泥石。绿泥石常出现在深埋藏的地层中，或以柳叶状垂直于骨架颗粒生长(包壳状)，或以绒球状集合体、玫瑰花状集合体充填于孔隙中。富含铁的绿泥石具有较强的酸敏性。在对储层进行酸化作业时，绿泥石可能被酸溶解而释放出铁离子，在富氧的条件下与其他组分化合生成粒度大于孔喉的氧化铁胶体沉淀。

此外，常见的还有伊利石/蒙皂石和绿泥石；蒙皂石间层矿物，其特征和伤害程度取决于它们的含量及间层比。

2)黏土矿物产状对储层伤害的影响

与骨架颗粒同时沉积的原生黏土常以薄层纹状或团块形式存在于砂岩中，由于这些黏土与孔隙流体接触面小，因此，所产生的储层伤害也小，而在成岩过程中通过化学沉淀和早期黏土矿物演变而成的自生黏土矿物，由于完全暴露在孔隙流体中，优先进入地层的流体发生各种物理化学反应，从而导致严重的储层伤害。大量研究表明，在很多情况下，从储层伤害的角度出发，黏土矿物的产状比其成分的影响还要大。

砂岩储层的黏土矿物分碎屑成因和自生成因两大类型，碎屑成因的黏土是与颗粒同时沉积的，或沉积后由生物活动引入的。常见的产状如图 2-92 所示，当埋藏较浅时岩石固结程度差，易于发生微粒运移、出砂。酸化时若黏土溶蚀严重，岩石的结构遭受破坏，容易诱发出砂。与淡水接触，黏土纹层的膨胀会使孔隙缩小、微裂缝闭合。

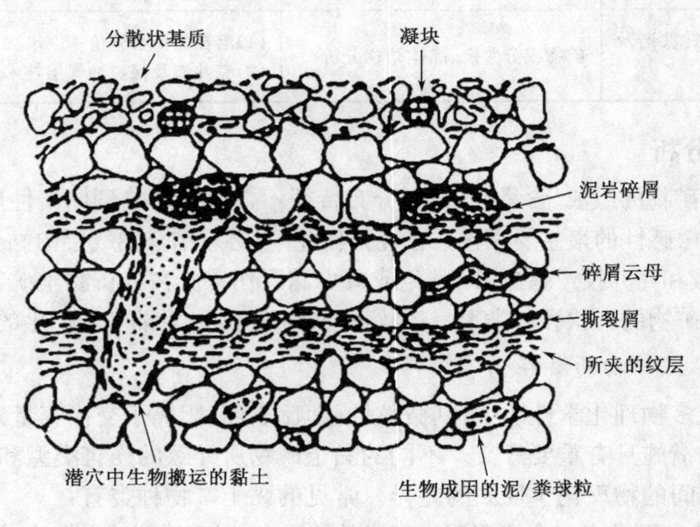

图 2-92　砂岩中碎屑黏土的产状

砂岩储层最常见的是自生黏土矿物。根据黏土矿物集合体与颗粒和孔隙的空间关系，并考虑对储层物性和敏感性的影响，将自生黏土矿物产状归结为 7 类(图 2-93)。

(1)栉壳式。视黏土矿物集合体包覆颗粒的程度分孔隙衬边和包壳式两种。黏土矿物叶片垂直于颗粒表面生长，表面积大，又处于流体通道部位，呈这种产状以蒙皂石、绿泥石为主。

流体流经它时阻力大，因此极易受高速流体的冲击，然后破裂形成微粒随流体而运移，若被酸蚀后，形成 $Fe(OH)_3$ 胶凝体和 SiO_2 凝胶体，堵塞孔喉。

(2)薄膜式。黏土矿物平行于骨架颗粒排列，呈部分或全包覆颗粒状，这种产状以蒙皂石和伊利石为主。流体流经它时阻力小，一般不易产生微粒运移，但这类黏土易产生水化膨胀，缩小孔喉。微孔隙发育时，甚至引起水锁伤害。

(3)桥接式。由毛发状、纤维状的矿物(如伊利石)搭桥于颗粒之间，流体极易将它冲碎，造成微粒运移。或者由栉壳式的蒙皂石、伊/蒙间层矿物、绿/蒙间层矿物发展而来，有时会在孔喉变窄处相互搭接，此时水化膨胀和水锁伤害潜力很高。

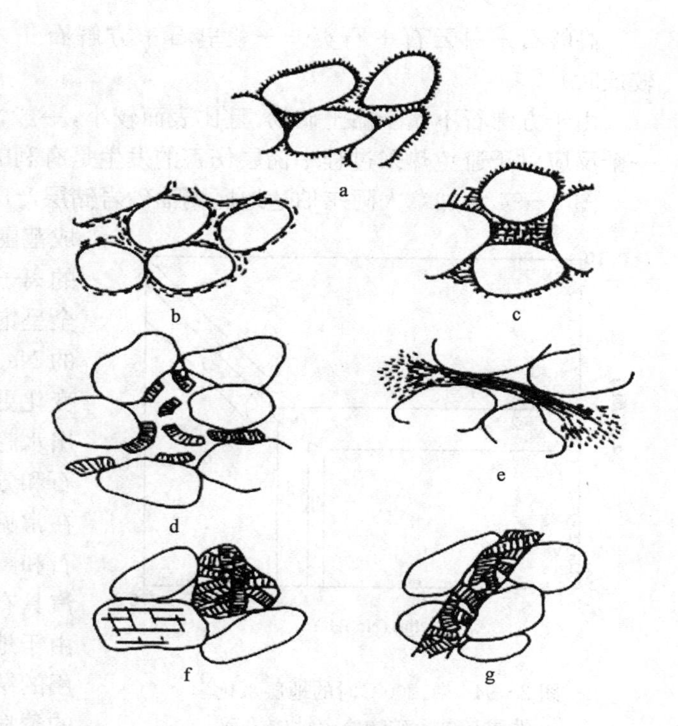

图 2-93　砂岩中自生黏土矿物产状

a. 栉壳式；b. 薄膜式；c. 桥接式；d. 分散质点式；e. 帚状撒开式；f. 颗粒交代式；g. 裂缝充填式

(4)分散质点式。黏土充填在骨架颗粒之间的孔隙中，呈分散状，黏土粒间微孔隙发育。高岭石、绿泥石常呈这种产状，极易在高速流体作用下发生微粒运移。

(5)帚状撒开式。黑云母和白云母水化膨胀、溶蚀、分散，在端部可以形成高岭石、绿泥石、伊利石、伊/蒙间层矿物、蛭石等，这些微粒易于释放，进入孔隙流动系统，发生微粒运移和膨胀伤害。

(6)颗粒交代式。长石或不稳定的岩屑在成岩作用过程中向黏土矿物转化，如长石的高岭石化、黑云母的绿泥石化、喷出岩屑的蒙皂石化等。与前面几种产状相比，敏感性伤害要弱得多，只是在酸化中表现略明显。

(7)裂缝充填式。在裂缝性砂岩、变质岩和岩浆岩储层中，蒙皂石、高岭石、绿泥石、伊利石等黏土矿物的裂缝部分充填、完全充填常见，它们可引起各种与黏土矿物有关的敏感性伤害。

3)高温下黏土矿物的人工成岩反应

黏土矿物在加温过程中会发生脱水、分解、氧化、还原及相变等一系列复杂的化学、物理-化学变化。研究这些变化对于防止稠油油藏热采作业中的储层伤害具有重要意义。在热采作业中，注入蒸汽的地面温度可达 360℃。当蒸汽抵达储层时，随着蒸汽的冷凝并与地层水混合，将导致储层中黏土矿物在其他矿物的参与下发生各种变化。所伴随的潜在地层伤害主要取决于地层矿物性质、流体组成和地层温度，对于埋藏较浅的稠油井，在温度为 200～250℃时，主要的水-岩反应表现为石英、高岭石的溶解和方沸石、蒙皂石的生成。当地层混合液的 pH 值足够高时，将发生如下反应：

$$\text{高岭石} + Na^+ + \text{石英} \longrightarrow \text{方沸石} + H^+ + H_2O$$

高岭石＋白云石＋石英⟶蒙皂石＋方解石＋ H_2O ＋CO_2（当地层混合液的 pH 值较低时）

由于方沸石不属于黏土矿物，且比表面较小，一般情况下它不会堵塞孔喉。因此，上述第一个反应对于避免热采过程中储层伤害的发生是有利的。

图 2－94 为加拿大阿尔伯达地区稠油砂岩储层产出水和注蒸汽的锅炉水（含饱和汽）的组成范围。相图中的坐标是在 200℃时水相中的离子浓度比，矿物稳定区的条件是石英完全呈饱和状态。与锅炉水相比，虽然产出水的 Na^+、K^+ 含量较高，但地层水向酸性方向变化更快，因此，总的结果是注蒸汽采油的产出水趋向于高岭石区域，而锅炉水则落入长石和方沸石稳定区域。显然，产出水成分处在常见的黏土矿物集合体——高岭石、伊利石和蒙皂石三相区。这表明，尽管注入的蒸汽具有极高的 pH 值（有利于生成方沸石），但由于地层水的稀释和矿物之间的反应双重作用的结果。有可能导致潜在的储层伤害最大的蒙皂石的形成，所以，在注蒸汽前对岩心进行详细的分析、评估反应相及产物，对于预测、防止或尽可能减小储层伤害具有极其重要的意义。

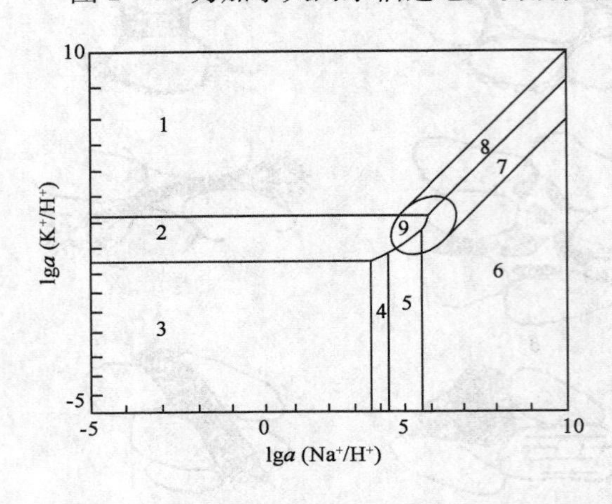

图 2－94　在 200℃时的地层水化学性质与黏土矿物稳定性的关系

1—钾长石；2—伊利石；3—高岭石；4—钠蒙皂石；5—钠云母；6—方沸石；7—锅炉水；8—产出水；9—油层矿物；α—离子摩尔浓度比

4. 粒度分析

粒度分析是指确定岩石中不同大小颗粒的含量。它不仅广泛应用于研究沉积岩的成因和沉积环境、储集层岩石分类和评价，而且粒度参数还是疏松、弱胶结储层砾石充填完井设计的一个重要工程参数和油田开发中判断储层均质性的一个重要依据。

测定岩石粒度的实验室方法主要有筛析法、沉降法、薄片图像统计法和激光衍射法。各种方法都有其优点和局限，实际工作中，选择哪种方法主要取决于被分析样品的粒级范围和实验室的技术水平。

筛析法是最常用的粒度分析测定方法。筛析前，首先把样品进行清洗、烘干和颗粒分解处理；然后放入一组不同尺寸筛子的筛子中，把这组筛子放置于声波振筛机或机械振筛机上，经振动筛析后，称量每个筛子中的颗粒质量，从而得出样品的粒度分析数据。筛析法的分析范围一般从 4mm 的细砾至 0.0372mm 的粉砂。

图 2－95 为某油田古近系储层的粒度分析结果。所用筛网级别为 50、60、70、80、100、120、140、170、230、325 和 400。岩样的主要粒度分布为 0.3～0.06mm，根据粒度分布的主峰区间可确定该岩样为中粒砂岩。

砾石充填完井设计所需参数可从图 2－95 上获取。根据累计质量（纵坐标）为 40％、50％和 90％所对应的粒径值（横坐标）可得 D_{40}、D_{50} 和 D_{90} 分别为 0.31mm、0.26mm、0.061mm，其中的 D_{50} 为粒度中值，代表了粒度分布的集中趋势，而岩样的均质系数 C 为 D_{40}/D_{90}，即 C＝5.080。

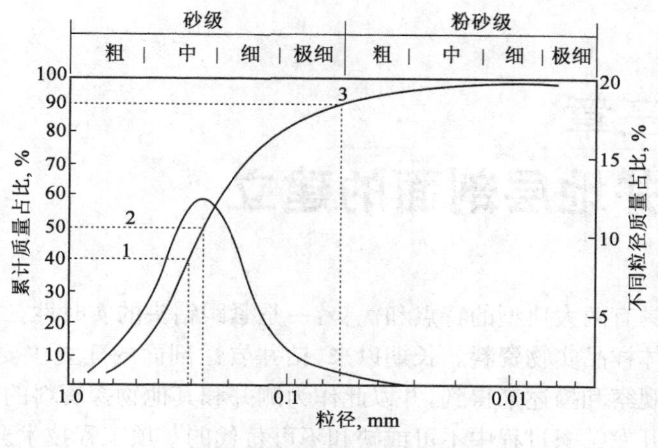

图 2-95　筛析法粒度分析曲线

1— D_{40}；2—D_{50}；3—D_{90}

思　考　题

1. 简述岩浆岩的成因。
2. 岩浆岩的化学成分、矿物成分与颜色(色率)之间有什么内在联系和变化规律?
3. 喷出岩的典型构造有哪些?
4. 侵入岩和喷出岩的产状有哪些?
5. 根据 SiO_2 含量,岩浆岩分为几大类?
6. 沉积岩的化学成分和矿物组成与岩浆岩有什么区别?
7. 沉积岩中常见的陆源碎屑矿物有哪些? 典型的自生矿物有哪些?
8. 沉积岩典型的构造是什么? 交错层理的分类。
9. 简述沉积岩的分类与命名。
10. 简述沉积岩的肉眼鉴定与描述方法。
11. 变质岩矿物组成的显著特点是什么?
12. 什么是变晶结构和交代结构?
13. 简述变质岩的典型构造。
14. 按成因将变质岩分为几大类?
15. 简述变质岩的分类命名。
16. 简述区域变质岩的主要岩石类型。
17. 简述真假岩屑的识别,岩屑录井的基本步骤、方法和内容。
18. 简述岩心描述的主要内容、岩心归位的方法和步骤。
19. 面向有机地球化学、储层评价和工程评价的岩心分析技术体系。

第三章
录井地层剖面的建立

地质录井技术具有两大典型的特点和优势:一是紧跟钻头的实时性,二是可以获取最直接的第一性岩石和流体样品实物资料。长期以来,钻井岩性剖面的建立主要是依据人工肉眼对岩屑和岩心的直接观察和描述来得到,并以此作为测井和其他物探资料的刻度。因此,地质录井技术是石油勘探开发钻探过程中不可或缺和不可替代的一项工程技术。

岩石实物录井在以牙轮钻头钻井为主的阶段,具有很高的可靠性。随着钻井技术的不断进步,尤其是 PDC 钻头的大量使用等,给岩屑录井带来了极大的困难。

如何借助其他录井资料或辅助手段来准确地识别岩性和建立地层剖面是本章讨论的重点。

近年来,国外力图改变传统的人工作业现状,大量采用仪器分析技术,从宏观的描述向微观的内部结构和元素分析方向发展。计算机断层扫描(CT)技术被引入地质服务,能够给出岩样的内部真实孔隙结构。Ingrain 公司采用微 CT 岩石扫描技术,将 X 射线源聚焦到岩石样品内部极小的区域(20～60μm),其最高分辨率为 50nm,可精确检测致密岩石中的孔隙空间,把岩石孔隙、孔喉、裂缝以 3D 的方式展现出来,可以为用户准确提供岩石的孔隙度、渗透率、导通性、弹性系数等参数,尤其是在页岩分析方面作用明显。Halliburton 公司将元素录井应用到地质服务现场,其 GEOLaserStart 元素录井仪通过激光诱导击穿光谱技术(LIBS)实现对岩石矿物及元素成分的分析,从紫外—可见吸收光谱中得到元素量值,元素分析数量达到 45 种,分析周期在 20min 左右,该技术在页岩气评价、水平井导向方面可重点推广应用。Halliburton 公司还研发了一种可有效、快速进行岩心特性评价的岩心伽马扫描仪 CDL(Core Gamma Logger),该仪器的检测探管和存储设备都集成在便携式小车上,通过在现场快速移动扫描,可以测量岩心的自然伽马总量,所有数据存储在 PDA(手持式移动终端)中,在现场对岩性矿物成分、层位变化提供判识。

针对 PDC 钻头条件下岩屑识别的难题,国外 Diamant 钻井服务公司开发出了 Microcore(微取心)钻头。该钻头不切削井眼中心,在钻头中心产生一个小岩心柱,岩心柱通过钻头自身切断,切断的岩心通过侧面一个稍大于岩柱直径的排屑槽排出。岩心随其他岩屑被携带到地面,从而为地面检验提供了高质量的岩心。

第一节　岩屑显微放大技术建立地层剖面

数字图像录井技术是借助显微图像分析仪及其分析系统,实现录井岩屑的数字化采集、处理与分析;应用录井综合解释技术平台,实现录井综合信息(地质、气测、图像等)图形化、自动化解释、评价油气水层；提高特殊钻井条件下复杂岩性、含油性现场识别、解释、评价效率。

一般的岩屑数字图像分析仪主要由三大系统组成：显微彩图系统、数字成像系统、图像处理分析系统。该项技术的特点：岩屑数字化、图像化；岩屑岩性、含油性自动识别；解释自动化、成果可视化；录井信息数字化、网络化、无损化永久性应用。

一、岩性识别

岩屑显微图像录井技术较好解决了空气钻粉末状岩屑、PDC 细小岩屑及特殊岩性识别的技术难题。

碎屑岩极细（粉末）岩屑岩性识别：综合应用地质、图像、计算机等新技术，开展岩屑岩性数字图像自动识别、分析新技术（图 3－1），可以有效地解决特殊钻井条件（空气钻、PDC）下地质录井岩性识别的关键技术瓶颈。

a. 岩屑自动识别　　b. 火成岩岩屑

c. 变质岩岩屑　　d. 染色的碳酸盐岩

图 3－1　不同岩屑图像识别岩性举例

二、含油性识别

岩屑显微图像明、暗场全对应分析，可以有效识别极细小含油岩屑，并对薄油气层、弱油气显示层、混油段含油岩屑识别具有实用效果。尤其是岩屑原始含油性数字化、图像化存储，无损性、永久性应用，提升了录井油气信息的长期使用价值。

明场、暗场岩屑图像对比分析细岩屑含油性：录井现场同仪器同视域全对应岩屑明场、暗场（荧光）显微图像（图 3－2），能有效解决极细小岩屑（粒径小于 0.05mm）含油特征现场发现、快速准确识别的技术难题。

特殊岩石含油性、弱油气显示识别：岩石裂缝含油（图 3－3a）、火成岩含油（图 3－3b）及薄油层、低孔低渗层、轻质油层等弱显示层(图 3-3c),是录井现场岩屑含油性识别的一个大难题,应用岩屑显微荧光图像能较好发现、落实特殊、弱油气显示。

图 3-2 显微图像全对应分析

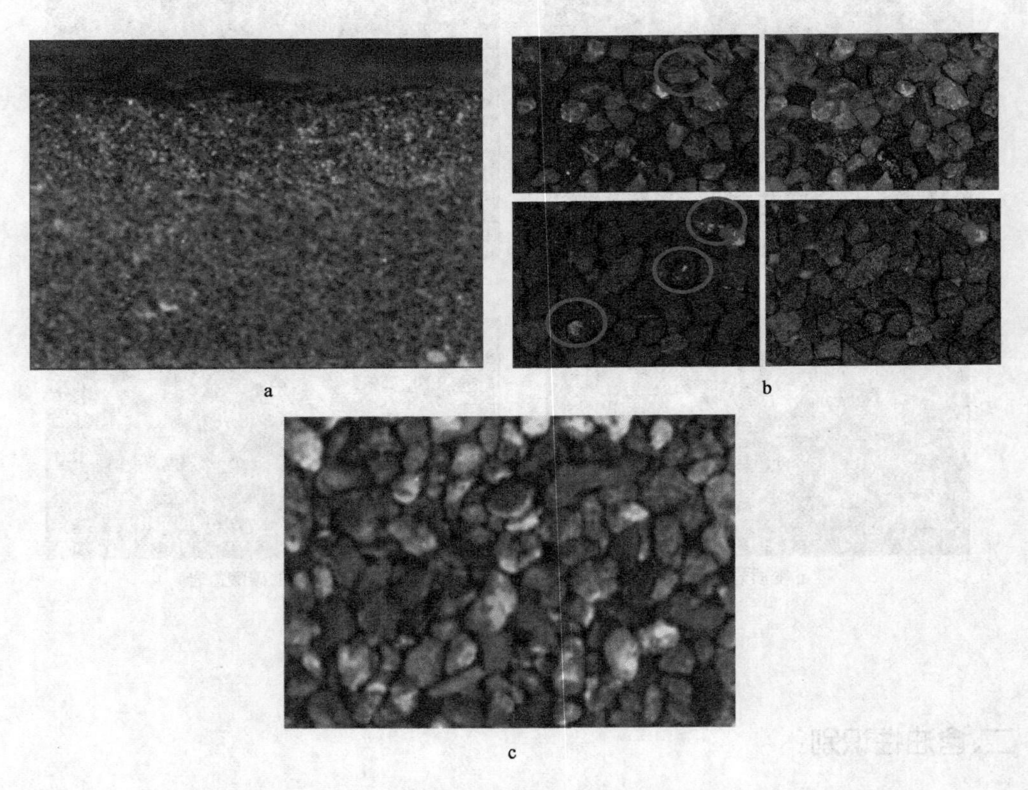

图 3-3 特殊含油性岩屑的荧光显微图像

三、岩屑—荧光图像分析成果综合应用

利用岩屑图像分析软件,可以实现现场岩性、含油性的快速定量、自动分析,不仅生成岩屑荧光图像分析成果报告,为使用者提供了直观、量化、结论清楚的基础信息成果,而且快速生成图像录井成果图(图 3-4)。

W 井是一口滚动井,在图像录井过程中见到多层油气显示,下面仅就 3077~3135m 录井显示情况及气测、地质、图像解释要素针对储层不同流体类型的响应特征、系统自动解释结论进行综合分析。由 W 井录井解释成果图(图 3-4)可以看出:在 3077～3135m 共见到 6 层不同的录井显示,通过对气测、地质、图像、油气指数解释要素的提取与分析,经系统自动解释油层 4 层、干层 2 层。从图像录井成果图可以直观地看出产能最高的油层在 3077～3084m,这种观点与投产情况是一致的。

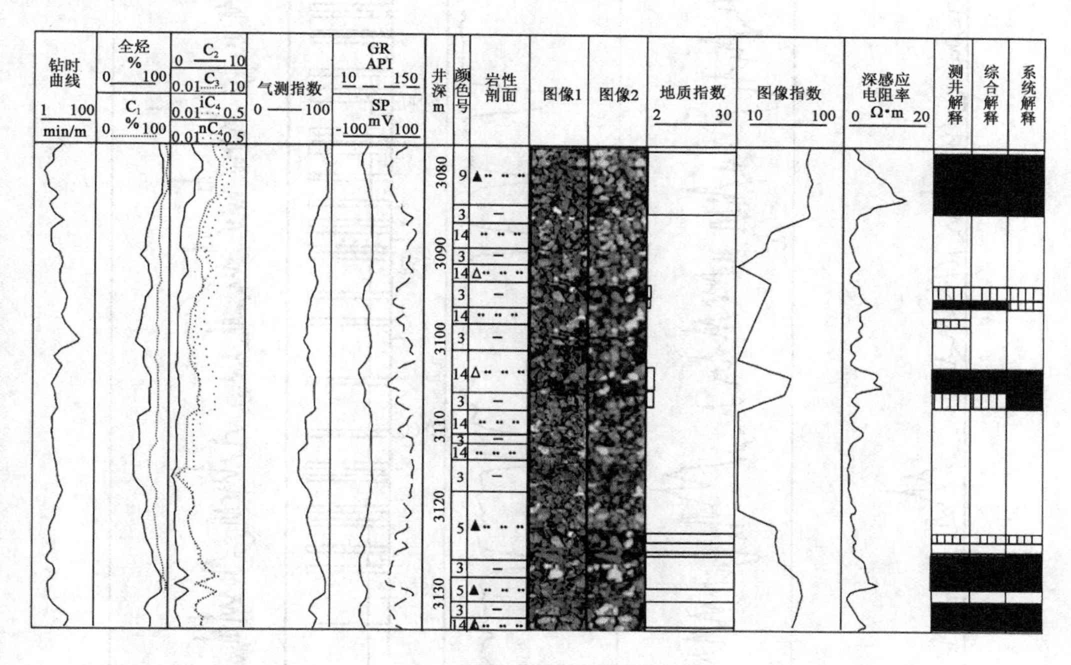

图 3-4 W 井图像录井成果图

第二节 钻时处理法

无论是哪种岩性组合还是何种钻井条件,岩性不同可钻性就有差异,反映在钻时曲线上总会有不同程度的差异。因此,根据不同地区、不同层位的岩石可钻性差异,对钻时曲线进行适当的处理,就可以凸显钻时的细微差别,强化钻时岩性的划分作用。

一、横向比例放大法

放大钻时曲线的横向比例,显现不同岩性的细微钻时差别。横向比例放大法适用于钻时波动幅度小、钻速快的井段(图 3-5)。

二、对数显示法

钻时曲线采用对数显示,弱化钻时曲线的锯齿状波动,使之成为台阶状起伏。对数法适于钻时曲线波动幅度较大的井段,对数处理将钻时曲线的齿状变化转换为台阶状起伏(图 3-6)。

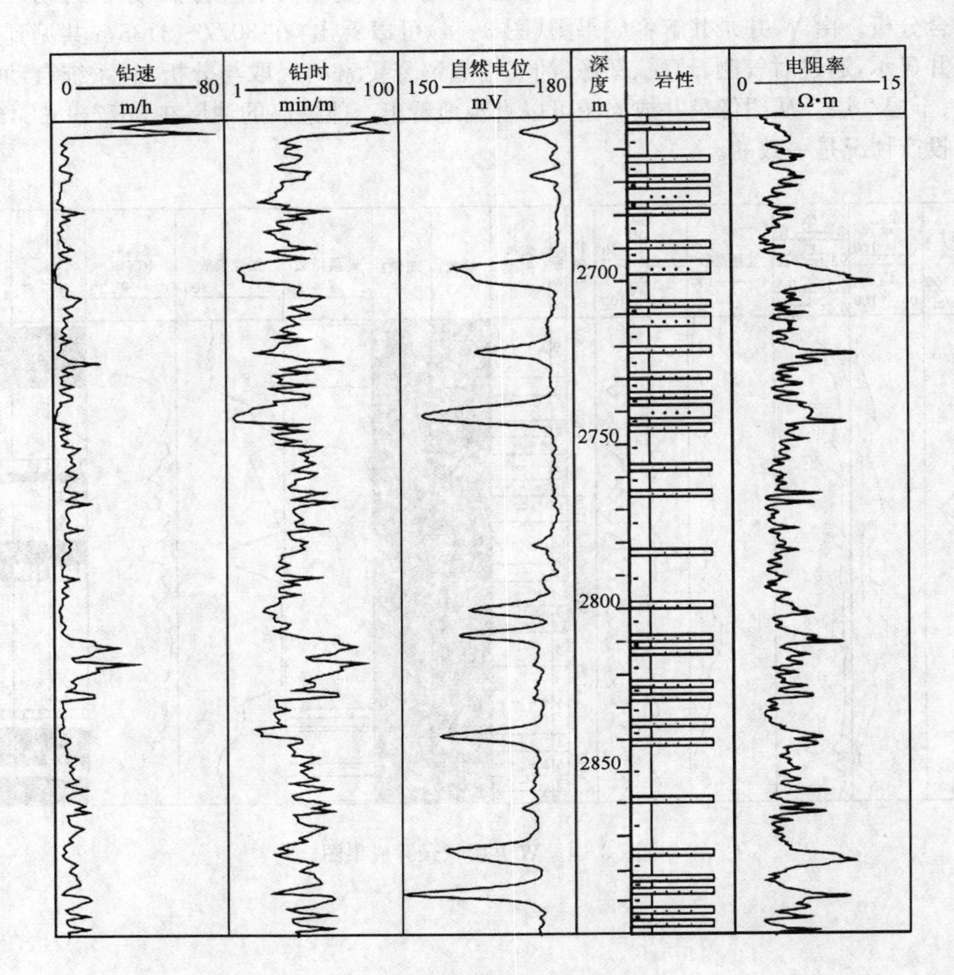

图 3－5　钻时横向比例放大实例

三、微钻时处理法

采用现有钻时录井资料的瞬间钻时变化值，反映裂缝储层的发育，可较准确地判断裂缝储层（图 3－7）。

四、钻时校正法

1. 标准化钻时法

运用钻时校正法，消除部分钻井参数影响，一方面可以使钻时曲线基线平稳，差异明显；另一方面，剔除了由于钻压、转速等钻井参数变化引起的假异常，更能真实地反映地层的可钻性，从而建立起标准钻时曲线的方法。

常用的 dc 指数法所得到的曲线起伏小，变化不明显，且公式复杂。依据钻速与钻头转速、钻压、地层可钻性成正比，钻速与钻头直径成反比的原理，得到钻速关系式：

$$V = NKp/D \tag{3-1}$$

式中，V 为钻速；N 为钻头转速；K 为岩石可钻性系数；p 为钻压；D 为钻头直径。

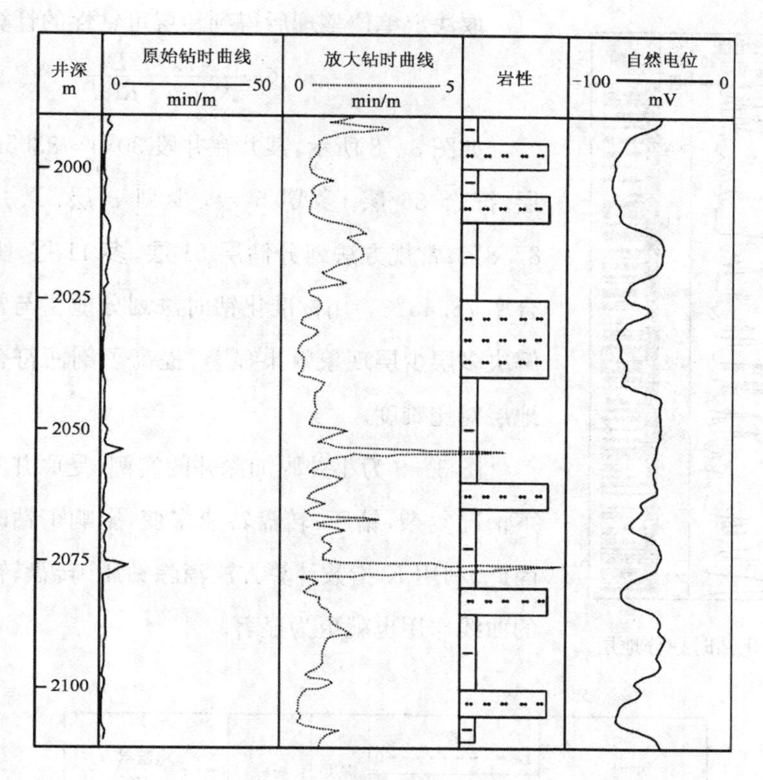

图 3-6　钻时对数显示实例

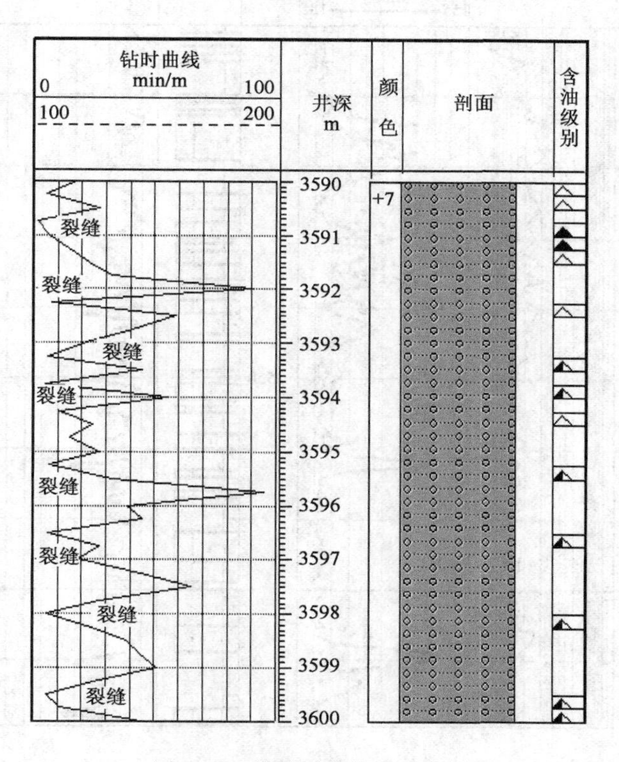

图 3-7　微钻时曲线显示实例

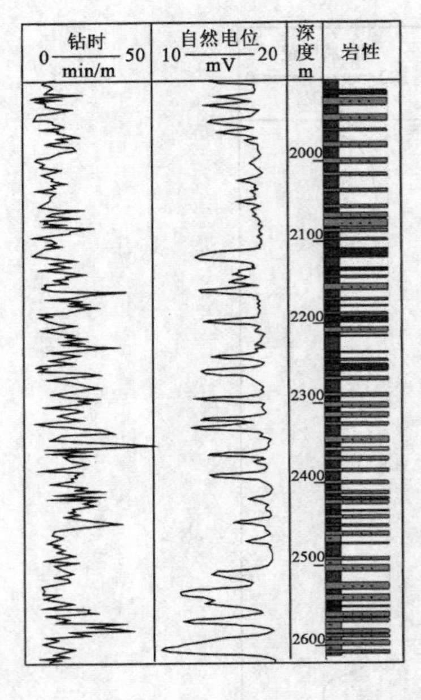

图 3-8　标准化钻时划分地层

取法定单位整理后得到地层可钻性的计算公式：

$$K=\frac{47.982D}{N \cdot p \cdot ROP} \tag{3-2}$$

如图 3-8 所示，某井在井段 3034～3355m 划分储层 41 层，符合 36 层，多划 5 层，少划 3 层，录井剖面符合率 87.8%；常规方法划分储层 51 层，多 11 层，少 2 层，剖面符合率 78.43%。用标准化钻时法划分地层与常规方法相比，解决多层少层现象效果显著，提高了剖面符合率，更减少了地层对比难度。

图 3-9 为小井眼加深井的实例，受原井身结构限制，井下情况复杂，钻压、转盘转速多变，影响了钻时的指示作用。因此，利用 K 指数计算方法消除钻压、转盘转速影响所绘制的曲线作用也就更为显著。

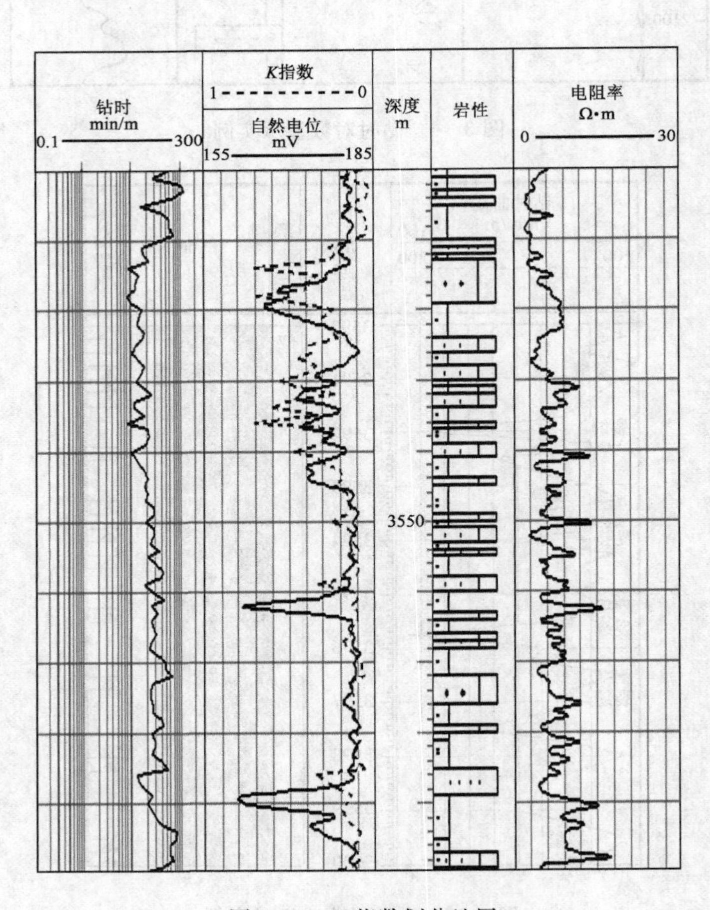

图 3-9　K 指数划分地层

2. 钻时全烃比值法

地层含气性与岩层的孔、渗性和含烃饱和度密切相关，一般来讲，储层的含烃饱和度高于非储层的含烃饱和度，全烃值的变化可指示储层的发育程度。然而在特殊岩性、高压低渗、油水同层等情况下，高全烃值、全烃拖尾等影响了储层界面的准确确定，因此引入直接反应地层孔隙、裂缝和胶结物发育情况的钻时特别是 K（地层可钻性）指数值与全烃值来定义储层，能够包容更多反映储层发育程度的参数，确定岩性界面也就更为准确。

图 3－10 显示在井段 2520～2810m 划分储层 14 层，电测分层 16 层，剖面符合率 87.5%。

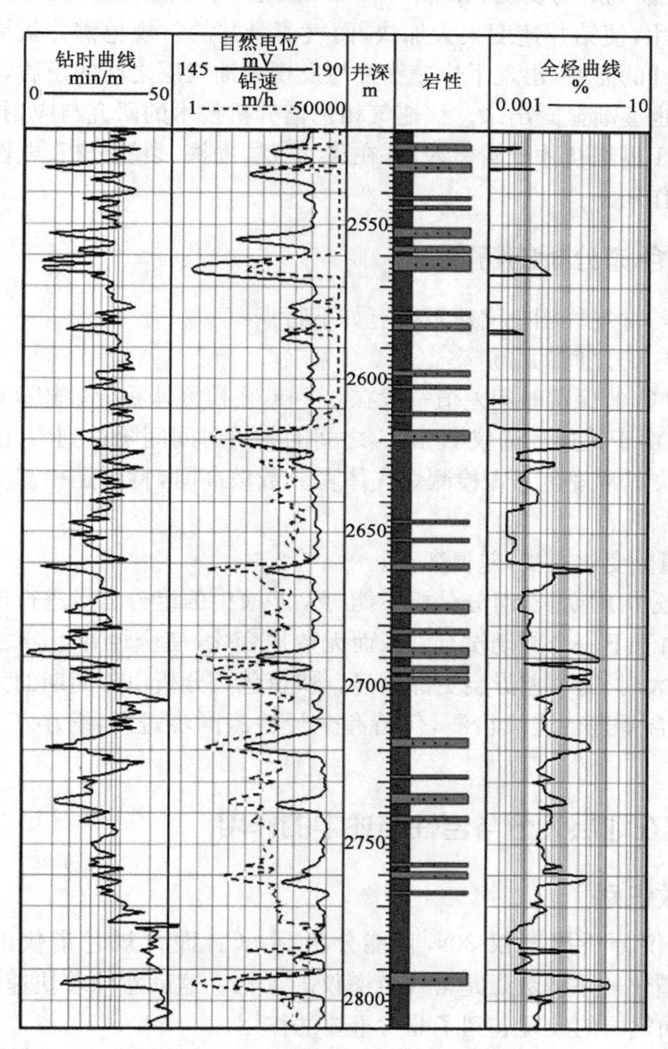

图 3－10　钻时全烃比值法划分地层

第三节　快速色谱技术建立地层剖面

常规气相色谱分析技术，在石油地质勘探领域已有40多年的应用历史，自其应用于随钻检测油气层以来，在油气层的发现和评价等方面，已起到了积极的作用。但随着一系列钻井新技术和新工艺的应用，使钻井速度大大加快，而气测录井的常规色谱分析周期，一般为4min，已不能适应快速钻井的需要，出现了快速钻井与发现薄油气层之间的矛盾，在油气层解释和评价方面存在的不足也逐渐显露出来。快速气相色谱分析技术的研究与应用在国外已有二十几年的历史，国内自21世纪初才开始引入，并在薄油气层勘探、裂缝分析、电性对比、岩性描述等方面发挥了重要的作用。

一、快速气相色谱分析的特点

快速气相色谱与常规气相色谱比较具有如下特点：

(1)提高了C_1与C_2之间的分辨率。

常规色谱C_1和C_2的保留时间差值一般在3～4s，在检测体积分数较高时可能会出现C_1峰淹没C_2峰的现象。由于快速色谱仪C_1和C_2之间的分析时间间隔达到十几秒以上，提高了C_1和C_2的分辨率，解决了常规色谱在检测烃气体积分数较高时，特别是在C_1/C_2的比值较大时，C_1峰淹没C_2峰的现象。

(2)使全烃与组分变化同步，差值变小。

常规色谱由于分析周期长，组分分析不能对钻井液中的组分含量进行连续检测，反映在全烃已变化，而组分由于下一个周期没有到来而无数据变化，使全烃和组分之间有差异，特别是在油气显示变化较大时，这种差异会更加明显。快速色谱分析由于周期的大大缩短，基本实现了对钻井液的组分含量进行连续检测，保持和全烃检测同步进行，缩小了全烃和组分之间的差异。

二、快速色谱在地层划分与岩性描述中的作用

1. 薄层的有效识别

由于快速色谱仪分析周期仅30s，且能分析到nC_5，而常规色谱仪的分析周期一般为4min，因此快速色谱仪的采样数量是常规色谱仪的8倍。这就意味着快速色谱资料能够分辨更薄的地层，对薄油气层的发现起到了非常重要的作用。

图3-11、图3-12分别为常规色谱和快速色谱气测图，通过比较可以看出，常规色谱由于分析周期长，对地层的分辨率低，表现在2945～2951m油气显示层段，3个显示层只显示出了一个峰值(图3-11)。而快速色谱，由于分析周期短，对地层的分辨率大大提高，在油气显示段3480～3498m，气测图上都能清楚地反映地层的变化(图中TF为夹层)。一般岩屑录井间隔为1m一包，而快速色谱时间数据库中的气测数据的厚度间隔都小于1m，最小厚度为0.2m，因此，受岩屑录井间隔和录井图深度比例尺的限制，图中显示的分辨率是有所降低的。

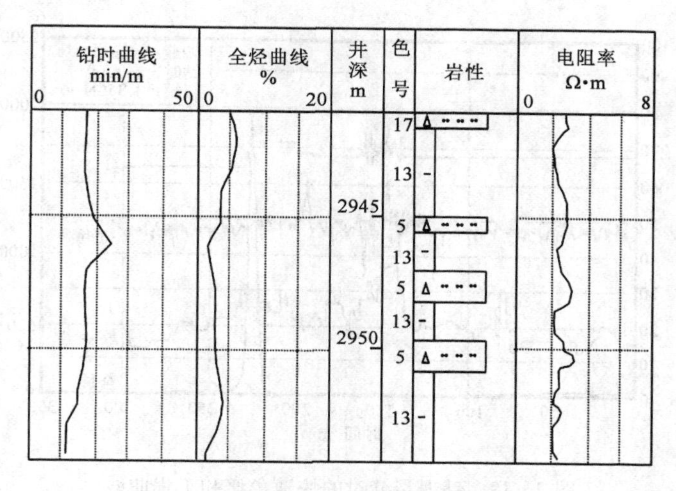

图 3－11　P23-23 井常规色谱气测图

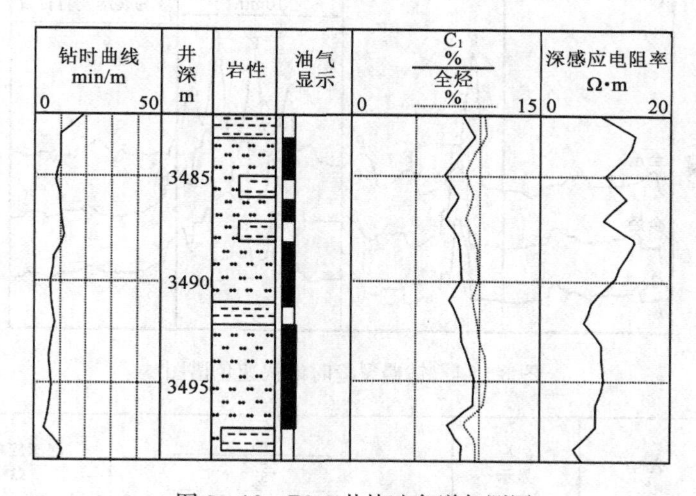

图 3－12　P8-9 井快速色谱气测图

2. 地层裂缝分析

利用快速色谱资料对地层高分辨率识别的特点，结合工程参数的变化，可以对地层裂缝进行分析。图 3－13 中在 225min 左右处钻遇裂缝，其全烃含量急剧增高、钻时降低、扭矩和转盘转速都降低。

在图 3－14 中，10min 内，发现 4 个裂缝，表现为全量、全烃、组分峰值突增；在较小井段内，工程参数表现为扭矩、转盘转速变化较大，曲线清楚地反映出裂缝的存在。

3. 划分地层和指导岩屑描述

在不考虑岩性等因素的情况下，地层电阻率的大小主要反映地层中流体的性质。一般情况下，地层中油气含量越高，电阻率越大，反之则越小。气相色谱测量的是钻井液携带地层中的流体含量，两者测量的本质是一致的。因此，利用快速色谱对地层的高分辨率特性，就可以把地层的电阻率曲线与快速色谱曲线进行对比。结果发现电阻率曲线与色谱曲线具有可比性和一致性。

图 3－15 是某井的一段录井图，从图中可以看出，快速色谱曲线与电阻率曲线的形态基本

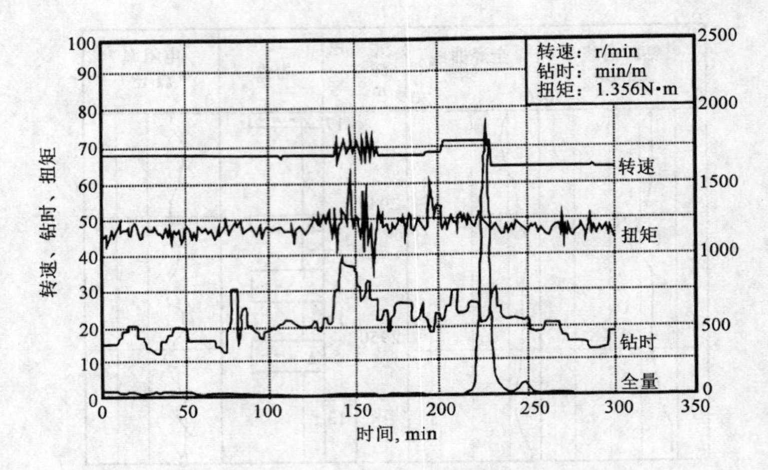

图 3－13　钻遇裂缝时的快速色谱和工程曲线

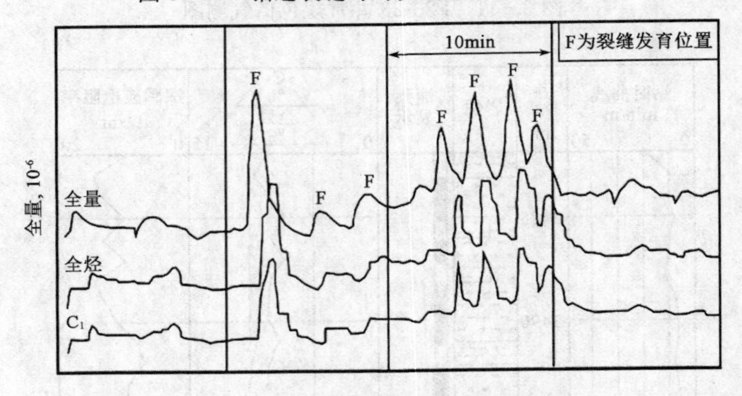

图 3－14　钻遇裂缝时的快速色谱图

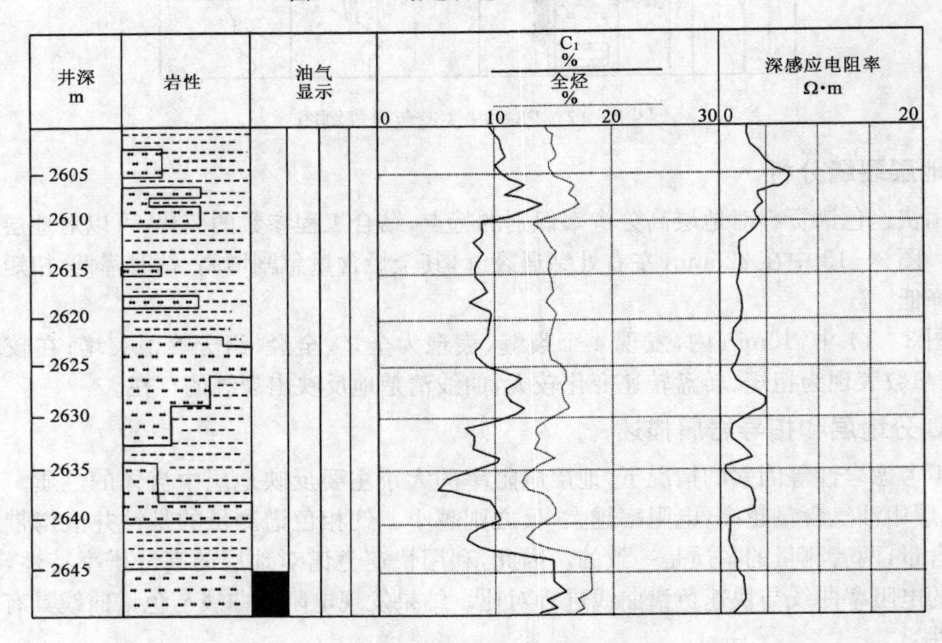

图 3－15　快速色谱曲线与电阻率曲线对比

吻合，只是受钻井液上返时烃类物质的扩散和空气冲淡稀释的影响，其幅度较电阻率曲线低，但总体形态是相似的。因此，可以利用快速色谱曲线有效地划分地层。

同时，利用快速色谱曲线划分地层的能力，可以有效地辅助岩屑描述，尤其是在PDC钻头钻井条件下，针对粉末状岩屑的识别困难及钻时曲线的差异不明显等常规录井手段识别岩性困难，快速色谱曲线无疑提供了一项非常重要的依据。

第四节　元素分析技术建立地层剖面

一、碳酸盐岩定量分析识别岩性

一直以来，录井过程中对碳酸盐岩岩屑的鉴别主要依据人为经验、化学分析和碳酸盐岩分析仪。近年来，由于勘探的需要，钻井大提速主要使用PDC钻井、气体钻井新技术新工艺，钻速大幅度提高，给录井工作中的岩屑鉴别增加了困难，影响了岩屑录井剖面质量和碳酸盐岩储层的发现。采用合适的碳酸盐岩分析技术，在现场能够比较准确地分析出岩石的主要成分如白云石、方解石和酸不溶物的含量，用于岩性定名、地层对比和白云岩储层的发现。

1. 方法原理

碳酸盐岩主要由石灰岩和白云岩组成。其主要化学成分为CaO、MgO及CO_2，其余氧化物还有SiO_2、TiO_2、Al_2O_3、FeO、Fe_2O_3、K_2O、Na_2O和H_2O等。纯石灰岩的理论化学成分为CaO、CO_2；纯白云岩（白云石）的理论化学成分为CaO、MgO、CO_2。此外，还有一些微量元素或痕迹元素，如Sr、Ba、Mn、Ni、Co、Pn、Zn、Cu、Cr、V、Ti等，可利用这些元素的种类、含量的比值来划分和对比地层、判断沉积环境和研究岩石成因。

盐酸与方解石和白云石的反应方程式如下：

$$CaCO_3 + 2HCl \xlongequal{} CaCl_2 + H_2O + CO_2\uparrow \tag{3-3}$$

$$MgCa(CO_3)_2 + 4HCl \xlongequal{} CaCl_2 + MgCl_2 + 2H_2O + 2CO_2\uparrow \tag{3-4}$$

碳酸盐岩定量分析技术是一种质量—化学分析法，通过纯石灰岩、纯白云岩的理论化学成分研究，确定每单位方解石或白云石与盐酸完全反应后质量的减少量。利用电子天平测量反应产生的质量减少，并据此判断碳酸盐岩含量的方法。其数学表达式如下：

$$Y = (Y_2 - Y_1 - 1.28Y^K)(C - DY/100) \tag{3-5}$$

$$EH^K = H - Y_1 + AY^B \tag{3-6}$$

式中，Y为白云质含量；H为石灰质含量；A、B、C、D、E、K为实验系数；Y_1、Y_2为实时分析数据。

解释工作由计算机自动完成，并且可进行短周期分析（120s）、长周期分析（180s）、精确分析（分析时间超过1000s）3种选择。分析周期越长，结果越准确。实验表明，采用短周期分析模式，也能满足现场需要。

本系统资料解释智能化，石灰质含量、白云质含量、白云岩含量的确定不再需要人工参与，排除了人为的误差。通过大量的实验，建立了数学模型，解释工作由计算机自动完成。

分析过程如下：在烧杯中放入 8mL 浓度为 10%的盐酸后置于天平托盘，将“称样纸”放在烧杯上，待称量稳定后将天平置为零。将样品放到试样纸上（样品重量介于 0～1g，样品越多，分析结果误差越小），点击“倒计时准备”，分析程序进入 5s 倒计时，在倒计时结束时尽快将酸与样品混合均匀，并放回到天平托盘上。一个分析周期后，窗口自动显示分析结果，其结果存在数据库中，可进行修改、转储、打印。

2. 实例分析

1）龙岗地区飞仙关组鲕滩岩性识别

在四川盆地龙岗地区飞仙关组钻进中，应用碳酸盐岩定量分析技术对龙岗地区 3 口井进行了采样分析。从其中一口井的分析可见（图 3－16），在 6750～6890m 储层段，酸不溶物、石灰质含量高，与上部泥灰岩的自然伽马高值、双侧向低值对应较好；在 6890～6992m 储层段，白云质含量出现至高值，与鲕滩白云岩的自然伽马低值、双侧向高值显示吻合较好，为判断飞仙关组鲕滩储层提供了可靠依据。但酸不溶物含量偏高，与鲕滩储层物性的

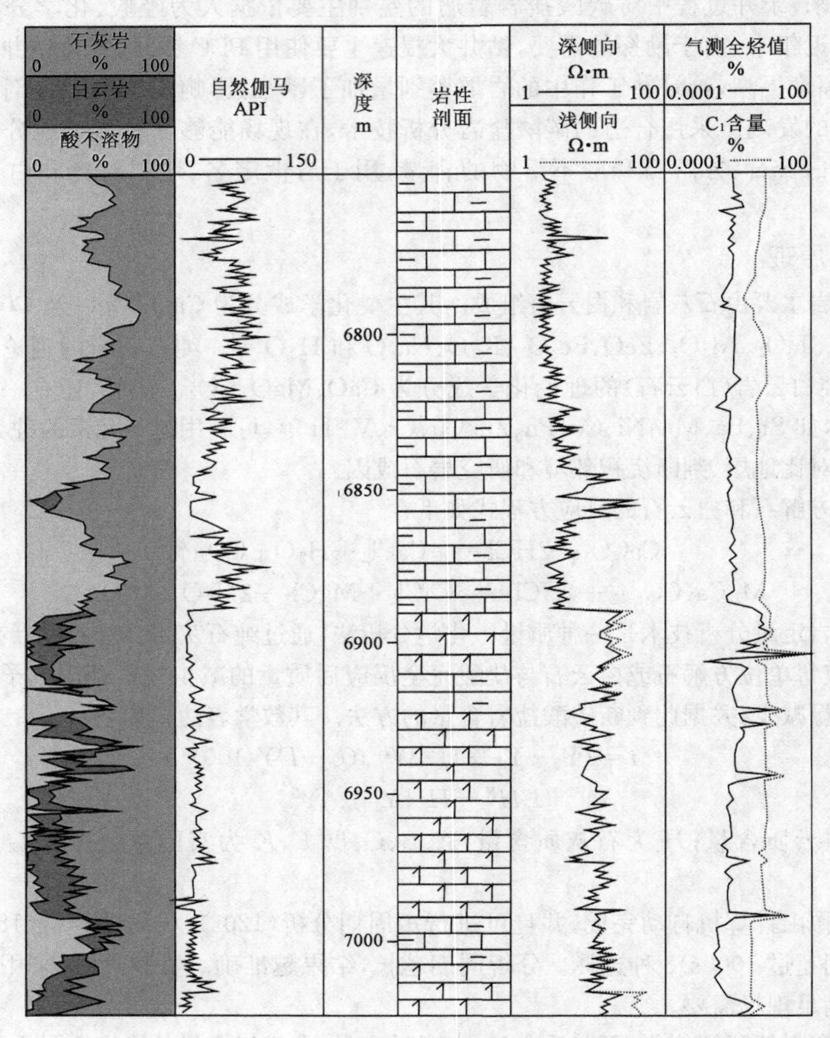

图 3－16　龙岗地区飞仙关组鲕滩定量分析应用图

相关性稍差。

2)川中磨溪构造雷口坡组岩性识别

针对碳酸盐岩地层,显微识别定量分析岩性存在困难,应用碳酸盐岩定量分析技术。对M030-H2井进行分析,在2961～3046m、3148～3164m、3208～3308m储层段,显示方解石含量低,白云石含量高,对应综合录井参数为低钻时、高气测值段,证实碳酸盐岩定量分析获得的方解石、白云石、酸不溶物含量与岩屑剖面、钻时、气测等资料对比吻合性较好,能快速识别出白云岩储层(图3-17)。

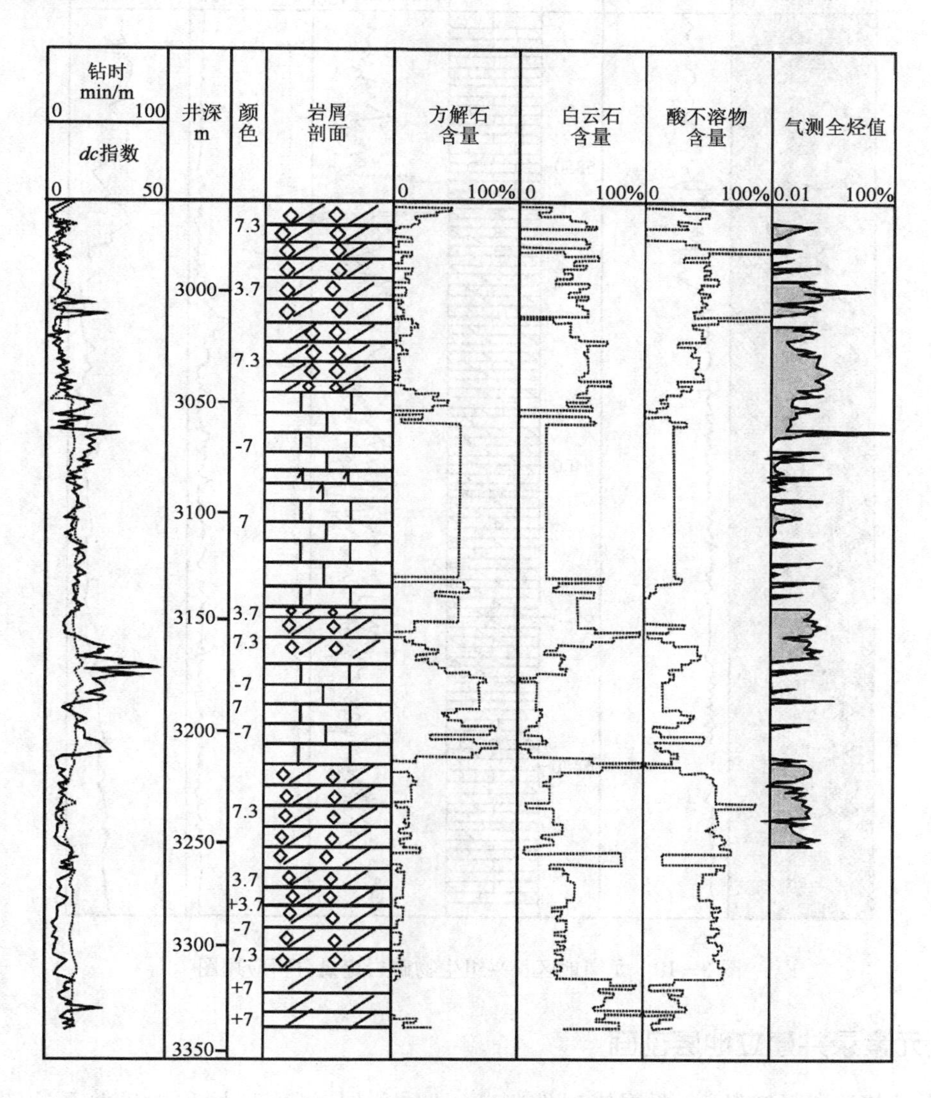

图3-17　M030-H2井雷口坡组定量分析应用图

3)龙岗地区长兴组生物礁岩性识别

在龙岗地区长兴组生物礁钻进中,应用碳酸盐岩定量分析技术对龙岗62井、龙岗63井和龙岗68井等进行采样分析。从龙岗62井的分析可见(图3-18),在6300～6354m储层段,石灰质含量极高,与纯石灰岩的自然伽马低值、双侧向高值对应较好,在6354～6462m储层段,白云质含量出现至高值，与生物礁白云岩的自然伽马低值、双侧向高值显示吻合较好，为判断长兴组生物礁储层提供了可靠依据。但酸不溶物含量偏高，与显示对应的生物礁储层物性相关性稍差。

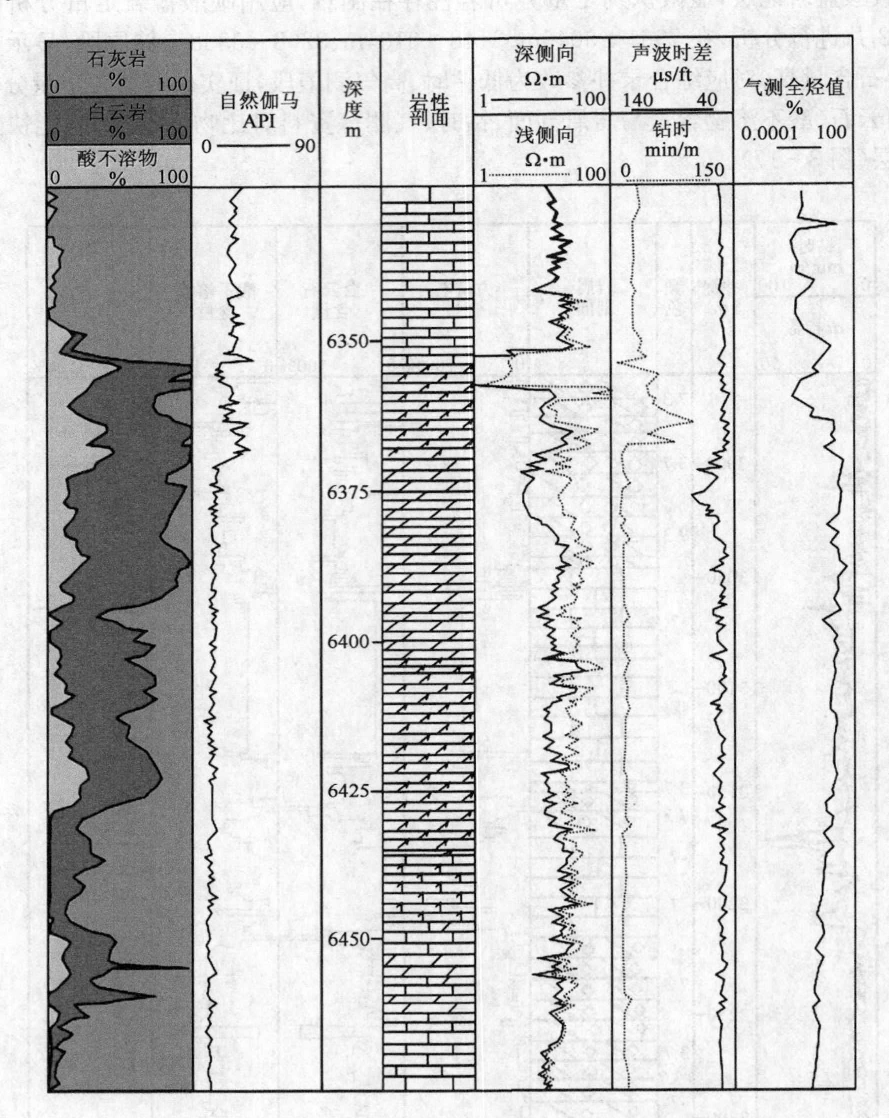

图 3-18 龙岗地区长兴组生物礁岩定量分析应用图

二、元素录井建立地层剖面

元素录井的资料解释，主要围绕岩性判断、地质分层、沉积环境和岩矿关系这四个方面进行。

不同岩类具有不同的化学成分的特点，构成了 X 射线荧光录井岩性识别乃至地层分析的基础。火成岩按照 SiO_2 的含量可分为超基性（<45%）、基性（45%～52%）、中性（52%～65%）和酸性（>65%）岩；沉积岩主要可分为碳酸盐岩和碎屑岩两大类；而变质岩则可分为正变质岩和负变质岩，其化学成分特点分别与火成岩（正变质岩）和沉积岩（负变质岩）相当。这些都是基本的岩石学知识。

由表 3-1 可见,不同的岩石具有不同的化学成分。由橄榄岩到石英岩,SiO_2含量由 34% 增加到 100%,MgO 含量由 23%降低到 0,FeO 含量由 42%降低到 0;由石英砂岩到页岩,SiO_2含量由 100%降低到 48%,而 Al_2O_3的含量由 0 增加到 25%;碳酸盐岩富含 CaO。

1. 岩性识别

1)图版法

在岩石化学中,常用 Si、Al、Ti、Fe、Mg、Mn、Ca、Na、K、P 等 10 种元素的氧化物进行有关岩石化学计算以及采用图解方式对岩石进行分类和命名。常用的图解方式有二元成分变异图解和三元系图解。

二元成分变异图解是选用两个相关岩石化学或地球化学变量进行投影,实质上是相关分析和回归分析原理在地学中的应用。最常见的是选择 SiO_2;如果是镁铁质-超镁铁质系列,也可以选择 MgO;如果是黏土岩系列,则可以选择 Al_2O_3。

表 3-1 计算的典型岩石的氧化物质量分数(据涂登科,1979) (单位:%)

岩性	Na_2O	K_2O	CaO	MgO	FeO	Al_2O_3	SiO_2	挥发分
纯橄榄岩/苦橄榄岩	0	0	0	23.4	41.7	0	34.9	0
辉长岩/玄武岩	0.9	0	4.6	11.7	20.9	9.8	52.1	0
闪长岩/安山岩	3.8	0.8	8.1	6.8	8.8①	14.4	56.3	1.0②
花岗岩/流纹岩	3.5	5.4	0.8	2.7	2.4	13.1	71.4	0.6②
石英岩/石英砂	0	0	0	0	0	0	100	0
长石石英砂岩	0.9	1.7	0.2	0	0	3.8	93.4	0
长石砂岩	1.9	3.4	0.4	0	0	7.6	86.7	0
杂砂岩	0.9	2.6	0.6	4.1	0.6	10.6	76.7	3.8②
页岩	0.7	3.3	0.1	9.8	1.6	25.3	48.0	11.3②
纯白云岩	0	0	56.0	0	0	0	0	44.0③
纯石灰岩	0	0	30.4	21.9	0	0	0	47.7③

①包括二价铁、三价铁之和;②代表水;③代表 CO_2。

三元系图解在地学中尤其是在岩石学中应用较广,其构成原理是,取一等边三角形,3 个顶点表示 3 个纯组元,三条边各定为 100%,表示 3 个二元系 A-B-B-C-C-A 的成分。利用这种成分三角形可以表现由 3 个组分组成的任何一种成分。这种图解能够告诉我们某个样品点每种组分占总成分的百分比;把多个样品投影在同一三元系图中便于相互对比。

图 3-19、图 3-20 是 Pettijohn 等(1972)和 Heron(1988)建立的沉积岩分类的通用图版。在实际应用过程中,可以归纳总结出不同探区特有的解释图版。

2)谱图法

通过 X 射线荧光分析,首先获得岩屑样品的 X 射线荧光能谱图。通过肉眼观察 X 射线荧光能谱图特征,可快速、粗略识别岩性;通过计算机图谱模式识别,可快速、较准确地识别岩性

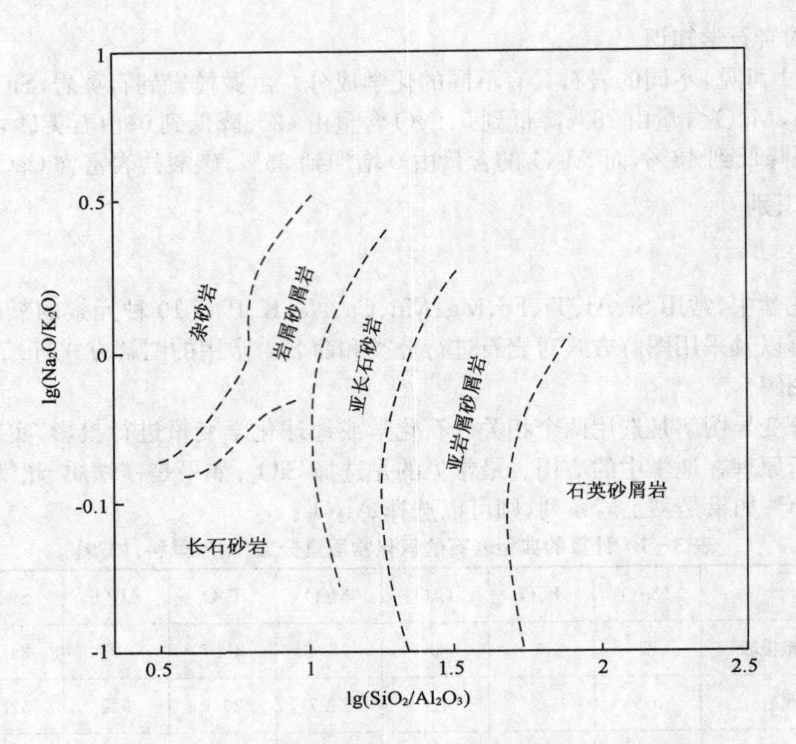

图 3-19　根据 $Na_2O/K_2O-SiO_2/Al_2O_3$ 对砂岩的分类

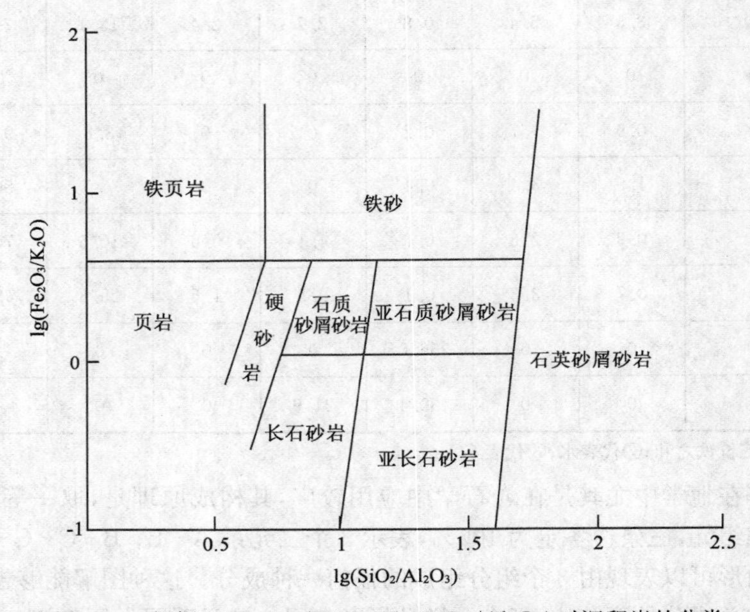

图 3-20　根据 $\lg(Fe_2O_3/K_2O)-\lg(SiO_2/Al_2O_3)$ 对沉积岩的分类

(图 3-21)。

实际上，Al 元素含量最能代表泥质含量，但是，对于 X 射线荧光分析来说，Al 元素原子序数较小，荧光产额低，谱图特征不明显。而 Fe 原子序数较大，荧光产额高，谱图明显，因此选择 Fe 元素谱图代表泥质含量。

谱图法的优点是直观、快捷，能在第一时间里发现新成分的出现，对卡准风化壳、特殊岩

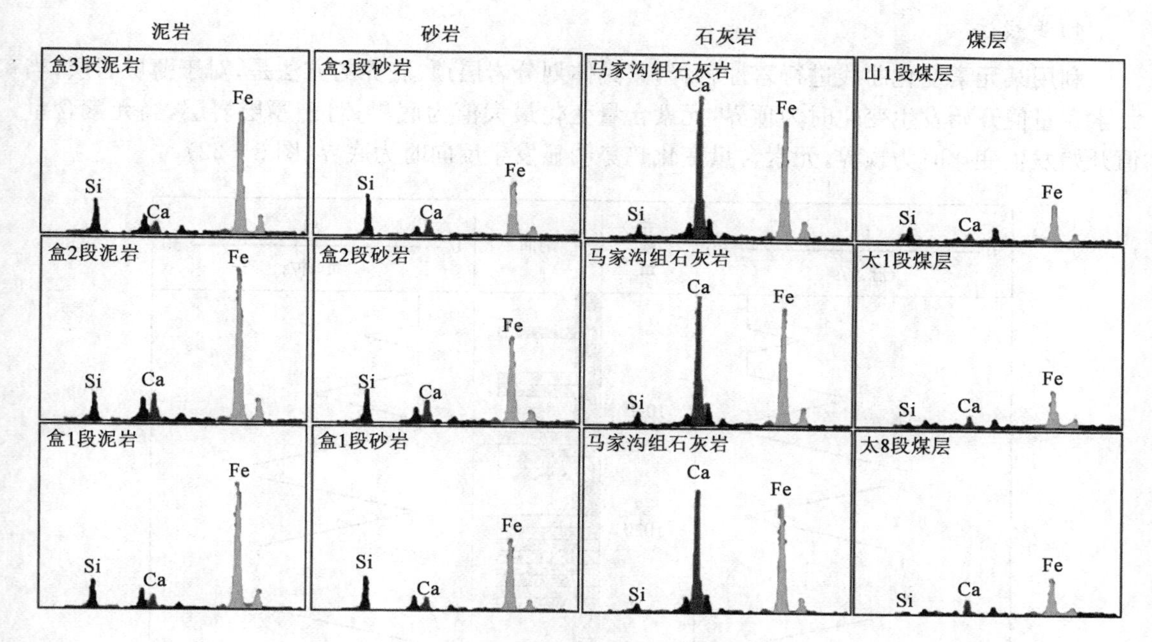

图 3-21 某井不同岩性图谱特征

性、特殊层位能起到预警作用。缺点是靠人的感觉定性判断,欠严谨。另外,有些元素面积上的较大变化(如 Si 元素),表现在图谱特征上对人的视觉冲击力并不大。建立研究区不同岩性标准图谱,通过计算机图谱模式识别技术,将正钻地层岩性图谱与标准图谱进行对比,达到较准确的识别岩性。

3)数值法

通过大量的不同层位、不同岩性的岩心样品、岩屑人工挑选样品的 X 射线荧光分析,可获得不同层位、不同岩性元素含量值,并通过数理统计分析建立不同层位、不同岩性元素含量分布表。

表 3-2 是某气层组 63 个泥岩岩心样品、230 个砂岩岩心样品元素分析数据统计表。从表中看出,砂岩中 Si 元素含量相对较高,而其他元素含量相对较低。同时我们也看到,砂岩、泥岩的元素分界线并不清晰,或者说交叉区域过多,这是因为不同层位的沉积物源不一样,不同井所处的沉积环境不一样。因此,我们很难利用元素分布区间建立岩性识别标准,尤其是在大区域范围内建立砂、泥岩识别标准。

表 3-2 某气层元素分析数据统计表 (单位:%)

岩性	Si			Al			Fe			Ti		
	最小	最大	平均	最小	最大	平均	最小	最大	平均	最小	最大	平均
砂岩	24.1	43.2	34.5	0.3	17.4	8.5	0.5	17.3	2.3	0.0	3.8	0.4
泥岩	20.4	38.5	29.1	2.9	21.4	12.1	0.5	19.2	3.0	0.1	1.0	0.5

对于小范围,特定层位,完全可以利用主要元素建立岩性识别标准。数值法相对于图谱法来说,具有更准确的特点,尤其是掌握施工区某层位岩性元素分布特征后,利用元素分析数据与该层位已钻井对比,可较准确地进行岩性识别。另外,该方法对于厚层岩层效果较好。对于薄层岩层,必须认清真假岩屑,再精选出真岩屑进行分析,将分析值与区域标准值比较,达到提高岩性识别准确率的效果。

4)曲线法

利用某元素变化曲线进行岩性解释，其具体划分岩层顶、底界的方法是，对于薄层岩层，当元素含量值开始发生变化时为顶界，元素含量变化最大值为底界；对于厚层岩层，当元素含量值开始发生变化时为顶界，元素含量变化趋势明显发生反向时为底界(图 3-22)。

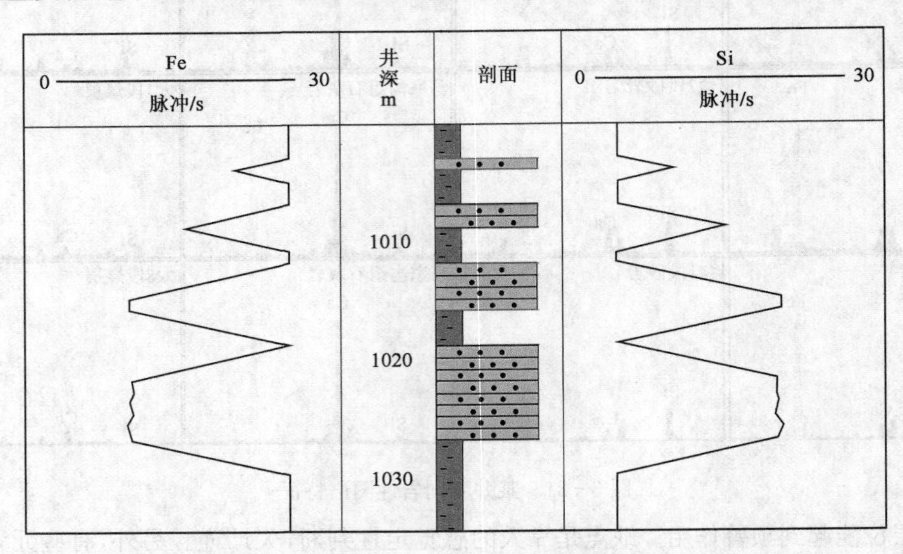

图 3-22 元素含量随岩层厚度变化示意图

曲线解释法是最灵活、最适用的岩性分层定名方法。这种方法不但要考虑元素绝对含量的变化，还要观察元素的相对变化趋势，它非常符合基于混合岩屑元素分析的录井方法。另外，在利用元素曲线解释岩性中，可随时掌握“砂岩基线”、“泥岩基线”的变化，而“基线”的变化正是反映了沉积物源的变化，因此可在岩性解释过程中，随时深入了解沉积物质特征。

曲线法包括直接解释法、曲线交会法、曲线反转法、比值曲线法等，可以根据本地区实际灵活应用。

2. 层位判别

层位判别是录井最基础的工作，在一些地区也是一直困扰录井的最大难题。一个尴尬的局面是，往往测井解释结果尚未出来之前，录井的分层不敢确定，必须依据测井资料进行剖面校正。

1)元素标准剖面的建立

元素录井的基础工作是建立地区的元素地球化学标准剖面(图 3-23)。沉积岩的元素地球化学剖面影响因素众多，也是一项最为繁琐、细致的工作。充分利用油田丰富的岩心、岩屑实物资料进行刻度，在岩性识别上，完全可以取得良好的效果。事实上，测井资料解释之所以准确，很大程度上依赖于标准井的资料。

2)数理统计法

元素在岩石中的分布一般呈正态分布，描述不同井、不同层位正态分布特征时，一般采用下列参数：最大值、最小值、极差、平均值、中位数、众数、方差和标准差、变异系数等，建立不同岩性的标准分布曲线。

3)相关性分析法

岩石的母源性质不一样，风化、搬运、沉积、成岩作用不一样，造成元素的分异方式和分异

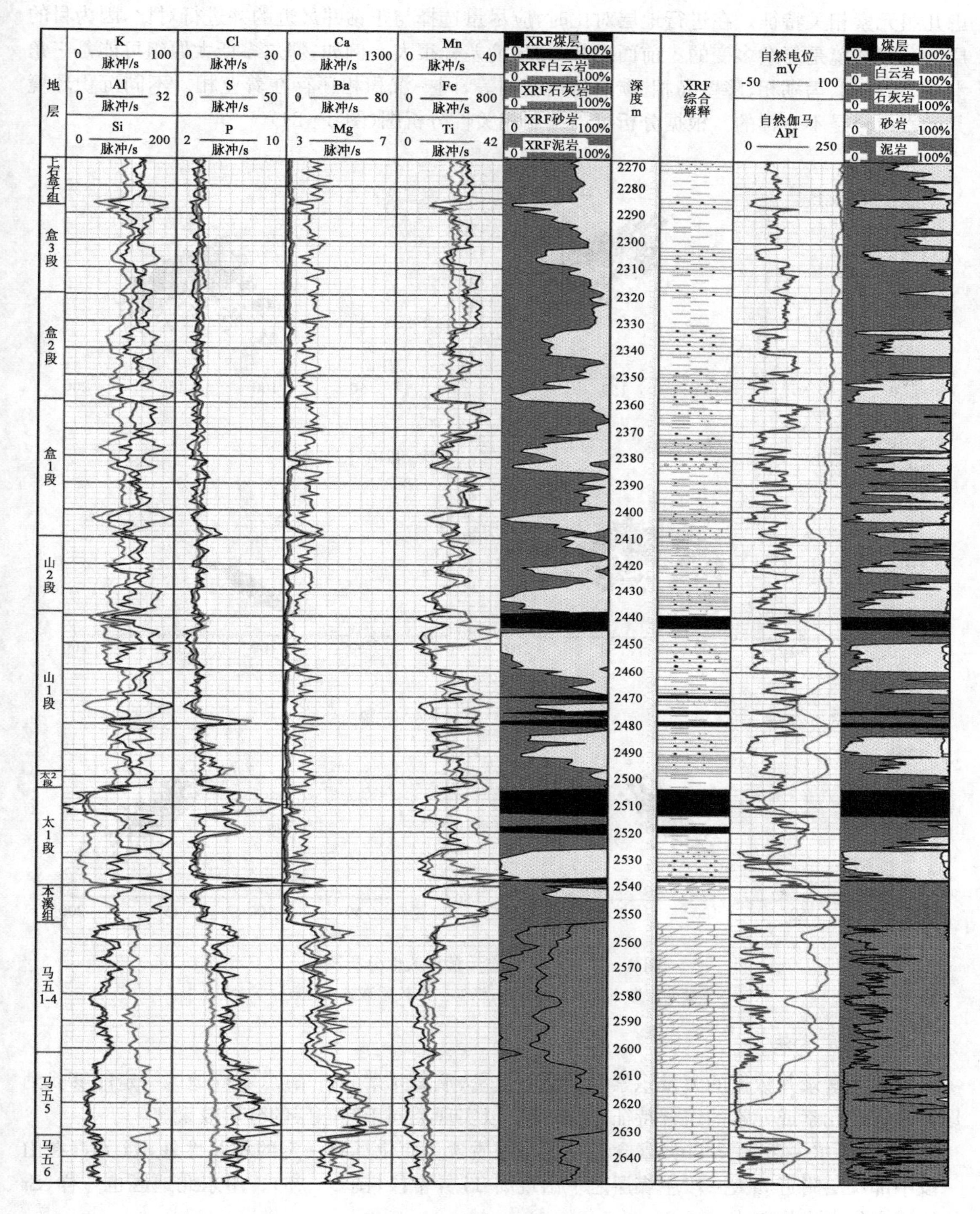

图 3-23 元素录井标准剖面

结果也不一样，反映在元素的相互关系上也不一样。利用元素之间的相关性分析可以帮助我们进行地层的判别。这种地层判别方法既适合于岩心样品，也适合于岩屑样品。

利用元素相关分析进行地层判别时，不能简单地考虑一组元素的相关性特征，应尽量多考虑几组元素相关特征。在进行地层对比时，应尽量选择与正钻井最近的井进行对比，因为目的层的沉积环境是复杂多变的。前面提及，相环境差异很大。例如，鄂尔多斯太原组可能是三角洲相、潮坪相、泻湖相、障壁岛相、碳酸盐陆棚相等，同一沉积相还存在着亚相。不同沉积环境其元素组合是不一样的。根据分析可以编制相关性分析图(图 3 - 24)。

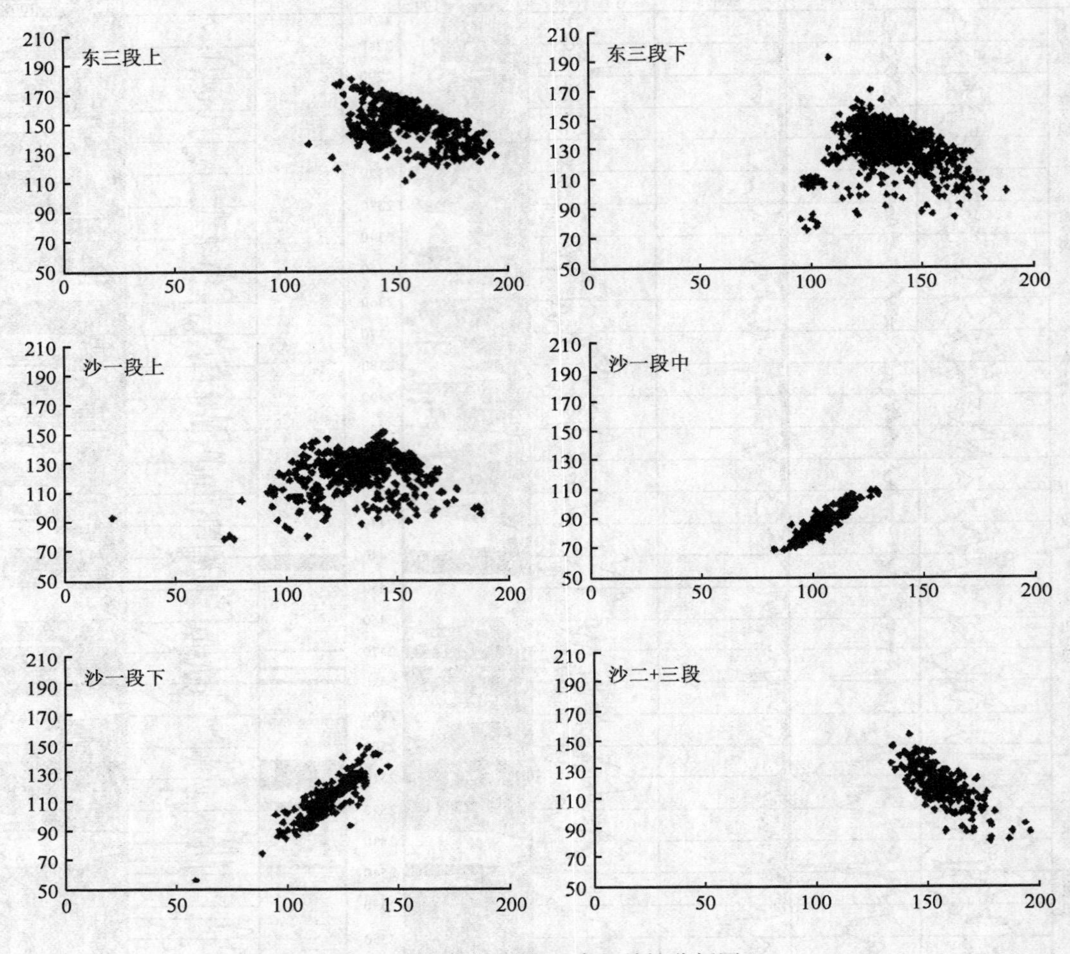

图 3 - 24　不同层位元素相关性分析图

横坐标为 Si 元素脉冲计数；纵坐标为 K 元素脉冲计数

4)特征元素法

随着元素录井数据的大量积累和足够的微量、痕量元素分析精度，不同地区一定能够找到地层的特征元素或元素的组合特征，这样就可以实现类同于标志层的分层效果。

例如，鄂尔多斯除了 Ti 元素含量变化与泥质含量变化具有一定的相关性外，Ti 元素在山一段中部煤层附近和太一段主煤层之下出现高 Ti 异常段(图 3 - 25)。川东北地区也一样，Sr 往往就富集在生物礁中。

5)岩性组合法

在岩性的元素组合特征的基础上，通过岩性组合特征的判断，类同于测井剖面解释一样，也可以做到元素曲线的准确分层。当沉积环境发生重大变化时，势必造成地层岩石的元素组

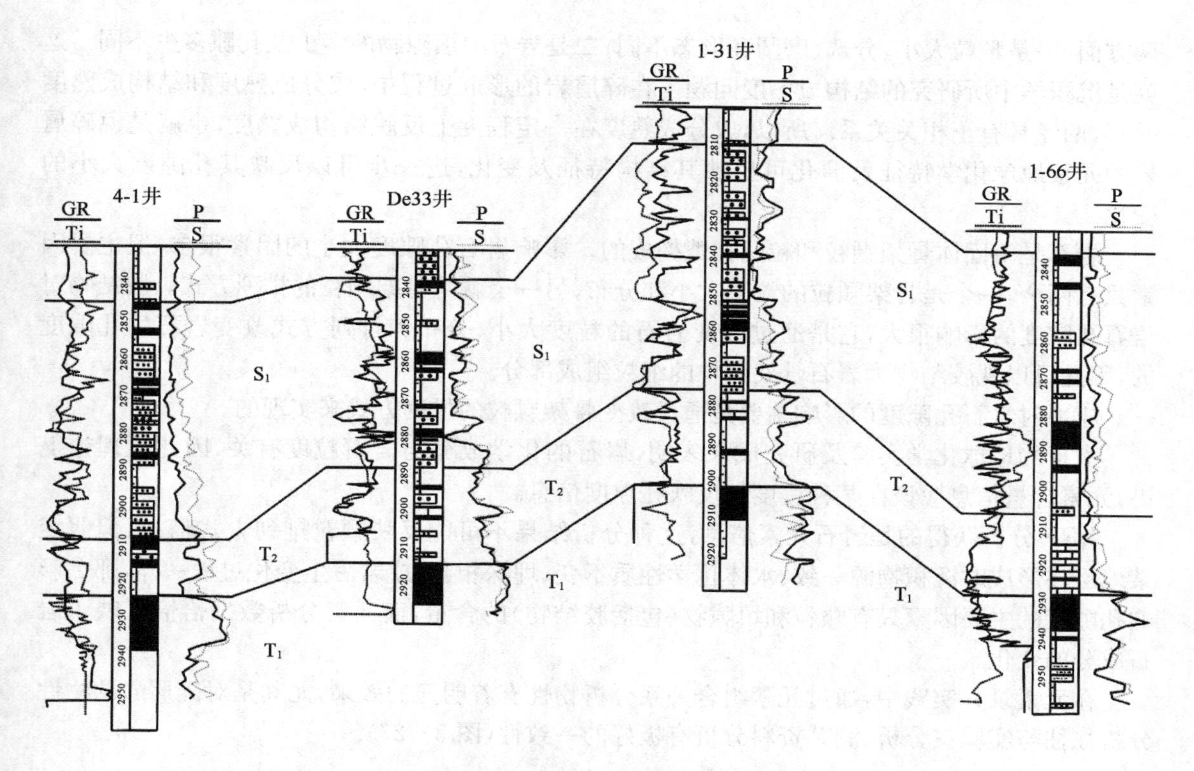

图 3-25　高 Ti 元素含量异常对比图

合特征发生极大变化。因此可以通过元素曲线变化快速判别地层(图 3-26)。

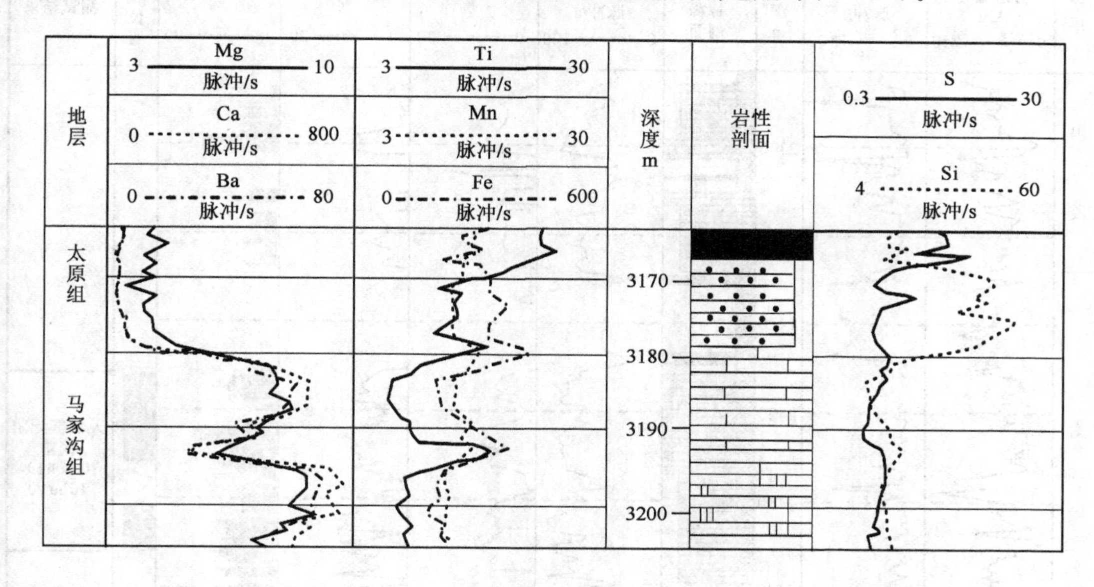

图 3-26　岩性特征分层

3. 物性分析

在碎屑岩成岩过程中，不同岩石类型其物质组成不同、岩石结构不同，导致其储集空间不同，最终岩石物性不同。其中，物质组成不同表现在两方面：一是矿物类型不同；二是元素化学成分不同。这就是沉积学中所研究的成分成熟度或化学成熟度问题。岩石结构不同也表现在两方面：一是颗粒大小、分选、磨圆和形态不同；二是岩石中填隙物的多少及孔隙多少不同。这就是沉积学中所研究的结构成熟度问题。在碎屑岩的形成过程中，成分成熟度和结构成熟度并存，两者具有正相关关系。所以，成分成熟度在一定程度上反映结构成熟度，也就是说碎屑岩的元素地球化学特征及演化可反映其结构特征及变化，进一步可以反映其孔隙度大小的变化。

岩石是由固体骨架颗粒和粒间孔隙构成的。影响岩石孔隙度大小的因素很多，但主要因素只有两个，一个是骨架颗粒的粒度大小和分布，另一个就是骨架颗粒的排列方式。胶结物对岩石孔隙度的影响很大，它是通过改变岩石的粒度大小、分布和排列方式改变岩石的孔隙度的，因此可以视胶结物为岩石骨架颗粒的细粒组成部分。

应力对岩石孔隙度的影响主要是通过改变骨架颗粒的排列方式来实现的。

大量的地球化学实验及研究成果表明，岩石的化学成分与岩石粒度有关，因此从理论上讲，元素含量信息应该在某种程度上反映孔隙度信息。

XRF分析获得的是岩石元素信息，这种分析结果不可能反映颗粒排列方式信息，但假定某地层在形成时沉积物源一致、水体化学性质不变、埋深相当，成岩后生变化过程一样，那么影响孔隙度的主要因素只有颗粒和填隙物(包括胶结物)的含量，而元素分析数据恰恰反映了岩石成分的变化。

在元素录井实践中，通过元素组合关系分析物性有着明显的效果，尤其是对碎屑岩的物性分析往往与实验室分析、测井资料分析有极好的一致性(图3－27)。

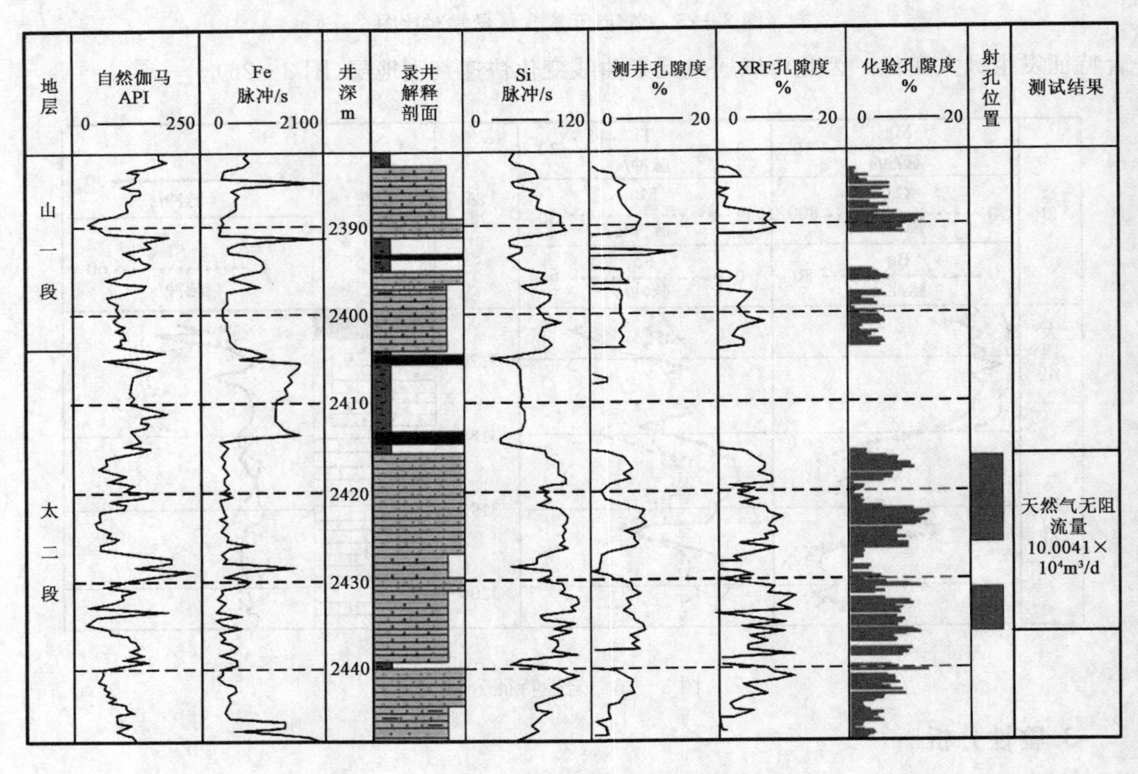

图3－27 鄂尔多斯某井元素录井孔隙度分析图

第五节　岩石力学分析技术建立地层剖面

岩石力学分析技术主要是依据岩石的可钻性或通过同岩石条件下钻井参数的反映模型来划分地层。

一、岩石强度模型

岩石强度类的典型方法是 Sigmalog，是在 20 世纪 70 年代初期就提出来的。它是对某些条件下不适用 dc 指数法的改进。该方法以综合表征岩石强度规律为基础。例如，用机械钻速这个变量来校正钻井参数、孔隙压力和钻井液柱压力之间的压差对岩石强度的影响。

Sigmalog 法的基本公式如下：

$$\sqrt{\sigma_{\mathrm{t}}}=\frac{WOB^{0.5}\cdot RPM^{0.25}}{d_{\mathrm{h}}\cdot ROP^{0.25}} \tag{3-7}$$

式中　σ_{t}——岩石总强度；

WOB——钻压；

RPM——转速；

ROP——机械钻速；

d_{h}——井眼直径。

而 Sigmalog 法的关键是用岩石可钻性 σ_0 来代替可钻性曲线，根据以下公式进行计算：

$$\sqrt{\sigma_0}=F\sqrt{\sigma_{\mathrm{t}}} \tag{3-8}$$

式中　F——有关井深、钻井液密度、孔隙压力的相关系数；

σ_0——趋势线上的缓慢变化意味着地层压实状态的改变或钻头磨损情况的变化。

σ_0趋势线上出现明显的突变是不可忽视的，而且保持了相当长的层段和较大位移量，就说明了地层岩性的变化或钻井状态(井径、钻头钻井参数)发生改变。

采用某一系数来消除 σ_0 趋势线上所有较大的位移，就可以得到一条连续的趋势线，称为校正 σ_0 趋势线。该趋势线可表征所钻地层可钻性的变化情况，地层压实程度的增大或减小。

二、PDC 钻头工况模型

人们很早就认识到机械钻速能够用于区分砂泥岩层。泥岩地层中的机械钻速明显低于砂岩层，利用这一特点可以很好地区分大段砂泥岩层的界面。目前，在我国油田，钻时曲线仍然是划分地层岩性剖面的必要的参考。机械钻速受许多因素的影响，如岩性、地层压实性、钻井液液柱压力与地层孔隙压力之差、钻压、转速、扭矩、水利因素、钻头类型、钻头工况等。以机械钻速为基础预测地层岩性，必须分离钻头工况和地层岩性对机械钻速的效应。

1. 钻头工况模型

1) 钻头工况评估模型

钻头效率 E_D是指在钻井操作参数不变的情况下，用新、旧钻头钻同一地层时不同钻速之比。在实际钻进中，钻头效率变化在钻井参数上有良好的体现。根据钻头破岩机理和磨损机理，可得到下式：

$$E_D=\frac{\frac{T}{WD}-2a_2\sqrt{\frac{R}{ND}}}{a_1-a_2\sqrt{\frac{R}{ND}}} \tag{3-9}$$

式中 T——井底扭矩，N·m；

W——井底钻压，N；

R——钻速，m/min；

D——钻头直径，m；

N——转速，r/min；

a_1、a_2——经验常数。

2) 井底钻压及井底扭矩计算

目前，综合录井仪尚不能提供井底钻头处的钻压和扭矩等力学参数，为此，需要通过对钻柱的整体受力分析建立相应的模型，根据地面测量的参数推断井底钻头处的近似钻压和扭矩。影响钻柱受力的因素很多，包括钻柱结构、井眼环境及钻井作业方式和操作参数等几类。本文重点考虑转盘钻进过程中的钻柱受力问题，首先作如下基本假设：井壁对钻柱呈刚性支承；井眼形状规则，钻柱与井眼连续接触并忽略井眼间隙的影响，认为钻柱弹性变形线与井眼轴线完全重合；钻柱与井壁的摩擦为滑动摩擦；忽略钻柱的动力效应。

考虑斜直井的简化模型，钻柱轴向力和扭矩方程为：

$$\begin{cases}\frac{\mathrm{d}T}{\mathrm{d}S}=q\cos\alpha_o-\mu F\\ \frac{\mathrm{d}M_t}{\mathrm{d}S}=\frac{\mu ND_t}{2000}\\ F=q\sin\alpha_c\end{cases} \tag{3-10}$$

上述各式分别对 S 积分，即得钻柱的轴向力和扭矩分别为：

$$T=\int_S(q\cos\alpha_c-\mu q\sin\alpha_c)\mathrm{d}S+C_1 \tag{3-11}$$

$$M_t=\int_S\frac{\mu q\sin\alpha_c D_t}{2000}\mathrm{d}S+C_2 \tag{3-12}$$

式中 T——钻柱的轴向力(以拉力为正)，N；

q——单位长度钻柱的有效重力，N/m；

F——井壁对单位长度钻柱的支承反力，也称正压力，N/m；

M_t——钻柱滑动摩擦阻力产生的扭矩损失，N·m；

D_t——钻柱接头直径，mm；

μ——钻柱与井壁的滑动摩擦系数；

α_c——井斜角，rad；

S——钻柱弧长，m；

C_1、C_2——积分常数，由相应边界平均值确定。

2. PDC钻头地层岩性评估模型

PDC钻头的切削块是以切削方式来破碎岩石的，它能自锐地切入地层，在扭矩的作用下，向前移动剪切岩石，充分利用岩石抗剪强度较低的特点，它的破岩机理以切削和研磨为主。针对PDC钻头的结构特点和破岩机理，进行切削刃受力分析。根据弹性力学原理，并从切削齿受力平衡角度推导钻头扭矩方程，可得下式：

$$T_D = E_1 + E_2 F_D = \frac{T}{WD} \tag{3-13}$$

$$E_1 = \frac{48K_1(1-\mu\tan\alpha) - C_1 D[2-(\mu+\tan\alpha)^2]}{D^2 K_1(\mu+\tan\alpha)} \tag{3-14}$$

$$E_2 = \frac{12C_1[2-(\mu+\tan\alpha)^2]R_{st}}{D^2 K_1 K(\mu+\tan\alpha)(W/D_{st})N_{st}^{\alpha}} \tag{3-15}$$

$$F_D = \frac{R/R_{st}}{E_D(W/W_{st})(N/N_{st})^{\alpha}} \tag{3-16}$$

式中 α——转速指数；

D——钻头直径，m；

C_1——钻头设计参数；

E_1——回归直线截距；

E_2——地层识别因子；

F_D——无因次钻速组；

K——可钻性常数；

K_1——比例常数；

N——转速，r/min；

N_{st}——厂家推荐转速，r/min；

R——钻速，m/min；

R_{st}——厂家推荐钻速，r/min；

T——井底扭矩，N·m；

W——井底钻压，N；

W_{st}——厂家推荐钻压，N；

α——后耙角，rad；

μ——摩擦系数。

式(3-13)至式(3-16)即为PDC钻头随钻评估模型，地层识别因子E_2表明在均质地层中，无因次组F_D、T_D存在线性关系，它的变化预示着地层岩性的变化(图3-28)。

由随钻录井数据绘制的T_D与F_D的关系曲线，二者呈直线关系，直线的斜率变化表明岩性变化(图3-28)。该井段所用PDC钻头为R526，钻头直径为311.15mm，这只钻头从1183m钻到1192m，地层开始为页岩，后为砂岩。砂岩和页岩的顺序由测井曲线指示。测井曲线表明，在井深1187m处地层岩性有变化。T_D—F_D无因次曲线在井深1187m处斜率也有显著变化，同样表明地层岩性有变化，这与测井曲线相吻合。

图3-29是根据上述模型所得到的岩性预测结果，结果表明，实时预测的地层岩性与钻后

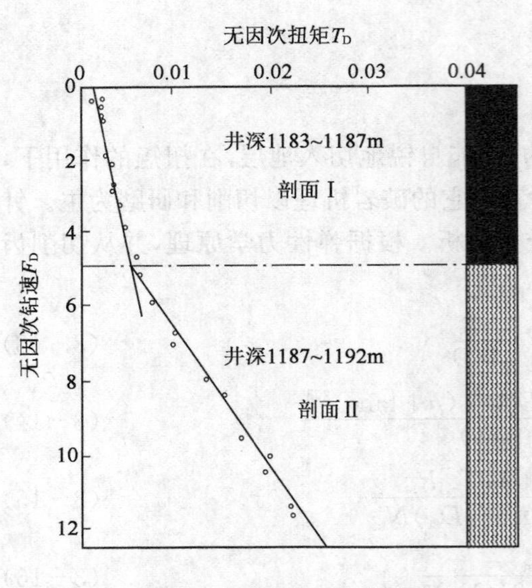

图 3-28 根据 F_D、T_D 识别地层

测井解释的地层岩性相比，符合率为65%～70%。这说明该实时预测方法具有一定的可靠性和实用性，为现场PDC钻头钻井判断地层岩性开辟了一条新途径。

三、碳酸盐岩储层功指数识别方法

钻时是指石油天然气钻井过程中，每钻进单位进尺所用的纯钻进时间。在相同的地层岩性条件下选用钻头类型、钻井工程参数不同，所用钻进时间不同。在钻井参数相同的条件下，利用钻时相对大小可以识别缝洞发育段。然而实际钻井过程中视工程情况、人员操作等因素，钻井参数随时在变化，钻时随影响因素而改变，很多情况下并不能真实反映地层的可钻性，故钻时不是识别缝洞发育段的理想参数。为探索

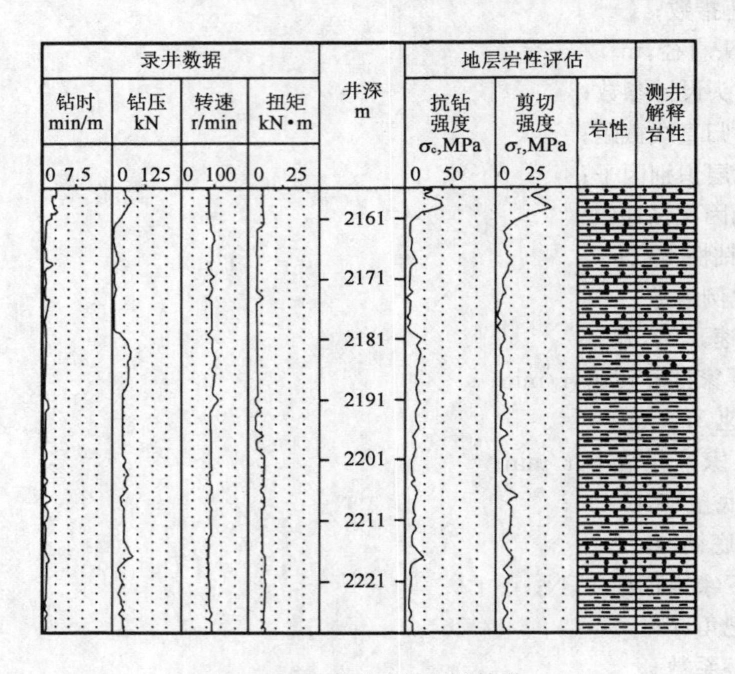

图 3-29 某井岩性预测结果

识别裂缝发育段相对理想的参数，建立了功指数模型，功指数模型中包含了钻压、转速、扭矩、钻时、钻头直径等参数。

1. 功指数定义

功指数指在钻井过程中，每破碎单位体积的岩石所做的功。在相同的钻井工艺条件下，岩石强度相同时，每破碎单位体积的岩石所做功相近；不同强度的岩石，岩石强度大，所需要的功大，反之所需要的功小；致密地层中缝洞发育段岩石强度下降，钻头所做功将降低。因此，利用钻头破碎地层所做功的大小可以识别缝洞发育段。

2. 功指数建模

功等于力与物体在力的方向上通过的距离的乘积。以功的模型建立三牙轮钻头破岩功指数模型。

三牙轮钻头破岩过程中做了大量功，钻头破岩时破岩力有两个方向：一是垂直于井底的纵向力，二是平行于井底的水平剪切力。破岩过程中纵向力包含静钻压 Y_J 和冲击钻压 Y_c，水平剪切力为扭矩 N。

钻头每转一周纵向力在破碎岩石过程中做功为：

$$W_1=(Y_J+Y_c)h_1 \tag{3-17}$$

钻头转一周水平剪切力在破碎岩石过程中做功为：

$$W_2=N\pi D/4 \tag{3-18}$$

钻头转一周破岩总功 W_z 为纵向力与水平剪切力所做功的和：

$$W_z=(Y_J+Y_c)h_1+N\pi D/4 \tag{3-19}$$

钻头每钻进 1 m 破岩总功 W 为：

$$W=Y_J+Y_c+RZN\pi D/4 \tag{3-20}$$

式中 h_1——每转一周进尺，即在纵向力的方向每周通过的距离，m；

D——钻头直径，m；

Y_J——静钻压，kN；

Y_c——冲击钻压，kN；

N——扭矩，kN·m；

R——转盘转速，r/min；

Z——钻时，min/m。

由于钻头每钻进 1m 地层所用的时间不同、钻头转速不同，每钻进 1 m 地层纵向力所做功也不同，钻头转速高、时间长所需要的功就越大。为了充分体现这一特征，把纵向力方向通过的距离（$\sum h_1=1$）用 RZ 代替，用钻头每钻进 1m 破岩功指数 W_m 代替钻头每钻进 1m 破岩总功，则功指数应为：

$$W_m=(Y_J+Y_c+N\pi D/4)RZ \tag{3-21}$$

式中，Y_J、N、R、Z 参数在录井过程中能够实时采集。Y_c 是变量，随静钻压、转速的变化而变化，录井过程中没有传感器对 Y_c 进行记录。

根据文献钻压实测数据得知，转速一定，静钻压加大时，井下钻压增加值（冲击钻压）加大；静钻压一定时，转速增加，井下钻压增加值加大。钻压增加值与静钻压、转速具有正相关关系。

利用地面静钻压与转速的乘积和井下钻压增加值建立关系（图 3-30），可以看出随钻压、转速的增加，井下钻压为乘幂关系增加。实际钻压增加值计算十分复杂，目前没有现成的方程借鉴。

分析钻压、转速与钻速关系，在钻压、转速达到某界限值之前，钻速增长率很大；接近某界限值时，钻速增长率减缓；达到某界限值，钻速增长率非常平缓。表明用于破岩的力与钻速增长率相近，即钻压增加值（冲击钻压）与钻速增长率相近。

在转速不变的条件下，钻头振动频率、振幅相同，随静钻压的加大，钻头破岩冲击钻压增加，钻头破岩冲击钻压与静钻压呈指数关系；在钻压不变的条件下，转速的加大，钻头振动频率增加、振幅增加，钻头破岩冲击钻压增加，钻头破岩冲击钻压与转速呈指数关系。

冲击钻压与钻压、转速关系为：

$$Y_c \propto Y\frac{Y_J R}{ab} \quad (3-22)$$

为了实现冲击钻压具有相同的增长率，需要对$\frac{Y_J R}{ab}$进行开方处理，即$\sqrt[c]{\frac{Y_J R}{ab}}$。为此，钻头每钻进 1m 进尺破岩所需要的功为：

$$W_m = \left(Y_J + Y_1\sqrt[c]{\frac{Y_J R}{ab}} + \pi ND/4\right)RZ \quad (3-23)$$

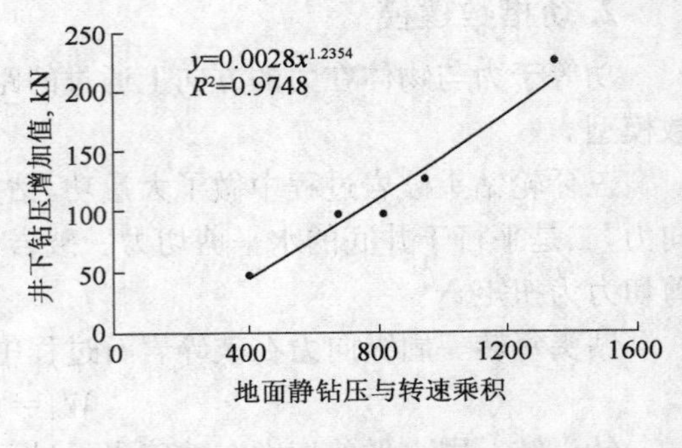

图 3-30　静钻压、转速的乘积与井下钻压增加值关系

式中　a——地层经验数据，kN；

b——地层经验数据，r/min；

c——实验数据，无量纲。

3. 功指数的应用

功指数能够反映地层的可钻性。在相对均匀的致密地层中，由于缝洞的发育导致缝洞发育段岩石强度下降（相对于岩石本体），所以钻遇缝洞发育段所需做功小，功指数可以识别碳酸盐岩储层。

1）操作步骤

（1）将录井参数代入功指数公式进行计算；

（2）在录井图内绘制功指数曲线；

（3）根据功指数曲线形态分段绘制功指数基值线；

（4）功指数小于基值线的井段识别为缝洞发育段。

2）功指数基值线绘制原则

（1）功指数曲线趋势为直线时，取其功指数平均值为基值；

（2）功指数曲线趋势为斜线时，在其上、中、下 3 个位置分别选取（相对稳定井段）功指数平均值，建立功指数与井深关系式，根据回归公式计算基值；

（3）在岩性基本相似的情况下，功指数局部幅度较大，取其功指数相对稳定段的平均值为基值。

图 3-31 为某井的功指数评价图，该井是钻在潜山带上一口预探井。设计井深 2780m，设计潜山层位为长城系高于庄组，完钻井深 2713 m，潜山揭开厚度 48m。

该井钻至井深 2665m 揭开潜山，下入技术套管。二开后钻至井深 2666.3m 发生井漏。钻井液有进无出，并发生放空至 2667.45m，放空长度 1.5m。至 2713.98 m 完钻。钻井液均无返出，累计漏失钻井液 5047.5m³，在井漏环境下岩屑无返出。岩性特征方法不能进行储层识别与评价。因钻井液漏失严重，工程特征法识别为高渗透层，功指数在 2665～2713.98m 共识别储层 22m/6 层，其中Ⅰ类储层 1.9 m/2 层，Ⅱ类储层 2.13m/2 层，裸眼测试 2665～2713.98m，日产油 945.24m³。

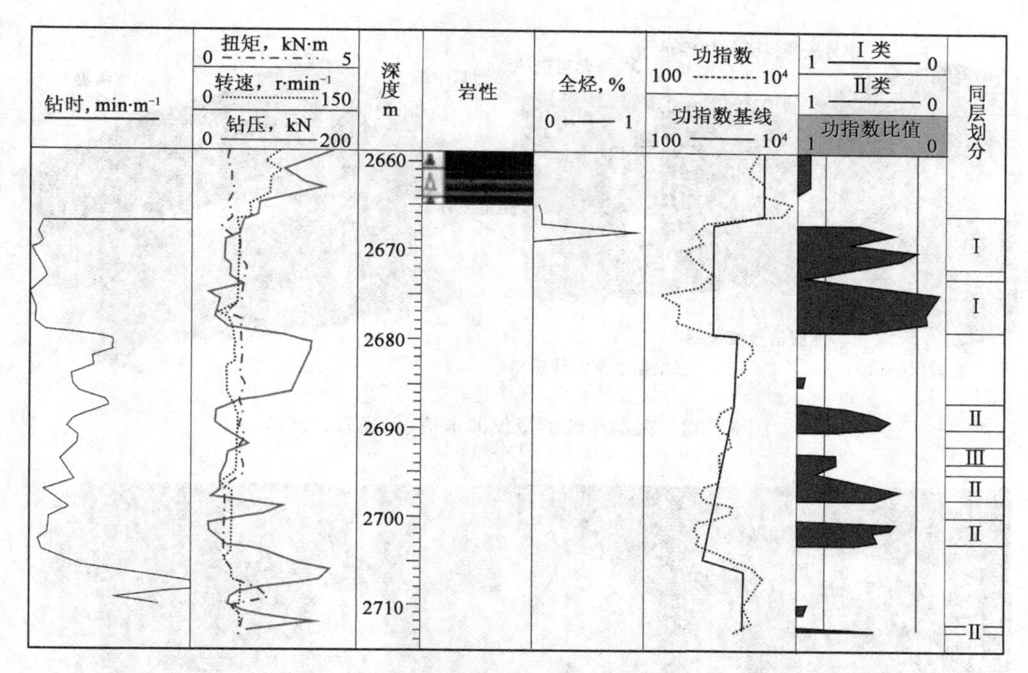

图 3-31　功指数评价应用实例

第六节　钻柱振动录井建立地层剖面

钻进过程中钻头破岩会引起钻柱的轴向、横向和扭转振动，这些振动携带了钻柱、钻头和所钻地层的信息。在钻井机械系统中，钻柱是钻进的主要部件，是井底与地面的刚性连接通道，它包括井下钻具组合、钻杆以及吊悬系统等，其对声波信号低衰减的传递特性使钻柱成为连接井底与地面的高效信息通道。利用在钻柱顶部采集到的振动信号，监测井下钻具的工作状态，获取钻头下方地层特性的技术称为钻柱振动录井。

钻柱振动声波录井 DVL(Drillstring Vibro - acoustic Logging)技术是通过一个安装在钻柱顶部的振动声波测量仪器(图 3-32、图 3-33)，随钻实时接收地层岩石破碎时产生的振动声波信号，结合信号滤波、放大和特殊处理，在线给出岩性变化的频谱图和相应的计算参数曲线，用于地层分层和油藏识别等，对水平井地质导向、高压层预测也具有辅助指导意义。

一、基本原理

DVL 技术主要基于如下 4 个物理学原理。

1. 硬度差异原理

当两个不同硬度的物体相互碰撞时，产生的声音主要取决于软物体的性质。钻头与地层相互作用时产生破碎声波，由于钻头的硬度比地层硬，破碎声音主要来源于地层岩石。因此，当钻头硬度一定时，DVL 技术所分析的钻柱振动声波取决于地层岩石的性质。

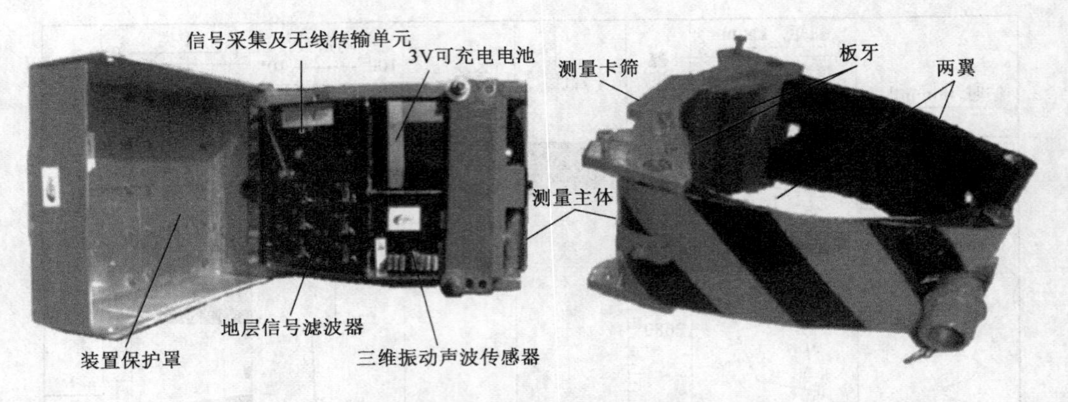

图 3-32　振动声波测量仪器卡值(据高岩,2009)

a.振动声波测量卡箍安装在转盘驱动钻机上

b.振动声波测量卡箍安装在顶部驱动钻机上

图 3-33　DVL 传感器安装(据高岩,2009)

2. 刚体是声波传播的良导体

与声波在空气、水或其他介质中传播相比,刚体具有良好的声波传导特性。按声波在钻柱中 7000m/s 的传播速度计算,钻头和地层持续作用产生的声波经过几千米的钻柱传输到钻柱顶部需要仅仅不到 1s 的时间。

3. 声波传递距离取决于声波的频率和振源能量

声音具有不同的频率,声波在钻柱中传递的距离主要取决于两个因素——频率和振源能量。理论证明,声波在刚体中传输的距离与声波频率成反比,但与声波振源的能量成正比。钻头在钻压的作用下得以进尺,其振源能量趋于无穷大,足以传输到钻柱顶部。

4. 不同硬度的物体具有不同的频率特性

实验证明,物体在破碎时产生的声波频率具有广泛的频率范围;在一定的频率范围内,物体的破碎声波频谱具有各异性。因此,DVL 技术选择 1~10kHz 频率范围识别岩性,各种岩性在这个频率范围内具有唯一性,由此来识别岩性和判断岩性界面。为了避免机械频率对岩性声波的干扰,DVL 技术采用带宽滤波器,滤除由于钻头类型或钻井参数变化而产生的低频信号，确保分析的信号仅与地层岩性有关。

该测量仪器就如一个地层听诊器，由一组高灵敏度的三维振动声波传感器，接受轴向、横向和扭向的振动声波信号，除此之外，还有一个专门用于提取地层信号的地层滤波器，以及用于信号无线传输的信号采集节点，在现场计算机指令的控制下，并结合地面安装的无线绞车计数和无线大钩负荷传感器用于计算实时井深，以便将采集的地层信息进行深度归位。

二、基本参数

1. 归一化处理

振动声波信号的能量强度随着工程参数的变化或地层岩性变化而波动，例如钻压或转速的变化使信号的强度也随之变化，但是，在其频率域内，同一岩性频谱特征并未改变，即谱峰的位置没有变化，只是谱峰的高度发生了变化，这将影响频谱图的可视性。为了提高可视效果，DVL 技术采用了谱峰信号归一化处理技术，即在频率域内，对每一个频谱寻找其最大峰值作为数据的基值，其他数值均除以这个基值。设 $p(f)$ 是信号 $x(t)$ 的功率谱，其最大值为 $P_{\max}$，按照式(3－24)重新计算功率谱可得到 $P(f_i)$，即称为 $p(f_i)$ 的归一化谱，这里 $f_{\max}$ 是信号的最大分析截止频率。

$$P(f_i)=\frac{p(f_i)}{P_{\max}} \quad (i=0,1,2,\cdots,f_{\max}) \tag{3-24}$$

2. 频聚法

频聚是反映信号主要频率的集中度。随着岩性的变化，DVL 信号的频谱也随之变化，由于大多数频谱特征表现出多个频谱峰，难以用一个参数表述。根据这种特性，DVL 才给出一个频聚方法，就是在频率域内对信号进行加权处理。

频聚法实际上是将信号对频率作加权处理，经过处理后反映出信号在频域中频率的集中程度。设 F_p 是振动声波信号 $x(t)$ 的频聚(Frequency-conglomeration)，式(3－25)给出了频聚的计算方法，其中 $X(f)$ 是信号 $x(t)$ 的傅里叶特性函数，f_t 是信号在 t 时间的频率，$t_{\max}$ 为信号最高截止时间。

$$F_p=\frac{\sum_{t=0}^{t_{\max}}[f_t \cdot X(f)]}{\sum_{t=0}^{t_{\max}}X(f_t)} \tag{3-25}$$

3. 能聚法

能聚法就是对信号的能量进行频率加权。能量是信号强弱的平均表现，当地层硬度发生变化时，信号的能量强弱随之发生变化。DVL 技术首先将信号进行功率谱估计，获取 $P(f)$，然后计算其信号的能量均值和频率加权。

能聚法实际上是信号能量对频率作加权处理，经过处理后反映出信号在频域中能量的频率集中程度。设信号的能量为 P_t，则可按照式(3－26)计算出信号 $x(t)$ 的能聚(Energy—conglomeration)：

$$P_t=\frac{\sum_{t=0}^{t_{\max}}[f_t \cdot P(f)]}{f_{\max}} \tag{3-26}$$

4. 相关分析法

DVL 分析方法中的相关分析法是指不同井深的两个频谱之间的互相关函数的计算方法，

通过两个频谱之间的相差，判断岩性的分层或地层的变化特征。通过互相关函数的应用，可以看出地层的突变与渐变现象，为从不同角度认识地层提供了理论依据。

设两个振动声波信号分别为 $x(t)$ 和 $y(t)$，它们的归一化功率谱估计分别为 $P_x(f)$ 和 $P_y(f)$，根据式(3-27)计算出它们的互相关函数为 $P_{xy}(f)$。

$$P_{xy}(f)=\int_{\tau=-f_{\max}}^{\tau=f_{\max}}[P_x(f)\cdot P_y(f-\tau)]\mathrm{d}\tau \tag{3-27}$$

根据式(3-27)，当两个函数完全相似时，其互相关函数的最大值对应的自变量(f)或称为相位差为零，表明这两个函数具有完全相似性；当两个函数发生一定的相位差时，它们的相关性就可以通过互相关函数表现出来，即它们的互相关函数的最大值对应的自变量不为零。总之，相似性越差，相位差就越大。

根据这个原理，DVL 技术通过对两个井深连续的频率谱进行互相关函数的计算，确定地层的变化。如果将相位差通过曲线表现出来，就可以看出地层的突变与渐变。

5. 信号能量计算方法

信号能量是指原始信号 $x(t)$ 的强弱特征。在 DVL 技术中，由于地层的变化，信号的强弱变化范围比较大，为此 DVL 在计算信号的强度上采用了常用对数处理方法：

$$Q=\lg\left[\sum_{\tau=0}^{\tau=T}x(t_\tau)\cdot x(t_\tau)\right] \tag{3-28}$$

式中 Q——信号 $x(t)$ 的强度；

T——信号的采样长度。

三、基本方法

DVL 技术提供了一种地层岩性和油藏特征识别的图形表达方法。

通过对井深—频率谱的图形变化(如颜色、峰值位置)来表示地层岩性的变化，该图是以井深为纵坐标，频率为横坐标，每个深度点对应一个采集信号随频率变化的频谱特征曲线，频率的大小用不同的颜色或曲线表示。实际上是一个三维视图，即井深、频率和频谱特征等三个参数(图 3-34)。

图中频谱特征的表现方式主要是谱峰位置、强度和能量等。当谱峰位置(或称为频率)变化时，频率的集中重心将偏移，这种偏移可以用频矩(F_m，%)表示。当频率偏移达到 10kHz 时为 100%，它是频率的线性函数。当频率偏移的重心向频率减小的方向变化时，频矩值将变小，反之亦然。假设钻头钻遇砂岩，砂岩的颗粒大小和成分等因素将决定频谱特征谱峰数目的多少，而砂岩由于孔隙、含流体性质不同，其硬度不同，软性物质的频谱谱峰重心往往趋势于频率减小的方向，这样其频矩值将变小。由此推断，泥岩由于致密，频矩值将趋于频率增加的方向变化。

能矩(E_m，%)是以信号的强弱变化而改变的参数，它是一个相对硬度，如果以摩氏硬度定义，7 级为 100%。值得注意的是，敲击物体的力度只能改变声音的能量，而产生声波的频率并没有改变。因此，声波能量只能影响传输的距离，而频谱特征没有变化。实际应用中，由于施加在钻头上的钻压不同，破碎声波信号的强弱也不同，地层越硬，信号越强。

如图 3-34 所示，井深 2253～2375m，6kHz 位置变化的曲线表明油藏的存在。图中还附有气测录井的全烃和钻时曲线。通过频聚、能聚曲线的变化，可以帮助判断岩性的变化。图中井深采样间隔为 10cm，记录井深 1532～2400m，共 868m。图中频聚曲线和能聚曲线

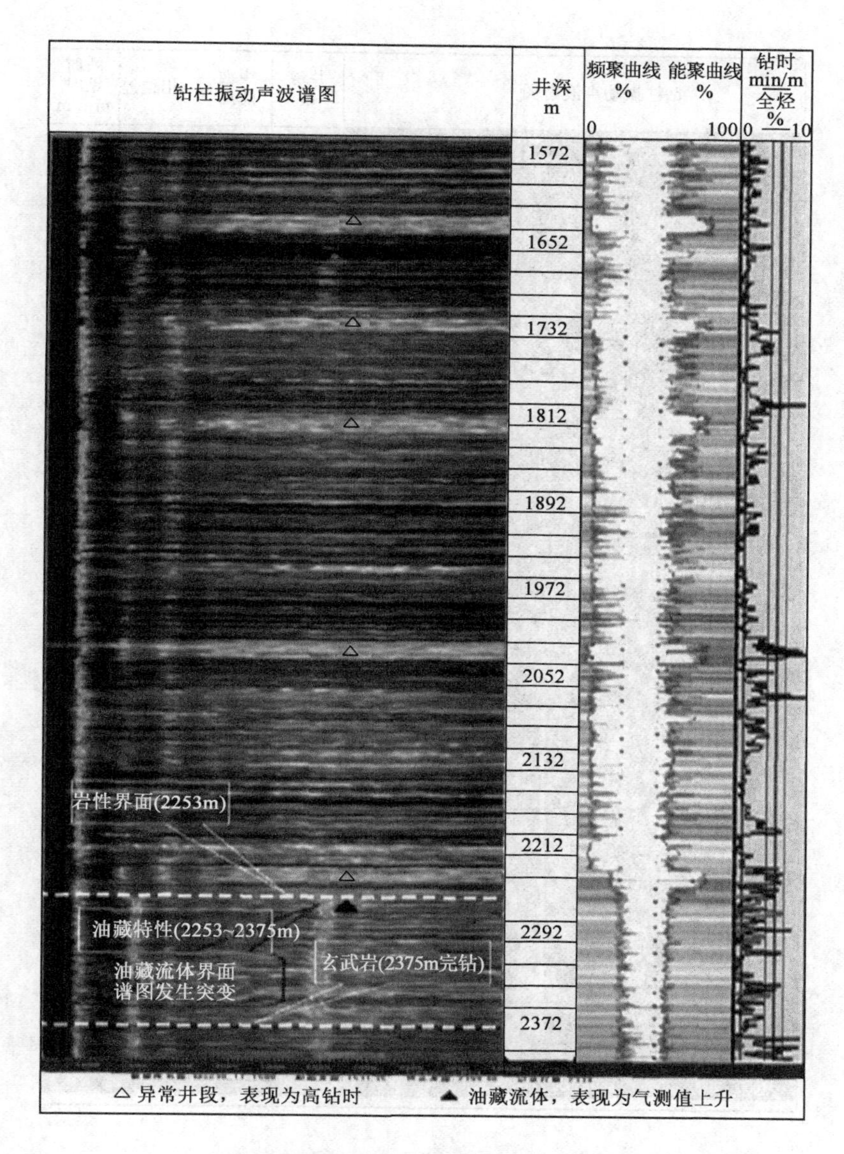

图 3－34 钻柱振动声波频谱与频聚和能聚曲线图(据高岩,2009)

对地层的变化具有一定的敏感性,这些曲线可以辅助判断岩性和油藏的变化。依据该井设计,DVL 录井井段上部为灰色、灰白色含砾砂岩、细砂岩与灰绿、棕红色泥岩互层;下部为灰白色含砾砂岩、细砂岩夹灰绿色薄层泥岩;钻穿油层后曾出现灰黑色玄武岩。图中给出了该井段岩性的解释,显示出了夹层异常井段信息和油藏界面,进入油藏界面时(气测全烃显示明显),DVL 谱图明显与之对应,井深 2253～2375m 对应油藏显示,至 2375m 进入玄武岩,由此完钻。

图 3－35 为另一口井的 DVL 的测量成果,井深采样间隔为 1cm,即分辨率达到每米 100 样本点。图中给出了井深 1815～1874m 的频谱曲线,采用信号能量曲线和相关函数方法对频谱数据进行在线解释。依据相位差曲线,将每个岩性分层用虚线表示,对应于相位差稳定的曲线段,与实际录井岩性基本吻合。

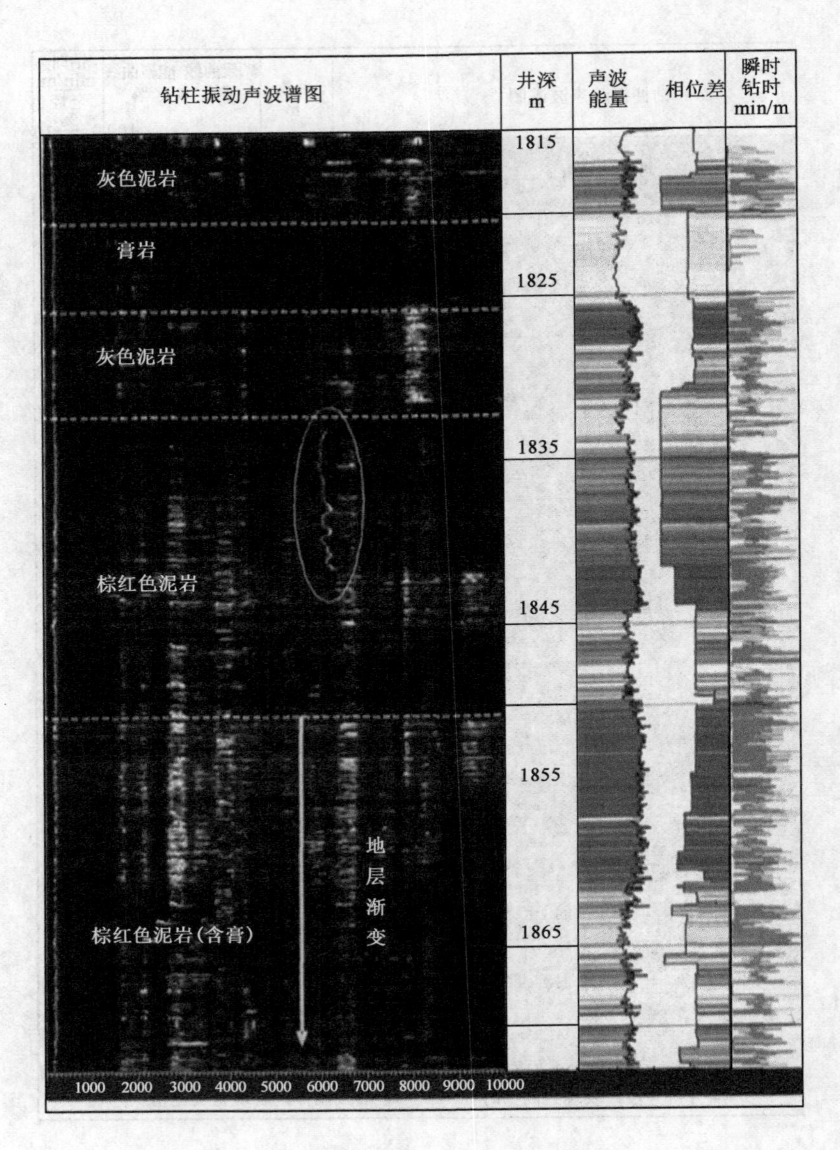

图 3-35　某井的部分 DVL 数据和解释(提高岩,2009)

1. 相位差曲线间接反映地层的突变与渐变

从相位差曲线的变化可以看出,地层的变化存在着突变与渐变。如图 3-35 所示,膏岩层(1820～1825m)基本上在频谱图中和相位差曲线中表现出一致性,曲线中的浅色面积对应于信号能量较弱,说明膏岩层的信号比较弱;相反,深色面积表示信号能量较强。

当地层由棕红色泥岩逐渐过渡到含膏泥岩时(1850～1870m),相位差曲线表现出渐进阶跃变化趋势,如图所示地层渐变部分。通过相关函数的计算,结合信号的能量曲线(或面积颜色变化),可以通过一幅抽象的频谱图较清晰地描述地层的变化,有利于对地层进一步的认识。

在录井描述岩屑时,一般给出岩样成分百分比,不能确切定位岩样的具体位置,当然,测井数据可以给出岩性的具体分层位置,但是测井数据必须停钻完井后才可以获取。通过 DVL 技术的应用,可以更早地了解地层的变化。

2. 振动声波能量曲线反映岩性界面变化

振动声波信号的能量采用调色板填充曲线面积(由弱到强),可以增加谱图的可视效果。当地层较硬时,振动声波能量增大,反之则减小。

总之,应用频谱图、频矩和能矩曲线可以较好地划分地层和识别岩性,可以极大地弥补常规录井的不足。

第七节 随钻地震建立地层剖面

一、基本原理

随钻地震(Seismic while drilling,SWD)是利用钻头振动(称为钻头信号)作为震源,在地面上用检波器进行观测。随钻地震是一种逆 VSP,也称为随钻 VSP,它结合了地面地震和井中垂直地震(VSP)的优点,具有不干扰钻井工作,不占用钻井时间,无检波器下井风险,在深度方向可以连续测量,勘探效率高(特别对 3D 观测和多炮检距、多方位观测)等特点,最重要的是它可以实时预测井筒周围、钻头前方地层的构造细节,达到减少钻探风险的主要目的。如果在所钻井周围的其他井中安置检波器测量,钻头振动噪声又可作为井间地震的震源,即随钻井间地震。

随着钻头的破岩作用,会产生多种类型的地震波:

(1)钻头体波:钻头冲击地层的纵向力 F_v 产生纵波(P 波)和横波垂直分量(SV 波)。横向力 F_h 产生横波水平分量(SH 波),这些波以体波形式在地层中传播;纵向力 F_v 可抽象为沿井轴方向作用的单极点力。P 波和 SV 波的传播是对称于井轴的。当体波(P 波和 SV 波)的波长大于井孔半径时,井孔不影响远场波的位移。在只有纵向力的情况下,无 SH 波的传播(图 3-36)。

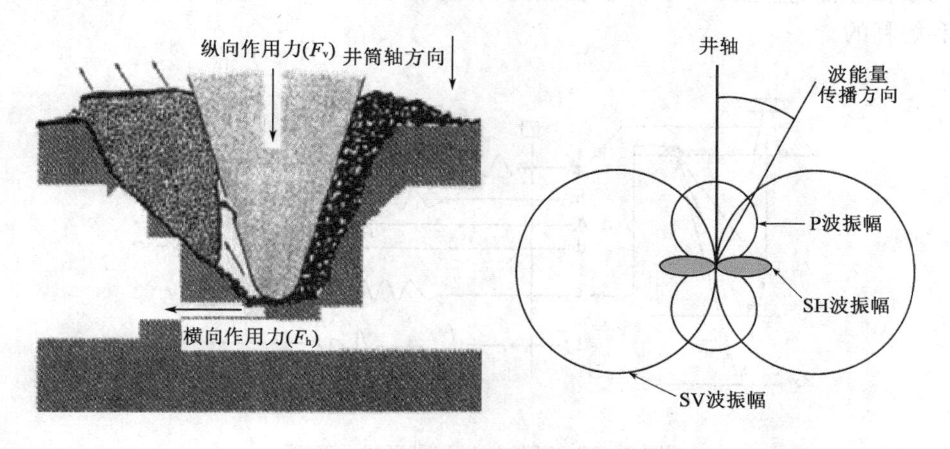

图 3-36 钻头受力与波产生情况

(2)张性波:由于钻柱的存在,沿着钻柱传播的张性波可以产生一组新的波,称为次生波,包括钻机波、首波、钻杆多次波、钻具组合多次波。它们可以被地表埋置的检波器接收到(图3-37)。

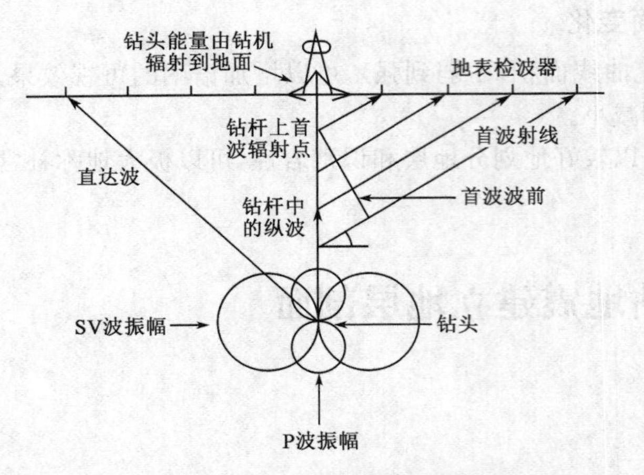

图 3-37　钻柱波的射线路径示意图

① 钻机波：张性波的能量由钻柱传播到顶端，通过钻绳进入桅杆式井架，由钻机传入地层，产生沿着地表传播的地滚波。该波的特征与震源点在钻机处的一个炮点道集记录相类似。

② 首波：在钻柱中，张性波的径向位移使声能传入钻井液中，然后再传入地层。当钻柱中的波速度大于井旁地层速度时，传入地层中的能量形成首波。在均匀固体介质的远场中，首波波前与井轴之间形成一个夹角 H_c，夹角与地层速度 A 和钻柱的波速度 M_{DS} 有如下关系：

$$\sin H_c = A/M_{DS} \tag{3-29}$$

③ 钻杆多次波和井底钻具组合多次波：钻头能量向上传播到钻柱横截面有变化的地方时产生反射，部分能量向下返回到钻头，再传入地层。钻柱顶端 RT、井底钻具组合与钻杆连接处 RBD 是两个明显的反射界面，能量由 RBD 反射以后，在钻头处产生了 BHA 多次波，能量由 RT 反射以后，也能产生多次波（称为钻杆多次波），部分多次波的能量向下传播到钻头，并被辐射到地层。其余的多次能量则向上传回到钻杆，再在钻杆顶端产生第二次钻机波、第二次首波以及高次钻杆波。

对于地面测线上的每一道（或称检波点）来说，它的工作原理如图 3-38 所示。在钻井过程中，钻头信号在发送到地层的同时，井口的参考检波器记录沿钻柱传播到顶部的参考信号。设钻头下方有两个反射层 R_1 和 R_2，地面布置的检波器接收到直达波和两个反射波的时间分别为 t_1、t_2、t_3，如果把它们分开记录下来，便如图中 b、c、d 所示。当然，实际得到的随钻地震记录是 b、c、d 三条曲线叠加的结果（还有多次波和干扰背景等），即图中 e 所示。由于钻头信号延续时间很长，所以直达波和每个层的反射波的延续时间也很长，它们叠加在一起后人眼是无法分辨和解释的。

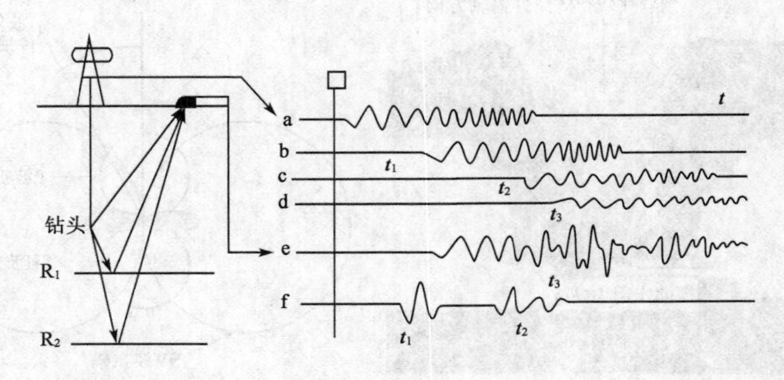

图 3-38　随钻地震记录形成示意图

在实际钻井过程中，还有柴油机、发电机、钻井液循环、人工操作发生的碰撞等都会形成各种各样的干扰波。这就需要采用多种滤波算法去掉干扰、分离出钻头振动的地震波信号。

二、基本方法

1. 传感器布置

钻头震源波的部分能量沿着钻杆自下而上传播。在钻杆顶端安装的参考传感器，接收向上传播的振动波，简称参考信号，也称先导信号。如图 3－38 中 a 就是先导信号。

随钻地震的采集是在井场周围的地表面上埋置地震检波器，接收来自地下的钻头振动信息。通常检波器是按一条直线等距布置，进行二维观测（图 3－39）；也可按面积布置，进行三维观测（图 3－40）。在观测方法中通过检波器组合和增加接收排列的偏移距来消除地表干扰波（主要是面波）。

如图 3－41 是塔里木吉南 5 井随钻地震检波器组合图以及检测到的各种地震波图。

2. 采用的流程和算法

图 3－42 为随钻地震资料处理的一般流程，在这一流程中，常常用到以下算法。

1）相关分析

相关分析是研究不同信号间密切程度的一种统计方法，它是描述两个信号间线形相关程度的，所以也称为线形相关分析。当两个信号，一个是源信号，另一个是经过了介质传播后的信号，因为频率、波形等有很高的相似性，进行相关处理，信号是加强的，而非同源信号则是互相削弱的。在图 3－38 中，参考信号（图中 a）同记录道叠加信号（图中 e）在互相关后所得的曲线（图中 f）上，出现三个短脉冲，它们分别是 a 同 b、c、d 的互相关函数图形。这三个短脉冲的极大值所对应的时间，就是直达波和两个反射波到达接收检波器的时间。另外，高阶统计量方法是近几年国内外信号处理领域内的一个前沿课题，它包含了二阶统计量没有的大量丰富信息，广泛应用于所有需要考虑非高斯性、非最小相位、有色噪声、非线性或循环平稳性的各类问题中。凡是相关函数进行分析与处理，而又未得到满意结果的任何问题都值得重新使用高阶统计量方法。

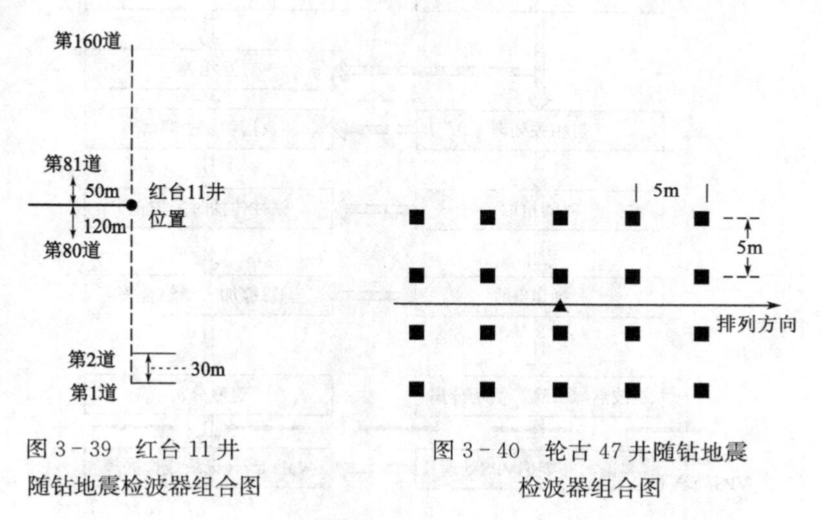

图 3－39　红台 11 井随钻地震检波器组合图

图 3－40　轮古 47 井随钻地震检波器组合图

2）反褶积

随钻地震资料处理的重点是消除干扰和提取最佳钻头信号。实际中参考信号是在井口得到的，参考信号与钻头信号存在差异。钻柱系统对钻头信号的作用称为褶积（或称为卷积）。

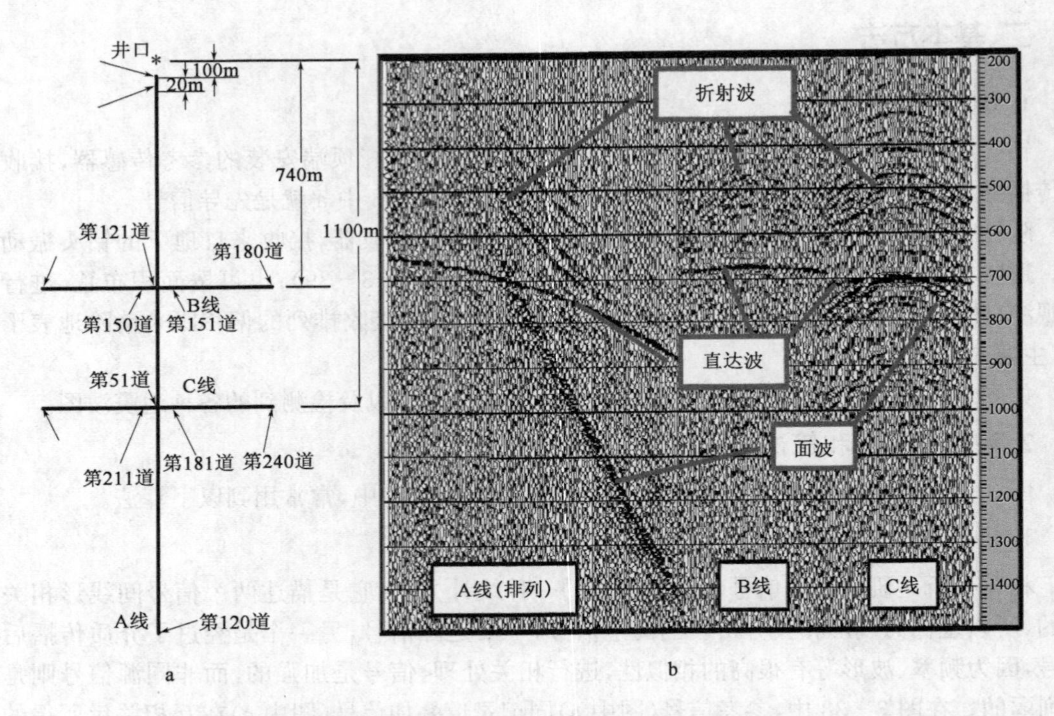

图 3-41　吉南5井随钻地震检波器组合以及检测到的各种地震波图(经过相关处理后)

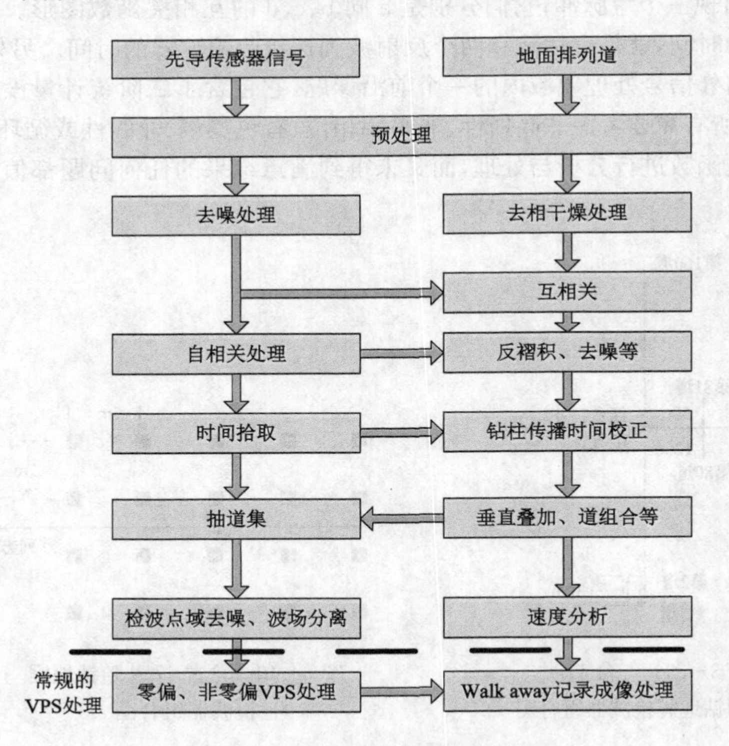

图 3-42　随钻地震资料处理流程

也就是说,参考信号是钻头信号与钻柱系统函数褶积得到的。为了使参考信号恢复为井下钻头信号,随钻地震资料处理中必须要进行反褶积,消除钻柱传播影响。反褶积的目的就是要把参考信号处理成钻头信号。同时外界的振动如柴油机、钻井液循环引起的振动是可以用另外的传感器检测的,它们对钻头信号的干扰也可以用反褶积消除。反褶积属于数学物理问题中的一类"反问题",虽然存在特定条件下观测数据的微小变化可能导致解的很大变化,但是迄今所取得的进步使该项技术成为工程和科学中许多领域不可缺少的工具。

3)小波变换

小波变换是将信号投影到不同空间,这些空间的基函数具有不同的频率和一些物理特征,小波变换的结果包含了小波部分和尺度部分。小波部分可以很直观观测到反射波到达时间,对分析反射面是很好的工具;尺度部分属于地震波的低频部分,能滤掉与有用信号频率不一致的高频振动信号。

4)希尔伯特黄变换(HHT)

希尔伯特黄变换的核心思想是将时间序列资料通过经验模态分解(Empirical Mode Decomposition,EMD),分解成数个固有模态函数(Intrinsic Mode Function,IMF),然后利用希尔伯特变换构造解析信号,得出资料的瞬时频率和振幅,进而得到希尔伯特谱。HHT首先假设:任一信号都是由若干固有模态信号或固有模态函数组成的,一个信号可以包含许多固有模态信号,如果固有模态信号之间相互重叠,便形成复合信号。该方法首先将信号分解为有限个具有固有模态的函数之和,并认为这些固有模态函数均为窄带信号,利用希尔伯特变换对其求得的瞬时频率。对于随钻地震,希尔伯特黄变换能够有效分离频率相近的噪声干扰。

5)F-K滤波

对地震波信号做二维傅里叶变换,将时—空域的数据变换到频率—波数域,这时下行波在正波数域,上行波在负波数域。对频率—波数域的信息做滤波处理,正半平面的数据乘以小数,使下行波衰减,负半平面的上行波不受影响,最后对结果做二维反傅氏变换回到时—空域,这时下行波已经衰减,上行波增强。直达波和反射波将自动分离,互不重叠。另外,$\tau-P$域滤波可以分离随钻地震中的直达波、反射波和不同视速度多次波波场的效果;中值滤波可以较好分离上行、下行波场。

三、随钻地震资料的解释与应用

1. 随钻地震资料解释

某探井所在区域覆盖有良好的三维地面地震数据。地面布置一条测线,其方位为79°,测线长度2200m,共有45个测点。第1个测点距井口的距离为200m,测点间距为50m。采用断续记录,每段的记录时间长度为8min。记录时间与软地层中的5～6m或硬地层中的0.15m相对应,这两个数值低于采集参数所能达到的分辨率。对随钻地震资料进行数据处理,主要是参考信号经反褶积后与地震测线上的检波点记录道进行互相关处理、补偿速度与加速度的90°相移等,得到随钻地震剖面(图3-43、图3-44)。

图3-43表明当钻头钻到4778m时,实时采集和处理的随钻地震资料。地震剖面的横坐标为距离(以测点序号表示),纵坐标是地震纵波传播时间。从图3-43中可以看出,数据的质量很高,从第5个观测点就能拾取初至波传播时间为1.65s。对倾斜的传播射线进行校正后,可估计钻头在穿过探井的参考地震剖面上的位置(3.19s)。

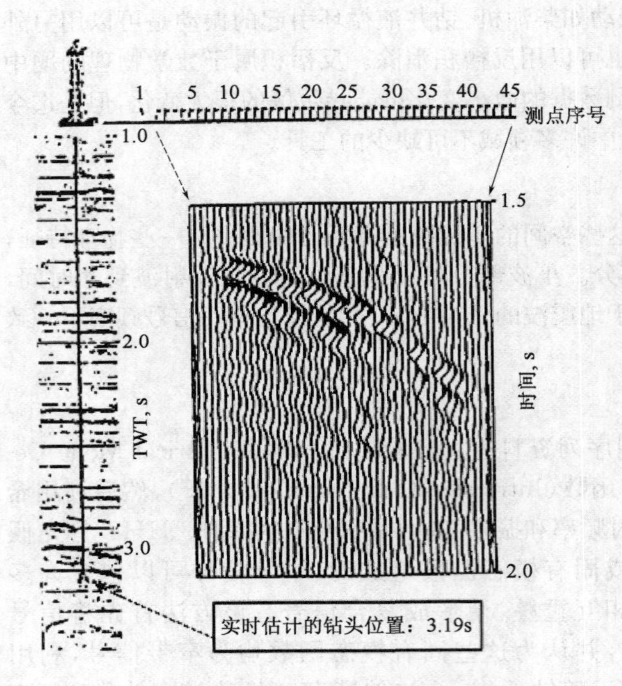

图 3-43　随钻地震剖面(据张绍槐等,1999)

图 3-44 中给出了随钻地震测量经反褶积后得到的上行波及相应的地震剖面(即走廊叠加面)。记录深度区间为 4220m 至 4780m。两边是过井的参考地震剖面。图 3-44 中走廊叠加剖面的横坐标为钻头深度,纵坐标是地震纵波传播时间。在走廊叠加剖面中 3.32s 左右存在一个连续性很好的同相轴(即图中深黑图像的走向线),结合井旁的参考地震剖面,解释为目的层白云岩的顶部。根据地震纵波传播速度的假设,将钻遇地震层序时间预测值转换成深度。当钻头深度为 4780m,预测目的层白云岩的深度为 5065m,实际钻探结果表明白云岩顶部埋深为 5050m,两者深度误差为 6%。

2. 随钻地震资料的应用

随钻地震获得的信息有地震波的旅行时间、传播方向、频率、相位(波形特

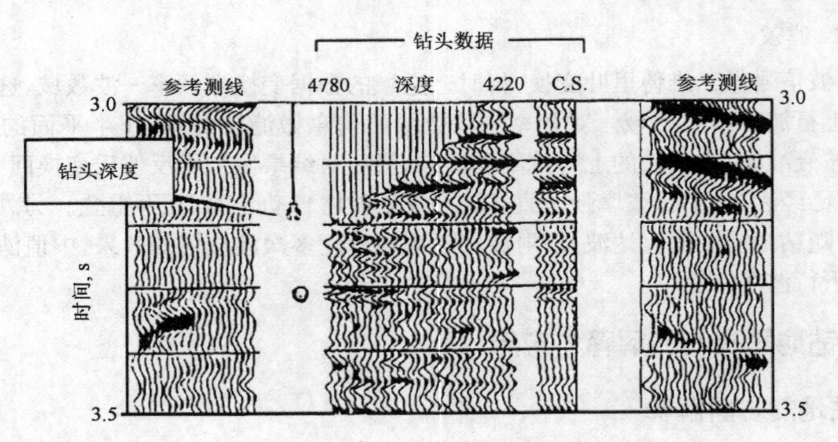

图 3-44　随钻地震资料预测钻头下方地层(据张绍槐等,1999)

征)、极性、偏振等。它们反映岩层的波阻抗、反射系数、衰减、层速度、泊松比、各向异性等物理特征,也是岩层的地球物理特征。根据岩层的地球物理特征可以得到以下应用。

1)随钻地震研究井孔附近的地层构造细节

在随钻地震中,地震波的传播时间与钻头深度之间的关系称为垂直时距曲线。直达波的传播时间与钻头深度成正比;反射波的传播时间与钻头深度成反比。当地下介质呈层状分布时,直达波垂直时距曲线是一条折线,折点与地层分界面的位置对应。各段直线的斜率倒数就是地震波在各层介质的传播速度(层速度)。反射波垂直时距曲线反映钻头下方某一深度的地层分界面。将直达波和反射波的垂直时距曲线按照它们在井底以上的趋势向深处延伸或外推,两条线相交的深度就指示反射层的深度。

随钻地震可以实时得到速度资料，对地震剖面进行重新处理（主要是偏移）和修改地质模型，也可以预测地层孔隙异常压力；对声波测井资料进行校正，从而实现测井与速度的一致性；利用得到的时深关系数据，从而确定所钻深度在地震剖面上的精确位置；预测钻头前方的地层（包括岩性、地层压力等）。随钻地震具有较高的信噪比、垂直分辨率、水平分辨率。它可以确定井旁小断层。由于礁块下基底灰岩波阻抗很强，有可能得到良好的反射，利用随钻地震资料可识别礁块下基底灰岩。地层不整合面在随钻地震资料中往往显示出强的反射面，利用这些特点可以解释地层不整合面是否存在。利用随钻地震资料可求出地层界面的倾角。对于单层平反射界面倾角可用几何解析法，对于比较复杂的情况常用迭代反演方法。利用随钻地震资料确定断点离井的距离。这是由于断点产生的绕射波同相轴确定引起这些绕射的地层断点离井的距离。这些绕射点离垂直井的距离，是精细解释随钻地震研究井附近地下构造图像关键的量。综合利用直井和斜井的随钻地震资料，可以查明井孔附近的地层构造细节。

2）随钻地震可测得实时井深、钻头位置和井身轨迹曲线

从随钻地震记录中可以拾取直达波的旅行时间 t_{0i}，求出钻头上覆地层的平均速度，求出钻进过程中任意深度的钻头空间位置，得到井身轨迹的空间曲线，以二维剖面为例（图 3-45）具体分析。

设：钻头的深度为 z，检波器 1、2 两点到井口的距离分别为 x、y，钻头到 1、2 两点的距离分别为 S_1、S_2，地层传播速度 v，则钻头到 1、2 两点的旅行时间分别为：

$$S_1=vt_1 \text{和} S_2=vt_2 \quad (3-30)$$

钻头到 1、2 点的距离差为：

$$\Delta S_1=S_1-S_2=\sqrt{z^2+x^2}-\sqrt{z^2+y^2} \quad (3-31)$$

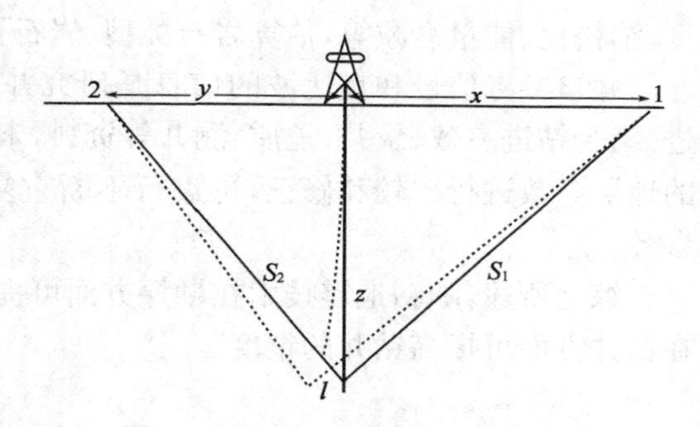

图 3-45　二维剖面上钻头位置的确定
（据张绍槐等，1999）

如果钻头偏离垂直井轴的距离为 l，那么钻头到 1、2 两点的距离偏移为：

$$\begin{aligned}\Delta S_2&=\sqrt{z^2+(x+l)^2}-\sqrt{z^2+(y-l)^2}-\Delta S_1\\&=\sqrt{z^2+(x+l)^2}-\sqrt{z^2+x^2}+\sqrt{z^2+y^2}\\&\quad-\sqrt{z^2+(y-l)^2}\end{aligned} \quad (3-32)$$

应用中值定理：

$$f(b)-f(a)=(b-a)f'(c) \qquad (a<c<b) \quad (3-33)$$

则：

$$\Delta S_2=\left(\frac{x}{\sqrt{z^2+x^2}}+\frac{y}{\sqrt{z^2+y^2}}\right)l \quad (3-34)$$

选择 $x=y$，在已知地层速度 v 和 1、2 两点的直达波时差 $\Delta t=t_{01}-t_{02}$ 时，可求出钻头偏离垂直井轴的距离：

$$l=\sqrt{\frac{z^2+x^2}{4x^2}}\cdot v\cdot \Delta t \quad (3-35)$$

随钻地震在地面的井场周围进行全方位观测，得到多条过井的随钻地震剖面。类似上面的方法，求出不同方向的钻头偏离垂直井轴的距离。最终确定钻头在深度 z 处的空间位置（倾

斜角、方位角)。将不同深度 z 处的钻头空间位置连起来,就得到井身轨迹的空间曲线及井身参数值,为井身轨迹控制提供地质导向依据,使井身轨迹准确"入窗上靶"。实现实时地质导向,提高定向井、水平井和丛式井的钻井精度。在探井中可以及时发现油气层,提高探井成功率,特别是在第一口探井中发现油气层。采用横波可以识别裂缝带,为低渗透砂岩及碳酸岩等裂缝型油藏提供有关信息。随钻地震获取的信息是油藏未被污染的原始参数,这对制定保护油气层和油藏描述等工作具有重要价值。

因为震源是位于井底的钻头,所以信息采集和识别精度基本不受井深影响,在深井井段有明显优势。

3)地层参数的综合研究

钻头信号的形成取决于钻头类型、钻井方式、井眼结构、钻具动力、转速以及地层性质等因素。井口参考信号是研究正钻地层的重要信息。参考信号能量的大小与所钻地层的硬度有关。现场试验表明地层越硬,能量越强。研究参考信号的统计特征(均值、方差等数字特征),将井底岩石划分成具有不同硬度的地层模式,可以诊断、识别井底的岩性。

井场周围的地震检波器记录了大量来自地下的地层信息。经过现场实时处理,可以从地震波的传播时间、传播方向、频率、波形、极性、偏振等信息中获得地层的纵波和横波的传播速度、泊松比、能量衰减等,估算岩石类型、岩石孔隙度、孔隙压力和其他声学敏感的岩性参数。

井口参考信号和直达波的信息是研究井底钻头处地层参数的主要依据。随着钻头的钻进,结合钻进参数、录井、地质、测井等资料,未知地层的参数逐步变为已知;再与外推钻头下方的地层参数进行比较和修正,再进行不断重复外推,使钻前外推地层参数逐步逼近真实地层参数。

综上所述,随钻地震技术在勘探方面可提高探井的成功率;在开发方面可提高开发效益;在钻井方面可提高钻井的精度。

第八节　数学地质方法建立地层剖面

录井资料常规解释主要依靠曲线对比或图版分析。但实事求是地讲,很多单井解释工作往往在完井资料整理阶段才能完成,而很多需要现场拍板定案的工作(例如层位划分),如果没有测井资料佐证,往往是底气不足的。录井解释中大量的经验成分,降低了解释成果的可靠性,尤其对于年轻的录井队伍,差错往往会铸成重大事故。

20 世纪 70 年代我国大范围发展起来的数学地质研究,在近半个世纪的进程中,为油气勘探和开发做出了巨大贡献。针对录井现场这一得天独厚的井场数据中心,大数据量的融合与综合解释,数学地质方法必然可以取得很好的应用效果。

一、录井数据的特点

现代录井数据至少具备下列 3 个特征。

(1)录井数据均为有序数列:录井数据是按井深或时间排布的有序数列,在计算机采集和存储的录井数据中,既有深度数据文件,也有时间数据文件,在实时解释上,多依靠时间数据,而在完井评价上，多依据深度数据。

(2)变量种类浩繁：录井采集的原始数据约 50 余种，但衍生的中间数据、分析数据多达 500 余种。例如，录井井深的原始数据是钻机绞车的旋转码，其计算过程中还出现大钩高度、防碰距离、划眼深度、钻具上提和下放速度等数据，得到井深数据后，还要派生出迟到深度、垂深、斜深等数据。

(3)数据属性多元化：由录井性质决定，钻井工程参数也在录井数据范围内，而且与地质数据有复杂的交叉。以井深为例，井深应属地质数据，但参与计算的数据还有钢缆直径、股数、滚筒直径、周长、悬重等。而某些钻井参数，如钻时或钻速，本身就包含重要的地质信息。

录井随钻解释的地质问题不外乎 4 个：岩性的判识、物性的判识、地层层位的判识和含油气特性的判识。实践证明，任何单一参数的解释，都具有很大的多解性，数学地质方法可以通过各种数学模型，合理地融合多变量的贡献，得出可靠的解释结果。

二、常见的数学地质处理方法

与其他地质学科的数学地质方法一样，录井数学地质方法主要是地质多元统计，其中主要包括回归分析、趋势分析、聚类分析、判别分析、因子分析、对应分析、典型相关分析、时间序列分析、非线性映射、马尔科夫链等数学方法。但根据录井数据的特点，多元统计分析的内容并不复杂，可根据地质或工程目的，在探索中逐步形成一套行之有效的录井解释技术。

实际应用中，在建立数学录井的解释体系时必须进行与传统解释方法不同的数据预处理，主要包括以下 5 种方法。

1. 变量筛选

在浩繁的录井数据中，尤其是实时数据，针对所要解决的地质或工程问题，有效的只是为数不多的变量。因此，选出有效变量、舍弃无效变量是解释成败的重要环节。例如：在没有激光拉曼光谱、核磁共振、紫外吸收这些新的录井方法之前，油气显示的解释主要依靠气测、岩石热解、轻烃、荧光等参数，但钻井液出口排量、液面、电导率、温度、密度等参数也很有价值，再加上槽面、岩屑描述等定性数据，如果把这些变量都参与到多元统计中，计算量肯定很大，应用效果可能还不如人工经验分析。因此，逐步回归分析、逐步判别分析、因子分析等方法在变量的筛选中都具有较好的应用效果。

2. 数据的标准化

使用录井定量数据时，由于各个录井变量的单位、量纲、量程、精度往往是不相同的，而且各个变量的数值大小、变化范围也是不相同的。如果对这些原始数据不进行处理，在计算结果中就会突出那些数值大的录井变量的作用，而降低那些数值小的录井变量的作用。因此，有必要对数学录井定量数据进行标准化处理。

标准化分为变量的标准化和录井样品的标准化。变量标准化的方法有总和标准化、最大值标准化、向量模标准化、中心标准化、标准差标准化、极差标准化等；录井样品的标准化是指在做好采样频度定量、面积定量、体积定量、质量定量的基础上，再进入变量标准化程序。

至于现有的定性数据标准化问题很多已在录井技术标准中予以规范(如颜色、含油级别等)，对于尚未规范的二态数据的处理相对简单，可看作非零即一，而多态数据则可仿照等级量化进行处理。

3. 非线性变换

录井变量间经常会出现非线性关系，例如，泵压(立管压力)与出口排量之间，往往不是呈线性关系，而正是这种非线性关系中蕴藏许多地质信息。再如，色谱分析中全烃与组分之间在重组分极其微量的情况下，往往要通过二次拟合函数进行处理，才能用于油水层的解释。

非线性数据的处理方法很多，主要包括幂函数、指数函数、对数函数等。

4. 混合数据处理

混合数据是指定量数据和定性数据兼而有之的数据集合，这在岩心、岩屑描述中经常遇到。一般地层岩石含有物都有数值，而其颜色、结构、构造等都属于定性描述范畴。此类处理方法的要点是：首先把每个变量的数值范围变换到 0～1 之间，然后在此基础上建立混合数据之间的相似系数矩阵。

5. 离群数据替代

在录井数据中经常见到突高突低的数据，这些数据是否正常需经过检验。检验的方法有类比沃洛多莫夫公式计算法、统计检验法等。确定为离群数据后，若只有一个数据离群，则将该数据与总数据平均值再平均作为替代值；若有多个离群数据，则由多离群数据替代公式计算出替代值。

综上所述，只有经过预处理的录井数据才能进入多元统计程序。由此可见，在数学地质方法的应用中，做好录井数据的预处理是用好录井数据的关键，也是深入研究的重点。

思考题

1. 简述 PDC 钻头钻井对地质录井的影响。
2. 简述欠平衡钻井对地质录井的影响。
3. 录井地层剖面建立的主要方法有哪些，其优缺点如何？
4. 钻时处理方法的主要类型是什么？
5. 简述快速色谱法在地层划分与岩性描述中的作用。
6. 简述元素录井进行岩性识别的具体方法及基本特点。
7. 简述 PDC 钻头工况及地层岩性模型。
8. 简述钻柱振动录井基本原理及方法。
9. 简述随钻地震基本原理、方法及地层剖面建立。
10. 简述常见的数学地质处理方法。

第四章
录井烃源岩评价

针对流体评价的有机地球化学方法在录井技术上的广泛应用，已成为当今录井技术发展的一大特色，从早期的定性荧光分析、定量的气测法、罐顶气轻烃录井、热解分析等技术，逐步发展了定量荧光（二维、三维）、流体录井（法国地质服务公司的 Flair 技术）、快速色谱、离子色谱、同位素录井、TOC 分析等。这些技术都源自于石油的有机成因理论，在以往的录井评价中，只将重点放在储层的流体评价上，对烃源岩的评价工作比较薄弱。

经典的油气地球化学以烃源岩为核心，它主要服务于油气勘探，其应用主要体现在两方面，一是烃源岩评价，二是油源对比。烃源岩评价主要回答研究区能否生烃、生成了多少烃类？即一个探区是否值得勘探、有利区在哪？油源对比则主要回答烃源岩所生成的烃类到哪里去了？或者，所发现的油气来自哪里？从而为明确有利勘探方向服务。现代油气地球化学的研究重心已逐渐向油气藏转移，需要回答油气藏形成的机理、历史、过程和组分的非均质性及其在油田开发过程中的变化。它既可以服务于油气勘探，也可以服务于油气藏评价和油气田开发。

第一节　烃源岩及油气成因理论概述

一、烃源岩的概念

Hunt(1979)认为，烃源岩(Source rock)是指自然环境下，曾经生成并排出过足以形成商业性油气聚集数量的任一种细粒沉积物。而 Tissot 等(1978，1984)倾向于认为烃源岩系指已经生成或有可能生成，或具有生成油气潜力的岩石。从原理上理解，Hunt 的定义更为合理，因为任一岩石都会或多或少含有有机质，因而都会有生成或者具有生成一定数量油气的能力，但它们并不都是烃源岩，只有对成藏做出过贡献的才能成为烃源岩。但是从应用上看，可能 Tissot等的定义更为实用，因为商业性的油气藏本身是一个随油价及勘探开发技术而变化的概念。

我们推荐的烃源岩定义为：已经生成或有可能生成，或具有生成油气潜力的细粒岩石。这既包括泥岩、页岩，也包括碳酸盐岩和煤岩，既包括油源岩，也包括气源岩。由烃源岩构成的岩层(地层)称为烃源岩层。

当然还可以用有效烃源岩表明已经生成并排出了商业性油气的烃源岩，用排烃岩表明发生过明显排烃作用的烃源岩，用好、中、差、非(烃)源岩表明烃源岩生烃能力的高低。从其排烃对油藏贡献的有效性来评价，可将烃源岩分为潜在烃源岩、有效烃源岩、残余有效烃源岩和枯竭烃源岩4类(表4-1)。

表4-1　烃源岩类型评价的有效性划分

类　型	定　义
潜在烃源岩	岩石中含有足够量的有机质,如果温度增加,将产生和排出烃类
有效烃源岩	岩石中含有机质,而且目前正在生成或排出形成工业油藏的烃类
残余有效烃源岩	一个有效烃源岩,在耗尽它的有机质供应之前,由于温度冷却事件,比如抬升或剥蚀,已经停止生成和排出烃类
枯竭烃源岩	一个有效的烃源岩,由于没有足够的有机质或由于达到过成熟阶段,已经耗尽了它的生烃和排烃能力

二、烃源岩形成的地质环境

要生成大量的油气,必须有足够的生物有机质,这就要求必须要有利于生物大量生长和繁殖的环境。另一方面,有机质在陆地表面易被氧化,不易保存,需要有保存条件。此外,还要求有利于有机质大量向油气转化的地质条件。这种有利于有机质大量堆积、保存和转化的地质环境受区域大地构造和岩相古地理条件的控制。

1. 大地构造条件

为了确保有机质不断堆积、长期处于还原环境,并提供足够的热能供有机质热解需要,地壳必须有一个长期持续下沉以及沉积物得到相应补偿的构造环境。因为只有在持续下沉并得到相应补偿的构造环境中,才能始终保持有利于生物大量繁殖和有机质大量堆积的水体深度和还原环境,已堆积的沉积物才能不断被新的沉积物覆盖、保存,最后形成有机质含量高的厚层沉积。

如果盆地下降速度低于沉积物沉积速度,水体将迅速变浅,原来的还原环境将转变为氧化环境;若下降速度高于沉积速度,有机质在经过巨厚水层而沉入盆底的过程中将遭到水体中所含氧气的破坏。因此,只有盆地的下降速度与沉积速度大致相当时才有利于有机质转化为油气。此外,下降的速度快、时间长还意味着沉积的厚度大,有机质的数量多,并使有机质迅速进入较大深度,能及早得到较高的地温使有机质向石油转化。因此在下降幅度与沉积物的补偿基本平衡的前提下,下降的速度快、时间长比短时间的缓慢下降生油条件更为优越。

这种大地构造环境主要分布在:板块的边缘活动带,板块内部的裂谷、坳陷,造山带的前陆盆地、山间盆地。

2. 岩相古地理条件

丰富有机质的堆积和保存是油气生成的基本前提,这首先取决于生物的大量繁殖,其次取决于周围的氧化还原环境。只有在还原条件下,有机质才得以保存并向油气转化。具有一定水体深度的内陆湖泊和浅海盆地是良好的生油古地理环境。

在海相环境中,浅海区及三角洲区是最有利于油气生成的古地理区域。滨海区海进、海退频繁,浪潮作用强烈,不利于生物繁殖和有机质堆积和保存。深海区生物少,生物死亡后还要下沉至海底需经历巨厚水体,易遭氧化破坏;加上离岸又远,陆源有机质需经长途搬运,易被海汰氧化,不利于有机质的堆积和保存。大陆架内,水深不超过200m,水体较宁静,阳光、温度适宜,生物繁盛,尤其各种浮游生物异常发育,死亡后不需经过太厚的水体即可堆积下来;在三角洲地区,陆源有机质源源不断地搬运而来,加上原地繁殖的海相生物,致使沉积物中的有机质含量特别高,是极为有利的生油区域;至于海湾及潟湖,属于半闭塞无底流的环境,也对保存有机质有利。在这些浅海区域,浮游生物特别发育,属于Ⅰ—Ⅱ型干酪根。

大陆环境的深水、半深水湖泊是陆相生油岩发育区域。因为一方面湖泊能够汇聚周围河流带来的大量陆源有机质,增加了湖泊营养和有机质数量;另一方面湖泊有一定深度的稳定水体,提供水生物的繁殖发育条件。特别是近海地带深水湖盆,更是最有利的生油坳陷,因为那儿地势低洼、沉降较快,能长期保持深水湖泊环境,保持安静的还原环境。

浅水湖泊和沼泽地区,水体动荡,氧气易于进入水体,不利于有机质的保存。这里的生物以高等植物为主,有机质多属Ⅲ型干酪根,生油潜能差,适于造煤和生气。

此外,古气候条件也影响生物的发育,温暖潮湿的气候条件能提高生物的繁殖力。

三、油气生成的原始物质

1. 油气生成的原始物质的来源

从生物种类来源来看,沉积有机质的生物种类来源首先是浮游植物,其次是细菌、高等植物、浮游动物。而从其生化组分来源来讲,油气生成的物质主要来源于生物的四大原始生物化学组成,它们是脂类化合物、蛋白质、碳水化合物、纤维素(木质素),其中脂类化合物的元素组成和分子结构与石油的最接近,是形成石油的主要组成,而纤维素,尤其是木质素的组成与泥炭接近,是成煤的主要组成(表4-2)。

表4-2 天然有机质与石油平均元素组成(质量分数) (单位:%)

	C	H	S	N	O
碳水化合物	44	6	—	—	50
木质素	63	5	0.1	0.3	31.6
蛋白质	53	7	1	17	22
类脂	76	12	—	—	12
石油	84.5	13	1.5	0.5	0.5

2. 原始有机物质的形成

通过沉积作用进入沉积物中并被埋藏下来的那部分有机质称为沉积有机质。生物死亡之后,大部分氧化成简单的分子,只有一小部分由于沉积在乏氧环境中被泥沙埋藏起来而被保存下来,成为沉积有机质(只占0.8%左右)。沉积有机质可分为以下两类。

(1)原生的沉积有机质:指通过沉积作用,直接或间接进入沉积物中的有机质,包括氨基酸、脂肪酸、脂类及木质素。

(2)新生的沉积有机质:指原生的沉积有机质通过埋藏作用和化学作用重新合成和演化形成的有机化合物,如腐殖酸、干酪根、烃和非烃。

古代沉积岩中分散有机质的组成可包括烃类、沥青和干酪根三类。

(1)烃类:岩石中可溶于有机溶剂的有机质,是有机体生化作用的产物。

(2)沥青：可溶于有机溶剂，是烃类和非烃类物质的混合物，可分为油质、胶质及沥青质，是有机质向油气转化的中间产物。

(3)干酪根：干酪根(Kerogen)一词最初是被用来描述苏格兰油页岩中的有机质，经蒸馏后产出似蜡质的黏稠石油。后来被引用泛指沉积岩中不溶于一般有机溶剂的沉积有机质。1979 年，Hunt 将干酪根定义为：沉积岩中所有不溶于非氧化性的酸、碱和非极性有机质溶剂的分散有机质。与其相对应的可溶部分称为沥青。

3. 生油母质——干酪根的形成

干酪根是沉积有机质的主体，约占总有机质的 80%～90%。Hunt 认为 80%～95%的石油烃是干酪根转化而成的(图 4-1)。Durand 估计，沉积岩中干酪根总量约比化石燃料资源总量大 1000 倍，比非储集层中沥青和其他分散的石油多 50 倍(图 4-2)。在古代沉积岩中，有机质的 80%～99%是干酪根。所以，人们日益认识到研究干酪根的重要性。但干酪根的成分和结构十分复杂，它们的不溶性及来源和经历的多变性给研究带来困难。从岩石中提纯出来的干酪根呈黑色或褐色粉末，是复杂的有机高分子聚合物。在沉积岩中干酪根呈细微分散状态，有时以局部富集的纹层存在于泥岩中。

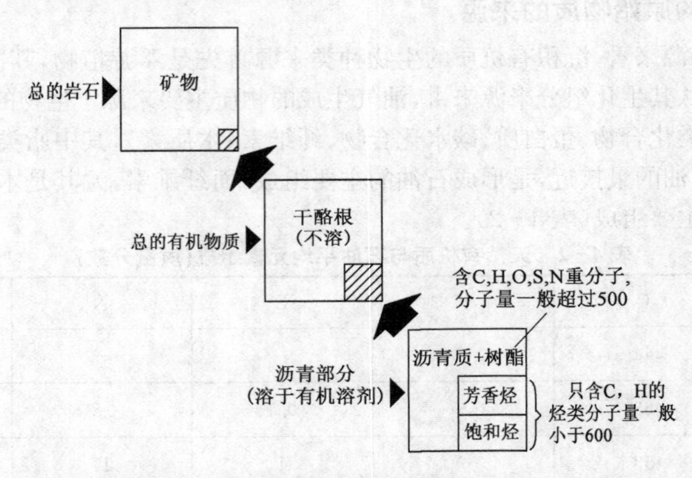

图 4-1　古代沉积岩中分散有机质的组成(据 Tissot 和 Welte,1978,1984)

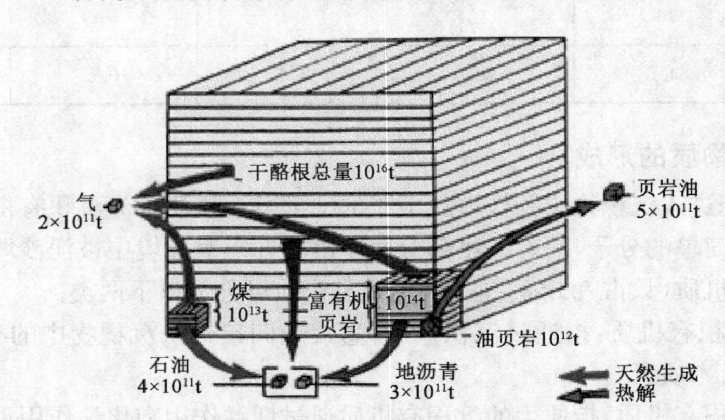

图 4-2　分散的干酪根和化石燃料极限数量对比(据 Durand,1980)

1)干酪根的化学组成

国内外研究表明，干酪根无固定的成分和结构，不能用分子式来表达，主要成分为 C、

H、O。C(76.4%)、H(6.3%)、O(11.1%)三者共占93.8%。此外还包括少量S、N等其他元素。

2)干酪根的结构

干酪根是一种大分子缩聚物,其本身的复杂性和不均匀性给结构研究带来很多困难。20世纪60年代以来,很多学者通过各种物理和化学分析的方法对干酪根的结构进行了实验研究,提出了干酪根的结构模型或假设结构。以绿河页岩为例,绿河页岩干酪根是一个三维网状系统,具有多个芳香结构的核,核上连接着数量不等的具有脂肪族结构的支链,这些核被链状桥、键和各种官能团连接起来,类脂化合物可被聚集在核间的空隙中从而形成立体大分子(图4-3)。

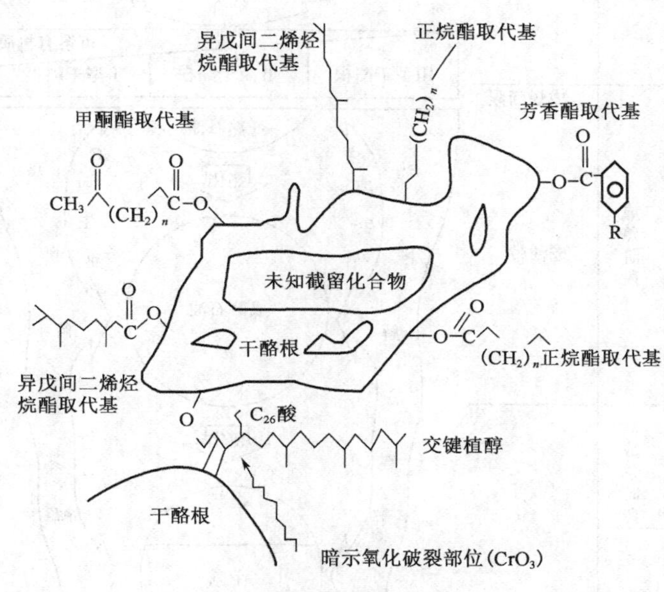

图4-3　绿河页岩干酪根结构特征

3)干酪根的形成过程

干酪根的形成实际上在生物体衰老期就已经开始,直到生物死亡被埋藏下来的成岩作用早期,有机组织发生化学及生物降解和转化,结构规则的大分子生物聚合物(如蛋白质、碳水化合物)部分或完全被分解形成一些单体分子,它们或者遭破坏,或通过腐泥化或腐殖化作用发生缩合或聚合,形成结构不规则的大分子。这些地质聚合物是干酪根的先驱,但还不是真正的干酪根,在沉积成岩过程中,在还原环境下,由于厌氧细菌的作用,发生去氧加氢富碳作用,地质聚合物变化得更大、更复杂、更不规则,这时干酪根才真正形成起来。

简单来讲,干酪根的形成是生物遗体在沉积物中经微生物分解、化学水解以及聚合作用形成腐殖酸,腐殖酸进一步聚合演化而形成干酪根(图4-4),主要经历以下3个阶段。

(1)微生物降解作用阶段:沉积物沉积下来的颗粒处于运动中,早期主要表现为微生物的运动,大分子的有机物质可以通过微生物和酶的作用分解为可溶的有机质,喜氧菌的作用把有机质分解为有机酸、二氧化碳和水,可以把所有有机质消耗。

(2)腐殖质的形成阶段:随着埋藏深度的加大,紧接着是厌氧菌的作用,利用SO_4^{2-}、HCO_3^-的结合氧进行厌氧呼吸,分别称为硫酸盐还原带和碳酸盐还原带。同时产氢菌的活动产生许

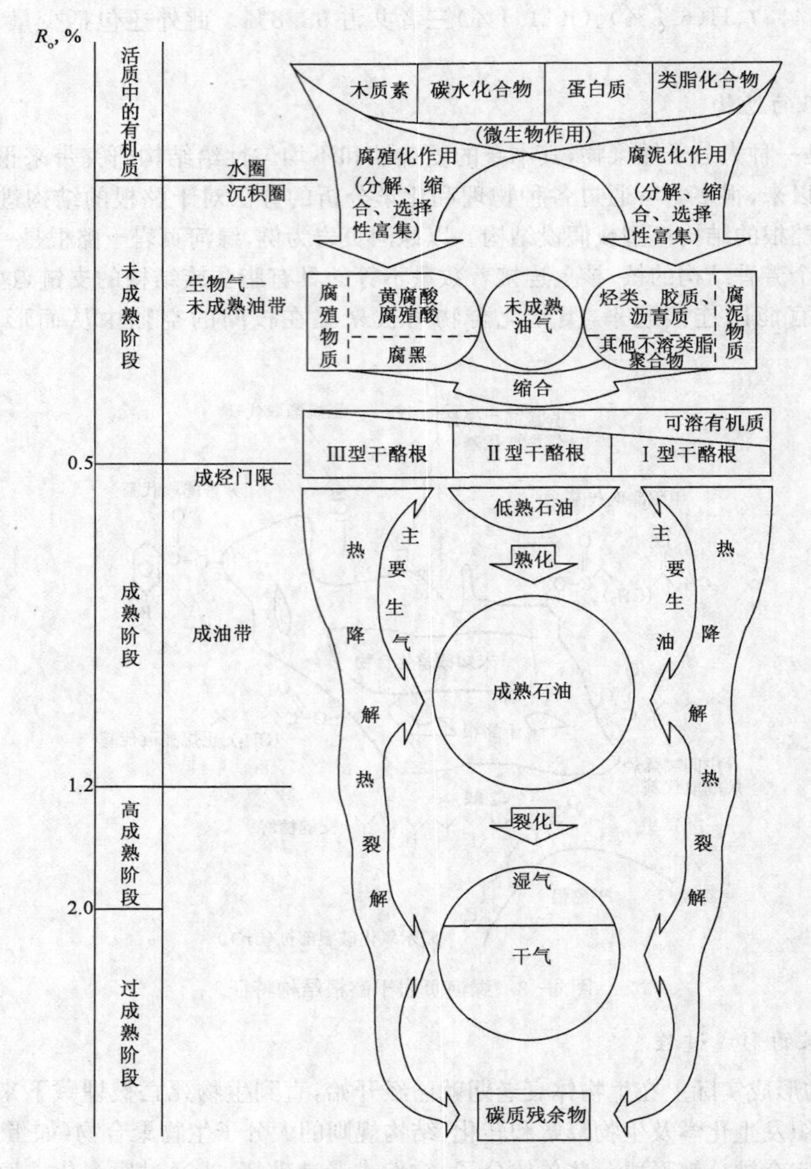

图 4-4 有机质演化示意图(据 Tissot 和黄第藩等图件编绘)

多 H_2,甲烷生成菌的活动可以形成甲烷,生物分解后的残余物质聚合形成腐殖质。

(3)干酪根的形成阶段:随着腐殖质埋深加大,碳含量增高,氧含量降低,形成一种不溶于有机溶剂和碱性溶液的中性有机聚合物,即为干酪根。

并不是所有的有机质都要通过腐殖阶段,有部分类脂化合物被埋藏后基本保存原来的C—H 骨架,发生化学降解,产生相对分子质量较低的烃类,直接成为石油的成分。

关于干酪根的形成途径,日本大石渡良志 1976 年提出认为干酪根的形成有以下 3 种途径:

(1)不饱和化合物——→(氧化、聚合)中间产物——→(聚合)干酪根;

(2)碳水化合物、蛋白质——→(聚合)腐殖酸——→(聚合)干酪根;

(3)脂肪、碳水化合物、蛋白质——→(微生物作用)腐殖酸——→(聚合)干酪根。

4. 干酪根的类型与演化

1)干酪根的类型

由于在不同的沉积环境中,有机质的来源不同,形成的干酪根类型也不同,其性质和生油气潜能有很大的差别,目前主要有如下3种分类方法。

(1)两分法:这是一种比较常用的方法,把沉积有机质分为两大类——腐泥型、腐殖型。前者是指脂肪族有机质在缺氧条件下分解和聚合的产物,它们来自海洋和湖泊环境水下淤泥中的孢子及浮游类生物,主要生成石油、油页岩、藻煤和石煤;后者为泥炭形成的产物,来自有氧条件下沼泽环境的陆生植物,主要可以形成天然气和腐殖煤,在一定条件下也可以生成液态石油。

(2)光学分类方法:根据研究目的和观察方法的不同,有以下两种分类。

孢粉学家的分类:孢粉学家用盐酸和氢氟酸除去无机矿物质后,将有机质残渣放在显微镜下透射光观测,划分出藻质、无定形、草质、木质和煤质五种组分。藻质和无定形组分均来源于海、湖水浮游生物,前者可识别出藻类形态,后者呈多孔状、无结构、非晶形、无定形的云雾状,没有清晰的轮廓;草质组分由孢子、花粉、角质层、叶子表皮和植物细胞构造所组成,大部分来源于陆地;木质组分呈易辨认的长形木质构造的纤维状物质,来源于陆地高等植物;煤质组分,是陆地天然炭化的植物物质和再沉积的炭化物质。上述组分的生油气潜能按藻质→无定形→草质→木质→煤的顺序依次减少。

煤岩学家分类:在显微镜下放大25～50倍的油浸物镜,在反射光下观测煤或干酪根的显微组分,可划分出腐泥组、壳质组、镜质组及惰质组四组。腐泥组包括了藻质体和无定形体;壳质组呈暗灰色,由孢子、角质、树脂、蜡组成;镜质组呈灰白色,具镜煤特征,由泥炭成因的腐殖质组成;惰质组呈黄白色,包括了碎质体、菌质体、丝质体、半丝质体。

(3)化学分类方法:法国石油研究院根据干酪根中的C、H、O元素分析结果将干酪根划分为3种类型(图4-5)。

Ⅰ型:H/C原子比介于1.25～1.75,O/C原子比介于0.026～0.12,以含类脂化合物为主,直链烷烃很多,多环芳香烃及含氧官能团很少。它们主要来自于藻类、细菌类等低等生物,生油潜能大。

Ⅱ型:H/C原子比介于0.65～1.25,O/C原子比介于0.04～0.13,属高度饱和的多环碳骨架,含中等长度直链烷烃和环烷烃很多,也含多环芳香烃及杂原子官能团。它们来源于浮游生物(以浮游植物为主)和微生物的混合有机质。生油潜能中等。

Ⅲ型:H/C原子比介于0.46～0.93,O/C原子比介于0.05～0.30,以含多环芳香烃及含氧官能团为主,饱和烃链很少,来源于陆地高等植物。它生油不利,可利于生气。目前还划出若干中间类型。

2)干酪根的演化

干酪根的演化可划分为以下三个阶段(图4-6)。

第一阶段:基本对应成岩作用阶段,随深度增加,干酪根的O/C比值迅速下降,H/C比值略有降低,表明干酪根生成了一些含氧化合物,这些化合物主要是CO_2、H_2O及含氧的有机物。

第二阶段:相当于深成作用阶段,干酪根H/C比迅速下降,尤其Ⅰ、Ⅱ型干酪根表现得尤为明显,表明生成了富氢的组分。烃类比干酪根更富含氢,当干酪根以C—C键断裂反应生成烃类时，需要主结构中额外的 H 原子，以形成稳定的化合物。

第三阶段：相当于变质作用阶段。三类干酪根的演化曲线在深处趋于合并，H/C 和 O/C 比都变得很小，干酪根中的碳含量高达 90%以上。

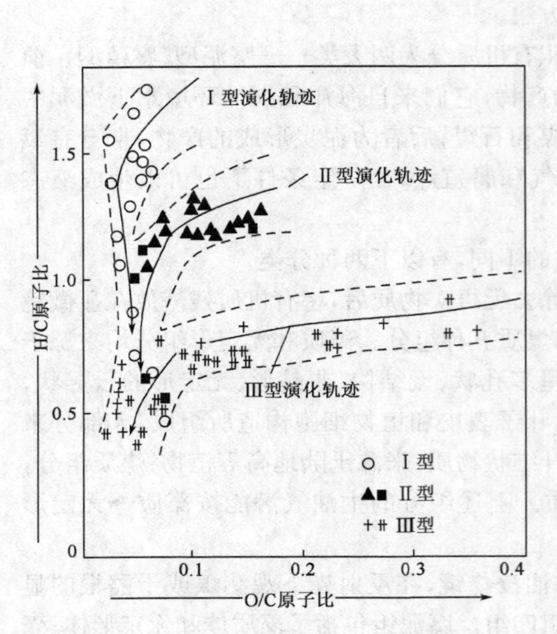

图 4-5　不同来源干酪根的元素分析图解（据 B. Durand 等，1977）

Ⅰ型：○代表美国尤因塔盆地绿河页岩（据 B. P. Tissot 等，1978）；Ⅱ型：▲代表法国巴黎盆地下托尔阶页岩（据 B. Durand 等，1972），■代表德国里阿斯波西多尼希费用（据 B. Durand）；Ⅲ型：卄代表喀麦隆杜阿拉盆地洛格巴巴页岩（据 B. Durand 等，1976），＋代表腐殖煤

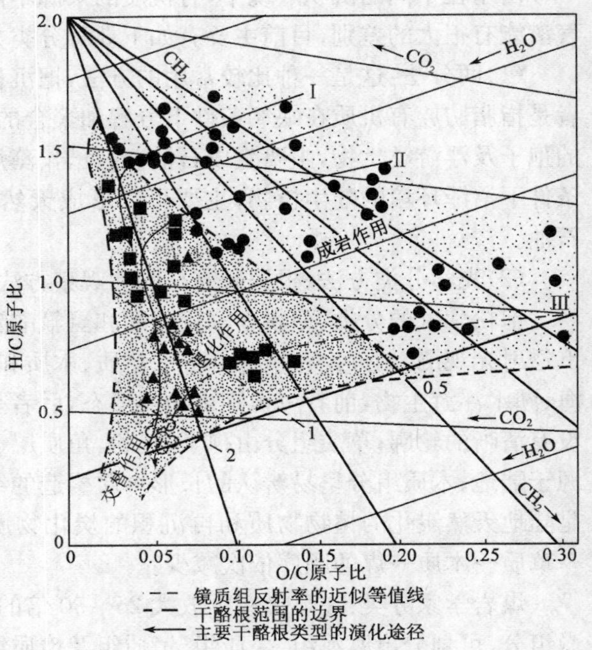

图 4-6　不同类型干酪根的演化轨迹图（据 B. P. Tissot 等，1984）

●代表低成熟样品点；■代表生油样品点；▲代表生气样品点；○代表高成熟样品点

四、烃源岩与油气生成过程

1. 干酪根热降解晚期生烃理论

早在 1915 年，White 就提出热成熟度是控制烃类分布最基本的因素，并指出低、中和高煤阶（也就是热成熟度）的分布制约着石油、天然气和非烃的生成。White 从 Appalachian 盆地观察到的上述有机质热成熟度控制烃类分布的相关关系成为世界石油工业的基础。1970 年，Landes 在此基础上经过补充资料，提出了热成熟度和油气藏间的关系。Connan 在 1974 年统计了 10 个盆地的钻井资料，并指出油气形成的时间和温度关系为：沉积岩年轻，则其开始生油的温度就高。其后，国内外学者纷纷引用，并将其作为有机质热成熟生烃的“时间温度补偿原则”。一方面用以指导油气勘探，另一方面作为油气形成热模拟试验的理论基础。

20 世纪 60 年代到 80 年代的 20 多年是有机生油学说获得极大发展和不断完善的阶段，其代表性的就是 Tissot 等于 20 世纪七八十年代建立的干酪根晚期热降解生烃理论，该理论揭示了油气形成、演化和分布规律（图 4-7）。按照这一理论，石油地质学家们建立了分散有机质的成烃演化剖面，提出了油气生成的阶段性理论。原始有机质沉积以后，首先在经过复杂的生物化学作用和缩合聚合作用形成干酪根，干酪根达到一定的埋藏深度以后，主要在温度的作用下发生热降解作用逐渐生成石油。当 R_o 大于 0.5%（温度约为 60 ℃）时，分散有机质开始形成石油；当 R_o 为 0.9%左右（温度约为 125 ℃）时，分散有机质达到生油高峰期；当 R_o 大于 1.35%（温度约为 150 ℃）时，液态石油发生裂解，形成凝析油和湿气藏；当 R_o 为 2.0%～4.0%时，凝析油和湿气藏开始发生热裂解，形成以甲烷为主的干气藏；当 R_o 大于 4.0%时，甲烷开始遭受到高温的破坏，同时岩石开始进入变质作用阶段，有机质转化成石墨（图 4－8）。

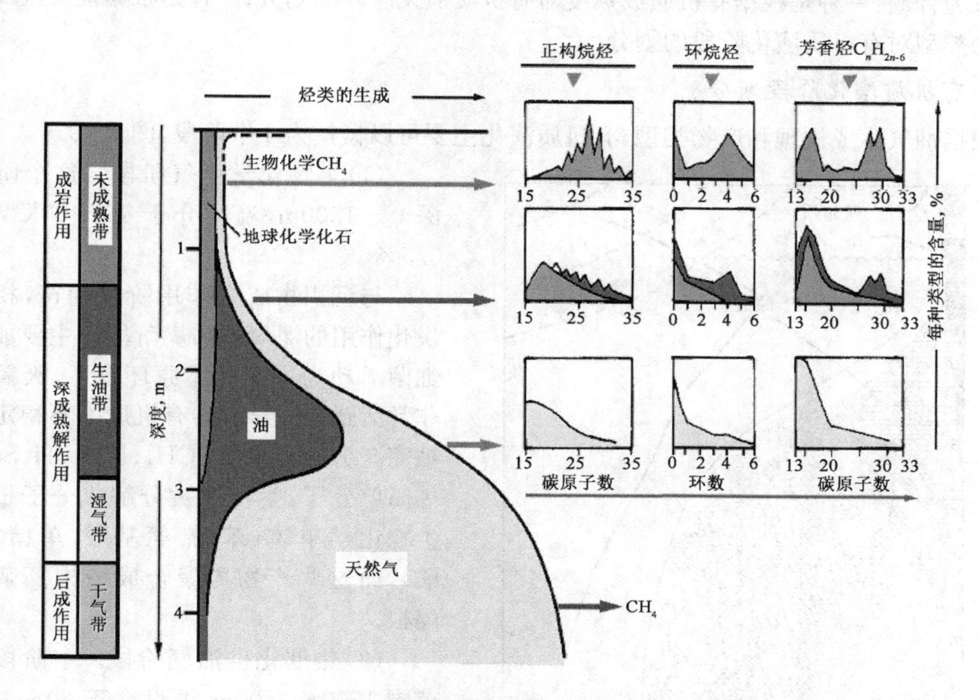

图 4－7　干酪根晚期热降解生烃模式（据 Tissot，1978，1984）

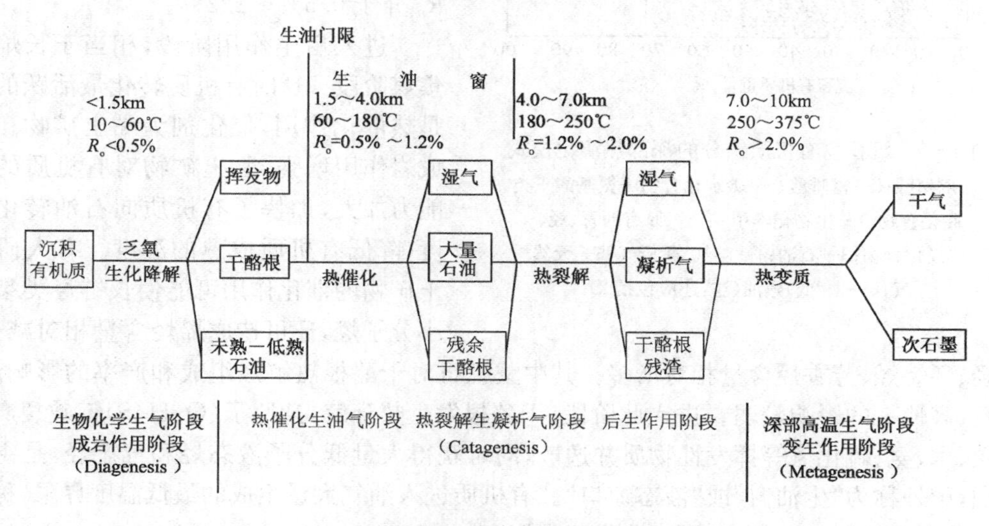

图 4－8　现代油气成因模式（据张厚福等，1989）

2. 烃源岩有机质的演化阶段划分与生烃模式

在沉积盆地的发育过程中，原始有机质伴随其他矿物质沉积后，随着埋藏深度逐渐加大，经受地温不断升高，在乏氧的还原环境下，有机质逐步向油气转化。由于在不同深度范围内，各种能源条件显示不同的作用效果，致使有机质的转化反应性质及主要产物都有明显的区别，表明原始有机质向石油和天然气的转化过程具有明显的阶段性。

关于有机质演化和油气生成阶段的划分，国内外学者提出了许多方案。其中有两种方案应用较为普遍：一种是根据有机质成熟度对有机质演化阶段的划分；一种是根据油气生成机理和产物类型对有机质演化阶段的划分。

1)有机质演化阶段划分

根据油气生成机理和产物类型，有机质演化主要可以概括为4个阶段(图4-9)：

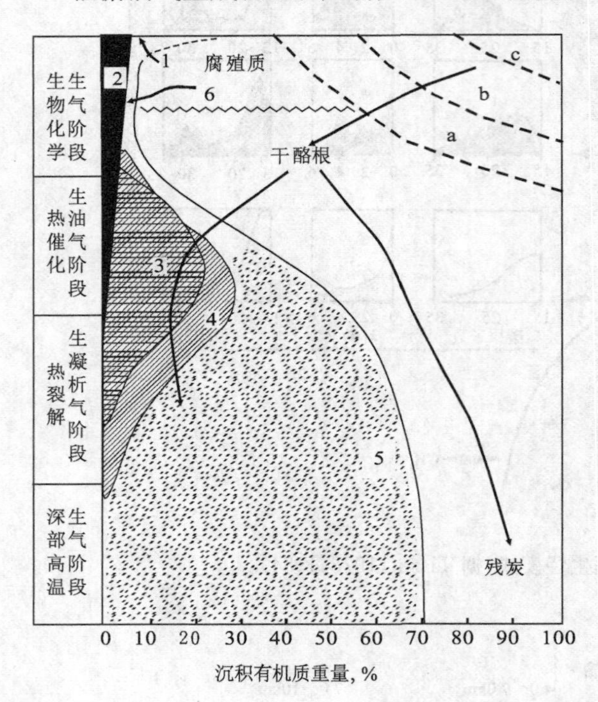

图4-9 沉积物有机质馏分的深部热演化模式

a—腐殖酸；b—富啡酸；c—碳水化合物+氨基酸+类脂化合物；1—生物化学甲烷；2—原有沥青、烃、非烃化合物；3—石油；4—湿气、凝析气；5—天然气；6—未(低)熟油(注：还应包括2)

(1)生物化学生气阶段。这个阶段埋深0～1500m，温度介于10～60℃，R_o<0.5%。

与沉积物成岩作用阶段相符，相当于炭化作用的泥炭—褐煤阶段。主要能量以细菌活动为主。在还原环境下，厌氧细菌非常活跃，其结果是：有机质中不稳定组分被完全分解成CO_2、CH_4、NH_3、H_2S、H_2O等简单分子，生物体被分解成分子量低的生物化学单体(苯酚、氨基酸、单糖、脂肪酸)，而这些产物再聚合成结构复杂的干酪根。

(2)热催化生油气阶段。本阶段埋深范围1500～2500m，温度介于60～180℃，R_o介于0.5%～1.2%。

进入后生作用阶段，相当于长焰煤—焦煤阶段。这时有机质转化最活跃的因素是热催化作用，催化剂为黏土矿物。由于成岩作用增强，黏土矿物对有机质的吸附能力加大，加快了有机质向石油转化的速度，降低有机质成熟的温度。有人研究黏土矿物的催化作用可能使长链烃类裂解成小分子烃，还可造成烯烃含量相对减少，异构烷烃、环烷烃、芳香烃含量相对增多。其中蒙脱石对干酪根热解烃组成和产率的影响最大，伊利石、高岭石的影响较弱。进入此阶段，干酪根发生热降解，杂原子(O、H、S)键破裂产生二氧化碳、水、氨、硫化氢等挥发性物质并逸散，同时获得大量低分子液态烃和气态烃，是主要生油时期，国外称为“生油窗”或“液态窗口”。有机质进入油气大量生成的最低温度界限，称为生烃门限或成熟门限，所对应的深度称为门限深度。

需要指出的是，有机质成熟的早晚跟有机质的类型有关，相同条件下，树脂体和高含硫的海相有机质成熟早，腐殖质成熟晚，且以生气为主。

(3) 热裂解生凝析气阶段。埋深范围3500～4000m，温度介于180～250℃，R_o介于1.2%～2.0%。

进入后生成岩阶段后期，相当于炭化作用的瘦煤—贫煤阶段。此时温度超过了烃类物质的临界温度，除继续断开杂原子官能团和侧链生烃外，主要反应是大量C—C链断裂及环烷烃的开环和破裂，长链烃急剧减少，C_{25}以上趋于零，低分子的正烷烃剧增，加少量低碳原子数的环烷烃和芳香烃。在地下呈气态，采到地上反凝结为液态轻质油，并伴有湿气，这是进入了高成熟期。

(4) 深部高温生气阶段。埋深6000～7000m，温度>250℃，R_o>2.0%。

沉积物已进入变生作用阶段，相当于半无烟—无烟煤的高度炭化阶段，已形成的液态烃和重质气态烃强烈裂解，变成最稳定的甲烷，干酪根残渣释放出甲烷后，进一步缩聚形成碳沥青或石墨。

对不同的沉积盆地而言，由于其沉降历史、地温历史及原始有机质类型的不同，可能只进入了前二或三个阶段，并且每个阶段的深度和温度界限也可能略有差别。在一些地质发展演化史较复杂的盆地，由于某种原因历经多次大的构造运动，生油岩中的有机质可能由于埋藏较浅尚未成熟就被抬升，后来再度沉降埋藏到相当深度后，方达到成熟温度，有机质可以大量生成石油，即所谓“二次生油”。此外，由于烃源岩有机显微组成的非均质性，不同显微组成的化学成分和结构的差别，决定了有机质不可能有完全统一的生烃界线，不同演化阶段可能存在不同的生烃机制。

根据有机质成熟度可将有机质演化阶段划分为4个阶段，即未成熟阶段、成熟阶段、高成熟阶段和过成熟阶段，与根据油气生成机理和产物类型划分的4个阶段相对应。

2)现代油气成因理论与生烃模式

(1) 未熟—低熟油形成机理。

未熟—低熟油形成机理指非干酪根晚期热降解成因的各种低温早熟的非常规油气，包括在生物甲烷生烃高峰后，在埋藏升温达到干酪根晚期热降解大量生油之前(R_o<0.7%)，经由不同生烃机制的低温生物化学或低温化学反应生成并释放出来的液态和气态烃。低熟油生烃高峰对应的烃源岩镜质组反射率R_o大约为0.2%～0.7%。本阶段相当于干酪根生烃模式的未熟和低熟阶段。

20世纪70年代以来，许多国家和地区相继发现了低熟油气。我国东部渤海海湾、泌阳、江汉、百色、松辽、苏北、柴达木、准噶尔等盆地均发现了低熟油气资源。国外学者对低熟油气的成因机理进行了较多的研究，提出了一些假说和模式。我国对其认识和研究始于20世纪80年代初，到目前取得了可喜的进展，其中以王铁冠等人的研究结果最具代表性。他们通过研究，提出了6种不同有机质类型的生烃机理。

① 树脂体早期生烃：在化学组成和分子结构上，树脂体由挥发性和非挥发性萜类馏分组成。挥发性馏分包括单萜、倍半萜和某些二萜烯类，均不易保留在树脂中；非挥发性馏分主要为二萜烯酸类和三萜类，此外还有醇类、醛类、酯类和树脂素等。树脂酸作为含羧基的非烃生物类脂物，其化学成分、分子结构及聚合程度均比干酪根简单得多，树脂酸脱羧基、加氢转化成环烷烃的化学反应所必需的活化能和热力学条件，也较一般干酪根热降解生烃的条件低得多。因此，当干酪根处于未熟—低熟阶段时，树脂体可能在低温度条件下率先早期生烃。这已被试验和实际资料证明。

② 木栓质体早期生烃：木栓质体来源于高等植物的木栓质组织。在木栓质组织中，栓化层由木栓脂和蜡质交替叠合而成。木栓脂作为木栓质体的前生物，具低聚合度和多长链类脂物的特点，决定了木栓质体可在低热力条件下，发生低活化能的化学反应，生成并释放以链状结构为主的烃类。

③ 细菌改造陆源有机质早期生烃：沉积物在沉积成岩过程中，在适宜的介质环境条件下，大量陆源有机质的存在可以为细菌繁衍提供充足的碳源和能源，而细菌作用的结果又对有机质进行降解改造，细菌类脂物代谢产物的加入，改造了有机质的结构，增加其 H/C 原子比，提高了富氢程度和“腐泥化”程度，并使有机质热裂解或热降解脱官能团与加氢生烃反应所需要的活化能降低，从而有利于生成低熟油。

④ 高等植物蜡质早期生烃：高等植物蜡质是指覆盖于植物茎、叶、花和果实表面的蜡状薄层，其化学组成是一元长链脂肪酸和一元长链脂肪醇所形成的脂类。此外，还含有 C_{21} ～ C_{27} 奇碳数正烷烃、C_{24} ～ C_{34} 偶碳数游离脂肪酸、长链单酮、伯醇、仲醇以及 β—羟酮等。这类化合物生烃反应无须高活化能，可在低温阶段完成。

⑤ 藻类类脂物早期生烃：藻类活体细胞内壁包裹的细胞中具有一些油珠，外壁内镶嵌大小不等的油珠，并不断分泌油状物质。这些油状物质构成藻类的储备类油脂，其主要成分为脂肪酸和烃类，它们在低温化学反应阶段，即可转化成链状烷烃和环烷烃，成为低熟油的主要成分。

⑥ 富硫大分子有机质早期降解生烃：干酪根中不同原子间的键能差别较明显，S—S 键能最低，其次为 S—C 键，而 C—C 键能高，干酪根早期低温降解作用只能使 S—S、S—C 键断裂。沉积盆地水体咸化至硫酸盐阶段，有硫酸盐沉积，细菌还原硫酸盐可提供一定数量的无机硫与具两个双键的链烯烃有机分子，形成大量硫化物进入大分子有机质。因此硫酸盐相沉积环境有利于形成富硫大分子有机质，S—S 键和 S—C 键的优先断裂利于低熟油形成。

(2) 腐殖煤的成烃机理及生烃模式。

过去人们只认识到煤可产气，不能产油，但自 20 世纪 60 年代在澳大利亚、印度尼西亚、加拿大及北海发现了与煤系地层有关的油田后，引起了人们对煤成油的研究兴趣。20 世纪 80 年代，我国在吐哈盆地也发现了与侏罗纪煤系地层有关的大油田，这引起了国内学者的研究热情。现在人们已普遍承认煤系地层不仅可生气而且可生油。由煤和煤系地层中的有机质，在煤化作用的同时所形成的液态烃，称为煤成油。

① 褐煤的有机组成及其生烃潜力：目前研究认为煤究竟生气还是生油取决于其显微组分，富含富氢显微组分的无定形体、藻质体及其他壳质体的煤均有生成液态烃的潜力。一般认为壳质组生烃潜力最大，镜质组次之，惰质组最差。但深入研究表明，镜质组本身极不均匀的组成，决定了其中某些显微组分可能成为煤成油的主要贡献者。

② 煤的成烃地球化学特征：煤成烃一般具有饱和烃含量高、非烃和沥青质含量低的特点。煤成烃最明显的特征是具有姥鲛烷优势。其他特征还有高碳数峰更突出，CPI 值较高；富含三萜烷，具明显的藿烷类和 C_{29} 甾烷优势；含丰富的各种芳香烃类；碳同位素组成以高 $\delta^{13}C$ 值为特征，一般为 $-27.00‰$ ～ $-25.00‰$；多数出现在 $-26.50‰$ ～ $-26.00‰$ 之间。

③ 煤显微组分生烃模式：煤及煤系地层中陆源有机质有两种演化途径，向煤演化称为煤化作用，向生成液态烃方向演化，称为沥青化作用。沥青化作用结果是产生石油和天然气，另一方面是固体残余物进行芳构化和缩聚作用。

煤的不同显微组分沥青化作用在时间上是不一致的，其生烃特征和演化模式存在差异，所以煤中液态烃的生成具多阶段性(图 4-10),从而使不同演化阶段各种显微组分对生烃的贡献也有别。

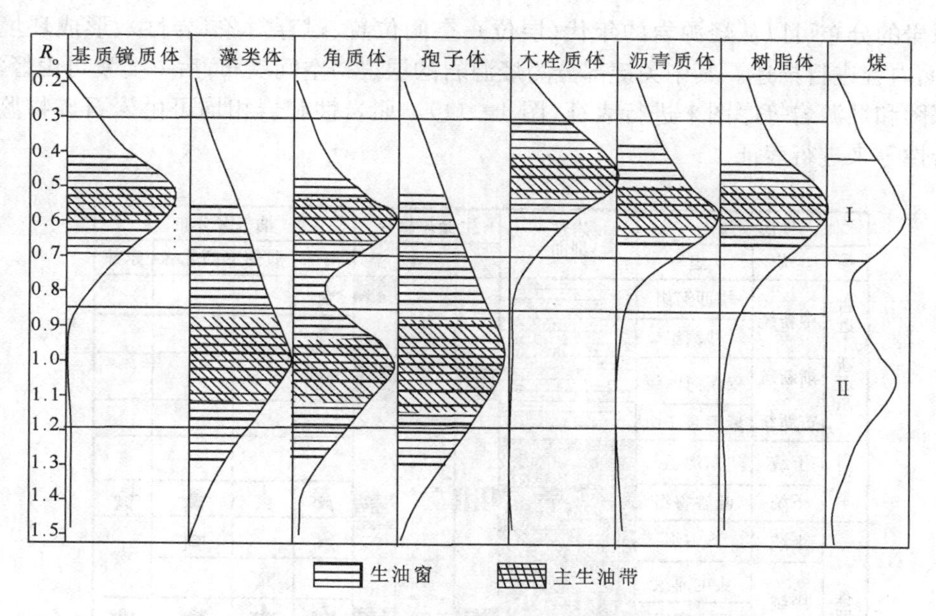

图 4-10 煤中不同显微组分生烃模式(据程克明等,1995)

第二节 烃源岩分布与地球化学特征评价

根据油气成因理论,烃源岩的规模与质量是能否形成大规模油气的物质基础。因此,在勘探中,对勘探前景预测,就首先需要对烃源岩发育规模和质量进行评价。这里需要研究的内容就包括烃源岩的发育规模(纵向上厚度与平面展布)、烃源岩有机质富集规模、有机质质量、成熟度(确定生烃转化程度)等(表 4-3)。

表 4-3 烃源岩静态评价研究内容

研究内容	表示方式	最常用表征参数	其他表征参数
烃源岩的规模	岩性 岩相 地层厚度 空间展布	岩石类型鉴定 沉积相或岩相古地理 烃源岩等厚图 烃源层构造埋深图	
烃源岩的数量	有机质丰度	TOC	HC、氯仿沥青"A"、S_1+S_2、氨基酸含量等
烃源岩的质量	有机质类型	显微组分类型指数、 干酪根 H/C～O/C 原子比	热解参数、碳同位素、生物标志物、红外光谱等
烃源岩成烃转化程度	有机质热成熟度	镜质组反射率 R_o、T_{max}	TTI、热变指数、孢粉炭化程度、可溶抽提物化学组成、饱和烃组成、自由基含量、干酪根颜色、生物标志物、黏土矿物和自生矿物的组合关系、干酪根核磁共振等

一、烃源岩分布特征评价

烃源岩的分布可以从烃源岩的年代（层位）、空间位置、赋存对象（岩性）、形成环境（沉积相）等方面内容进行描述。其中关键部分为烃源岩的层位与空间展布，后一要素可由烃源岩层构造埋深图和烃源岩等厚图来进行表征（图 4－11）。而岩性和岩相均可由岩石矿物鉴定、测井解释岩性等来进行表征。

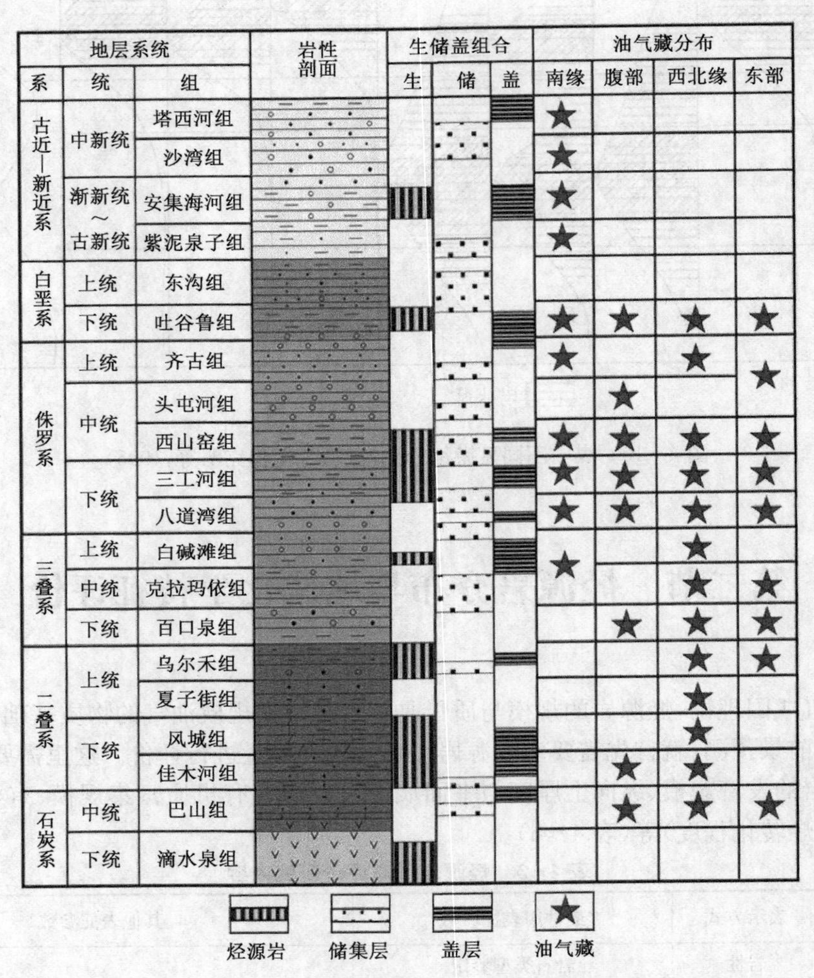

图 4－11　准噶尔盆地含油气综合柱状图

准噶尔盆地腹部地区钻井数量少，对无井区烃源岩评价，主要根据地震资料解释成果，同时结合沉积有机相分析，通过与钻井实测分析资料对比分析，对暗色泥岩厚度、有效烃源岩展布及有机质丰度分布特征做初步预测。根据新疆油田相关资料，盆 1 井西凹陷下二叠统风城组、中二叠统乌尔禾组、下侏罗统八道湾组烃源岩厚度较大，基本在 500m 以上，下侏罗统三工河组、中侏罗统西山窑组和白垩系烃源岩也有一定的分布，但主要集中在盆地南缘地区，盆 1 井西相对较薄（图 4－12）。

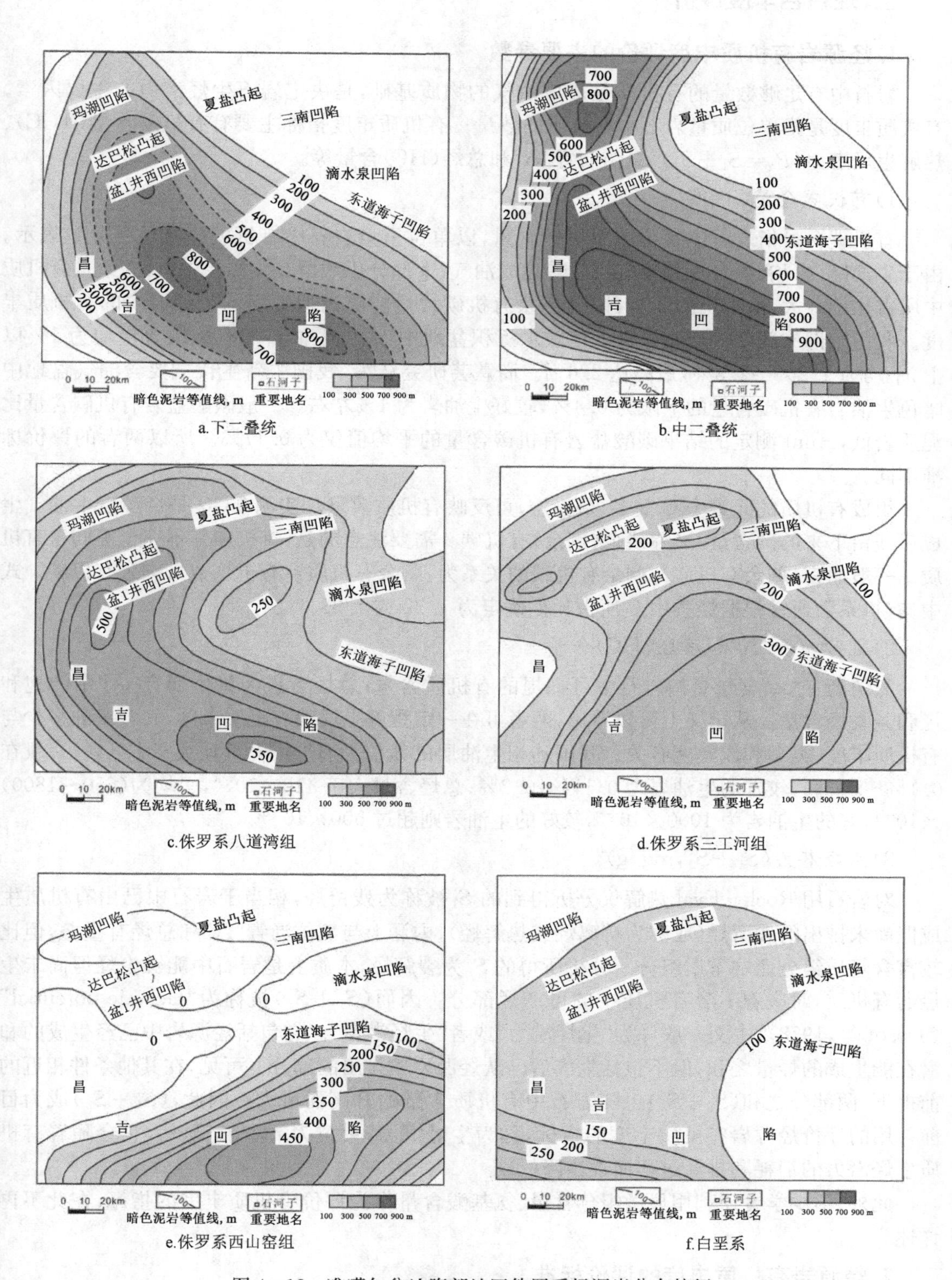

图4-12 准噶尔盆地腹部地区侏罗系烃源岩分布特征

二、烃源岩丰度评价

1. 烃源岩有机质丰度评价的主要参数

岩石中有足够数量的有机质是形成油气的物质基础，是决定岩石生烃潜力的主要因素。有机质丰度是指单位质量岩石中有机质的数量。有机质丰度指标主要有有机碳含量（TOC）、热解生烃潜力（$P_g = S_1 + S_2$）、氯仿沥青“A”和总烃（HC）含量等。

1）有机碳含量（TOC）

有机碳含量指岩石中残留的有机碳含量，以单位重量岩石中有机碳的质量百分数表示。由于生油层内只有很少一部分有机质转化成油气，大部分仍残留在生油层中，且碳又是有机质中所占比例最大、最稳定的元素，因此剩余有机碳含量能够近似地表示生油岩内的有机质丰度。我国东部中新生代陆相淡水—半咸水沉积盆地中，主力生油岩的有机碳含量均为1%以上，平均为1.2%～2.3%，最高达2.6%。尚慧芸研究认为，我国中新生代主要含油气盆地中暗色生油岩有机碳含量的下限为0.4%，较好生油岩为1%左右。一般碳酸盐岩有机碳含量比泥质岩低，Hunt测定的结果碳酸盐岩有机碳含量的平均值仅为0.17%。所以两者的评价标准不同。

组成有机质的元素中C最多、最稳定，可反映有机质数量。实测TOC是烃源岩中油气生成后残留下来的碳含量，又称残余（剩余）有机碳。需要注意的是，有机碳并不完全等同于有机质。一般而言，剩余有机质与剩余有机碳的关系为：剩余有机质＝有机系数×剩余有机碳。式中，有机系数通常根据烃类中C所占比例确定为1.22或1.33。

2）氯仿沥青“A”和总烃（HC）含量

氯仿沥青“A”含量是指岩石中可抽提的有机质含量；总烃含量为氯仿沥青“A”中的饱和烃和芳香烃含量。从定义上可以看出，两者可在一定程度上反映有机质丰度，其含量的多少与有机质丰度、类型和成熟度有关。我国陆相生油层的氯仿沥青“A”含量均大于0.1%，一般在0.1%～0.3%，较好的生油岩为0.1%～0.2%；总烃含量大于410×10^{-6}，平均为（550～1800）$\times10^{-6}$，好的生油岩为1000×10^{-6}，较好的生油岩则超过500×10^{-6}。

3）生烃潜力（S_1+S_2，mg/g）

对岩石用Rock－Eval热解仪分析得到的S_1被称为残留烃，相当于岩石中已由有机质生成但尚未排出的残留烃（或称为游离烃或热解烃），内涵上与氯仿沥青“A”和总烃有重叠，但比较富含轻质组分而贫重质组分。分析所得的S_2为裂解烃，本质上是岩石中能够生烃但尚未生烃的有机质，对应着不溶有机质中的可产烃部分。因而（S_1+S_2）被称为“Genetic potential”（Tissot等，1978），中文一般译为“生烃潜力”或者“生烃潜量”。它包括烃源岩中已经生成的和潜在能生成的烃量之和，但不包括生成后已从烃源岩中排出的部分。可见，在其他条件相近的前提下，两部分之和（S_1+S_2）也随岩石中有机质含量的升高而增大。因此，（S_1+S_2）成为目前常用的评价烃源岩有机质丰度的指标，称为生烃潜力，单位为mg/g。显然，它会随着有机质生烃潜力的消耗和排烃过程而逐步降低。

此外，不少学者还利用显微组分含量、氨基酸含量作为评价有机质丰度的指标，在此不再详述。

2. 烃源岩有机质丰度的评价标准

根据我国勘探实践，黄第藩提出了适用于我国陆相含油气盆地的烃源岩评价标准（黄第藩等,1984,1992)。表 4-4 是在黄第藩标准基础上修订后由中国石油天然气总公司 1995 年发布的行业标准,适用于淡水—半咸水湖相沉积的生油岩,海相泥岩也可参照此标准评价。对一般盐湖相沉积,因有机碳含量较低,而烃含量不低,评价标准稍有不同。

表 4-4　陆相烃源岩有机质丰度评价指标(据 SY/T 5735—1995)

指标	湖盆水体类型	非生油岩	生油岩类型			
			差	中等	好	最好
TOC,%	淡水—半咸水	<0.4	0.4~0.6	0.6~1.0	1.0~2.0	>2.0
	咸水—超咸水	<0.2	0.2~0.4	0.4~0.6	0.6~0.8	>0.8
氯仿沥青"A",%		<0.015	0.015~0.05	0.05~0.1	0.1~0.2	>0.2
HC,10^{-6}		<100	100~200	200~500	500~1000	>1000
S_1+S_2,mg/g			<2	2~6	6~20	>20

注:表中评价指标适用于成熟度较低(R_o=0.5%~0.7%)烃源岩的评价,当热演化程度高时,由于油气大量排出以及排烃程度不同,导致上列有机质丰度指标失真,应进行恢复后评价或适当降低评价标准。

煤系地层因有机质类型较差,相应的丰度评价标准有明显的提高(黄第藩等,1996;陈建平等,1997)。煤系泥岩(TOC<6%)与一般湖相泥岩相比,有机质以陆生植物为主,类脂组分含量低,富碳贫氢,虽然有机碳含量高,但生烃潜力低;较高的有机质丰度也使其对可溶有机质的吸附能力比一般泥岩强;单位有机碳的生烃潜力低,但单位岩石的生烃潜力又较高,煤系泥岩的这些基本特点决定了其有机质丰度评价标准与泥岩有所不同(表 4-5)。表 4-6 为主要依据热解生烃潜力和氢指数给出的煤系碳质泥岩(6%<TOC<40%)有机质丰度评价标准。表 4-7 和表 4-8 分别为碳酸盐岩和低熟油源岩的有机质丰度评价标准。

表 4-5　煤系泥岩有机质丰度评价标准

指　标	好生油岩	中等生油岩	差生油岩	非生油岩
TOC,%	>3.0	3.0~1.5	1.5~0.75	<0.75
氯仿沥青"A",%	>0.06	0.06~0.03	0.03~0.015	<0.015
HC,10^{-6}	>300	300~120	120~50	<50
S_1+S_2,mg/g	>6	6~2	2~0.5	<0.5

表 4-6　煤系碳质泥岩有机质丰度评价标准(据陈建平,1997)

油源岩级别	评价指标			有机质类型
	I_H,mg/g	S_1+S_2,mg/g	TOC,%	
非	<60	<10	6~10	Ⅲ$_2$
很差	60~110	10~18	6~10	Ⅲ$_2$

续表

油源岩级别	评价指标			有机质类型
	I_H,mg/g	S_1+S_2,mg/g	TOC,%	
差	110～200	18～35	6～10	Ⅲ$_1$
中	200～400	35～70	10～18	Ⅱ
好	400～700	70～120	18～35	Ⅰ$_2$
很好	>700	>120	35～40	Ⅰ$_1$

表 4-7　碳酸盐生油岩有机质丰度评价标准

演化阶段	非烃源岩	差烃源岩	较好烃源岩	好烃源岩	最好烃源岩
成熟阶段	<0.1	0.1～0.3	0.3～0.7	0.7～1.7	>1.7
高过成熟阶段	<0.05	0.05～0.13	0.13～0.30	0.30～0.73	>0.73

表 4-8　低熟油源岩有机质丰度评价标准

指　标	好生油岩	中等生油岩	差生油岩	非生油岩
TOC,%	>1.4	1.4～0.8	0.8～0.5	<0.5
氯仿沥青“A”,%	>0.12	0.12～0.06	0.06～0.01	<0.01
HC,10^{-6}	>500	500～250	250～100	<100
S_1+S_2,mg/g	>6	6～2	2～0.5	<0.5

三、烃源岩质量(类型)评价

由于不同来源、组成的有机质生烃潜力有很大的差别,因此,要客观认识烃源岩的生烃能力和性质,仅仅评价有机质的丰度是不够的,还需要对有机质的类型进行评价。有机质(干酪根)类型是衡量有机质产烃能力的参数,同时也决定了产物是以油为主,还是以气为主。有机质的类型既可以由不溶有机质的组成特征来反映,也可以由其产物(可溶有机质及其中的烃类)的特征来反映。

有机质的类型常从不溶有机质(干酪根)和可溶有机质(沥青)的性质和组成来加以区分。干酪根类型的确定是有机质类型研究的主体,常用的研究方法有元素分析、光学分析、红外光谱分析以及岩石热解分析等。另外,可溶沥青的研究也普遍受到重视。

1. 烃源岩有机质类型评价的主要方法与参数

1)干酪根的显微组分组成及类型指数

显微组分是指这些在显微镜下能够识别的有机组分。干酪根显微组分是以煤岩学分类命名的原则为基础,利用具透射白光和落射荧光功能的生物显微镜,对岩石中的干酪根显微组分进行鉴定,鉴定组分及母质来源信息如表 4-9 所示。

表 4-9　干酪根的显微组分组成

大类	显微组分组	显微组分	母质来源
水生生物	腐泥组	藻类体	藻类
		腐泥无定形体	藻类为主的低等水生生物
	动物有机组	动物有机残体	有孔虫、介形虫等的软体组织及笔石等的硬壳体
陆源生物	壳质组	树脂体	来自高等植物的表皮组织、分泌物及孢子花粉等
		孢粉体	
		木栓质体	
		角质体	
		壳质碎屑体	
		菌孢体	来自低等生物菌类的生殖器官
		腐殖无定形体	高等植物经强烈生物降解形成
	镜质组	正常镜质体	高等植物木质纤维素经凝胶化作用形成
		荧光镜质体	母源富氢或受微生物作用或被烃类浸染而形成
	惰质组	丝质体	高等植物木质纤维素经丝炭化作用形成

根据 4 种显微组分在干酪根中所占的比例进行有机质类型划分。常用的方法有两种：一种是根据求得的显微组分百分含量直接划分干酪根类型；另一种是在镜下求出干酪根的显微组分百分含量之后，计算类型指数“T”，以不同的 T 值划分干酪根类型。

$$T=\frac{100A+50B-75C-100D}{100} \tag{4-1}$$

式中，A、B、C、D 分别代表腐泥组、壳质组、镜质组、惰质组的百分含量。

根据 T 值大小后来划分干酪根类型。腐泥型（Ⅰ）：$T=80\sim100$；腐殖腐泥型（Ⅱ_1）：$T=80\sim40$；腐泥腐殖型（Ⅱ_2）：$T=40\sim0$；腐殖型（Ⅲ）：$T=0\sim-100$。

2）干酪根元素组成分析

随着温度和压力的增加，沉积有机质变得不稳定，大多数含氧化合物不及饱含氢化合物稳定，氧首先形成气体（CO_2、H_2O）逸出。由于有机质热演化程度过高，O/C 原子比—H/C 原子比范氏图难以确定有机质类型。相对而言，H/C 原子比比较稳定，所以可选择 H/C 来划分有机质类型。Ⅰ型：H/C 介于 1.25～1.75；Ⅱ型：H/C 介于 0.65～1.25；Ⅲ型：H/C 介于 0.46～0.93。

3）干酪根碳同位素组成

有关碳同位素分布的研究成果表明，由于生物分馏作用（生物对轻碳同位素的选择性优先利用），生物中的碳同位素明显较其利用的 CO_2 偏轻；由于陆相生物所用大气碳源（$\delta^{13}C=-7‰$）轻于海相生物所用海洋水中的碳源（$\delta^{13}C=0‰$），陆生植物与海洋水生生物的碳同位素值差异明显，陆生植物的 $\delta^{13}C$ 分布范围为 $-10‰\sim-37‰$（王大锐，2002），典型值 $-24‰\sim-34‰$（郑永飞，2000）；水生生物（海洋）为 $-4‰\sim-28‰$，湖生生物比海洋生物的 $\delta^{13}C$ 偏离 $-10‰$ 左右（表 4-10）。同时，同一种生物体中，类脂化合物往往比较富含轻碳同位素。

表 4-10　现代海洋和陆地各种生物中碳同位素($\delta^{13}C$,‰)(据黄汝昌,1997)

环境	高等植物	植物	浮游植物	植物类脂组	藻类	浮游生物
陆相	−21.6～−26.7	−21.0～−30.0	−30	−28.7～−32	−27～−32	−27.6～−32.6
海相	−9.3～−15.8	−10.0～−20.0	−15～−20	−17.8～−22	−17～−28	−18.2～−28.5

总体上讲,相同条件下,水生生物较陆生生物富集轻碳同位素,类脂化合物较其他组分富集轻碳同位素。因此,较轻的干酪根碳同位素组成一般反映较高的水生生物贡献和较多的类脂化合物含量,即对应着较好的有机质类型。

干酪根碳同位素组成能反映有机质的生源组成,对陆相烃源岩来说,除演化程度和水介质条件会引起一些碳同位素分馏外,干酪根碳同位素组成取决于有机质的组成。来源于富含木质素、纤维素的高等植物有机质贫^{12}C而富^{13}C,而生源以水生藻类为主的干酪根则贫^{13}C富^{12}C。一般认为,Ⅰ型:$\delta^{13}C<-27.5‰$;Ⅱ₁型:$\delta^{13}C=-26.0‰\sim-27.5‰$;Ⅱ₂型:$\delta^{13}C=-24.5‰\sim-26.0‰$;Ⅲ型:$\delta^{13}C=-20.0‰\sim-24.5‰$。

表 4-11 列出了代表性的由干酪根的碳同位素组成鉴别干酪根类型的方案,其中第三列为 1995 年发布的石油行业标准。

表 4-11　陆相干酪根的 $\delta^{13}C$(‰) 与其类型的关系

三分法(王大锐,2002)		黄第藩(1991)		SY/T 5735—1995
典型腐泥型	−28.0～−30.2	标准腐泥型(Ⅰ₁)	−28.2～−31.0	<−30
Ⅰ	−27.0～−29.3	含腐殖腐殖型(Ⅰ₂)	−27.5～−28.2	−30～−28.0
Ⅱ	−25.5～−27.2	中间型或混合型(Ⅱ)	−26.0～−27.5	−28.0～−25.5
Ⅲ	−21.0～−26.0	含腐泥的腐殖型(Ⅲ₁)	−24.5～−26.0	−25.5～−22.5
		标准腐殖型(Ⅲ₂)	−20.0～−24.5	>−22.5

4)烃源岩/干酪根 Rock-Eval 热解参数

无论是元素分析还是显微组分分析都需要制备干酪根,这一过程繁杂费时,利用 Rock-Eval 烃源岩评价仪所得到的热解三分资料可快速经济地直接利用少量岩石获得许多参数(这项分析也可以对干酪根进行),其中有不少包含烃源岩中有机质类型的信息。

由该项分析所得到直接参数如下:

S_1:游离烃(mg/g),为升温过程中 300℃以前热蒸发出来的已经存在于烃源岩中的烃类产物;

S_2:裂解烃(mg/g),为 300～500℃升温过程有机质裂解出来的烃类产物,反映干酪根的剩余生烃潜力;

S_3:有机质热解过程中 CO_2 的含量(mg CO_2/g 岩石),反映了有机质含氧量的多少;

T_{max}:最大热解峰温(℃),为热解产烃速率最高时的温度,对应着 S_2 峰的峰温。

由此可以计算得到的参数如下:

$$\text{氢指数}(I_H,\text{mgHC/gTOC})=S_2/\text{TOC} \quad (4-2)$$

$$\text{氧指数}(I_O,\text{mg CO}_2/\text{gTOC})=S_3/\text{TOC} \quad (4-3)$$

$$\text{烃指数}(I_{HC},\text{mgHC/gTOC})=S_1/\text{TOC} \quad (4-4)$$

$$\text{生烃势(生油潜力,mgHC/g 岩石)}=S_1+S_2 \quad (4-5)$$

$$\text{产烃指数}=S_1/(S_1+S_2) \quad (4-6)$$

$$\text{母质类型指数}=S_2/S_3 \quad (4-7)$$

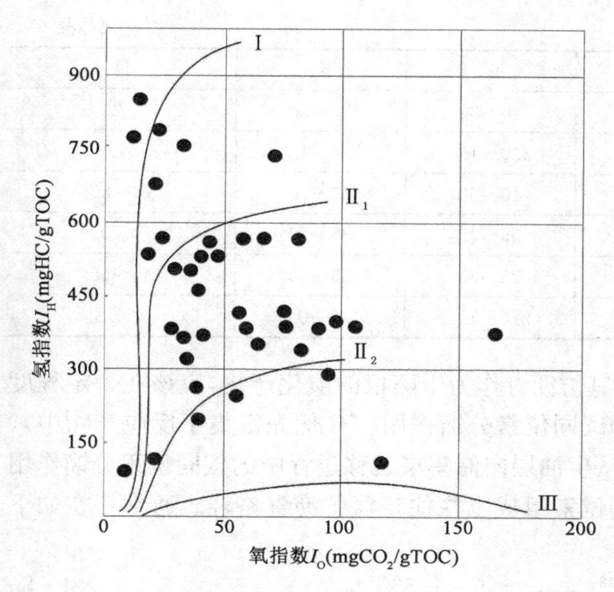

图 4-13　由氢指数、氧指数划分有机质类型图(据邬立言,1986)

不难理解,在物理意义上,氢指数、氧指数分别与 H/C、O/C 原子比相近。因此,对成熟度较低的烃源岩而言,HI 能较好地反映有机质生烃能力的高低,母质类型指数也可反映有机质氢、氧的相对富集程度,因而可成为良好的判识有机质类型的指标。事实上,这些参数已成为目前油田生产实践中最常用的判识有机质类型的指标之一。图 4-13 为以氢指数—氧指数关系图按三类四型方案划分有机质类型的图解。黄第藩等(1984)提出的判识有机质类型的 X 型图解及相应的分类标准主要就是依据氢指数及母质类型指数。

5)依据红外光谱(官能团)特征划分有机质的类型

有机质的红外谱带可以分为脂族基团、芳香基团和含氧基团三大类。依据这些基团(谱带)的强度,可以选择许多比值来表征有机质的类型。1995 年颁布的中华人民共和国石油天然气行业标准中就有由红外参数判识有机质类型的方案(表 4-12)。

表 4-12　红外光谱陆相烃源岩有机质类型划分表(据 SY/T 5735—1995)

吸光度比	Ⅰ1	Ⅰ2	Ⅱ	Ⅲ1	Ⅲ2
2920cm^{-1}/1600cm^{-1}	—	>4.3	4.3～1.6	1.6～0.5	<0.5
1460cm^{-1}/1600cm^{-1}	—	>1.00	1.00～0.40	0.40～0.15	<0.15

6)根据可溶沥青的特征识别有机质类型

(1)氯仿沥青“A”及其族组成。氯仿沥青“A”可进一步分离成饱和烃、芳香烃、非烃和沥青质 4 个族组分。不同类型干酪根所生成的氯仿沥青“A”的族组成存在一定的差异,Ⅰ型干酪根的氯仿抽提物中含有更多的饱和烃;同时,由于藻类等水生生物的正构烷烃一般以较低碳数(<C_{20},主峰碳数一般在 C_{15}、C_{17})不具奇偶优势的组分为主,而高等植物生源的饱和烃中以高碳数具偶碳优势的正构烷烃为主。氯仿沥青的族组成不仅受母质类型影响还受母质的成熟度及生排烃过程的影响,因此表 4-13 中只适用于低演化程度的样品,当热演化程度较高时,由于大分子烃类的热裂解,会导致上述特征消失。

表 4-13　不同有机质类型的可溶沥青特征

有机质类型		Ⅰ1	Ⅱ1	Ⅱ2	Ⅲ
饱和烃特征	峰型特征	前高单峰型	前高双峰型	后高双峰型	后高单峰型
	主峰碳	C_{17} C_{19}	前 C_{17}、C_{19} 后 C_{21}、C_{23}	前 C_{17} C_{19} 后 C_{27} C_{29}	C_{25} C_{27} C_{29}

续表

有机质类型		Ⅰ₁	Ⅱ₁	Ⅱ₂	Ⅲ
"A"族组成	饱和烃,%	40~60	40~30	30~20	<20
	饱和烃/芳香烃	>3	3.0~1.6	1.6~1.0	<1.0
	(非烃+沥青质),%	20~40	40~60	60~70	70~80
生物标志物	$5\alpha-C_{27}$,%	>55	55~35	35~20	<20
	$5\alpha-C_{29}$,%	<25	25~35	35~45	45~55
	$5\alpha-C_{27}/5\alpha-C_{29}$	>2.0	2.0~1.2	1.2~0.8	<0.8

(2)氯仿沥青"A"及原油的碳同位素。氯仿沥青作为干酪根的演化产物,应该在一定程度上继承了先质的特征,但由于成烃反应中的碳同位素分馏作用(^{12}C优先富集于反应产物中),氯仿沥青的碳同位素组成略轻。由于原油从生油层向储集层运移过程中的碳同位素分馏作用和组分分馏作用,储层中聚集的原油的碳同位素组成也往往较氯仿沥青略轻。通常存在如下关系(王大锐,2002):

$$\delta^{13}C_{干酪根}-\delta^{13}C_{沥青“A”}=0\sim1.5‰ \quad (4-8)$$

$$\delta^{13}C_{氯仿沥青“A”}-\delta^{13}C_{原油}=0\sim1.5‰ \quad (4-9)$$

一般情况下,氯仿沥青的族组分之间存在$\delta^{13}C_{沥青质}>\delta^{13}C_{非烃}>\delta^{13}C_{芳香烃}>\delta^{13}C_{饱和烃}$。

如果泥岩受到运移来烃类的浸染,则$\delta^{13}C_{干酪根}$与$\delta^{13}C_{氯仿沥青“A”}$远背离上述关系,使得$\delta^{13}C_{氯仿沥青“A”}$所应代表的母质类型信息失去意义。

(3)单体烃同位素组成。单体烃同位素是指原油或沥青中单一烃类化合物碳同位素。由GC-C-MS(气相色谱—氧化燃烧炉—同位素质谱)或在线同位素分析仪完成。该技术使液态石油烃的稳定碳同位素研究与天然气中$C_1\sim C_4$、CO_2的碳同位素分析一样,进入了分子级水平。单体烃同位素分析仪于20世纪80年代初实现商品化,我国90年代初引入。经过20余年的发展,单体烃同位素研究已经取了长足进步,可以测定正构组分、异构组分及生物标志化合物。但总的来看,还属于新兴技术,对单体烃的地球化学意义认识还不够深入,许多理论问题尚未明晰。正构组分单体烃碳同位素有随相对分子质量增加而变轻的趋势。用正构组分的单体烃同位素分布可以区分油的来源。

(4)据生物标记化合物分布特征判识有机质类型。饱和烃色谱(GC)、色谱—质谱(GC-MS)技术已是研究原油和岩石抽提沥青中生物标志化合物的常规手段。色谱可以提供有机质组成全貌图,色谱—质谱可对其中的细节进行分辨,二者的结合可以提供大量的信息,对于揭示石油和沥青的母质类型、演化程度、经历的次生变化及原油的混源情况有重要作用,这些信息在油—油对比、油—源对比,研究沉积环境等有很大用途。

另一个应用更为广泛的判识有机质类型的生标指标是依据C_{27}、C_{28}、C_{29}甾烷的相对组成,它可以区分不同烃源岩的石油或相同烃源岩不同有机相的原油(Peters和Moldowan,1995),这主要是基于它们在来源上存在差异。C_{27}甾烷主要来源于水生生物,而C_{29}甾烷则主要来源于高等植物。这对我国陆相盆地可能更适用。而对海相生油,尤其是高等植物尚未大量出现的泥盆纪以前的海相原油中也存在丰富的C_{29}甾烷则不好解释(Peters和Moldowan,1995)。针对我国的情况,曾宪章等(1989)提出$\alpha\alpha\alpha20R-C_{27}$、$C_{28}$、$C_{29}$三种生物构型甾烷来区分母质类型(图4-14)。从理论上讲,使用4种异构体之和更合理;但实际上在质谱图C_{27}、C_{28}的(除$\alpha\alpha\alpha20R$之外的)另外三种构型有时存在与其化合物共逸现象,易受干扰。生物构型的C_{27}、

C_{28}、C_{29}甾烷具有相同的热演化速率，这使它们的相对含量不受或很少受成熟度的影响，故能够反映原始母质中 C_{27}、C_{28}、C_{29}甾烷的比例，这是判识有机质类型的众多指标中，受成熟度影响较小的少数几个指标之一。

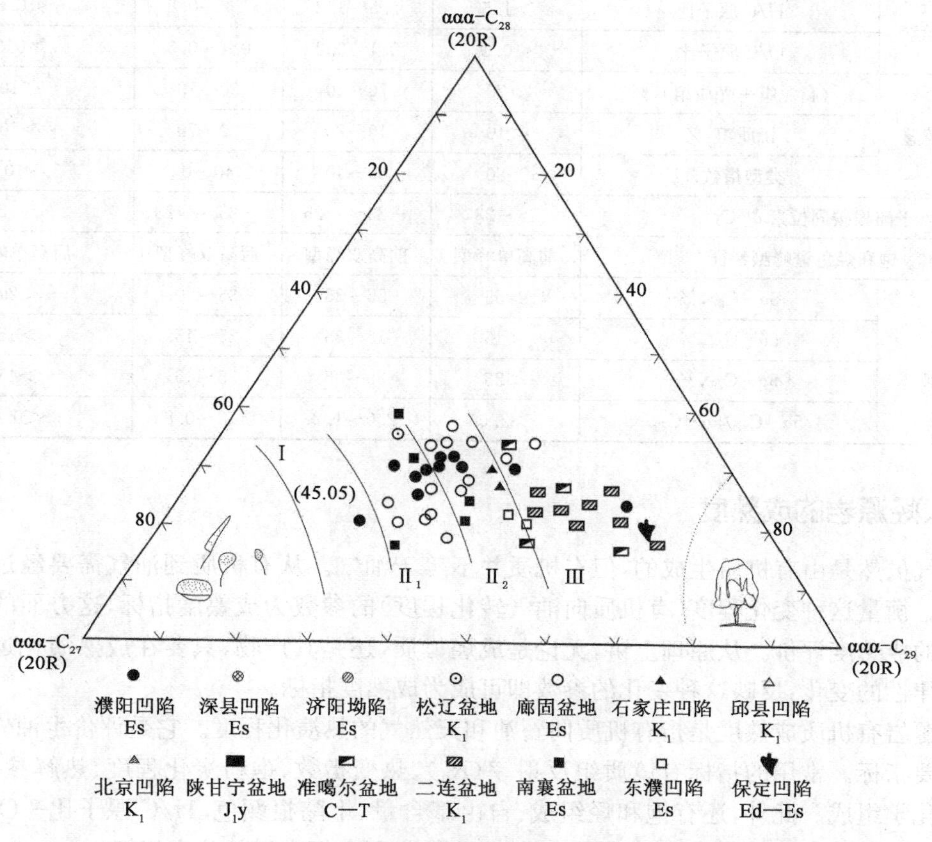

图 4-14　不同母质类型生油岩甾烷相对组成三角图(据曾宪章等,1989)

2. 烃源岩有机质类型评价标准

一定数量的有机质(包括烃源岩有机质含量及烃源岩数量)是成烃的物质基础，而有机质的质量(即母质类型的好坏)则决定着生烃量的大小及生成烃类的性质和组成。有机质类型的评价以 SY/T 5735—1995 为标准(表 4-14)。

表 4-14　湖相烃源岩有机质类型划分标准(据 SY/T 5735 — 1995)

项　目		Ⅰ型	Ⅱ型		Ⅲ型
			Ⅱ1型	Ⅱ2型	
沥青“A”族组成	饱和烃,%	60～40	40～30	30～20	＜20
	饱和烃/芳香烃	＞3	3～1.6	1.6～1.0	1.0
	(非烃＋沥青质),%	20～40	40～60	60～70	＞70
岩石热解参数	氢指数 I_H,mg/g	＞700	700～350	350～150	＜150
	类型指数 T	＞20	20～10	10～5	＜5
	降解产率 D	＞70	70～30	30～10	＜10

续表

项目		Ⅰ型	Ⅱ型		Ⅲ型
			$Ⅱ_1$型	$Ⅱ_2$型	
干酪根元素	H/C 原子比	>1.5	1.5～1.2	1.2～0.8	<0.8
	O/C 原子比	<0.1	0.1～0.2	0.1～0.3	>0.3
干酪根镜鉴	(腐泥组+壳质组),%	>70	70～50	50～10	<10
	镜质组,%	<10	10～20	20～70	>70
	类型指数 TI	>80	80～40	40～0	<0
干酪根碳同位素 $\delta^{13}C$,‰		>−23	−23～−25	−25～−28	<−28
饱和烃色谱峰型特征		前高单峰型	前高双峰型	后高双峰型	后高单峰型
生物标志物	$5\alpha-C_{27}$,%	>55	55～35	35～20	<20
	$5\alpha-C_{28}$,%	<15	15～35	35～45	>45
	$5\alpha-C_{29}$,%	<25	25～35	35～45	>45
	$5\alpha-C_{27}/5\alpha-C_{29}$	>2.0	2.0～1.2	1.2～0.8	<0.8

四、烃源岩的成熟度

油气虽然是由有机质生成的,但有机质并不等于油气。从有机质到油气需要经过一系列的变化。衡量这种变化程度(有机质向油气转化程度)的参数为成熟度指标,这方面的研究即有机质的成熟度评价。从原理上讲,无论是成烃母质,还是其产物,只要在成熟演化过程中体现出规律性的变化,反映这种变化的参数即可成为成熟度指标。

烃源岩有机质成熟度是指有机质向石油和天然气的热演化程度。它是评价生油岩生烃能力的重要指标。常用的指标有镜质组反射率(R_o)、热变指数、孢粉炭化程度、热解参数、可溶抽提物化学组成。此外,还有饱和烃组成、自由基含量、干酪根颜色、H/C 原子比—O/C 原子比关系、生物标志物、碳同位素组成、TTI 等。这里主要介绍常用的几个指标。

1. 烃源岩有机质成熟度评价主要参数与方法

1)镜质组反射率(R_o)

镜质组是一组富氧的显微组分,由泥炭成因有关的腐殖质组成,具镜煤(或煤素质)特征,其结构以芳香烃为核,常有不同的支链烷基。在热演化过程中,链烷热解析出,芳环稠合,出现微片状结构,芳环片间距逐渐缩小,致使反射率增大,透射率减小,颜色变暗,这是一种不可逆反应。镜质组反射率与成岩作用关系密切相关,热变质作用越深,镜质组反射率越大(图 4-8)。

2)热变质指数(TAI)

它是一种在显微镜下通过透射光观测到的由热引起的孢粉、藻类等颜色变化的标度,按颜色变化确定有机质的演化程度,共分 5 个级别:

1 级——黄色,未变化;

2 级——橘色,轻微热变化;

3 级——棕色或褐色,中等热变质;

4 级——黑色,强变质;

5级——黑色,强烈热变质,伴有岩石变质现象。

油气生成的热变质指数介于2.5～3.7之间。

3)干酪根颜色及H/C—O/C原子比关系

主要根据干酪根的颜色,结合H/C—O/C原子比关系图(图4-5和图4-6),来判断干酪根转化程度,一般其颜色从暗褐色至深褐色标志着最大量生成正烷烃的区间,残渣H/C原子比约为0.80。

4)生物标志化合物作为成熟度指标(甾萜、奇偶优势OEP、CPI)

甾萜等许多生物标志化合物都具有特征性的生物构型,在热应力的作用下,稳定性较低的生物构型要向稳定性较高的地质构型转化,其转化程度与热应力及受热时间有关。这是生物标志化合物作为成熟度指标的基础。

大多数生物标志物成熟度参数都不能满足于所列理想条件,原因是多方面的。已提出的分子标志物(包括生物标志物)成熟度参数很多,并且还在增加。这些参数之间可以相互印证。

5)岩石热解最高峰温(T_{max})作为成熟度指标

T_{max}是由Rock-Eval热解仪分析所得到的S_2峰的峰顶温度,对应着实验室恒速升温的条件下热解产烃速率最高的温度。由于有机质在埋藏过程中随着热应力的升高逐步生烃时,活化能较低、容易成烃的部分往往更多能被优先裂解,因此,随着成熟度的升高,残余有机质成烃的活化能越来越高,相应地,生烃所需的温度也逐渐升高,即T_{max}逐渐升高。这是T_{max}作为成熟度指标的基础。也有人认为,T_{max}可能比R_o值对于热事件更敏感(王铁冠,1998)。由于Rock-Eval分析快速经济,成为常用的成熟度指标之一。依据T_{max}值判定生油岩的成熟度是比较简易可行的方法。一般而言,$T_{max}<440℃$,干酪根处于未成熟阶段;440～460℃为成熟阶段;460～490℃为高成熟阶段;$T_{max}>490℃$,干酪根过成熟。

但是由于T_{max}与有机质的类型有关,尤其是在碳酸盐岩中,T_{max}测值的波动加大,使它作为热指标的权威性不如R_o。

2. 碳酸盐岩有机质成熟度评价主要参数与方法

对缺少镜质体的地层,尤其是下古生界海相碳酸盐岩,很难用经过实践证明是可信的源于高等植物碎屑的镜质组反射率来作为成熟度指标。可以说,这些地层的成熟度评价是困扰石油地质界和油气地球化学界的难题。正因为如此,各国学者对这一问题进行了长期的研究和探索。目前主要是利用海相岩石中各种有机显微组分光性参数和干酪根的化学结构参数与镜质组反射率之间的相关关系,来获取等效镜质组反射率,如沥青反射率(R_b)、海相镜质组反射率(R_{mv})、动物有机碎屑(如笔石、几丁虫、虫鄂等)反射率、牙形刺荧光性、干酪根芳核平均尺寸指数(Xb)等指标。任何成熟度评价参数,如不能建立起可与目前国际上唯一公认的、最广泛应用的成熟度指标——镜质组反射率进行直接或间接的对比关系,则不能被认为是可靠的成熟度指标。

1)沥青反射率(R_b)

影响沥青反射率的主要地质因素是沥青的成因及其热演化特征。由于沥青的来源不同,它可以发育成不同的光学结构。只有在烃源岩原地形成的或干酪根热转化初期形成的固体沥青,才可以用作成熟度研究。

Jacob (1985)根据镜质组反射率与沥青反射率大量数据对比研究提出下列相关关系式:

$$R_o = 0.618R_b + 0.4 \tag{4-10}$$

丰国秀(1988)用四川盆地样品分别通过热模拟实验和自然演化系列建立了两个相关关系式：

$$R_o = 0.3195 + 0.6790\ R_b \quad (\text{根据热模拟}) \tag{4-11}$$

$$R_o = 0.336 + 0.6569R_b \quad (\text{根据自然演化}) \tag{4-12}$$

2)海相镜质组反射率(R_{mv})

海相镜质组是碳酸盐岩中“自生”的镜质组分。其反射率与煤中的镜质组反射率有极好的相关关系，是海相碳酸盐岩最理想的成熟度指标之一。钟宁宁、秦勇(1995)通过华北地区石炭系石灰岩自然演化系列样品和石炭—二叠系煤的比较研究，建立了海相镜质组反射率与煤镜质组反射率的换算关系式：

$$R_{mv} = 0.805\ R_o - 0.103 \quad (0.5\% < R_o \leqslant 1.6\%) \tag{4-13}$$

$$R_{mv} = 2.884\ R_o - 3.63 \quad (1.6\% < R_o \leqslant 2.0\%) \tag{4-14}$$

$$R_{mv} = 1.082\ R_o + 0.025 \quad (2.0\% < R_o < 5.0\%) \tag{4-15}$$

一般情况下，在 $R_o = 2.0\%$时，煤镜质组反射率明显高于海相镜质组，其差值可在0.1%～0.4%之间；当 $R_o > 2.0\%$时，海相镜质组反射率演化开始超前正常的陆源镜质组。

海相镜质组在开阔台地相的碳酸盐岩中比较容易获得，但在强还原相的海相地层中不容易找到。

上面简单介绍了一些代表性的成熟度指标。事实上，文献报道过的成熟度参数远远不止这些，如早期探讨过的卟啉类指标，近二十年探讨的轻烃成熟度指标等。对成熟度指标如此广泛的关注，一方面显示了成熟度评价在烃源岩评价和油气地球化学研究中具有重要意义；另一方面，也与不同的指标有不同的适应范围和应用条件有关，如最为权威的 R_o指标在缺少镜质体的前泥盆纪地层中和水生生物占绝对优势的地层中难以应用，在低成熟度阶段的分辨率较低等等。许多情况下，烃源岩或者原油的成熟度需要多种指标的配合使用才能准确界定。同时，有些热指标只是其他研究的副产品，如干酪根的元素组成、官能团构成、热失重等。更主要的是有机质的类型指标，但它也具有一定的成熟度含义。指标的多用性也使它具有多解性。比较而言，除了镜质组反射率指标外，生物标志化合物(尤其是甾萜)、T_{max}、热变指数(干酪根颜色)等是应用较为广泛的成熟度参数。

3. 有机质成熟度评价标准

有机质成熟度的评价以SY/T 5477—2003为标准(表4-15)。

表4-15 湖相烃源岩成熟阶段划分的主要指标(据SY/T 5477—2003)

指标 \ 阶段	未成熟	低成熟	成熟	高成熟	过成熟
镜质组反射率 R_o,%	<0.5	0.5～0.9	0.9～1.3	1.3～2	>2
HC/TOC,%	<5	5～20	20～40	<5	
地温,℃	<101	101～138	138～178	>178	
T_{max},℃	<435	435～455		455～490	>490
TAI	<2.5	2.5～4.5		>4.5	

续表

指标	阶段	未成熟	低成熟	成熟	高成熟	过成熟
甾烷	$20S-C_{29}/20S+20R-C_{29}$,%	<20	20~40	稳定在50左右		
	$\beta\beta-C_{29}/\Sigma C_{29}$,%	<20	25~40	40−70	稳定在70左右	
萜烷	$22S/22R-C_{31}$	<1	>1			
	Ts/Tm	<0.2	0.2~1	0.5~2		0.5~2
饱和烃	OEP	>1.2	1.1~1.3	<1.2		
脱气分析	C_2^+,%	0~5	<10	5~20	5~10	<5
	CH_4,%	100~95	>90	95~80	95~90	>95
热解气相色谱 $nC_8+nC_9+nC_{10}$/(甲苯+二甲苯)		40~80		20~40		<20
轻烃	庚烷值,%	<15	15~30	30~40	>40	
	石蜡指数	<0.7	0.7~2.5	2.5~5	>5	
芳香烃色谱	甲基菲指数	<0.4	0.4~0.75	0.75~1.60	>1.6	
	甲基萘指数	<0.4	0.4~0.75	0.75~1.60	>1.6	
	三甲基菲/四甲基菲	1~2				>4
	屈含量,%	0.3~0.9		0.15~0.3		>0.15
干酪根红外光谱	1715/1600,cm^{-1}	0.68~0.38	0.38左右			
	2929/1600,cm^{-1}	2~1.2		较稳定		
紫外光谱二环/三环以上芳香烃		0.5~1.5				>2
X−衍射伊蒙混层比,%		>50	20~50			15~20

第三节　油气源对比评价

油气源对比是通过原油及天然气与可能烃源岩之间有机母源输入成分的亲缘关系进行对比分析，判识和追溯石油和天然气的可能来源。当一个探区发现多套含油气层系时，通过油、气源之间的内在成因联系的一致性和共同性确定各自的烃源岩，已经成为追溯新的油层和指导勘探的重要手段之一。在油气源对比研究中，应当从成烃演化的整个历史过程来考虑，主要利用原油及可能烃源岩中存在的各类甾、萜生物标志物的母源参数和成熟度参数等综合指纹信息进行多因素对比，从古环境和生源构成等多方面提供判识依据。由于热成熟、运移和次生变化作用的影响，油、气和烃源岩的化学成分可能发生很大的变化，通过对比研究可以弄清含油气盆地中石油、天然气、烃源岩之间的成因联系，分析油气运移方向、距离以及油气的次生变化，从而进一步圈定可靠的油源区，确定勘探目标，有效地指导油气的勘探和开发工作。

油源对比包括油—岩、油—油、气—气、油—气—岩的对比，实际上地化对比的核心问题就是油—岩和气—岩的对比以及天然气的成因分类。其主要意义是查明盆地内含油层与生油层的关系，确定生储盖组合的产能及分布特征；了解油气运移的方向和途径。

一、油气源对比的依据

所谓油气源对比是指在综合地质和地球化学资料的基础上，建立油、气与烃源岩的成因关系，其实质是运用有机地球化学的基本原理，合理地选择对比参数(指标)来研究石油、天然气、烃源岩之间的相互关系；其基本依据是如果烃源岩中的干酪根、可溶抽提物沥青与来自该层系的油、气有亲缘关系，则它们在化学组成上必然存在某种程度的相似性，反之非同源的油气则会表现出较大的差异。由于油气的可动性和在漫长地质历史时期运移、聚集过程，甚至在储层成藏后的混合、分异等作用，在组成上会经历一系列的变化，从而使各自的特性和烃源岩之间的相似性变得模糊甚至完全被掩盖或消失，从而大大增加了油气源对比的多解性和复杂性。性质相同的两种油气应源于同一母岩。母岩排出的石油应与母岩中残留的石油相同，实际上油气在运移过程中会受到各种因素的影响，因此，相似即同源，这是对比原则。

因此，油气源对比研究过程中，合理地选择对比参数，并综合各种地质及有机地球化学资料是十分必要的。

二、油气源对比参数的选择

油气源对比中研究的三个主要对象是烃源岩中不溶的干酪根、可溶的沥青以及聚集在圈闭中的石油(凝析油)和天然气，其中油气和沥青中的各种烃类、非烃类化合物一般都可用作对比参数。在现代先进技术引进油气地球化学领域之前，只依据油气的总物理性质，如相对密度、黏度、族组成及含硫量等作为对比指标。这些方法简单易行，但受外界影响较大。20 世纪 60 年代以来，各种现代分离鉴定技术的发展，特别是色谱—质谱技术成功地引进有机地球化学研究领域，使地质体中生物标志物的研究，尤其是沉积岩石中甾、萜化合物的立体异构化研究得到迅速发展。70 年代以来，商业性色谱—质谱—计算机联用技术的普及以及高分辨率毛细管柱的采用，大大提高了分离复杂混合物的能力，从而使色谱—质谱—计算机联用技术不仅可鉴定出个别生物标志物及其结构，而且还能对同系物中不同立体构型和各种化合物进行半定量和定量研究，对油气源的追溯、有机物质的演化历程以及生源的研究提供多种有用信息。

目前，油气源对比的地化指标比较多，其中常用的主要指标有天然气组成、天然气碳同位素、轻烃(C_4～C_7)、族组成及其碳同位素、C_{15+}正构烷烃、甾烷、萜烷、芳香甾烷等生物标志化合物等。

为避免非成因因素的影响，尽可能选择一些受运移、演化和次生变化影响较小、能直接反映原始有机质特征的化合物或沸点和溶解度相近的化合物的相对浓度比值作为对比参数，油气源对比参数选择的原则如下：

(1)选择在演化、运移和次生变化中较稳定的特征化合物，尤其是那些能够直接反映原始有机质特征的化合物作为对比参数。目前生物标志化合物，尤其是其中的甾烷、萜烷已广泛地用于油气源对比。

(2)不同类型的油气采用不同的对比参效，如油—油对比可用 C_{15+} 烃类的分布形式，而油—凝析油则主要对比其轻烃组分(C_1～C_{10})，气—气对比中同位素起着重要作用。

(3)为了减少次生因素的影响，尽量采用有机化合物的分布形式及相对比值，如原油中 Pr/Ph 比值都可作为有效的对比参数。

(4)单一参数总有其局限性，因此任何对比都应选用多种参数组合进行综合对比，且应考虑地质构造、岩相等多方面资料。

(5)广泛地采用数理统计方法和计算机应用的成果,科学地、定量地研究、对比参数之间的相关性。

(6)样品间的正相关性不一定是样品相关的必要证据,但负相关性却是样品之间缺乏相关性的有力证据。

可用于油—油和油—源对比的参数(指标)很多,大致可分为总组成法和分子组成法两大类(表4-16)。总组成法对比指标包括:物理特性、组成、元素浓度和比值以及同位素比值,它们反映的是油和烃源岩中有机物分子的综合特征。在总组成法油源对比参数中,同位素比值相对可靠,特别是油、岩石抽提物、干酪根的稳定同位素比值是极好的油源对比参数,关键在于它将石油和可能烃源岩中的干酪根和沥青直接联系起来。使用得较多的参数是碳同位素组成$\delta^{13}C$,当原始有机质和热演化条件相同时,油与烃源岩之间的碳同位素组成是可比的。由于同位素的动力分馏效应使产物(原油或沥青)中的碳同位素较残余物(干酪根)中的碳同位素组成轻,但由干酪根形成的沥青碳同位素$\delta^{13}C$与干酪根$\delta^{13}C$的差值不会大于1‰～4‰,大多数是在2‰～3‰(Tissot,1984)。

表4-16　油气源对比参数汇总

参数		应用	主要非成因因素的影响
总组成法	颜色	+	生物降解、成熟度、水洗、运移
	API重度	+	生物降解、成熟度、水洗、运移
	黏度	+	生物降解、成熟度、水洗、运移
	烃类组成	++	生物降解、成熟度、水洗、运移
	硫	++	生物降解、成熟度、水洗、运移
	氮	++	生物降解
	钒	++	生物降解
	镍	++	生物降解
	V/(V+Ni)	++	成熟度
	全油同位素	+++	生物降解、成熟度
	饱和烃同位素	++	生物降解
	芳烃同位素	+++	水洗
分子法	正构烷烃	++	生物降解、成熟度
	异戊二烯类烷烃	+++	运移
	甾烷(C_{26}～C_{30})	+++	成熟度
	三环萜烷	+++	—
	五环三萜烷	+++	生物降解
	芳烃	+++	水洗、运移
	含氧、氮、硫的化合物	+++	运移
	金属卟啉	++++	成熟度

注:+代表应用较少,++代表应用较多,+++代表应用多,++++代表应用非常多

研究表明,虽然沉积物的沉积环境对干酪根碳同位素值有影响,但是对干酪根碳同位素值的影响极大的是干酪根的类型,即有机质的原始成分(Tissot,1984;Galimov,1978;黄第藩等,

1988)。不同有机质类型其碳同位素不同,这就奠定了利用碳同位素组成进行油源对比的基础。大量统计资料表明了这样的规律,即 $\delta^{13}C_{干酪根} > \delta^{13}C_{沥青质} \geqslant \delta^{13}C_{原油}$,$\delta^{13}C_{干酪根} \geqslant \delta^{13}C_{沥青质} \geqslant \delta^{13}C_{非烃} \geqslant \delta^{13}C_{芳香烃} \geqslant \delta^{13}C_{饱和烃}$。在大多数情况下,原油的碳同位素组成比对应的干酪根碳同位素轻,与烃源岩抽提物(沥青)比,原油的 $\delta^{13}C$ 值小于或接近,符合同源干酪根、沥青质和原油表现出的相互关系(图 4-15)。

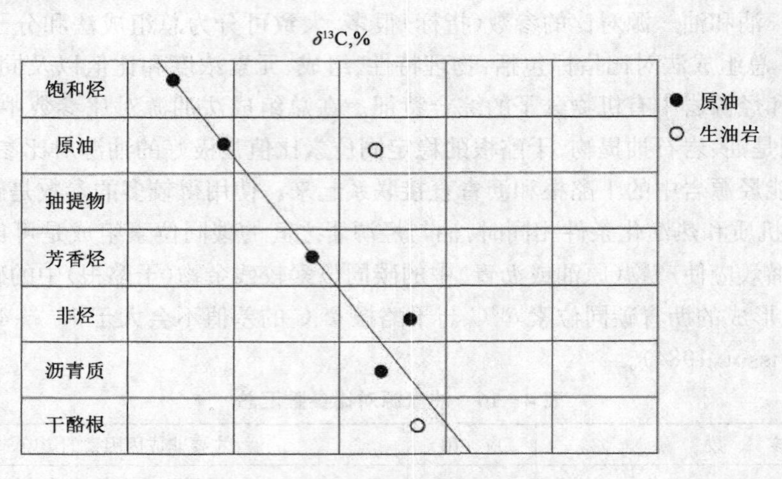

图 4-15　石油稳定碳同位素类型曲线

分子指标是指单个分子化合物或分子化合物比值,如轻烃($C_5 \sim C_{10}$)、甾类和萜类的分子异构等,在油气源对比中得到广泛应用。在油气源对比中,分子指标的选择应尽量选择那些受运移和成藏后次生变化(如生物降解、水洗、氧化作用等)影响较小的参数,尤其是具有成因意义的一些分子指标作为对比参数。在对比中,也要注意分析特征化合物的存在,特征化合物的存在反映两个样品间可能存在相关性,但两个样品间特征化合物分布的差异是它们缺乏成因联系的有力证据(图 4-16)。

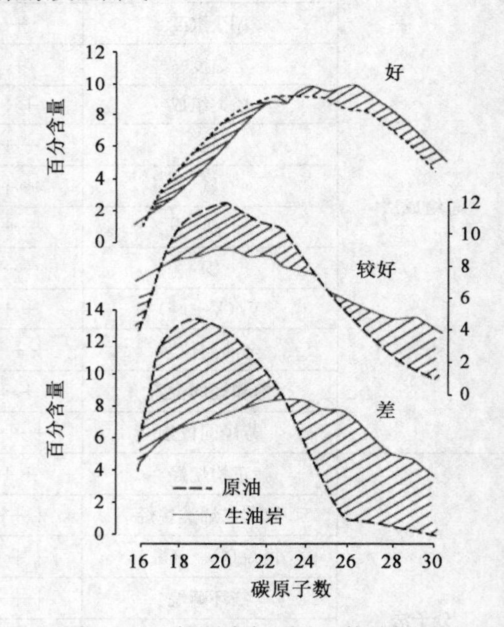

图 4-16　烃源岩与原油正构烷烃对比

三、油气源对比的方法

油气源对比的方法比较多,常用的方法可以归纳为以下三种:

1. 相关曲线法

选择石油和烃源岩中几项指标的相对强度绘制成相关曲线,即可看出石油和烃源岩是否具有亲缘关系。如图 4-17 中侏罗系原油与侏罗系生油岩对比较差,而与二叠系生油岩对比较好,说明侏罗系原油来源于二叠系生油岩。

应用雷达图也可比较好地表现多参数之间的相关性,对于多参数的样品对比应用雷达图能更清楚地显示样品和参数之间的差异(图 4-18)。

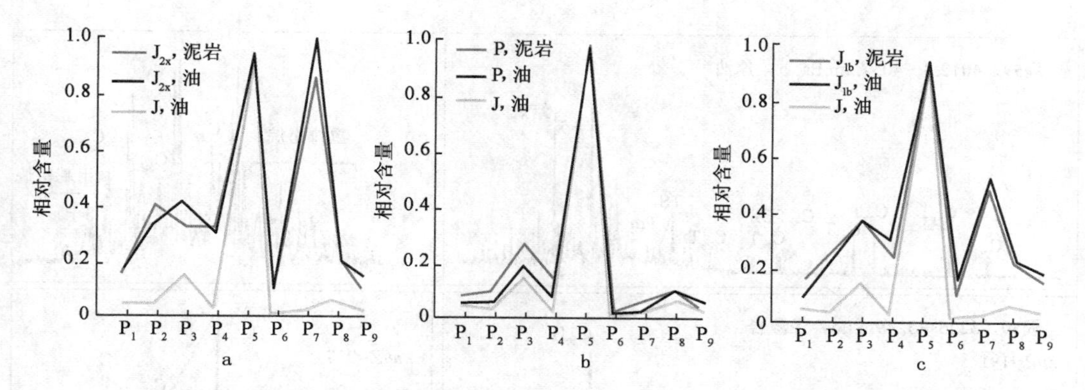

图 4-17 某盆地生油岩与侏罗系含油岩心抽提物生物标志物多因素对比图(据张枝焕,1998)

P_1—αααC_{29}(S/(S+R));P_2—C_{29}甾烷(ββ/αα+ββ);P_3—C_{31}藿烷 S/R;P_4—C_{30}藿烷(22S/(22S+22R));P_5—C_{29}(藿烷/莫烷);P_6—γ—蜡烷/C_{30}(藿烷/莫烷);P_7—(藿烷/莫烷)C_{29}/C_{30};P_8—ααα(20R)C_{28}/C_{29};P_9—ααα(20R)C_{27}/C_{28}

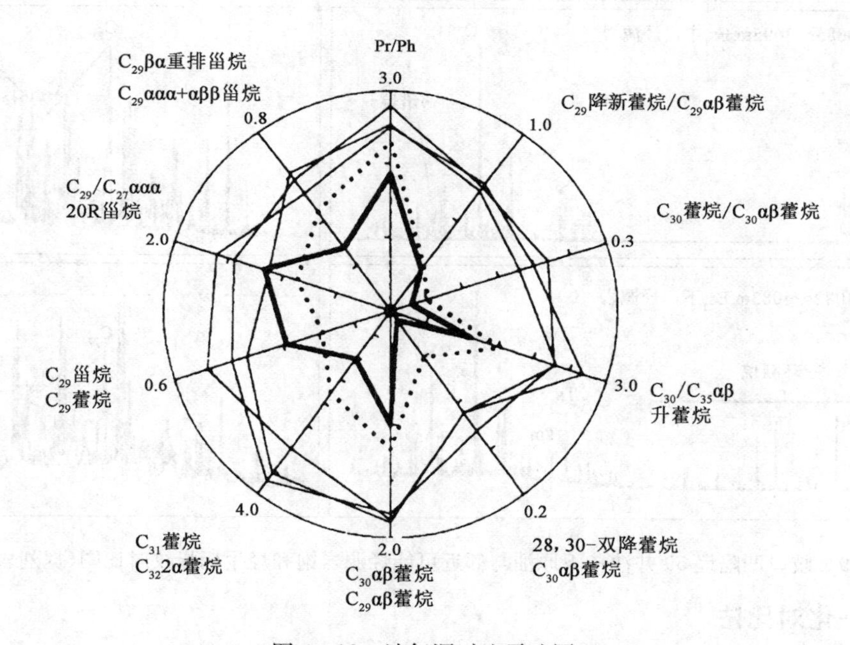

图 4-18 油气源对比雷达图

2. 指纹对比法

这种方法只是分别把油气和可能烃源岩有关的轻烃色谱图、原油饱和烃色谱图、甾烷($m/Z=217$)和萜烷($m/Z=191$)的质量色谱图等,直接进行指纹对比(图 4-19)。该方法的特点是简单、直观,目前在国内外使用的最为广泛,它不需要编制其他任何图件,而直接仔细观察色谱峰特征,分析石油和烃源岩之间有无亲缘关系。如歧口凹陷埕 59 井沙一下原油所体现出来的高三环萜烷、高 γ 蜡烷、中-低的重排甾烷、低 C_{29} 甾烷、高 4 甲基甾烷等特征与沙一下烃源岩本身具有很好的可比性,而与其他层系烃源岩差异很大,表明该原油与沙一下烃源岩关系密切,应该来源于沙一下烃源岩本身的贡献。

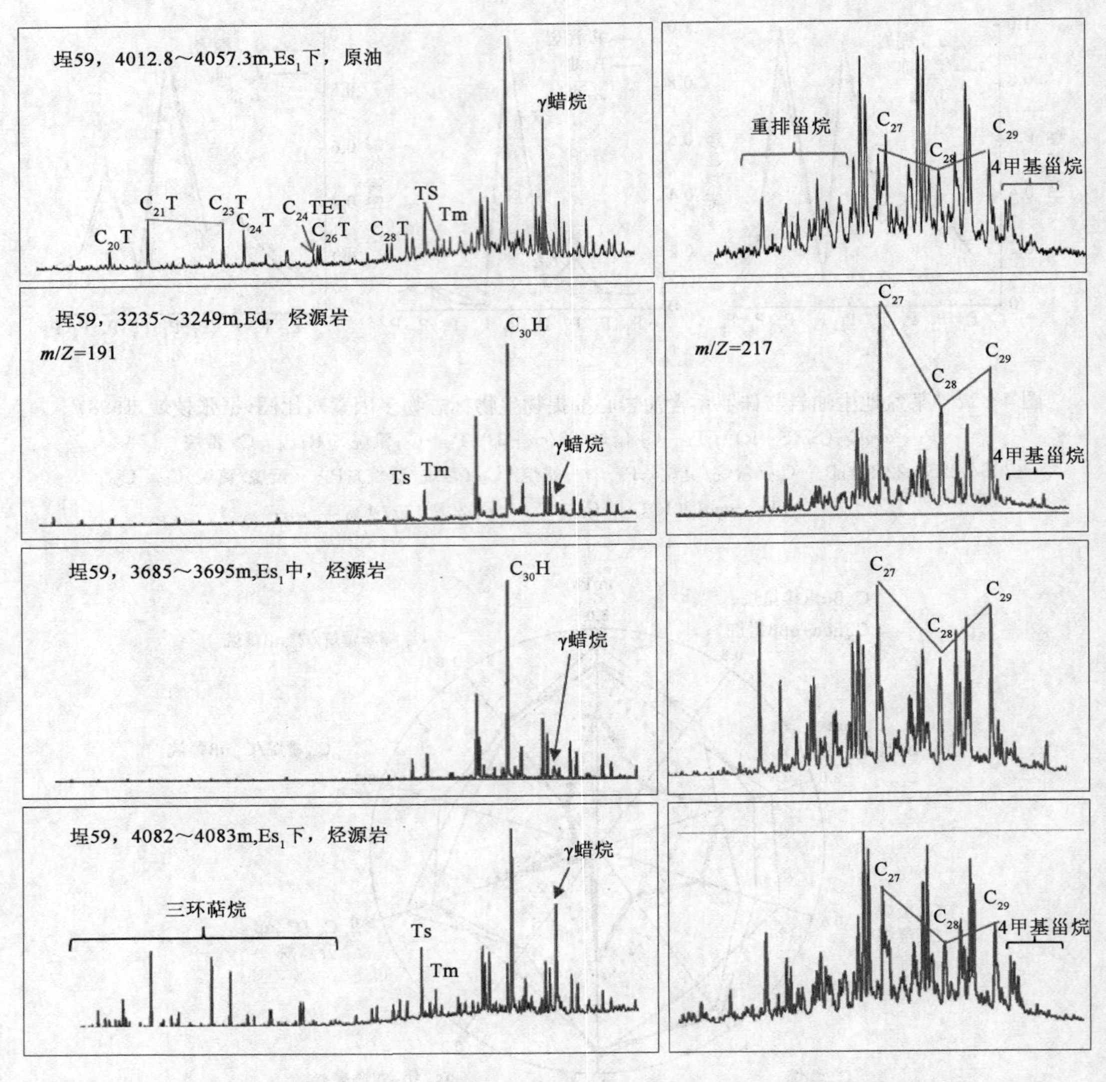

图 4-19　歧口凹陷埕 59 井沙一下原油与邻近可能烃源岩饱和烃生标指纹对比图(据刘岩,2013)

3. 归一化对比法

采用归一化对比法时,先选择石油和烃源岩中的有关生物标志物等指标,然后把归一化的相对含量编制成各种相关图(图 4-20)。例如,常用的有规则甾烷 20R 构型的 C_{27}—C_{29} 甾烷三角图;Pr/Ph、Pr/C_{17} 和 Ph/C_{18} 相对含量的三角图;Pr/Ph—γ-蜡烷/C_{30} 藿烷的坐标图等。这种方法在国内油源对比中使用的也比较多,其特点是适用于石油分类和大量的石油和烃源岩之间的地球化学对比。

在过去进行油源对比时,由于仪器方面的限制,只能依靠油气的总体物理化学性质,如密度、黏度、凝点等,这些参数的获得较为简单,但它们容易受到外界次生因素的影响,以至于造成油源对比的错误。近年来随着石油地球化学理论的深入发展以及分析试验技术的不断改进,不仅能较科学的解释油气的形成和变化规律,而且也提供了一些新的地球化学对比指标,使油源对比有了新的突破。

造成原油组成差异的原因十分复杂,那么在进行油—油对比或油气族组群划分时,必须充

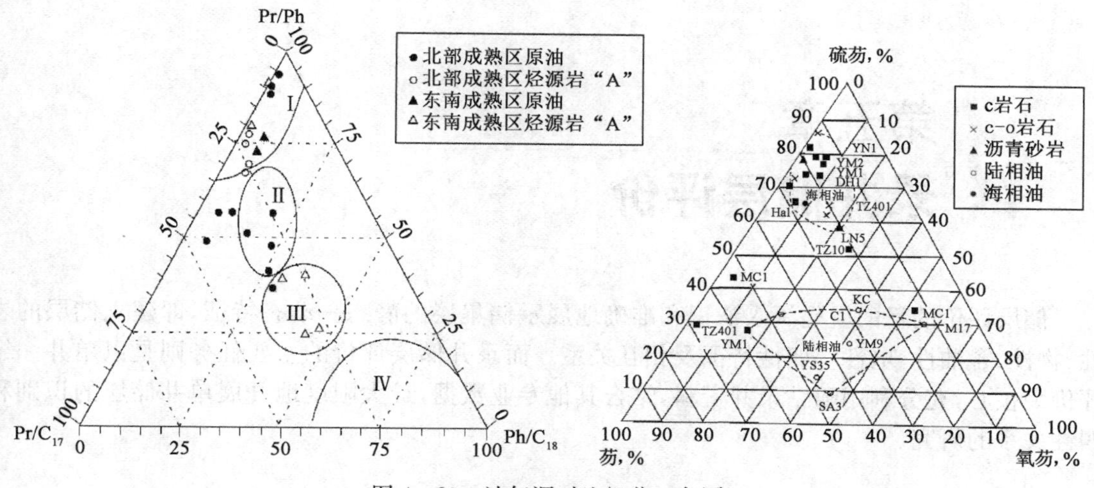

图 4-20　油气源对比组分三角图

分考虑多种地质与地球化学因素。可以从原油的各种烃类和非烃中选择对比参数,原油中甾烷系列与萜烷系列生物标志物的组成特征可以反映原油的有机质母源输入条件、沉积环境和热演化程度等。影响原油中三萜烷系列化合物的分布特征的关键因素为生源条件,并且生物标志物在原油中的分布是相对稳定的,轻度到中等程度的生物降解作用对其没有明显的影响,运移效应对大部分生物标志物参数也没有明显的影响。因此,生物标志物参数是划分对比原油族群的最理想的参数,可以根据其指纹特征的差异对原油进行族群划分对比。

根据地质背景和对比对象的不同,可以分别采用轻烃、重烃、饱和烃、芳香烃、正构烷烃和异构烷烃以及非烃和同位素的组成等参数来进行油源对比。

思考题

1. 名词解释:烃源岩;有机碳含量;有效烃源岩;氯仿沥青“A”;总烃;生烃强度;排烃效率。
2. 简述烃源岩评价的主要内容。
3. 简述烃源岩评价的主要参数。
4. 简述烃源岩评价的意义。
5. 衡量岩石中有机质的丰度所用的指标主要有哪些?各自的常用单位是什么?
6. C_{27}、C_{29}甾烷的生物来源分别是什么?
7. 碳酸盐岩有机质成熟作用的标志有哪些?
8. 有机质类型评价的指标有哪些?
9. 有机质成熟度评价的指标有哪些?

第五章
录井储层评价

储层评价的目的就是深入认识和准确地展示储集层的静态—动态特征，即建立储层的岩性、物性、含油性、电性等四性特征及相互关系。而录井储层评价的主要任务则是以单井一维评价为核心，充分利用随钻录井资料，结合其他专业数据，最大限度地开展单井储层的识别和四性关系的研究。

第一节　储层评价概述

根据勘探、开发阶段的不同，储层评价可以分为单井储层评价、区域储层评价、开发储层评价。不同阶段储层评价的内容和要求不同。

一、储层评价的基本内容

根据录井专业的需求，在此主要介绍单井储层评价。单井储层评价一般选取取心井段长、资料丰富的井，如科学探井和评价井作为研究的重点，评价技术主要采用地质录井（岩心、岩屑、井壁取心等）、地震、测井、试油试采、实验室分析等综合评价方法，评价内容主要包括岩石学研究、沉积相分析、成岩作用研究、温度和压力分析、储集物性评价、含油性评价、综合评价等。

1. 岩石学特征

1）研究内容

对储层段岩心或岩屑的岩石学特征进行描述是储层评价的基础工作之一，主要内容包括颜色、组成、结构、构造等。

（1）颜色：颜色是沉积岩最直观的标志，它取决于岩石的成分和物理化学形成条件，因而也是鉴别岩石、划分和对比地层、分析古地理的重要依据之一。按照统一岩石色谱标准，选取新鲜面进行颜色描述和定名，注意区分原生色和次生色，前者又可分为自生色和继承色。自生色是含铁自生矿物和有机质所致，不同色调反应沉积环境的氧化还原程度；继承色取决于陆源矿物种类及含量，如长石砂岩多呈粉红色。次生色是岩石遭受次生变化所致。

（2）组成：碎屑岩的组成可以划分为颗粒、杂基、胶结物和孔隙四个部分。因此，岩石组成的研究内容包括：确定岩石的矿物成分及其含量，并对其进行岩石命名和分类；测量基质的成分、含量和分布情况；判断胶结物类型、含量及胶结方式；测量自生矿物和重矿物的含量及其组成，确定自生矿物形成时序列和世代；鉴定原生和次生孔隙的类型和含量，指出孔隙大小和矿物学证据，在显微镜下识别微裂缝的大小、分布特征及其与矿物成分和胶结程度的关系等。

(3)结构:碎屑岩结构的研究范围一般包括粒度、球度、形状、圆度以及颗粒表面特征等碎屑颗粒本身特征,也包括胶结物特征及碎屑与填隙物之间的关系等。首先描述岩石的粒度,通过粒度分析求出粒度分布曲线和分布参数,包括常用的均值粒径、中值粒径、分选性和标准偏差等,然后通过岩心观察、显微镜及扫描电镜等方法研究颗粒圆度、球度、表面特征、胶结物特征、颗粒接触关系等。碳酸盐岩的结构主要侧重各种类型的颗粒结构、生物生长结构、结晶结构、残余结构及其特征,另外还包括胶结物的世代、类型和结构的研究。

(4)沉积构造:沉积构造是指沉积物沉积时或沉积后,由于物理、化学及生物等作用形成的各种构造,包括物理成因构造、化学成因构造、生物—化学成因构造和生物沉积构造等,可以通过观察岩心和岩屑资料进行描述。在沉积物沉积过程中及固结成岩之前形成的构造称作原生构造,如层理、包卷构造等;固结成岩之后形成的构造为次生构造,如缝合线等。研究原生构造,可以了解沉积介质的应力和流动状态,从而有助于分析沉积环境,有的还可以进行层位划分和对比。对于各种沉积构造,要根据需要描述其类型、形态、分布特点,分析成因。

2)研究方法

首先对露头、岩心或岩屑进行肉眼观察,描述其颜色、沉积构造、大古生物类型及孔、洞、缝的发育情况,并可以对一些特征进行统计分析,在肉眼观察过程中可以借助于放大镜。

再用仪器做进一步的分析测试,获取岩石的岩性、组成、结构等参数,并观察发生过的成岩现象。用仪器对岩样进行分析测试主要包括以下技术:偏光显微镜法、孔隙铸体研究、阴极发光显微镜观察、扫描电镜观察、X 射线衍射分析、电子探针分析、包裹体显微镜分析等。

此外还有一些专用于碳酸盐岩岩石学特征分析的实验室分析方法,主要包括稀盐酸实验法、染色法、酸蚀法、揭片法、非碳酸盐组分分离法、差热分析法等。

2. 沉积相分析

沉积相分析简称相分析,指通过对沉积剖面的岩性、古生物及地球化学等方面相标志的研究,进而恢复地质时期沉积环境及其演变规律的一种研究方法。它是油气储层评价中最基础的工作之一,其任务是重建储层沉积时的古环境,确定储层的沉积相,开发储层评价必须逐级分析到微环境和微相。

1)研究内容

(1)相标志研究,确定沉积环境:利用岩性、古生物、自生矿物、微量元素、稳定同位素及有机组分综合判别沉积环境。

(2)单井剖面相分析:结合岩心观察和物理试验分析,分析取心井剖面的岩性组合、沉积构造、冲刷面、各种接触关系、古生物发育等特征,确定剖面相、亚相和微相的类型及建立沉积层序,建立单井沉积序列模式。

(3)确定有利的储集层段:根据单井剖面相划分结果,确定生储盖组合特征,划分有利储集层段。

(4)分析沉积相与储层特征的关系:分析沉积相对储层纵向分布和储层原生孔隙发育的控制作用,确定有利储集层发育的沉积相类型及各自对应的储层特征。

(5)剖面对比相分析:在单井剖面相分析的基础上,结合地震相研究区域范围沉积相的发育特征,分析其对储层平面展布的控制。

2)研究方法

(1)岩心观察和描述:系统观察描述岩心的颜色、矿物成分、肉眼可见的沉积结构和构造、古生物类型及孔、洞、缝发育情况。

(2)岩心实验室分析:薄片鉴定和扫描电镜观察,确定沉积相标志;同位素和微量元素分析,确定同位素和微量元素的成分、组成和含量。

(3)测井解释:利用自然伽马测井、自然伽马能谱测井和地层倾角测井等测井资料判别沉积环境,划分沉积相。

3. 孔隙结构及孔隙类型

1)研究内容

(1)孔隙结构:砂岩的孔隙结构主要取决于颗粒的接触类型和胶结类型,砂岩颗粒本身的形状、大小、圆度和球度也对孔隙结构有直接影响。与砂岩相比较,碳酸盐岩的储集空间要复杂得多,次生变化非常强烈,可以产生大量次生孔隙,加上裂缝常常发育,使碳酸盐岩储集层具有岩性变化大、孔隙类型多、物性变化无规律的特点。

(2)孔隙类型:按照成因和形成的时间,孔隙可分为原生孔隙、混合孔隙和次生孔隙。其研究内容主要包括识别孔隙类型、分析形成机制、评价其对储集性能的影响。

2)研究方法

常见的研究储层孔隙结构的方法有毛管压力法、铸体薄片法、扫描电镜法、CT 扫描法和图像分析法等。通过这些方法,我们可以得到孔隙吼道的半径、曲折度、分布、孔喉比、分选系数、歪度、峰度等反应孔隙结构的数据或分析结果,从而可以用来评价岩石的储集性能。

4. 成岩作用及成岩阶段划分

由于各类沉积岩的化学组成、岩石结构等特征的差异,不同的沉积岩所经历的成岩作用类型也不相同。

1)研究内容

(1)成岩作用研究:孔隙流体的成分、储层岩石矿物成分、温度和压力等成岩要素决定了可能发生的成岩作用。孔隙流体热动力学特征决定了储层中存在的矿物有的发生溶解而产生次生孔隙,有的发生沉淀而破坏孔隙。成岩过程就是孔隙形成和消亡的交互过程。

碎屑岩沉积地层的成岩作用主要有机械压实和压溶作用、自生矿物胶结作用、交代作用、溶蚀作用、黏土矿物转化和脱水作用等,其储层的孔隙度可能由于机械压实作用、压溶作用和自生矿物的胶结作用而降低,而溶蚀作用则往往会形成次生孔隙。

碳酸盐岩沉积物的沉积后作用类型很多,主要有溶解作用、矿物的转化作用和重结晶作用、胶结作用、交代作用、压实作用以及压溶作用等。

(2)成岩阶段划分:碎屑岩成岩阶段指碎屑沉积物沉积后经各种成岩作用改造直至变质作用之前所经历的不同地质历史演化阶段。在碎屑岩成岩作用的各个阶段,成岩环境、成岩时间及其所形成的成岩现象等都各有特点。根据中华人民共和国石油天然气行业标准 SY/T 5477—2003《碎屑岩成岩阶段划分》、SY/T 5478—2003《碳酸盐岩成岩阶段划分》,将碎屑岩和碳酸盐岩成岩作用都划分为 5 个阶段(即同生成岩阶段、早成岩阶段、中成岩阶段、晚成岩阶段、表生成岩阶段),但各自成岩作用的内容是不同的。

2)研究方法

(1)储层成岩作用研究的总体思路:首先,对成岩作用的产物进行研究,包括系统地对储层岩性进行详细观察(宏观和薄片两个方面)和分析测试,要特别注意储层孔隙在时间和空间上的变化,获取较准确的岩性资料、各种成岩现象和孔隙变化特征,推测可能经历的成岩作用过程和所处的成岩作用阶段;其次,根据孔隙流体温度和压力等成岩参数,从物理化学和热化学等角度探讨成岩反应的机理;最后,结合盆地的地层、构造、沉积等资料,建立储层成岩模式,寻找孔隙的演化规律。

(2)常用研究方法:储层成岩作用研究需要应用各种手段进行综合性分析,其目的是为了确定成岩过程中的成岩参数,最终建立成岩模式,预测有利储集带。常用的研究方法和手段可分为岩石矿物学方法和非岩石学方法两类。后者主要包括:毛细管压力法(分析储层孔隙结构)、流体分析(分析孔隙流体化学成分)、水动力分析(分析盆地古水动力对成岩作用的影响)、有机质成分和成熟度分析(获取有机—无机组分及反应的资料和古地温数据)、同位素分析(获取古地温、自生矿物形成顺序等资料)、试井分析(对试井所获得的油、气、水、温度和压力等资料进行分析)、其他方法(利用测井资料研究孔渗变化和流体成分、利用地震波资料研究成岩作用等)。

5. 储集物性评价

1) 评价内容

(1)储层储集空间的类型和特征:研究储集空间的形状、大小、形成机理和结构,并对其进行分类;研究储集层的孔、洞、裂缝发育特征;分析储集岩的基质和孔隙结构特征。

(2)储集层物性特征:确定有效孔隙度和绝对渗透率的大小、分布及其在纵向上的变化规律;分析孔隙度与渗透率之间的关系。

(3)储层储集物性的影响因素:不同岩性孔渗变化及对比;沉积条件对储层储集空间类型、大小、形状、发育程度及连通情况的影响;成岩作用对储层储集空间形成、发展和消亡的影响;构造作用对裂缝等储集空间发育、分布的影响。

(4)储层非均质性评价:储层非均质性评价的重点是层内非均质性,主要研究孔隙度、渗透率和孔隙结构的垂向变化。常用的参数有渗透率非均质系数、渗透率变化系数和结构非均质系数。

2)评价方法

(1)地质录井方法:该方法是井场的第一性观察,是井场地球物理测井快速解释的重要参考资料。地质录井方法主要包括两方面内容:一是通过肉眼或双目显微镜来对岩样进行观察和描述;二是利用钻时录井曲线,通过判断钻井过程中的蹩钻、跳钻、钻井液性能的改变等来定性分析地层的孔渗变化和裂缝发育情况。

(2)地球物理测井方法:该方法是通过井下仪器测量地层岩石和流体的电、声、热、放射性等物理性质,从而判断地层的孔渗性,识别裂缝性储层,计算地层总孔隙度和渗透率。对于泥岩—砂岩剖面来说,孔隙度测井方法有声波测井、中子测井和密度测井,裂缝识别测井主要是采用高分辨率地层倾角测井,渗透率则是根据多种测井参数估算所得。

(3)应用试油试采资料的方法:用试油所得到的不同压力恢复曲线和试采所得到的压力降落曲线可以判别储层的渗透性,确定储层的有效渗透率。

(4)实验室分析方法:先进的实验室测量分析方法是求取孔隙度、渗透率、孔隙结构参数等直接而有效的方法。测量孔隙度的方法主要有饱和煤油法、压汞法、统计面孔率法等；测量渗透率的仪器很多，都以空气为流体进行测量，然后将其进行校正到不同流体饱和度下的相对渗透率；孔隙结构参数主要通过压汞法或显微镜观察主体薄片获得。

(5)数学地质方法：数学地质方法主要用来确定孔隙度与渗透率的关系、物性的影响因素和储层非均质性。最常用的方法有一元回归、多元回归、因子分析、方差分析等，这些方法都已建立起计算机程序。

6. 储层含油气性评价

含油气性评价是储层评价的核心内容，对于探井尤为重要，其主要任务是搞清储层是否含有油和气，以及油、气在储层空间的数量(即饱和度的大小)。在实际工作中，以含油产状和含油级别来描述各类岩石的含油饱和程度，并根据各种录井、测井、化验等资料，综合分析判别储层与非储层，确定含油气类型和含油气级别等。

1)评价内容

(1)确定储层含油气类型，划分岩石含油气级别：原油性质可分为轻质油(密度小于0.87g/cm^3)、中质油(密度为0.87～0.92 g/cm^3)、稠油(密度大于0.92 g/cm^3)等；天然气层可划分为干气层(干燥系数大于40)、湿气层(干燥系数13～40)、油气同层和气水同层等。

根据岩心上观察到的含油面积或岩屑中含油砂岩占同层位砂岩的百分比，可以将储层岩石的含油级别划分为：荧光级、油迹级、油斑级、油浸级、富含油级和饱含油级。按照岩石孔隙中原油的充满程度确定岩石含油饱和度，并分级为饱满、较饱满、不饱满、半干枯和干枯。

(2)确定储层流体类型、性质，计算含油、气、水饱和度：综合利用地球物理测井资料判断储层流体类型，计算含油、气、水饱和度；利用地层测试资料确定储层流体的性质和产能；利用实验室分析资料，测定油、气、水的物理、化学性质及饱和度。

(3)划分油、气、水分布界面：综合各项资料，建立油、气、水分布剖面，划分油、气、水界面。

(4)建立判断油、气、水各项指标的标准：根据实际工作需要分区、分层系建立和完善油、气、水层各项判别标志和标准，包括岩屑、钻井液、岩心、气测、测井等。

2)评价方法

(1)地质录井方法：地质录井是油气勘探的一种重要手段，是随着钻井过程利用多种资料和参数观察、检测、判断和分析地下岩石性质和含油气情况的方法，主要包括岩屑录井、岩心录井、钻时录井、荧光录井、钻井液录井和气测录井等。

(2)地球物理测井：储层的地球物理测井响应是岩性、物性和含流体性质的综合反应。测井评价是储层评价的重要组成部分，它要求选择合理的测井系列，比较完整地提供主要地质参数，如孔隙度、含水饱和度、束缚水饱和度、可动油量和残余油饱和度、泥质含量和渗透率近似值等；比较清楚地区分油、气、水层，确定油、气层的有效厚度和计算地质储量等。

(3)地层测试：测试资料是评价储层含油气性最直接、最可靠的资料，主要有钻杆测试和重复式电缆测试。利用测试资料可以确定储层产出的流体性质、产量或产能、油气水界面等。

(4)实验室化验分析：通过对岩心和地层测试获取的流体样品进行实验室化验分析，可以计算岩石的含油饱和度、确定石油天然气及地层水的物理和化学性质。

7. 储层综合评价

为了适应油气勘探开发的需要，储层综合分类评价的研究已日趋多学科性和综合性，各种学科的基础知识都得到了广泛应用，包括沉积岩石学、岩相古地理学、构造地质学、油层物理学、渗流力学、地球物理勘探和测井、地球化学、数学地质、地质统计学等。计算机的普及和开发应用为储层综合分类评价从定性化转向定量化奠定了基础。事实证明，早期的评价有助于油气的勘探工作，中后期的评价能够为合理开发油气田和提高油气采收率提供地质基础。

1)评价内容

(1)四性关系分析：进行储层评价时，应首先进行储层岩性、物性、电性、含油性之间关系的分析。

(2)储层厚度的划分：储层厚度包括渗透层厚度和储层的有效厚度。利用岩心分析的岩性和物性资料划分渗透层厚度及顶、底界面，建立测井曲线划分渗透层顶、底界面的标准；根据测井资料和试油资料确定有效厚度的五项参数(含油产状、孔隙度、渗透率、电阻率和厚度)的下限，去除低渗透夹层，确定储集层的有效厚度。

(3)产能预测：根据试油的情况进行产能预测。自喷层以稳定产量为准；间喷层按平均产量计算；非自喷层按实测的产量计算。

(4)单井储量计算：利用容积法或压力恢复曲线法计算储量。

2)评价方法

储层分类评价是储层综合评价成果的最终体现。通过评价对储层做出好、中、差的判断，以指导下一步采取正确的勘探开发措施。具体采用的方法是选取储层评价的参数，并给每个参数赋予一定的权重；对单项参数进行评价；最后采用权重系数法计算不同储层的综合评价指标，按照评价得分对储层进行综合分类评价。评价步骤包括以下 4 个步骤。

(1)选择分类参数。可供选择的参数包括孔隙度、渗透率、流体饱和度、孔喉半径、孔隙大小分布特征、孔隙类型、吼道类型、岩相、岩石组分、岩石结构及测井响应特征等。

(2)选择评价参数。评价参数的选择可以由专家决定，即由地质、开发、测井等专家综合评定选出参与储层分类的关键性参数；也可以采用数学地质的方法，常用逐步回归分析法、主因子分析法，从大量的参数中挑选出评价的主参数和辅助参数。

(3)计算单项参数得分。对于值越大表示储层性能越好的参数，用下式来计算：

$$S_{m}=\frac{X}{G-P} \tag{5-1}$$

式中 X——参数的平均值；

G——参数的最有利值；

P——参数的最不利值。

对于参数值越小表示储层性能越好的参数用下式来计算：

$$S_{m}=\frac{P-X}{P-G} \tag{5-2}$$

(4)计算综合评价指标(REI)：

$$REI=\sum_{i=1}^{n} S_{mi}\cdot \alpha_{i} \quad (n\leqslant 10) \tag{5-3}$$

式中 S_{mi}——第 i 项参数的得分；

α_{i}——第 i 项参数的权重，由专家决定给出，以 0～1 之间的小数表示，各项权重系数的和为 1。

根据表 5-1 对储层进行综合评价。

表 5-1 储层综合评价指标

分类＼项目	综合评价值(REI)	评价
Ⅰ	$0.8 \leqslant REI < 1$	好储层
Ⅱ	$0.6 \leqslant REI < 0.8$	较好储层
Ⅲ	$0.3 \leqslant REI < 0.6$	中等储层
Ⅳ	$0 \leqslant REI < 0.3$	差储层

二、储层评价的一般方法

1. 肉眼观察描述

肉眼观察是储层岩石学特征研究的初步工作，也是最基础的工作，一般不通过仪器，直接用肉眼观察，可采用的手段包括滴盐酸、利用放大镜和刮擦工具等。主要观察对象包括地表露头、岩心(井壁取心)、岩屑等，主要观察内容包括颜色、肉眼可见的组分、结构、构造等岩石学特征。

(1)颜色：观察颜色，并进行成因推断，判断沉积环境。

(2)组分：观察肉眼可见的岩屑、矿物等组分，定性描述各种成分的含量，用多、少、极少等术语进行描述。

(3)结构：观察岩石的颗粒大小、分选性、磨圆度、形状、表面性质(如光滑、擦痕等)。一般只能做出定性描述，如好中差、粗中细等。

(4)填隙物成分：填隙物主要包括杂基和胶结物，观察并估计其含量。杂基主要为黏土质，胶结物成分常见的有钙质、硅质、铁质等。

(5)构造：观察岩石中肉眼可见的层理、结核、缝合线等，并描述含化石情况。

2. 分析测试技术

肉眼观察只能对储层岩石进行粗略的、定性的描述，为了更加准确地了解储层岩石物理化学特征，需要借助仪器来对其观察、测量和分析(图 2-91)。常用的仪器或手段如下：

(1)扫描电子显微镜。扫描电子显微镜(以下简称扫描电镜)是利用具有一定能量的电子束轰击固体样品，是电子和样品相互作用，产生一系列有用信息，再借助探测器分别进行收集、整理并成像。利用扫描电镜可以观察储层孔隙几何形态、颗粒孔隙的充填物、内衬物、胶结物和各种矿物结构的立体图像，从而可以了解孔隙结构、各类胶结物和黏土矿物特性以及它们的空间联系，进而对储层的储集性能进行初步的判断。扫描电镜与能谱及电子探针相结合还可以了解样品的化学成分、含铁矿物的含量与位置，这对确定水敏、酸敏及微粒迁移等有关储层的问题均很重要。具体来说，通过扫描电镜可以直接获得的信息包括：颗粒大小、分选、磨圆、胶结物含量、孔隙度、全貌照片；观察胶结物在孔隙中分布的方式；确定自生胶结物类型；确定碎屑岩孔隙类型、孔隙几何形态及孔隙吼道；石英次生加大级别判断；溶解交代作用判断。

(2)电子探针能谱及波谱分析。应用电子探针 X 射线分析仪电子枪发射的高能电子束，经聚焦后轰击所测定样品的表面。此时，电子与样品相互作用，产生反映样品激发区的化学组成和物理特征的各种信息，对这些信息分别进行检测、显示和数据处理，就可以获得样品所测定微区的化学成分(氧化物百分含量)。能谱分析一般与扫描电镜观察配合进行，其检测原理与电子探针波谱分析相似，即通过检测元素的特征 X 射线的能量强度进行元素的定性和定量分析。扫描电镜只能根据矿物的形态鉴定自生矿物，若同种矿物结晶形态不同或类质同象矿物在扫描电镜下就不能区分。在电子束的轰击下，不同元素所产生的X射线的波长和能量不同，电子探针能谱仪就是接受样品元素的X射线，对矿物进行元素成分分析来鉴定矿物。

(3)X衍射分析技术。不同矿物晶体其晶胞常数不同，晶面间距也不同。X衍射的基本原理就是通过X衍射分析，通过确定晶间距而鉴定矿物的种类。主要有以下用途：黏土矿物的定性和定量分析；混层比计算、划分成岩阶段，估算地温、预测生储油层；全岩X衍射定性和定量分析，鉴定矿物。

(4)阴极发光技术。阴极发光是由电子束轰击样品时产生的可见光，不同矿物由于含有不同的激活剂元素因而产生不同的阴极发光，用来激发并产生阴极发光的装置称作阴极发光装置，把这种阴极发光装置装在显微镜上则称为阴极发光显微镜。阴极发光显微镜应用十分广泛：鉴定矿物，可以鉴别碳酸盐岩中的几种常见矿物，如方解石、铁方解石、白云石、铁白云石等，可以鉴别碎屑岩中的常见矿物，如石英和长石；研究砂岩中石英颗粒在成岩过程中的次生变化；研究晶体生长环带和胶结物世代；恢复原岩结构；研究微裂缝，通过阴极发光显微镜能够清楚地观察裂缝的大小、宽度和充填情况以及裂缝之间的交叉切割关系和形成顺序。

(5)包裹体分析技术。包裹体是矿物形成过程中被捕获的成矿介质，它相当完整地记录了矿物形成的条件和历史。包裹体有以下用途：利用储层自生矿物中的包裹体可以进行古地温测定，为成岩后作用研究提供资料；利用包裹体可以进行油田水及储层成岩作用流体性质的研究；研究油气运移方向及充注时期，确定油气演化的程度和阶段。

(6)稳定同位素分析。利用激光显微镜探测分离技术可以测定氧、碳、氮的稳定同位素成分和浓度，测试是在抽真空的条件下，用激光束对固体样品或包裹体样品上所要测定的位置进行热解分离和燃烧，然后收集从样品中释放出来的气体，将气体净化即可测定气体分子中的稳定同位素含量。同位素分析在储层研究中的应用非常广泛，即可以判断碳酸盐岩的成岩环境和沉积环境，也可以判断成岩水的来源和储层中油气运移状况。

(7)图像分析仪。图像分析仪是一种图像法粒度分布测试及颗粒形貌分析等多功能颗粒分析系统，主要包括光学显微镜、数字CCD摄像机、电脑、打印机等部分。它是传统的显微镜法与现代图像处理技术的完美结合。它可以利用其自身较高的分辨能力和高速度的计算能力迅速而有效地提取铸体薄片的孔隙特征，并计算它们的大小和分布，测定平面上的孔隙度特征值，并可根据体视学理论研究三维孔隙大小分布。

(8)岩石热解分析。岩石热解是20世纪70年代末发展起来的一种生油岩评价方法，90年代后，在国内应用于储层评价。岩石热解地化录井仪对岩样进行加热，其中含有的油气经高温热裂解，在不同温度区间产生低分子烃类物质，然后再接受、检测这些信息，从而得到原油轻、重组分含量和裂解烃峰顶温度，从而可以判断地下岩石中油气的状态，定性评价储层中的原油性质。

(9)PK仪。PK仪即脉冲核磁共振谱仪，是在现场快速分析岩样孔隙度(ϕ)、渗透率(K)、自由流体指数(FF)及束缚水饱和度(S_w)四项参数的录井仪器，其工作原理通过测定岩石孔隙水中氢原子核的弛豫时间及岩样信号，然后再通过程序中的公式来确定岩石的孔隙度、渗透率等参数。它可以分析岩屑、岩心及井壁取心等岩样，具有用量少、速度快、成本低、可全井段分析等优点。

(10)定量荧光分析技术。定量荧光录井技术是建立在岩心、岩屑和井壁取心录井基础之上，在随钻过程中快速发现油气显示的重要录井手段。它利用了石油的荧光性，原油中的芳香烃或共轭烯烃受激发光的照射，吸收电磁辐射能后由基态跃迁至不稳定的激发态，再由激发态回到稳定的基态时，多余的能量以发射荧光的方式释放，定量荧光分析就是利用原油的这种特性来测定样品中原油的荧光强度。定量荧光仪对油气检测的灵敏度高，能在现场快速发现并初步定量评价储层性质，与其他录井方法结合，可以大大提高油气层的发现率和判识的准确率。

(11)热解气相色谱录井技术。热解气相色谱录井技术也就是人们通常所说的热蒸发烃色谱录井技术，它是岩石热解分析技术与气相色谱分析技术的联用，实际上就是在一般气相色谱仪前面加装热解装置，对样品进行高温处理，将样品中的烃类热蒸发出来，利用所测结果及相关谱图特征来判断真假油气显示、添加剂影响、储层产液性质和生油岩的成熟度等。这项技术在储层录井评价中可以用于判断储层流体性质，确定油气水层。

(12)储层研究中应用的其他实验测试技术。除上述方法以外，还有一些实验测试技术被应用在储层研究中，这些测试技术包括粒度分析、重矿物分析、沉积岩中黏土矿物绝对含量测定、黏土矿物膨胀性及测定、压汞法测定孔隙结构、图像分析测定孔隙结构、铸体薄片确定孔隙类型及结构、储层敏感性研究、储层高压物性测定以及各种储层地球化学测试等，可以根据研究的需要选做。

三、储层评价新进展

1. 分析测试技术进展

20 世纪 70 年代以来，储集层研究方面的测试技术有了很大发展，广泛采用铸体薄片、扫描电镜和能谱分析、X 衍射分析、原子吸收光谱、等离子发射光谱、差热、同位素质谱以及阴极发光显微镜和图像分析，还有用于沉积岩及胶结物中包裹体性质测定的冷热台装置和激光拉曼探针及电子探针等测试技术，为储层研究提供了重要依据。

近年来，随着理论和技术的创新、仪器加工工艺的进步，国内外新仪器的研制和发展非常迅速，分析测试仪器也日趋小型化、联合化，测量结果更加精确，并越来越成像化、定量化。近年来比较先进的分析测试仪器或技术如下：

(1)阴极发光显微镜并配置能谱仪：在观察矿物发光的同时还可测定矿物的元素组成，这样既可了解矿物发光的物理性质，还可了解该矿物的化学成分，主要用于对石英的研究、鉴定矿物并推测矿物内所含的杂质元素、研究晶体生长方式及其成因、指示水介质的化学成分变化以解释成岩环境、孔隙中碳酸盐胶结物的分布及次生孔隙的识别等方面。

(2)激光扫描共聚焦显微镜和扫描显微镜背散射图像：利用它研究储集层的孔隙结构及非均质性，通过计算机数据图像处理系统取得面孔率、孔隙大小、定量统计不同大小的孔隙和裂缝面孔率等参数。

(3)流体包裹体测定：流体包裹体研究已成为当代油气藏年代学研究的重要方法之一，其新的测定技术有激光拉曼探针、显微红外光谱、激光扫描共聚焦显微镜和荧光显微镜等。

(4)单矿物颗粒的微区分析技术：X 衍射与偏光显微镜的配合使用及显微镜与红外光谱相结合，用于鉴定一些量少的疑难矿物。此外，在电子探针基础上还有离子探针、激光探针以及它们与质谱仪的结合，还有质子探针和同步加速器辐射分析，使得测试灵敏度和精度提高。

(5)数字岩心技术：X 射线 CT 扫描是建立三维数字岩心最直接和准确的方法。X 射线 CT 扫描全称为 X 射线计算机层析成像技术，它是利用 X 射线 CT 扫描建立岩心的三维灰度图像，岩石中不同成分以不同的灰度显示。利用图像分析算法将灰度图像转换为反映岩石骨架矿物成分和孔隙空间的三维数组，数组中用不同的整数表征不同岩石组分，将岩心完全数字化，建立三维数字岩心。目前桌面型 X 射线 CT 扫描的分辨率已经达到微米级，能够在孔隙尺度上建立岩石的三维数字岩心。

(6)移动的 NMR 岩心扫描仪:德国亚琛大学开发出了一种新型便携式 NMR 岩心扫描仪。它可对饱和水的完整岩心或破碎岩心和直径 20～80 mm 的岩心柱进行 T_2测量和 T_1—T_2相关实验以提供孔隙度、孔隙大小分布和渗透率。质量小于 30kg 的管状 Halbach 磁铁装置与滑动台联用可快速自动扫描直径长达 60 mm 的岩心。Halbach 磁铁的大探测范围和高信噪比使得 T_2测量时间从几十秒到几分钟(这取决于孔隙度),可确定的孔隙度最小值为 2%。根据岩心形状和直径,采用表面即可更换圆柱形 RF 线圈。由便携式扫描仪计算的渗透率与由测井曲线得到的渗透率具较好的一致性。

2. 特殊储层评价研究进展

1)低渗透储层裂缝识别技术进展

地层微电阻率扫描成像、计算机层析成像、灰色综合评判法、人工神经网络等现代测井技术,为低渗透储层的地质评价提供了更丰富的信息资源,可以更精细地开展储层储集空间结构分析、孔喉渗流特性分析、岩石非均质和各向异性分析、裂缝类型和有效性评价、储层参数建模、流体性质识别以及沉积特征与地质构造解释等。

(1)地层微电阻率扫描测井(FMI 成像测井):成像测井能够对复杂孔隙结构如裂缝、溶孔、溶洞、层理等进行描述,特别是能成功表征裂缝的实际特征。在裂缝识别方面,比较准确和直观的方法有 FMI 测井、地层倾角测井、井下电视等。FMI 测井是其中的典型代表,FMI 所得的图像可以直观地显示出井壁地层的微细变化,尤其是在识别裂缝方面具有独到之处,不仅能识别裂缝形态、类型和发育程度,还能识别裂缝的方向、充填情况和发育规律。

(2)计算机层析成像技术:计算机层析成像技术的全称是 X 射线计算机层析成像技术,是一项涉及学科领域广、综合性强的高新技术,已经形成了相对独立的技术领域。运用 CT 技术测定岩石和流体特性,即线性衰减系数,是对穿过研究对象的那部分 X 射线的度量。X 射线信号源绕着样品旋转,对一个固定的横剖面在不同角度测量穿过样品的 X 射线的强度。根据强度资料重新构建岩心的二维横剖面,一系列横剖面叠加形成岩心的三维图像,可显示出裂缝的空间产状和变化情况。它与一般研究储集层方法不同的是它不需要洗油等过程,可以在保持岩心的原始状态下进行。含有裂缝的岩心经扫描后得到的 CT 扫描图像,一般均可以清楚地看到在基质较浅的区域内发育条状或线状的深色区域,连续的低密度区,即是裂缝的所在,非常直观,它的 CT 值一般较低。另外,裂缝中的充填物质不同,其 CT 值不同,通过 CT 值进而确定裂缝的有效性。计算机层析技术目前用于裂缝研究仅限于岩心的室内评价,具有一定的局限性。

(3)灰色综合评判法:灰色系统指内涵明确而外延不明确的系统,是由若干相互关联、相互制约的任意种类元素组成的具有某种功能的整体,其内部一部分特征信息已知。实际地质情况往往复杂多变,也总会受到各种因素的干扰,因此裂缝的识别具有多解性。某地层内的裂缝系统往往由大大小小的裂缝子系统组成,由于它们在同一地质条件下形成,各子系统之间相互关联、相互制约,因此裂缝是一个多因素、多层次、多目标的复杂系统。系统中一部分子系统是已被钻探及地震勘探所揭示的白色信息,又有尚未被人们发现的黑色信息,而更多的则是人们既知道一些又不很清楚的灰色信息,因此裂缝的识别是一个典型的灰色系统,这样为我们利用灰色系统理论对裂缝的识别提供了前提。根据灰色系统理论,通过合理选取已知井的各评价参数特征值,利用灰色关联分析的方法去白化未知裂缝系统发展态势,通过未知子系统与已知模式的系统化关联,评判未知子系统的裂缝特征。

(4)ANN技术识别裂缝：近年来，人工神经网络技术(ANN)取得了很大的进展。应用比较普遍的是BP网络。BP神经网络广泛应用于地质学中，它以分布式储存信息，采用并行处理方法，这决定了其非区域性，对信息处理体现了动力学网络的运行过程。其学习算法由正向传播和反向传播两个过程组成。实际处理时，包括两个步骤：第一步是利用关键井、关键层数据对神经网络进行训练，达到规定的要求；第二步是利用已训练好的网络对未知层段进行处理。BP神经网络进行裂缝预测，不仅能够将常规测井资料以及加强显示方法将可以识别的裂缝全部识别出来，还能够大致判断裂缝倾角的范围，同时对MSFL变化率法和深侧向与微球形聚焦电阻率差值法中经常出现的多数裂缝假象也能够很好的剔除。

(5)其他测井新方法：测井仪器不断改进，新的测井系列探测性能有了很大提高。目前用于裂缝识别的新技术有方位侧向成像测井(ARI，预测裂缝有效性和井旁构造形态)、超声波电视成像测井(CAST)、多极子声波测井(VDL)、井旁声波反射成像测井(BARS)等，使得测井资料中的裂缝地质信息更为丰富。

2)页岩气储层评价进展

页岩气为产自极低孔渗与富有机质页岩地层系统中的非常规油气，发现时间最早，但由于理论和技术的限制，富有机质页岩一直为油气勘探开发的禁区。21世纪以来，富有机质页岩发育丰富的微—纳米级孔隙、非达西渗流等地质理论的创新，水平井完钻井、多级水力体积压裂等技术的突破，实现了页岩气的工业化开采。随着页岩气开采规模的扩大和研究样本的增加，在页岩气储层评价方面也取得了一些新的进展。

(1)测井新技术：随着理论和技术的进步，测井仪器也经历了模拟—数字—数控—成像的演变过程，测井所采集的地层物理信息的数量和精度也在不断提高。但由于页岩在矿物组成、岩石物性和渗流特性上与砂岩有着很大的区别，因此传统测井解释理论和方法对于页岩气层并不能完全适用，而需要与其他测井方法相结合来共同对页岩气储层进行解释和评价。

近几年，国外在页岩气测井评价方面主要体现在对元素俘获测井(ECS)、高分辨率测井和电阻率成像测井(FMI)的应用，另外核磁共振技术也有广泛的应用前景。电阻率成像测井前面已经述及，在下面简单介绍地层元素测井(ECS)和核磁共振技术的应用。

地层元素测井(ECS)是近年发展起来的一项新型测井技术，它是通过测量记录非弹性散射与俘获时产生的瞬发γ射线，利用波谱分析及氧闭合模型处理，直接得到地层元素H、Cl、Si、Ca、Fe、S、Ti、Gd、Mg、B和C等的含量；通过对各种元素含量的分析和计算，可以得到地层的矿物含量。地层元素测井对于确定储层的黏土矿物类型及其含量、有效储层划分、油气水层解释、沉积环境的研究都具有重要的意义。核磁共振技术引入储层评价中的时间虽然并不是很长，但取得的成绩不容小觑。通过核磁共振技术可以测量储层可动流体比例，判断储层的润湿性，识别油、气、水层，测量储层的物性及孔隙结构以及进行多孔介质渗流机理研究。

(2)页岩气储层评价流程：蒋裕强等(2009)总结了页岩气储层评价的流程，主要包括5个步骤：① 对关键井开展岩心物性、地化基本参数、岩石矿物组成等分析；② 开展现场岩心解吸测试，计算等温吸附曲线，获取理论上页岩的吸附能力，确定含气饱和程度，计算吸附气含量；③ 利用岩心数据刻度测井曲线，通过岩心—测井对比，建立解释模型，获取含油、气、水饱和度，孔隙度，有机质丰度，岩石类型等参数；④ 结合沉积相、岩石组合特征及测井解释成果确定含气页岩边界；⑤ 利用三维地震资料和各种参数，如原始地质储量、矿物组成、流体饱和度、吸附气和游离气相对比例、埋藏深度、温度和压力等，开展经济评价、优选勘探目标，确定“甜点”分布规模。

第二节 储层的识别

常规录井方法中的钻时录井（dc 指数）、岩性录井（岩屑、岩心、井壁取心）、气测录井、碳酸盐岩含量分析等项目在一定程度上可识别储层的物性、岩性、厚度、致密程度等，并作定性评价。核磁共振录井技术实现了岩石物性分析从室内到钻井现场的迁移，具有样品类型广、样品用量少、分析速度快、一样多参数等特点，可实现储层的随钻识别与定量评价。

一、钻时录井及 dc 指数录井

1. 钻时录井

钻时是单位钻井进尺所需要的时间，单位为 min/m。在相同的钻井工程条件下，钻时的大小是岩性的函数，代表了岩石的可钻性。据此，可以根据钻时确定可作为储层的岩性。

钻时的影响因素较多，如岩石性质、钻头类型及新旧程度、钻井方式、钻井参数、钻井液性能参数及排量、人为因素等，但在某些情况下，可获得与自然电位曲线非常类似、甚至更加精细的效果（图 5－1），满足储层实时识别、厚度确定与物性定性评价的需要。

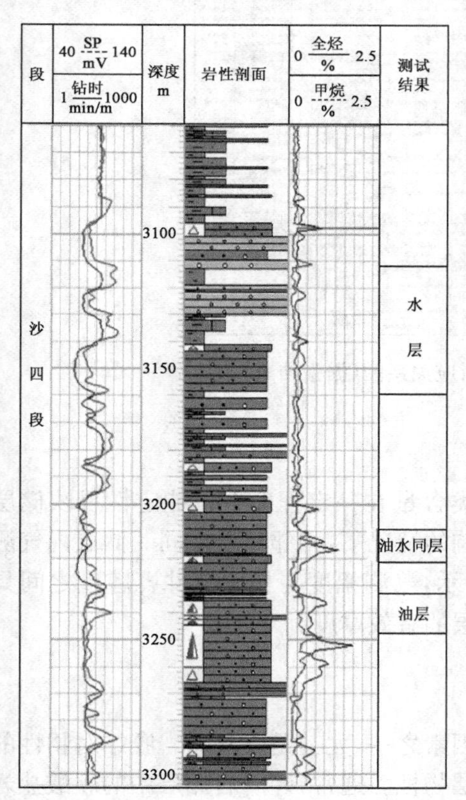

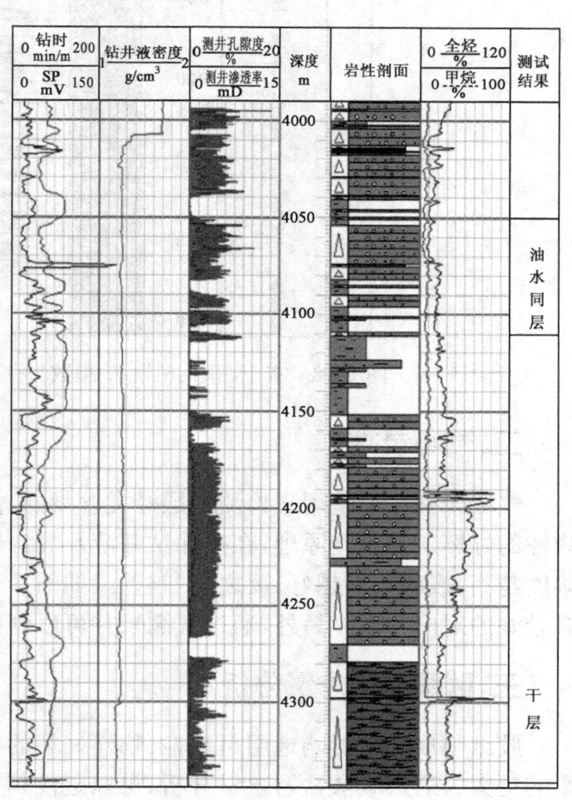

图 5－1 盐 22 井（左）和盐 222 井（右）的钻时曲线

2. *dc* 指数录井

dc 指数是经钻头直径、钻压、转盘转速、钻井液密度、钻头磨损等校正因子校正处理后计算得来的。*dc* 指数除了与钻井参数有关外，还与地层本身是否欠压实、坚硬致密程度、是否发育孔洞裂缝等有直接关系。由于 *dc* 指数充分考虑了钻井因素的影响，成为一种标准化的地层"可钻性指数"。因此，较钻时曲线具有更好的岩性指示效果。

一般情况下，*dc* 指数随地层孔隙度增大而减小，随岩石密度增大而增大。因此，可以应用 *dc* 指数来评价储集层物性(图 5-2)。*dc* 指数越小，反映岩石的可钻性越好，地下岩层越疏松，岩石裂缝、孔隙越发育，即岩石物性越好；*dc* 指数越大，反映岩石的可钻性越差，地下岩层越致密坚硬，岩石裂缝、孔隙越不发育，即岩石物性越差。

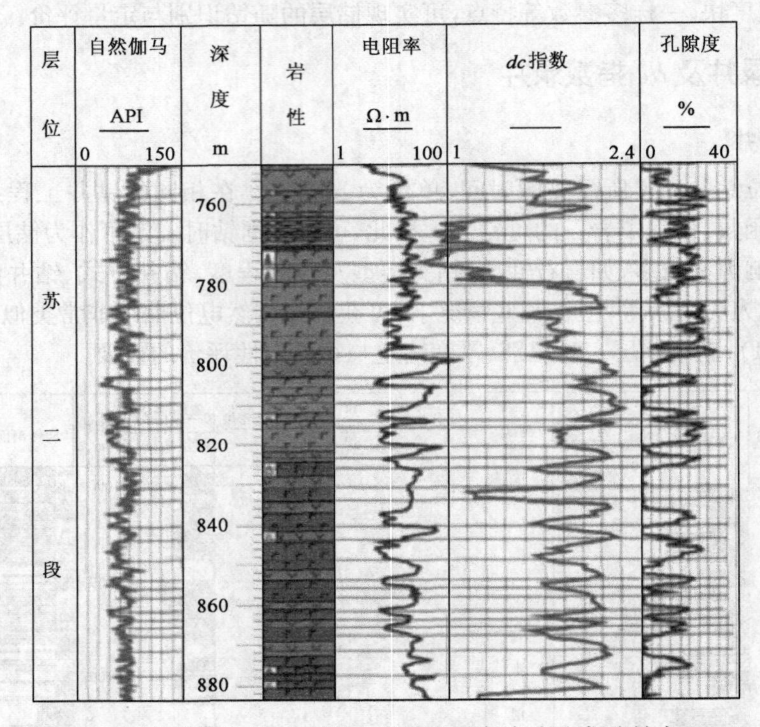

图 5-2　查干凹陷 J6 井 *dc* 指数与孔隙度对应关系图(据张坤贞，2014)

二、气测录井

气测录井主要是用来检测地层烃类含量的，但烃类含量在一定程度上也能定性反映储层物性的好坏。基于此原理，在排除钻井液及烃源岩影响的情况下，相邻储层或同一储层内气测幅度越高，表明物性越好；反之，则越差。如图 5-3 所示，气测幅度与核磁测井孔隙度之间具有较好的对应关系。另外，通过气测录井可以划分储层的有效厚度。

三、碳酸盐岩含量分析

胶结物成分是影响地层可钻性、物性好坏的主要因素之一，尤其是碳酸盐岩胶结对物性的影响更大。通过碳酸盐岩含量分析，可以定性判别储层物性。通常，碎屑岩储层中的碳酸盐岩含量越高，物性越差。

辽河西部凹陷碳酸盐含量与孔隙度关系复杂，但是具有两个基本特征：二者随深度的变化

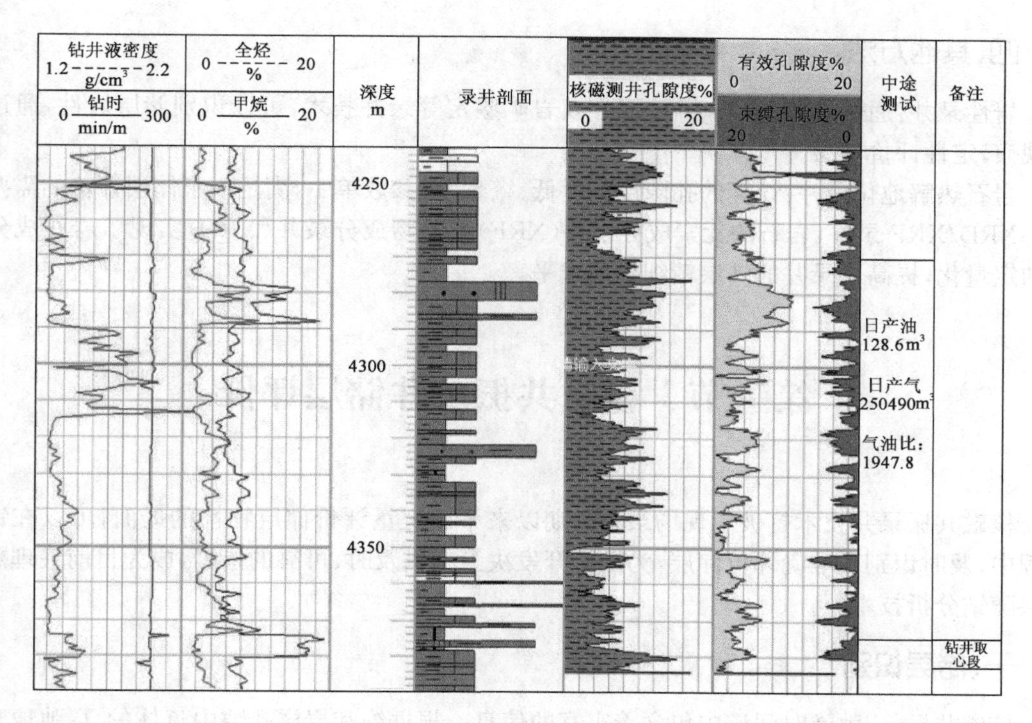

图 5-3　新利深 1 井综合图

特点大致相同，总体趋势均为随深度的增加而逐渐减小；在深度 2000m 附近，存在碳酸盐含量和孔隙度异常变化，该深度可能是一个重要的地质界面，地质资料证明该深度处地层流体性质发生变化。上述关系表明，碳酸盐含量是影响孔隙发育的重要因素，碳酸盐含量增加，次生孔隙发育程度也相应升高(图 5-4)。

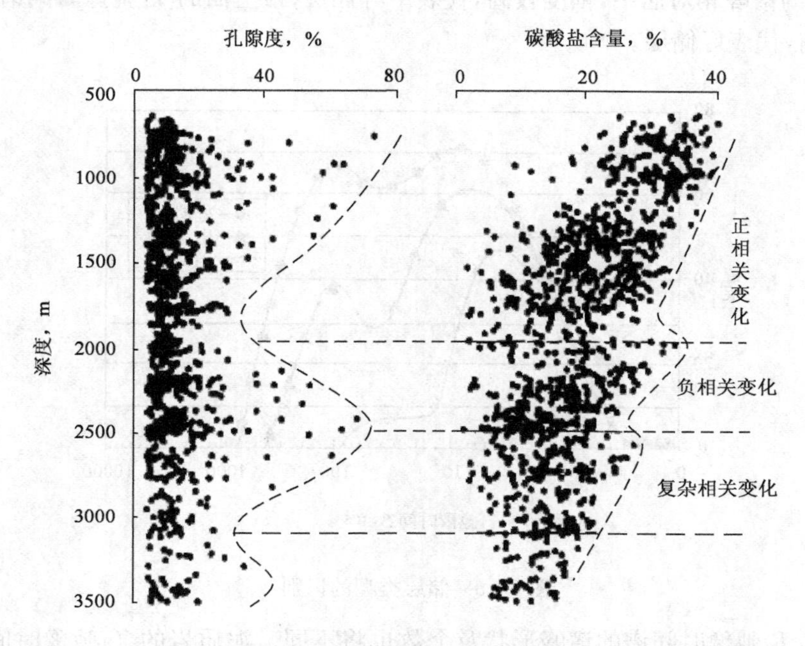

图 5-4　辽河西部凹陷碳酸盐含量和孔隙度随深度变化关系(据聂海宽，2006)

四、其他方法

岩性录井：通过岩屑、岩心、井壁取心及岩矿鉴定等录井技术，可以识别储层岩性，通过肉眼观察，定性评价储层。

岩石热解地化录井：计算的孔隙度精度低、繁琐，且参数单一，满足不了储层评价的需要。

XRD/XRF 录井：岩石的元素成分录井（XRF）或矿物成分录井（XRD）实现了岩石成分录井的定量化，提高了录井的储层精细描述水平。

第三节　核磁共振录井储层评价

核磁共振录井技术打破了现场录井长期以来不能定量评价储层物性的局面，可以在钻探过程中，及时识别和准确评价储层，为勘探开发决策提供及时、可靠的依据，成为目前最理想的储层随钻分析技术。

一、储层识别

核磁共振 T_2 弛豫时间谱中包含着丰富的信息。根据饱和岩样孔隙中流体的 T_2 弛豫时间谱的峰的形状、峰的个数，弛豫时间长短、幅度高低、核磁共振录井技术可以快速识别和定性评价储层。T_2 弛豫时间谱的谱峰越靠右，幅度越高，该岩样的物性越好。反之，则越差，甚至为非储层。如图 5－5 所示，最下面的 T_2 弛豫时间谱的谱峰相对靠左，幅度较低，说明该岩样物性较差，如果这个 T_2 弛豫时间谱是该储层的典型图谱，那么该储层就是差储层；同理，中间的 T_2 弛豫时间谱的谱峰相对居中，幅度较高，代表中等储层；最上面的 T_2 弛豫时间谱的谱峰相对靠右，幅度最高，代表好储层。

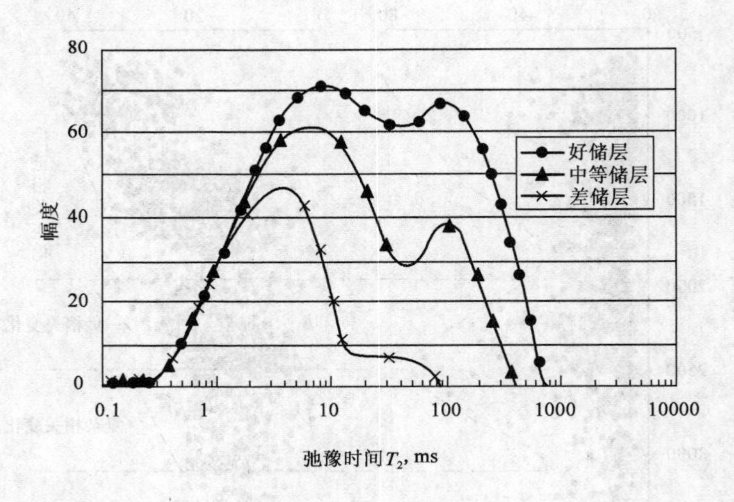

图 5－5　储层类型的识别

岩性不同，T_2 弛豫时间谱的谱峰形状及个数也将不同。泥质岩的 T_2 弛豫时间谱为单峰，峰形窄，位置偏左，常在 T_2 截止值的左边，砂岩的 T_2 弛豫时间谱多为双峰，也有单峰或三峰，

砂岩的双峰在 T_2 截止值的两侧皆有分布，碳酸盐岩的 T_2 弛豫时间谱含有三峰，主要是由于存在裂缝和溶洞的缘故。因此，根据核磁共振 T_2 弛豫时间谱可以判断岩性以及储层的好差等。

如 XLS1 井是一口预探井，通过对井段 4374.00～4381.80m 钻井取心，进行核磁共振物性分析发现：该井段 T_2 弛豫时间谱大多为双峰结构，弛豫时间较短，幅度较低，与泥岩的 T_2 弛豫时间谱类似，物性较差。从电镜扫描图上可以看出，岩样中含有大量黏土，如图 5－6 所示。核磁共振孔隙度分布在 1.07%～3.11%之间，可动流体饱和度主要在 20%～40%之间，见表 5－2，证明该井段为泥质岩储层，是油气产能的贡献者。于井深 4271.21～4374.00m 采用裸眼支撑测试，日产油 128.6m³，日产气 250490m³。核磁共振测井结果也表明，该段泥质岩为储层，与核磁共振录井的评价结论相一致，如图 5－7 所示。

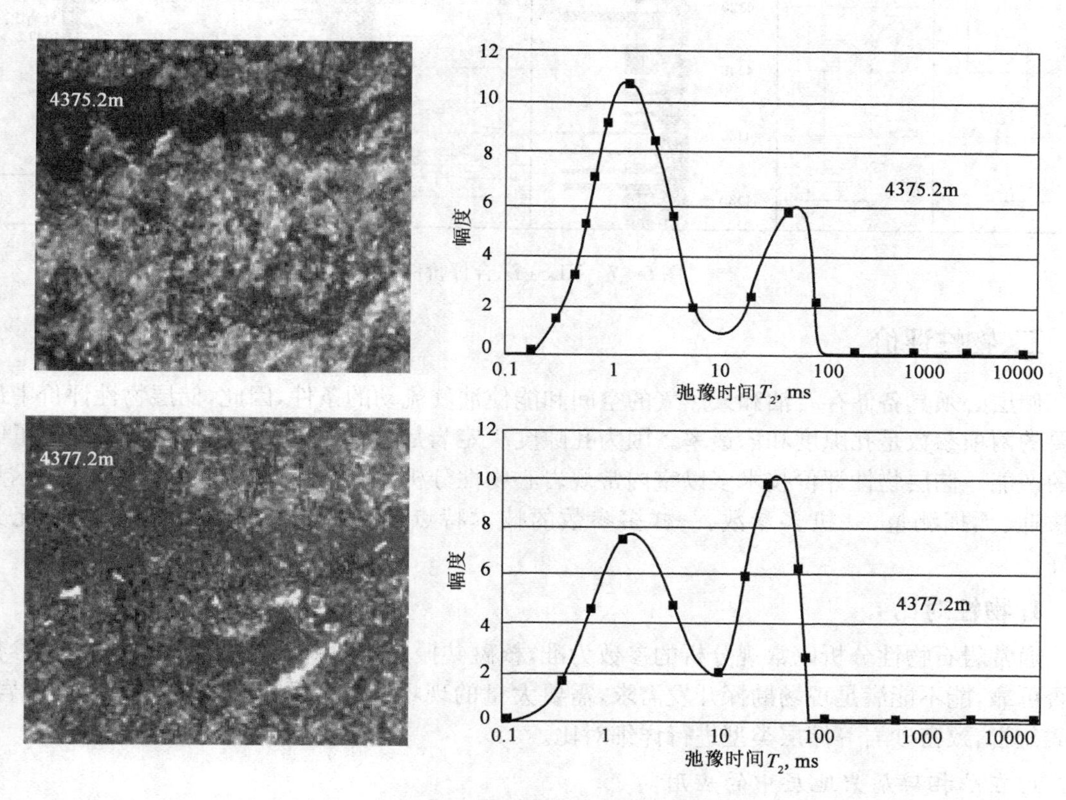

图 5－6　XLS1 井含膏泥岩的 T_2 弛豫时间谱

表 5－2　XLS1 井核磁共振录井数据

井深，m	孔隙度，%	可动流体，%	井深，m	孔隙度，%	可动流体，%
4374.1	1.07	40.21	4376.7	2.01	44.04
4374.4	1.65	38.84	4377.0	2.69	15.02
4375.2	1.64	24.28	4377.0	1.69	33.98
4375.6	2.31	18.83	4377.2	1.64	37.65
4375.8	1.85	41.90	4378.0	2.20	40.31
4376.0	2.89	12.98	4378.4	1.77	26.66
4376.0	2.11	20.64	4378.8	2.27	32.66
4376.3	3.11	4.19	4380.7	1.75	26.12
4376.5	2.45	16.93	4381.8	1.99	20.64
4376.5	2.05	20.24			

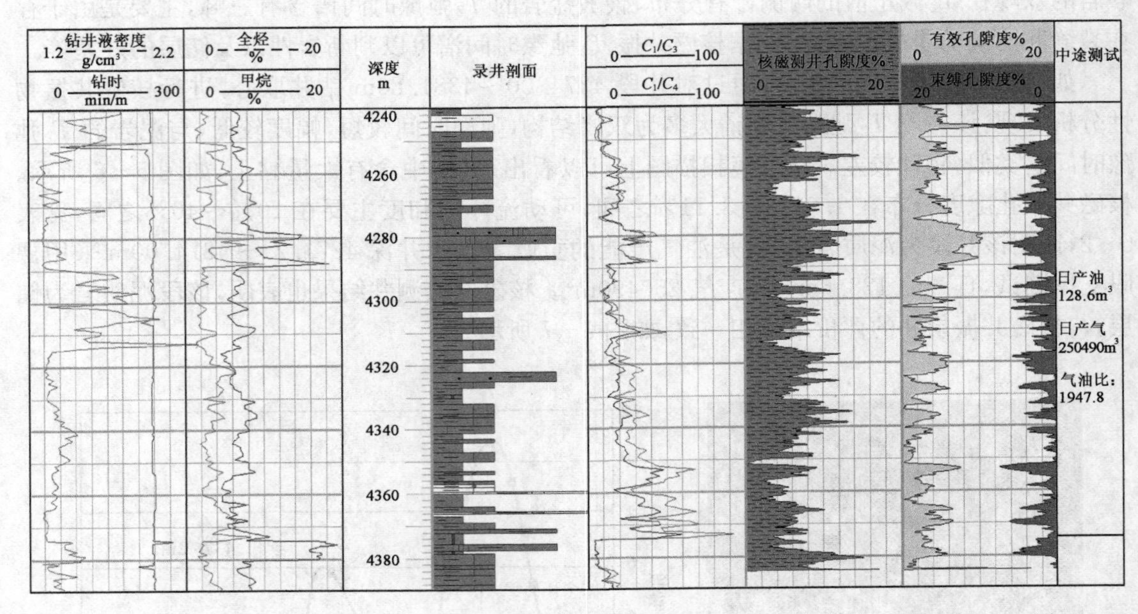

图 5-7　XLS1 综合评价图

二、物性评价

储层必须具备储存石油和天然气的空间和能使油气流动的条件，因此，储层物性评价中最重要的两项参数是孔隙度和渗透率。因为孔隙度决定岩层储存油气的数量，渗透率决定了储层的产能。储层物性评价技术多以室内常规岩心物性分析及测井评价为主。核磁共振技术具有快速、无损测量，一机多参数、一样多参数的技术特点，它的优势将在录井领域得到充分发挥。

1. 物性对比

通常岩石物性分析以常规分析的参数为准，核磁共振是一项新技术，测量的岩石物性参数是否可靠，能不能满足现场勘探开发需求，需要大量的现场实验来验证。下面分别对碎屑岩、碳酸盐岩、致密砂岩等储层类型进行详细对比。

1）在陆相碎屑岩地层中的应用

（1）孔隙度评价：岩样孔隙完全被流体所饱和时，黏土束缚流体、毛管束缚流体及可动流体所占据的孔隙体积与岩样体积的比值，为总孔隙度，以百分数表示。如果回波时间间隔 T_E 过大，会丢失小孔隙的信息，导致总孔隙度偏小；如果等待时间 R_D 太小，会丢失大孔隙的信息，导致总孔隙度偏小。总孔隙度与 T_2 截止值无关。毛管束缚流体及可动流体所占据的孔隙体积与岩样体积的比值，为有效孔隙度，以百分数表示。

孔隙度是核磁共振录井参数中最直接、最准确的一个。对于不同的储集岩类型，从低孔低渗到高孔高渗，均有满意的评价结果。

以胜利油田陆相碎屑岩地层为例，主要包括砂砾岩体和滩坝砂。选取地层深度相近的不同岩样进行常规测量和核磁共振测量，并将测量结果进行对比分析。核磁共振录井孔隙度与常规孔隙度的平均相对误差为 0.16%，测井孔隙度与常规孔隙度的平均相对误差为 0.41%。核磁共振录井孔隙度与常规孔隙度的相关系数为 0.8513，核磁共振录井与测井孔隙度的相关系数为 0.6434,如图 5-8 所示,核磁共振录井孔隙度与常规孔隙度的相关性要好于测井孔隙度与常规孔隙度的相关性。

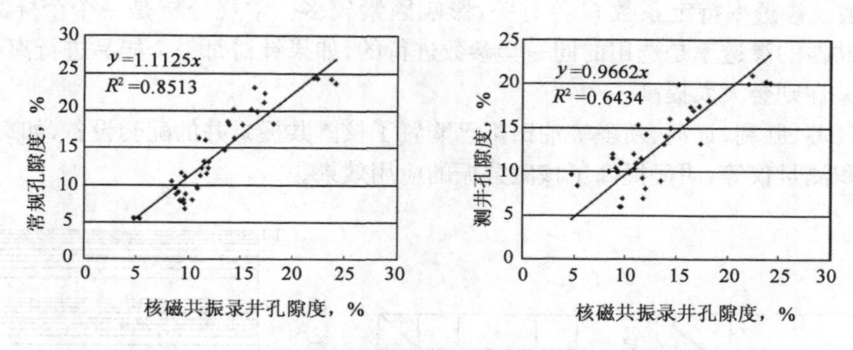

图 5-8　核磁共振录井孔隙度与常规及测井孔隙度的对比

(2)渗透率评价:核磁共振录井渗透率与核磁共振测井一样,通常采用经验模型来计算。本书中的核磁共振渗透率采用 Coates 模型进行计算,没有方向性,其应用效果与地区常数及岩性类型有关。在胜利油田,滩坝砂的应用效果明显好于砂砾岩体中的应用效果。前者的相关系数达到 0.87,而后者的相关性较差。可以通过地区性常规孔渗关系式代入核磁共振录井孔隙度,计算渗透率,可提高其应用效果,如图 5-9 所示。

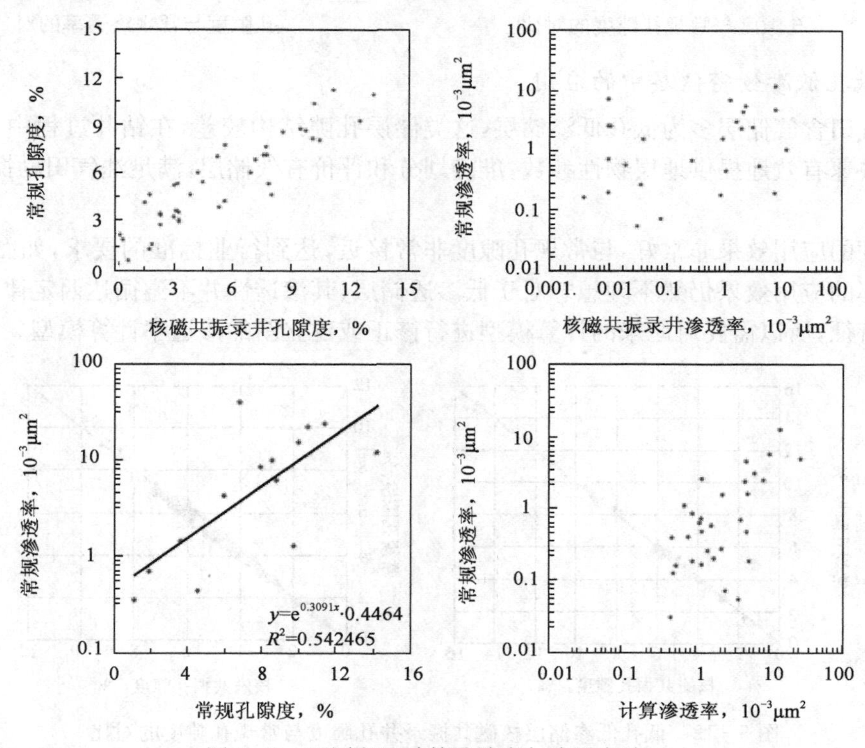

图 5-9　不同方法计算孔隙度与渗透率关系

2)在海相碳酸盐岩地层中的应用

以四川气田为例,核磁共振录井与常规分析采用的是同一个样品。从分析结果来看,如图 5-10 所示,碳酸盐岩的核磁共振孔隙度与常规孔隙度具有非常好的相关性。但是,渗透率的应用效果相对较差，如图 5－11 所示。这主要是由于核磁共振渗透率的测量是不具方向性的。另外，孔隙度尤其是总孔隙度的测量与 T_2 截止值是无关的，而核磁共振渗透率的计算模型则与 T_2 截止值及渗透率待定系数 C 等有关，影响因素较多。常规分析是一个个样品进行计算的，而核磁共振的渗透率是选用的同一套参数进行的，如果针对每一个样品进行离心确定好截止值，其相关性则会大大提高。

目前，江苏、胜利、辽河、新疆等油田都已购置了核磁共振录井的配套设备，如离心机、油水饱和仪、体积测量仪等，明显提高了核磁共振的应用效果。

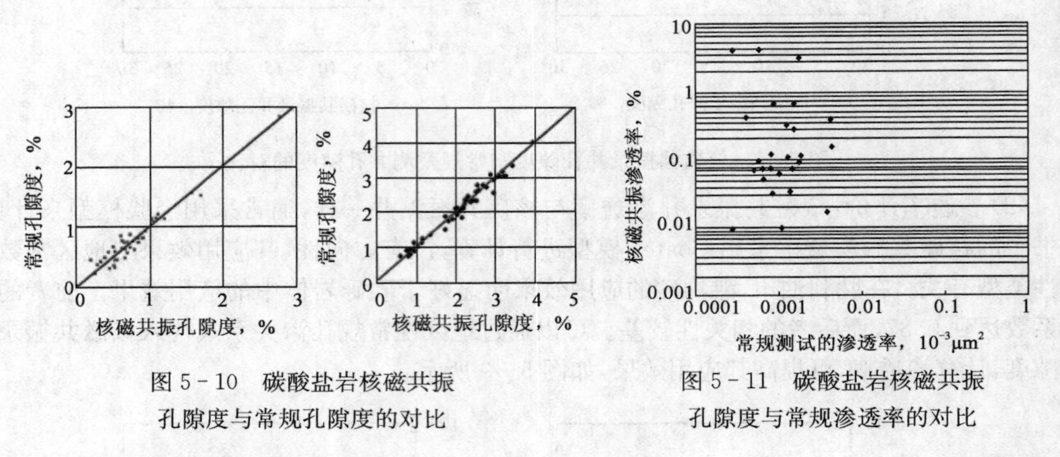

图 5－10　碳酸盐岩核磁共振孔隙度与常规孔隙度的对比

图 5－11　碳酸盐岩核磁共振孔隙度与常规渗透率的对比

3）在低孔低渗致密储层中的应用

四川气田含气储层多为低孔低渗储层，这类储层孔隙结构较差，在钻井过程中，核磁共振录井可以快速有效地提供地层物性参数，准确划分和评价有效储层，满足油气田勘探开发的迫切要求。

孔隙度的应用效果非常好，与常规孔隙度非常接近，达到行业标准的要求，如图 5－12 所示。渗透率的应用效果仍然不理想。对于低渗透储层，其渗透性并不遵循达西定律，而是具有非达西流特征，所以需要对原来的计算模型进行修正或建立新的渗透率计算模型。

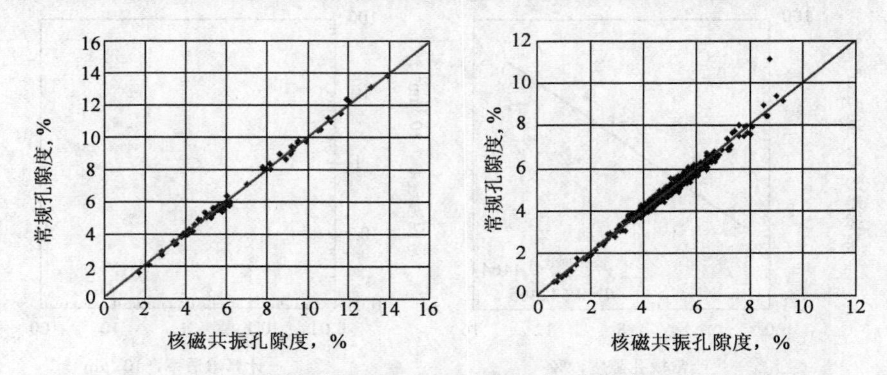

图 5－12　低孔低渗储层核磁共振录井孔隙度与常规孔隙度的对比

2. 物性评价

从上述陆相碎屑岩储层、海相碳酸盐岩储层和低孔低渗储层物性的对比结果可以看出，不管对于前述的任何储层来说，核磁共振孔隙度具有非常高的准确性与可比性；渗透率只要模型选择适当，也可获取较为准确的计算结果。以此为基础，就可以根据相应的标准进行物性评价。

三、储集空间类型评价

储集空间类型可分为孔隙型、裂缝型和孔隙—裂缝复合型三大类。在核磁共振 T_2弛豫时间谱上，孔隙与裂缝的弛豫时间有明显差异，裂缝的弛豫时间相对孔隙较长。因此，可以根据 T_2弛豫时间谱划分储集空间类型。下面分别以华北油田探区的 C3 井和 XL1 井为例，阐述核磁共振录井技术在评价储层储集空间方面的应用。

C3 井是一口重点古潜山探井，该井中途试油获得高产油流，是当年中石油陆上勘探的第一口高产井。XL1 井是一口重点风险探井，该井从 4401m 开始进行了核磁共振随钻录井分析，分析样品主要为岩屑，由于该井分析样品埋藏深、成岩作用强，岩屑样品的代表性好，可以在很大程度上反映地层岩石储集物性的真实情况。

1. 孔隙型储层

1）C3 井

为了更好地评价储集层物性，利用核磁共振录井仪对岩心、岩屑样品进行了系统分析。在4086～4102m 井段内，如图 5－13a 和图 5－13b 中两个初始状态的 T_2弛豫时间谱表现为单峰形，谱峰对应的弛豫时间一般为 30ms 左右，储集类型以晶间孔为主；图 5－13c 和图 5－13d 中初始状态的 T_2弛豫时间谱弛豫时间比图 5－13a 和图 5－13b 的长，分布范围扩大到 1000ms 左右，表明存在裂缝和微裂缝。核磁共振分析孔隙度为 3.36％～16.6％之间，渗透率为（0.01～61.52）$\times 10^{-3}\mu m^2$，可动流体含量主要分布在 50％～75％之间。由于该井段内存在裂缝和微裂缝，可动流体饱和度高，所以表明储层中的流体可流动性很强。

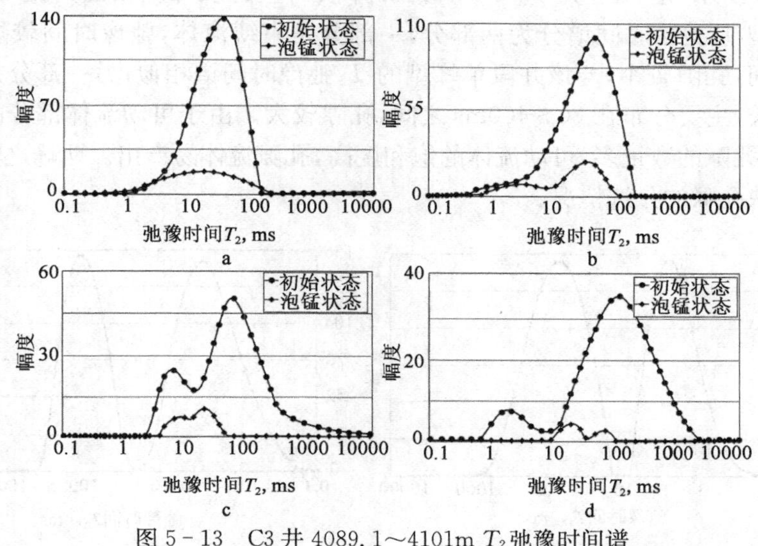

图 5－13　C3 井 4089.1～4101m T_2弛豫时间谱

由荧光显微图像分析图片可见，发光均匀，原油均匀地分布于岩石的晶间孔中，如图5－14 所示。

该井段储集空间类型比较复杂，既有裂缝发育的碎屑岩储层又有晶间孔发育的碳酸盐岩储层。丰富的储集空间类型和较高的可动流体饱和度是该井测试获得高产的主要原因。

2）XL1 井

图 5－15 所示为 XL1 井 4400～4600m 井段典型的单峰型核磁共振 T_2弛豫时间谱。该井

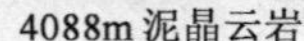

4089.1m 泥晶云岩

4098m泥晶藻屑云岩

图 5-14　4088～4098m 岩心荧光薄片图像

段以单峰型 T_2 弛豫时间谱为主，弛豫时间较短，小于 10ms，孔隙较小，储集流体以束缚流体为主。

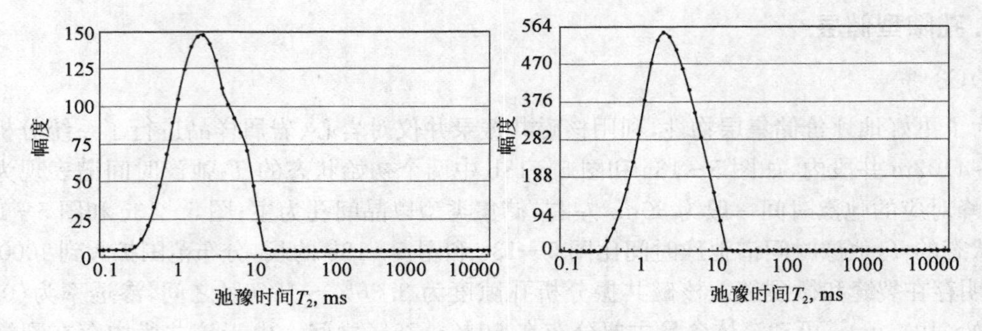

图 5-15　单峰型 T_2 弛豫时间谱

如图 5-16 所示，是 XL1 井 4400～4600m 井段典型的双峰型核磁共振 T_2 弛豫时间谱。该井段的双峰型 T_2 弛豫时间谱分为两部分，一部分是束缚流体，弛豫时间较短，主要分布在 0.2～10ms 之间，孔隙较小，与该井段单峰型的 T_2 弛豫时间谱相似；另一部分是可动流体，弛豫时间相对较长，主要分布在 20～400ms 之间，孔隙较大。由于可动流体部分的幅度高，积分面积大，所以大孔隙的数量多，可动流体的饱和度高，孔隙流体易产出。两峰之间凹点的高低、谱峰的宽度反映孔喉的分选情况。

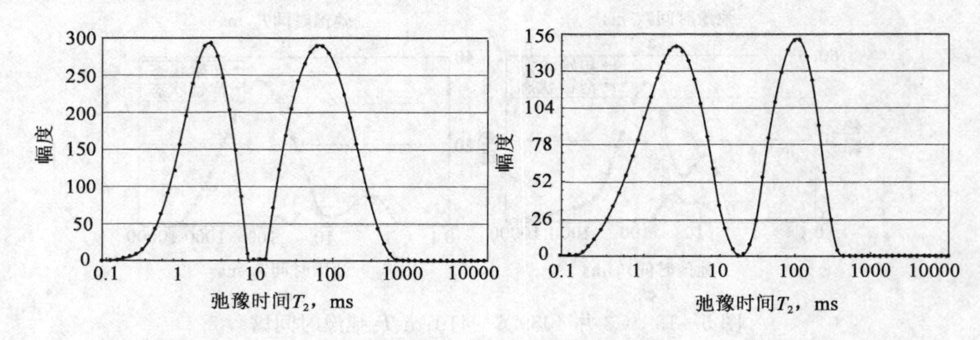

图 5-16　双峰型 T_2 弛豫时间谱

XL1 井 4400～4600m 井段主要以孔隙型为主，由于该井段内孔隙型储层的有效孔隙度比较小，渗透率差，从而导致该井段内油气显示不活跃。

2. 裂缝型储层

C3 井 4102～4160m、4180～4215m 井段内，核磁共振分析孔隙度在 2.70%～20.5%之间，渗透率在(0.01～40.63)$\times10^{-3}\mu m^2$之间，可动流体含量主要分布在 50%～75%之间。如

图5－17所示，是 C3 井段典型的核磁共振 T_2 弛豫时间谱。该井段内很多样品的核磁共振 T_2 弛豫时间谱表现为多峰形，弛豫时间分布在 0．1～2000ms 之间，主要分布在 30～2000ms 之间，充分说明储集空间的大孔隙和裂缝较发育，储层中的流体可流动性强。

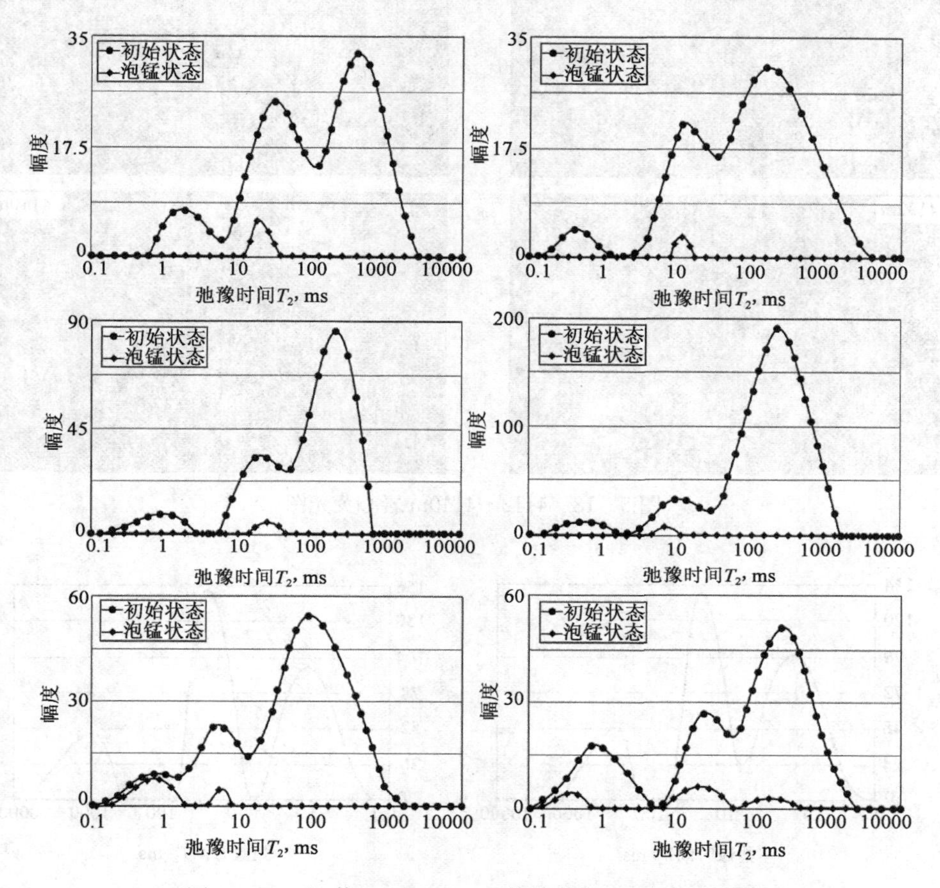

图 5－17　C3 井 4107～4159m 核磁共振 T_2 弛豫时间谱

该井段的荧光显微图像可见明显的孔缝及含油情况，如图 5－18 所示，与核磁共振谱图的反应情况是一致的。

C3 井 4102～4160m、4180～4215m 井段内，裂缝较发育，可动流体饱和度较高，为又一有利储层发育段。

3. 裂缝孔隙型储层

裂缝孔隙型储层岩样的核磁共振 T_2 弛豫时间谱表现为多峰型，如图 5－19 所示，存在三个峰，弛豫时间较长的峰幅度较低，弛豫时间相对较短的左边两个峰幅度较高，此类储层以孔隙为主，裂缝为辅。裂缝的发育为流体的储集提供了又一空间。XL1 井裂缝孔隙型储层主要分布在 4705～4750m 井段。

4. 孔隙裂缝型储层

孔隙裂缝型储层岩样的核磁共振 T_2 弛豫时间谱同样表现为多峰型，如图 5－20 所示，弛豫时间相对较长的右峰幅度较高，而弛豫时间较短的左边两个峰幅度相对较低，此类储层以裂缝为主，孔隙为辅。

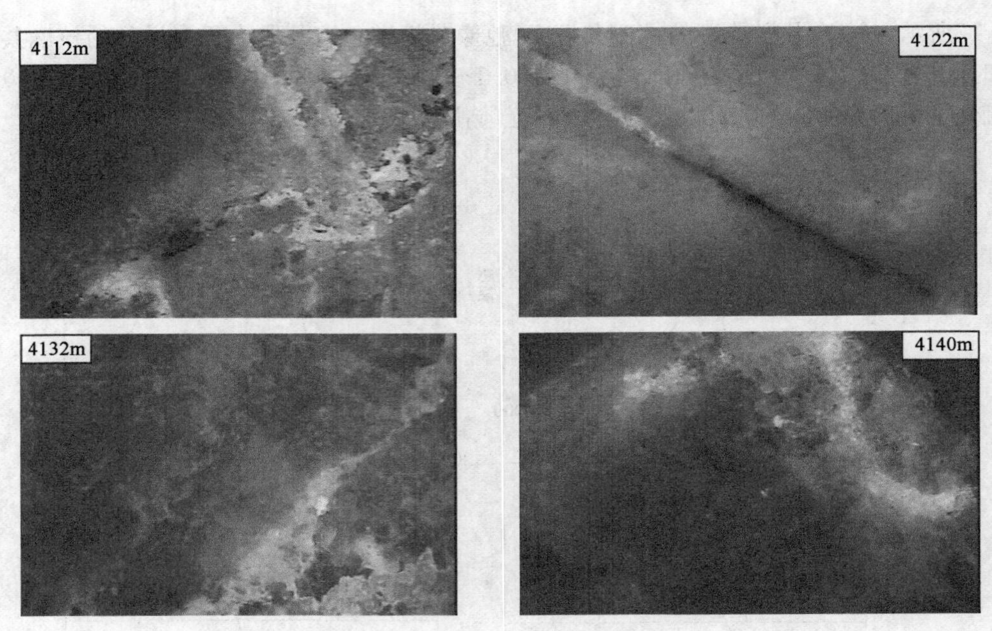

图 5－18　4112～4140m 岩心荧光图

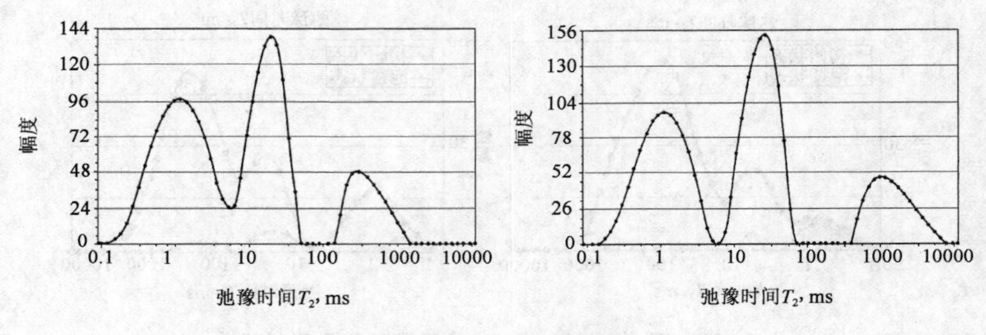

图 5－19　裂缝孔隙型 T_2 弛豫时间谱

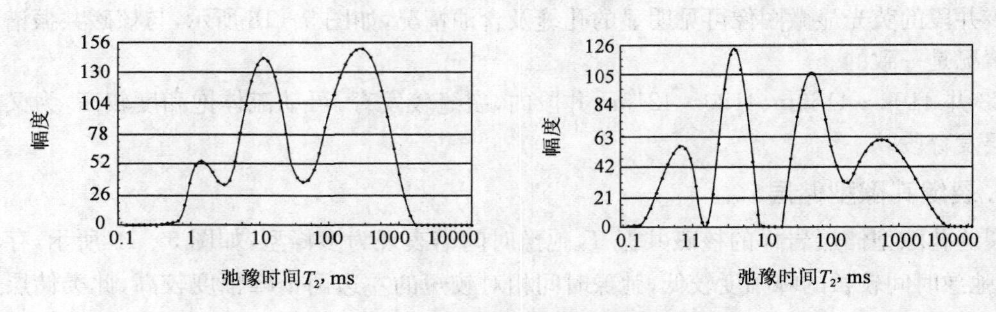

图 5－20　孔隙裂缝型 T_2 弛豫时间谱

XL1 井孔隙裂缝型储层主要分布在 4601～4680m 井段。本段内储层物性较好，利于油气聚集，同时在下伏井段内发育的良好生油岩可以提供油气资源，这也是本井段油气显示较为活跃的物质基础。

四、孔隙结构评价

目前，对岩石孔隙结构的研究局限在实验室里，通常采用压汞法。压汞毛管压力曲线的形态由岩石的孔喉决定。毛管压力曲线可以用来计算孔喉分布、平均孔喉半径、中值半径等特征参数。根据前文可知，充分饱和水的岩样的核磁共振 T_2 弛豫时间谱能够较好地反映孔隙结构。水的弛豫时间约为 3s 左右，饱和到岩心中后，由于受到孔隙表面作用力的影响，水的弛豫时间被缩短，弛豫时间越短，对应的孔隙越小；弛豫时间越长，对应孔隙越大。通常 T_2 弛豫时间谱分布范围越宽，峰值越低，孔喉分选性越差。分选性是用来描述孔喉的均匀程度的，分选性好，孔隙均匀；分选性差，则孔隙大小不均。T_2 弛豫时间谱累积分布曲线与毛管压力曲线之间具有较好的对应关系，T_2 弛豫时间谱累积分布曲线常呈台阶式，其歪度的高低反映了孔喉的粗细，台阶水平段的斜率和长度反映了孔喉的分选程度。由此可见，T_2 弛豫时间谱形态和孔喉形态存在较为密切的联系，用压汞孔喉分布来刻度核磁共振资料，就可以运用核磁共振资料对岩石孔隙结构进行评价。

不同岩性的岩样，具有不同的孔隙结构。即使同样的岩性，孔隙结构也有差异。孔隙结构的差异将导致 T_2 弛豫时间谱和累积分布曲线不同，因此，根据饱和岩样的 T_2 累积分布曲线，能够评价孔喉的大小、分选、分布等情况。如图 5－21 所示，是 HM1 井 3800.9m 处褐灰色油浸粉砂岩的毛管压力曲线和核磁共振录井曲线，二者对应关系较好，都具有略粗歪度的特征，孔喉分选较差，以中、大孔隙为主。

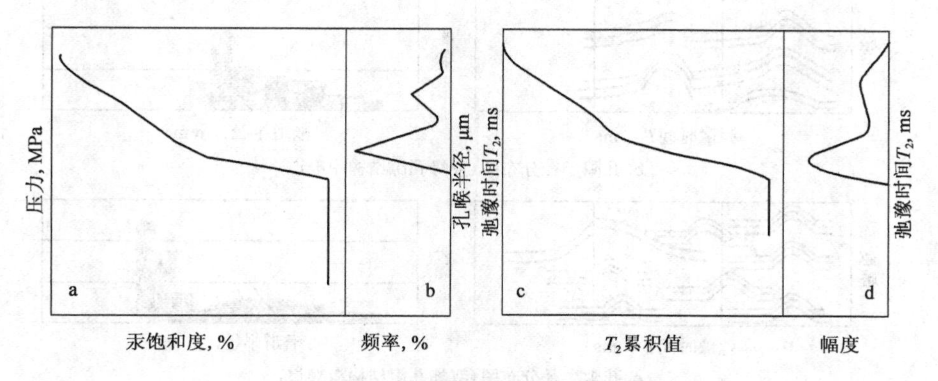

图 5－21　核磁共振分析曲线与压汞分析曲线的对比

a. 毛管压力曲线；b. 孔喉分布曲线；c. T_2 累积分布曲线；d. T_2 弛豫时间谱；

1. 岩石孔隙结构核磁共振研究现状

斯伦贝谢公司在胜利油田开展了多口井的核磁共振测井工作以及岩石孔隙结构的评价。利用核磁共振计算毛管压力曲线以及孔喉分布，计算结果与岩心压汞分析较为吻合，两种方法的毛管压力和孔喉半径分布曲线比较接近，如图 5－22 所示，二者的相似程度，与核磁共振仪器的分析参数 TE 及样品的致密程度等因素有关。

国内很多单位也相继开展了利用核磁共振进行岩石孔隙结构评价的研究工作。对不同孔隙结构（单峰小喉道、双峰中喉道、双峰粗喉道等）的岩石，压汞法得到的孔喉分布和核磁共振测井 T_2 弛豫时间谱的形态均有较好的一致性，如图 5－23 所示，充分说明了利用核磁共振开展岩石孔隙结构评价的可行性。

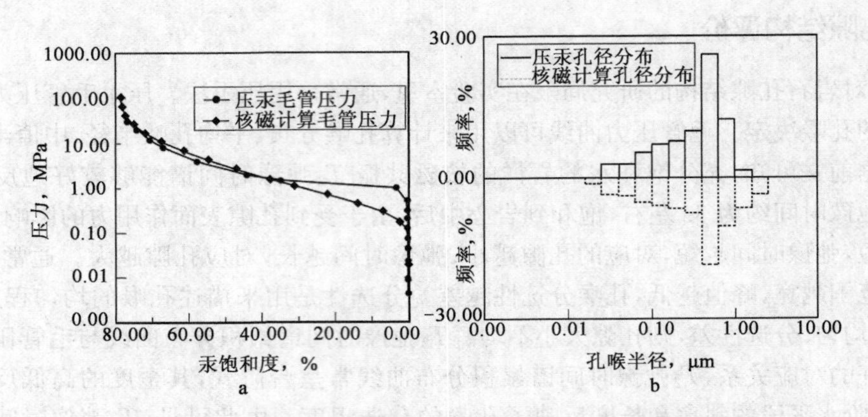

图 5-22　核磁共振计算和岩心压汞分析孔隙结构评价结果对比图

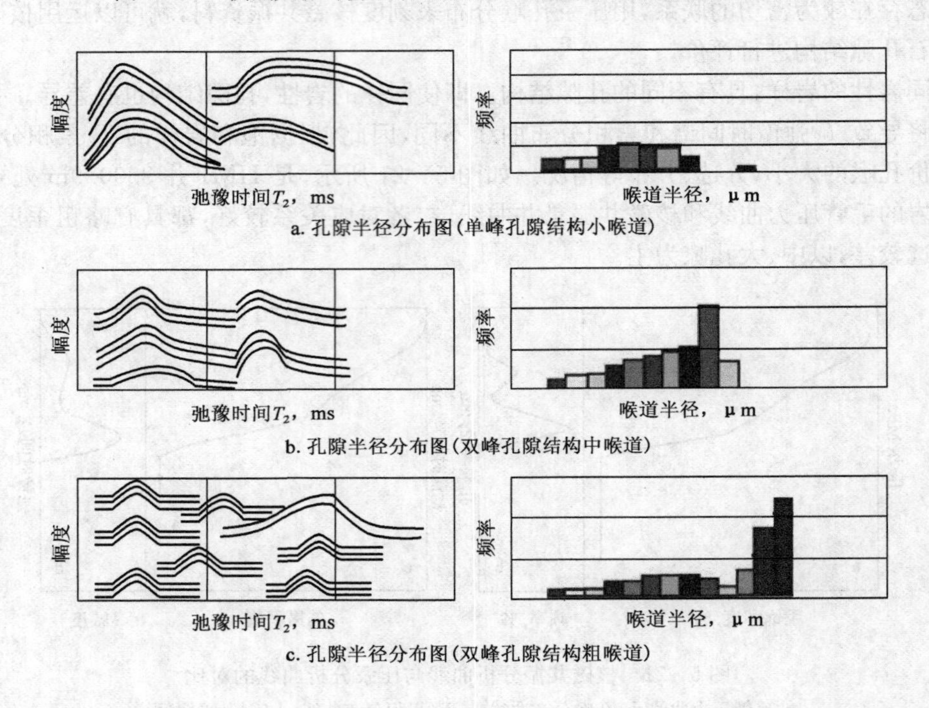

图 5-23　不同孔隙结构岩石压汞孔喉分布（右）和核磁共振测井弛豫时间 T_2谱（左）形态对比

2. 孔隙半径和弛豫时间 T_2之间的转换关系

岩样通常含有大小不一的多种孔隙，各种孔隙具有不同的比表面，因而具有不同的核磁共振弛豫时间 T_2。

对于孔隙中只含有单相流体时，横向弛豫时间 T_2可以写成：

$$\frac{1}{T_{2i}}=\frac{1}{T_{2B}}+\rho_2\frac{S_i}{V_i}+\frac{D(\gamma GT_{\mathrm{E}})^2}{12} \tag{5-4}$$

式中　T_{2i}——横向弛豫时间；

T_{2B}——体积弛豫时间；

$\frac{S_i}{V_i}$——第 i 种孔隙的比表面；

ρ_2——横向表面弛豫强度；

T_E——回波时间；

γ——旋磁比。

在没有磁场梯度或 GT_E 的值很小时，扩散相 $\left(\frac{D(\gamma GT_E)^2}{12}\right)$ 对总的弛豫时间的贡献可以忽略，并且在一般情况下，$T_{2B} \gg T_{2S}$（表面弛豫时间），此时，$1/T_{2B} \approx 0$，因此：

$$\frac{1}{T_{2i}} = \rho_2 \frac{S_i}{V_i} \tag{5-5}$$

$$\frac{V_i}{S_i} = \rho_2 T_{2i} \tag{5-6}$$

V_i/S_i 的值取决于孔隙的形状。对于典型的球形孔、管形孔和板状孔，V_i/S_i 分别表示 $d/6$、$d/4$、$d/2$，其中，d 表示孔隙的直径（球形孔、管形孔）或板状孔的宽度。横向表面弛豫强度 ρ_2 为常数，所以横向弛豫时间 T_{2i} 与孔隙直径 d 有了对应关系。

通过对压汞和数字薄片分析得到的孔径分布与弛豫时间 T_2 进行比较，弛豫时间 T_2 可以更好地表征孔径分布。通常，压汞对孔喉直径反映较好，但得到的孔径分布往往偏小；而数字薄片分析则对大孔分辨比较好，使得观察到的孔径分布过高。核磁共振弛豫时间 T_2 所分辨的范围比较大，既包括了与喉道相当以及比喉道还小的微孔，也体现了孔径比较大的大孔。

为了建立孔喉半径和弛豫时间 T_2 的定量转换关系式，先将核磁共振 T_2 弛豫时间谱进行归一化，利用压汞孔喉分布刻度 T_2 弛豫时间谱，求取两个谱图的系数：

$$r_c = \rho T_2 \tag{5-7}$$

对于伪双峰的 T_2 弛豫时间谱，结合核磁共振 T_2 弛豫时间谱，充分考虑高黏度油的影响，进行原油系数修正，依据实验室岩心压汞测量结果进行刻度，定量确定孔喉半径和弛豫时间 T_2 之间的关系系数。

3. 弛豫时间 T_2 与毛管压力之间的转换关系

毛管压力与孔径之间的关系是：

$$p_c = \frac{2\sigma\cos\theta}{r_c} \tag{5-8}$$

式中 p_c——毛管压力，MPa；

σ——流体液面张力，N；

θ——润湿接触角，(°)；

r_c——毛管半径，μm。

对于汞来说，$\sigma = 480$mN/m，$\theta = 140°$，带入式(5-8)、式(5-7)可以得到：

$$p_c = \frac{0.75}{r_c} = \frac{0.75}{\rho T_2} \tag{5-9}$$

由式(5-9)可见，毛管压力与弛豫时间 T_2 的倒数成正比。因此，可以建立 T_2 弛豫时间谱与毛管压力曲线之间的关系，绘制毛管压力和 T_2 弛豫时间谱累计分布曲线，求取两者之间的最大相关系数。从而在 T_2 弛豫时间谱已知的情况下，绘制毛管压力曲线。

4. 孔喉分布图和压汞曲线图

1)ρ 系数、C 系数的确定

以 HU1 井为例，确定系数 ρ 和 C。图 5-24、图 5-25 分别是 HU1 井 2 号岩心、6 号岩心压汞和核磁共振方法绘制的孔喉分布、毛管压力曲线图的对比。两种方法的孔喉分布形态基本一致，压汞曲线形态较为接近，但中值压力等特征参数存在一定的误差。ρ 系数、C 系数具有地区经验性，需要大量的压汞实验来标定。

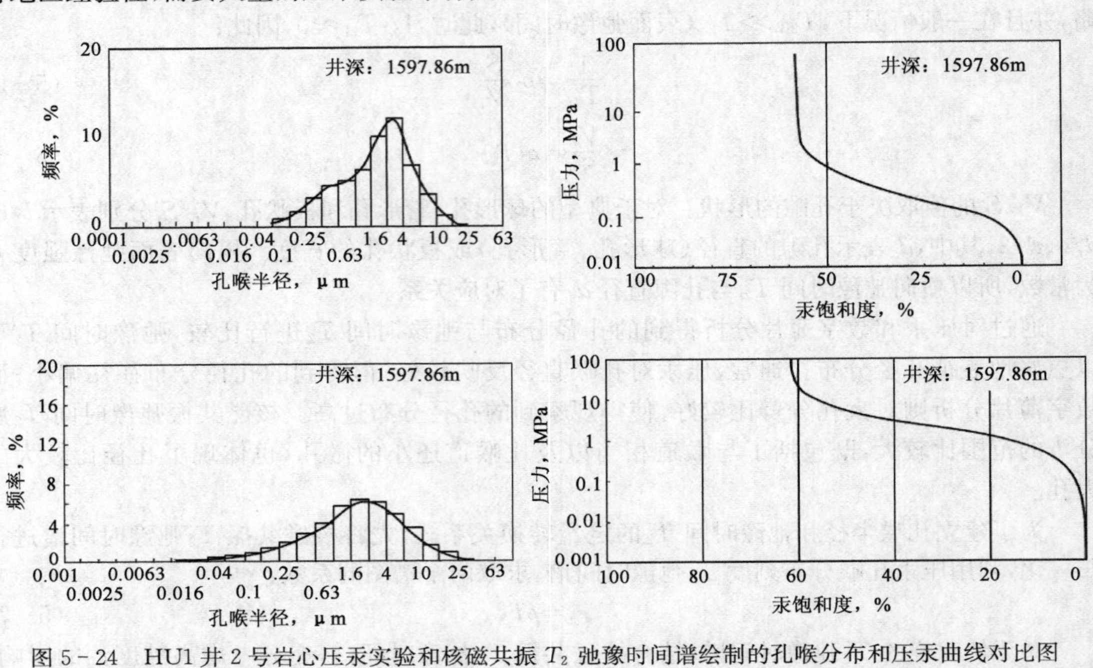

图 5-24 HU1 井 2 号岩心压汞实验和核磁共振 T_2 弛豫时间谱绘制的孔喉分布和压汞曲线对比图

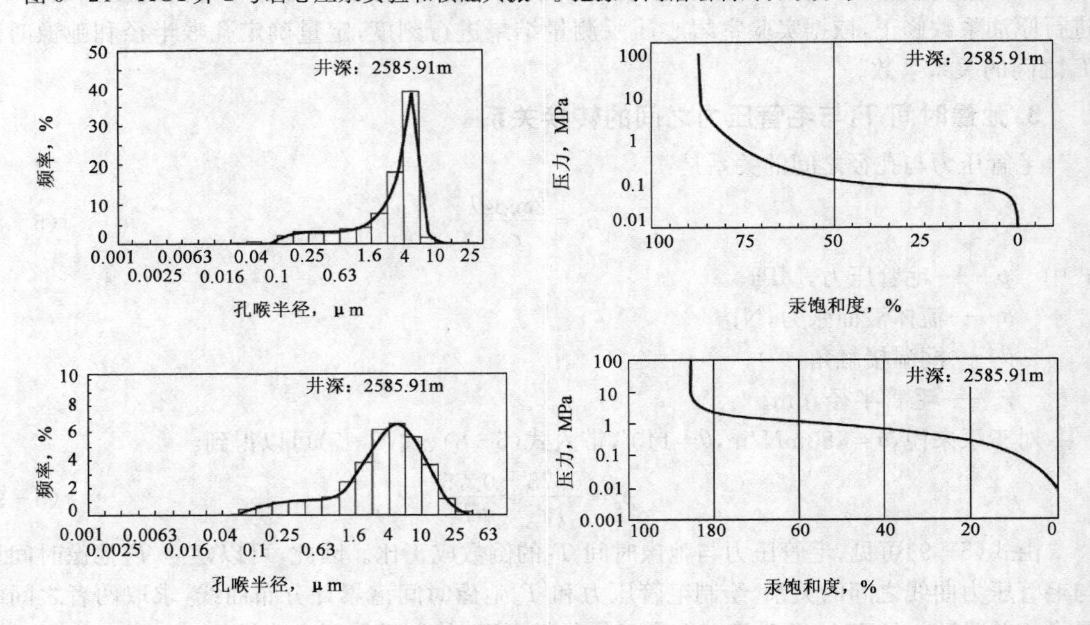

图 5-25 HU1 井 6 号岩心压汞实验和核磁共振 T_2 弛豫时间谱绘制的孔喉分布和压汞曲线对比图

通过 HU1 井 6 块岩心的压汞资料按照式(5－7)和(5－9)进行统计,可以得到孔喉分布 ρ 系数在 0.05～0.08 之间,压汞曲线 C 系数在 0.01 左右。

2)孔喉分布图、压汞曲线图的绘制

根据得到的 ρ 系数和 C 系数,分别绘制了 BA1 井、ZH1 井、TA1 井孔喉分布图、压汞曲线图。图 5－26 是 BA1 井低阻油层和纯砂岩水层的孔喉分布、压汞曲线图。2485m 是低阻油层,孔喉分布为双峰特征,微细孔喉发育,压汞曲线表明束缚水饱和度大于 50%;2544m 是纯砂岩水层,孔喉分布为粗歪度,宽平台,大孔道较发育。图 5－27 是 ZH1 井 2536.5m 岩样孔喉分布、压汞曲线图,该层孔喉分布也为双峰特征,结合常规曲线来看,为一低阻油气层,深感应电阻率 8Ω·m。图 5－28 是 TA1 井 2494m 岩样的孔喉分布、压汞曲线图,该层孔喉以微细孔喉为主,中值压力大于 1MPa,压汞曲线无平台。

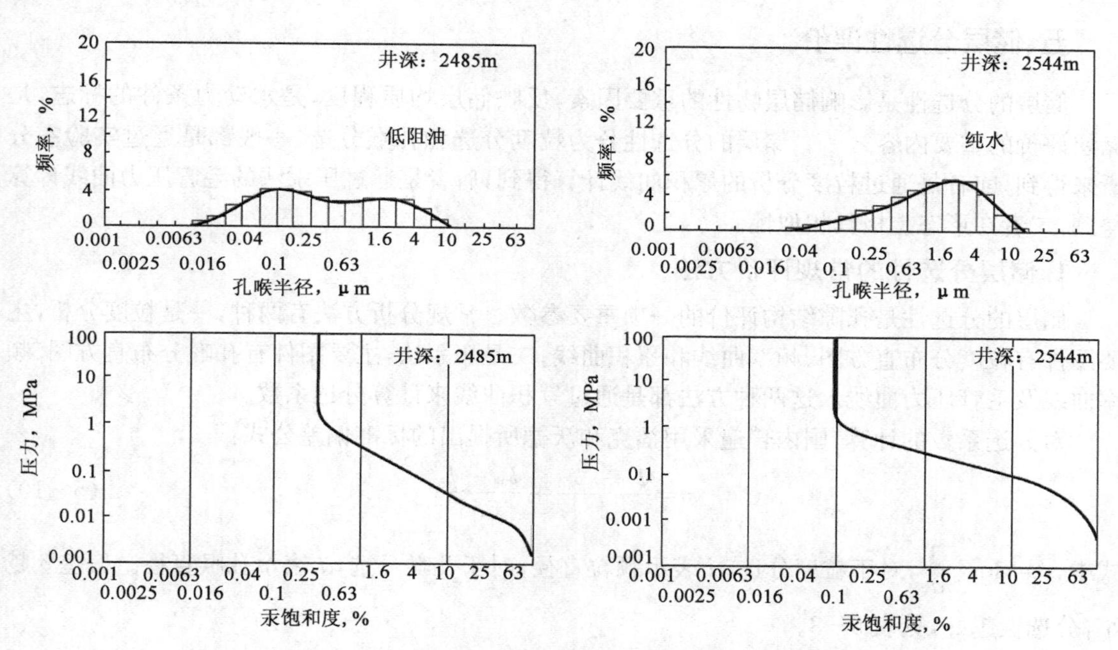

图 5－26　BA1 井低阻油层、纯砂岩水层孔喉分布、压汞曲线对比图

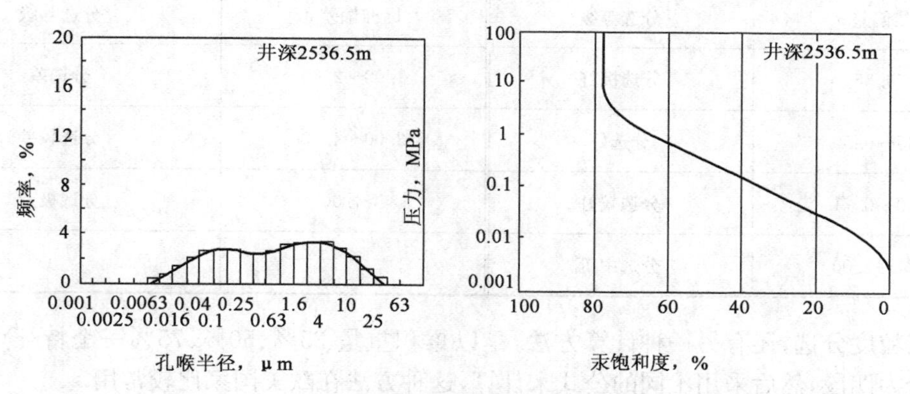

图 5－27　ZH1 井 2536.5m 岩样孔喉分布、压汞曲线图

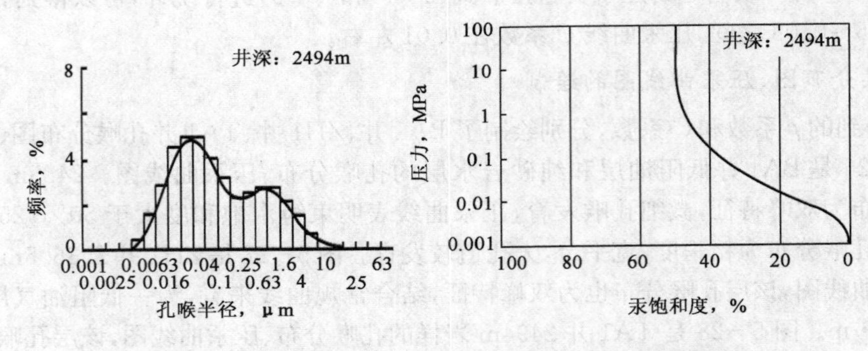

图 5-28　TA1 井 2494m 岩样孔喉分布、压汞曲线图

五、储层分选性评价

储层的分选性是影响储层物性的重要因素，反映储层均质程度，是水动力条件的标志，是储层评价的重要内容之一。储层的分选性分为粒度分选和孔喉分选，一般都是通过实验室分析来得到，前者是通过粒度分析的累积曲线计算得到，后者是通过压汞法的毛管压力曲线计算得到，二者在形态上极具相似性。

1. 储层分选性的常规评价方法

储层的分选性是孔隙结构评价的一项重要参数。常规分析方法有两种，一是粒度分析，主要图件有粒度分布直方图、频率曲线和累积曲线；二是压汞法，主要图件有孔喉分布直方图、频率曲线及毛管压力曲线。这两种方法都是通过累积曲线来计算分选系数。

对分选系数的计算，国内普遍采用福克和沃德所提出的标准偏差公式：

$$\sigma=\frac{\phi_{84}-\phi_{16}}{4}+\frac{\phi_{95}-\phi_{5}}{6.6} \tag{5-10}$$

式中，$\phi_i=\log_2\frac{1}{d_i}$，对于粒度分选，$d_i$表示颗粒直径；对于孔喉分选，$d_i$表示孔喉直径。偏差$\sigma$越小，分选性越好，见表 5-3。

表 5-3　按标准偏差划分的分选等级(据福克、沃德，1957)

标准偏差 σ	分选等级	标准偏差 σ	分选等级
<0.35	分选极好	1.00～2.00	分选差
0.35～0.50	分选好	2.00～4.00	分选较差
0.50～0.71	分选较好	>4.00	分选极差
0.71～1.00	分选中等		

对于粒度分选，还有另一种计算方法，是以累积重量 25%、50%、75%三个特征点将累积曲线划分为四段，然后采用不同的公式来计算，这种方法在欧美国家比较常用。

2. 储层分选性的核磁共振评价方法

选取东营凹陷 F143、F143-2、F143-3、F147-2 四口井沙四段的岩心样品 16 块，先对直径 2.5cm 规格的岩性柱塞做核磁共振饱和样分析，然后再做常规压汞试验，按下列步骤进行孔喉分选系数的分析与计算：

(1)对 T_2 弛豫时间谱的幅度进行求和 $\sum f_i$；

(2)求取 T_2 弛豫时间谱每个采集点（一般分析为 64 点）的幅度频数 $F_i\%$，$F_i=\frac{f_i}{\sum f_i}\times 100\%$；

(3)绘图，纵坐标为幅度频数，线性坐标，横坐标为弛豫时间 T_2，对数坐标，如图 5-29 所示。

(4)分别读出幅度频数为 5%、16%、84%、95%所对应的 T_2 值 F_5、F_{16}、F_{84}、F_{95}；

(5)将压汞试验的分选系数 S 及步骤(4)中的 4 个读数代入下式：

$$S=k\left(\frac{F_{84}-F_{16}}{4}+\frac{F_{95}-F_5}{6.6}\right) \tag{5-11}$$

求得 $\bar{k}\approx 0.01$。

(6)核磁共振分选系数为：

$$S_{\mathrm{nmr}}=0.01\times\left(\frac{F_{84}-F_{16}}{4}+\frac{F_{95}-F_5}{6.6}\right) \tag{5-12}$$

将式(5-12)所计算的分选系数与压汞法计算的分选系数进行对比，如图 5-30 所示，二者具有良好的相关性，相关系数达到 0.97 以上。

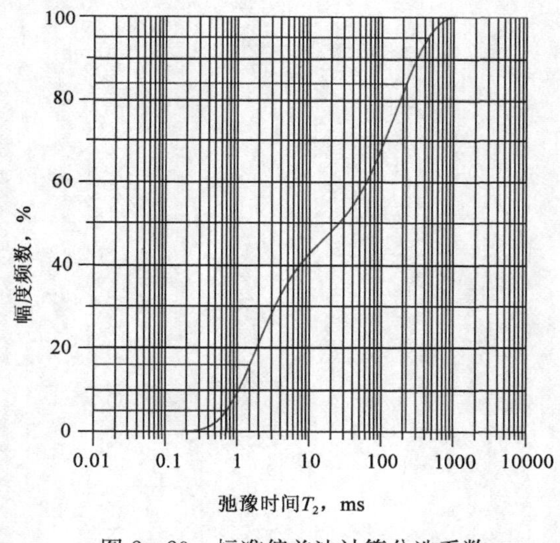

图 2-29　标准偏差法计算分选系数

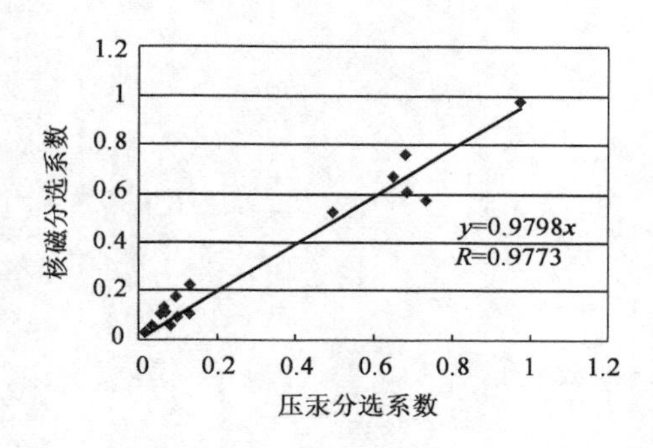

图 5-30　核磁共振分选系数与压汞分选系数的对比

由此可见，对于核磁共振 T_2 弛豫时间谱累积曲线，同样可以采用福克和沃德的标准偏差公式计算孔喉分选系数。

思　考　题

1. 储层评价的基本内容是什么？

2. 简述储层岩石学研究内容及研究方法。

3. 简述储层沉积相研究内容及研究方法。

4. 简述储层孔隙结构研究内容及研究方法。

5. 简述储层成岩作用研究内容及研究方法。

6. 储层物性评价内容及方法分别是什么?

7. 储层含气性评价内容及方法分别是什么?

8. 储层综合评价内容及方法分别是什么?

9. 简述储层评价的一般方法特点及其优缺点分析。

10. 储层的识别方法有哪些?

11. 简述核磁共振储层识别及储层评价。

第六章
录井流体评价

找油找气是油气勘探的主要目的，也是录井的首要任务。录井的主要特点是采用直接的分析手段全过程跟踪钻头（随钻）录取地层的油、气、水信息，并做出评价。

第一节　流体识别

孔隙空间中流体包括油、气、水三种。当日产量小于表6－1中规定的数值时，称为干层。流体识别的内容包括三个方面：有效储层识别（干层划分）、油气识别、含水识别。

表6－1　干层日产量界限表

油层深度，m	液面深度，m	日产量			观察天数
		油，kg	气，m^3	水，m^3	
1500～2000	1500	100	200	250	2
2000～3000	1800	200	400	400	2
3000～4000	2000	300	600	500	3
>4000	套管允许掏空深度	400	800	600	3

一、有效储层识别

有的地层虽然含水，但由于储层物性较差，测试不出或计量不出产液量，则解释为干层。有效储层识别的研究流程见图6－1。分地区、分层位、分试油工艺分别统计储层厚度、储层物性参数、含油气丰度、地层压力等与试油产能之间的关系。厚度、含油气丰度都是录井的内容，物性参数统计的是常规、测井数据，但基于核磁录井参数与电测、常规分析具有较高的相关性，随钻过程中可以通过核磁录井参数划分有效储层。研究结果表明，核磁共振录井物性参数法、岩石热解地化录井和定量荧光录井的含油丰度因子法是最有效的干层界限划分方法，从而改写了录井不能随钻识别有效储层的历史。因此，借助录井手段，可以达到有效储层实时识别与划分的目的。

1. 物性参数法

由于核磁共振录井技术在近2年才得以大规模推广应用，数据量较少，在统计过程中，采用常规岩心分析或测井的岩石物性数据。核磁录井孔隙度与常规岩心分析及电测孔隙度具有较高的相关性，核磁录井渗透率在均质的滩坝砂中，与常规分析数据比较接近；而在东营北带

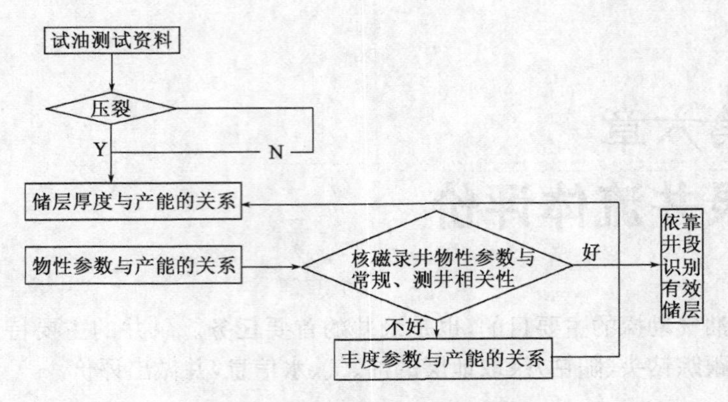

图 6-1　有效储层识别研究流程

非均质性较强的深层砂砾岩体中，与常规分析结果误差较大，但可以借助地区性常规孔隙度和渗透率的关系式，代入核磁录井孔隙度，计算出新的、比较准确的渗透率。从而，可在随钻过程中通过核磁录井参数划分有效储层。

统计东营北带产层与干层在孔隙度、渗透率交会图上的分布，干层和产层仅从物性上难以区分。分区统计，则有一定规律：丰字号井区有效储层的孔隙度下限为 4%，渗透率为 $0.1\times10^{-3}\mu m^2$；盐—永字号井区有效储层的孔隙度下限为 8%，渗透率为 $1\times10^{-3}\mu m^2$；坨字号井区有效储层孔隙度下限为 6%，渗透率一般为 $1\times10^{-3}\mu m^2$（图 6-2）。

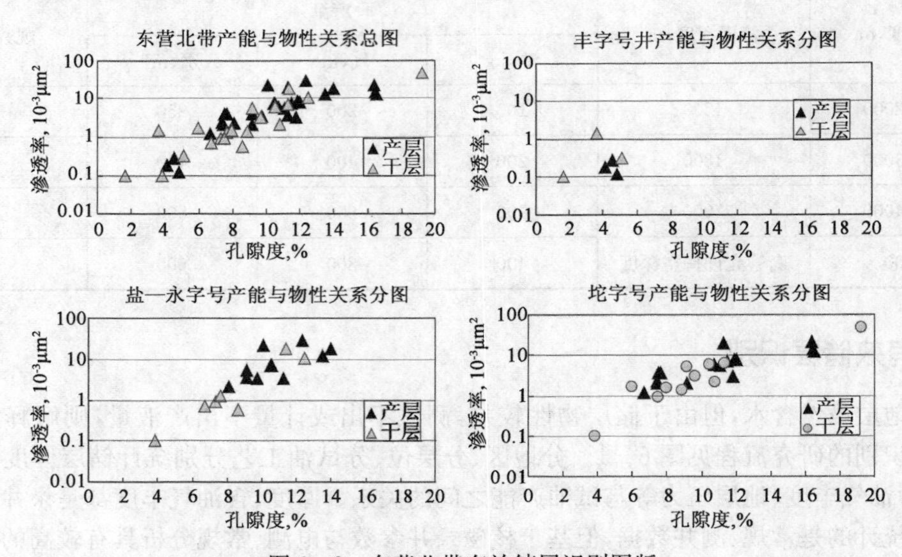

图 6-2　东营北带有效储层识别图版

2. 含油丰度因子法

对于没有取心或取心较少的地层，便不能依靠核磁共振录井物性参数法。基于录井技术大多是检测地层的含油气信息，为此尝试根据含油气丰度资料进行有效储层的划分。如利津西坡沙四段滩坝砂，气测参数中无论是气测参数值、全烃的对比系数、甲烷的相对百分含量以及各组分之间的比值与储层的产液量之间均无明显的相关性。考虑到岩石热解地化参数（P_g）与定量荧光强度（F）可以较好地反映储层的含油丰度，而储层的产能也受到储层厚度（H）的影响，为此采用地化含油丰度因子（$P_g\cdot H$）和定量荧光含油丰度因子（$F\cdot H$）去判别储层产能(图6-3)。由图6-3可以看出,地化含油丰度因子及定量荧光含油丰度因子与产能之间均具有较好的相关性,且当地化含油丰度因子小于200、定量荧光含油丰度因子小于14000时,产液量均小于5t,即低于工业价值。所以,可以根据含油丰度因子资料进行有效储层识别,打破了仅靠物性资料识别有效储层的局限性,也弥补了在物性资料缺乏情况下的不足。

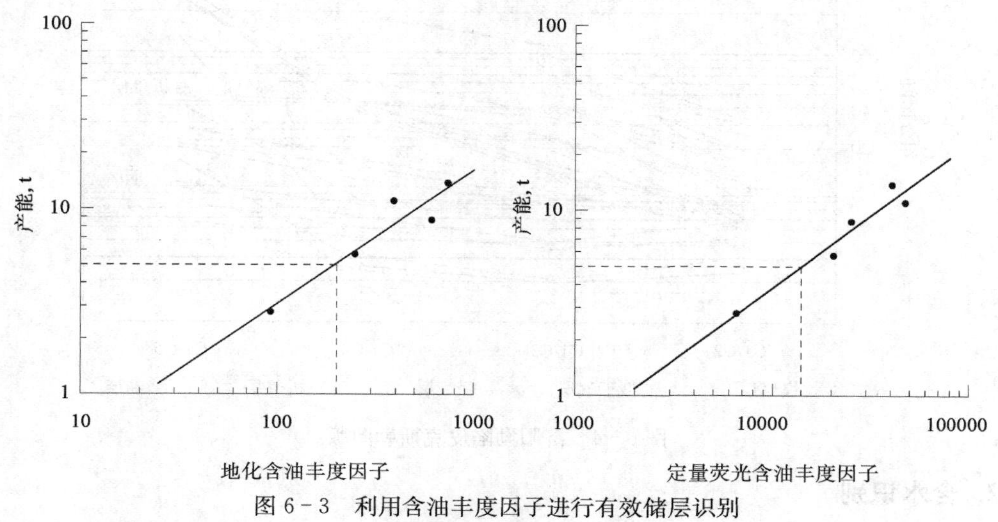

图6-3 利用含油丰度因子进行有效储层识别

二、流体性质识别

孔隙流体包括油、气、水,因而孔隙流体的识别包括油气识别和含水性识别。

1. 油气识别

根据气测甲烷相对百分含量、罐顶气轻重烃关系及组分个数、热蒸发烃色谱的组分齐全程度、主峰碳位置及谱图形状等特征可以识别油气(表6-2)。

表6-2 油气识别特征表

录井项目 油气类型	气测参数	轻烃参数	地化参数	定量荧光	热蒸发烃	核磁共振
气层	气测值明显异常,甲烷相对含量>90%,组分齐全	较高轻烃,低重烃,组分个数一般在10个以下,无 C_6、C_7 异构	无明显异常	无明显异常	无明显异常	对气层无响应
凝析气层	气测值明显异常,甲烷相对含量40%~90%,组分齐全	高轻烃,较高重烃,组分个数大于20个	具明显含油气丰度	具明显含油气丰度,油性指数大多<1.5	组分较齐全,主峰碳在 C_{19}~C_{21} 之间,谱图呈前峰型或较规则的梳状	凝析气在地表变为凝析油,具有一定的含油饱和度,但与新鲜样差异较大
油层	气测值明显异常,甲烷相对含量40%~90%,组分齐全	高轻烃,较高重烃,组分个数大于20个	具明显含油气丰度,轻组分与重组分之比较低	具明显含油气丰度,油性指数大多>2.0	组分较齐全,主峰碳在 C_{19}~C_{25} 之间,谱图呈规则的梳状	纯油层的含有饱和度谱图与新鲜样的可动部分基本吻合

气测组分比值是识别油气的另一主要方法(图 6-4)。C_1/C_2、C_1/C_3等比值在干气层最高,湿气层及凝析气层次之,油层最低。

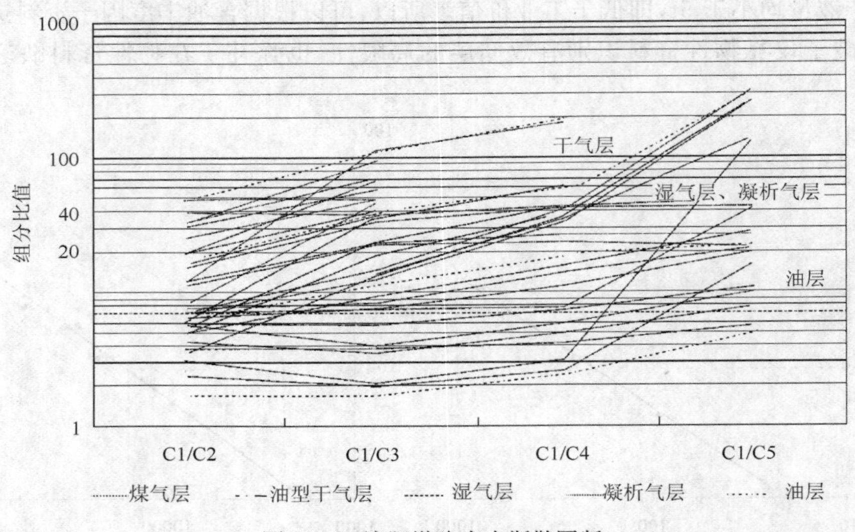

图 6-4 济阳坳陷皮克斯勒图版

2. 含水识别

地层是否含水,是油气层评价的难点。应用研究表明,在录井方面可以利用三种方法在不同程度上识别地层是否含水。

1)核磁共振录井法

岩样的核磁共振 T_2谱中包含有流体(油和水)量和流体分布等信息。从密封保存的岩心或井壁取心样品中选取适量的样品(新鲜样),直接进行核磁共振分析,其 T_2谱反映了地层所含的原始流体信息;在 20000mg/L 的 $MnCl_2$溶液中浸泡 24h 后(浸泡样),水的弛豫信号被"消除"掉,再次进行核磁共振分析,其 T_2 谱反映的是地层中所含的油信息。通过二者谱图的比较,便可判识地层是否含水。对于有效储层而言:

(1)整个谱图几乎完全重合,说明孔隙中饱含油,没有水或含水量少于油层定义的下限5%,无论是否压裂,均为油层(图 6-5a);

(2)浸泡样截止值右边的峰与新鲜样的基本重合,而左边的峰明显低于新鲜样的,说明可动部分为油,束缚部分有水;不压裂的情况下为油层,压裂后则为油水同层(图 6-5b);

(3)浸泡样截止值右边的谱图面积明显小于新鲜样,则说明地层含水,视二者面积差异的不同,解释为油水同层、含油水层、水层(图 6-5c)。

YD301 井 3590.0~3597.4m 和 3696.0~3702.0m 井段进行取心分析,岩性以富含油灰质白云岩和油迹灰质细砂岩为主,新鲜样和浸泡样的 T_2 谱几乎完全重合,具有典型的油层特征,井段 3579.86~3715m 试油,产油量为 147t/d,为纯油层。井段 3272.0~3275.5m 进行取心,岩性以油斑中砾岩、油浸粉细砂岩和油斑细砂岩为主,T_2 谱特征为:新鲜样和浸泡样的可动部分几乎完全重合;而不可动部分,浸泡样明显低于新鲜样,正常试油应为油层;压裂后可出束缚水,为油水同层。井段 3271.0~3294.5m 试油,压裂前产油量为 5.63t/d,不出水;压裂后产油量为 7.06t/d,产水量为 7.92m^3/d,为油水同层。盐 222 井 3985.82~3987.52m 进行了钻井取心,岩性为油斑砂砾岩,T_2谱浸泡样的幅度和峰面积明显小于新鲜样的,具有油水同层

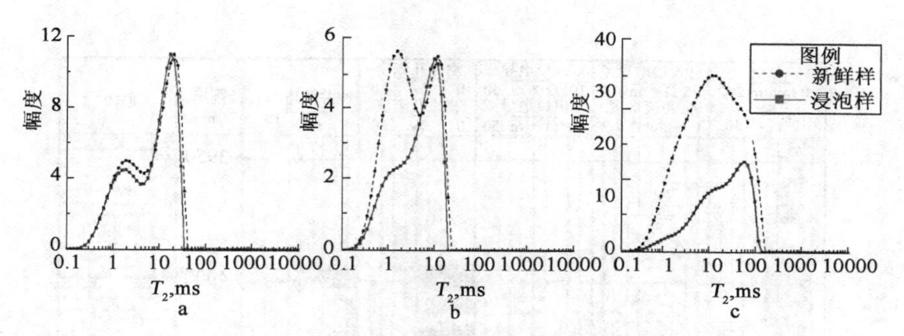

图 6-5 不同产层类型的典型 T_2 谱

的特征；井段 3985.84～4194.57m 试油，产油量为 17.7t/d、产气量为 298m³/d、产水量为 6.63m³/d，结论为油水同层。

由于样品的浸泡时间为 24h，若油质较轻，随物性的不同会有不同程度的逸散，致使新鲜样和浸泡样的 T_2 谱产生明显差别，无水错判为有水。坨 765 井 4355.49～4359.19m 取心岩性为含油斑、油迹的中砾岩，浸泡样 T_2 谱的幅度和面积明显小于新鲜样的，具有含水特征；但 4354.1～4386.0m 试油，产油量为 70.2t/d，产气量为 20570m³/d，不产水，结论为油层，原油密度为 0.7788g/cm³。若样品放置时间过长，则会导致浸泡样的幅度或峰面积明显超过新鲜样的，在有水的情况下也错判为无水。富 115 井 3085.6～3088.4m 进行了钻井取心，岩性主要为油斑细砂岩，岩心出筒时间与样品核磁分析时间间隔了 11d，从 T_2 谱可以看出，浸泡样的幅度或峰面积明显超过新鲜样的，难以判定含水性。井段 3087.3～3112.6m 试油，压裂前，产油量为 1.13t/d，不出水，为低产油层；压裂后，产油量为 16.6t/d，产水量为 4.1m³/d，为油水同层。

2）出入口电导率法

综合录井仪提供了实时、连续的出入口电导率参数。由于砂砾岩体具有厚度大的特点，通过出入口电导率两条曲线的比较及它们之间差值的分析，在掌握钻井液处理情况的基础上，可以比较可靠地判识地层的含水性。其原理是基于地层水具有高矿化度的特征，当矿化度小于 23×10^4 mg/L 时，电导率随矿化度的增高而增大；当矿化度大于 23×10^4 mg/L 时，电导率达到饱和，反而随矿化度的增高而减少（图 6-6）。相应的含水识别模式有 3 种（图 6-7～图 6-9）：

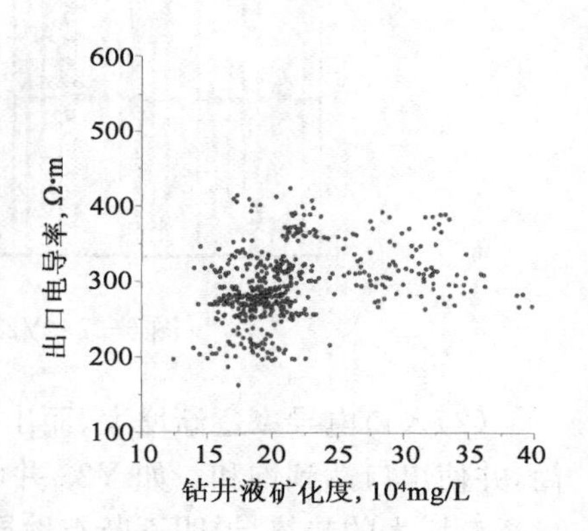

图 6-6 SK1 井实测钻井液矿化度与出口电导率

（1）出入口电导率均逐渐增大，但差值逐渐减少或保持不变，说明有水侵入井筒，出入口均未达到饱和。如 Y222 井（图 6-7），从 4008m 换钻井液后，出入口电导率均表现为逐渐增大的趋势，尤其是 4200～4230m 井段，出口电导率相比于入口电导率，升幅更明显，显示为含水的特征。井段 3985.84～4194.57m 试油，产油量为 17.7t/d，产气量为 298m³/d，产水量为 6.63m³/t，结论为油水同层，水型为氯化钙型，矿化度为 37355mg/L。井段 4210～4230m 试油，压裂后不产油，产水量为 52.6 m³/d，水型为氯化钙型，矿化度为 52290mg/L。

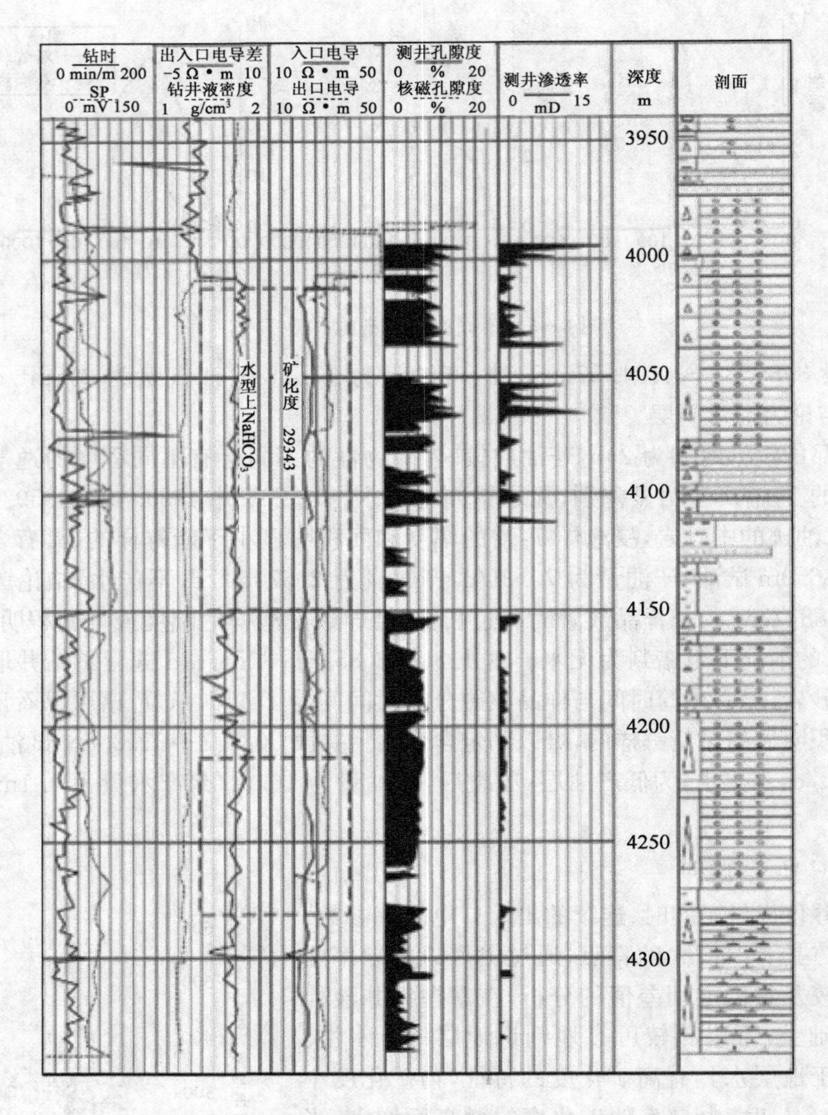

图 6-7 Y222 井出入口电导率含水性识别测井曲线

(2)入口电导率逐渐增大,而出口电导率保持不变,其差值逐渐减少,说明不断有水侵入井筒,并使出口达到饱和。如 Y23 井(图 6-8)自 3005m 出口电导率基本保持不变,入口电导率呈逐渐增大的趋势,说明不断有地层水补充,出口电导率达到饱和的含水特征。3620～3640m 井段试油,不产油,产水量为 6.67 m^3/d,水型为氯化钙型,矿化度为 28534 mg/L;井段 3513.0～3531.8m 试油,产油量为 0.05t/d,产水量为 4.83m^3,为含油水层,水型为氯化钙型,矿化度为 21519 mg/L。入口电导率基本不变,出口电导率逐渐减少,其差值也在减少,说明入口达到饱和,出口达到过饱和。如 T765 井(图 6-9)4390～4409m 入口电导率保持不变,而出口电导率达到过饱和,呈现逐渐降低的趋势。4354.27～4409.99m 中途测试,日产油 0t,气 2709m^3,水 136m^3,为气水同层,水型为氯化钙型,矿化度为 328643 mg/L;而井段 4354.1～4386.0m 试油,日产油 70.2t,气 20570m^3,不产水,结论为油层;证明水主要来自于井段 4390～4409m。

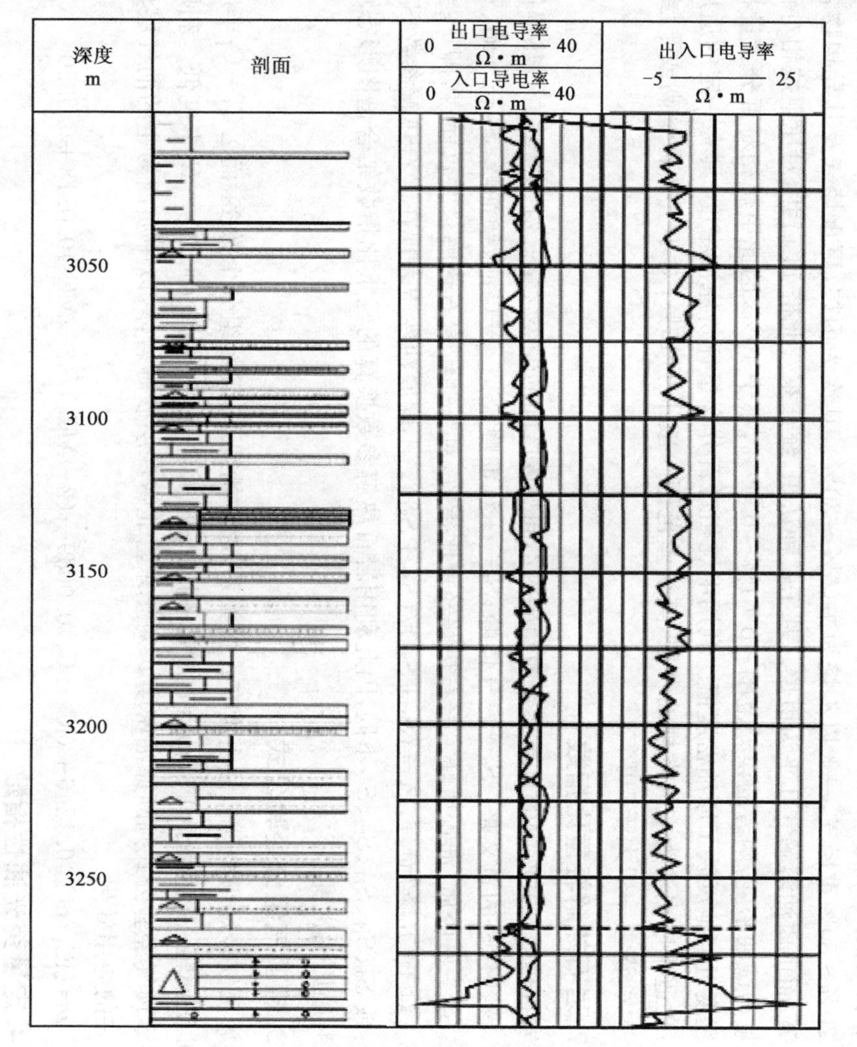

图6-8 Y23井出入口电导率含水性识别测井曲线

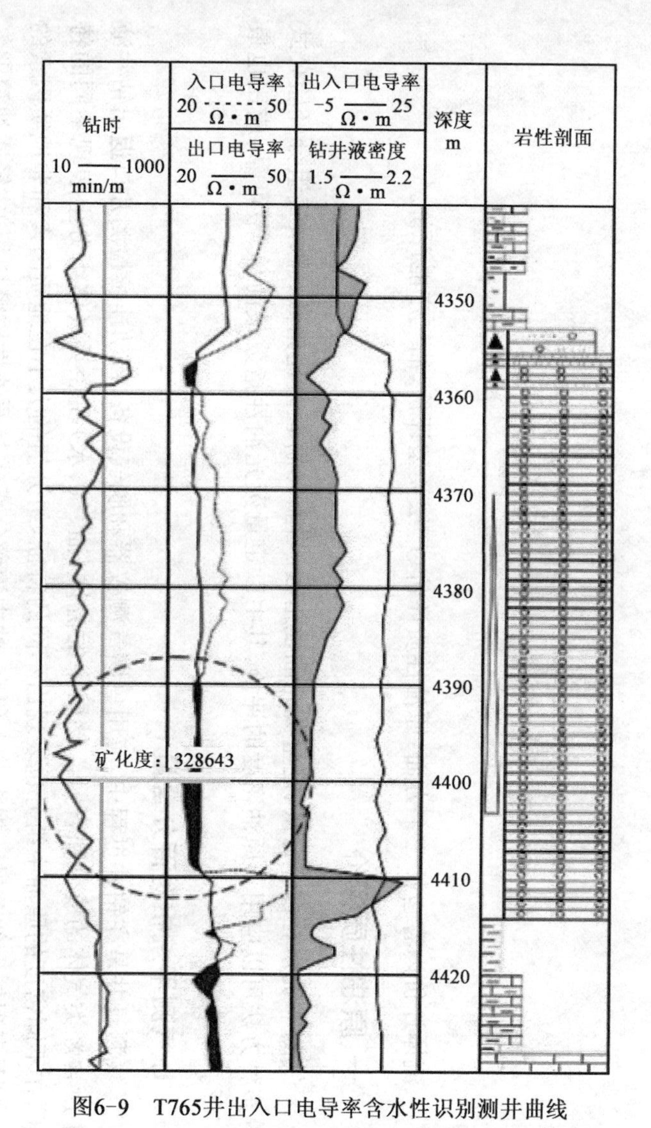

图6-9 T765井出入口电导率含水性识别测井曲线

第二节 流体评价

流体评价内容包括三个方面:原油性质评价、产层类型评价、油气产能评价。

一、原油性质评价

气测甲烷相对百分含量、定量荧光油性指数、岩石热解轻重比指数、罐顶气组分经验公式等多种方法可以应用于原油密度的评价,其中以定量荧光油性指数最简单、最可靠,应用也最广泛。

1. 气测甲烷相对百分含量

气测录井是在钻井过程中,应用色谱气测仪器和脱气设备,自动连续检测井口返出钻井液中所含烃类气体的成分和含量。储层中的流体(油、气、水)在烃类气体组分上表现不同的特征,在不同密度的原油中组分也表现出不同的特征,组分值的大小在地质因素和非地质因素的影响下表现较大的差异。根据前人研究,油内溶解气组成与原油性质密切相关:轻质油溶解气中含 20%~80%重烃气,一般以乙烷为主(6%~20%),其次为丙烷,更重烃气及其异构物含量不等;而重质油溶解气几乎为甲烷。基于这种认识,统计东营北带 14 口井,对比甲烷相对百分含量与试油密度,两者的误差范围−0.01%~0.09%,小于 10%,因此甲烷相对百分含量在一定程度近似地反映了原油密度值。利用甲烷相对百分含量评价原油密度,具有一定的适用条件:仅适用以出油为主的常规油气层,其误差范围一般小于 10%;对于气体含量高或干层,其误差大,误差一般大于 10%。

2. 岩石热解轻重比指数

岩石热解录井所测的直接参数为储层内不同温度区间的烃类含量。对"五峰"岩石热解仪而言,参数代表的意义是:S_0——气体峰;S_1——汽油峰;S_{21}——煤油、柴油峰;S_{22}——蜡、重油峰;S_{23}——胶质、沥青质峰。岩石热解轻重比指数,对"三峰"岩石热解录井仪而言,即 $P_S=S_1/S_2$;对于"五峰"而言,$P_S=(S_1+S_{21})/(S_{22}+S_{23})$。不同原油性质表现在岩石热解参数 S_0、S_1、S_2或 S_0、S_{11}、S_{21}、S_{22}、S_{23}不同,因此利用岩石热解参数换算的轻重比指数结合谱图形态可定性判断原油密度。

3. 罐顶气组分经验公式

罐顶气轻烃组分与原油密度有直接关系,通常情况下,轻烃组分个数多,而$\sum C_5-C_7$丰度高,油质偏轻;密度大于 $0.95g/cm^3$的重、稠油一般所含轻烃个数少而$\sum C_5-C_7$丰度低。利用下列罐顶气经验公式判断原油密度 ρ,对于东营北带深层砂砾岩体,以中质油为主的油气层具有较好的应用效果:

$$\rho=(iC_4/nC_4)0.1246+(iC_5/nC_5)0.0089-(2-MC_5)/(3-MC_5)0.0118+0.8350$$

4. 定量荧光油性指数

每个地层所产生的原油都具有唯一特征荧光光谱,荧光光谱的主波长能反映石油中芳香烃的基本组成,通常主波长越短,油质越轻。利用荧光谱图的特征、最大峰值及对应的波长位置、油性指数等主要参数，可以准确确定主要目的层的原油性质。原油的荧光光谱中一般有三个峰：F_1（310～320nm）——代表原油中的轻质组分峰（双环芳香烃及其衍生物）；F_2（355～365nm）——代表原油中的中质组分峰（三～四环芳香烃及其衍生物）；F_3（380～400nm）——代表原油中的重质组分峰（稠环及其衍生物）；油性指数（R）是指同一油样荧光谱图中 F_2/F_1 的比值。

二、产层类型评价

产层类型评价即油气层类型的评价，是测录井工作的重点，对于复杂储层而言，也是难点。

常用的评价方法可归纳为表格法、图版法、专家经验法三种类型。表格法是最简单的方法，但参数原则上不超过3个，否则交叉太多，影响评价结果。图版法是应用最广泛的一种方法，是探寻解释规律的有利途径。但对于复杂储层而言，这两种方法具有一定的不适应性。专家经验法是遵照一定的解释原则进行判断，包括神经网络等方法，但应用起来有一定难度。科学的评价方法是遵循有效储层识别、油气水识别、含油气丰度评价、可动性评价、油气层评价的流程进行综合评价，评价过程中结合表格法、图版法。

在利用专家经验法评价油气层的过程中，需把握三个对比、三个结合的原则。

1. 三个对比

油气层综合解释评价是一个系统工程。根据目前对储层内部流体赋存规律的认识，只要条件合适，储层内部的油气水聚集带在垂向和横向上都有可能交替出现。因此，在评价油气水层时，需遵循把储层内部不同渗透带作为基本研究单元，以分析储层内部不同渗透带的物性与所含油气特征的对应关系作为基本出发点，继而推测储层内部各渗透带油气水的可动性，综合判断储层的产流体性质的评价原则。

基于对储层内部流体赋存规律的全新认识，结合胜利油区储层类型繁多、油气水性质变化大的特点，经过大量的实践，总结出一套适用于复杂情况的油气层评价方法——“层内、层间、井间”三层次对比及多参数综合分析法。

(1)层内对比：首先把一个储层划分成若干个渗透带，然后比较不同渗透带之间的物性和含油气性的关系。油气成藏原理揭示了在同一油气藏中的油水界面之上，好的物性段对应的含油气丰度应大于差的物性段的含油气丰度。评价过程中仔细对比层内不同物性段的含油气丰度，若储层物性与含油气丰度呈正相关，则预示储层为油层或油水同层；否则，为含油水层或水层。

(2)层间对比：层间是指单井中与解释层相邻而且储集类型和物性相似的邻层之间。每一个参与对比的层均要划分成不同的渗透带，以渗透带为基本单元进行对比。层间对比分析方法同层内对比分析方法的原理一致，在同一油水系统内，在油水界面之上，好的储层对应的含油气丰度要高于差的储层，原油性质应基本一致；反之，若好的储层对应的含油气丰度较差的储层还要差，则好的储层应位于油水界面之下或两套储层不属于同一油水系统。

(3)井间对比：井间是指相距不远的邻井埋深相近、层位相当、储集类型和物性相似、油气水物理化学性质接近的储层之间。邻井往往已经进行了试油，要尽可能充分地研究邻井的试油、录井和测井资料之间的关系，力争建立小区块的录井、测井资料和油气水层的响应关系。井间对比分析方法同层内和层间对比分析方法的基本原理一致，即若经综合分析属于同一储层或同一油水系统内的含油储层，在油水界面之上，好的储层对应的含油气丰度要高于差的储层，原油性质应基本一致；反之，若目标井好的储层对应的含油气丰度较邻井差的储层还要差，则目标井好的储层应位于油水界面之下或两井储层不属于同一油水系统。

2. 三个结合

录井资料项目众多，必须做到有机结合，才能发挥综合优势，科学、合理、准确评价油气层。

(1)点线结合：点线结合即连续数据与离散数据的结合。综合录井仪提供的参数具有即时性、连续性，但受影响因素比较多；而岩样的分析化验资料是离散的，但相对准确。在油气层评价过程中把离散数据和连续数据结合起来，也就是把钻井液中的油气检测参数与岩样中的油气检测参数进行综合。

(2)形数结合：形数结合就是把谱图形状与相应的分析参数进行结合。录井技术的实质是谱的技术，所有的岩样分析参数也都是基于谱图的处理和计算而来的。只注重分析参数，却忽略谱图中所包含的其他信息是远远不够的。如核磁共振的岩样 T_2 谱中包含孔隙大小分布、孔隙分选、流体分布等多种信息，而在新鲜样、浸泡样、饱和样谱图中包含油气充满度、逸散度、气油比、含水性等信息，这些丰富而重要的信息从参数中是得不到的。

(3)物化结合：物化结合就是把物理参数与化学参数结合，即物性分析参数与含油气性参数进行结合。在核磁共振录井技术应用以前，录井长期处在含油气丰度的评价上，缺少及时、可靠物性参数的支撑，有时不得不等测井结果出来以后才能评价。核磁共振录井技术打破了这种局面，为流体的实时评价提供了支撑，并为准确分析各种参数之间的消长关系提供了依据。物性与含油气性的结合(图 6－10)，促进了油气层评价的快速性和准确性。

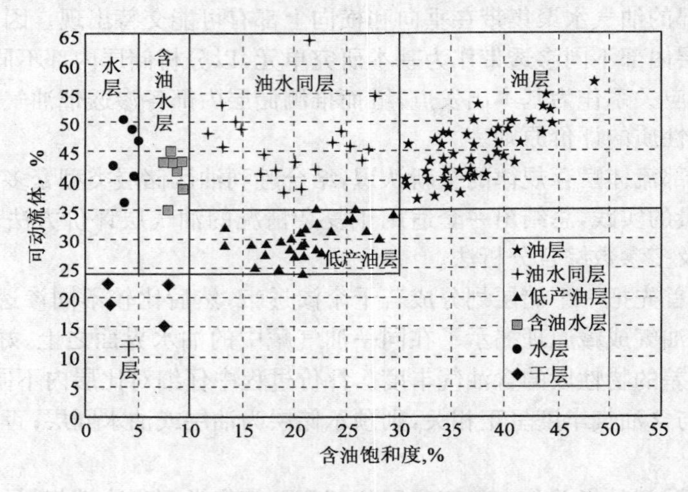

图 6－10　核磁共振录井解释图版

另外，资料处理过程中的一些方法也要综合考虑进来，如与工况的结合等。对成藏控制因素的把握也是搞好油气层评价的基础。

三、产能评价

油气层评价只评价产层性质是不够的，还应对其产能进行定性或定量评价。油气产能与物性、含油气性、压力、井眼大小、表皮系数、原油体积系数等多种因素有关。作为录井而言，可以通过物性参数、含油气丰度参数进行产能定量评价或预测，尤其是结合核磁共振录井的孔喉分布特征、流体分布特征可以对压裂前后的产液性质及产能定性预测或评价。

气测、岩石热解、定量荧光、热蒸发烃色谱、罐顶气轻烃色谱等资料虽然能够反映岩石中的含油气丰度，合理解释油气水层，但却不能准确判断油气的可动性。在胜利油田，每年都有10%左右的井试油结果与解释结论完全不符。核磁共振录井参数中包含了油气含量、产出能力等信息，在准确评价产层类型的基础上，可为试油层位的确定提供可靠参考。尤其是对于深层，由于深埋、久埋的温、压、时作用，而以轻质油、凝析气及天然气为主，加上盐膏层的影响及安全钻进的需要，钻井液密度常常远远超过地层压力系数，致使气测等录井手段难以发现显示，核磁共振录井资料是确定试油、气层位的重要依据。

如 T764 井 3958m，T_2 弛豫时间谱的分布居中，如图 6－11 左所示，表明该套储集层中的大小孔隙均较为发育，但以大孔隙居多；4348m T_2 弛豫时间谱的分布向左偏移，如图 6－11 右所示，表明该套储集层中的小孔隙发育，有一定的产液能力，但比上部储集层差。对 4342.5～4352m 井段试油，日产油 0.45t，日产水为 0；压裂后，日产油 0.83t，日产水 3.41m³；对 3947.5～3970.0m 井段试油，日产油 4.69t，压裂后日产油 15.2t，日产水 5.31m³。从试油结果看，上部储集层的产液能力要好于下部储集层，这主要由于上、下部储集层的物性差异所致，从而证实了核磁共振录井的分析结果。

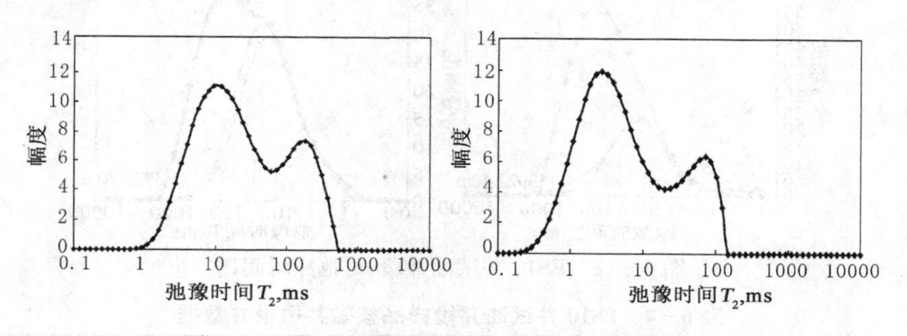

图 6－11　T764 井 3958、4348m 的 T_2 弛豫时间谱

1. 产能类型划分

以东营凹陷盐家地区深层砂砾岩体为例，根据试油产液量和是否采取压裂措施，将储层由好到差划分为以下 4 类：

1）A 类

不采取压裂或酸化等措施，自喷产液量大于 10t/d 的储层（见表 6－3）。如 FS10 井试油井段 3916.5～3921.6m，3 mm 油嘴放喷，日产油 18.30t，日产水 0.22m³，日产气 1632m³。

表 6－3　A 类试油储层产能数据表

井号	试油井段，m	求产方法	试油结论	产能		
				油，t/d	水，m³/d	气，m³/d
Y22	3985.9～4194.0	中途测试	油水同层	22.93	9.28	—
FS10	3916.5～3921.6	3mm 油嘴放喷	油层	18.30	0.22	1632

（1）T_2 弛豫时间谱及参数特征。如图 6－12 所示，T_2 弛豫时间谱以大孔隙为主的单峰形态，说明孔隙大，分选较好，与饱和状态 T_2 弛豫时间谱形态相似，表明储层均质性好。核磁共振分析参数的平均值为孔隙度 9.22%，渗透率 $9.23\times10^{-3}\mu m^2$，可动流体饱和度 67.6%，含油饱和度 44.0%。在低孔低渗储层中属于好储层，而且可动流体含量高，FS10 井试油井段样品核磁共振录井数据见表 6－4。

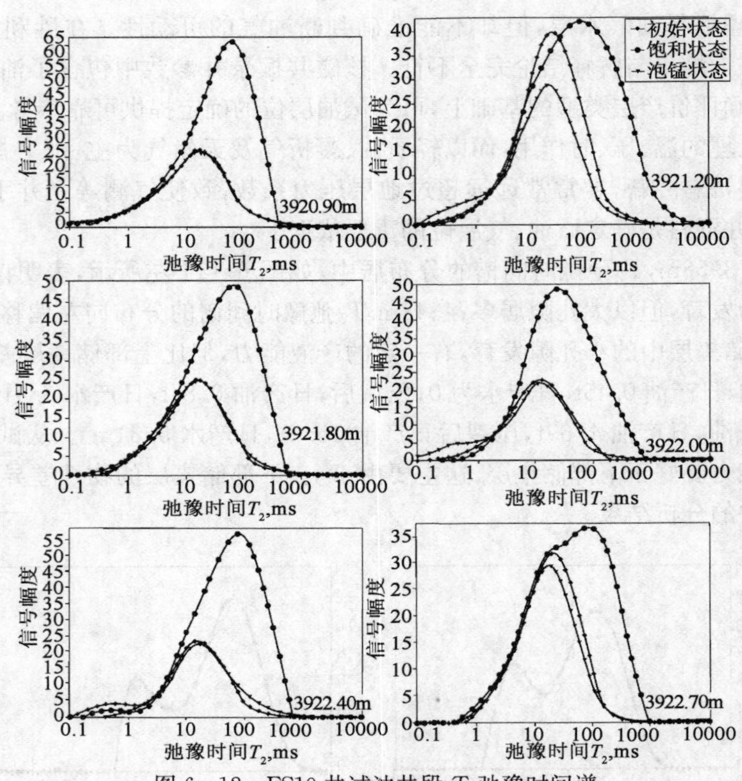

图 6-12　FS10 井试油井段 T_2 弛豫时间谱

表 6-4　FS10 井试油井段样品核磁共振录井数据

井深,m	岩性	孔隙度,%	渗透率 $10^{-3}\mu m^2$	可动流体饱和度,%	束缚流体饱和度,%	含油饱和度 %
3920.60	棕褐色油浸砾状砂岩	11.86	20.682	76.38	23.62	32.21
3920.90	棕褐色油浸砾状砂岩	11.50	16.066	75.19	24.81	34.95
3921.00	棕褐色油浸砾状砂岩	6.86	0.469	59.24	40.76	77.33
3921.20	棕褐色油浸砾状砂岩	10.53	11.758	75.56	24.44	42.26
3921.50	棕褐色油浸砾状砂岩	8.59	4.310	73.78	26.22	39.84
3921.80	棕褐色油浸砾状砂岩	9.71	6.116	72.41	27.59	45.86
3922.00	棕褐色油浸砾状砂岩	9.45	3.622	68.05	31.95	36.69
3922.10	棕褐色油浸砾状砂岩	4.31	0.002	21.64	78.36	32.90
3922.40	棕褐色油浸砾状砂岩	10.66	25.068	81.51	18.49	31.39
3922.70	棕褐色油浸砾状砂岩	8.72	4.219	72.96	27.04	66.58

(2)孔隙结构及参数特征。核磁共振孔隙结构图中间平缓段长且接近水平线,表明孔喉大小分布集中,分选好,平缓段位置靠下表现为粗歪度,说明孔隙喉道半径大,核磁共振孔隙结构

图形态一致，同样表明储层均质性好，如图 6-13 所示。孔隙结构参数平均值为：中值压力 2.31 MPa，排驱压力 0.33 MPa，平均孔喉半径 0.84μm，最大孔喉半径 2.64μm，表现出低压力、高孔喉的特征，FS10 井试油井段样品核磁共振孔隙结构数据见表 6-5。

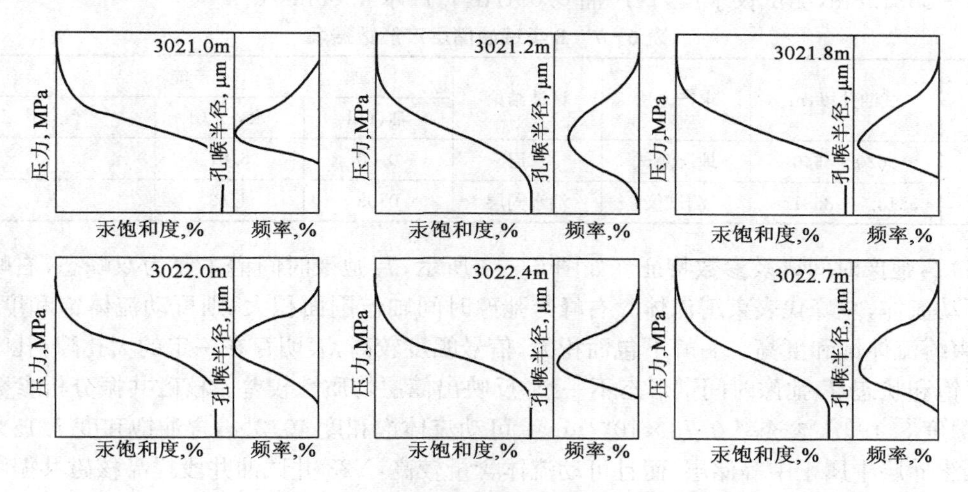

图 6-13　FS10 井试油井段样品核磁共振孔隙结构图

表 6-5　FS10 井试油井段样品核磁共振孔隙结构数据

深度，m	T_{2g}，ms	排驱压力，MPa	中值压力，MPa	平均孔喉半径，μm	最大孔喉半径，μm
3920.9	79.34	0.21	1.48	1.32	3.95
3921.2	50.45	0.27	2.05	0.89	2.78
3921.8	32.85	0.33	2.80	0.63	2.08
3922.0	28.99	0.62	3.06	0.57	1.92
3922.4	49.56	0.27	2.08	0.88	2.75
3922.7	40.44	0.30	2.41	0.74	2.38

(3)粒度分析及参数特征。样品粒度概率曲线呈两段式，跳跃总体含量高，悬浮物总体含量在 10%左右，反映了水流为牵引流，斜率高，粒度频率曲线图表现为单峰正偏态，峰形尖锐，表明分选好。粒度参数平均值为：标准偏差 1.15Φ，分选系数 1.65，平均粒径 1.06Φ，粒度中值 0.54mm，从数值上分析分选较好，粒度集中趋势为粗粒度方向，FS10 井试油井段样品粒度分析数据见表 6-6。

表 6-6　FS10 井试油井段样品粒度分析数据

深度，m	C 值，mm	M 值，mm	平均值 M_z	标准偏差 σ	偏态 S_{K_1}	峰态 K_G	分选系数
3916.25	1.659	0.241	2.304Φ	2.023Φ	0.269	1.169	2.347
3921.11	1.870	0.722	0.581Φ	1.006Φ	0.262	1.135	1.549
3921.35	1.842	0.613	0.815Φ	1.111Φ	0.222	1.046	1.665
3921.50	1.862	0.660	0.736Φ	1.112Φ	0.260	1.049	1.663
3922.07	1.074	0.408	1.340Φ	0.895Φ	0.199	1.249	1.450
3922.30	1.644	0.496	1.053Φ	0.971Φ	0.159	1.231	1.499
3922.55	1.743	0.525	1.006Φ	1.128Φ	0.220	1.279	1.580

2)B 类

不采取改造措施，自喷产液量大于 5t/d，小于 10t/d（表 6－7）。如 Y23 井，试油井段 3513.7～3531.8m，测试仪求产，日产油 0.05t/d，日产水 4.83m^3/d。

表 6－7 B 类试油储层产能数据表

井号	试油井段，m	求产方法	试油结论	产能		
				油，t/d	水，m^3/d	气，m^3/d
Y23	3620～3640	地层测试	水层	0.00	6.67	0
	3513.7～3531.8	测试仪	油水同层	0.05	4.83	0

（1）T_2弛豫时间谱及参数特征。如图 6－14 所示，T_2弛豫时间谱主要为双峰态，右峰一般代表可动流体，左峰代表束缚流体。右峰与弛豫时间轴包围面积大，则可动流体饱和度高；反之，则束缚流体饱和度高。右峰下包面积大，信号幅度较高，表明存在一定的大孔隙，孔喉分选较好。饱和状态 T_2弛豫时间谱形态不一致，反映出储层均质性较差。核磁共振分析参数平均值：孔隙度 8.19%，渗透率 $0.78 \times 10^{-3} \mu m^2$；可动流体饱和度 40.2%，含油饱和度 7.15%。在低孔低渗储层中属于中等储层，而且可动流体含量较高，Y23 井试油井段样品核磁共振物性数据见表 6－8。

表 6－8 Y23 井试油井段样品核磁共振物性数据

井深 m	岩性	孔隙度，%	渗透率 $10^{-3}\mu m^2$	可动流体饱和度，%	束缚流体饱和度，%	含油饱和度，%
3530.6	灰色油迹砂砾岩	7.39	0.22	46.13	53.87	7.87
3530.8	灰色油迹砂砾岩	10.84	0.97	45.63	54.37	3.80
3531	灰色油迹砂砾岩	11.93	3.33	56.20	43.80	8.45
3531.2	灰色油迹砂砾岩	4.84	0.01	26.95	73.05	8.87
3531.3	灰色油迹砂砾岩	7.93	0.11	34.83	65.17	6.67
3531.4	灰色油迹砂砾岩	6.23	0.03	31.91	68.09	7.24

（2）孔隙结构及参数特征。核磁共振孔隙结构图中间平缓段的长度和位置分析，存在 3 种类型，水平段长、中等、短，分别对应Ⅰ、Ⅱ、Ⅲ型储层，表明孔喉大小分布集中程度和分选存在好、中、差，平缓段位置说明孔隙喉道半径存在大、中、小的特征，核磁共振孔隙结构图形态表现不一致，表明储层存在较强的非均质性，如图 6－15 所示。计算孔隙结构参数平均值得到中值压力为 8.24 MPa，排驱压力为 0.70MPa，平均孔喉半径为 0.28μm，最大孔喉半径 1.13μm，表现出较低压力、较高孔喉的特征，Y23 井试油井段样品核磁共振孔隙结构数据见表 6－9。

表 6－9 Y23 井试油井段样品核磁共振孔隙结构数据

深度，m	T_{2g}，ms	排驱压力，MPa	中值压力，MPa	平均孔喉半径，μm	最大孔喉半径，μm
3530.6	14.23	0.51	5.13	0.35	1.33
3531.0	19.11	0.44	4.15	0.43	1.52
3531.2	5.40	0.83	10.34	0.22	0.97
3531.4	6.71	0.74	8.83	0.24	1.03
3532.2	4.84	0.87	11.18	0.21	0.95
3532.4	5.79	0.80	9.83	0.23	0.99

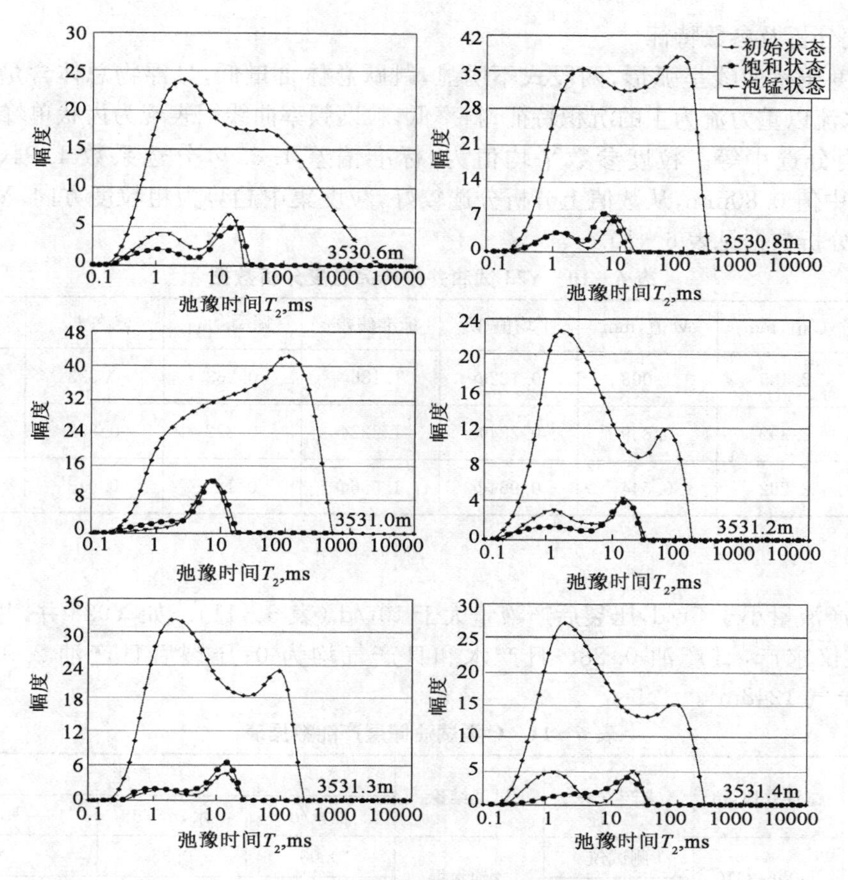

图 6-14　Y23 井试油井段 T_2 弛豫时间谱

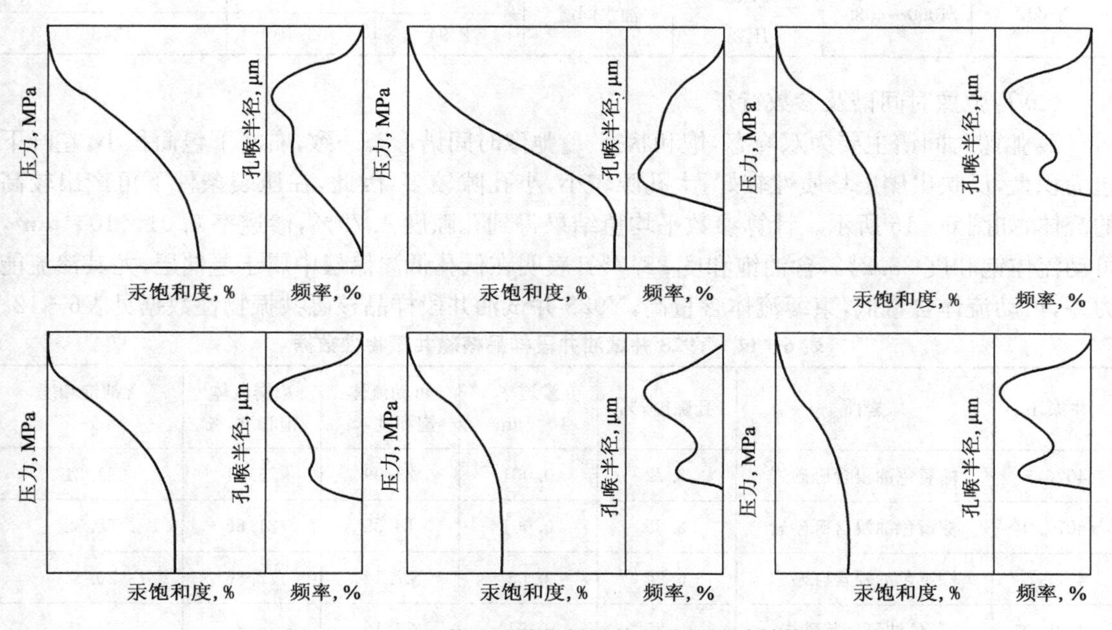

图 6-15　Y23 井试油井段样品核磁共振孔隙结构图

(3)粒度分析及参数特征

样品粒度概率曲线呈弧形，两段式不明显，跳跃总体含量低，悬浮物总体含量在40%左右，反映了水流以重力流为主的沉积特征；斜率低，粒度频率曲线图表现为齿状单峰正偏态，峰形中等，表明分选中等。粒度参数平均值为：标准偏差1.32Φ，分选系数1.94，平均粒径0.46Φ，粒度中值0.80mm，从数值上分析分选较好，粒度集中趋势为粗粒度方向，Y23试油井段样品粒度分析数据见表6-10。

表6-10 Y23试油井段样品粒度分析数据

深度，m	C值，mm	M值，mm	平均值M_z	标准偏差σ	偏态S_{K_1}	峰态K_G	分选系数
3530.95	2.485	1.003	0.122Φ	1.186Φ	0.263	0.893	1.858
3531.32	2.392	0.859	0.284Φ	1.222Φ	0.222	0.892	1.854
3533.17	2.292	0.544	0.964Φ	1.556Φ	0.140	0.913	2.099

3)C类

压裂前产液量小于5t/d，压裂后产液量大于10t/d（表6-11）。如Y928井，井段4060～4085m，测试仪求产，日产油0.28t，日产水和日产气均为0；压裂后日产油2.94t，日产水9.70m³，日产气1248m³。

表6-11 C类试油储层产能数据表

井号	试油井段，m	求产方法	试油结论	产能		
				油，t/d	水，m³/d	气，m³/d
Y920	3300～3310	测试仪	含油水层	0.00	0.35	—
		压裂		0.00	53.90	—
Y928	4060～4085	测试仪	油水同层	0.28	0.00	—
		压裂		2.94	39.70	1248

(1)T_2弛豫时间谱及参数特征

T_2弛豫时间谱主要为双峰态，饱和状态T_2弛豫时间谱形态一致，右峰下包面积小，左峰下包面积大，反映出储层均质性较好，大孔隙较小，小孔隙较多，因此，在压裂条件下可产出较高的流体，如图6-16所示。计算参数平均值结果得到孔隙度4.79%，渗透率$0.01\times10^{-3}\mu m^2$，可动流体饱和度23.2%，含油饱和度28.7%，表明在低孔低渗储层中属于差储层，尤其渗流能力差，可动流体含量低，束缚流体含量高，Y928井试油井段样品核磁共振物性数据见表6-12。

表6-12 Y928井试油井段样品核磁共振物性数据

井深，m	岩性	孔隙度，%	渗透率 $10^{-3}\mu m^2$	可动流体饱和度，%	束缚流体饱和度，%	含油饱和度 %
4076.5	棕黄色油浸含砾砂岩	3.72	0.001	23.99	76.01	31.31
4077.0	棕黄色油浸含砾砂岩	2.65	0.001	18.35	81.65	38.32
4077.5	棕黄色油浸含砾砂岩	6.94	0.03	27.14	72.86	20.68
4078.0	灰色油斑砾状砂岩	5.85	0.01	23.16	76.84	24.45

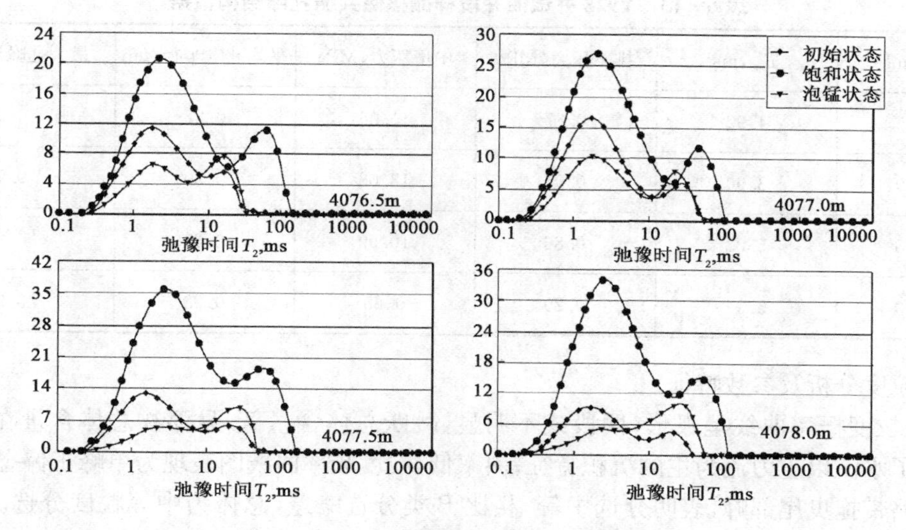

图 6-16　Y928 井试油井段 T_2 弛豫时间谱

(2)孔隙结构及参数特征

核磁共振孔隙结构图中间平缓段的长度和位置分析，存在两种类型，一种是水平段较长、位置靠下，反映孔喉大小分布较集中、分选较好，孔喉半径较大，对应Ⅱ型储层，另一种是水平段短、位置靠上，反映孔喉大小分布不集中且分选差，孔喉半径小，对应Ⅲ型储层，从核磁共振孔隙结构图的形态分析，储层存在较强的非均质性，如图 6-17 所示。计算孔隙结构参数平均值得到中值压力为 11.2 MPa，排驱压力为 0.750MPa，平均孔喉半径为 0.22μm，最大孔喉半径为 0.95μm，表现出高压力、低孔喉的特征。Y928 井试油井段样品核磁共振孔隙结构数据见表 6-13。

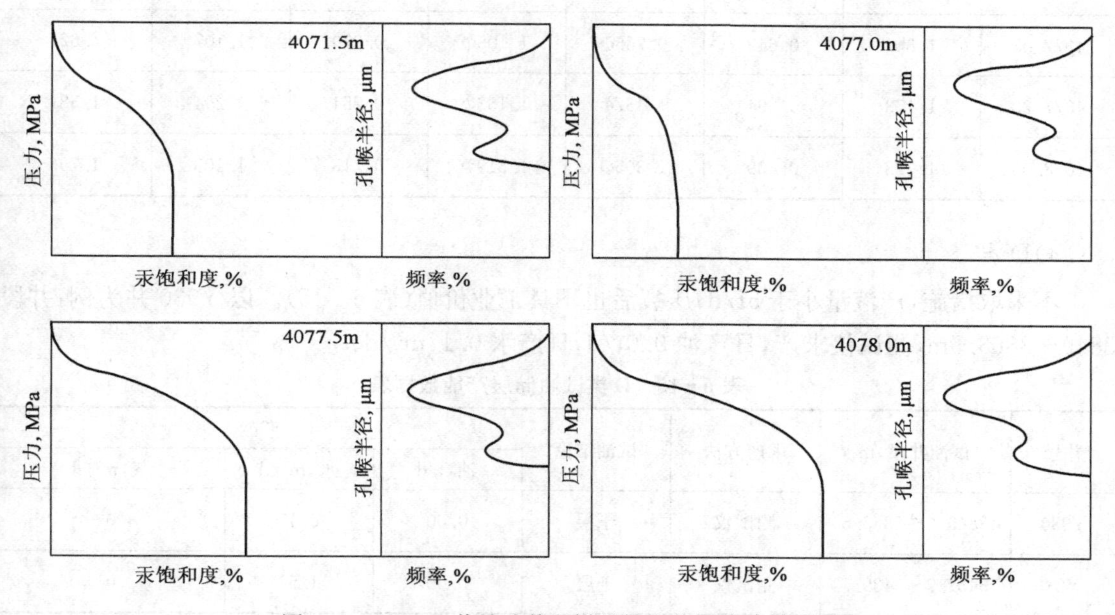

图 6-17　Y928 井试油井段样品核磁共振孔隙结构图

表 6-13 Y928 井试油井段样品核磁共振孔隙结构数据

深度,m	T_{2g},ms	排驱压力,MPa	中值压力,MPa	平均孔喉半径,μm	最大孔喉半径,μm
4076.5	4.92	0.87	11.06	0.22	0.95
4077.0	3.90	0.97	13.08	0.20	0.91
4077.5	5.02	0.86	10.90	0.22	0.96
4078.0	5.94	0.29	9.65	0.23	0.99

(3)粒度分析及参数特征

样品粒度概率曲线呈弧形,两段式不明显,跳跃总体含量低,悬浮物总体含量在30%左右,反映了水流以重力流为主的沉积特征;斜率低,粒度频率曲线图表现为单峰正偏态,峰形中等,尾部略带拖曳尾部峰,表明分选中等,相比B类分选略差,总体为中等粒度分选。粒度参数平均值为:标准偏差1.22Φ,分选系数1.68,平均粒径1.26Φ,粒度中值0.47mm。从数值上分析,分选较好,粒度集中趋势为粗粒度方向。Y928井试油井段样品粒度分析数据见表6-14。

表 6-14 Y928 井试油井段样品粒度分析数据

深度,m	C值,mm	M值,mm	平均值M_z	标准偏差σ	偏态S_{K_1}	峰态K_G	分选系数
4076.00	1.847	0.628	0.883Φ	1.283Φ	0.335	1.128	1.745
4076.28	1.101	0.337	1.718Φ	1.274Φ	0.301	1.299	1.661
4076.68	1.387	0.400	1.419Φ	1.181Φ	0.219	1.169	1.658
4077.05	1.841	0.649	0.765Φ	1.106Φ	0.270	1.107	1.627
4077.20	1.173	0.394	1.467Φ	1.153Φ	0.284	1.294	1.587
4078.06	1.728	0.439	1.305Φ	1.319Φ	0.213	1.103	1.796

4)D类

不采取措施,产液量小于5t/d,压裂后也不具工业价值(表6-15)。以Y930井为例:井段3849～3863.5m,测试仪求产,日产油0.0t/d,日产水0.17m^3/d。

表 6-15 D类试油储层产能数据表

井号	试油井段,m	求产方法	试油结论	产能		
				油,t/d	水,m^3/d	气,m^3/d
Y930	3849.0～3863.5	测试仪	干层	0.00	0.17	0
Y23	3431.7～3439.3	测试仪	干层	0.00	1.51	0

(1)T_2弛豫时间谱及参数特征。如图6-18所示,T_2弛豫时间谱主要为双峰态,饱和状态

T_2弛豫时间谱形态基本一致，反映出储层均质性较好。饱和状态 T_2 弛豫时间谱包围面积小，幅度小，表明孔隙度小，同时饱和状态 T_2 弛豫时间谱左峰高于右峰，表明束缚流体饱和度高于可动流体饱和度，小孔隙较多，大孔隙较少。因此，储层产出量即使在压裂条件下也较少。计算参数平均值结果得到孔隙度为 3.59%，渗透率为 $0.001\times10^{-3}\mu m^2$，可动流体饱和度为 28.54%，含油饱和度为 25.24%(表 6-16)，表明该储层在低孔低渗储层中属于差储层，尤其渗流能力非常差，束缚流体相比可动流体含量高，但整体流体含量低。

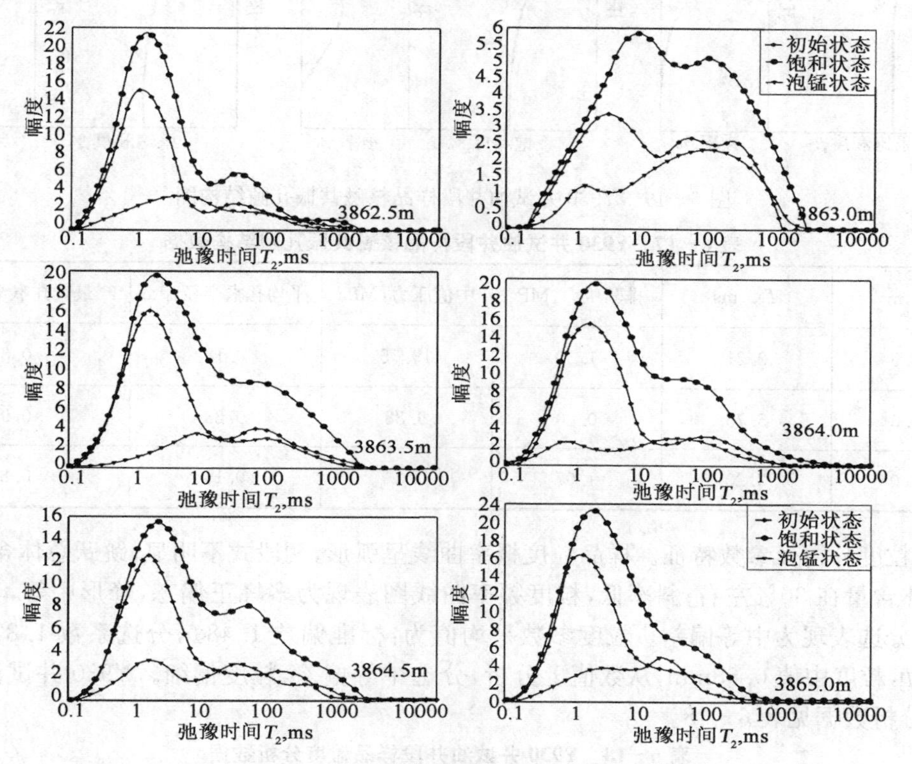

图 6-18 Y930 井试油井段 T_2 弛豫时间谱

表 6-16 Y930 井试油井段样品核磁共振物性数据

井深，m	岩性	孔隙度，%	渗透率 $10^{-3}\mu m^2$	可动流体饱和度，%	束缚流体饱和度，%	含油饱和度 %
3862.5	灰色荧光细砾岩	3.52	0.0005	15.42	84.58	23.98
3863.5	灰色油斑含砾砂岩	1.80	0.0010	49.10	50.90	36.69
3863.5	灰色荧光砾状砂岩	4.37	0.0073	30.85	69.15	19.95
3864.0	灰色荧光砾状砂岩	4.11	0.0044	28.24	71.76	20.93
3864.5	灰色荧光细砾岩	3.29	0.0021	29.85	70.15	25.09
3865.0	灰色荧光细砾岩	4.46	0.0019	17.80	82.2	24.80

(2)孔隙结构及参数特征。如图 6-19 所示，核磁共振孔隙结构图中间平缓段短，核磁共振孔隙结构图形态基本一致，反映孔喉大小分布集中程度和分选差，孔喉半径小，对应Ⅲ型储层，整体储层孔喉结构差。计算孔隙结构参数平均值得到中值压力为 14.9 MPa，排驱压力为

1.06MPa，平均孔喉半径 0.20μm，最大孔喉半径 0.91μm，表现出极高压力、极低孔喉的特征。Y930 井试油井段样品核磁共振孔隙结构数据见表 6－17。

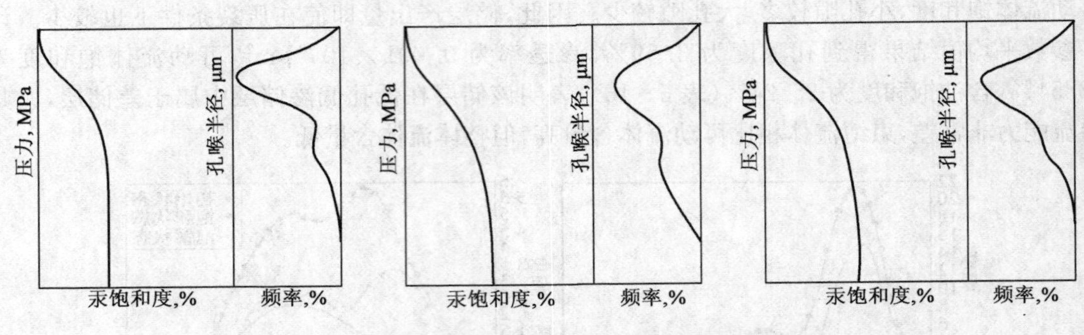

图 6－19　Y930 井试油井段样品核磁共振孔隙结构图

表 6－17　Y930 井试油井段样品核磁共振孔隙结构数据

深度，m	T_{2g}，ms	排驱压力，MPa	中值压力，MPa	平均孔喉半径，μm	最大孔喉半径，μm
3862.5	2.21	1.30	19.75	0.18	0.85
3863.5	5.75	0.80	9.88	0.23	0.99
3865.0	3.20	1.07	15.07	0.19	0.89

（3）粒度分析及参数特征。样品粒度概率曲线呈弧形，两段式不明显，跳跃总体含量低，悬浮物总体含量在 30％左右；斜率低，粒度频率曲线图表现为多峰正偏态，峰形中等，具有尾部拖曳峰，分选表现为中等偏差。粒度参数平均值为：标准偏差 1.48Φ，分选系数 1.82，平均粒径 0.86Φ，粒度中值 0.68mm，从数值上分析，分选中等偏差，粒度偏细。Y930 井试油井段样品粒度分析数据见表 6－18。

表 6－18　Y930 井试油井段样品粒度分析数据

深度，m	C 值，mm	M 值，mm	平均值 M_z	标准偏差 σ	偏态 S_{K_1}	峰态 K_G	分选系数
3862.7	1.818	0.515	1.181Φ	1.608Φ	0.366	1.414	1.827
3863.5	1.884	0.654	0.902Φ	1.533Φ	0.421	1.246	1.879
3864.6	1.919	0.858	0.61Φ	1.476Φ	0.548	1.455	1.709
3867.0	1.899	0.712	0.745Φ	1.298Φ	0.373	1.007	1.851

2. 产能评价标准

1）图谱法

由上述四种类型的 T_2 弛豫特征、孔隙结构特征、粒度分析特征可以看出，决定储层产出的主要因素是孔喉特征。粒度分选和粗细对储层产出有一定的影响，但影响程度较小。因此，利用核磁共振 T_2 弛豫时间谱和核磁共振孔隙结构曲线在一定程度上可以定性评价储层的产能，如图 6－20 所示。

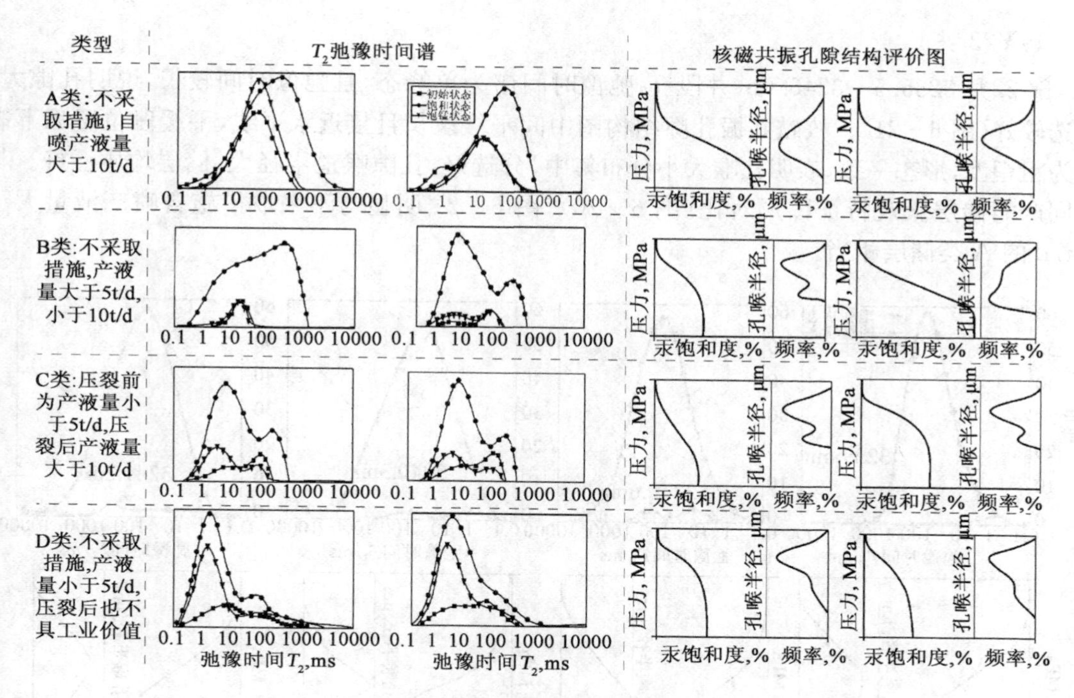

图 6-20 不同产能储层微观特征

2)参数法

分析参数同样可以反映储层产能,与图形的反应特征是一致的。在一定程度上可以对储层产能进行半定量化的评价,不同产能储层物性和核磁共振数据特征见表 6-19。

表 6-19 不同产能储层物性和核磁共振数据特征

类型	类型描述	核磁共振录井数据			核磁共振孔隙结构参数		储层均质性	储层类型
		孔隙度,%	渗透率 $10^{-3}\mu m^2$	可动流体饱和度,%	中值压力 MPa	平均孔喉半径,μm		
A类	不采取措施,产液量大于 10t/d	≥8	≥1	≥40	≤5	≥0.4	好	Ⅰ、Ⅱ类
B类	不采取措施,产液量大于 5t/d,小于 10t/d	5~8	0.1~1	20~40	5~10	0.2~0.4	差	Ⅱ类为主
C类	压裂前产液量小于 5t/d,压裂后产液量大于 10t/d	4~6	0.01~0.1	10~20	10~15	0.1~0.3	差	Ⅲ类为主
D类	不采取措施,产液量小于 5t/d,压裂也不具有工业价值	≤4	≤0.01	10~20	≥15	0.1~0.3	好	Ⅳ类为主

3. 实例分析

以 Y22 井和 FS5 井为例,验证储层产能的评价标准。按照前面总结的方法,利用核磁共振录井对 Y22 井 3235.5~3246.0 m 及 FS5 井 4377.0~4486.0m 试油井段产能进行评价。

1)Y22 井

Y 22井 3235.5～3246.0m 井段 T_2 弛豫时间谱为单峰态，且弛豫时间较长，说明孔隙大，分选较好(图 6－21)。核磁共振孔隙结构图中间平缓段长且接近水平线，平缓段位置靠下表现为粗歪度，形态一致，表明孔喉大小分布集中，分选好，孔隙喉道半径大，储层均质性好。与不同产能储层微观特征图形对比(图 6－20)，图 6－21 明显与不采取措施自喷产液量大于 10t/d 的 A 类储层相当。

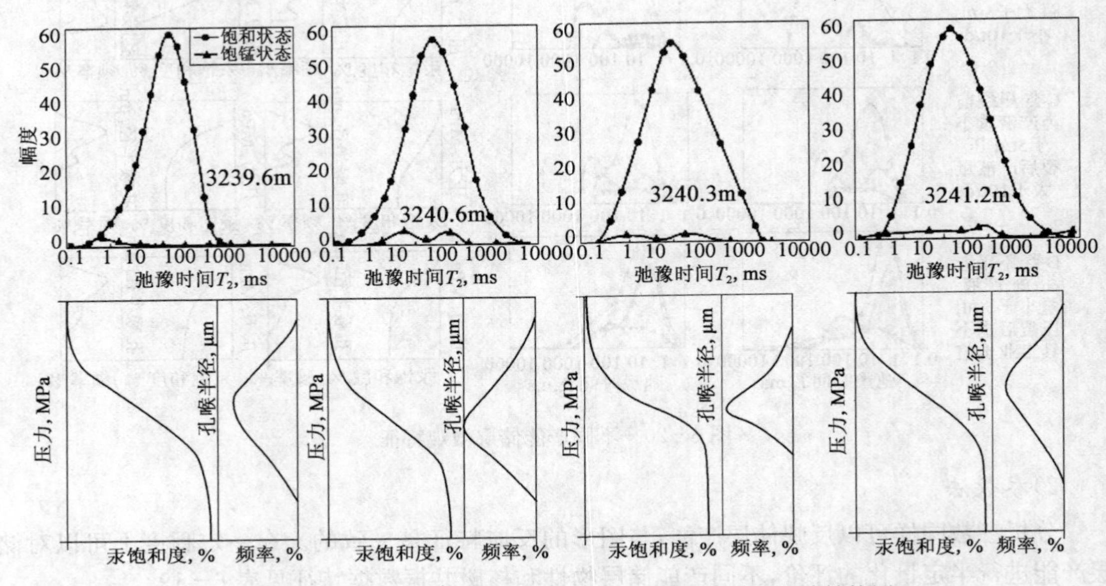

图 6－21　Y22 井 3235.5～3246.0m T_2 弛豫时间谱和孔隙结构图

计算样品各项核磁共振基本参数平均值得出孔隙度为 9.99%，渗透率为 15.30×10^{-3} μm^2，可动流体饱和度 57.40%，中值压力 4.09 MPa，排驱压力 0.43 MPa，平均孔喉半径 0.46μm，最大孔喉半径 1.61μm(表 6－20)，与表 6－19 不同产能储层物性和核磁共振数据特征对比，属于不采取措施自喷产液量大于 10t/d 的 A 类试油储层。Y22 井与 A 类典型井(FS10 井)的孔隙结构相比，孔喉结构的排驱压力、中值压力高，平均孔喉半径和最大孔喉半径小，表明 Y22 井的孔喉结构略差于 A 类典型井(FS10 井)的孔隙结构。

表 6－20　Y22 井 3235.5～3246.0m 核磁共振数据

井深，m	孔隙度，%	渗透率 $10^{-3}\mu m^2$	可动流体饱和度，%	含油饱和度，%	T_2，ms	排驱压力 MPa	中值压力 MPa	平均孔喉半径，μm	最大孔喉半径，μm
3239.1	11.16	7.46	68.69	—	31.69	0.34	2.86	0.62	2.04
3239.6	10.82	64.69	52.80	2.09	14.79	0.50	4.99	0.36	1.35
3240.3	9.24	0.52	45.90	—	13.63	0.52	5.29	0.34	1.30
3240.6	9.57	2.77	64.51	—	26.01	0.37	3.32	0.53	1.80
3241.2	9.15	1.06	55.12	—	20.19	0.43	3.98	0.44	1.57

从图形和数据两方面对比，Y22 井 3235.5～3246.0m 砂砾岩储层属于 A 类储层，但孔隙结构略差于 A 类典型井(FS10 井)的孔隙结构。因此，Y22 井产液量要低于 FS10 井试油产液

量。Y22 井试油结果：4mm 油嘴放喷，日产油 9.46t/d，天然气 1630m³/d，不含水。

2)FS5 井

FS5 井 4377.0～4486.0m 井段核磁共振 T_2 弛豫时间谱主要为双峰形态，存在两种类型：一种束缚峰高于可动峰，一种是可动峰高于束缚峰，说明存在少量的大孔隙(图 6-22)。T_2 弛豫时间谱形态不一致，说明存在较强的非均质性；核磁共振孔隙结构图平缓段非常短，反映孔喉大小分布集中程度和分选差，孔喉半径小，整体储层孔喉结构差。与不同产能储层微观图形对比(图 6-20)，图 6-22谱图形态与 D 类(不采取措施，产液量小于 5t/d，压裂后也不具工业价值的储层)相当，尤其是反映孔喉分选和半径大小的核磁共振孔隙结构图。

样品各项核磁共振基本参数平均值为：孔隙度 1.93%，渗透率 $0.001\times10^{-3}\mu m^2$，可动流体饱和度 32.53%，中值压力 9.29MPa，排驱压力 0.76MPa，平均孔喉半径 0.29μm，最大孔喉半径 1.15μm(表 6-21)。将 FS5 井样品各项核磁共振参数与表 6-19 进行对比，基本上与 D 类相当；与 D 类典型井(Y930 井)的孔隙结构相比，表示孔隙结构的排驱压力、中值压力低，平均孔喉半径和最大孔喉半径大，表明 FS5 井的孔隙结构好于 Y930 井的孔隙结构。

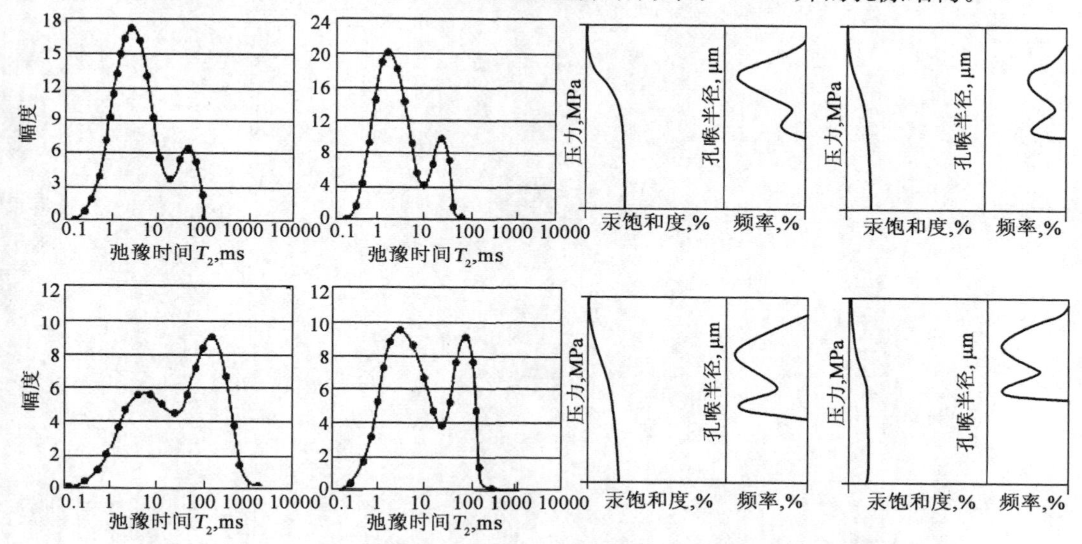

图 6-22　FS5 井 4377.0～4486.0mT_2 弛豫时间谱和孔隙结构图

表 6-21　FS5 井 3235.5～3246.0m 核磁共振数据

井深，m	孔隙度，%	渗透率 $10^{-3}\mu m^2$	可动流体饱和度，%	含油饱和度，%	T_{2g}，ms	排驱压力 MPa	中值压力 MPa	平均孔喉半径，μm	最大孔喉半径，μm
4378.1	2.79	0.0003	17.39	—	4.08	0.95	11.38	0.20	0.92
4379.5	1.91	0.0002	29.38	—	5.43	0.82	10.30	0.22	0.97
4380.5	2.19	0.0064	62.55	—	32.43	0.33	2.83	0.62	2.06
4381.0	2.20	0.0007	35.84	—	5.34	0.83	10.43	0.22	0.97
4385.0	1.05	0.0000	18.84	—	3.81	0.99	13.30	0.20	0.91

从图形和数据两方面对比，FS5 井 4377.0～4486.0m 砂砾岩体储层属 D 类储层，但孔隙结构略好于典型井 Y930 井的孔隙结构，因此，其产液量要高于 Y930 井试油产液量。FS5 井

试油结果显示，中途测试，日产油 0.0t/d，日产水 3.67m^3/d 。Y930 井试油结果显示，井段 3849～3863.5m，测试仪，日产油 0.0t/d，日产水 0.17m^3/d。试油结果证实利用核磁共振资料判断孔隙结构进而判断储层产能是有效的一种方法。

思 考 题

1. 简述有效储层识别方法及流程。
2. 简述流体性质识别内容及方法。
3. 原油性质评价方法有哪些？
4. 产层类型评价方法有哪些？
5. 简述产能评价类型划分及不同类型特点。
6. 产能评价标准及方法是什么？

第七章
录井地层压力评价

异常压力是含油气盆地普遍存在的一种现象。据 Hunt(1990)统计，世界上已经发现有180个超压盆地，其中有160多个为富油气盆地。异常压力与生、运、储、盖、保等油气成藏要素之间关系密切，异常压力过渡带常常是油气聚集的有利场所。在油气生成方面，异常高压可降低烃源岩的成熟度，延缓烃源岩热演化的进程。异常高压对储集层的影响主要表现在对孔隙度、渗透率的保存和改善两个方面。对油气运移和聚集，异常高压具有建设和破坏双重作用，发育异常高压的泥岩可作为良好的盖层，有利于油气成藏；异常高压可以成为泥岩排水、排烃的动力，产生的裂缝既可作为良好的油气运移通道，也可导致油气盖层的破坏，促使油气重新分布，导致幕式成藏。异常压力分布的普遍性及其与油气成藏要素之间关系的密切性，决定了对异常压力进行研究的必要性和重要性。

在工程上，异常地层压力带来的潜在危险包括井眼报废、井漏、井喷、井壁失稳、卡井、地层污染、多余套管和钻井液费用增加。尤其是海洋平台，处理由于异常地层压力导致的井控问题，即使耽误几天，也会对整口井的费用有相当大的影响。据美国某些学者在20世纪90年代中期的调查估计，全世界每年因井眼失稳带来的钻井问题造成的损失达20亿美元。我国在这方面的损失也是惊人的，如大港油田在马东东地区施工的GS78和GS80－1两口探井，由于地层压力预测不准，每口井用来处理井漏、井涌及井壁坍塌等事故的时间均在一个月左右，所造成的直接经济损失超过了200万元；仅2001年由于井壁坍塌所造成的直接经济损失就高达1000余万元。又如济阳坳陷LS1井由于在沙四段井深4290.12m钻遇高压凝析油气藏，见强烈油气侵。因油气显示活跃，地面冒气，封井重钻，西移122m(XLS1)。XLS1井4271.21～4374.00m井段中途测试，回收油14.3t，油嘴5mm，日产油99.9t，日产气254481m^3/d，地层压力系数1.70。X176井钻至井深3204.46m，由于油气侵严重，并且先造成井漏等复杂情况，无法继续钻进，填井后侧钻。第一次填井侧钻，由于水泥封固不好，造成井底油气上窜，再次填井侧钻钻至井深3250m完钻，对3178～3250m井段中途测试，折算日产油319t，气1099m^3，压力系数1.79。这些井的事故对钻井安全有较大的威胁性，并且延长了建井周期，增加了勘探投资。比费用更令人担心的是人身安全问题，因为对地层压力预测不准，可能导致火灾和井喷。2003年12月23日位于重庆开县境内的罗家16H井在起钻过程中发生天然气井喷失控，从井内喷出的大量含有高浓度硫化氢的天然气四处弥漫、扩散，导致243人因硫化氢中毒死亡、2142人因硫化氢中毒住院治疗、6.5万人被紧急疏散安置，直接经济损失已达6432.31万元人民币。所以，搞清地层压力的分布规律，采取有效的方法对其准确预测和及时监测十分重要。

现场钻井时，压力的有效控制是使井眼压力处于地层压力、坍塌压力和地层破裂压力之间或者附近，采取有效技术措施，确保不发生井喷、保证井眼稳定，又不压破地层。因此，正确检测地层孔隙流体压力、地层破裂压力和地层坍塌压力，建立正确的井眼压力剖面是井场压力工程师的核心内容。地层压力评价包括钻前预测、随钻预监测和钻后评价三个层次，前两个层次对于钻井安全至关重要。钻前预测强调的是准确性。勘探早期，可供参考的邻井资料很少，即便有，也往往离得很远。所以，钻前预测主要靠地震资料，而地震资料分辨率较低，地层压力预测效果与实钻结果差别较大，其精度往往满足不了钻探的需要；随钻评价强调的是及时性和准确性。VSP、测井、中途测试满足不了及时性的需要；LWD、MWD、SWD、PWD费用昂贵，在国内还没有得到普及。所以，只有录井才是地层压力随钻预测和监测的主要手段，可以为钻井施工提前提供决策依据，规避井喷和恶性井漏、井塌事故的发生。

第一节　钻井井下压力有关的概念及相互关系

压力是钻井现场井控最主要的概念，正确理解各种压力之间的相互关系，对于掌握井控技术和防止井喷是非常重要的。

一、压力

压力是指物体单位面积在垂直方向上所承受的力。压力与物体承受的力及力实际作用的面积有关。例如，垂直作用在面 M 上的圆柱体对面 M 的压力为（图 7－1）：

$$p=F/S \tag{7-1}$$

式中　p——压力，Pa；

F——圆柱体对 M 面的垂直作用力，N；

S——圆柱体对 M 面的垂直作用面积，m^2。

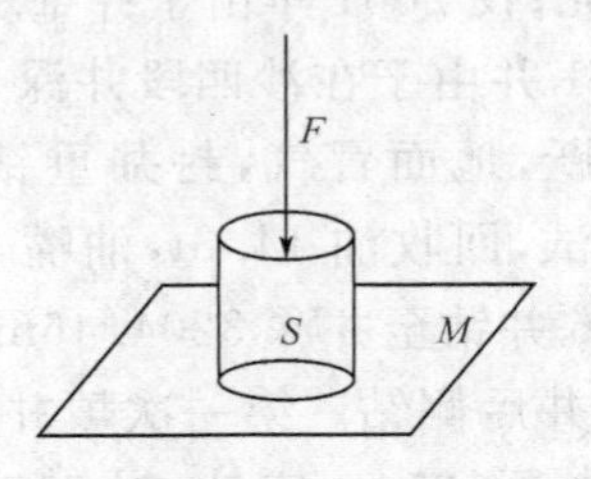

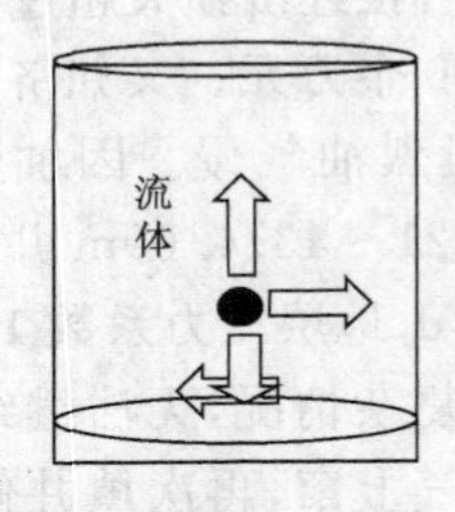

图 7－1　压力作用示意图

压力的国际单位是帕（Pa），1 Pa 等于 $1m^2$ 平面上垂直方向受到 1N 力时的压力，即：1 Pa $=1N/m^2$。工程上常用的单位是千帕（kPa）和兆帕（MPa）。

对于液体和气体，在某一深度下的某一点的压力在任意方向上是相等的。井控中的很多压力都是由液体或气体产生的。

二、流体

从现象上看，流体是指可以流动的物质，水和油都是流体，气体也是流体。广义上讲，流沙也属于流体（膨胀性流体）。流体是一种受到任何微小剪切力作用时都能连续变形的物质。一般指液体和气体。在极高温度及压力条件下，任何物体都可变成流体。石油工业中的原油、天然气、水、钻井液、盐水、完井液等都是流体。流体产生压力，其大小与流体的密度和垂直高差有关。流体的常用密度单位为克/厘米³(g/cm^3)或磅/加仑(lb/gal)。

三、测量井深和垂直井深

在钻井中，测量井深和垂直井深是两个非常重要的概念，尤其在直井中容易混淆。测量井深(现场通常称为井深)是指所钻井眼从转盘面到井底的井身轨迹长度，垂直井深是指井眼转盘面到井底的垂直距离(深度)，是根据井身轨迹的井深、井斜、方位计算后得到的。在计算地层压力及相关压力参数时，大都采用垂直井深而不是测量井深(图 7－2)。

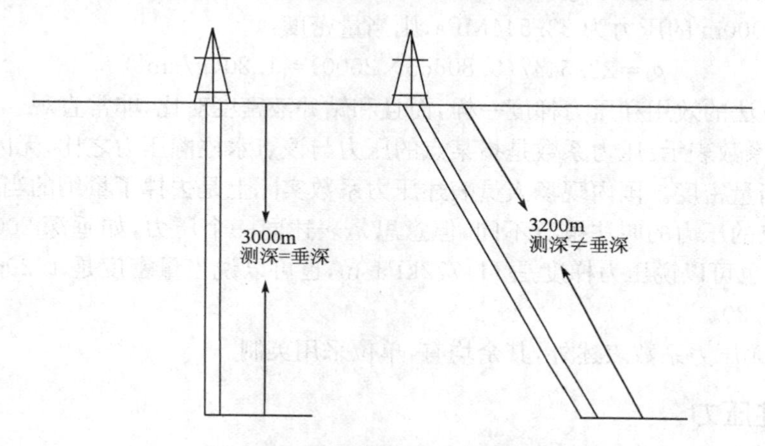

图 7－2　测量井深和垂直井深图解

井 A 和井 B 测量井深不同，但垂深相同

四、压力梯度

压力梯度是指单位垂直深度压力的变化量，即每米或每 10m 垂直井深压力的变化值。其计算公式为：

$$G=p/H=g\rho \tag{7-2}$$

式中　G——压力梯度，kPa/m 或 MPa/m，有时也表示为 g/cm^3 或 kg/m^3；

p——压力，kPa；

H——垂直深度，m 或 km；

g——重力加速度，$9.80665m/s^2$；

ρ——流体密度，g/cm^3。

如果采用英制表示，则压力梯度计算公式为：

$$G=0.052\rho \tag{7-3}$$

$$p=0.052\rho H \tag{7-4}$$

式中　G——压力梯度，psi/ft；

p——压力，psi；

H——垂直深度，ft；

ρ——流体密度，lb/gal。

英制(美国)中，$g=0.052ft/s^2$，1m=3.048ft。

例如，静水的压力梯度：$G=0.052\times8.3454\times1=0.434$(psi/ft)。

我国石油钻井现场有 4 种压力的表示方法：

(1)用压力单位表示：如 100kPa，10MPa。

(2)用压力梯度表示：在钻井现场，提到某点的压力时一般说该点的压力梯度，方便之处是在对比不同深度地层的压力时可以消除深度影响，要想得到压力，乘以该点的垂深即可。

(3)用流体当量密度表示：某点的压力等于具有相当密度的流体在该点所形成的液柱压力。这个密度常称为钻井液当量密度。

$$\rho_e = p/(9.80665H) = G/9.80665 \tag{7-5}$$

式中 ρ_e——钻井液当量密度，g/cm^3。

如在垂深 2000m 的压力为 23.544MPa，则当量密度：

$$\rho_e = 23.544/(9.80665 \times 2000) = 1.20(g/cm^3) \tag{7-6}$$

这种表示方法的效用和压力梯度一样，而且和钻井液密度对比，非常直观。

(4)用压力系数表示：压力系数是指某点的压力与该点水柱静压力之比，无因次，其值等于该点的钻井液当量密度。国内现场人员表述压力系数实际上是去掉了量纲的当量密度。

对于某一点的压力的叫法虽有不同，但意思是表述同一个压力，如垂深 2000m 处的压力是 23.544MPa，也可以说压力梯度是 11.772kPa/m，也可以说当量密度是 1.20g/cm^3，也可以说压力系数是 1.20。

英制中，除无压力系数表述外，其余均有，单位采用英制。

五、静液柱压力

静液柱压力是井眼中任意一点在流体静止时该点上的静液体柱重力作用于该点的压力。流体可以是液体，也可以是气体，为了方便这里只讨论液体。静液柱压力是某点静液柱密度和该点的静液柱垂直高差的函数(图 7-3)。

静液柱压力的计算公式为：

$$p = g\rho H \tag{7-7}$$

式中 p——压力，kPa

H——液柱垂直深度差，m 或 km；

g——重力加速度，$9.80665m/s^2$；

ρ——流体密度，g/cm^3。

静液柱压力仅与流体的密度和液柱的垂直高度有关，与井眼尺寸无关。

正常静水压力就是仅由地层水液柱重力所产生的压力，也就是当地层中的孔隙压力等于自井口到被钻开层位的静液水柱重量所产生的压力，压力的大小取决于地层水的平均密度和所处的垂直深度。正常静水压力在一般情况下并不一定等于油井中所测定的静液面位置所对应的静水压力，因为水头、潜水面、剖面中地层水矿化度、注水(汽)等都可能引起异常静水压力。正常静水压力是常用于研究地层压力变化规律的既定概念。

六、上覆地层压力

上覆地层压力是指地下某垂直深度地层岩石所承受的上部地层的总压力，即上覆地层在某一深度地层岩石面上单位横截面积上垂向上的总重力，通常用压力梯度(kg/m^3)来表示；上覆地层压力主要由上覆地层岩石自身的重量和流体的重量引起，是上覆岩层中岩石骨架及孔隙中流体的总重力在某一深度地层面上所产生的压力。其大小取决于上覆岩石的厚度和密

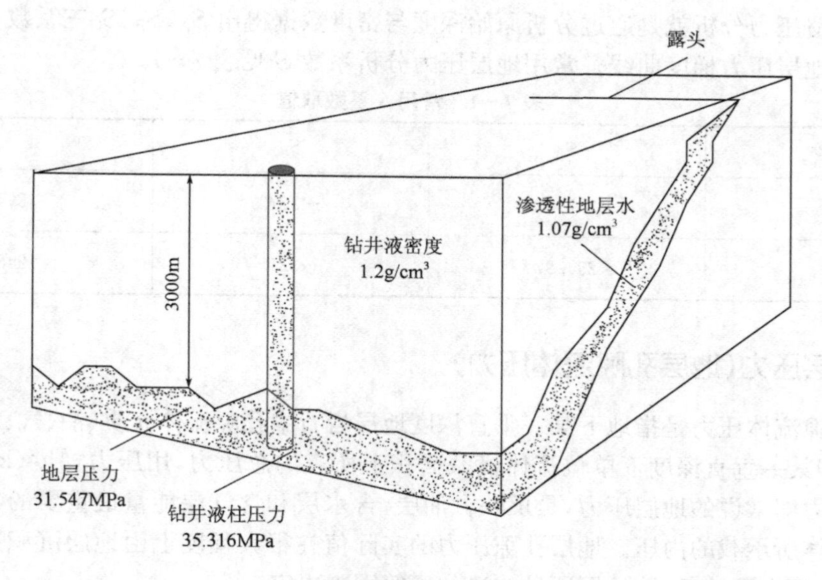

图 7-3　钻井液静液柱压力和地层压力

度。在沉积岩中平均为 2.30g/cm³（2.16～2.64 g/cm³）左右，平均上覆压力梯度约 22.62kPa/m。上覆地层压力主要由岩石传递，而在岩石内部由岩石颗粒（骨架）传递。异常高压层中的流体承载部分上覆地层压力。

上覆地层压力与地层的孔隙流体压力关系是（图 7-4）：

$$p_{ov}=p_p+\sigma_z \tag{7-8}$$

式中　p_{ov}——上覆地层压力（包括岩石骨架和其中的流体），MPa/m 或 kPa/m；平均约 22.625kPa/m；

p_p——目的层孔隙流体压力，MPa/m 或 kPa/m；

σ_z——目的层骨架所承受的垂直应力，MPa/m 或 kPa/m；平均约 12.104 kPa/m。

静液情况下盐水密度取 1.074g/cm³，平均孔隙流体压力为 10.516 kPa/m。

下面讨论上覆地层压力的计算方法。一般地讲，在给定的深度 H 处的上覆地层压力等于该深度以上的岩石累积重量：

$$p_{ov}=0.4335\int_0^H \rho_b(h)\,dh \tag{7-9}$$

式中　p_{ov}——上覆地层压力；

$\rho_b(h)$——垂直深度为 h 的地层平均密度，是深度 h 的函数，0.4335 为将 g/cm³ 转换为 lb/(in² · ft) 的常数。

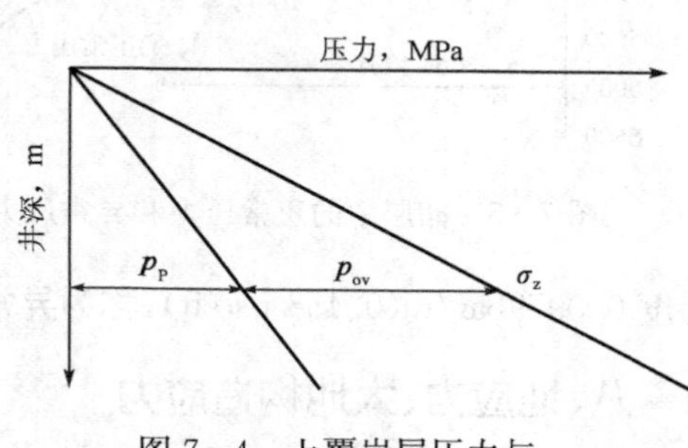

图 7-4　上覆岩层压力与地层孔隙流体压力的关系

通过前人的研究，针对某一区域，上覆地层压力梯度具有一定的规律性，数学模型为：

$$G_{ov}=S_A\ln DEP^2+S_B\ln DEP+S_C \tag{7-10}$$

式中　G_{ov}——上覆地层压力梯度，kg/m³；

DEP——垂直深度，m；

S_A、S_B、S_C——上覆地层压力系数。

地层上覆压力分析就是通过分析原始深度与密度数据得出 S_A、S_B、S_C三系数，从而建立该区域的上覆地层压力梯度曲线。常用地层压力分析系数 S 见表 7-1。

表 7-1　常用 *S* 系数取值

地层	S_A	S_B	S_C
硬	327.32	−3373	29416
软	294.97	−3215	24863

七、地层压力(地层孔隙流体压力)

地层孔隙流体压力是指地下某一垂直深度地层岩石中孔隙流体介质(油、气、水)自身所承载的压力，即某一垂直深度下单位流体横截面积上所有的总压力，用压力梯度(kg/m^3)表示。地层孔隙压力即常说的地层压力，是反映含油层、含水层和含气层能量最重要的参数，是指地层孔隙中流体所承载的内压。地层孔隙压力的实际值在很大程度上由地层沉积速率、构造活动、地层流体压力隔挡条件、地层所处构造位置等因素决定。

地层孔隙流体压力分正常地层孔隙流体压力(海水沉积环境为 $1050kg/m^3$，淡水沉积环境为 $1020kg/m^3$，一般介于 1.02～$1.07kg/m^3$之间)和异常地层孔隙流体压力(图 7-5)。异常地层孔隙流体压力又分异常高地层孔隙压力和异常低地层孔隙压力。对于钻井工程而言，通常仅考虑异常高地层孔隙流体压力，即超压。

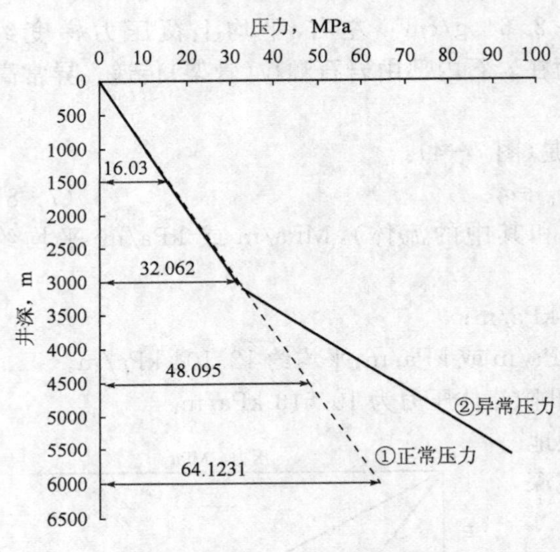

图 7-5　储层中的正常压力和异常压力

原始地层压力，即静水压力梯度的范围为 0.0979bar/m(0.433 psi/ft)至 0.1052 bar/m(0.465 psi/ft)。地层中常见流体是盐水，其密度大约为 1.07 g/cm^3(8.9 ppg)，其压力梯度为 0.1052 bar/m(0.465 psi/ft)。地层压力梯度大于 0.1052 bar/m(0.465 psi/ft)，称为异常高压。地层压力梯度小于淡水压力梯度 0.0979bar/m(0.433 psi/ft)，称为异常低压。

八、地应力、大地构造应力

地应力是存在于地壳中的未受工程扰动的天然应力，也称岩体初始应力、绝对应力或原岩应力。广义上也指地球体内的应力。它包括由地热、重力、地球自转速度变化及其他因素产生的应力(图 7-6)。地质力学认为，地壳内的应力活动是使地壳克服阻力、不断运动发展的原因；地壳各处发生的一切形变，如褶皱、断裂(节理、断层)等都是地应力作用的结果。通常，地壳内各点的应力状态不尽相同，并且应力随(地表以下)深度的增加而线性地增加。由于所处的构造部位和地理位置不同，各处的应力增加的梯度也不相同。地壳内各点的应力状态在空间分布的总和，称为地应力场。与地质构造运动有关的地应力场，称为构造应力场。

岩层中由于连续不断的构造运动作用所形成的侧向压力称为大地构造应力，构造作用在移动、沉降时，破坏压力的平衡状态，常常引起地下地层流体动力条件的根本性变化，产生异常高压或释放地层孔隙压力。

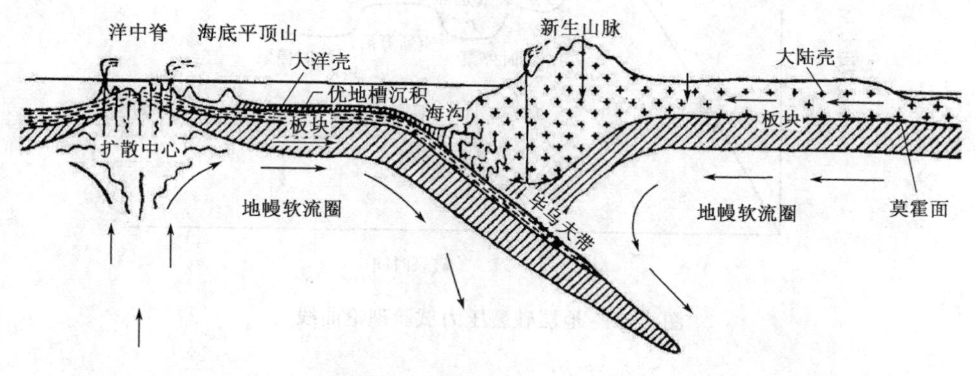

图 7-6　地壳应力成因示意图

九、地层破裂压力

地层破裂压力是指地层在某一深度某一压力作用下发生破裂时所承受的最低压力，用压力梯度(kg/m^3)表示；当钻井液密度太高，井眼液柱压力过大时，会在某一深度井壁岩石上引起拉伸破坏造成破裂而引起井漏，这一深度的井眼液柱压力称为该位置的地层破裂压力。

在地层破裂之前，液体首先要穿过地层，因此作用在地层上的压力必须超过地层压力，井中压力必须大于岩石的强度。花岗岩坚硬其破裂压力也很大，破碎石灰岩或砂岩较软，容易破裂。在钻井施工时，钻井液作用地层的压力不能大于地层破裂压力，否则会造成地层漏失。

地层破裂压力梯度的单位可以采用 kg/m^3、kPa/m、bar/m 或 psi/ft。

破裂压力梯度一般随深度的增加而增大。较深部的岩石受着较大的上覆岩层压力，比较致密。深水底部的岩石较疏松，其破裂梯度较低。在钻井时，钻井液液柱压力的下限要保持与地层压力相平衡，既不污染油层，又能提高钻速，实现压力控制。其上限则不应超过地层的破裂压力以避免压裂地层造成井漏。对于地层压力差别较大的井段，如设计不当会造成先漏后喷。

(1) 地层破裂压力试验：地层破裂压力试验主要用于最小水平主应力、固井质量和地层破裂压力，以便确定下部井眼钻进时的最高钻井液密度和压井时的最高套管压力。为了确定地层破裂压力，常常需进行地层破裂压力试验，一般用水泥车来做以上试验，也可以用循环泵来做，并做好记录，绘制地层破裂压力试验曲线(图 7-7)，计算地层破裂压力。

(2)地层漏失试验：地层漏失试验是确定套管鞋处地层最大承受压力或最高钻井液密度而进行的试验。一般把套管鞋处第一个砂层作为目标层。试验方法：每次以低速(0.8～1.32 L/s)向井内泵入 80L 的钻井液(压力上升约 7 MPa)，当压力上升后，停泵 5min，如压力保持不变，继续泵入钻井液，重复以上步骤，直至压力曲线偏离，此时的压力即为漏失压力 p_L。不上升发生拐点，此时的压力为破裂压力 p_f(图 7-7)。p_f 与瞬时停泵压力、裂缝张力、地层压力和拉伸强度的关系如(式 7-11)：

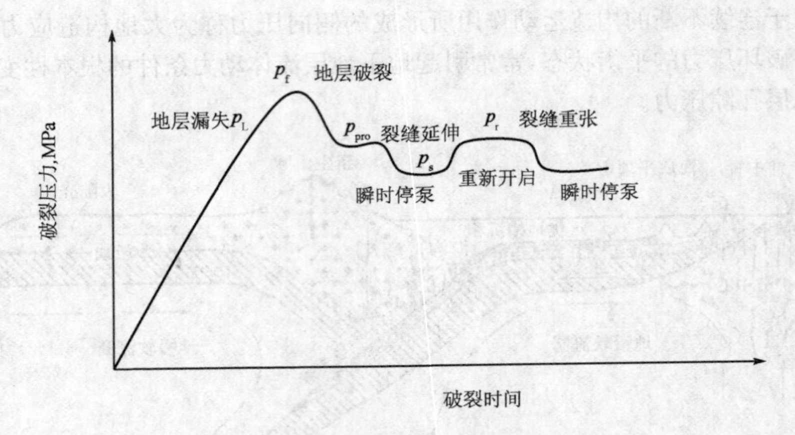

图 7-7 地层破裂压力试验理论曲线

$$\begin{cases}\sigma_h = p_s \\ \sigma_H = 3p_s - p_f - ap_p + S_t \\ S_t = p_f - p_r\end{cases} \tag{7-11}$$

式中 p_s——瞬时停泵压力,MPa;

p_r——裂缝张力,MPa;

σ_h——水平最小应力,MPa;

σ_H——水平最大应力,MPa;

p_f——破裂压力,MPa;

a——压力系数,无量纲;

p_p——地层压力,MPa;

S_t——拉伸强度,MPa。

S_t可以用地层漏失压力试验(LOT)数据来验证,一般来说,如果数据准确,用录井数据计算的S_t与LOT计算的S_t误差很小。

$$地层破裂压力当量密度=\frac{试验压力}{试验井深(TVD)}+试验流体密度 \tag{7-12}$$

式中,地层破裂压力当量密度和试验流体密度的单位为kg/m³,试验压力单位为MPa,试验井深单位为m。

十、地层坍塌压力

地层坍塌压力是指地层在某一垂直深度某一压力下发生井眼失稳时的临界压力,由地应力和井内钻井液液柱压力不均衡引起,用压力梯度(kg/m³)表示。钻井液液柱压力起到了支撑井壁的作用。当钻井液密度太小时,钻井液液柱压力不足以支撑某一深度的井壁岩石,这一深度的岩石将发生剪切破坏,发生井眼坍塌,在这一深度发生井眼坍塌时的临界钻井液液柱压力称为该位置的井眼地层坍塌压力。

十一、液压、泵压、套压、循环压力损失

1. 液压

液压是指液体承载的压力,这种压力可以通过液体传送给其他物体。液压用于驱动大多

数的防喷设备，包括防喷器。液压来源于液压泵或其他储能器。

2. 泵压

泵压是指克服从泵到井口所有循环系统中摩擦损失所需的压力，即钻井液泵把钻井液从罐中抽送到通入井下的所有管汇过程中所承载的压力，这个压力是从泵到钻井液返出井口的过程中所有管汇和环空的压力损失的总和。立压是指从钻台立管到钻井液返出井口的过程中所有管汇和环空的压力损失的总和。环形空间和钻柱内的压力不平衡会影响立压值。气侵时，气侵控制压力也影响立压。气侵控制压力包括节流阀和节流管线的压力损失。

3. 套压

套压是指关井或节流时井口套管处所承载的压力，也叫套管压力。

4. 循环压力损失

摩擦力是物体运动的阻力，任何物体的运动都要克服阻力。钻井液泵的压力是在一定排量下，整个循环系统摩擦阻力之和(这里钻头喷嘴压降也认为是一种阻力)。循环系统由地面管汇、井下钻柱、钻头喷嘴和井眼环空等构成。压力损失一般都在几兆帕至十几兆帕，甚至更高。这个压力损失的大小取决于钻井液的密度、黏度、排量和流通空间的横截面积，大部分压力损失在钻柱内和钻头喷嘴处。

环空中的压力损失称为环空压力损失。环空循环阻力是作用于地层的。因此，当钻井液循环时，会给地层增加一个压力，或称为当量循环密度。环形空间越小，这个数值越大。

十二、钻井液液柱密度和当量钻井液密度

1. 钻井液液柱密度

钻井液液柱密度是指井筒中钻井液的平均密度。现场一般测量井口钻井液密度来作为井筒中钻井液的密度。现场测量的钻井液密度实际上是相对密度，也就是相对于当地的地层水的密度，即把当地的地层水密度标度为 1，然后以此为标准来测量井筒或罐内的密度。单位为 sg 或者 g/cm^3。

2. 当量钻井液密度

工程上为了方便起见，常使用当量钻井液密度。地层某一位置的当量钻井液密度是用这一点以上各种压力之和(静液柱压力、回压、环空压力损失等)来折算为当量钻井液密度，由下式计算：

$$ECD = \sum p_i / TVD + \rho \tag{7-13}$$

式中 ECD——当量钻井液密度，kg/m^3；

ρ——当前钻井液密度；kg/m^3；

TVD——计算点垂直井深，m；

p_i——计算点以上各种有效作用压力。

十三、井底压力

作用于井壁上的压力大部分来源于钻井液柱的压力，然而当泵启动的时候环形空间的压力损失也作用于井壁，另外还有地层流体压力、激动压力、抽汲压力、地面回压等，这些压力都最终作用于井底。所有作用于环形空间的压力总和就是井底压力。这些压力随作业状态不同

而有所变化：

(1)井眼静止或空井时：井底压力＝环空静液柱压力；

(2)正常循环：井底压力＝静液柱压力＋环空压力损失；

(3)旋转防喷器循环：井底压力＝静液柱压力＋环空压力损失＋旋转防喷器回压；

(4)循环油气侵时：井底压力＝静液柱压力＋环空压力损失＋节流器压力；

(5)起下钻时：井底压力＝静液柱压力＋抽汲压力；

(6)下钻时：井底压力＝静液柱压力＋激动压力；

(7)关井时：井底压力＝静液柱压力＋井口回压＋气侵附加压力。

还有其他以上的复合情况，总之是某种状态下所有有效作用压力的总和。

十四、抽吸压力和激动压力

抽汲压力发生在井内起钻时，钻柱下端因上升而空出来的井眼空间和钻井液因黏滞性附于钻柱上行而空出来的空间将由其上面的钻井液充填，由此引起钻井液向下流动，这种流动所受的流动阻力即为抽汲压力。钻头泥包时，会产生很大的抽汲压力。抽汲压力降低井底压力，过大的抽吸压力会使地层流体进入井内。

和起钻相反，当下钻时会给使钻井液受阻力上行，这种阻力就是激动压力。激动压力会使井底压力增加，过大的井底压力会造成地层破裂而井漏，特别是套管鞋处的地层。

同种条件下，抽汲压力和激动压力理论上绝对值相等，但方向相反。影响因素如下：

(1)钻柱的运行速度；

(2)钻井液黏度或塑性黏度；

(3)钻井液静切力；

(4)井眼和钻柱之间的环形空间的横截面积的大小；

(5)钻井液密度；

(6)环形节流(钻头泥包)。

因此在起下钻或下套管作用时，要控制起下钻速度，调整好钻井液性能。抽汲压力和激动压力可以计算。如果钻柱下端开口，则认为钻井液在钻柱内外流速相同，产生的附加压力很小。如果装有钻头，因为水眼很小，可以视为封闭，则认为只有环空中的钻井液向下流动。这种流动可能是紊流也可能是层流。计算公式如下：

$$p_L = 376\times10^{-6}kL\left[\frac{4\times10^3 v_m(2n+1)}{n(D_h-D_p)}\right]^n/(D_h-D_p)$$

$$p_T = 7.61\times10^3\rho_m{}^{0.8}Q^{1.8}(PV)^{0.2}/[(D_h-D_p)^3(D_h+D_p)^{1.8}] \tag{7-14}$$

$$PV = R_{600}-R_{300}$$

$$n = 3.32\lg(R_{600}/R_{300})$$

$$K = 5.1R_{300}/511^n$$

$$v_m = 1.5v_p\,\frac{0.45+D_p}{D_h^2-D_p^2}$$

$$Q = 7.85\times(D_h^2-D_p^2)v_m$$

式中 p_L——层流时环控压力损失，MPa；

p_T——紊流时环控压力损失，MPa；

k——幂率模式流体稠度系数；

n——幂率模式流性指数，无因次；

L——钻柱长度，m；

PV——塑性黏度，mPa/s；

v_m——最大环空流速，m/s；

v_p——钻柱平均提升速度，m/s

D_h——井径，mm；

D_p——钻柱外径，mm；

ρ_m——钻井液密度，g/cm^3；

Q——因起下钻引起的流量，L/s；

R_{300}、R_{600}——旋转黏度计 300、600 转时的读数。

十五、钻井液密度安全附加值

在正平衡压力钻进中，工程设计书应根据地质设计提供的资料进行钻井液设计，钻井液密度以各裸眼井段中的最高地层孔隙压力当量钻井液密度值为基准，增加一个安全附加值，以保证施工作业安全。安全附加值主要考虑了以下两个因素：一是平衡停泵后当量循环密度的降低；二是平衡抽吸压力。钻井液密度安全附加值规定为：

(1)油水井：0.05～0.10 g/cm^{3}或增加井底压差 1.5～3.5 MPa。

(2)气井：0.07～0.15 g/cm^{3}或增加井底压差 3.0～5.0 MPa。

现场选择钻井液密度安全附加值时，应考虑地层孔隙压力预测精度、油气水层的埋藏深度及预测油气水层的产能、地层油气中硫化氢的含量、地应力和地层破裂压力、井控装置配套情况等因素。含硫化氢等有害气体的油气层钻井液密度的设计，其安全附加值或安全附加压力值应取最大值。

十六、压差

井底压力与地层压力之差称压差。如果井底压力大于地层压力，其压差为正，如果颠倒过来，其值为负。按此方法可将井底压力状况分为过平衡(压差为正)、欠平衡(压差为负)、和(近)平衡(压差为零)3 种情况。

(1)过平衡(又称正压)：井底压力大于地层压力；

(2)欠平衡(又称负压)：井底压力小于地层压力；

(3)平衡：井底压力等于或几乎等于地层压力。

大部分井是在过平衡和平衡情况下钻完的，可以满足大部分地质情况下的开发要求。但随着钻井技术的提高，欠平衡钻井目前也经常采用，这需要压力检测人员和井控设备要很到位才行。

十七、单位内容积、单位排替量、单位环空内容积

(1)单位内容积是指单位长度钻柱或井眼内的容积。

如：求 $3^1/_2$in 钻杆，内径 70.21mm(2.764in)，钻杆的单位内容积。

$$\begin{aligned}单位内容积 &= 7.854\times10^{-7}\times内径^2 \\ &= 7.854\times10^{-7}\times70.21^2 \\ &= 3.872\times10^{-3}(m^3/m)\end{aligned}$$

(2)单位排替量是单位长度井内管柱本体体积排替井内流体的体积。

如:求直径 127mm(5in)钻杆,内径 108.7 mm(4.276in)的单位排替量。

单位排替量$=7.854\times10^{-7}\times$(外径^2-内径^2)

$=7.854\times10^{-7}\times(127^2-108.6^2)$

$=3.40\times10^{-3}$(m^3/m)

(3)单位环空内容积是单位深度井眼与钻具之间的容积。

如:求井眼直径 216mm($8\,^1/_2$in),钻杆直径 127 mm(5in)的单位环空内容积。

单位环空内容积$=7.854\times10^{-7}\times$(井眼直径^2-管柱外径^2)

$=7.854\times10^{-7}\times(216^2-127^2)$

$=0.02398$(m^3/m)

第二节　异常地层压力的形成机理

异常地层压力分为异常高压和异常低压。异常高地层孔隙流体压力也称超压。引起超压的主要因素分为沉积成因、构造成因、流体成因等三大类。

一、异常地层压力的沉积成因

1. 压实作用

欠压实,即沉积速率与压实排液速率发生内在的不协调。这是目前比较流行的一种成因解释。许多研究者认为,世界上一些沉积盆地中的异常高压主要是由于沉积物,特别是泥页岩沉积物的欠压实作用引起的。

按照地层压力的平衡关系[式(7-8)],在一个开放的压实环境下,当上覆岩层重量所造成的目的层压实量与目的层孔隙流体向外界排出量相平衡时,目的层孔隙流体压力保持正常的压力。但由于沉积速度及沉积物的变化,当目的层沉积埋藏达到一定深度时,其孔隙特性和渗透率皆达到不能以压实速率排液时,正常的连续排液被打破,必然造成流体压力的升高而形成异常高压(图 7-8)。

欠压实是引起异常流体压力的多发原因,主要引起异常高压。欠压实通常决定于 3 种主要地质条件:缺乏渗透层、沉积速度快、沉积物堆积厚。

由于地层的压实作用是产生超压的重要因素,而压实作用的强度受沉积速度的影响是十分明显的。比较而言,沉积速度越大,压实强度相对越小,越容易产生欠压实地层。另一方面,沉积速度又与沉积环境密切相关,盆地的沉积中心往往具有最大的沉积速度,对应深水沉积环境,也具有最大的超压体系发育,成为有利的排烃动力源。

在这种情况下,沉积物中的水分来不及排出就被新的沉积物所掩盖,随着上覆压力的增加和压实,来不及排出的水就会承受一部分上覆地层压力和侧向应力,从而形成欠压实条件下的高压,且伴有高的孔隙度、高的温度、并在后期成岩作用下产生脆性,其岩石密度也比较低。

沉积岩在正常的压实过程中,沉积物颗粒变化不大,孔隙水的密度也变化不大,可假设不变,则岩石的容积密度为:

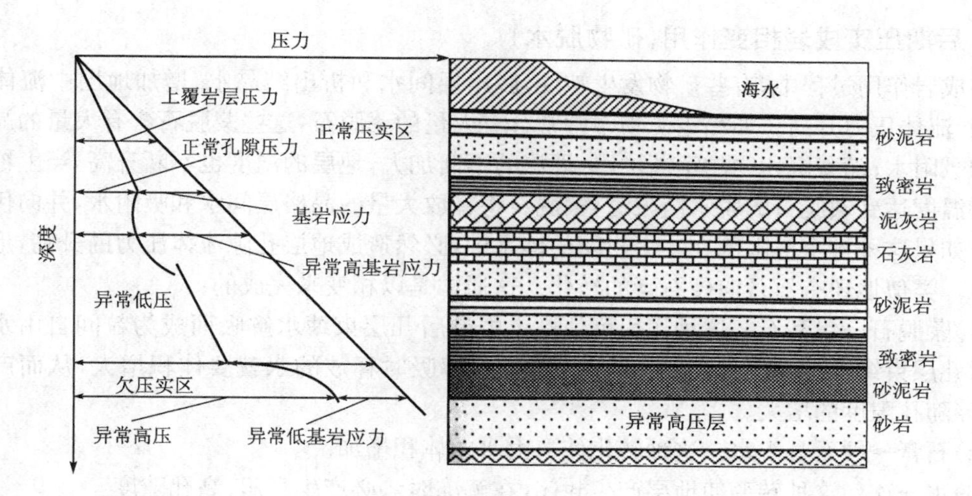

图 7-8　异常地层压力分布示意图

$$\rho_h = \rho_g(1-\phi) + \rho_{fl}\phi \tag{7-15}$$

式中　ρ_b——地层容积密度，g/cm³；

ϕ——孔隙度，%；

ρ_g——基岩颗粒密度，g/cm³；

ρ_{fl}——孔隙流体密度，g/cm³。

由此得：

$$\phi = \frac{\rho_g - \rho_b}{\rho_g - \rho_{fl}} \tag{7-16}$$

经研究得知，ϕ 与垂直深度 H 有如下关系：

$$\phi = \phi_o e^{-kH} \tag{7-17}$$

式中　ϕ_o——地表孔隙度，%；

e——自然常数；

k——系数。

如果已知 ρ_g、ρ_{fl}，加上测井测出的井深、容积密度数据就可以算出某一地区的 k 和 ϕ_o，由此也可以推算出上覆地层压力：

$$\begin{aligned} p_{ov} &= \int_0^H g\rho_b \mathrm{d}H \\ &= \int_0^H g\rho_g[(1-\phi) + \rho_{fl}\phi]\mathrm{d}H \\ &= \int_0^H g\rho_g[(1-\phi) + \rho_{fl}\phi_o e^{-kH}]\mathrm{d}H \\ &= g\rho_g H - \frac{(\rho_g - \rho_{fl})g\phi_o}{k}(1-e^{-kH}) \end{aligned} \tag{7-18}$$

2. 水热效应增压

这种情况发生在沉积后体系封闭的条件下。随着埋藏深度的增加，地温上升，水温也上升，在封闭条件下即可使孔隙水水体积增加，从而产生高压。

世界钻探经验表明：异常地层温度与异常压力是相伴出现的，异常高压则出现地温异常增高，构造隆起和剥蚀造成地温减小。

3. 后期压实成岩相变作用(矿物脱水)

在成岩作用过程中,有些矿物发生转变,脱出层间水和析出结晶水,增加地层中流体的数量,引起流体压力升高。如黏土矿物中常常含有大量的蒙脱石,这些蒙脱石含有大量的晶格层间水和吸附水;随着沉积物的不断增厚,埋深的不断加大,地层的温度也不断升高,当上覆压力和地层温度达到蒙脱石的脱水门限时,蒙脱石将释放大量的晶格层间水和吸附水,并向伊利石转化。如果这种排水被限制在一个封闭的体系中,必然造成地层孔隙流体压力的升高,形成异常高压。类似地还有石膏向硬石膏的转化。这通常是以相变来完成的:

(1)蒙脱石→伊利石。这种作用可使黏土中最后几层束缚水解吸而成为粒间自由水。由于最后几层束缚水的密度比自由水大,故单层间解吸时释放的水就要体积增大,从而产生高压,并伴随孔隙度的增大。

(2)石膏→硬石膏+水。这种转化使自由水的体积增加。

(3)水→冰。这种转变使地层产生封闭,在解冻时势必产生高压、高孔隙度。

(4)蛇纹石的脱水作用。机理同(2)。

这些相变常与欠压实伴生。

4. 胶结作用

胶结作用使胶结物充填孔隙而产生高压,但不太高。

5. 其他

块状区域性非渗透性岩盐沉积导致水不能排出而产生高压。

此外,泥页岩中被封闭的砂岩透镜体在沉积压实过程中会包容泥页岩中被挤出的水也可形成高压。

二、异常地层压力的构造成因

1. 构造作用

构造作用所产生的侧向应力使已经压实或欠压实地层的孔隙流体压力增加。异常高压可能起因于局部的或区域的断裂、褶皱、底辟隆起、侧向滑动、崩塌、断块下降等引起的挤压,造成页岩的运动或流体压缩、升温等,由此引起高压(图 7-9)。

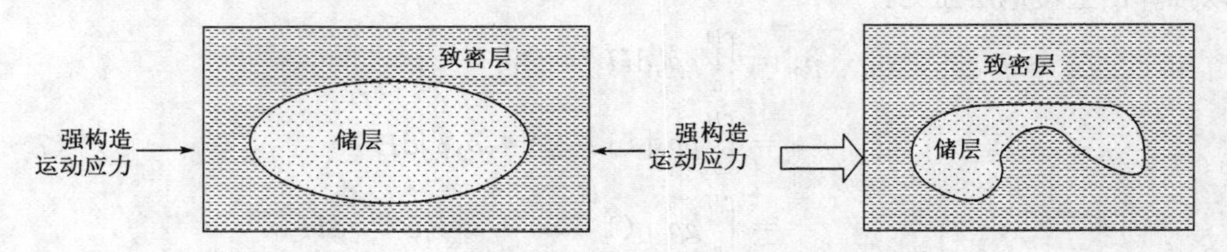

图 7-9　构造运动挤压使储层容积变小产生高压

2. 古异常地层流体高压

在被块状、致密的不渗透岩石完全封闭的古老储层中,在构造作用下被抬升到浅部,其中的压力相对于浅部显然是超压体系。剥蚀也可引起高压储层相对地面变浅而压力梯度变大(图 7-10)。

3. 泥页岩、盐岩底辟作用

底辟泥页岩常为欠压实泥页岩,有较高的孔隙度。泥火山发生地区往往预示着高压。

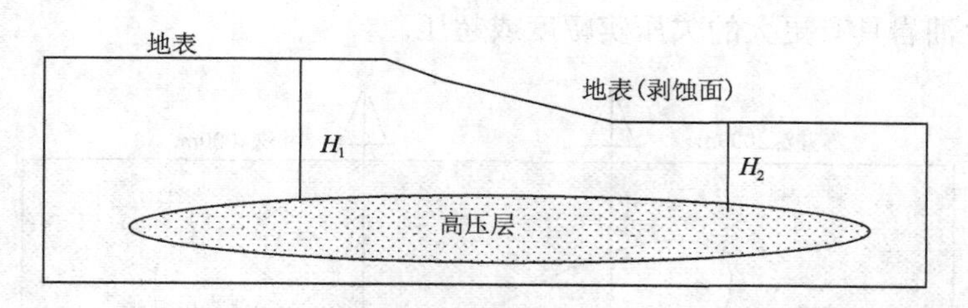

图 7-10　高压储层相对地面变浅而使压力梯度增大

4. 储集空间的变化

由于构造运动等使原有相对封闭的储集空间变形扩张,但没有新的流体迅速补充,使得原有的储层孔隙压力降低。

三、流体特征变化引起的异常地层压力

1. 自然水位液面压差产生高压

自然水位液面压差即自流系统水头海拔差。具有一个异常高的、区域性的侧压水头面的作用可以引起低洼处超压,这属于异常静水压力。自流水系统为其典型实例(图 7-11)。

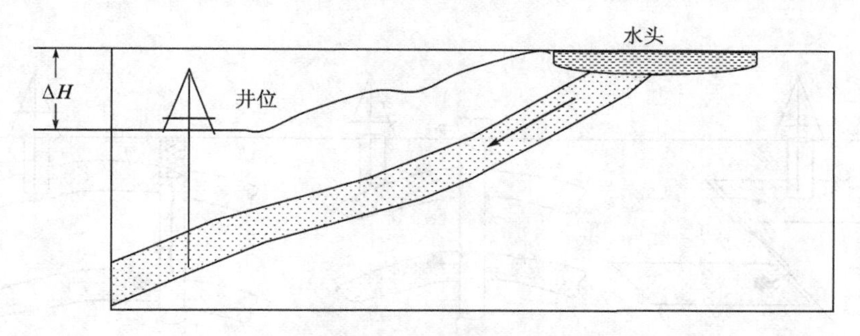

图 7-11　自然水位液面差引起高压示意图

2. 油气的聚集使油气和水的密度差加大而产生高压

以图 7-12 为例,静水的密度为 1.02g/cm^3,油气的密度为 0.0959 g/cm^3,则 4000m 处的静水压力为:$p_{4000}=9.81\times1.02\times4000=40.0248$(MPa)

3000m 处的压力为:$p_{3000}=40.0248-9.81\times0.0959\times(4000-3000)=39.084$(MPa)

3000m 处的压力梯度:$G_{3000}=39.084/3000=13.00$(kPa/m);

大于静水压力梯度 $9.81\times1.02=10.00$(kPa/m),故为高压。

3. 渗析作用(渗滤作用)

由黏土或页岩两侧溶解盐浓度的明显差别所导致的渗析和电析作用而产生的压力引起。当两套地层中的流体出现离子浓度差时,由于离子的渗滤作用,低浓度流体会向高浓度流体渗滤,使两套地层的离子浓度趋于平衡,从而引起一边地层压力升高的变化。但该作用对异常高压的贡献一般不大。

4. 烃类的生成和注入

在地壳深处,由于热力作用所产生的烃类,特别是天然气可引起明显的超压。由于油气注入孔隙,流体密度和流体体积的变化产生异常高压。这对欠压实生油泥岩来说,会使之较非生

油岩或未成熟生油岩具有更大的欠压实幅度或超压。

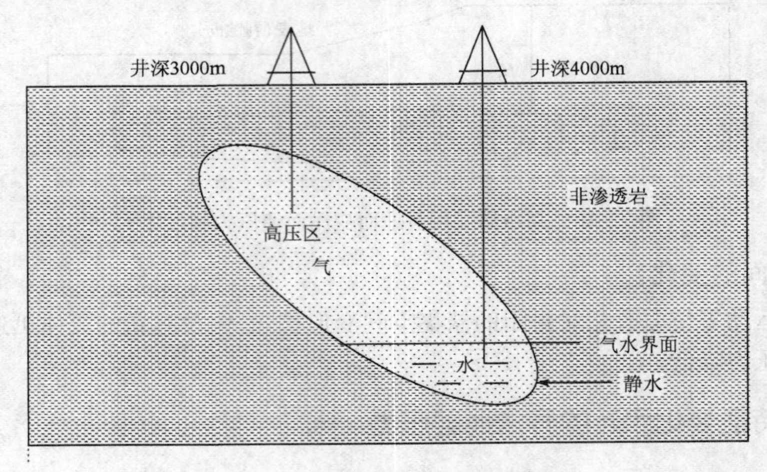

图 7－12 密度差引起高压示意图

5. 注入作用

深部高压流体沿断层或裂隙、老井眼的水泥环、工程报废井注入到浅的储集层而产生高压（图 7－13）。

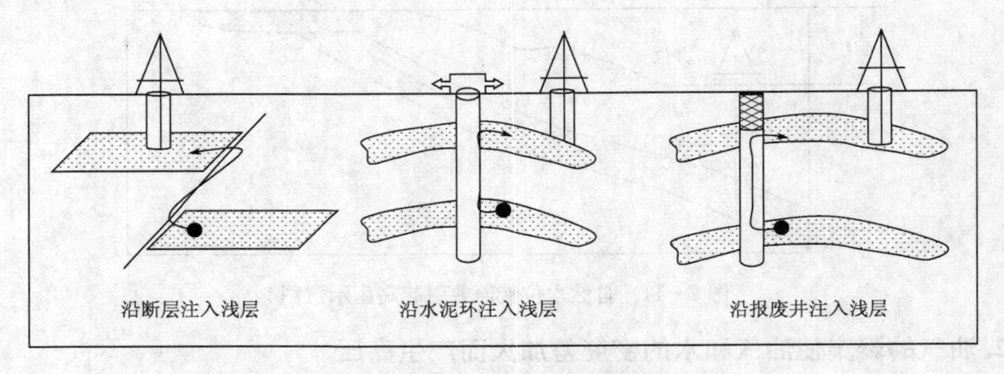

图 7－13 深层注入浅层作用引起高压

6. 水源补给不足

水源补给不足导致异常低压，这种现象不多，以下不作讨论。

7. 人为因素

人工高压注入流体导致高压，如油田的开采、注水等。

8. 储油构造海拔差

在封闭的储油层中，如透镜体储油层、倾斜地层以及背斜圈闭，这些圈闭在深部为正常压力，而其浅部具有超压。尤其是背斜油藏，在产油层中为超压，而在油水界面处及其以下可能依然为正常静水压力。

9. 储油层重新加压

正常或低压储油层，尤其是在浅部含水或烃类的储层，有时会由于与较深部的高压地层有水力上的联系，造成压力的上升或重新加压。

10. 地球化学作用

在有着较强弹性的上覆地层(如泥岩、页岩)区域,由于储层流体侵蚀使得上覆弹性圈闭层厚度变薄,弹性变弱导致释放局部孔隙空间,致使内部及周围储层流体注入,如果流体相对于整个变化的区域不是充足的,则形成异常低压。

11. 低潜水面及老油田

在地下水位很低的地区钻开储层时,常表现为异常低压;此外多年开采的老油田油气水储层没有得到足够的压力补充即产生异常低压。

在以上诸因素中,可能是一种、也可能是多种因素的组合而导致地下异常高压或低压。不论如何,异常高压多伴有高的孔隙度、高的地温、低的围压和低的岩石强度,并伴有高的盐浓度。对工程钻井来说,工程参数上表现为钻速快、易发生钻井液漏失、井涌(喷)、卡阻钻、井塌等工程事故。因此,及时预报异常地层孔隙流体压力对工程录井来说意义重大。

综上所述,异常地层压力产生的原因是复杂的,在一个含油气盆地中,一般具有多种异常压力的形成机理。也正是这些因素控制着区域的油气聚集。异常地层压力产生还有其他没有列出的成因因素。对所有成因进行深入的研究,有助于制定具体的勘探部署。

第三节　异常高压的响应特征

异常压力在地质、地球物理(地震、测井)、钻井、录井等方面的响应特征,构成了异常地层压力随钻预测与监测的理论基础。

一、异常高压的地质响应特征

1. 异常高压环境下的储层特征

早在1959年,Rubby和Hobert就指出,在正常压实作用下,孔隙度和深度之间存在指数关系,即孔隙度随着深度的增加呈指数下降。这一结论已被广泛接受和应用。按照这一理论,埋深大于3000m的地层,孔隙度一般应小于10%,渗透性也应相当差。但国内外许多研究实例却并非如此,3000~4000m甚至更深的地层中仍然有相当高的孔隙度带,如在南中国海盆地中,埋深3080m时的孔隙度达到27%;北海盆地中英国大陆架中央地堑的砂岩,埋深大于4500m时孔隙度仍在30%以上。这些异常高孔隙度带形成的主要原因是异常高压系统的存在,其次,溶解作用也有一定的贡献。

在一些单井资料上,异常孔渗带与异常高压带有着良好的相关性。例如,在美国东Delaware盆地War-Wink油田,深部地层的异常压力带出现在地下3500~5000m深度段(图7-14)。按理论计算,这个深度段的孔隙度应为2%~6%,但实际孔隙度为10%~35%,相同深度段的渗透率也异常高。

异常高压是控制含油气盆地中孔隙流体活动、成岩作用和烃类运移的重要因素(Powley,1990;Hunt,1990;Jeans,1994;Williamson,1995)。与沉积盆地中异常高压有密切关系的高压振荡流体活动(Bradeley,1975;Hunt,1990;Ghaith等,1990)会快速改变高压储层内外孔隙介质流体的物理-化学、压力条件,改变正常的成岩过程,从而对异常高压盆地中传导的成岩作用

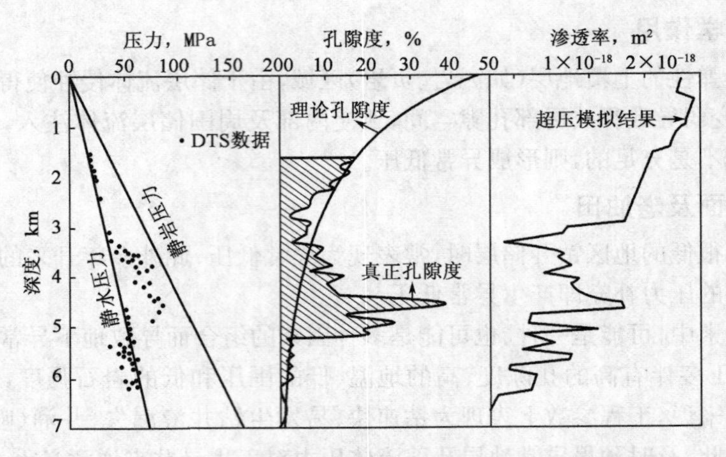

图 7－14　War－Wink 油田流体压力、孔隙度、渗透率对比图

产生重要影响。异常高压对储层物性的影响表现在对储层孔隙度和渗透率的保存和改善两个方面。

1)异常高压对储集物性的保存

如图 7－15 所示，随着孔隙压力的增大，作用在岩石上的有效应力反而减少了，即作用在岩石颗粒上的压实作用减弱了，压溶作用也得到抑制，从而较高的原生孔隙可以被保存下来。同时，异常高压的形成还可以阻止异常高压体系内流体的运动和离子、能量的交换，减缓或抑制成岩作用和再胶结作用，使深部储层保持较高的孔隙度和渗透率。Bloach 等(1997)在论述深埋砂岩储层中异常高孔隙度和渗透率的原因时指出，造成地层中异常高孔隙度和渗透率的原因之一是流体异常高压。Wilkinson 等(1997)也认为处在异常高压系统中的砂岩具有高孔隙度。

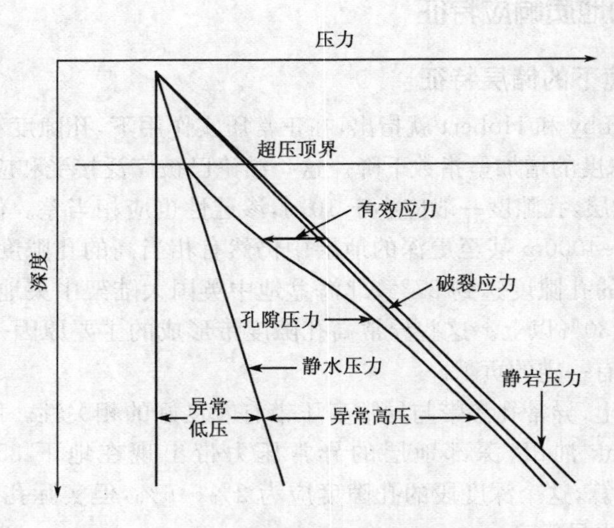

图 7－15　压力与深度关系示意图

异常高压也有一个从成长、孕育、衰退到消亡的演化过程，在成长、孕育期，对孔隙度的影响是主要的，对渗透率则没有明显的改善作用，否则不利于异常高压的保存；而在衰退、消亡期，对渗透率的改善是主要的，这往往由于异常高压超过了地层的漏失、破裂压力梯度，产生了

裂缝，并导致压力的散失，从而导致孔隙度一定程度的降低。

又如东营凹陷，在 2000m 以上，储层的实测孔隙度随深度呈减少趋势，符合正常压实规律；自 2000～3500m，孔隙度的变化偏离正常压实趋势线，呈增高态势，与该区异常高压的分布深度相一致，表明异常高压有利于孔隙度的保存或发育；但对渗透率没有明显的改善作用。异常高压带的渗透率很差，也是异常高压能够保存的一个主要因素，说明东营凹陷的异常高压处于成长、孕育期（图 7-16）。

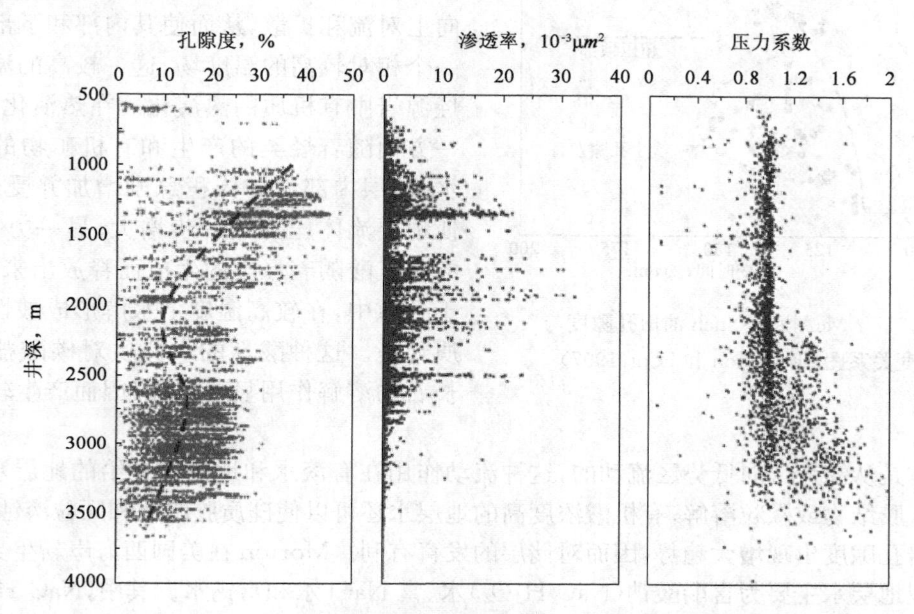

图 7-16 东营凹陷孔隙度及压力系数随井深变化图

2）异常高压对储集物性的改善

异常高压对储集物性的改善主要表现在物理和生物化学两种作用机理。

（1）物理作用：异常高压可促进更多微裂缝的形成，增强超压体系内的储集空间，改善储层的连通性，增强储层的渗透性能。对岩石的形变起作用的是有效应力，而异常压力改变了岩石发生破裂时的有效应力场。Grauls 对 3000m 以下深度各种背景的观察表明，不论何种原因，超压上限似乎受临界值的控制。流体力学研究表明，发生水力压裂作用的条件是最小有效应力接近于零。此外，异常高的孔隙流体压力降低了泥岩颗粒之间的摩擦系数，使岩石强度明显降低。这种裂隙性泥岩油气藏在世界各地均有发现，如美国、前苏联已发现并开发了多个泥质岩油气藏，在我国的江汉、松辽、胜利、四川以及柴达木等盆地的古近—新近系也发现了多个以泥质岩裂缝为主的油气藏，并且，随着各盆地勘探程度的提高，这类储层所占的比重还会逐年增大。

（2）生物化学作用：有机酸通过氧化作用、细菌对硫酸盐等矿物的还原作用、生物的发酵作用及热脱羧基作用产生较多的 CO_2，形成酸性水。随后酸性水进入砂岩形成酸性物质。烃类和硫酸盐之间发生反应，主要产物为有机酸、碳酸氢根离子及固体沥青，并放出能量。由于超压对有机质演化和油气生成的抑制，扩大了超压盆地中有机酸的释放空间和它对砂岩成岩作用的影响范围，促进了化学反应向有机酸生成方向进行。有机酸成为使砂岩胶结物和碎屑颗粒溶解并形成次生孔隙的主要因素。图 7-17 给出了得克萨斯州南部渐新世 Frio-Vicks-

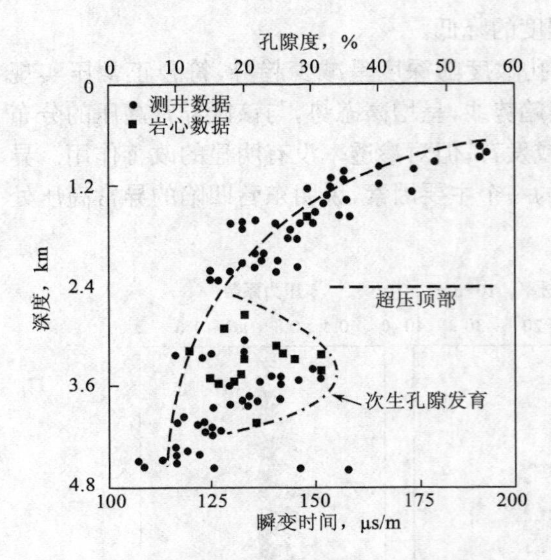

图 7-17　McAllen Ranch 油田孔隙度与深度关系图(据 Poston 和 Berg,1997)

burg 部分地层中次生孔隙的例子。储层岩石中含有相对较少的石英(约低于 25%),以及相对丰富的长石、火山岩碎屑及方解石胶结。Vicksburg 组地层在 2400m 之下是异常高压。

异常高压系统的欠压实地层具有相对较低的热导率,阻止了其内部及下部地层热流的向上对流和扩散,从而使其内部和下部保持着一个相对较高的温度场,这一较高的温度促进烃源岩中有机质的热演化。在热演化过程中,一方面随着烃类的产生和有机矿物的大量脱水,地层内部流体体积急剧增加并受热膨胀,使地层流体压力进一步增大;另一方面,大量的有机酸随着烃类的生成而释放出来,并溶解于孔隙中,在较高温度下水解形成酸性的水介质环境。这种酸性的水介质对碳酸盐矿物和长石的溶解作用显著增强,因而产生较大的次生孔隙。

流体是从高势区向低势区流动的,这种流动作用在有淡水和地表水补给的地层水中可以使碳酸盐胶结物或颗粒溶解;有机酸浓度高的地层水还可以使硅质胶结物和颗粒溶蚀,这些都会使砂岩孔隙度出现增大趋势,因而对储层的发育有利。Morton 在美国西海岸新生界沉积体系中发现地层水主要为含醋酸钠($NaC_2H_3O_2$)水、富 NaCl 水和富钙水。其中,$NaC_2H_3O_2$水最丰富,含有羧基有机酸,产生于油气生成阶段。NaCl 水可能是 $NaC_2H_3O_2$水或大气水接触盐性底辟时溶解形成的。深层的矿物溶蚀量分析表明,由于地层压差使大量的地层水流经砂岩,导致溶蚀孔隙的形成。

2. 异常高压环境下的盖层特征

许多盆地的油气藏分布与盖层异常高流体压力有关,这种依靠异常高压封闭油气的机理,称为异常高压封闭。异常高压盖层实际上是一种流体高势层,它能阻止包括油气水在内的任何流体的体积流动,因此,它不仅能阻止游离相的油气运动,也能阻止溶有油气的水流动,从这个角度讲,异常高压盖层是一种更有效的盖层。异常高压盖层的封盖能力取决于异常高压的大小,异常高压越高,其封盖能力就越高。

天然气与石油相比,无论在物理或化学特性上均存在明显差异。天然气能以水溶、油溶、游离扩散等多种方式运移,活动性强。由于天然气的分子直径小、密度小,扩散能力强,对盖层封闭的要求也就更高。郝石生等明确提出了“天然气运聚动平衡的原理”,认为在气藏形成过程中,始终存在着两个同时发生又相互消长的过程:一是从烃源岩生成的天然气,运移进入圈闭的过程;另一个就是已聚集在圈闭中的天然气不断逸散,形成聚散动平衡的过程。这种形成过程是随着地质条件的变化而不断变化的。郝石生等把处于“供气”大于“散失”阶段的成藏期,称为“储量递增期”;处于“供气”与“散失”大致相当的成藏期,称为“储量稳定期”;处于“供气”小于“散失”的成藏期称为“储量递减期”。

在异常高压环境下,这种聚散变化过程比常压情况更为活跃。随着埋深的增加,地层温度不断升高,增强了油气扩散和运移的能力,特别是改变了盖层的封闭条件。

盖层封闭天然气一般具有3种形式，即物性封闭、异常高压封闭和浓度封闭。异常高压层，往往具有物性封闭和异常高压封闭的作用。如郝石生等所描述(图7-18)，在欠压实泥岩顶、底靠近储层处，在压实过程中，孔隙水已充分排出，形成上、下压实层，而中间，由于孔隙水不能充分排完，形成欠压实层。上、下压实层的毛细管压力大于中间欠压实层的毛细管压力，起着物性封闭的作用。中间欠压实层，毛细管压力虽比上、下压实层低，但其内部存在异常高的孔隙压力，使毛细管压力与孔隙流体压力之和明显大于上、下压实层的毛细管压力，其封闭能力更强。据刘方槐(1992)计算，压力系数为1.3的欠压实泥岩，依靠异常孔隙压力封闭的气柱高度比依靠毛细管阻力封闭的气柱高度大11倍，可见，异常高压带本身就是一个重要的封闭盖层。

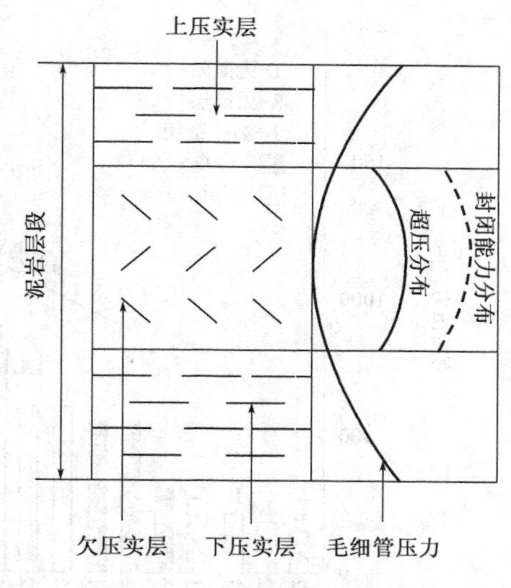

图7-18 欠压实泥岩封闭能力示意图(据郝石生，1995)

孙嘉陵等认为，压力封闭实际就是一种动态封闭。在异常高压层内的润湿性超压流体存在着克服毛细管力向低势方向流动的趋向；而在储层中非润湿性的气体，在运移散失的过程中，它不仅要克服储、盖层间的毛细管压差，还要克服在盖层中由于异常高压润湿性流体形成的巨大势差。由此可知，压力封闭的实质就是储层与盖层由于压力差异形成的不同润湿流体的势差与毛细管力的综合体现，只不过其中流体势差表现明显，起主导作用而已。

异常高压封存箱内储层孔隙流体压力的大小与盖层破裂压力的关系是影响箱内油气富集的重要条件。Powers和Dickey较早地认识到了盆地流体的幕式活动，Hunt在讨论异常高压流体封存箱中油气的生成和运移时提出了流体封存箱幕式释放，随之人们对异常高压封存箱流体幕式释放理论做了进一步讨论，目前异常高压流体幕式释放已成为异常高压环境下排烃和烃类运移的重要理论，通过微裂隙的幕式排烃已被很多学者认为是异常高压烃源岩中油气初次运移的主要机制。在高温高压地层中，随深度的增大，成熟的烃类由烃源岩向储层运移，烃类以溶解状态存在于孔隙水中，当储层孔隙流体压力大于盖层破裂压力时，即超压体系内的孔隙压力大约达到了上覆地层静岩压力的70%～90%(与盖层的岩性有关)时，超压体系开始产生裂缝，且裂缝带可达数千米形成优势运移通道。随着裂缝的产生，烃类和其他孔隙流体沿优势通道排出地层，压力逐渐降低。当孔隙压力下降到上覆地层压力的大约60%时，裂缝合拢而形成新的封闭系统；然后，再开启裂缝—释放压力和排出烃类—再闭合裂缝；周而复始，循环往复，排出烃类，在合适的地质条件中聚集成藏。在美国得克萨斯湾页岩、中国莺歌海盆地及鄂尔多斯盆地中就存在幕式排烃的现象。

墨西哥湾沿岸区异常高压与钻井成功率的关系表明，等效气储量的成功率随异常高压的升高而急剧降低。这一经验关系可能反映了自然水力压裂引起盖层完整性的降低。北海中部已钻圈闭随着有效应力的减少，干井的可能性更大，见油的可能性更小(图7-19)。根据G. Schaar(1976)对文莱—巴兰三角洲24口钻遇烃类井的统计，在常压下找到液态烃的可能性占40%，气态烃占54%；当压力系数达到1.48时，找到液态烃的可能性占17%，气态烃占27.4%，水占54.8%；到压力系数达到1.92时，找到液态烃的可能性占7%，气态烃占13.5%，水占83%；当压力系数达到2.1时，找到油气的可能性等于零。

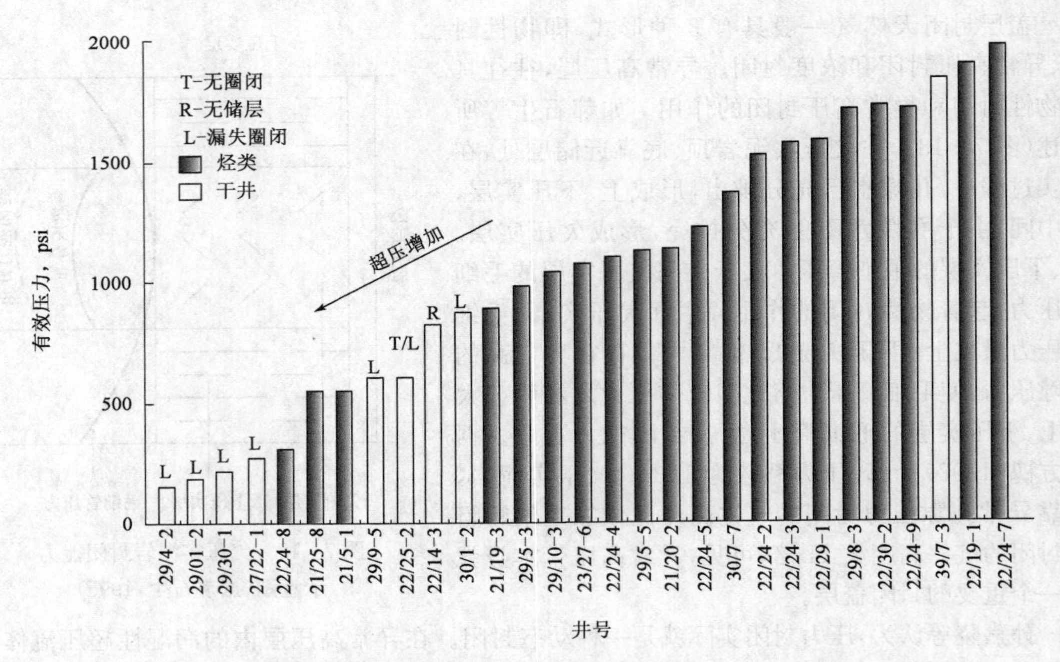

图 7-19　北海中部超压区有效应力与圈闭含烃关系图(据 Gaarenstroom 等,1993)

由此可见,盖层中的异常高压具有良好的封盖能力,在一定压力范围内,封盖能力随孔隙压力的增高而增大;当孔隙压力大于盖层的破裂压力时,就会起破坏作用,导致压力和油气的散失。压力的散失会导致盖层微裂缝的闭合,重新起到封盖作用,这种循环的过程会导致幕式成藏。

二、异常高压层的地质和地球物理参数特征

前已述及,异常高压可形成于各种沉积环境与构造环境。在保存环境方面,强烈的构造活动不仅破坏地层的完整性,同时也破坏地层的压力系统,在构造活动区,往往是断裂发育区,异常压力不易保存,并且异常压力的分布规律也变得不易掌握。这与一个具体的油藏保存条件密切相关。储层不仅是地层流体的储集容器和输导通道,同时也是地层压力的传导体,储层越发育,异常压力越难保持。因此,异常压力多发育于储层相对缺乏的区段。以岩性控制占优势的碎屑地层中,一般都保持有普遍的异常高压。

地质特征参数包括岩石的孔渗性、致密程度、岩石密度、地层水盐度、成岩性、保存环境、分布规律等;而地球物理响应参数主要是层速度、声波时差、密度、电阻率等(表 7-2)。这些特征主要基于形成与保存环境、岩石骨架性质、孔隙流体性质三大方面。

表 7-2　东营凹陷异常高压地层的地质与地球物理响应特征

特征机制	地质特征						地球物理特征					形成与保存环境
	成岩性	致密程度	孔渗性	岩石密度	地层水盐度	生烃指标	层速度	声波时差	密度	电阻率	自然伽马	
欠压实	低	低	高	低	低	—	低	高	低	高	—	①异常高压多集中于沙三、沙四段地层; ②储层、断层发育的地方不利于异常高压的保存; ③岩性控制体中具异常高压
烃类生成	—	低	高	低	—	高	低	高	低	高	高	
盐丘底辟	高	高	低	高	高	—	高	低	高	低	低	
欠压实+盐丘底辟	—	—	—	—	高	—	—	—	—	—	—	

1. 地质参数特征

1)成岩性

由于压力的封闭作用,孔隙流体承担了部分上覆地层重量,这就减轻了岩石骨架的承受力,因而也就阻碍了成岩作用的产生,造成异常高压地层一般机械压实作用较弱。从成岩阶段的划分上看,异常高压地层多位于晚成岩阶段,正好与油气的晚期生成相对应,为油气的初次运移提供了基本动力条件。

2)致密程度

异常高压有利于储层物性的保存和改善,所以异常高压地层常常具有较高的孔隙度和渗透率,从而增大了孔隙体积,致密程度降低。对于欠压实地层,这种致密程度会更低;对于构造挤压成因的异常高压地层或胶结作用成因的异常高压地层,会导致致密程度的增加,最终表现为异常高压地层的致密程度相比于正常压力地层还高;对于欠压实成因与构造挤压成因共同起作用的地层,其致密程度与正常压实地层可能没有明显差异,表现为 dc 指数和声波时差曲线没有异常特征(图 7-20)。对于烃类生成的异常高压地层,由于有机质的消耗,产生烃孔隙,岩石致密程度也出现低异常(图 7-21)。

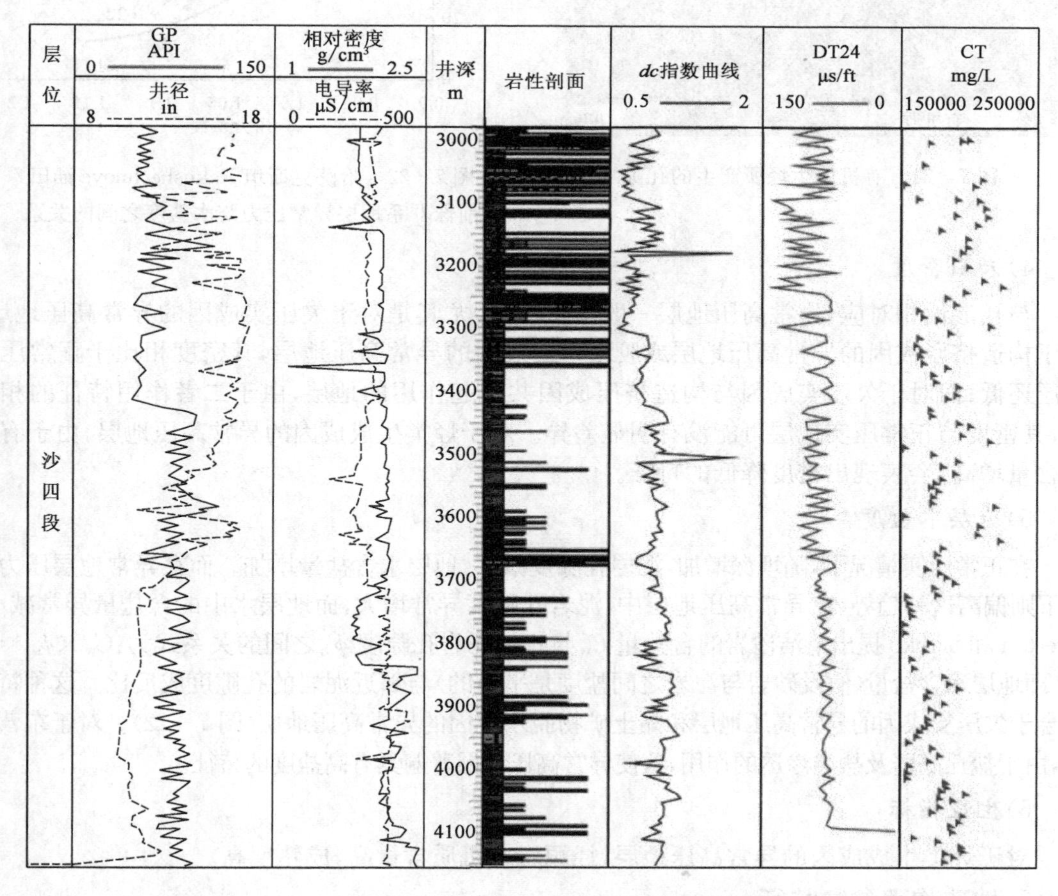

图 7-20 SK1 井沙四段欠压实与盐丘底辟共同起作用的地层特征

Martinsen 也指出:与相似成岩条件、相似埋深的正常压力沉积物相比,有许多异常压力区是欠压实、高孔隙的。但在一些地区,异常高压区却显示出正常密度甚至高密度的特点,高密度意味着压实比正常压实还强烈。

3)孔渗性

与岩石的致密程度相对应,异常高压地层中由于含有异常高的流体含量,保持了其孔隙度,因而具有异常高的孔隙度和渗透率。对于欠压实地层,孔渗性更高;对于构造挤压成因的异常高压地层或胶结作用成因的异常高压地层,会导致孔隙度和渗透率的降低,最终表现为其孔渗性相比于正常压力地层还低;对于欠压实成因与构造挤压成因共同起作用的地层,其孔渗性与正常压实地层可能没有明显差异。对于烃类生成成因的异常高压地层,会产生一些微裂缝和小断层,提高物性(图 7-22)。如泥岩裂缝油气藏。

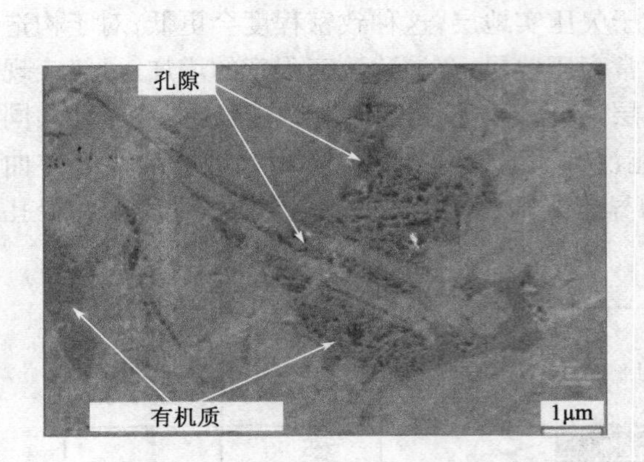

图 7-21 有机质生烃所产生的孔隙

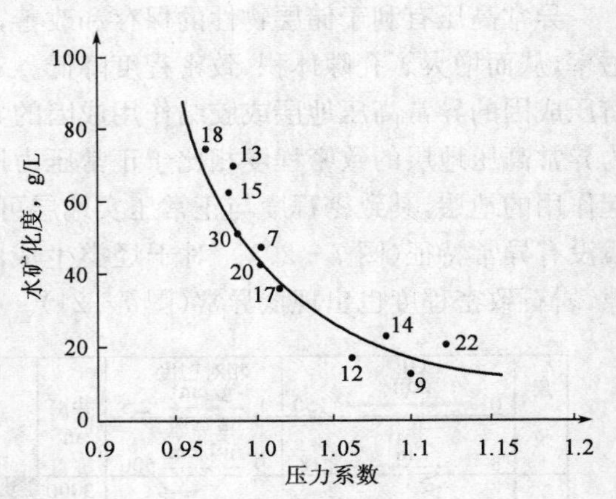

图 7-22 哈萨克斯坦 Rakushechnoye 油田前侏罗系地层异常压力与水盐度之间的关系

4)岩石密度

与孔渗性相对应,异常高压地层一般密度较低,尤其是对于欠压实成因的异常高压地层。对于构造挤压成因的异常高压地层或胶结作用成因的异常高压地层,其密度相比于正常压力地层还低;而对于欠压实成因与构造挤压成因共同起作用的地层,由于二者作用特征的相反性,其密度与正常压实地层可能没有明显差异。对于烃类生成成因的异常高压地层,由于有机质含量增高,会表现出密度降低的特征。

5)地层水盐度

在正常压实情况下,随埋深增加,泥岩孔隙度减小,地层水含盐量增加。而在异常地层压力环境下则偏离这一趋势,在异常高压地层中,泥岩孔隙度异常增大,而地层水中的含盐量异常减小。Overton 和 Timko 提出清洁砂岩的含盐量 C_w 与相邻泥岩孔隙度 ϕ_{sh} 之间的关系式为:$C_w \times \phi_{sh}$ = 常数,即地层水含盐量(假设砂岩与泥岩之间盐度是平衡的)与邻近泥岩的孔隙度成反比。这种特征适合于欠压实成因的异常高压地层和黏土矿物脱水成因的异常高压地层(图 7-22)。对于东营凹陷,由于盐丘底辟及盐类渗透的作用,致使异常高压地层普遍具有高盐度的特征。

6)生烃指标

对于烃类生成成因的异常高压地层,烃源岩有机质含量高,成熟度高。

2. 地球物理参数特征

1)层速度

欠压实成因的异常高压地层具有异常高的孔隙度,其速度表现为低速特征,在正常速度变化趋势下出现速度的异常降低。这就是由地震速度资料预测异常压力的依据。对基于孔隙流体体积变化成因、流体运动和水压头成因、欠压实与盐丘底辟共同起作用的异常高压地层，速度特征则不明显，导致异常压力预测不准确。

2）声波时差

声波在地层中的传播速度与岩石的密度、结构、孔隙度及埋藏深度密切相关。不同的地层、不同的岩性，存在不同的声波速度。当岩性一定时，声波的速度随岩性孔隙度的增大而减小。1965年，Hottman和Johnson提出利用声波测井资料来评价地层孔隙压力。在正常地层压力井段，随着埋深增加，岩石孔隙度减小，声波速度增大，声波时差减小。利用这些井段的测井数据建立正常压实趋势线。当进入压力过渡带和强超压地层后，岩石孔隙度增大，声波速度减小，声波时差增大，偏离正常压力趋势线。这种方法是针对欠压实地层的，对于盐丘底辟等挤压性成因的地层则具有相反的特征；对于欠压实与盐丘底辟共同起作用的地层，则没有明显特征。对于烃类生成成因的异常高压地层，由于有机质含量的增高、密度的降低，表现为声波时差增高的特征。

3）密度

在正常压实地层，随着埋藏深度的增加，孔隙度变小，地层密度逐渐增大，利用这些层段的密度值建立正常压实趋势线。而在异常高压地层带，地层密度则减小，偏离正常压实趋势线。可以通过比较欠压实地层的密度值与正常压实趋势线上密度值的大小，达到检测和预测地层孔隙压力的目的。这种方法同样是针对欠压实地层的，对于盐丘底辟等挤压性成因的地层则具有相反的特征；对于欠压实与盐丘底辟共同起作用的地层，则没有明显特征。对于烃类生成成因的异常高压地层，同样表现为密度降低的特征。

4）电阻率

1965年，Hottman和Johnson提出利用短电位测井资料对地层孔隙压力进行评价。这种方法认为随着深度的增加，孔隙度降低，电阻率值将增加。他们把电阻率R_{sh}值投到一个对数坐标上，与线性坐标的深度相对应。所有数据点在正常压力环境中将沿着一条明确的趋势线分布。在异常高压地层，电位测井曲线表现为向着低于正常电阻率一侧偏离正常趋势线。这是由于孔隙度增加和含水量较高所致。对于烃类生成成因的异常高压地层，由于孔隙流体中有液态烃，不易导电，所以在电阻率曲线上表现为高异常的特征。

上述响应特征中，岩石成岩性、致密程度、孔渗性、岩石密度、声波时差、层速度是基于岩石孔隙体积的变化；地层水盐度或矿化度是基于孔隙流体性质的变化；电阻率既与孔隙体积变化有关，也与孔隙流体性质有关。对于东营凹陷的欠压实地层或以欠压实为主要成因的异常高压地层，表现为成岩性、致密程度、岩石密度的降低和孔渗性、声波时差、层速度、地层水盐度的增高。对盐丘底辟成因或以该成因为主的异常高压地层，则表现为成岩性、致密程度、岩石密度、地层水盐度的增高和孔渗性、声波时差、层速度的降低。对于盐丘底辟和欠压实共同起作用的异常高压地层，则表现为成岩性、致密程度、岩石密度、孔渗性、声波时差、层速度没有异常，而地层水盐度增高。对于烃类生成成因的异常高压地层，表现为烃源岩成熟度高、自然伽马和能谱测井曲线高异常、密度曲线低异常、声波时差曲线高异常、电阻率曲线高异常的特征（表7－2）。

三、异常高压的录井参数特征

1. 地质录井参数

钻遇异常高压层的各项地质录井参数异常特征见表7－3。

表 7-3 东营凹陷异常高压地层录井参数响应特征

响应特征 成因机制	泥页岩体积密度	页岩体积、形状及大小	泥质含量	岩屑自然伽马	岩样孔隙度	岩屑湿度指数	不寻常自生矿物	生物化石结构
欠压实	低	多角的和尖角的；破裂片状；尺寸较大	异常高压过渡带常具有较高的泥质含量	超压带内低伽马，压力盖层高伽马	高	高	孔隙充填式方解石突然出现、高含量的晚期胶结物和高的负胶结物孔隙度	有效应力的降低致使生物壳体不易破碎变形，生物化石的微细结构得以保存
烃类生成	低				高	高		
盐丘底辟	高				低	低		
欠压实+盐丘底辟	无明显异常				—	—		

1）泥页岩体积密度

泥页岩的体积密度一般随深度而增加，对于欠压实地层和烃类生成成因的异常高压地层，泥页岩体积密度则表现为降低的特征；而盐丘底辟成因的异常高压地层则表现为泥页岩体积密度增高的特征。

但由于地区的不同或人为的因素，常常也可能出现一些测量上的不准确，如：页岩气的存在，使体积密度降低；泥页岩中富含有机质，导致体积密度降低；年代地层界面、不整合面、差异压实、构造影响和在裂谷盆地中的位置，对正常压实趋势线产生影响；岩性变化，如粉砂质泥页岩或砂质泥页岩、泥岩或泥灰岩、泥页岩中的碳酸盐含量等，也会影响体积密度的测量结果；重矿物的存在，如黄铁矿、菱铁矿等，将增加泥页岩的体积密度。

2）泥质含量

众多的实例研究表明，压力过渡带常常具有较高的泥质含量。前人（Nevins 和 Weintritt，1967；Hang 和 Brindley，1970）曾提出利用亚甲蓝试验测定泥岩中固体阳离子的交换能力即泥岩因子，该因子与地层中蒙皂石的含量有关，从而和岩屑中黏土与砂岩的丰度比率，即黏土含量有关。异常压力之所以能够保存，都因为有盖层，泥质含量检测是异常高压检测的一种有效方法。

3）页岩岩屑的体积、形状和尺寸

异常高压环境下，岩屑呈爆裂状态进入井眼，所以其形状常是多角的和尖角的，呈破裂片状，而不像正常压力环境下的圆形；在尺寸上，也变得相对较大。对于欠压实地层，由于钻速的增加，造成振筛器上岩屑体积也相对增加。

这种特征受钻井液液柱与地层压力压差的影响。目前深井较多，岩屑上返时间长，受钻井液浸泡及冲刷严重，岩屑之间、岩屑与套管壁之间相互碰撞和研磨严重，也会影响到特征的判识。此外，PDC 钻头及欠平衡、空气钻条件下的岩屑非常细小甚至呈粉末状，也会导致这种特征不明显甚至无法判识。

4）岩屑自然伽马

对于欠压实地层，由于异常高压带内具有较高的孔隙度，所以表现为低自然伽马的特征；而压力盖层往往具有较高的泥质含量，表现为高自然伽马的特征。

5）岩屑孔隙度

欠压实是最主要的异常高压成因机制之一，也是研究最多的一种成因机制，目前的钻前预测、随钻预测等手段几乎都是基于这一成因机制的，都是直接或间接基于孔隙度变化这一响应特征的。因而，多位专家指出，一切与孔隙度测量有关的方法都可用于地层压力的预测与监测。核磁共振录井技术是一项能够在钻井现场快速、直接、准确测定岩样孔隙度的新技术。不同成因机制下的岩屑孔隙度特征与上述地质和地球物理特征中的描述是一样的。

6)岩屑湿度指数

泥岩岩屑的体积密度，在确定盖层和异常压力位置方面的作用，已经得到了充分肯定。知道泥岩体积密度、颗粒基质密度(即成分)及孔隙空间中的流体密度，就可以计算出泥岩的孔隙度。进而可以测量页岩湿度指数(MC)，该指数与泥岩孔隙度有直接联系。通常，异常压力层具有高泥岩孔隙度和高湿度指数的特征。

在井场上泥岩岩屑的湿度指数，可通过测量湿样和干样(只需要一个加热板和天秤)之间的质量损失来计算，也可购买商业湿度分析仪来测定。在测量湿度指数前，泥岩岩屑必须是清洁的，而且必须去除表面水。

7)不寻常的自生矿物

孔隙充填式方解石突然出现、高含量的晚期胶结物和高的负胶结物孔隙度是异常高压地层的一个重要标志。深埋地层中含水矿物(如蛋白石)的存在也可能与异常高压和欠压实有关，但此项证据还有待更多的资料加以证实。

8)生物化石微细结构的保存

有效应力的降低致使生物壳体不易破碎变形，使生物化石的微细结构得以保存。如南中国海超压盆地在3000～4000m的地层中，生物的壳刺依然保存完好，并且由于异常高压的保护作用，生物体腔孔也被保存下来。

2.工程参数和钻井液参数

综合录井仪提供了丰富的钻井工程参数及钻井液参数。大量的实践经验表明，只有综合多项参数的分析，才有可能取得一个比较准确的压力解释。由于各种数据来源的方式不同，与地层压力存在的联系也是不同的，有的甚至没有关系，这就要求人们进行系统的分析研究，找出各种参数对压力识别和测量的程度。另外，随着录井手段的增多，异常高压随钻预测与监测手段也在逐渐增多(表7-4)。

表7-4 东营凹陷异常高压地层钻井参数及钻井液参数响应特征

响应特征 成因机制	钻井工程参数					钻井液参数						
	钻速	dc指数	Sigma指数	扭矩	摩阻	钻井液气侵	钻井液出口密度	井涌	钻井液出口温度	氯离子含量	钻井液电阻率	总池体积
欠压实	增加	降低	降低			—	—	—		—	—	
烃类生成	增加	降低	降低			有	降低	有		—	增高	
盐丘底辟	降低	增高	增高	增加	增加	—	—	—	增高	增高	增高	增高
欠压实+盐丘底辟	无异常	无异常	无异常			—	—	—		增高	增高	

1)钻井工程参数

凡是与钻头钻进速度有关的一切机械参数都归为此类，主要有钻速、钻压、转盘转速、扭矩、钻头参数等。由于这些参数的变化都有人为控制因素的存在，所以在用于指示地层压力变化时，需要进行一系列的修正或标准化，为此提出了 d 指数、dc 指数等标准化钻速法。

(1)钻速：钻速是钻压、扭矩、钻头类型和尺寸、水力参数、钻井液井底清洁参数和地层特征的函数。由于压实程度随井深的增加而增大，所以在钻压、转速、钻头类型和水力参数保持不变的情况下，泥岩中的钻速随井深的增加而均匀减小。然而，在压力过渡带和异常高压区钻速常常是加快的；在压力封隔层(盖层)，钻速常是降低的。

简单的经验公式往往并不适用，如 Forgotson(1969)所提出的，钻速增加 1 倍就表明进入高压层。在压力过渡带，钻井液密度的增加往往会掩盖压力随井深的增加。钻井液密度首次超过地层孔隙压力时所引起钻速的降低要超过随后钻井液密度增加所带来的影响。

(2)dc 指数：Jordan 和 Shirley(1966)开发了 d 指数。d 指数无量纲，它考虑了钻速、钻头直径、钻压和转速的影响。该指数是针对欠压实地层而提出的，在欠压实地层，由于压实程度的降低，d 指数偏离正常压实趋势线而呈低值。

由于钻井液维护不好或钻井液密度的急剧变化也会影响到 d 指数。为此，Harper(1969)对 d 指数进行了修正。修正后的 d 指数称为 dc 指数，由于考虑了钻井液密度的影响，应用效果得到了大幅度的改进，在世界范围内的陆地和海上均得以广泛应用。

(3)Sigma 指数：在不连续的砂泥岩地层或石灰岩地层中，从 d 指数计算出的压力数据不可靠，并且很难建立一条连续的压实趋势线。另外，d 指数的计算也不能直接补偿压差的变化，而压差对井眼的冲洗和钻速的影响都非常大。为此，20 世纪 70 年代中期，由意大利 AGIP 石油公司在山谷钻探时提出了一种 Sigma 指数方法，该方法对这些参数进行了优选，并成功地运用在全世界的黏土质地层录井中。

Sigma 指数是校正工程影响因素如钻头、钻压、转盘转速后的岩性强度指数。Sigma 曲线与 dc 曲线类似，其解释方法与 dc 评价方法相近。地层可钻性增大时，Sigma 指数具有向左偏移的趋势，可钻性减少时具有向右偏移的趋势。正常压力地层，砂岩线、泥岩线的划分方法与 dc 相同。

(4)扭矩：随着井深的增加，钻具与井壁的接触面积增大，扭矩也就增大。在欠平衡条件下(也就是负压差)，异常高压的泥页岩会在压差的作用下向井筒内流动或膨胀，导致扭矩的急剧增加。因此，扭矩的急剧增加可以看作是附加压力的监测器。

(5)摩阻：摩阻定义为钻具处于自由状态下超过钻具重量的额外大钩负荷。摩阻的急剧增加可能预示着钻遇异常高压地层。然而，在地层孔隙压力逐渐增加的地区，如压力过渡带很长或者在浮动式钻井平台上钻井，这时摩阻的压力监测器作用就值得怀疑了。此外，钻头泥包、严重的狗腿度、斜井、压差卡钻和钻进压力过渡带时大量的岩屑进入井筒也会导致摩阻增加。

2)钻井液参数

由于异常高压层异常高的孔隙度和异常高的流体含量，在钻开时必然会引起钻井液中流体特征和一系列物理特性的异常变化。这就为人们判断异常高压的存在提供了依据。根据大量的实践证明，下列参数可以有助于检测到异常高压层的存在。

(1)钻井液气侵：气测录井中的含气异常往往是异常高压层的显示，因此根据钻井液气侵可以预测异常高压的存在，但钻井液气侵受钻进的地质环境和采用的钻井技术影响很大(Fertl，1973；Daw 等，1977)。钻井液中的气侵可能源于油气产层、钻井液添加剂老化、煤层、深层泥火山、断层、循环气、单根气等多个方面，因而查明影响钻井液气侵的主要因素对于异常地层压力的预测和监测至关重要。

(2)钻井液出口密度：油气侵会导致钻井液密度的降低，因此钻井液出口密度可作为检测异常高压是否存在的辅助标志。

(3)井涌：出于对油气层保护和安全施工的需要，平衡钻井技术得以广泛采用。一般情况下，所使用的钻井液密度能够很好地平衡井下地层压力，它们之间的压差常常小于35.2kg/cm²。所以，若发生井涌，则说明地层压力大于钻井液所能平衡的压力，是钻遇高压层的指示标志。

(4)钻井液出口温度：在压力过渡带，地层孔隙压力随深度增加的速度高于正常速度，地层温度的增加也是如此。

压力过渡带具有较低渗透率，有效阻止了下伏异常压力向上传递；同时，它也起到了"隔热板"的作用，阻止了下部热流的传导，使得压力过渡带的温度明显增高。所以，在随钻过程中，可通过监测钻井液的入口、出口温度来识别异常高压的存在。

Lewis 和 Rose(1970)，以基本热流的考虑为基础，提出了一个有关于异常高压和高温的数学模型(Guyod,1946)。在进入异常高压井段之前和(或者)进入异常高压井段时，可以观察到出口温度的变化(图 7-23)。

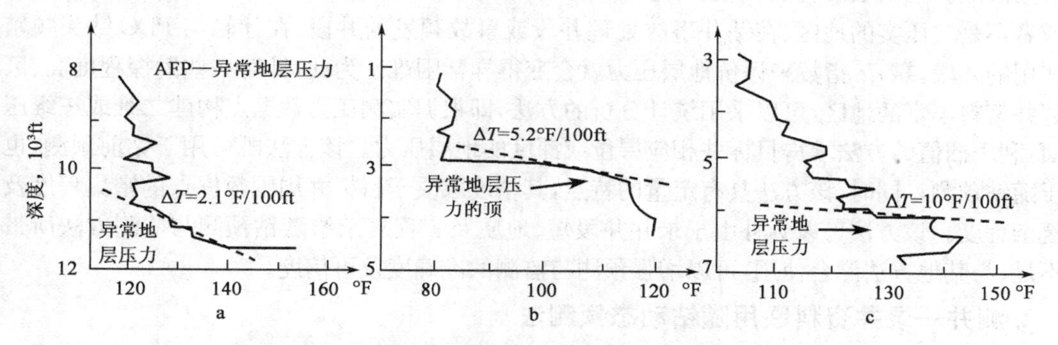

图 7-23　在正常和超压环境中钻井液出口温度随深度的变化(据 Wilson 和 Bush,1973)

(5)氯离子含量：Chilingarian 和 Rieke(1968)、Chilingar 等(1969)、Overton 和 Timko(1969)、Fertl 和 Timko(1970)讨论了在压实和欠压实地层中，地层水矿化度与地层压力之间的关系，从而可以通过入口、出口钻井液中氯化物含量的异常变化，指示地层压力的异常。盐度的异常变化，必然会引起钻井液电阻率的异常变化。

(6)钻井液总池液位和总池体积：异常高压层中异常高的流体含量在异常高的压力作用下进入井筒，必然导致钻井液总池液位的升高和总池体积的增加。

其他特征参数还有重碳酸盐、氧化还原和 pH 值、钻井液出口电导率等。

第四节　异常压力随钻预测方法

异常压力的预测方法按钻探阶段可分为钻前预测方法和随钻预测方法；按方法的性质可分为地球物理方法、工程录井方法、地质录井分析方法；按评价的原理可分为正常压实趋势法和直接压力估算法。

钻前预测主要是依靠地球物理手段，其理论基础是异常压力地层(岩石物性及流体)对地震波速度的影响。随着三维地震技术及近年四分量四维地震技术的出现，对压力预测的可信度逐渐提高，并且可以得到三维压力剖面。

对于随钻预测，其理论基础包括 3 个方面：一是基于压力分布规律，即根据平面上的压力分布或邻井的压力资料进行目标井的压力预测；二是基于压力盖层特征，根据“异常压力流体封存箱”的概念，任何压力必然包含封闭层；三是基于压力过渡带的特征，即录井响应参数在压力过渡带的变化趋势。

一、基于地层压力分布的预测方法

基于地层压力分布规律的预测方法，其可信度主要取决于两个方面：一是数据点的密集程度，数据点越多，预测的可信度越高；二是构造的复杂程度，参考井与目标井之间的构造越单一、断层越少，预测的可信度越高。

1. 地质统计分析方法

地下地质情况千变万化，钻井施工状况也往往不可预测，这些因素都给压力评价方法带来了极大的挑战。如断层发育区，断层对异常压力起到了封堵作用还是泄压作用；在欠压实特征不明显或者不是欠压实的地区、在钻井事故处理井段或事故频发的井段、在牙轮与 PDC 钻头频繁交替使用的井段，靠 *dc* 指数来评价地层压力就会变得异常困难。为此，针对一些勘探程度高、区域及邻井资料丰富的地区，可以采用统计分析的方法，即根据实测压力数据点构建二维或三维压力剖面，利用插值的方法求得目标井相应层位或深度的地层压力。该方法既可用于钻前预测，也可用于随钻预测。同时，该方法具有定量的特点，其精度取决于目标井周围数据点的密集程度及构造复杂程度。该方法可以弥补由于录井井段短、地质及工程复杂给随钻预测与监测方法所带来的不足，与其他方法配合使用，可以增强预测与监测的准确度及可信度。

2. 测井—录井资料联用随钻动态预测法

测井的声波、密度、电阻率等资料在地层压力评价方面具有连续、准确的特点，其中以声波时差曲线最为常用，应用效果也最好。跟 *dc* 指数一样，计算地层压力最常用的方法有伊顿法、等效深度法和反算法。基于测井的声波时差和 *dc* 指数所反映的都是岩层的致密程度，都是借助于趋势线进行地层压力的计算，因为具有很大的相似性，可以将测井、录井资料联用以提高地层压力随钻预测与监测的准确性。

1)曲线处理方法

不管是测井曲线还是录井曲线，都受诸多因素的影响，致使毛刺现象严重。为了消除这种干扰，测井常采用最小二乘滑动平均法和加权滑动平均法进行资料预处理，其中以加权滑动平均法中的五点钟形函数平滑法效果最好。

采用这种处理办法既能消除毛刺的干扰，又能保留曲线的原始变化趋势，得到更加合理可用的压力剖面。图 7-24 是某井处理前、后的 *dc* 指数曲线及压力曲线，可以看出处理后的曲线更加美观、真实。

2)压力计算方法

层速度、*dc* 指数、泥页岩密度、电阻率测井、声波测井、密度测井等基于正常趋势线的地层压力计算方法有很多，常用的有等效深度法、伊顿法、比率法。

(1)等效深度法：是指在不同深度具有相同岩石物理性质的泥岩骨架所承受的有效应力 σ 相等，即每一个欠压实点 A 都有一个对应的正常压实点 B，两点的压实程度相同

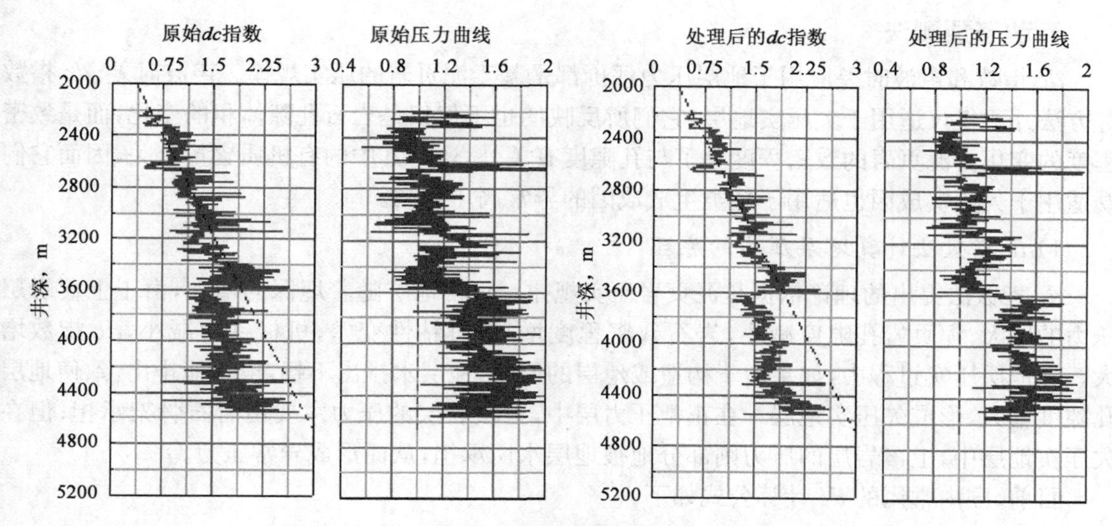

图 7-24 dc 指数的处理

(图 7-25)。点 B 的深度(d_B)被称为等效深度。从点 B 到点 A 的埋藏过程中,由于孔隙中的流体承受着所有增加的上覆压力,所以颗粒之间传递的骨架应力在 A、B 两点保持一致,即 $\sigma_A=\sigma_B$。根据 Terzaghi 公式($p_{ob}=\sigma_z+p_p$),经过推导得出地层孔隙压力的计算公式:

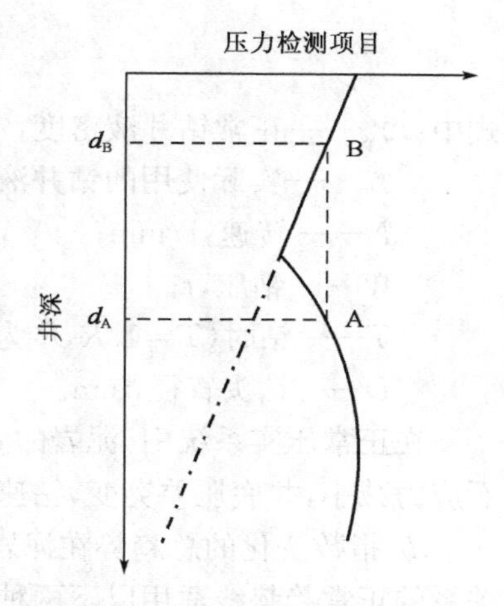

图 7-25 等效深度法原理

$$p_p=G_w d_B+(d_A-d_B)G_o \quad (7-19)$$

式中 p_p——深度 A 点的地层孔隙压力,MPa;

d_A、d_B——A、B 两点的深度,m;

G_w——静水压力梯度,MPa/m;

G_o——上覆压力梯度,MPa/m;

等效深度法可以理解为由于致密层对孔隙压力释放的阻碍作用,使得深部地层承受部分上覆岩层压力,这部分压力正好等于计算深度点到等效深度点之间的这部分地层重量所产生的压力,即$(d_A-d_B)G_o$。

(2)伊顿法:伊顿法的原理是压实参数的实际值和正常趋势线的比率与地层压力的关系,它是由上覆压力梯度的变化决定的。其通用公式为:

$$G=G_o-(G_o-G_w)\left(\frac{X_n}{X_o}\right)^m \quad (7-20)$$

式中 G——孔隙压力梯度,MPa/m;

X_o——压力检测曲线的真值;

X_n——对应压力检测曲线趋势线上的正常值。

(3)比值法:比值法的原理是压实参数的实际值与延伸到同一深度的正常值的比值,它与对应的正常压力和异常压力的比值成正比。实际值与正常值的比值反映了实际值偏离正常值的程度,从而反映出异常压力的幅度。对于实际值小于正常值(如 dc 指数、泥页岩密度、密度测井等)的曲线,比率法的计算公式为:

$$G=G_n\cdot\frac{X_n}{X_o} \quad (7-21)$$

3. 动态预测法

dc 指数和声波时差应用于地层压力评价都是基于泥页岩的压实规律。声波时差、dc 指数等方法并不仅仅适用于欠压实地层,它们所反映的也不仅仅是岩石孔隙体积的变化,而是致密程度的变化。泥页岩的致密程度除了与孔隙度有关外,还与其中的有机质含量有关,因而它们既适用于欠压实成因也适用于烃类生成成因的异常高压预测。

1)dc 指数法计算地层压力的原理

dc 指数法提出的理论依据是泥页岩压实规律。正常地层随着埋深的增加,由于上覆岩层压力的增大,泥页岩孔隙度减小,岩石致密程度增加,可钻性变差,机械钻速减小,dc 指数增大。在地层压实过程中,如果由于构造或地层的原因,地层水排出不畅,或不能排出,致使地层孔隙度增大,形成欠压实地层。在正常压力层中,上覆岩层的压力主要由岩石骨架承担;但在欠压实地层中,上覆岩层的压力则部分地被地层水所承担,从而形成异常压力。

目前,国内常用的 dc 计算公式如下:

$$dc=\frac{\gamma_w}{\gamma_m}\cdot\frac{\log\left(\frac{3.282}{NT}\right)}{\log\left(\frac{0.672W}{D}\right)} \tag{7-22}$$

式中 γ_w——正常钻井液密度,常用地层水密度代替;

γ_m——实际使用的钻井液密度,g/cm^3;

N——转速,r/min;

W——钻压,t;

T——钻时($T=1/R$,R 为机械钻速,m/h);

D——钻头直径,mm。

在正常压实系统中,泥岩的 dc 指数值随埋深增加而增加,但在欠压实的异常高压系统,岩石应力减小,井底压差突变,钻速增加,dc 指数减小,偏离正常压实规律。

dc 指数变化的总趋势在泥岩段为近似的直线,称为正常压实趋势线,建立 dc 指数和深度关系的正常趋势线适用以下两种形式。

直线式:

$$dc_n=aH+b \tag{7-23}$$

指数式:

$$dc_n=10^{aH+b} \tag{7-24}$$

实践表明,采用 dc 指数法计算地层压力以等效应力式效果较好。由于 dc 指数的正常压实趋势线方程的不同,其计算公式也不同。

采用直线方程时:

$$\gamma_p=\gamma_w+(\gamma_o-\gamma_w)(dc_n-dc)/(aH_e) \tag{7-25}$$

采用指数方程时:

$$\gamma_p=\gamma_w+(\gamma_o-\gamma_w)\cdot\lg(dc_n/dc)/(aH_e) \tag{7-26}$$

式中 γ_p——地层当量钻井液密度,kg/kg;

γ_w——正常地层压力当量钻井液密度,kg/kg

γ_o——上覆地层压力当量钻井液密度,kg/kg;

dc_n——测点井深对应正常趋势线上的 dc 值;

a——正常趋势线斜率;

H_e——当量井深,m;

H——测点井深，m；

dc——实际计算 dc 指数值。

除等效深度法外，也可以采用 dc 指数的伊顿法计算地层压力。

2）*声波时差法计算地层压力的原理*

对于沉积压实作用形成的泥页岩，声波时差与孔隙度之间的关系满足 Wyllie 时间平均公式：

$$\phi=\frac{\Delta t-\Delta t_{\mathrm{ma}}}{\Delta t_{\mathrm{f}}-\Delta t_{\mathrm{ma}}} \tag{7-27}$$

式中 ϕ——泥岩孔隙度，小数；

Δt——测点声波时差，μs/m；

Δt_{ma}——泥岩骨架时差，μs/m；

Δt_{f}——泥岩孔隙流体时差，μs/m。

经大量的资料统计知，孔隙度与埋深存在如下关系：

$$\phi=\phi_0\cdot \mathrm{e}^{-CH} \tag{7-28}$$

式中 ϕ——泥岩孔隙度，小数；

ϕ_0——深度为 0 时的地表孔隙度，小数；

C——正常压实趋势线斜率；

H——测点埋深，m。

将式(7-27)代入式(7-28)得：

$$\frac{\Delta t-\Delta t_{\mathrm{ma}}}{\Delta t_{\mathrm{f}}-\Delta t_{\mathrm{ma}}}=\frac{\Delta t_0-\Delta t_{\mathrm{ma}}}{\Delta t_{\mathrm{f}}-\Delta t_{\mathrm{ma}}}\cdot \mathrm{e}^{-CH} \tag{7-29}$$

C 值很小，在有限的深度范围内，$(1-\mathrm{e}^{-CH})$ 很小，$\Delta t_0\times \mathrm{e}^{-CH}\gg\Delta t_{\mathrm{ma}}(1-\mathrm{e}^{-CH})$，式(7-29)可近似地表示为：

$$\Delta t=\Delta t_0\cdot \mathrm{e}^{-CH} \tag{7-30}$$

式(7-30)表明，在正常压实情况下，泥岩的声波时差与其埋深的关系在半对数坐标纸上呈直线关系，直线斜率为 C，截距为 Δt_0。该直线为正常压实趋势线，对于正常压力地层，泥岩的声波时差分布于该直线附近，对于超压地层，其声波时差异常增大，偏离于趋势线的右侧。

在确定了正常趋势线后，采用等效深度法定量计算地层压力。

3）*随钻动态预测法的原理*

该方法的思路是利用声波时差评价地层压力的优势，加强与 dc 指数法的结合，达到地层压力动态预测的目的。该方法分为四步：

①校正测井压力曲线。选择合适的邻井，根据实测压力数据对评价的测井压力曲线进行校正。

如图 7-26 所示，1、2、3、4 是 4 个实测压力点，i 是任意深度的一点，实线表示根据声波时差计算的原始压力曲线，虚线表示校正后所得的压力曲线。设 p' 为评价压力，p 为 p' 所对应的实测值或校正后的值，d 为井深。

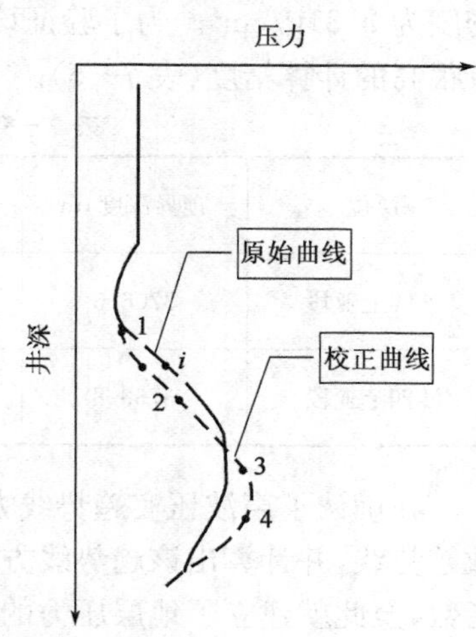

图 7-26 压力曲线的校正

如果把点 1 和点 2 之间的曲线变化近似为直线变化，则评价值和实测值之间的误差与深度成线性分布。由此，可以得到校正后的压力 $p_i(d)$ 的表达式为：

$$p_i(d)=p_i^{'}(d)+(p_1-p_1^{'})+[(p_2-p_2^{'})-(p_1-p_1^{'})]\frac{d-d_1}{d_2-d_1} \tag{7-31}$$

考虑到误差大小受评价值的影响，将评价值的影响引进到式(7－31)中得到新的 $p_i(d)$ 计算式：

$$p_i(d)=p_i^{'}(d)+p_i^{'}(d)\left[\frac{p_1-p_1^{'}}{p_1^{'}}+\left(\frac{p_2-p_2^{'}}{p_2^{'}}-\frac{p_1-p_1^{'}}{p_1^{'}}\right)\frac{d-d_1}{d_2-d_1}\right] \tag{7-32}$$

②建立 dc 指数趋势线。通常来讲，根据声波建立的压实趋势线方程比较可信。因此，在建立 dc 指数的压实趋势线方程时，可以借用声波时差法确定的深度区间，在此区间内建立 dc 指数的压实趋势线方程，也就是建立了 dc 指数的预测模型。

③建立 dc 预测指数曲线。确定了 dc 指数的趋势线，也就知道了每一深度点所对应的 dc_n。将由式(7－31)或式(7－32)中所得到的地层压力代入式(7－25)和式(7－26)中的任意一式，就可以算出一个新的 dc 指数曲线。

④地层压力动态预测。对于正钻井，将实际 dc 指数与预测 dc 指数实时进行比较，若两者差别较小，就可以用来预测未钻开地层的压力；若两者差别很大，则需调整 dc 指数趋势线方程，使之与实际的 dc 指数吻合，从而就可达到压力随钻预测的目的。

4)应用实例

选取 B437 井为模型井，因为该井的测井资料、分层数据、钻录井资料齐全。首先提取该井的泥岩声波曲线，结果如图 7－27 所示。根据全井段的分析，从 Ng 开始往下的地层为一套压力系统，因此可以确定正常压实趋势线的上界，其下界线在 Ed 附近，求得该井的压实趋势线方程，并采用等效深度法计算了该井的压力系数，选取的参数有水密度为 1.05g/cm^3，岩石密度为 2.31g/cm^3。为了验证该井压实趋势线是否正确，与实测资料进行了对比，结果显示具有很高的计算精度(表 7－5)。

表 7－5　B437 井的实测压力系数与实算压力系数

层位	顶界深度，m	底界深度，m	静压，MPa	实测压力系数	计算压力系数
沙四上亚段	3706.6	3725.3	54.88	1.47	1.45
沙四上亚段	3769.8	3786.6	55.82	1.47	1.44

在确认了声波压实趋势线方程后，就可以在该正常压实段内确定由钻井资料计算的 dc 指数趋势线，并计算出该趋势线方程(图 7－28)，然后根据等效深度法计算出来的压力计算出 dc 指数，至此就建立了地层压力的预测模型。

为了检验压力预测模型的正确性，选取了与 B437 井同一区块的 B438 井、B439 井和 B682 井(图 7－29)，这 4 口井分布于同一构造的不同部位。从 B438 井的钻进监测模拟情况来看(图 7－30)，由该井钻井资料计算的 dc 指数与异常压力预测模板有些出入，但可以在监测过

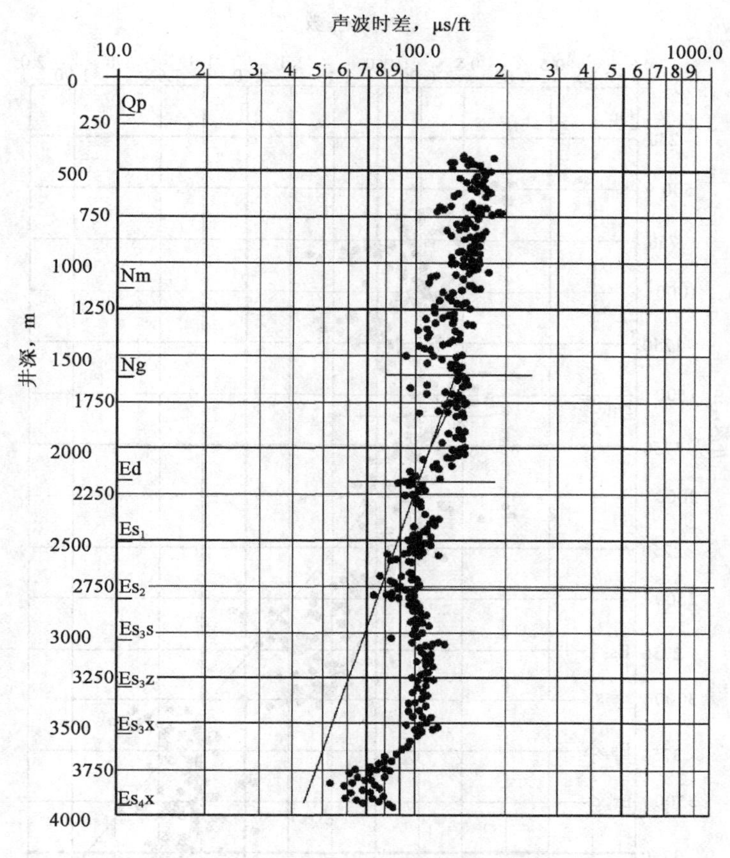

图 7-27　B437 井声波压实曲线

程中左右调整异常压力预测模板，使之与正钻井的 *dc* 指数吻合。从最后的模拟结果来看，由预测压力反算的 *dc* 指数与由 B438 井钻井参数计算的 *dc* 指数趋势比较一致。

图 7-30 中正常压实趋势线左侧近似平行的线为几组 0.1 间隔的压力系数等值线，便于对预测模型的实时修正。

图 7-31 和图 7-32 为 B439 井和 B682 井的随钻监测结果。其中，B439 井的监测效果最为理想，B682 井中由钻井参数计算的 *dc* 指数在 2700m 至 3000m 的井段和 3450m 至 3700m 的井段发生了漂移，这可能是由钻头因素引起的，但与预测压力计算的 *dc* 指数吻合。可见，采用反算 *dc* 指数的方法可以进行随钻监测，并能取得良好的预测效果。

二、基于压力盖层的预测方法

Martinsen(1994)对异常地层压力体系的特征进行了系统总结，指出了正常压力与异常压力之间为过渡带。过渡带可以缺失，形成突变式；或者较厚，形成渐变式。前已述及，笔者将突变式的过渡带称为压力盖层。这种情况下的异常高压预测难度大，对钻井安全的危害也更大。因此，对压力盖层的识别非常关键。常见的盖层有泥岩、页岩、蒸发岩(膏岩、盐岩)及致密灰岩。通常，盖层岩石的粒度越小、黏土矿物含量越高、成岩程度越强、厚度越大、盖层的吸附阻力越大，盖层的封闭能力就越强。

通过对中国东西部地区异常高压地层的分析可以看出，压力盖层通常具有泥质含量高

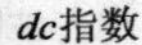

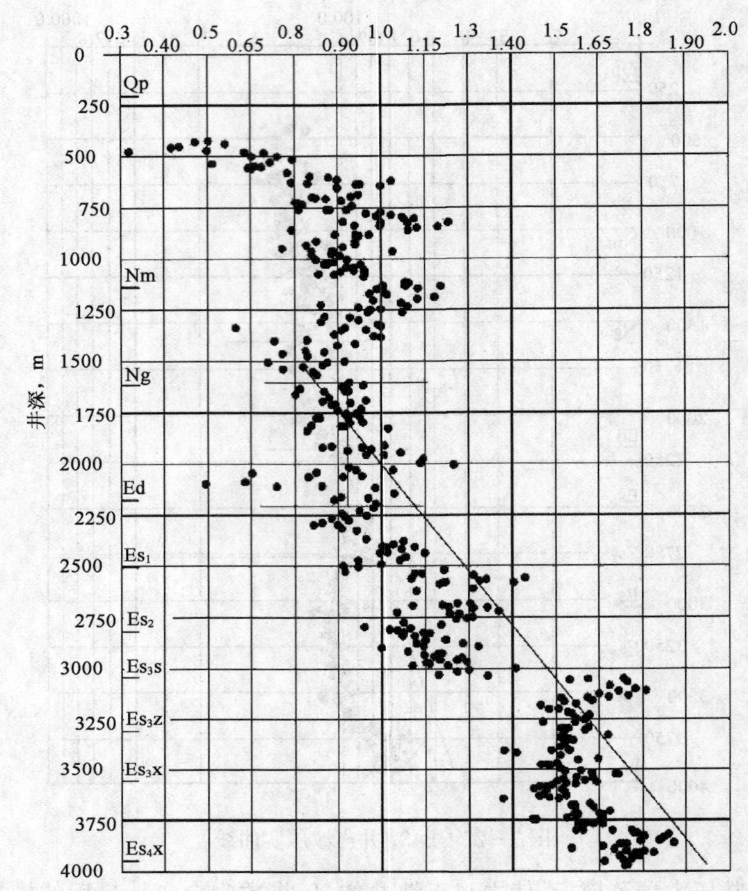

图 7－28　B437 井 *dc* 压实曲线

图 7－29　模型井与试验井的位置

(图 7－33)、盐度高(图 7－34)的特征。

1. 泥质含量录井

通过图 7－33 可以看出，压力封闭层具有稳定的高泥质含量特征，而异常高压带内的泥质含量则极不稳定。因此，可以通过随钻检测岩屑中的泥质含量有效识别压力盖层。

针对 PDC 钻头、欠平衡钻井、空气钻井条件下岩性识别难而发展起来的石油 X 射线荧光岩屑分析仪，为泥质含量的随钻检测提供了可靠的技术支撑。该项技术是将岩石地球化学组成测定办法应用于随钻录井，分析岩屑混合样中的 Si、Al、Fe、Ca、K、Mg、Ti、P、Mn、S、Ba、Cl 共 12 种元素，可以通过计算泥岩指数代替泥质含量的分析。

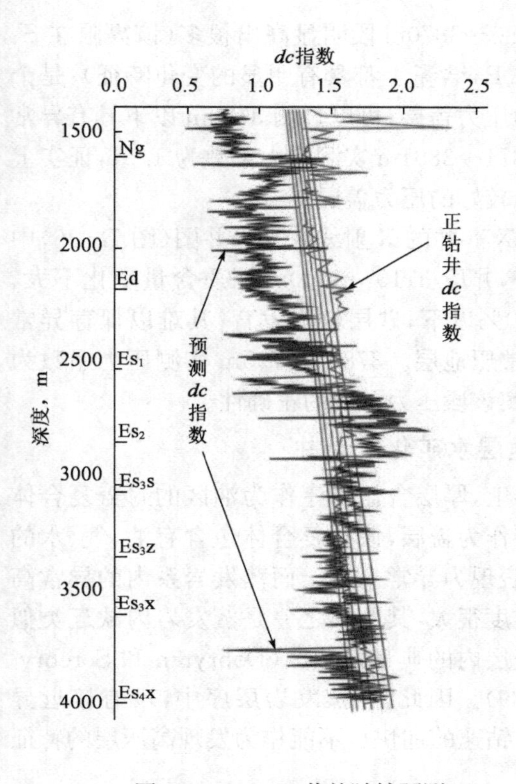

图 7－30　B438 井的随钻预测

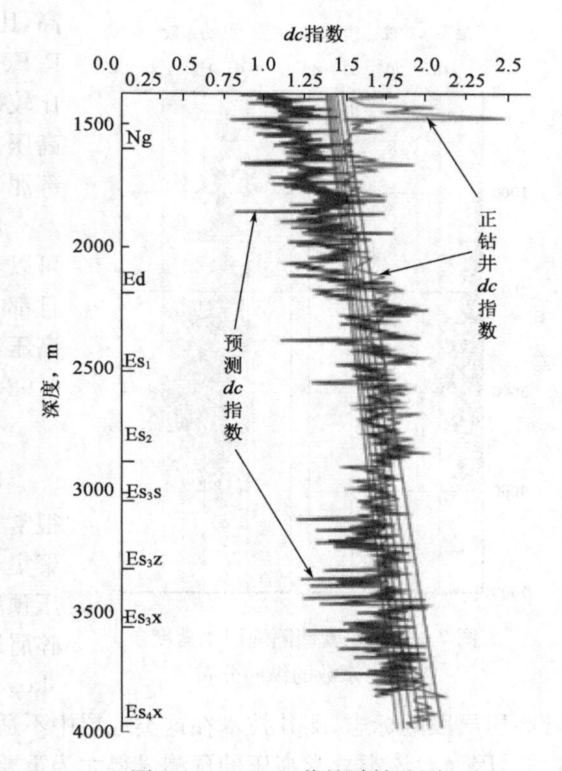

图 7－31　B439 井的随钻监测

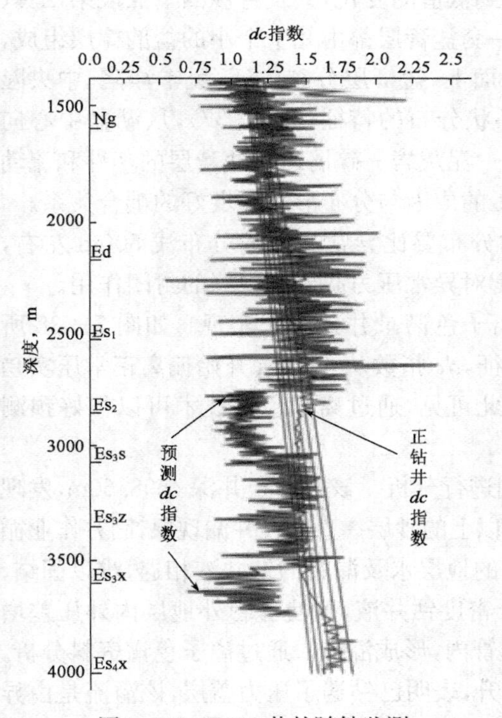

图 7－32　B682 井的随钻监测

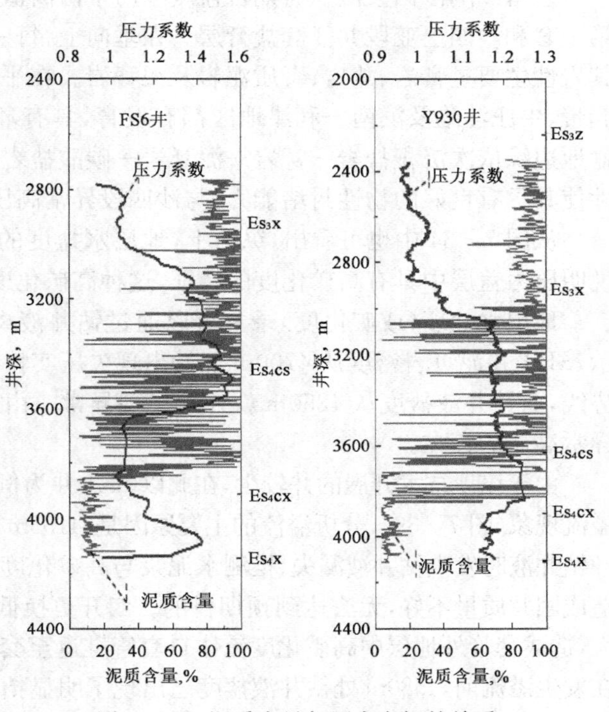

图 7－33　泥质含量与压力之间的关系

从 B440 井的 X 射线荧光录井图(图 7－35)上可以看出，井段 3715～3780m 泥质含量较

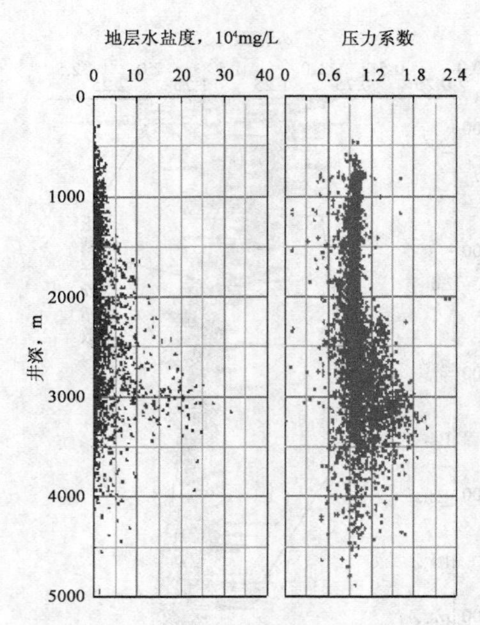

图 7－34 东营凹陷地层水盐度及压力系数的纵向分布

高，比 3780～3870m 段明显高出很多(该界限在 S、P、Fe、Ca、Ba 含量上都具有明显的变化特征)，是个比较好的压力盖层，可以预测 3780m 以下具有异常高压。3871～3891m 实测压力系数为 1.51，证实上部泥岩为较好的压力盖层。

从 LX78 井的 X 射线荧光录井图(图 7－36)中可以看出，井段 3710～3840m 泥质含量变化不大，且都在 60%以下，砂层较为发育，其难以保存异常高压，为常压地层。3787～3795m 实测压力系数为 0.92，证实该段压力预测的正确性。

2. 地层水矿化度录井

世界上，厚层含盐层序作为油区的封盖复合体很常见。作为盖层，该类复合体包含有油、气、水的聚集，常表现为异常高压。而蒸发岩系内的异常高压预测难度很大，其原因之一是蒸发岩内缺乏类似碎屑岩盖层内的典型过渡区(Dobrynin 和 Serebryakov，1989)。因此，在蒸发岩层序中，没有接近异常高压层段的标志，测井技术在这类地层中不适用；钻速的加快也不能作为发现高压层的特征标志，因而对该类异常高压的预测显得尤为重要。

东营凹陷沙四段沉积时期古盐度经历了由高值到低值的变化，共发育沙四下亚段第二套、第一套和沙四上亚段共 3 套盐膏层。在垂向上，每一套盐膏层都由几十个小的盐韵律层组成，其岩性主要是膏岩、盐岩、膏质泥岩及泥膏岩。在平面上，盐膏层分布广泛，民丰洼陷、中央隆起带、牛庄洼陷及滨南—利津地区都有发育，具有环状分布的特征(图 7－37)，从湖盆中心向盆地边缘依次沉积盐岩—膏岩—泥膏岩—碳酸盐岩—泥灰岩—碎屑岩。盐膏层的塑性和流动性使其具有良好的物性封堵能力，与沙四段异常高压的成因与分布形成了良好的耦合关系。

从图 7－34 中也可看出，纵向上，地层水盐度的分布要比异常高压的分布浅 500m 左右，说明压力盖层中具有高矿化度的特征，这种高矿化度对异常压力起到了很好的封闭作用。

地层水盐度(或矿化度)录井可以通过钻井液离子色谱录井技术来实现。如图 7－38 所示，SH1 井泥页岩密度从 4700m 开始出现欠压实特征，*dc* 指数从 4550m 开始偏离正常压实趋势线，而钻井液盐度从 4250m 就开始出现异常。由此可见，通过离子色谱技术可以很好预测异常高压的存在。

由于该项技术开展的井较少，在此以 SK1 井为例进行分析。该井钻至井深 4598.60m，发现溢流现象(图 7－39)，分析溢流的主要原因是：4155m 以上的砂层一直存在井漏现象，固井作业循环钻井液时发生钻井液漏失，推测水泥浆与高矿化度的地层水及漏失的钻井液相遇，难以固结，造成固井质量不好，无法达到预期目的。四开更换低密度钻井液，致使套管外地层内外压差增大，造成套管外地层中高矿化度流体自套管鞋返至套管内，形成溢流。通过离子色谱资料分析，在发生溢流前，4580m 处钻井液盐度已出现了明显抬升，表明已钻遇了压力盖层，该溢流是由异常高压层引起的。对井段 4673.83～4733.00m 采用裸眼测试工具进行中途钻杆测试，用改进的等轴双曲线法求得地层压力为 59.76MPa，压力系数为 1.30，证实该层为异常高压系统。

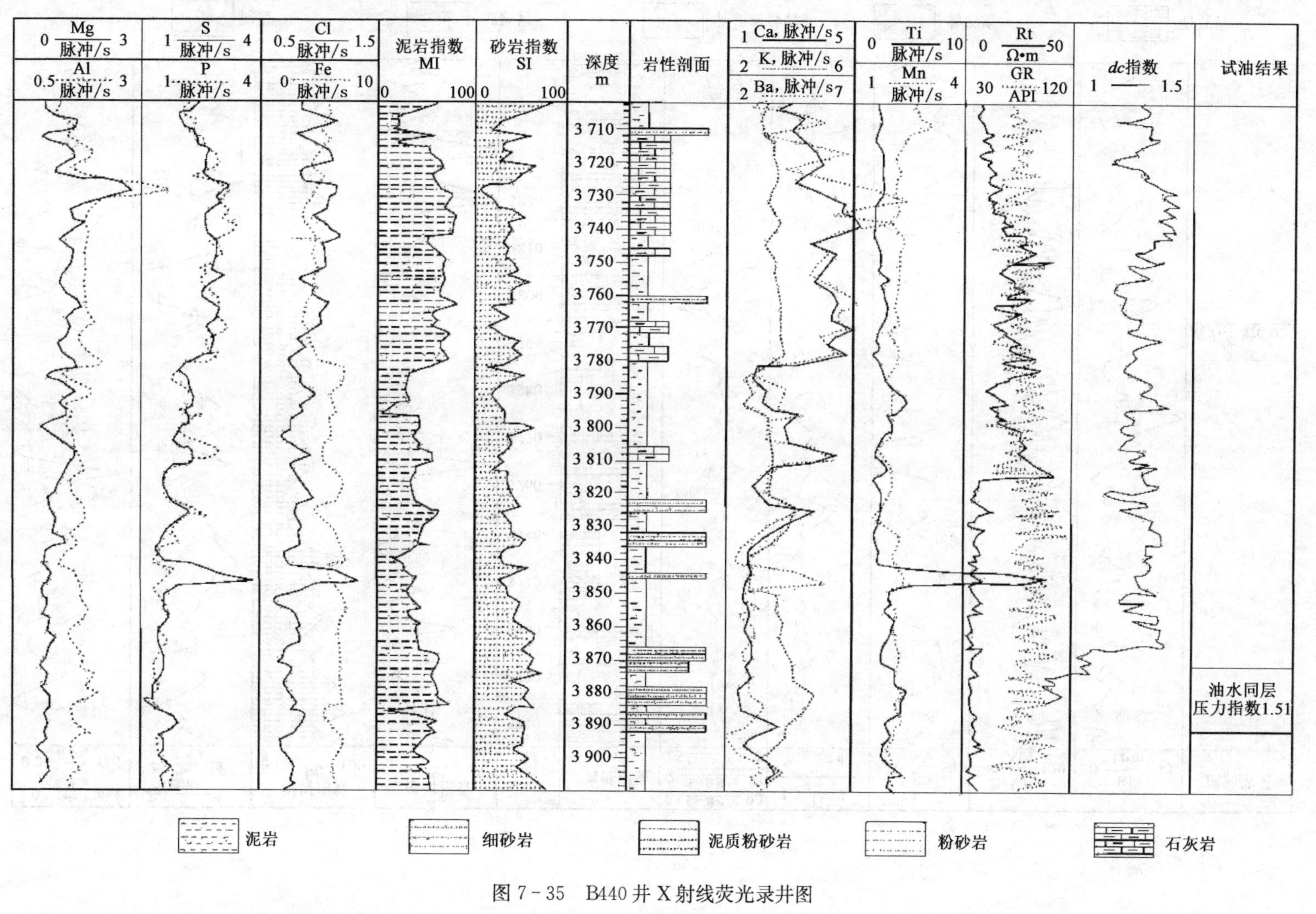

图 7-35　B440 井 X 射线荧光录井图

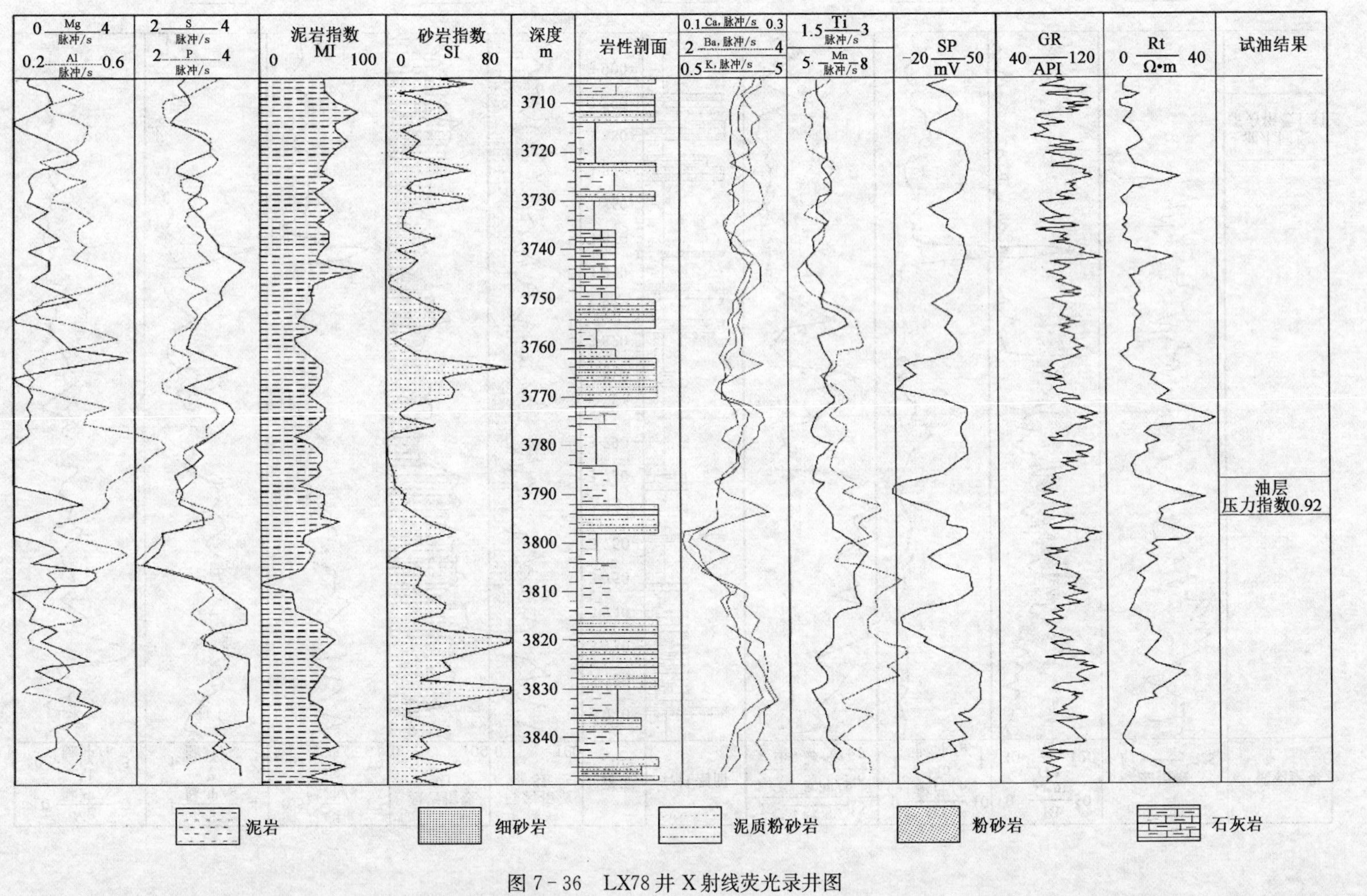

图 7-36 LX78井X射线荧光录井图

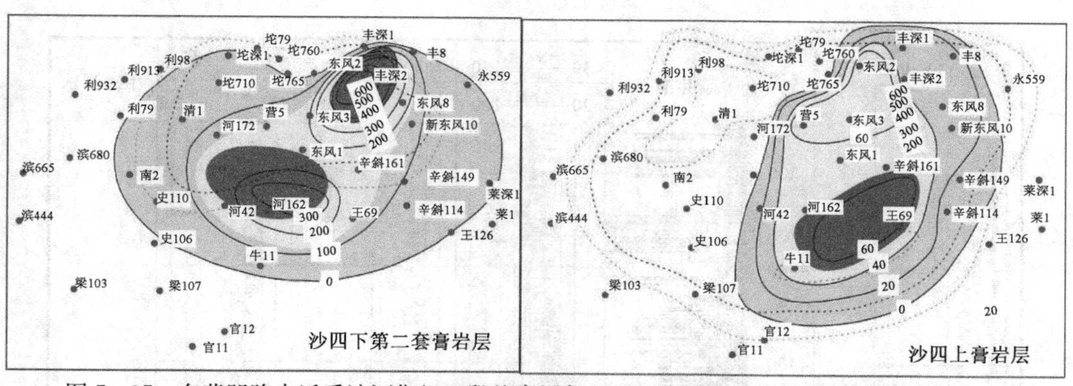

图 7-37　东营凹陷古近系沙河街组四段盐膏层与地层压力平面分布特征(据刘晖等,2009)

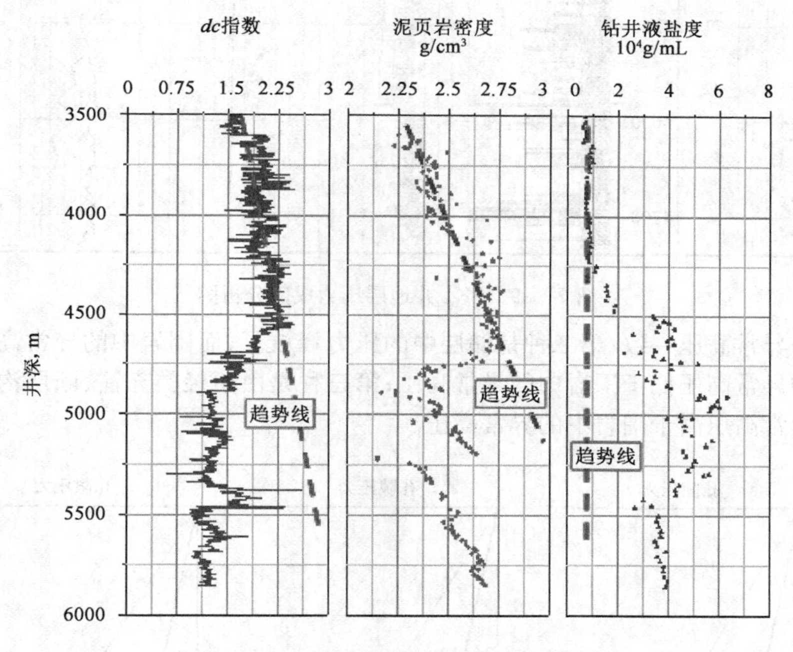

图 7-38　SH1 井地层压力随钻评价图

三、基于压力过渡带的预测方法

异常压力系统的基本要素包括:压力封闭层、异常压力仓(高压仓或低压仓)、异常压力仓内流体和流体输导通道。异常压力仓既可以是以低渗透性岩性为主的岩石,如以泥岩为主的超压或低压系统;也可以是有相对好的水力连续性和较高孔隙度及渗透率的岩石,如砂岩储层超压或低压系统,或者砂泥岩互层。对于高压仓而言,前者可称其为非渗透性异常高压,后者可称其为渗透性异常高压。非渗透性异常高压无法直接测得,只能通过间接的方法计算得出,甚至有些学者对其是否存在提出质疑,这类异常高压对于钻井的危害甚少;渗透性异常高压可以通过测试手段直接获得压力数据,基于其对钻井的危害更为严重,所以压力预测更关注的是储层中的异常高压。

围岩中的异常高压构成了压力过渡带,正是它的存在,才使得随钻定量预测成为可能。储层中的异常高压与围岩中的异常高压有 3 种接触关系(图 7-40)。第一种是储层中的异常高

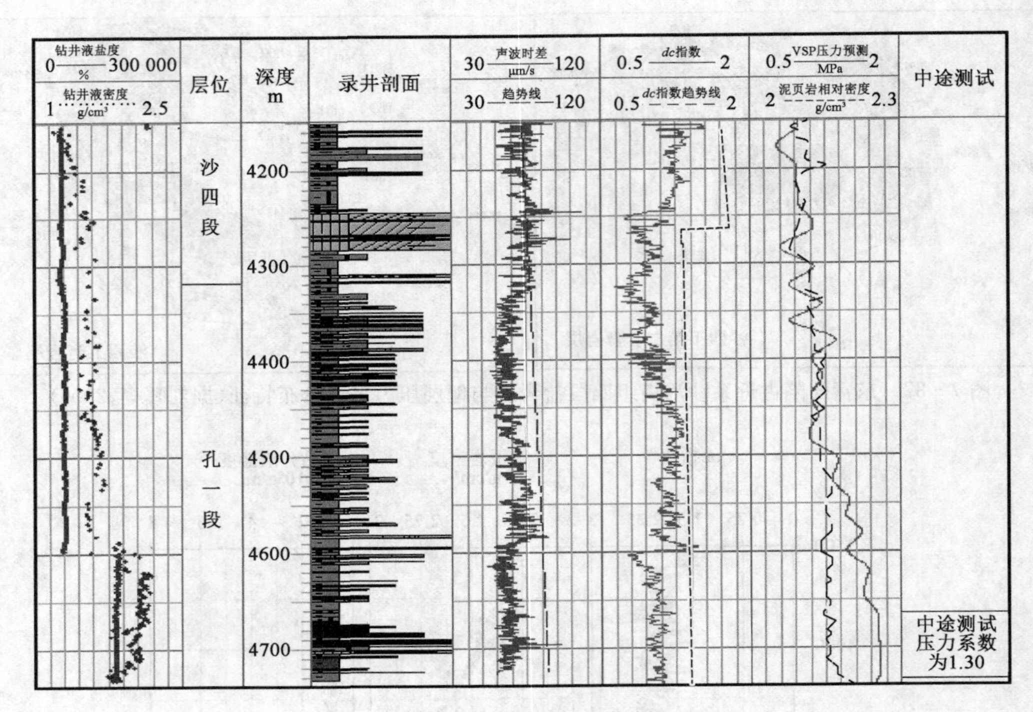

图 7-39　SK1 井地层压力成因分析图

压与围岩中的异常高压一致；第二种是储层中的压力释放了，而围岩中的异常高压依然存在，导致储层中的异常高压低于围岩中的异常高压；第三种是由于烃类充注、断层沟通等作用，导致储层中的异常高压高于围岩中的异常高压。

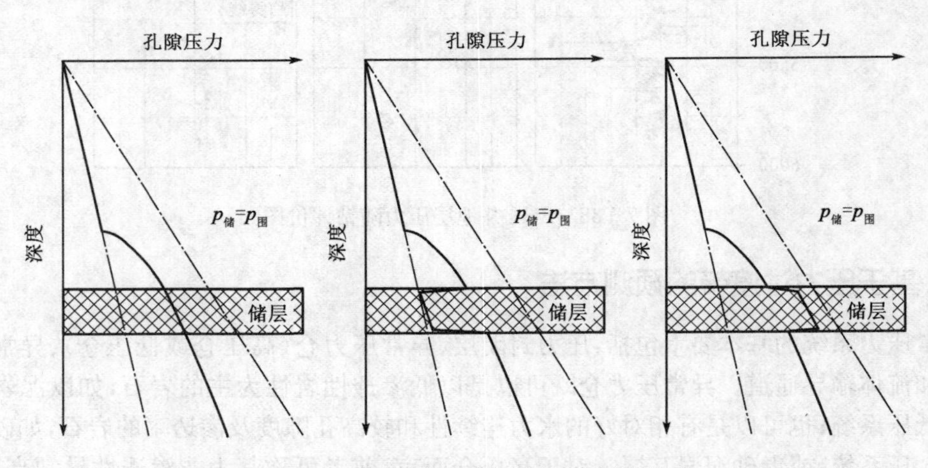

图 7-40　储层超压与围岩超压之间的关系

通过对东营凹陷的研究，沙三段、沙四段存在 3 套压力系统。在多个压力封存箱的组合中，Powley(1990)和 Hunt(1990)用“封闭层”来分隔两个或两个以上的高压仓。基于围岩和储层中异常高压的 3 种接触关系，压力封存箱有两种组合关系(图 7-41)。第一种是两个相邻的高压仓共用一个封闭层(图 7-41a)；第二种是由于压力输导体的存在，将异常高压体分隔为次级的高压仓(图 7-41b)。

压力成因、压力系统、钻井工艺的复杂性、多样性给地层压力的随钻预测带来了很大困难。

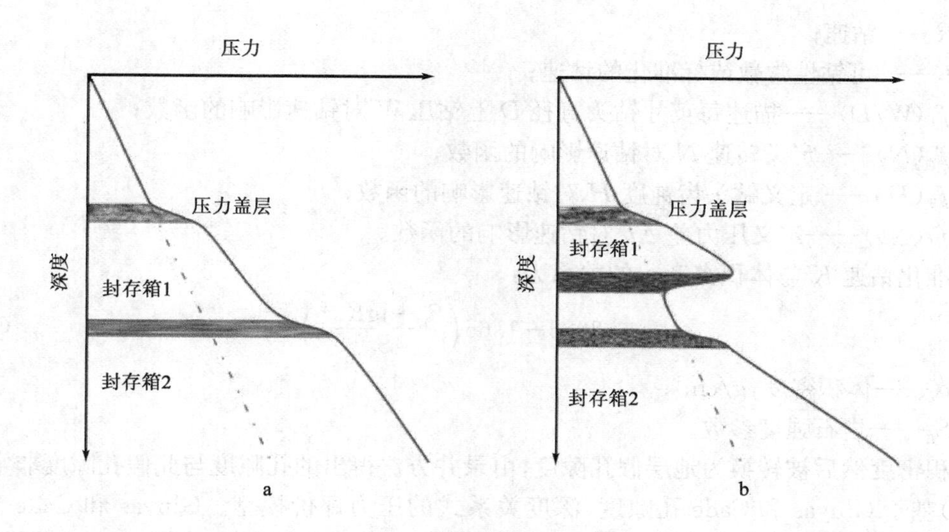

图 7-41　超压封存箱的组合模式

在 LWD、MWD、SWD、PWD 等技术在国内没有普及的情况下，主要还是依靠录井手段来进行地层压力的随钻定量预测。其预测的依据是正常沉积地层随埋深增加而发生规律性变化的特征参数，根据偏离趋势线的程度或钻井液与地层压力的平衡情况进行定量预测。一般情况下认为，储层中的异常高压与其顶界围岩中的异常高压是一致的。结合地震剖面及上覆烃源岩的分析指标、气测参数，对储层中的异常高压会高于还是低于围岩中的异常高压进行预测。

1. 岩石孔隙体积变化成因的压力预测方法

基于岩石孔隙体积变化成因的异常高压包括 3 类：一是欠压实；二是侧向构造挤压（盐丘底辟等）；三是次生胶结作用。第一类表现为孔隙体积的增大，致密程度的降低，可钻性的提高；第二类、第三类则表现为孔隙体积的减少，致密程度的增高，可钻性的降低。因而，凡是能够反映这些特征变化的录井参数都可用于异常压力的随钻预测。

1）核磁共振录井法

用于地层压力评价的常规测井曲线原则上是基于欠压实的成因机理，但电性的影响因素是多种多样的，电阻率并不只反应孔隙度的变化，它除了受岩性影响外，还受地层水矿化度的影响；声波时差和密度也不仅仅反应孔隙度的变化，它还受基质矿物、天然裂缝、钻井诱导缝、有机质含量及含气的影响。由于影响因素的不同，会导致不同测井曲线对地层压力的解释和评价不一致。*dc* 指数也一样，地层的可钻性并不仅仅与地层的孔隙度有关，裂缝的存在、有机质含量的增高也会导致 *dc* 指数的降低。

核磁共振录井资料能够有效去除地层水矿化度、裂缝、基质、有机质等因素的影响，真实地反映地层的毛管束缚水、黏土束缚水和可动流体含量等，因而是评价基于岩石孔隙体积变化成因的异常压力最直接、最有效的方法。其实，早在 20 世纪 70 年代 Zoeller（1970）和 Boone（1972）就已将孔隙度资料应用于地层压力评价。有几种模型建立了压力特性和钻井参数之间的联系，并提供了地层类型、孔隙度和地层孔隙压力变化的早期预测。

（1）基于 Bourgoyne 钻井变量和钻井特性通用方程的评价模型。Bourgoyne（1971）提出了一个包括各种可控钻井变量和钻井特性的通用方程：

$$R=K\cdot f_1(W/D)\cdot f_2(N)\cdot f_3(H)\cdot f_4(\Delta p) \tag{7-33}$$

式中　R——钻速；

K——可钻性常数或标准化的钻速；

$f_1(W/D)$——描述每英寸钻头直径 D 上钻压 W 对钻速影响的函数；

$f_2(N)$——定义转速 N 对钻速影响的函数；

$f_3(H)$——定义钻头齿钝度 H 对钻速影响的函数；

$f_4(\Delta p)$——定义压力差 Δp 对钻速影响的函数。

标准化钻速 K 与体积密度 ρ_b 的关系为：

$$\rho_b = 2.65 - 1.65\left(\frac{S_g + \lg K^{-6}}{S_g}\right) \tag{7-34}$$

式中　ρ_b——体积密度，g/cm³；

S_g——岩石强度参数。

体积密度然后被转换为地层假孔隙度，由录井方法得出的孔隙度与此假孔隙度非常接近。

(2)基于 Gluyas 和 Cade 孔隙度、深度关系式的压力评价模型。Gluyas 和 Cade 于 1977 年指出，在正常压力梯度条件下，干净的、刚性颗粒的砂岩，其孔隙度与深度的关系是：

$$\phi = 50\exp\left(\frac{-10^{-3}d}{2.4 + 5\times10^{-4}d}\right) \tag{7-35}$$

式中　ϕ——孔隙度，%。

此处假定砂岩的初始孔隙度为 50%。用有效埋藏深度 d' 代替上式中的深度 d，就可以得出异常高压条件下，干净的、刚性颗粒砂岩的孔隙度随深度的变化关系：

$$\phi = 50\exp\left(\frac{-10^{-3}d'}{2.4 + 5\times10^{-4}d'}\right) \tag{7-36}$$

有效埋藏深度 d' 可由下式得出：

$$d' = d - \frac{p}{(\rho_r - \rho_w)g(1-\phi_z)} \tag{7-37}$$

式中　ρ_r——(有代表性的)岩石的密度，取 2650kg/m³；

ρ_w——(有代表性的)水的密度，取 1050kg/m³；

g——重力加速度，为 9.8m/s²；

ϕ_z——超负荷下的平均孔隙度，为 0.2；

p——孔隙压力，MPa。

欠平衡压实和构造挤压成因的异常高压在中国分布普遍。欠平衡压实成因的异常高压段常具有明显的高孔隙度特征，构造挤压成因的异常高压段具有明显的异常低孔隙度特征。因此，根据上述模型，在核磁录井孔隙度的基础上，可实现对异常高压的随钻预测。

总孔隙度，尤其是束缚孔隙度更能反映欠压实的特征，用于地层压力的随钻预测也更为准确。如 FS6 井 3400～3560m 井段的泥岩具有明显的总孔隙度和束缚孔隙度高异常，而有效孔隙度则没有异常或不明显，说明该段地层具有明显的欠压实特征，为异常高压层段。3560～3800m 为砂泥岩互层段，各类孔隙度均没有异常，为正常压实段；3800～4120m 为砂砾岩体段，总孔隙度、有效孔隙度、束缚孔隙度均比泥岩段的高，这主要是由岩性引起的，并非欠压实，仍为常压地层。这比斯伦贝谢测井评价的地层压力要准确得多(图 7-42)。由此可见，利用核磁共振录井资料能够准确监测地层压力。一般束缚孔隙度高、有效孔隙度低的层段为欠压实；束缚孔隙度和有效孔隙度均低的为正常压实段；束缚孔隙度低而有效孔隙度高的为次生孔隙发育段；束缚孔隙度和有效孔隙度均高的为储层段。

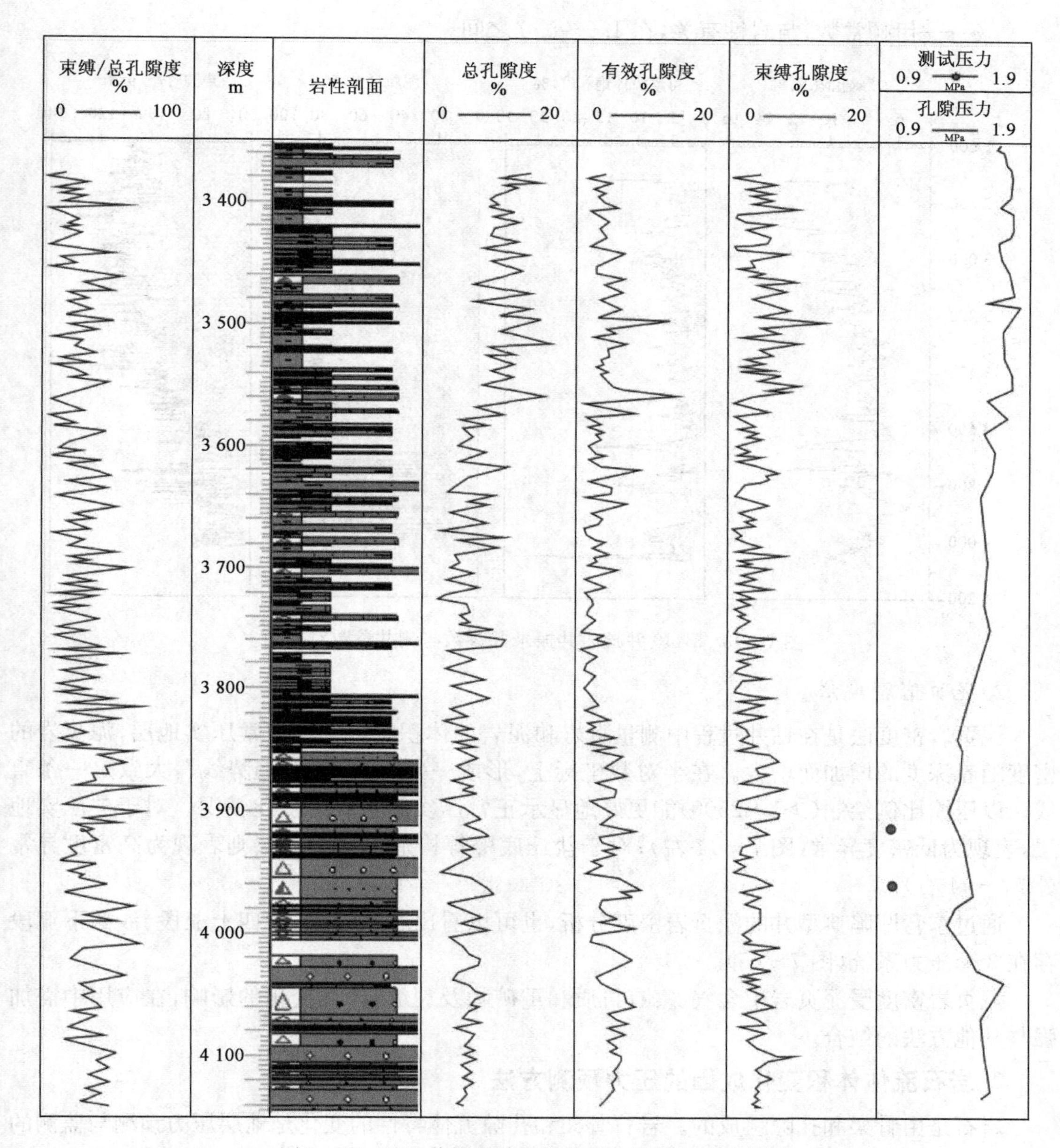

图 7-42　FS6 井核磁共振孔隙度与地层压力曲线图

为了验证这种方法，对 B440 井的泥岩岩屑进行了系统取样，并做核磁共振录井分析。从孔隙度及可动流体饱和度曲线图上可以看出，在 3650～3830m、3940～4070m 存在两段明显的欠压实特征，这在测井泥质含量及声波时差等曲线上表现为完全一致的响应特征(图 7-43)。除了上述模型外，同样可以采用伊顿法和等效深度法进行地层压力的计算。如东营凹陷的地层压力用伊顿法可表示为：

$$G=G_{o}-\left[G_{o}-G_{n}\times\left(\frac{\phi_{nmm}}{\phi_{nmr}}\right)^{e}\right] \tag{7-38}$$

式中　ϕ_{nmm}——孔隙度趋势线上的值%；

ϕ_{nmr}——对应深度上的核磁录井孔隙度，%。

e——伊顿常数，与岩性有关，在 1.2～5.0 之间。

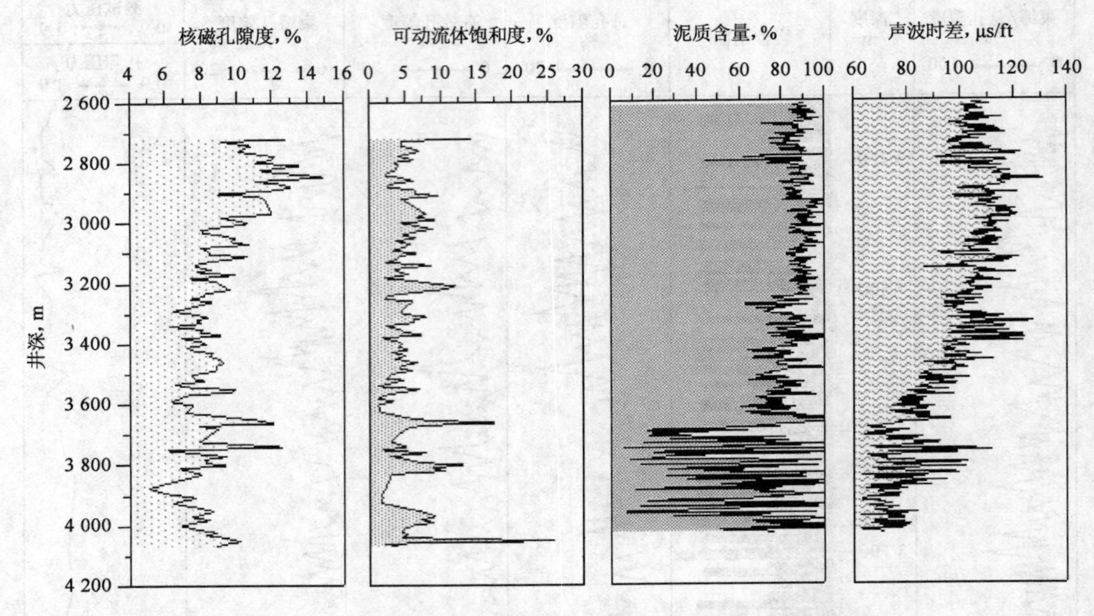

图 7-43　B440 井核磁共振录井参数与测井参数对比图

2）泥页岩密度法

泥页岩密度法是在钻井过程中测量页岩和泥岩的体积密度。在正常压实地层，泥页岩的密度随着深度的增加而增大。在半对数坐标上，形成一条"正常压实趋势线"，大致是一条直线。以压缩比例绘制（>1：2500）能更好地显示正常压实趋势线的变化情况。对于欠压实地层，表现为低密度异常（图 7-44 左）；对于盐丘底辟等构造挤压的地层则表现为高密度异常（图 7-44 右）。

通过东营凹陷典型井的泥页岩密度分析，也可以看出在沙二段、沙四上亚段、沙四下亚段存在 3 套压力系统（图 7-45）。

泥页岩密度受泥页岩中含气、富有机质和重矿物及裂缝、岩性变化的影响，在应用中需加强与其他方法的结合。

2. 岩石流体体积变化成因的压力预测方法

岩石是由骨架和孔隙组成的。岩石骨架和孔隙流体特性的变化是地层压力预测与监测的主要对象。通过录井手段随钻监测孔隙流体体积的变化及孔隙流体性质的变化，使可达到地层压力实时预测的目的。孔隙流体包括油、气、水。加强烃源岩有机质含量、钻井液中烃类和矿化度录井是搞好该类成因异常压力预测的主要手段。

1）烃源岩参数法

生烃作用是主要的异常高压成因机制，据文献不完全统计，全球范围内生烃作用及其他成因机制联合作用的异常高压占 66.6%，在中国占 48.2%。烃类生成是有机质热演化的自然结果。有机质大量生气可以导致流体体积的明显增大，Meissner（1978）和 Ungerer 等（1983）的计算表明，当Ⅱ型烃源岩镜质组反射率（R_o）达到 2%时，生气引起的体积膨胀可以达到 50%～100%。因此，烃源岩的大量生气作用被普遍认为是产生异常高压的重要机制。

烃类生成包括两个层次，一是从成熟的干酪根中生成油或气；二是从石油和沥青裂解生成

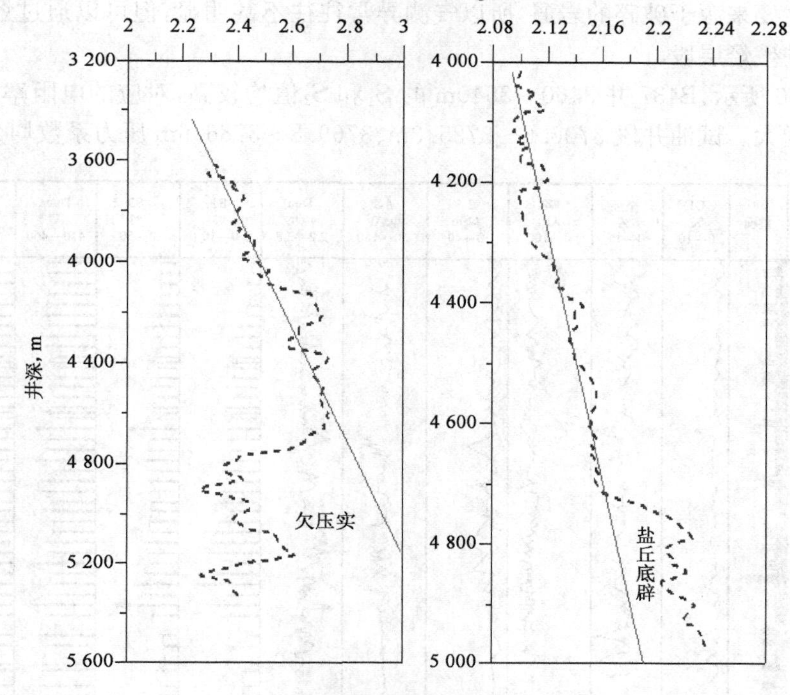

图 7-44　泥页岩密度图

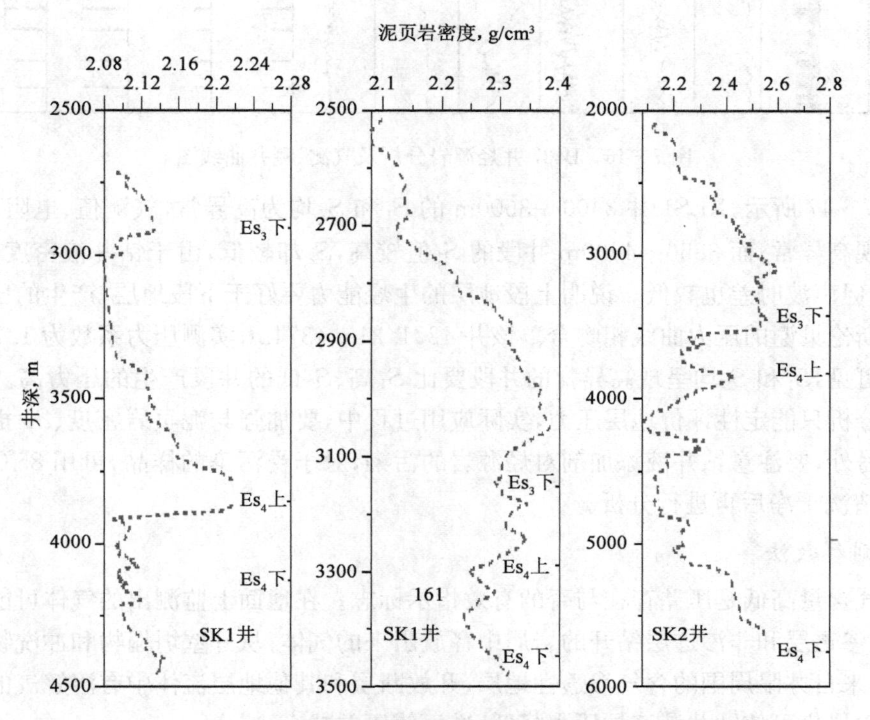

图 7-45　东营凹陷典型井沙三段、沙四段泥页岩密度图

气。对于第一个层次的生烃作用而言，由于泥质岩具有低孔低渗的特点，其中的烃类难以进入井筒，气测值主要来源于破碎的岩屑，所以气测异常往往不甚明显，但可以通过烃源岩分析参数，识别有效的生烃层段。

如图 7-46 所示，B437 井 3460～3540m 的 S_1 和 S_2 值均较高，对应的电阻率升高、密度降低、声波时差增大。试油井段 3706.6～3725.3m、3769.8～3786.6m 压力系数均为 1.48。

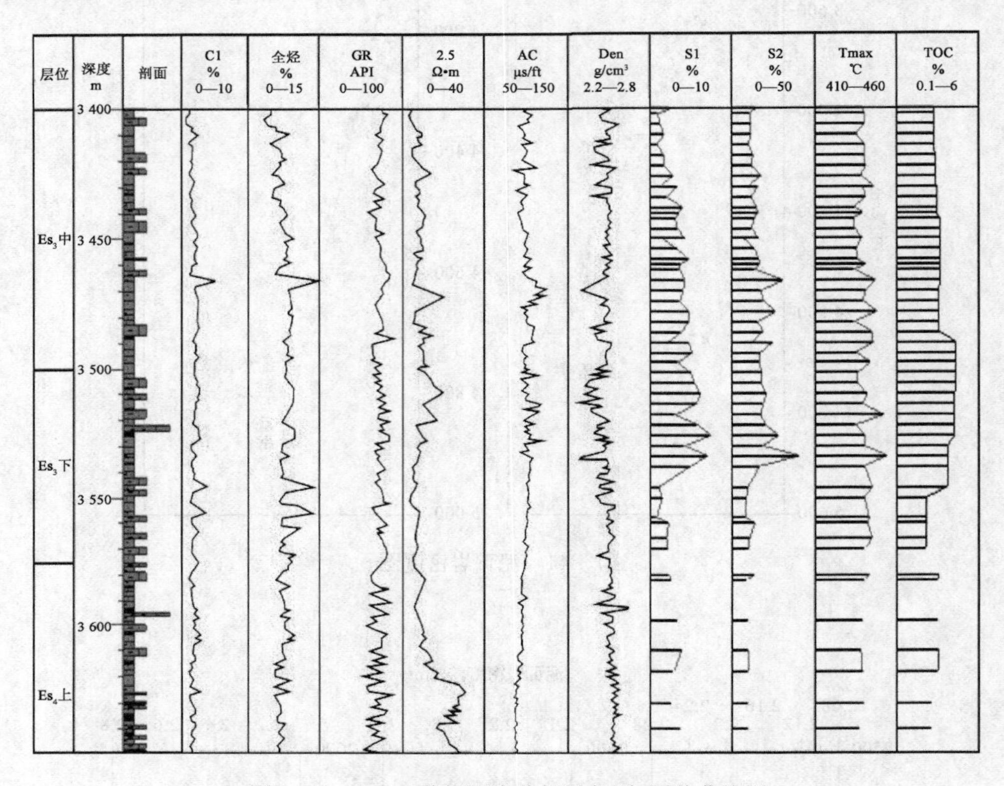

图 7-46　B437 井烃源岩分析及气测、测井曲线图

如图 7-47 所示，XLS1 井 3400～3600m 的 S_1 和 S_2 均为高异常，气测值、电阻率、声波时差也均出现高异常；而 3850～4300m 井段的 S_1 值较高，S_2 却较低，由于钻井液密度的提高，气测值较低，但声波时差也较低。说明上段地层的生烃能力要好于下段地层，产生的压力也是如此。这与斯伦贝谢的压力曲线相吻合。该井 4271.21～4374m，实测压力系数为 1.71。

由此可见，S_1 和 S_2 均呈现高异常的井段要比 S_1 高、S_2 低的井段产生的压力高。单纯根据烃源岩的分析只能定性评价地层压力，实际应用过程中，要加强与泥页岩密度、dc 指数等方法的结合。另外，要注意钻井液添加剂对烃源岩的污染，对于受污染的样品，可用 85℃开水浸泡 3～5min，清洗干净后再进行分析。

2）气测参数法

钻井气含量高低是压差存在与否的有效指示标志。在地面上监测出的气体可能有以下几个来源：在渗透层和非渗透层钻开的岩屑中释放出来的气体；从井壁坍塌物和冲洗物中释放出来的气体；来自井眼周围的含气渗透性地层、开放断层和其他地层流体中有溶解气的地层。气体在井眼中聚集可使钻井液液柱压力降低，进而使压差减小。

在正常钻井过程中，地面监控设备能录取一条相对平稳的、从钻井液中脱出的气体曲线。

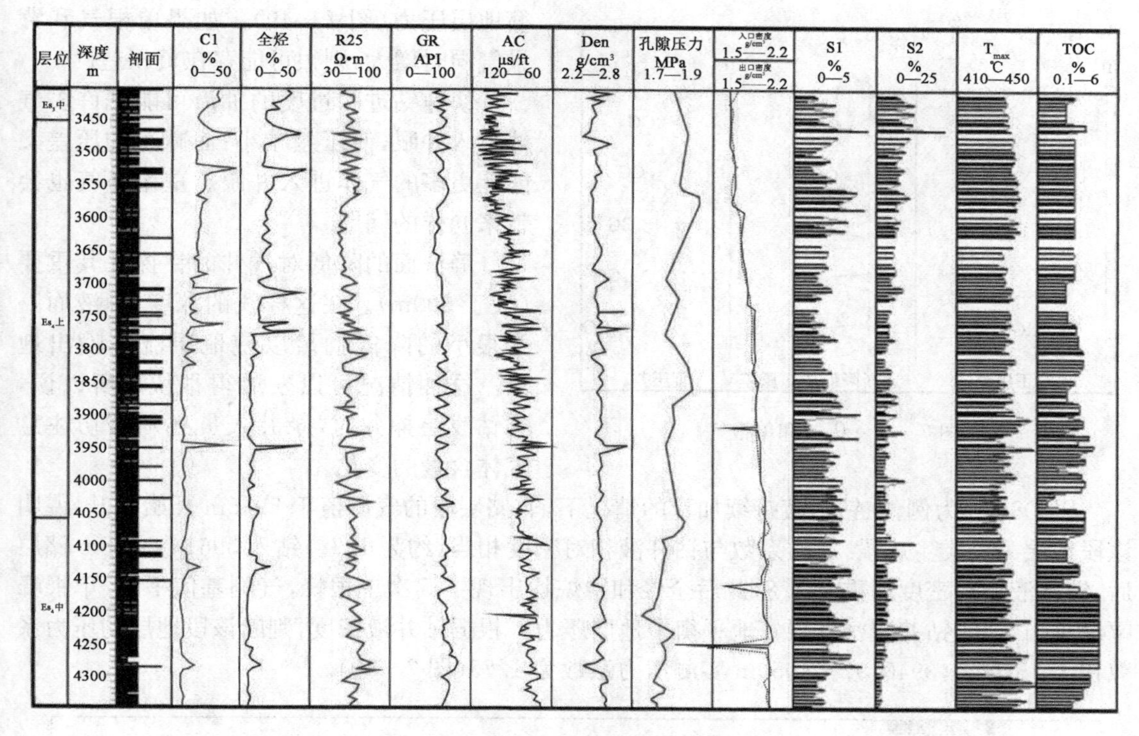

图 7-47　XLS1 井生烃作用综合评价图

这种背景气可以显示出由于钻速、钻井液流速和地层含烃量的变化所引起的偶然变化。在正常钻进条件下，背景气应当维持在该区域平均值的±50%范围内。当气体鉴定设备正常运转时，背景气完全消失，是一个进入低渗透层或压差过高的特征。

钻达欠压实层时背景气含量增大，存在以下诸方面的原因：

(1)高孔隙度导致地层气体含量增加；

(2)快速钻进增加了单位时间内带到地表的岩石的体积；

(3)压差降低，使气体更多地从岩屑中扩散出来。

压差是影响气测曲线形态的主要因素(图 7-48)。

单根气气体峰是压力近平衡的明显标志，抽汲是形成单根气的主要原因。钻具上提时，同时也带起了钻井液，它减少了井底压力。井底压力的降低程度和钻杆运动速度、钻杆直径、环空直径及钻井液流变性能有关。抽汲有助于建立一个低压环境或者使负压差加剧。

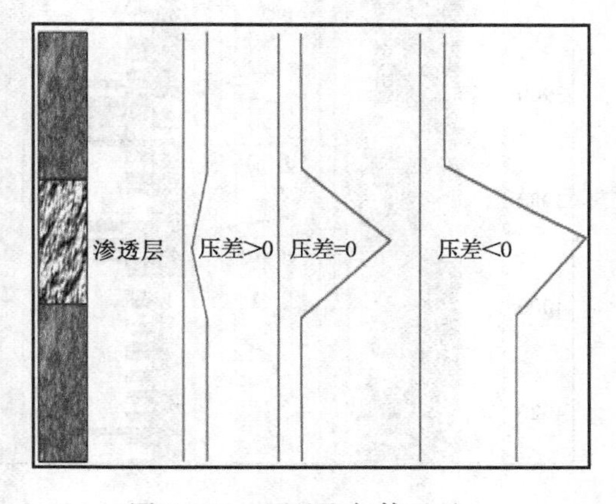

图 7-48　压差和气体显示

接单根气和起下钻气是由钻井液液柱压力和地层流体压力不平衡引起的。假如在钻井液流动(循环)状态下，压差为零或接近零，此时停泵将引起负压差，地层中的气体将会扩散到井眼中。

如果接单根气随时间变化而增大，表明可能进入压力过渡带，并且现用钻井液密度已不能平

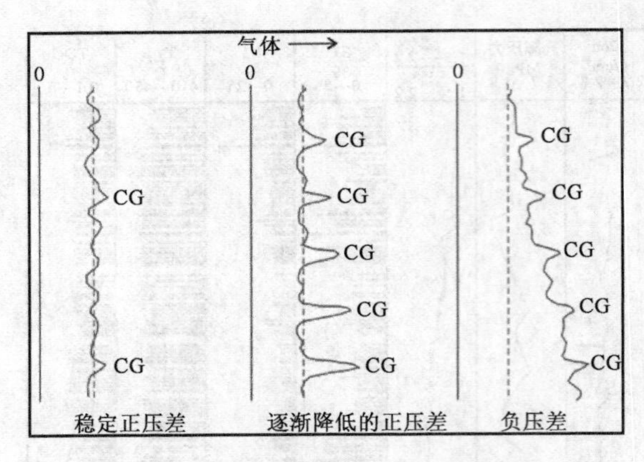

图 7-49　压差和单根气

衡地层压力(图 7-49)。如果单根气和背景气同时增大,则很可能存在负压差。

快速钻进和过度的抽汲可能把许多气体带入井眼,使压差减小;而减小的压差又能让更多的气体进入井眼。重循环气也会带来同样的问题。

静液面的降低对浅井的钻探尤其重要(大于 600m)。在这样浅的深度,静液面一个很小的降低就足以使地层流体喷出地面。这种情况可以发展得很快。所以说,当钻浅层探井时,录井人员必须密切注意气体含量的变化。

以 D86 井为例,在钻井液持续加重的情况下,非储层段的气测值于 3945m 开始抬升,说明该段地层为烃类生成段,压力系数与钻井液相对密度相当,约为 1.7。钻入 3961～3965m 储层后,钻井液相对密度加重至 1.8,此后全烃和甲烷均出现了 5 次单根峰,气测基值平稳,单根峰幅度相当,说明钻井液密度很好地平衡了地层压力。根据钻井液密度,判断该段地层的压力系数在 1.75 左右,3940.92～4050m 实测压力系数为 1.75(图 7-50)。

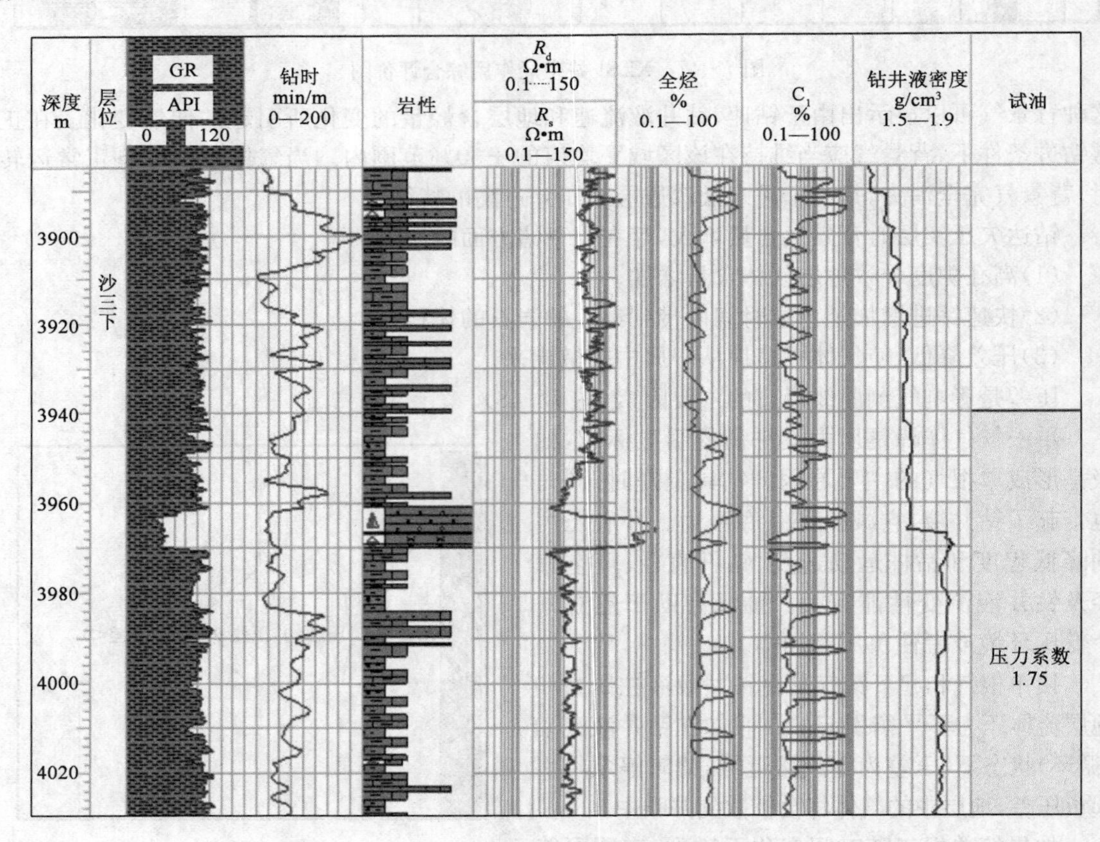

图 7-50　D86 井地层压力监测图

ZH10 井钻至井深 4279m 进入下古生界潜山后下技术套管,之后四开钻进。恢复钻进后钻井液相对密度为 1.05，随后钻遇潜山油气藏。由于该油气藏烃类聚集丰度高，含气量大，导致地层压力系数升高（一般该类潜山为常压）。此时井口溢流，全烃达到 100%。由于不明确该油藏压力系数的具体大小，工程采用持续加重的方式平衡地层压力。当钻井液相对密度增至 1.09、当量钻井液相对密度为 1.15 时，气测基值开始下降，表明此时钻井液液柱压力和地层压力基本达到平衡，分析该潜山油气藏压力系数约为 1.15。按照安全钻进钻井液使用原则，采用 1.2～1.25 的钻井液基本可保障正常钻进。

由于该井气测基值较高，工程将钻井液相对密度继续提至 1.13、当量钻井液相对密度达到 1.18～1.20 时，循环过程中气测基值稳定在 7%左右，表明钻进时钻井液液柱压力为基本能动平衡地层压力。但该井在停泵后测后效过程中，油气显示仍很活跃，计算油气上窜速度为 1000m/h，且发生井喷，喷出油气喷上二层平台。工程将钻井液相对密度提至 1.20、当量相对密度达到 1.26 左右时，测后效油气基本无上窜。后对该井中途测试，折算日产油 $400m^3$，日产气 $40000m^3$，压力系数为 1.15。

3）*离子色谱录井法*

盆地内的热效应和化学效应及流体动力转换作用等，均会在孔隙流体化学特征和地层异常高压或异常低压的形成中留下痕迹。关于异常高压带内地层水的盐度高低有两种观点。

Kharaka 等（1977）的研究表明，来自异常压力条件下的地层水盐度一般低于（但并不总是低于）正常压力层段中地层水的盐度。如哈萨克斯坦里海西海岸 Mangyshlak 半岛北 Rakushechnoye 油田前侏罗系地层的异常压力与地层水盐度呈负相关关系。低盐度可解释为孔隙水的稀释作用，用于稀释的水来源于蒙皂石向伊利石的转化，即矿物脱水反应。

Flower（1968）的研究结果表明，在得克萨斯州 Brazoria 县 Chocolate 河口油田的欠压实泥岩中，孔隙水盐度大于正常压实泥岩的孔隙水盐度，并发现孔隙水的高盐度和异常高压之间存在确定的关系。Manheim 和 Bischoff（1969）首先提出，墨西哥湾岸区地层孔隙水盐度随深度增加而增加的现象与盐丘底辟构造有关。Morton 和 Land（1987）指出，得克萨斯州存在异常高压的渐新统 Frio 砂岩中的孔隙水盐度范围为 8000～250000mg/L 以上（总矿化度），这么高的盐度可能来源于底辟盐层的溶解。

东营凹陷沙四段盐膏层广泛发育，部分地区存在盐岩上拱现象。盐膏层的发育伴随着盐类的渗透作用，致使东营凹陷异常高压区普遍具有高盐度的特征。通常，引起盐度升高的因素包括 3 个方面：一是断层的沟通作用。在断层的影响下，与断层下部连通的地层水在压力驱动下顺着断层向上部运移，使地层水上下相互沟通；二是盐类的蒸发作用；三是盐类的渗透作用。确切地讲，只有盐类的渗透作用与异常高压的关系密切相关。所以，尽管异常高压伴随着高盐度，但难以建立定量关系（图 7－51）。

平面上就局部范围、纵向上就某口井，则压力与盐度的相关性会更高。如滨南地区，在异常低压地层中，地层水盐度与压力系数成负相关；而在常压和高压地层中，表现为正相关（图 7－52）。再如，通过离子色谱技术所分析的 SK1 井的地层水盐度与 VSP 的压力剖面之间也具有良好的相关性（图 7－53）。所以，可以通过地层水盐度在纵向上偏离正常压力地层盐度的趋势，来预测地层压力的变化。但是，该项技术受岩层中可溶性矿物、钻井液添加剂、处理钻井液工业用水等因素的影响，唯有按循环周同时监测钻井液出口、入口离子含量的变化，才能消除影响，准确反应地层水的真实矿化度。目前，该项技术的推广应用力度还不够，仅在重点井上应用。胜利油田录井公司正在攻关研究离子色谱实时录井技术，实现样品的自动采集、处理和分析以后，才能够在地层压力预测与监测方面发挥更大的作用。

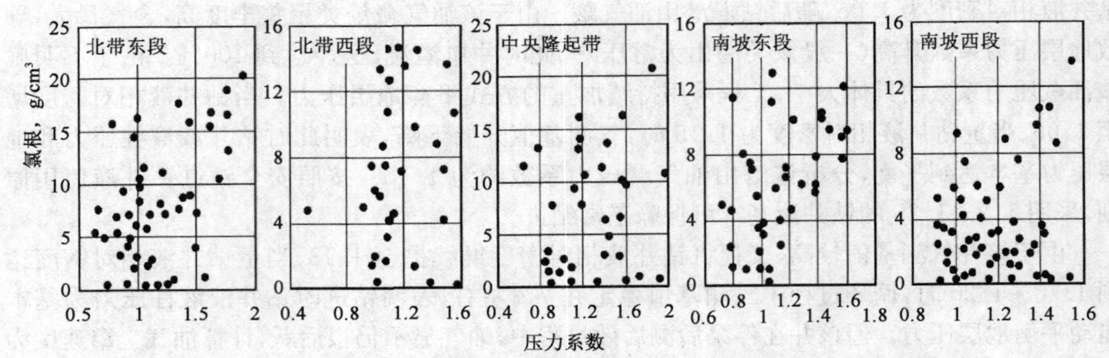

图 7-51 东营凹陷各地区氯根与压力系数关系图

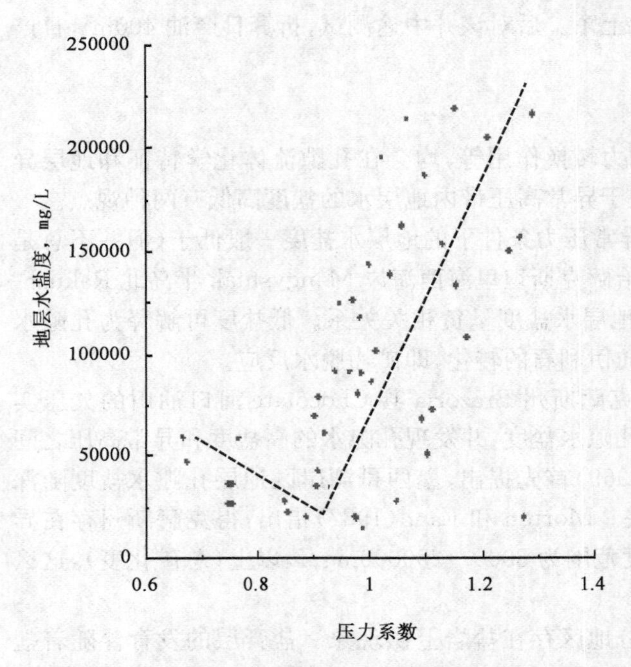

图 7-52 滨南地区地层水盐度与压力系数的关系

3. 复合成因机制的压力预测方法

据文献资料统计，无论在全球还是在中国，主要的异常高压成因机制只有 3 种：一是欠压实；二是烃类生成；三是构造挤压（图 7-54）。对于东营凹陷，主要的成因机制有欠压实、烃类生成、盐丘底辟及由盐膏层发育、盐丘底辟引起的盐类渗透作用。在沉积盆地中，单一因素引起的异常高压是很少的，很多盆地异常高压的发育是多种成因机制共同作用的结果。因而，在研究单成因机制异常高压随钻预测方法的基础上，有必要对多成因机制的压力预测方法作一探讨。

1）欠压实＋盐丘底辟

欠压实段的孔隙度比正常段的大，而盐丘底辟的孔隙度则相反，欠压实段和盐丘底辟的孔隙度响应特征相互抵消便没有异常或异常不明显。如 SK1 井，欠压实与盐丘底辟成因机制的复合作用导致沙四段地层的声波时差和 dc 指数没有明显的欠压实异常，但二者所产生的压力却是叠加的。

对这种复合成因机制的地层压力，依靠声波时差、dc 指数难以准确监测。如果有油气层，进行中途测试、破裂压力试验、因溢流关井，则可以得到比较准确的地层压力，否则唯有依靠地质统计分析方法或离子色谱法。盐膏层的发育，必然伴随着盐类的渗透作用。尽管平面上的规律不甚明显，但就单井剖面而言，地层压力与地层水盐度具有较高的相关性。

2）欠压实＋烃类生成

基于欠压实成因的异常压力随钻监测的机理是孔隙度随深度的增加呈指数式减小，而在欠压实的情况下，却背离这种趋势，偏离的幅度与地层压力的高低呈正相关。对于烃类生成成因的异常压力，一直以为不能预测与监测，尤其是无法定量预测与监测。R_o 随井深的变化是具有规律性的，呈指数式增加。根据这种现象，可以推想烃源岩的热解指标也应该具有规律性，根据这种规律性就可以对烃类生成成因的异常压力进行随钻预测。

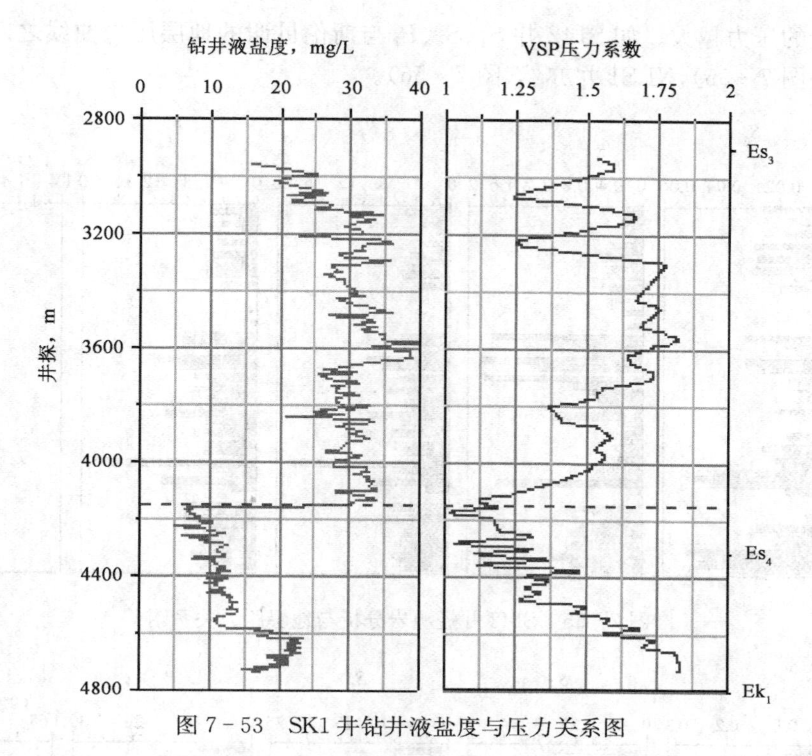

图 7－53　SK1 井钻井液盐度与压力关系图

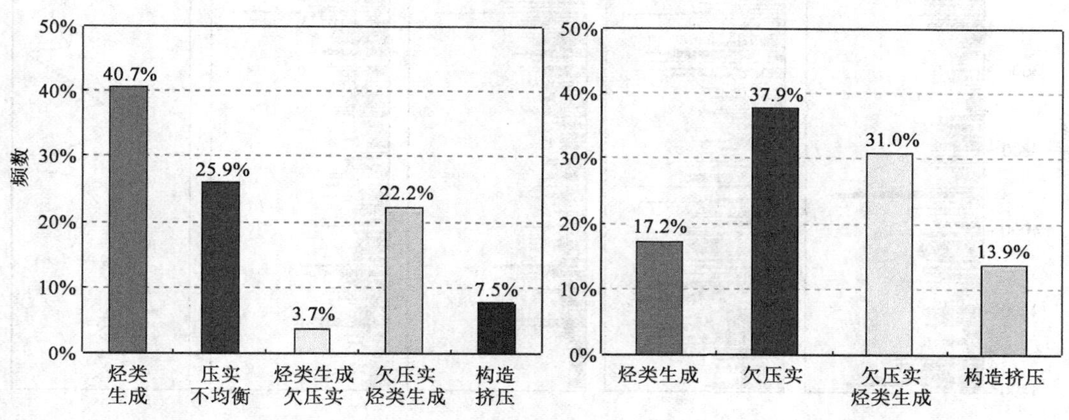

图 7－54　不同类型异常高压所占的频数(左图为全球的，右图为中国的)

烃源岩热解分析的原始参数有 S_0、S_1、S_2、T_{max}。其中 S_0 表示在 90℃时检测的单位质量烃源岩中残留气态烃的含量(mg/g)，即烃源岩中吸附的 C_7 以前的气态烃类；S_1 表示在 90～300℃时检测的单位质量烃源岩中残留液态烃的含量(mg/g)，即烃源岩中已生成但未运移的 C_8～C_{33} 之间的液态烃残留量；S_2 表示在 300～600℃时检测的单位质量烃源岩中裂解烃的含量(mg/g)。派生参数 P_g(产油潜量)表示烃源岩潜在的产油气潜量：$P_g = S_0 + S_1 + S_2$。

岩石热解地化录井是根据生油岩高温热解产生油气量的多少来定量评价烃源岩。进入生油门限后，烃源岩即趋于成熟并开始生成油气，随着埋深的增加，地温升高，烃源岩的成熟度越来越高，生成的油气量也越来越多，而剩余的产油潜量和残余有效碳含量越来越少。烃源岩生成的油气一部分运移出去进入储层，形成油气藏；一部分残留烃源岩中，也就是被岩石热解所分析的部分。在烃源岩中形成异常高压的也正是被烃源岩所分析的部分。所以，地化热解指标越高，产生的压力越大。如S142井S_1、S_2、P_g与斯伦贝谢的地层压力曲线之间均具有较好的对应关系(图7-55)，XLS1井亦然(图7-56)。

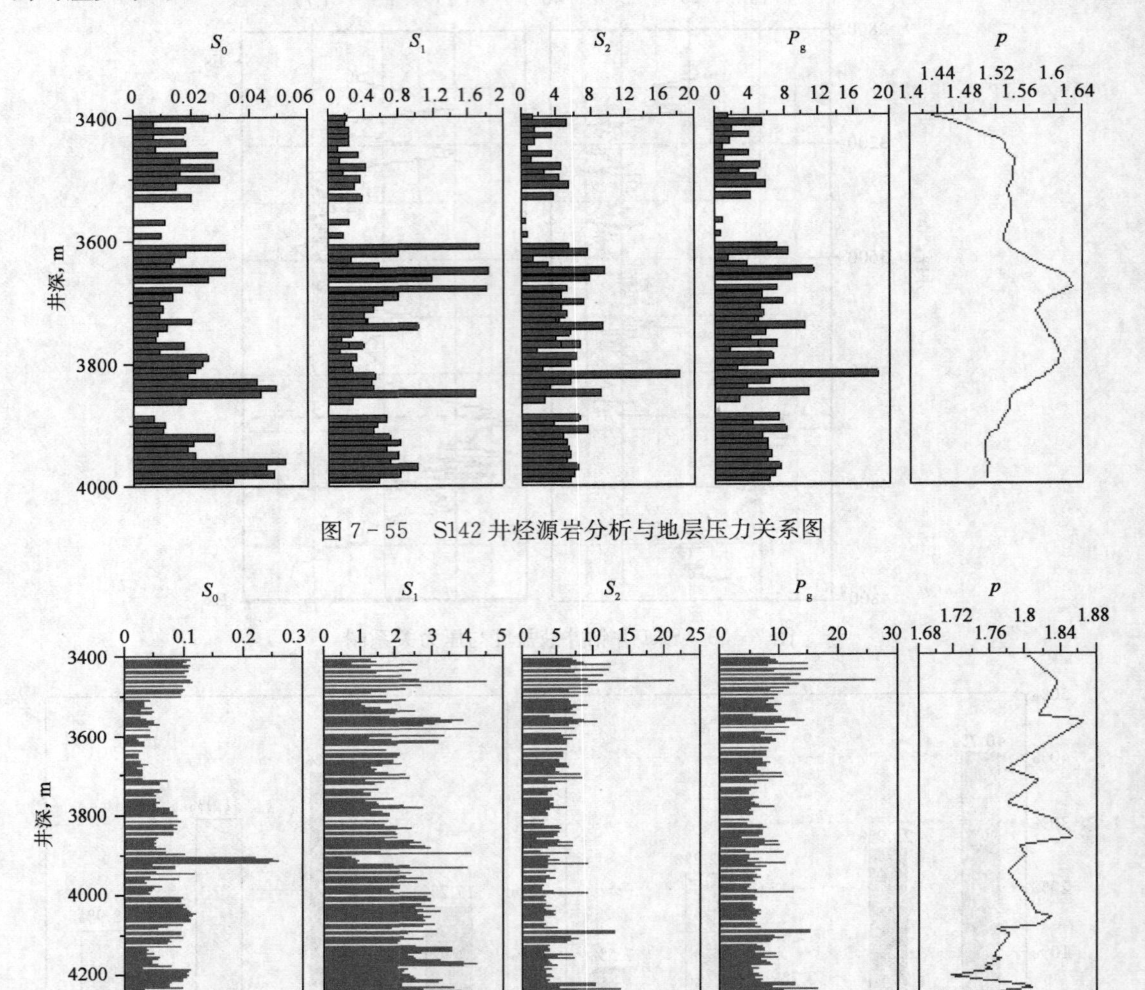

图7-55 S142井烃源岩分析与地层压力关系图

图7-56 XLS1井烃源岩分析与地层压力关系图

众所周知，斯伦贝谢测井评价地层压力的原理是基于欠压实的。生烃指标与其所测得的地层压力之间这种良好的对应关系，说明 *dc* 指数、声波时差所检测的地层压力并不仅仅是欠压实的，也包括烃类生成的。因为烃源岩中剩余的生油潜量越多，岩石的密度越低；烃源岩中剩余的生油潜量越多，说明岩石的储集空间也越大。概括起来就是，欠压实和烃类生成的共同特征是岩石致密程度呈低异常。因此，*dc* 指数所监测的地层压力是两种成因共同作用的结果。

所以，通过烃源岩录井参数能够识别和评价烃类生成成因的异常高压。*dc* 指数所预测和监测的是二者共同作用的压力；在关井条件下根据多参数所计算的压力则是多成因综合作用的真实压力。

3)欠压实＋盐丘底辟＋烃类生成

欠压实和盐丘底辟的孔隙度响应特征具有相斥性，盐丘底辟和烃类生成作用在气测值的响应上也具有相斥性，因为盐度越高，对气测的溶解度也越高。因此，对于这3种复合成因的地层压力，主要根据离子色谱法、烃源岩评价法进行预测。当然，在盐度对气测值影响不大的情况下，气测法也是一种有效的预测方法。

四、异常压力随钻预测工作程序

异常压力的分布极为普遍，其成因机制和压力系统往往是相互叠合的，不同成因机制的响应特征相互影响且具多解性，钻探工艺及工况通常较为复杂，因而地层压力随钻预测工作艰巨而又艰难。要搞好这项工作，需要认真分析各种随钻预测方法的优缺点、影响因素、关键点及适用条件，需要针对不同的成因机制建立方法组合，形成技术系列，制订科学的工作程序及评价指标。

1. 方法特点

各种异常压力随钻预测方法都有其自身的特点，搞清每种方法的优势、影响因素及关键点（表7－6），是搞好异常压力随钻预测工作的基础。如 dc 指数法，是现场异常压力随钻预测与监测的主要方法，许多研究者根据工区的特点提出了相应的修正模型，这些模型考虑的因素没有变化，变的只是模型中的系数，即对原来的 dc 指数进行了放大或偏移。其实影响预测与监测效果及精度的真正因素应是趋势线的确定。

表7－6　异常压力随钻预测主要方法特征表

<table>
<tr><th colspan="3">随钻压力预测方法</th><th>优　　点</th><th>受影响的因素</th><th>关　键　点</th></tr>
<tr><td rowspan="2">基于压力分布的预测方法</td><td colspan="2">地质统计分析法</td><td>定量，在井点比较密集的情况下精度较高</td><td>数据点的多少及断层发育程度</td><td>结合区域情况综合分析</td></tr>
<tr><td colspan="2">测井、录井资料联用动态预测法</td><td>随钻动态预测</td><td>邻井和本井地质和钻井的差异</td><td>选择同一断块的井作为参考井</td></tr>
<tr><td rowspan="2">基于压力盖层的预测方法</td><td colspan="2">X射线荧光录井法</td><td>能够反映泥质含量的变化情况</td><td>岩屑的混杂程度</td><td>样品的代表性和泥岩指数的准确性</td></tr>
<tr><td colspan="2">离子色谱录井法</td><td>对盐度变化反应灵敏</td><td>钻井液用水、添加剂、地下可溶性矿物</td><td>按循环周对钻井液出口、入口进行分析</td></tr>
<tr><td rowspan="6">基于压力过渡带的预测方法</td><td rowspan="3">孔隙体积变化成因</td><td>d 指数法</td><td>影响因素考虑全面，真实反应地层可钻性</td><td>不整合面、钻头类型、地层岩性、磨牙轮、大幅度调整钻井液密度等</td><td>趋势线的准确确定</td></tr>
<tr><td>泥页岩密度</td><td>对欠压实情况反应敏感</td><td>泥页岩中含气、富含有机质、含重矿物及岩性的变化</td><td>挑样准确</td></tr>
<tr><td>核磁共振录井法</td><td>不受岩屑孔渗性的影响，用量少、速度快</td><td>PDC钻头下的细小岩屑挑取困难、影响分析结果</td><td>挑样准确、饱和充分</td></tr>
<tr><td rowspan="3">孔隙流体体积变化成因</td><td>气测参数法</td><td>灵敏度高、分析周期短</td><td>气的来源比较复杂</td><td>准确判断气体的来源及井底压差</td></tr>
<tr><td>烃源岩参数法</td><td>准确判别烃源岩的成熟度及烃类生成量</td><td>钻井液添加剂的污染</td><td>样品的代表性和真实性</td></tr>
<tr><td>离子色谱录井法</td><td>分析周期短、精度高，不受钻井条件的影响</td><td>钻井液用水、添加剂、地下可溶性矿物</td><td>按循环周对钻井液出口、入口进行分析</td></tr>
</table>

2. 技术系列

在 LWD、MWD 等随钻技术没有普及的情况下，地层压力随钻预测技术主要是依靠综合录井仪的钻井工程参数、钻井液参数、地质录井参数、新技术录井参数进行预测。同时，还要加强与压力分布规律的结合及与地震、测井、测试资料的结合。因而，地层压力随钻预测是一项十分综合的技术，不仅与五大石油工程技术密切相关，还与石油地质学、构造地质学、沉积岩石学、成藏动力学等学科密不可分。

地层压力随钻预测面临 3 个复杂条件：一是复杂的成因机制；二是复杂的压力系统；三是复杂的钻井工艺。所谓的复杂就是因素不单一。就压力成因机制而言，基于压力分布、压力盖层的地层压力随钻预测技术适用于任何成因的地层压力，当然，还有岩屑体积增大、岩屑量增多、棱角明显、化石细微结构保存完整、扭矩和摩阻增大等特征也不受压力成因的局限。对复杂的压力系统需要变换趋势线，东营凹陷异常高压分布普遍的沙三段、沙四段地层有沙三段、沙四上亚段、沙四下亚段 3 套压力系统，盐上、盐下各为一条趋势线。对复杂的钻井工艺，需要对受影响的压力预测参数进行归一化处理或采取不受影响的方法或参数，如离子色谱录井法、烃源岩参数法、X 射线荧光录井法等。

前已述及，*dc* 指数、泥页岩密度、核磁共振录井等方法并不仅仅适用于欠压实成因，也适用于烃类生成成因，因为有机质含量的增高也会导致泥页岩密度的降低，含油气量的增高也有助于泥页岩孔隙度的增大，而这两者又都会导致地层可钻性的提高，所以，只有气测参数法、烃源岩参数法是针对烃类生成的，离子色谱法是针对盐丘底辟和盐类渗透的。对压力过渡带具有高盐度的特征则具有普适性（表 7－7）。

对于复合成因的异常压力，上述方法都是适用的；只是在欠压实与盐丘底辟共同起作用时，基于岩石孔隙体积变化的 *dc* 指数、泥页岩密度、核磁共振录井等方法便不适用，但可通过地质统计分析法、离子色谱录井法、X 射线荧光录井法进行随钻预测。对于烃类生成与盐丘底辟共同起作用的地层，则可依靠地质统计分析法、烃源岩参数法、离子色谱法、X 射线荧光录井法等进行随钻预测。

表 7－7 异常压力随钻预测技术系列

<table>
<tr><th colspan="2" rowspan="2">异常高压成因机制</th><th colspan="3">异常高压随钻预测方法</th></tr>
<tr><th>基于压力过渡带</th><th>基于压力盖层</th><th>基于压力分布</th></tr>
<tr><td rowspan="2">岩石孔隙体积变化</td><td>欠压实</td><td rowspan="2">dc 指数/修正 d 指数法
泥页岩密度法
核磁共振录井法</td><td>X 射线荧光录井法</td><td rowspan="2">地质统计分析法
测录井资料联用动态预测法</td></tr>
<tr><td>盐丘底辟</td><td>离子色谱录井法</td></tr>
<tr><td rowspan="3">孔隙体积流体变化</td><td>盐类渗透</td><td colspan="2">离子色谱录井法</td><td>地质统计分析法</td></tr>
<tr><td>烃类生成或裂解</td><td>气测录井法
烃源岩录井法
dc 指数/修正 d 指数法
泥页岩密度法
核磁共振录井法</td><td>X 射线荧光录井法</td><td rowspan="2">地质统计分析法
测录井资料联用动态预测法</td></tr>
<tr><td>气体运移</td><td>气测录井法</td><td>X 射线荧光录井法</td></tr>
</table>

续表

异常高压成因机制		异常高压随钻预测方法		
		基于压力过渡带	基于压力盖层	基于压力分布
复合成因	欠压实+盐丘底辟	离子色谱录井法	X射线荧光录井法 离子色谱录井法	地质统计分析法
	欠压实+烃类生成	气测录井法 烃源岩录井法 dc 指数/修正 d 指数法 泥页岩密度法 核磁共振录井法	X射线荧光录井法	地质统计分析法 测录井资料联用动态预测法
	欠压实+盐丘底辟+烃类生成	气测录井法 烃源岩录片法	X射线荧光录井法 离子色谱录井法	地质统计分析法

3. 工作程序

在开钻前，收集区域及邻井资料是必需的，包括录井资料、测井资料、测试资料及与地震压力预测资料，根据这些资料对异常压力的成因及分布进行研究。在此基础上，根据上述压力预测技术系列，确定预测方案及方法。在钻探过程中，若有中途电测、VSP、中途测试等资料，应及时对压力预测过程中的趋势线进行校正。由于压力成因的多样性、响应特征的多解性，实施多种方法进行综合预测和监测至关重要。应及时将压力预测结果向甲方汇报或向钻井队提出钻井液密度使用建议。在完井后，还应结合测井、测试资料对该井压力预测与监测方法进行分析、总结，归入数据库(图 7-57)。

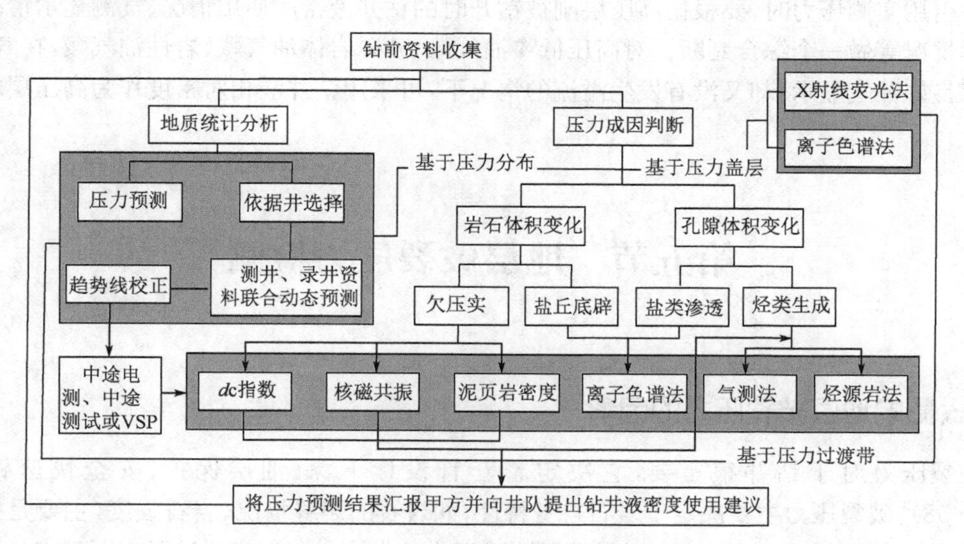

图 7-57 异常压力随钻预测工作程序

4. 评价指标

异常压力随钻预测可分为基于压力分布、压力盖层、压力过渡带 3 种类型，在这些方法中，有的是定性的，有的是定量的，定性和定量相结合，可提高预测效果。对预测结果的评价，可采用可靠性、成功率和准确率 3 项指标。

1)可靠性

基于压力分布的预测方法,尤其是测井、录井资料联用的动态预测方法需要选择参考井,选择的原则是“预测井和参考井在同一构造上,地质条件相同,预测井和参考井之间无断层分隔”。但在实际应用过程中,该条件往往难以满足,为此将预测的可靠性分为A、B、C三级,A级为可靠,即参考井的选择符合规定条件,地层连通性好,参考井的地层压力能真实反映预测井的地层压力情况;B级为比较可靠,参考井和预测井在同一构造上,但中间有断层分隔,参考井的地层压力能比较真实地反映预测井的地层压力情况,但个别层位由于有断层分隔,其连通性不好确定;C级为基本可靠,参考井与预测井在同一构造上,但之间有两条以上断层分隔,参考井的地层压力只能基本反映预测井的地层压力情况。根据A级提出的钻井液密度使用建议,可完全采纳;根据B级提出的钻井液密度使用建议可以信赖,但在施工过程中要根据具体情况适时调整;C级的结果和建议仅供参考。

2)成功率

地层压力可分为低压、常压、压力过渡带、超压、强超压5级。预测结果与实测结果不在低压、常压、压力过渡带、超压、强超压的同一个区间内,称为不成功;在压力过渡带、超压、强超压的不同区间内,称为基本成功;在低压、常压、压力过渡带、超压、强超压的同一个区间内,称为成功。

3)准确率

将预测压力与实测压力进行对比,求其相对误差,准确率=100%-相对误差,即:

$$\text{准确率}=\left(1-\frac{\text{预测压力}-\text{实测压力}}{\text{实测压力}}\right)\times 100\% \qquad (7-39)$$

在引用实测压力时,要根据高压层刚被钻开时的钻井液密度使用情况、气测显示情况及槽面显示情况等做一个综合判断。对高压低渗油气藏、砂砾岩体油气藏、岩性油气藏,在气测、槽面见有良好油气显示,却又没有发生溢流的情况下,可采用钻井液相对密度作为高压层的压力系数。

第五节 地层破裂压力检测

一、影响地层破裂压力的因素

破裂压力对于钻井很重要,它决定着套管设计下深、油层保护、安全快速钻井等(图7-58)。破裂压力主要决定于岩石自身特性,如岩石的裂缝情况、岩石强度(主要是抗拉伸强度)、弹性常数(主要是泊松比)以及地层孔隙压力的大小。一般来说地下岩石某点的三个方向的应力不相等,即:

$$\sigma_x \neq \sigma_y \neq \sigma_z \qquad (7-40)$$

但新的三角洲盆地,两个水平应力相等:$\sigma_x=\sigma_y$。假设地层为弹性,则水平应力变形为:

$$\varepsilon_x=\frac{\sigma_x}{E}-\mu\frac{\sigma_y}{E}-\frac{\sigma_z}{E} \qquad (7-41)$$

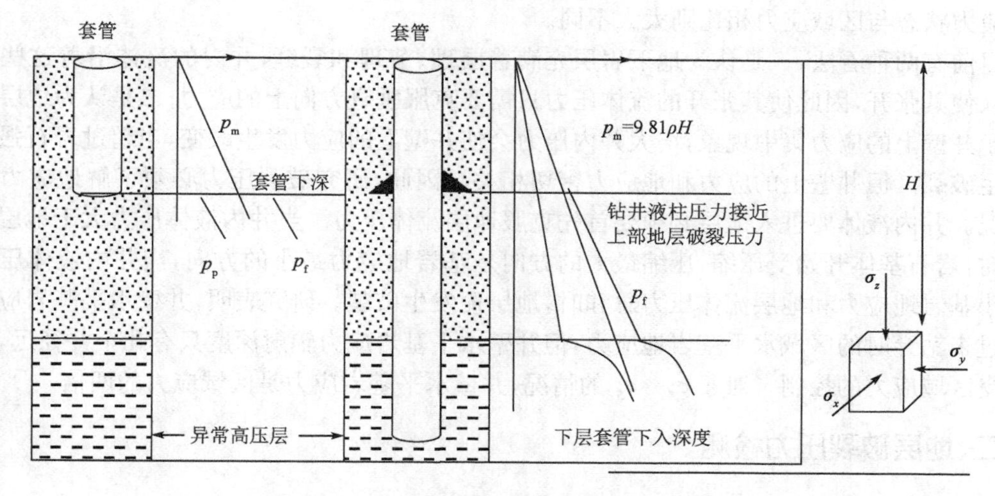

图 7-58　钻井套管下深与破裂压力的关系

式中　E——杨氏弹性模量；

σ_z——垂直骨架应力；

σ_x——最小水平应力；

σ_y——最大水平应力；

μ——泊松比，对于坚固沉积岩，值在 0.18～0.27 之间。

对受压缩的岩石来讲，$\sigma_x=\sigma_y=\sigma_H=\frac{\mu}{1-\mu}\sigma_z$，$\sigma_H$ 为平均水平应力。

对破裂压力其主要作用的因素有：

1. 上覆岩层压力

上覆岩层压力是指上覆岩石骨架和孔隙流体的总重量所引起的压力。上覆岩层压力随上覆岩层骨架的增厚而加大，也与岩层及其孔隙空间流体的密度大小有关。

2. 水平地应力

(1)地层未被构造运动扰动过，水平地应力处于均匀状态下。

$$\sigma_x=\sigma_y=\frac{\mu}{1-\mu}\sigma_z \tag{7-42}$$

(2)地层被构造运动扰动过，但水平地应力仍处于均匀状态下。

$$\sigma_x=\sigma_y=\left(\frac{\mu}{1-\mu}+\xi\right)\sigma_z \tag{7-43}$$

式中　ξ——均匀构造应力系数。

(3)地层被构造运动扰动过，但水平地应力处于不均匀状态下。

$$\sigma_x=\left(\frac{\mu}{1-\mu}+\alpha\right)\sigma_z \tag{7-44}$$

$$\sigma_y=\left(\frac{\mu}{1-\mu}+\beta\right)\sigma_z \tag{7-45}$$

一般情况下，水平基岩应力是垂向应力的 22%～37%。对于正断层水平基岩应力小于垂向应力 25%～50%，对于褶皱或逆断层则大于垂向应力 200%～300%。局部构造，如盐丘附近的应力状态与区域应力相比则大大不同。

目前有两种看法，一是认为地下岩层充满着层理、节理和裂缝，井内的流体沿着这些薄弱面进入使其张开，因此使其张开的流体压力只需要克服垂直方向上的应力；二是认为地层破裂取决于井壁上的应力集中现象，增大井内压力会使井壁上的应力发生改变，当超过岩石强度时便发生破裂。但井壁上的应力和地应力密切相关。因此，研究破裂压力必须了解地应力的分布情况。井内液体要进入地层必须要首先克服地层流体压力。当井内液体压力大于地层流体压力时，岩石基体开始受压缩，压缩最大的方向是基岩地应力最小的方向，当井内液体压力超过最小基岩地应力和地层流体压力总和时，地层便发生破裂。研究表明，井壁水平基岩应力大大超过未钻穿时的区域水平基岩地应力，但井壁水平基岩应力辐射深度只有几个井径远，裂缝最终受区域应力的控制。对于 $\sigma_x=\sigma_y$ 的情况，井壁水平基岩应力是区域应力的两倍。

二、地层破裂压力检测

1. 录井现场资料特征

在钻井现场，录井人员可以观察或收集与破裂压力有关的资料。岩石力学的资料可以从地质研究院或物探部门（测井或地震部门）收集，主要涉及区域构造活动、区域地应力及其分布情况，所钻井的地下地层组合及展布情况、岩石或岩心分析数据，如杨氏弹性模量、泊松比、骨架密度、孔隙度范围、地层水密度等。在录井现场和破裂压力有关的资料特征有：

（1）岩屑或岩心观察主要观察岩石的裂缝发育情况，还有胶结成岩程度、密度测量、孔隙度测量等。从岩屑中观察有没有掉块、磨光面。钻屑或掉块裂隙中是否浸有钻井液滤液等。一般来说，裂缝发育的岩层较易破裂漏失，掉块多，此时地层压力如果小于井筒液柱压力，则会有滤液浸入裂缝或层理面。

（2）钻井液漏失如果发生钻井液漏失则直接说明井筒内某处的井筒压力（循环时附加环空循环压力，钻进时附加钻屑压力以及其他情况下产生的附加压力如缩径、坍塌等引起的附加压力）大于该处的地层破裂压力。

（3）地层压力漏失或破裂压力实验数据可以直接作为建立该井破裂压力趋势线的直接运算数据。

2. 定量计算方法

预测地层破裂压力的研究对于设计钻井液的密度、确定井身结构、套管下深、制订固井设计和酸化压裂设计，达到安全、优质钻井、保护油气层及合理增产等同样有重要的意义。

计算破裂压力需在以上工作做完后才能进行。据地球力学和岩石力学理论，有效主应力：

$$\sigma_v=p_{ov}-p_p \tag{7-46}$$

Biot 认为：

$$\sigma_v=p_{ov}-\alpha p_p \tag{7-47}$$

式中　α——Biot 弹性系数。

而最小水平有效应力：

$$S_{H1}=p_f=\sigma_H+p_p=K\sigma_v+p_p=K(p_{ov}-p_p)+p_p \tag{7-48}$$

前人经过实践研究，总结出计算地层破裂压力的数学模型有以下 4 种方法

1）*伊顿（EATON）法*

假定地层是弹性的，Eaton（1969）利用泊松比 μ 把水平应力 σ_H 和垂直应力 σ_v 联系起来，无

构造应力，按 Hooke 定律表示为：

$$\sigma_H=\sigma_h=\sigma_v\mu/(1-\mu) \tag{7-49}$$

然后，Eaton 通过把泊松比引入此式，引伸了早年由 Matthews 和 Kelly(1967)提出的概念，以求得破裂压力梯度：

$$G_f=G_p+\frac{\mu}{1-\mu}(G_{ov}-G_p) \tag{7-50}$$

式中 G_f——地层破裂压力梯度，kg/m^3；

G_p——地层孔隙流体压力梯度，kg/m^3；

G_{ov}——上覆地层压力梯度，kg/m^3；

μ——岩石泊松比。

在给定地区的泊松比可予以反算，并且绘制成对深度的关系曲线。Eaton 的破裂压力梯度预测方法。

设，$K=\mu/(1-\mu)$，则 K 可以用下式求得(表 7-8)：

$$\ln K=K_a\ln H+K_b \tag{7-51}$$

表 7-8 常用 K 系数表

地　层	K_a	K_b
硬	0.354	−3.186
软	0.226	−2.351

注：设 $K=\mu/(1-\mu)$时，与马修斯-凯利(Matthews&Kelly)法一样。

2)安德森(ANDERSON)法

在相同的地质区，在一个给定的深度上，破裂压力梯度可以变化很大(Taylor 和 Smith，1970；Macpherson 和 Berry，1972)，但这种变化在预测破裂压力梯度中往往没有考虑。

使用 Terzaghi(1923)的有效应力概念，破裂压力梯度 G_f可以表示为：

$$G_f=\frac{2\mu}{1-\mu}G_{ov}+\frac{1-3\mu}{1-\mu}G_p \tag{7-52}$$

另一方面，使用 Biot(1955)的应力与应变关系，人们可推导出如下的破裂压力梯度表达式：

$$G_f=\frac{2\mu}{1-\mu}G_{ov}+\alpha\frac{1-3\mu}{1-\mu}G_p \tag{7-53}$$

式中 μ——泊松比；

α——岩石压缩系数，用测井得到的数值(如孔隙度)来说明，$\alpha=1-C_r/C_b$，其中 C_r是固体岩石物质内部的压缩系数，而 C_b是多孔岩石骨架的压缩系数。

$$\begin{gathered}\mu=A\times I_{sh}+B\\ I_{sh}=(\phi_S-\phi_D)/\phi_S\end{gathered} \tag{7-54}$$

式中 μ——泊松比；

A、B——系数；

I_{sh}——泥(页)指数；

ϕ_S——声波电测孔隙度；

ϕ_D——密度电测孔隙度。

3)黄荣樽法

黄荣樽法数学模型为：

$$G_f = G_p + [2\mu/(1-\mu) - K_t](G_{ov} - G_p) + S_t \tag{7-55}$$

式中 K_t——非均匀构造应力系数；

S_t——破裂地层的岩石抗拉强度，MPa。

4)其他方法

另外还有艾克斯劳格法、胡伯特-威利斯(HUBBERT&WILLIS)法、DAINES法、BRYANT法、PILKINGTON法、Matthews和Kelly的方法、CESARON等法、BRECKELS&EEKELEN法、BRECKELS&VAN EEKELEN法、NEWBERRY法等。这里不作详述。

第六节　地层坍塌压力检测

一、影响地层坍塌压力的因素

影响井壁稳定性的因素主要有地应力、井壁的应力分布、地层的力学性质、地层的水敏性、井斜角、方位角、井壁岩石的渗透率及孔隙度、地层倾角及钻井液的性能等。造成井壁坍塌的主要原因是由于井内液柱的压力较低，使得井壁周围岩石所受应力超过岩石本身的强度而产生剪切破坏所造成的。对于脆性地层会产生塌块，井径扩大，而对塑性地层，则产生塑性变形，造成缩径。井壁的剪切坍塌崩落主要有两个方面，一是井壁上的剪切应力太大而发生剪切破坏；二是钻井液压力小于低渗地层的孔隙压力产生剪切破坏。当井内液柱压力较低时，井壁周围岩石所受应力超过岩石本身的强度，使岩石产生剪切破坏。此时地层水平地应力和孔隙压力对地层产生剪切破坏应力。如果岩石的内聚力较小，不足以抗衡这个剪应力时，井壁就会发生崩塌，这属于剪切坍塌。井壁的拉伸坍塌是对于超压泥页岩地层，当孔隙压力大于井内钻井液柱压力时，孔隙流体向井内渗透使井壁岩石在径向受到一个拉应力，造成井壁产生拉伸崩裂。由于井壁坍塌受这两种坍塌机理的控制，因而其坍塌压力也不同，为保持井壁稳定，应取两者中的大者，即 $\rho_c = \max\{\rho_{cr}, \rho_{cs}\}$，其中，$\rho_{cr}$为剪切坍塌压力，$\rho_{cs}$为拉伸坍塌压力。

二、地层坍塌压力检测

1. 录井现场资料特征

钻探现场地层坍塌的明显现象是掉块增多，掉块大小不一。有的地区水敏性严重的地层钻屑表现出水化严重(钻屑软或者遇水裂解)。从测井曲线上来看，井径扩大或者严重缩径，导致立压微升，如果循环不彻底，会造成起钻困难，有时需要倒划眼起钻，严重的情况可导致卡钻或者下套管困难。下完套管后有时会导致固井质量较差。因此预测和控制地层坍塌压力也是很重要的。

在现场，需要注意以下资料：

(1) 掉块的岩性确定其层位；

(2) 掉块的物理性质，如水敏性、裂解性、吸水性、软硬度，水敏性、裂解性可以用钻井液滤液做实验来观察；

(3) 掉块的裂隙发育情况；

(4) 岩屑的形状有时掉块较多时，如果循环携砂能力较差，这些掉块会在环空中的某一位置做回旋，以致使掉块或钻屑呈现出类似河流中经长期搬运磨圆后的砂砾形状，此时不能认为是地层的岩屑为砾岩，而是反映地层的坍塌和钻井液携砂问题，也可能是井径扩大后造成侧集回旋；

(5) 钻屑或掉块裂隙中是否有泥浆滤液，如果有，则说明井壁的毛细渗透交换作用较强，需要改善钻井液性能。

2. 定量计算方法

Mohr－Coulomb 准则假设只有最大主应力和最小主应力对岩石的破坏有影响，该理论认为，同性材料抵抗破坏的剪切力等于沿潜在破坏面滑动时的摩擦阻力与内聚力之和。

用主应力表示的 Mohr－Coulomb 准则为(图 7－59)：

$$\sigma_1' = \frac{1+\sin\phi}{1-\sin\phi}\sigma_3' + \frac{2C_0\cos\phi}{1-\sin\phi} \tag{7-56}$$

式中 σ_1'——有效最大主应力，$\sigma_1'=\sigma_1-\alpha p_p$；

σ_3'——有效最小主应力，$\sigma_3'=\sigma_3-\alpha p_p$；

C_0——岩石内聚力；

ϕ——破坏面滑动时的内摩擦角。

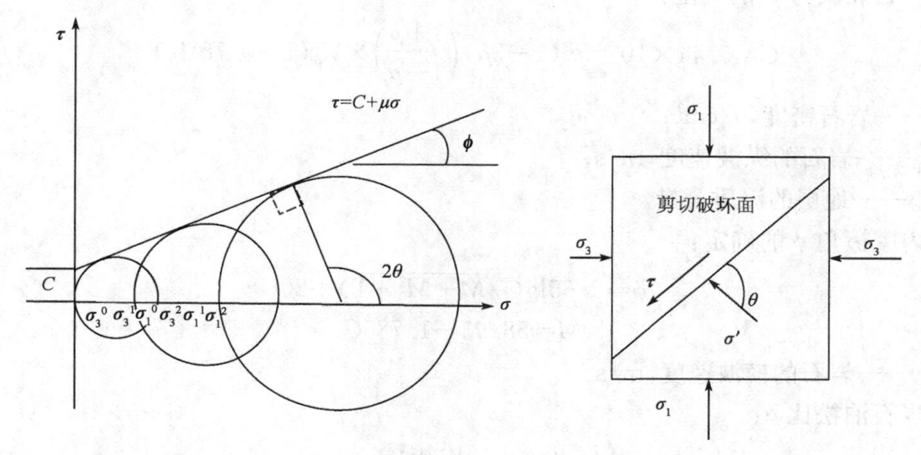

图 7－59 Mohr－Coulomb 准则及剪切作用示意图

σ'为岩石破坏面上的有效法向应力，σ_3^0、σ_3^1、σ_3^2 分别代表有效最小主应力呈 120°时三个分量，

σ_1^0、σ_1^1、σ_1^2 分别代表有效最大主应力呈 120°时三个分量

剪切坍塌压力的计算比较复杂，计算方法为：

$$p_c = \frac{\eta(3\sigma_H-\sigma_h)-2CK+\alpha p_p(K^2-1)}{K^2+\eta} \tag{7-57}$$

式中 p_c——地层坍塌压力，MPa。

η——地层非线性弹性修正指数(0.9～0.95)，一般取 1；

σ_H——最大水平地应力，MPa；

σ_h——最小水平地应力，MPa；

C——岩石内聚力(黏聚力)；

α——有效应力系数；

K——参数，$K=\dfrac{1}{\tan\left(\dfrac{\pi}{4}-\dfrac{\phi}{2}\right)}$，$\phi$ 为内摩擦角，一般取$\dfrac{\pi}{6}$。

计算模型的主要系数的确定如下：

(1)水平主应力 σ_H 的确定：

$$\sigma_H=\left(\frac{\mu}{1-\mu}+\xi_H\right)(\sigma_v-\alpha p_p)+\alpha p_p$$

$$\sigma_h=\left(\frac{\mu}{1-\mu}+\xi_h\right)(\sigma_v-\alpha p_p)+\alpha p_p \tag{7-58}$$

式中 σ_v——纵向主应力，$\sigma_v=0.0098068(\rho\times H_0+\int_{H_0}^{H}\rho_b dH)$

μ——岩石泊松比；

p_p——地层孔隙流体压力，MPa；

ρ,ρ_b——研究井段以上的地层密度平均值、研究井段内的地层密度，g/cm³；

H_0,H——顶界深度、目的点的深度，m；

ξ_H、ξ_h——地层构造应力系数，可以通过水力压裂法确定。

(2)岩石黏聚力 C 的确定：

$$C=5.44\times10^{-15}\rho^2(1-2\mu)\left(\frac{1+\mu}{1-\mu}\right)\times V_p^4(1+0.78V_{cf}) \tag{7-59}$$

式中 ρ——岩石密度，g/cm³；

V_p——岩石的纵波速度，m/s；

V_{cf}——地层的泥质含量。

(3)内摩擦角 ϕ 的确定：

$$\phi=2.65\lg(\sqrt{M+M^2+1})+20 \tag{7-60}$$

$$M=58.93-1.785C \tag{7-61}$$

式中 V_s——岩石的横波速度，m/s。

(4)岩石泊松比 μ：

$$\mu=\frac{0.5V_p^2-V_s^2}{V_p^2-V_s^2} \tag{7-62}$$

$$V_s=\sqrt{11.44V_p+18.03-5.686} \tag{7-63}$$

(5)有效应力贡献系数 α：

$$\alpha=1-\frac{\rho(3V_p^2-4V_s^2)}{\rho_m(3V_{mp}-4V_{ms}^2)} \tag{7-64}$$

式中，ρ_m 为致密砂岩密度，大小为 0.65g/cm³；V_{mp} 为纵波速度，大小为 5.95km/s；V_{ms} 为横波速度，取 3.0km/s。

(6)应力非线性修正系数 η：

$$\eta=\frac{\sigma_\theta}{\sigma_\theta^c} \tag{7-65}$$

$$\sigma_\theta^c=2\sigma-p_m$$

$$\sigma_\theta=\frac{\mu(1-n)-1}{(1-n)(1-\mu)}p_m-\frac{(2\mu-1)(1-n)}{(1-n)(1-\mu)}p_m^n\sigma^{1-n}$$

式中 σ_θ、σ_θ^c——均匀地应力下切向应力的线性弹性解和非线性弹性解；

σ——水平主地应力的平均应力；

p_m——钻井液液柱压力；

n——系数，通常取 $n=0.1$。

剪切坍塌压力的另外一种计算方法：

$$p_c=p_p+0.5\times\left(\frac{2\mu}{1-\mu}+K_t\right)(1-\sin\phi)(p_{ov}-p_p)-\tau_0\cos\phi \quad (7-66)$$

$$\tau_0=C=3.626\times10^{-6}\tau_u K_d$$

$$\tau_u=0.0045E_d(1-V_{cl})+0.008E_d V_{cl}$$

$$K_d=10^9\rho_b\left(\frac{1}{\Delta t_p^2-\Delta t_s^2}\right) \quad (7-67)$$

$$\tau_u=\frac{2\tau_0\cos\phi}{1-\sin\phi}$$

式中 p_c——坍塌压力，MPa；

p_{ov}——实际上覆地层压力，MPa；

p_p——地层孔隙压力，MPa；

μ——泊松比；

K_t——区域构造应力系数，$K_t=3\xi_h-\xi_H$；

τ_0——岩石固有剪切应力(也称黏聚力，即 C)，MPa；

ρ_b——岩石体积密度，g/cm³；

τ_u——岩石单轴抗压强度；

V_{cl}——泥质含量，%；

E_d——动态泊松比；

K_d——岩石体积模量，MPa；

Δt_p、Δt_s——纵横波时差，μs/m。

拉伸坍塌计算公式为：

$$P_c=P_p-S_t$$
$$S_t=\tau_\mu/12 \quad (7-68)$$

式中 S_t——抗拉强度，MPa。

在有些参考书中，也用钻井参数来估算岩石的单轴抗压强度，公式如下：

$$\left.\begin{aligned}&\text{模型 1}:\frac{1}{v}=\left[\frac{a\sigma^2D^3}{N^bW^2}+\frac{d}{ND}+\frac{cD\rho_f\eta}{F_{jv}}\right]\\&\text{模型 2}:v=\frac{NW^a/D}{0.42\sigma^{1.5}+\sqrt{NW^a(\Delta P_m)^{0.75}}}\\&\text{模型 3}:v=\frac{W^2N}{D^4\sigma^2}\end{aligned}\right\} \quad (7-69)$$

式中 v——钻速，ft/h；

a，d——钻头系数；

σ——岩石抗压强度，lb/in²；

D——钻头直径，in；
N——转盘转速，r/min；
W——钻压，lb；
b,c——常数；
ρ_f——流体密度，g/cm^3；
η——塑性黏度；
F_{jv}——修正水眼喷射冲击力。

思　考　题

1. 异常压力与油气运聚成藏的关系是什么？
2. 异常高压对储层物性的影响有哪些？
3. 异常高压对盖层的影响有哪些？
4. 简述异常高压对地质录井参数的影响。
5. 简述异常高压对钻井工程参数及钻井液参数的影响。
6. 基于压力预测方法的类型及其特点是什么？
7. 基于压力盖层的预测方法类型及其特点有哪些？
8. 基于压力过渡带的预测方法类型及其特点有哪些？
9. 异常地层压力随钻监测方法类型及其特点有哪些？
10. 简述地层破裂压力预测的原理。
11. 简述地层坍塌压力预测的原理。

第八章 水平井地质导向

地质导向技术，是当今世界石油勘探开发领域最核心、最关键的技术，特别是对于海上油气田开发技术的经济价值巨大。由于20世纪80年代初开发的伽马和电阻率测量工具离钻头较远而只能用于数据回放参考，后来在几何导向基础上测量的地层评价参数有所增加，但传感器一般离钻头10～30m，这样只能在一定钻井进尺后才能识别出地层的变化，而不能保证井眼一直维持在目的层中。进入90年代以来，地质导向技术有了突飞猛进的发展，随钻测量(MWD，Measurement While Drilling)传感器已下移至钻头处，该技术在几何导向的基础上注重于使井眼最大限度地暴露油层，使现场人员能实时得到有关的地下信息。之后，由地质导向钻井的随钻测井(LWD，Logging While Drilling)系统形成了定向钻井新概念，是集电缆测井、钻井和录井技术的结合体。20世纪90年代以来，LWD地质导向工艺技术在大位移定向井、水平井及特殊工艺井中广泛应用。美国、挪威、澳大利亚、英国等国家采用地质导向工艺技术完成的井数逐年增加，钻井周期逐步缩短，钻井成本明显下降，油田开发效果明显提高。

水平井地质导向技术的发展经历了多个阶段。1992年，斯伦贝谢公司首次提出地质导向概念，并于1993年研制出第一套用于水平井地质导向的随钻测井工具CDR，哈里伯顿、贝克休斯的英特克公司和挪威国家石油公司(Statoil)等也相继研制出了各自的地质导向系统。近年来，国内石油水平井应用有了极大的增长，其中以MWD、LWD为主的导向方式在生产中得到了普遍应用，满足了大部分水平井导向的要求。2004年，斯伦贝谢公司和塔里木油田公司合作钻探了国内第一口应用随钻测井成像完成地质导向的水平井，此后这项技术逐渐在中国各个油田推广开来。至2010年，中石油在各种复杂、难动用油气藏，例如，稠油热采油藏、底水稀油油藏、煤层气藏和致密气藏，应用地质导向技术的水平井超过345口，水平段平均钻遇率达到90%以上，进尺超过208km。通过水平井地质导向，致密气藏、碳酸盐岩气藏、底水稀油油藏、复杂断块稠油和稀油油藏等得以高效开发。地质导向技术逐渐成为水平井技术的关键。

第一节　地质导向的定义和组成

一、导向钻井的分类

导向钻井按照导向的依据分为几何导向钻井和地质导向钻井。

1. 几何导向钻井

根据井下测量工具(MWD)测量的井眼几何参数(井斜角、方位角、工具面角)来控制井眼轨迹沿着预先钻井设计的井眼轨迹钻进的导向钻井方式称为几何导向钻井。如果井下参数测量和导向工具的控制是由井下计算机完成，则为自动几何导向。

2. 地质导向钻井

斯伦贝谢公司将地质导向钻井定义为：在水平井钻井过程中将先进的随钻测井技术、工程应用软件与人员紧密结合的实时互动式作业服务，其目标是优化水平井井眼轨迹在储层中的位置，实现单井产量和投资收益的最大化。

事实上，地质导向钻井是在拥有几何导向能力的同时，又能根据随钻测井（LWD）得出的地质参数（地层界面、地层岩性、油层特点等）；实时控制井眼轨迹，使钻头沿着地层最优位置钻进。这样可在预先不掌握地层特性的情况下实现最优控制。地质导向钻井本身就是自动导向钻井，井眼轨迹控制的依据是地层参数，这样一来，实现的井眼轨迹很可能脱离钻井设计的井眼轨迹。

二、地质导向的系统组成

1. 系统组成

图 8－1 所示为地质导向技术体系的大致构成，整个体系包括井下部分和地面部分。

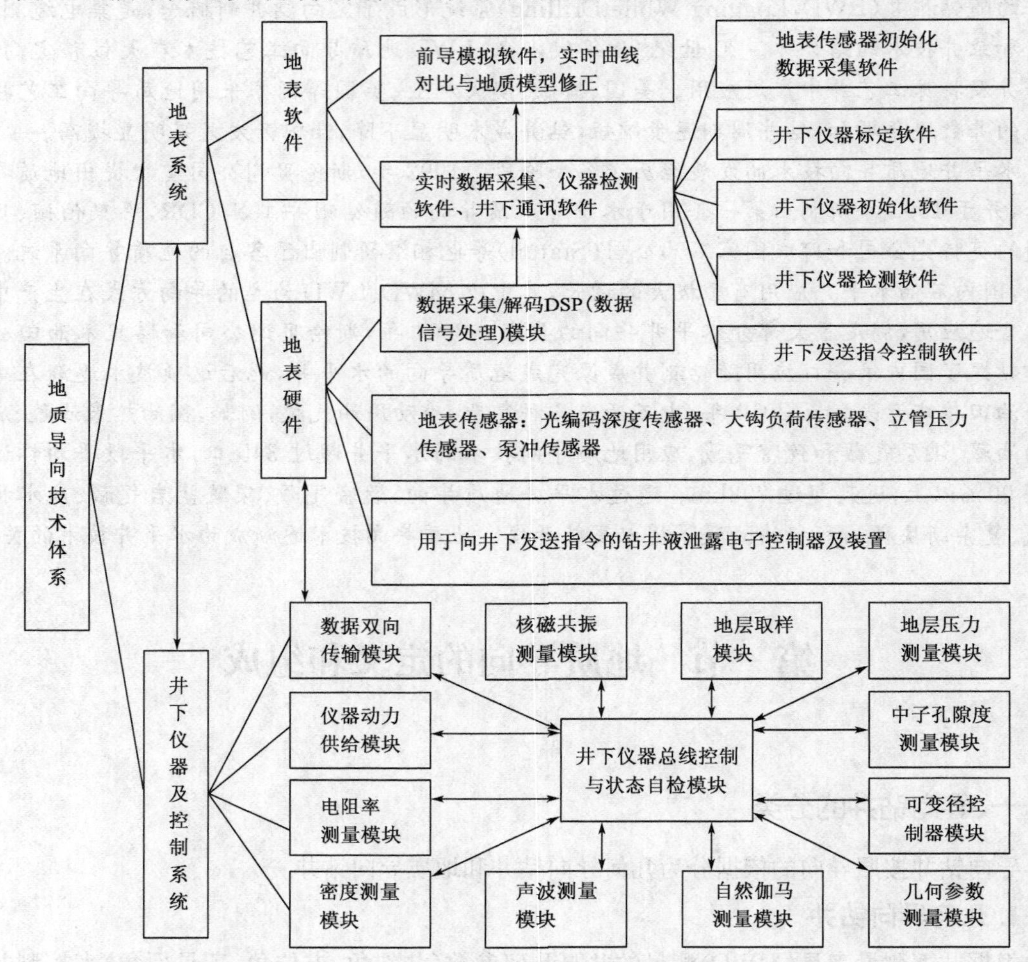

图 8－1　地质导向技术构成体系示意图（据时鹏程等，2011）

井下仪器及控制系统主要负责第一手地质和工程数据的采集、采集数据的上传、地面指令的接收、井眼轨迹的自动闭环控制。它进一步细分为数据双向传输模块、各种井下数据测量模块(核磁共振、地层压力、中子孔隙度、自然伽马、声波、密度、电阻率等)、井深轨迹控制模块(几何参数测量)和井下仪器总线控制模块。

地表系统主要负责地面有关工程数据的采集、井下数据的解码复原、对采集到的实时地质及工程数据进行处理和解释、发送指令给井下仪器进行井眼轨迹的实时自动控制。主要有地表软件部分(包括前导模拟软件、实时数据采集显示和井下通讯模块)和地表硬件部分(包括数据采集与解码模块、各种传感器解码及井下控制命令生成等模块)。

上述两大系统和各自的主要模块相互联系构成一个有机地质导向整体,完成井下导航工作。为了完成这些功能,必须有对整个井下仪器管理的总线结构和为整个井下仪器工作提供动力的涡轮发电机。

图8-1中的每一个模块均可展开为更细致的体系图,如在整个地质导向技术中占据灵魂地位的前导模拟软件。前导模拟软件工作流程见图8-2。

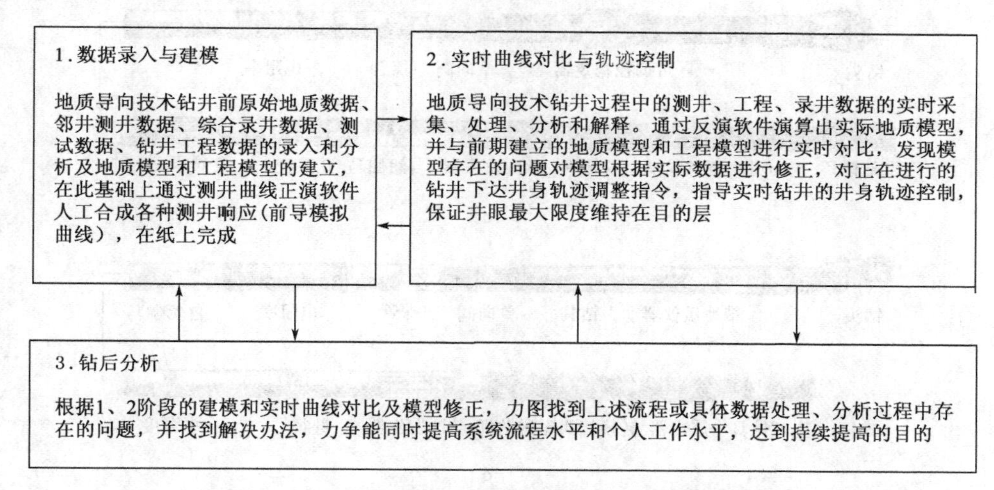

图8-2 前导模拟软件工作流程示意图(据时鹏程等,2011)

2. 井下导向工具

地质导向仪器实时提供轨迹控制所需要的工程、地质数据,井下导向工具更精确地实现轨迹的控制。井下地质导向工具的基本构成要件如图8-3。

总体来看,第一部分为地球物理参数相关测量部分,该部分相当于井下的地质和工程参数监视器,包括电磁波传播型电阻率测量和电极型电阻率测量模块(含方位电阻率和电阻率成像)、地层自然放射波测量的自然伽马模块(含方位伽马和自然伽马成像)、地层密度测量和孔隙度测量模块(含方位密度、中子测量及成像)、井下几何参数测量模块(井斜、方位、工具面角)、井下机械参数测量模块(环空压力、温度、扭矩、钻柱机械振动、震动)、地层压力测试与取样模块、声波测量模块等。

第二部分为井下闭环井眼轨迹控制模块,该部分相当于井下钻井控制器,包括井下PDM动力马达和智能化的可变径扶正器。PDM马达功能是将钻井时的高压高速流动的钻井液动能转化为帮助钻头钻进的机械动能,加快钻井速度。智能化的可变径扶正器可根据地面指令实时并自动将井身轨迹调整到目标值,自动“中靶”。可变径扶正器主要由井下微型高能发动机、翼肋、智能控制模块和近钻头地球物理测量模块构成。

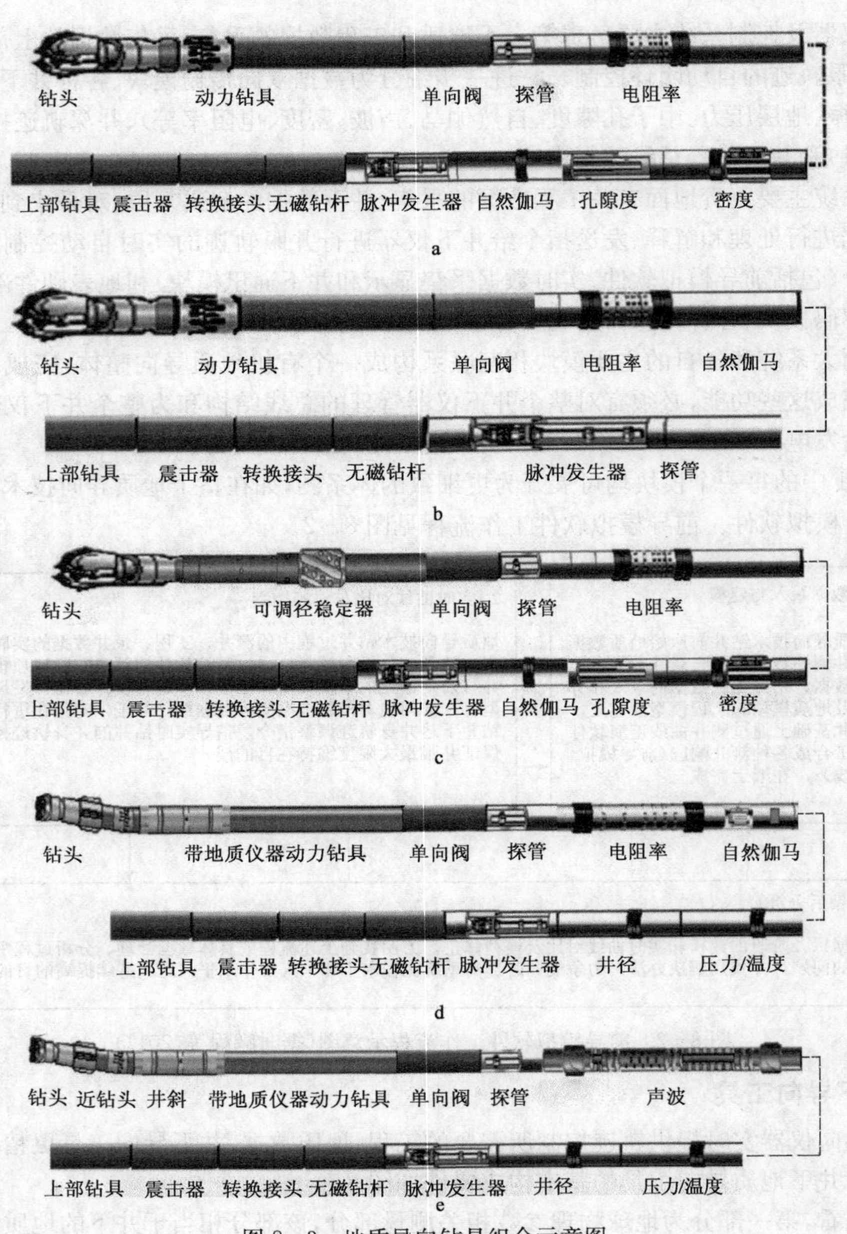

图 8－3　地质导向钻具组合示意图

第三部分为双向通讯和动力模块，该部分是井下与地面的交流器，同时负责整体井下仪器的各项工作质量检查，向地面报告井下仪器的工作状态，并为所有电子仪器提供电力。其中双向通讯是指负责将井下实时测量到的所有地球物理测量相关参数，和井眼轨迹控制数据编码后通过钻井液压力波传到地面计算机数据采集模块；在需要对井下数据采集模块和井跟轨迹控制模块相关参数进行更改和干预时，双向通讯模块可接收地面指令并传至相应井下测量或控制模块来执行地面系统的指令。动力模块是将钻井液动能通过涡轮发动机将其转化为电能，供所有井下仪器使用。

地质导向钻井技术常用钻具组合为：

(1)钻头＋马达＋单向阀＋LWD地质短节＋无磁钻杆＋转换器接头＋钻杆(斜台阶或普

通)＋加重钻杆＋上部钻具(图 8-3a、3b)

(2)钻头＋可调径稳定器＋单向阀＋LWD 地质短节＋无磁钻杆＋转换器接头＋钻杆(斜台阶或普通)＋加重钻杆＋上部钻具(图 8-3c)

(3)钻头＋带地质测量仪器的动力钻具＋LWD 地质短节＋无磁钻杆＋转换器接头＋震击器＋转换器接头＋钻杆(斜台阶或普通)＋加重钻杆＋上部钻具(图 8-3d)

(4)钻头＋近钻头井斜传感器＋井下动力钻具＋LWD 地质短节＋无磁钻杆＋转换器接头＋震击器＋转换器接头＋钻杆(斜台阶或普通)＋加重钻杆＋上部钻具(图 8-3d)

钻具组合(1)是现场使用比较多的石油动力钻具组合结构,在地质导向钻井施工中最常见。图 8-3b 是图 8-3a 的简化钻具组合,由于只采用两种地质仪器,钻具结构简化,刚性减弱,在施工过程中既满足了实时地质评价的需要,又提高了施工安全,该钻具组合也是经常使用。

钻具组合(2)是比较常用的不带动力钻具井下地质导向钻具结构,产用于稳斜段、水平段施工。

钻具组合(3)使用了地质测量仪器的动力钻具和井径、地层压力/温度测井仪,这样使实时地质参数更接近钻头,利用井径数据对测量的地质数据进行校正,使得测量结果准确。还可以利用地层压力、地层温度参数对地层进行评价,这样也会有利于施工安全。

钻具组合(4)采用声波传感器,不使用地层密度和中子孔隙度参数就可实现对地层的全面评价。

由于地质导向仪器种类多、井下工具多,施工时,根据施工要求和需要,可以增加某些传感器或工具,因此钻具组合应该根据实际情况而变化。

第二节　地质导向的工作流程和实现方法

一、地质导向工作流程

经过多年的实践与发展,水平井地质导向已经建立起全面、严谨、有效的工作流程,包括钻前设计与分析、实时导向和完井分析三部分(图 8-4)。

(1)钻前设计与分析:确认导向目标,根据目标和地质情况进行地质导向可行性分析,选择随钻工具和相应的导向服务,进行井眼轨迹设计。

(2)实时导向:实时数据解释和模型更新,调整井眼轨迹。

(3)完井分析:应用完钻后的内存数据更新随钻地质导向模型,为相同区块导向作业提供参考。

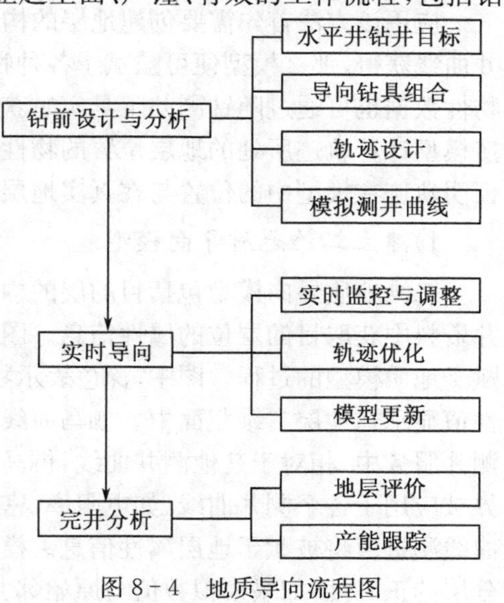

图 8-4　地质导向流程图

二、地质导向的实现方法

地质导向服务常用的方法包括模拟—对比—模型更新法、方向性测量及成像法和储层边界探测法。这三种方法都是在随钻测井技术发展的基础上逐步发展而来的，在作业中需要根据油藏的测井响应特征和水平井地质导向目标进行针对性应用。下面详细介绍这三种方法。

1. 模拟—对比—模型更新法

早期的水平井钻井主要根据钻井设计，以将井眼轨迹控制在钻井设计的靶区为目标。制定靶区的依据是通过地震数据和邻井对比得到的储层构造模型。然而，受地震数据精度和控制井程度的制约，构造模型往往与地层真实情况有较大出入。如图 8-5 所示，地层的真实情况可能存在一些微断裂，如果只是简单地按设计轨迹中靶，可能无法实现水平井地质目标（蓝线）。此外，根据实钻井眼轨迹误差分析理论，井眼轨迹上某一点真实的三维空间位置应该以该点为中心，以一个确定的长短轴为半径的误差椭球范围内。由于各种误差引起的这种轨迹位置的偏差也可能会导致水平井错失靶点。为了最大限度地减少地质模型和实钻轨迹误差的不确定性，就需要分析随钻测井、钻井资料，建立随钻解释模型进行实时地质导向。

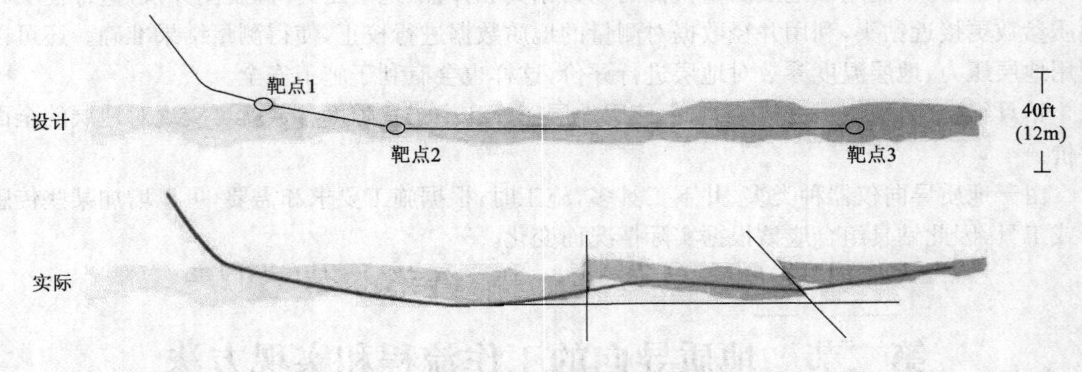

图 8-5　构造模型示意图（据吴奇，2012）

模拟—对比—模型更新法是最基本的地质导向方法，该方法基于建立的地层模型和井眼轨迹在模型中的模拟曲线响应，通过与实钻数据的对比模拟，更新模型以使二者匹配，更新后的模型被认为是地下实际构造的表征，曲线响应为其模型的可能响应。该方法适用于各种简单整装油气藏的地质导向作业。

应用该方法首先需要创建地层的构造模型。假设地层物性横向上比较稳定且可以通过邻井曲线获得，那么模型便可被赋予各种物性的模拟，例如，伽马、电阻率、密度和中子等。这些物性数据也可通过随钻测井工具实时获得，在随钻测量得到井眼轨迹数据后，即可根据地层构造模型计算轨迹所处的地层位置的物性。如果计算得到的物性与随钻实测物性数据吻合，则证明轨迹在模型中的位置与在真实地层中的位置相同，否则必须调整模型以使二者吻合。

1）建立二维地质导向模型

二维地质导向模型包括目的层的构造和属性信息。建立这种模型首先需要从重点邻井测井资料中获取目的层位的属性信息。图 8-6 显示了如何对邻井测井曲线分层并将相应物性赋予地质模型的过程。图中，深色表示物性高值，浅色代表低值。通过这种方法可以将地层属性值显示在地层二维截面中。伽马曲线是用来定义地层边界的最佳选择，因为在使用最多的测井服务中，相对于其他测井曲线，伽马测井的垂直分辨率最高。经由伽马曲线定义的地层边界被应用于各个测井曲线（如电阻率、密度、中子、光电指数等）上对曲线进行分层，每一层的各曲线测量值将被赋予地层属性信息。模拟随钻测井工具在这种属性的地层中的响应可以验证分层的正确性，如果模拟数值与原始邻井测井曲线有偏差，则需要对分层属性参数进行调整。

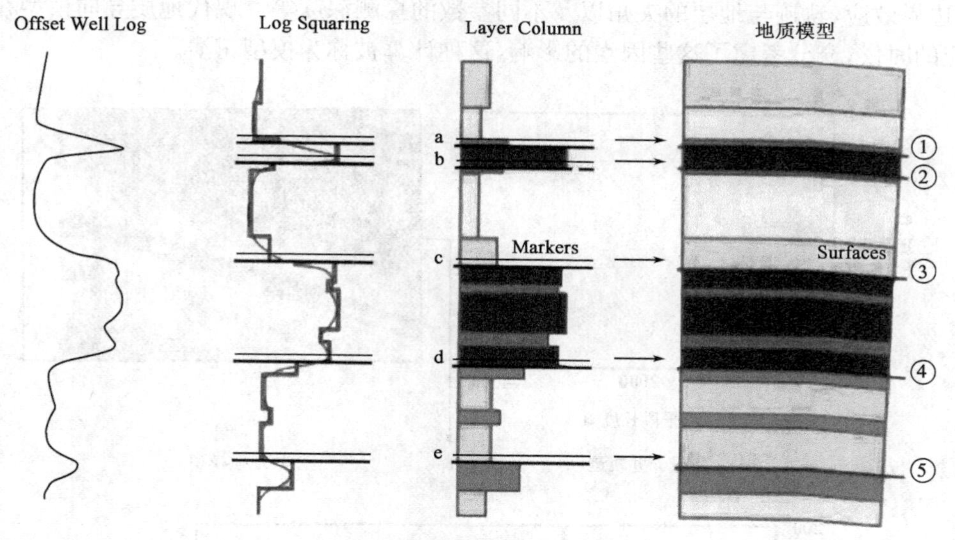

图 8-6　模型粗化示意图

a～e 为标志线，①～⑤为界面

曲线分层结果中一些重要的边界被选作标志线，因为它们可能代表一个地层序列的顶部，如图 8-6 所示。这种标志线在地层构造模型中体现为界面(①～⑤)，由曲线向地层构造模型进行属性赋值，两个标志线间的数值被赋予对应模型的相邻两个界面间，界面之外属性的垂向变化体现了纵向上的沉积特征变化(图 8-7)。斯伦贝谢公司导向模型中的赋值方法包括等比例赋值、平行顶面赋值和平行底面赋值三种，其中等比例赋值法是最常用的方法。

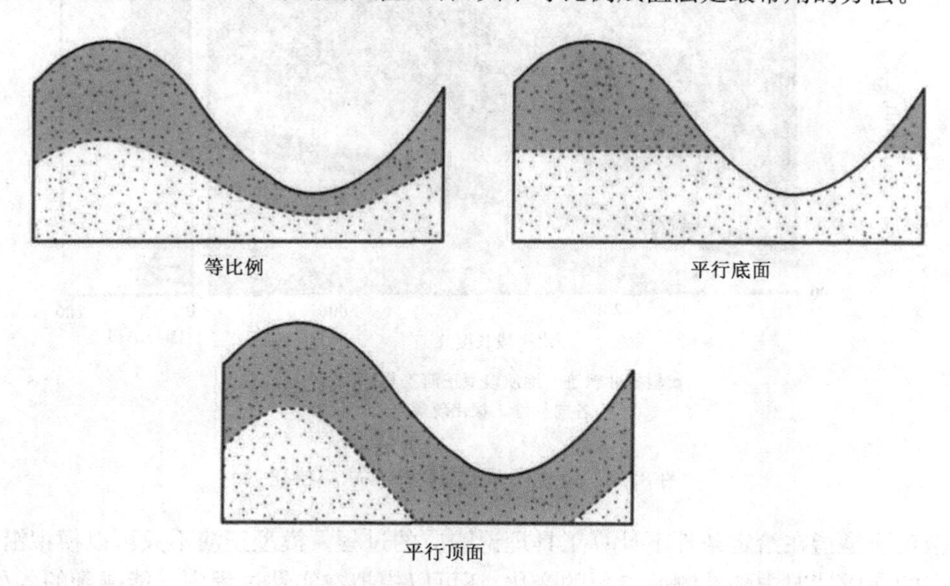

图 8-7　地层沉积特征示意图

2)计算工具响应

当地层构造模型被赋予了地层物性之后，将设计轨迹引入模型之中，沿轨迹的每一个点的物性即时由模型中的物性值得到，见图 8-8。但是，计算工具沿轨迹在地层中的响应远非获得模型中的物性数值这么简单，因为随钻测井的各个参数可能受到很多因素的影响，如薄层效应、层边界效应、轨迹与地层的夹角以及不同参数的探测深度等。现代地质导向模型在计算工具响应的时候，充分考虑了这些因素的影响，这种计算被称为模型正演。

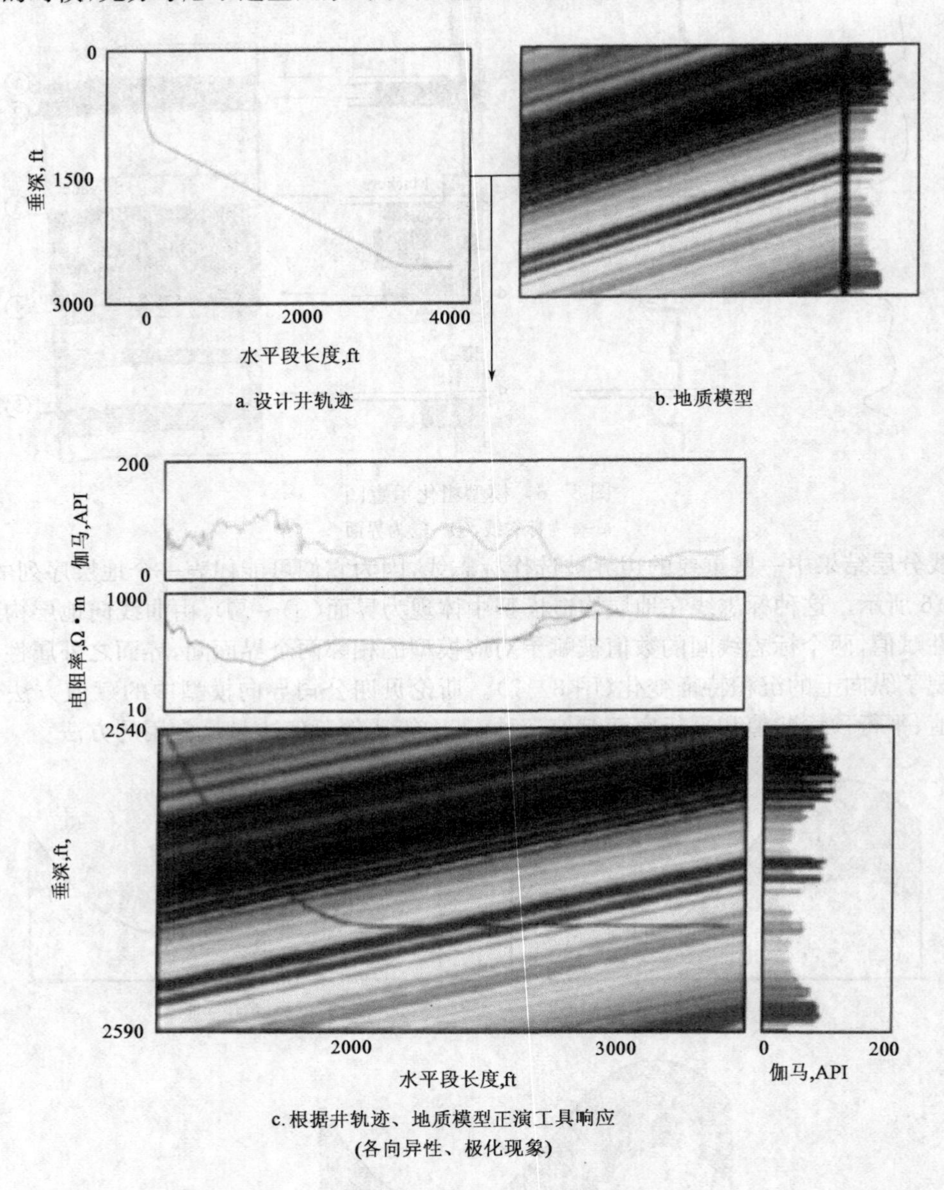

图 8-8　地质导向模型的测井响应特征

模型正演是指在给定条件下计算工具理论响应的过程。模型正演不只可以模拟沿设计轨迹在给定的地质情况中随钻测井参数的变化，还可以模拟在实钻过程中可能碰到的各种情况。例如，当井眼轨迹钻出目的层时，地层倾角与钻前分析的预计相差较大，或地层中存在未曾预计到的断层情况等。

地质导向人员可在钻前设计与分析阶段通过调整地层构造模型的方法来全面模拟各种情况出现时随钻测井工具的响应，同时可以根据钻井所需要达到的地质目的对测井工具进行选择（如选择侧向电阻率工具还是电磁波传播电阻率工具，选择密度成像还是电阻率成像等）。这是地质导向人员在实时导向过程中根据模型、井眼轨迹和测井工具的响应作出正确判断的关键。

3)实时对比与模型更新

在导向过程开始后,实时数据流被加载到地质导向软件中,便可以开始对比通过模型正演得到的测井数据和实测数据。实时可视化地质导向软件 RTGS(real time geosteering)具备建立模型、修改模型、连接实时测井数据和成像、模型正演和实时数据对比的所有功能。当实时测井数据和井眼轨迹数据被加载到该软件后,软件会根据地层构造模型正演实际轨迹中每个点的测井参数,并将结果以曲线的方式显示在测井数据道中以方便与实时测井曲线进行对比。如果二者匹配,说明模型和轨迹的关系真实反映了井下的实际情况;反之需要调整,例如改变地层倾角、层厚、引入断层等方式。通常地,应用模拟—对比—模型更新法的第一步是改变整个模型的垂深使正演曲线与实测曲线中最明显的标志对接。在此之后,除非根据实际地质情况有必要引入断层,否则不再调整垂深,曲线匹配只通过改变地层倾角或层厚来实现。

在缺少地层厚度信息时,一般采取保持层厚而只调整地层倾角的方式。图 8-9～图 8-12描述了如何改变地层倾角使曲线匹配的过程。图中的模型倾角被少许增大了,这样轨迹便位于储层下部区域而不是原来的中部,这个层位具有更高的伽马、更低的相位电阻率。正演出来的测井数据与实测数据能够完全匹配,说明图中的模型更能代表地层的真实情况。根据模型可以判断,现在井眼轨迹非常接近储层底部,需要增斜避免穿底。随着继续向前钻进,这种模型正演、曲线对比和模型更新的迭代过程重复进行,以保证井眼轨迹在储层中钻进。这个实例最终的结果见图 8-12,整个轨迹都保持在储层中钻进。反之,如果按照设计轨迹钻进会造成水平段钻遇率的较大损失。

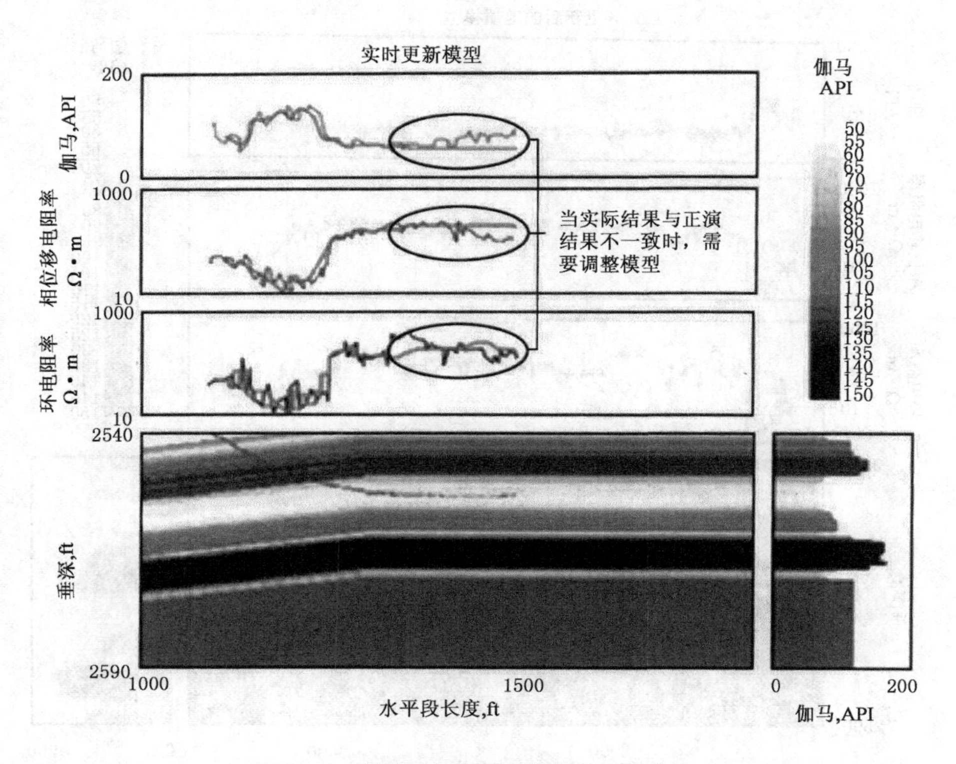

图 8-9 随钻测井曲线与模型响应拟合图

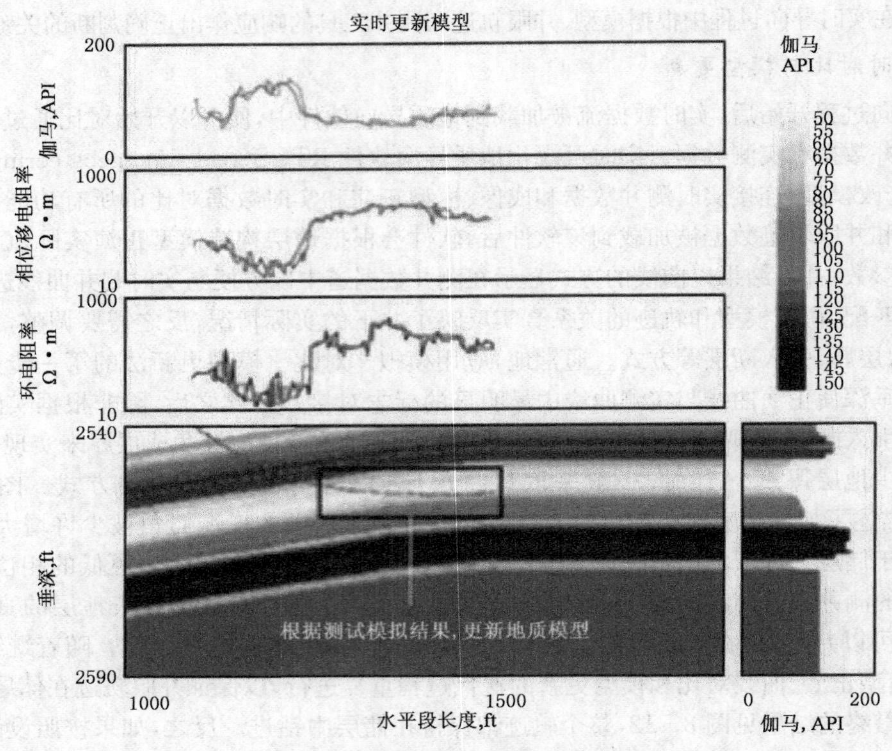

图 8-10　实时地质导向模型拟合图(一)

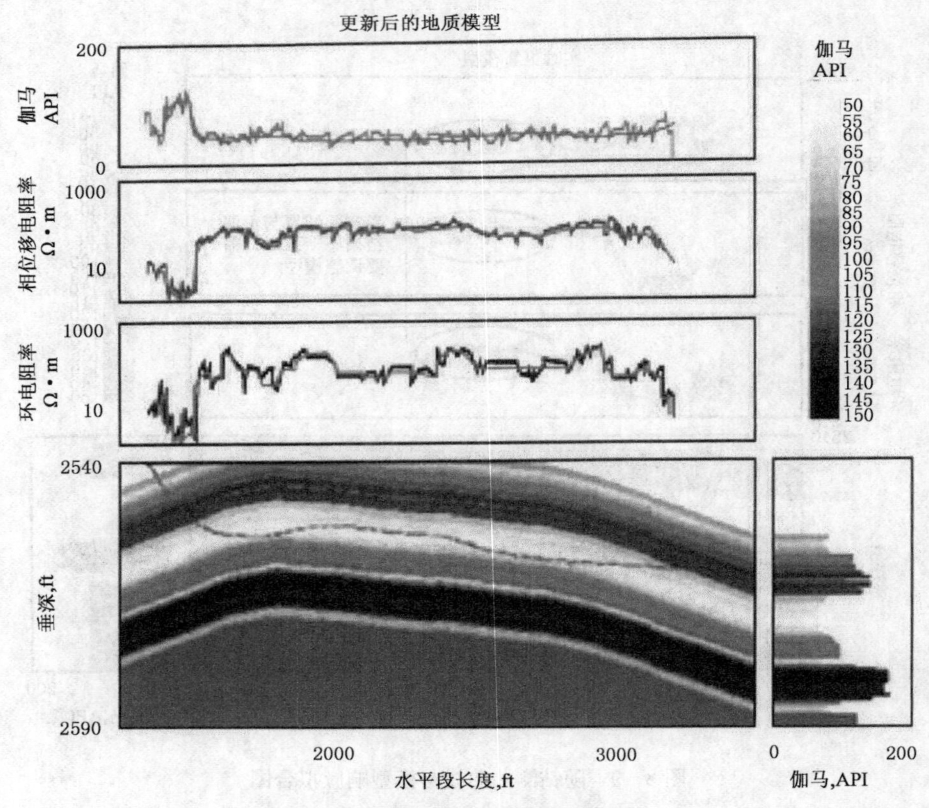

图 8-11　实时地质导向模型拟合图(二)

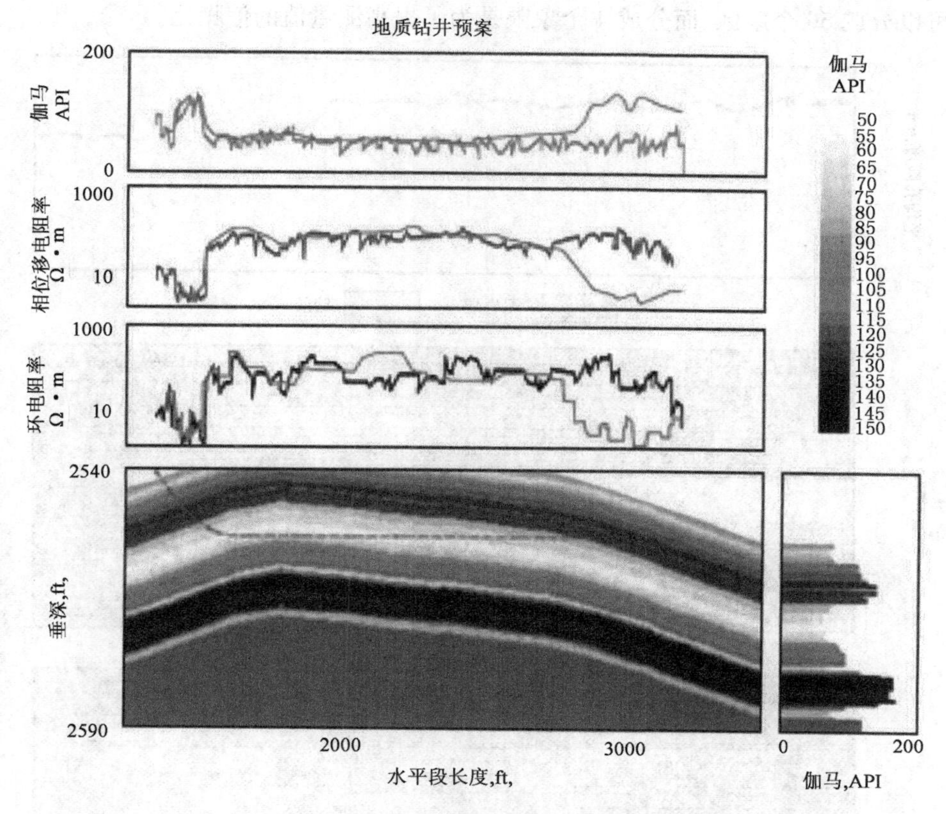

图 8-12　实时地质导向模型拟合图(三)

2. 方向性测量及成像法

模拟—对比—模型更新法可用于任何随钻测井数据,但是在应用该方法时经常碰到的一个问题是非方向性测井数据(即井眼均值数据)只能用于判断井眼轨迹是否接近储层边界,却不能判断是上边界还是下边界,或是横向物性变化,图 8-13 中的三种情况都可能造成相同的测井曲线变化,从而造成模型的不确定性,需要方向性的测量参数予以解决。

实时成像法需要有随钻测井对井壁一周的成像扫描实时数据。成像可以直接确定井眼轨迹相对层的钻进方向,从而消除上述由于缺少方向性测井造成的不确定性。此外,还可以通过成像解释软件在图上直接拾取地层倾角,指导实时地质导向作业,具体操作如下。

1)成像数据的读取与识别

方向性数据则是对井眼分成若干扇区,对每个扇区内的物性分别测量得到数据。方向性数据可用于判断地层的某一测井响应是从哪个方向接近井眼的,或表明井眼轨迹是从什么方向接近一个地层构造特征的。电缆测井的方向性数据是通过沿井壁周长展开的一系列传感器获得的,而随钻测井的获取方法是通过旋转钻具对井壁进行扫描获得的。扫描一周的数据被分成若干扇区,扇区的大小取决于所测参数的聚焦程度。例如,中子测量是最难聚焦的,中子只提供井眼测量的平均值;伽马一般只能聚焦成如 90°扇区,方位性伽马数据包括 4 个象限;密度测量比较容易聚焦,可分为 16 个扇区;侧向电阻率最容易聚焦,可分为 56 个扇区。图 8-14 展示了 3 种随钻测井参数的分辨率。一般方向性密度和光电指数成像数据被分成 16 个扇区,而当密度和光电指数测量值被分为 4 个象限时,是为了提高密度测量值的统计精度;侧向电阻率成像可以分成 56 个扇区，而分成 4 个象限是为了提高测量值的信噪比。

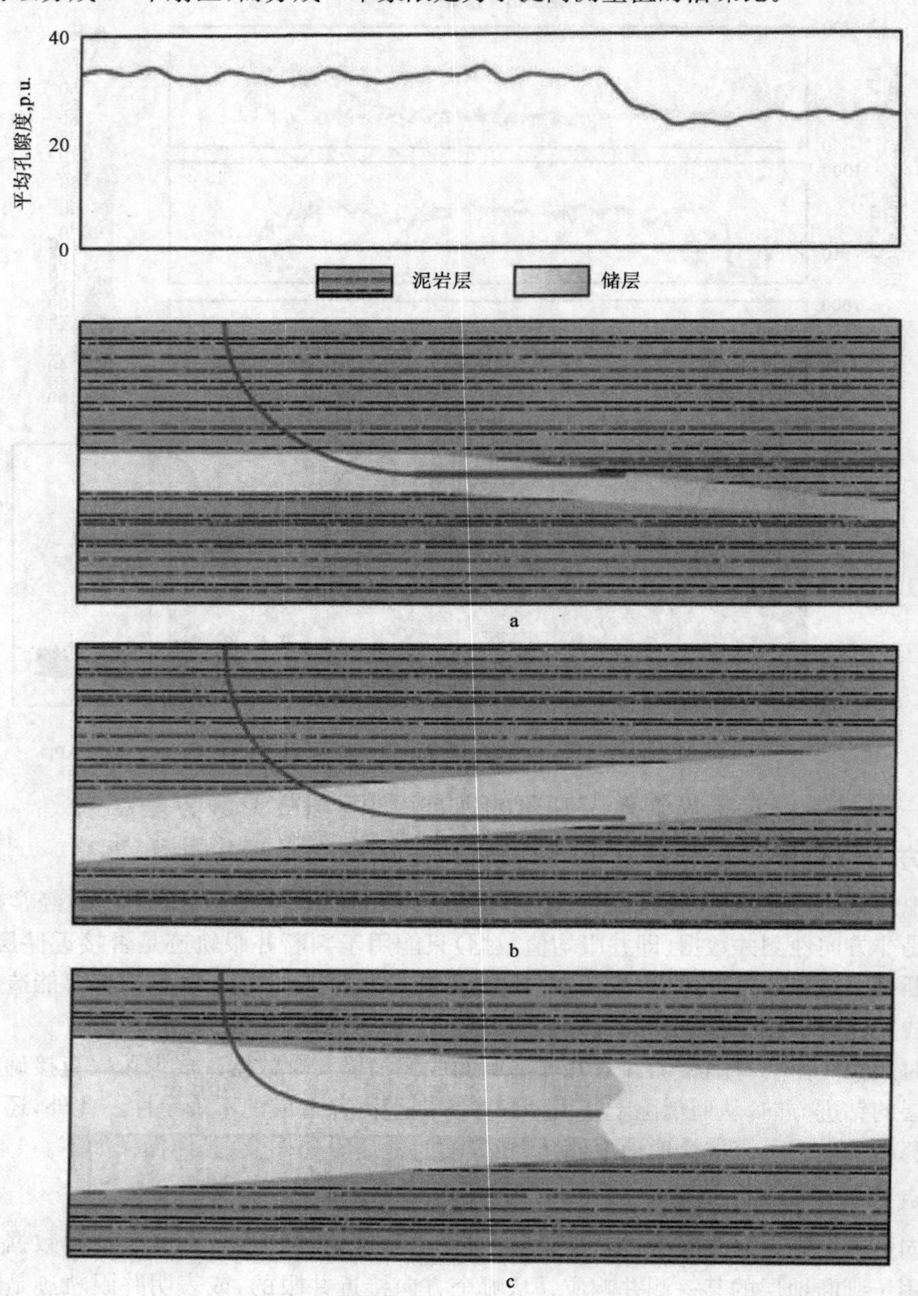

图 8 - 13　钻遇不同地层的相同测井响应

如果在导向过程中需要提供地层倾角的数据，则随钻成像服务是必须选择的。如果需要对裂缝或储层沉积特征进行细致分析，则需要高分辨率成像测井服务，如斯伦贝谢公司的侧向电阻率随钻测井仪 GeoVision 和 MicroScope。由于不同测井工具可提供不同的地层属性信息，在同一井眼中，利用不同工具可以识别出不同的特征。图 8 - 15 展示了在同一井眼中不同的随钻测井成像工具的结果。声波成像用于检测井壁形态，光电指数成像显示地层岩性特征，密度成像提供岩石密度、孔隙度和流体特征信息，伽马成像反映地层放射性元素含量的变化。

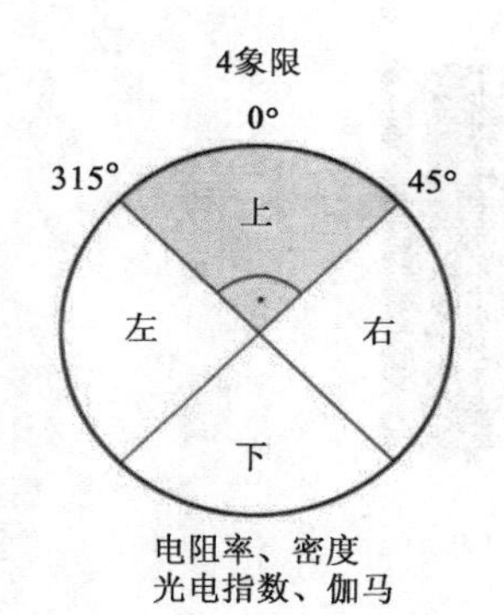

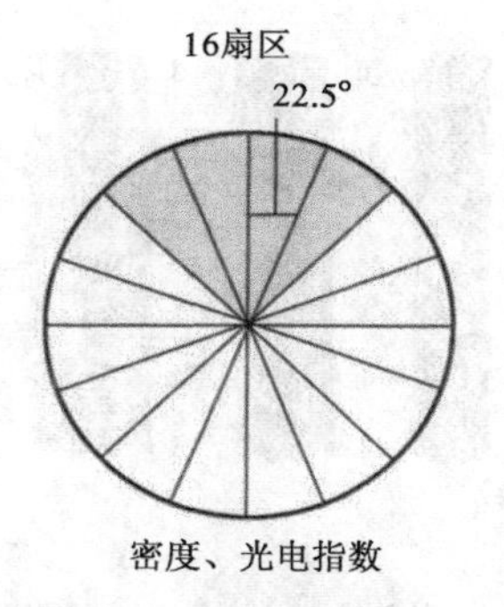

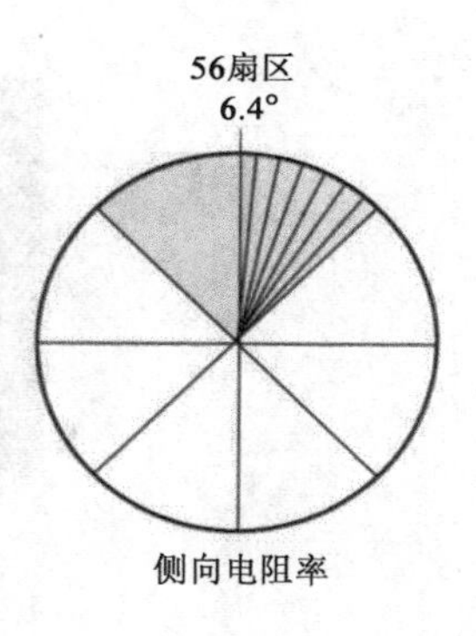

图 8-14　不同成像测井井眼分布

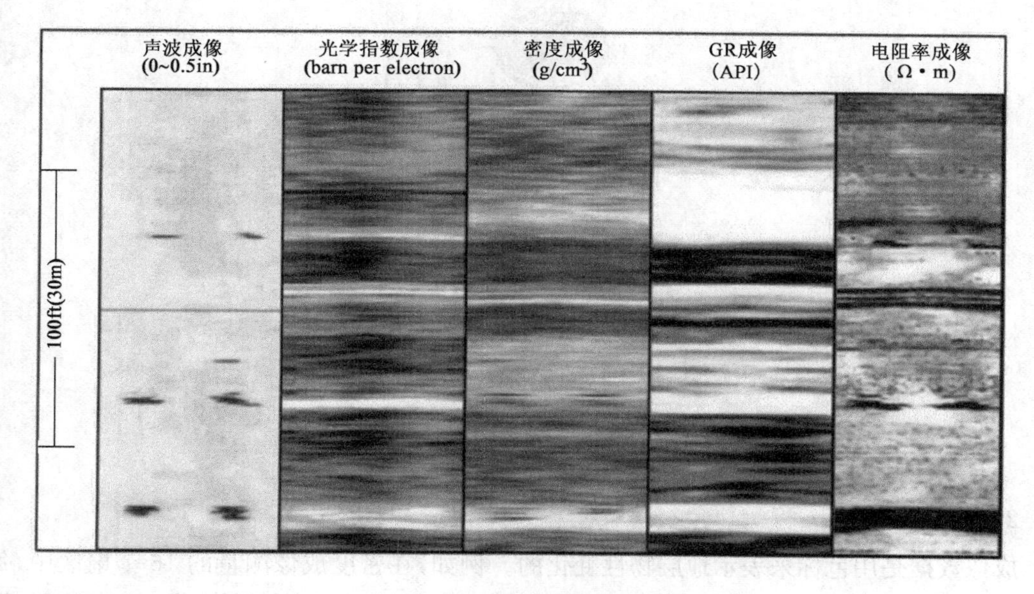

图 8-15　不同测井成像特征

虽然，方向性测井数据和成像数据有诸多应用，对于地质导向人员来说，其中所表现的地层信息才是有价值的，当井眼轨迹穿过一个属性存在差异的层位时，方向性数据在井壁横截面上会发生相应变化。

二维随钻成像数据的显示方式是将井壁从井眼顶部沿轨迹方向横向展开，如图 8-16 所示，图的中心代表井眼底部，两边为顶部。当井眼轨迹向下钻入一个层位时，井眼底部首先看到这一层，然后是井眼侧边，最后是顶部。成像这一层首先在中心出现，然后向两侧展开。由于井深不断增加，这个层位在成像上呈现正弦曲线的形状。而这个正弦曲线是导向过程中最常用的判断井眼轨迹上切地层还是下切地层的依据：井眼轨迹与地层的夹角决定了正弦曲线的幅度。幅度小的曲线表示井眼轨迹与地层的夹角大，而随着夹角的逐渐减小，正弦曲线的幅度变得越来越大，这表明一个层位在相当长的一段井壁上被展开了。例如，一个 8.5in 井眼轨迹以 1°夹角切入一个 6in 厚的层位，该层位在成像上的展布达到 69.2ft，也就是说正弦曲线的幅度是 69.2ft。这种大幅度的展布意味着即使使用低分辨率的成像数据，该 6in 厚的层位的物性特征也能被精细地刻画出来，这是在直井测井数据中无法实现的(井眼轨迹与地层夹角非常大)。

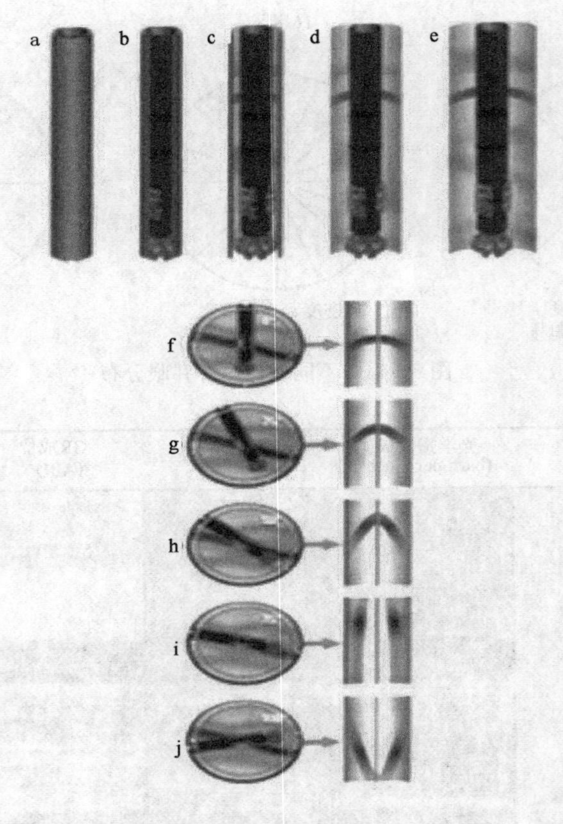

图 8－16　成像资料解释示意图

2)成像的色标

成像数据是用色标来表示地层物性变化的。例如,在密度成像测量的16个扇区中,每一个扇区的岩石密度用一种颜色来表示,连起来就构成了一个完整的密度成像。一般来讲,深色代表较高的密度值,浅色代表较低的密度值。成像标准化是调高图像可视程度的方法,见图8－17。静态成像有一个由用户定义的固定色标。如整幅成像可由16种颜色构成,从最深色代表的2.7g/cm³到最浅色代表的2.2g/cm³。动态成像使用一个深度窗口,在该窗口内的最大值和最小值被定义为最深颜色和最浅颜色的极值。色标在每一个深度窗口中都不相同。在导向过程中一般同时使用静态成像和动态成像,这是因为静态成像凸显大尺度的地层特征,而动态成像能够刻画每一个深度窗口中的细节。动态成像一定要综合静态成像使用,以避免数据噪声(如不平整的井壁)对成像细节造成影响而形成假象。

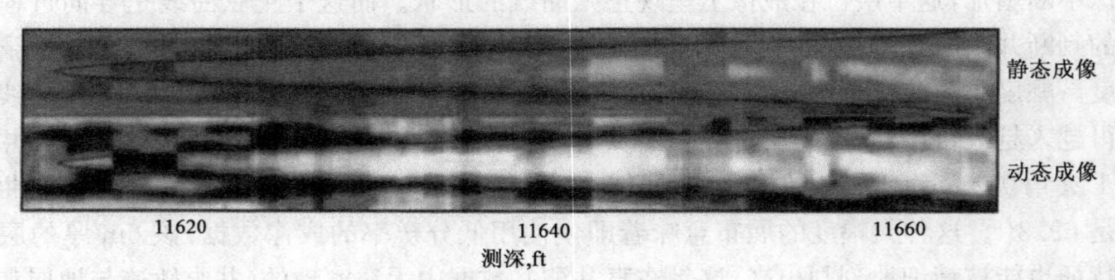

图 8－17　动静态成像对比图

3)应用成像计算井眼轨迹与地层之间的切入角

井眼轨迹和地层之间的切入角可用一个三角关系来表示。

邻边:成像上正弦曲线沿井眼轨迹方向的幅度,使用与井眼尺寸一样的长度单位。

对边:井眼直径加上两倍的工具探测深度(*DOI*)。例如,密度成像的探测深度大约是 1in,对于 8.5in 的井眼来说,这个邻边的长度就是 10.5in。

图 8-18 展示了应用密度成像计算井眼轨迹与地层之间切入角的过程。

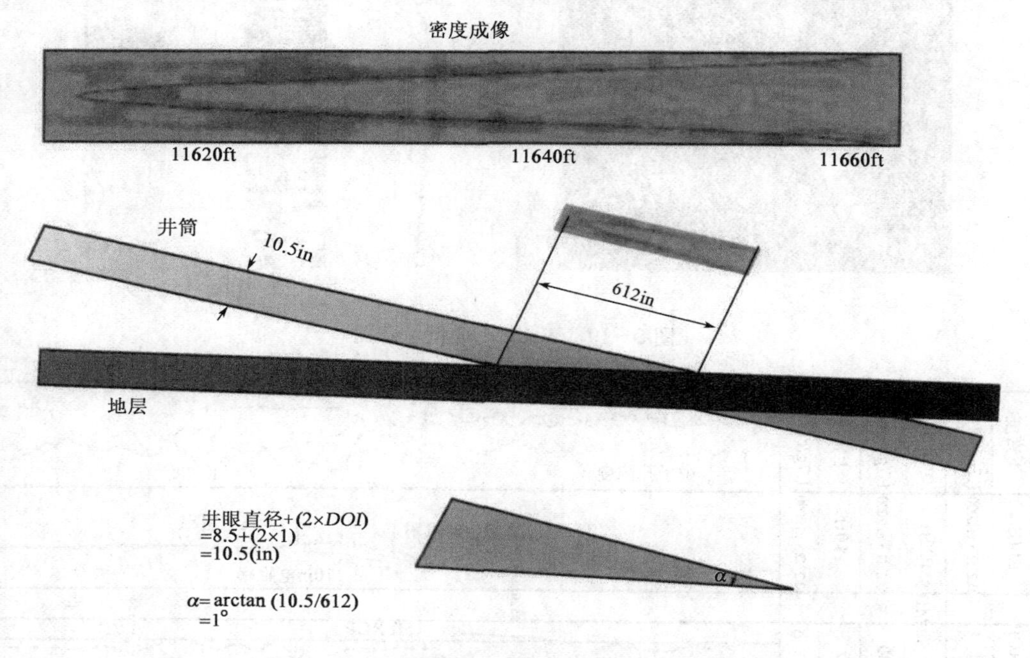

图 8-18　成像计算井眼轨迹与地层切入角示意图

实时成像的三维可视化和地层倾角拾取软件可以直观地了解井眼轨迹在地层中的情况。图 8-19 显示的即是 WellEye 软件的视窗。右侧的面板是传统的二维测井图和成像,成像上的正弦曲线代表拾取的地层特征。在两个成像之间的一道中蝌蚪代表拾取的地层倾角。左侧的面板中显示了三维可视化井眼轨迹,侧向电阻率成像以井筒方式显示。其上的绿色界面代表已经拾取的地层倾角特征。从井眼轨迹的深度可以看出,轨迹是从 A 界面自下向上穿过该层的。如果导向的目的是将轨迹保持在高电阻层也就是 A 界面以下的部分,则这幅图清楚地说明下一步需要降低井斜。由于具备实时数据传输功能,WellEye 对于实时地质导向有着不可替代的作用。

4)通过象限数据计算轨迹与地层之间的切入角

在没有成像数据时,也可以通过简单的方向性数据计算切入角。与利用正弦曲线幅度计算切入角原理相同,在当上下象限的方向性数据能清晰地反映层位的变化时,可通过相同变化在上下象限数据中表现出来的井深来计算。图 8-20 是一个典型的水平井随钻测井图,最上面一道中包含方向性密度曲线。从图 8-20 中可以看出,下密度曲线先降低,上密度曲线在 4m 之后出现了同样的下降,这说明井眼轨迹向下切入一个低密度的层位。垂深曲线显示井眼轨迹是水平的,说明地层是上倾的。

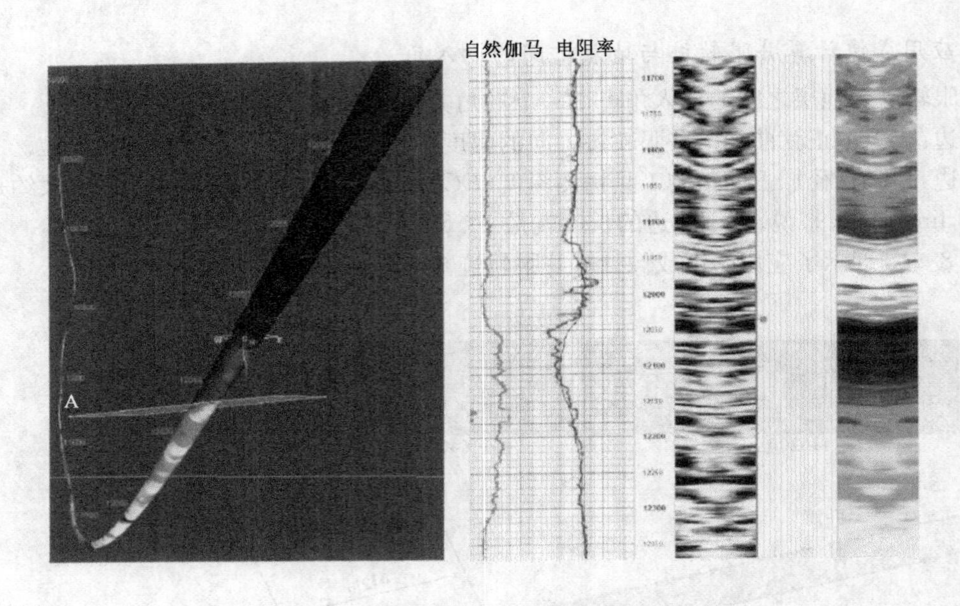

图 8-19 WellEye 成像示意图

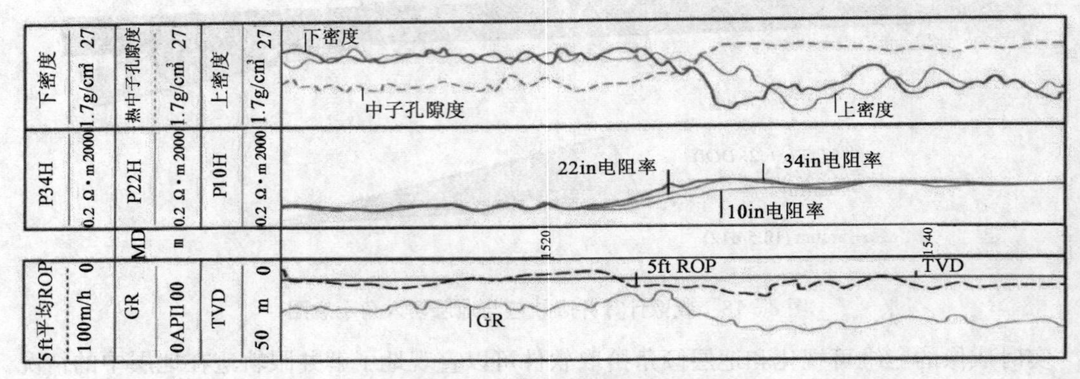

图 8-20 方向性随钻测井曲线解释

5)利用地层倾角计算地层厚度

要想在地层构造模型中确切地定义一个层位，需要知道它的厚度和倾角。非方向性数据只能提供一个层位的测深厚度，而根据井眼轨迹的测斜数据能转换成垂深厚度。要想知道层位的真厚度，则必须知道地层倾角。

在没有地层倾角信息的时候，应用传统的模拟—对比—模型更新法需要假设地层厚度在横向上是不变的，与邻井厚度相同。这会使地层构造模型引入一定误差，增加导向难度。这是因为非方向性数据不能区分地层厚度变化、地层倾角变化或是二者都变化(图 8-21、图 8-22)。要计算地层真实厚度，只有使用方向性测量。

3. 储层边界探测法

储层边界探测法主要基于方向性电磁信号的 PeriScope 边界探测服务。通过对获得的随钻测井、测量参数反演，可以直观得出井眼与地层中电阻率发生变化部位的距离和方向。应用该方法的地质导向人员需要掌握地层电阻率边界知识，熟悉储层层序对电阻率边界测量和反演的影响。

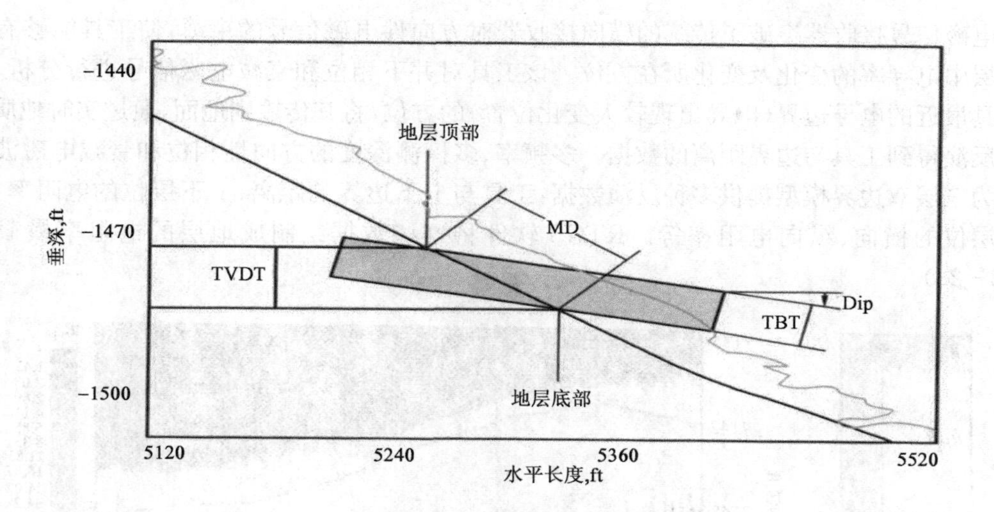

图 8-21　不同地层厚度类型示意图(一)

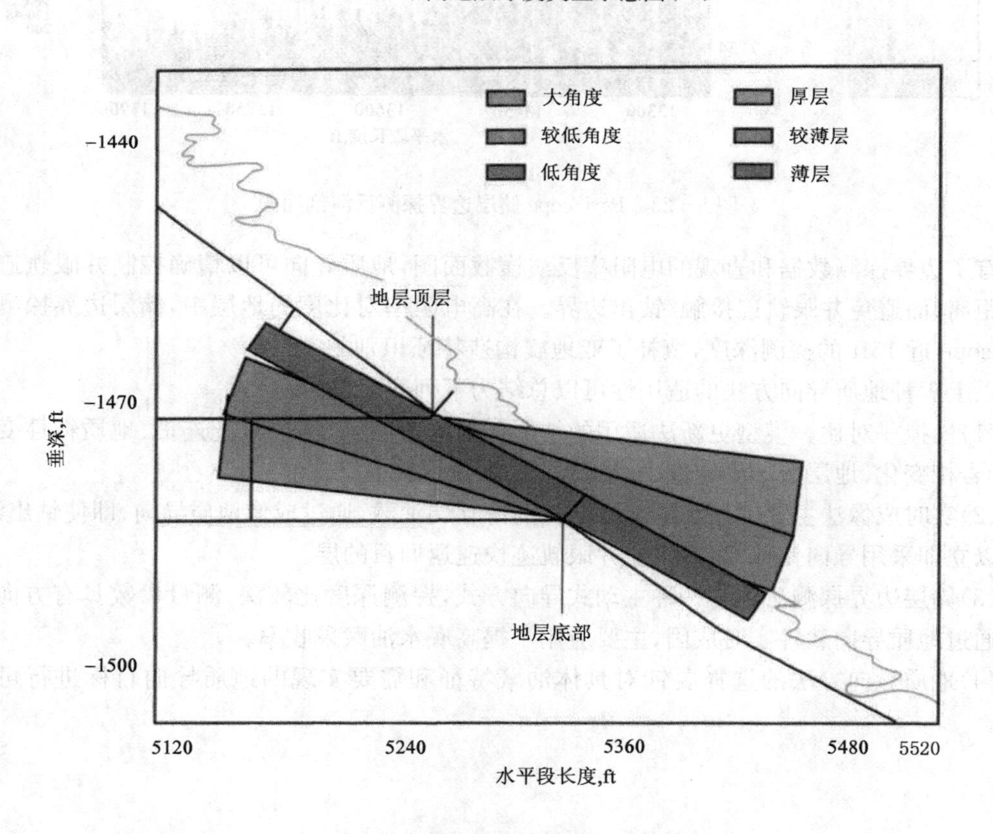

图 8-22　不同地层厚度类型示意图(二)

虽然方向性数据和相应的倾角计算及拾取技术的应用能够大大提高地质导向的准确性,但是大多数方向性数据的探测深度都很浅(一般在几英寸以内)。因此,只有当轨迹接触到层位边缘的时候,方向性数据才能捕捉到该层位和地层倾角。

深探测方向性电磁波测井技术的快速发展,为地质导向提供了革命性的新方法——储层电阻率边界探测法(PeriScope)。其方向性测量的探测深度超过了传统电磁波传播测井,通过斜向电磁信号接收器突破了传统的横向接收器对方向性电磁信号的束缚，使工具能够有效识别地层中电导率的变化及变化所在方位。该工具对井下相位和衰减电磁信号进行分析，获取离工具最近的电导边界(电导出现较大变化位置)的方位，将其传输到地面，通过实时地质导向软件反演得到工具与边界距离的数据。多频率、多探测深度的方向性相位和衰减电磁波信号可以为三层双边界模型提供多种反演数据：工具与上下边界的距离，上下层位的电阻率，工具所在层位的横向、纵向电阻率等。RTGS 软件将这些数据绘制成地层的电阻率横截面图(图 8－23)。

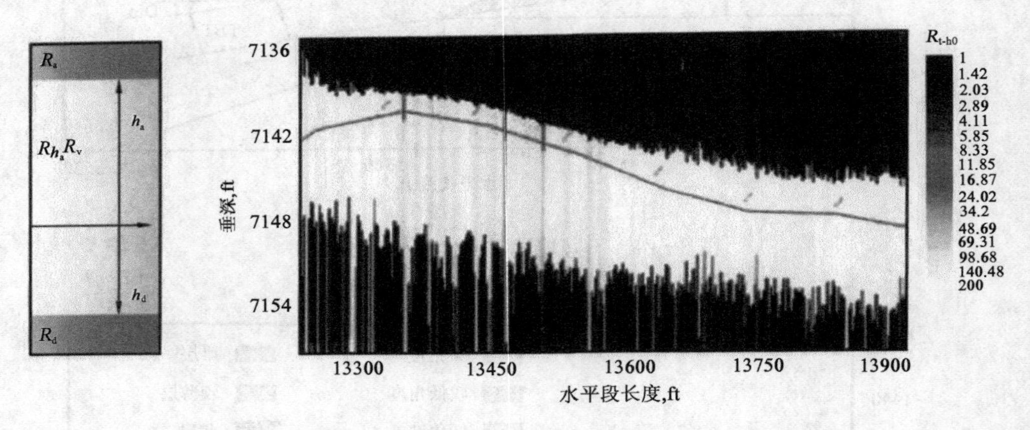

图 8－23　PeriScope 储层边界探测反演剖面图

有了边界探测数据和直观的电阻率反演横截面图，地质导向可以精确控制井眼轨迹与边界的距离，而避免井眼轨迹接触/钻出边界。在高电阻率对比度的地层中，储层边界探测技术 PeriScope 近 15ft 的探测深度，填补了亚地震构造特征识别的空白。

以上三种地质导向方法的适用性可以总结为下列四个方面：

(1)模拟—对比—模型更新法适用的情形包括构造明确、油层标记连贯、地质特性变量较少、无岩相变化、地层的不确定性小、风险弱的储层。

(2)实时成像法主要适用于电阻率变化的薄互层油藏，通过成像地质导向，即使钻出油层，仍可以立即采用导向钻井的方法，使井眼轨迹快速返回目的层。

(3)储层边界探测法作为一种主动式导向方式，探测深度比较深，测量参数具有方向性并可以通过地质导向软件实时成因，主要应用于提高底水油藏采收率。

(4)地质导向方法的选择要针对具体油藏特征和需要实现的地质导向目标进行可行性分析。

第三节　地质导向技术应用

经过近 20 年的发展与应用，地质导向技术在国内外各个油田得到了广泛应用，油田的复杂性，尤其是国内油田的各种特殊油气藏对精确的预判性地质导向的严格要求，是推动地质导向技术不断发展和进步的动力。近 10 年来，针对油田的油藏特点和开发需求，发展应用了许多有针对性的地质导向技术，并取得了突出的应用效果。本章将结合地质导向技术在国内一些油田的具体应用情况加以阐述。

一、GST 地质导向技术的应用

1. 基本解释原理

最早期的具有方向性测量的地质导向工具首推 GST 工具，它由一个近钻头测量短接头和常规的 PowerPak 马达两部分组成。其近钻头测量短接头可以提供井斜、聚焦伽马和电阻率的测量，同时，通过马达工具面的配合，可以实现数据点形式的方向性伽马测量，测点距钻头都在 2.5m 范围内，最大限度地避免钻井液侵入对测量的影响，这些对于地质导向时的实时决策和井眼轨迹的调整及控制都至关重要。辽河油田应用 GST 工具与 GVR 电阻率成像取得了非常好的导向效果。图 8-24 是 GST 工具示意图。

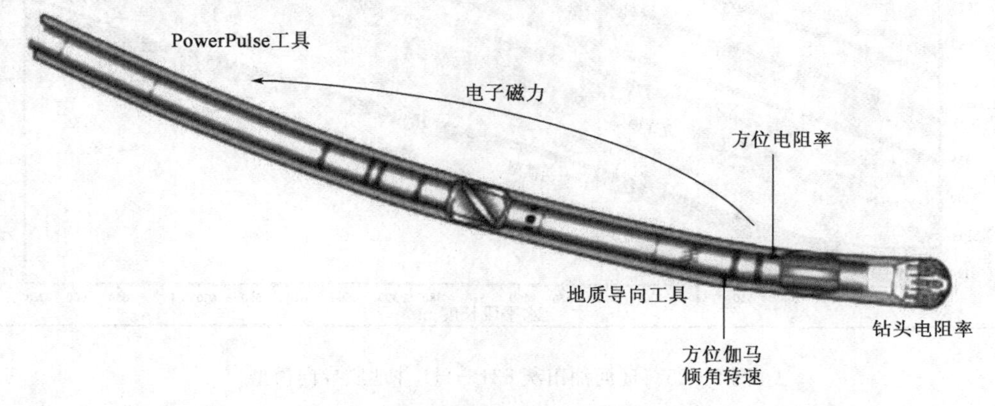

图 8-24 GST 工具示意图

2. 应用实例分析

茨 631-H1 井位于茨 631 块，钻井揭露地层自下而上依次为古近系沙河街组沙二段、沙一段、东营组，新近系馆陶组、明化镇组及第四系平原组。其中沙三段为本区的主要含油层系，将其划分为三个亚段，其中以沙三中亚段为主要生产层位，也是本次钻井的主要目的层，地层岩性主要为灰色、深灰色泥岩与浅灰色、灰白色中砂岩、细砂岩、粉砂岩、泥质粉砂岩互层，泥岩质纯。

茨 631 井区的油层分布主要受斜坡构造背景控制，油藏类型属于薄砂层岩性油藏，原油性质较好，地面原油密度为 0.8203g/cm^3 左右，为稀油。地层水为 $NaHCO_3$ 型，总矿化度为 4601.9mg/L 左右。

1）实施过程及结果

该水平井部署区含油砂岩厚度薄，尽管在部署中使用了波阻抗反演技术，仍由于地震资料的分辨率很难达到这样的精度，加之该区属岩性油气藏，砂岩体横向延伸短，岩相变化快，钻遇该水平井段具有一定的风险性。

实际导向作业过程：由于平面构造控制程度比较低，作业过程中，着陆前的对比分析发现地层倾角变化较大，从预测的 5°～6°变为 11°，实时设计显示目标油层位于着陆轨迹的下部，将面临很长的靶前位移损失，同时与 GST 结合使用的 GVR 成像也清晰地显示了这一角度。于是决定停止钻进，从上部确定有利的位置进行侧钻，之后通过 GST 的近钻头井斜、聚焦伽马、电阻率的测量参数结合 GVR 电阻率成像综合分析，平稳地着陆于 1.7m 的薄目的层内，并在水平段导向钻进 132m 直至完井(图 8－25)。水平段导向过程中，尝试通过改变 GST 工具面来获取方向性聚焦伽马值，但是效果不明显，主要还是参考 GVR 电阻率成像来确定地层倾角变化。

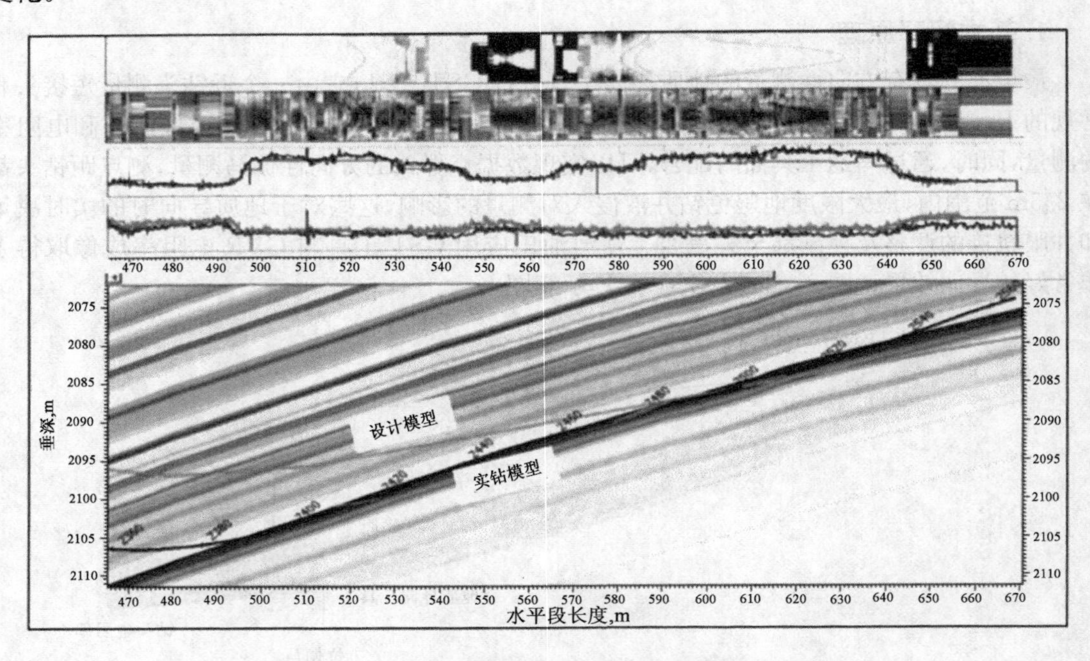

图 8－25　辽河油田茨 631－H1 井地质导向模型

GST 工具在 11°的地层倾角储层内钻井也遇到了极大的挑战，经常出现增斜、降斜问题，从而导致储层和钻遇率损失，最终由于轨迹进入油层顶面盖层，降斜困难而提前完钻。本井初期产能达到了 50t/d，导向效果非常好。

2)认识与总结

作为早期的地质导向工具，在长期的实钻过程中，GST 也暴露出了很多的局限性。例如，针对辽河油田某些区块高倾角(10°～12°)地层钻井，GST 工具常出现增斜、降斜问题，从而导致储层和钻遇率损失。随着更加先进的旋转导向钻井工具以及各种方位成像测量的出现，GST 逐渐退出了随钻地质导向的舞台。

二、GVR 地质导向技术的应用

1. 基本解释原理

在方向性测量出现以后，电阻率成像地质导向在此基础之上也逐渐发展起来，它不仅可以提供上下、左右方向性测量，同时也可以提供全井眼的电阻率测量成像，这主要是通过工具的旋转实现的。工具带有一个纽扣状的电阻率测量点，当工具旋转一周后，就会获得全井眼的成像资料，为实时导向提供方向，通过专有的软件可以在成像上拾取地层倾角，从而为导向过程中地层倾角的判断提供有力的依据。

GeoVision(GVR)侧向电阻率工具可以为随钻地质导向提供以下帮助：(1)侧向测井电阻

率包括近钻头、环形电极以及3个方位聚焦纽扣电极；(2)高分辨率侧向测井减小了邻层的影响；(3)应用于高导电性钻井液环境；(4)钻头电阻率提供实时下套管和取心点的选择；(5)三个方位纽扣电极提供实时下套管和取心点的选择；(6)实时图像被传输到地面可识别构造倾角和裂缝，以更好地进行地质导向；(7)实时方位性伽马测量。

在薄储层开发中，通过GVR的实时方向性测井数据，结合钻前地质背景预测和钻进中实时局部构造和倾角变化分析、在钻井过程中通过井眼轨迹穿过地层界面位置的方向性测量和成像来判断轨迹和地层之间的关系及计算地层视倾角从而指导决策，最大限度地降低储层水平段的无效进尺，提高钻遇率，减少侧钻，在地层倾角不断变化、局部构造不确定的情况下，更好地保证水平井按最优的目标钻进。

由于GVR的电阻率成像有三个不同的探测深度，通过计算可以得到成像上显示出来的钻井液入侵情况，因此它也可以指示储层渗透性(图8-26)。

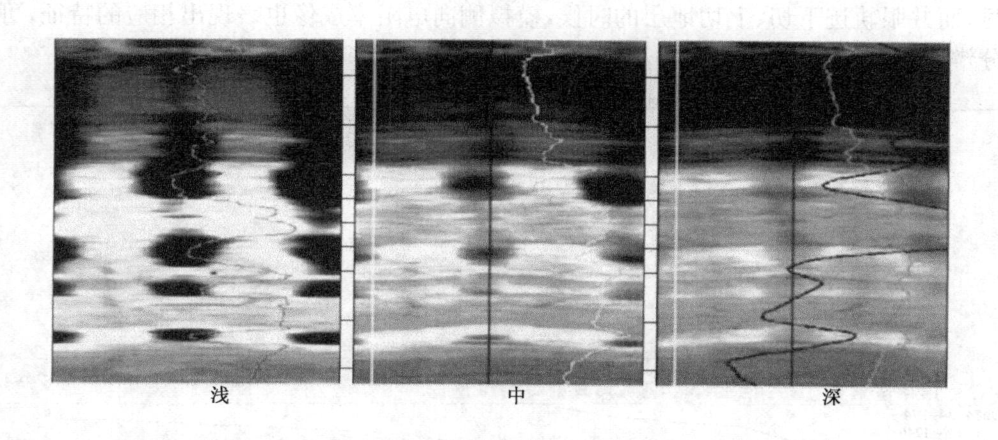

图8-26　GVR不同探测深度电阻率成像反映地层不同渗透率

2. 应用实例分析

随着国内各油田开发逐渐进入后期，简单、整装的油藏越来越少，复杂、特殊油气藏逐渐增多，辽河油田同样面临着上述挑战。为了解决油田开发中的难题，辽河油田在一些复杂区块选择了部分传统地质导向技术难以实现的水平井，应用先进的随钻成像地质导向技术，有针对性地解决了水平井地质导向的技术难题。

辽河油田勘探开发一体化油藏水平井存在的主要挑战包括：(1)缺乏控制井，地层倾角存在较大不确定性；(2)靠近断层，构造不确定；(3)油层中泥岩隔夹层不稳定分布，且存在横向变化；(4)岩石孔隙度、渗透率条件好，可钻性强，存在自然降斜风险；(5)夹层较多，对随钻测井仪器测量曲线有较大影响，对地质导向师判断轨迹与地层相对位置会造成假象，存在决策风险。

针对以上特点和风险以及区块储层的分析、研究，提出了如下解决方案：(1)使用实时高清晰成像工具，其成像数据可以用来拾取地层倾角，帮助实时理解地层构造；(2)方向性测量可以帮助判别邻近薄层的影响；(3)需要近钻头井斜测量帮助控制轨迹；(4)地质导向师与当地地质专家的密切交流与合作是水平井成功的重要保障。

从技术应用的油藏角度看，随钻水平井成像地质导向技术是辽河油田水平井钻井最有针对性的导向技术，其应用主要体现在三种油藏类型中，包括控制程度较低的勘探开发一体化油藏、薄层稀油油藏、薄层稠油油藏。

1)控制程度较低的勘探开发一体化油藏

辽河油田 W38—DH273 井部署目的层顶部构造为南倾单斜构造，地层倾角 1.1°，储层物性较好，为中高孔隙度、高渗透率储层，油藏埋深 1250.7～1263.6m，平均油层厚度 6m，属层状边水油藏。

(1)地质导向设计及建模：W38—DH273 井设计垂深 1256m，水平段长度 380m，目的层厚度 3～8m，水平段中部厚度和储层物性变化大，中部储层电阻率降低，水平段后半部地层物性变差，要求电阻率保持在 30～50Ω·m，伽马保持在 60～80API，由于地层的可钻性特点对造斜率有较高的要求，本井要求采用 Power Drive Xceed 旋转导向工具。

从地质导向预测模型(图 8-27)可见，当井眼轨迹位于目的层内时，目的层高电阻率的特征明显，而井眼轨迹下切、上切地层的时候，模拟侧向电阻率成像也表现出相应的特征，可以清晰地分辨出轨迹的变化，为水平井着陆、水平段钻进提供方向性。

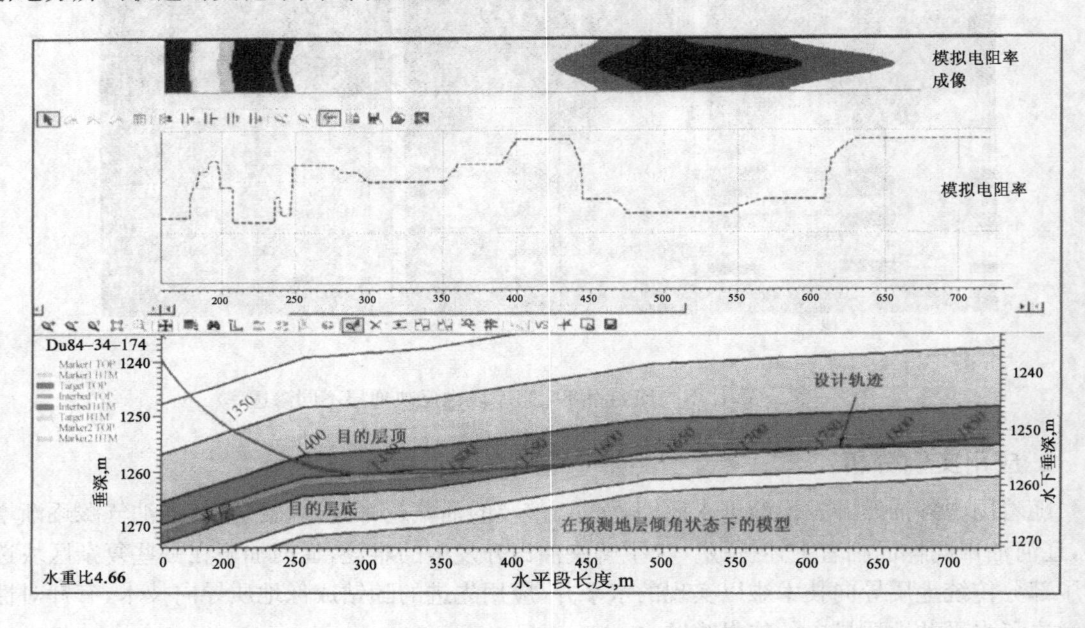

图 8-27　W38—DH273 井钻前预测模型

(2)实施结果：W38—DH273 井完钻井深 1729m，水平段长 331m，油层钻遇率 88.8%(图 8-28)。本井采用 Power Drive Xceed 工具，虽然部署区域储层致密，但是旋转导向钻进时钻速快，该井钻井周期仅 8d，创辽河油田水平井钻井周期最短纪录。

(3)认识与总结：Power Drive Xceed 旋转导向工具适用于胶结致密地层，并且因所有部件都随着钻具一起旋转，能更好地携带岩屑、清洁井眼、减少井眼垮塌和卡钻风险、提高井眼质量、缩短钻井周期，同时有助于提高测井数据质量，精确控制轨迹，提高油层钻遇率。

Power Drive Xceed 旋转导向工具的推广应用大大缩短了钻井周期，降低了钻井作业风险，减少了钻井成本，有利于水平井的规模推广。

Power Drive Xceed 旋转导向工具造斜率在长井段、疏松地层中容易受到一定影响，需要

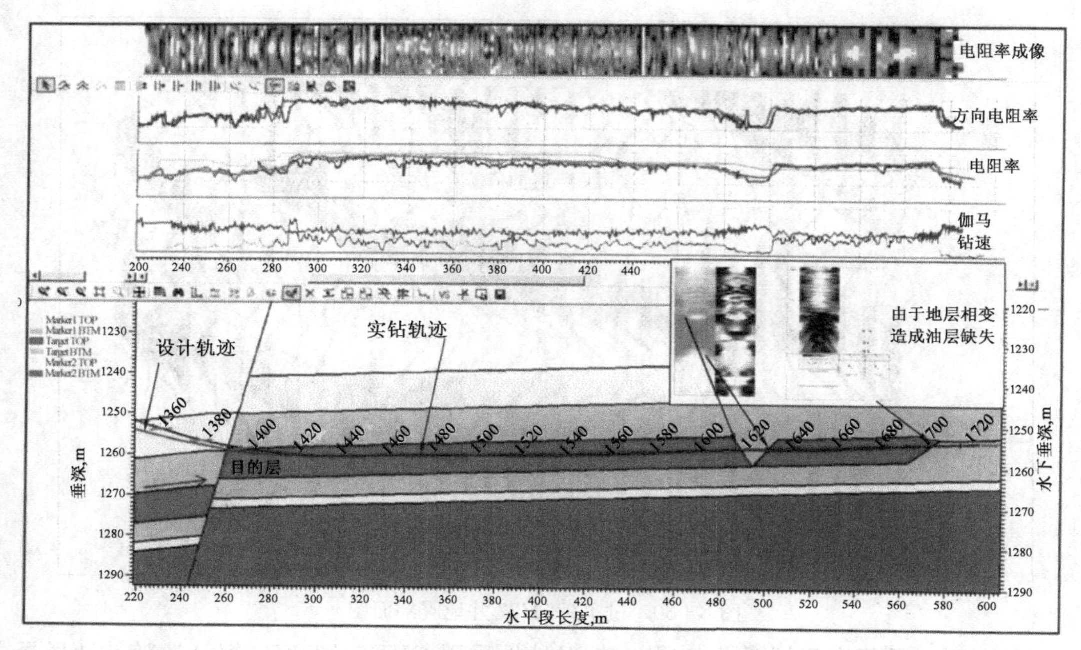

图 8-28　W38—DH273 井地质导向完钻模型

进一步分析原因并完善。

2)薄层稀油油藏水平井地质导向实例

辽河油田 J61—25 井区为一单斜构造,总体形态北东高、西南低,储层物性较好,属中孔隙度、中渗透率储层,油藏埋深 1500～2220m,为构造—岩性油藏,原始油水界面为－2220m。

(1)地质导向设计及建模:J59—H27 井设计井深 1986m,水平段长度 327.5m,目的层砂体平均厚度 2.5m,其砂体及储层物性平面展布特征如图 8-29 所示,水平井设计主要位于目的层储层厚度较大、物性较好的部分,同时在地震剖面上相位显示构造比较稳定的区域(图 8-30)。

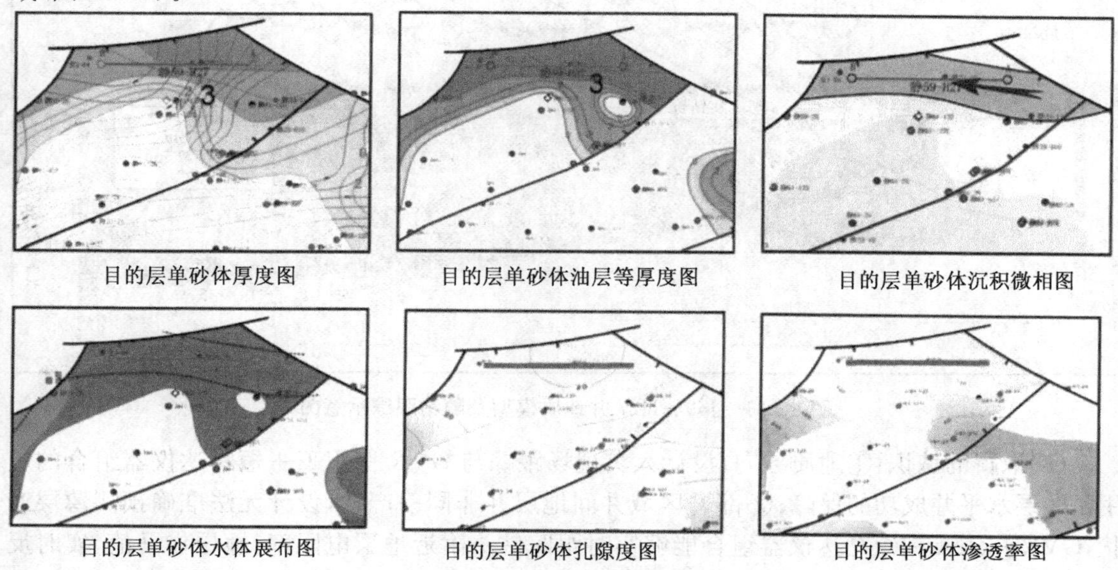

图 8-29　J59—H27 井部署图

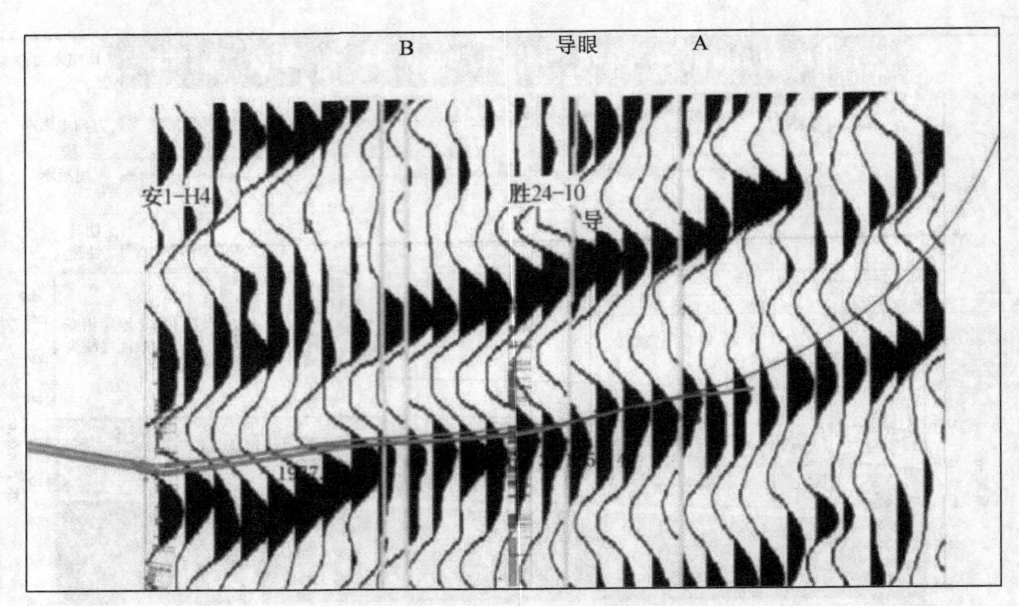

图 8-30　过 J59—H27 井地震剖面图

结合钻井地质导向目标要求，本井有针对性地采用 GVR＋ZINC＋短马达随钻地质导向仪器组合。

(2)实施过程及结果：J59—H27 井完钻井深 2333m，水平段长 253m，钻遇油层、低产油层 197m，钻遇率 77.8%(图 8-31)。

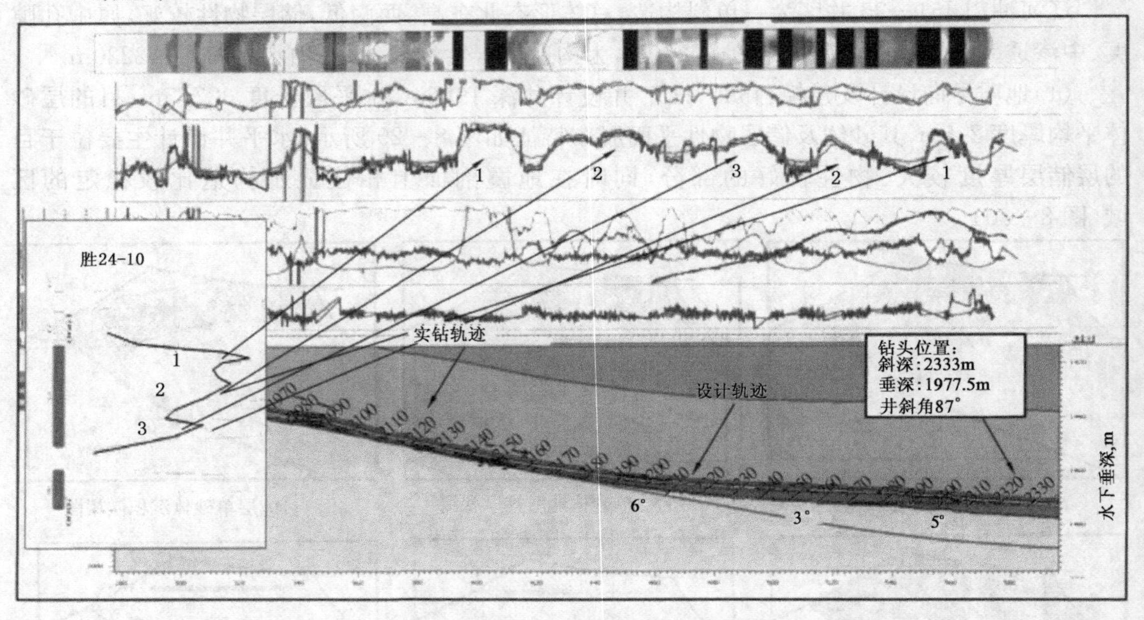

图 8-31　J59—H27 井地质模型及随钻跟踪示意图

(3)取得的认识：①地质导向、设计人员现场跟踪与 GVR＋ZINC＋短马达仪器组合的应用是薄层水平井成功的保障；②部署区域井间地层并非同一产状，设计无法准确预测薄层产状，GVR＋ZINC＋短马达仪器组合能够实时跟踪钻头附近地层电阻率、地层伽马值，实时反映地层产状、岩性变化，及时指导水平井调整；③J59—H27 井钻进后期，由于托压原因，GVR

＋ZINC＋短马达仪器组合无法正常钻进，因此改用 Power Drive Xceed 旋转导向仪器，实现了该井的顺利完钻。

侧向电阻率成像 GVR 和近钻头井斜 ZINC 应用到辽河油田地质导向中取得成功。此外，指向式旋转导向钻井系统 Power Drive Xceed 不仅在可钻性差的地层钻井中提高了钻井效率，降低了钻井风险，其连续的旋转性及近钻头的测量也为水平井地质导向提供了较大的帮助。

3）薄层稠油油藏水平井地质导向

辽河油田 Xh27 块为一短轴背斜构造，构造较平缓，地层倾角 1°～2°。储层物性好，属高孔隙度、高渗透率储层，油层平均厚度 20.3m，为块状边底水稠油油藏，油水界面－1412m，底水活跃。直井开采 15 年，到 2004 年，区块日产油 37t，采油速度仅为 0.26%，综合含水 93.4%，采出程度 12.2%，濒临废弃。

(1)地质导向设计及建模：鉴于该区块目标储层构造明确、厚度较厚和井控程度较高，地质导向主要目的就是保持水平段轨迹远离油水界面，延长单井生产寿命。经分析决定应用 GVR＋ZINC＋短马达随钻地质导向仪器组合，该组合可以利用 GVR 成像资料确定储层在空间上的变化，又可利用 GVR＋ZINC＋短马达近钻头测量优势快速调整轨迹，下面以 Xh7—H52 井为例说明。Xh27—H52 井设计垂深 1396m，水平段长度 300m，目的层平均厚度 9.1m，应用 GVR＋ZINC＋短马达随钻地质导向仪器组合，由于油藏底水活跃，实施过程中需尽量避开底水，因此要求轨迹控制在距油顶 2m 左右，电阻率保持在 20～30Ω·m，并确保较高的油层钻遇率。Xh27—H52 井实时地质导向模型见图 8-32。

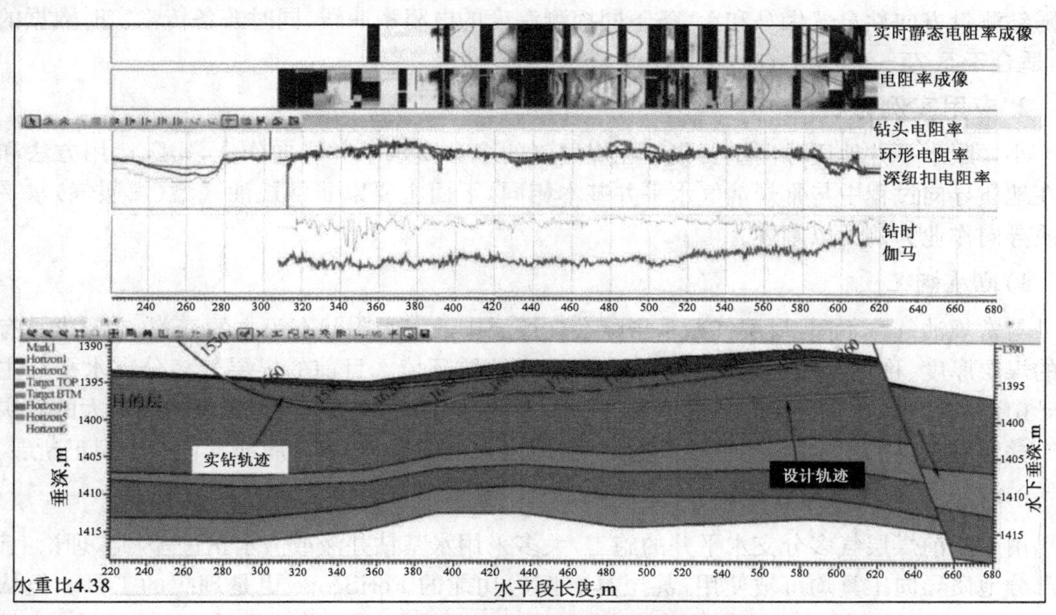

图 8-32　Xh27—H52 井实时地质导向模型图

(2)实施结果：Xh27 区块方案整体部署水平井 33 口，其中应用斯伦贝谢公司随钻地质导向实施 16 口，轨迹距油层顶界控制在 2m 以内，实施的 16 口井油层钻遇率均达到 100%，而常规 LWD 的 17 口井平均钻遇率为 94.3%，投产后平均单井初期产油 17.9t/d，较常规水平井增加 5.7t/d。区块投产后日产油由二次开发前的 32t 最高上升到 360t，采油速度提高到1.36%，油井产量、采油速度增加了 10 倍，采收率翻了一番，使得濒临废弃的老油藏重新焕发了青春，为二次开发示范区块的成功起到了重要的作用。

(3)认识与总结：①GVR＋ZINC＋短马达随钻地质导向仪器组合能够实时对轨迹调整提供指导，提高了轨迹控制精度，降低了钻井风险，保证了油层钻遇率；②GVR＋ZINC＋短马达随钻地质导向仪器组合能有效应用于薄层油藏、复杂产状油藏、底水油藏，满足油藏对水平井井眼轨迹控制的高精度要求；③GVR＋ZINC＋短马达随钻地质导向仪器组合不能全程旋转，定向钻进时摩阻大，导致钻时较长，容易误导现场地质技术人员对储层的判断，同时滑动钻进时存在卡钻风险，因此，建议在重点复杂井中选择使用旋转导向系统。

三、ImPulse 地质导向技术的应用

1. 基本解释原理

方向性测量引入地质导向可以说是具有重要历史意义的事件，因为早期的地质导向一直是根据参考井资料结合岩屑录井、随钻测井进行对比指导下一步钻进。后来这种方法通过与钻具在井眼中的旋转相结合发展到了更完备的侧向电阻率成像测井；但这些均局限于较大的井眼(8.5in)钻井中，虽然早期的 GST 具备小井眼钻井地质导向的功能，但是由于其不稳定的方向性测量值和在一些可钻性差地层中钻速低，也逐渐被淘汰。ImPulse 是后来为填补小井眼钻井地质导向的空白而研发的，首次将伽马、电阻率测井同数据传输结合起来，同时提供可靠的方向性伽马测井，兼具简易性、灵活性、多参数等特点，为地质导向提供了有力的判断参数。

ImPulse 工具是具有井眼补偿功能的阵列电磁波传播电阻率工具。ImPulse 工具可以提供随钻测量方向性自然伽马和 10 条不同探测深度的电阻率曲线，同时兼备传输实时数据的功能，适合于 5.75～6.75in 的小井眼作业。

2. 应用实例分析

小井眼水平井地质导向主要集中在煤层气的多分支水平井导向作业，实际运用方法和效果在地质导向过程中与常规油气水平井基本相同，下面主要以非常规油气藏(煤层气)水平井地质导向作业为例予以阐述。

1)地质概况

与常规油气藏不同，煤层气藏是指赋存在煤层中的以吸附状态为主的气藏，它要求具有稳定的煤层厚度、稳定的构造条件及其适合的水文地质环境。目前的煤层气多分支水平井主要位于山西省境内的沁水盆地，该盆地是我国最大的向斜构造盆地，同时也是我国最大的石炭纪至二叠纪整装煤层气盆地，构造较为稳定，盆地内大型断层不发育，局部发育有小型正断层。

2)水平井地质导向方案分析

由于目前煤层气多分支水平井的施工，大多采用水基钻井液或清水钻进，因此，理论上讲，大部分地质导向工具均可被使用，甚至具有探边功能的 PeriScope 更是理想的工具。但从煤层气施工的现实考虑，即高角度、高速钻进和低成本要求以及工具和采矿的安全性出发，具有多功能探边优势的 PeriScope、又有成像功能的 GVK、ARC 系列工具以及能够确定和探测煤层物理性质的放射性工具 ADN 等，都不是近期煤层气市场的选择。

因此，基于煤层气市场及多分支水平井地质导向的需要，对随钻测井工具的要求，一是能够提供测量煤层及其围岩的电阻率曲线和伽马曲线，二是能够提供预测地层钻进趋势的方位伽马曲线。从上述两点要求来看，ImPulse 工具能够满足这些要求，该工具能够提供不同测深的电阻率曲线、平均自然伽马曲线以及方位伽马曲线。此外，该工具能够承受的最大狗腿度，

在旋转钻进时可达 15°/30m，在滑动钻进时可达 30°/30m，满足了高地层倾角变化带来的高狗腿度的施工要求。

此外，ImPulse 工具与功率强劲的 PowerPak 马达组合(图 8－33)，可提供较短的偏移距，即数据采集记录点距离钻头较近，如电阻率偏移距在 10.2m 左右，伽马偏移距在 12.3m 左右，斜偏移距在 11.8m 左右，有利于地质导向工作。

图 8－33　ImPulse 井下工具组合图

3)水平井地质导向实施过程

煤层气多分支水平井的地质导向方法可以概括为如下两点：

(1)钻前的准备工作。这一点很重要，充分收集待钻井所在地的区域性地质资料，特别是收集邻井的钻探资料，并对所有资料进行分析和研究。根据邻近的注气直井资料和待钻井钻探方案，做好钻前地质导向模型，特别是对目的煤层要做详细的小层划分，划分出较纯的煤层段、软煤段及众多的夹层，对相应小层的电性特征做好详细描述，同时对目的煤层上下围岩的电性特点也要做相应的描述，做好钻前准备资料，参加钻前会议并展示初步地质导向方案。

(2)地质导向的实施阶段。在钻进过程中，根据上传的随钻测井和侧斜数据，对模型做到及时更新，确定钻头的位置，并预测和计算出地层倾角，根据地层倾角的变化，对钻井眼轨迹做出相应的调整，在地质导向过程中，始终保持与现场地质师的联系。由于煤层既是生气烃源岩又是储集岩，为特低孔隙度、特低渗透率储层，具有抗张强度小、杨氏模量低、体积压缩系数大的特点，工程上表现为易碎易坍塌的特征，因此，在导向过程中，与现场定向井工程师做好配合，尽量避免长距离地滑动钻井，以减少煤层坍塌埋钻的风险，尽可能地实施复合钻进以提高机械钻速。

以沁水盆地南部某井为例(图 8－34)，该井的地质导向任务是：第一，在与注气直井连通之后，钻两个主井眼及在两个主井眼外侧钻 8 个分支井眼；第二，设计井深 4900m，煤层钻遇率大于 80%。

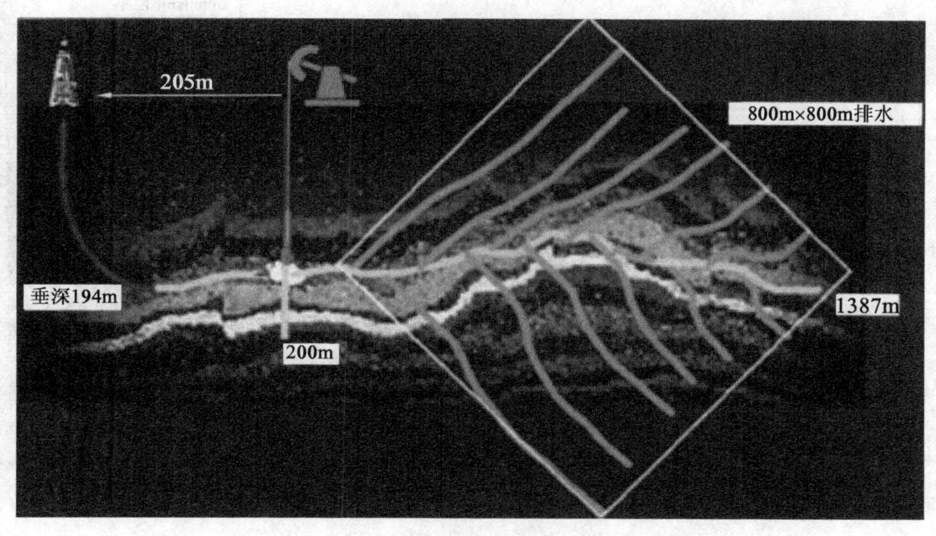

图 8－34　煤层气多分支水平井钻井示意图

4)导向结果与认识

该井钻井实施采用的工具串为随钻测量短节＋ImPulse＋PowerPak 马达组合，地质导向采用的参数有深浅电阻率、伽马、方位伽马、钻时及连续井斜等，钻进过程中进行了精细的地质导向工作，钻遇最大地层倾角为 10°，断层 1 条。

对该井实施地质导向后的钻井成果为：完成了两个主井眼和 8 个侧钻分支井眼的钻井(图 8－35～图 8－38)，水平井段总进尺达到 5173m，煤层钻遇率达到 96.7%，历时仅 12d。

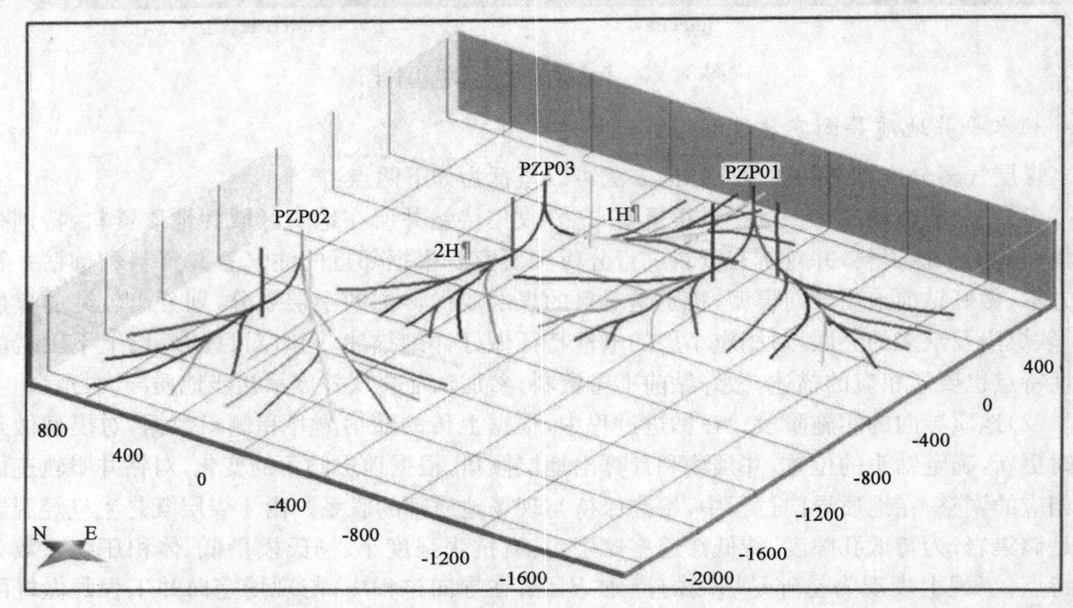

图 8－35　井组实际钻井井眼轨迹三维图

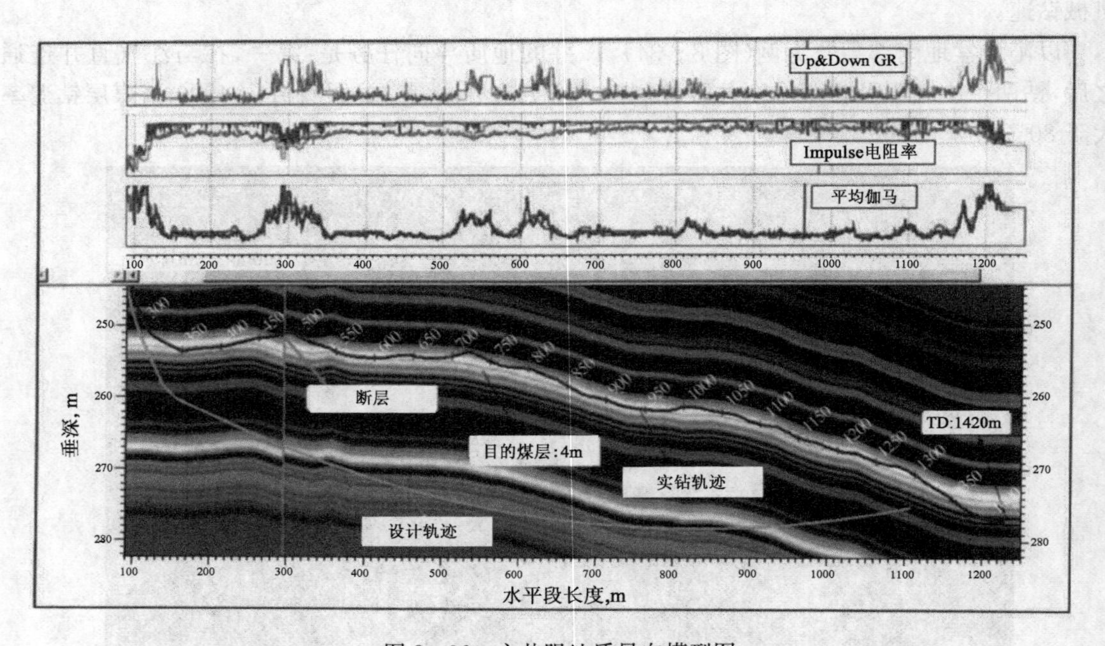

图 8－36　主井眼地质导向模型图

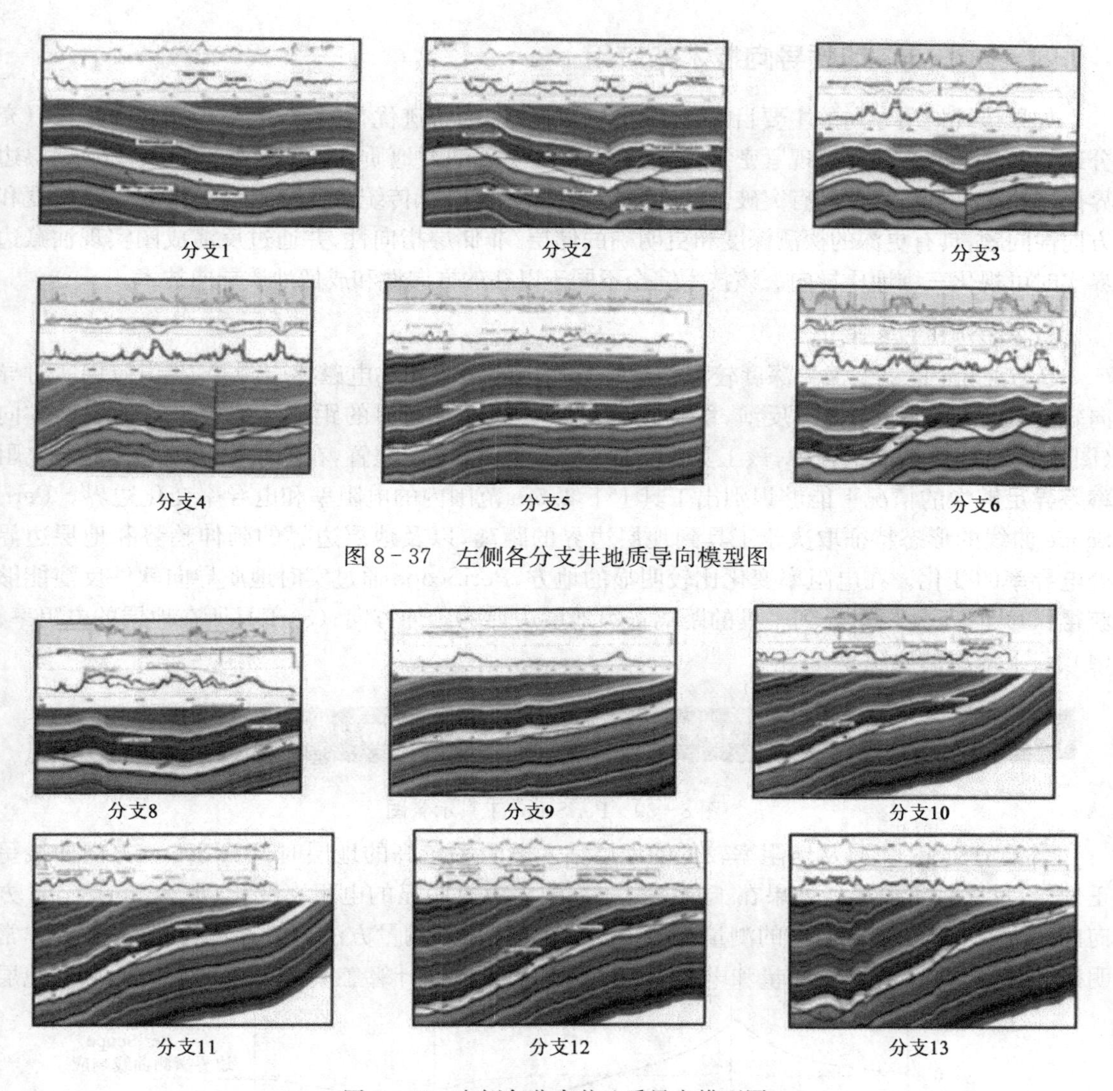

图 8-37　左侧各分支井地质导向模型图

图 8-38　右侧各分支井地质导向模型图

该井在随后的近 11 个月的排采过程中，煤层气产量急剧增大，并于 2007 年 9 月 16 日达到峰值，日产气 105133.4m³，日产水 44m³，套管压力 0.75MPa。

地质导向在煤层气勘探开发领域起着十分重要的作用，尤其在多分支水平井的成功应用，解决了煤层气水平井煤层钻遇率低的问题，并建立了一套适合中国煤层气地质的多分支水平井工具组合系列，创建了一套适合中国煤层气水平井的地质导向工作方法和工作程序，组建了一支技术娴熟的煤层气地质导向队伍。据统计，在 2004～2008 年，斯伦贝谢公司共承担约 35 口多分支水平井的地质导向工作，占该时期中国煤层气市场的 60%以上，仅在沁水盆地南部煤层气田，斯伦贝谢公司施工已达 32 口，总进尺 155254m，煤层钻遇率平均 92%，最高达 98%。

ImPulse 作为简易、灵活的随钻测井、测量工具，在很多小井眼（6in 井眼）随钻测井地质导向中得到了广泛的应用，通过测量的电阻率、伽马值确定井眼轨迹在储层中的位置，方向性伽马判断轨迹的上切、下切，为实时地质导向提供方向性，均取得了非常好的效果。

四、PeriScope 地质导向技术的应用

如果传统地质导向的主要目的是解决钻井过程中的轨迹优化问题，边界探测技术则可以充分地将油藏问题和钻井实现紧密结合，最大限度地实现油藏地质导向的目标。PeriScope 储层边界探测技术是最新一项具有突破性的地质导向技术，摆脱了传统意义上地质导向的探测深度和方向性问题，具有更深的探测深度和更明确的储层/非储层指向性，并通过反演成图实现油藏边界实时可视化三维地质导向。该技术完全不同于以往的方向性和成像地质导向技术。

1. 基本解释原理

PeriScope 是一个探测深度较深并具有方向性测量的随钻电磁感应测井工具，应用实时导向软件，通过对测量参数的反演，能够估算出工具到地层边界的距离和地层边界的延伸方向（图 8－39）。在钻具组合中，该工具位于离钻头 10～12m 的位置，在储层电阻率和非储层电阻率差异足够大的情况下能够识别出工具上下 4.5m 范围内的电阻率和电导率变化边界。PeriScope 曲线的形态特征取决于工具到地层边界的距离，以及地层边界的延伸趋势和地层边界处电导率的变化。在电阻率变化比较明显的地方，PeriScope 通过实时地质导向软件反演能够获得：(1)上、下地层边界到工具的距离；(2)地层边界的延伸方向；(3)工具所在地层的电阻率；(4)上、下地层的电阻率。

图 8－39　PeriScope 工具示意图

当 PeriScope 工具从电阻率较低的地层钻入电阻率较高的地层时，PeriScope 方向曲线呈正信号，反之呈负信号。如果在工具探测的范围内没有明显的电阻率变化，那么 PeriScope 方向曲线为 0。该工具电阻率的测量与传统的 ARC 电阻率测量方法类似，但是其方向性都非常明确（图 8－40）。方向性测量和电阻率的测量被用于反演计算工具到地层边界的距离和地层

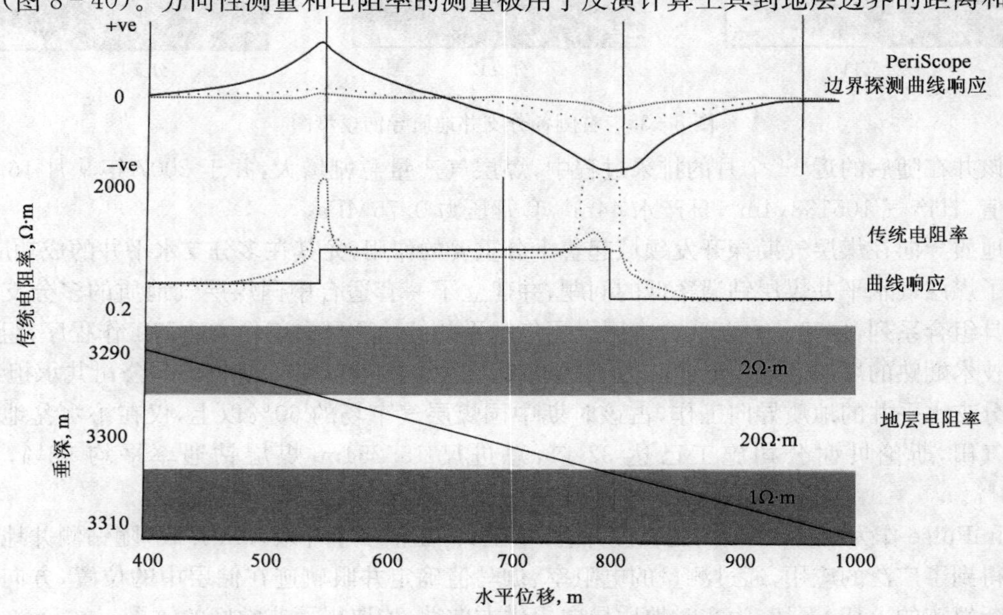

图 8－40　PeriScope 边界探测曲线与传统电阻率曲线响应对比

的延伸方向，并且可以实现边界成图（图 8－41），直观获得井眼轨迹相对目的层边界的位置，为实时地质导向提供可靠的依据。

图 8－41　PeriScope 地层边界实时反演结果

2. 边界探测技术应用实例

新疆克拉玛依油田某区块蕴藏着丰富的稠油资源，该区块是在地史演化过程中，区域内早期形成的同源油藏遭到破坏，油气运移至克—乌断裂带上盘推覆体及地层尖灭带，经地层水洗氧化和生物降解作用而形成的边缘氧化型稠油油藏。其分布面积广，埋藏浅；岩性单一，储层物性好，储层非均质性严重；原始地层压力低、温度低、溶气量少。原油具有胶质含量高、酸值高、原油密度高和含蜡量低、含硫量低、原油凝固点低、沥青质含量低的特点。20℃时地面脱气原油黏度为(2000～5)×10^5mPa・s，其中 91～94 区的原油黏度在 2×10^4mPa・s 以下。

20 世纪 80 年代中期，对克拉玛依稠油油藏进行注蒸汽开发和试验，已形成了一定生产规模。蒸汽吞吐是开采稠油油藏的有效方法之一。开发实践表明：地质、技术和组织管理等众多因素影响、制约储量动用程度、吞吐效果及经济效益，与原油黏度、油层厚度、合理注汽参数等也有密切关系。不同周期产油量均随黏度增加而显著降低；原油黏度高，开采难度增大，周期注汽量相应加大；油层厚度大，周期注汽量也相应增大，随着油层厚度变薄，开采效果变差。根据克拉玛依稠油油藏蒸汽吞吐筛选标准，对于油藏埋深小于 600m、地层温度下脱气油黏度小于 2×10^4mPa・s、有效厚度大于 5.0m、油层系数大于 0.5、孔隙度大于 25％、含油饱和度大于 50％的稠油油藏，技术和经济风险性较小，增产效果明显；反之，则技术和经济风险较大，增产效果不明显。

由于油田的地面环境恶劣，薄层稠油油藏的储量所占比例较大等原因，造成油田开发较慢，油井产量递减快，常规手段开发薄层稠油油藏陷入困境。因此，改善低产井的开发效果、挖掘其生产潜力、有效地开发薄层稠油油藏是克拉玛依油田亟待解决的问题。

1）水平井技术论证

水平井钻井技术的发展为该类油藏的开发提供了一条新途径。通过前期少量水平井的实验，发现水平井与周围直井相比，水平井注汽量是直井的 2.4 倍，累计产油、平均日产油和油汽比分别是直井的 2.9 倍、5.1 倍和 1.2 倍，含水是直井的 70%，表现出水平井开发稠油的优势。

稠油在注蒸汽开发中容易产生蒸汽超覆，且上下隔层损失的热量较大，水平段在油层中的位置对注蒸汽开发的影响较大。通过模拟，研究了水平段在油层中的位置对开发效果的影响。从累积产油、油汽比、体积波及系数和油层热效率等四个方面看，无底水油藏水平段位于距油层顶部 2/3 处效果最好，有底水油藏水平段位于距油层顶部 1/2～1/3 处为好(图 8-42)。

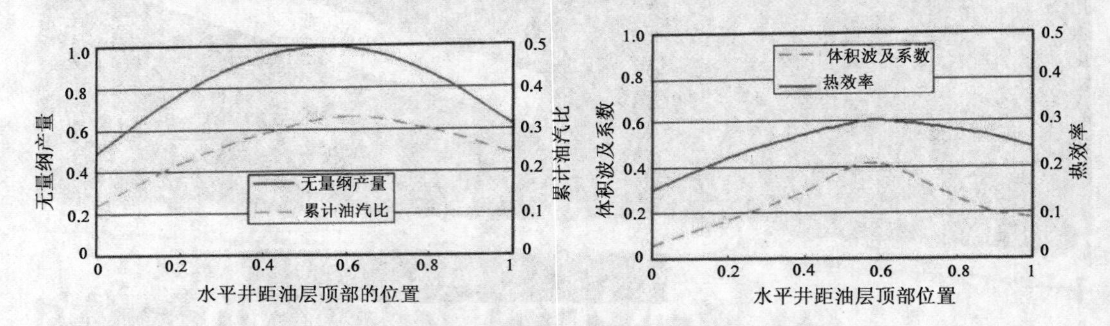

图 8-42　水平井在油层中的位置对开发效果的影响

针对以上稠油油藏开发的具体要求，推出了 PeriScope 储层边界探测仪，用于探测薄层稠油下边界，以精确控制井眼轨迹，并确保在储层中的位置。

在实时地质导向钻进过程中，主要采用以下方法确保钻成平滑的轨迹和精确定位轨迹在储层中的相对位置：(1)利用方向性测量来判断轨迹相对于储层为上切或下切，从而对轨迹进行及时调整；(2)利用 PeriScope 可视化边界探测技术，结合方向性测井曲线特征来精确控制轨迹，将轨迹放置于距底边界 1/3 的范围内。

2007 年，新疆油田利用 PeriScope 进行了 9 口稠油油藏水平井的地质导向，成功实现了钻井技术上的新突破，主要表现在稠油油藏井眼轨迹优化、精确地质导向、提高采收率技术的提高以及薄油藏水平井钻井技术的提高。

2)控制程度低稠油油藏地质导向实例

六东区克下组油藏构造形态为北部被断裂切割的半个隆起，向东南和西南方向倾斜，两翼不对称，西南翼相对平缓，倾角为 2°～5°，东南翼较陡，倾角为 10°～20°(图 8-43)。该油藏基本上为受构造控制的油藏，但由于储层分布受洪积扇扇顶、扇中各微相的控制，所以也发育一些构造背景上的岩性油藏。该区域地面有一部分为鱼塘，常规直井无法开发，只能实施水平井开发，以提高油藏的动用程度。但鱼塘中无井点，砂体控制程度较差，水平井实施风险较大。为降低风险、提高油层钻遇率，在鱼塘占用区域的 HW6009 水平井使用 PeriScope 储层边界探测仪。

HW6009 水平井从水平段井深 587m 处开始使用 PeriScope 储层边界探测仪，在 671m 时，反演显示地层倾角由 6°突变至 20°，这时井眼轨迹不可避免地进入泥岩，后通过连续增斜，于 696.5m 左右重新进入油层，这样造成该井只有 90.4%的油层钻遇率(图 8-44)。后来斯伦贝谢公司开发了近钻头传感器，较好地解决了该问题。

五、adnVISION(ADN)密度成像地质导向技术的应用

前面已经介绍过侧向电阻率成像测井用于水平井实时地质导向，其他电性测量如密度、伽马成像等，虽然分辨率较低，但是对于地质导向来说，也可以实现同样的目的。

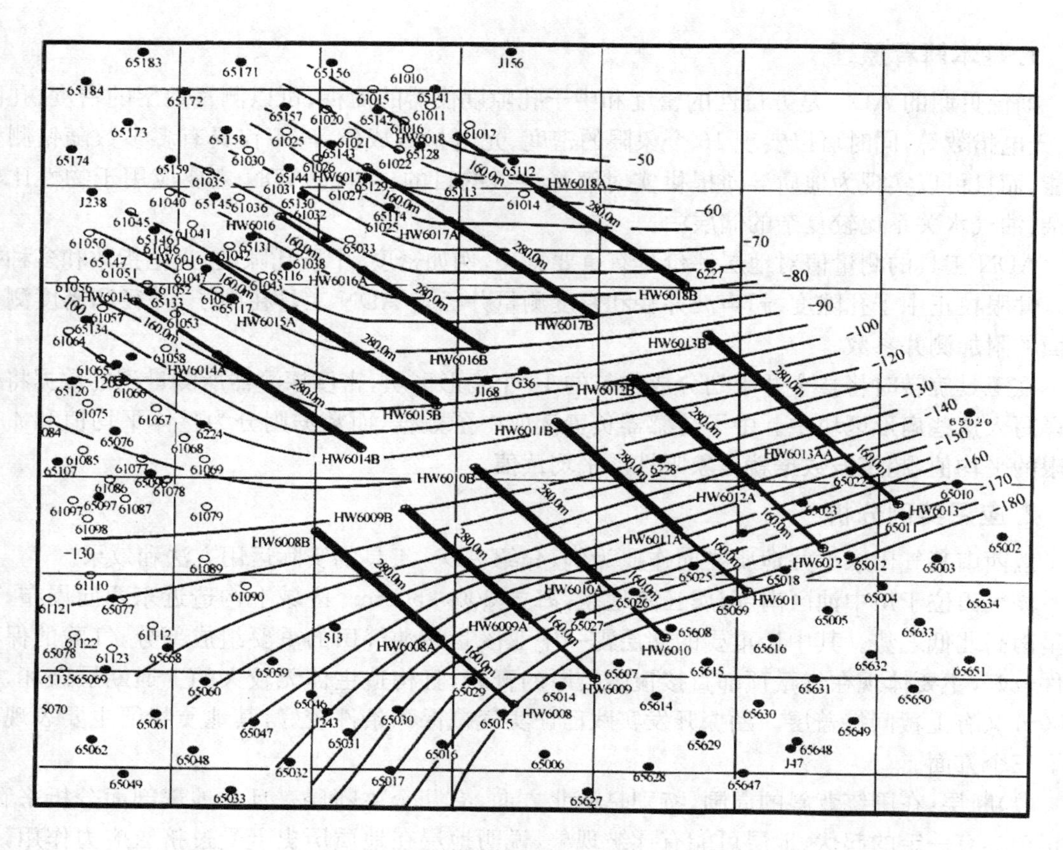

图 8－43　六东区克下组油藏顶面构造图

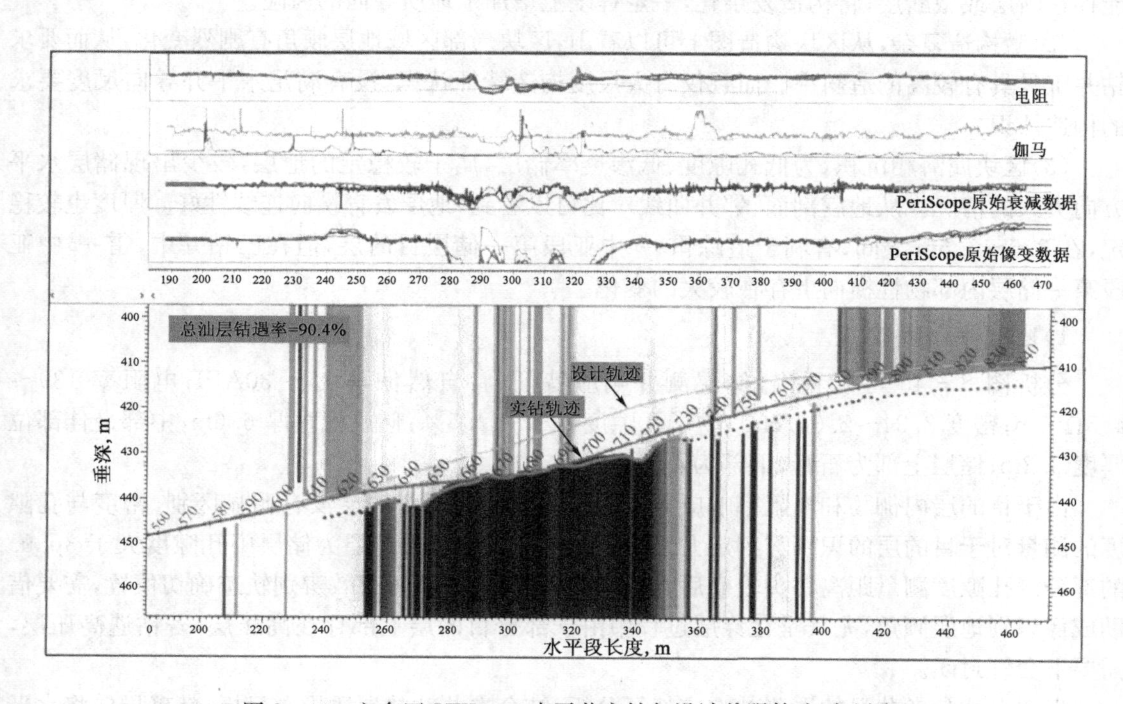

图 8－44　六东区 HW6009 水平井实钻与设计井眼轨迹对比图

1. 基本解释原理

斯伦贝谢的 ADN 是方位性的密度和中子孔隙度仪器的简称，可以测量地层的密度、孔隙度、光电指数等，同时可以实现 16 个象限的密度、光电指数成像等，不仅具有多参数随钻测量功能，而且可以实现为地质导向提供实时解释参数的目的。目前 ADN 主要应用于物性比较复杂、油气水关系比较复杂的储层中。

ADN 工具的测量值对地层评价具有重要意义，例如密度、中子孔隙度、光电指数和多种井径。井眼校正中子孔隙度、超声波井径和密度测量井径是 ADN 工具在中子、井径和密度测量方面的附加测井参数。

在工具旋转时将整个井眼划分成均匀的 16 个扇形区块，密度探测器所测量到的数据将被编译写入这些扇形区块中。中子传感器负责读取中子数据，而数据则分为整体平均值和 4 个象限的平均值，超声波数据就是象限性的平均读值。

2. 应用实例分析

以西南某气田水平井地质导向作业为例，介绍 ADN 工具的实际运用方法和效果。

该气田位于川中油区南部，属丘陵地貌，海拔 300～500m。区域上构造近东西向展布，整体呈南高北低之势。其中最重要的储层雷一中亚段是该油气田的重要组成部分，气藏的保存条件较好，主要体现在气藏顶部直接覆盖较厚的膏岩，且构造主体无较大的上通断层破坏，在 2600m 又有上覆间接盖层。勘探开发实践已证实气藏保存条件较好，其地质特征主要表现为以下三个方面。

(1)断层：在围绕背斜的周围，特别是西北方向，有几个主断层。且从地震剖面分析来看，同相轴具有一定的起伏，地层可能有揉皱现象，说明地层在地质历史上受过挤压应力作用，可能存在断层或微断层，将构造复杂化，一定程度上增加了地质导向的风险。

(2)微构造复杂，从区块构造图上可以看山，区块局部区域地层倾角有剧烈变化，从而要求钻井工具具有较高的造斜率。而且仅有大尺度构造特征认识，没有满足水平井导向尺度要求的构造认识。

(3)区块属海相沉积，为低孔隙度、低渗透率储层，属于较稳定的地层，较少出现储层水平方向尖灭的情况。从地震剖面、邻井曲线对比可以看到，地层发育横向连续性好。厚度也较稳定，在 3.5～5.6m 之间，有利于追踪雷一^{1}中亚段第一储层目的层，但在已钻井中，雷一^{1}中亚段第一储层内部物性横向上存在较大的变化。

1)地质导向方案

分析图 8－45 可以看出，储层测井响应特征为：自然伽马 15～30API；电阻率 139～455Ω·m；密度 2.34～2.6g/cm^{3}；中子孔隙度 8%～14.5%；储层视垂厚 6.6m，中部最佳部位厚度 3.2m；储层上部为石膏，下部为石灰岩。

由于目的层内伽马和电阻率响应与目的层的上部和下部底层没有明显区别，密度与孔隙度的测量对于目的层的识别与判定尤为重要。地质上要求目的层为储层中孔隙度大于 3p.u. 的部分。孔隙度测量距离钻头较靠后，在目的层内部无法及时有效辨别轨迹确切位置，需要借助成像识别地层倾角，尤其是在穿层过程中由于部分目的层上部存在高压层，若钻遇高压层，需要下套管封闭。

根据上述参考井目的层测井响应特征分析，结合本井钻井地质导向目标，精确导向将水平井井眼轨迹控制在目的溶蚀云岩层内物性较为有利的气层位置，推荐应用 ImPulse＋ADN 的

6in 井眼组合，通过密度成像进行实时地质导向。

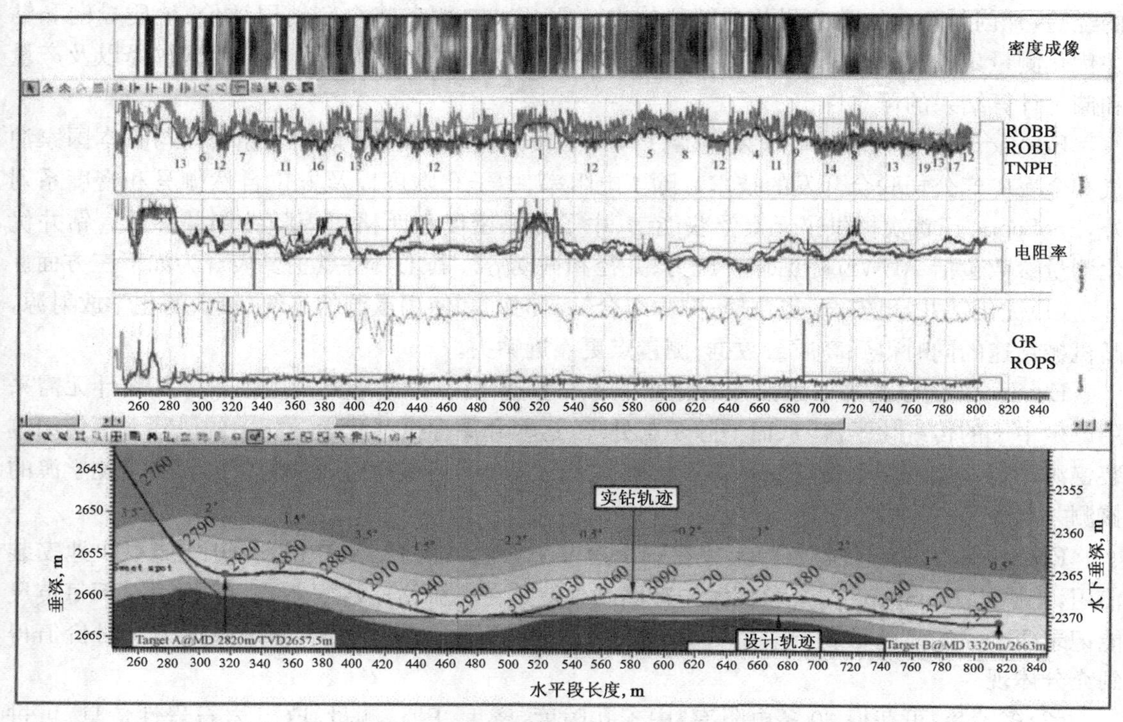

图 8-45　磨溪地区碳酸盐岩典型水平井实时地质导向模型图

2）导向实施策略

所应用的地质导向方法为：(1)使用多深度电阻测量帮助判定轨迹相对储层位置；(2)利用实时成像技术识别地层倾角，提高钻遇率；(3)建立远程数据中心做到及时沟通，充分考虑各方意见；(4)结合录井数据判断地层。

导向的目的层为白云岩层中部物性较好的位置，它可以通过密度、孔隙度随钻测井来加以识别，而这套地质导向组合测量的电阻率和伽马随钻测井参数能够识别出大套白云岩层。

3）应用效果

在磨 030-6 井应用取得了突出的成绩。尽管目的层的实际垂深相比设计发生了 5.4m 的较大变化，使用随钻工具 ImPulse 和 ADN，实现了平稳着陆于目的薄层云岩内最有利储层部位，水平段导向钻进共 480m，钻遇率 9%。实钻过程中 ADN 的密度成像成功地指导了导向过程，结合电阻率、伽马、密度和中子测量，确保实现水平井地质目标，最大化储层钻遇率，大大提高了钻井效率，最终达到提高产能的目的(图 8-45)，投产后，本井获得了高达 $40\times10^{4}m^{3}/d$ 的天然气产能，这也是中国石油川中气矿在碳酸盐岩项目中产量的最高纪录。

六、EcoScope 多参数成像地质导向技术的应用

1. 基本解释原理

从地质导向的角度来说，EcoScope 多功能随钻测井仪同样利用密度进行成像地质导向。它的作用可以看作是 ADN 中子密度和 ARC 阵列感应电阻率测井的综合，在提供更多测井参数的基础上优化了工具的长度和安全性。

EcoScope 多功能随钻测井(LWD)服务综合了斯伦贝谢在提供高质量测量方面多年累积的经验,开创了新一代随钻测井和解释技术。EcoScope 服务将全套地层评价、地质导向和钻井优化测量集成在一个短节上,提高了作业效率,降低了作业风险,改善了数据解释以及产量和储量计算结果的可靠性。

EcoScope 服务以脉冲中子发生器(PNG)为设计核心,采用了斯伦贝谢公司与日本国家油气和金属矿产公司联合开发的技术。除了电阻率、中子孔隙度以及方位自然伽马和密度系列外,EcoScope 还首次提供了元素俘获能谱、中子伽马密度和西格玛等随钻测井参数。钻井优化测量参数包括 APWD 随钻环空压力、井径和振动等。其工具特点主要表现为如下三方面。

(1)优化钻井,更安全、更快捷;减少组合钻具时间和使用鼠洞的不便;较少的化学放射源,高机械钻速的同时得到高质量数据;测量点更靠近钻头。

EcoScope 随钻测井采用独特的脉冲中子发生器,可以根据需要产生中子。其设计无需采用产生中子的传统化学源,从而消除了与处理、运输和储存这些化学源相关的风险。不使用侧装铯源进行地层密度测量,使 EcoScope 服务成为首个能提供商用随钻测井的无传统化学源的核测井服务。

EcoScope 的所有传感器都集成在一个短节上,与传统随钻测井仪器相比,能更快地安装使用,先进的 EcoScope 测量和较大的存储能力使其在机械钻速达到 450ft/h 的情况下每英尺能记录两个高质量的数据点。TeleScope 高速遥测系统使 EcoScope 测量数据的实时价值得到充分体现。

(2)多参数:可获得 20 条电阻率、中子孔隙度、密度、PEF 测量、ECS 岩石岩性信息;可进行多传感器井眼成像和测径,地层 Σ 因子测量碳氢饱和度;钻井和井眼稳定性优化;环空压力数据优化钻井液密度,三轴振动数据优化机械钻速等。

(3)更智能:EcoScope 服务为钻井优化、地质导向和井间对比提供了一套综合实时测量数据。这些测量数据使作业者能对钻井参数进行精细调整,从而使机械钻速最大化和井眼质量达到最优。测量数据包括来自 APWD 随钻环空压力仪器提供的数据,该仪器能监控井眼净化情况以及漏失压力等。

来自密度和多传感器超声波测量的 EcoScope 井径数据,提供了井眼形状的直观图像,从而有助于识别井径扩大和井径缩小,减少钻井问题。这些测量数据也可用于计算钻井液和固井水泥用量。

EcoScope 三轴振动测量数据则可解释钻压是有效地用于地层钻进还是被震动损耗掉了。根据能谱测量得到的岩石类型和矿物信息则使作业者能对井眼稳定性进行监测,从而便于分析作业设施面临的风险。

专用内置诊断芯片一起记录用于 EcoScope 预防性维护的有关信息,从而可以大大增加工具损坏间的钻进进尺,缩短非生产时间。

EcoScope 具有强大的存储能力,能在钻速高达 450ft/h 的情况下每英尺记录两个数据点。TeleScope 高速遥测服务可以确保实时获取 EcoScope 测量数据,使作业者能够更科学地进行决策。

EcoView 软件能帮助对 EcoScope 提供的综合数据系列进行分析,用户只需要输入地层水矿化度数据,就可得到岩石物性计算结果。EcoView 软件采用二维和三维可视化工具将高级岩石物性解释与 EcoScope 多井眼成像结合起来(图 8-46、图 8-47)。

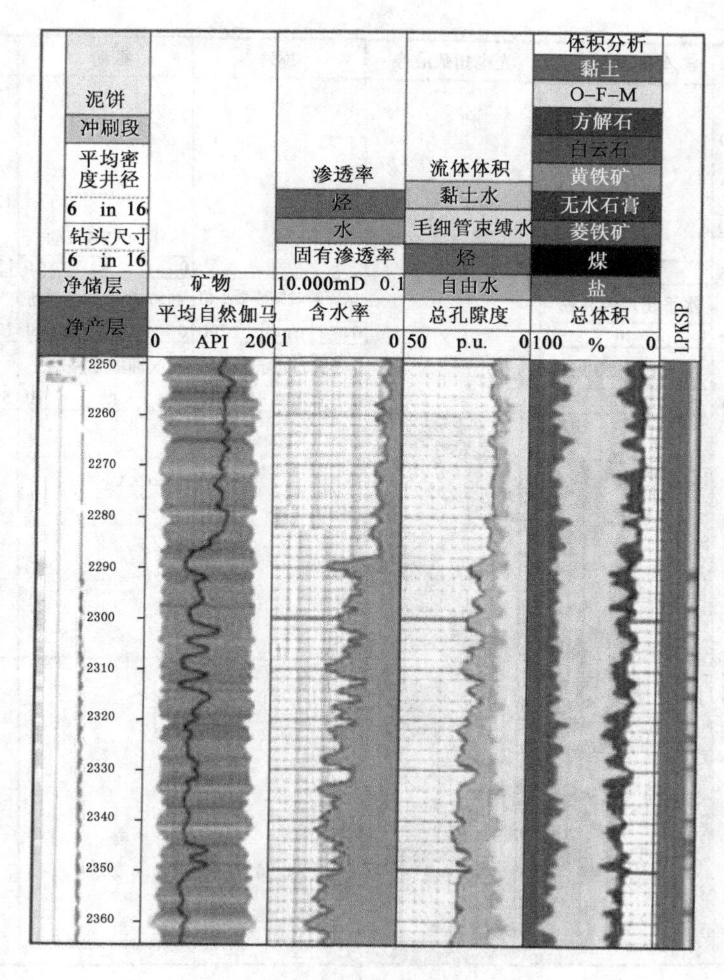

图 8-46　EcoView 软件岩性、物性解释结果图

2. 应用实例分析

广安 002-H1 井是西南油气田分公司和斯伦贝谢公司在广安地区合作的第一口天然气水平开发井，同时它也是目前川渝地区实施的水平段最长的一口长水平段水平井。

广安地表构造主体呈北西西向，为一平缓的低丘状长轴背斜，高点位于白庙场附近，两翼不对称，南翼较北翼略陡，断层不发育。该构造圈闭面积不大，隆起幅度高，从须六段顶界地震反射构造图(图 8-48)来看，长轴约 40.2km，短轴约 13.1km，最低圈闭线 -1480m，闭合度达 340m，闭合面积为 241.4km^2。广安地区须家河组气藏天然气分布不完全受构造圈闭控制，气藏类型以岩性气藏或构造—岩性气藏为主。

钻探表明，广安 2 井区须六^{1}亚段上部稳定发育两套较厚的优质储层砂体。广安 2 井须六^{1}亚段第一套储层厚 16.5m，平均孔隙度 13.67%；第二套储层厚 12.0m，平均孔隙度11.3%，射孔测试获气 $4.21\times10^4m^3/d$。广 52 井须六^{1}亚段第一套储层厚 17.9m，平均孔隙度为 13.22%；第二套储层厚 18.5m，平均孔隙度 10.73%，加砂压裂后测试获气 $8.38\times10^4m^3/d$。刚完钻的广安 115 井须六^{1}亚段第一套储层厚 12.0m，孔隙度 8%～12%；第二套储层厚 12.5m，平均孔隙度 6%～10%。

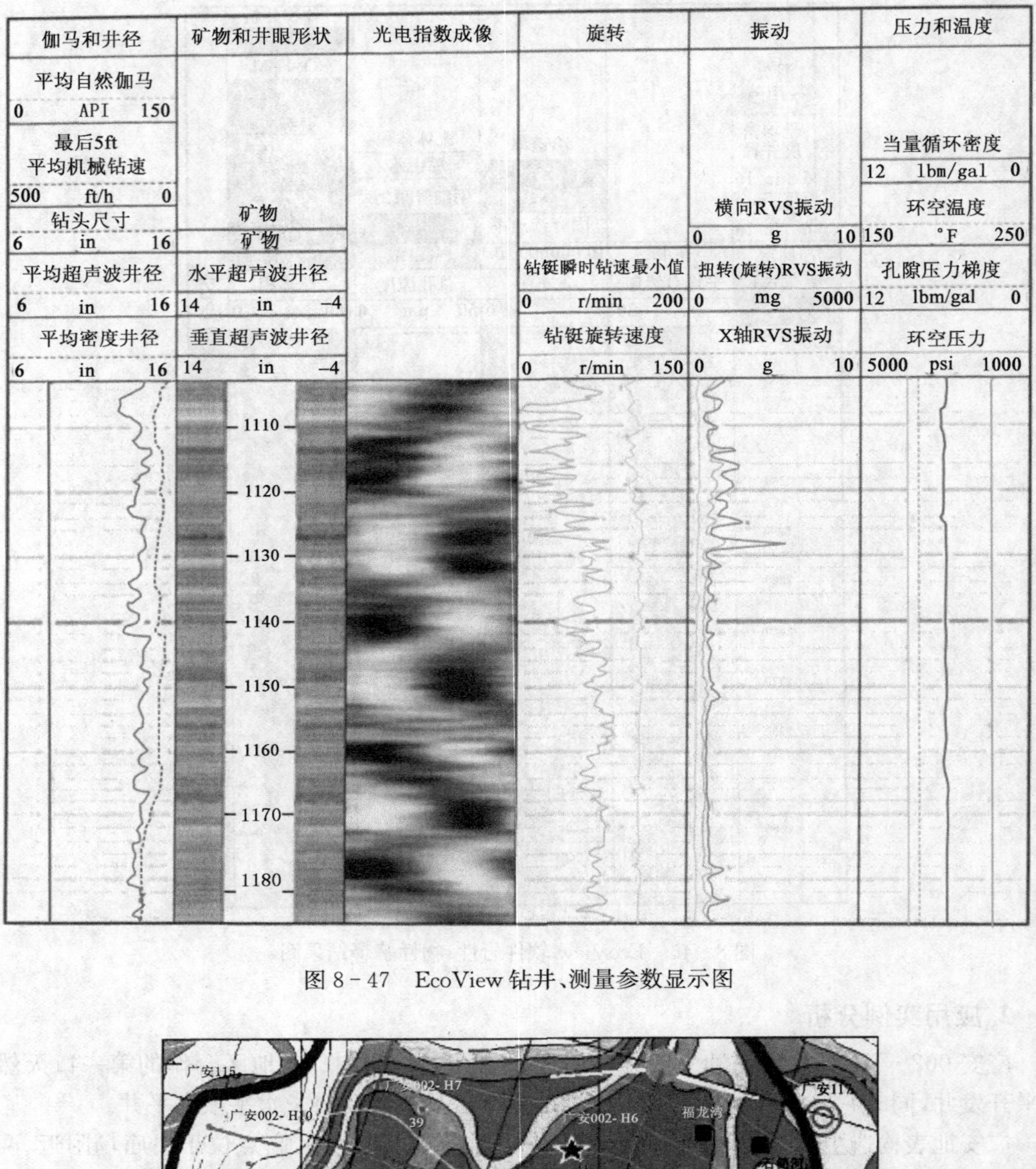

伽马和井径	矿物和井眼形状	光电指数成像	旋转	振动	压力和温度
平均自然伽马 0 API 150					
最后5ft 平均机械钻速 500 ft/h 0					当量循环密度 12 lbm/gal 0
钻头尺寸 6 in 16	矿物 矿物			横向RVS振动 0 g 10	环空温度 150 °F 250
平均超声波井径 6 in 16	水平超声波井径 14 in −4		钻铤瞬时钻速最小值 0 r/min 200	扭转(旋转)RVS振动 0 mg 5000	孔隙压力梯度 12 lbm/gal 0
平均密度井径 6 in 16	垂直超声波井径 14 in −4		钻铤旋转速度 0 r/min 150	X轴RVS振动 0 g 10	环空压力 5000 psi 1000

1110
1120
1130
1140
1150
1160
1170
1180

图 8-47　EcoView 钻井、测量参数显示图

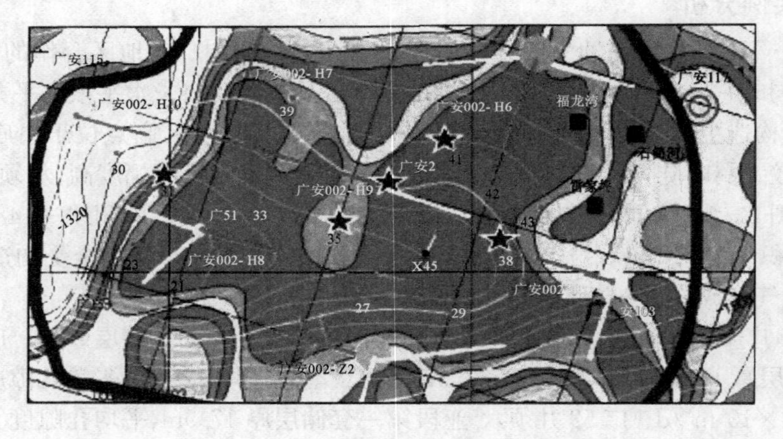

图 8-48　须六段顶界地震反射构造图

三维地震储层预测成果表明，在广安 2 井区须六段储层较发育，主要集中在须六^{1}亚段上部的两套优质储层。从广安 2 井须六段储层测井解释图看出，广安 2 井须六^{1}亚段第一储层孔

隙度高，被两段孔隙度相对较低的储层分成三段高孔隙度储层段，其中顶部一段厚度大，孔隙度也高，底部一段孔隙度高，但厚度较小，中部一段薄。须六^{1}亚段第二储层孔隙度比较接近，变化不大，见图 8-49～图 8-51。从广安 002-H1 井 05GA47 线孔隙度反演剖面看出，沿测线 05GA47 线 288°方位水平位移 1100m 处开始，须六^{1}亚段第一储层孔隙度变差，而须六^{1}亚段第二储层孔隙度好。根据以上分析，广安 002-H1 井地质目标确定如下：

(1)靶点 A 点定在须六^{1}亚段第一储层顶部一段的中部，主干井眼轨迹沿测线 05GA47 线 5798CDP(共深度点)，沿 288°方位，靶前位移 500m。

(2)水平段长 2000m，以须六^{1}亚段第一储层和第二储层为水平段靶体。

(3)水平段 600m 后若连续 15m 中子孔隙度小于 8%，立即导向至须六^{1}亚段第二储层中部井深水平钻进，直至完成水平段长 2000m。

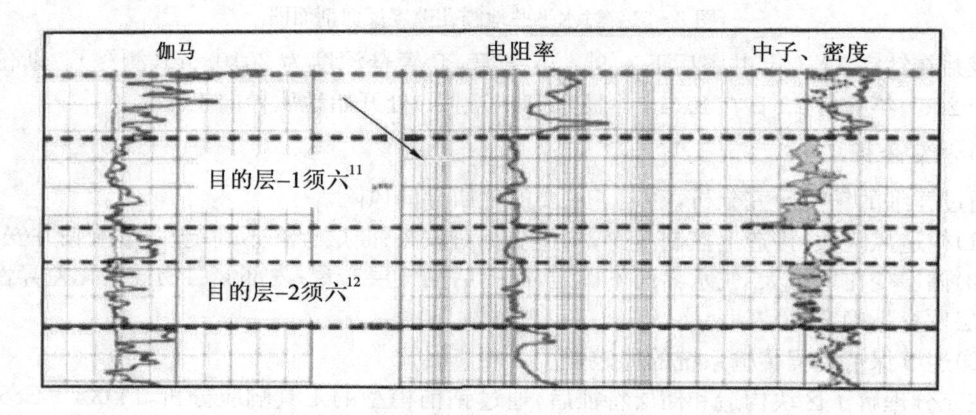

图 8-49　目的层测井响应特征

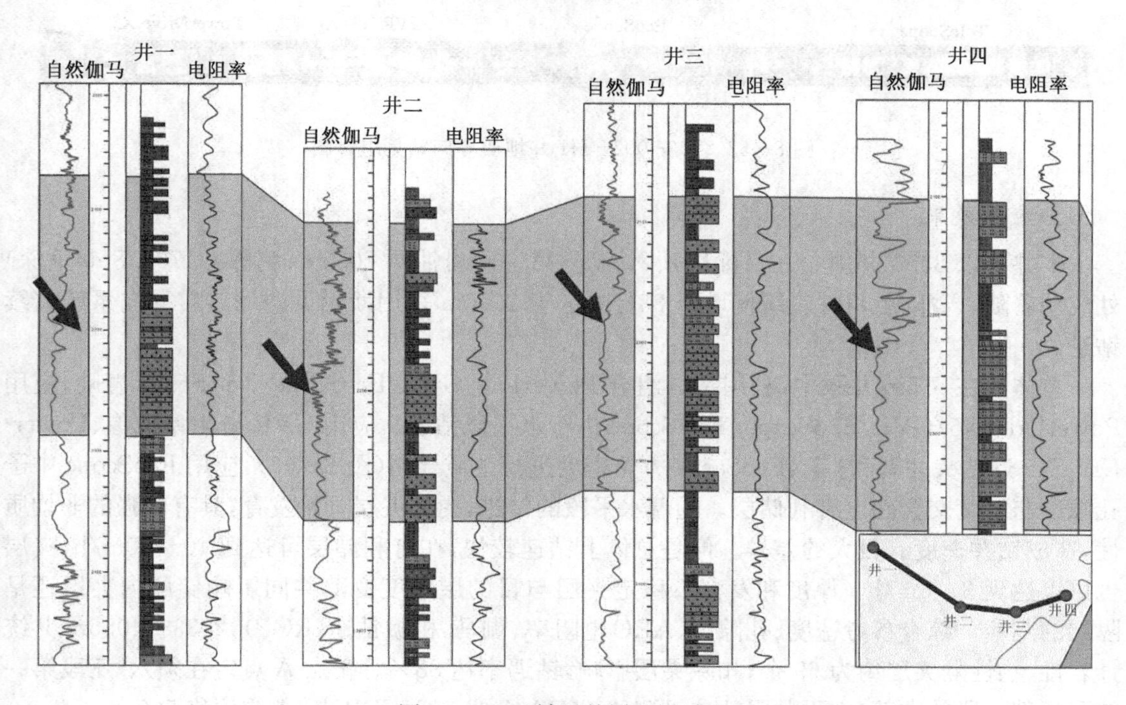

图 8-50　区域目的层地层对比

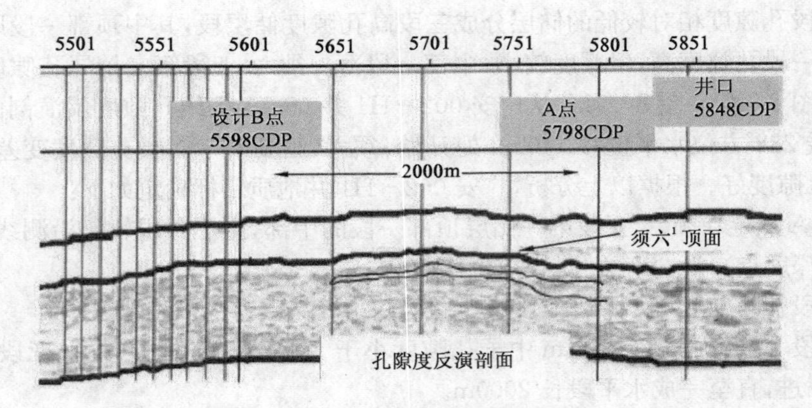

图 8-51 过水平井地震孔隙度反演剖面图

该井在钻完 $12^1/_4$in 井眼后下入 $9^5/_8$in 套管，套管鞋深度为 2010.5m(测深)。斯伦贝谢公司于 2007 年 3 月 29 日在 8.5in 井眼 2015m(测深)处开始地质导向工作。

1)方案分析

通过详细的钻前研究分析，确定了主要的地质导向风险。

(1)构造风险大：构造上控制井少，构造线相对较粗；断层存在不确定性，影响钻井安全。

(2)储层变化风险大：气水界面不确定，影响后期气层产量；内部储层物性变化差异性比较大，夹层发育不确定。

(3)连续保持远程传输系统的稳定性。

在充分理解了区块构造和储层特征后，通过钻前模型的工具响应分析，PDX5＋EcoScope＋GVR 钻具组合推荐用于水平井的地质导向以实现地质目标(图 8-52)。

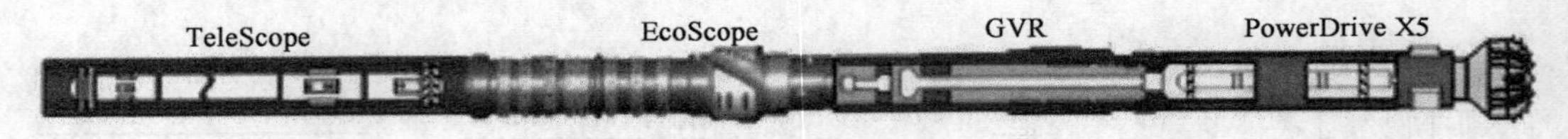

图 8-52 广安 002-H1 井地质导向钻具组合图

2)应用效果

本井是以 83.8°井斜角在目标层须六¹亚段第一砂岩油层 2033m(测深)/1769.8m(垂深)处成功着陆。着陆后将井斜缓慢增至 88°，决定于 2080m 采用斯伦贝谢的旋转导向系统继续钻进。

总体上在 8.5in 井眼中，利用钻具组合 PowerPak/GVR/EcoScope/TeleScope 着陆，应用 PowerDriveX5/GVR/EcoScope/TeleScope 进行水平段钻进。应用 GVR 电阻率成像、PowerDriveX5 近钻头井斜和 GR、EcoScope 方位密度进行地质导向(图 8-53)，应用 EcoScope 中子孔隙度与密度交会确定有利储层。随着水平段的钻进，内部夹层开始发育，具有较强的非均质性，造成钻井速度有很大的差异。但是总体上钻速较快，在有利储层可达到 10～30m/h，夹层也可以达到 3～6m/h。厚度和发育不稳定夹层与目的层厚度变薄共同影响储层内夹层还是隔层的判断。综合参考密度、孔隙度、ARC 电阻率、伽马、机械钻速(ROP)，2033～4055m 共统计岩性、物性隔夹层约为 69 个，扣除夹层影响，钻遇率达 88%。靶点 A 点定在须六¹亚段第一储层顶部一段的中部，主干井眼轨迹沿测线 05GA47 线 5861CDP 点，靶前位移 500m。

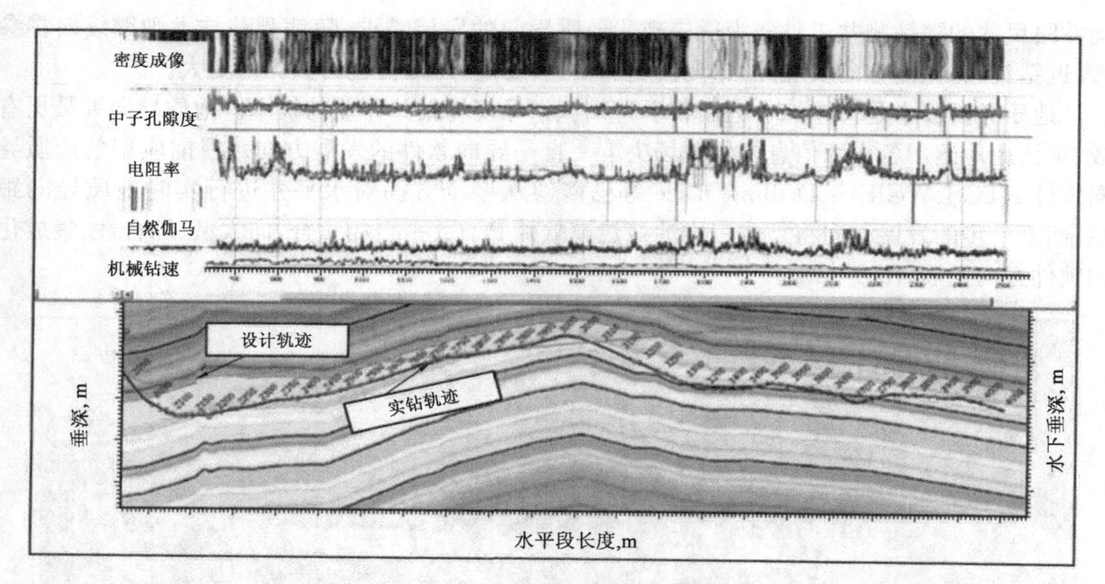

图 8-53　广安 002-H1 井地质导向模型图

水平井导向成果(图 8-54):水平段总进尺 2010m,保持井眼轨迹在高孔隙度(>7.5%)的储层中钻遇率为 8%,测试初期产量 $16\times10^4 m^3/d$。

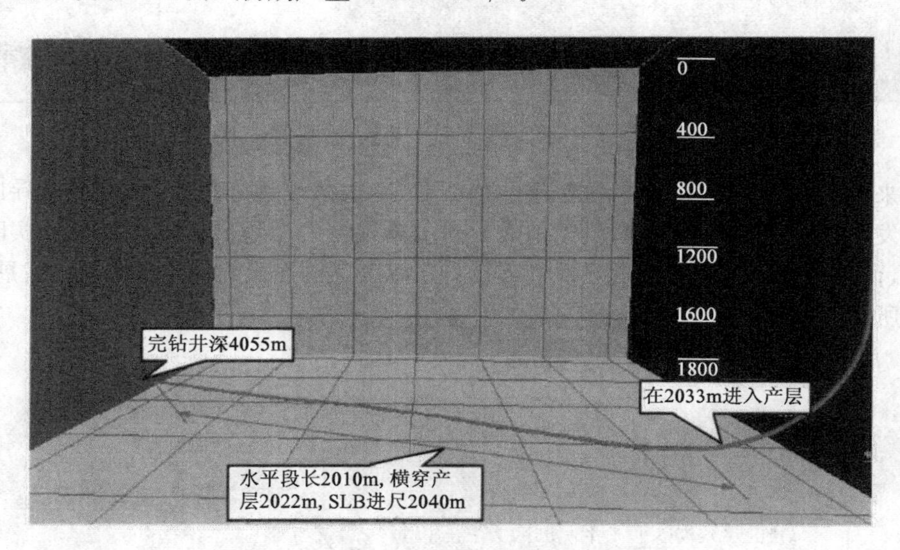

图 8-54　广安 002-H1 井井眼轨迹三维透视图

第四节　水平井地质导向的发展趋势

经过近 20 年的发展,基于随钻测井的水平井地质导向技术已经越来越成熟,并成为通过优化储层内井眼轨迹提高泄油面积实现油田增产的新技术。近年来,随钻测量、随钻测井技术快速发展,测井系列不断完善。目前已经拥有几十种钻井和测井的测量参数,开发了适用于不同井眼尺寸的随钻测井工具。为适应现代地质导向的发展需求，随钻测井技术则继续向多参数、近钻头、深探测方向发展；随钻测量更加快速、稳定，压缩传输的数据量更大。

地质导向技术是一项综合运用各学科知识指导现场钻井作业的技术。地质导向人员更有效、更快捷地运用各方面信息指导现场决策一直是导向软件的发展方向。目前应用的地质导向软件 RTGS、WellEye、DrillingOffice 等已能够从各个方面对水平井进行实时地质导向跟踪，而下一步的发展方向将是与三维油藏建模软件 Petrel 平台相整合，向大型、综合性、集成化的软件方向发展（图 8－55）。

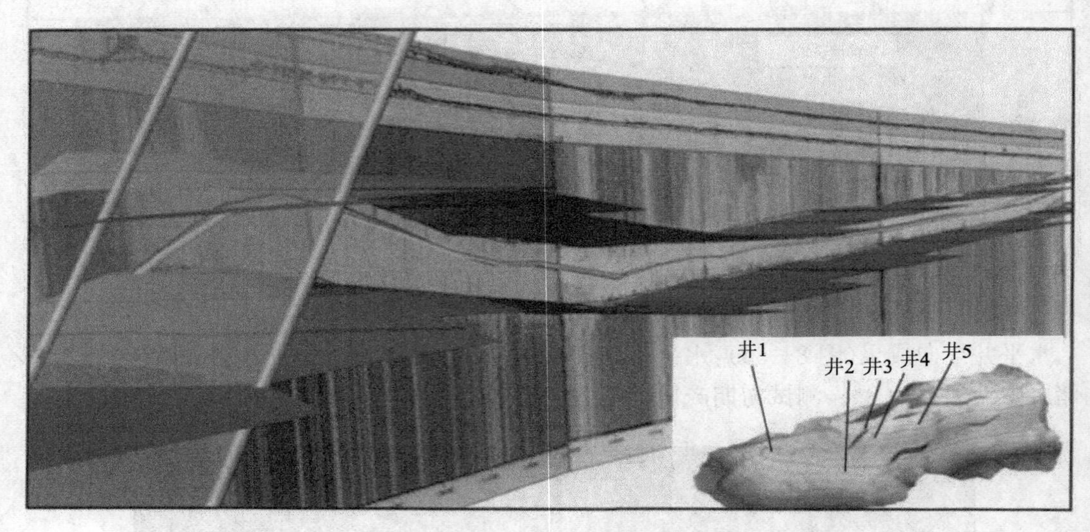

图 8－55　地质导向二维、三维软件综合应用

近年来，随着投入开发的油气藏储层的越加复杂，挑战也越来越大，目前地质导向逐步由初级阶段发展到中级阶段，中级阶段的地质导向主要根据二维地质导向模型进行实时油藏跟踪和导向，而高级阶段以三维地质导向模型动态跟踪为主的产量导向将是未来的发展方向，如图 8－56 所示。

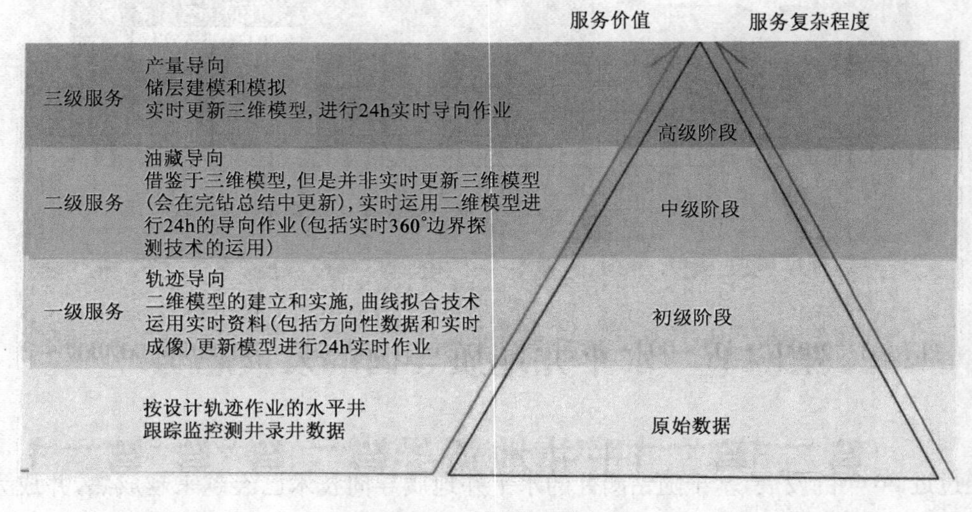

图 8－56　地质导向分级图

思 考 题

1. 简述水平井地质导向技术。

2. 几何导向与地质导向的定义分别是什么?

3. 简述现行井下导向工具的类型及其基本特点。

4. 地质导向的基本流程有哪些?

5. 简述地质导向的实现基本方法及其适用性。

6. 简述模拟—对比—模型更新法的研究内容及导向过程。

7. 简述方向性测量及成像法的研究内容及导向过程。

8. 简述 GST、GVR、ImPulse、PeriScope、adnVISION 密度成像及 EcoScope 多参数地质导向技术基本原理。

第九章

录井地质综合研究

无论是在随钻的地质资料录取过程中，还是在完井地质总结阶段，都涉及对钻井区域基础地质和石油地质条件的综合认识与评价。录井地质综合研究是相对于单项录井资料的地质应用或单井地质评价而言的，是综合应用钻井过程中所取得的各类工程录井资料、地质录井资料、测井资料、地球物理资料、测试或试油资料、分析化验资料等，并结合已钻邻井的资料，开展单井地质综合研究和区块地质综合评价（如地层评价、构造研究、储层评价、油气藏评价、储量估算）等工作。

第一节　钻井过程中的地质综合分析

钻探是油气勘探开发的重要环节，从井位部署到钻井过程直至试油结束，都离不开对地下地质情况的综合分析预测和决策。这种分析预测和决策通常是在勘探开发主管部门的领导下，由地质研究单位、现场施工单位共同完成的。由于地下地质情况的复杂性，钻前预测的准确度和精确度都不可能很高，必须在钻井过程中不断分析新出现的信息，及时修正，作出新的决策。一般来说，钻井过程中的综合地质分析主要有三类：地层、油气水和地层压力。

一、地层预测和决策

地层预测和决策是指通过分析已钻穿地层的特性，划分钻穿地层层位，与邻井地质剖面、区域地质资料等进行地层对比，预测未钻达地层的层位、层序、岩性（物性）和深度，决定确定技术套管下深、钻井取心层位、完钻层位和潜山界面。

1. 地层预测和决策流程

（1）收集邻井及区域资料：在进行预测前必须先收集预测所需要的各种资料，如邻井资料、过邻井以及本井的地震剖面、井位构造图（标准层、目的层）等作为地层划分与对比的依据。有地震勘探资料的地区，应准备地震勘探资料数据体及其处理解释所用的设备软件等。

（2）确定预测的目的及目的层：根据地质设计要求，确定预测和决策的目的，有针对性地进行预测与决策。

（3）确定预测使用的方法和设备：预测的主要方法是地层分析，因此，所用的设备主要是指利用电子版的资料进行分析时所用的计算机、地层对比软件、地震勘探资料解释工作站。根据目前勘探开发技术信息化的发展，利用网络系统把所有地层对比的依据资料进行分析对比已经成为现实。

（4）利用邻井资料及区域资料进行对比、预测和确定地层层位。

2. 地层预测方法

地层预测常用的方法有岩石地层学（岩性法、沉积旋回法、标准层标志层法、重矿物法）、生物地层学（标准化石法、化石组合法）、地球物理学等方法，每种方法在一定范围内都有肯定的应用效果，但每种方法也都有其局限性。必须综合应用多种方法才能合理划分和对比地层。一般来说，现场地层对比以追踪地震同相轴为基础，以岩石地层学（包括岩性法、沉积旋回法、标准层标志层法以及由岩石地层学衍生出来的测井曲线对比方法）为主要对比依据，在疑难层位适当采用生物地层学方法。

3. 地层预测的应用

在现场地层预测和决策中，要特别注意分析沉积、构造演变规律，不但要按照对比类推法进行分析预测，更要充分应用好相关类推法；在选择对比标志时，要根据其形成条件分析分布稳定性，而不能仅考虑其是否“特殊”、是否容易识别；在参考井很少或可对比性不强的情况下，要从沉积旋回的角度考虑已钻地层和待钻地层的关系，应用沉积旋回法进行合理分析预测和决策。

1）确定技术套管下深

某井区主要勘探目的层是沙三下—沙四段砂砾岩体，由于沙三上沉积了厚层砂岩，沙三下—沙四段的地层压力明显高于沙三上，所以在钻探中需要下入技术套管封住沙三上砂岩段。T764 井设计技术套管下深 2540m。

钻前分析预测：邻井 T761 井沙三中井深 2511～2575m 发育厚层浊积砂岩，砂岩顶底界在地震测线上分别对应一组反射同相轴的顶底。T764 井在相应位置也有一组地震反射同相轴，应该也是浊积砂岩，按照 T761 井地震量深—实钻误差推算砂岩顶底井深为 2511～2572m。由于 T761 井位于 T764 井的南方，该井区浊积砂岩的物源来自东南方向，T764 井该组地震反射同相轴向北靠近 T32 井时尖灭，所以 T764 井浊积砂岩的发育程度应该比 T761 井的差一些。根据钻前预测，要求钻进中卡准砂岩底界，把技术套管下入该套砂岩之下（图 9－1）。

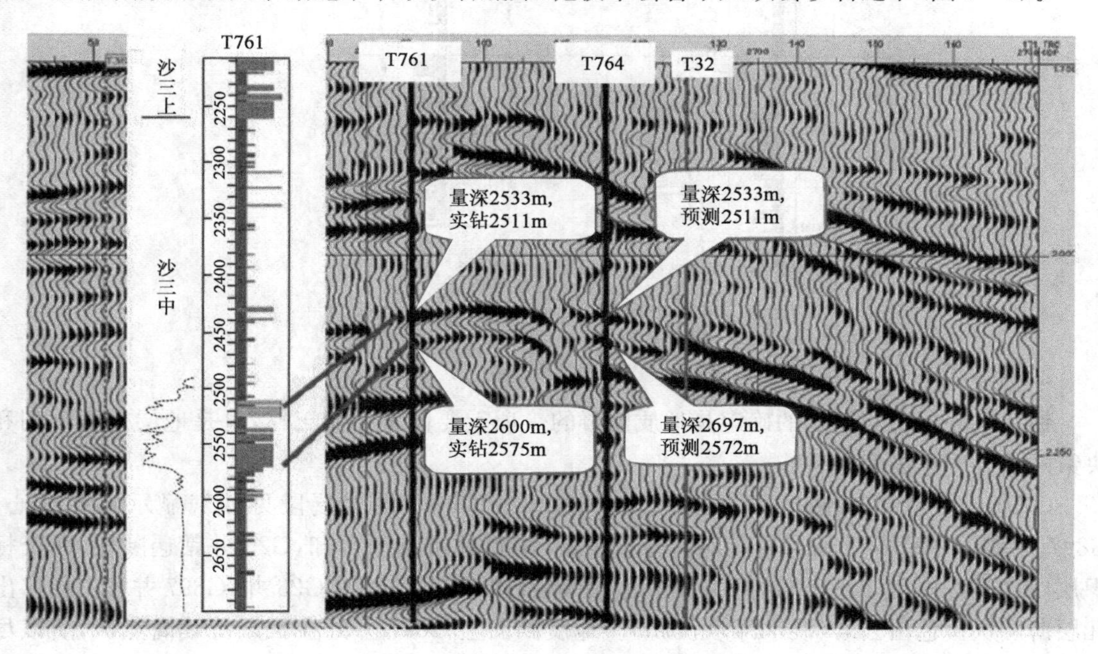

图 9－1　T761 井—T764 井连井地震测线

根据预测结果制订了技术套管下深方案：从井深 2500m 加强岩屑录井，必须钻穿连续砂岩段之后才能下入技术套管。

T764 井实钻于井深 2511m 开始钻遇浊积砂岩，但是第一层浊积砂岩的厚度变薄，粒度上，T761 井的是细砂岩，T764 井变为粉砂岩，说明沉积相变与钻前分析的一致；T761 井第二层浊积砂岩以粉砂岩为主，尽管厚度较大，但是按照相变规律在 T764 井应该厚度明显变薄，粒度以泥质粉砂岩为主。T764 井实钻证实与 T761 井第二层浊积砂岩相当地层已经相变为薄层泥质粉砂岩、粉砂质泥岩、泥岩互层段。钻至井深 2560m 时对比确认第二套砂岩底界为 2549m，决定技术套管下至 2560m（图 9－2）。

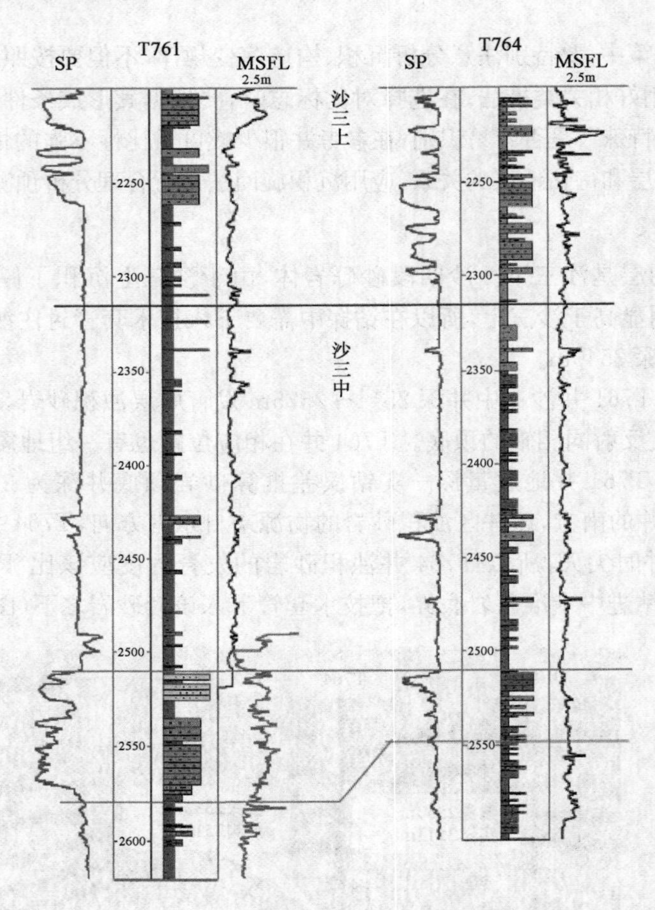

图 9－2　T761 井—T764 井地层剖面对比图

2）确定钻井取心层位与深度

钻井取心层位与深度的确定是地质监督的一项重要监督控制工作，也是地层分析预测和决策的重要应用内容之一。

G897 井设计要求钻至相当于 G23 井 2618～2632m 油气层段见油气显示钻井取心。G897 井钻至井深 2415m 进行了对比分析预测：根据地震剖面可知，G23 井钻遇断层，两个标识层段之间的厚度应小于 G897 井相应层段厚度（图 9－3）。相对 G23 井，G897 井沙三中多出几层薄层灰黄色白云岩（浅水滩坝沉积）。地震剖面上 G897 井处在长期持续高点区，所以尽管在沙三中这样的半深湖条件下仍出现短期浅水环境。由此推断沙四上沉积时期 G897 井出现短期浅水环境的机会更多，G897 井白云岩应比 G23 井发育。因此，G897 井 2400m 附近的白云岩集中段应与 G23 井的 2565m 白云岩段基本相当，由此推测 G897 井将于井深 2450～2470m 钻遇钻井取心目的层段。实钻证实，G897 井于井深 2464m 钻遇取心目的层段，地质循环观察目的层段无油气显示，未进行钻井取心（图 9-4）。

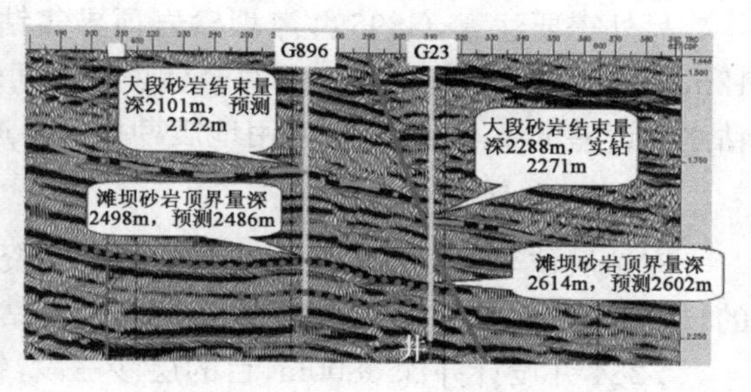

图 9-3　G896 井—G23 井连井地震剖面

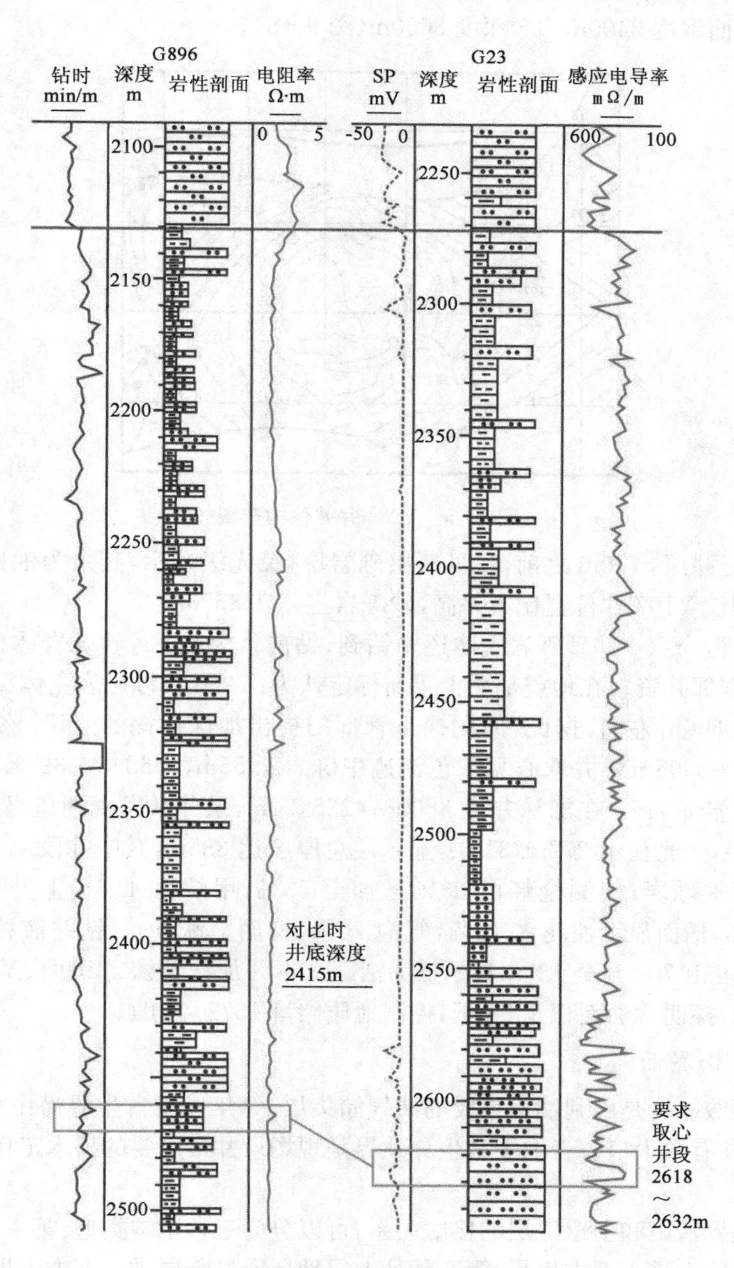

图 9-4　G896—G23 井地层剖面对比图

另外需要注意，G896 井滩坝砂岩顶界实钻—量深误差为 34m，G23 井实钻—量深误差为 12m，两井误差不同。G896 井两个标识层之间的厚度实际略薄于 G23 井。地震勘探资料与实钻之间误差的不一致性，是使用地震勘探资料进行层位预测和对比必须考虑的因素。

3）确定完钻层位与井深

完钻层位与井深的确定主要是根据实钻资料分析判断钻至什么井深可以完成勘探开发目的，从而按设计井深完钻、加深钻探或提前完钻。

Y284 井设计井深 3800m，目的层沙三段，钻探目的为扩大 Y282 块向东古近系含油气范围，主要钻探沙三段下部砂砾岩体含油气情况，完钻原则为井底 50m 无油气显示完钻。该井设计砂砾岩体顶面深度 3400m，T6 深度 3650m（图 9－5）。

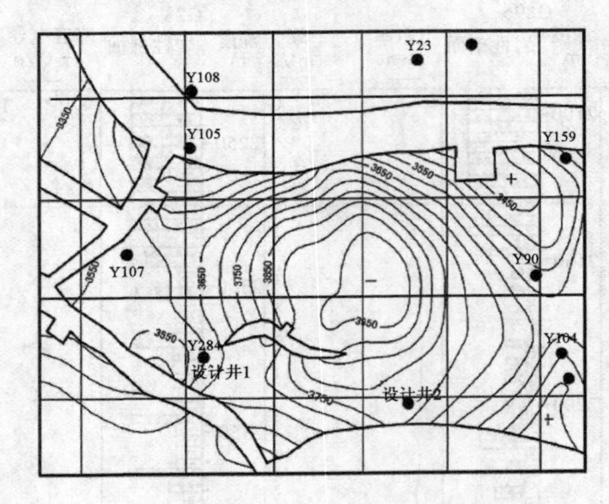

图 9－5　Y284 井井位构造图

实钻中，钻至井深 3750m 之前，仅见薄层砾岩层，荧光级显示，其余为油迹含砾砂岩。与邻井 Y107 井对比，Y107 井位置比本井高，砂砾岩主体在 3570m。

随钻分析认为，Y284 井砂砾岩主体还未钻到，钻前认为的 Es_3 砂砾岩体相位深度在地震剖面上有误，依据邻井资料在地震剖面上重新标定认为：Y284 井砂砾岩主体深度应在 3780m，砂砾岩沉积厚度 600m 左右，据此，向勘探主管部门提出加深钻探的建议，该建议得到采纳。施工中，在 3800～3805m 钻井取心见灰色油迹中砾岩 4.55m，3968.5～3971.15m 钻井取心，见灰色油斑中砾岩 2.7m。在加深井段 3800～4225.90m，录井共发现油斑显示 20m/2 层，油迹显示 43m/4 层，荧光显示 272m/31 层，显示层总厚度达 335m，其中井段 4021.5～4039.0m 录井为灰色油斑中砾岩，气测全烃由 23％增加至 53％，甲烷由 4.6％上升至 22％，乙烷由 1.1％升至 5.3％，槽面显示油花占 10％，气泡 20％，槽面上涨 2cm，钻井液相对密度由 1.43 下降到 1.27，黏度由 70s 升至 127s，显示极为活跃。本井加深钻探，探明了 Y284 井区砂砾岩体的含油气情况，探明含油面积 $1.5km^2$，控制地质储量 1572×10^4t。

4）确定古潜山界面

下古生界碳酸盐岩是胜利油田重要的油气储集层，每年以下古生界潜山为勘探和开发目标的探井、开发井有数十口。卡取下古生界顶界是现场录井最重要的技术工作之一，关系到钻探施工成败。

根据下古生界潜山和上覆地层的接触关系，可以分为三种基本类型：第 1 种从上覆地层通过角度或超覆不整合进入下古生界；第 2 种从上覆地层通过断层进入下古生界；第 3 种从上古生界通过平行不整合进入下古生界。第1、2种类型上覆层位和下古生界组段都不固定，不能在钻进中通过细致对比准确预测潜山界面，只有钻入下古生界岩层才能判定界面。第3种类型的界面上、下地层层序固定，都是上古生界石炭系本溪组覆盖在下古生界奥陶系八陡组，岩性组合宏观上比较稳定，岩性特征比较鲜明，具备随钻对比预测下古界面的良好地质条件（图9-6）。对该类下古生界潜山顶界可以根据已钻岩性组合（特别是上古生界石炭系本溪组石灰岩）对比预测下古生界奥陶系八陡组顶界，对疑似八陡组石灰岩进行薄片鉴定，最终通过钻井取心确定层位。

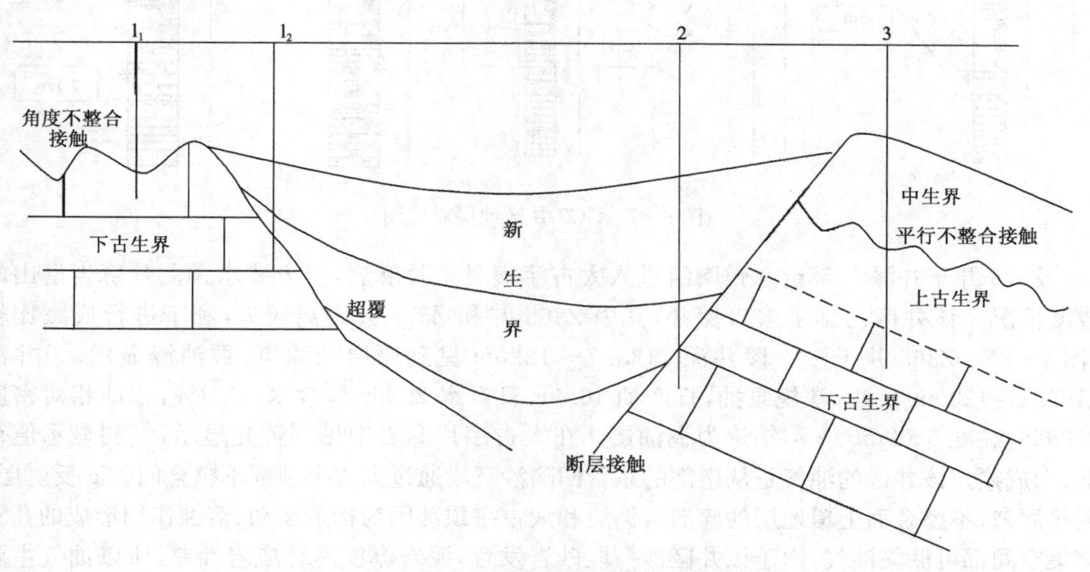

图9-6 下古生界与上覆地层接触关系示意图

GG7井以下古生界潜山为勘探目标，卡准下古生界顶界是重要施工环节。该井区勘探程度低，没有距离较近的邻井。分析该井区已钻探井上古生界本溪组地层岩性组合，发现与济阳坳陷差别较大，主要体现在济阳坳陷徐家庄石灰岩一般距离下古生界顶界20～40m（GBG2井），GG7井区的徐家庄石灰岩距离下古潜山顶界很近，又可以归纳为两种情况：（1）KG1、LG1、LG2井的徐家庄石灰岩厚度大，易于识别，与下古潜山顶界距离很近（6～7.5m）；（2）YG1、KG2井为多层薄石灰岩，不易识别徐家庄石灰岩。GG7井钻进中于上古生界本溪组井深3064～3073m钻遇厚层石灰岩，应为徐家庄石灰岩，和KG1、LG1、LG2井特征类似，因此预测钻过薄层泥岩（或铝土质泥岩）就会进入下古生界，下古生界的顶界深度应不超过3080m，实钻于井3076m钻遇石灰岩，经鉴定为下古生界八陡组地层（图9-7）。

二、油气水预测和决策

油气水预测和决策是指按照石油地质学的基本原理，通过研究井区地震勘探资料和实钻勘探成果，分析目的井所钻圈闭的成藏条件，预测目的井油气主要集中段的深度，预测油气水性质（例如干气、稠油、轻质油、盐水等），并根据油气性质预判油气在录井和测井资料中的显示特征，制订相应技术措施，在钻进中及时发现和准确评价油气显示，制订或提出钻井取心、中途测试等施工决策。油气水预测是在地层预测的基础上，充分考虑到油气运移、储集条件等因素后作出的预测，由于油气运移和储集条件从地震勘探资料上不易判定，所以油气水预测比地层预测更为复杂，难度更大。

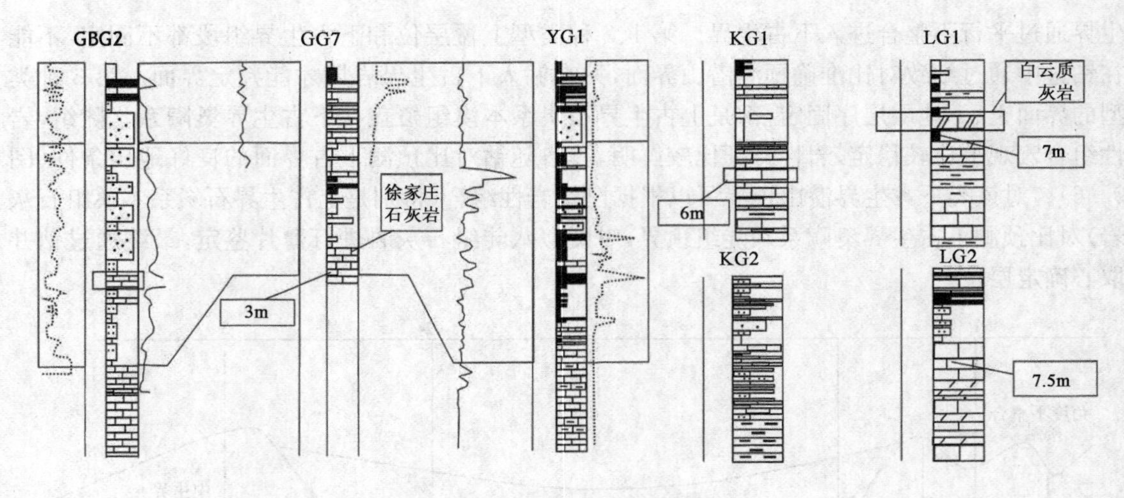

图 9-7　GG7 井区地层对比图

Z379 井于井深 1155m 从馆陶组进入太古宇震旦系片麻岩，甲方要求预测片麻岩潜山的成藏情况。该井区已钻了多口探井，其中 Z365 井和 Z379 井距离较近，利于进行成藏比较(图 9-8)。Z365 井于沙一段井深 1185.7～1220m 见到厚层稠油斑、稠油浸显示，于井深 1195.1～1200m 试油，常规泵抽，日产油 16.9t，日产水 2.36m^3，含水 12.3%，原油相对密度 0.9826，黏度 6209mPa·s，结论为稠油层。在太古宇片麻岩中见到荧光显示，气测显示值很低，未成藏。该井区的油气是从南部的东营凹陷沙三段通过太古宇顶部不整合面(Tg 反射层)运移而来，不整合面上覆地层的碎屑岩储层和太古宇顶部因为构造运动、溶蚀作用形成的孔缝储集空间都可储集油气，由于该井区沙一段砂岩发育，泥岩厚度薄且成岩性差，所以油气主要聚集在沙一段，太古宇片麻岩中仅有少量油气显示。从连井地震测线上可以看出，Tg(太古宇顶面反射)从 Z365 井向 Z379 井方向抬升，沙一段从 Z365 井向 Z379 井方向变薄尖灭，太古宇顶面不整合面显然对 ZZ365 井沙一段稠油藏的形成起到了遮挡作用，所以油气不利于向 Z379 井方向运移和聚集，但是由于该不整合面的封闭能力不是很强，加上馆陶组泥岩的成岩性较差，所以仍会有一定较轻的油气向 Z379 井方向逸散，逸散层位主要是馆陶组，在太古宇片麻岩中也会有少量油气显示，但是不会成藏。从 Z379 井录井情况看，在馆陶组岩屑录井见到几层荧光显示，但非常微弱，为 1～2 级，密集地进行井壁取心未见任何显示，气测异常比较明显，说明是扩散的轻烃显示。馆陶组砂岩很发育，泥岩隔层少而且薄，对太古宇油气的封盖能力差，如果太古宇有很好的油气显示，势必会有较多的油气运移到馆陶组。综合以上两个方面预测，Z379 井太古宇有较差油气显示，不能成藏(图 9-9)。以此建议甲方：如在太古宇见到一定油气显示，应进行中途测试确定产能后再决定完井方案。

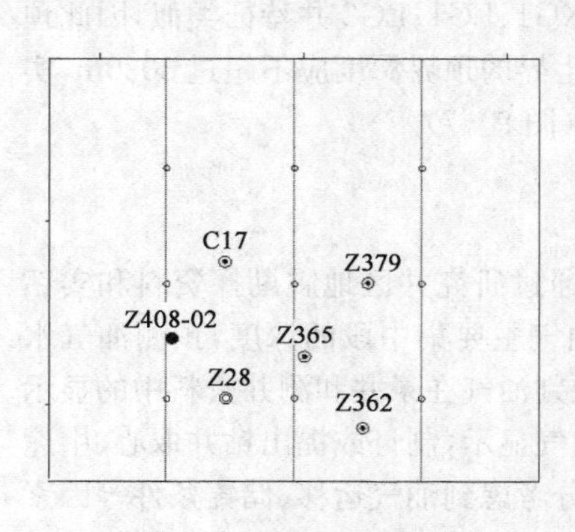

图 9-8　Z379 井井位图

Z379 井实钻于太古宇见到 36m/2 层荧光显示，气测值低，无重烃，用纳威泵对太古宇片麻岩进行中途测试，累产油 0.11t，累产水 1.09m^3，日产油 0.37t，日产水 3.64m^3，原油相对密度 0.98，证明该潜山确实没有成藏，最终该井注水泥废弃。

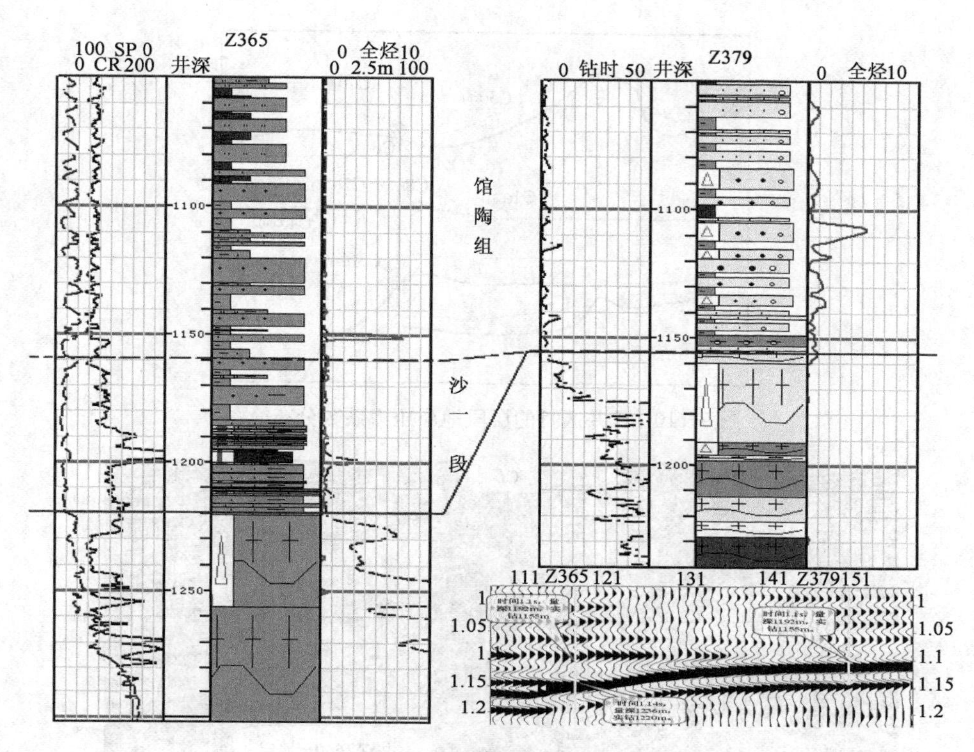

图 9-9　Z365 井—Z379 井地层对比及地震剖面图

三、地层压力预测

对地层压力的准确预测是合理制定钻井液相对密度的基本前提。高压异常的成因多种多样，其中泥岩欠压实引起的高压异常比较普遍，也是目前预测较为成熟的一种类型。目前主要采用地震勘探法、钻井资料分析法（钻井速度法、d 指数法、dc 指数法、泥页岩密度法）和地球物理测井法（声波测井法、电阻率测井法、泥页岩密度法）预测地层压力，其中地震勘探法和地球物理测井法主要用于钻前预测，钻井资料分析法主要用于随钻检测和预测。在井密度较大的地区，要重视利用邻井实测压力资料，根据井区地层压力分布规律来更准确地预测目的井地层压力，钻井液的使用也要充分参考邻井相当层段钻井液相对密度与油气显示的关系。在实钻中，主要根据地层压力检测、钻井液相对密度与油气水活跃程度的关系来确定钻井液相对密度的合理范围。

C 井区目的层段南北各为一条近东西向断层所切割，该井区地层压力分布具有明显的规律性：断块中部压力较高且较稳定，断层附近压力明显降低，说明断层具有明显的“泄压”作用（图 9-10 和图 9-11）。

C8 为目的井，根据邻井实测压力可预测其目的层段地层压力系数。C8 井地层和 C1、C2 井同处于断块中部，目的层段对比性好，其间没有断层，C8 井目的层段的井深基本位于 C1 井和 C2 井的正中间，因此地层压力和地层压力系数应大概为 C1 井和 C2 井的平均值，预测 C8 井地层压力为 37MPa，预测地层压力系数为 1.33（图 9-12）。

C8 井目的层段钻井液相对密度使用范围，根据公式：

$$\rho=\frac{100p}{H}+\beta \tag{9-1}$$

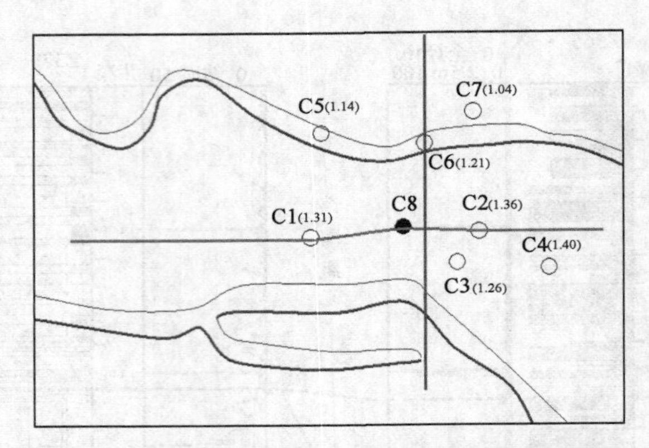

图 9-10　C 井区目的层段地层压力系数分布简图

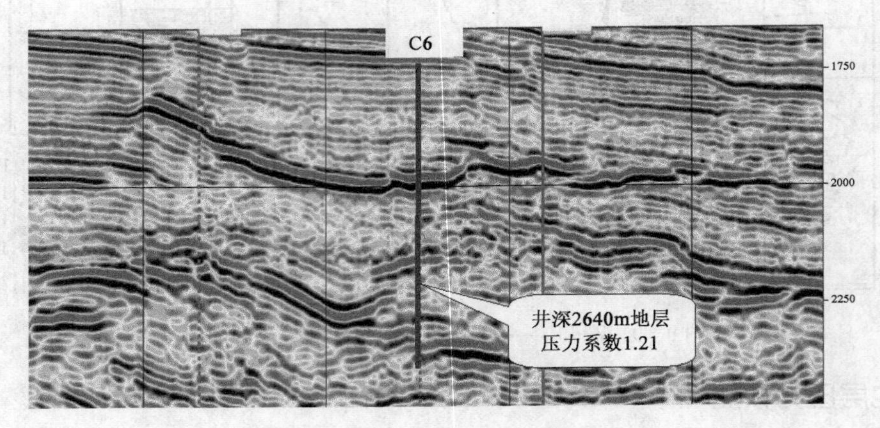

图 9-11　过 C6 井南北向地震测线(括号内为地层压力系数)

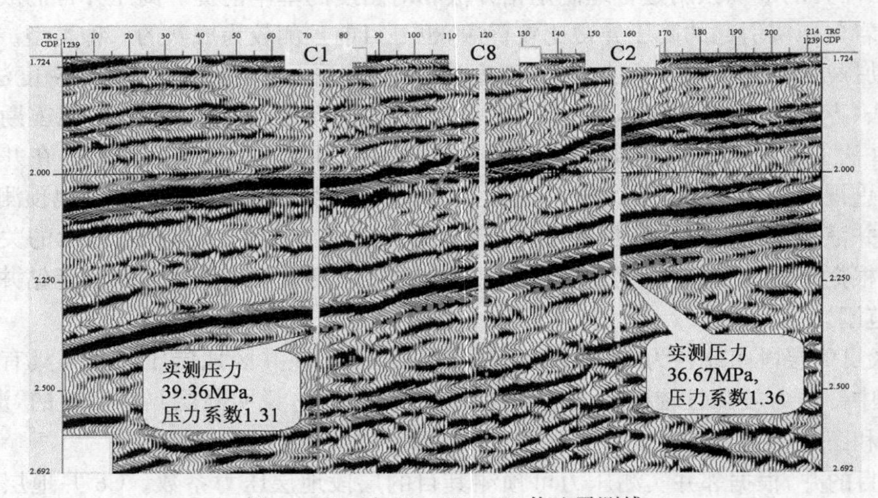

图 9-12　过 C1—C8—C2 井地震测线

式中　ρ——钻井液密度；

p——地层压力，MPa；

H——井深，m；

β——附加系数，一般为 0.1～0.2。

其中，$p\times100\div H$＝地层压力系数，所以 ρ＝1.33＋(0.1～0.2)＝1.4～1.5。由于 C2 井在地

层压力系数 1.36 的情况下，用相对密度 1.25 的钻井液槽面见显示，加重至 1.40 槽面消失，说明该地区目的层段为高压低渗层，因此 C8 井采用相对密度 1.30 左右的钻井液较为适宜。

C8 井钻开目的层段之前结合地层压力检测数据和气测基值，在目的层段采用相对密度 1.28 的钻井液钻进，钻开油气层时全烃达到 31.25%，槽面未见显示。完井后实测 C8 井目的层段井深 2781.6～2786.0m，静压 35.27MPa，地层压力系数为 1.27。

四、地质综合预测和决策

实际勘探开发过程中，地层、油气水和地层压力的预测与决策往往不是孤立进行的，而是有着紧密的内在联系，需要通盘考虑，综合决策。

1. F144 井

F144 井设计井深 3400.00m，目的层是沙四段纯下亚段滩坝砂岩，设计完钻层位沙四段，完钻原则为钻入沙四下红层 50m 无油气显示完钻(图 9－13)。钻前根据井区实钻资料、试油资料和三维地震资料，对 F144 井的地层、油气和地层压力做了比较详尽的预测，并根据预测制定了施工基本原则。

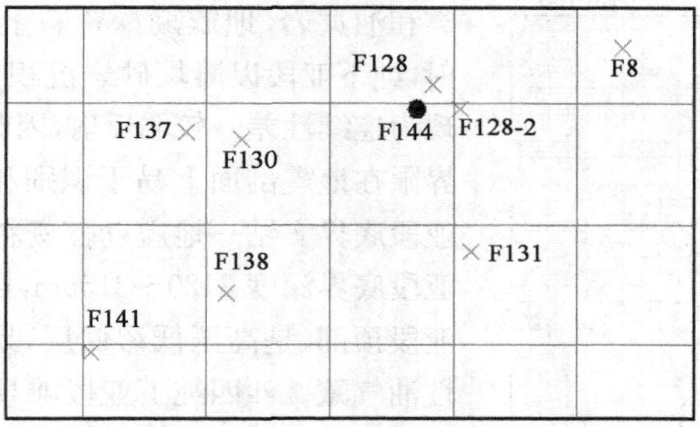

图 9－13　F144 井井位图

(1)F144 井沙三中油层(预测顶深 2542m)和 F128－14 等井在同一断块。该油层投入注水开发多年，地层压力很低(F128 井 2000 年 10 月实测地层压力系数为 0.60)，因此预测 F144 井油层地层压力系数 0.60(图 9－14左)。钻该段时，要加强录井工程监测，观察钻井液性能变化，根据实钻情况适时调配钻井液性能，既要保证安全钻进，又不能盲目加重，保护好油层，防止压漏地层。

F144 井实钻于沙三中井深 2555～2588m 钻遇厚层荧光、油斑粉砂岩，钻井液相对密度为 1.17(图 9－15)。

(2)F144 井区沙三下—纯上亚段油页岩集中段断层发育，形成了较多裂缝性圈闭，由于油页岩本身是良好的烃源岩，所以利于形成自生自储的泥岩裂缝性油气藏，F144 井区已有多口井在沙三下—纯上亚段油页岩集中段钻遇良好油气显示，并获得一定的工业油流。F144 井区沙三下—纯上亚段油页岩集中段靠近断层，预测也会形成裂缝性油气藏，由于裂缝性储层中的油气被钻头钻开后易于释放到钻井液中，所以油气显示将会比较活跃，但是产能不高(图 9－14)。F144 井要适当调配钻井液，不能因为槽面油气显示活跃而盲目提高钻井液相对密度，应在保证安全的前提下尽量保护好油气层，建议钻井液相对密度在 1.23～1.26 之间。该段发现良好显示要及时请示甲方是否进行中途测试。

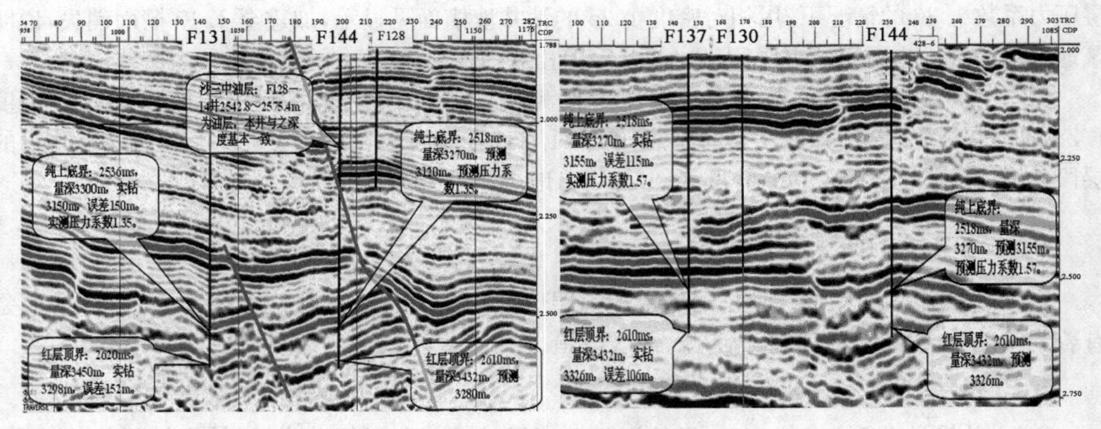

图 9－14　过 F144 井连井地震测线

F144 井实钻于纯上亚段下部井深 3073～3074m 钻遇油斑泥岩，气测全烃由 7.99％升至 100％，钻井液相对密度 1.25(图 9－15)。

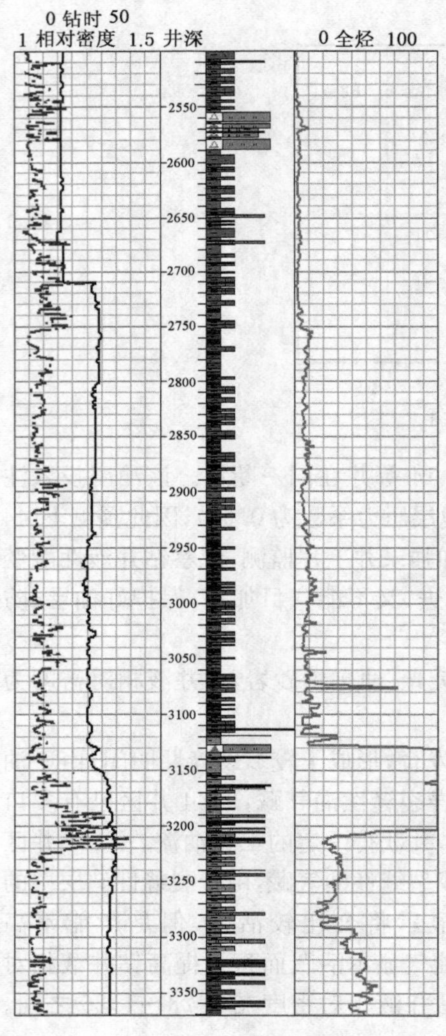

图 9－15　F144 井综合录井图

(3)F144 井区纯上亚段主要沉积的是深水泥质岩类和油页岩，地震勘探资料上表现为连续稳定的强反射，纯下亚段以滩坝砂岩沉积为主，地震勘探资料上表现为连续性差—较弱反射，因此纯上亚段和纯下亚段的界限在地震剖面上易于识别和追踪。根据多口井纯上亚段底界实钻—地震勘探资料误差，预测 F144 井纯上亚段底界深度 3120～3155m，目的层滩坝砂岩位于纯下亚段顶部，是高压低渗储层，易于形成(断鼻)构造—岩性油气藏。沙四纯下亚段滩坝砂岩油层为钻井取心目的层段，根据工区特征预测，钻时较快，岩屑含油级别较高，通常为油斑—油浸级，气测异常明显。从井深 3100m 至井底做好循环观察工作，卡准钻井取心层位(图 9－14、图 9－15)。

F144 井实钻纯上亚段底界 3116m，在纯下亚段顶部滩坝砂岩中见厚层油斑砂岩，钻时明显加快，气测全烃升至 100％(图 9－15)。

(4)预测 F144 井目的层段地层压力系数和 F137、F131、F138 等井基本一致，约为 1.35～1.57。F137 井目的层段实测地层压力系数最高(1.57)，采用 1.40～1.45 实现了安全钻进；F142 井实测地层压力系数 1.41，采用最高 1.30 的相对密度也实现了安全钻进。F144 井设计目的层段采用钻井液相对密度 1.30～1.45，完全可以保证安全钻井施工需要。在实钻中应按下限执行，如果确实需要加重，应请示甲方后按要求执行。

F144 井实钻纯下亚段目的层段采用最高 1.35 的

钻井液相对密度钻进，气测全烃升至100%，做到了“压而不死，活而不喷”。目前正在试油，日产油13.76t，日产水927m³，含水36%～40%。

(5)预测F144井于3280～3326m进入沙四下红层，按照“地质设计”要求将提前20～70m完钻(图9－14)。施工中应从井深3250m开始卡沙四下红层顶界。

F144井实钻沙四下红层顶界3318m，建议甲方完钻于井深3370m，被采纳。比设计井深提前30m完钻(图9－15)。

2. A井

1)A井基本情况

A井钻探目的层是下古生界—太古宇。实钻于井深2033m钻遇下古生界，现场分层八陡组底界为2124m(图9－16)。

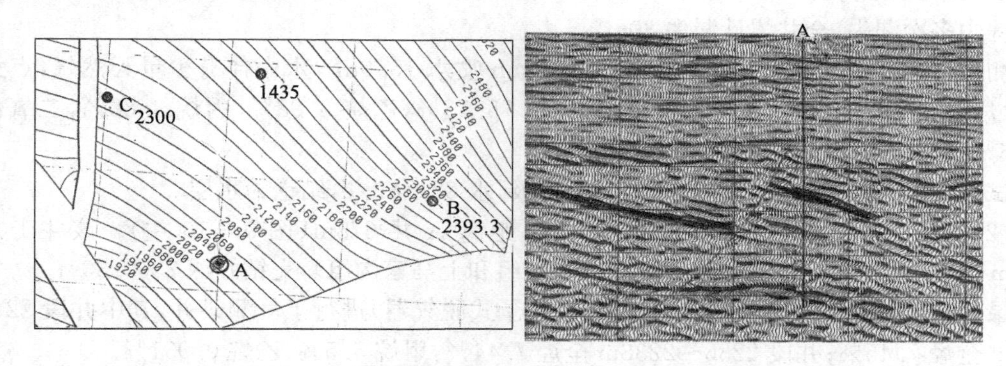

图9－16　A井区Tg顶面构造图和过A井EW向地震剖面图

该井进入下古生界地层后，气测异常显示较多，层薄(显示时间很短，估计厚约20cm)，其中异常幅度较高的共11层(表9－1)。各气测异常层的荧光显示非常微弱，定量荧光、地化均无异常。钻开11号气测异常层后钻井取心。期间进行了短起下，静止时间约2.5h，后效为全烃43.03%，甲烷40.26%，乙烷1.421%，丙烷0.253%，异丁烷0.035%，正丁烷0.030%，甲烷相对含量95.9%，后效持续时间28min，油气上窜速度154m/h。取心钻头下钻到底后，又测了后效，静止时间约12h，后效为全烃1.9%，甲烷1.30%，乙烷0.05%，丙烷0.08%，异丁烷0.002%，正丁烷0.001%，甲烷相对含量90.7%，后效持续时间6min。

表9－1　A井下古生界气测异常显示表

序号	井深，m	全烃，%	甲烷，%	乙烷，%	丙烷，%	异丁烷，%	正丁烷，%
1	2096～2097	0.02↑1.18	0.01↑0.08				
2	2096～2097	0.01↑1.83	0.01↑1.43				
3	2096～2097	0↑0.56	0↑0.39	0↑0.007	0↑0.002		
4	2096～2097	0.04↑0.71	0.01↑0.40	0.002↑0.007	0↑0.002		
5	2096～2097	0.07↑1.40	0.05↑0.43	0.003↑0.015	0↑0.002		
6	2096～2097	0.05↑0.53	0.04↑0.35	0.003↑0.017	0↑0.004		
7	2096～2097	0.07↑0.68	0.04↑0.49	0.004↑0.023	0↑0.006	0↑0.002	0↑0.001
8	2096～2097	0.02↑1.88	0↑1.43	0↑0.054	0↑0.009	0↑0.002	
9	2096～2097	0.22↑2.61	0.16↑1.99	0.008↑0.071	0.002↑0.010	0↑0.002	
10	2096～2097	0.12↑7.65	0.07↑4.74	0.005↑0.284	0↑0.025	0↑0.005	0↑0.004
11	2096～2097	0.16↑43.82	0.10↑37.49	0.007↑1.097	0.002↑0.206	0↑0.029	0↑0.021

钻井取心情况：第一次 2142～2148.6m，进尺 6.6m，心长 6.4m，收获率 97%，主要是石灰岩；第二次 2386.99～2389.86m，进尺 2.87m，心长 1.1m，收获率 38.3%，主要是白云岩。

复杂情况：钻至井深 2386.3m，钻具放空 0.69m，漏失钻井液 96m^3，未采取措施，静止一段时间井漏减缓，此后一直断续缓慢渗漏，一起钻就溢流。

A 井钻至井深 2408.3m，准备钻井取心时，对录井现象进行分析、预测和决策。

2)B 井和 C 井油气显示情况

该井区 B 井和 C 井均钻遇下古生界，两井下古生界油气显示情况分别如下所述。

(1)B 井：B 井位于 A 井井口方位 70°，距离 A 井 736m(图 9－16 左)。该井于井深 2240m 进入下古生界(看测井资料可能是八陡组和上马家沟组)，完钻井深 2393.31m。

复杂情况：于井深 2381.93～2382.53m 放空，2min 漏失钻井液 25m^3，此后进行测试，在求产过程中多次漏失，全井累计漏失 80m^3。

测试情况：井段 2381.93～2382.53m，28min 喷水 15.9m^3，水中伴有少量天然气，点火可燃，火焰高 1.5m；天然气分析数据得出，甲烷 75.73%，乙烷 3.98%，丙烷 3.88%，二氧化碳 12.56%，氮气 4.34%，甲烷相对含量 90.6%。

试油情况：井段 2242.84～2382.53m，抽汲，水 28.5m^3/d，结论为水层。

(2)C 井：C 井位于 A 井井口方位 324°，距离 A 井 678m(图 9－16 左)。该井于井深 2125m 进入下古生界(看测井资料可能是八陡组和上马家沟组)，完钻井深 2300.30m。

录井情况：该井用 72 型半自动记录仪(浮子式脱气器)进行了气测录井，其中井段 2213～2216m 全烃 7.45%；井段 2236～2238m 全烃 7.44%，甲烷 5.5%，乙烷 0.051%。

试油情况：井段 2213.6～2260.2m，水 13m^3/d，结论为水层。

3)分析判断和决策

(1)位于 A 井下古生界潜山块较低部位的 B 井和 C 井的录井和试油资料表明，该潜山块的储层发育，低部位主要产水(含少量伴生气)。

(2)A 井位于潜山高部位，在井深 2096～2395m 见到多层薄的、异常幅度接近的气测显示层，气测组分中甲烷相对含量 93.7%～100%，荧光显示很微弱。由于 B 井在产水的同时见到少量天然气，甲烷相对含量 90.6%；C 井在钻井过程中用浮子式脱气器(比现在使用的电动脱气器的脱气效率低很多)测得的气测异常值达到 7.45%，试油结果为水层。所以可以判断 A 井 2095m 以上的气测异常显示层均为含气水层。

(3)A 井自井深 2402m 往下，气测异常值陡然升高。其中 2407～2408.3m 的气测全烃高达 43.82%，甲烷相对含量 96.3%，与上部的地层一样，荧光显示很微弱，仍可判断为气显示。由于该层在短起下时测得的后效全烃为 43.03%，还没有随钻时高，后效持续时间 28min；下取心筒到底测后效时全烃更低至 1.9%，持续时间仅 6min，比短起下时短得多。由此可以推断，该层应该能产出一定量的气，但产能不高，解释为气水同层。该层于井深 2408.3m 进行钻井取心，预测岩心的储集空间发育，无含油显示(或有差的荧光显示)。

(4)由于储层位于潜山内幕，主要是受地下水位控制的淋滤溶蚀孔、洞、缝，基本呈水平展布。所以 B 井的放空井段与 A 井的非常接近——都在 2382m 附近，说明构造形成在前，储层发育在后，储层水平成带发育，横向连通性强，纵向连通性差，尽管潜山顶面倾斜也没有油气聚集的有利部位，A 井与 B、C 井一样，都不具备成藏条件。

(5)A 井井深 2402m 以下的气测异常值比上部高很多，推测在井深 2395～2402m 或许有较好的隔层存在。如果该隔层确实存在，则淋滤溶蚀发育带至少可以分为两个，B井和C井均未钻穿第一淋滤溶蚀发育带，A井已经进入第二淋滤溶蚀发育带的顶部(图9-17)。

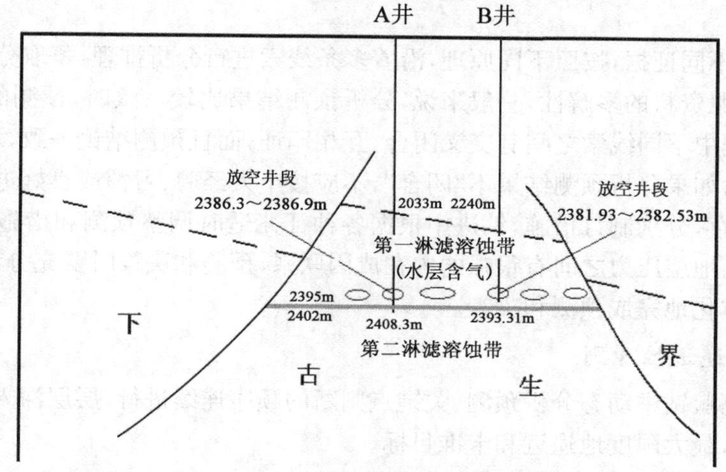

图9-17　A井下古生界潜山示意图

(6)对下步施工的建议：由于到目前为止，A井下古生界潜山主要为气显示，而钻井取心对发现和评价气显示的帮助很小，所以在只有气测录井见明显异常、其他录井项目未见明显油显示的情况下，不应进行钻井取心，以录取更为连续、真实的气测资料。取心目的为获取储层参数的除外。

4)后续施工验证

(1)钻井取心收获率很低，缝洞发育，以缝为主，多数缝被充填，无荧光显示。

(2)在2427～2429m井段钻进中出现一层新的气测异常，全烃升至50%，甲烷40%以上，少量重烃，无荧光显示。

(3)目前井深2480m，甲方决定中途测试。预测以出水为主，含有一定量的气。

(4)中途测试结果。气1175m^3/d，排液(含钻井液，主要是水)172.7m^3/d，结论为含气水层。

五、提高预测和决策准确度的途径

1.预测的不确定性与决策风险性

由于对客观世界的认识与客观事实永远存在差距，且技术手段本身的局限性，任何地质分析预测都必然存在或多或少的不确定性。根据地质分析预测做出的决策多属于风险决策—不确定型决策的过渡类型，探井钻井过程中的决策风险较大，特别是科学探索井、区域探井、预探井的风险相对更大，决策时要充分考虑多方面因素，采用适当的手段规避风险。

2.提高地质分析预测和决策准确度的途径

1)综合分析预测和决策原则

(1)努力学习掌握比较全面的专业知识，具备熟练应用录井、测井、地震勘探、试油、分析化验等各种资料的能力；

(2)尽量收集多方面的可靠的信息，这是进行地质分析预测和决策的物质基础；

(3)地质分析预测和决策过程中应注意：

①所有的“论断”或“判断法则”都是在一定条件下才成立的，简单地依据“论断”或“判断法则”进行预测难免会犯经验主义错误，只有从基本原理出发推导才能获得比较科学的预测和决策结果；

②注意依据不同证据，按照不同原理，沿着多条线索进行分析推理，争取分析预测结论“闭合”，否则难以克服资料的多解性，一般来说，分析预测结果比较一致时，预测的可靠性相对较高；如果分析过程中不同线索之间有交叉闭合，互相印证，而且预测结论一致，那么预测结论的可靠性就很高了；如果分析预测结果不“闭合”，不应按个人经验、习惯或喜好进行取舍，而应该多种预测方案并存，分别制订措施，钻进中根据各种征兆适时调整预测和措施；③地层（储层、烃源岩）、油气水、地层压力之间有很强的内在成因联系，预测和决策时要充分考虑和运用好这些联系，尽量一体化地完成预测和决策。

2）连续性和递进性原则

按照钻前预测、钻中动态分析预测、关键点判断的顺序连续进行，层层深入，不断调整预测结果和技术措施，最大限度地逼近和卡准目标。

3）循环性原则

加强钻后分析总结，研究地下客观规律、资料特征、分析预测方法、决策方法之间的联系，逐步形成适用于不同类型或地区的分析预测和决策技术系列。

4）分析预测和决策的组织工作

除例行的单井动态分析预测和生产技术分析外，监督管理部门还应每年组织1～2次分析预测技术和决策研讨会，以便监督相互交流经验，学习技术。

第二节　钻后地质综合研究

完井并不是勘探工作的终结，开展完井地质总结、单井地质专题研究（地层、构造、烃源岩、储层、盖层、油气成藏等）、区块评价等工作，都属于钻后地质综合研究的范畴，单井多学科研究是综合，多井资料联合分析也是综合。钻后地质综合研究的目的是充分总结该井钻探成功或失败的经验，验证或修正对井区石油地质条件的认识，并对区块下一步的勘探和开发工作提出科学的建议。

一、地层学研究

地层学研究包括两个不同尺度范围的研究内容：一是盆地范围内的区域地层划分与对比，其主要目的是建立地层系统，确定生、储、盖组合关系，为寻找地质构造、预测油气勘探的有利地区提供依据；二是油田范围内的地层研究，主要以储层（油层）的划分与对比为主。其目的是为计算油田储量，合理划分开发层系、井网部署及进行油田开发过程中的动态分析提供地质依据。

1. 区域地层研究

区域地层研究中最常用的方法有岩石地层学、生物地层学、地球物理学、层序地层学等。

每种方法在一定范围内都有其肯定的效果，但每种方法的应用都不能不顾其适用范围或条件而作绝对的肯定。

1)*岩石地层学方法*

在同一剖面中，不同时代的岩层，尽管岩石的某些外表特征看起来很相似，但实际上具有差异性，这种差异性表现在岩石本身的物理化学性质的变化上。岩石地层学方法是指根据组成地层的岩石本身的成分、颜色、结构、构造的变化来划分和对比地层的方法。这种方法在油气勘探地层对比中得到了广泛而有效的应用。

(1)岩性法：沉积岩的岩性特征反映了其形成时的古地理环境。在一个剖面上，岩性的变化意味着古地理环境随着时间推移而改变。在地面露头和钻井地质剖面中，常常根据岩性特征来划分对比地层，这就是常用的岩性对比法，所依据的特征岩性层主要有岩性标准层和特殊标志层两类。

①岩性标准层：岩性标准层就是具有区域性对比标志的岩层。它的条件是岩石特征突出、岩性稳定、厚度不大且变化小。根据标准层特征的明显程度和稳定范围的不同可分为主要标准层(区域标准层)和辅助标准层。例如大庆油田白垩系嫩江组的黑色叶肢介页岩为该区的区域标准层，济阳坳陷古近系沙河街组的灰白色生物灰岩为该盆地的标准层，四川三叠系嘉陵江组 Tc_3^5 底的绿豆岩为该盆地的区域标准层。选定了标准层，则大大便于进行地层划分和对比。

②特殊标志层：当岩性纵、横向变化大，找不到标准层时，常利用特殊标志层进行地层的划分与对比。所谓标志层是指颜色、成分、结构、构造等方面有特殊标志的岩层。它容易与上、下地层区别。例如，具有特殊标志的鲕状灰岩、竹叶状灰岩、眼球状灰岩，以及含石膏团块、燧石结核等的岩层都可作为良好的标志层用于地层对比。

(2)沉积旋回法：沉积旋回法是指在纵向剖面上一套岩层按一定生成顺序有规律地交替重复。如，岩石粒度由粗到细，再由细到粗的变化。通常把沉积岩的这种规律性交替出现的现象称作沉积旋回(也称沉积韵律)。在一定范围内用沉积旋回法来划分、对比地层是行之有效的。

沉积旋回一般是指与地壳构造运动密切相关的、较大节奏性的沉积阶段。一个旋回可以由一个较厚的完整韵律组成，也可以由若干个岩性成因组合相似的韵律组成。沉积韵律是沉积地层中的一种普遍现象，在各种成因(如海相、陆相等)的沉积地层中均有韵律存在。一个完整的沉积旋回包含正旋回和反旋回两部分。正旋回是指岩性自下而上由粗变细的现象，而反旋回指岩性自下而上由细变粗的现象。

级次性是沉积旋回的一个重要特征，不同级次下的地层旋回对比可以贯穿于从油田勘探开始到油田开发结束全过程的地层划分与对比研究(图 9-18)。

2)*生物地层学方法*

地质历史发展过程中，不外乎是无机界和有机界(即生物界)的演化发展过程，而生物界的演化比无机界的发展具有更加显著的阶段性和不可逆性。只要地层所含化石或化石组合相同或相似，它们的地质时代就相同或相当，这就是使用古生物化石划分对比地层的理论依据。古生物学法是确定地层相对地质年代的基础。

在油气勘探中，由于分析样品都是体积不大的岩心或岩屑，所以鉴定岩心或岩屑中的微体化石及超微化石进行地层对比，显得更为重要。

(1)标准化石法。在一个地层单位中，选择少数特有的生物化石，它们在该地层上下层位中基本上没有，这种化石只在该段地层里出现，它们是特定地质时代的产物，这些化石就称为

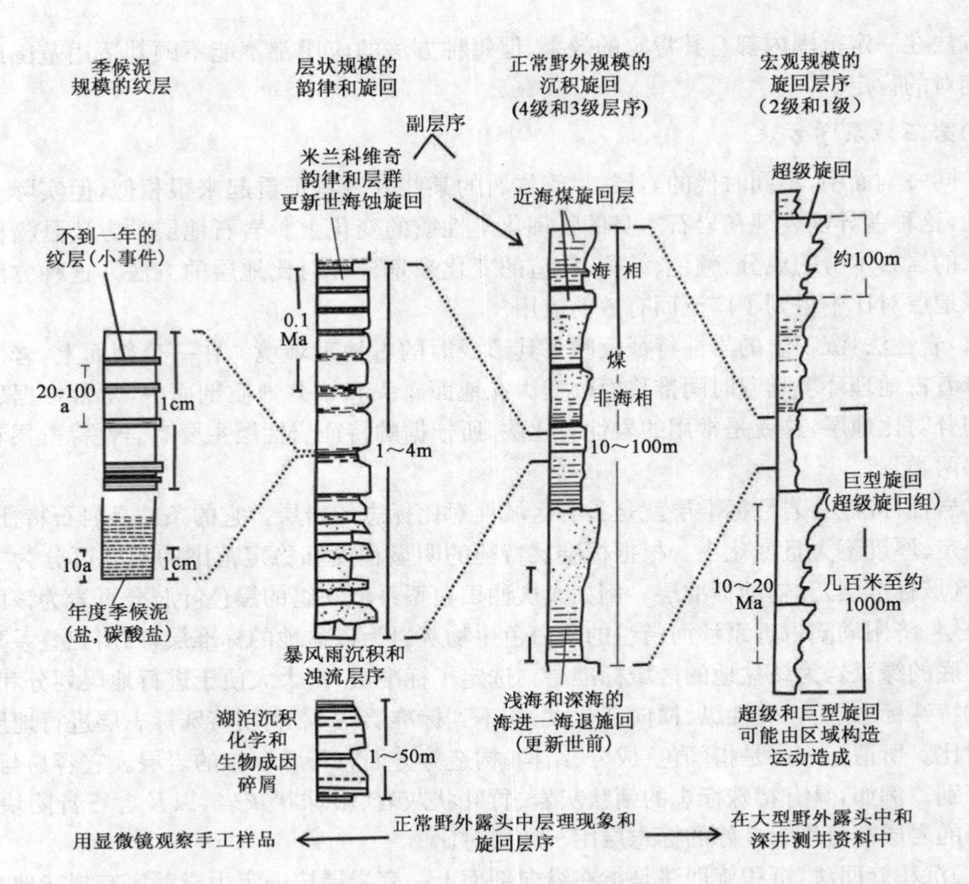

图 9-18　在地层记录中旋回沉积作用的规模(据 Einsele 等,1991)

标准化石。根据标准化石来进行地层划分和对比的方法称为标准化石法。所谓标准化石也是相对的,但它具有明显特征:生存时代短;分布范围广;数量多,易于发现,保存完好,易于鉴定。

标准化石在海相地层对比中发挥着重要作用,化石带往往可以作洲际对比。例如,奥陶系内部分阶主要是根据笔石建立的。按照英国早期研究标准,奥陶系可以分为三个统、六个阶和15个笔石带。我国穆恩之的研究把塔里木盆地奥陶系划分为三个统、六个阶和24个化石带,可以进行国内外的对比,这也是塔里木盆地油气勘探中奥陶系西河口阶、红花园阶、大湾阶、牯牛潭阶、庙坡阶、宝塔阶、临湘阶、五峰阶等阶一级的地层对比的重要根据。

又如,介形类半美星介(*Hemicyprinotus*)作为柴达木盆地上干柴沟组上部地层的标准化石,经历了40多年油气勘探地层对比的检验,普遍获得了地质家的认可。它不仅在柴达木盆地内部,而且在整个西北的远隔盆地之间的对比中也发挥了重要的作用。类似的还有南星介、微湖花介等数十个标准化石属或标准化石种,在整个柴达木盆地新生界对比中发挥着重要作用。

渤海湾盆地古近系也有数以百计的介形类、腹足类、藻类、轮藻标准化石,在渤海湾盆地地层对比中发挥了重要作用。例如,沙河街组三段的华北介(*Huabeinia*)、沙河街组二段的椭圆拱星介(*Camarocypris elliptica*)等等,还有的如沙河街组四段上部的南星介(*Austrocypris*),不仅是本区的标准化石属,也是我国西北各盆地和中亚地区的标准化石,可以横跨中国东西并与国外进行对比,迄今还没有比标准化石法更为有效的方法,能在陆相沉积远隔盆地间作这样远距离的地层对比。

(2)化石组合法。在地质历史中，同一生活环境中不只一类生物，而是多种生物共生在一起组成一个生物群体。生物的演化决定于生物本身，外界环境是条件。在不同时代不同生活环境中，由于各种生物适应能力不同，产生的组合就不同。生物群及其变化，在一定程度上，反映了该地层形成时期生物群的总体面貌。生物群是随着地质历史发展而不断演化的，特别在地史转变时期，地理环境也随之改变，生物群也要重新组合。生物界的发展阶段，是和地表自然地理环境的变化相吻合的，因而利用生物群组合来划分地层界线，它并不是偶然的分界，是客观地反映地质演变的界线。

例如，渤海湾盆地沙河街组三段不仅有介形类的华北介组合，还有腹足类坨庄旋脊螺(*Litmina tuozhuangensis*)组合和藻类的渤海藻—副渤海藻(*Bohaidina-Parabohaidina*)组合等，它们组成一个包含各门类化石的组合，用它来对比地层可以防止个别标准化石在特殊沉积环境中，由于穿时现象造成地层对比错误的弊病。化石组合法已十分普遍而且成功地运用于我国的油气勘探中。

(3)种系演化法。每一物种最初都只在一个地方产生，其后尽它的迁移及生存能力，再从那个地方向外迁移。达尔文指出："同一物种的个体即使现在栖居于遥远且隔离的地区，也必发生于一个它们祖先最初被产生的地点""种别不同的亲体产生出完全相同的个体是不可相信的"，这就是物种起源的单中心的观点，应用到地层对比中，即不同地点保存有同一种演化谱系中某个过渡类型个体，那么它们应该是同一时代的产物，则应该是等时的。

柴达木盆地上新统上部，在许多地面露头和钻井剖面中保留了由网纹微湖介(*Microlimnocythere reticulata*)向中华微湖花介(*M. sinensis*)的演化过程，前者壳面有网纹，后者壳面光滑，还有介于这两者间的过渡类型，即具有模糊的网纹，这是该两种演化过程中的中间类型，并由此构成了一个演化序列。在60年代初地震技术比较落后的时代，用这个种系演化法成功地进行了地面露头与探井井下的地层对比，为东柴达木气田的发现奠定了地层对比基础。70年代以来地震技术蓬勃发展，经柴达木盆地的地震反射界面追索，完全证实了早年种系演化法的对比成果。

生物地层学方法不仅在一个盆地内部的地层对比中有重要意义，而且在互不连通的远隔盆地间的地层对比中更有其独特的作用。这也解决了地震反射波组追踪无法进行柴达木盆地与共和盆地之间地层对比一类的问题。

生物地层学方法无疑已成为现今油气勘探地层对比的重要手段，但在对比实际操作中也遇到了不少的问题，既有化石鉴定主观认识上的，也有客观上地质环境复杂多变等的原因，都不同程度地造成了地层划分对比的差错，影响油气勘探进程。

3)地球物理学方法

在石油天然气勘探中已普遍采用地震、测井等地球物理学方法，它们在地层对比中发挥着重要作用。地震资料对比地层在区域地层对比中起着举足轻重的作用，测井技术在开发地质和油田细分层对比中发挥着主力作用。

(1)覆盖区地层划分对比的重要手段。在油气勘探过程中，通过地面露头或钻井确定地层年代后，由地震反射波组追踪对比地层是常用的也是最有效的方法。在没有钻井或钻井资料很少的地区，地震反射波组追踪更是最有用的方法。随着钻探工作的开展，不一定要求每口井都进行微体古生物分析才能对比地层，而主要是依靠反射波组追踪实现地层对比。

例如，柴达木盆地井深6018m的旱2井的地层对比，涉及东柴达木盆地70000km^{2}勘探目的层的问题，该井长期存在两种不同的地层对比方案：第一方案认为井深3000m以下已进入渐新统上干柴沟组；第二方案认为井深 6018m 尚未钻穿下油砂山组，当然没有钻入渐新统上干柴沟组。这一对比方案的差别，涉及格尔木一带基岩上有无厚约 3000m 的中生界、古生界勘探目的层的问题，决定着东柴达木盆地的勘探部署问题。

由于旱 2 井全井化石稀少，难以用生物地层学方法来对比旱 2 井及其以东广大覆盖区的地层，唯一的办法是从西柴达木盆地通过仅有的一条长度超过 400km 的东西向测线 1086—1089 来实施，把盆地西部尖顶山油田尖 6 井等的多个化石带标定到 054 地震测线上（图 9－19），向西南追踪到 1086—1089 测线上，然后再折向东沿反射波组进行一百多千米的追踪直到旱 2 井。由此研究结果否定了第一方案，肯定了该井 6018m 尚未钻穿下油砂山组，约 6700m 才能钻遇上干柴沟组顶部标准化石半美星介（*Hemicyprinotus*）。再由该井继续向东追踪 250 多千米又向南沿南北向测线 410、414 等追踪对比，认为该区古近系直接覆盖在基岩上。后经格参 1 井钻井证实，井深 4020m 钻遇基岩，新生界直接覆盖在花岗岩基底上。

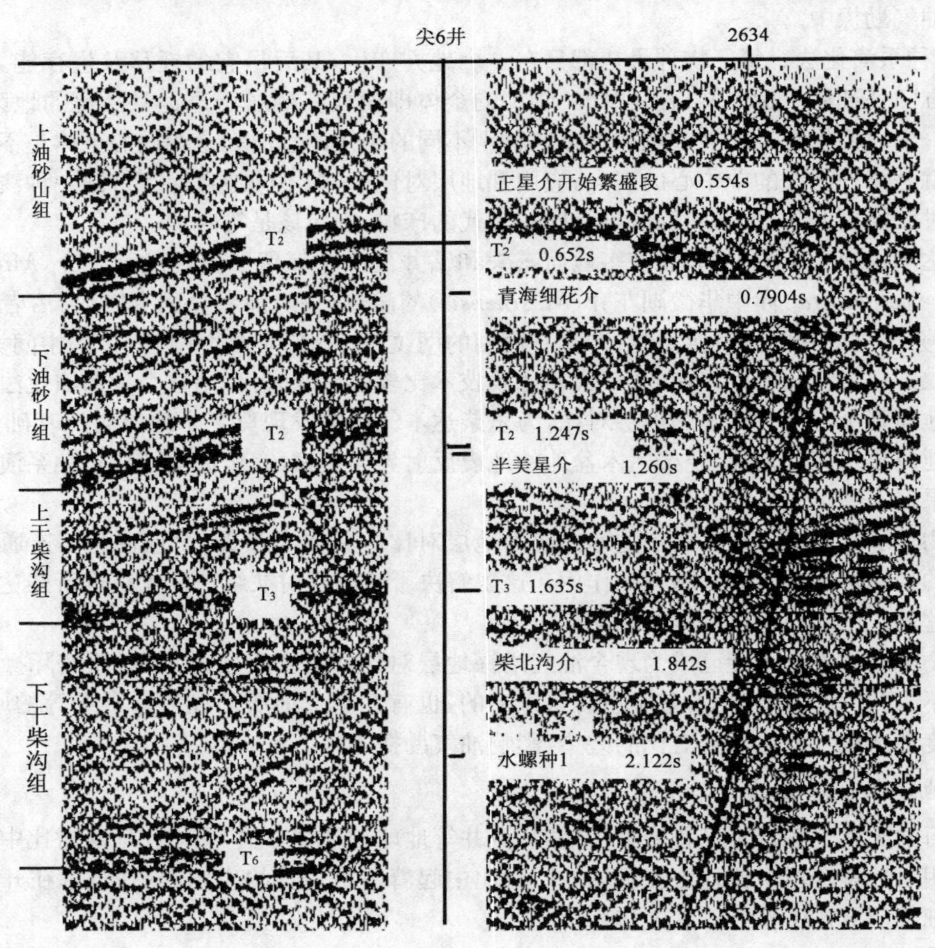

图 9－19　尖 6 井标准化石带在 054 地震测线上的标定

（2）生物地层法穿时性的揭示和修正。生物地层学法对比地层有时会遇到化石穿时问题而陷入困境。往往会出现误把异层同相的岩相分界当作等时界面，导致地层对比错误。一个化石组合消失的顶界在不同沉积相带内不一定是同时的，尤其在一个盆地从边缘往中心的水退型剖面中，水生生物化石组合顶界往往随湖相泥岩层位向中心升高而向上延续，有不同程度的穿时现象。

例如，辽河断陷由盆地边缘往中心方向的743.0等地震测线充分反映了生物地层学方法对比地层的矛盾，揭示了东营组二段与一段分界对比中生物地层学方法的局限性(图9-20)。

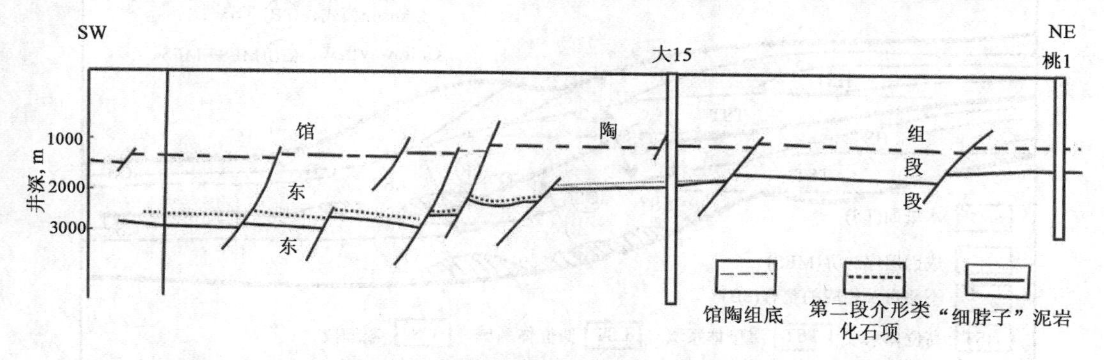

图9-20　743.0测线东营组一段上部～东营组一段下部介形类化石分带

1978年《渤海沿岸地区早第三纪介形类》一书中明确提出划分东营组一段和东营组二段(简称东一段、东二段)的标准：东一段为棕红色、灰绿色泥岩与砂岩呈不等厚互层，介形类化石较少，偶见玻璃介(*Candona*)、小玻璃介(*Candoniella*)、土星介(*Ilyocypris*)；东二段为灰绿色泥岩夹砂岩，介形类化石十分丰富，称弯脊东营介(*Dongyingia inflexicostata*)组合，常见有30多种。在辽河断陷最早钻井的东部凹陷，富含弯脊东营介组合的"细脖子泥岩"顶面即定为东二段的顶，东一段基本无介形类化石。该分界在本区大部分钻井地层对比中得到公认。但是，随着油气勘探向盆地中心扩展，地层对比出现了不同认识。争议在于以"无化石或化石偶见"与"化石十分丰富"的标准来划分东一段与东二段分界，在全区是否都有普遍意义？从沉积发展史的角度来看也出现了疑问：东二段沉积一结束，湖水是否全部同时退出了辽河断陷？水生生物介形类弯脊东营介组合是否同时绝灭？在不同沉积相区有无时间上的差异？

根据743.0等7条地震测线反射界面追踪及包括油田区测井细分层对比在内的逐井对比认识到，东二段沉积一结束，湖泊由东北向西南大规模退缩，但在辽河断陷西南部一角，即在原来沙河街组至东二段沉积时长期继承性水体较深的区域，还残留有局部的东营组一段沉积期的湖泊，湖水尚未全部退尽，在这残留湖泊内，原属东二段弯脊东营介组合中的大部分适应能力较强者得以继续生存，延伸至东一段下部沉积时期(图9-20)。

从桃1井—大15井—海12井约30km距离内，弯脊东营介组合大部分种延伸进东一段下部370m厚的地层，即用生物地层学方法的对比结果比地震界面追索结果高370m，这无疑是由生物地层学方法引起的错误。

4)层序地层学方法

层序概念的建立是层序地层学的基石。不同学派，其层序与层序边界是不同的。在现有的三个主流学派中，EXXON公司的P. R. Vail和他的合作者认为两个不整合面或与其相对应的整合面之间的地层单元为层序；Galloway认为在墨西哥湾新近系以三角洲为主体的沉积复合体系中，最大海泛面是最好的地层对比标志层，因此他把层序划分为最大海泛面之间的地层单元，称为成因地层层序；而Johnson根据加拿大中生界露头上层序地层工作的情况，认为海侵面是本区最好对比的一个标志层，强调层序以海进海退的一个旋回沉积层作为一个层序，因此，把两个海侵面之间的地层单元称为海侵—海退层序(即T—R旋回)(图9-21)。这就是不同层序地层学学派研究地层的基本原理。所以，谈层序、谈边界必须指出哪一派(或哪种划分方案），而不能把不整合面、最大海泛面、海侵面等在同一研究中都作为边界。

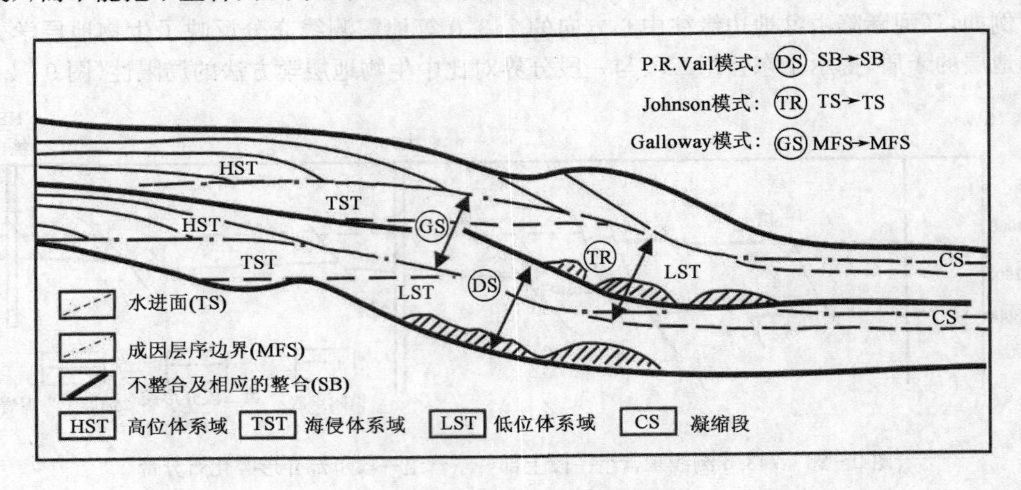

图 9-21　三种不同学派的层序定义

（1）井下层序地层学研究。井下层序地层研究主要是利用岩心和各类测井曲线进行，由于井下地层研究在垂向上有很高的分辨率和连续性，在油气勘探为目的的层序地层学研究中占有重要的位置。在充分收集岩心、测井、生物地层、合成记录等大量钻测井资料的基础上，识别每口井中湖平面升降旋回单元、层序的体系域边界，建立井间年代地层和生物地层的对比关系并对油气田勘探目标进行评价，分为以下几个步骤：

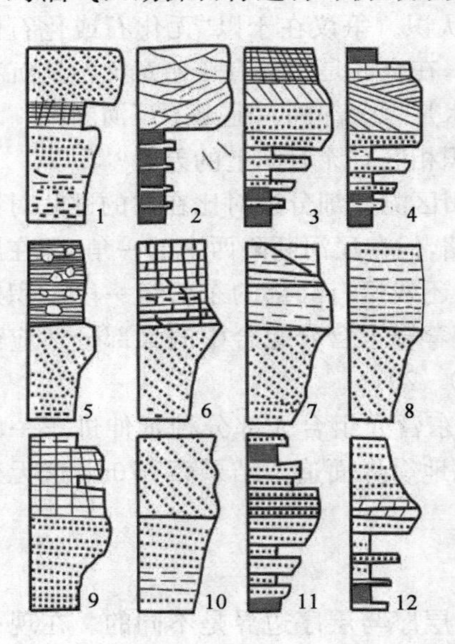

图 9-22　层序边界的岩石标志
（据魏魁生，1997）

1—根土层；2—浅水相覆盖在深水相之上；3—河床滞留砾岩；4—水进滞留砾岩；5—钙质结核；6—上覆风暴岩；7—上覆洪积岩；8—上覆滑塌及碎屑流沉积；9—上覆鲕粒；10—上覆储集性能好的砂岩

①分析剖面的选择。一般选择垂直区域沉积走向的多井点作为一条分析剖面，以识别出尽可能多的沉积相类型，也有利于沉积旋回的划分与研究；所选的井应尽可能为地震剖面相连，以利于进行井—震对比研究及井间的对比研究；另外应尽可能选择取心较全的井，以利于进行高分辨率层序地层学研究；一般选择 1∶1000 或 1∶2000 的测井曲线剖面，并配以岩性柱子和指相标志。

②层序边界的识别及层序划分。层序边界的识别是井下层序地层学研究的首选目标。利用岩心上反映出的沉积地质标志（图 9-22）、古生物标志（9-23）、地球化学标志（图 9-24a）及成岩作用标志（图 9-24b）。除此之外，根据倾角测井资料反映地层倾角的变化、测井曲线反映接触关系的突变（图 9-24c）及 FMI 资料等也可进行层序边界的识别。在此基础上进行单井内不同级别层序的划分，建立单井层序地层格架。

③最大湖泛面的识别。由于凝缩段剖面极薄，通常为几厘米至数十厘米，故在野外易忽略，在地震剖面上难以识别，然而由于弯曲型的测井响应特征，在测井曲线上易于识别。通过钻井岩心化石丰度或分异度的分析和测井曲线特殊形态的解释，提出具年代意义的界面，并把相应的古水深及生物事件与测井

曲线进行对比，并标定在测井曲线上，可作为划分对比层序的重要时间界面。

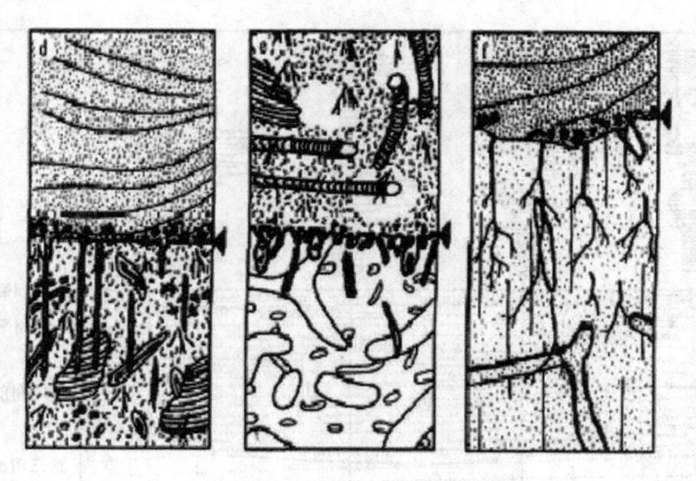

图 9-23　遗迹化石指示层序界面和环境特征
(据 Taylor and Gawthorpe,1993)

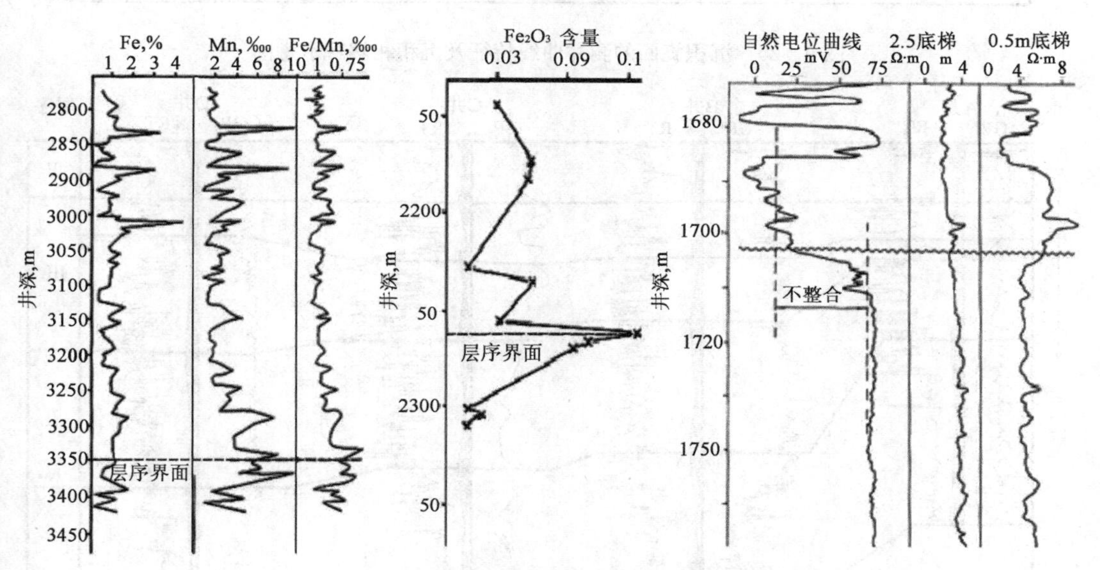

图 9-24　层序边界的地球化学和测井曲线特征

④沉积相研究。除根据岩屑及岩心直接进行沉积相研究外，可根据对岩心的详细研究建立不同沉积相或沉积旋回的测井响应模式(图 9-25 上图)。在层序划分的基础上，在同一层序内进行沉积相、亚相和微相的详细研究和划分(图 9-25 下图)。

⑤体系域、准层序组及准层序的研究。根据沉积相的变化划分体系域，按沉积层的叠置方式进行准层序组、准层序的划分，详细确定沉积相在平面上和垂向上的变化；在研究区内可建立准层序的测井响应模型，在此基础上进一步进行准层序组及体系域的测井响应特征分析。

⑥平面层序地层及沉积相研究。在单井层序分析的基础上，按点—线—面逐步展开，进行测井曲线的层序或体系域对比，从而对不同层序、体系域在时间、空间上的演变规律有较清晰的认识。在进行层序对比时，应在上述时间框架的基础上，确保同一体系域或层序在时间、空间上相序变化的协调一致性，即岩相展布的有序性和沉积条件的一致性。在对多井进行精细

的横向和垂向上地层旋回及沉积相的对比的基础上建立研究区层序地层格架(图 9－26)。

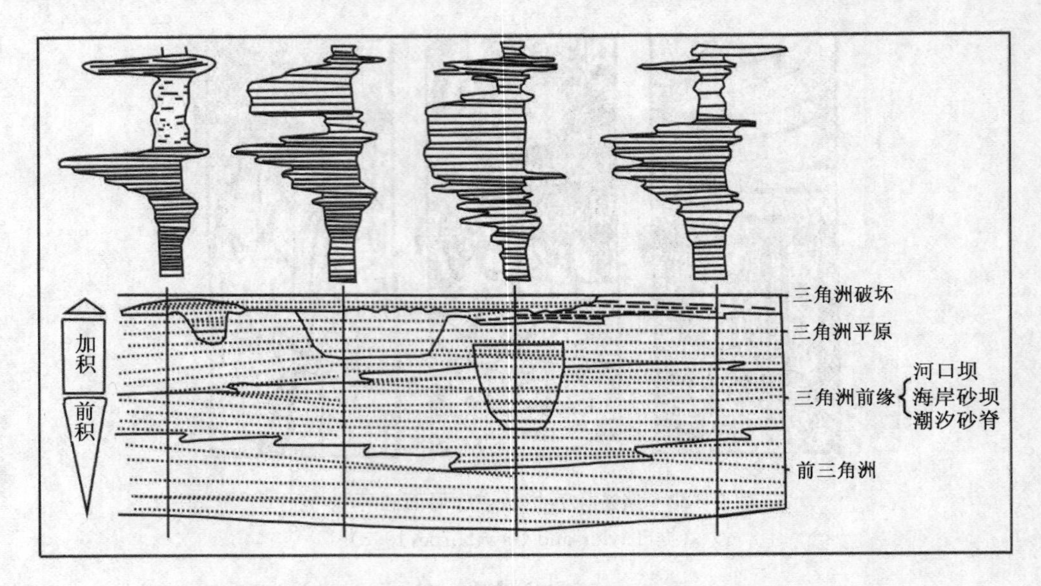

图 9－25　沉积旋回的测井曲线特征及沉积相解释示意图

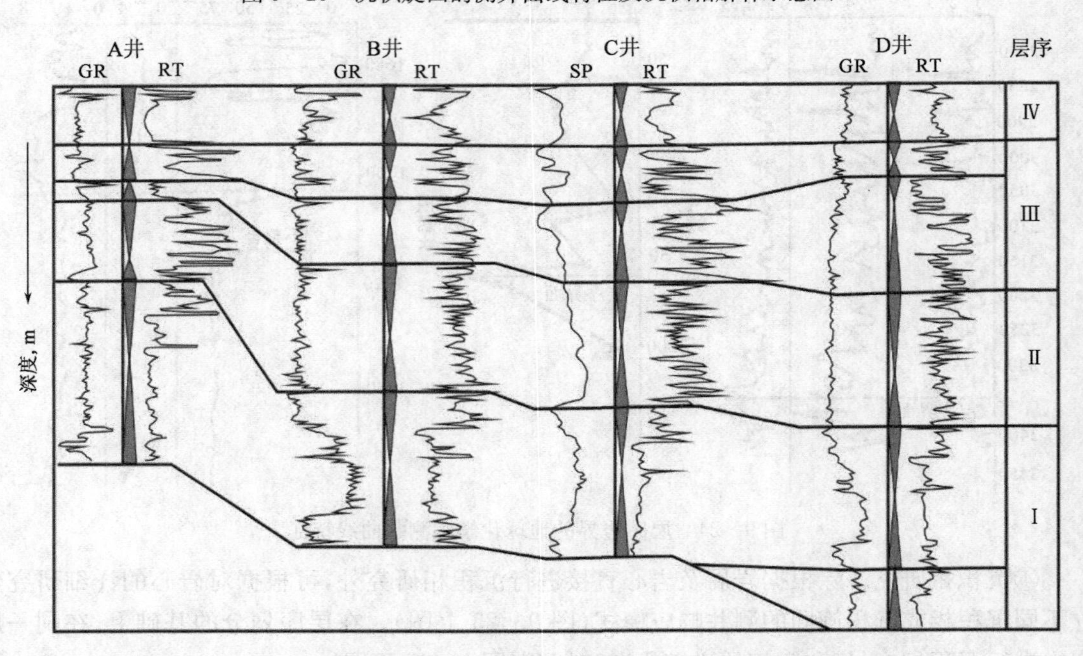

图 9－26　井下层序地层学研究，表示不同层序的横向对比(据樊太亮等，1999)

⑦生、储、盖组合研究。在建立区域层序地层格架的基础上，进行不同体系域内生、储、盖的纵横向预测。

(2)地震剖面层序地层学研究。在利用地震资料进行层序地层学分析时，先建立能控制盆地范围的地震测网，依据地震反射终止关系划分层序。对于地震分辨率很高，沉积巨厚、沉积作用快速的情况，可以进行准层序的划分。接着利用合成地震记录、VSP 以及生物地层资料进行层序年代标定，确定各层序中的体系域类型以及地震相特征，进而恢复沉积环境。然后将地震资料层序地层学的分析结果同露头和钻测井资料的层序地层学结果进行综合分析、相互验证，评价各层序以及不同体系域生、储、盖特征，预测圈闭类型，指出油气勘探目标，其步骤如下：

①选择地震剖面。所选择的地震剖面应该是较少断层、地震反射清晰的地震剖面；基于地震剖面应垂直湖盆沉积相带走向，应尽量选择湖盆坡折处质量高的地震剖面；应尽量选择过井多的剖面；所选择的地震测网应尽可能覆盖研究区；在区域地质资料分析区域沉积相分异的基础上，根据研究的精度选择不同的地震测网密度，以能分辨出不同级别的沉积体。

②整合界面的识别与地震层序的划分。根据地震反射终止形式（图 9－27），在一定范围内将上超点或削截点连起来就是不整合界面，通过不整合面及其对应的整合面的识别，在基于剖面网上进行地震层序划分，并在全盆地范围的地震剖面上追踪、对比、闭合，统一划分地震层序。在进行实际地震层序划分时，还可以利用合成地震记录及垂直地震剖面资料对地震反射层所对应的地质层位进行标定（图 9－28），以保证其准确性。为赋予地震层序时代意义，就采用古生物、古地磁、同位素年龄测定等方法标定地震层序的地质年龄。按界面间的时代长短确定层序界面的不同级别。

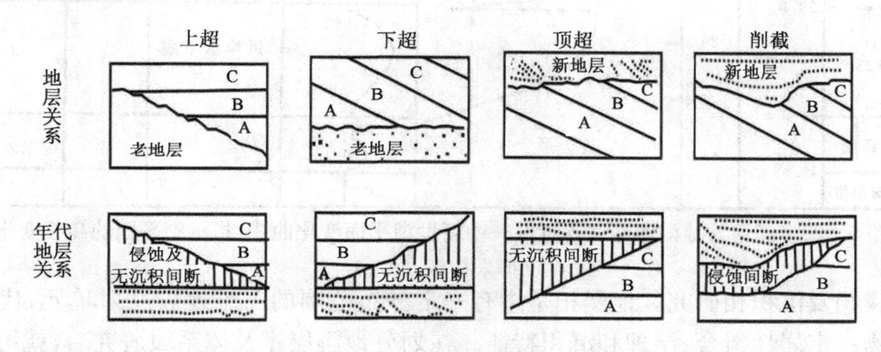

图 9－27　不同类型地震反射终止类型(A)与沉积环境之间的关系(B)及年代地层意义(C)

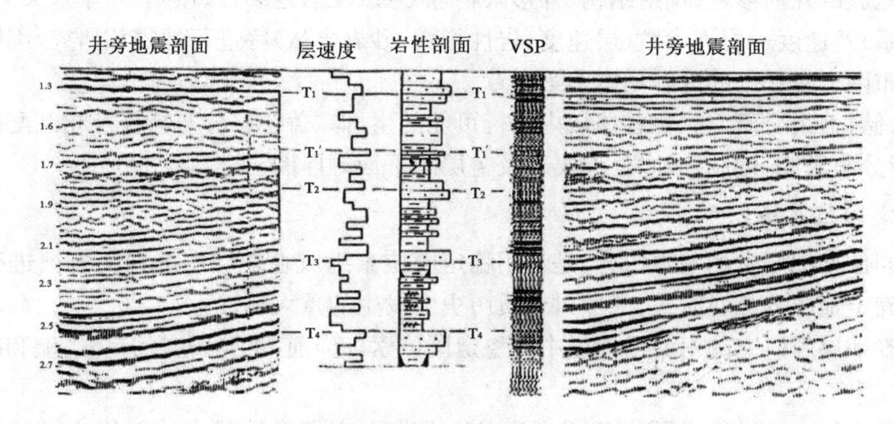

图 9－28　地震层序地层学研究，表示层序界面的井下资料标定（据纪友亮等，1996）

③最大湖泛面的确定。根据地震剖面上上超最远点或强反射的特征确定最大湖泛面。当具坡折时，坡折点以上第一个上超点处为初始湖泛面，在无坡折点时，最大湖泛面以下为湖侵体系域，最大湖泛面以上为湖退体系域；若有坡折点，则在初始湖泛面以下为低位体系域，初始湖泛面与最大湖泛面之间为湖侵体系域，而最大湖泛面以上为湖退体系域。

④体系域研究。在合适的条件下根据地震反射特征可识别出同一层序内的不同体系域（图 9－29）。如前所述，根据识别出最大湖泛面上、下的体系域配制也可识别出不同的体系

域。实际研究时，也可与井下层序地层学研究的成果相结合，用井上划分的体系域对井旁地震剖面进行对比标定。

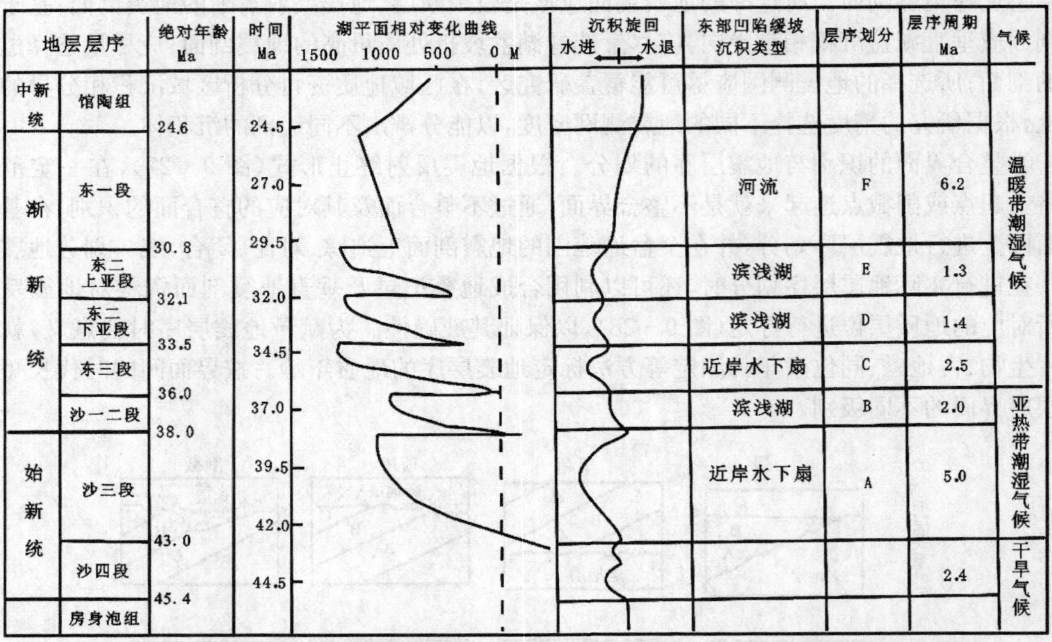

地层层序		绝对年龄 Ma	东部凹陷缓坡沉积类型	层序划分	层序周期 Ma	气候
中新统	馆陶组	24.6				
渐新统	东一段	30.8	河流	F	6.2	温暖带潮湿气候
	东二上亚段	32.1	滨浅湖	E	1.3	
	东二下亚段	33.5	滨浅湖	D	1.4	
	东三段	36.0	近岸水下扇	C	2.5	
	沙一二段	38.0	滨浅湖	B	2.0	亚热带潮湿气候
始新统	沙三段	43.0	近岸水下扇	A	5.0	
	沙四段	45.4			2.4	干旱气候
	房身泡组					

时间 Ma：24.5、27.0、29.5、32.0、34.5、37.0、39.5、42.0、44.5；湖平面相对变化曲线：1500 1000 500 0 M；沉积旋回：水进 ⟷ 水退

图 9-29　辽河盆地滩海地区古近纪—中新世湖平面变化曲线，指示湖平面的高频变化

（据朱筱敏，2000）

⑤地震相及沉积相研究。地震相是指有一定分布范围的三维地震反射单元，代表产生反射的沉积物一定岩性组合、层理和沉积特征。在划分地震层序及体系域研究后，就可在一层序内部根据地震的几何参数（反射结构、外形）、物理参数（反射连续性、振幅、频率）、关系参数（平面组合关系）及速度—岩性参数（层速度、岩性指数、砂岩含量）等进行地震相研究，编制地震相的平面分布图。更详细的内容见本书第五章。

⑥生、储、盖组合研究。在各体域内进行可能的生、储、盖各自分布特征及相互配制关系的研究，进行分布预测，编制生油岩、储集岩及盖层的平面等厚图。

5)稳定同位素地层学

稳定同位素地层学的基本内容，是利用稳定同位素组成在地层中的变化特征进行地层的划分对比确定地层的相对时代，并探讨地质历史中发生的重大事件。

同位素地层学研究的对象是地层中的稳定同位素。当前，主要研究的是氧、硫和碳的稳定同位素。

自然界中氧有三种稳定同位素，即^{16}O，^{17}O，和^{18}O，它们在地球中的平均含量（%）分别为99.76，0.04和0.20，其中^{16}O与^{18}O之比是主要的研究对象。

硫在自然界中有四种稳定同位素，即^{32}S、^{33}S、^{34}S和^{36}S，其平均含量（%）分别为95.02、0.75、4.21和0.02。目前主要研究的是^{32}S与^{34}S之比，因它们的含量最大，易于分析。

自然界中碳有两种稳定同位素，即^{12}C和^{13}C，其平均含量（%）分别为98.87和1.13。

上述各对同位素之比用δ值来表示，即$\delta^{18}O$值、$\delta^{32}S$值和$\delta^{13}C$值。它们是研究样品与被选作“标准”的样品的相关同位素比值之比的千分偏差值，其代表式为：

$$\delta(‰)=\frac{R_{样品}-R_{标准}}{R_{标准}}\times 10^3 \quad 或\ \delta(‰)=\left(\frac{R_{样品}}{R_{标准}}-1\right)\times 10^3 \qquad (9-2)$$

式中,$R_{样品}$代表样品的某一对同位素比,如$^{34}S/^{36}S$,$^{13}C/^{12}C$,$^{18}O/^{16}O$;$R_{标准}$代表"标准"样品的同一对同位素之比。"标准"样品是被选作国际对比的样品,对氧同位素,选用 SMOW 和 PDB;对硫同位素,选用 CDT;对碳同位素也选用 PDB。SMOW(Standard Mean Ocean Water)是标准平均大洋水,PDB 是美国南卡罗莱纳州晚白果世皮狄(Peedee)组中箭石(*Belemnites*)化石壳的碳和氧,CDT 是陨落在美国亚利桑那州第阿波勒峡谷(Canyon)的一块铁陨石的陨硫铁(Troilite)的硫。

当δ值为正值时,表示样品比"标准"富集重同位素;为负值时,表示样品比"标准"富集轻同位素。

(1)氧同位素地层学。Emiliani(1996)首先研究了加勒比海和北大西洋第四纪深海沉积物(其地质年龄为 0～600×10³a)中有孔虫壳的氧同位素。他发现这些深海沉积物中有孔虫壳的氧同位素组成的变化具有一定规律性,根据这些规律性,他把深海沉积地层划分为若干个阶段。他的这一划分方案被称为"氧同位素地层学"或"^{18}O 地层学"(吴瑞棠等,1989)。

此后,Be 和 Duplessy,Shackleton 和 Opdyke(1976)以及 Cita 等(1977)又分别发现印度洋、地中海和太平洋的同时代或相近时代深海沉积物中有孔虫壳的氧同位素组成同样具有一定的规律性变化,其变化情况与 Emiliani 在加勒比海和北大西洋发现的情况几乎完全一致(图 9－30)。

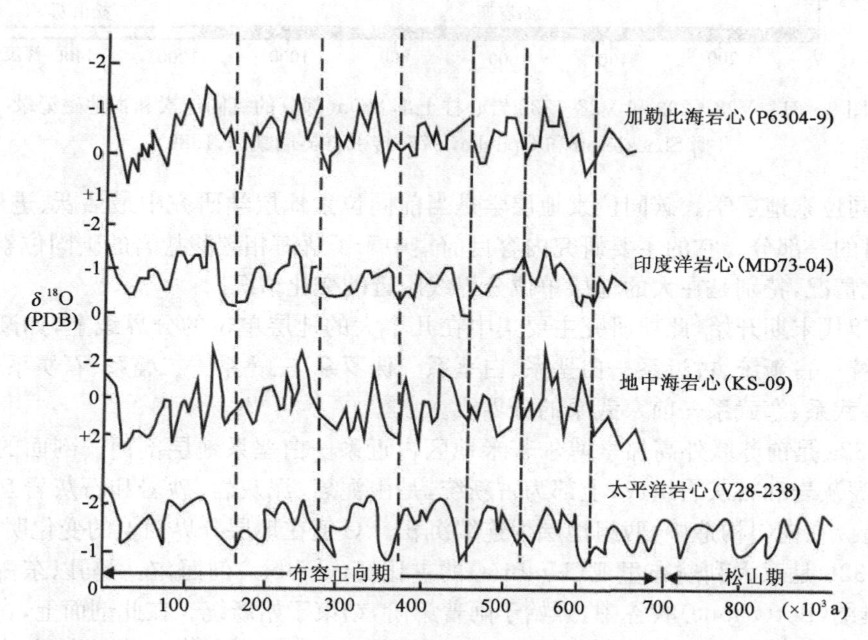

图 9－30　加勒比海、印度洋、地中海和太平洋四个钻孔岩心中有孔虫壳的氧同位素组成(据 Odin 等,1982,吴瑞棠等,1989)

这些资料清楚地表明,年轻的深海沉积物中有孔虫壳的氧同位素组成的变化可以作为划分和对比地层的一种标志。这一标志具有下列特点:

①在氧同位素组成变化曲线上,以相邻的^{18}O 最大值和最小值的中间位置作为分界线,可以把这一曲线划分为若干个阶段。Broecker 和 Donk(1970)把相邻^{18}O 最大值和最小值的分界线称为界限。相邻界限的时间间隔,对全新世,不超过一千年;而对更新世,不超过一万年。

②氧同位素组成的变化不受所研究样品的地理位置的影响。这一点已被印度洋、大西洋和地中海的资料所证实。太平洋赤道地区的V28－238和V28－239岩心是记录更新世^{18}O值变化的一个典型。在这些岩心上，根据氧同位素组成变化情况，按照上述原则可以划分出23个阶段，即从第1到第23阶段(图9－31)。这23个氧同位素组成变化阶段很容易在同时代岩心上区分出来。

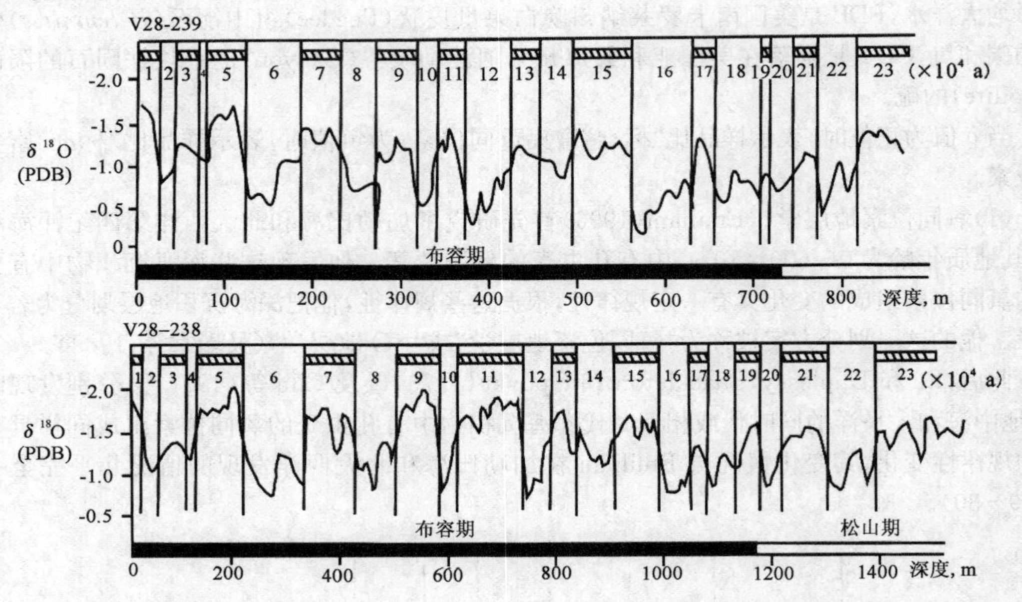

图9－31 V28－239和V28－238岩心柱上部880m部分的氧同位素和古地磁记录
(据Shackleton和Opdyke，1976；转引自吴瑞棠等，1989)

(2)碳同位素地层学。碳同位素地层学是当前同位素地层学研究中最活跃、进展迅速、极为引人注目的一部分。它的主要研究内容目前集中于了解海相碳酸盐岩的碳同位素组成在剖面上的变化情况，特别是在大的地层单位分界线附近的变化情况。

从70年代末期开始，此项研究主要集中在几个大的地层单位的分界线上，如渐新统—始新统、始新统—古新统、古近系—白垩系、白垩系—侏罗系、三叠系—二叠系、石炭系—泥盆系、奥陶系—寒武系、寒武系—前寒武系的分界线。

图9－32a是前苏联外高加索博尔若米地区古近系—白垩系地层剖面。剖面的下部为上白垩统，由泥灰岩和石灰岩组成；上部为古新统，是由泥岩、泥灰岩、砂岩和石灰岩互层组成的复理石建造。在向斜构造中，两组地层为连续沉积。^{13}C值在地层分界面上的变化明显。

图9－32b是意大利翁布里亚(Umbria)的古比奥(Gubbio)剖面，在罗马以东古比奥附近的博塔西奥纳(Bottacione)峡谷中，开始于阿普第阶，结束于始新统。在此剖面上，古近系与白垩系分界线以下为薄层状和厚层状石灰岩，分界线以上主要是泥灰岩和石灰岩，仅在靠近分界线处，有一层不厚的页岩。

DSDP第524钻探点位于南大西洋。钻孔揭穿了古近系下部和白垩系上部。剖面包括各种岩相，有超微化石软泥、灰泥和生物碎屑砂和火山碎屑砂以及玄武岩岩流。分析各种岩石中碳酸盐的碳同位素，^{13}C值在剖面上的变化见图9－32c。

从以上所列三个剖面碳同位素组成的变化情况可以看出：①在古近系和白垩系的分界线附近、碳酸盐的^{13}C值发生了较大幅度的变化；②这一变化的幅度一般为2‰左右，最大达4‰；

③这一幅度较大的^{13}C值变化发生在较短的地质时间内，一般估计为几万年，甚至几千年；④这一幅度较大的^{13}C值变化大体与古近系—白垩系分界线的位置吻合；⑤在几个剖面上，如意大利古比奥和DSDP第524点，这一^{13}C值的突变与沉积物中铱含量的异常（$\approx 3\times10^{-9}$ g/g）一致。

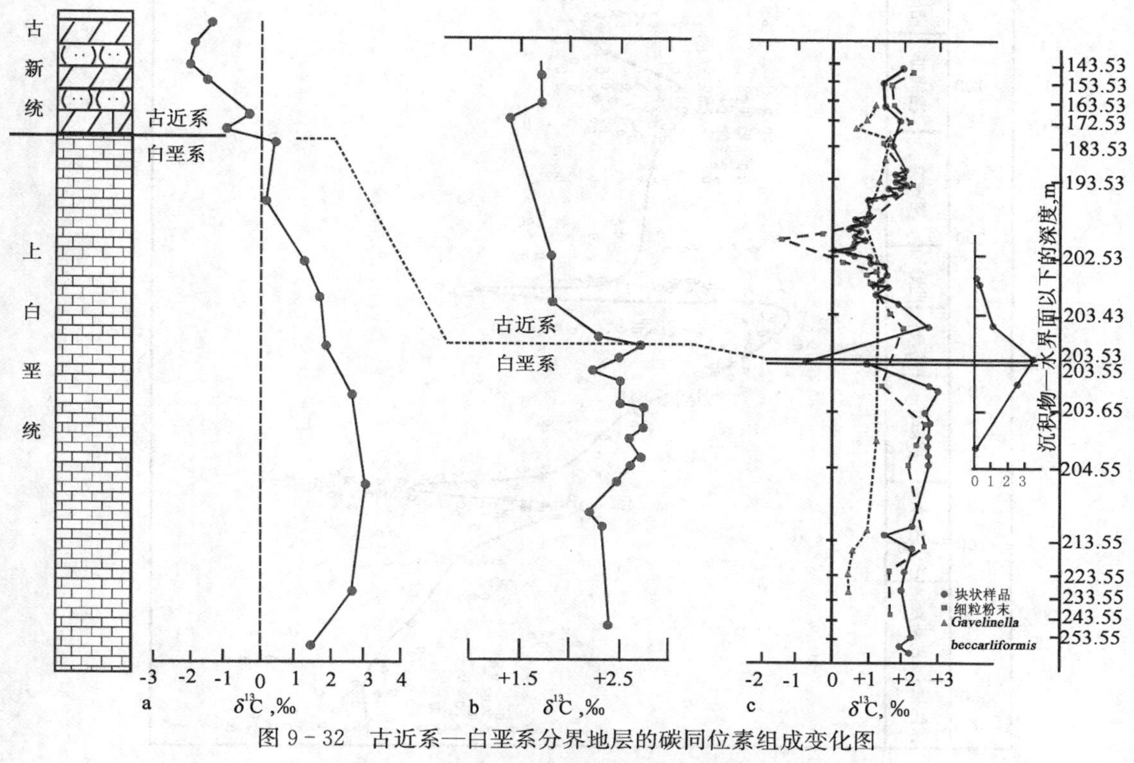

图 9－32　古近系—白垩系分界地层的碳同位素组成变化图

（据 Shackleton 和 Opdyke，1976；转引自吴瑞棠等，1989）

（3）硫同位素地层学。硫同位素地层学的基本内容是利用海相硫酸盐岩（包括海相石膏和硬石膏）的硫同位素组成在地质年代表上的变化确定含海相硫酸盐地层的年代，进行地层对比。为此，同一地质时代的海相硫酸盐岩的硫同位素组成必须在其分布区内保持一致或基本一致，而不同地质时代的海相硫酸盐岩的硫同位素组成应有差别。

自1959年Ault和Kulp发表第一批海相硫酸盐的硫同位素分析数据以来，许多学者先后从世界各地搜集不同地质时代的海相石膏进行硫同位素研究，获得了数以千计的数据。利用这些数据，编制了一条显生宙海相硫酸盐岩硫同位素组成变化曲线（图9－33）。晚前寒武纪海相石膏的$\delta^{34}S$值为18‰左右。进入显生宙以后，寒武纪早期海相石膏的$\delta^{34}S$值急剧增大至30‰左右，之后，逐渐减小，到二叠纪晚期达到最小，为10‰左右。进入三叠纪后，$\delta^{34}S$值再次大幅度增长，达到28‰，然后又逐渐减小，到古近纪达到20‰左右，与现代海洋硫酸盐的硫同位素组成几乎无差别。

这一曲线的建立是硫同位素地质学中的一大成就。它能够利用地层中所含的海相硫酸盐的硫同位素组成来确定地层的地质时代和进行地层对比。

6）*磁性地层学*

古地磁学是介于地质学、地球物理学和物理学之间的边缘学科，它是通过测定岩石中保存的剩余磁性来追溯过去地质历史中的地磁场方向、强度变化特征的科学。就在近30年的时间

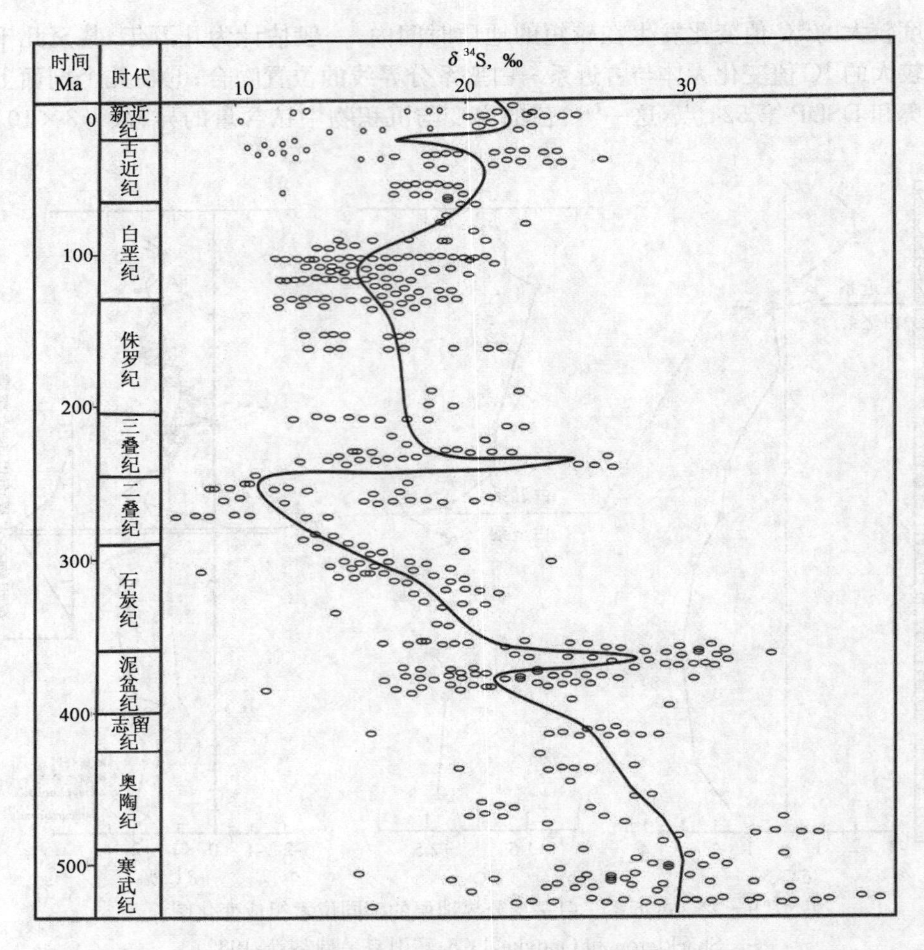

图 9-33　显生宙海相硫酸盐岩的 $\delta^{34}S$ 值变化曲线(据吴瑞棠等,1989)

里,概括地讲,古地磁学研究取得了如下三个方面的主要成就:

①在过去的地球发展历史中,古地磁极不是永远固定在一处,而是随时间的推移在变动着;②不同板块在不同地质时期的岩石标本所测定出的古地磁极位置是不相同的,然而,同一板块内相同地质时期的岩石标本所测定出的古地磁极位置彼此是相近的,甚至基本上是一致的;③在地质历史时期中,地球磁场的极性方向变化是一种十分频繁的现象,现今的地磁场极性方向相同,有时却与现今的地磁场极性方向截然相反。

这种过去地球磁场的极性倒转现象具有全球性和同时性。具体地说,在一定的地质时间里,地球磁场的极性是一定的,它的指向,要么是与现今地磁场方向即指向磁北极的极性一致,称为正向极性,要么是与现今地磁场方向相反即指向磁南极的极性一致,称作负向或反向极性。过去地质时期地磁场的这种极性也就保存在该时期的含有铁磁性矿物组成的任何岩层中。因此,以往地磁场的这种特征变化构成了磁性地层学一个极为重要的依据。从而不难理解,所谓磁性地层学就是依据岩石层序中的磁学属性所建立的极性单位,来进行地层层序划分与对比的学科。由于它本身是运用古地磁学研究方法测定出岩石层序中的磁学特征,所以有人把这门学科又称作古地磁地层学。

岩石中具有的天然剩余磁性是由原生剩余磁性与次生剩余磁性两个部分组成的,如果将它们彼此分离开来,岩石中保存的原生剩余磁性的方向就是所属的岩石在形成时期地球磁场的方向(图 9－34)。

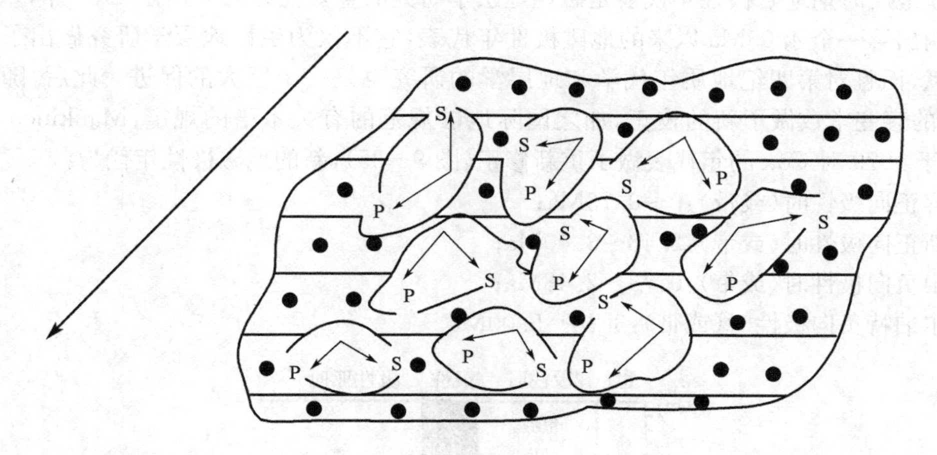

图 9－34　岩石中原生剩余磁性方向基本上反映了岩石形成时期的地球磁场方向(据吴瑞棠等,1989)

粗箭头表示岩石形成时期地球磁场方向,小箭头表示岩石中铁磁性矿物的原生剩磁(P)与次生剩磁(S)的方向

(1)磁性地层单位及地磁极性年代表。磁性地层极性单位由三种情况组成:①整个地层为单一的极性;②可由正向与负向的极性交替组成;③以正向极性为主又包含了次要的负向极性,或者以负向极性为主又包含了次要的正向极性。由于这些极性都能够直接被鉴定出来,因而具有客观的性质,仅就这一点而言,它和岩石地层单位和生物地层单位相像,而不像一个年代地层单位。然而,极性单位又不同于岩石地层单位和生物地层单位。在地理分布上所表现的有限性,极性单位可以达到具有世界范围的参考价值,所以,它又颇像一个年代地层单位。

现今,磁性地层学使用的基本单位是时(或带)。通常,每时(或带)是以自身所特有的极性为其特征,它们之间的时空位置均以上限与下限来区分,这种界限被称为转换带,标志着两种相反极性符号的变化。时(或带)的延续时间是在 10^5～10^6 a,如距今 2.48Ma 至 0.73Ma 间的一段极性,基本上以负向极性为主,被称为松山负向极性时(或带)。然而,随着工作的深入,在这个极性时(或带)里,还包含了一些次一级的较短时间的相反极性的变化即正向极性,它们的延续时间是在 10^4～10^5 a,称为亚时(或亚带),譬如距今 0.94Ma 至 0.88Ma 间的一段极性是呈现正向极性的,人们称其为贾拉米洛正向极性亚时(或亚带)。此外,还有组成比极性时(或带)较大一级的单位称为极性超时(或超带)。它们所跨的时间很长,在 10^6～10^7 a 间,譬如 KN,意思是指白垩纪正向极性超时(或超带)等等。概括来讲,磁性地层极性单位的各个等级与时间跨度如表 9－2 所示。

表 9－2　磁性地层极性单位的等级及其时间跨度的划分

磁性地层极性单位	地质年代等列	年代地层等列	时间跨度等列,a
极性巨带	巨时	巨时间带	10^7～10^8
超带	超时	超时间带	10^6～10^7
极性带	时	时间带	10^4～10^6
亚带	亚时	亚时间带	10^4～10^4
微带	微时	微时间带	$<10^4$

建立地质时期地磁极性年代表是磁性地层学研究的重要任务之一。在 1969 年，Cox 首先综合编制出第一个 4.05Ma 以来的地磁极性年代表，它不仅为磁性地层学研究做出了十分重要的贡献，而且对第四纪地质年代学和地层学的研究也是一个巨大的促进。此后，随着 K—Ar 测年的衰变常数做了新的校正，加之国际地层规范的有关术语的规定，Mankinen 和 Dalrymple 于 1979 对 Cox 的年代表做了重新修正(图 9-35)，新的地磁极性年代为：

布容正向极性时(或带)：0～0.73Ma；

高斯正向极性时(或带)：2.48～3.40Ma；

松山负向极性时(或带)：0.73～2.48Ma；

吉尔伯特负向极性时(或带)：3.40～5.00Ma。

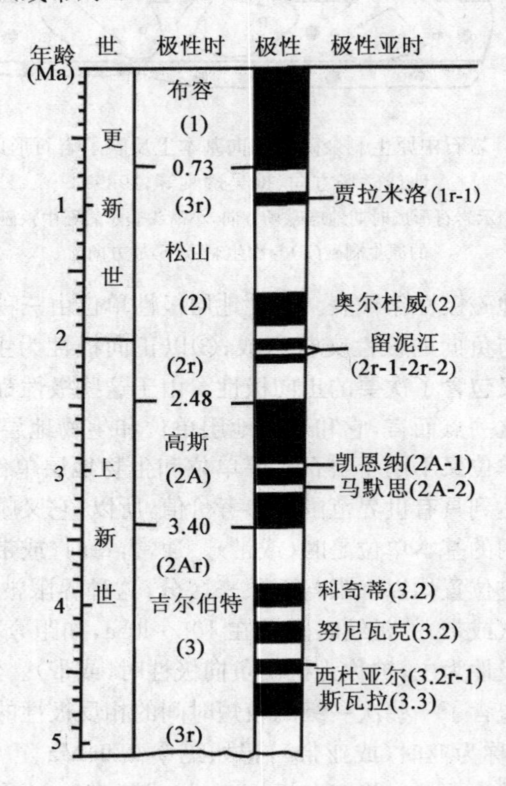

图 9-35　最近 5.00Ma 以来的地磁极性年代表

(据吴瑞棠等，1989)

截至现今，一个连续的地质时期地磁极性年代表，根据海洋磁异常的排号已经测制到 M29 的正向极性带，与之相对应的地质时代是中侏罗世卡洛期(即 168Ma 前)(图 9-36)，从卡洛期迄今的极性倒转年代表中可以看出，更新世与上新世的界线观点之一大约是在 1.60Ma，也就是相当于奥尔杜威正向极性亚时(或亚带)的上限；中新世与渐新世之间的界线是处在阿奎坦期与夏底期之间的 23.7Ma，极性时是 C6Cn；古近纪古新世与白垩纪赛诺世之间的界线，也就是达宁期与马斯特里赫特朗之间的界线，年龄在 56.4Ma，极性时是 C29R；白垩纪与侏罗纪之间的界线，也就是尼欧克姆世的贝利阿斯期与麻姆世的提唐期之间的界线，年龄在 144Ma，极性时是 M16N 的起点。

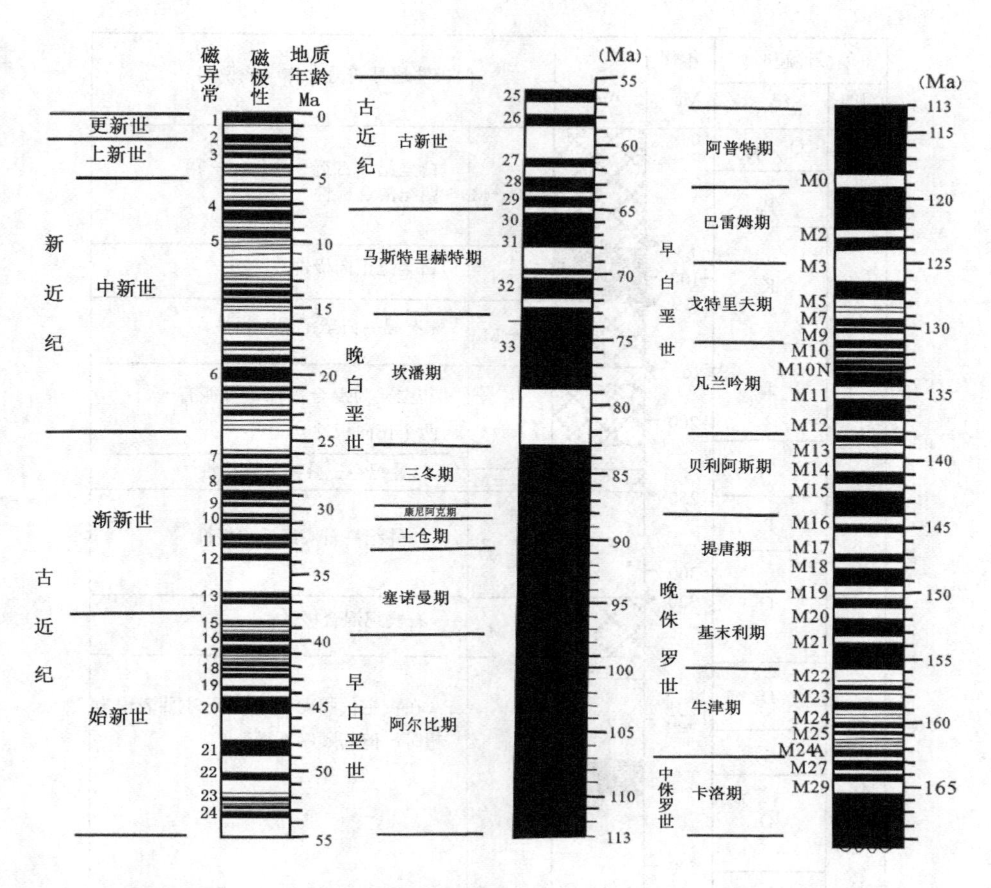

图 9-36　卡洛期迄今的极性倒转年代简表(据 Harland,W. B. 等,1982;转引自吴瑞棠等,1989)

此外,Harland 和 Cox 等(1982)根据学科现有成果综合编制出地质时期中的偏极性超时,它们按时间从晚到早的顺序是 KTQ—M(白垩纪—古近—新近纪—第四纪混合极性超时),K—N(白垩纪正向极性超时),JK—M(侏罗纪—白垩纪混合极性超时),PTr—M(二叠纪—三叠纪混合极性超时),C—M(石炭纪混合极性超时)(图 9-37)。至于古生代早期和前寒武纪地磁极性年表,因为研究程度太差,所以尚难断定它们的超时序列的时空位置。还有一点要提及的,地质时期中的磁性地层极性序列与同位素年龄数据以及对应的地质事件并列成图表而展示出来,这些资料必将对地层学的深入研究发挥积极的作用。

(2)研究实例。国外磁性地层学用于古近—新近纪年代划分及对比研究主要集中于海相资料。我国的古近—新近纪磁性地层研究工作则主要集中于陆相沉积。80 年代末期,随着我国油气区古近系研究的开展,东北依兰—伊通低堑、渤海湾盆地、江汉盆地、酒泉盆地、柴达木盆地、准噶尔盆地和塔里木盆地西部等分别建立了古近—新近纪磁性柱。其中,连续性好、层序最全、厚度最大的是柴达木盆地古近—新近纪磁性柱,它是由中国石油天然气总公司青海石油管理局、国家地震局地球物理研究所和中国科学院地质研究所于 1988～1992 年间合作建立的(图 9-38)。经与 Harland 和 Cox 等 1982 年磁性年代表进行对比,划分出从第 29 极性时起到第 3 极性时止共 83 个正、反极性时。由于柴达木盆地古近系剖面缺乏同位素测年数据,对比划定各极性时(带)的工作是在四个标志层位的年龄或时代已定的基础上进行的。

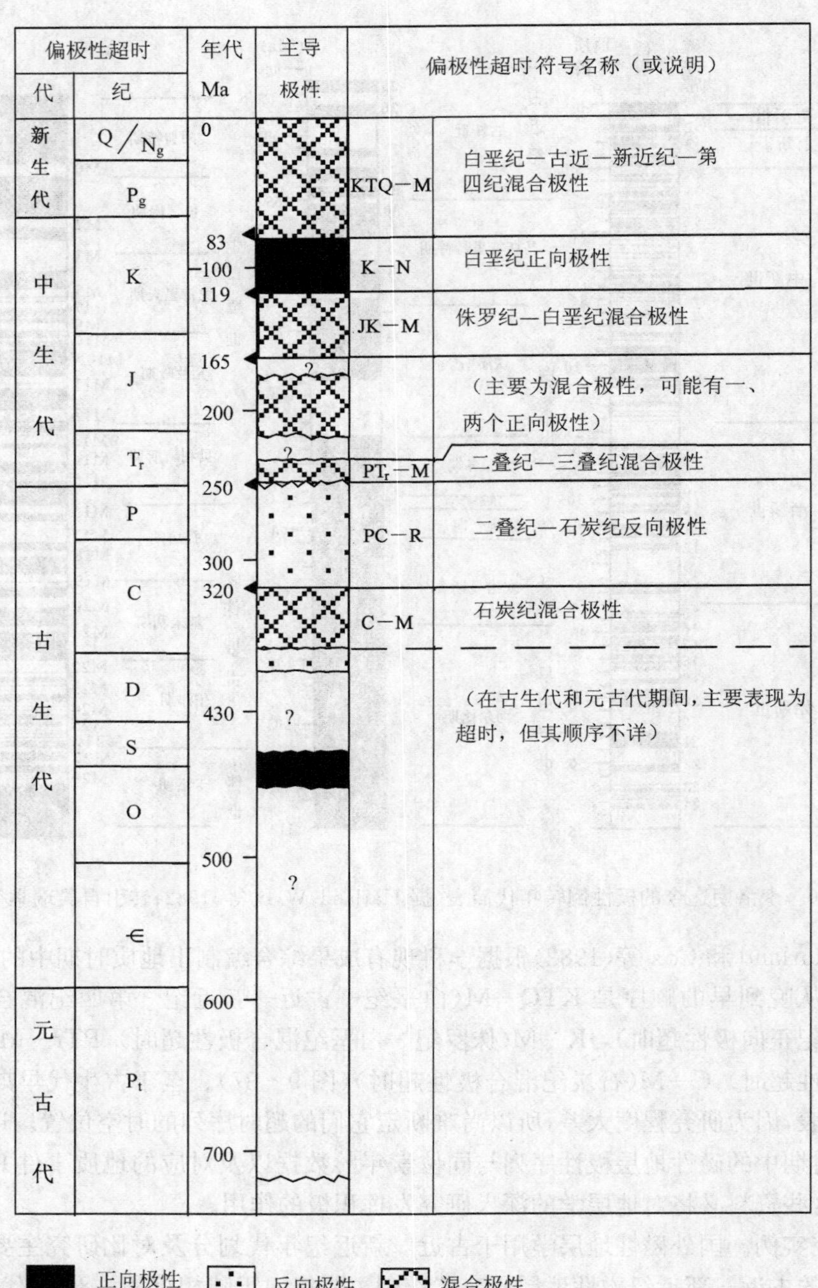

图 9－37　地质时期偏极性超时(据吴瑞棠等，1989)

①柴达木盆地西岔沟剖面狮子沟组顶界年龄为 2.8Ma；②西岔沟剖面累积厚度1984.67m(已包括厚 134.67m 的七个泉组在内)处是介形类 Cyprideis(正星介)的初现层位。在国外，一般认为该属的分布下限为中中新世—晚中新世初；③西岔沟剖面下干柴沟组下段顶部至剖面底界产 Austrocypris levis(光滑南星介)，该介形类种是柴达木盆地下干柴沟组下段上部的标

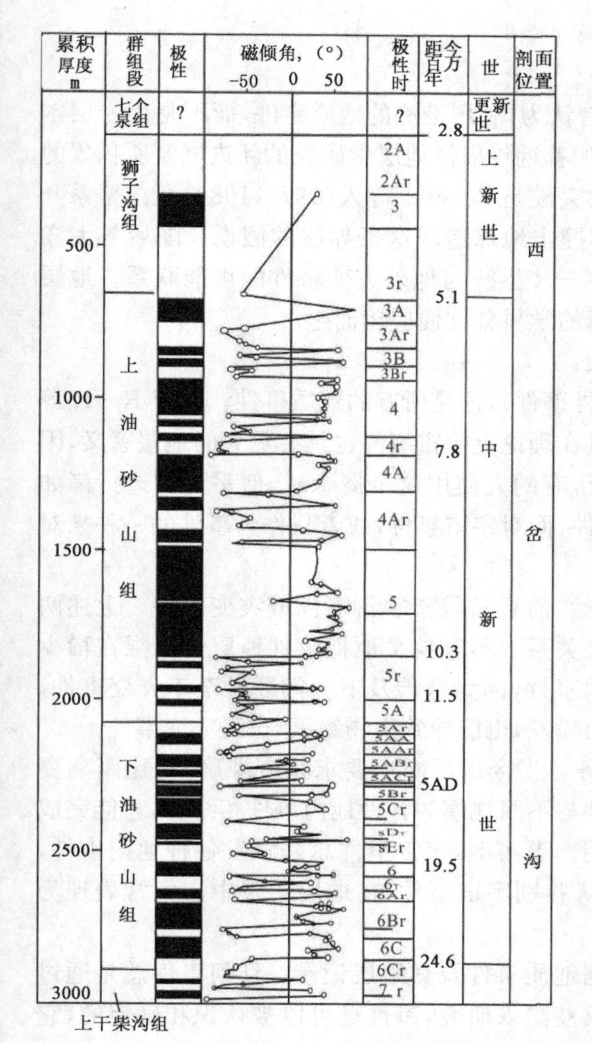

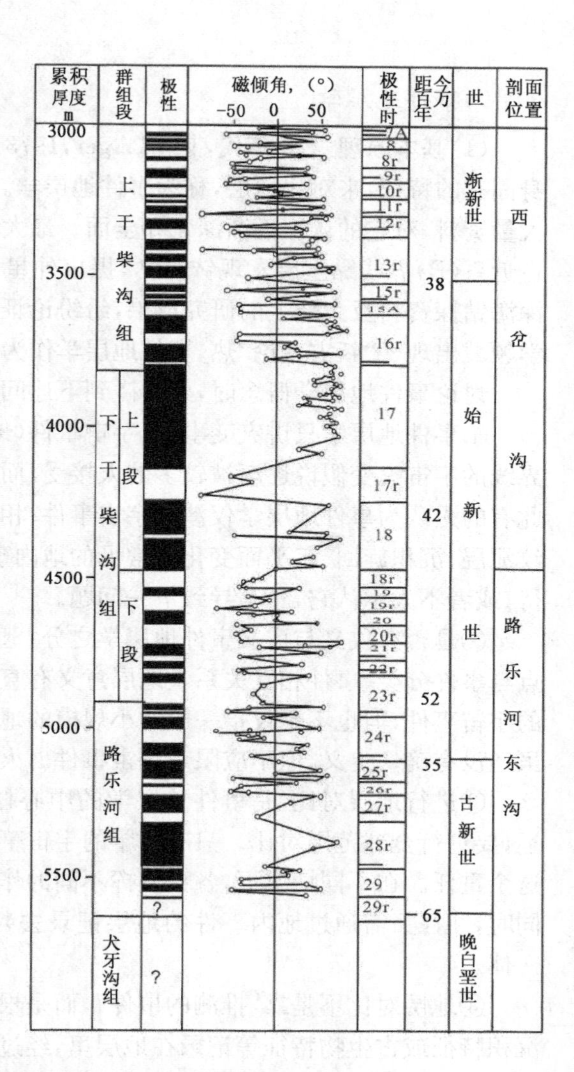

图 9-38　柴达木盆地古近—新近纪磁性地层柱(据杨藩等,1992)

准化石,并广泛分布于东起渤海湾盆地、西至乌克兰的广大地区的相当层位中。在辽河断陷,该种产出于同位素年龄分别为 42Ma 及 44.1Ma 的两层火山岩之间的地层(沙四段上部);④路乐河组下界是古萨统底。

根据上述磁性年表,柴达木盆地古近系各组的时代归属得以重新划分(表 9-3)。并由此认识到柴达木盆地古近—新近纪主要生油时期与渤海湾盆地一样,不是渐新世而是始新世,地层时代的重新划定对于正确研究盆地演化历史、成烃成藏时代至关重要。

表 9-3　柴达木盆地古近系各组的时代归属

组　名	时　代
路乐河组	古新世—早始新世中期
下干柴沟组	早始新世中期—晚始新世中期(顶界年龄约为 40.5Ma)
上干柴沟组	晚始新世中期—渐新世末期
上油砂山组	早中新世—中中新世中期
下油砂山组	中中新世晚期—晚中新世末
狮子沟组	上新世

7)事件地层学

(1)基本原理。70年代,艾格(Ager,1973)曾认为,利用推测的地质事件,而不是用岩层本身固有的特征,来对比地层,称为事件地层学。随着近年事件地层学研究的新进展及所积累的大量资料,对它的认识逐渐深化和全面。最大的突破是Alvarez等人(1979,1980)在白垩系—古近系(R)界线黏土层发现铱异常,提出外星体撞击地球造成这条界线的假说。随后各大洋深海钻探资料及大陆上的研究成果,纷纷论证K—R界线与地外灾变事件的可能联系。地层学领域出现了“新灾变论”热,事件地层学作为新的学科分支便应运而生。

讨论事件地层学概念时,必然碰到下述问题:

①事件地层学只讲灾变事件、宇宙事件(地外事件),还是所有的地质事件?随着K—R等界线的宇宙灾变假说逐渐被较多的人接受,而且在理论上宇宙事件也具有更大的地层意义,因此有的人认为事件地层学仅涉及宇宙事件;相反,有的人使用这个概念时,似乎更多地指诸如纹泥层、沉积旋回、海平面变化等常见的地内事件,而对宇宙事件,或者只作为事件的一种来对待,或者不大承认它,于是导致下一问题。

②是否有狭义与广义事件地层学之分?显然,前者只限于宇宙事件或灾变事件。上述两点与事件分类、事件相互关系及地层意义有直接关系。不宜狭义地把事件地层学局限在稀少的宇宙事件,但也不是仅指一般的小规模的地内事件,因为这涉及下一问题。至于灾变事件,虽还没有确切定义,但不应限于宇宙事件。火山喷发,也能导致生物绝灭,也是灾变事件。

③进行地层对比,是事件地层学的中心任务。当今地层对比要求精度准确,对比距离要远,要进行全球范围对比。只有稀罕的宇宙事件与不同规模的各种地内事件相结合,才能完成这个重任。在不同情况下,各自发挥不同的作用。事实上,宇宙事件总是触发各种地内事件,同时,往往又需通过地内事件的地层记录去判认鉴别宇宙事件,在地层记录中它们常表现为一体。

④地层对比不是靠“推测的事件”,而是根据地质事件及其地层记录。任何事件总是通过沉积特征或古生物特征等记录在地层里,经过反复深入研究,事件是可以被认识和确定的,它与地层里有机界及无机界突变点的关系也是可以搞清的,这和沉积学的岩相分析概念有类似之处。

基于目前的认识和理解,可作这样的概括:事件地层学是利用稀有的、突发的事件及其地质记录对比地层,按自然特征确定地层界线。它着重研究地质事件对形成地层界线和形成地层体的关系;研究地质事件及其记录在地层工作中的应用。它不仅涉及地内事件,而且包括地外事件;不仅涉及区域性事件,而且更重视全球性事件。事件地层学主要依据突变论与对立统一论原理。

(2)事件地层学的科学意义。事件地层学的科学意义主要在以下四个方面。

①进行地层对比。宇宙事件、特大规模火山喷发或海平面变化等等,波及范围极大,甚至全球,可利用这些事件进行大范围地层对比。外星体撞击事件一旦被证实,将成为精度极高、全球等时的对比标志。许多事件产生的影响不受沉积环境限制,例如火山物质可降落在海洋和陆地各种环境。因此,长期难于解决的海相与陆相地层对比便有望解决。“一个盆地内,在生物地层学或磁性地层学无法解决的地层对比问题上,事件地层学是非常有用的”(Hallam,1984);②确定地层界线。事件地层学为在更高层次上研究和厘定所有系(甚至统)的界线,正在发挥作用,为白垩—古近系、二叠—三叠系、泥盆—石炭系、弗拉斯—法门阶、奥陶—志留系

和震旦—寒武系等界线建立“事件界线”做了大量探讨；③提高地质年表的精度和分辨率。目前流行的地质年表以百万年为计时单位，精度相当低。用极性倒转和氧同位素测定，对较新的海洋沉积层年龄测定精度可达5Ma。但在古生代地层表，平均每2Ma才有一个年龄数据。怎样才能缩小这种差距，把地层年表搞得更精细？国际地科联前主席E. Seibold(1984)认为：“一种可能似乎是利用全球稀罕事件”；④再造和解释地球演化历史，探讨生物绝灭与演化动力，进行沉积盆地分析和成矿背景分析。

在这些方面，已有不少学者根据事件地层学观点，或根据各种事件的地质作用，进行过探讨(Algner，1985；Emsele and Seilacher，1982)。

(3)各种地质事件的特征。火山喷发、古地磁极反向、构造运动、海平面升降变化、恐龙绝灭及外星撞击地球等，都是地质历史上突然发生的、难于预测的、稀有的突变或灾变现象，都是有突出影响的地质事件。它们把处在长期缓慢演变的“正常”状态打断，以此为转机，有机界和无机界走上新的发展阶段，使地质历史及地层形成的过程显示出阶段性。这些事件则成为地层对比划分的自然标志。

地质事件可分为宇宙(地外)事件和地内事件。图9-39综合了所有重要地质事件以及它们的相互关系和层次。

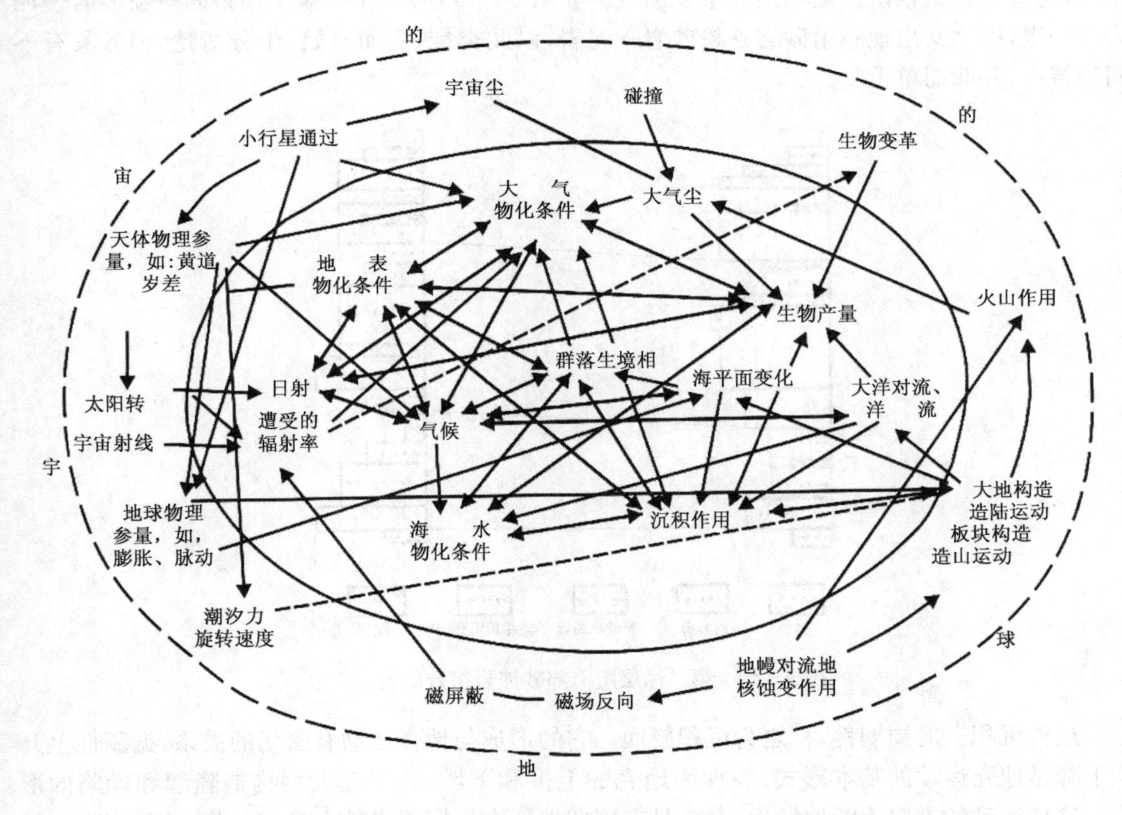

图9-39 各种地质事件及其相互关系(据Walliser，1984；吴瑞棠等，1989)

2. 油层对比

油田进入详探和开发阶段后，钻井和测井资料增多，在研究储油层岩性、储油物性和电性关系的基础上，在经区域对比已确定的含油层系内进行油层的细分和对比，为计算储量、合理划分开发层系、部署井网、进行动态分析提供可靠的地质依据。

1)碎屑岩油气层对比

我国是一个以陆相含油气盆地占主导地位的产油大国。在陆相含油气盆地中，作为油气储层，又以陆源碎屑岩中的砂质岩类为主，控制了绝对优势的石油储量，理所当然地占有特殊的重要地位。因此，我国对非均质、多油气层的砂岩油气藏的复杂性研究已有了非常深入的认识，积累了大量的经验和有效的油气层研究方法。在理论基础和方法技术上都具有鲜明的中国特色。其中，旋回对比方法被广泛采用。

旋回对比方法是以地层沉积旋回为依据，根据旋回的级次大小分级控制油气层的纵向划分和横向对比。该方法的起源来自于大庆油田的油层对比工作，研究的重点是单油层的对比。通过单层对比，能把一大套油层中每层油层都对比起来，突破了大层段对比的平均概念，反映了油层的本来面目，使油田地质研究工作得到了发展，发现了油砂体和连通体。在油田开发工作中运用了这些研究成果以后，也促进了井网部署、开发层系划分、采油工艺、生产管理等一系列工作的发展，突破了大段合采的框框，为创立分层开采奠定了基础。

(1)“旋回对比，分级控制”的基本原理：沉积岩层剖面上各类岩石依次交替，形成有规律的组合，这些组合又依次作周期性的重复出现。如图 9-40 所示，由下至上由砂岩→粉砂岩→泥岩为一组，继之又出现一组砂岩→粉砂岩→泥岩，以此类推，周而复始，十分清楚，但各具有不同的特点，并非简单重复。

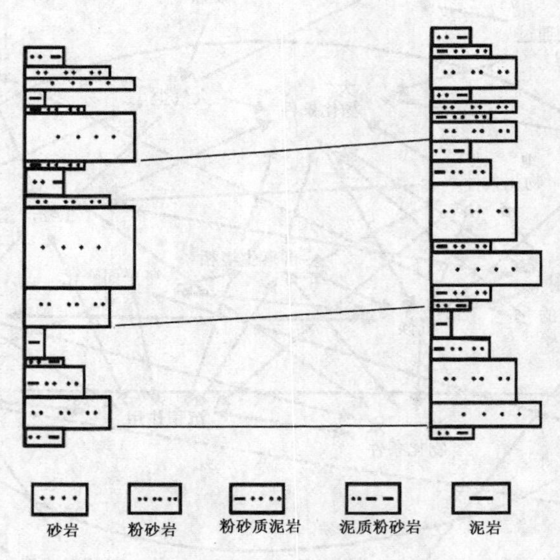

图 9-40 第二油层组上部砂泥岩组合的旋回性

这种沉积上的周期性，称之为沉积旋回。它的形成与地壳运动有密切的关系，振荡性上升和下降是地壳运动的基本形式，表现为地壳的上拱和下坳，并引起大型构造隆起和坳陷的形成。这种运动的方向不断地发生改变，具有周期性。在长期缓慢的上升和下降中，具有次一级振荡周期；在全区总的上升或下降的过程中，还有局部地区次一级的上升或下降。地壳运动这种多级次的振荡，具有不同振幅，使得剖面上各种沉积岩层具有多级组合的旋回特点。在大旋回的背景上发育着次一级的小旋回，不同等级的旋回表现为分布范围不同的水进、水退岩层的互层，引起相的交替。如岩性、岩矿、古生物在纵向上的变化以及标准层的存在和位置都是地壳升降运动形成的沉积旋回在某一方面的表现。由于地壳运动是区域性的，各级振荡运动影响范围不同，使各级旋回分布范围和同级旋回在不同地区由于受次一级旋回影响而复杂化的程度不同，加上沉积条件的变化，同级旋回在不同地区明显程度不同，表现出复杂性。但是一般说来地壳振荡运动影响范围较大，在同一活动带内，沉积物的旋回性质相似，具有相对稳定性；其内部组成，在沉积旋回中，都有其固定的旋回位置，在横向上可以追索。

根据沉积岩剖面普遍存在多级组合的旋回性，在大旋回控制下，各级旋回又各有其本身的特殊性；同一地壳活动范围内同一旋回有其相对稳定性。在大庆油田油层对比中提出了"旋回对比，分级控制"的单层对比方法。因此分析油层剖面的旋回性就成为分级控制对准单层的首要问题。在单层对比过程中认识沉积旋回的一般方法是：分析油层剖面各种岩石演变序列及组合关系；确定各级旋回性质，并反映到测井曲线上；在单井剖面上划分旋回进行旋回对比。在对比的基础上确定旋回界线，具体做法如下。

①研究各级旋回的标准剖面。选取一批取心井，运用多种资料如岩性、古生物、岩石矿物成分、岩石化学成分、岩石的结构构造、岩层厚度等进行综合分析；掌握它们在剖面上演变规律的旋回性，特别是要搞清楚各种岩石的演变序列、组合关系及其在测井曲线上的显示特征；将这些综合起来，编制成旋回曲线，分析旋回曲线所表明的水退、水侵的转折点，确定各级旋回划分的标准，认识各级旋回的特征；然后再划分各单井的旋回，连成剖面；大量地运用测井资料，进行旋回对比。在对比的基础上，确定各级旋回的界线。

图 9-41 是运用岩性、电性、古生物、岩石化学资料综合分析后编制成的旋回曲线，表示甲、乙、丙油层沉积剖面是一反旋回。由下至上岩性由细变粗，砂岩层增多；单层厚度增大；古生物中介形虫、叶肢介等浮游生物由多到少；泥岩颜色由灰黑、灰色到绿色至上部出现紫红色；地球化学指标显示由还原至弱还原至氧化。这些反映了湖水由深至较深至较浅的变化过程。

在大的反旋回的背景上，还有几个波动，可以划分为由下而上的Ⅰ、Ⅱ、Ⅲ共 3 个次一级的反旋回。

图 9-42 所示，在这三个单井剖面中，砂、泥岩都有明显的组合规律，形成很多小旋回。它们的厚度大致相等，每隔 10～15m 重复出现一次。一般有 1～2m 厚的稳定泥岩相隔。每个小旋回又有 2～4 个由粒级粗细变化组成的小韵律。

②油层沉积旋回的分级。沉积旋回的分级，是在油层对比中运用分级控制方法进行旋回分级，可以考虑以整个储油岩组合为起点。如在大庆油田油层的单层对比中，将包括整个甲、乙、丙油层的沉积旋回称为一级旋回，其内部各低级次旋回，依次称为二级旋回、三级旋回（图 9-42）。

一级旋回：受区域性构造运动所控制，在沉积上大体包括一整套储油岩组合沉积的地质历史时期，在全盆地范围内稳定分布，可以对比，界线位于水侵、水退的转折点。

二级旋回：受二级构造运动所控制，在一级旋回内划分出来的次一级旋回，一般在二级构造范围内可以进行对比，在沉积上包括了由于水侵、水退引起的不同岩相段的组合。

三级旋回：受局部构造运动的控制，在局部构造（亦称三级构造）范围内稳定分布，可进行对比，它是地壳振荡运动控制下形成的最小沉积旋回。

(2)油层对比的基础工作。油层对比要求将每层含油砂岩一一对比起来。在现有技术条件下，在各井的油层对比中普遍应用的资料是测井资料。因此，仔细观察岩心，研究各类岩层的测井曲线特征，搞清岩性与电性的关系，是正确运用测井资料进行油层对比的基础。

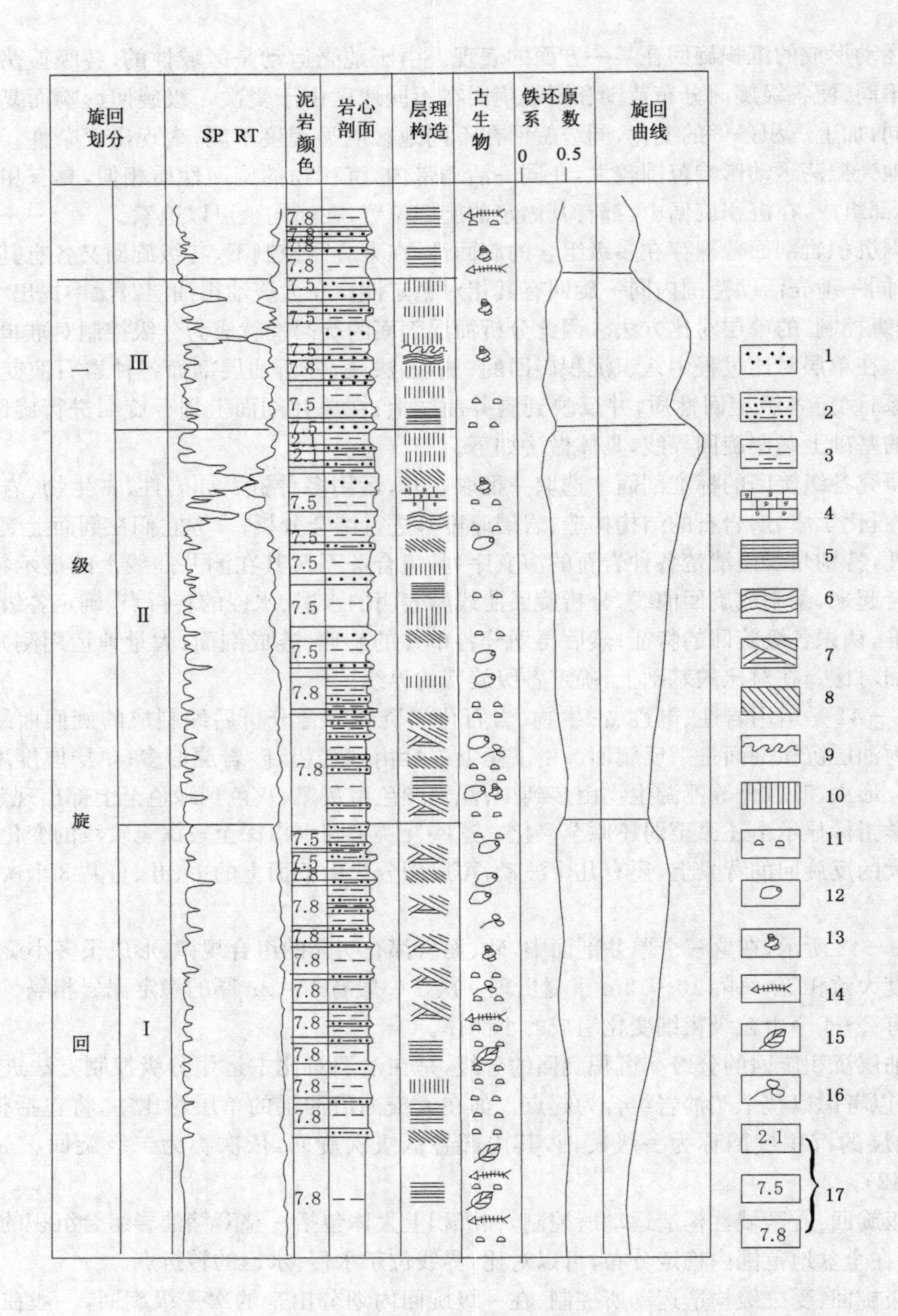

图 9-41　甲、乙、丙油层旋回分析图

1—砂岩；2—泥质砂岩；3—泥页岩；4—生物灰岩；5—水平层理；6—波状层理；7—交错层理；8—斜层理；9—搅混构造；10—均匀层理；11—介形虫化石；12—叶肢介化石；13—腹足化石；14—鱼化石；15—植物化石；16—植物化石碎片；17—颜色号

①资料的选择。一般在地层划分和对比中广泛应用的资料是岩性资料、沉积岩层的接触关系、古生物资料、岩石化学资料、测井资料等。

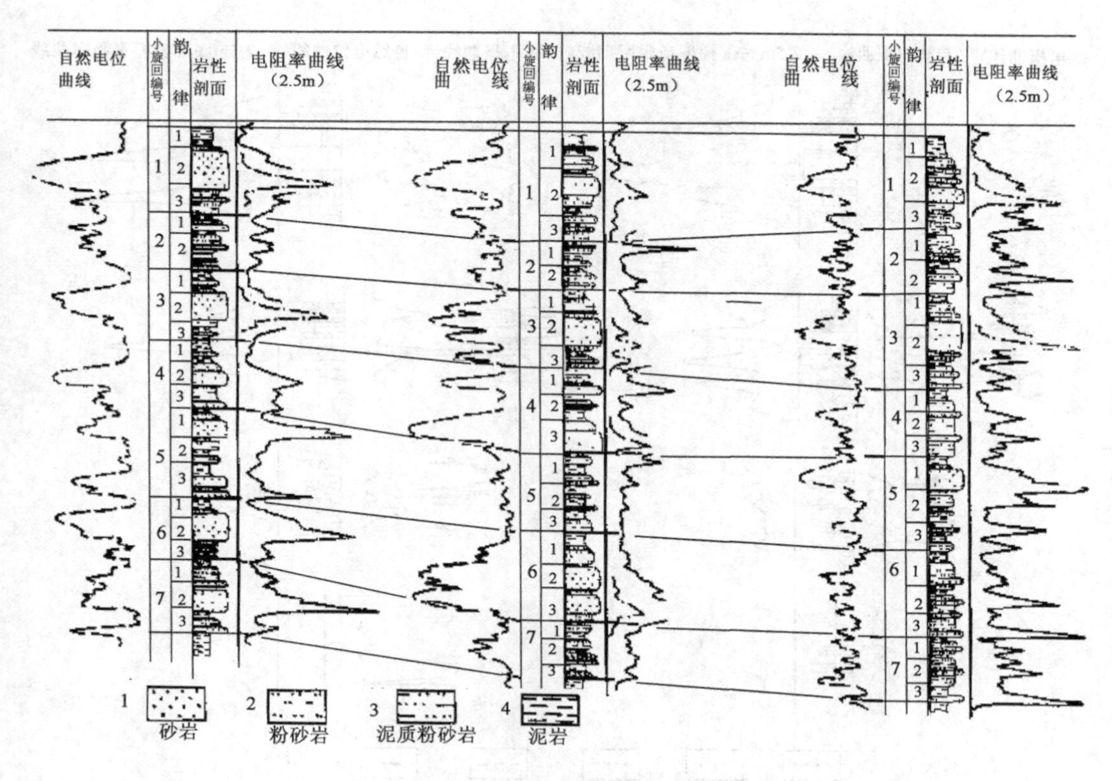

图 9-42　第二、三油层组三级旋回分析图

在油田的勘探、开发过程中，取心资料是非常有限的，而且从岩心分析取得的岩矿、古生物、微量元素往往要受到其本身在地层剖面中分布情况的限制，有些只能鉴别分组、分段，成因分析鉴定精度受到现有技术条件的限制，不能反映每个单层的层位特征。因而要做到逐井分单层对比，只有大量地运用各种测井资料。

②研究岩性与电性的关系。选用电性资料进行性层对比，首先应搞清楚岩性与电性的关系，搞清各类岩层在测井曲线上的特征，得出各类岩层的定性解释。

研究岩性、电性关系的方法是：钻取心井，收获率要求达到 80%以上，进行全套测井，系统地取得测井资料，仔细观察该井岩心，将同一口井的测井曲线与岩心进行比较，研究各种岩性、各级沉积旋回在测井曲线上的显示，找出各种岩性、各级沉积旋回在测井曲线上的代表形态，编制成典型曲线图版（图 9-43），就能在一定程度上从测井曲线特征去认识含油岩层的岩性及其自然组合规律，以正确地运用测井曲线进行油层对比。

选取反映油层特征最明显的测井曲线作为单层对比之用，选择标准如下：

a. 能反映油层的岩性、物性、含油性特征；

b. 能明显地反映油层剖面岩性组合的旋回特征；

c. 能明显地反映岩性标准层或稳定沉积层的特征；

d. 能清楚地反映各类岩层的分界面，对岩层反映得越细越好；

e. 技术条件成熟，能够大量获取，广泛运用，精度高。

如大庆油田在油层对比过程中细致地研究了岩性、电性关系，综合利用了几条测井曲线的优点。选取了 2.5m 底部梯度电极电阻率曲线（或 0.45m 梯度电极电阻率曲线）、自然电位曲线和微电极曲线作为单层对比的基础资料。

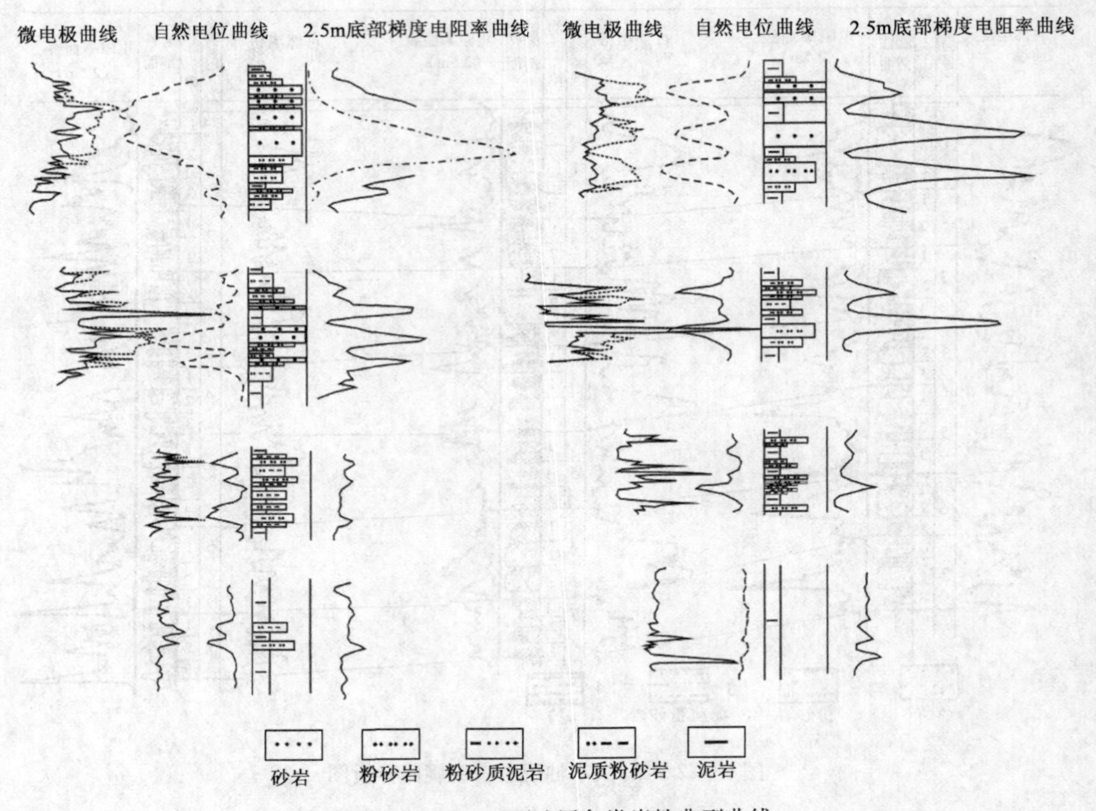

图 9-43　甲、乙、丙油层各类岩性典型曲线

电阻率曲线与自然电位曲线能明显反映岩石组合特征；微电极曲线能够细致地反映岩层的薄层变化，显示出各个薄层的界面；而自然电位曲线与微电极曲线又能反映各类岩石的渗透性。综合利用这几条曲线的优点，基本上能够满足单层对比的要求。

根据选取的各项资料，编制每口井的资料图，力求实用、明了，作为单层对比的基础资料图(图 9-44)。

(3)层组划分。根据油层剖面的旋回性及岩性组合规律，合理地进行层组划分，是大量对比的结果。油层层组的划分从大到小分为三级，各级划分的含义如下所述。

①油层组：油层分布状况和油层性质的基本特征相同，是一套沉积岩相相似的油层组合。油层组是组合开发层系的基本单元，因此具体划分时考虑了隔层，如在两个岩相段的分界附近，存在较好的隔层。在同一油层组内也允许划入另一岩相的油层，将油层组的界线由岩相分界面移至以隔层为界线处。

②砂层组(复油层)：在油层组内，含油砂岩集中发育，有一定的连通性，上、下为比较稳定的泥岩分隔的、相互靠近的、单层的组合。砂层组完整地包括了所在沉积相内的基本岩石类型，是一个受局部构造运动控制的、完整的沉积单元。相当于一个三级旋回，在同一局部构造上复油层的划分应当相同。

③小层或单层(单油层)：单个含油砂岩层，上、下以泥岩分隔，相当于沉积韵律较粗的部分，划分时应考虑单层间的连通面积小于相邻两单层叠合面积的 50%。

上述各级划分由大到小，总的原则应当考虑油层特性的一致性逐级增高，连通性逐级变好，隔绝程度一级比一级变差，具体的标准应视各油田具体条件而定。

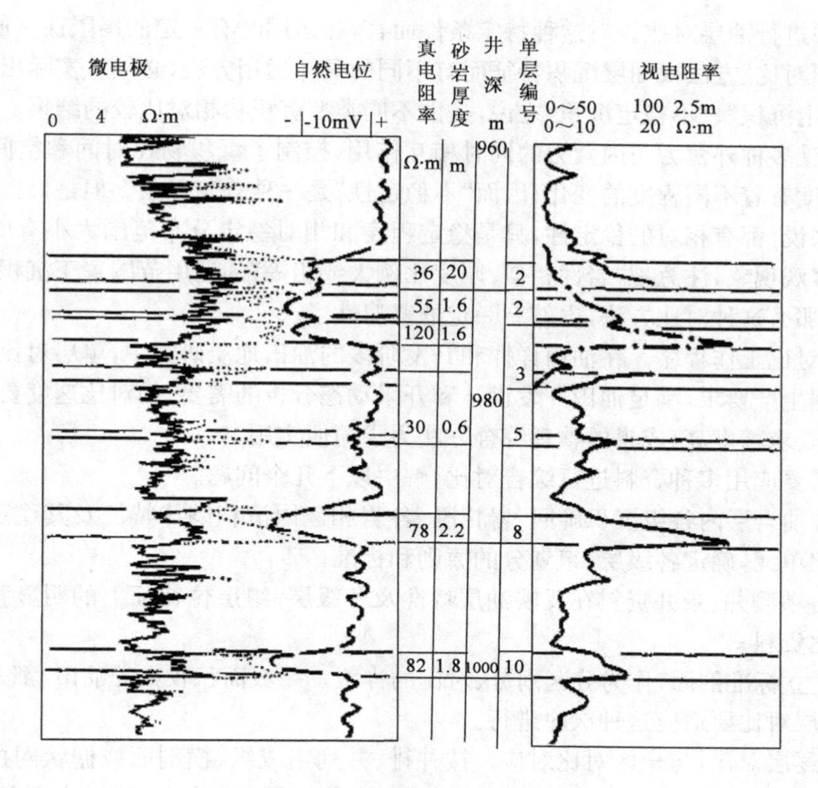

图 9－44　××油层单层对比单井资料图

结合油田开发对油层对比的要求，在认识各级对比单元，确定合理划分界限时，要进行油层的旋回性、沉积相、砂岩组合规律的研究。

(4)选择标准层。在分单层对比中，选择标准层控制分组、分段界线，是提高旋回对比精确度的重要步骤，标准层越多，划分、对比就越可靠。一般分布稳定，在岩性、岩矿、古生物等方面具有明显的特征，易于区别上、下层。在横向上变化不大的层、组都可以作标准层。但在单层对比中，只有当这些标志能明显地反映到测井曲线形态上，才有实际运用意义。因此在单层对比中的标准层应选取在岩性、电性特征上均很明显，分布广泛，易区别于上、下邻层的稳定沉积岩层。一般为化石层、油页岩、石灰岩、泥灰岩、黑色泥、页岩以及这些稳定沉积岩层的组合。此外，一些稳定的砂、泥岩组合，反映在测井曲线上组合特征明显、分布稳定，也可以选作标准层。

(5)“岩性相似，厚度比例大致相等”的原则。“旋回对比，分级控制”的对比方法是多种对比方法的综合运用。由于沉积层普遍存在着多级组合的旋回性，“旋回对比”在地层、油层对比中具有普遍意义。在对比中切实掌握和运用旋回规律，尤其是掌握小旋回及其内部韵律组成特征，就能从深度和广度上扩大对比范围；对比单元可以细到单层，对标准层少的沉积岩系采用逐级控制的方法，也能做到分单层对比。

在油层沉积相对稳定，岩性组合的规律相同，各级沉积旋回与沉积韵律的厚度在平面上按一定方向作有比例的均匀变化时，具有这种变化特征的旋回和韵律反映在测井曲线上必然也有相似的组合形态，在这种前提下，“岩性相似，厚度比例大致相等”的方法就成为掌握这套“旋回对比”方法、进行单层对比的一条重要原则。这条原则适用于在相对稳定的浅水和半深水相的碎屑沉积中进行油层对比。对这种特定条件而言，在运用时有一定的局限性。所以，在单层对比时，“旋回对比”方法视油层沉积特征而有不同的具体运用方法，必须从实际出发。

所谓“稳定沉积”、“不稳定沉积”之说，是由不同类型沉积物相对比较的结果。对一切沉积物来说，都要受多种外营力与内营力的同时相互作用，控制了沉积物在时间和空间上的分布，使其岩性、厚度有着不同程度的变化；因而“不稳定性”是一种普遍现象。但是，另一方面，对于每一沉积物来说，都有相对的稳定性，只是稳定程度和相对稳定分布范围大小有所不同而已。考虑到这种客观现象，注意把“岩性相似，厚度比例大致相等”的运用范围置于沉积物相对稳定的界线之内，那么这种对比方法，也就有一定的普遍性了。

(6)油层对比工作程序。在油田详探和开发阶段的油田地质研究中，单层对比工作的组织和安排要根据生产要求，满足油田开发设计和开采动态分析的需要；如对比速度要跟上生产需要，对比成果要求精度高，成果的整理综合方法力求简便实用。

①初期需要应用多种资料进行综合对比，解决以下几个问题。

a. 认识含油岩层内各级沉积旋回、岩相段、各岩相区内沉积韵律特征及其稳定分布范围，划分各级对比单元，确定各级层、组划分的原则和标准；

b. 了解各项测井、录井资料在反映油层特性及各级层、组层位特征上的明显程度，以便正确地选用对比资料；

c. 分区建立标准剖面，作为分区划分、对比的样板。一般面积较大的油田，都是分块、分期进行开发，单层对比要适应这种次序进行。

②逐井、逐层对比，与全区对比对应。按井排、井列组成纵、横剖面或栅状网控制全区，逐井、逐层地进行对比；统一各级对比单元的划分标准，统一单层层位标准，使全区各级对比层位一一对应。

③跟井对比，各井层位统一。紧密结合生产，及时满足需要，要求取得完钻测井资料后立即进行对比，对比时与周围相邻井组成井组，形成闭合圈对比，达到层位统一，保证对比精度。以油层组为单位，进行单层统一编号，及时地整理单层对比成果，编制单层划分数据表(表 9-4)和单层对比数据表(表 9-5)、油层剖面图(图 9-45)、分单层的平面图(图 9-46)，供有关单位使用。

表 9-4　××油田××区××井小层划分数据表

油层组	自然分段小层数据									统一划分单层数据			
	小层编号	砂岩井段 m	砂层厚度 m	有效厚度 m		渗透率 μm^2	产能系数 $\mu m^2 \cdot m$	有效孔隙度 %	真电阻率 $\Omega \cdot m$	单层编号	砂层厚度 m	有效厚度 m	厚度权衡渗透率 μm^2
				一类	二类								

表 9-5　××油田××区××层单层对比数据表

项目＼井号	1	2	3	4	5	6	7	8	9	10
有效厚度，m										
砂层厚度，m										
渗透率，μm^2										
平面分布										
纵向连通										

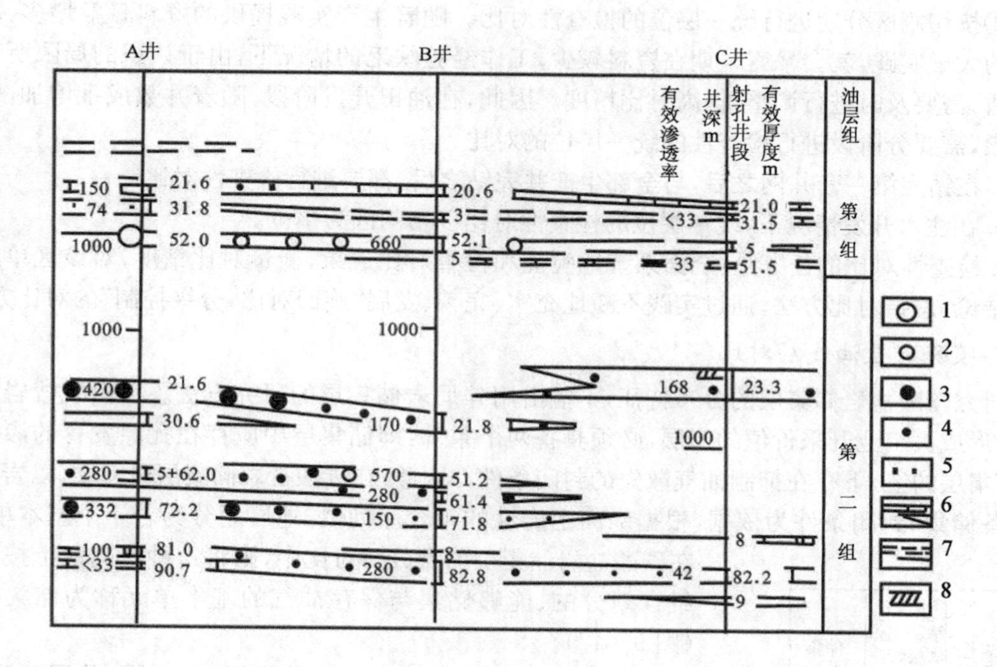

图 9-45　××油层××井排油层剖面图

1—特高渗透层(>0.8μm²)；2—高渗透层(0.8～0.5μm²)；3—中渗透层(0.5～0.3μm²)；4—低渗透层(0.3～0.1μm²)；5—特低渗透层(<0.1μm²)；6—有效厚度层；7—非有效厚度的砂层；8—有效厚度中非有效厚度部分

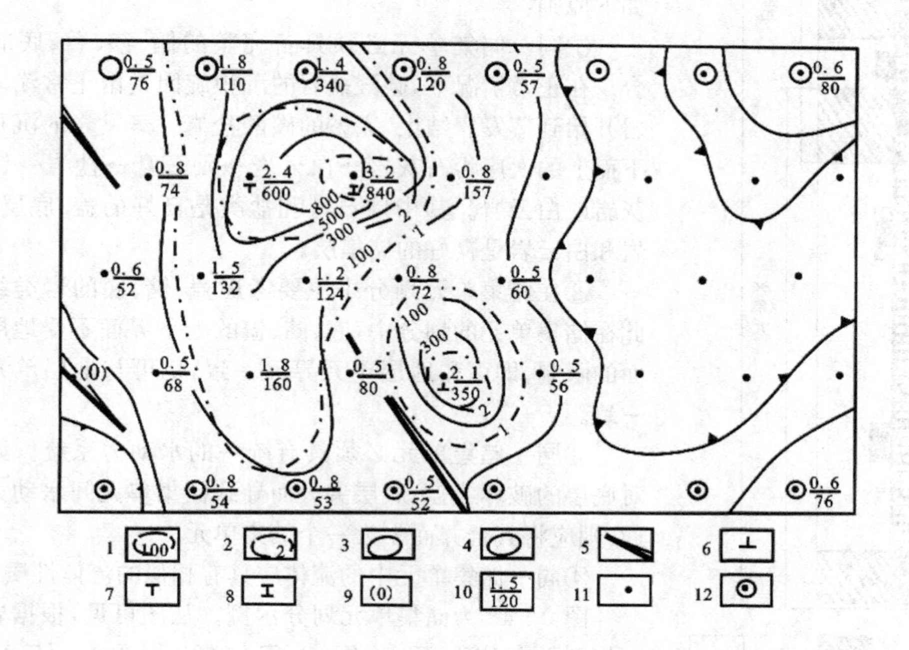

图 9-46　××油层第×单层平面图

1—有效渗透率等值线；2—有效厚度等值线；3—有效厚度零线；4—砂岩尖灭线；5—断层；6—与上层连通；7—与下层连通；8—与上、下层连通；9—油层断失；10—油层有效厚度/有效渗透率；11—生产井；12—注水井

④按切割区分期进行统一层位的检查性对比。随着生产实践提供的资料日益增多，对比工作的大量实践，就会暴露早期在资料较少，工作经验缺乏的情况下，由于认识的局限所存在的矛盾，需要及时进行调整，提高对比精度。因此，在油田开发阶段，随着井数成批增加，资料的积累，需要分阶段进行检查性的统一层位的对比。

a. 在钻完第一套井网之后，与全部生产井完钻之后，都要进行检查性对比。

b. 在注水开发情况下，统一层位的检查性对比以切割区为单位。

c. 检查性对比的任务是：全面系统地验证和检查对比成果，衡量对比精度，对该区单层对比作结论；总结对比方法，通过实践不断地充实、完善、发展"旋回对比，分级控制"的对比方法。

2）碳酸岩盐油气层对比

研究碳酸盐岩储集层的分布特征，不能沿用碎屑岩储集层的研究方法。在碳酸盐岩油气藏中，形成具工业开采价值的产层，必须具备两个条件：即储集层中应存在孔隙发育的渗透层段；储集层的上、下存在抑制油气散失的封闭条件。因此，在碳酸盐岩储集层研究中，以岩层是否具备储集、封闭条件为依据，根据纵向上岩性的组合序列，将地层划分为若干个基本单元。在碳酸盐岩储集层的划分与对比中，则将这种在剖面上按岩性组合划分的、能够储集与保存油气的基本单元称为储集单元（图 9－47）。

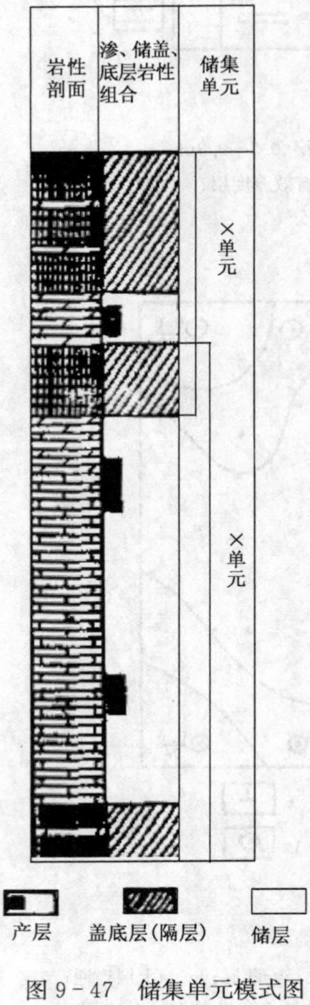

显然，一个储集单元应包含储集层、渗透层、盖层和底层。其中，渗透层和盖层最为重要，前者将决定储集单元的产油能力，后者决定储集单元油气的保存能力。

（1）储集单元的划分。在单井剖面上划分储集单元应考虑如下原则：

①同一储集单元必须具备完整的储、渗、盖、底的岩性组合。在正常情况下，碳酸盐岩的沉积旋回是由正常浅海碳酸盐岩开始到蒸发岩结束，完整的碳酸盐岩—蒸发岩的沉积旋回自下而上的次序为石灰岩→白云岩→硬石膏→盐岩→钾盐→石灰岩或白云岩。其中硬石膏和盐类是良好的盖、底层，而石灰岩和白云岩是良好的储集层。

②在储集单元划分中主要考虑盖、储、底的岩类组合。因此在储集单元的划分中，底、储、盖的上下界面不受地层单元界面的限制，即可和地层单元界面一致，也可与地层单元界面不一致。

③同一储集单元必须具有统一的水动力系统。如因断层对底层的破坏或盖、底层尖灭而导致储集单元间水动力系统连通，则应将其合并而划为一个储集单元。

④同一储集单元中的流体应具有相似的流体性质。

图 9－48 为储集单元划分示例。从图可见，根据岩类组合可将剖面划分为：Tc^1（嘉一）、Tc^2（嘉二）、Tc^3（嘉三）、Tc_3^4（嘉四^3）、Tc^5（嘉五）共五个储集单元。但因 Tc_2^4（嘉四^2）底层被断层切割，导致了 Tc_3^4 与 Tc^3 储集单元在水动力上连通，故根据划

岩性剖面　渗、储盖、底层岩性组合　储集单元

×单元　×单元

产层　盖底层（隔层）　储层

图 9－47　储集单元模式图

分原则将其合并为一个储集单元。

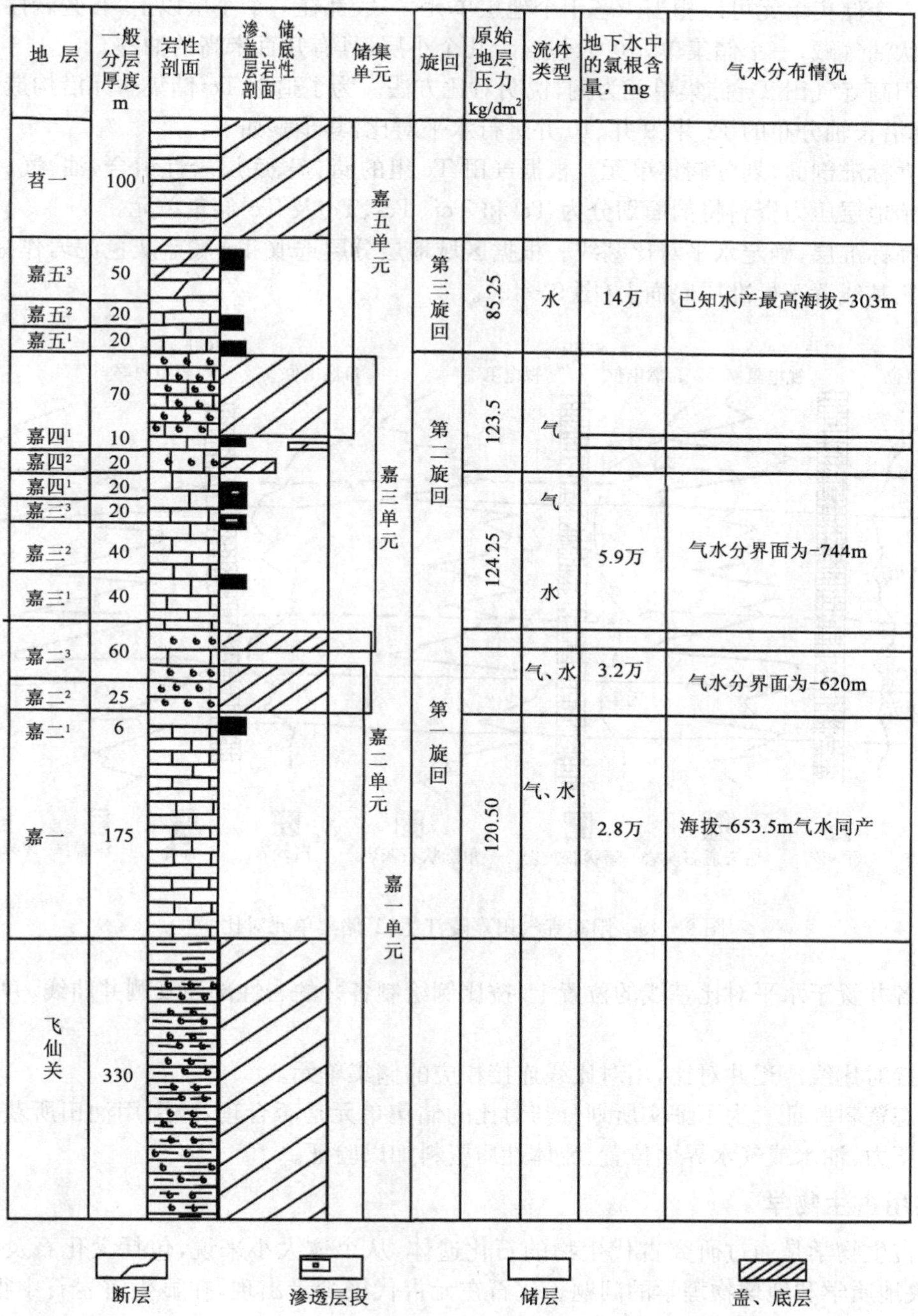

地层	一般分层厚度 m	岩性剖面	渗、储、盖、底层岩性剖面	储集单元	旋回	原始地层压力 kg/dm^2	流体类型	地下水中的氯根含量，mg	气水分布情况
茬一	100			嘉五单元					
嘉五^3	50				第三旋回	85.25	水	14万	已知水产最高海拔-303m
嘉五^2	20								
嘉五^1	20								
	70			嘉三单元	第二旋回	123.5	气		
嘉四^1	10								
嘉四^2	20								
嘉四^1	20					124.25	气		
嘉三^3	20								
嘉三^2	40							5.9万	气水分界面为-744m
嘉三^1	40						水		
嘉二^3	60			嘉二单元	第一旋回		气、水	3.2万	气水分界面为-620m
嘉二^2	25								
嘉二^1	6								
嘉一	175			嘉一单元		120.50	气、水	2.8万	海拔-653.5m气水同产
飞仙关	330								

断层　渗透层段　储层　盖、底层

图 9-48　某气田三叠系嘉陵江组储集单元划分图

(2)储集单元的对比。储集单元的连续性与稳定性的研究是通过储集单元井间的对比来完成的。储集单元的对比是依据在标准层控制下的盖、底层岩性对比来进行的。由于是岩性的对比，因此，储集单元对比与地层单元对比所依据的基本理论和方法都是相似的。但也存在两点差别：首先，储集单元对比的界面可以斜切几个地层单位的界面，不受地层层位关系的约束；其次，一个储集单元可以相当于若干个地层单元，一般都在一个小层以上，有些岩性均匀的白云岩块状油气藏，一个储集单元可以包含十几个小层，具有几百米高的油柱。

现以阳高寺气田 Tc_2^2 储集单元为例，说明对比方法。为了追溯 Tc_2^2 储集单元沿构造长轴的变化，选择沿长轴分布的 12 井、9 井、10 井进行水平对比，其步骤如下：

①建立标准剖面，划分储集单元。根据气田 Tc 组的储、盖、底层岩性组合，油、气、水分布规律和原始地层压力资料将剖面划分为 Tc^1 和 Tc_1^2、Tc_2^2、Tc_2^3 及 Tc^3 储集单元。

②选择标准层，确定水平对比基线。根据区域地层分层选取 Tc_2^2 底蓝灰色泥岩作标准层，将水平对比基线置于标准层底面上(图 9－49)。

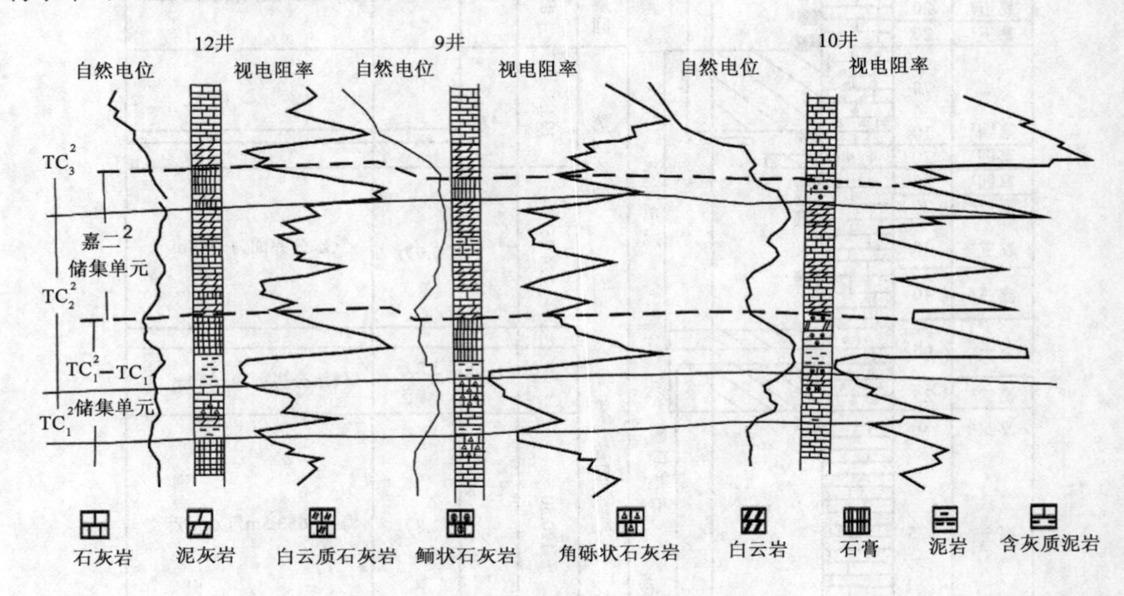

图 9－49　阳高寺气田嘉陵江组二^{2}储集单元对比

③将各井置于水平对比基线的位置上，按比例绘制各井的岩性剖面及测井曲线，并划分出储集单元。

④连接对比线。逐井对比，用对比线连接相应的储集单元。

⑤动态资料验证。为了证实所划分与对比的储集单元是否合理，应引用油田所获得的油气层原始压力、油水或气水界面位置、流体性质资料加以验证。

3. 实用古生物学

实用古生物学是通过研究古代生物的石化遗体，从个体大小来说，包括大化石及微体化石，来解决地质学和地球物理学的问题。化石在元古代极少量出现，在显生宙岩石中很丰富。石油勘探工作中，古生物研究的主要对象是个体很小、只能在显微镜下研究的微体化石。生物地层学常被视为实用古生物学的同义词。

1)油气勘探中的微体化石

微体化石时空分布广泛，演化迅速而不可逆，各演化阶段的形态特征容易区别，因而是确定相对地质年代的极好工具。由于该类化石在岩心和岩屑中均可以获得，因而在油气勘探中特别有用。

在钻探现场，微体化石可以在样品取出后不久即可分析鉴定。井场分析要求立即确定钻遇地层的类型及层位以缩短钻井时间，微体化石还可用于精确地预测钻井过程中的高压带。

在室内，微体化石研究要求进行区域和全球等时地层对比，以便于油气勘探中前景预测和趋势分析、区域地层学和地质学研究以及开发工程的评价。微体化石的研究还有利于科学家了解、认识古环境的展布，并有助于对层序地层的解释以及古地理、古气候的再造。有的微体化石还能作为古热变质指示计，因为其被埋藏后受热造成的颜色变化是不可逆的，因而可以指示有机质的成熟度。

油气勘探中的微体化石据壳体或硬体成分可分为5种基本类型，见表9-6。

表9-6　微体化石分类

成　分	化石类型
钙质壳	有孔虫、介形虫、钙质超微
胶结质壳	有孔虫
硅质壳	放射虫、硅藻、硅鞭藻
磷质壳	牙形石
有机质壳	几丁虫、孢子、花粉、疑源类、沟鞭藻(合称孢粉型)

(1)钙质壳微体化石。钙质壳微体化石具有方解石或文石组成的壳体。此类生物出现于大多数海洋环境和部分非海洋环境中。然而，在低温高压的大洋深处，钙质壳生物壳体大多或全部被溶解。这一深度在不同的海洋有所差异，称作方解石补偿深度。有三类主要钙质壳化石:钙质壳有孔虫、钙质壳介形虫及钙质超微化石。

①有孔虫:钙质壳有孔虫是一类单细胞生物(原生生物)，分泌出坚硬的方解石壳或文石壳(图9-50)。此类化石发现于半咸水或海相沉积中，始见于志留纪，一直延续到全新世，大多数为底栖类型(基底穴居)，但在晚中生代和新生代有时代意义的一类生物是浮游(漂浮)类型。

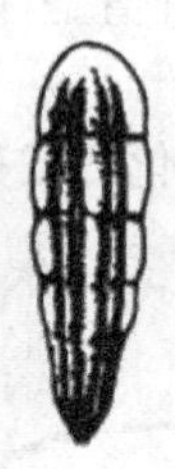

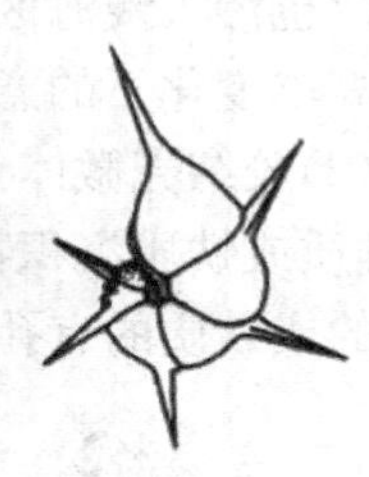

图9-50　典型的钙质壳有孔虫

一些有重要地层意义的有孔虫具有复杂的内部构造，通常壳体大型，研究方法主要靠切薄片，包括䗴类(宾夕法尼亚纪到二叠纪)和几类大型有孔虫(三叠纪到全新世)。主要出现在碳酸盐岩和细碎屑岩中，极具时代意义。

由于很多化石种具有严格的、确切的生活环境，可视为重要的古水深和古环境指示标志，特别是在显生宙后期的岩石中。

②介形虫:介形虫属甲壳类微体化石，分布于寒武纪到全新世地层中，出现于大多数海相和非海相沉积环境，通常是很好的环境指示标志(图9-51)。介形类的古生物学应用是有局限性的，原因有:其一，在许多剖面上化石稀少;其二，很多种为地方性种，分布范围局限于某一

具体盆地，因此，其分布的时代和环境很不清楚。一些演化快的介形类在以下情况是很有用的生物地层学工具：一是古生代地层层序；二是广域种出现的海相环境；三是局限于盆地内分布的地层；四是在湖相环境中，介形类常是为数不多的微体化石类型中的一类。

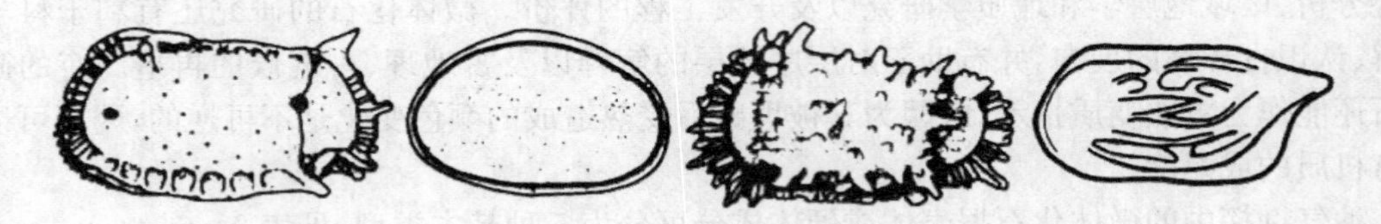

图 9-51　典型的介形虫

③钙质超微化石：钙质超微化石包括颗石和微锥石两类(图 9-52)。前者指微小的(小于 25μm)由单细胞组成海洋植物(金藻)生产出的方解石颗粒。后者的起源还不清楚，但在海相沉积中，这些方解石颗粒与颗石化石共生形成组合，也是有机成因。

图 9-52　典型的钙质超微化石

钙质超微化石是极好的生物地层对比工具，因为其演化迅速、地理分布广(其完整的生命史在海洋的具光带完成)，其形态变化也相当明显而多样。已知最老的钙质超微化石出现于晚三叠世，是侏罗纪到全新世海相沉积中极为重要的钙质壳化石。但相对而言，有关钙质壳超微化石古地理分布的论文很少发表，对其确切的古地理分布的特点了解还很少，尽管有资料显示其偶尔也渗入浅海区。其主要的实用价值是标定地层年代表和层序地层格架，特别是在凝缩层中高丰度化石的意义最大。

(2)胶结壳微体化石。胶结壳微体化石或砂质微体化石的壳体是由沉积颗粒被有机质、钙质、硅质或铁质沉积物胶结而成的(图 9-53)。只有一类胶结壳微体化石具有地层学意义，即胶结的或砂质的有孔虫。

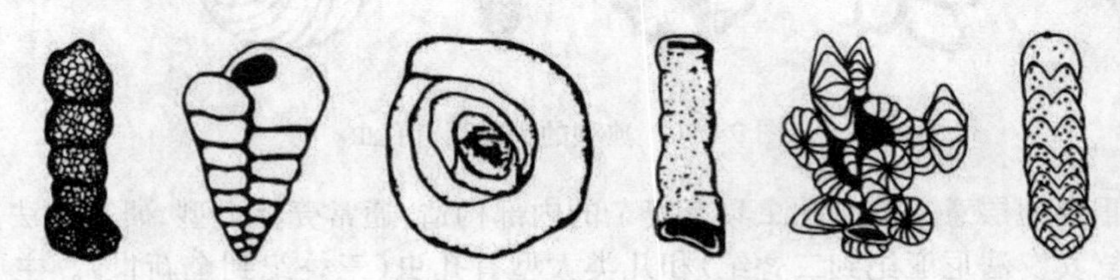

图 9-53　典型的胶结壳有孔虫

胶结壳有孔虫属于底栖微体化石，分布于寒武纪到全新世地层中，大多生活于海相或半咸水相环境，尤其是保存于碎屑岩中。该类生物将沉积物颗粒胶结起来作为壳体，与其他有孔虫分泌壳体有所不同。被胶结的沉积颗粒通常有粉砂粒、砂粒、海绿石、海绵骨针甚至其他有孔虫的壳。有些种类对胶结的颗粒有严格的挑选和排列方式。

尽管此类化石对时代确定有用，但其意义主要还在对环境指示方面，可能反映浅海（或半咸水环境）到深海的特征。最近，Alve 和 Murray（1995）、Kaminski 和 Kuhnt（1995）的研究表明，该类化石还可以用来解释其他环境。胶结有孔虫是白垩纪和古近—新近纪复理石相中占主导地位的典型微体动物群。

最近还有研究表明，胶结有孔虫的颜色无论是埋藏在沉积物中自然受热还是在实验室中加热都会随热而发生不可逆的变化。

（3）硅质壳微体化石。硅质壳微体化石是具有由蛋白石（不结晶）组成的壳体的原生生物。在深海中，硅质生物体不会激烈溶解。在钙补偿线之下的沉积物中，由于钙的溶蚀，硅则富集，有时形成硅质软泥。随后硅质再融化就形成了深海燧石。硅质壳微体生物受埋藏成岩作用影响，因而在深井中很少见到，除非重结晶而保存于结核中或被黄铁矿或方解石交代。主要有三类硅质壳微体化石：放射虫、硅藻和硅鞭藻。

①放射虫：放射虫是浮游原生生物，主要生活于开放的海域、深水环境。产于寒武纪到全新世地层中，是很好的时代指示分子（图 9-54）。放射虫可能是深海环境中唯一常见的化石，常形成放射虫软泥。由于成岩作用形成的放射虫燧石在地质纪录中相当普遍，放射虫在海相烃源岩中常见。

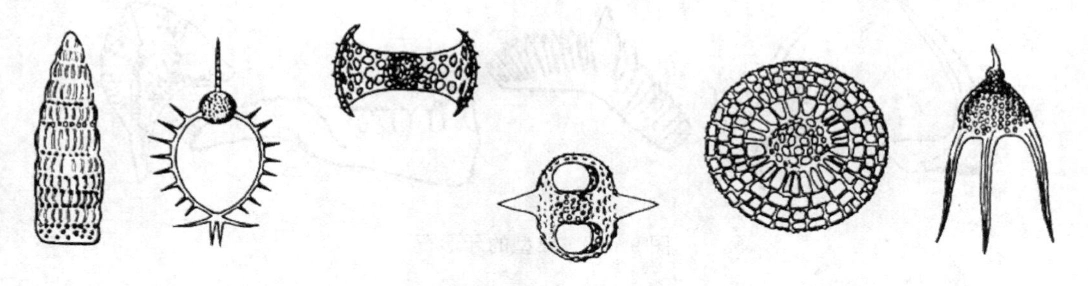

图 9-54　典型的放射虫

②硅藻：硅藻是具有光合作用的原生生物，在海相和非海相地层中均有分布（图 9-55）。海相硅藻从晚侏罗世或早白垩世开始出现到全新世都有分布，对新生代晚期地层的时代确定及古环境有重要意义。非海相硅藻分布于从始新世到全新世地层中，对新生代晚期地层的时代确定有重要意义。此类微体化石还可成为岩层的主要成分，形成诸如由硅藻为主构成的硅藻土。硅藻沉积受埋藏作用改造后，形成硅土页岩、磁状岩及燧石。这些岩石可作为烃源岩或裂隙储层（如加利福尼亚的 Monterey 组）。由于硅化成岩作用，岩性发生变化，在地震剖面上可以形成硅变质带的反射层（如盆底模拟反射层）。

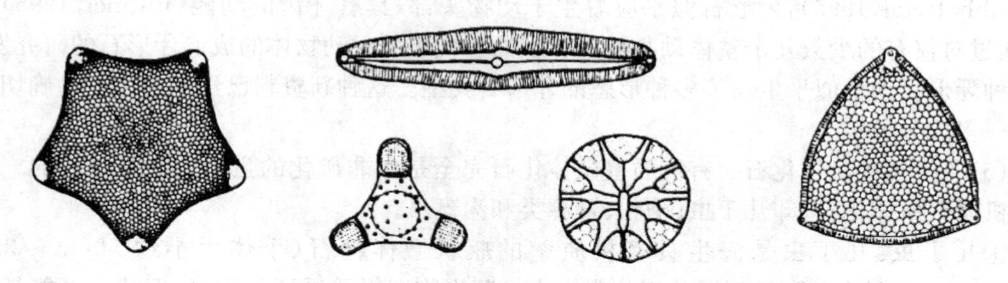

图 9-55　典型的硅藻化石

③硅鞭藻：硅鞭藻是另一类海生具光合作用的浮游原生生物，常与硅藻共同出现，分布于

白垩纪到全新世地层中(图 9-56)。尽管没有硅藻普遍,但也是有效的时代指示分子,特别是对于新生代晚期的地层。该类生物在新生代早、中期要比现代丰富,被作为古近—新近纪和第四纪海洋古水温的温度计。

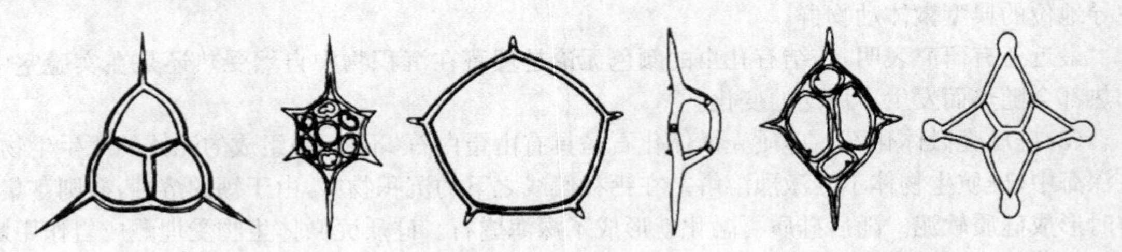

图 9-56　典型的硅鞭藻

(4)磷质微体化石。磷质微体化石以牙形石为典型代表(图 9-57),是由磷酸钙晶体,即磷灰石,被有机质包裹而成的。牙形石是具有地层学意义的磷质微体化石。此外,还有鱼的牙化石在一些海相地层中也可见到,其地层学意义相对较小。

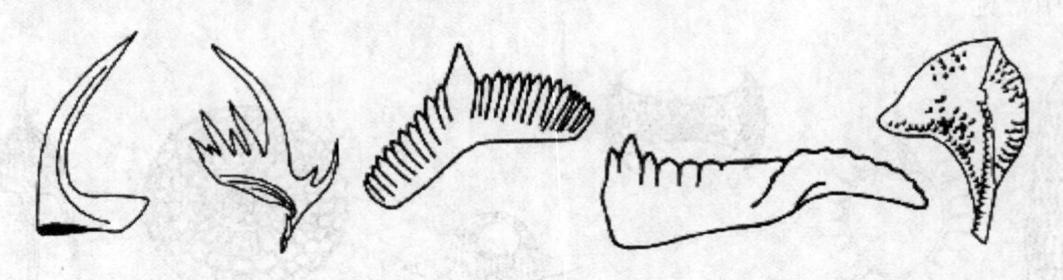

图 9-57　典型的牙形石

牙形石是由磷酸钙组成的明显为牙齿形状的微体化石,其生物亲缘关系还知之甚少,可能与脊索动物有关。牙形石在寒武纪到三叠纪海相地层中广泛分布,是极好的地层时代标准化石,也是重要的热成熟度指示标志,特别是对于碳酸盐岩,因为在这种岩石中,其他有机热变指数方法效果不佳。牙形石通常作为寒武纪末到三叠纪的标准带化石,因为其数量丰富,地理分布广,而且演化快(Sweet,1988)。虽然在大多海相沉积岩石中存在,但获得牙形石的有效方法通常是使用弱酸对碳酸盐岩或易分解的页岩进行溶解后从其残余中分离。

牙形石个体的形态常多样,其分类以往也是依据单个标本的形态来进行的。然而,尽管牙形石很常见,着生牙形石的软体部分化石则极为罕见。依据最近发现的少数几个完整动物标本(Gabbottetal,1995),牙形石似乎应着生于动物头部,具有牙齿的功能(Purmel,1995)。然而,通过对仅有的少数几个整体动物标本和层面上代表同一动物体的成群牙形石的研究发现,同一种牙形石动物似乎生长了多种形态的牙形石类型。这种新资料已经引出了更为确切的概念——多成分种。

(5)有机质壁微体化石。有机质壁微体化石完全是由非矿化的蛋白质材料组成的。有四类有机质壁微体化石,即几丁虫、孢粉、疑源类和沟鞭藻。

①几丁虫:几丁虫是海生具有机质壁的瓶状微体化石(个体大小约 50μm～2mm)(图 9-58),出现于奥陶纪到泥盆纪的岩层中。其生物亲缘关系还不明确,但认为可能是海洋后生生物的卵。它具有重要的地层学意义及古环境指示意义。

②孢粉:孢粉(即孢子和花粉)都是植物的繁殖器官(图 9-59),其分布时代分别自奥陶纪

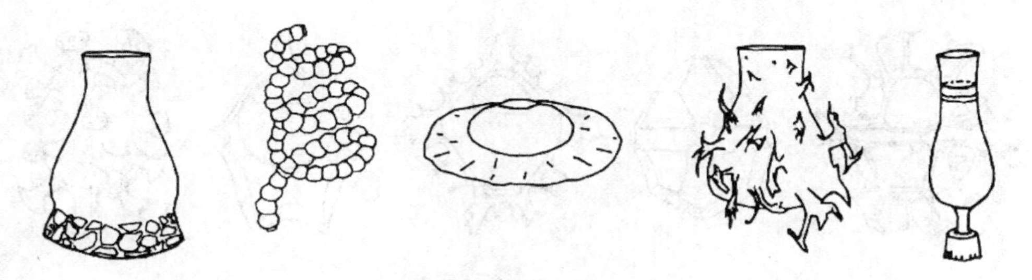

图 9-58 典型的几丁虫化石

后期和石炭纪开始,直到全新世的各个地质时代。尽管起源于陆地,但可被风和流水带入海洋或陆上水体(特别是湖泊和河流)环境中。孢粉类型多样,丰度相对较高,能提供有用的古环境和古气候依据,并广泛应用于盆地内和区域地层对比。在图 9-59 中,第一、第二和最后一个图是花粉,第三个是真菌孢子,第四个是蕨类孢子。

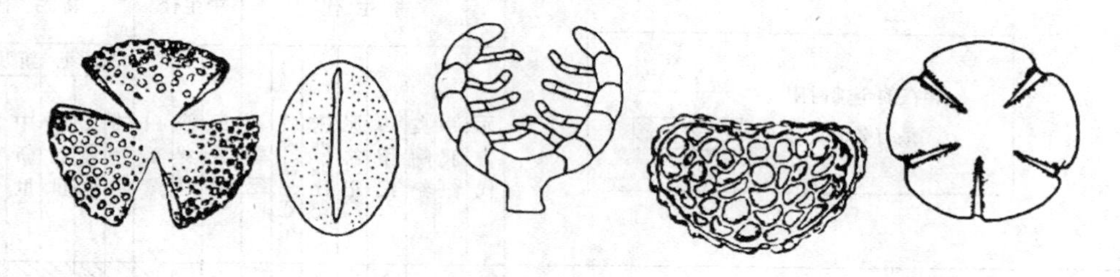

图 9-59 典型的孢粉化石

③疑源类:疑源类是亲缘关系不明的海生浮游微体生物,从前寒武纪到全新世均有分布(图 9-60),是元古代到泥盆纪的重要时代指示化石,但在中、新生代相对较不重要。疑源类在细粒岩中丰富,地理分布广泛,在古生态学、古地理学和热演化史研究中有意义。

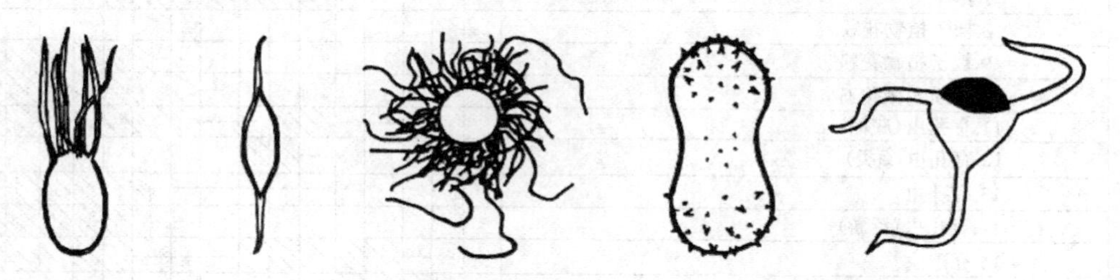

图 9-60 典型的疑源类化石

④沟鞭藻:沟鞭藻是海生单细胞红藻的胞囊,自上三叠统到全新统均很丰富(图 9-61)。由于地理分布广泛,演化迅速,因此时代意义重要。沟鞭藻主要存在于海相地层中,但在白垩纪到新生代的湖相中也存在。沟鞭藻组合的形态和分异度可以用来识别不同的海相环境。

2)化石的地史、地理分布

实际上,古生物分析是建立在化石的地史、地理分布的基础上的。所有化石都存在于一定的地质时间和限于一定的具体生态环境之中。所谓环境是由温度、盐度、水中的氧含量、食物供应等生态因素来确定的。因为一些重要的生态因素是随着海水深度的变化而或多或少发生系统变更的,底栖生物通常被用于盆地模拟和层序地层中古海水深度的估计。本节将讨论化石在地史上和古地理上的分布特点及生物死亡后被搬运再分布造成的影响。

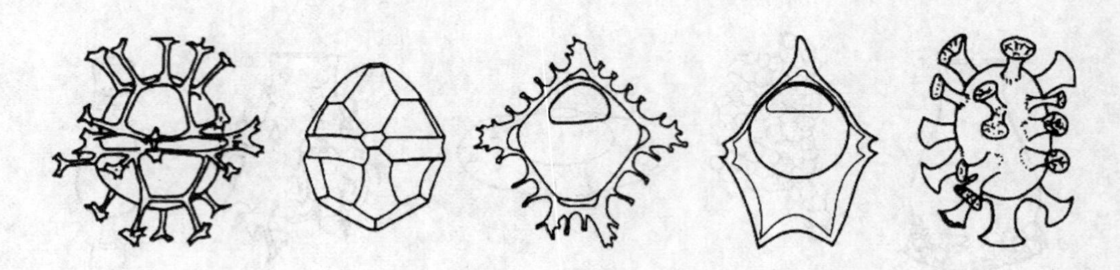

图 9-61　典型的沟鞭藻化石

由于一个种只限生存于一定的时间并仅限于某种特别的环境中，因而，微体化石可以被用来确定产出化石岩层的时代（生物地层学）及指示沉积物形成的古环境（古生态学）。

表 9-7 所示为各类微体化石的生存地质时间及其在地质时代确定中最有效的时段。

表 9-7　微体化石在地史中的分布

存在的全部时限 ——

最有效时间段 ▨

		古生代								中生代			新生代					
													古近纪			新近纪		
		元古代	寒武纪	奥陶纪	志留纪	泥盆纪	密西西比纪	宾夕法尼亚纪	二叠纪	三叠纪	侏罗纪	白垩纪	古新世	始新世	渐新世	中新世	上新世	第四纪
硅质壳	1.硅藻																	
	2.硅鞭藻																	
	3.放射虫																	
有机质壁	4.疑源类																	
	5.几丁虫																	
	6.沟鞭藻																	
	7.孢子																	
	8.裸子植物花粉																	
	9.被子植物花粉																	
钙质壳	10.钙质超微化石																	
	11.有孔虫（底栖）																	
	12.有孔虫（䗴类）																	
	13.有孔虫																	
	14.有孔虫（浮游）																	
	15.介形虫																	
其他	116.牙形虫（磷酸质）																	
	17.有孔虫（胶结质）																	

图 9-62 所示为各类微体生物生活的古环境。棒的宽度表示各类微体生物的相对重要程度。

3）应用

传统上说古生物学家应用化石资料确定沉积岩地层的相对年龄、地层对比、古环境（特别是古水深）。这一工作依然非常重要，但现在新的方法已经扩展到用生物地层资料去分析热成熟度、层序地层学。

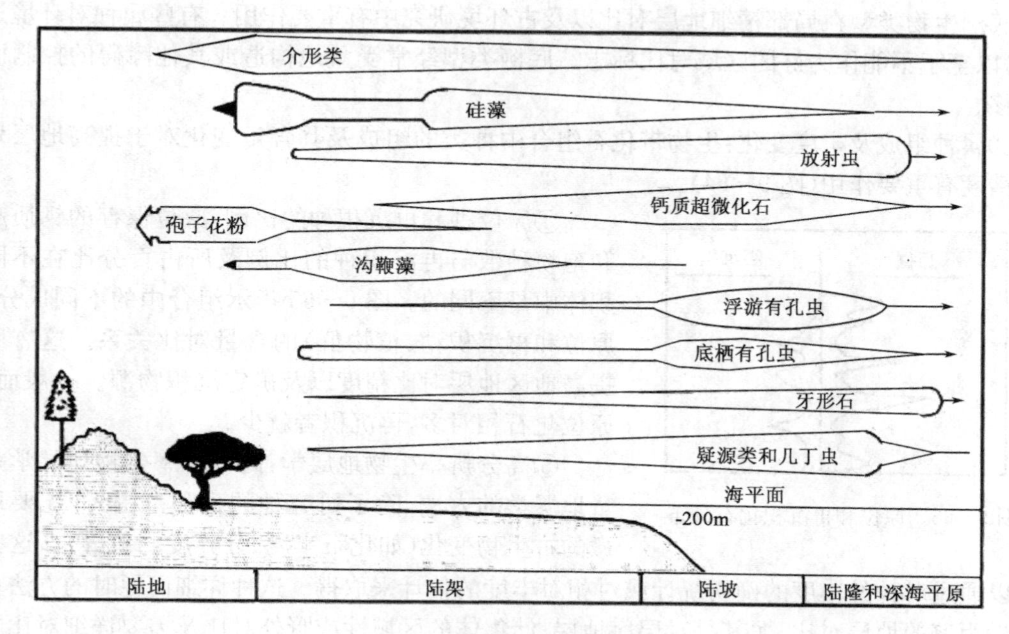

图 9－62　微体古生物的环境分布

(1)生物地层对比和年代确定。

①“顶界对比”:种的绝灭反映了一个顶界,即可用于层面的对比,在井下第一次出现的深度(在图 9－63 中用“＋”表示)是钻井剖面上常用的数据,种或类别最后出现的深度,即初现面(在图 9－63 中用“＊”表示),仅在露头剖面或岩心中较为可靠,因为,实际上岩屑样品很难避免崩落造成混合。然而,这对于细划地层仍是有帮助的。从种的出现到绝灭这一段是种的延限带(图 9－64),可以进行不同地区间的对比。

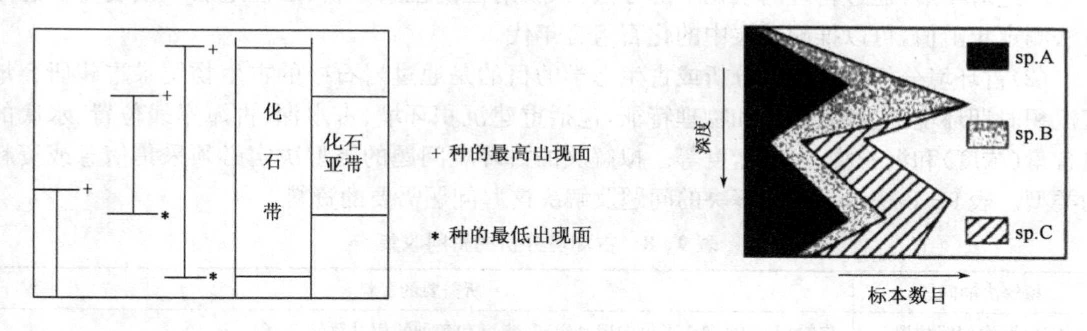

图 9－63　井中化石分布示意图　　　　图 9－64　井中化石分布曲线

一个生物地层带(zone)是由所含化石来定义或标示的一段地层(北美地层名称委员会,1983)。一群(类)化石的绝灭通常代表缺失或凝缩层。对末现面的对比是快速而经济的生物地层方法,也是常用的方法。

图 9－63 展示不同种延限范围(始现面和末现面之间)的交叠关系。

②浮游和底栖生物:漂浮(浮游)和游泳生物受环境因素的影响通常比底栖者(基底钻营生活)小。这里所指环境因素包括水深、物理障碍或基底变化。这一特点使得浮游生物化石,特别是钙质超微、浮游有孔虫、沟鞭藻以及笔石和游泳生物,比如牙形石,成为区域性甚至世界范围内确定海相地层时代的指示分子。

底栖生物类型在局部精细地层对比以及古环境研究中有重要作用。有些属种对环境过于敏感，以至于不能作为好的区域对比标志。底栖类型经常受盆地构造或其他障碍的控制而不能迁移。

③属种组成及丰度变化：生物带化石组合中种类的组成及其含量变化对于提高地层划分对比精度有重要作用(图 9－64)。

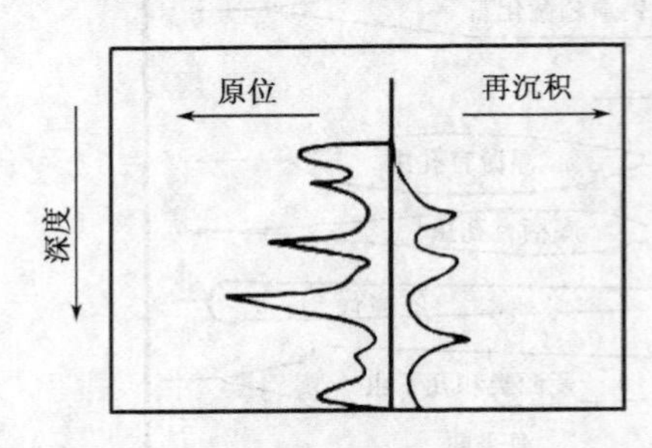

图 9－65　原位和再沉积化石分布

④原位种和再沉积种的比例：原位保存的钙质超微和孢粉种数与再沉积种的比例及所占百分比在不同沉积体中是不同的。图 9－65 指示组合中的不同成分(如原位和再沉积动、植物群)的含量对比关系。这有助于提高地区地层对比精度以及确定沉积物源。一般而言，原位化石相对多，再沉积者就少。

⑤高分辨率生物地层学：高分辨率生物地层学是定量地层学的方法，除了研究种的延限范围外，还要用细微的古生物变化(如化石丰度、分异度峰值等)。这些信息可以通过对种的丰度的确切统计或对相对丰度的估计来取得。这种详细而耗时的方法可以用于近距离的地层对比，尤其是对层序地层、储集体的区域性或野外对比及需要详细对比的任何问题最有效果。同一剖面上多门类化石的应用可以更好地解决地层对比问题，提高可信度。

⑥组合对比：在缺乏标准化石时(即以碎屑岩为主的地区或年代地层对比单元横跨不同古环境边界的地区)，传统的用化石绝灭界线来对比地层的方法之外的其他对比方法就起到重要作用。组合特征对比是其中常见的方法，其研究内容包括：a. 生物地层带中化石组合的种类组成及其丰度变化；b. 原层位和再沉积钙质超微或孢粉化石种的比例或百分比。组合信息还可以帮助我们认识各地层层序中的特征种。

⑦绝对年龄：通过物理的或化学的方法，如放射性同位素分析、磁性地层学或裂变径迹等方法测定年龄值，可以推测地层中的化石组合年代。

(2)古环境分析。古环境分析或古生态学的目的是通过岩石中的古生物纪录重建研究地区沉积时期环境的生物、化学和物理特征，包括重建沉积环境、古水深、古海岸线位置、水底的氧含量(浓度)和沉积物、水体盐度等。拟解决的古环境问题的类型决定必须采集信息或资料的类型。表 9－8 表示一些要解决的问题及解决这些问题需要的资料。

表 9－8　古环境分析的资料收集

拟解决的问题	所需要的资料
沉积环境/海岸线位置	孢粉、有孔虫和介形虫的属种组成、丰度和各种的相对数量
古气候/古海洋	对海水、气候敏感种的丰度和分布，钙质超微、浮游和底栖有孔虫、孢子花粉(即双气囊松粉和热带被子植物花粉)，有孔虫壳体氧同位素分析
氧浓度和盐度	有孔虫、介形虫、硅藻和对盐度敏感藻类(如 *Botryococcus*，*Pediastrum*)属的种及其分布

①种的分布与氧浓度：Lagoe(1987)研究了南 San Joaquin Valley 的上 Miocene Sandstone 中的 4 个底栖有孔虫种的生物相。他阐述了生物相的分布主要由氧浓度的变化所控制。氧浓度的变化，是由稀氧带低氧水流的位置波动及其强度造成的。图 9－66 中的生物相组合反映生活于不同古环境中的不同的或特别的生物类群，从左到右，生物相按照推测氧浓度的增加排列。地层分布特点有力地证明氧气含量是系统变化的。

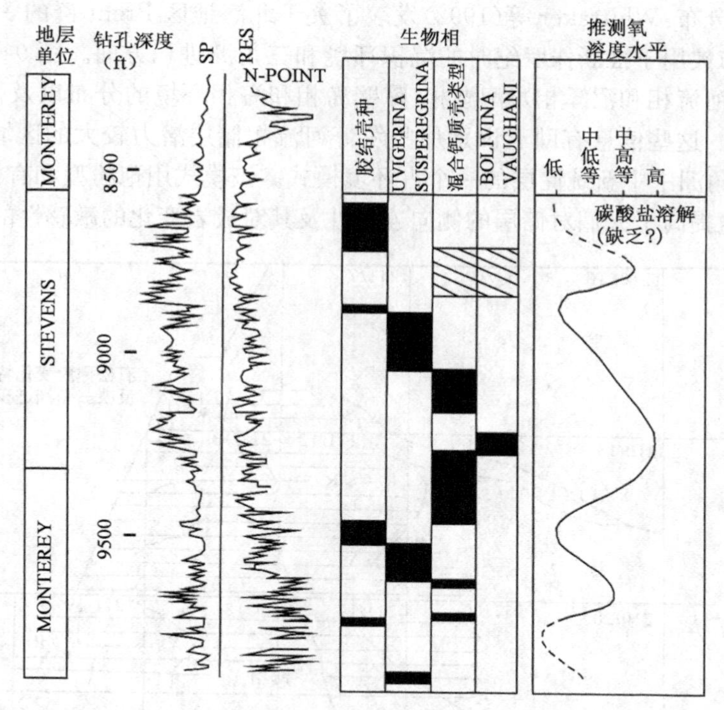

图 9-66　南 San Joaquin Valley 的上 Miocene Sandstone 中的有孔虫种的生物相(据 Lagoe,1989)

②壳体形态与氧浓度:加利福尼亚中部沿海岸现代环境中的有孔虫类箭头虫属(*Bolivina*)的一些近似种的形态差异明显与氧浓度相关(Douglas,1979,1981)。简言之,相对较大的种(*B. Argentea*)是典型的低氧环境种。生活于高氧浓度中(如陆棚深度范围)是小型的扁长形类型,而在低氧浓度环境(如盆地内深度)中的种个体大,呈披针形(图 9-67)。

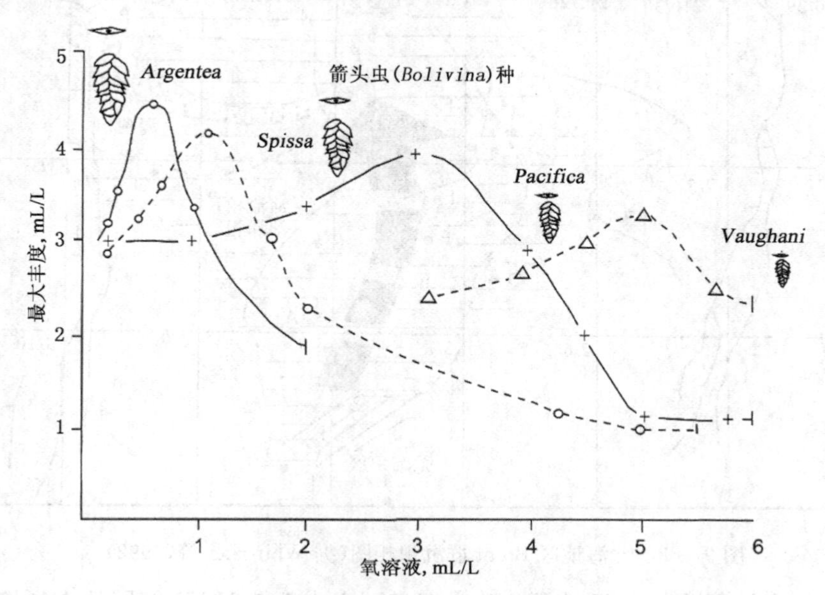

图 9-67　化石与氧浓度的关系(据 Douglas,1979)

③孢粉型的分布：Whittaker 等(1992)发表了关于北海地区 Brent 群的一个实例，在该例中，孢粉型的分布被用于推断侏罗纪时的沉积环境和三角洲进积方向。图 9-68 表示在某一时期内，非海相(河流相和沼泽相)、潟湖相、障壁岛相和海相环境的分布以及推测的沉积物搬运方向(大箭头)。这些信息有助于识别那些发育河流相储层潜力较大的区域。Oboh(1992)提出了 Niger 三角洲中中新统储层的一个古环境模式。该模式用孢粉型和有机质来更精确地解释沉积环境，这提高了人们对储层的侧向连续性及其对成岩变化的敏感性的认识。

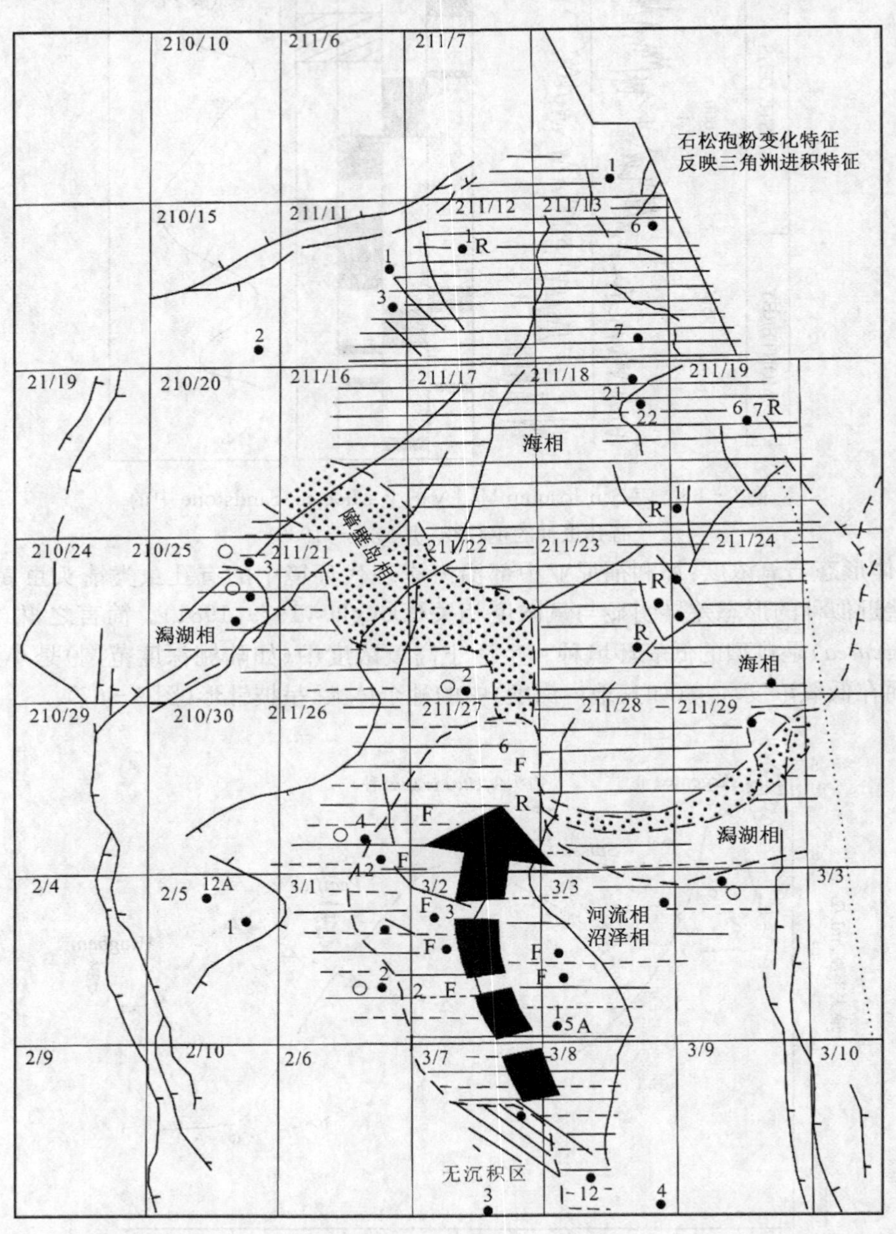

图 9-68　北海地区 Brent 群沉积相图(据 Whittaker 等，1992)

④古环境综合解释：图 9-69 表示 Niger 三角洲中中新统 EZ.0 储层的古环境综合解释。岩相从砾质砂岩(S1)变化至泥岩(M2)。孢粉相由以下物质组成：木材及无定形有机物；黑色

岩屑(内颗粒)和陆生植物树脂;木材及少量无定形有机物;黑色岩屑及木材、无定形有机物。古环境综合解释应当与根据其他资料所做的解释相结合(如测井学、沉积学、地震),并且标绘在井断面或横断面上。由于所保存化石古生态意义的多解性,古环境分析会有所局限。一般来讲,地质时代越老,古今生物的亲缘关系越加疏远,古环境的重建则更不准确和不可靠。

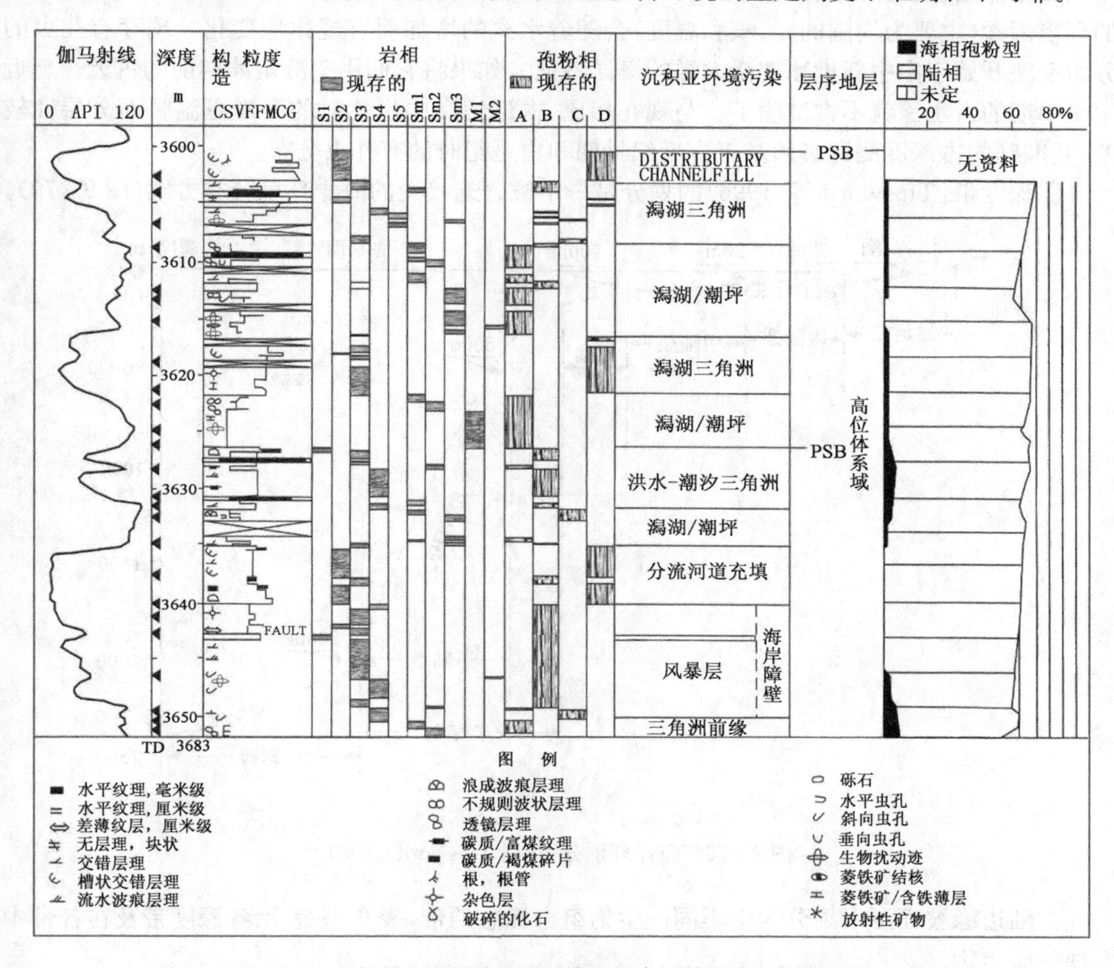

图 9-69 Niger 三角洲中中新统 EZ.0 储层的古环境综合解释(据 Oboh,1992)

(3)古水深确定。古水深确定即确定地质历史时期中的水体深度,由于它在确定盆地沉积史方面的作用而成为在石油勘探中运用最为广泛的一种古环境解释方法。底栖有孔虫常被应用于这一方法。作为底栖生物,有孔虫可以提供海底生存环境方面的信息。许多种有孔虫生活在一个相对有限的水深范围内,与此直接相关的是盆地内的水体分布,而不是古水深,其他一些海相微体化石有时用于更一般性的古深度确定。

①方法:通过研究现代有孔虫群落和种的分布,古生物学家能够断定或推断现存种的祖先种所适应的水深范围。这种方法以对现存种进行广泛研究为基础,以物种均变说为理论根据。该学说假定绝大多数现存种与它们的化石亲缘种有相同或非常相似的生存环境(Dodd 和 Stanton,1981)。更新世、上新世及中新世有孔虫中的大多数种要么依然现存,要么在现代海洋中有与其很近的亲缘种。在实践中,根据这种演化的稳定性可以准确估算追溯直至中新世中期时的古水深(大约 14.5Ma 前)。这一方法的准确性尽管随着地质时代的越久远而降低,

但在新生代范围内可以认为是广泛适用的。

②解释可靠性的限度：深度仅仅是在空间上未定的一点相对于海平面的垂向位置参数。与温度或盐度不同，深度并不是一个直接环境参数，因为它并不直接影响地形、海洋生物的分布或其生命过程。然而，有孔虫之所以能有助于我们估测古水深是因为许多影响其分布状况的环境因素（主要为周围的光、氧和温度）会随着水深的增加而有规律地变化。现存有孔虫的分布反映开始于中中新世冰期泛太洋的海洋特征。如果将它们用于测定冰期前的古近—新近纪早中期的古水深就不太准确了。与现在相比，古近纪和中生代时的海洋更温暖而分层性较差，其准确的古深度测定必须基于古近纪早期和白垩纪时的有孔虫分布。

③深度带：Tipsword 等（1996）的划分是一个被普遍接受的海洋环境分类方案（图 9－70）。

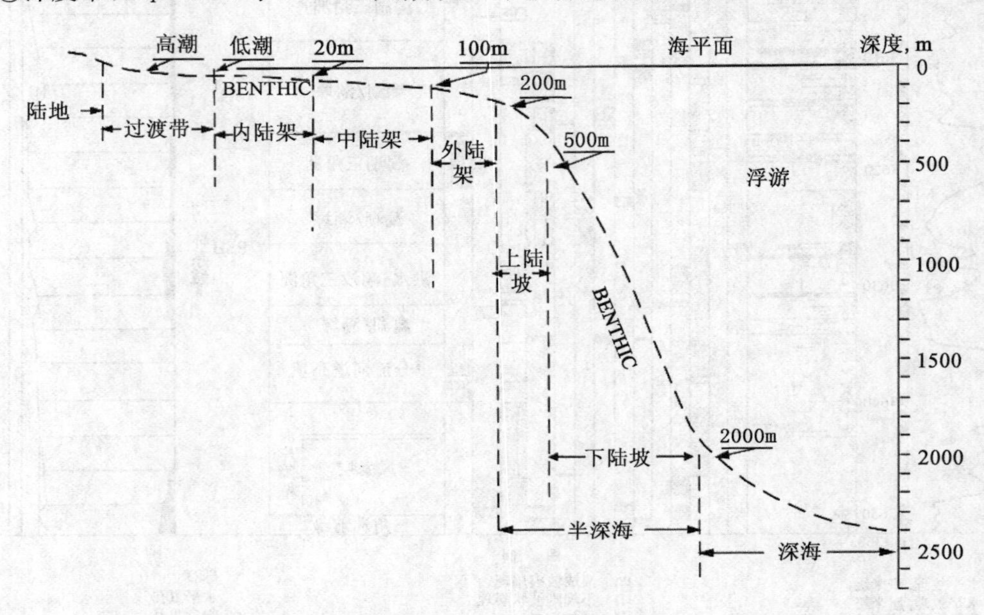

图 9－70　海洋环境分类（据 Tipsword，1996）

大陆边缘坡面可以划分为由不同微生物组合标志的带，表 9－9 表示各深度带及在各带中发现的微生物。

表 9－9　不同深度带的微古生物分布

深 度 带	所发现的微生物
陆相带（或非海相）	出现非海相介形类、硅藻、孢子、花粉与陆生植物碎屑，缺乏海相化石
过渡带（或边缘海）	分异度较低的、适应低盐度的有孔虫、藻类、沟鞭藻和介形类
海相带 浅海（陆棚） 半深海（陆坡） 深海（海底）	典型的底栖有孔虫动物群；一般而言，随着深度和离岸距离的增大，浮游生物的相对丰度增加，在远洋环境中通常会成为主要的化石群落

有孔虫，尤其是底栖种类，可能有很强的地方性，相互隔离地区的动物群可能包含截然不同的种类组合。在推断沉积物的古水深时，我们必须了解研究区占主要地位的与水深有关的现存种的主要分布状况。

二、构造研究

研究构造与油气聚集的关系是油气田勘探的重要内容之一；弄清构造性质、形态特征和分布范围，则是油气田开发的重要地质基础。油气田地下构造的研究成果是勘探部署、储量计算、开发设计和动态分析的重要依据。

研究油气田地下构造必须具备丰富的基础资料，常用的资料有：

①钻井资料。通过钻井建立起的钻井地层剖面，为恢复地下构造建立了骨架。用此去校正地震资料，能为详探和开发提供与实际情况相吻合的构造特征和图件。在钻井资料较多的情况下，通过钻井剖面的地层对比，可获得各地层界面的实际高程、起伏状况、岩性特征、含油气水情况及断点的位置、层位、落差等资料。据此绘制而成的构造图件，进一步加深了对地下构造的认识。因此，它是研究地下构造的重要基础。

②测井资料（包括倾角测井）。通过对所钻井的测井曲线的分析，可获得岩性特征、地层界面、层位的重复与缺失等资料，为地下构造的研究提供可靠的依据。

③地震资料。它提供的各测线剖面图，对于分析一个地区的构造形态、高点位置、闭合面积、闭合高度以及断层特征，具有完整、齐全、连续的特点，但准确性较差。因此必须用钻井资料校正才能得到切实可靠的成果。

④动态资料。动态资料包括井下地层含油气水情况，井间油水动态情况。它既可检验构造研究的成果；又可以给构造研究提出问题，以便配合其他资料解决构造问题。这在注水开发的油田中，作用尤其明显。

1. 根据钻井资料研究构造

在油田生产中，钻井信息是一种离散信息，要解决一个连续的构造问题，必须采用单井构造现象的识别与多井横向对比相结合的研究思路。

1）井下断层研究

断层是重要的油田构造之一。断裂作用可能使地下油气散失，也可能使地下油气富集。它既可以改善开发效果，也可能成为注水的屏障。

（1）井下断层的识别。断裂活动将引起一系列地层与构造变化，也将改变油气层的埋藏条件，引起流体性质和压力的变异。与断层共存的各种标志都将有助于判断地下断层的存在。

①井下地层的重复与缺失。将单井综合解释的地层剖面与该区的综合柱状剖面对比，可以确定井剖面上地层的重复或缺失以及同层厚度的急剧增厚或减薄。在地层倾角小于断层面倾角的情况下，钻遇正断层地层缺失，钻遇逆断层地层重复；反之，当断面倾向与地层倾向一致，且地层倾角大于断面倾角的情况下，穿过正断层地层重复，穿过逆断层则地层缺失。图 9－71中 2 井是钻遇全部 1～8 层的正常地层剖面，1 井与正常剖面相比缺失 5 层下部、4 层及 3 层上部，可判断 1 井钻遇了正断层。3 井与正常剖面相比，从 5 层下部开始重复 5、4、3 各层，可以判断 3 井钻遇了逆断层。

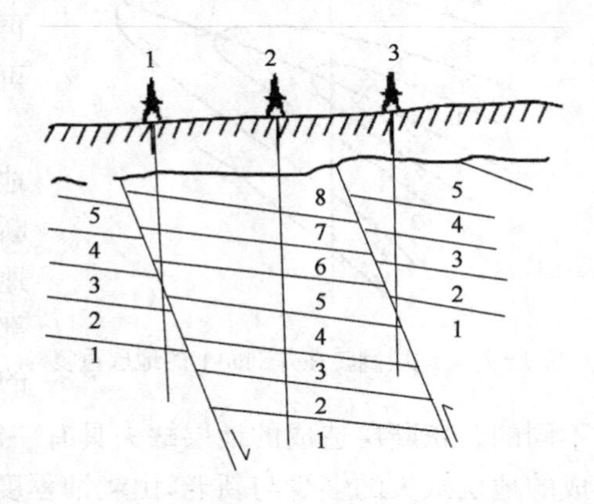

图 9－71　断层产生的地层重复与缺失示意图

确定了井下断层性质之后，就要进一步确定断点井深及断距大小。如图 9－72 所示，乙井是正常剖面，甲井剖面中的 D1、D2、E、F 地层重复，表明它钻遇了逆断层，断点在第一次出现的 F 层的底界，井深 851m，两次出现的 F 层底界之差（876～851m），是重复地层的钻厚 27m。如果是铅直井，此厚度就是地层铅直断距。正断层断点确定方法与此相同，缺失地层段的起始点为断点。对于铅直井，缺失层段的厚度为垂直断距，也称断层落差。

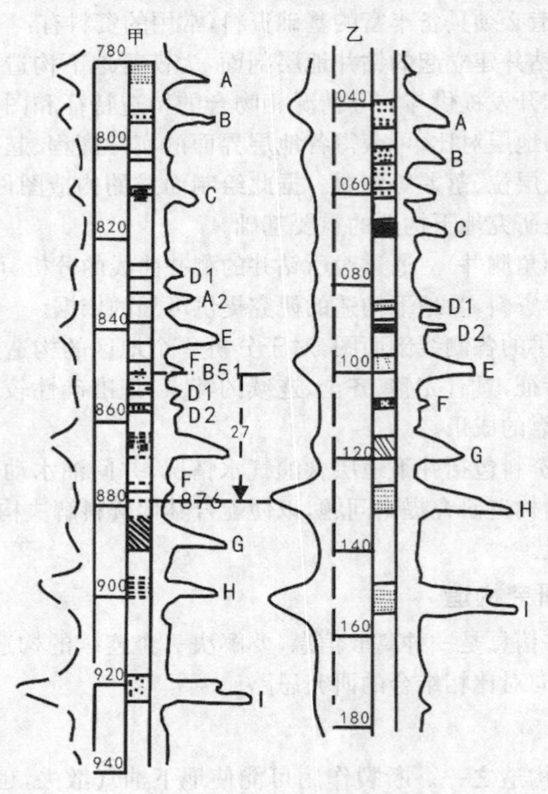

图 9－72　井下断点的确定

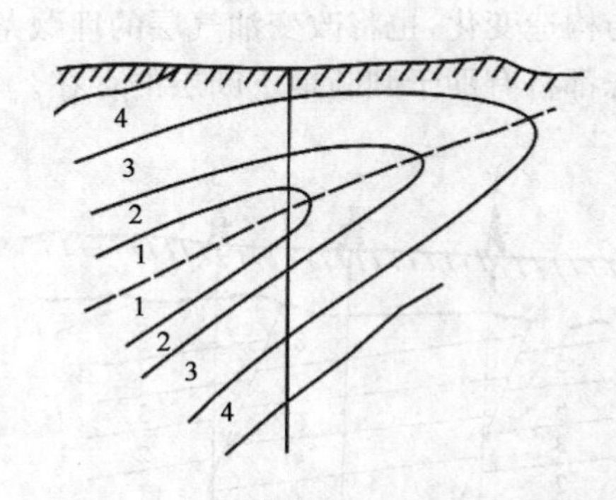

图 9－73　地层倒转在井剖面上的地层重复

值得注意的是，要区分倒转背斜造成的地层重复。如图 9－73 所示，钻遇倒转背斜，地层层序是由新到老，再由老到新，反序重复。而钻遇逆断层则是由新到老，再由新到老，正序重复。据此，二者是不难区别的。

此外，还必须注意区分不整合面上地层超覆造成的地层缺失。在新探区，仅凭一口井剖面的地层缺失来判断是正断层还是不整合面是困难的。但在研究了区域地层剖面的基础上是不难区别的。断层仅在钻遇它的部分井中出现地层缺失，而不整合面具有区域性，更多的井中都出现地层缺失。而且它们缺失地层的层序是不同的。正断层造成的地层缺失具有一定的方向性，缺失地层由老到新逐渐发展，而不整合造成的地层缺失的多少与新老，由剥蚀程度决定，是按平面分布的。

另外，断层往往伴有牵引、摩擦、挤压等现象及破裂作用造成的岩石破碎带，而不整合面上常有砾岩、粗砂岩及风化产物。地质录井中应细心观察，注意区别。

②在短距离内，同层厚度突变。地层部分重复或缺失造成同层厚度突变(图 9－74)。通过地层的细分对比是可以把这种小断层判断出来的。

③在近距离内，标准层海拔高程相差悬殊。断层从井间通过造成的高程差，如图 9－75 所示。它可能是单斜挠曲造成的，这就必须参考其他资料综合分析，加以区别。

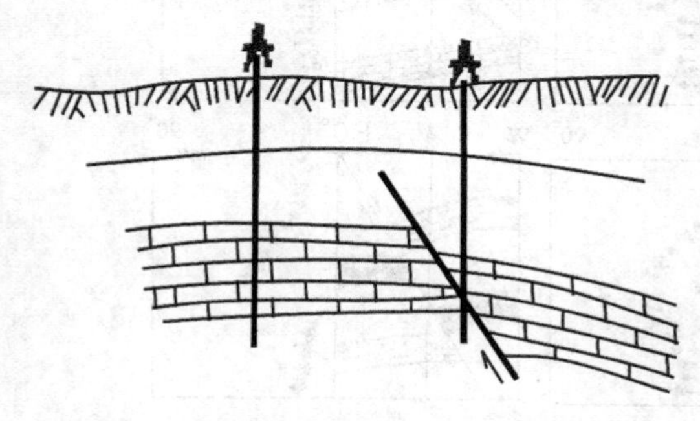

图 9－74　因断层出现的同层厚度异常

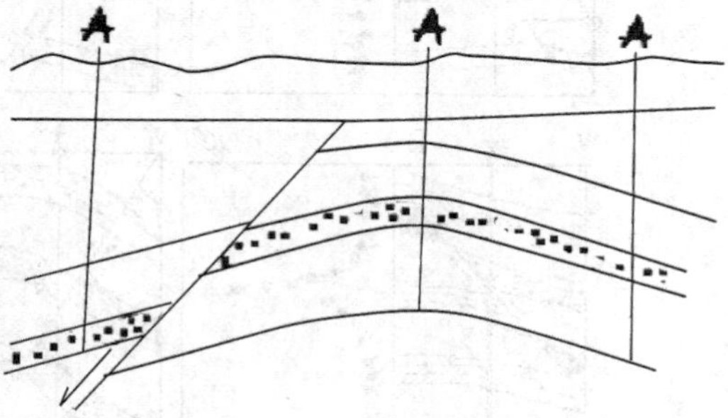

图 9－75　因断层引起的标准层高程相差悬殊

④石油性质的变化。由于断层的切割，同一油层成为互不连通的断块。各断块中的油气是在不同地球化学条件下聚集并保存起来的，因而石油性质出现明显差异。如图 9－76 所示，同一油层的石油密度、含胶量和含蜡量曲线在断层两侧有明显的变异。

⑤折算压力和油水界面的差异。由于断层的切割作用，使其两侧的油层处于不同深度，互不连通，各自形成独立的压力系统。同一压力系统中，压力互相传导，直至平衡。因此，各井油层折算压力相等；而不同压力系统，其折算压力完全不同(图 9－77)。同理，油水界面的高程在断层两侧也是完全不同的。

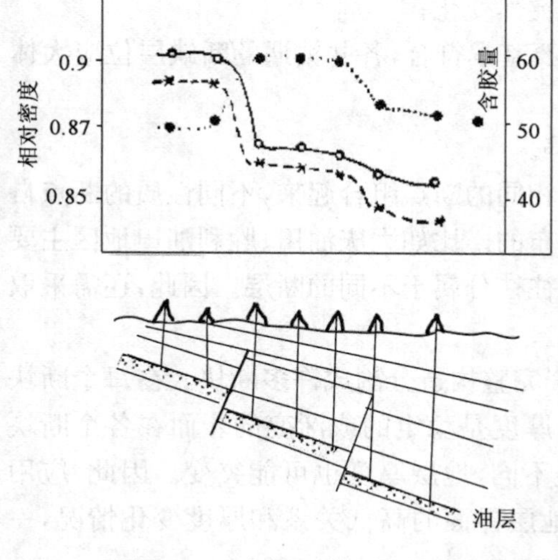

图 9－76　断层引起石油性质变异

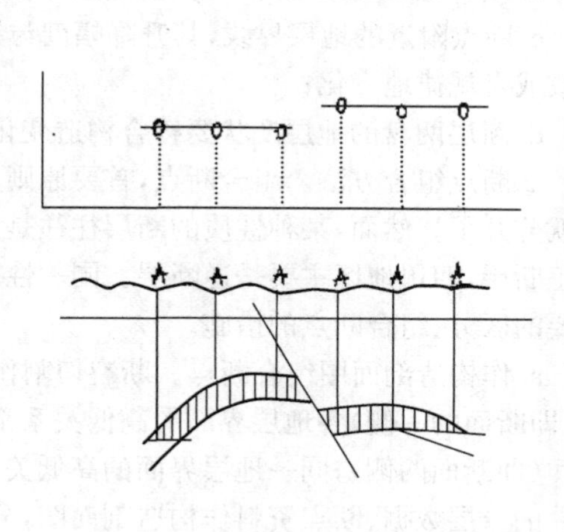

图 9－77　断层造成折算压力的差异

⑥在地层倾斜测井矢量图上的特征。由于断裂作用，使断层上、下盘地层产状变异，在倾角测井矢量图上表现出明显的差异；构造力使岩石破裂，在断层面附近形成破碎带，在倾斜矢量图上出现杂乱模式或空白带；由于构造应力的作用，通常在断层附近发生牵引现象，使局部地层变陡或变缓，这种畸变带在倾斜矢量图上表现为红模式或蓝模式。根据倾斜矢量图的变异特征，可以比较准确地确定断点位置、断层走向及断面产状(图 9－78)。

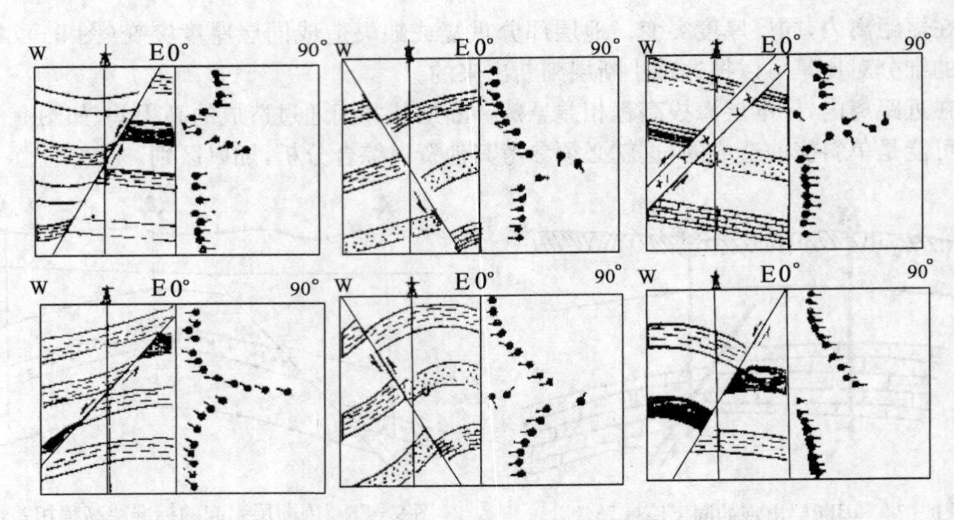

图 9-78　断层在倾角矢量图上的反映(据 Schlumberger,1970)

(2)断点组合。在单井剖面上确定了断点,只能说明钻遇了断层,还不能确切掌握整条断层面特征。在多断层地区,每口井都钻遇了几个断层,哪些断点属于同一条断层?几条断层之间的关系如何?这些都需要对断点进行研究,把属于同一条断层的各个断点联系起来,全面研究整条断层的特征,这项工作称为断点组合。

①断点组合的一般原则。在组合井间断点时,应遵循如下基本原则:

a. 各井钻通的同一条断层的断点,其断层性质应该一致,断层面产状和铅直断距应大体一致或有规律的变化;

b. 组合起来的断层,同一盘的地层厚度不能出现突然变化;

c. 断点附近的地层界线,其升降幅度与铅直断距要基本符合,各井钻遇的断缺层位应大体一致或有规律地变化;

d. 断层两盘的地层产状要符合构造变化的总趋势。

②断点组合方法。组合断点,首要原则是将性质相同的断点组合起来,不同性质的断点自然就分开了。然而,某种性质的断层往往是区域性分布的。比如大庆油田、胜利油田地区主要是正断层,四川地区主要是逆断层。同一性质的断点往往分属于不同的断层。因此,还需采取必要的区分、组合断点的措施。

a. 作构造剖面图组合断点。断裂切割作用把一个完整构造分割成许多断块。在每个断块内(即断面的一侧)各地层界面的高低关系是相对的,厚度是稳定的或渐变的。而在各个断块之间(即断面两侧),同一地层界面的高低关系有明显不同,地层厚度也可能突变。因此,应用各井的分层数据、断点资料作构造剖面图,分析各个地层界面的高低关系和厚度变化情况,一般能够把同一条断层的各个断点组合起来。

b. 作断面等值线图组合断点。断层面等值线图可以表现一条断层的倾向、倾角、走向、断距及分布范围。同一断层的这些要素在它的分布范围内是渐变的,其断面等值线也是有规律分布的;不同的断层,其断面等值线的变化趋势则是不同的。

为了区分复杂区同井钻遇的多个断点,可以在远离复杂区的单断点区先编制断面等值线图,获得该断层的基本要素后,再由已知的走向、倾向、倾角、落差等,逐渐向复杂区延伸,把多断点区分开来,进而作出各条断层的断面等值线图(图 9-79)。

c.综合分析。在地下构造复杂的地区,井下断点多,断点组合往往具多解性,需要综合分析各项资料,互相验证,选出较合理的断点组合方案。首先,断面等值线图、构造剖面和构造草图要互相验证。同时参考地震资料所提供的区域构造特征和分布模式,若有矛盾,查明原因,调整断点组合方案,直到前述各项原则与各种构造图件互相吻合为止。只要有条件应尽量利用地层流体性质、油气水分布关系和压力恢复曲线特征来验证所组合成的断层。

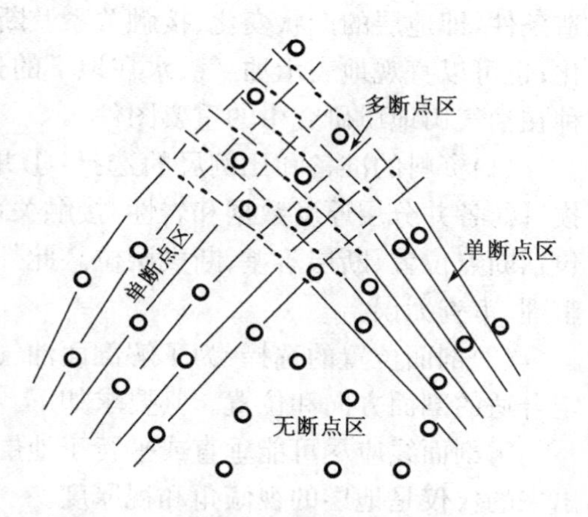

图 9-79　利用断面等值线图组合断点

(3)断面构造图的编制与应用。断面构造图又称断层面等高线图,它是以等高线表示断层面起伏形态的图件。编制断面构造图的原始资料是各井属同一断层的断点的标高和井位图。作图一般用三角网法,有时也用剖面法(图 9-80)。断面构造图与油层构造等值线图重叠,把相同数值的等高线的交点连接起来,即得到构造图上断层线的位置。

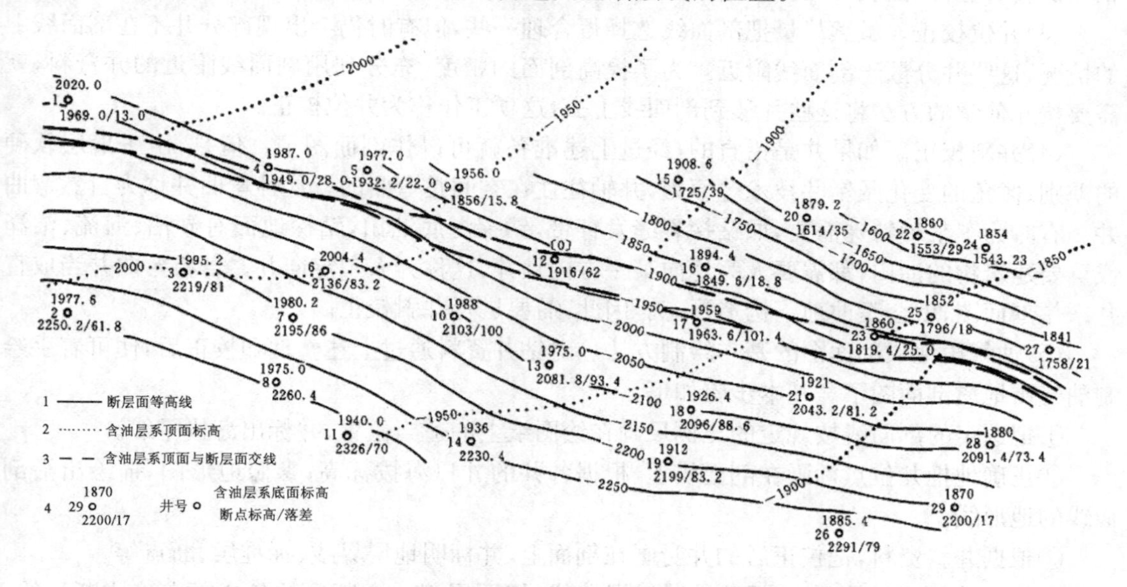

图 9-80　编制断层面图及确定含油层顶、底面与断层面交线示例

断面构造图可以直观地、形象地了解地下断层的产状要素及其变化情况,断层延伸范围(长度和深度)以及断层对地层的切割关系。

断面构造图上绘制的两条断层线(断层面与上、下盘含油层系顶、底界面的交线如图9-80中的粗线)能够清楚地反映出整个油层顶、底面被断开的具体位置和水平距离。

综上所述,在即将投入开发的油田上(尤其是断块油田)编制断面构造图是很必要的,也是可能的。它不仅可以从整体上研究一条断层的特征和规模,而且可以检查断点组合是否正确,尤其重要的是,它可以指导在断层附近合理部署开发井。

2)油气田地质剖面图的编制

油气田地质剖面图是沿油气田某一方向切开的垂直断面图。它可以反映油气田的地下构造条件，即地层的产状变化、接触关系及断裂情况等；可以反映地层岩性、物性及厚度的横向变化；也可以直观地表示油、气、水在地下的分布状况，油气藏在地下的空间位置。因此，它是一种在油气田地质研究中的重要图件。

(1)资料的准备和比例尺的选择：①井位图；②井口海拔数据（一般旋转钻指转盘补心海拔）；③各井分层厚度数据和岩性、接触关系资料；④各井含油、气井段数据；⑤各井断层数据，包括断点位置、断层落差、断失层位。此外，还要参考地震构造图和剖面图。对这些资料应当整理、审查无误。

(2)剖面位置的选择：为了解剖面油气田构造，在编制剖面图之前，通常还要在井位图上选定合适的剖面方向和位置。其要求如下：

①剖面线应尽可能垂直或平行于地层走向，以便真实地反映地下构造。否则，剖面上反映出来的仅仅是地层的视倾角和视厚度。

②剖面线应尽量穿过更多的井，以便提高剖面的可靠程度。

③剖面线应尽量均匀分布于油田构造上，以便全面了解油气田地下构造特征。

此外，为达到某些特殊目的，对剖面方向和位置应作特殊安排。比如，为了反映断裂带或轴向倒转部位，剖面线可安排穿过这些部位。

(3)井位校正。虽然尽量把剖面线选择得合理一些，但有时仍会出现部分井不在剖面线上的情况，这些井分散于剖面线附近。为了提高剖面的精度，充分利用剖面线附近的井资料，就需要按几何学的方法将这些井移到剖面线上去，这项工作称为井位校正。

(4)井斜校正。如果井是铅直的，经过上述准备就可以作剖面图了。但是，由于地层软硬的差别、倾角的变化及钻井技术等原因，井轴往往在空间是弯曲的。这种弯曲井称为自然弯曲井。有时为了某种特殊需要，如钻探裂缝发育带，钻探海底油田，钻探地面有湖泊、河流、沼泽或重要建筑物的油田，都需要人为地向某一方向钻井，这称为人工定向井。若将弯曲井当成直井来作剖面图，就会歪曲地下构造形态。因此，需要进行井斜校正。

(5)油气田地质剖面图的基本绘制方法。对钻井资料通过上述整理和校正后，便可着手绘制油气田地质剖面图了。基本步骤如下：

①把选定的剖面线按规定的比例尺画在绘图纸上的适当位置，并标出海拔零线。

②正确地把井位点标画在剖面线上，根据各井的井口海拔标高，参照地形图，描绘出沿剖面线的地形线。

③根据井斜资料，把校正后的井身画在剖面上，并标明地层界线、标准层、断点等。

④将各井相同层的顶、底界面连成平滑曲线，把同属于一个断层的各个断点连成断层线。最后，注明各项图件要素，包括图名、比例尺、剖面方向及制图日期、制图单位和制图人，即基本完成图件。

(6)油气田地质剖面图的类型及应用。根据石油及天然气勘探开发的需要，油气田地质剖面图可从不同角度表现油气田的地下地质情况，即可以突出主要部分而省掉次要部分，从而编制成各种不同类型的剖面图。归纳起来主要有三种：

①油气田构造剖面图。图 9－81 就是油气田地下构造横剖面图，它突出表现钻遇地层的构造特征。也可以只表现油层、标准层、特征层的构造特征。

②油田地层剖面图。它是在地层对比基础上作出的图件，它着重表现地层厚度、岩性、物性、含油性的纵横向变化。只画油层部分的地层剖面图称油层剖面图。表现油层空间变化的称为油层栅状图。

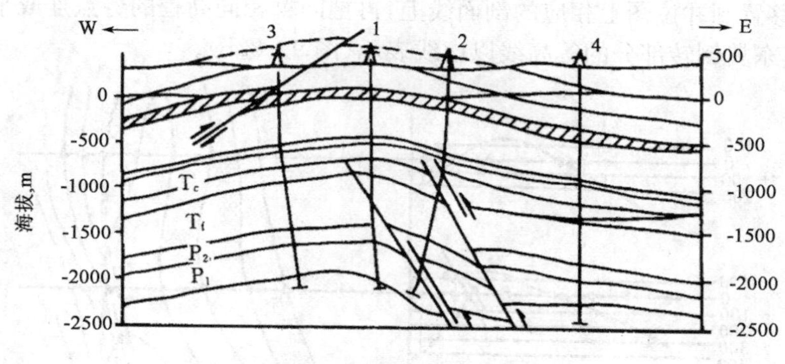

图 9-81　油气田构造横剖面图

③油气田地质剖面图。它是全面表现油气田地下构造、地层及含油气情况的剖面图。在上述基本作图的同时,再加绘地层厚度、岩性、接触关系、油气水井段等内容。这种图资料齐全,但重点不突出、不清晰。因此,还是从需要出发,突出油气田的某个侧面编制剖面图为宜。

3)油气田构造图的编制

油气田构造图是表示地下油层或油层附近标准层构造形态的等高线图。构造图是油田地质研究的成果图,又是油气田勘探开发中新井设计、储量计算、拟定开发方案及动态分析的重要底图。

(1)编制油田地下构造图的准备工作。

①选择制图标准层。编制构造图实质上是以等高线来描绘标准层界面对于基准面的起伏特征。油田地质研究中,通常选择油层或油层附近的标准层为制图标准层,描绘其顶界面或底界面的起伏特征。除了侵蚀突起油藏或生物礁块油藏,一般是不选择不整合面和冲刷面为制图标准层的。通常把海平面作为制图基准面,海平面的高程作为零,其上为正,其下为负。

②弯井处理和海拔标高的计算。井身的弯曲产生了两方面的影响,一是井位的水平位移,二是弯井井深都大于它的铅直井深。如不恰当处理弯井,势必造成地下构造形态的严重歪曲。编制油田剖面图时,把弯井投影到剖面上去,同时消除了上述两种影响。编制油气田构造图时,弯井处理的主要任务是求弯井钻达制图标准层顶界面(或底界面)时的地下井位和铅直井深。

(2)绘制构造图的基本方法。人工绘制构造图的方法有以下两种。

①三角网法。编绘构造图的三角网法,是在校正后的井位图上,把制图标准层在各井的海拔高程标在相应的井位旁,将井点连成三角形网状系统,然后,在三角形两顶点之间进行内插,连接等高程各点作成构造图。此法又称为内插法,是现场广泛使用的一种方法。该方法适用于比较平缓、保存完整的构造。

②剖面法。剖面法绘制构造图,适用于地层倾角陡、被断层复杂化了的构造。当油田构造属于狭长背斜,探井剖面往往与褶皱走向垂直,井剖面之间距离较远,这时常用制图标准层的一系列平行横剖面(或加一条纵剖面)来绘制构造图。剖面图是由钻井资料(有时参考地震剖面)事先编制的。如图 9-82 所示,构造图上的等高线可看成一组等间距的水平面与该制图标准层的交线。因此,当利用构造纵、横剖面图绘制构造图时,首先应在剖面上按选定的等高距作平行于海平面的若干平行线(图 9-82a),把这些平行线与制图标准层的交点垂直投影到水平基线上,并注明各投影点的海拔高程。各个剖面都进行这样的投影。然后将各剖面水平基

线上的投影点移置到井位图上相应的剖面线上，再把同翼相同高程的各点连成平滑曲线，绘成倒转构造图，其东翼倒转部分的等高线以虚线表示（图 9－82b）。

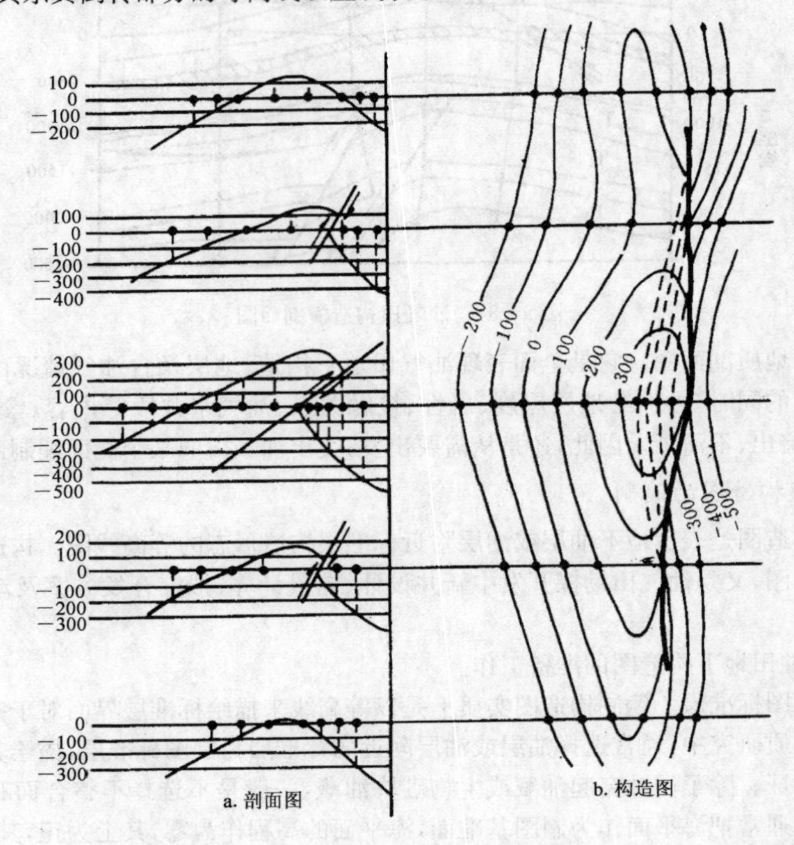

图 9－82　用剖面法绘制构造图

2. 根据倾角测井资料研究构造

地层倾角测井资料获取的是钻井剖面中不同深度地层界面的倾角和方位角，按照地学中地质规律的时—空相依性原则，通过一定的作图流程，可以方便地得到井筒周围一定范围内的构造图及构造特征。

1）褶皱构造的研究

在没有断层的情况下，可认为褶皱构造存在 7 种基本类型（图 9－83）：水平层、低倾角单斜层、高倾角单斜层、无倾没褶皱、倾没褶皱、双倾没褶皱、圆形穹隆。

根据倾角测井资料，采用 5 个基本步骤可实现对井区局部构造的成图。以倾伏褶皱为例，说明这一制图过程。

某背斜褶曲为东西向倾斜，轴面西倾，背斜向北倾伏。有一口井钻遇顺序是北西翼→轴面→北东翼。根据一口井的倾角测井资料就可绘出构造平面图，具体做法是：

(1)绘倾角与倾斜方位角关系图。从图 9－84a 可以看出点子不是集中在铁轨模式内，而是形成 U 字形（或马蹄铁形）模式。这时倾斜方位是由褶皱侧翼的方位和褶皱倾伏的方位合成的。由该图可以确定：

①构造变动最大方向（TT'）为东西向，构造变动最小方向（LL'）；

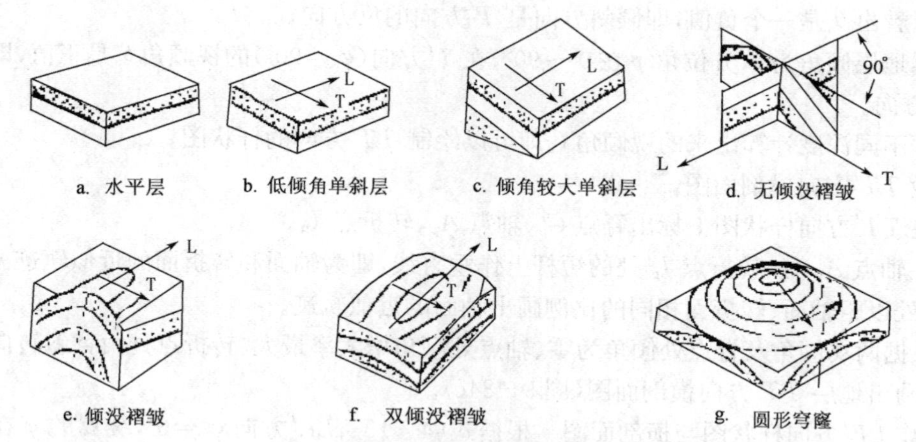

图 9－83 褶皱构造的基本形式

②两翼倾角与方位角由马蹄铁形两个端点确定；

③褶曲的倾伏角与倾伏方位角由马蹄铁形最低点确定。

(2)作倾角与深度关系图、方位角与深度关系图。倾角与深度关系图(图 9－84b)可以看出，自上翼地层至倾伏脊面，倾角随深度增加而逐渐减小；由脊面到轴面倾角逐渐加大，在轴面处倾角增大率为最大；由轴面至转折面倾角继续增大，但增大率逐渐减小；过转折面以后，倾角随深度增加而减小了。

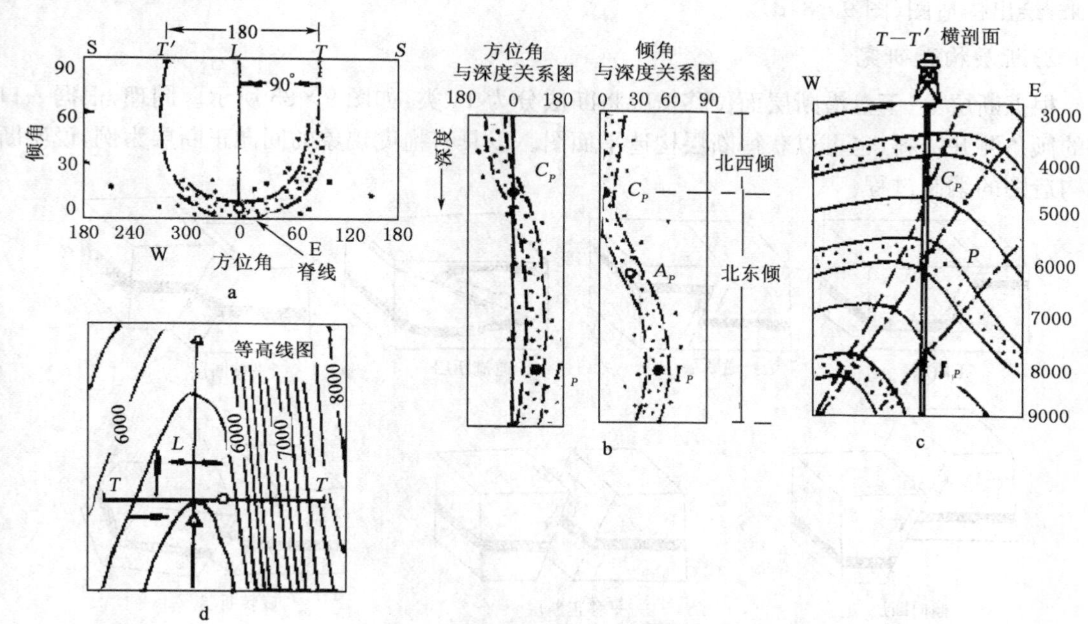

图 9－84 倾伏褶皱绘制方法示意图

方位角与深度关系图(图 9－84b)随深度增大，地层逐渐由北西倾变为北东倾。在脊点处方位角变化最大，由此确定脊线是向北倾伏的。

(3)作 TT'方向杆状图与横剖面图。

①TT'方向杆状图。缓翼地层倾角为 θ，方位角 φ 在 270°～360°，在 T'方向($\varphi_a=90°$)的视倾角 θ_a 为：

$$\tan\theta_a=\tan\theta\cos(\varphi-\varphi_a) \tag{9-3}$$

可以看出 θ_a 是一个负值，即倾斜方向是 T' 方向的反方向。

陡翼地层倾角为 θ，方位角 φ 在 $0°\sim90°$，在 T' 方向（$\varphi_a=90°$）的视倾角 θ_a 是正值，即倾斜方向为 T' 方向。

根据不同深度计算出来的视倾角 θ_a 即可以绘制 TT' 方向的杆状图。

②做 TT' 方向横剖面图。

a. 在 TT' 方向杆状图上标出脊点 C_p、轴点 A_p、转折点 I_p。

b. 在轴点 A_p 处、转折点 I_p 处的短杆上作垂直线，即为轴面和转折面的近似轨迹。然后在脊点 C_p 处以距轴面、转折面相同的比例画出轴面的近似轨迹。

c. 根据两翼倾角及脊点处倾角为零、轴点处倾角增大率最大、转折点处由背斜转向向斜等特殊点，画出地层 TT' 方向横剖面图（图 9-84c）。

(4)作 LL' 方向杆状图与横剖面图。根据式(4-13)，LL' 方向 $\varphi_a=0°$，缓翼的 φ 在 $270°\sim360°$，求出的 θ_a 为正值，陡翼的 φ 在 $0°\sim90°$，求出的 θ_a 也为正值。不论缓翼和陡翼，求出的视倾角全为相同值，即构造倾伏角 P。由此得出，LL' 方向杆状图由向 L' 方向倾斜的倾角为 P 的小杆组成。LL' 方向横剖面图，将杆状图在横向上（与纵向有同样的比例尺）延伸即得。

(5)绘构造平面图。先确定需要制图的地层顶面，在井位处标上该地层顶部深度。过井位在横坐标画 TT' 剖面线，标上该地层顶界在 TT' 剖面线各点的深度。过井位在纵坐标画 LL' 剖面线，也标上地层顶界在 LL' 剖面线各点的深度。用绘等值线的方法把深度相同的点连接起来，绘出构造图（图 9-84d）。

2)*断层构造研究*

根据断层上、下盘沿断层面位移情况将断层分为 11 类，如图 9-85 所示。同理，根据一口井的倾角测井资料，也可以获得断层构造平面图。以具有拖曳现象的同向正断层为例，说明断层构造图的编制过程。

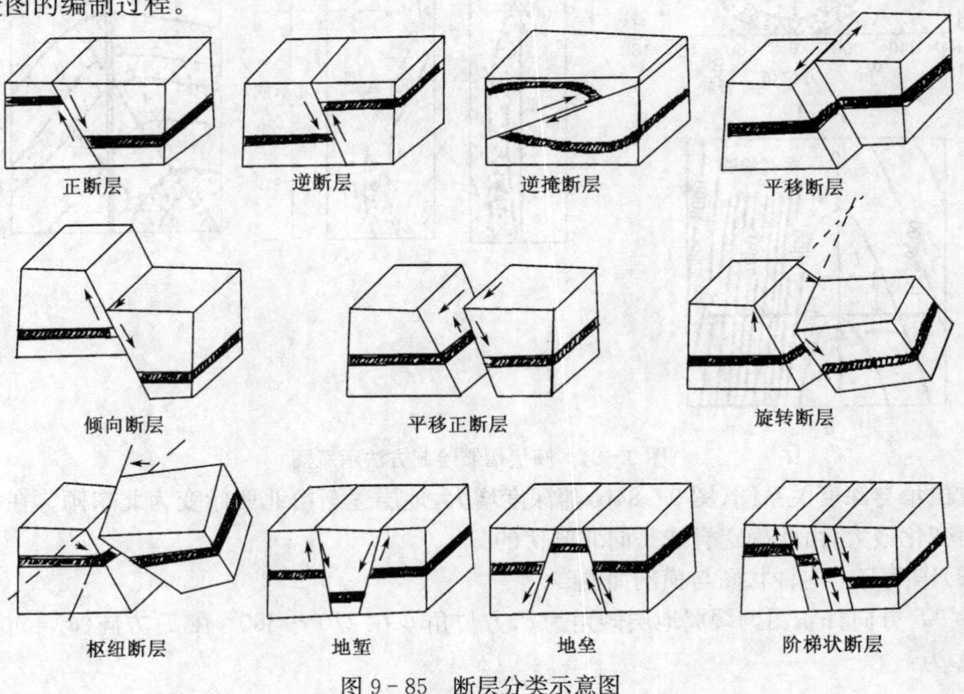

图 9-85　断层分类示意图

(1)绘倾角与倾斜方位角关系图。图 9-86a 中点子分布可分为两个区，用圆圈起来的中心点位置表示断层上、下盘的倾角和倾斜方位角，形如喇叭口区的位置表示上盘拖曳区和下盘拖曳区的倾角与倾斜方位角。图上没有出现不完整的马蹄铁形，说明断裂地层是无倾伏的单斜层。图上还可以确定构造变动最大方向(T 方向)为东西向，变化最小方向(L 方向)为南北向。

(2)绘倾角、方位角与深度关系图。倾角与深度关系图(图 9-86b)，其颜色模式为绿→红→蓝→绿，由它可以确定：

①红色模式的地点深度为断点深度。

②从其他测并资料分析，在断层附近有地层缺失，说明该模式断层为断面与层面倾向一致的正断层。

③由于是断面与层面倾向一致的正断层，故红色模式的最大倾角为断面倾角。

倾斜方位角与深度关系(图 9-86b)为一直线，说明方位一致，无变化。

(3)T 方向杆状图与横剖面图。已知：$\tan\theta_a=\tan\theta\cdot\cos(\varphi-\varphi_a)$，$T$ 方向 $\varphi_a=90°$，地层倾角为 θ，倾斜方位角 $\varphi=90°$，则 T 方向的视倾角为：$\theta_a=90°$。

根据不同深度的视倾角，作出 T 方向杆状图。在 T 方向杆状图上标出断点，根据断点处的倾斜杆画出断层面，根据上盘、上盘拖曳区、下盘拖曳区、下盘等的倾角，画出 T 方向横剖面图(图 9-86c)。

(4)L 方向杆状图与横剖面图。L 方向 $\varphi_a=0°$，其视倾角 $\theta_a=0°$，杆状图由水平杆组成；L 方向的横剖面图由一组互相平行的水平层组成。

(5)断层构造等高线图。有了 T、L 两个方向的横剖面图，就可以作出某一岩层顶界构造等高线图(图 9-86d)。

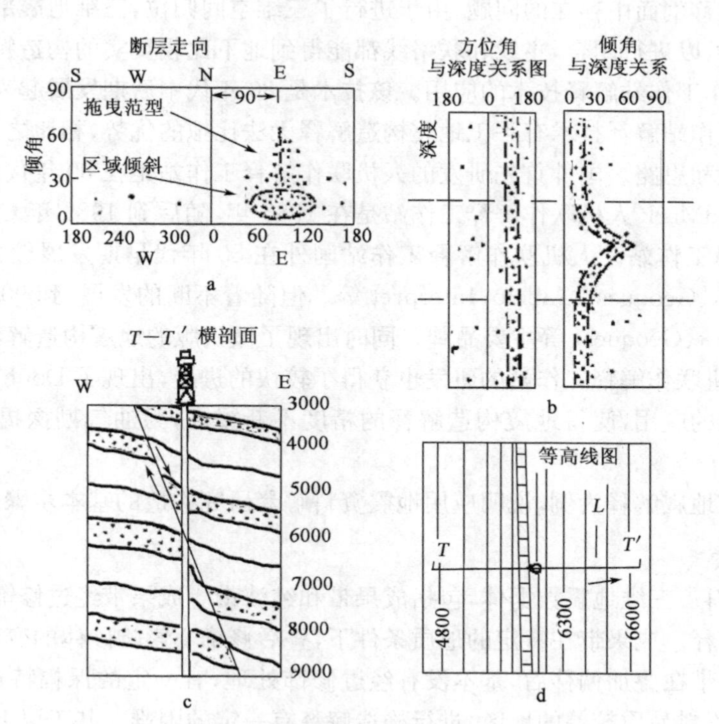

图 9-86　东倾单斜层中的东倾正断层

如果通过其他测井资料分析，在断点附近有地层重复，说明绿→红→蓝→绿模式的断层是断面与层面倾向相反的逆断层。这时在 T 方向杆状图上就不能根据断点处的倾斜杆画出断层面,而要根据其他测井资料和地质资料确定断层面的倾角,画出断层面。再根据上盘、上盘拖曳区、下盘拖曳区、下盘等的倾角画出 T 方向逆断层的横剖面图,在此基础上作出逆断层构造的等高线图。

3. 根据地震资料研究构造

地震构造解释技术的发展,是随着地震技术水平的发展和解释手段的进步而提高的。从资料的应用和技术手段两个方面来看,大体经历了以下几个阶段:

(1)五一型光电纸剖面的解释阶段。这一阶段主要是在 60～70 年代初。特点是可靠性差,各种干扰波难以识别,地层归位不准确。

(2)二维模拟磁带记录和数字记录的水平叠加纸剖面的解释。此阶段是在 70～80 年代中期。这种剖面的可靠性和直观效果比五一型光电纸剖面有了很大提高,尤其是在地层产状比较平缓的地区效果比较理想,但存在断点难以卡准(由于断点绕射波的存在),倾斜地层空间归位不好,需要采用平面手工空间校正成图,构造图的精度有较大的误差等缺陷。

(3)二维和三维的叠加偏移剖面解释技术。该技术的应用是 80 年代中后期开始的。二维水平叠加偏移剖面比未偏移的水平叠加剖面品质有了很大提高,尤其是得到了比较直观的地震构造时间剖面。这种剖面,断层位置准确,归位后的构造形态直观合理,使用沿构造倾向的偏移剖面编制构造图,其精度大大提高,采用时深转换尺可以直接从剖面上读取数据编制构造图。但二维叠加偏移剖面还存在不能闭合的问题,地震剖面不平行构造倾向时编制的构造图误差较大。在 80 年代的中后期,我国开始使用三维地震的采集和处理技术。三维地震剖面解决了二维叠加偏移剖面中存在的问题,由于进行了三维空间归位,三维地震剖面和二维的水平叠加剖面一样,可以进行闭合,主线和联络线都能得到地下比较真实的构造特征。

(4)人机联作工作站解释技术的应用。该技术是 80 年代中后期发展起来的解释技术。人机联作计算机工作站解释技术有手工地震构造解释无法比拟的优势,相比之下,极大地拓宽了构造解释的手段和思路。国外首先研发的人机联作解释工作站是在 80 年代的初期,我国最早引进第一批 LandMark 人机联作解释工作站是在 1985 年,随后到 1989 年 CNPC 开始批量引进人机联作解释工作站。人机联作解释工作站国外在 80 年代早期发展较快,出现了多种品牌,如 LandMark、Geoquest、Aibelo、Interpret 等。但随着不断的发展,到 90 年代解释工作站只剩下 LandMark、Geoquest 等主要品牌。同时出现了微机版的地震构造解释系统。到 90 年代后期,国内人机联作解释工作站的研发也获得了较快的进展,出现了 DoubleFox Station 等。人机联作工作站的应用,使得地震构造解释的精度不断提高,为油气勘探提供了更加可靠的依据。

下面以三维地震解释为例,说明应用地震资料解释研究构造的基本步骤。

1)资料准备

(1)地震资料。三维地震数据体,包括成果带和纯波带。成果带经过修饰,相位特征较好,主要用于构造解释。成果带在特定的地质条件下,叠后修饰不影响砂体的变化时,也可以用于储层预测。纯波带在叠加偏移后,基本没有经过修饰处理,有一定的保幅特点,比较适合储层预测,但在地震资料品质较差的地区,进行构造解释有一定的困难。基于以上两种数据体的特点,最好都加入工作站解释系统。地震资料的极性是一个非常重要的问题,牵扯到合成记录的正确标定,以及油层在地震剖面上的精确位置,如果极性搞错,拾取的地震相位就有可能不代表油气层。因此，在收集地震磁带数据体时，必须搞清地震资料的极性。通常在地震采集前，仪器都按初至波下跳校定，既正反射系数代表波谷，处理过程中如果没有单独做极性转换，处理后的地震数据体就应该是负性剖面。除了数据体磁带外，还有工区内三个不同的坐标点，以及每个坐标点对应的 X、Y 大地坐标，同时要了解该坐标的坐标体系。工区内的地震测井资料十分重要，一定要了解是否有地震测井资料，如果有，一定要想办法收集到。

(2)钻井资料。钻井资料包括工区内所有井的井位坐标、分层数据、录井油气显示情况、钻井取心资料、完钻井深、井斜数据、岩性剖面、泥浆槽面油气显示情况、气测资料等。这些资料在完井综合录井图和完井报告上均能查到。最好能把完井综合录井图和完井报告收集到，供地震构造解释时参考使用。

(3)测井资料。做构造解释时，需要的测井数据有声波、自然电位、2.5m 底部梯度电阻率、1：200 综合测井图(用于合成记录环境校正分析)、测井成果解释表。如果做储层预测，还要补充的数据有微电极、侧向、感应、自然伽马、中子伽马、密度、井径等曲线。

除了收集以上的基本资料外，还要有该工区的区域构造背景资料，以及前人做过的石油地质评价分析资料。

2)构造解释的步骤

(1)合成记录标定。合成记录标定的工作，现在在人机联作工作站上都能制作完成。但要做好合成记录的标定，也不容易。因此，在做合成记录标定时要注意以下几个重要环节。

①工区内有多口井时，要做好几口关键井的合成记录标定，筛选出构造特征清楚，浅、中、深层有几套较好的反射波组。声波测井砂泥岩分异较好，有明显的层速度差异和强反射系数的速度突变接触界面。这些条件对合成记录的标定十分重要。

②声波测井曲线的环境校正。参考综合测井图中的井径、微电极、自然电位、自然伽马、各种电阻率对声波进行环境校正，主要校正由于泥岩段井径垮塌造成的高时差、声波测量段顶底发生的畸变、两次测井曲线的衔接等。

③优选合成记录的参数。合成记录制作的参数有子波频率、子波长度、子波极性。子波的频率如果能采用井旁地震道变频分析的子波频率较为理想；如果不能进行变频分析时，要采用井段中部时窗段的主频作为子波频率；如果要做某一油层顶的构造图时，则要做油层段的小时窗频谱分析，以选取油层段的主频。当选取零相位子波时，其子波的长度为：

$$\lambda=V/f$$

式中 λ——子波长度；

V——子波对应的层速度；

f——子波频率。

子波的极性虽然现在一般都是负极性的剖面，但最好还是选用正、负两种极性(零相位和180°相位)制作合成记录，反复标定，以取得最佳效果(图 9-87)。

斜井的合成记录比较复杂，需要专门的软件制作，如果没有专门的软件，斜井标定时就需要一定经验和技巧反复调整以取得最佳的效果。

如果在合成记录的制作中能注意以上环节，反复标定，是可以取得较好效果的。

(2)生成时间切片。垂直剖面显示剖面上的断裂特征和组合比较清楚，而时间切片则显示平面上的断裂特征、展布和组合比较清楚。除了水平切片外，LandMark 工作站中还提供了被称作 Poststack 的连续属性分析功能，其中包括相干(Correlation)、倾角检测(Dip Search)、边缘探测(Edge Detection)和图像加强(Image Enhancement)。在开展解释之前，首先计算生成各种切片，包括水平切片、相干体切片以及倾角检测，用以解释断层（图 9-88）；除此以外，还要计算三瞬剖面等。

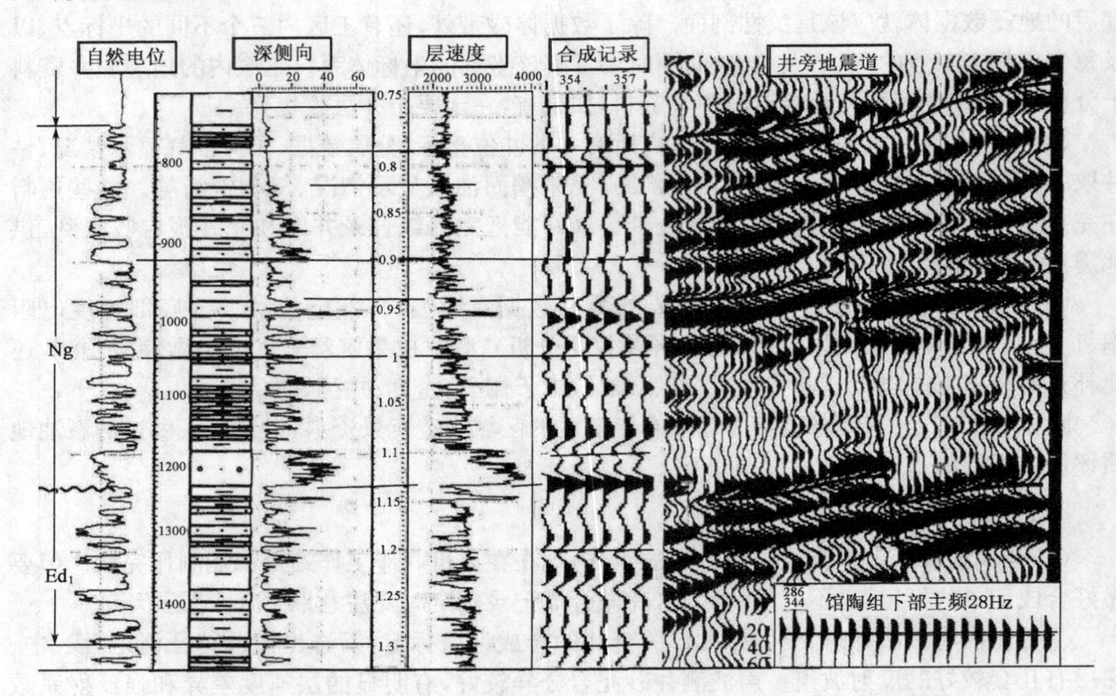

图 9-87 合成记录精细标定图体现岩性、电性、层速度和地震反射的关系

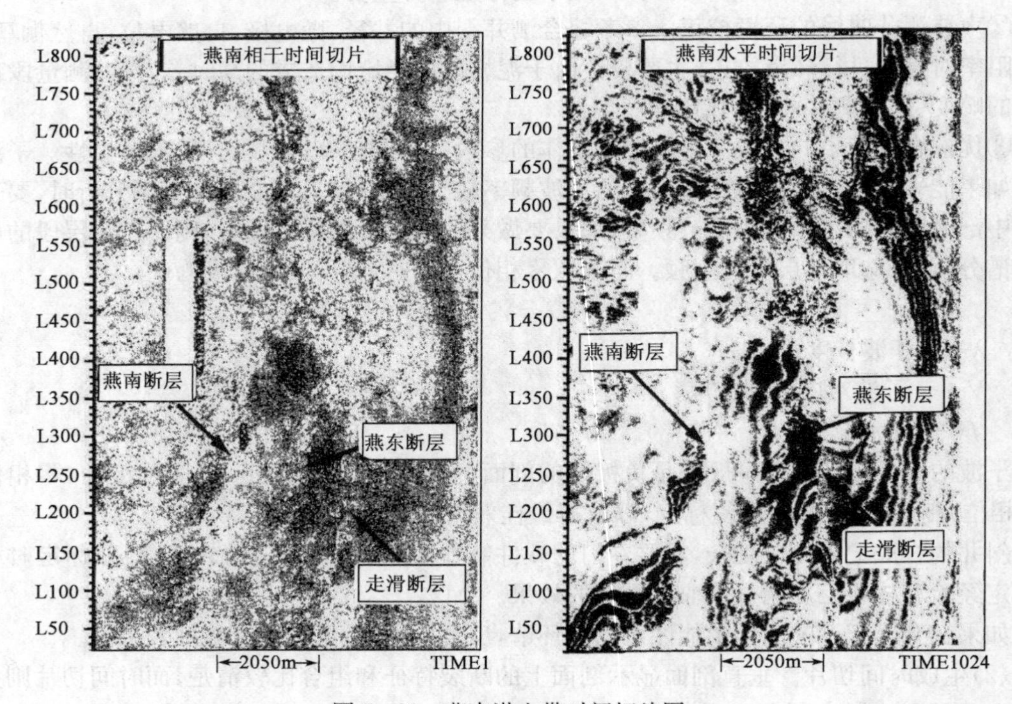

图 9-88 燕南潜山带时间切片图

（3）断层的解释。经过层位标定和切片计算后，就可以解释断层了。断层的解释主要使用时间切片，并结合垂直剖面。时间切片包括相干体切片和水平切片，这两种切片是显示断层平

面展布较好的方式。

每一张水平切片反映了不同时代的地震相位在平面上展布的形态，包括地震的相位、频率、振幅特点。在同一张水平切片上，沿着同一相位追踪得到的是地下的构造形态，与构造图相似，但不完全相同。同一条断层的走向也可以清楚地显现在水平切片上。当处于构造翼部的正断层走向平行于构造走向时，在作图层上覆水平切片上显示的正断层位置，与构造图上的实际位置相比，偏向于断面的上倾方向；作图层下伏水平切片上显示的断层位置，偏向于构造和断面的下倾方向，断层的走向方位没有变化，与实际断层走向相同。当断层的走向正交于构造的走向时，在作图层之上水平切片显示的正断层位置，与构造图上的实际位置相比，向构造的上倾方向，断层偏向于断面的下倾方向，偏离得越远，偏转的角度越大；在作图层之下水平切片上显示的正断层的位置，与构造图上的实际位置相比，向构造的下倾方向，断层偏向于断面的上倾方向。当断层的走向与构造的走向从正交向平行变化时，断层偏移的方向不变，断层走向偏移的方位逐渐减小。把不同时间的水平切片上同一相位中断的断点相连，得到的是该相位所成构造图实际的断层走向位置。

相干体切片与水平切片不同。相干体是在比较模式下，计算窗口中心和指定的若干相邻道的相干系数。它得到与普通地震数据体不同的属性数据体，其显示特点也不同，只显示有相位不相干的变化，即相位错断处最为明显，而相位连续的地方则没有显示。这种特点对断层的显示十分清楚，是解释断层最好的方式之一。它的不足之处，当地震数据信噪比较低，相位特征不好时，相干体切片对断层的显示则变得模糊不清，显示断层的精度大大降低。此时，在解释断层时，相干体切片与水平切片相结合可以优势互补。

相干体切片与水平切片显示的断层特点基本相同，当了解了这些切片显示的断层变化特点后，就能结合该区域构造断裂体系进行工区内的断层解释和分析了。解释的步骤如下：

①调出解释的典型剖面，在纵向上断层最发育的位置选取切片，对切片上的各条断层进行命名解释，然后根据切片命名的断层对典型剖面上的断层也进行命名。

②根据断层纵向发育的情况，选取适当的切片时间间隔，对每一张切片进行断层的解释。切片的解释可以从浅至深，也可以从某一层断层最清楚和最全的切片开始，向上、下逐步解释。

③切片断层解释完后，选取正交断层走向的任意线进行垂直剖面的解释，并给出任意线的间隔增量逐条解释，形成解释断裂系统的断层体数据。

④调整断层的组合关系，在断层的交切、转换处，通过任意线及加密切片的解释密度，进一步落实断层的搭接、相交、分岔、合并。

以上这些工作都完成后，就得到了一个完整的每条断层分门别类的断裂系统（图 9－89）。

(4)种子点层位自动追踪解释。工作站解释系统上不断发展和完善的解释功能，为全三维构造解释提供了越来越有利的条件。LandMark 上的层种子点面积追踪方式就是其中最好的方式之一。当在人机联作工作站上解释完断裂系统后，开始按照典型剖面的层位作整个工区各层层位的追踪解释时，就需要用到追踪解释的方式。层位的追踪解释在工作站解释系统上有三种方式：种子点面积追踪方式、剖面层自动追踪方式、手工点追踪方式。层解释的步骤如下：

①了解全工区追踪层相位的连续性。在做某一层追踪之前，要了解该层在平面上的反射情况、相位的连续性以及大体的沉积走向。一般沿沉积走向沉积比较稳定，反射层的相位连续性也比较好，而正交于沉积走向的方向，尤其是砂岩的变化较大，容易造成反射层相位连续性变差。如果能大体判断了该层的沉积走向后，在自动追踪时，就比较容易调整。

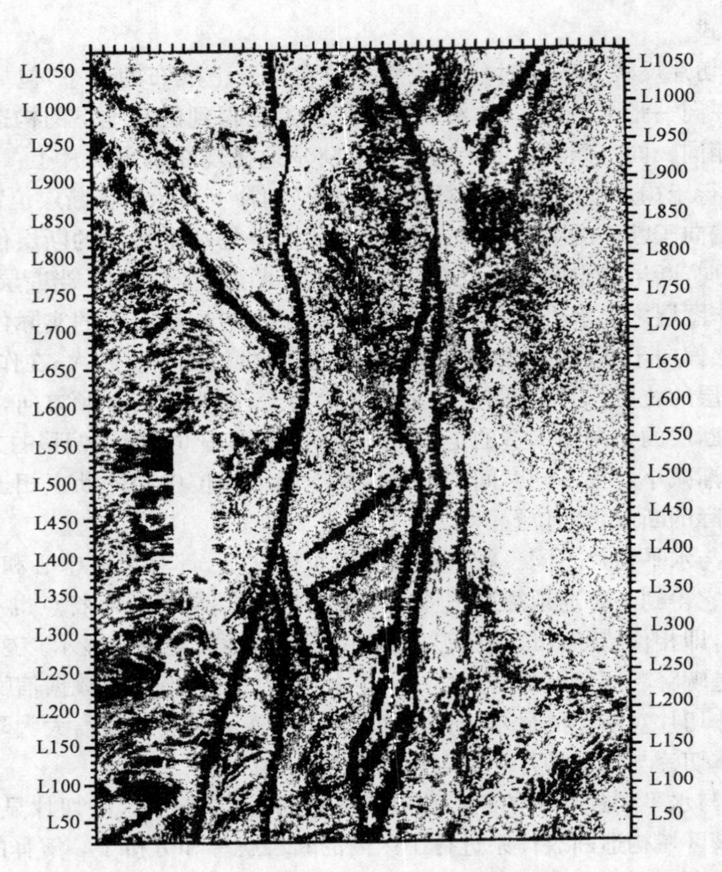

图 9-89　水平切片上解释的命名断层

②大面积层按照沉积走向的方向，从典型剖面上引出种子点进行面积追踪解释，向两翼相位连续性变差时，需要不断建立新的层解释网架，在此基础上再进行种子点追踪。需要注意的是，遇到该反射层相位有前积斜列、相位分岔合并、透镜状不规则分布时，要保证大网架解释层不串层的前提下，加密线解释的密度，然后再进行种子点自动追踪，有时甚至需要逐条线采用自动追踪的方式或点方式进行解释。

③每一封闭断块要引层分别种种子点。在工区先期解释的典型框架中，不可能每一断块都进行解释，这时就需要从框架层中通过任意线把层引入断块内，再给出种子点面积追踪。以此类推，对每一断块进行追踪解释。每一断块解释完后，要通过断块不同位置的任意线检查断层两侧层位的对接关系，以保证封闭断块层与其他层的对应关系。

④在工区内每一层整体解释完后，还要对该层进行调整和完善。主要是对断层附近，不同方向断层相交的部位，以及像火山口等影响较大使反射相位变差的地方，都要进行调整和解释完善，采用剖面自动追踪的方式和点追踪的方式补全没有追到的层。最后用两个不同方向的垂直剖面线，等间隔地检查一遍追踪解释的层，确认没有问题时，该层就完成了层解释。

(5)时深转换成构造图。解释完断层和层位后，解释工作基本完成，此时就可以计算构造图的断距和等值线，并得到一张等 T_0 构造图。等 T_0 构造图在速度横向变化不大时，能代表地下的构造形态，当速度变化较大时，在作时深转换时就要对速度仔细进行分析，通常有以下 3 种解决的方式。

①选取地震叠加速度形成速度场来作时深转换。用这种地震叠加速度作时深转换有利的

方面是平面上的速度变化得到较好的体现；不利的方面是叠加速度受多种因素的影响，是基于传统的水平层状均匀介质和共 CMP 道集反射波时距曲线为双曲线的假设进行分析的。当横向速度变化较大时，叠加速度的误差也比较大，使用叠加速度往往造成较大的深度误差。为了尽可能地减小这种误差，把合成记录的速度与叠加速度分析相结合，可以取得较好的效果。

②选用合成记录速度作时深转换。如果工区内不同构造位置有多口井的合成记录速度时，最好不要用多口井进行回归拟合，求取平均速度，用这种速度进行时深转换构造的各个部位都有较大的误差。最好选取构造主体或构造高部位的合成记录速度作时深转换，这样构造主体和高部位的深度比较准确，同时还要分析构造翼部和低部位速度是变高还是变低，以此了解时深转换后的构造翼部深度是偏深还是偏浅。

③采用大区的平均速度作时深转换。如果工区内没有钻井和测井资料，也没有地震测井资料时，仍然还要使用大区的综合速度作时深转换，在这种情况下还要进行速度和深度误差分析。主要是通过工区的地层与邻区的地层特征相对比，分析工区的速度比综合速度是偏高还是偏低，转换后的深度构造图是偏深还是偏浅，以此为工区的钻探提供更可靠的依据。

三、储层沉积相研究

研究沉积岩生成环境和沉积过程的主要目的是提高预测储集岩体性质、储集空间、几何形态、产状与分布的能力。在沉积相描述分析中，除去根据岩石特征及相标志由地质资料进行沉积相研究外，现已发展了根据岩石物理性质响应的间接资料进行测井相、岩相研究及地震相研究这一类广义相技术来描述沉积相以至沉积微相及有利相带展布。一个比较完整的油气田地下沉积相研究流程大致包括以下步骤。

第一步：根据岩心岩性、岩石结构、生物特性、地球化学资料进行地质沉积相分析，建立各地区各层的地质沉积相与微相模式；

第二步：根据地质沉积相模式对典型井在纵向上进行沉积相与微相划分；

第三步：对测井资料进行电相分类，并以地质沉积相及微相的典型井划分结果为参照，建立测井沉积相、亚相及微相的模式；

第四步：利用测井资料进行多井沉积相、微相的定量划分；

第五步：对地震资料进行高分辨率处理，利用测井划分沉积相及地质沉积相进行刻度，建立起宏观的地震沉积相模式；

第六步：以多井测井沉积相及微相划分作骨架，利用宏观地震相模式，以地震为井间预测手段，进行沉积相及沉积微相纵横向变化预测，并构成立体三维图。

1. 地质沉积相分析

油气田地下沉积相分析最直接的资料主要是岩心，通过对岩心沉积剖面的岩性、古生物及地球化学等方面相标志的研究，恢复地质历史时期沉积环境及其演变规律。

1）相标志研究

相标志是指最能反映沉积相的一些标志，归纳为岩性的、古生物的和地球化学的三类，它是以岩石学研究为基础的。

（1）岩性标志。包括以下四个方面的标志：

①颜色。黏土岩（泥岩和页岩）颜色是恢复古沉积环境水介质氧化还原程度的地化指标。红色指示氧化环境，绿色指示弱氧化环境，灰色指示弱还原环境，灰黑色指示还原环境。描述

颜色时，应与行业标准色谱对照，用数字符号表示，如 0—白色，1—棕红色，3—紫红色，4—紫色，5—黄色，8—灰绿色，9—褐色，10—棕色，12—黑色，13—深灰色，14—浅灰色，15—杂色等。

②岩石类型。碎屑岩（如砂、砾岩）可出现在海陆各种沉积环境中，不是鉴别沉积相的良好标志。与碎屑岩系共生的碳酸盐岩、硅岩、蒸发岩和红色岩层等具一定指相性。如能定出是浊积岩、风积岩、风暴岩、冰碛岩、洪水岩等成因类型，对于判别沉积相类型很有意义。

③自生矿物。是指沉积矿物、同生矿物和成岩矿物，它们在碎屑岩中含量少，但具良好指相性。如锰结核指海洋底环境，海绿石指示浅海陆棚环境，自生磷灰石或隐晶质胶磷矿是海相标志；一般认为，自生长石和自生沸石是湖相标志，天青石、萤石和重晶石是咸化潟湖标志。

④碎屑颗粒结构与沉积构造。碎屑颗粒的粒度、圆度、球度、表面特征及沉积优选组构均具一定指相性。物理成因构造更具有良好的指相性，其次是生物成因构造。不同沉积环境下的特征可参阅沉积岩与沉积相的相关书籍和文献。

(2)古生物标志。古生物标志是重要相标志，但主要用于区别一级、二级相，即用于划分海相、陆相或过渡相。但近些年来，随着我国中—新生代含油气盆地油气勘探的进展，陆续发现许多鉴别沉积相的新线索。例如在一些古近纪陆相沉积盆地中，发现了有孔虫，具有海相面貌的介形虫、软体动物、藻类，并伴生有海绿石。这类海绿石具有低铁、低钾、高铝的特点。这种有机和无机的组合相标志，反映我国东部中—新生代盆地中有些层段具海侵或海漫影响的近海湖泊相特点。

(3)地球化学标志。由于海水和淡水环境中溶解的盐类物质差异较大，鉴定黏土矿物、碳酸盐、磷酸盐、硫酸盐中的各种化学元素、微量元素及同位素，其结果具一定指相性。

①微量元素。常用作划相指标的有 Mn、B、Br、Cl、Na、Sr、P、Ni、Co、V、Cr、U、Cu、As、Zn和 Ga 等。

a. 硼是应用最广的一个指标，湖相沉积中硼含量最低，海相沉积物中为 100mg/L 或更高，成盐潟湖中的含盐黏土含硼 1000mg/L 以上。泥岩中黏土矿物类型不同，其含硼量有不同，伊利石黏土岩最能反映古盐度。

b. Sr/Ba：有一定指相性、淡水沉积物中 Sr/Ba 通常小于 1，海相沉积物中大于 1，但也有例外、从淡水相向海相过渡，沉积物中 Sr/Ba 比值急剧增大的趋势明显。

c. Sr/Ba：湖相和河流相沉积物 Sr/Ba 比值低；海相沉积物较陆相大，因为海洋环境 Sr 相对富集。

d. Th/U：陆相页岩和三水铝矿中 Th/U 值高达 7 以上，海相黑色页岩、暗色层状燧石和石灰岩中 Th/U 值不到 2，借此可以指相。

e. Mn/Fe：海相页岩中 Mn/Fe 值比淡水页岩要高得多。现代海洋中 Mn^{2+} 高于陆地水体，故海底有锰结核富集。

f. 其他指标：有 Rb/K、V/Ni、K/Ar、Br/Cl 等，也常用于区分海陆相地层。但同时要注意各组分在沉积后的各种变化，从而产生异常值。

②稳定同位素。主要采用 C 和 O 同位素。

a. $^{13}C/^{12}C$：海相沉积物中所含碳元素的 $^{13}C/^{12}C$ 值高于非海相沉积物中有机质的相应比值，特别是海相碳酸盐岩和钙质介壳富集 ^{13}C。同样，利用页岩中菱铁矿结核的 $^{13}C/^{12}C$ 值也可作为区分海相、陆相、过渡相地层的标志。

b. $^{18}O/^{16}O$：海水中氧的同位素 $^{18}O/^{16}O$ 比值较为一致，淡水中较低。该指标受水体温度变化影响大，故不是一个可靠的指相标志，但用在恢复古海洋温度和古气候变化上效果良好。

2)剖面相分析

剖面相分析是油区岩相古地理研究的基础,特别是针对编制高分辨率、高精度、大比例尺岩性岩相图。为了预测砂体展布,剖面相分析是基础。

(1)基本要求。包括以下六个方面:

①划相精度。油区碎屑岩沉积相可划分为相组(如陆相)、相(三角洲相)、亚相(三角洲平原)、微相(河口坝)、微微相或五级相(根据砂泥百分比对一个砂体微相细分)。早期勘探(初探)一般划分到相组至相;详探应划分到相至亚相,部分划分到微相;进入开发勘探阶段应划分到微相至五级相;不同类型井也应有不同要求,例如科学试验井至少应划分到亚相至微相。

②相类型。随着沉积学的进展,新的相类型不断为人们所识别。即使过去所划的相类型,根据新的相标志也有重新认识的必要。例如陆源碎屑湖泊相中除正常的滨湖、浅湖、半深湖和深湖亚相、三角洲亚相,还陆续确定出扇三角洲、近岸水下扇、非扇重力流水道以及风暴沉积、洪水沉积等相类型。

③相模式。相模式是指对某一类或某一沉积相组合的全面概括。相模式的建立和使用是当前沉积地质学中最活跃的研究领域,目前较为典型的相模式有冲积扇、辫状河、曲流河、三角洲、扇三角洲、滨岸沉积、风暴沉积、近岸水下扇、湖底扇等。主要有静态相模式(图 9-90)和动态相模式(图 9-91)。开发储层沉积学所建立的储层地质模式包括地质模式(其中又有沉积模式、成岩模式、构造模式和地球化学模式)、渗流层模式和流动单元模式。

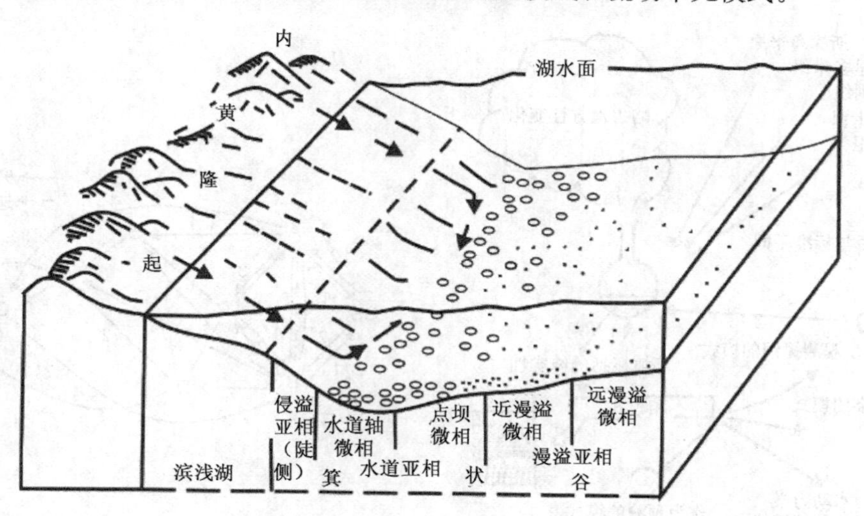

图 9-90 拐弯纵向搬运的箕状谷重力流沉积模式

箭头指示重力流的搬运方向

④标准相模式。这类相模式是在对比研究现代和古代沉积环境和沉积作用基础上建立起来的,在相分析中可以起到下述四方面作用(Walker,1976):如果进行比较,它必定起一个标准作用;如果进一步观察,它必须起指南作用;在新的地区,它必须起预测的作用;如果对所代表的沉积环境和系统的水动力进行解释,它必须起一个基础作用。典型实例如曲流河的静态模式、浊积岩(相)的动态模式(鲍马层序)(图 9-92),

⑤数学模拟模式。是指应用概率统计学中的马尔可夫链、矩阵分析所建立的相层序(动态相模式)和静态相模式。建立步骤是:a. 根据剖面岩相分析建立关系图;b. 根据实际考察的岩层变化和假设的随机排列的数学矩阵相比较,建立相适应的数学矩阵;c. 马尔可夫链分析,应

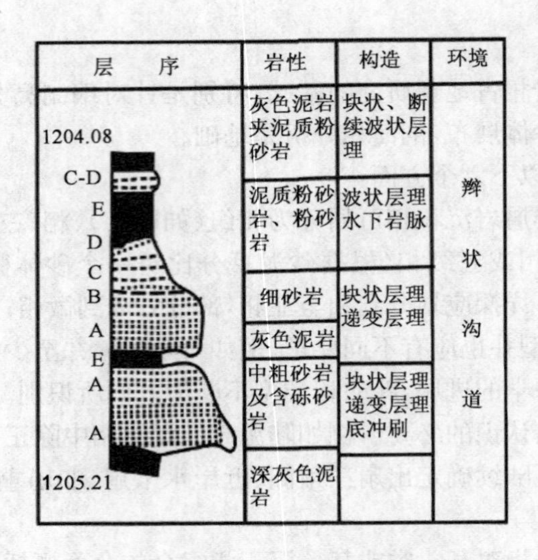

图 9－91　某井浊积扇沉积层序动态模式

用数学模拟方法将一个十分复杂、又具明显的随机层序的地方性沉积序列，归纳或提炼出一个近于符合实际的相组合和相层序（Walker，1975，1984；Reading，1978，1986），最终建立一个以数字为代表的相模式（图 9－93）。图 9－94 则是进行数学处理后，求得清晰的相序关系图。

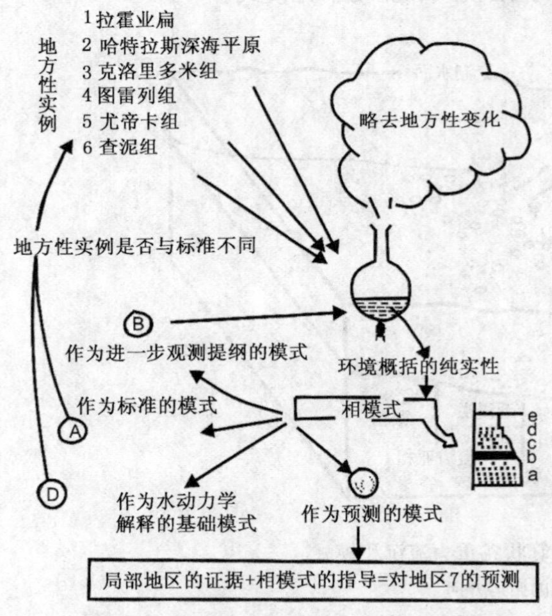

图 9－92　标准相模式的建立及其在地区性实例相分析中应用的关系图（据 Walker，1976）

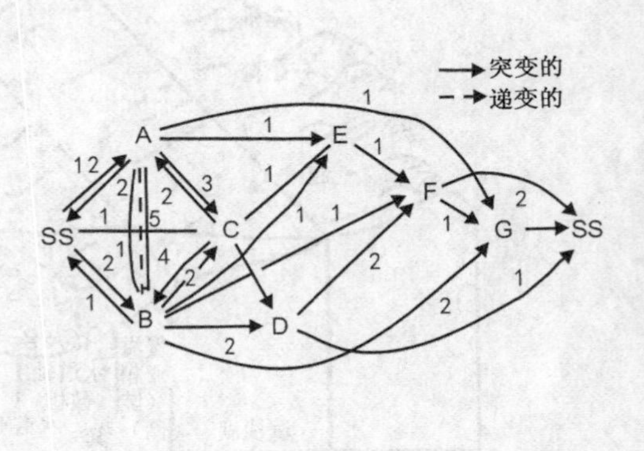

图 9－93　加拿大魁北克省泥盆系巴特里角组砂岩原始相序关系图（据 Walker，1976）

SS—含砾粗砂岩下伏的冲刷面；A—大型不清晰的槽状交错层理含砾粗砂岩相，底部含大量泥砾；B—具较清楚的槽状交错层理粗砂岩相；C—单组板状交错层理粗砂岩相；D—多组小型板状交错层理砂岩相；E—大型水道冲刷充填交错层理砂岩相；F—波状交错层理粉砂岩和泥岩互层相；G—角度平缓的板状交错层理砂岩相

⑥相分析要点。概括起来应注意下述4点：a. 在系统岩性描述、收集各种相标志时，要特别重视沉积层序的观察和研究，应用相序递变法则（沃尔索，1894），同时注意区分正常沉积作用和事件沉积作用；b. 注意应用典型相标志和标准相模式，它们是相分析的依据；c. 重视宏观观察，结合研究目的重点取样进行室内鉴定测试，可做到事半功倍，提高研究效率和质量；d. 每个剖面都会出现特殊的沉积现象，要反复观察、反复对比，注意与相邻剖面和标准相模式对比，在资料少的情况下，有助于对相类型尽早做出预测。

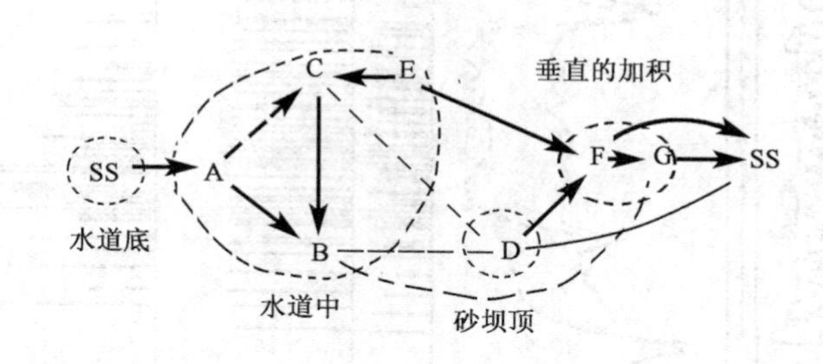

图9-94 加拿大魁北克省泥盆系巴特里角组经规则排列后的相序关系图（据Walker，1976）

(2)基本步骤。包括以下5个步骤：

①从最完整露头或岩心剖面入手。作详细的垂直剖面素描，描述所有沉积构造（数目、大小、组合）、判断水流机制、描述结构特征和各种变化、建立岩性组合及沉积韵律、重点描述层理类型及特征；确定沉积间断、冲刷面及各种接触关系，寻找少见的沉积构造、生物潜穴等，鉴别间断面上、下的矿物组合和化石组合；确定动物群的存在和缺失，研究古生物和微古生物化石、研究古生态及痕迹化石。

②确定和建立可能的沉积层序。将沉积层序与已知的沉积作用相对比；确定可能的形成条件（沉积环境、水体深度、沉积速率、介质能量大小和水介质物化条件），以及可能存在的地质事件；确定剖面内相类型的重复情况，包括一种相序简单重复类型、多种相序的复合体。

③作观察特征的对比。与现代沉积和古代沉积对比；作沉积作用和过程的预测；选样、进行鉴定测试、补充宏观观察，包括古生物和古生态分析、结构和粒度分析、测定黏土矿物及其演化分析；岩石学研究、分类命名；根据需要补充其他测试。

④收集其他资料。储油物性分析资料，包括孔隙度、渗透率、含油饱和度、压汞分析等；测井资料，通过岩性和电性对比，求取各项参数和进行测井相分析（图9-95）；地震资料，应用井地震剖面进行地震地层学研究。

⑤编制单剖面或单井相分析图。单井相分析图是个综合性图件，是相分析的重点研究成果之一。视资料丰富程度，表示内容可有增减。主要内容包括：地层系统；井深；电测曲线（至少应有自然电位曲线）；综合后的岩性剖面；泥岩颜色；沉积构造特征（采用精细的岩心素描图）；粒度概率图和$C—M$图（采用标准坐标图）；陆源组分含量变化（长石、石英、岩屑）；填隙物含量变化（杂基、胶结物）；指相自生矿物；显微薄片素描（反映组构及孔隙结构特征）；相类型（至少划分到亚相）；相层序（向上变细变薄或向上变粗变厚）；油层物性（孔隙度、渗透率、含油饱和度）；生储盖组合。图9-95为成因单元岩相柱状剖面图，图9-96为大比例尺单井相分析剖面图。

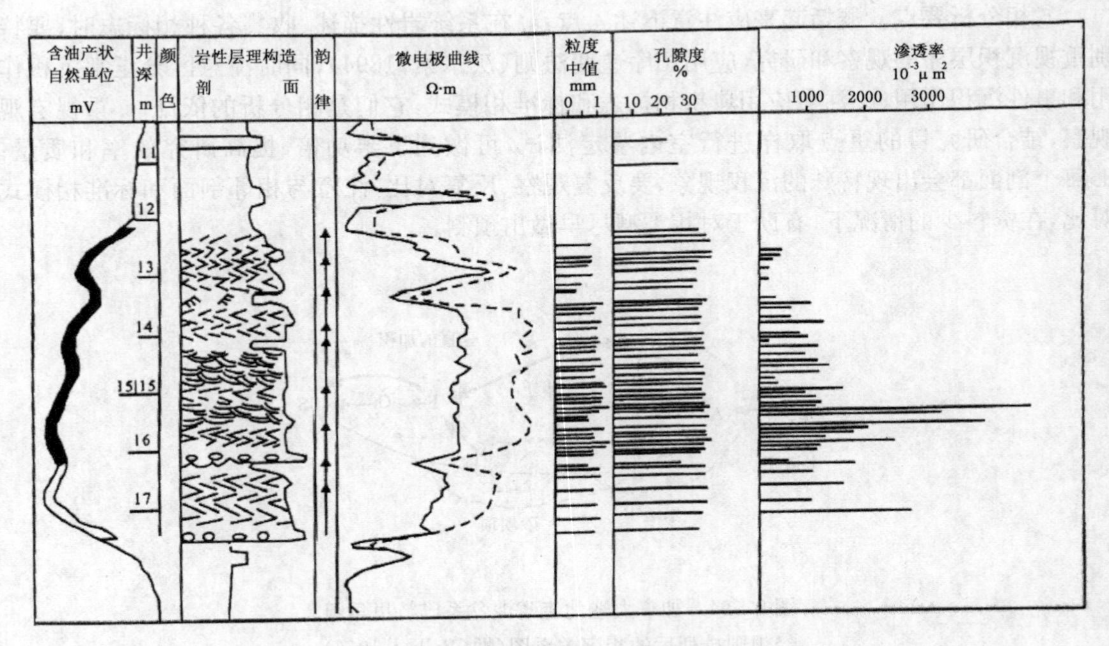

图 9－95　中弯度曲流河砂体岩相柱状剖面图(港 222 井)

3)剖面对比相分析

剖面对比相分析,或连井对比相分析,主要表示同一时期不同地区沉积相的变化。基础工作是地层划分和对比及单井剖面相分析,主要成果是编制剖面对比相分析图。编图要点是:

(1)定时问题。利用标准化石的“科”、“属”可划分到系或统,“种”的变化可以划分到组或段。在化石资料不完善时,要结合岩性、电性特征、沉积旋回、接触关系等标志定时。陆源碎屑含油气盆地多采用岩性、电性、微古生物综合对比。按岩性—时间—厚度建立地层单元时,“系”和“统”主要考虑时间因素,“组”主要考虑时间—岩性因素,“段”和“亚段”主要考虑岩性—时间因素。

(2)穿时问题。传统的油区地层划分和对比主要注重相似或相同岩性的等时性,而忽视了等时界面和岩性界面的不一致性,即穿时现象。故利用岩石地层单位进行剖面对比相分析,一般情况下,只能说同一群、组或段所代表的时间单元基本上是等时的,而亚段,乃至砂层组大量是穿时体。随着近代沉积学、地震地层学、超微化石学、古地磁学的发展,在逐步解决准确定时问题。应用新地层学原理即垂向加积作用和侧向加积作用所建立的大量动态模式和静态模式为剖面对比相分析奠定了良好对比依据。老的地层应用古地磁资料,新的地层应用碳同位素定时有较好效果。

(3)相变问题。在准确定时基础上,相对比剖面中要注意区分有“同期异相”和“同相异期”两种相变类型。前者为同一沉积期不同地区相类型有异,即横向相变化,其研究成果应表现在静态相模式图上(立体图或模块图);后者为同一种相类型出现在不同时期,即纵向相变化,其研究成果主要表现在动态相模式图上(相剖面图或相层序图)。正确判定纵横向相带变化规律,是研究生、储、盖油层发育与分布的基础。

(4)正确使用相变法则。多年来,研究沉积相变化和建立静态及动态相模式图时主要以沃尔索(1894)相变法则为依据,即“只有没有沉积间断的、现在能看到的相邻接的相和相区,才能重叠在一起”。今天看来,这一原则对分析稳定构造单元以正常沉积作用为主的情况下可能是

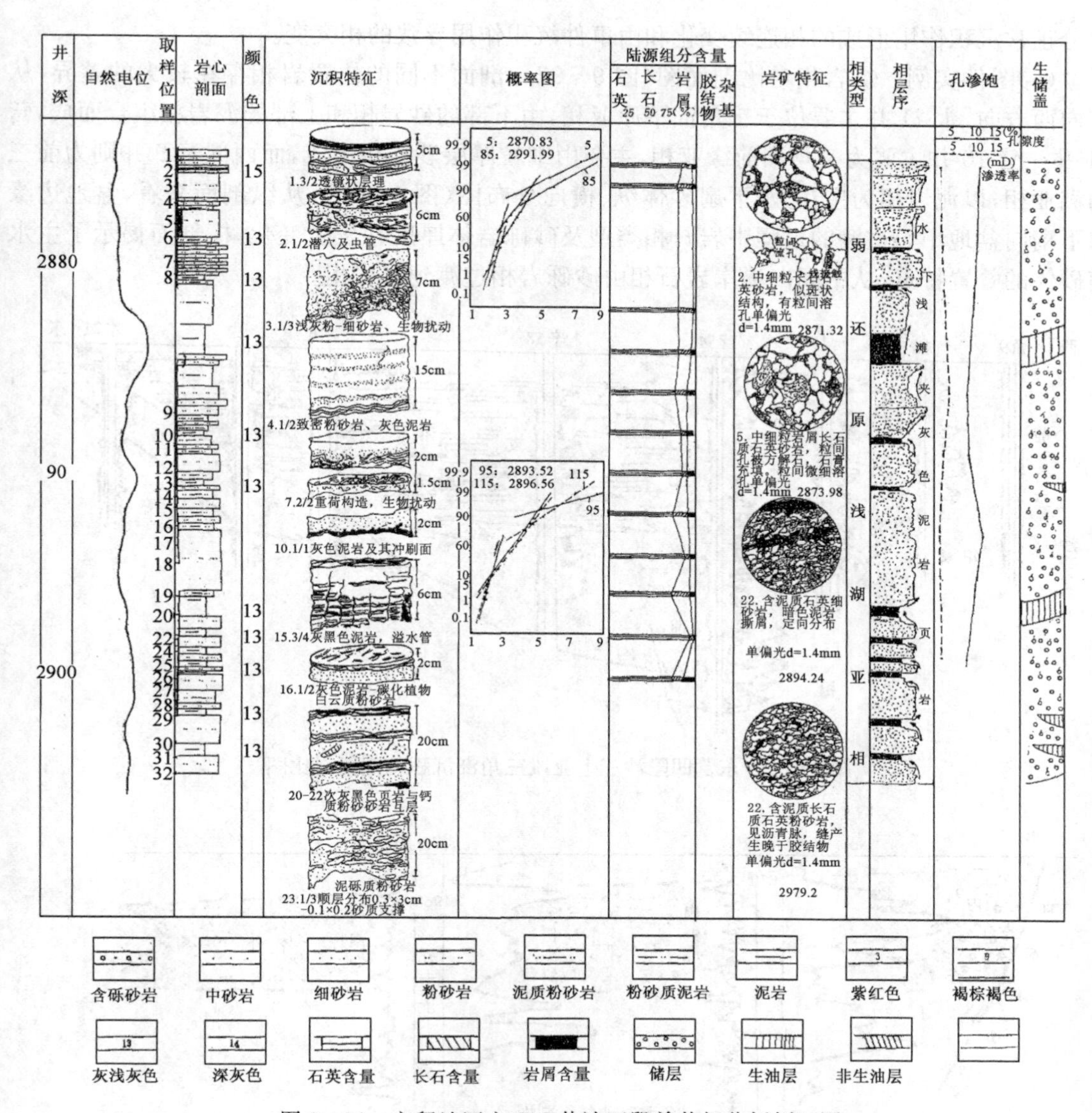

图 9-96 文留地区文106井沙四段单井相分析剖面图

正确的。但对活动构造单元，如我国广泛发育的中—新生代断陷盆地，就不见得完全正确。因为在这类地区，事件性沉积作用十分发育，如由于洪水、重力滑塌、风暴、火山喷发所引起的岩性岩相不连续普遍存在。

(5)正常沉积作用和事件沉积作用。正常沉积作用是指由于地壳稳定升降，导致沉积区水体深浅和物理化学条件缓慢变化的沉积作用，其符合沉积分异作用原理和相变法则。正常沉积作用是缓慢、低效率的，由于时间持续长，沉积物可能是丰富的，但也存在相反情况。事件沉积作用是灾难性的、阵发性的，几乎是瞬间发生的，作用过程是短暂的，但所具有的能量级经常比正常沉积作用大几个能量级，所形成的沉积物是丰富的、罕见的或是独特的。因此，用传统概念所建立的正旋回(正韵律)或反旋回(反韵律)都有重新认识和解释的必要，例如浊积岩(相)中的一个正旋回(向上变细层序)，并不是深水环境和浅水环境的交替沉积，而是恒定深水环境条件下突发性浊流注入所致；冲积扇的正旋回也不单纯是河道迁移所致，也可能是冲积扇—辫状河体系恒定情况下，偶尔有洪水片流漫溢所致。因此，在应用相变法则时，必须注意区分正常沉积作用形成的相连续变化和由事件沉积作用导致的相突变。

(6)图件实例。①岩相对比剖面图(图 9－97),剖面不同的位置岩相存在较大的差异,从东向西方向,永 21 井主要位于三角洲平原亚相,由下部的砂岩相和上部的泥岩相组合而成,营 51 井～营 10 井主要为三角洲前缘亚相,主要由细粒厚层砂岩相组成,而西部营 9 井则为前三角洲亚相,以泥岩相为主;②水下扇砂体纵、横向分布图(图 9－98),从纵剖面来看,盆地边缘水下扇向盆地中心过渡的过程中岩石相类型及砂砾岩体厚度在发生变化,横剖面揭示了主水道砂体的叠置特点,从中间向堤岸岩石相由砂砾岩相过渡到砂岩相。

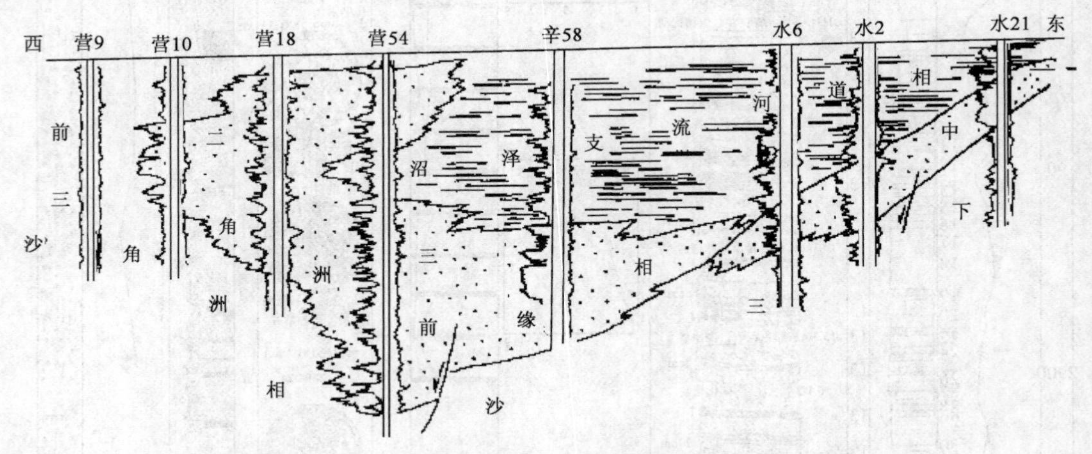

图 9－97　东营凹陷沙三上亚段三角洲沉积相剖面对比图

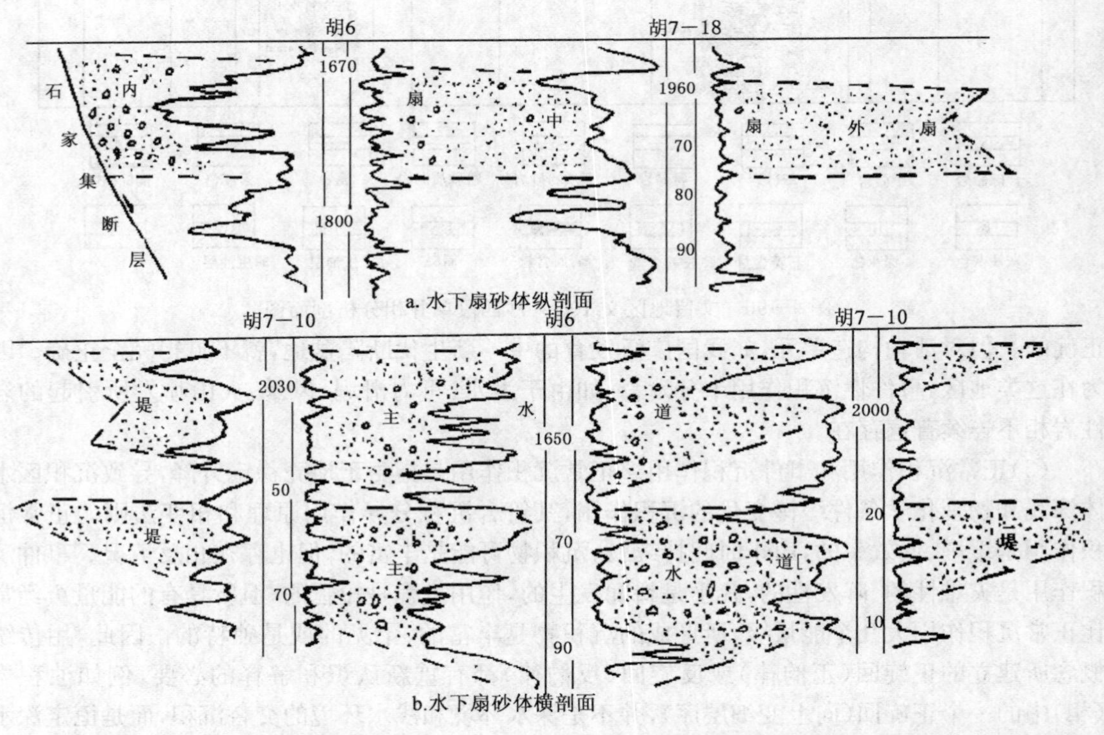

a. 水下扇砂体纵剖面

b. 水下扇砂体横剖面

图 9－98　东濮凹陷西部沙三 4 上亚段～沙三 3 上亚段时期水下扇砂体纵剖面和横剖面分布特征图

4)平面剖面相分析

平面剖面相分析是综合应用剖面相分析法和统计分析法进行区域岩相古地理研究的方法之一。如与研究古构造结合起来，即古构造—沉积相法。视资料丰富程度、研究目的、比例尺大小的差异，图件形式也不尽相同。这类图件尽管没有应用统计分析法编制的岩相古地理图精度高，但在区域生储盖评价上有良好效果。现将图 9-99 作如下解释。

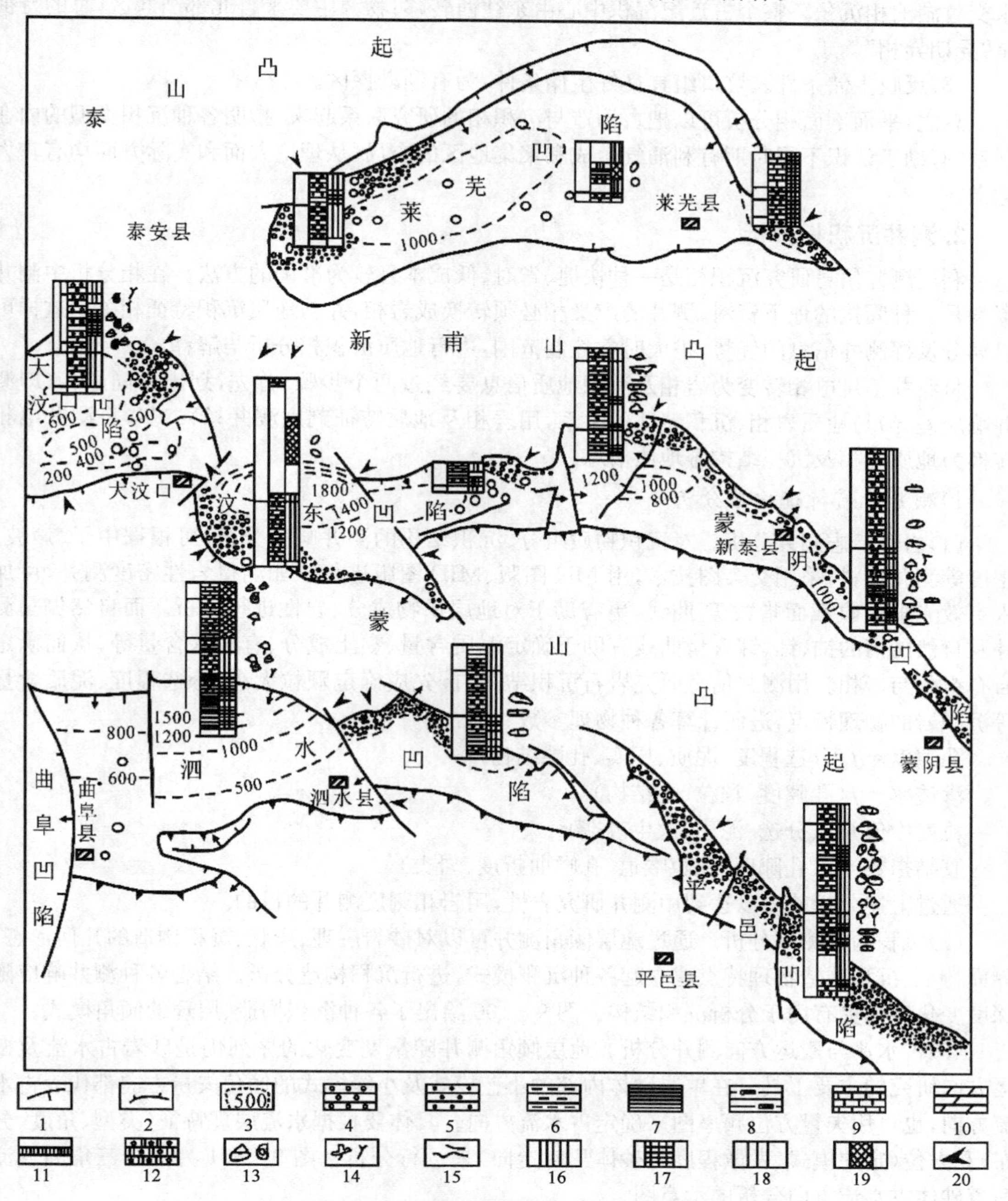

图 9-99 鲁西地区古近纪岩相古地理图

1—断层；2—剥蚀线；3—等厚线；4—砾石；5—砂岩；6—泥岩；7—页岩；8—油页岩；9—石灰岩；10—白云岩；11—石膏；12—石膏晶体；13—动物化石；14—植物化石；15—冲刷面；16—洪积相；17—河流相；18—湖泊相；19—咸化湖相；20—物源方向

(1)反映古构造特征。凸起与凹陷近东西向展布；凹陷轮廓受断裂控制；北断南超；地层等厚线反映沉降幅度；沉积(沉降)中心均偏北。

(2)反映岩相古地理特征。有两种相剖面类型，各凹陷东部均属蒙阴型(据标准相剖面位置命名)，时代为早—中始新世官庄组，其早中期沉积为河流相—湖泊相，晚期为洪积相；西半部属坟口型(标准剖面在坟口凹陷)，时代新于东部，为晚始新—渐新世坟口组，其为淡水与咸水交替湖泊相沉积。整个古近纪沉积中心由东往西转移；物源主要来自北部凸起区，总的特征是"异期异相"。

(3)反映生储条件。坟口组具良好生储条件，为有利勘探区。

总之，平面剖面相分析可以把古构造与沉积相的研究联系起来，指明各种沉积类型的内在联系，有助于认识不同时期有利油气生成和聚集地区的布局，从理论方面和实际方面均有较大意义。

2. 测井沉积相分析

利用测井信息研究沉积相是一种快捷、省时、低成本且较为准确的方法。在相分析中测井资料是一种间接的地下资料，测井的广义相必须转换成岩相，并与地质沉积特征相关。这样可以充分发挥测井信息的优势，扩大时空控制范围，进行地质沉积相分析与解释。

将测井信息电相转变为岩相及沉积地质信息要经过两个步骤：首先，划出不同电相(即测井响应差异)与地质岩相、沉积特征的关系，用岩相及地质特征刻度测井；第二步，将测井电相转换为地质岩相及沉积结构等地质信息。

1)测井地质特征响应分析

(1)岩性标志测井分析。对沉积物质组分、沉积结构的测井响应分析，可根据中子、声波、密度等测井资料，采用交会图技术，用 MN 图版、MID 图版进行。如测得岩性密度测井，可加入有效光电吸收截面指数 P_e曲线，更有助于对地层矿物成分、岩性进行分析。而自然伽马测井及自然能谱的铀、钍、钾含量曲线有助于确定泥质含量、黏土成分、有机碳含量等，从而确定岩石组分与岩相。用测井信息研究岩石沉积结构，首先应确定颗粒大小、分选程度、泥质含量等沉积岩的物理特点，进而计算各种物理参数。如：

孔隙度＝f(分选程度、泥质、压实、孔隙结构)

渗透率＝f(孔隙度、颗粒、孔结构)

粒度中值＝f(分选、泥质、次生改造)

胶结指数＝f(孔隙度、孔隙喉道、孔喉曲折度、岩类)

通过上述分析就可以达到用测井研究岩性，用岩相刻度测井的目的。

(2)沉积构造测井分析。通过地层倾角测井可以对砂岩层理、产状、沉积构造的几何形态、界面特征、沉积构造物理特点建立起各种沉积模式，进行沉积构造分析。结合各种测井响应随深度变化序列更有助于分析沉积结构。图 9－100 给出了各种沉积构造、层理的倾角模式。

(3)古水流与搬运方向测井分析。地层倾角测井随深度变化的序列仍是砂岩古水流及搬运方向研究的主要工具。在单层砂体内部的小蓝模式及小绿模式的倾角矢量方向都代表古水流方向，也可用矢量方位频率图来确定古水流方向。具体要根据水流层理特征(类型、角度、分布)和方位(定向模式、发散程度与砂体几何走向)来进行分析。图 9－101 为一个三角洲分流河道砂体古水流方向分析的示意图。

2)测井沉积相分析

(1)砂岩测井沉积相模式。砂岩测井沉积相模式主要是根据地层倾角测井的蝌蚪图、杆状

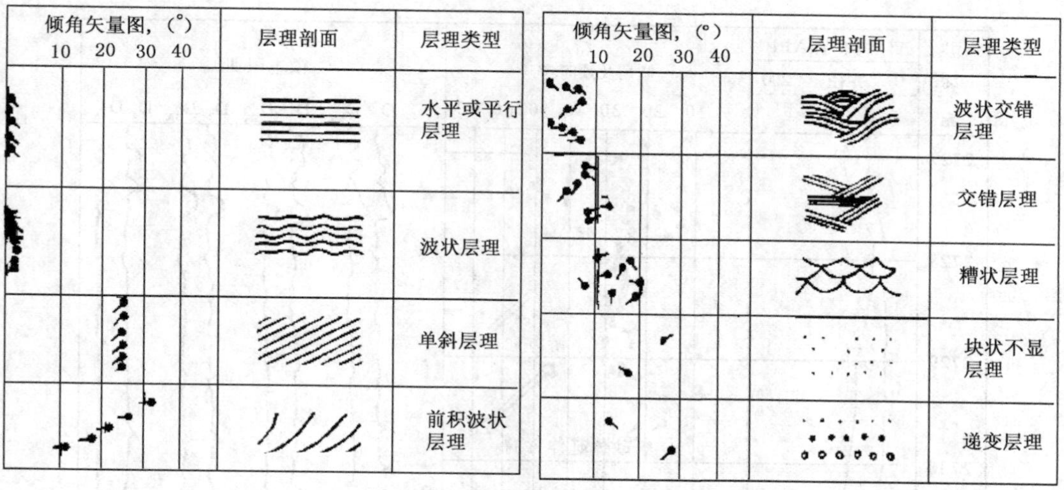

倾角矢量图，(°) 10 20 30 40	层理剖面	层理类型
		水平或平行层理
		波状层理
		单斜层理
		前积波状层理

倾角矢量图，(°) 10 20 30 40	层理剖面	层理类型
		波状交错层理
		交错层理
		槽状层理
		块状不显层理
		递变层理

图 9-100　各种层理、结构的地层倾角模式

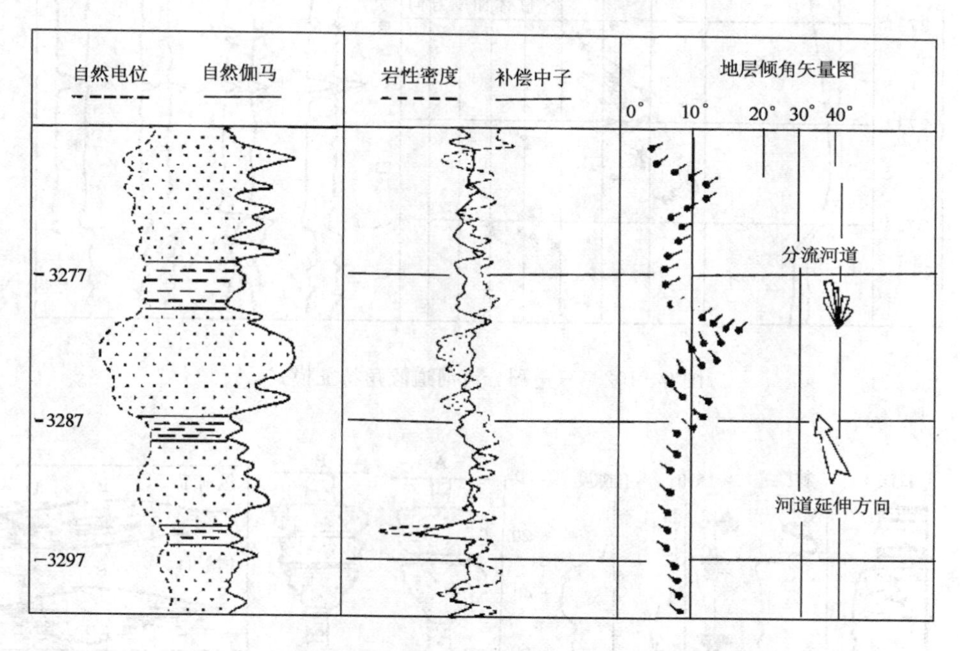

图 9-101　三角洲分流河道倾角对古水流方向分析图

图及方位频率图来建立，较早的方法是根据测井曲线（主要是自然电位测井曲线）随深度变化建立模式。图 9-102 为三角洲分流河道地层倾角模式，分流河道显示为红模式。图 9-103 为电阻率曲线及自然电位曲线表示的 6 种不同的三角洲充填沉积的测井沉积相模式。

马正(1981)通过砂岩单层和多层组合特征分析，提出了根据自然电位曲线形态的测井相分析方法。将自然电位曲线形态划分为 6 类特征（图 9-104），并与沉积环境特征建立相应的联系（图 9-105）。

(2)利用梯形图或星形图进行相分析。可以用岩性、结构、沉积构造及古生物等一组相标志来识别和确定沉积相，同样可利用同一深度的一组测井参数来确定测井相，并进一步判断沉积相。梯形图或星形图正是在这种思想指导下发展起来的一种相分析方法。

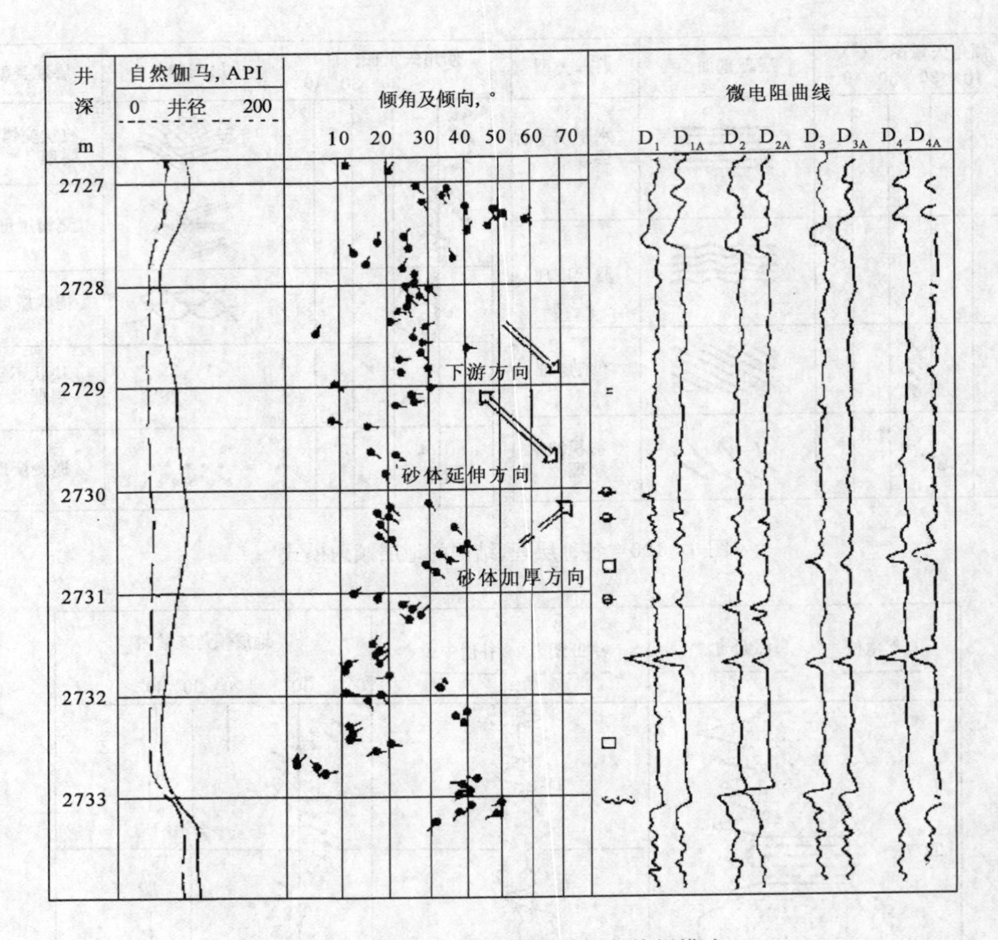

图 9－102　三角洲分流河道倾角特征模式

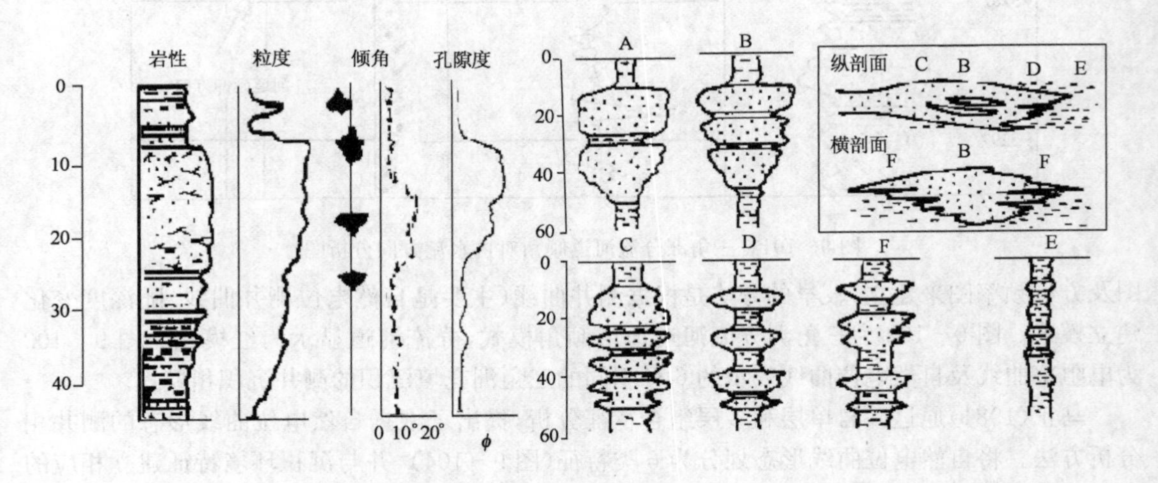

图 9－103　湖相三角洲不同沉积环境的测井沉积相模式

A—分支河道砂；B—河口砂坝顶部；C—河口砂坝斜坡；D—河口砂坝边部；
E—底积页岩与黏土；F—河口砂坝翼部

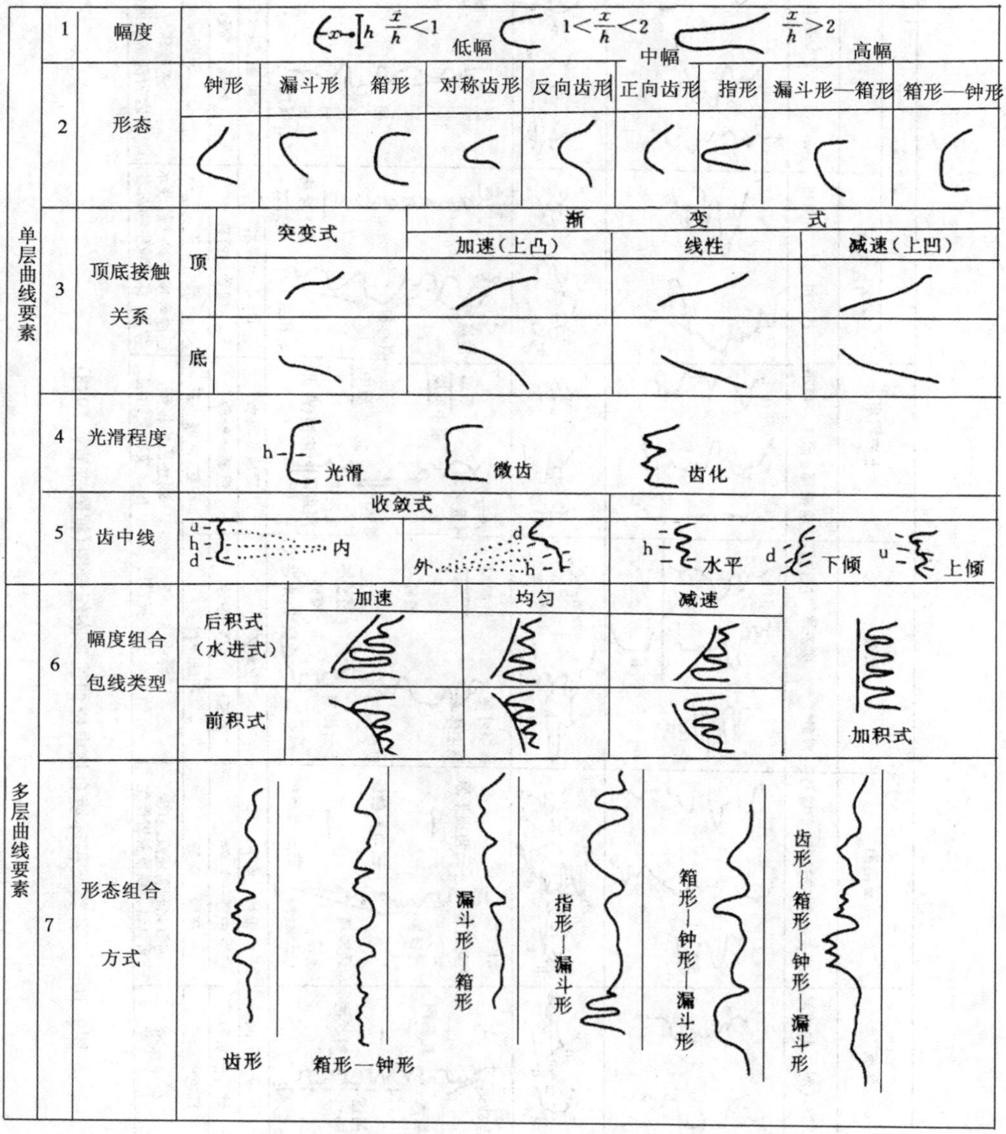

类别	序号	要素	内容								
单层曲线要素	1	幅度	$\frac{x}{h}<1$ 低幅			$1<\frac{x}{h}<2$ 中幅			$\frac{x}{h}>2$ 高幅		
	2	形态	钟形	漏斗形	箱形	对称齿形	反向齿形	正向齿形	指形	漏斗形—箱形	箱形—钟形
	3	顶底接触关系		突变式	渐变式：加速（上凸）	渐变式：线性	渐变式：减速（上凹）				
			顶								
			底								
	4	光滑程度	h 光滑	微齿	齿化						
	5	齿中线	收敛式：d h d 内	收敛式：d h 外	h 水平	d 下倾	u 上倾				
多层曲线要素	6	幅度组合包线类型		加速	均匀	减速					
			后积式（水进式）				加积式				
			前积式								
	7	形态组合方式	齿形	箱形—钟形	漏斗形—箱形	指形—漏斗形	箱形—钟形—漏斗形	齿形—箱形—钟形—漏斗形			

图 9－104　自然电位曲线要素图(据马正，1981)

绘制这些图件并依此建立电相模式的方法是，首先将选择好的一组测井曲线(如自然电位、电阻率、自然伽马、声波、密度、中子等)在目的层段进行预分层；然后在放射状或平行状坐标上，标上任一层的各种测井参数数据；将这些值顶点连接起来，就构成了星形图或梯形图(图 9－106)。对所有预分层后岩层均做出这种图，然后比较它们的形状，将具有相同或很相近的图形(各轴上数值相同或很相近)归为同一测井相，并将归纳出的测井相与相应的沉积相进行对比，用岩心资料对这些测井相进行标定。在一个地区应选择几口取心井进行上述分析，建立起区域性电相模式。

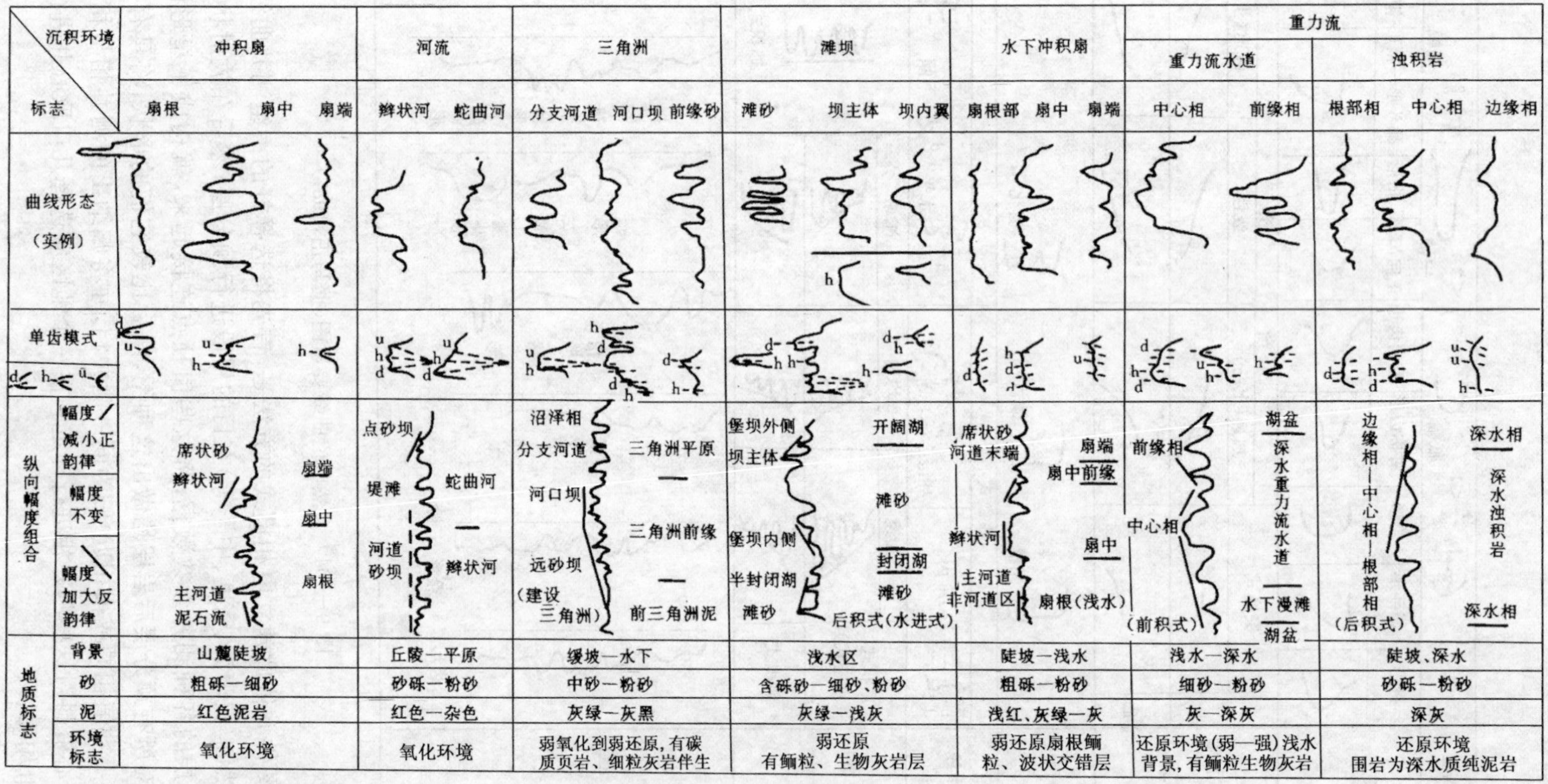

沉积环境	冲积扇	河流	三角洲	滩坝	水下冲积扇	重力流	
						重力流水道	浊积岩
标志	扇根　扇中　扇端	辫状河　蛇曲河	分支河道　河口坝　前缘砂	滩砂　坝主体　坝内翼	扇根部　扇中　扇端	中心相　前缘相	根部相　中心相　边缘相
曲线形态（实例）							
单齿模式							
纵向幅度组合（幅度减小正韵律；幅度不变；幅度加大反韵律）	席状砂、辫状河、主河道泥石流；扇端、扇中、扇根	点砂坝、堤滩、河道砂坝；蛇曲河、辫状河	沼泽相、分支河道、河口坝、远砂坝（建设三角洲）；三角洲平原、三角洲前缘、前三角洲泥	堡坝外侧、坝主体、堡坝内侧、半封闭湖、滩砂；开阔湖、滩砂、封闭湖、滩砂；后积式（水进式）	席状砂、河道末端、辫状河、主河道、非河道区；扇端、扇中前缘、扇中、扇根（浅水）	前缘相、中心相（前积式）；湖盆、深水重力流水道、水下漫滩、湖盆	边缘相—中心相—根部相（后积式）；深水相、深水浊积岩、深水相
地质标志：背景	山麓陡坡	丘陵—平原	缓坡—水下	浅水区	陡坡—浅水	浅水—深水	陡坡、深水
地质标志：砂	粗砾—细砂	砂砾—粉砂	中砂—粉砂	含砾砂—细砂、粉砂	粗砾—粉砂	细砂—粉砂	砂砾—粉砂
地质标志：泥	红色泥岩	红色—杂色	灰绿—灰黑	灰绿—浅灰	浅红、灰绿—灰	灰—深灰	深灰
地质标志：环境标志	氧化环境	氧化环境	弱氧化到弱还原，有碳质页岩、细粒灰岩伴生	弱还原有鲕粒、生物灰岩层	弱还原扇根鲕粒、波状交错层	还原环境（弱—强）浅水背景，有鲕粒生物灰岩	还原环境围岩为深水质纯泥岩

图9-105　各类沉积环境自然电位曲线形态组合图（据陈立官，1983）

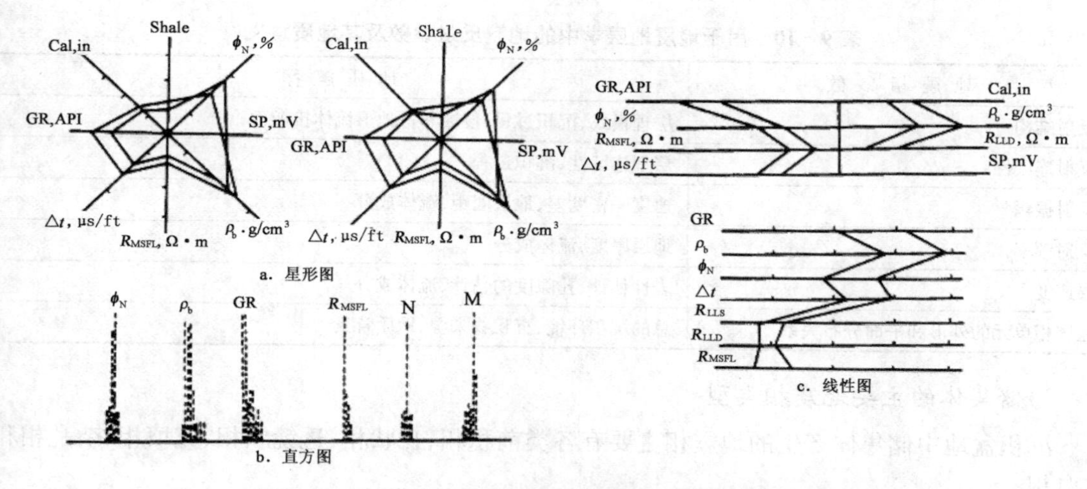

图 9-106 表示电相的星形图、直线图和梯形图(线性图)
(据 Schlumberger,1979;ObertoSerra,1980)

(3)碳酸盐岩测井相模式建立。由于碳酸盐岩没有明显的层理,而且往往呈块状连续沉积,因而其沉积相不能根据地层倾角测井研究古水流的砂岩沉积相模式来研究,它主要是根据岩性、岩相等岩石矿物组成及物理性质差别来判断,所以它的测井沉积相模式多采用数理统计方法来建立。采用的方法有主因子分析、模糊聚类、最佳有序分割、非线性映射以及人工神经网络等方法。根据地质建立沉积相模式作为参照,将各种测井信息采用上述数理统计技术进行聚类,建立起统计数学模型,通过这种方法建立测井沉积相模式。图 9-107 是碳酸盐岩采用测井建立沉积微相的方法流程图。

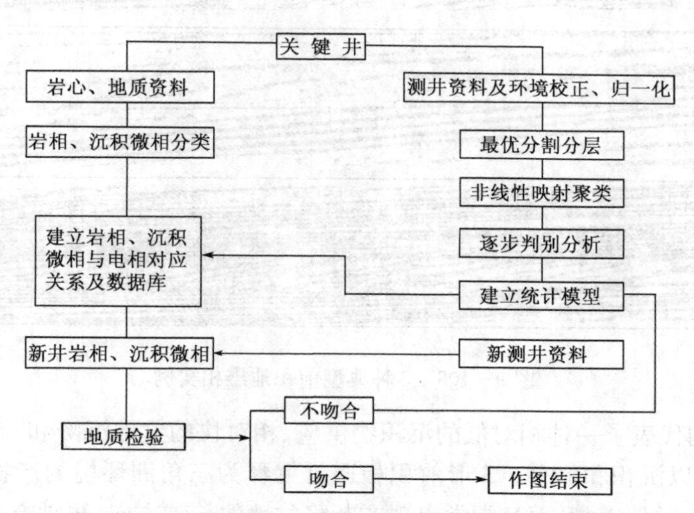

图 9-107 碳酸盐岩测井研究岩相、沉积微相流程图

3. 地震相分析

地震相是可以作图的三维地震单元,它由地震参数不同于相邻地震相单元的反射波组所构成。地震相代表了产生其反射的沉积物的一定岩性组合、层理和沉积特征。地震相单元的主要参数包括单元内部反射结构、单元外部几何形态、反射振幅、反射频率、反射连续性和地层速度(表 9-10)。

表 9-10　用于地震地层学中的地震反射参数及其地质意义

地震相参数	地质解释
反射结构	层理模式、沉积过程、侵蚀和古地形流体接触面
反射连续性	层理连续性、沉积过程
反射振幅	速度—密度差、地层间距、流体成分
反射频率	地层厚度、流体成分
层速度	岩性估计、孔隙度的估计、流体成分
地震相单元的外形和平面分布关系	总的沉积环境、沉积物来源、地质背景

1)储集体的主要地震相类型

沉积盆地中储集体产生的地震相主要有各类前积相、丘状相、透镜状相、充填相、杂乱相和空白相。

(1)前积相:前积相是以前积反射构造为主要特征的地震相单元,根据顶积层和底积层的发育情况,可进一步细分为S形前积相、斜交前积相和下超型前积相等。

①S形前积相:S形前积相内部发育一组相互叠置的反S形反射同相轴,在反S形的上端为近水平的顶积层,中部为倾斜的前积层,顺同相轴向下到了底部,同相轴逐渐变得平缓,形成底积层(图 9-108 上)。

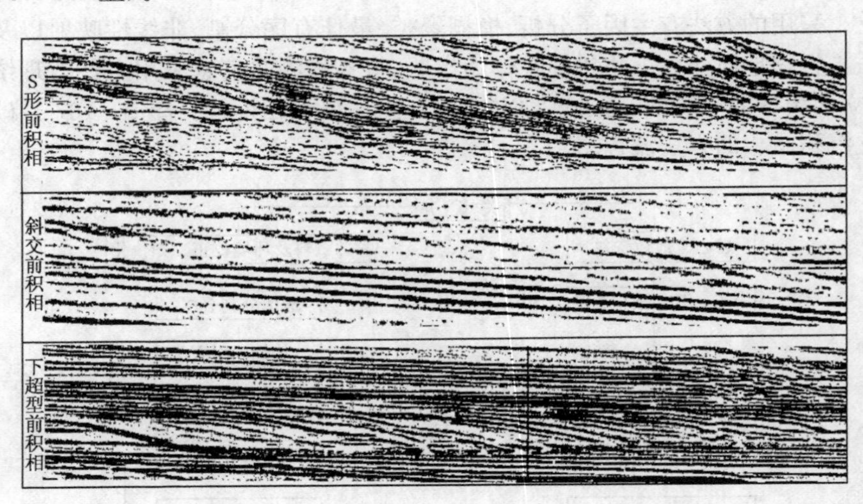

图 9-108　3 种典型前积地震相实例

S形反射结构代表了一种相对低的沉积物供应、相对快的盆地沉降和/或快速的海平面上升,使得顶积层得以沉积和保存。S形前积相通常解释为三角洲环境的产物。在陆相断陷盆地中经常发育这一类地震相,而且常常出现在断陷盆地的长轴方向,短轴方向偶有发生。

②斜交前积相:斜交前积相是由一组相对陡倾的反射同相轴组成,在其上倾方向表现为顶超,而在其下倾部分出现下超(图 9-108 中)。

斜交前积相在横向上顺着下倾方向同相轴可以缓慢过渡到比较薄的底积段,或者以相对高的角度在底界面处突然终止,也可以顺倾向在前积段内终止。

斜交前积结构意味着相对高的沉积物供应速率和缓慢变动或者静止不动的相对海平面条件。从而造成盆地被迅速地充填,后来的沉积水流经过或冲刷上部的沉积表面,无顶积层存在。因此，斜交前积相代表一种高能三角洲环境，在它的前积段内发育大量前积砂体，另外，在底积段有时也发育浊积砂体。

③下超型前积相：下超型前积相前积层和顶积层发育，缺失底积层。前积层向下方以下超的方式终止于地层单元底界上(图 9－108 下)。其顶积层发育表明是在水平面相对上升时期形成的。底积层的缺失与斜交前积相底积层的缺失具相同地质意义。一般在浊积扇或扇三角洲上容易发育。

④叠瓦状前积相：叠瓦状前积相是一种薄的前积地震模式，通常具有平行的上、下界面，而且具有倾斜平缓的、相互平行的内部斜交反射轴(图 9－109)。

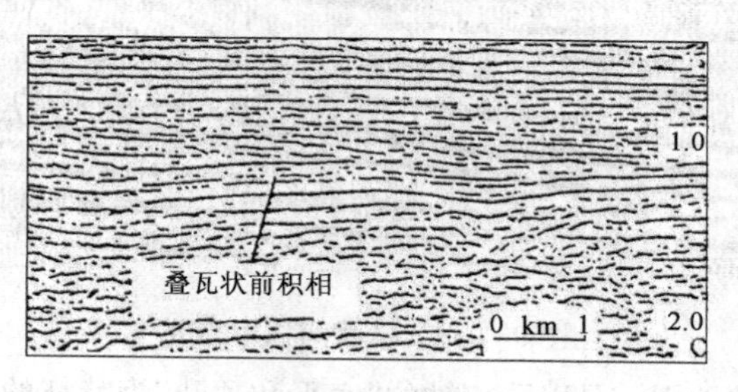

图 9－109　叠瓦状前积相实例

由于叠瓦状前积相既薄又平缓，因此一般将它与浅水沉积作用相联系。理论上讲，叠瓦状前积相主要发育在三种沉积背景条件下：其一是海进时期的滨岸上超叠瓦状砂体(图 9－110a)；其二是海退阶段近岸的前积叠瓦状透镜砂体(图 9－110b)；其三是河流体制中曲流河点坝侧积形成的叠瓦状砂岩(图 9－110c)。

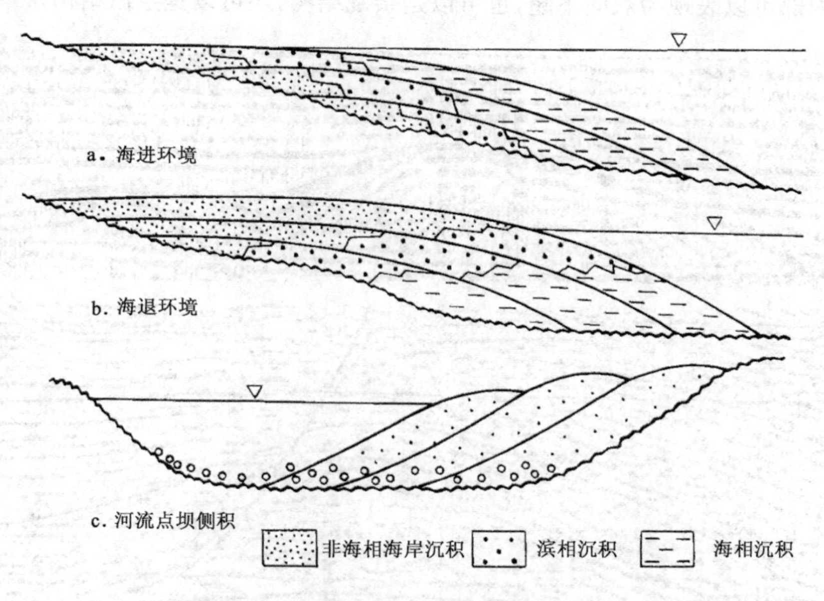

图 9－110　叠瓦状前积相的地质环境

⑤帚状前积相：在陆相断陷盆地中经常出现一种形似扫帚状的前积结构。在剖面上整体呈发散特征，底部为统一的下超终止(图 9－111)。帚状前积相一般与盆地的快速构造下沉有关，而且这种下沉与盆地边缘的断裂活动有关。该相单元中的前积透镜状砂体是有利的储集砂体。

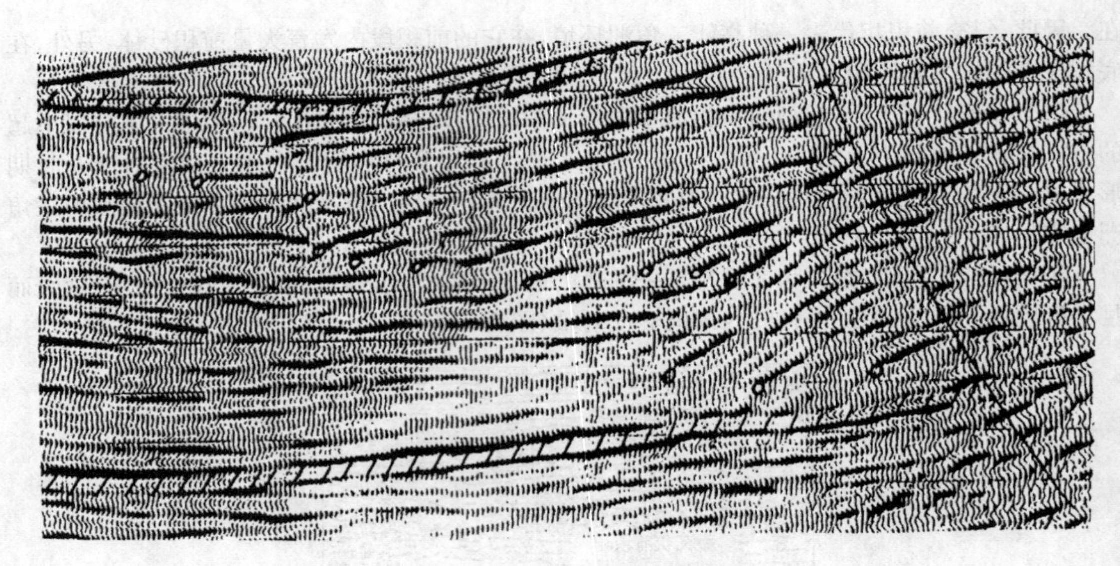

图 9-111　帚状前积相实例

(2)丘状地震相:丘状地震相是以同相轴的“底平和顶凸”为特征的地震相单元(图 9-112)。大多数丘状相与沉积作用和火山作用有关。丘状相作为一种高能沉积作用的产物,代表了一种沉积物搬运过程中快速卸载的过程,因此它主要发育在深海(或深湖)浊积扇环境。另外,滑塌块体、三角洲朵叶体和礁体以及火山堆也都可以表现为丘状相。同时,要注意识别那些经过构造褶曲变形后的丘状相。一般来说,丘状地震相都是比较有利的储集体,它本身就是典型的岩性圈闭。丘状相内部可以表现为双向下超,也可以是杂乱结构,还可以是空白结构。

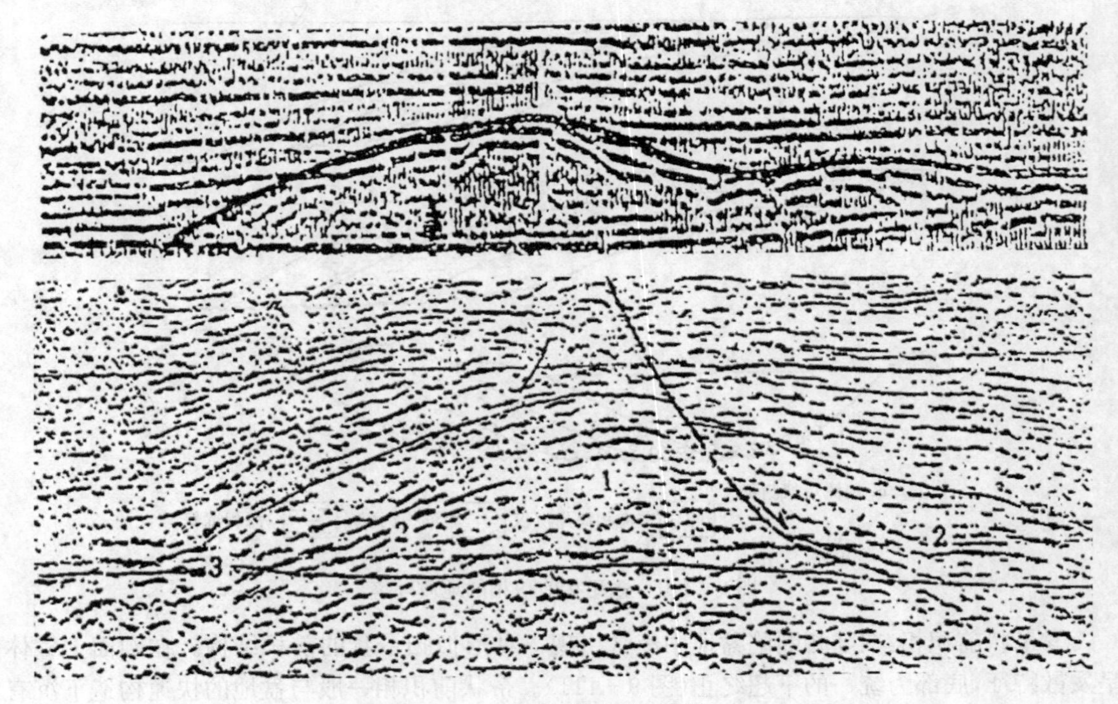

图 9-112　丘状地震相实例

(3)透镜状地震相:透镜状地震相以双向外凸的相单元外形为基本特征。透镜状地震相单元可以比较大，也可以形状比较小。透镜状相可以产生于多种沉积环境中，它的双向外凸可以是原生的，也可以是成岩过程中差异压实造成的。大型透镜状相一般与河道下切和三角洲前积作用有关，而小型透镜状相可以在几乎每一种沉积环境中出现。图 9－113 是一组透镜状地震相实例。一般，大型透镜体都是有利储集体勘探目标。

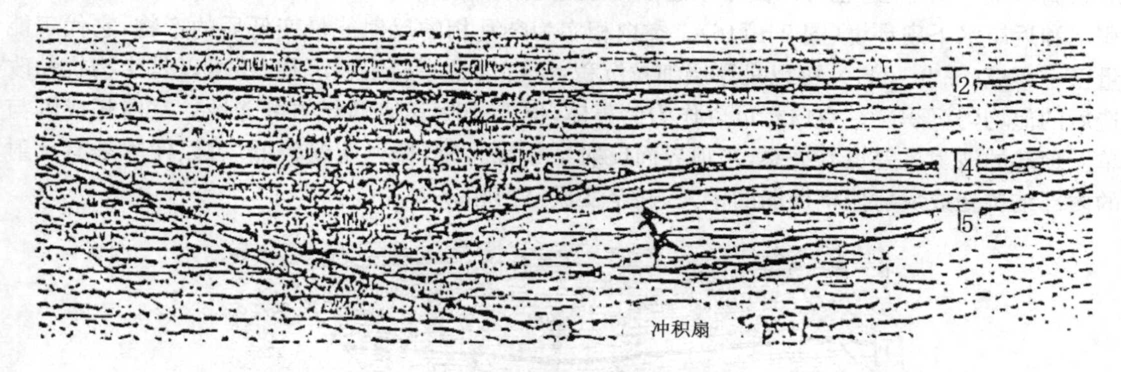

图 9－113　透镜状地震相实例

(4)充填地震相：充填地震相是以充填外形为特征的相单元体。充填类型有许多种变化(图 9－114)，但主要可以分为开阔充填和局部充填。开阔充填指在一个盆地的某个负向单元如洼槽中充填的地层单元，一般为上超充填，为低能环境；而局部充填是指在河道下切后形成的较小的冲沟内形成的充填，代表较高能量的环境(图 9－115)。

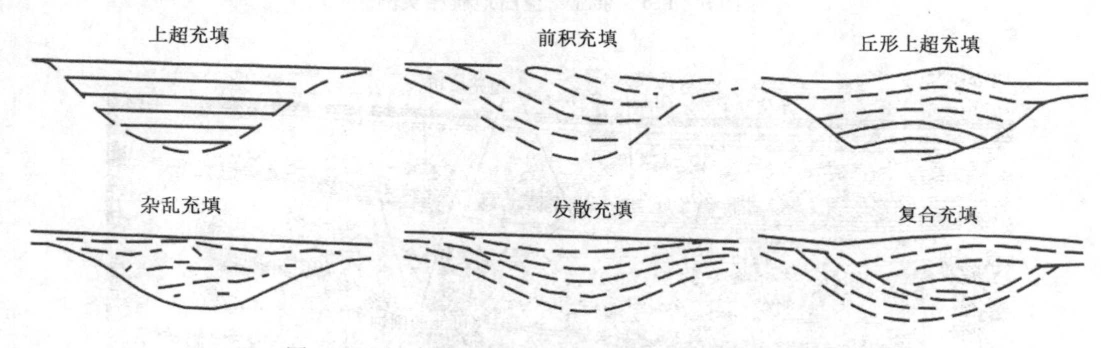

图 9－114　充填地震相的类型(据 Mitchum 等，1977)

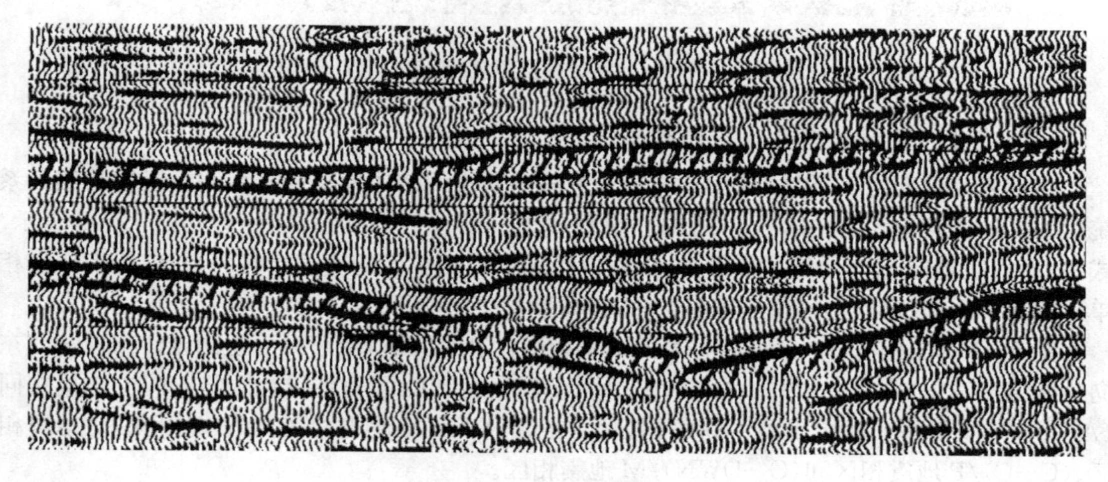

图 9－115　充填地震相实例

局部充填相与储层关系密切，诸如侵蚀河道、海底峡谷等都是储集体发育的有利部位。

(5)杂乱—空白地震相：杂乱—空白地震相是地层内部组成和产状由紊乱到高度紊乱(即均一)过程中形成的典型相类型。它们两者为过渡关系。杂乱相代表能量变化不定且能量相对较高环境下的地层，也可以由原生连续地层遭后期变形破坏后而致。杂乱相经常发育在冲积扇和近岸水下扇环境(图 9-116)。空白相实为杂乱相的反射能量变低后的产物，它代表能量稳定环境(图 9-117)，可以是厚层细粒沉积，也可以是厚层粗粒沉积，还可以是生物扰动改造后的似均匀沉积层。空白相可以作为储集体，但要排除其他解释的可能性。空白相成因与单元顶部的波阻抗差也有关系，当顶界面反射系数很大时，透射能量较低，可以使本来有反射的内部结构变成反射振幅极弱的单元，甚至变成空白相。

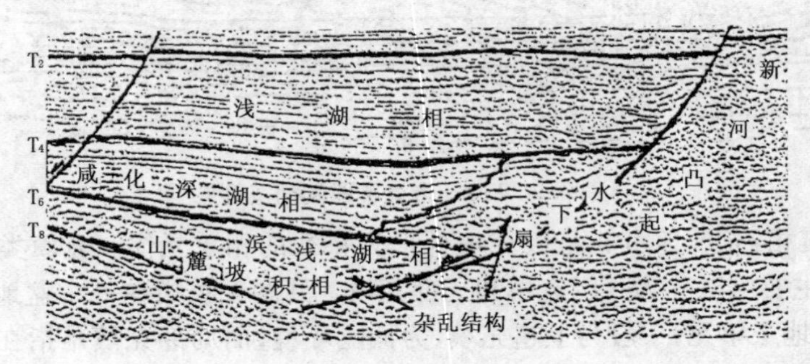

图 9-116 杂乱—空白地震相实例

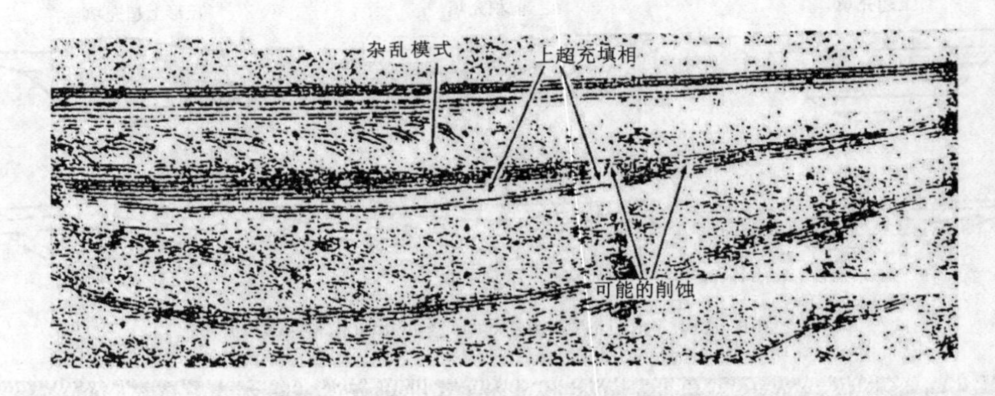

图 9-117 空白地震相实例

2)地震相单元的编码及地质相解释

在地震相单元内，采用巴博(Bubb)等人的编码系统编制成地震相平面图。巴博的编码系统反映了地震相单元的内部反射结构和地震相单元的顶底界接触关系，以(A—B)/C 表示。式中，A 代表地震相单元的顶部接触关系；B 代表地震相单元的底部接触关系；C 代表地震相单元的内部反射结构；"—"代表连字符号，并非数学中的减号。

图 9-118 是标有(A—D)/C 符号的地震相图，图中北西—南东向为主测线。南西—北东向为联络测线，分别在主测线上标出(A—B)/C 反射特征的沉积界线及倾斜方向。连接相同(A—B)/C 反射特征就构成了不同的相区。如(C—ON)/P 地震相区、(C—DWN)/P 地震相区、(C—C)/P 地震相区和(C—DWN)/M 地震相区。

图 9-119 是结合露头及钻井等资料综合解释的环境图。分别编制各地震相单元图、环境图研究其纵横向发育和消亡的过程。

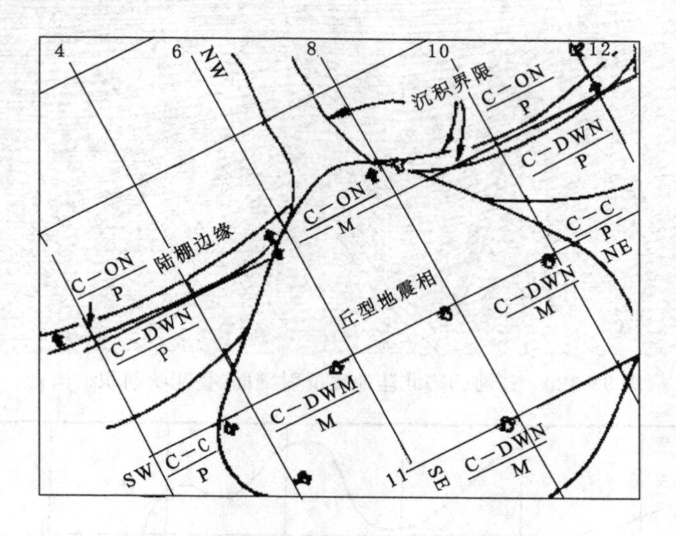

图 9-118 标有(A—B)/C 符号的地震相图

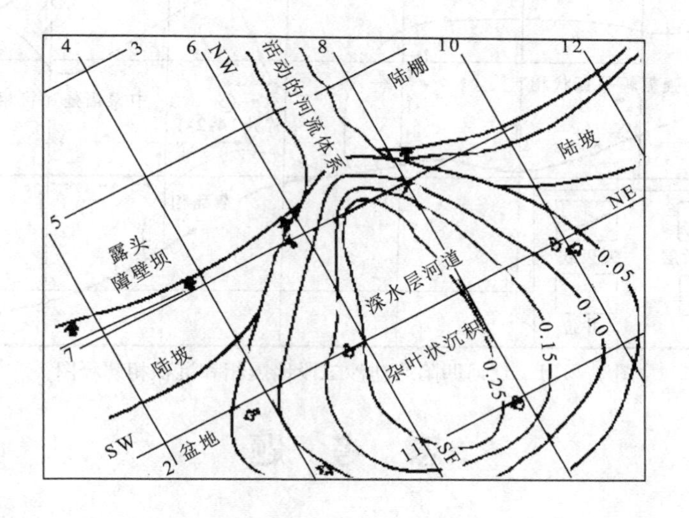

图 9-119 对图 9-118 的环境解释图

下面是辽河西部凹陷北洼下古近系沙二段亚层序的研究实例。该区块沙二段亚层序位于反射界面 T_3 和 T_5 之间。本区较典型的地震相为叠瓦状前积相,其特征表示在图 9-120 中。在叠瓦状前积相上锦州,14-2-1 井证实此处沙二段为三角洲环境。共识别出 5 种类型的地震相(图 9-121)。

将上述盆地发育阶段、钻井岩心相、地震相参数及测线位置等有关参数,可以按照前述的编码规则或建立专家知识库,然后通过人工编图或请求专家系统进行全洼陷的地震相解释,即可得到地震相和沉积相的解释结果(图 9-121 右)。本例即为专家系统的解释结果,由于计算机综合了大量沉积学知识和专家经验,显然这是一种十分合理的解释,其中各沉积相及其分布均符合沉积学规则。

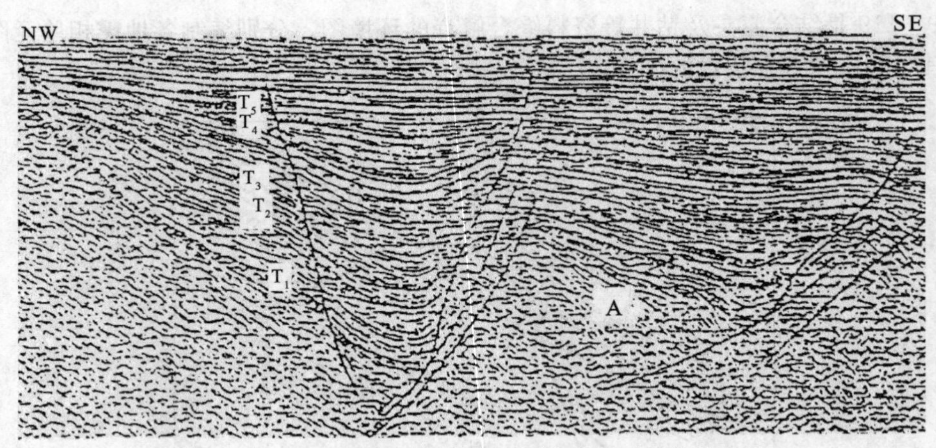

图 9－120　辽河凹陷北洼地震反射剖面(叠瓦状前积结构)

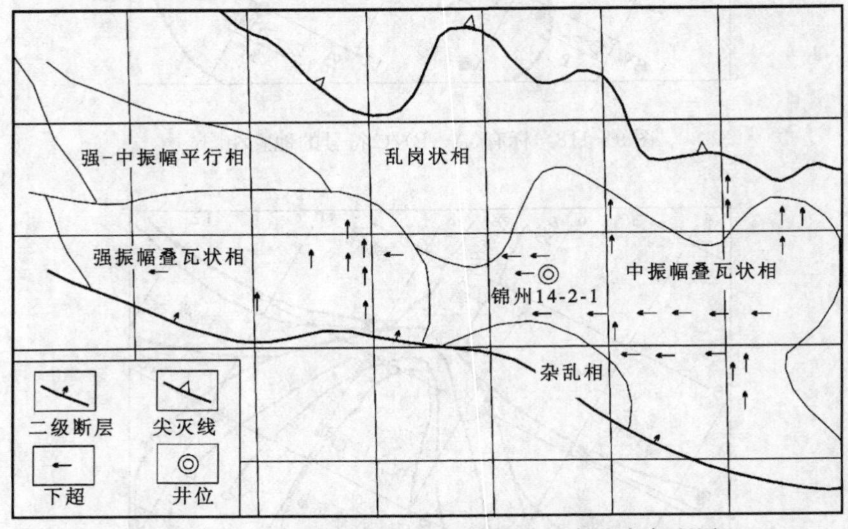

图 9－121　辽河凹陷北洼沙二段地震相和沉积相解释图

思　考　题

1. 简述区域地层研究的基本方法及其优缺点。
2. 什么是地层对比？什么是油层对比？其本质内涵是什么？
3. 什么是地层对比的标志层？等时性的依据是什么？标志层主要有哪些类型？
4. 地层对比中的典型井应该具备哪些条件？
5. 井下断层识别的标志有哪些？
6. 如何利用测井资料对比确定断层性质、断点深度、断距大小？
7. 什么是断层面图？如何绘制？
8. 简述构造解释的基本步骤。
9. 沉积相标志主要有哪些？
10. 测井相模式如何建立？
11. 不同地震相模式所代表的地质内涵？

参 考 文 献

柴贺军，黄地龙，黄润秋. 2001. 岩体结构三维可视化模型研究进展. 地球科学进展，16(1)：55－59.

陈恭洋. 2007. 油气田地下地质学. 北京：石油工业出版社.

陈玉新，刘永泉，李怀玉. 2013. 无线远程录井系统. 录井工程，24(2)：70－73.

陈庆春. 2008. 临南洼陷油藏地球化学研究. 北京：地质出版社.

陈世加. 2006. 油气开发地球化学. 北京：石油工业出版社.

戴俊生. 2006. 构造地质学及大地构造. 北京：石油工业出版社.

冯超英，郭建辉，罗鑫. 2014. 井场数据中心构建与应用. 录井工程，25(1)：55－58.

高岩，武凤旺，梁占良. 钻柱振动声波录井技术方法及应用实例. 录井工程，2009，20(1)：1－7.

侯读杰. 2001. 油藏及开发地球化学导论. 北京：石油工业出版社.

侯读杰. 2003. 实用地球化学图鉴. 北京：石油工业出版社.

华庆一. 1997. 一个面向对象系统的三维可视范型及实现. 计算机学报，20(9)：775－780.

黄地龙，柴贺军，黄润秋. 2001. 岩体结构可视化软件系统研究. 成都理工学院学报，28(4)：416－420.

黄润秋，张倬元，王士天. 1991. 高边坡稳定性研究现状及发展展望. 地球科学进展，6(1)：26－31.

黄文静，唐龙，唐泽圣. 1998. 体绘制及三维交互技术在地质数据可视化中的应用. 工程图学学报，18 (3)：60－65.

Geoffrey A Dorn. 1999. 现代三维地震解释. 国外油气勘探，11(2)：155.

江国法. 2000. 地质导向. 测井技术信息，13(1)：14－23.

蒋有录，查明. 2006. 石油天然气地质与勘探. 北京：石油工业出版社.

姜尧发. 2009. 矿物岩石学. 北京：地质出版社.

李贤庆. 1997. 烃源岩有机岩石学研究方法与应用. 重庆：重庆大学出版社.

李海泉. 1995. 计算机软件安全技术综述(上). 计算机世界月刊，(10)：39－40.

李海泉. 1995. 计算机软件安全技术综述(下). 计算机世界月刊，(11)：38－39.

林广辉. 2000. 地质导向系统的研究与应用. 中国海上油气(工程)，12(5)：39－47.

柳广弟. 2009. 石油地质学. 北京：石油工业出版社.

刘兵. 2000. 提高油气勘探开发效率的新型可视化技术——虚拟现实技术. 世界石油工业，7(5)：10－12.

刘吉余. 2006. 油气田开发地质基础. 北京：石油工业出版社.

刘汝山，秦利民. 1997. 水平井井眼轨迹矢量控制方法研究. 石油钻探技术，27 (5)：34－35.

刘玉章，郑俊德. 2006. 采油工程技术进展. 北京：石油工业出版社.

卢双舫. 2008. 油气地球化学. 北京：石油工业出版社.

陆黄生. 1999. 地质导向：预测钻头前的地层. 世界石油工业，6(6)：35－40.

马春生，周瑜，赵磊，等. 2001. 三维可视化地质建模和油藏数模一体化技术在剩余油描述与挖潜中的研究与应用. 内蒙古石油化工，27：52－54.

马连山，谢梅. 1997. 关于随钻测井的水平井地质定位. 石油仪器，11(3)：15.

马连山. 2000. 随钻测井在地层评价上的作用. 石油仪器,14(3):29-31.
梅基席. 2009. 石油钻探录井工程. 兰州:兰州大学出版社.
Halbouty T M. 2007. 世界巨型油气田. 北京:石油工业出版社.
钱荣钧,王尚旭. 2006. 石油地球物理勘探技术进展. 北京:石油工业出版社.
Slatt M R,李成猛. 1996. 油气工业中的可视化技术现状与展望. 石油物探译丛.(5):25-29.
申龙斌. 2010. 油田勘探开发地质对象三维可视化关键技术研究. 青岛:中国海洋大学.
盛明仁. 2000. LWD 测量系统在桩 1—平 5 井中的应用. 石油钻探技术,28(3):32-35.
时鹏程,许磊. 1998. 地质导向钻井技术综述. 断块油气田,5(2):58-66.
时鹏程. 2000. 面向地质导向应用的前导模拟技术研究. 测井技术,24(6):415-419.
时鹏程. 2000. MWD/LWD 实践与操作指南. 录井技术,11(2):63-68.
时鹏程. 2002. 随钻测井技术在我国石油勘探开发中的作用. 测井技术,26(6):441-445.
Bargachs,Falconer I,Maeso G,等. 2002. 实时 LWD:随钻测井. 国外测井技术,17(1):34-49.
宋端智,柴振友,张爱敏. 2000. 用虚拟现实建模语言实现地震层位三维可视化. 物探化探计算技术,22(3):229-232.
孙建孟,原宏壮,李召成. 2000. 随钻测井综述. 测井与射孔,(2):8-14.
王培荣. 2002. 非烃地球化学和应用. 北京:石油工业出版社.
王培荣. 1993. 生物标志物质量色谱图集. 北京:石油工业出版社.
王敬农. 2006. 石油地球物理测井技术进展. 北京:石油工业出版社.
王根厚. 2008. 综合地质学. 北京:地质出版社.
王胜,兰晶晶,田立强,等. 2012. geoNEXT 智能化综合录井系统. 录井工程,23(3):49-53.
王志章. 1999. 现代油藏描述技术. 北京:石油工业出版社.
宛铭,唐潭. 1996. 基于微机环境的三维数据场多等值面快速显示算法. 软件学报,7(9):513-519.
宛铭. 1996. 基于微机的三维数据可视化研究及交互式医学图像系统的实现. 北京:清华大学.
吴胜和,蔡正旗,施尚明. 2011. 油矿地质学. 北京:石油工业出版社.
吴胜和,杨延强. 2012. 地下储层表征的不确定性及科学思维方法. 地球科学与环境学报,34(2):72-80.
吴胜和,翟瑞,李宇鹏. 2012. 地下储层构型表征:现状与展望. 地学前缘,19(2):15-23.
吴胜和,徐怀民,吴欣松. 2010. “油矿地质学”课程建设与改革. 中国地质教育,37(1):32-35.
吴凤鸣. 2000. 石油地质学百年历史回顾与展望:从 1859 年德瑞克“世界第一口油井”140 年谈起. 石油科技论坛,(1),60-66.
伍友佳,刘达林. 2004. 中国变质岩火山岩油气藏类型及特征. 西南石油学院学报,26(4):1-5.
肖传桃. 2007. 古生物学与地史学概论. 北京:石油工业出版社.
徐显广. 2002. 地质导向钻井技术的现场应用. 西南石油学院学报,24(2):53-55.
徐显广. 2001. 新疆莫北油田砂砾岩油藏随钻跟踪地质目标钻井技术研究. 成都:西南石油学院.
杨钦,徐水安,陈其明. 1998. 任意平面域上离散点集的三角化方法. 软件学报,9(4):241-245.
印森林,吴胜和,冯文杰. 2013. 基于辫状河露头剖面的变差函数分析与模拟. 中南大学学报,44(12):4988-4994.
油气地球化学重点实验室学术委员会. 2006. 中国石油天然气集团公司油气地球化学重点实验

室文集.
于雪松. 2009. 基于高可靠数据采集的远程录井监控管理系统. 大连:大连理工大学.
于兴河. 2008. 碎屑岩系油气储层沉积学. 北京:石油工业出版社.
于兴河. 2009. 油气储层地质学基础. 北京:石油工业出版社.
岳登进,冯明. 2001. 过去 10 年国外钻井技术的重要进步. 钻采工艺,24(4):5－7.
张敏,林壬子,梅博文. 1997. 油藏地球化学:塔里木盆地库车含油气系统研究. 重庆:重庆大学出版社.
张建国. 1998. 地质导向法在井下地质预测中的应用. 石油勘探开发情报,(5):39－45.
张剑秋. 1998. 三维地质建模与可视化系统开发研究. 南京:南京大学.
张绍槐. 2000. 面向 21 世纪钻井技术发展趋势和建议//石油工程学会 1999 年度钻井技术研讨会论文选集. 北京:石油工业出版社.
张绍槐,何华灿,李琪. 1996. 石油钻井信息技术的智能化研究. 石油学报,17(4):114－119.
张绍槐,张洁. 2000. 关于 21 世纪中国钻井技术发展对策的研究. 石油钻探技术,28(1):4－7.
张绍槐,张洁. 2001. 21 世纪中国石油钻井技术发展战略研究. 探矿工程(岩土钻掘工程). 54(4):1－5.
张绍槐. 2008. 钻井录井信息与随钻测量信息的集成和发展. 录井工程,19(4): 26－31.
张殿强,李联玮. 2001. 地质录井方法与技术. 北京:石油工业出版社.
赵健. 2010. 综合录井远程传输系统. 油气田地面工程,29(2):53－55.
赵文智. 2006. 石油地质理论与方法进展. 北京:石油工业出版社.
赵彬凌,李黔, 高林. 2008. 水平井综合录井地质导向系统及应用. 钻采工艺,31(6): 45－46.
赵伟. 2010. 三维可视化水平井模拟油藏地质导向系统的设计与实现. 北京:中国地质大学(北京).
郑凯东. 1998. 三维油藏模型色彩显示. 西安石油学院学报,13(2):47－49.
郑凯东. 2000. 三维油藏彩色模型原理和算法. 计算机辅助设计与图形学学报,12 (6):414－417.
郑雪雪. 1995. 数据安全与软件加密技术. 北京:人民邮电出版社.
朱大培,牛文杰,2001. 地质构造的三维可视化. 北京航空航天大学学报,27(4):448－451.
朱筱敏. 2008. 沉积岩石学. 北京:石油工业出版社.
中国石油勘探与生产公司,斯伦贝谢中国公司. 2011. 地质导向与旋转导向技术应用及发展. 北京:石油工业出版社.
Hua Qingyi, Bocker H D, Dong Cheng. 1996. A prototypical 3D graphical visualizer for object－oriented systems. Journal of Computer Science and Technology, 11(5):489－496.
Hua Qingyi, Fang Dingyi. 1998. The role of 3D visualization for human recognition. Computer Engineering & Science, 20(3):324－332.
Koike H. 1993. The role of another spatial dimension in software visualization. ACM Transactions on Information Systems, 11(3):112－115.
Pouzet J. 1980. Estimation of a surface with known discontinuities for automatic contouring purposes. Mathematical Geology, 12(6):559－575.